ISBN 978-0-260-82651-0
PIBN 10974054

This book is a reproduction of an important historical work. Forgotten Books uses
state-of-the-art technology to digitally reconstruct the work, preserving the original format
whilst repairing imperfections present in the aged copy. In rare cases, an imperfection in
the original, such as a blemish or missing page, may be replicated in our edition. We do,
however, repair the vast majority of imperfections successfully; any imperfections that
remain are intentionally left to preserve the state of such historical works.

TRAITÉ

D'ANATOMIE PATHOLOGIQUE

GÉNÉRALE

6

TRAITÉ

D'ANATOMIE PATHOLOGIQUE

GÉNÉRALE

PAR

Raymond TRIPIER

PROFESSEUR A LA FACULTÉ DE MÉDECINE DE LYON

––––––––

AVEC 239 FIGURES EN NOIR ET EN COULEURS

––––––––

PARIS

MASSON ET Cⁱᵉ, ÉDITEURS

LIBRAIRES DE L'ACADÉMIE DE MÉDECINE

120, BOULEVARD SAINT-GERMAIN

—

1904

1128

PRÉFACE

Le livre que nous présentons au public médical est le produit de longues études qui correspondent à vingt années d'enseignement de l'anatomie pathologique. Nous avons constamment travaillé en cherchant à nous faire une opinion personnelle sur les faits observés avec autant de précision que possible; estimant que c'est la méthode rationnelle pour atteindre le but poursuivi, qui doit être avant tout l'acquisition de connaissances positives.

Ceux qui nous ont fait l'honneur de suivre nos travaux de laboratoire, d'assister à nos leçons, et qui voudront bien nous lire, retrouveront certainement des idées qu'ils nous auront entendu soutenir depuis longtemps; mais ils verront aussi que nous en avons modifié ou abandonné d'autres, lorsqu'elles ne concordaient pas avec des observations plus complètes. Depuis quelques années seulement nous sommes parvenu à réunir tous les faits pathologiques pour les considérer comme soumis aux mêmes lois. C'est ainsi que nous n'avons pas débuté en enseignant ce qui se trouve dans cet ouvrage, lequel n'a pu être édifié qu'après une patiente analyse de nombreuses observations et d'examens répétés, dont il représente en somme la synthèse.

Tout en reconnaissant qu'une immense quantité de faits ont été fort judicieusement observés et interprétés par les auteurs, il nous a été impossible de constater la réalité de beaucoup de phénomènes considérés comme des plus essentiels, puisqu'ils servent de base aux idées qui ont généralement cours. Celles-ci, dès lors, nous ont paru reposer plutôt sur des vues théoriques. C'est que, tout en s'engageant depuis un siècle dans des recherches de plus en plus précises, les savants n'ont pas su se libérer entièrement de la tendance à les subordonner le plus souvent à quelque théorie.

Lorsqu'ils ont reconnu l'inconsistance de l'une, cela a été pour retomber dans une autre qui valait moins parfois et reculait le moment où la science médicale ne sera basée que sur des faits positifs.

Assurément, on ne peut faire aucune recherche sans émettre des hypothèses. Tous les observateurs ont reconnu qu'elles sont nécessaires pour compléter l'interprétation de faits complexes et servir d'amorces à des recherches futures. Mais il faut les donner et les prendre pour ce qu'elles sont et ne pas les confondre avec ce qui peut-être considéré comme certain, tout en ne se départissant jamais du doute scientifique.

C'est en nous attachant avec ténacité à la constatation réelle de ce qu'il est possible d'observer sans parti pris, que nous avons été amené à rejeter la plupart des théories encore adoptées aujourd'hui et à chercher une interprétation des faits mieux en rapport avec ce qu'on peut constater. Ce n'est cependant qu'après bien des tentatives que nous sommes parvenu à pénétrer dans la voie si heureusement ouverte au siècle dernier par cette lumineuse vision de la *médecine physiologique*, car il ne semble pas qu'on s'y soit jamais véritablement engagé pour expliquer toutes les altérations pathologiques.

Déjà Cl. Bernard a dû être frappé de la tendance de ses contemporains à s'éloigner de cette voie. « Il n'y aura jamais de science médicale, dit-il, tant que l'on séparera l'explication des phénomènes de la vie à l'état pathologique, de l'explication des phénomènes de la vie à l'état normal. » Bien qu'on ait continué à admettre la subordination des actes pathologiques aux actes normaux, on n'a pas moins persisté à n'en pas tenir compte lorsqu'on a pris pour des connaissances positives de simples hypothèses et qu'on a supposé l'existence de phénomènes indépendants de l'état normal, toutes choses incompatibles avec le principe énoncé précédemment et dont on ne peut s'écarter sans tomber dans l'erreur.

C'est en partant de cette idée que nous avons cherché à trouver dans toutes les productions pathologiques de quelque nature qu'elles soient, une modification non théorique, mais effective, des productions normales. Nous croyons être arrivé à la solution du problème en considérant qu'il s'agit toujours de l'organisme modifié dans les actes qui lui sont propres, et, par conséquent, d'un état anormal en rapport avec les diverses phases de son existence. A sa période embryonnaire ou de formation correspondent les malformations, tandis que, au cours de son développement et de son évolution, ne peuvent se manifester que des troubles dans ces phénomènes et plus particulièrement dans ceux de nutrition et de rénovation des éléments des tissus, qui constituent les altérations pathologiques proprement dites.

Cette interprétation des phénomènes pathologiques ressort nettement de leur étude lorsqu'on y apporte l'attention nécessaire et que, d'autre part, on ne se laisse pas égarer par de vaines théories ou qu'on ne prend pas comme au temps de Molière « des mots pour des raisons ». On peut ainsi envisager ces phénomènes dans leurs variétés infinies en les ramenant à l'unité représentée par les phénomènes biologiques, modifiés d'une manière variable sous l'influence des diverses causes nocives connues ou inconnues (et probablement dans tous les cas par le même mécanisme), en se basant sur des faits et rien que sur des faits.

La pathologie peut dès lors être considérée comme biologique, et il en résulte que, dans l'étude de l'être humain, on ne doit jamais avoir en vue que la biologie normale ou pathologique, non pas seulement en théorie, ainsi qu'il est d'usage, mais dans l'application réelle à tous les cas comme nous le proposons.

Etudiant l'anatomie pathologique générale et touchant à peu près à tous les sujets, nous n'avons pas pu présenter les opinions diverses des auteurs sur les trop nombreuses questions envisagées. Il ne nous a même pas été possible de relever les indications bibliographiques qui auraient donné beaucoup trop d'extension à cet ouvrage ; et, de parti pris, nous n'avons pas tant cherché à relater les travaux de tous les auteurs, que nos propres observations, soit qu'elles aient concordé avec celles de nos devanciers pour les confirmer, soit qu'elles aient été différentes, et que, considérées par nous comme plus exactes, nous en ayons dégagé des notions nouvelles.

Cependant, nous avons dû discuter les opinions des auteurs relatives aux questions générales en montrant pourquoi nous ne pouvions les adopter; ce qui nous a amené à en faire la critique, peut-être parfois un peu vive. Notre excuse est dans nos intentions absolument exemptes de toute malveillance. Mais si, comme on l'a dit, il n'y a pas d'oligarchie dans la République des Lettres, il n'existe aucun motif pour qu'il n'en soit pas de même dans celle des Sciences. On doit, en effet, avoir le droit de manifester ses opinions en s'efforçant de les faire prévaloir, lorsqu'on n'a d'autre mobile que la recherche de la vérité, et que, sans la moindre prétention à l'infaillibilité, on est prêt à subir la critique.

C'est en vain que l'on voudrait exposer les phénomènes pathologiques en allant du simple au composé, car la moindre question soulève les problèmes les plus complexes. Aussi nous sommes-nous surtout attaché à rapporter des faits scientifiquement recueillis, jusqu'à l'extrême limite de ce qui peut être positivement observé avec nos moyens actuels d'investigation, en cherchant à mettre en relief leurs rapports avec les phénomènes normaux correspondants.

Nous nous sommes toujours efforcé de présenter les raisons qui nous ont paru militer le plus en faveur de nos idées générales concernant l'interprétation des phénomènes pathologiques; mais il ne nous a pas été possible de les fournir toutes à propos des divers cas qui doivent se prêter un mutuel appui. Il en résulte que nos démonstrations ne peuvent avoir leur plein effet que de la lecture du livre entier.

Nous ajouterons que nous avons plutôt étudié les lésions qu'on rencontre le plus souvent, c'est-à-dire celles qu'il importe particulièrement de connaître, sur lesquelles on possède les plus nombreux documents, et qui offrent toute facilité pour le contrôle des opinions diverses par les observateurs impartiaux.

Ayant rempli les fonctions de médecin dans les hôpitaux, et ayant tout d'abord étudié l'anatomie pathologique principalement dans ses rapports avec la clinique, nous n'avons jamais perdu de vue ce but essentiellement pratique. Nous avons encore fait maintes incursions dans le domaine de la physiologie pathologique et de la clinique pour éclairer l'interprétation des lésions par leur concordance avec les troubles symptomatiques.

C'est ainsi que nous nous sommes appliqué à faire à la fois œuvre de pathologiste et de clinicien. Nous pensons avoir démontré de la sorte l'importance des études d'anatomie pathologique pour arriver à une juste compréhension des phénomènes anormaux qui constituent les maladies, et conséquemment à un diagnostic précis d'où dépendent les indications d'un traitement rationnel. De telles considérations mettent bien en évidence la nécessité de ces études pour le médecin et le chirurgien qui ont le souci de pratiquer leur art à la lumière de la science et de la raison.

Aujourd'hui, bien mieux qu'il y a un siècle, nous pouvons dire avec Bichat « que nous sommes à une époque où l'anatomie pathologique doit prendre un nouvel essor. La médecine fut longtemps repoussée des sciences exactes, elle aura désormais le droit de leur être associée ».

Mais il ne faut pas oublier qu'il s'agit d'une science naturelle, c'est-à-dire de choses qui se présentent toujours avec les plus grandes variétés, et où, à côté de phénomènes généraux sous la dépendance de lois manifestes, se trouvent des particularités soumises à des causes variables constituant des modalités qui ne doivent pas faire méconnaître la nature des altérations observées.

Pour que l'espoir exprimé par Bichat se réalise enfin, *il importe que les phénomènes pathologiques soient considérés en réalité comme les phénomènes biologiques diversement modifiés dans leur continuation, et que les enseignements de l'anatomie pathologique soient constamment appliqués à la physiologie pathologique et à la clinique.*

Bien que nous ayons consacré plusieurs années d'un travail assidu à la confection de cet ouvrage, nous ne nous dissimulons pas les lacunes et les imperfections qu'il présente. Elles sont inhérentes au moins à la multiplicité et à l'étendue des questions étudiées, mais surtout à la difficulté de comprendre toutes les altérations pathologiques dans l'exposé général que nous avons eu en vue, sans trop nous attarder aux faits particuliers, cependant, tout en donnant de ceux-ci des descriptions assez précises pour en faire ressortir ce qu'il importe le plus de connaître et en tirer des lois applicables à tous les cas.

Mais un Traité d'anatomie pathologique qui est basé en grande partie sur l'histologie pathologique, serait presque incompréhensible (surtout pour les personnes qui ne sont pas familiarisées avec les examens microscopiques), s'il ne présentait des figures pour venir en aide à l'exposé des lésions. Or, c'est une grosse difficulté que de trouver hors de Paris un dessinateur compétent en pareille matière.

Après plusieurs essais qui, pour des raisons diverses, n'ont pu être continués, nous aurions été obligé de renoncer à cette publication, si nous n'avions eu la bonne fortune de rencontrer, parmi nos jeunes collaborateurs, un interne des hôpitaux qui, avec une solide instruction médicale, possède un talent remarquable de dessinateur. M. Louis Bériel ne s'était pas encore exercé à ce travail, mais son ingéniosité, jointe à ses connaissances techniques, lui ont permis de rendre aussi bien que possible l'impression offerte par nos préparations. Nous sommes heureux de lui témoigner ici toute notre gratitude, en lui renouvelant nos remercîments.

Nous remercions aussi nos éditeurs, MM. Masson et Cⁱᵉ, qui n'ont rien négligé pour assurer la publication de ce livre dans les meilleures conditions.

R. Trıpier.

Lyon, le 15 Décembre 1903.

ANATOMIE PATHOLOGIQUE

GÉNÉRALE

PREMIÈRE PARTIE

GÉNÉRALITÉS RELATIVES A LA PATHOLOGIE ET A L'ANATOMIE PATHOLOGIQUE

INTRODUCTION

Si l'étude de la pathologie basée sur des faits cliniques remonte à la plus haute antiquité, ce n'est que depuis un temps relativement court qu'elle a réalisé de grands progrès, en prenant un caractère véritablement scientifique sous l'influence des travaux d'anatomie pathologique.

Tout d'abord, Morgagni a montré le parti que l'on pouvait tirer des examens nécroscopiques rapprochés des observations qui avaient été faites pendant la vie; et ces dernières ainsi complétées ont acquis graduellement plus de valeur. Mais les progrès les plus considérables réalisés au sujet de la pathologie sont manifestement liés aux découvertes anatomiques et physiologiques dont les travaux de Bichat ont été le point de départ. Pour ce qui concerne plus spécialement l'anatomie pathologique, cet homme de génie avait prévu le « nouvel essor » qu'elle devait prendre et le caractère scientifique qu'elle allait imprimer à la médecine. C'est au point que nos connaissances médicales ont plus progressé depuis un siècle que pendant les périodes antérieures. Il est vrai que toutes les sciences sont entrées également dans une nouvelle voie de progrès aussi remarquable, et qu'elles se sont ainsi prêtées un mutuel appui.

ANAT. TRIPIER.

Les phénomènes physiologiques étant considérés comme les propriétés des tissus et les fonctions des organes, il était logique de rattacher les troubles survenus dans l'organisme à des lésions de ces organes et de ces tissus. Ainsi a pris naissance l'École anatomique qui, par l'étude de l'anatomie pathologique dans ses rapports avec les manifestations symptomatiques des maladies, a étendu considérablement ce champ d'investigation et enrichi la science médicale de découvertes nombreuses, au premier rang desquelles figurent celles de Laënnec.

Toutefois, les médecins considéraient la plupart des lésions comme des produits contre nature, et les maladies comme des entités greffées sur l'organisme, lorsque Broussais est venu dire que la *médecine* devait être *physiologique*. Mais, pour cet auteur, l'irritation était la cause de la plupart des maladies et elle devait être combattue par des saignées. Ce traitement qui eut tout d'abord une grande vogue, tomba ensuite en complet discrédit, après avoir donné lieu à des polémiques très vives, dont on ne s'occupe plus depuis longtemps. On paraît même avoir quelque peu oublié que *Broussais a découvert la loi qui doit servir de guide dans l'étude de la médecine*.

Et cependant, bien avant qu'il en fût question en Allemagne, Auguste Comte avait relevé l'importance de cette découverte, ainsi que le prouve le passage suivant de son cours de philosophie positive, relatif à la biologie, publié en 1838.

« Suivant le principe éminemment philosophique qui sert désormais de base générale et directe à la pathologie positive, et dont nous devons l'établissement définitif au génie hardi et persévérant de notre illustre concitoyen M. Broussais, l'état pathologique ne diffère point radicalement de l'état physiologique, à l'égard duquel il ne saurait constituer, sous un aspect quelconque, qu'un simple prolongement plus ou moins étendu des limites de variation, soit supérieures, soit inférieures, propres à chaque phénomène de l'organisme normal, sans pouvoir jamais produire de phénomènes vraiment nouveaux, qui n'auraient point, à un certain degré, leurs analogues purement physiologiques. Par une suite nécessaire de ce principe, la notion exacte et rationnelle de l'état physiologique doit donc fournir, sans doute, l'indispensable point de départ de toute saine théorie pathologique; mais il en résulte d'une manière non moins évidente, que, réciproquement, l'examen scientifique des phénomènes pathologiques est éminemment propre à perfectionner les études uniquement relatives à l'état normal. »

Cette conception de la pathologie, un instant obscurcie, fut bientôt reprise avec des arguments nouveaux tirés des études faites à l'aide du microscope. C'est ainsi qu'on la voit réapparaître dans les travaux de J. Muller, de Remak, de Virchow, de Ch. Robin, et devenir l'idée fondamentale de la pathologie moderne, avec l'appui considérable que lui prête la médecine expérimentale, comme en témoignent les écrits de Cl. Bernard.

Aujourd'hui, c'est un fait établi sans conteste et qui domine la pathologie tout entière, à savoir : qu'il n'existe pas de production sans analogue dans l'économie ; que tout symptôme morbide résulte d'un trouble fonctionnel, comme toute lésion provient de modifications produites dans la constitution anatomique des organes et des tissus ; de telle sorte que l'évolution des phénomènes pathologiques est absolument en rapport avec celle des phénomènes physiologiques de l'organisme vivant : « C'est, dit Cl. Bernard, par l'activité normale des éléments organiques que la vie se manifeste à l'état de santé ; c'est par la manifestation anormale des mêmes éléments que se caractérisent les maladies. » Littré et Ch. Robin ont encore parfaitement exprimé la même idée en disant que « le sort de la pathologie est étroitement subordonné à celui de la biologie ». C'est dire que, pour avoir l'explication des phénomènes de la vie à l'état pathologique, il faut les rattacher constamment à ceux de l'état normal. Voilà la base incontestable de la pathologie scientifique, qui ressort des travaux du siècle dernier, et doit servir à toutes les recherches futures ; car plus on avance dans les études pathologiques, et plus on acquiert la conviction que hors de là on n'aboutira qu'à l'erreur.

On a pu ainsi établir que toutes les causes des maladies doivent être d'ordre mécanique, chimique ou parasitaire, et encore pourrait-on dire, toutes d'ordre mécanique, en considérant le mode précis d'action de chaque cause. Les découvertes de Pasteur ont apporté un appui considérable à cette manière de voir et jeté une si vive lumière sur l'étiologie et la pathogénie, que les causes de bien des maladies sont maintenant connues ou révélées chaque jour, et que, si, pour un grand nombre encore, le but n'a pu être atteint, on connaît au moins les voies qui permettront d'y arriver. La classification étiologique des maladies qui n'était encore considérée que comme une classification idéale, il y a peu d'années, est entrée aujourd'hui dans la phase de réalisation.

Mais les difficultés surgissent aussitôt qu'on veut se rendre compte du mode de production des lésions et les caractériser exactement. C'est qu'on n'a pas attendu et qu'on ne pouvait pas attendre de tout connaître à l'état normal pour entreprendre l'étude des états pathologiques; d'où les erreurs nombreuses qui ont été commises et ont toujours cours, tout au moins les incertitudes qui existent sur presque tous les points, en raison de nos connaissances encore restreintes touchant la constitution et le fonctionnement des éléments de l'organisme. On a vécu et on continue à vivre en partie sur des données exactes ou plus ou moins contestables, en partie principalement sur des données théoriques qui se modifient suivant les découvertes que l'on fait ou que l'on croit faire; et il faut convenir que nos connaissances positives dans la biologie normale et pathologique sont encore bien limitées!

Pour s'en convaincre, il suffit de voir comment les savants ont pu changer à diverses reprises, dans l'espace de peu d'années, les théories relatives à l'origine et à l'évolution des éléments anatomiques. Or il faudrait tout d'abord être fixé sur ce point pour expliquer les modifications se produisant sous l'influence des agents nocifs.

L'étude des théories aujourd'hui délaissées n'offre qu'un intérêt historique, tandis que la *théorie cellulaire* joue encore un rôle si important en pathologie et en anatomie pathologique, qu'il est indispensable d'examiner en premier lieu ce qui la concerne.

CHAPITRE PREMIER

ORIGINE DES ÉLÉMENTS CELLULAIRES DANS LES TISSUS

THÉORIE CELLULAIRE

L'étude de l'origine et de l'évolution des éléments cellulaires qui composent nos tissus ne date pas de longtemps. Ce sont les travaux de Schleiden dans le règne végétal et ceux de Schwann dans le règne animal, qui en ont été le point de départ : ces auteurs ayant cherché à démontrer que tout tissu végétal ou animal avait pour origine une cellule. Toutefois, Schwann admettait la possibilité de la naissance spontanée des cellules dans un blastème. Cette théorie qui a régné d'abord en Allemagne, avait été adoptée en France par Ch. Robin qui l'a soutenue en opposition à celle de Virchow. Mais cette dernière, déjà formulée en partie par Remak, n'a pas tardé à acquérir l'adhésion à peu près unanime des savants.

Pour l'auteur de la *Pathologie cellulaire*, « il n'y a pas de création nouvelle; elle n'existe pas plus pour les organismes complets que pour les éléments particuliers ». « La cellule présuppose l'existence d'une cellule (*omnis Cellula e Cellula*). Dans toute la série des êtres vivants, plantes, animaux, ou parties constituantes de ces deux règnes, il est une loi éternelle, c'est celle du développement continu. »

Ces propositions et la loi qui en découle, fondées sur l'observation rigoureuse des faits, paraissent toujours incontestables, et leur démonstration a réalisé un progrès considérable. Mais il n'en est pas de même des propriétés que Virchow a attribuées aux cellules, car elles ne reposent que sur des hypothèses, ainsi qu'il résulte de leur examen.

L'auteur rapporte tous les phénomènes normaux et pathologiques à l'activité cellulaire qui, pour être mise en jeu, nécessite une excitation ou irritation. « Toutes les fois, dit-il, qu'on réveille une activité spéciale, c'est pour faire fonctionner, pour nourrir ou pour former une partie : fonction, nutrition, formation. » Les limites qui séparent ces phénomènes sont très peu tranchées. La cellule excitée ou irritée attire à elle les éléments de nutrition en raison de l'influence qu'elle exerce sur le territoire voisin et fonctionne avec plus d'activité jusqu'au point d'en mourir parfois, à moins qu'elle ne revienne à l'état embryonnaire. Elle peut aussi se reproduire sous la même influence, ordinairement par division directe du noyau d'abord, puis du protoplasma cellulaire, la cellule mère disparaissant pour donner naissance à deux ou un plus grand nombre de cellules filles suivant le schéma de Remak.

On peut bien admettre que le fonctionnement d'une cellule ressortissant à la loi de fonctionnement de tout organisme, résulte des conditions physico-chimiques naturelles dans lesquelles elle se trouve et de l'action que peut avoir sur elle le système nerveux ; qu'ainsi il peut être augmenté, diminué ou perverti, au point d'occasionner des troubles correspondants. Mais comment prouver que la cellule, sous l'influence d'une excitation particulière, jouit de la propriété d'attirer à elle ses éléments de nutrition ?

On sait que des échanges ont lieu entre les cellules et leur milieu intérieur ; mais c'est par suite de phénomènes physico-chimiques plus ou moins bien connus et non par le fait d'une force particulière qui, si nous l'admettions, nous ferait reculer au delà de Leibnitz et de Descartes. Du reste, aucun fait ne peut prouver cette propriété spéciale des éléments cellulaires. M. Berthelot dit avec raison que « la vie ne s'entretient par aucune énergie qui lui soit propre » et cela est aussi vrai pour des parties quelconques de l'organisme que pour le tout.

Les cellules peuvent être le siège d'altérations plus ou moins considérables. Mais s'il n'est pas douteux qu'elles s'acheminent ensuite vers la destruction ou la mort ; il n'est pas moins certain qu'elles ne peuvent revenir à l'état embryonnaire, comme le soutenait déjà Ch. Robin. Les organismes ou leurs parties constituantes, pas plus que les fleuves, ne sont capables de remonter à leur origine. Ce qu'on prenait pour un rajeunissement des cellules qu'il est impossible de suivre dans leur évolution, est simplement la substitution d'une cellule jeune à une ancienne. C'est du reste un point de la doctrine de Virchow qui n'est plus accepté par tous les pathologistes.

Il en est de même de la division directe des cellules que tout le monde admettait il y a peu d'années et que chacun voyait couramment se produire à l'état pathologique comme à l'état normal, ainsi que le prouvent les dessins et les descriptions de la *Pathologie cellulaire* et des traités classiques.

Cohnheim lui a porté le premier coup en disant qu'il n'avait jamais pu constater la division cellulaire et que les nombreuses cellules trouvées dans les tissus enflammés provenaient des globules blancs du sang diapédésés. C'est tout au moins ce qui résulte de la mémorable expérience de cet auteur sur le mésentère enflammé de la grenouille. La plupart des observateurs qui ont répété cette expérience l'ont reconnue exacte en tous points, de telle sorte qu'il a fallu absolument tenir compte de la diapédèse dans l'interprétation des phénomènes pathologiques.

Mais tandis que quelques auteurs, adoptant complètement la manière de voir de Cohnheim, attribuaient aux cellules diapédésées le rôle que Virchow faisait jouer aux cellules fixes du tissu conjonctif, à l'exception de la reproduction; la plupart de ceux qui croyaient avec Virchow que les productions cellulaires provenaient de la division des cellules et qui cependant ne pouvaient pas nier la diapédèse, ont continué à admettre les deux modes de formation des nouveaux éléments produits dans les tissus. C'est ainsi que ces auteurs supposent la néoformation d'un épithélium cutané aux dépens des bourgeons charnus d'une plaie, alors que les cellules du tissu de granulation proviendraient à la fois des globules blancs du sang et de la division directe des cellules préexistantes. Or, cette manière de concevoir la formation de cellules bien caractérisées aux dépens d'éléments d'origine diverse indifféremment, n'est rien moins qu'établie sur une base scientifique. Si l'on pouvait prouver cette origine multiple pour certaines cellules, il faudrait encore trouver la raison qui la détermine. On a cru encore trancher la difficulté en disant que les globules blancs exsudés ne servent qu'à nourrir les cellules fixes qui se divisent, sans apporter plus de preuves en faveur de cette interprétation.

PATHOLOGIE CELLULAIRE ET PATHOLOGIE TISSULAIRE

C'est sur cette base fragile des propriétés hypothétiques attribuées aux cellules considérées comme pouvant agir d'une manière indépendante, que Virchow a basé sa théorie de « la pathologie cellulaire », laquelle, naturellement, n'est pas moins hypothétique en tous points. En effet, pas plus à l'état pathologique qu'à l'état normal, on ne voit une catégorie de cellules jouer à elles seules un rôle quelconque, soit pour se nourrir, soit pour fonctionner, soit enfin pour se reproduire, suivant les propriétés que l'auteur leur attribue et dont les modifications ou déviations expliqueraient toutes les productions pathologiques.

Il suffit d'observer les faits pour s'assurer que les cellules ne peuvent se nourrir que si les matériaux de nutrition leur sont apportés par la circulation et si les conditions physiques sont propices aux échanges osmotiques nécessaires ; qu'elles ne sont susceptibles de fonctionner que dans ces conditions qui nécessitent déjà l'intervention d'autres éléments et notamment la présence des liquides plasmatiques aussi indispensables que les cellules elles-mêmes ; que celles-ci doivent même être renouvelées plus ou moins rapidement ; et qu'enfin, pour pourvoir à leur remplacement, rien n'est moins démontré que leur division, difficile même à comprendre avec la continuation de leur fonctionnement.

Ce n'est pas à dire que le rôle des cellules soit négligeable. Bien au contraire, il doit être particulièrement étudié en raison de son importance. Mais le fait certain, c'est qu'il ne faut pas négliger davantage le rôle des autres éléments dont ne peuvent se passer les cellules, comme on paraît le croire en général. C'est que, à l'état pathologique, les phénomènes anormaux portent à la fois sur toutes les parties constituantes d'un tissu, toujours intimement unies comme à l'état normal, et qu'en voulant les considérer isolément, on est obligé de faire une hypothèse contre nature. C'est ainsi que même après avoir fait l'apologie de « la cellule », l'auteur de la *Pathologie cellulaire* ne s'occupe plus guère que des « tissus physiologiques et pathologiques ».

Ainsi que l'a établi Bichat, les tissus constituent à l'état normal la base sur laquelle reposent nos connaissances nécessaires pour comprendre les actes biologiques. Il est donc rationnel que les tissus soient également envisagés dans toutes leurs parties constituantes pour interpréter les modifications pathologiques dont ils peuvent être le siège et qui sont du ressort de la *biologie pathologique*. C'est pourquoi il ne saurait y avoir de « pathologie cellulaire » qu'en théorie, et que ce qui tombe sous les sens est toujours une *pathologie tissulaire*.

DIVISION INDIRECTE DES CELLULES OU KARYOKINÈSE

Nous devons étudier particulièrement le nouveau mode de division des cellules, le plus généralement admis et désigné sous le nom de *karyokinèse* ou de *mitose*, car la division directe ou *amitose* semble maintenant limitée par quelques auteurs à un certain nombre de cellules qui va en diminuant de plus en plus.

Lukjanow donne bien exactement l'impression de l'opinion générale à ce sujet, en disant « qu'aujourd'hui les biologistes aussi bien que les pathologistes prêtent relativement très peu d'attention à tout ce qui ne rentre pas dans le schéma de la karyokinèse ». C'est ainsi que les auteurs, antérieurement partisans de la division directe, ont simplement changé leur fusil d'épaule, en la remplaçant par la division indirecte, laquelle est la seule admise par Hertwig. Il est même arrivé que Ziegler a abandonné la théorie de Cohnheim pour aller grossir le nombre des partisans de la karyokinèse. On ne veut plus aujourd'hui que de la karyokinèse et on en a mis partout.

Il importe donc d'examiner sérieusement cette question qui joue actuellement un rôle considérable dans l'interprétation des phénomènes physiologiques et pathologiques.

Depuis la découverte de Flemming, l'étude de la division indirecte des cellules, a fait l'objet de nombreux travaux tant sur les animaux que sur les végétaux. Il en ressort très nettement que ce mode de division des cellules peut être observé dans certaines conditions où l'on a pu suivre toutes les particularités du phénomène.

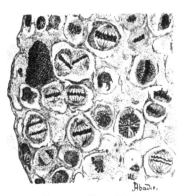

Fig. 1. — *Karyokinèse.*
Préparation de testicule normal de larve de salamandre.

M. Guignard a eu l'extrême obligeance de nous montrer ses préparations portant sur le pollen du lys. Elles sont très démonstratives de l'existence de tous les phénomènes décrits par cet auteur et par ses devanciers, qu'on peut suivre dans leurs diverses phases avec une netteté remarquable, telle qu'il serait impossible de confondre de semblables figures avec celles que pourrait offrir une fragmentation du noyau ou tout autre altération cytologique.

Nous devons aussi à M. Vialleton d'avoir pu parfaitement constater la karyokinèse sur les œufs de la seiche après la fécondation.

Des préparations se rapportant aux phénomènes réels de la karyokinèse dans le testicule et le péritoine d'une larve de salamandre nous ont été obligeamment communiquées par M. Caullery. Les figures 1 et 2 qui les reproduisent ne laissent assurément aucun doute sur leur réalité et sur les diverses phases qu'ils présentent.

On en a la démonstration bien évidente, mais il en résulte aussi que jamais rien de semblable ne nous paraît avoir été observé dans l'organisme animal ou végétal après son entier développement et notamment dans les productions pathologiques.

C'est en vain que nous avons tenté de voir les phénomènes de la karyokinèse sur la moelle osseuse normale du cobaye, en nous plaçant dans les meilleures conditions d'observation; nous n'avons même jamais vu sur les tissus sains d'un animal ou de l'homme, rien qui ressemble à ces phénomènes.

Nous les avons encore plus particulièrement recherchés sur des tumeurs à développement rapide ayant pris un gros volume où, d'après les auteurs, la karyokinèse serait bien manifeste, en suivant les indications données pour ces préparations, au moment même de l'ablation des tumeurs.

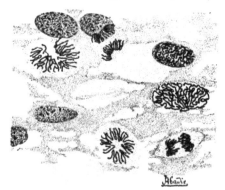

Fio. 2. — *Karyokinèse.*
Péritoine normal de larve de salamandre.

Or, il résulte de tous nos examens que nous avons bien vu les figures rapportées par les auteurs à la karyokinèse, mais qu'elles ne ressemblent pas du tout à celles qui sont caractéristiques, ainsi qu'on peut en juger en comparant aux figures précédentes, les figures 3 et 4.

La figure 3 se rapporte à une tumeur atypique du sein devenue rapidement volumineuse et où de nombreuses cellules sont accumulées irrégulièrement dans un stroma finement granuleux, en se présentant sous les aspects les plus variables. Nous avons choisi pour être reproduit par le dessin, le point de la tumeur où se trouve le plus grand nombre d'éléments considérés par les auteurs comme étant dans une phase karyokinétique.

Ce qu'on rencontre le plus communément comme appartenant à la karyokinèse est un simple aplatissement du noyau qui partage alors la cellule à la façon d'une plaque équatoriale à laquelle on l'assimile. Plus rarement on trouve deux noyaux aplatis placés parallèlement à une petite distance l'un de l'autre et paraissant appartenir à une cellule volumineuse, comme si la division du noyau venait de se produire, ou même avec les deux cellules placées l'une à côté de l'autre, que l'on considère comme résultant d'une division cellulaire entièrement effectuée. Beaucoup de noyaux sont augmentés de volume et déformés. Certains ont pris un aspect épineux tandis que d'autres semblent commencer à se désintégrer et même à se fragmenter. On rapporte alors ces modifications des noyaux à des mouvements incomplets du filament chromatique et à des divisions irrégulières plus ou moins anormales. •

Or, en examinant attentivement cette préparation, on peut voir

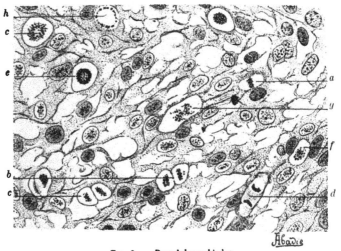

Fig. 3. — *Pseudokaryokinèse.*
Préparation d'une tumeur volumineuse du sein.

a. aplatissement transversal du noyau. — *b*, deux cellules accolées simulant une division. — *c*, *d*, autres types de pseudo-division. — *e*, noyau avec aspect épineux. — *f*, commencement de fragmentation. — *g*, fragmentation plus avancée. — *h*, dissémination des fragments du noyau à la périphérie de la cellule avec protoplasma hyalin comme sur toutes les cellules précédentes.

que l'aplatissement du noyau que l'on prend pour une plaque équatoriale se rencontre avec des modifications plus ou moins considérables du protoplasma cellulaire. Celui-ci a pris l'aspect hyalin, vacuolaire, avec une augmentation de volume, à laquelle on peut rationnellement attribuer le refoulement du noyau probablement plus ou moins altéré et qui tend même sur d'autres points à se désintégrer.

Sur les parties où l'on pourrait supposer que la division d'un noyau vient de se produire, par la présence de deux noyaux en apparence dans une même cellule, un examen attentif permet

ordinairement de constater par quelques indices (comme une
encoche dans le contour cellulaire ou un aspect légèrement différent du protoplasma cellulaire autour de chaque noyau) rendus
apparents en faisant varier la vis micrométrique, qu'il s'agit de deux
cellules accolées, en voie de coalescence ou non, et qui, le plus
souvent, ne sont pas sur le même plan. De plus, on remarque que
les autres modifications nucléaires consistent surtout dans des
altérations avec désintégration, d'où résultent des dispositions très
variables du noyau, en forme de pomme épineuse compacte ou tendant déjà à la dissémination des fragments, lesquels se présentent

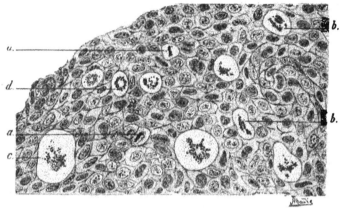

Fig. 4. — *Pseudokaryokinèse.*
Préparation d'un épithéliome cutané.

a, aplatissement du noyau. — *b*, début de fragmentation. — *c*, fragmentation plus avancée avec
état hyalin du protoplasma et augmentation do volume excessive de la cellule. — *d*, disposition en
couronne des fragments nucléaires.

alors en amas irréguliers et peuvent même être disséminés à la périphérie de la cellule en formant comme une couronne de granulations. La transformation hyaline du protoplasma avec augmentation de volume est d'autant plus manifeste que les modifications du
noyau sont plus considérables ; ce qui tend bien à faire penser qu'il
ne s'agit en somme que de modifications cellulaires en rapport avec
une évolution dégénérative des cellules de plus en plus accusées.
    Cette interprétation des modifications que peuvent présenter les
cellules dans les tumeurs ressort aussi bien manifestement d'une
préparation se rapportant à un épithéliome cutané (fig. 4) où l'on
peut voir d'une manière encore bien plus évidente, toutes les
transitions entre l'aspect des cellules considérées comme en état de

karyokinèse et les altérations de plus en plus prononcées à la fois du noyau et du protoplasma.

Il serait impossible de prendre ces figures pour celles de la karyokinèse, si, en les reproduisant, on n'avait soin de placer au milieu d'elles, comme on a coutume de le faire, quelques figures schématiques pour entraîner la conviction. Mais, il n'y a de manifeste que le schéma, les préparations ne donnant, en réalité, que l'apparence vaine de la karyokinèse. Le plus souvent il s'agit de cellules démesurément augmentées de volume, avec modification du protoplasma d'aspect vacuolaire, tandis que le noyau également plus volumineux est granuleux, déformé ou fragmenté. On ne voit jamais de véritables fuseaux tels qu'on les figure quelquefois, ni les diverses dispositions du filament chromatique nucléaire. Mais ce sont toujours des altérations du noyau et notamment des fragmentations attribuées par Arnold à un phénomène connexe de celui de la division indirecte. « La segmentation et la fragmentation ne s'excluent pas l'une l'autre, dit Lukjanow. Tout en insistant sur la diversité des formes des deux processus, Arnold affirme que toutes les transitions imaginables entre celles-ci peuvent exister. On peut donc dire en général que la segmentation indirecte typique et la fragmentation indirecte typique ne sont que les deux termes extrêmes d'une longue série de formes relevant de la division indirecte. »

Et, cependant, le même auteur fait remarquer dans les pages précédentes de son livre, que la fragmentation a pour origine les cas fournis par les matériaux pathologiques, qu'on ne peut faire rentrer dans le schéma de la karyokinèse, que certains auteurs considèrent comme une multiplication de cellules et de noyaux doués de vie; tandis que d'autres tendent à admettre qu'il s'agit, non d'une multiplication, mais d'une destruction ou de quelque chose d'analogue.

Tout en disant que nombre des données positives d'Arnold méritent pleine créance, Lukjanow ajoute : « On peut se demander jusqu'à quel point est légitime la portée qu'Arnold attribue à l'ensemble de ses observations. Les critiques qu'on a faites à Arnold se réduisent au fond à ceci : ses observations ne démontrent pas d'une manière irréfutable que les fragments nucléaires soient réellement capables de vivre et que les cellules migratrices ne prennent aucune part à la formation des éléments capsulaires précités. Plus tard, dans le chapitre consacré à la mort de la cellule, je décrirai toute une série de formations qui, en tout cas, rappellent de très près celles d'Arnold. *On sait d'ailleurs qu'au cours de la destruction des cellules, le noyau peut se décomposer en parties isolées ou fragments bourgeonnants qui fixent très volontiers certains colorants nucléaires.* » Nous avons pris la liberté de souligner cette dernière phrase pour attirer sur elle l'attention et montrer les difficultés qui peuvent se présenter. Celles-ci, en effet, sont capables de donner lieu aux · interprétations les plus opposées, même pour un savant qui admet sans conteste la karyokinèse dans tous les cas signalés par les auteurs, et pour qui « les formes sous lesquelles apparaît la karyokinèse sont si caractéristiques que leur signification peut difficilement échapper, même à un observateur inexpérimenté ».

Le même auteur dit bien que l'on peut conclure des travaux des pathologistes que « l'aire d'extension de la karyokinèse dans les cas pathologiques est extraordinairement large »; mais il ajoute, un peu plus loin, que les « pathologistes qui observent les tissus humains sur des pièces d'autopsie ou d'opérations chirurgicales, n'ont que bien rarement contribué aux progrès de l'étude de la karyokinèse dans des cas pathologiques, en ce qui concerne tout au moins l'élucidation du mécanisme intime des diverses déviations du processus karyokinétique ». C'est qu'apparemment il ne s'agissait pas des faits « caractéristiques » signalés plus haut ; mais qu'on a eu plutôt affaire à ces cas qui peuvent aussi bien, sinon mieux, s'interpréter comme des phénomèmes destructifs.

A l'appui de cette manière de voir, nous citerons encore, d'après Lukjanow, la karyokinèse observée par Home dans les cellules fixes de la couche cornée de la peau consécutivement à la cautérisation par le chlorure de zinc dans le voisinage immédiat des centres inflammatoires, ainsi que l'expérience de Nauwerck qui a constaté, en enfonçant des aiguilles rougies dans les muscles volontaires du lapin, que le noyau musculaire présente d'abord la division directe et ensuite la division indirecte. Il ne nous est pas possible d'interpréter autrement l'expérience de Steinhaus, qui a observé dans le foie du cobaye, dont le canal cholédoque a été ligaturé, un nombre très considérable de figures karyokinétiques au niveau des amas nécrotiques. Pour Lukjanow, il s'agirait dans ces cas d'une nécrose des cellules au repos et des cellules en cours de division.

Ce n'est que dans le cas d'une mort subite qu'on pourrait surprendre l'évolution karyokinétique, puisque quelques minutes suffiraient pour qu'elle fut effectuée. Or la ligature du canal cholédoque ne peut produire l'arrêt instantané des phénomènes vitaux sur aucune cellule du foie. Ce qui le prouve du reste, c'est que les cellules dont il s'agit sont en dégénérescence ; c'est-à-dire que leur vitalité a été peu à peu modifiée pour aboutir à leur mort. Or, il n'est guère admissible que la karyokinèse soit restée appréciable pendant si longtemps, d'une manière absolument exceptionnelle alors ; et n'est-il pas plus logique de penser qu'il s'agit de ces cas signalés précisément par Lukjanow, où les formations nécrosiques ressemblent aux fragmentations du noyau, d'autant que ces fragments peuvent fixer certains colorants nucléaires. Du reste, tous les cas que nous venons de relater ont ce caractère commun que les prétendus phénomènes de karyokinèse ont eu lieu à l'occasion d'une action destructive sur des cellules manifestement altérées et non en état d'évolution formative.

Nous avons insisté sur ces points, parce qu'ils peuvent, selon nous, expliquer la plupart des altérations considérées par les auteurs, comme se rapportant à la karyokinèse, et qu'on trouve communément cités à propos de toutes les productions pathologiques, dont les cellules ont précisément de la tendance à se modifier et à dégénérer en raison des conditions anormales où elles se trouvent. Mais il est encore très probable que les manipulations faites pour rendre apparente la mitose ne sont pas sans influence sur la fragmentation nucléaire des cellules plus ou moins altérées.

Cependant les auteurs ont bien remarqué que les productions pathologiques ne présentaient pas les phénomènes de karyokinèse avec une netteté parfaite, qu'ils pouvaient être ainsi moins apparents ou plus ou moins modifiés ; mais ils l'ont attribué précisément à l'état anormal de production.

Quoiqu'il soit difficile d'admettre une atténuation dans la détermination du phénomène de reproduction là où il serait très actif, comme on l'admet pour les tumeurs à développement rapide, il n'y a qu'à rechercher ce qui se passe dans les divers tissus normaux pour savoir si cette opinion des auteurs est soutenable.

Or, en examinant les tissus à l'état normal, on ne voit pas mieux la karyokinèse et on trouve même moins ces apparences de karyokinèse fruste offertes par les parties altérées. On dit, il est vrai, que cela tient à la rapidité avec laquelle le phénomène doit s'opérer. Mais en se plaçant dans les conditions les plus favorables, c'est-à-dire *en fixant les tissus vivants de l'organisme formé, comme on le fait pour ceux de l'organisme en voie de formation, on devrait voir aussi bien les phénomènes karyokinétiques dans les deux cas ;*

tandis que, en réalité, on ne les observe manifestement que dans les périodes embryogéniques, notamment sur les organes de la génération des végétaux et des animaux. C'est du reste ce qui nous paraît ressortir des travaux des auteurs qui ont plus particulièrement étudié la cellule dans les deux règnes, quoique ces mêmes auteurs reproduisent comme véridiques les observations faites par d'autres, sur les tissus pathologiques, sans les avoir confirmées par leurs recherches personnelles.

Toutes les figures du livre de Hertwig qui se rapportent aux recherches des auteurs et des siennes propres sur la karyokinèse ont trait à des éléments embryonnaires et ce sont ces mêmes éléments qu'il donne le conseil d'examiner. « Dans le règne animal, dit-il, les objets les plus convenables pour cette étude et le plus souvent observés sont les cellules des tissus des jeunes larves de Salamandra maculata et du Triton, les cellules spermatiques d'animaux à maturation sexuelle, et enfin les sphères de segmentation (blastème) de petits œufs transparents, notamment des nématodes (Ascaris megalocephala) et des Échinodermes (Toxopneustes lividus). Dans le règne végétal, les objets les plus favorables sont la couche protoplasmique pariétale du sac embryonnaire, surtout du Fritillaria impérialis, le développement des grains de pollen des Liliacées, etc. ».

Il en est de même dans le livre plus récent de Lukjanow qui, reproduisant l'opinion de la plupart des auteurs, ne cite qu'une observation personnelle faite « sur les produits sexuels de l'ascaris marginata ».

Nous ferons encore remarquer que dans les végétaux, on ne trouve pas de mitose sur les parties qui sont en voie de développement plus ou moins considérable ni sur leurs productions pathologiques. Or, la loi qui régit la division indirecte des cellules ayant un caractère général et étant beaucoup plus manifeste et facile à observer sur les végétaux, on n'aurait pas manqué de la rencontrer dans ces circonstances, si elle existait sur les animaux.

Et même en supposant que le phénomène de la division des cellules dans ces conditions passe inaperçu, on devrait au moins trouver à côté des cellules considérées comme cellules mères, les cellules filles provenant de leur division ; tandis qu'on ne rencontre pas les éléments cellulaires sous un aspect qui permette cette interprétation. Et cela ressort peut-être encore plus manifestement de l'examen des productions pathologiques que de celui des tissus normaux, comme nous aurons l'occasion de le faire remarquer.

Enfin combien rares sont même ces apparences de karyokinèse par rapport au nombre des cellules produites dans les cas pathologiques!

La conclusion qui découle de ces faits, c'est que la division de la totalité des cellules de l'organisme, pour fournir aux productions nouvelles dans le cours de son existence, ne saurait être démontrée, et que les auteurs qui prennent cette division pour base de leurs théories partent d'une simple hypothèse.

Mais on peut se demander si cette hypothèse est assez rationnelle pour être considérée comme probable? C'est encore à une conclusion contraire qu'on arrive.

Et d'abord il est impossible de supposer que les cellules se divisent indéfiniment, puisqu'elles vivraient de même. On a, au contraire, la preuve que les cellules ont une évolution déterminée et qu'elles sont détruites ou éliminées au bout d'un temps variable pour être remplacées par des cellules nouvelles, tout au moins pour le plus grand nombre de celles que l'on peut observer convenablement et que l'on suppose susceptibles de se diviser.

L'hypothèse n'est pas plus soutenable pour une partie que pour la totalité des cellules, dites de reproduction, qu'on suppose immortelles et qu'on ne distingue pas des cellules, dites somatiques, qu'on croit capables de ne fournir qu'un nombre limité de générations. Car ce ne sont que des suppositions théoriques et des divisions nominales, ne reposant sur aucun fait, et aussi en contradiction avec ce qu'on observe.

Enfin nous démontrerons qu'en supposant possible la division des cellules spécialisées, généralement adoptée aujourd'hui, on ne peut expliquer d'une manière rationnelle la répartition et le développement des néoproductions.

Il y a toutes probabilités pour qu'un phénomène dont la production exige, dans les cas évidents, la fécondation préalable, c'est-à-dire le concours d'une autre cellule provenant d'un appareil particulier, etc., ne puisse être déterminé de la même manière, sans fécondation, dans toutes les parties de l'économie indistinctement, c'est-à-dire dans des conditions absolument différentes à tous les points de vue. En outre, il s'agit, non d'un organisme en voie de formation, mais de phénomènes d'évolution et de rénovation des cellules en rapport avec leur nutrition dans le cours de l'existence de l'organisme, c'est-à-dire de phénomènes bien différents de ceux de la première période où la karyokinèse était manifeste, et qui doivent rationnellement correspondre à un autre

mode de production en harmonie avec ce qu'on observe sur
l'organisme constitué.

PHÉNOMÈNES
DE NUTRITION ET DE RÉNOVATION DES CELLULES
DANS L'ORGANISME CONSTITUÉ

On ne voit aucune fonction dévolue à la totalité des cellules, ni
même à un certain nombre de tissus ou d'organes. Chacun a
des propriétés ou des fonctions spéciales. *La division des fonctions
est la règle.* Elle est en rapport avec la disposition particulière des
organes, chacun apportant son concours pour constituer l'harmonie
générale.

*Les phénomènes communs à tous les organes sont ceux qui assurent
leur existence*, et au nombre desquels se trouve la rénovation
cellulaire intimement liée à la nutrition des organes avec laquelle
elle est en rapport direct, comme il ressort très manifestement
des observations faites à l'état normal et pathologique.

On peut constater, en effet, que l'augmentation des éléments de
nutrition favorise non seulement l'augmentation de volume des
cellules quand elles ont l'espace suffisant pour se développer, mais,
encore celle de leur nombre, comme on en a la démonstration
surtout dans les états pathologiques où ces phénomènes peuvent
se présenter dans des conditions très variables, mais qui ne font
que confirmer ce que nous avançons.

Or, *les éléments de nutrition sont fournis par les éléments du
sang*, c'est-à-dire à la fois par son plasma, ses globules rouges et
ses globules blancs. Si l'on ne connaît pas encore d'une manière
très précise comment chaque partie est utilisée, on sait cependant
que tous les liquides de l'économie sont fournis par le plasma.
sanguin, que les hématies sont principalement les vecteurs de
l'oxygène dans l'intimité des tissus, et que les globules blancs
sortent aussi de l'appareil circulatoire par diapédèse, à l'état
normal et à l'état pathologique, pour aller constituer certains
éléments anatomiques.

Assurément on n'est pas d'accord sur le rôle que remplissent les
éléments diapédésés. Si certains auteurs leur attribuent une
fonction particulière dans l'inflammation, sous le nom de phagocytose, qui, selon nous, est irrationnelle et inadmissible, comme
nous chercherons à le démontrer à propos de l'inflammation,

d'autres auteurs les considèrent comme capables de former seulement quelques éléments cellulaires des tissus. Or, il est peu probable que des éléments soient constitués en partie de cette manière et en partie par un autre procédé totalement différent, car, ainsi que nous l avons déjà dit, on ne voit rien de semblable dans l'organisme; il y a au contraire toutes probabilités pour que les cellules soient renouvelées de la même manière dans les diverses parties, non seulement d'un tissu, mais encore de l'organisme entier, comme elles sont toutes nourries par le même mécanisme. Si l'on ne peut pas, à l'état dynamique, suivre les cellules depuis leur départ des vaisseaux jusqu'au moment où elles vont prendre place dans les tissus, on peut au moins observer, à l'état statique, surtout dans les productions pathologiques, les phases successives qui permettent cette interprétation, et telles qu'on ne saurait mieux les rendre par des dessins successifs pour expliquer le phénomène. En outre partout où il y a hyperproduction des éléments d'un tissu, on trouve en même temps une vascularisation augmentée qui marque la phase initiale du processus et se trouve toujours en rapport direct avec la production plus ou moins abondante des éléments cellulaires à ce niveau, comme dans l'expérience célèbre de Cohnheim. Enfin on trouve aussi des transitions insensibles entre les jeunes éléments diapédésés dans les tissus et les cellules propres nouvellement formées, soit à leur place habituelle, soit dans des conditions plus ou moins anormales.

Ces phénomènes peuvent être réalisés expérimentalement dans leurs manifestations essentielles par l'oblitération d'un vaisseau. On a ainsi, à côté des parties plus ou moins privées de circulation et de vie, une circulation accrue avec augmentation de la production des éléments anatomiques.

On a donc par l'observation et par l'expérimentation, jointes à l'étude rationnelle de ce qui se passe dans l'organisme, la preuve aussi démonstrative que possible dans l'état actuel de nos connaissances, de l'utilisation probable de tous les éléments du sang pour la nutrition et l'entretien des tissus par la rénovation de leurs éléments au fur et à mesure de leur disparition, et par conséquent de la production des éléments cellulaires des tissus qui sont incessamment renouvelés par les globules blancs du sang. A l'appui de cette interprétation donnée aux faits constatés, on peut encore faire valoir la production d'une leucocytose qui existe toujours à des degrés divers avec la surproduction des cellules sur un point de l'économie.

Mais comment ces cellules sont-elles produites et d'où viennent-elles?

En considération de la division des fonctions réparties aux divers organes de l'économie, il y a toutes probabilités pour que cette production soit dévolue à un organe spécial. Mais nous devons reconnaître que la plus grande obscurité règne à ce sujet et que la démonstration positive du mode de production des éléments du sang reste encore à faire.

CHAPITRE II

ROLE DES ORGANES LYMPHOIDES

L'abondance des organes lymphoïdes principalement en rapport avec l'appareil digestif et l'abouchement des voies lymphatiques dans l'appareil circulatoire où les leucocytes sont incessamment déversés, constituent un argument qui semble décisif, en faveur de la formation des globules blancs au sein de ces organes.

On peut remarquer aussi dans tous les cas où il y a de la leucocytose, que les organes lymphoïdes sont augmentés de volume. Les ganglions sont plus ou moins tuméfiés et parfois même très volumineux. Les points lymphatiques du tube digestif sont manifestement plus accusés, et parfois leurs cellules sont assez abondantes pour s'étendre de l'un à l'autre point voisin par une traînée de cellules identiques à celles qui constituent ces amas, comme on le constate dans les cas de lymphadénie et même avec les lésions inflammatoires de divers organes, surtout d'origine tuberculeuse, où déjà à l'œil nu on trouve manifestement de la psorentérie.

Dans les mêmes cas, l'examen des principaux organes permet d'y constater aussi des amas de petites cellules rondes dont le noyau est bien coloré par le carmin avec peu ou pas de protoplasma appréciable ressemblant tout à fait à des points lymphatiques de volume variable, de forme ordinairement arrondie, mais à limites irrégulières, alors que ces organes ne sont pas considérés comme pourvus à l'état normal de points lymphatiques.

C'est dans le foie que ces productions se rencontrent le plus souvent d'une manière évidente. C'est du reste sur cet organe que nos examens ont porté le plus fréquemment, comme ceux des auteurs qui ont vu ces productions en les interprétant différemment suivant les circonstances où elles s'étaient produites. C'est ainsi que dans les cas de leucocythémie et de lymphadénie, ils attribuent les amas de cellules rondes trouvées surtout dans les espaces portes, à une hyperplasie conjonctive ou à une néoproduction de tissu adénoïde ou encore à une diapédèse de globules blancs pouvant donner lieu à l'une ou à l'autre de ces productions, tandis que dans la plupart des maladies infectieuses, ces amas de cellules, plus petits, sont considérés comme de simples productions inflammatoires.

Nous appelons l'attention d'abord sur la constance de ces productions cellulaires au plus haut degré dans les cas de leucocythémie et de lymphadénie, puis dans tous les cas de leucocytose tant soit peu prononcée, principalement avec la tuberculose et la plupart des maladies infectieuses, toujours à un degré plus marqué chez les enfants; en faisant remarquer l'analogie de ces productions dans tous les cas, avec celles où elles sont portées à leur maximum lorsqu'il existe de l'hyperplasie cellulaire au niveau des ganglions et des points lymphatiques connus.

Il en ressort cette conclusion qu'il y a un rapport manifeste entre les productions lymphoïdes et inflammatoires. Mais on doit se demander s'il s'agit dans tous les cas et sur tous les points de productions lymphoïdes ou s'il existe seulement des productions inflammatoires à la fois sur les points où se trouvent des tissus lymphoïdes et sur les organes qui n'en possèdent pas, avec une analogie dans toutes ces productions par suite d'une pathogénie à déterminer.

D'après l'observation générale concernant les néoproductions, les tumeurs seules (et ici seulement les lymphosarcomes), peuvent, en se généralisant, conserver sur tous les points les caractères essentiels de la néoformation primitive, même sur ceux où le tissu lymphoïde n'existe pas à l'état normal, comme dans le foie pris précédemment pour exemple. S'il était démontré que les petits amas cellulaires contemporains des hyperplasies lymphoïdes rencontrés dans tous les cas précédemment indiqués, sont constitués par un véritable tissu lymphoïde, il faudrait admettre que ce tissu existe aussi sur les mêmes points à l'état normal, mais en si petite quantité qu'il a passé jusqu'ici inaperçu, comme cela pourrait être s'il ne s'agissait que de quelques cellules isolées ou disséminées.

Or, comme cette démonstration n'a pas été faite en dehors des cas de lymphosarcomes, et que, à l'état normal, on ne constate pas le moindre point lymphoïde manifeste dans cet organe, on est bien contraint de considérer ces productions comme étant d'origine inflammatoire. Il est à remarquer cependant que les noyaux de ces cellules paraissent placés dans un réticulum, surtout lorsque la préparation est ancienne. Mais il est probable qu'il s'agit du contour des cellules en contact les unes avec les autres.

Du reste, dans ces cas, on trouve non seulement ces petits amas cellulaires ordinairement sur un point des espaces portes, mais aussi des productions cellulaires plus ou moins abondantes, irrégulièrement disséminées, plutôt le long des vaisseaux et entre les canalicules hépatiques. Ce sont même ces lésions qui sont habituellement constatées, les petits amas cellulaires étant souvent peu accusés. Mais une observation attentive permet de se rendre compte des rapports qui existent entre ces diverses productions. A un léger degré, on ne voit que des cellules disséminées principalement autour des canaux biliaires; à un degré plus accusé les cellules sont répandues en plus grand nombre le long de ces canaux et des vaisseaux, mais en somme sur la plus grande partie ou la totalité des espaces portes, et, en même temps, on trouve alors çà et là les petits amas cellulaires, en rapport avec une plus grande intensité du processus; ce qui permet de considérer toutes ces productions comme étant d'origine inflammatoire.

Cette conclusion nous paraît encore justifiée par les observations que nous avons faites au niveau des productions inflammatoires localisées sur les divers organes.

En effet, lorsqu'on examine des lésions de ce genre au niveau du foie, du rein, des poumons, des organes génitaux, de la peau, des muqueuses, dans les parois vasculaires, dans les os, etc., en un mot dans tous les tissus enflammés, on rencontre çà et là (ainsi que nous le verrons en traitant de l'inflammation) de petits amas de cellules rondes, analogues à ceux qui ont été précédemment considérés dans le foie, mais avec prédominance dans la leucocythémie, la lymphadénie et les infections générales.

Si l'inflammation est localisée sur une région où se trouve du tissu lymphoïde, les productions de ce dernier sont considérablement exagérées, se confondant insensiblement avec les productions diffuses de la région, comme on peut le voir sur les figures se rapportant aux inflammations de la muqueuse intestinale, par exemple.

- C'est ainsi que, dans ce cas, les productions lymphoïdes pourront être tellement abondantes que toutes les productions cellulaires sembleront provenir de leur hyperplasie débordante. Cependant cette hypothèse ne saurait être admise, parce que l'on voit aussi l'hyperplasie lymphoïde à une certaine distance du foyer inflammatoire et que l'on considère même les productions lymphoïdes plutôt comme secondaires ; ce qui est le cas habituel des lésions ganglionnaires. En réalité dans les lésions inflammatoires, les hyperproductions cellulaires portent sur toutes les parties constituantes de la région atteinte, comme nous le démontrerons plus loin, et toujours avec plus ou moins d'intensité sur le tissu lymphoïde, lorsqu'il s'en trouve au niveau de la lésion sans qu'on puisse manifestement établir l'ordre dans lequel les divers éléments sont atteints. Mais, ce qu'il y a de certain, c'est que les ganglions voisins et à plus forte raison éloignés, ne sont affectés que secondairement, comme tous les auteurs l'ont observé.

- Du moment où l'on trouve des amas de petites cellules rondes au sein des foyers inflammatoires des divers organes qui ne possèdent pas de tissu lymphoïde, il n'y a pas de raison pour les considérer comme des hyperplasies de ce tissu, ni comme des néoformations qu'on n'observe qu'avec les tumeurs.

Il s'agit bien évidemment d'une production intensive de jeunes cellules réunies en amas qui, le plus souvent, se continuent en prolongements diffus au sein du tissu. Toutes ces productions paraissent bien de même nature, sauf que les petites cellules réunies en amas semblent plus jeunes, plus nouvellement produites au sein des parties enflammées.

- Si l'on veut bien remarquer que ces amas cellulaires se rencontrent surtout au voisinage de vaisseaux dilatés ou de nouvelle formation, on peut en déduire qu'il y a beaucoup de probabilités pour que ces cellules proviennent récemment des vaisseaux, comme toutes les cellules, mais seulement qu'elles ont été diapédésées en grande quantité sur des points plus ou moins localisés.

Cette hypothèse nous paraît corroborée par ce qu'on observe aussi sur les tumeurs. Celles-ci présentent également en plus ou moins grand nombre de petits amas cellulaires, tout à fait analogues à ceux des productions inflammatoires, et ils doivent vraisemblablement y jouer le même rôle.

Il est vrai que les auteurs désignent ordinairement les jeunes cellules réunies en amas ou disséminées dans les tissus, sous le nom de « cellules embryonnaires » ; mais, comme nous le démontrerons bientôt, il ne saurait être question dans l'organisme entièrement constitué de cellules de l'embryon, ni même de cellules embryonnaires de l'adulte.

Nous aurons à revenir sur tous ces points à propos des lésions inflammatoires et néoplasiques ; et si nous avons empiété sur ces sujets à propos de l'origine des éléments cellulaires de nouvelle formation, c'est afin d'appeler immédiatement l'attention sur les arguments qu'on peut faire valoir pour soutenir qu'elle réside dans les éléments du sang, en montrant en même temps les rapports qui les relient avec les organes lymphoïdes.

Cependant, nous sommes forcé de convenir que, pas plus dans ces organes que dans l'appareil circulatoire ou dans l'intimité des tissus, il n'est possible, avec nos moyens actuels d'investigation, de surprendre le mode de formation de ces éléments cellulaires. C'est en vain que pour contrôler l'opinion des auteurs qui soutiennent leur hyperproduction par la division des cellules sur ces divers points, nous avons examiné (en nous plaçant dans les meilleures conditions possibles) les ganglions et la moelle osseuse, pris sur l'animal vivant ; nous n'avons pu constater la moindre trace de division directe ou indirecte des cellules. On n'y trouve pas même des figures de pseudo-karyokinèse rencontrées dans les cas pathologiques ; parce que, dans ces derniers, il s'agit d'altérations cellulaires qui n'existent pas sur des organes normaux. C'est même un argument de plus en faveur de l'opinion que nous soutenons au sujet de la non existence de la karyokinèse sur les parties définitivement constituées, et soumises seulement à la rénovation des éléments cellulaires.

Mais de ce que l'on ne connaît pas l'origine des éléments du sang d'une manière positive, il ne s'en suit pas qu'on doive négliger tout ce qui a trait à leur utilisation pour la nutrition et la rénovation des éléments cellulaires des tissus dont on peut se rendre compte dans une certaine mesure. En effet, sans avoir également des notions complètes à ce sujet, on en possède cependant quelques-unes d'assez probantes, que nous avons cherché à mettre en relief, et d'où il résulte qu'il y a toutes probabilités pour que le liquide sanguin fournisse à la fois les matériaux de nutrition des divers éléments constituants des tissus et les cellules nécessaires au remplacement de celles qui disparaissent, dans les états pathologiques comme à l'état normal.

La plupart des auteurs admettent bien que les globules blancs du sang diapédésés peuvent devenir des cellules conjonctives ou.

endothéliales; mais les faits apportés par quelques-uns en
faveur de la constitution d'éléments épithéliaux et glandulaires
de la même manière, sont en général négligés. On n'y attache
aucune importance, parce que l'on *croit* à la division des cellules
propres des tissus pour la rénovation des cellules et pour les productions pathologiques, ainsi qu'à celle des éléments du tissu conjonctif, lesquels se trouveraient ensuite confondus avec les éléments diapédésés et même avec les jeunes cellules résultant de la
division des anciennes.

C'est ainsi qu'on arrive à trouver dans le tissu conjonctif les éléments les plus disparates, surtout lorsqu'on y ajoute encore les
cellules considérées comme des phagocytes. Or, non seulement il
est impossible de distinguer ces cellules les unes des autres, mais
on crée ainsi une théorie qui est en opposition avec tout ce que
l'on sait de la constance dans les modes de production et d'évolution cellulaires que nous connaissons, et surtout avec l'observation des faits qui, comme nous avons cherché à le prouver, ne
peuvent pas démontrer la multiplication des cellules par division
dans les tissus constitués.

Enfin, on attribue de la sorte au tissu conjonctif une constitution
éventuelle qui s'éloigne absolument de celle admise à l'état normal
par les histologistes. Ceux-ci, du reste, ne sont pas d'accord sur
tous les points. Nous croyons même que tout ce qu'on désigne
communément en anatomie pathologique sous le nom de tissu
conjonctif, ne répond nullement au tissu conjonctif des histologistes. Or, comme ce tissu joue un rôle capital dans toutes les productions pathologiques, qui ne peuvent être qu'une déviation de
l'état normal, il importe tout d'abord d'être fixé sur ce qu'on doit
entendre sous ce nom dans cet état.

CHAPITRE III

QUELQUES CONSIDÉRATIONS SUR LE TISSU CONJONCTIF ET LE ROLE QU'ON PEUT LUI ATTRIBUER

« Le tissu conjonctif, dit M. Ranvier, correspond à peu près au tissu cellulaire de Bichat. Répandu dans le corps entier, il enveloppe tous les organes et pénètre dans leur intérieur pour leur former une sorte de squelette. »

L'auteur du *Traité d'histologie*, cite les parties de l'organisme où l'on rencontre du tissu conjonctif, mais ne le définit pas autrement. Toutefois, il résulte de ses recherches que les fibres conjonctives sont essentiellement constituées par des faisceaux de fibrilles formés en dehors des cellules, lesquelles se trouvent ainsi entre les faisceaux. On aurait pu croire cette question du rapport des cellules avec les fibrilles définitivement tranchée; mais M. Retterer a publié, il y a quelques années, une revue générale au sujet des découvertes récentes relatives au développement du tissu conjonctif, d'où il ressort qu'il se manifeste une tendance à considérer au contraire les faisceaux de fibrilles conjonctives comme produits aux dépens des cellules elles-mêmes.

C'est donc le retour aux anciennes opinions contradictoires émises à ce sujet depuis les travaux de Schwann, Henle, Reichert, Lebert, Ch. Robin, Virchow, etc.; ce qui prouve que des observateurs de premier ordre ont interprété différemment ce qu'ils ont vu; ou n'ont pas vu les mêmes choses, peut-être en n'observant pas les mêmes points, ni dans les mêmes conditions. Nous inclinons pour cette dernière hypothèse, en raison de l'interprétation relativement facile, fournie par les moyens actuels d'observation, et parce que c'est aussi l'impression que donne la lecture des travaux publiés à ce sujet.

Ce tissu se présente dans les diverses parties de l'organisme avec des dispositions particulières, et ordinairement avec l'adjonction de fibres élastiques, souvent de vésicules adipeuses, suivant les régions qu'il occupe et les fonctions qu'il remplit ; de telle sorte qu'il diffère notablement dans les tendons, les membranes d'enveloppe, le derme, les gaines des vaisseaux et des nerfs, dans l'épiploon, etc., où il constitue autant d'appareils spécialement adaptés à une fonction, mais aussi avec le caractère général de servir de protection, de soutien ou de relier les parties entre elles. En tout cas partout où il y a du *tissu fibreux* proprement dit, on trouve, comme l'a indiqué M. Ranvier, des faisceaux fibrillaires indépendants des cellules, lesquelles sont situées entre les faisceaux; ceux-ci étant, par conséquent, extra-cellulaires.

Il est plus difficile de savoir s'il s'agit de fibrilles primitives réunies pour former les faisceaux, ou s'il y a d'abord une masse homogène subissant ultérieurement la fibrillation; mais cette dernière interprétation nous paraît la plus probable, d'après les observations que nous avons faites dans les cas pathologiques.

On peut aussi se demander quels sont les rapports existant entre ces cellules et ces faisceaux?

Il est très vraisemblable que des échanges ont lieu entre ces parties dans les actes nutritifs; mais il n'est guère possible de croire à la formation de ces faisceaux uniquement aux dépens d'une matière élaborée par les cellules : celles-ci étant trop peu nombreuses et trop petites pour fournir de pareils matériaux. On dit, il est vrai, que sur l'embryon, ce tissu ne renferme d'abord que des cellules au sein desquelles on voit ultérieurement apparaître des faisceaux de fibres conjonctives; mais c'est un argument employé par les deux parties pour prouver que les fibres sont extra ou intra-cellulaires. On oublie que les cellules se trouvent au sein d'une substance intermédiaire aussi réduite que l'on voudra, mais indispensable assurément pour que les échanges nutritifs puissent avoir lieu avec les produits fournis par le sang. Or, en général, on ne tient pas compte de ces sucs nutritifs qui, à l'état normal, ne sont même pas quantité négligeable, et qui, à l'état pathologique, sont susceptibles de prendre de grandes proportions. Dans ce dernier cas, on peut même suivre la formation du tissu fibreux depuis la production des exsudats liquides ou demi-liquides dans lesquels se trouvent les cellules, et où l'on voit se produire graduellement la substance hyaline d'abord molle, puis de plus en plus ferme, jusqu'à la constitution de faisceaux durs hyalins ou fibrillaires entre lesquels persistent les cellules aplaties.

Dans tous les cas, il s'agit bien d'une production extra-cellulaire formée par des substances provenant du sang, mais certainement après des échanges avec les cellules qui jouent vis-à-vis de cette production le même rôle que les cellules du tissu cartilagineux ou osseux vis-à-vis de la substance fondamentale intermédiaire.

Donc, qui dit *tissu fibreux*, dit tissu constitué par une substance fondamentale hyaline, en faisceaux déliés ou plus ou moins volumineux, homogène ou fibrillaire, dans laquelle se trouve disséminées des cellules en quantité variable, mais d'autant moindre que la substance fondamentale est plus abondante, que les faisceaux sont plus volumineux et plus compacts, ordinairement avec l'adjonction de fibres élastiques et souvent de tissu cellulo-adipeux, suivant les régions.

En admettant que les faisceaux conjonctifs sont recouverts de cellules plates à la façon des séreuses, on devait nécessairement assimiler ces cellules aux endothéliums qui recouvrent ces membranes, et penser qu'il existe pour ainsi dire des surfaces séreuses interposées entre les éléments propres des organes partout où se trouve du tissu fibreux. C'était admettre, en somme, avec Milne Edwards, de minces lacunes représentant les parties les plus profondes du système lymphatique. Mais la communication de ces prétendus espaces lymphatiques avec les véritables vaisseaux de même nom n'a pas pu être prouvée. Bien au contraire, on a toujours trouvé que ces derniers, tapissés par un *endothélium continu*, étaient fermés; et M. Renaut fait remarquer avec raison que les injections par lesquelles on a cru démontrer le passage des liquides du tissu conjonctif dans les voies lymphatiques n'ont pu arriver dans ces vaisseaux que par effraction.

Mais, à toutes les raisons que l'on a données pour prouver qu'il n'existe pas de canaux du suc dans le tissu conjonctif, il faut précisément ajouter le fait qu'il n'y a pas pour le contenir un épithélium continu, comme on le trouve dans tous les canaux et dans toutes les cavités de l'économie dont il tapisse les parois. Nulle part on ne voit un *endothélium discontinu* limitant une cavité où circulerait de la lymphe ou tout autre liquide. Il ne pourrait pas en être différemment pour le tissu fibreux, s'il existait véritablement des cavités interfasciculaires. Or, ces cavités n'existent pas et il n'y a pas non plus de raison pour que l'on persiste à considérer les cellules interfasciculaires comme un *endothélium discontinu* et en somme comme un *endothélium* qui fait supposer leur existence.

On voit, en effet, pour peu que les faisceaux fibreux soient épais et denses, que c'est à peine si l'on peut apercevoir les cellules intermédiaires ou plutôt leur noyau avec ou sans substance protoplasmique appréciable. D'autres fois, cette substance est plus ou moins abondante et très irrégulièrement disposée entre les faisceaux, sans contours déterminés et sans adaptation avec la périphérie des cellules voisines, contrairement à ce qui a lieu pour tous les endothéliums véritables. Si la substance dite protoplasmique des cellules est répandue irrégulièrement et se trouve en communication dans les points où les cellules sont voisines, ce n'est pas à la façon des endothéliums, mais d'une manière diffuse comme il peut arriver pour toutes les cellules répandues dans une substance fondamentale.

Il y a tout lieu de croire qu'il en est ainsi pour le tissu fibreux. On y voit en somme des noyaux dans une substance intermédiaire dite protoplasmique qui est comme infiltrée entre les faisceaux fibrillaires disposés de toutes manières; de telle sorte que cette substance plus abondante au niveau des points où les faisceaux sont légèrement écartés se poursuit irrégulièrement en s'amincissant sur ceux où les faisceaux sont plus immédiatement en contact. Il en résulte aussi que, lorsqu'ils sont dissociés, ces faisceaux offrent les empreintes dues à leur entre-croisement. On peut bien se rendre compte que la substance intermédiaire est très mince sur certains points et plus épaisse vers les entre-croisements de plusieurs faisceaux superposés.. Il semble qu'elle envoie comme des prolongements reliés avec d'autres prolongements provenant des amas voisins, et qui, pour ce motif, sont dits anastomotiques. En réalité, ces prolongements résultent de la présence de la même substance diffusée irrégulièrement entre les faisceaux, en quantité variable suivant les espaces laissés entre eux.

Cette substance est très modifiable dans les cas pathologiques où on la trouve souvent plus fluide et plus abondante; ce qui nous fait croire qu'il s'agit non d'un protoplasma cellulaire limité, mais plutôt d'une substance dans laquelle sont plongées les cellules qui n'ont, il est vrai, de bien manifeste que leur noyau. Et même dans bien des cas pathologiques, c'est lui seul qu'on aperçoit entre les faisceaux, la substance protoplasmique étant si peu abondante et si fluide qu'elle passe inaperçue et qu'on en trouve à peine des traces. Il est vraisemblable que dans tous ces cas le protoplasma cellulaire est réellement peu abondant et sans limites précises, qu'il se confond plus ou moins avec la substance intermédiaire dont l'analogie ou la similitude avec le protoplasma est toujours plus ou moins manifeste. Enfin, il ne saurait y avoir d'éléments cellulaires sans un milieu qui rende les échanges nutritifs possibles. Et ce milieu participe avec l'élément cellulaire aux modifications constatées dans les états pathologiques qui servent en quelque sorte à sa démonstration,.

mais qui ne se produisent que sous l'influence de modifications survenues dans l'état des vaisseaux.

Le tissu conjonctif, considéré dans ses rapports avec les éléments propres des tissus à l'état normal et surtout à l'état pathologique, a donné lieu à des opinions contradictoires nombreuses qui mériteraient d'être discutées si la question était l'objet d'un travail spécial. Mais ne pouvant pas lui donner un pareil développement dans cet ouvrage, nous nous bornerons à mettre nettement en évidence comment, selon nous, on doit comprendre l'origine et le rôle des cellules conjonctives et, par conséquent, ce que l'on doit entendre sous la dénomination de *tissu conjonctif* ou mieux de *substance conjonctive*, espérant que les arguments en faveur de notre interprétation ressortiront de l'étude de tous les phénomènes pathologiques auxquels cette question est intimement liée.

Et d'abord il est un point au sujet duquel il nous est impossible de souscrire à l'opinion des auteurs : c'est à propos de la constitution du *tissu conjonctif dans la profondeur des organes*. On admet, en effet, sa pénétration dans les divers organes jusqu'aux cellules propres qui caractérisent chacun d'eux. Et comme, d'après M. Ranvier, « le tissu conjonctif est constitué partout par les mêmes éléments », il s'en suit que les faisceaux à fibrilles conjonctives extra-cellulaires qui accompagnent les vaisseaux artériels et veineux dans le tissu fibreux lâche jusque dans la profondeur des organes, devrait se trouver encore auprès des capillaires qui pénètrent plus profondément, puisque *tout ce qui n'est pas vaisseaux, nerfs ou cellules propres d'un organe, est dit tissu conjonctif par les auteurs.* Or, c'est en vain qu'on y chercherait les faisceaux fibrillaires avec les grandes cellules ramifiées et les fibres élastiques, éléments décrits comme caractérisant tout tissu conjontif.

On voit, il est vrai, entre les capillaires et les cellules propres des organes, des noyaux arrondis, ovalaires ou fusiformes, dans une petite quantité de substance hyaline, mais qui ne constitue pas des faisceaux fibreux. Sur la plupart des préparations faites après durcissement dans l'alcool, il est très difficile de dire s'il s'agit de cellules fusiformes à protoplasma hyalin intimement accolées, ou seulement en réalité de noyaux au sein d'une substance hyaline intermédiaire se confondant avec le protoplasma cellulaire. Toutefois, par les dissociations à l'état frais et surtout par l'étude des coupes faites après durcissement rapide par congélation des fragments de tissus avec l'air liquide ou avec l'acide carbonique, on peut se rendre compte que, sur les points qui ont été plus ou moins dissociés par les manipulations, les noyaux apparaissent ronds ou plus ou moins aplatis, souvent sans trace de protoplasma manifeste, ou seulement avec un petit débris de substance hyaline semblable à celle qui se trouve au voisinage sous forme de filament. Le noyau est accolé à un point de sa périphérie ou se trouve entre deux filaments hyalins dans l'angle formé par leur réunion, sans protoplasma manifeste ou seulement avec des traces, sous forme de légers amas irréguliers de substance granuleuse ou hyaline, se confondant plus ou moins avec la substance hyaline intermédiaire. Celle-ci se présente sous la forme de filaments légers ou à peine de quelques linéaments, en raison de leur friabilité extrême. En somme, les cellules qui sont situées au sein de cette substance n'ont pas des contours nettement définis.

On dirait plutôt qu'il s'agit de noyaux plongés irrégulièrement dans une substance fondamentale demi-liquide; ce qui explique bien les divergences des auteurs au sujet du rapport des cellules avec la substance intermédiaire considérée dans des régions différentes.

Il y a entre les cellules conjonctives et les cellules propres des tissus une différence qui paraît surtout en rapport avec le rôle que les unes et les autres ont à remplir. Les premières sont manifestement des éléments jeunes, dont le noyau seul est très net, mais dont le protoplasma n'est pas apparent, parce qu'il n'est pas limité. Il se confond le plus souvent, en effet, avec la substance intermédiaire aux dépens de laquelle il va se développer, lorsque ces éléments seront devenus fixes pour constituer les cellules propres des divers tissus, lesquelles se renouvelleront au fur et à mesure de leur disparition, comme il arrive pour les épithéliums qui tapissent les surfaces de revêtement, les glandes et leurs canaux excréteurs, etc. Ce sont les conditions physiques dans lesquelles se trouvent les jeunes éléments et la fonction qu'ils sont appelés à remplir dans chaque tissu, qui paraissent déterminer leur développement. Celui-ci est donc en rapport avec la nature des éléments de chaque tissu. La limitation et la forme du protoplasma des cellules résultent à la fois de leur nature et de leur contact réciproque; mais on peut trouver, sur les limites des éléments conjonctifs et des éléments propres, tous les intermédiaires entre les jeunes cellules et celles qui ont acquis leur entier développement au cours de leurs diverses phases.

Il y a d'autant plus de probabilités pour que cette interprétation de phénomènes observés dans les tissus épithéliaux soit exacte, que dans les tissus fibreux, adipeux, osseux, cartilagineux, musculaires et nerveux, leurs éléments dits conjonctifs font manifestement partie intégrante de chacun de ces tissus. En effet, l'examen attentif de leurs éléments constituants par les divers procédés, et notamment à l'état frais soit par dissociation, soit par le durcissement instantané, montre qu'ils sont tous de même nature, qu'il n'existe pas de tissu conjonctif indépendant des cellules propres et qu'il n'y a de tissu fibreux que dans la charpente vasculaire des divers tissus. Enfin dans les cas pathologiques on a la démonstration que ce sont les jeunes cellules dites conjonctives, produites en abondance, qui vont donner lieu aux formations nouvelles d'éléments propres, et avec d'autant plus d'activité que ces éléments sont sujets au renouvellement et sont facilement produits à l'état normal.

Le rapport des éléments conjonctifs avec les cellules propres qui ne sont pas sujettes à un renouvellement complet est beaucoup plus difficile à saisir. Toutefois, il semble bien qu'il se produit encore un renouvellement des noyaux et de la substance protoplasmique qui les environnent, en raison de ce que l'on peut observer dans les productions pathologiques exagérées.

Dans tous les cas, ce sont les examens portant sur ces productions, surtout sur celles ne s'éloignant pas beaucoup des productions normales, qui permettent le mieux d'arriver à une interprétation vraisemblable de la constitution des tissus et notamment de la substance conjonctive proprement dite et du rôle qu'elle est appelée à remplir par rapport aux éléments différenciés.

Dans les cas pathologiques on trouve ordinairement des cellules fusiformes bien caractérisées, en plus ou moins grand nombre, parce qu'il y a eu des productions cellulaires en quantité anormale, et qu'un certain nombre de cellules se sont fixées en donnant lieu à un tissu dit de sclérose, formé par ces éléments fusiformes accolés avec peu ou pas de substance intermédiaire manifeste, avec ou, le plus souvent, sans faisceaux fibrillaires. Ce sont surtout les dissociations à l'état frais qui permettent de bien se rendre compte de la constitution de ce tissu pathologique.

Mais on rencontre encore fréquemment dans les hyperproductions anormales, des cellules en plus ou moins grand nombre au sein d'une substance intermédiaire d'aspect et de quantité très variables, où se trouvent aussi des vaisseaux de nouvelle formation. Elles constituent des productions plus ou moins abondantes, à la surface desquelles existe un épithélium de revêtement, ou bien elles renferment des cavités ou des amas glandulaires, etc. Or, dans ces cas, ce tissu vascularisé et composé en définitive seulement de cellules accumulées dans une substance intermédiaire granuleuse, striée ou hyaline, molle, demi-liquide, ou plus ou moins ferme, parfois très abondante, est encore désigné par tous les auteurs sous le nom de *tissu conjonctif*, sans qu'on songe à le distinguer de celui qui porte le même nom et dont les caractères sont cependant bien différents, puisque ce sont ceux du *tissu fibreux*.

La conclusion qui se dégage de l'examen de ces faits, c'est qu'on a tort d'assimiler à l'état normal le tissu sous-épithélial, péri-glandulaire et interacineux, au tissu fibro-vasculaire, au tissu fibreux, et de lui donner le même nom, puisqu'il s'agit de tissus dont la constitution anatomique et dont les fonctions sont différentes. Les faisceaux de fibrilles extracellulaires sont la caractéristique du tissu fibreux et se retrouvent dans toutes ses modalités, mais font absolument défaut dans les portions profondes ou parenchymateuses proprement dites des organes où ne se trouvent plus que des capillaires et des cellules. Ce qui est considéré à ce niveau, par les auteurs, comme du tissu conjonctif est, en réalité, un *tissu cellulo-vasculaire* avec une substance intermédiaire, en quantité très minime à l'état normal, mais qui peut augmenter beaucoup en même temps que les cellules et les vaisseaux, dans les états pathologiques. Et, comme ces derniers ne sont ordinairement qu'une exagération plus ou moins défectueuse du premier, ils contribuent encore à prouver que ce tissu est autrement constitué que le tissu fibreux, et qu'il joue un autre rôle des plus importants, puisque c'est à ce niveau qu'ont lieu les productions anormales des cellules, et de la substance intermédiaire demi-liquide ou liquide avec laquelle s'opèrent les échanges nutritifs, par suite de la présence des vaisseaux capillaires qui, vraisemblablement, fournissent les matériaux de nutrition nécessaires.

Du reste, Rindfleisch fait remarquer que « le tissu conjonctif embryonnaire est identique au tissu primordial, si souvent cité, de la formation pathologique, à l'exsudat plastique des pathologistes-humoristes, à la prolifération des corpuscules plasmatiques de Virchow, à l'accumulation des globules blancs émigrés du sang que Cohnheim nous a fait connaître ». Si ce tissu, qui ne saurait être embryonnaire dans l'organisme entièrement formé, a une importance particulière à l'état pathologique, ce n'est pas que les phénomènes qu'on y rencontre soient d'une autre nature que ceux de l'état normal; car ils ne peuvent consister que dans une déviation plus ou moins prononcée, et le plus souvent avec exagération des productions normales, au point de fournir la démonstration de ce qui se passe dans cet état. C'est là que se trouvent manifestement les jeunes cellules situées à l'état normal, comme à l'état pathologique, immédiatement au voisinage et souvent à la base des cellules propres qu'elles vont remplacer au fur et à mesure de leur disparition ; car on peut avoir toutes les transitions entre ces jeunes cellules et les cellules en place d'un épithélium de revêtement, d'une cavité glandulaire. C'est l'évidence même dans certains cas pathologiques, comme, du reste, cela a été vu par quelques observateurs, et l'on ne peut admettre qu'il en soit autrement à l'état normal. Si, dans ce cas, le phénomène est moins facile à observer, cela tient à ce que les productions cellulaires sont beaucoup plus restreintes et que leur évolution est infiniment plus lente. Mais encore est-il possible de constater la même disposition des cellules jeunes, par rapport aux cellules en place, ce qui indique la même évolution.

C'est ce qui ressort déjà des travaux de M. Sabatier pour qui « le tissu conjonctif continue plus ou moins, dans le cours de la vie, à être la matrice d'où sortent les éléments des autres tissus... C'est un blastoderme post-embryonnaire ». En reproduisant ces lignes, M. de Rouville, son élève, donne des preuves nouvelles de ce mode de régénération de l'épithélium par le tissu conjonctif, en présentant encore des observations très démonstratives prises dans la série animale. Mais ces auteurs admettent en même temps les formations cellulaires par la division à la fois directe et indirecte, au niveau, soit des cellules conjonctives, soit des cellules épithéliales ; de telle sorte qu'on ne voit pas à quoi servirait le passage des cellules conjonctives à l'état de cellules propres des tissus, si les unes et les autres étaient susceptibles de se reproduire par division. En tous cas, M. de Rouville dit que « les leucocytes ne sont pas capables, à leur sortie des vaisseaux, d'entretenir et de rénover les tissus ».

Mais cette affirmation ne saurait suffire pour infirmer tout ce que prouve l'observation des faits pathologiques permettant de reconstituer les diverses phases du processus, depuis l'augmentation de l'activité circulatoire, la diapédèse des cellules, leur accumulation dans les parties affectées, et jusqu'à leur utilisation pour les nouvelles formations ; et, du reste, sans qu'on trouve des indices manifestes de division dans les cellules propres des tissus qui, loin de se reproduire, évoluent de manière à disparaître.

L'observation simple des faits suffit donc à démontrer que le tissu cellulo-vasculaire, dit aussi conjonctif (mais non dans le sens de tissu fibreux), fait partie, en réalité, de chaque tissu particulier où il sert à la nutrition des éléments propres et au renouvellement des cellules spécialisées, dont l'origine se trouve dans le liquide nutritif, c'est-à-dire dans le sang.

Si des cellules, indifférentes dans l'appareil circulatoire, prennent des caractères particuliers en passant dans les tissus, c'est-à-dire se spécialisent, cela s'explique suffisamment, non pas simplement par une action de présence dans tel ou tel tissu, qui n'explique rien, mais vraisemblablement parce que des échanges incessants ont lieu entre les cellules anciennes et leur milieu intérieur, puis entre les liquides de ce milieu et les jeunes cellules dont la constitution ne tarde pas à acquérir les caractères des cellules anciennes, ainsi que le démontrent les observations qu'on peut faire sur ces cellules, comparativement à celles qui sont en place. Déjà Ch. Robin avait admis la spécialisation des cellules par leurs échanges nutritifs au sein du blastème où il les faisait naître spontanément. Si la doctrine de la production spontanée des éléments ne peut être soutenue actuellement, il n'en est pas de même pour ce qui concerne leur spécialisation par les échanges nutritifs, qui est absolument en rapport avec les données actuelles de la science et tout à fait rationnelle. Les jeunes éléments cellulaires sont bien dans chaque tissu de même nature que ses cellules propres, puisque dès leur production, ils s'acheminent vers cette réalisation.

Il est à remarquer, d'autre part, que la circulation sanguine à l'état normal permet la pénétration des éléments liquides et cellulaires jusqu'à la limite extrême de tous les tissus, non seulement par les capillaires, mais en outre par diapédèse à travers leurs parois, pour entrer dans l'intimité des tissus. Les modifications qu'elle présente, à l'état pathologique, sont précisément en rapport avec les phénomènes de néoproductions cellulaires et liquides, augmentés et modifiés suivant les circonstances. Il en résulte toutes probabilités pour que le sang joue à l'état pathologique comme à l'état normal, le même rôle important qui consiste à assurer les matériaux nutritifs et cellulaires indispensables à la vie des tissus dans toutes les conditions normales et anormales où l'organisme peut se trouver.

Comme nous l'avons dit, il n'est pas possible de suivre un globule blanc du sang contenu dans un vaisseau jusqu'à son utilisation pour former en définitive une cellule spécialisée d'un organe ; mais

la disposition de l'appareil circulatoire, l'importance de ses fonctions, le phénomène bien manifeste de la diapédèse, puis les transitions qu'on peut observer dans l'intimité des tissus, entre les
jeunes cellules diapédésées et celles qu'elles vont remplacer au fur
et à mesure de leur disparition, toutes choses rendues encore bien
plus manifestes dans les états pathologiques, montrent toutes les
étapes qui doivent être parcourues par les globules blancs, non pas
avec certitude, mais avec autant de probabilités que possible dans
l'état des connaissances actuelles.

Ces considérations relatives à la constitution du tissu conjonctif
profond des organes étaient nécessaires pour distinguer ce tissu
du tissu fibreux auquel on donne à tort le même nom, et pour bien
spécifier sa constitution qui en fait un tissu cellulo-vasculaire
adjoint à chaque tissu propre, dont il constitue, en réalité, la partie
nutritive et pour ainsi dire la matrice, recevant du sang tous ses
éléments de nutrition, y compris les éléments cellulaires qui vont
servir à remplacer les cellules spécialisées au fur et à mesure de leur
disparition. Elles éclaireront l'étude des productions pathologiques
qui trouvent ainsi une explication rationnelle; tandis que les
hypothèses qui ont généralement cours aujourd'hui sont absolument inconciliables avec l'observation des faits.

CHAPITRE IV

PATHOGÉNIE DES LÉSIONS

En général, on a de la tendance à considérer l'organisme affecté
comme étant en quelque sorte à l'état statique et présentant des
phénomènes produits par les causes nocives ou suscités par ces
causes, au moins en partie, et dans un but de défense, etc. Or, on
oublie trop que l'organisme une fois créé continue de se développer
et d'évoluer en présentant incessamment des changements en
rapport avec sa nutrition et la rénovation de ses éléments constituants. Ces phénomènes biologiques ne cessent pas de se produire
dans les états pathologiques, mais sont plus ou moins modifiés; de
telle sorte qu'il faut tout d'abord s'enquérir de ce qu'il advient d'eux

dans les diverses conditions anormales où se trouve l'organisme. On arrive alors facilement à se rendre compte de l'origine et de la nature de la plupart des lésions sans avoir recours à aucune hypothèse, à aucune théorie. Il ne s'agit que d'observer ce qui se passe à l'état normal et à l'état pathologique avec toutes les transitions possibles.

Si l'on ignore la cause première de la production des êtres organisés, comme du reste de toute chose, l'observation prouve d'une manière certaine que tous les organismes se développent et évoluent d'une manière déterminée pour chaque espèce dans les conditions où la vie est possible. Celle-ci se maintient dans tous, quels qu'ils soient, par les phénomènes de nutrition, variables comme intensité aux diverses périodes de l'évolution, mais toujours caractérisés par les actes d'assimilation et de désassimilation, considérés depuis de Blainville comme caractérisant la vie, en même temps que par la rénovation des éléments cellulaires peu à peu détruits au fur et à mesure du fonctionnement des organes. C'est l'étude des modifications apportées dans tous ces phénomènes suivant nos connaissances actuelles qui doit servir de base à l'interprétation des phénomènes pathologiques. Ceux-ci seront envisagés dans les trois phases principales parcourues successivement par l'organisme humain : 1° dans la période embryonnaire ou de formation ; 2° dans la période fœtale, et 3° dans la période extra-utérine qui comprend l'enfance, l'état adulte et la vieillesse.

1° PÉRIODE EMBRYONNAIRE OU DE FORMATION. — L'étude de l'action des agents pathogènes sur l'organisme pendant sa période embryonnaire est particulièrement instructive, non seulement en raison de ce qu'elle apprend pour cette période, mais encore parce qu'elle sert en même temps de point de départ pour expliquer les phénomènes anormaux constatés pendant les autres périodes. On ne saurait admettre, en effet, que le principe qui est reconnu vrai pour une période, ne le soit pas pour une autre du même organisme évoluant inévitablement d'une manière déterminée.

Cependant, ce mode d'évolution a été contesté et ce point doit être avant tout éclairci.

Il paraît établi aujourd'hui que l'œuf ou l'ovule fécondé est une production cellulaire résultant de la coalescence des produits mâle et femelle, et que le développement de l'embryon a lieu par une multiplication cellulaire ayant cette première cellule pour origine, puis par une différenciation des éléments anatomiques,

de telle sorte que ces phénomènes se produisent toujours de la
même manière pour aboutir aux mêmes résultats dans un temps
déterminé chez les organismes de la même espèce.

Pour se rendre compte de ce développement régulier des
organes, on avait d'abord admis leur préexistence dans l'ovule.
Cette hypothèse ayant été abandonnée, on s'est ingénié à faire
entrer dans le protoplasma ovulaire, sous des noms variés, des
éléments représentatifs des organes afin d'expliquer leur développement par influence ancestrale. Ces théories généralement
admises n'ont pu recevoir aucune démonstration. M. Delage a
fait la critique de chacune d'elles en insistant sur celle de Weis-
mann qui est la plus répandue, et il a parfaitement montré qu'elles
ne reposent que sur des vues de l'esprit.

Tout en approuvant les critiques de M. Delage, nous sommes
forcé de reconnaître que, s'il a été habile à démolir les édifices
relatifs à la constitution du protoplasma cellulaire, il a moins bien
réussi dans son essai de reconstruction, quoique ce fut en apparence sur une base plus solide. « L'œuf, dit-il, n'est point forcé
par sa constitution physico-chimique à suivre dans son développement une voie unique, rigoureusement déterminée : il contient
en lui une multitude de possibilités d'évolutions. S'il en suit une
seule, c'est qu'il rencontre à chaque instant les conditions
ambiantes précisément nécessaires pour le conduire dans celle-là. »

Cette citation résume la doctrine de l'auteur. Elle a du reste
pour origine celle de W. Roux, à laquelle il donne le nom de
biomécanique. Elle nous parait renfermer des affirmations qui
manquent de preuves, puis la simple constatation d'un fait,
présentée comme une explication.

L'auteur affirme que « l'œuf n'est point forcé de suivre un développement unique rigoureusement déterminé » ; mais pour le
prouver, il ne suffit pas de dire qu'il contient en lui une multitude
de possibilités d'évolutions : il faudrait le démontrer autrement
qu'en citant quelques variations pathologiques qui, au contraire,
sont la preuve de la persistance dans les productions organiques,
des phénomènes évolutifs habituels, malgré les troubles plus ou
moins considérables qui peuvent y être apportés, et dont les
spécimens sont nombreux puisqu'ils se rapportent, comme il sera
démontré, à tous les phénomènes pathologiques. Il y a, non pas
des évolutions diverses, mais seulement des déviations variables
dans les évolutions normales sous l'influence de causes nombreuses.
L'auteur lui-même reconnaît que « l'œuf ne suit qu'une seule

évolution » et il croit l'expliquer en disant que « c'est parce qu'il rencontre à chaque instant les conditions ambiantes précisément nécessaires pour le conduire dans celle-là ». Cette explication ressemble singulièrement à celle qui attribue à la propriété dormitive le pouvoir que possède l'opium de faire dormir. Tout au moins pour la justifier, il faudrait qu'en changeant les conditions ambiantes de l'œuf ont put obtenir une évolution différente. Les tentatives faites dans ce but, n'ont rien changé à l'évolution, ou bien le développement a été enrayé. Ce qu'il y a de positif c'est que de l'œuf d'une poule, on n'a jamais fait sortir autre chose qu'une poule ou un poulet ayant une évolution déterminée par les ancêtres, et ne pouvant donner naissance à un individu d'une autre espèce. Tant qu'on n'aura rien pu changer à cet ordre de choses, il faudra toujours compter avec une évolution organique déterminée pour chaque espèce.

Déjà Cl. Bernard avait dit que « toute manifestation de l'être vivant est un phénomène physiologique et se trouve lié à des conditions physico-chimiques déterminées qui le permettent quand elles sont réalisées, qui l'empêchent quand elles font défaut ». C'est en somme le résultat de l'observation des faits en dehors de toute conception théorique. Et, pour ce qui concerne l'évolution de l'organisme, le même auteur dit que « l'être vivant est comme la planète qui décrit son orbe elliptique ». Il ajoute, il est vrai, que c'est « en vertu d'une impulsion initiale »; mais il montre également que celle-ci est inconnue puisqu'elle se rattache à la cause première qui, comme la cause finale, « se confondent l'une et l'autre dans un inaccessible lointain ».

Ce sont, en effet, des connaissances qui nous font absolument défaut pour le moment. Mais cela ne saurait engager l'avenir, après les acquisitions que la science a pu faire pendant le siècle qui vient de s'écouler et qu'on n'aurait pas même pu soupçonner dans les siècles précédents.

Si les lois qui président à la production et à l'évolution de l'être vivant nous sont inconnues, nous savons cependant que ces phénomènes ne peuvent se produire que dans certaines conditions physico-chimiques plus ou moins bien déterminées; par conséquent il n'est pas admissible que les phénomènes de même nature qui s'y rattachent soient sous la dépendance de causes d'un autre ordre. La *métaphysique* est une question de sentiment qui n'a rien à faire avec la science. La *force vitale* ne peut rien expliquer, pas plus que la *force héréditaire* contre laquelle M. Delage s'élève avec raison. « Il en est d'ailleurs de même, dit Cl. Bernard, de ce que nous appelons les *forces physiques* ; ce serait une illusion de vouloir rien prouver par elles ». Mais contrairement à l'opinion de l'illustre physiologiste, nous ne croyons pas que les conceptions métaphysiques soient nécessaires, même confinées dans le « domaine intellectuel où elles sont nées » ; d'abord parce que ne servant à rien, elles sont inutiles, ensuite parce qu'elles font crôire à une explication qui n'existe pas, et ne peuvent donner que des illusions trompeuses. Cl. Bernard le reconnaît lui-même, lorsqu'il dit que « toutes les harmonies naturelles se ramènent à des considérations physico-chimiques quand nous en connaissons le mécanisme ». Mieux vaut donc constater ce que nous ignorons pour chercher dans l'avenir à le connaître, sans désespérer de rien pour la suite des siècles en raison de ce que nous avons pu acquérir dans un temps relativement court.

C'est ce qu'enseigne la philosophie positive qui, seule, peut servir de guide dans les recherches scientifiques. Par conséquent nous partons bien du même principe que M. Delage pour rechercher les causes du développement de l'œuf et nous constatons que « les tropismes et les tactismes, l'excitation fonctionnelle, l'action des ingestas et egestas de la nutrition » ainsi que « les conditions ambiantes de tout ordre », pas plus que « la constitution du plasma germinatif » telle que nous la connaissons actuellement, toutes causes invoquées par cet auteur pour rendre compte de l'ontogénèse, ne sont capables de nous révéler le *pourquoi* de la production d'un individu toujours semblable à celui qui l'a engendré et évoluant de la même manière.

Ces causes existent très certainement, aussi bien que celles de tous les phénomènes que nous pouvons observer ; mais il est non moins certain qu'elles nous échappent encore. Et du reste, quand bien même nous les connaîtrions, cela n'empêcherait pas que nous dussions prendre en considération le fait essentiel de *l'immutabilité dans le développement et l'évolution de tout organisme*, placé naturellement dans les conditions où la vie est possible. Il est bien certain que pour arriver à se former, à se développer convenablement et à parcourir les diverses phases de son existence l'être a besoin que ses milieux intérieurs et extérieurs soient convenablement adaptés à sa destinée, c'est-à-dire aux conditions préétablies par ses ancêtres.

Si des changements sont produits dans ses milieux spontanément ou expérimentalement, il en résultera des modifications plus ou moins appréciables dans les phénomènes de formation, de développement ou d'évolution de l'organisme suivant l'époque où ils auront eu lieu; et même dans tous les temps, la mort de l'organisme pourra se produire lorsque ces changements seront devenus incompatibles avec l'existence. Mais tant que l'être vivra, on pourra toujours retrouver dans les modifications qui se présenteront les mêmes tendances à la formation, au développement et à l'évolution déterminés par l'origine ancestrale.

Il résulte de ces considérations que les agents nocifs pourront rendre leur action manifeste par les modifications apportées aux phénomènes naturels ou biologiques qui se passent dans l'organisme depuis son origine jusqu'à sa mort, comprenant, non seulement les phénomènes de formation, de développement et d'évolution, mais encore *tous les phénomènes se rattachant à la nutrition et au fonctionnement des organes, qui offrent dans leur production un caractère non moins immuable.*

Dans la phase de formation et de développement de l'organisme, l'agent nocif entravant son action, donnera lieu à des arrêts de développement et à des productions anormales constituant les *malformations* ou *monstruosités*, c'est-à-dire à des variations ou déviations morphologiques qui, par leur aspect extérieur, diffèrent plus ou moins des productions normales, mais dont la constitution et l'évolution se comportent comme les produits normaux. Ainsi que le fait remarquer Davaine, d'après Etienne Geoffroy Saint-Hilaire, les monstres eux-mêmes n'échappent pas aux lois de l'organisation. Ce sont les mêmes éléments anatomiques disposés d'une manière analogue, qui constituent les productions anormales. Leur développement et leur évolution s'opèrent par le même mécanisme. Ch. Robin montrant l'influence successive de la génération d'un tissu sur celle d'un autre et l'apparition nécessaire des divers organes dans un ordre déterminé, ajoute que « cela se produit et se poursuit inévitablement dans un ordre analogue jusque dans les monstruosités ». Par conséquent l'agent nocif n'aura eu d'autre influence, s'il n'a pas compromis l'existence de l'organisme, que d'apporter un obstacle aux phénomènes de formation se produisant au moment de son action, pour les empêcher ou les entraver plus ou moins, mais sans qu'il en résulte d'autres troubles évolutifs.

C'est précisément ce qui résulte des expériences faites à ce sujet, notamment par Dareste, qui, mieux que ses devanciers, a tenu compte des différences observées sur l'embryon en voie de formation par rapport à celui qui est complétement formé, démontrant

que les causes accidentelles qui produisent les monstruosités
n'agissent point sur l'organisation toute faite, mais la modifient
pendant qu'elle s'effectue « et qu'en définitive, comme le dit
M. Mathias Duval, la tératogénie n'est qu'une embryogénie modifiée ». Le même auteur s'appuyant sur les travaux de Dareste,
de M. Ch. Féré, de M. Ballanthyen, dit que « la formation des parties est pour ainsi dire la fonction générale de l'embryon. Aussi
les causes pathogéniques ne peuvent-elles produire que des troubles
de formation, de développement, c'est-à-dire, aboutir à des malformations, à des arrêts de développement, à des monstruosités en
un mot ».

En effet, les monstruosités ou anomalies peuvent être produites
expérimentalement, presque à coup sûr, lorsqu'on opère dans la
période embryogénique, si l'action perturbatrice est suffisante et
n'est pas non plus poussée à un tel degré qu'il en résulte la cessation de la vie. « Je suis sûr, dit Dareste, en agissant d'une certaine
façon de produire une monstruosité quelconque ; mais je ne puis
pas produire une monstruosité déterminée. » Cet auteur semble
attribuer le fait à ce que « les mêmes anomalies peuvent être le
résultat des conditions les plus différentes ». Or, cela prouve évidemment que la nature des modifications produites ne dépend pas de
la nature de la cause qui, dans tous les cas, agit en déterminant
un trouble plus ou moins prononcé dans les phénomènes de formation de l'organisme.

Du reste en mettant en jeu la même cause nocive on n'arrive pas
davantage à produire une anomalie déterminée, parce que l'on n'est
pas certain d'agir toujours avec une intensité égale et surtout au
même moment précis du développement de l'organisme ; ce qui
serait nécessaire, pour donner lieu au même trouble. C'est ainsi
qu'on se rend parfaitement compte des tentatives infructueuses qui
ont été faites en vue de produire expérimentalement des monstruosités déterminées, en employant les mêmes moyens et, à plus
forte raison, en se plaçant dans des conditions différentes.

Non seulement la diversité des causes n'a qu'une influence
relative sur la production des monstruosités ; mais il en est encore
de même de l'intensité de leur action qui, si elle est très forte,
détermine la mort de l'embryon, et qui, à un moindre degré, ne
produira pas des effets sensiblement différents, lorsqu'elle aura été
appliquée au même moment du développement embryonnaire.

C'est l'époque où la cause aura agi qui apportera le plus de
modifications dans ses effets. « Il est clair, dit Davaine, que les

déviations seront généralement d'autant plus importantes qu'elles seront plus rapprochées de l'époque où l'organe se constitue histologiquement », c'est-à-dire, que la cause nocive aura agi à une période moins avancée de la formation de l'embryon. Ainsi les monstruosités les plus prononcées sont celles qui résulteront d'accidents survenus dans la fécondation, puis dans les premières phases de formation ; tandis que les troubles produits vers la fin de cette période ne donneront plus lieu qu'à de simples anomalies plus ou moins limitées.

Cependant on ne peut affirmer qu'une chose au sujet de la cause d'une monstruosité, c'est qu'elle n'a pas pu se produire après une époque déterminée; car son influence peut remonter plus ou moins loin, et jusque dans les générateurs, par le fait des conditions héréditaires ou acquises qu'ils peuvent présenter, et dont l'influence peut se faire sentir à toutes les périodes de la phase embryonnaire. Ces faits ressortent nettement des observations relatives à l'atavisme et aux influences héréditaires acquises, notamment à celles qu'on peut provoquer expérimentalement comme l'ont fait MM. Charrin et Gley.

Dans tous les cas, qu'il s'agisse d'une influence héréditaire ou directe ayant produit une monstruosité, il est certain que la cause n'a pu avoir d'effet que pendant la période embryonnaire par une action, soit sur les générateurs, soit sur l'ovule au moment de la fécondation, soit surtout sur le nouvel organisme à partir de cette époque jusqu'à son entière formation.

Si certains expérimentateurs ont échoué dans la production des monstruosités, c'est qu'ils ont fait porter l'action de la cause nocive sur un organisme déjà formé, comme il est arrivé pour des œufs d'oiseaux où la période embryogénique est limitée aux premiers jours de l'incubation.

Cette période qui varie suivant les animaux, doit être connue pour expliquer l'action des agents nocifs. Dans l'espèce humaine, cette action ne peut donner lieu à des monstruosités après le deuxième mois de la gestation, parce que la période de formation est achevée et qu'on est entré dans la période fœtale. Il en sera de même chez tous les animaux, en tenant compte, pour chaque espèce, de la durée de la période embryogénique, au delà de laquelle les phénomènes observés sous l'influence des mêmes causes seront totalement différents; parce que leur action qui, cependant, n'a pas changé de nature, se fera sentir sur des phénomènes biologiques d'un autre ordre. C'est ainsi que les mêmes causes pourront avoir une action *tératogénique* sur l'embryon et une action *pathogénique* sur le sujet déjà formé, suivant la remarque de M. Mathias Duval.

Par contre, les causes nocives ne produiront jamais sur l'embryon les troubles qu'elles déterminent sur le sujet déjà formé, parce qu'il y a seulement des *organes en formation*, comme le dit aussi très justement le même auteur qui admet avec M. Ballanthyen que « les termes de *tératologie* ou de *tératogénie* et ceux de *pathologie de l'embryon* sont synonymes ».

Ces faits qui ressortent surtout des expériences de Dareste au moyen d'agents mécaniques et chimiques, ont été rendus non moins manifestes par les expériences de M. Ch. Féré qui s'est servi de substances d'origine microbienne ou toxique, dont la différence d'action sur l'embryon et sur le fœtus est encore plus évidente. Dans les deux cas, l'agent est également nocif, puisque, comme l'a montré aussi M. Ch. Féré « les toxines qui sont le moins tératogènes pour l'embryon de poulet, sont celles qui proviennent des microbes auxquels la poule est moins sensible ». (M. Duval.) Or, comme cet agent est tératogène dans le premier cas et pathogène dans le second ; on peut en déduire que l'effet morbide dépend de l'état physiologique de l'organe au moment où il est affecté.

2° Période fœtale. — Cette manière d'interpréter les phénomènes pathologiques ressort très nettement de ce que l'on peut observer sur le fœtus après la période de formation, pendant l'accroissement des organes dont les phénomènes évolutifs se rapprochent plus ou moins de ce qu'ils seront après la naissance. Les mêmes causes qui auraient produit dans la période embryonnaire une monstruosité ou une anomalie quelconque, donneront lieu à des états pathologiques analogues à ceux qu'on observe après la naisance.

Cependant, comme les fonctions des divers organes sont bien inférieures chez le fœtus à ce qu'elles seront ultérieurement, les troubles résultant des causes morbigènes seront aussi moins accusés. Leur degré sera en rapport direct avec l'âge du fœtus. C'est ce que l'on peut observer dans certaines maladies atteignant à la fois la mère et le fœtus, comme la variole par exemple. On peut dire d'une manière générale que les manifestations pathologiques seront d'autant moins marquées, que le fœtus sera plus récemment sorti de la période embryonnaire, et qu'elles seront d'autant plus accusées qu'elles se produiront plus près de l'époque de la naissance. Et de même aussi les lésions se remarqueront surtout sur les organes dont le fonctionnement est prédominant. C'est ainsi que chez le fœtus on trouvera principalement des lésions primitives du cœur droit contrairement à ce qu'on observe après la naissance où ces lésions sont tout à fait exceptionnelles.

Mais chez le fœtus, il y a encore à considérer l'effet d'une cause pathogène sur le développement et l'accroissement des organes, qui se produisent avec une grande activité à partir de la formation complète de l'organisme. Il y aura donc en outre des arrêts de développement et d'accroissement d'autant plus prononcés que la cause nocive aura fait sentir ses effets à une époque plus rapprochée de la période embryonnaire. Ils seront en sens inverse des troubles morbides proprement dits.

Dans tous les cas, l'action morbigène des agents nocifs sera en rapport avec l'état des organes au point de vue de leur développement, de leur accroissement et de leurs fonctions. Elle se fera d'autant plus sentir que les phénomènes physiologiques seront plus accusés ; parce que, à ce moment encore, elle sera *fonction anormale* des organes, en prenant le terme dans sa plus large acception.

Il résulte, en somme, des considérations précédentes que les modifications pathologiques présentées par le nouvel être dans le sein maternel sont dues aux troubles produits par les agents nocifs dans la continuation des phénomènes de formation, de développement, d'accroissement et de nutrition, qui ont lieu conformément aux dispositions ancestrales. Ces troubles consistent seulement en des déviations des phénomènes normaux, dont les variétés résultent surtout de l'époque où la perturbation a eu lieu et sont en rapport par conséquent avec les périodes de formation de l'embryon et de développement du fœtus.

3° PÉRIODE EXTRA-UTÉRINE. — S'il est bien démontré que, dans les périodes embryonnaire et fœtale, les mêmes causes morbifiques ne se manifestent que par des troubles en rapport avec la production des phénomènes biologiques, considérés aux diverses époques de l'évolution du nouvel être; il y a tout lieu de croire qu'il doit en être de même après la naissance, l'organisme n'ayant pas changé de nature et ne pouvant pas se comporter autrement à l'égard des causes nocives, que par des modifications plus ou moins appréciables dans ces phénomènes qui se continuent dans tout le cours de son existence. C'est ce qui résulte, en effet, non seulement de la conception rationnelle du mode d'action des causes nocives sur l'organisme vivant, précédemment établie et généralisée à toutes les époques de son existence, mais encore de l'observation des faits pathologiques qui, bien manifestement, ressortissent à la même loi.

A partir de la naissance jusqu'à la mort, l'organisme suit un développement et une évolution déterminés par les ancêtres de chaque espèce, et dont il ne peut pas plus s'éloigner dans cette période que dans celle des phases congénitales, si toutefois il est placé dans des conditions à pouvoir vivre.

Le développement et la croissance, d'abord très actifs dans l'enfance, vont en diminuant dans l'adolescence jusqu'à la constitution définitive de l'organisme. Il y a ensuite une période d'état relatif; car si le développement de tous les organes est entièrement achevé vers la vingtième année, il ne s'en suit pas qu'il ne se produise aucune modification évolutive jusqu'au moment où la période de déclin de la vie se manifeste par des phénomènes de régression et d'atrophie.

En effet, l'organisme entier, considéré dans son évolution, présente une phase de développement et d'accroissement avec une grande activité des organes et une nutrition correspondante. Puis, après une période où ces modifications sont moins appréciables, et qui, pour cela, est dite période d'état, succède une période de déclin bien évidente, où se manifeste de plus en plus la diminution d'activité organique, à laquelle correspond une nutrition également diminuée.

Quoique l'organisme présente ainsi un état bien différent chez l'enfant ou l'adolescent et chez le vieillard, on est toujours en présence de phénomènes normaux, parce qu'ils correspondent au cycle inévitable parcouru par l'organisme, en vertu de lois encore inconnues. Ils devraient même aboutir à la *mort normale*, si, dans l'état de déchéance où se trouve l'organisme chargé d'ans, le trouble d'un organe important (en général moins fréquent qu'auparavant mais plus grave) ne suffisait à mettre fin à l'existence.

Or, sous l'influence des causes nocives, l'évolution organique peut être plus ou moins troublée aux diverses périodes de l'existence, mais principalement, d'après la loi générale, au moment où les modifications physiologiques seront les plus actives, c'est-à-dire pendant la période de croissance. Lorsque les troubles seront assez considérables pour occasionner un arrêt de croissance, ce phénomène prendra rang dans l'appareil symptomatique tout comme les malformations dans la période fœtale, mais ne constituera jamais à lui seul la manifestation morbide, comme dans la phase embryonnaire, où la formation de l'organe est sa fonction principale ; parce que la mise en activité des organes est le phénomène essentiel ; que leur modification évolutive est devenue graduellement un phénomène secondaire, et d'autant plus qu'on s'éloigne de l'époque de la naissance.

Ces phénomènes de croissance auxquels succèdent ceux d'atrophie sénile sont du reste intimement liés aux phénomènes de nutrition et de rénovation cellulaire des organes avec lesquels ils se confondent en quelque sorte ; ces derniers étant en somme les phénomènes dominants de la vie. Ce sont eux qui doivent être principalement troublés et dont les modifications ou déviations constituent toutes les modalités pathologiques observées, avec les variations se rapportant aux diverses phases d'évolution de l'organisme.

C'est ainsi que tous les produits inflammatoires aigus ou chroniques, quelque variés qu'ils soient, que toutes les tumeurs, que toutes les productions dégénératives, ne résultent que de troubles survenus sous l'influence d'agents nocifs divers et de conditions très variées, dans les phénomènes d'évolution et de nutrition de l'organisme, dont les éléments constituants sont sans cesse en voie de modification et même de destruction et de rénovation, se présentant sous des aspects variés et en nombre plus ou moins augmenté, sans avoir changé de nature. Il n'y a toujours que des phénomènes de composition et de décomposition plus ou moins modifiés, mais *sans aucun processus nouveau, quel que soit le nom de la maladie.*

On ne saurait s'imaginer, en effet, sans sortir de la voie biologique, que l'organisme, non seulement élabore des produits contre nature (ce qui n'est plus admis), mais même qu'il donne lieu à des produits similaires ou analogues, qu'il réagisse en luttant contre des agents nocifs, qu'il se défende en donnant lieu à des processus spéciaux ; ce qui implique encore des productions tout autres que celles dues aux phénomènes nécessaires à l'entretien de la vie.

Nous ne voyons naître aucune entité morbide ; nous observons seulement, sous l'influence des causes diverses, des modifications dans les phénomènes naturels, reconnaissables dans tous les états pathologiques ; de telle sorte que ceux-ci doivent toujours être ramenés à une simple *déviation passagère ou permanente des phénomènes biologiques normaux,* quel que soit l'aspect sous lequel ils se présentent. Voilà la loi, la loi fondamentale qui doit prévaloir en dehors de toute théorie, parce qu'elle ressort nettement de l'examen pur et simple des phénomènes physiologiques et pathologiques relatifs à l'entretien de la vie, comme il est facile de s'en rendre compte.

La vie se maintient au moyen de la respiration et de l'alimentation qui apportent au liquide nutritif les éléments nécessaires à sa constitution. Ce liquide crée donc aux cellules un milieu intérieur avec lequel s'établissent des échanges constituant les phénomènes d'assimilation et de désassimilation, et d'où résultent aussi la production de déchets qui seront éliminés. En ajoutant que parmi ces déchets se trouvent des débris cellulaires et des cellules qui doivent être renouvelés au fur et à mesure de leur destruction, nous aurons indiqué dans ses grandes lignes et sans faire d'hypothèse, en quoi consistent essentiellement les phénomènes de nutrition qui entretiennent la vie de l'organisme.

On connaît encore très imparfaitement ce qui se passe entre les éléments cellulaires et le liquide nutritif qui les imprègne ; mais on sait que le métabolisme des cellules relève uniquement des conditions physico-chimiques dans lesquelles se trouvent les substances en contact, et qu'il en résulte pour ces cellules leur nutrition et une évolution particulière dans chaque tissu ou organe, se produisant toujours de la même manière pour chaque espèce animale et végétale. En outre on peut constater sur divers tissus que les jeunes cellules parcourent les phases de leur développement et de leur utilisation jusqu'à leur disparition sous des formes diverses, tout comme l'organisme entier parcourt les phases de son existence, et d'une manière aussi immuable, s'il ne survient aucune entrave.

Mais lorsque des agents nocifs ont été introduits dans le liquide nutritif par une voie quelconque, des troubles pourront se manifester sur un ou plusieurs points ou encore dans l'organisme entier, par suite des altérations de ce liquide et de ses rapports avec les éléments cellulaires des tissus.

Si l'agent nocif a agi tout d'abord directement sur les tissus; en même temps que les éléments cellulaires auront été altérés ou détruits, les échanges entre ces éléments et le liquide nutritif seront immédiatement modifiés, et il en résultera, indépendamment des troubles locaux, d'autres troubles plus ou moins généralisés résultant de cette altération du milieu intérieur continuellement en mouvement.

Ainsi donc, dans le cas d'une agression de l'organisme, directe ou indirecte, le phénomène se réduit toujours à un trouble apporté dans les échanges nutritifs. Mais l'organisme n'ayant pas changé de nature et étant contraint d'entretenir sa nutrition par les mêmes moyens, les échanges continueront à se produire entre le liquide et les éléments cellulaires plus ou moins modifiés dans tous les cas. Il y aura toujours des phénomènes d'assimilation et de désassimilation, mais ils pourront être diminués ou augmentés, et seront le plus souvent déviés à des degrés divers, en offrant des modifications qui peuvent, suivant les circonstances, varier à l'infini. Il en résultera aussi un trouble dans l'apport des matériaux de nutrition et dans l'élimination des déchets.

Si l'on connaissait très exactement l'état normal des éléments anatomiques aux diverses périodes de leur développement et de leur évolution, leur constitution physico-chimique avec les modifications qui s'y produisent par le fait de la nutrition et du fonctionnement, leur mode de production et les conditions exactes de leur rénovation, le rôle bien déterminé du sang et de la lymphe, ainsi que du système nerveux, etc., connaissant d'autre part la cause des maladies ; on ne tarderait pas à se faire une idée parfaite des phénomènes pathologiques, dont l'explication ressortirait des différences nettement constatées dans les phénomènes biologiques sous l'action de la cause nocive. C'est donc par la connaissance aussi exacte que possible des phénomènes normaux dans toutes leurs particularités et leurs rapports, puis dans leurs variations et leurs déviations sous l'influence des causes nocives, qu'on doit arriver à comprendre en quoi consistent les divers états pathologiques, ainsi que leur mode de production, en ayant constamment en vue, à la fois l'état anatomique des parties et leur fonctionnement, ainsi que les conditions dans lesquelles s'opère leur nutrition ; toutes choses devant être considérées seulement comme des modifications ou déviations de l'état normal.

MODIFICATIONS DANS LES PHÉNOMÈNES DE RÉNOVATION CELLULAIRE

Parmi les phénomènes normaux modifiés dans les états pathologiques, ceux de rénovation cellulaire ne nous paraissent pas avoir attiré suffisamment l'attention. Si les auteurs sont unanimes pour admettre l'influence des causes nocives sur les cellules,

soit directement, soit par le fait de l'adultération du liquide
nutritif, et pour constater les effets nuisibles qui peuvent en
résulter immédiatement ou par suite des troubles de nutrition, ils
ne se préoccupent pas en général des modifications qui se produiront nécessairement, cependant, dans les phénomènes de rénovation cellulaire. C'est que, sans contester la production de ces
phénomènes, on ne leur attribue qu'un rôle secondaire. Or, si
l'on examine ce qui se passe dans l'organisme à l'état physiologique, on peut voir qu'ils jouent, au contraire, un rôle capital.
Il en est naturellement de même à l'état pathologique.

Toutes les cellules de l'organisme sont, en effet, soumises à une
incessante rénovation au fur et à mesure de leur destruction qui
s'effectue d'une manière à peu près insensible à l'état normal,
mais qui peut prendre des proportions plus ou moins grandes à
l'état pathologique, jusqu'au point de constituer à peu près à elles
seules les diverses manifestations anormales.

Si l'on prend pour exemple le tégument cutané, on peut
constater qu'il ne s'agit pas, en effet, de la desquamation accidentelle de quelques cellules, mais qu'on est en présence d'un phénomène constant, portant sur la surface entière du corps où les
cellules épidermiques kératinisées sont incessamment desquamées
d'une manière à peu près insensible, mais parfois d'une façon
très apparente, au moins sur quelques points, sous la forme de
lambeaux épidermiques qui se détachent ou sont facilement
enlevés. Il en résulte journellement une perte considérable de
cellules qui peut être encore accrue d'une manière étonnante dans
les états pathologiques qui seront bientôt étudiés et où l'on observe
toutes les transitions de l'état normal à l'état pathologique.

Il en est certainement de même des cellules de revêtement
du tube digestif. La salive renferme constamment des débris
épithéliaux provenant des parois buccales. Lorsque des vomissements se produisent ou lorsqu'on lave l'estomac, on trouve
toujours des productions épithéliales dans le liquide rejeté. Les
déjections renferment des débris épithéliaux que les lavements
mettent bien en évidence. Il y a donc aussi à la surface du tractus
intestinal une élimination constante de cellules en voie de destruction qui peut augmenter considérablement sous l'influence de
certains agents, par exemple des purgatifs, ainsi que par le fait
d'un grand nombre de maladies et notamment de celles qui
présentent des localisations plus ou moins accentuées sur le tube
digestif. MM. Courmont, Doyon et Paviot ont montré sur des

chiens, des lésions intestinales produites en quelques heures par l'injection dans le sang des substances solubles du bacille de Lœffler, consistant dans une congestion intense avec élimination en bloc, non seulement des cellules de revêtement de la muqueuse, mais aussi des cellules contenues dans les glandes. Nous aurons l'occasion de revenir sur ces faits qui démontrent l'élimination permanente des cellules en voie de destruction avec augmentation ou perversion dans les cas pathologiques.

Les cavités séreuses présentent aussi d'une manière constante des déchets épithéliaux. Il en est de même des voies respiratoires, des voies urinaires, etc.

Pour les glandes, on sait que leur fonctionnement est intimement lié à la destruction des cellules dont la production est en rapport avec la quantité du liquide sécrété. Les phénomènes se présentent avec des variations très grandes à l'état physiologique et à l'état pathologique, sans que, dans tous les cas, on trouve autre chose que des modifications plus ou moins faciles à apprécier dans les dispositions anatomiques auxquelles correspondent des troubles dans les sécrétions.

Cette démonstration, facilement obtenue pour certaines glandes placées superficiellement, indique que les mêmes phénomènes doivent se passer dans les glandes profondément situées, conformément à la loi d'usure et de destruction en rapport avec le fonctionnement des organes. Et comme cette loi est incontestable pour un grand nombre d'éléments, on peut en inférer qu'il en est de même pour tous, en tenant compte des particularités propres à chaque tissu.

Il a été démontré expérimentalement que le tissu osseux est insensiblement détruit et remplacé par des éléments nouveaux. Il en est vraisemblablement de même des tissus nerveux et musculaires, dont les substances nucléaires et protoplasmiques présentent des variations très grandes dans les états pathologiques, tout à fait analogues à celles que l'on peut observer sur les autres tissus.

Il est enfin à remarquer que les altérations constatées sur n'importe quel point de l'organisme, indépendamment de celles que l'on peut rencontrer dans le sang, ne se rapportent jamais à une seule catégorie d'éléments, comme le suppose la théorie cellulaire, et que les modifications pathologiques intéressent toujours *toutes les parties constituantes* d'un tissu au moins, et souvent de plusieurs tissus, d'un ou de plusieurs organes. C'est ainsi que ces modifications sont plus ou moins appréciables à la fois sur les éléments spécialisés et les éléments conjonctifs, sur leur stroma, sur les liquides nutritifs, sur les vaisseaux sanguins et lymphatiques, en un mot sur tout ce qui contribue à constituer un *tissu* et jamais sur une partie de ces éléments à l'exclusion des autres.

Conclusions relatives à la pathogénie des lésions.

Il résulte donc de la simple observation des faits : 1° que l'organisme est le siège d'une rénovation cellulaire continuelle en rapport avec les destructions cellulaires qui ont lieu à la surperficie des membranes de revêtement et dans la profondeur des organes ; 2° que ces phénomènes intimement associés à ceux de la nutrition ont lieu suivant une évolution déterminée pour chaque tissu, pour chaque organe, et sont en rapport avec leurs fonctions normales ; 3° que sous l'influence des causes nocives, les mêmes phénomènes persistent, mais plus ou moins modifiés, constituant ainsi les altérations pathologiques auxquelles correspondent les fonctions plus ou moins troublées ; 4° que l'état pathologique peut différer de l'état normal d'une manière à peine sensible, et à des degrés divers jusqu'au point où, au contraire, les troubles sont tellement prononcés, que leur origine serait méconnue, si l'on ne pouvait constater tous les états intermédiaires de transition, impliquant la certitude que l'organisme procède toujours de la même manière, en tendant au même but, quels que soient les obstacles qui se présentent ou les causes de perturbation ; 5° qu'enfin l'organisme tend au rétablissement normal après toute altération, précisément par le fait de la persistance immuable des productions de même nature qu'à l'état normal avec la même tendance évolutive.

C'est ainsi que, contrairement à l'opinion de Cl. Bernard, les lois morphologiques sont intimement liées aux phénomènes qui relèvent de l'activité physiologique des organes ; car si l'on ne peut changer les tendances naturelles à se développer et à évoluer qu'un organisme tient de ses ancêtres, leur persistance à l'état normal et dans toutes les modalités pathologiques qui n'en constituent qu'une déviation, sert précisément à la démonstration de l'origine de tous les états pathologiques et permet de se rendre compte de la nature des productions qu'on y rencontre.

On y trouve aussi l'explication de la tendance à la guérison naturelle signalée dans tous les temps, comme le fait remarquer lui-même l'illustre physiologiste. « Les philosophes, médecins et naturalistes, dit-il, ont été frappés vivement de cette tendance de

l'être organisé à se rétablir dans sa forme, à réparer ses muti-
lations, à cicatriser ses blessures, et à prouver ainsi son unité,
son individualité morphologique. »

On arrive de la sorte à posséder une notion exacte sur la nature
des phénomènes pathologiques, sans avoir recours à aucune
théorie, et en se basant simplement sur l'observation de tout être
vivant considéré dans la série animale et dans les végétaux, tour
à tour à l'état normal et à l'état pathologique, et plus particulièrement dans les transitions de l'un à l'autre état.

Le principe fondamental dans l'interprétation des états pathologiques que peut présenter un organisme vivant, consiste donc
à avoir toujours en vue son développement, son évolution et
l'accomplissement non moins immuable des phénomènes de nutrition et de rénovation cellulaire, afin d'expliquer par un trouble de
ces actions biologiques liées à l'existence même de l'organisme,
et *seulement par ce trouble*, les aspects morbides sous lesquels il
peut se présenter, ainsi que l'évolution des phénomènes anormaux,
le retour à la santé ou la mort.

CHAPITRE V

ÉTAT PATHOLOGIQUE — MALADIE

DÉFINITION

Pour Virchow « toute production pathologique a son analogue
dans les formations physiologiques sans en distraire les néoplasmes » ; ce qui permet de rejeter toutes les productions contre
nature, mais ce qui est encore bien loin de la conception physiologique que l'on trouve mise en lumière dans les écrits de
Cl. Bernard et de Ch. Robin. En effet, Virchow comprend sous le
nom de *tissus pathologiques* « les nouvelles formations produites
par un acte pathologique, et non pas les tissus physiologiques
ayant subi sous l'influence de la maladie un simple changement de
composition ». Il ne s'agit donc, pour cet auteur, que de productions *analogues* à celles des tissus normaux, mais *différentes* de

celles ressortissant à l'état physiologique plus ou moins troublé.
Pour Lukjanow « toute la pathologie de la cellule est intimement
liée à sa physiologie » et cependant cet auteur arrive à une déduction qui est plutôt en opposition avec cette manière de voir.
Voici, en effet, comment il conclut : « En un mot, il faut dire que
le groupe des phénomènes physiologiques est caractérisé par une
tendance générale à entretenir la vie, tandis que celui des phénomènes pathologiques se distingue par sa tendance à abolir la
vie. On peut par conséquent répéter avec Virchow que « la
« maladie favorise la mort locale ou générale et est ainsi en lutte
« avec la vie normale ». Cette loi s'applique aussi bien aux poly-
plastides qu'aux monoplastides. »

Ces auteurs s'éloignent donc complétement de l'idée qui consiste
à regarder la maladie comme un effort salutaire de l'organisme
vis-à-vis de la cause morbide. La nature médicatrice d'Hippocrate
qui fut la base de la médecine de Sydenham n'a cependant jamais
été complétement abandonnée. M. Ch. Bouchard a bien montré
l'importance qu'elle doit conserver. « Ce n'est pas, dit-il, une
hypothèse *a priori*; c'est une déduction des faits empruntés à
l'observation journalière des actes morbides ; c'est l'expression
concise et saisissante de cette vérité expérimentale que lorsqu'une
cause nuisible lèse une partie du corps ou trouble le jeu d'une
fonction, sans que la mort en résulte, il se produit dans la partie
intéressée ou dans l'organisme une série d'actes qui ont pour
effet ou pour tendance de réparer la lésion et de rétablir le
fonctionnement. »

M. Ch. Bouchard « ne comprend pas comme une activité
distincte l'irritabilité de Haller, pas plus que celle de Broussais
ou de Bichat, pas plus que celle de Virchow » ; mais il admet
une réaction de l'organisme contre les causes de perturbation, de
telle sorte que « la vie ne se maintient, malgré les assauts qui
lui sont livrés par les agents extérieurs, que grâce à cette faculté
de réaction... Ces actions de préservation provoquées par les
influences nocives sont la résultante des propriétés physiologiques
des éléments et des fonctions supérieures des appareils ; elles ne
constituent pas une propriété à part ni une fonction surajoutée ».

L'auteur, comme on le voit, rejette avec raison cette propriété
d'irritabilité toute hypothétique, attribuée aux éléments cellulaires
et déjà contestée par Ch. Robin, en restant absolument attaché à
l'idée physiologique. Mais que doit-on entendre par réaction
de l'organisme? Si M. Bouchard n'en donne pas la définition,

on peut néanmoins trouver dans le paragraphe suivant une explication équivalente.

« Nature médicatrice, effort curateur, tendance naturelle à la guérison, travail de réparation, évolution naturelle, sous quelque nom qu'on le proclame ou qu'on le dissimule, la réaction vitale est une réalité. » C'est en somme la dénomination appliquée aux phénomènes anormaux produits sous l'influence d'une cause nocive et qui ne doivent pas être considérés comme constitués « par une propriété à part ni par une fonction surajoutée ». Voilà le point essentiel; car pour peu qu'on veuille trouver dans les phénomènes pathologiques des choses qui n'ont pas leur analogie à l'état normal, on s'éloigne immédiatement de la voie biologique et l'on arrive à échafauder hypothèses sur hypothèses pour construire des théories absolument inadmissibles.

C'est surtout depuis qu'on a admis la théorie de la phagocytose, qu'on est entré dans cette voie fâcheuse qui ne peut aboutir qu'à des mécomptes. Comme elle a été édifiée à propos de l'inflammation, c'est en traitant cette question que nous aurons à l'examiner et à fournir les raisons qui doivent la faire complètement rejeter. Déjà on peut dire qu'une théorie qui a la prétention d'expliquer les phénomènes inflammatoires et qui n'est pas applicable, non seulement aux végétaux, ni à tous les états pathologiques des animaux, mais encore à toutes les inflammations, est par cela même condamnée.

Tous les auteurs modernes n'admettent pas dans leur intégralité les idées de M. Metchnikoff, mais ils en prennent en général une partie et expliquent les autres phénomènes par des procédés analogues où les combats entre les microbes et les phagocytes sont remplacés par la lutte entre les substances solubles toxiques et antitoxiques. Ce sont toujours des luttes en champ clos dans l'organisme attaqué et qui se défend, en vue d'un but final, à chaque instant en défaut, comme la théorie qui lui a donné naissance. Ce sont des conceptions hypothétiques absolument arbitraires, qui n'ont pas la moindre analogie avec ce que l'on observe à l'état normal et qui se trouvent en contradiction avec les prémisses admises cependant par tous les auteurs modernes, pour qui les états pathologiques ne doivent être qu'une déviation de l'état normal. Or, en s'écartant de cette voie, non seulement il ne peut en résulter aucune lumière pour l'interprétation des phénomènes pathologiques, mais on arrive à des conceptions fantastiques qui ne sont pas très éloignées de celles de van Helmont.

Il importe donc tout d'abord d'établir ce qu'on doit entendre par état pathologique, par maladie.

On a donné diverses définitions de la maladie, reflétant les doctrines régnantes et visant plus particulièrement les manifestations symptomatiques ou les lésions constatées après la mort. L'École anatomique réagissant contre les doctrines vitalistes avait fait consister la maladie dans la lésion organique. Quoique des progrès considérables aient été réalisés par les études faites dans ce sens, on n'a pas tardé à reconnaître que la maladie était, en réalité, constituée à la fois par des altérations organiques et par des troubles fonctionnels correspondant aux modifications survenues dans l'état anatomique des organes.

On a discuté pour savoir s'il fallait accorder plus d'importance aux troubles fonctionnels ou aux lésions, et quel était celui de ces deux ordres de troubles qui devait être considéré comme le facteur initial de la maladie; chacun trouvant des exemples qui militaient en faveur de sa manière de voir. Et, en réalité, on observe communément, soit des maladies à manifestations symptomatiques très accusées, correspondant à des lésions organiques très limitées ou même qui passent inaperçues, soit des lésions considérables avec un appareil symptomatique relativement restreint et même, quoique plus rarement, sans aucun trouble appréciable. Mais l'on est assez généralement d'accord pour admettre que dans l'un et l'autre cas, les phénomènes qui paraissent faire défaut, existent réellement à un degré quelconque et nous échappent en raison de l'insuffisance de nos moyens d'investigation et de nos connaissances encore trop restreintes. L'expérience a prouvé, en effet, qu'il existe des lésions dans des maladies envisagées d'abord comme essentiellement symptomatiques, et l'on a constaté des troubles correspondant à des lésions considérées auparavant comme latentes. Il n'y a donc pas de raison pour que des progrès analogues et même plus décisifs ne soient pas réalisés dans l'avenir.

On sait aussi que les troubles fonctionnels peuvent être très variables avec les mêmes lésions apparentes, non seulement suivant leur cause, leur siège précis, leur étendue, leurs complications, etc., mais encore suivant leur production rapide ou lente, et les conditions générales dans lesquelles se trouve le malade. Ce qu'il y a de positif, c'est que dans l'immense majorité des cas pathologiques, on peut constater les deux ordres de troubles à des degrés divers.

En effet, il est aussi impossible d'admettre des troubles fonctionnels sans altération organique, qu'une lésion sans ces troubles, parce qu'on ne peut pas davantage comprendre qu'il existe une fonction sans un organe, ni un organe sans fonction. Les deux termes constituent la condition de leur existence réciproque. Étant indissolublement liés à l'état physiologique, ils doivent l'être et le sont à l'état pathologique.

A l'état normal, il existe donc entre l'*organe* et la *fonction* qui lui est dévolue, une association dans laquelle la *nutrition* joue un rôle également indispensable, constituant ainsi une *triade en combinaison intime à l'état dynamique*, et telle que chaque partie ne saurait être considérée isolément. En effet, toute modification apportée à l'une d'elles entraîne inévitablement des changements correspondants plus ou moins appréciables dans les autres, qui sont susceptibles de variations assez grandes à l'état physiologique, et peuvent facilement devenir pathologiques.

C'est ainsi que les causes nocives pourront porter primitivement sur l'organe, sur son fonctionnement ou sur sa nutrition, mais qu'elles aboutiront toujours à produire des défectuosités sur ces trois éléments, en constituant les états pathologiques qu'on peut reconnaître plus ou moins facilement pendant la vie et après la mort. Il existe certainement un rapport absolu entre les troubles produits de part et d'autre, mais qu'il est souvent impossible d'évaluer d'une manière précise avec nos connaissances actuelles.

Il en résulte que des variations dans l'état normal pourront exister et passer inaperçues, quoiqu'elles constituent déjà un état pathologique. Ce n'est que lorsque les troubles seront très accusés qu'on pourra souvent les reconnaître. En outre, cela dépendra de l'importance du rôle joué par l'organe dans l'économie, qui peut être plus ou moins apparent ou connu. Il faudra encore tenir compte du retentissement sur les autres organes voisins et même éloignés, en raison des connections vasculaires et nerveuses qui les relient tous. Et c'est ainsi que l'organisme entier sera toujours plus ou moins affecté, même lorsqu'il ne paraîtra atteint que sur un point.

Non seulement plusieurs organes peuvent être altérés successivement après l'affection primitive de l'un d'eux ; mais la cause nocive peut porter primitivement sur plusieurs organes et même avec une grande intensité sur l'organisme tout entier, comme on a l'occasion de l'observer sous l'influence d'agents toxiques minéraux, de produits microbiens et de venins. Plus l'action de ces substances sera active et rapide, moins seront appréciables, non seulement les lésions et les troubles de nutrition, mais même les perturbations fonctionnelles qui aboutissent à la cessation plus ou moins rapide des fonctions essentielles au maintien de la vie et se résument pour ainsi dire en elle. Le foudroiement électrique peut ne se révéler que par la mort.

Pour que des symptômes se produisent, c'est-à-dire pour qu'il y ait des troubles dans les fonctions des organes, il faut d'abord que l'organisme soit susceptible de vivre. Un organe pourra être détruit ou supprimé complètement sans qu'il en résulte des troubles analogues à ceux provenant d'une lésion partielle; les phénomènes pathologiques se manifestant plutôt dans ces conditions par les modifications qui en résulteront pour les autres organes. Car pour apprécier la manière dont s'exécute la fonction de chaque organe en particulier et les troubles qui peuvent résulter des causes nocives agissant sur lui, il faudra que l'organe persiste avec ses défectuosités.

De même, plus la mort sera survenue rapidement sous l'influence des agents nocifs en dehors des actions traumatiques directes de l'organisme, et moins l'on pourra constater de lésions; parce que celles-ci résultent de la continuation des phénomènes de nutrition plus ou moins modifiés, qui impliquent nécessairement la persistance de la vie d'une manière plus ou moins défectueuse. C'est ainsi que les lésions les plus étendues se rencontrent sur les organes les moins essentiels à la vie.

Parfois, on ne trouvera aucune lésion appréciable, soit parce que la vie a cessé avant que des lésions aient pu se produire, soit parce qu'il s'agit d'altérations du sang, telles que la nutrition des organes et particulièrement celle des centres nerveux a été entravée au point de déterminer rapidement la mort sans laisser dans les organes des lésions appréciables avec nos moyens actuels d'investigation. Le sang peut être plus ou moins altéré dans ces cas ; mais ces altérations sont plutôt du ressort de la clinique et nous ne nous en occuperons pas spécialement.

Les variations individuelles que l'on observe dans les lésions et les symptômes d'une maladie, sont précisément du domaine de la clinique. On doit en rechercher les causes qui sont utiles à connaître, tout en n'ayant qu'une importance secondaire.

On a discuté surtout au sujet de la priorité des troubles fonctionnels ou des lésions. Mais si une fonction peut, par un surmenage ou une déviation, donner lieu à une altération des organes auxquels elle correspond, il est bien certain que le plus souvent, c'est un agent nocif qui, tout d'abord, détermine une lésion directe ou qui, introduit dans la circulation, va produire des altérations générales et locales. Dans tous les cas, les deux ordres de troubles ne tardent pas à être établis et peuvent être décelés dans la plupart des cas, les exceptions devant rentrer dans la règle générale au fur et à mesure des progrès de la science.

En tenant compte de toutes les conditions d'existence et d'action de l'organisme, ainsi que des modifications qui en résultent sous l'influence des causes nocives, M. Ch. Bouchard a pu dire justement à propos de la maladie que « c'est la manière d'être et d'agir de l'organisme à l'occasion de l'application de la cause morbifique ».

D'autres définitions ont été proposées pour caractériser *les maladies* au sens clinique ou nosologique, se présentant avec des troubles d'une certaine importance, ayant une marche déterminée, sous l'influence de causes connues ou non, pour les distinguer d'une indisposition ou d'une altération sans importance. C'est ainsi qu'un coryza léger n'est guère mieux considéré comme une maladie qu'une piqûre de moustique, qu'un cor au pied. Il en est de même d'une plaie aseptique réunie par première intention et à plus forte raison d'une cicatrice. Cependant, ce sont autant d'états anormaux ou pathologiques, constitués, comme les plus importants, par des modifications anormales de certains tissus et de leur nutrition, ainsi que de leurs propriétés ou fonctions, d'une manière plus ou moins appréciable.

Mais *la maladie*, au point de vue général, est synonyme de *pathologie* et « la pathologie, dit Ch. Robin, comprend tout ce qui est relatif à l'organisme, considéré à l'état anormal ». Il faut donc admettre que les plus infimes altérations, comme les plus grandes, doivent en faire partie et que *la maladie sera définie par la connaissance de l'agent nocif et la détermination de ses effets sur l'organisme, c'est-à-dire des modifications apportées aux phénomènes normaux.*

Cette manière de concevoir l'état pathologique ou la maladie, est applicable à toutes les affections observées, non seulement chez l'homme, mais encore sur tous les animaux et les végétaux, c'est-à-dire sur tous les êtres organisés.

PATHOLOGIE BIOLOGIQUE

L'état pathologique ne pouvant être que l'état normal ou biologique modifié, il s'ensuit que la pathologie ne saurait être autrement que biologique. Donc *à la biologie normale correspond la biologie pathologique*; et les conditions dans lesquelles la vie s'effectue en comparant l'état pathologique à l'état normal, permettent de se rendre compte de la nature des troubles que l'on peut observer. En remarquant, d'autre part, que la nutrition est considérée avec raison par M. Ch. Bouchard comme caractérisant principalement la vie, on peut déjà en tirer cette conclusion que les modifications pathologiques constatées sur l'être vivant devront consister en des modifications de la nutrition. Celle-ci pourra être augmentée, diminuée ou pervertie, surtout d'une manière locale ou générale, et les troubles pourront aller jusqu'à sa suppression, c'est-à-dire jusqu'à la mort locale ou générale.

Or, la nutrition, c'est-à-dire la vie, se trouve ainsi sous la dépendance du liquide nutritif, c'est-à-dire du sang dans l'espèce humaine, au point de vue de ses qualités et de sa répartition dans les tissus en fonction.

A l'état normal, la vie peut être augmentée ou diminuée temporairement d'une manière générale ou locale, suivant que la nutrition et le fonctionnement sont augmentés ou diminués, et sans qu'il en résulte autre chose que des modalités variables de l'organisme normal en plus ou en moins, qui n'apportent aucune atteinte à sa constitution, ni aucune perturbation fonctionnelle.

C'est aussi l'augmentation ou la diminution de la nutrition et du fonctionnement qui donnera lieu aux états pathologiques, lorsqu'elle se produira dans des conditions à provoquer des troubles fonctionnels et des modifications persistantes de la structure des tissus. Dans ce dernier cas, la nutrition pourra être diminuée sur un point, augmentée sur un autre; d'où la perversion variable des phénomènes de nutrition et de fonctionnement, local ou général, qui doivent comprendre, en somme, une nutrition augmentée, diminuée ou pervertie avec des troubles fonctionnels correspondants.

La nutrition diminuée sans altération destructive, avec simple diminution de la fonction, mais d'une manière permanente, produit l'atrophie simple. Elle peut aussi être diminuée et pervertie par des modifications plus profondes au point de donner lieu à des phénomènes de dégénérescence graduelle, capables d'aller jusqu'à la destruction du tissu dont la nutrition est insuffisante; mais elle ne peut pas produire autre chose. Et si la nutrition vient à cesser complètement après une période de diminution ou de perversion, aussi bien qu'à l'état normal, c'est la mort locale ou générale de l'organisme en rapport avec les parties qui sont privées du liquide nutritif, et qui offrent des aspects variables suivant les conditions dans lesquelles se trouvaient ces parties lorsqu'elles ont été surprises par la mort. C'est pourquoi les phénomènes d'atrophie, de dégénérescence et de nécrose se présentent sous des aspects si variés et de plus avec des particularités relatives à chaque tissu.

Lorsque la nutrition est augmentée, elle peut l'être aussi avec la persistance de la structure du tissu et la continuation de son fonctionnement augmenté, d'une manière permanente ; ce qui constitue l'hypertrophie. Lorsque cette augmentation est accrue au point qu'il y a production de nouveaux éléments et, par conséquent, modification de la structure du tissu, on passe de l'hypertrophie aux altérations désignées sous le nom d'inflammation. Dans les deux cas, les modifications pathologiques sont caractérisées, en somme, par l'augmentation de la nutrition ; et c'est pourquoi la transition est si souvent insensible entre les productions hypertrophiques et inflammatoires ou même néoplasiques; ces dernières étant parfois tout à fait analogues aux précédentes, dont elles ne diffèrent essentiellement que par leur marche et leur caractère d'accroissement, tenant vraisemblablement à l'action lente et persistante de leur cause encore inconnue.

Le plus souvent, on trouve réunies des altérations résultant à la fois de la diminution et de l'augmentation de la nutrition; mais c'est seulement sur des parties où existent des modifications de structure des tissus; les parties atrophiées, dégénérées ou nécrosées correspondant toujours à une nutrition insuffisante, pervertie ou nulle à ce niveau, et les parties hypertrophiées ou anormalement exubérantes recevant une nutrition excessive dans des conditions de structure plus ou moins anormales.

Bien plus, on voit qu'il existe une relation constante entre ces états opposés de la nutrition donnant lieu aux altérations locales. Lorsqu'on considère le phénomène local le plus accusé, relatif à la nutrition en moins, c'est-à-dire sa cessation qui détermine la mort locale au niveau des parties qui ne reçoivent plus de liquide nutritif, on voit qu'il y a au contraire à la périphérie une nutrition énormément augmentée, d'où résulte une hyperproduction désordonnée d'éléments; et des productions exubérantes anormales, puis, sur les confins périphériques de cette zone où l'hyperplasie est moins abondante et où la structure du tissu n'est pas altérée, une simple hypertrophie.

Cette constatation que l'on a souvent l'occasion de faire et que l'on peut reproduire expérimentalement rend bien compte de l'augmentation de la nutrition par l'activité circulatoire augmentée dans les points situés en amont de ceux où elle a cessé par le fait d'une action dite spontanée ou expérimentale ayant produit l'ohlitération des vaisseaux; et ces phénomènes sont d'autant plus manifestes qu'ils sont produits d'une manière plus rapide.

C'est incontestablement la cessation de la circulation en un point qui engendre son augmentation sur l'autre ; et c'est non moins certainement ce dernier phénomène d'où provient l'hyperproduction de tous les éléments de nutrition, au nombre desquels se trouvent les éléments cellulaires qui, là où ils sont placés, dans des conditions de structure anormales vont donner lieu à des formations plus ou moins anormales, tandis qu'on ne remarquera que des phénomènes d'hypertrophie là où la structure normale aura pu persister; ce qui démontre à la fois l'analogie et la différence des productions sous ces deux aspects avec leurs transitions insensibles, et en même temps leur nature identique puisqu'elles correspondent toujours aux productions du tissu affecté seulement avec des modifications qui dépendent de leur structure et des conditions de leur nutrition.

D'autre part, les nouvelles productions exubérantes donnent lieu à leur tour à des phénomènes d'atrophie et de disparition des éléments anciens auxquels ils se substituent graduellement et peuvent même être la cause de phénomènes nécrosiques en envahissant rapidement des vaisseaux et les oblitérant, c'est-à-dire par le même mécanisme qu'ont été produites les premières lésions.

Or, en examinant toutes les altérations pathologiques que l'on peut rencontrer sur les divers tissus, on trouve, communément associées, des phénomènes d'atrophie, de dégénérescence et de mort, avec ceux de production exubérante, mais d'une manière plus ou moins variable suivant des circonstances diverses tenant à la fois à la cause de l'altération, à son mode d'action et à ses premiers effets sur les tissus dont la structure peut être conservée en totalité ou en partie ou bien plus ou moins bouleversée. Aussi il en résulte des modifications variées toujours en rapport avec l'état de la circulation dans les diverses parties affectées. Celles-ci peuvent être tellement modifiées qu'on ne saurait de prime abord s'y reconnaître pour interpréter le mode de production de ces diverses altérations, si l'on n'avait pour se guider le cas le plus simple précédemment examiné, et qui permet de se rendre compte de tous les faits plus ou moins anormaux. On voit ainsi qu'ils ne peuvent consister qu'en des modifications des états normaux continuant leur évolution avec des dispositions diverses par suite des conditions plus ou moins anormales dans lesquelles ils se trouvent, et dont la clé réside constamment dans le mode de la nutrition des diverses parties.

On peut dire que, du moment où la vie persiste, il n'y a pas de phénomènes de dégénérescence ou de destruction des éléments sur une région plus ou moins localisée, sans qu'il y ait dans le voisinage des phénomènes productifs en rapport avec l'exagération de la nutrition provenant de l'augmentation de l'activité circulatoire par compensation. Et de même la constatation de ces derniers phénomènes sur une région indique non moins sûrement une entrave à la circulation et à la nutrition sur un point voisin.

Ce sont ces phénomènes d'augmentation de l'activité nutritive qui sont dits « réactionnels », « producteurs » ou « réparateurs », suivant les théories. Or, ils résultent simplement des conditions mécaniques modifiant la circulation.

C'est pourquoi il importe, dans tous les cas, de se rendre un compte aussi exact que possible de l'état de la circulation et de celui des vaisseaux anciens et nouveaux sur tous les points affectés. Et lorsque les examens sont faits avec cette préoccupation, on arrive bien souvent à expliquer des phénomènes, qui, au premier abord, avaient |paru inexplicables.

Bien souvent aussi, les nouvelles productions abondent sans qu'on trouve la preuve de phénomènes nécrosiques ou dégénératifs les ayant précédé, de telle sorte qu'on a imaginé des hypothèses nombreuses pour s'en rendre compte. Mais outre qu'aucune d'elle ne fournit d'une manière certaine l'explication recherchée, parce qu'aucune n'est applicable à tous les faits et ne correspond à la conception rationnelle de l'état pathologique par rapport à l'état normal, il nous semble beaucoup plus conforme aux données scientifiques d'aller des faits évidents à ceux qui le sont moins, pour les expliquer tous d'une manière analogue, vu que cette explication se trouve basée à la fois sur des faits connus et sur leur rapport avec les données biologiques qui ne sauraient varier,

puisque toutes les .modifications pouvant se produire, doivent toujours être ramenées à des variations dans les phénomènes de la vie,
c'est-à-dire de la nutrition.

Il est d'autant plus rationnel d'admettre que dans tous les cas
il y a eu un trouble initial de la circulation, que l'on trouve fréquemment au sein des productions inflammatoires des oblitérations d'artérioles qui peuvent être primitives ou consécutives à un
trouble qui s'est produit tout d'abord au niveau des capillaires,
soit par des oblitérations provenant des éléments sanguins altérés,
soit par suite de modifications nutritives des éléments conjonctifs
au sein desquels se trouvent les capillaires dont la circulation peut
être ainsi modifiée et arrêtée. La répartition des altérations sur des
points localisés, très disséminés et nombreux, peut expliquer la
difficulté d'apercevoir les parties dont la nutrition est en souffrance, surtout au milieu des productions exubérantes que l'on voit
seulement se substituer graduellement aux précédentes.

Pour les raisons que nous avons dites et auxquelles il faut
ajouter la production expérimentale de toutes les lésions inflammatoires par l'introduction dans la circulation des agents nocifs,
et notamment des microbes ou produits microbiens, nous pensons
qu'on ne saurait mieux expliquer dans tous les cas les diverses
altérations que par des modifications initiales du sang affectant tout
l'organisme ou plus particulièrement certains organes ou tissus sur
des points où des altérations sont devenues plus accusées, par le
mécanisme des oblitérations vasculaires et des phénomènes qui en
résultent.

Si nous avons insisté tout particulièrement sur le rôle qui
revient d'une manière incontestable à l'appareil circulatoire dans
la détermination des phénomènes pathologiques, c'est que, comme
nous avons cherché à le démontrer, nous pouvons ainsi suivre les
modifications apportées dans l'état de la nutrition, c'est-à-dire de
la vie des tissus, avec toute la précision possible dans l'état actuel
de la science, et, par conséquent, sans nous écarter de la voie biologique que nous avons prise immuablement pour guide dans nos
études.

Assurément depuis Boerhaave, beaucoup d'auteurs ont considéré
les modifications de la circulation comme jouant un rôle important
en pathologie, mais en l'expliquant plutôt d'une manière théorique
suivant les idées régnantes plus ou moins hypothétiques, jusqu'au
moment où Virchow n'a plus attribué à l'appareil circulatoire
qu'un rôle secondaire ou accessoire. Et depuis la théorie cellulaire,

les auteurs ont encore accentué davantage cette manière de voir, de telle sorte que de nos jours, dans la description des altérations pathologiques, il n'est même souvent plus fait mention de l'état des vaisseaux, comme si leur oblitération ou leur perméabilité étaient choses négligeables. Nous pourrions en citer de nombreux exemples. C'est au point qu'en continuant de la sorte, le rôle de la circulation finirait par être oublié avant peu et devrait être à nouveau découvert pour se rendre véritablement compte des phénomènes vitaux observés, puisque ceux ci, qu'ils soient normaux ou pathologiques, sont toujours intimement liés aux phénomènes de nutrition, lesquels sont forcément en rapport avec la répartition et les qualités du liquide nutritif.

Il est enfin une remarque importante à faire au sujet du rôle attribué par les auteurs au *terrain* sur lequel on observe les phénomènes pathologiques. Tous lui accordent une influence qui leur vaudrait des caractères et une allure variables avec chaque cas. Mais cette interprétation est encore bien au-dessous de la réalité lorsqu'on réfléchit que *la maladie réside dans les modifications biologiques seules de chaque organisme déterminé*, et naturellement en le considérant comme il se trouve dans chaque cas, à tous les âges et dans toutes les circonstances possibles.

Il s'agit maintenant de rechercher en quoi consiste « la manière d'être et d'agir de l'organisme », lorsqu'il est troublé par quelque cause nocive. Mais cette étude, devant être poursuivie uniquement au point de vue de l'anatomie pathologique, nous ne nous occuperons pas des troubles fonctionnels qui sont du ressort de la physiologie pathologique et de la clinique. On verra, toutefois, que *pour se rendre compte du caractère des lésions et de leur mode de production, il est indispensable de ne pas perdre de vue toutes les conditions biologiques de nutrition, d'évolution et de fonctionnement des éléments considérés dans les divers tissus.*

CHAPITRE VI

CLASSIFICATION DES LÉSIONS

D'après les considérations précédemment exposées, il est impossible de classer les lésions suivant qu'elles relèvent d'un trouble de la circulation ou de la nutrition, d'altérations du tissu conjonctif ou des éléments spéciaux des organes, de la formation exagérée ou anormale des cellules, etc., comme l'ont fait beaucoup d'auteurs, tout en décrivant ensuite l'inflammation, les tumeurs, etc., qui comprennent tous ces troubles et qui servent à la démonstration qu'aucune lésion ne peut être considérée comme se rapportant à un seul trouble fonctionnel ou à un seul élément.

Il est même impossible d'envisager séparément les phénomènes productifs de ceux de dégénérescence et de destruction, non seulement parce qu'ils sont le plus souvent concomitants, et font, les uns et les autres, partie des états pathologiques relevant des diverses causes morbides, mais encore parce qu'il existe entre eux des relations intimes plus ou moins connues. C'est qu'il s'agit, dans tous les cas, de troubles dans les phénomènes complexes normaux, et que l'on a au moins la même complexité dans les phénomènes anormaux ou pathologiques.

Une seule classification serait rationnelle, c'est celle qui aurait pour base *l'étude des modifications anormales imprimées à l'organisme par les diverses causes morbides.*

Mais outre que l'on ne connaît pas la cause de beaucoup d'états pathologiques, on arriverait ainsi à décrire les lésions particulières à chaque organe ou tissu dans les diverses maladies; tandis que nous nous sommes proposé d'étudier ces altérations, en les envisageant d'une manière générale, afin de mettre en relief les phénomènes qui les relient, tout en indiquant ceux qui les caractérisent principalement dans les affections les plus communément rencontrées.

Cependant tout ne peut être dit à la fois, et, quoique les altérations des tissus soient toujours complexes, il faut les étudier dans un ordre quelconque, absolument artificiel, qui ne peut être considéré comme une classification ayant la moindre analogie avec celle qui aurait pour objet l'étude des êtres organisés, en raison de l'interprétation que l'on doit donner aux phénomènes pathologiques. Il s'agit seulement de grouper les altérations qui se présentent dans des conditions analogues sur les divers tissus, en prenant pour base les modifications apportées aux phénomènes normaux, et particulièrement à ceux de nutrition et de rénovation cellulaire, en raison de l'importance de ces phénomènes à l'état normal. C'est que ceux-ci, dans les états pathologiques, ne peuvent être que diminués, augmentés ou pervertis, sans changement ou avec des modifications de structure plus ou moins considérables, parfois avec la mort locale préalable ou consécutive de certaines parties, souvent avec l'association de plusieurs ou de la totalité de ces altérations.

Ainsi nous étudierons en premier lieu les modifications pathologiques les plus simples des tissus, qui apparemment ont lieu sans altération de leur structure; d'abord celles qu'on désigne sous les noms d'*hypertrophie* et d'*atrophie*, ensuite la *dégénérescence ou métamorphose graisseuse*, puis la *nécrose*, en mettant seulement en relief les caractères essentiels de ces altérations. A cette occasion nous ne ferons qu'indiquer les autres lésions qui les accompagnent ordinairement en modifiant plus ou moins leurs caractères, mais qui seront l'objet d'une étude particulière dans les chapitres suivants. Naturellement nous donnerons la plus grande extension aux productions pathologiques désignées sous les noms d'*inflammation* et de *tumeurs*, qui sont toujours complexes, et comprennent l'immense majorité de celles qu'on peut observer, soit primitivement, soit secondairement. Des chapitres particuliers seront consacrés à la *tuberculose* et à la *syphilis*, en raison de l'importance des altérations inflammatoires qui s'y rapportent.

DEUXIÈME PARTIE

ÉTATS PATHOLOGIQUES DES TISSUS
SANS CHANGEMENT DANS LEUR STRUCTURE

———

CHAPITRE PREMIER

HYPERTROPHIE ET ATROPHIE

Pendant longtemps, on ne s'est pas préoccupé de préciser en quoi consistaient les mots d'hypertrophie et d'atrophie, que l'on appliquait à toute augmentation ou diminution de volume d'un organe ou d'un tissu, avec les lésions les plus dissemblables. Aujourd'hui encore, ce sont les premiers mots qui viennent à l'esprit, lorsqu'on constate ces changements de volume; et il en résulte trop souvent une interprétation erronée de lésions diverses assimilées à une simple modification de volume.

Cependant, depuis le commencement du siècle dernier, les mots d'*hypertrophie* et d'*atrophie* servent à désigner *les parties qui sont anormalement augmentées ou diminuées de volume, sans altération de structure.*

En se tenant strictement à cette définition, les cas d'atrophie et d'hypertrophie vrais sont très restreints, parce que la plupart des changements de volume des organes et des tissus sans altération de structure ne sont pas anormaux, et que les modifications de volume qui sont anormales ne se rencontrent guère sans altération de structure, *lorsqu'elles ont persisté quelque temps.*

Ce sont des états qui constituent, pour ainsi dire, une transition entre les états physiologiques et pathologiques, car on passe insensiblement des uns aux autres. Les auteurs ont pris précisément pour terme de comparaison ou d'analogie les phénomènes d'augmentation ou de diminution de volume qu'on peut observer dans l'organisme normal, en considérant l'évolution de l'organisme entier et celle de ses organes dont l'activité et même l'existence sont temporaires, où l'on peut constater des phénomènes d'augmentation et de diminution, voire même de disparition, en rapport avec l'état de leur nutrition.

Mais la définition généralement adoptée de l'hypertrophie et de l'atrophie ne permet pas de prendre pour type les phénomènes observés à l'état normal au niveau des glandes mammaires, ni même de l'utérus, comme on le fait généralement; car il s'agit non seulement de la production d'éléments cellulaires plus volumineux et plus nombreux, mais encore de phénomènes complexes, avec des néoproductions abondantes et des modifications de structure que ne comportent pas l'hypertrophie et l'atrophie simples, et qui sont plus en rapport avec des productions inflammatoires ou néoplasiques. C'est qu'il existe entre tous les phénomènes, aussi bien normaux que pathologiques, des transitions insensibles qui les rendent d'autant plus difficiles à cataloguer qu'on peut les trouver tous réunis.

Les seuls types normaux auxquels on puisse comparer l'hypertrophie et l'atrophie sont ceux de l'exagération d'activité ou de repos d'un organe à la période d'état, et, bien mieux, ceux observés dans les périodes de développement et de déclin de l'organisme pour toutes ses parties constituantes. Mais l'état pathologique est caractérisé par la *persistance* du phénomène en dehors de l'état normal.

Les auteurs, comme on le verra, se sont beaucoup écartés de cette manière de voir, en ne tenant pas compte de la définition de l'hypertrophie et de l'atrophie, soit dans les phénomènes normaux qu'ils ont pris pour type, soit surtout dans les productions pathologiques qu'ils ont considérées comme des hypertrophies ou des atrophies et qui, le plus souvent, s'accompagnent de productions inflammatoires plus ou moins bien caractérisées.

C'est qu'en admettant, avec Virchow, l'hypertrophie par hyperplasie, même avec persistance de la structure du tissu, nous ne croyons pas qu'on puisse trouver un critérium pour séparer cet état d'une production hyperplasique inflammatoire. Il faut considérer toutes ces productions comme inflammatoires, ou bien, si l'on veut conserver à part les états d'hypertrophie et d'atrophie simples, on doit en séparer ce qui est relatif à l'hyperplasie, en laissant aussi de côté les analogies avec des phénomènes normaux comme ceux qui se passent dans les glandes mammaires et qui sont tout autres. Cela ressortira encore bien mieux de l'étude des faits se rapportant à ce que les auteurs considèrent comme des cas d'hypertrophie ou d'atrophie, ou tout au moins qu'ils dénomment ainsi.

On cite comme fréquente l'hypertrophie ou l'atrophie des muscles, des glandes, de la rate, des ganglions, etc. Or l'étude de ces faits montre que s'il y a une part de vérité dans cette interprétation, elle est très restreinte, et que le plus souvent, dans les deux cas, mais surtout avec l'hypertrophie, il y a consécutivement, ou même dès le début, des phénomènes inflammatoires bien caractérisés, et qu'en somme, actuellement, la confusion de l'hypertrophie et de l'atrophie avec les phénomènes inflammatoires persiste toujours et s'étend jusqu'aux néoplasies.

Les muscles. — On sait que les muscles augmentent ou diminuent de volume suivant que leur fonctionnement, en rapport avec leur nutrition, est augmenté ou diminué. Mais s'il ne s'agit que de modifications temporaires, elles ne peuvent être considérées comme pathologiques, car on n'y découvre rien d'anormal. Quel que soit le volume pris par les biceps d'un acrobate, on ne le considérera pas comme une hypertrophie, et la diminution de volume des mollets, après quelques jours passés au lit, ne fera pas dire qu'il s'agit d'une atrophie ; car, dans ces conditions, les muscles ne présentent aucune altération et n'offrent que des variations de volume susceptibles d'être modifiées suivant les circonstances.

Il n'en est plus de même dans les cas pathologiques d'hypertrophie et d'atrophie, où l'on voit soit l'augmentation, soit la diminution de volume devenir *persistante* ; de telle sorte qu'il faudrait, pour les distinguer des phénomènes physiologiques, ajouter ce caractère à la définition des auteurs, vu que ce n'est bien que cette circonstance qui fait considérer les changements de volume d'un organe comme une *hypertrophie ou une atrophie véritablement pathologique.* Mais si ces modifications peuvent s'établir et même persister un certain temps sans altération de structure, il arrive le plus souvent que des modifications variables se produiront, de telle sorte que les changements de volume ne rentreront plus dans la définition des auteurs.

En prenant pour exemple *l'hypertrophie* et *l'atrophie du cœur*, si souvent notées dans les autopsies, on voit d'abord que ces états correspondent à une augmentation ou à une diminution d'action et de nutrition de l'organe.

Lorsque le cœur éprouve un obstacle du côté de la circulation périphérique, il est obligé d'augmenter son action, ainsi que sa nutrition, et il s'hypertrophie aux dépens de ses éléments propres et de sa charpente fibro-vasculaire. Cet état est caractérisé histologiquement par une augmentation de volume des fibres musculaires, qui est surtout manifeste lorsqu'on compare ces fibres à celles d'un cœur atrophié, mais qui, en général, ne suffirait pas à déceler l'hypertrophie du cœur, si l'on ne considérait que des fibres isolées, tout au moins en examinant des préparations durcies par l'alcool qui les rétracte beaucoup. Mais l'augmentation des fibres musculaires est plus facile à apprécier sur les préparations du tissu frais durci par l'air ou l'acide carbonique liquides. Elle est cependant moins caractéristique que l'augmentation de volume de tout le cœur; ce qui est très rationnel, puisque celle-ci est représentée par l'hypertrophie de chaque fibre musculaire ayant pour coefficient le nombre des fibres du cœur. Il faut y ajouter l'épaississement de la charpente fibreuse, de l'épicarde et de l'endocarde, ainsi que des valvules qui sont en même temps élargies et épaissies; toutes ces parties contribuant à l'augmentation de volume et de poids de l'organe.

Quelques auteurs admettent aussi une augmentation numérique des fibres musculaires du cœur; mais nous ne croyons pas que la preuve réelle puisse en être fournie, vu que sur un espace déterminé, leur nombre se trouve toujours en quantité très variable. Cette hyperplasie n'est même pas probable, vu que *la néoproduction des muscles striés n'a été démontrée dans aucun cas d'une manière certaine*.

On peut constater assez souvent l'épaississement des faisceaux fibreux qui constituent la charpente de l'organe, par l'augmentation de la substance hyaline, sans que les éléments cellulaires qui s'y trouvent paraissent manifestement augmentés de nombre, sans que la structure de l'organe soit altérée.

C'est l'ensemble de ces modifications qui constitue l'hypertrophie simple du cœur.

Mais il arrive, encore très souvent, que dans le cœur brightique et surtout dans celui des cardiaques proprement dits, les cellules de la charpente fibreuse soient plus nombreuses, tantôt d'une façon douteuse et tantôt très manifestement. De jeunes cellules sont répandues en grand nombre dans le tissu musculaire, principalement autour des vaisseaux, le long des travées fibreuses et jusque dans le tissu fibro-vasculaire le plus délié, en même temps que les noyaux des fibres musculaires sont très apparents. Le tissu cellulo-adipeux sous-épicardique est également riche en cellules. Il en est de même au voisinage de l'endocarde. Plus ou moins dilatés aussi sont les vaisseaux dans les cas de ce genre.

Cet état est rangé par les auteurs, tantôt parmi les simples hypertrophies et tantôt parmi les myocardites, ce qui entraîne une confusion regrettable dans l'interprétation des faits et les conséquences que l'on en peut tirer.

S'il n'y a pas de destruction des éléments propres de l'organe, ni, par conséquent, de profondes modifications dans sa structure, celle-ci cependant ne conserve plus ses caractères normaux. Il y a une hyperproduction cellulaire manifeste sur toutes les parties constituantes du cœur et même en excès tout à fait anormal dans sa charpente fibro-vasculaire. Enfin il existe une augmentation de sa vascularisation. Or, c'est là le début de toute inflammation, comme nous le verrons. Et la preuve qu'il s'agit en réalité de ce phénomène, c'est que l'on trouve les mêmes productions dans les infections aiguës, et que, dans tous ces cas, on peut observer assez fréquemment des lésions plus accusées se manifestant par des productions anormales sous la forme de tractus scléreux irréguliers, principalement près des vaisseaux, et aux dépens des fibres musculaires voisines qui ont disparu ou qui sont en voie de disparition. En même temps, on rencontre presque toujours, à ce niveau, des veines oblitérées ou en voie d'oblitération, ainsi que de l'endartérite à des degrés divers, pour peu que la sclérose soit prononcée.

C'est qu'il existe alors une inflammation concomitante beaucoup plus accusée, survenue en même temps que l'hypertrophie ou consécutivement, par le fait de l'intensité augmentée ou de la persistance longtemps prolongée des phénomènes d'hypernutrition concordant avec l'action fonctionnelle augmentée et finissant par occasionner, non seulement l'hypertrophie des éléments propres, mais aussi la présence d'un plus grand nombre d'éléments cellulaires dans la charpente fibro-vasculaire. Par la suite, les troubles vasculaires, répartis irrégulièrement, donnent lieu à des altérations plus accusées se traduisant par des productions scléreuses lesquelles peuvent aussi provenir de quelque cause accidentelle, surtout de nature infectieuse, le cœur hypertrophié étant devenu très susceptible de présenter des troubles de nutrition sous l'influence de la moindre cause nocive surajoutée.

Tous les cœurs hypertrophiés n'aboutissent pas nécessairement à la myocardite, puisque celle-ci peut faire complètement défaut, mais l'hypertrophie est un acheminement, c'est-à-dire plus qu'une prédisposition, à cet état ; de telle sorte qu'on trouve fréquemment, avec l'hypertrophie du cœur, de l'inflammation à des degrés divers. C'est même la raison pour laquelle la péricardite est si fréquente sur les cœurs hypertrophiés, chez les brightiques et les cardiaques proprement dits. Au début les piliers sont le plus souvent atteints d'une sclérose, qui gagne plutôt la paroi postérieure.

Le cœur atrophié se présente ordinairement dans des conditions plus conformes à la définition pour ce qui concerne l'intégrité de la structure de l'organe, sur des sujets débilités et amaigris, et plus particulièrement dans la cachexie tuberculeuse ou cancéreuse. Les fibres musculaires paraissent diminuées de volume, surtout lorsqu'on les compare à celles des cœurs hypertrophiés. Cela est aussi plus manifeste sur les préparations durcies par l'air ou l'acide carbonique liquides. Cependant les fibres paraissent relativement plus diminuées dans l'atrophie qu'elles ne semblent augmentées dans l'hypertrophie, parce que la charpente fibrovasculaire de l'organe ne diminue pas dans l'atrophie en proportion de ce qu'elle augmente dans l'hypertrophie. On rencontre exceptionnellement de la sclérose dans un myocarde atrophié. Encore est-il probable qu'il s'agit d'altérations peu importantes antérieures à l'atrophie cardiaque ; car la myocardite ne va guère sans hypertrophie, et celle-ci n'a guère de tendance à rétrocéder. C'est pourquoi aussi il n'y a jamais d'atrophie du cœur dans les cas de lésions orificielles avec myocardite et pas même dans le rétrécissement mitral, comme on l'a dit quelquefois à tort, croyons-nous, parce que, en évaluant le poids du cœur, on n'a pas tenu compte du poids du sujet. Il est même à remarquer qu'une hypertrophie du cœur, en rapport avec une néphrite, peut persister malgré la production d'une lésion cancéreuse, ainsi qu'on le voit quelquefois, notamment avec un cancer de l'estomac.

Comme l'hypertrophie, l'atrophie du cœur est néanmoins plus manifeste à l'œil nu qu'au microscope. Ce fait est particulièrement remarquable pour l'atrophie des muscles des membres paralysés chez les hémiplégiques, si manifeste lorsqu'on compare les deux membres, surtout pendant la vie, où la circulation est plus active du côté sain, tandis que l'examen histologique du tissu musculaire de chaque côté ne nous a pas paru présenter de différence appréciable.

L'*atrophie musculaire progressive* ne rentre pas dans la définition de l'atrophie, en raison des altérations de structure qui l'accompagnent, puisqu'il y a à la fois disparition graduelle des faisceaux musculaires et production d'un tissu scléreux et adipeux en remplacement du tissu musculaire. Il s'agit bien, évidemment, de phénomènes inflammatoires.

On rencontre assez fréquemment des hypertrophies musculaires,
et, le plus souvent, avec hyperplasie cellulaire, au niveau des organes
qui présentent des tuniques à fibres musculaires lisses, tels que les
parois des vaisseaux artériels et veineux, des bronches, du tube
digestif, de la vessie, etc., lorsque leur action est augmentée par
quelque obstacle résultant de lésions situées au delà et surtout
par le fait d'une inflammation voisine, de telle sorte que le plus souvent
on trouve en même temps une sclérose plus ou moins prononcée
du tissu au sein duquel existent les fibres musculaires.
Une simple inflammation chronique suffit pour donner lieu à ce
phénomène qu'on peut constater même sur les vaisseaux oblitérés

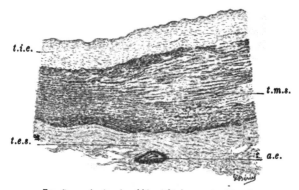

FIG. 5. — *Aorte atrophiée et légèrement sclérosée.*
t.i.e., tunique interne épaissie. — *t.m.s.*, tunique moyenne sclérosée et atrophiée.
t.e.s., tunique externe sclérosée et densifiée. — *a.e.*, artère avec endartérite.

et sur tous les points où l'on rencontre des fibres musculaires
lisses, comme sur la *muscularis mucosæ*, qui peut ainsi prendre
des proportions considérables, et même sur le derme cutané, dans
le rein, etc.

Mais, par contre, si l'inflammation produit rapidement une
sclérose intense, il arrive, au contraire, que les fibres musculaires
s'atrophient et disparaissent peu à peu.

On trouve assez fréquemment chez des sujets très âgés les parois
de l'aorte atrophiées et dilatées; mais encore ce n'est pas sans un
certain degré de sclérose, comme on peut le voir sur la figure 5.

Nous nous bornons à signaler ces phénomènes d'hypertrophie
et d'atrophie des muscles lisses, car nous aurons à revenir sur
toutes ces lésions et sur leur pathogénie à propos de l'inflammation
dont elles font partie intégrante.

Les glandes. — Bien qu'il soit souvent question d'hypertrophie ou d'atrophie des glandes, le plus souvent il s'agit en même temps de lésions diverses, et habituellement de phénomènes inflammatoires concomitants.

Cette remarque s'applique surtout au *foie* dit si communément hypertrophié ou atrophié. Or, lorsqu'il est ainsi désigné, il s'agit de lésions les plus variées, telles que du foie graisseux ou cardiaque, ou des diverses variétés de sclérose, ou encore du foie avec la présence d'abcès, de kystes, de tumeurs, etc. Dans ces cas, les mots d'hypertrophie et d'atrophie ont repris leur acception ancienne pour ne s'appliquer qu'au volume de l'organe augmenté ou diminué.

Cependant il est incontestable qu'on peut rencontrer le foie augmenté de volume et de poids, avec des éléments cellulaires en état de parfaite intégrité, dont les noyaux sont tous bien colorés et paraissent au premier abord plus nombreux en raison de cet aspect, sans aucune lésion interstitielle. Les trabécules hépatiques et les cellules qui les constituent sont probablement augmentées de volume; mais aussi bien pour le foie que pour le cœur, les changements de volume sont plus appréciables à l'œil nu qu'au microscope. Toutefois, ce n'est que par ce dernier examen qu'on peut se rendre compte de l'intégrité de structure de l'organe.

Les conditions dans lesquelles il est possible de rencontrer l'hypertrophie vraie du foie n'ont pas encore été suffisamment recherchées. Il est vrai qu'il s'agit d'une appréciation en général difficile, vu que le volume et le poids de l'organe varient beaucoup suivant l'âge, la taille, le poids du sujet, et la maladie à laquelle il a succombé, et que l'on ne peut prendre en sérieuse considération qu'une hypertrophie bien manifeste sans autre modification de l'organe.

Cependant, on peut dire d'une manière générale qu'on trouve le foie hypertrophié lorsque sa circulation est plus active, correspondant probablement à une action fonctionnelle exagérée. Nous avons noté cette hypertrophie portant sur l'organe entier (sans altération appréciable de sa structure tout particulièrement examinée) dans plusieurs cas de diabète.

Il nous a paru aussi que dans certains cas de cirrhose où la sclérose prédominait sur le lobe gauche, le lobe droit semblait augmenté de volume. Il est à remarquer, du reste, que dans les cas où la sclérose est nettement limitée sous forme de bandes annulaires étroites, on voit souvent les trabécules constituées par des cellules volumineuses qui, loin d'être altérées, paraissent plutôt exubérantes. Cet état de la substance glandulaire se manifeste même à l'œil nu par des saillies granuleuses, parfois très volumineuses, lesquelles présentent souvent de la surcharge graisseuse. Il n'est pas moins vrai qu'on peut considérer ces cas comme se rapportant à une hypertrophie de certaines portions de l'organe fonctionnant probablement par compensation de celles qui ont été détruites au niveau des bandes scléreuses, et non pas seulement comme le résultat d'une constriction, ainsi qu'on l'admet généralement, vu que les trabécules et les cellules qui les constituent ne présentent aucune trace de compression.

Cela explique comment certaines cirrhoses peuvent rester longtemps latentes ou donner lieu à des troubles susceptibles de disparaître au point d'offrir l'apparence de guérison et une longue survie; ce qui n'arrive pas dans les cas où la sclérose est intense et diffuse, de telle sorte que tous les éléments constituants de l'organe sont graduellement altérés et qu'il en résulte des troubles permanents et progressifs.

Il y a du reste toutes probabilités pour que le début des phénomènes inflammatoires soit toujours marqué par une augmentation de volume de certains éléments qui continuent à se nourrir et à fonctionner d'une manière exagérée tant qu'ils restent intacts, comme on peut le constater au voisinage de tous les foyers inflammatoires. C'est, du reste, un point sur lequel nous aurons l'occasion de revenir à propos de l'inflammation.

On rencontre aussi le foie diminué de volume sans altération destructive dans des conditions qui n'ont pas été spécifiées d'une manière précise, mais qui doivent correspondre à une diminution d'action, par opposition aux conditions de production de l'hypertrophie, et par la constatation d'une atrophie de l'organe toujours bien manifeste dans l'âge avancé.

Les *reins* sont dits communément hypertrophiés ou atrophiés, mais il s'agit de variations de volume le plus souvent en rapport avec les lésions inflammatoires plus ou moins prononcées que présentent les gros et les petits reins, rouges ou blancs. Cependant, aussi bien que pour le foie, on rencontre des reins augmentés ou diminués de volume et indemnes de lésions de structure, sans que l'attention ait été bien attirée sur ces faits. Ce n'est pas que, dans les autopsies, on néglige de noter le volume et le poids des reins, mais le plus souvent on ne procède pas à l'examen microscopique lorsqu'il n'y a pas de lésion apparente à l'œil nu, de telle sorte qu'on ne peut tirer de ces faits une indication précise. C'est que cet examen est indispensable pour se rendre compte de l'état de la structure des organes : un rein, en apparence sain, pouvant présenter des lésions inflammatoires déjà bien caractérisées et parfois même très étendues.

Nous avons cependant constaté souvent l'augmentation de volume et de poids des reins dont la surface offrait une coloration rouge ou blanchâtre, et dont le parenchyme était intact, seulement parfois avec un peu de surcharge graisseuse des cellules; cet état paraissant correspondre à une activité circulatoire et fonctionnelle de ces organes plus ou moins augmentée. Mais il faudrait encore des observations cliniques bien complètes pour fixer exactement les conditions dans lesquelles ces cas peuvent se présenter.

Ce qu'il y a de positif c'est que l'on trouve toujours un rein augmenté de volume et de poids lorsque l'autre rein a cessé de fonctionner pour une cause quelconque. C'est même le cas donné pour type d'une hypertrophie glandulaire par M. Lancereaux, et qui est, en effet, l'exemple le plus manifeste d'hypertrophie supplémentaire. Toutefois, dans tous les cas où nous avons examiné un rein dans ces conditions, si nous avons pu constater, avec une vascularisation accrue, une augmentation de capacité des tubes glandulaires, naturellement avec une plus grande quantité de cellules de revêtement, nous avons toujours trouvé en même temps une hyperplasie cellulaire dans le tissu conjonctif intertubulaire et autour des vaisseaux. Ces lésions existaient à des degrés divers, sur des points disséminés ou d'une manière diffuse et étaient dans tous les cas parfaitement caractéristiques d'une *inflammation concomitante*, d'autant que des glomérules se trouvaient en même temps plus ou moins altérés. Il n'est pas douteux, néanmoins, que les lésions du rein n'aient commencé par des phénomènes d'hypertrophie sous l'influence du fonctionnement et de la nutrition augmentés, et qu'il soit venu s'y ajouter peu à peu les lésions scléreuses, par suite de l'hyperplasie cellulaire persistante et de l'encombrement qui finit toujours par en résulter.

Il est vraisemblable que pour les reins, comme pour tous les organes, les phénomènes d'inflammation, surtout d'inflammation lente ou chronique, doivent consister d'abord dans un processus hypertrophique sur les points où la nutrition de l'organe est augmentée avant que sa structure soit altérée.

Du reste, même dans la plupart des cas de néphrite chronique, on peut constater, à côté des parties les plus infiltrées d'éléments cellulaires au point de donner l'apparence de plaques plus ou moins compactes, des parties où les tubes, manifestement dilatés, forment des plaques claires d'aspect réticulé, par suite de leur dilatation et de leur hypertrophie, et correspondent manifestement à une action supplémentaire résultant de l'action diminuée ou à peu près annihilée dans les points compacts. C'est avec raison que M. Chauffard a particulièrement insisté sur cette hypertrophie supplémentaire de certaines portions de l'organe dans les néphrites chroniques.

Les parties hypertrophiées sont d'autant plus accusées que les portions voisines sont plus profondément atteintes et diminuées de volume. Comme elles se trouvent principalement dans la substance corticale, c'est-à-dire tout près de la capsule, il en résulte que beaucoup correspondent aux saillies inégales qu'on remarque à la surface du rein et qui sont parfois assez prononcées pour former de véritables granulations superficielles. Celles-ci sont ainsi constituées par les éléments glandulaires hypertrophiés et en état de fonctionnement supplémentaire exagéré dans le rein, ainsi que nous l'avons vu précédemment pour le foie. Et cela peut encore expliquer la survie parfois très longue de malades dont les reins présentent des signes d'inflammation depuis des années, parfois même avec des exacerbations graves qui rétrocèdent, etc; ce que l'on observera moins ou même pas du tout dans les formes de sclérose diffuse où tous les éléments de l'organe sont graduellement envahis, comme c'est ordinairement le cas pour les néphrites dites chirurgicales dont la marche est graduellement progressive.

Les reins des vieillards participent également à l'atrophie générale. Encore y trouve-t-on fréquemment quelques points d'inflammation ancienne, mais toujours très limités chez les sujets n'ayant pas eu d'albuminurie avant leur mort. Il est difficile de dire si ces altérations doivent être rapportées à l'atrophie poussée sur certains points jusqu'à l'oblitération de petits vaisseaux (peut-être par des éléments cellulaires non utilisés) ou s'il s'agit seulement de quelques traces d'inflammation ancienne et guérie. Il faudrait, pour résoudre la question, avoir suivi les sujets dans tout le cours de leur existence.

La *prostate* est dite souvent hypertrophiée, soit à l'état aigu, soit à l'état chronique. Dans le premier cas, on dit aussi qu'il y a une prostatite, car il en est toujours ainsi. Et dans le second où le terme d'hypertrophie est presque uniquement employé, c'est encore d'une inflammation qu'il s'agit, seulement à marche plus ou moins lente. On y trouve certainement un développement hypertrophique des éléments glandulaires et musculaires de l'organe augmenté de volume, ainsi qu'une production exagérée du stroma hyalin où les cellules sont aussi plus nombreuses, avec des vaisseaux dilatés. Parfois les éléments jeunes prédominent d'une manière plus ou moins irrégulière, en donnant aux altérations un caractère inflammatoire manifeste. D'autres fois le tissu glandulaire prend un développement intensif, particulier, en constituant ainsi un adénome qu'on ne peut considérer comme une simple hypertrophie.

La diminution de volume de la prostate n'a guère attiré l'attention. C'est le cas de dire qu'elle n'a heureusement pas d'histoire; cependant elle peut se produire dans les mêmes conditions que les autres glandes. Si l'on trouve la prostate, au contraire des autres glandes, plutôt augmentée chez les vieillards, c'est que la plupart ont eu des accidents inflammatoires des organes génito-urinaires, qui se sont propagés à la prostate et ont persisté comme les premiers. Leur augmentation particulière au niveau de la prostate doit être attribuée selon nous à une hygiène défectueuse et notamment à l'usage des boissons alcooliques; car nous n'avons jamais observé ces lésions sans infection blennorragique et chez des buveurs d'eau.

Pour les *testicules*, il n'est guère question de leur hypertrophie, quoiqu'elle puisse être manifeste pour un testicule, lorsque l'autre est plus ou moins atrophié. Les augmentations pathologiques de l'organe se rapportent habituellement à des lésions diverses inflammatoires ou néoplasiques.

C'est l'atrophie que l'on rencontre assez fréquemment sur le testicule dont le canal déférent a été oblitéré par une lésion de l'épididyme ou qui seulement n'est pas descendu dans les bourses. La disposition des tubes glandulaires est conservée, mais avec une diminution de volume. On y trouve l'épithélium en place, mais atrophié et d'aspect fibrillaire sans noyau distinct. Toutefois on voit de jeunes cellules entre les tubes avec une production conjonctive anormale, mais régulièrement répartie. C'est déjà de l'inflammation interstitielle, cependant bien distincte des scléroses localisées avec destruction des tubes glandulaires.

Toutes les glandes peuvent s'atrophier ainsi à la suite de l'oblitération de leur canal excréteur; mais il se produit toujours en même temps des lésions inflammatoires.

Les *amygdales* dites hypertrophiées peuvent présenter des

lésions diverses, et même, chez les enfants où cette expression est communément employée, on peut y voir aussi, non seulement l'augmentation de volume des follicules lymphatiques et du tissu réticulé, mais encore une production cellulaire exagérée sur tous les points, de telle sorte qu'il en résulte un épaississement de la couche épithéliale qui revêt l'amygdale et tapisse les cavités utriculaires, remplies de déchets cellulaires (fig. 6). Cet état coexiste avec une vascularisation augmentée. De plus, on peut

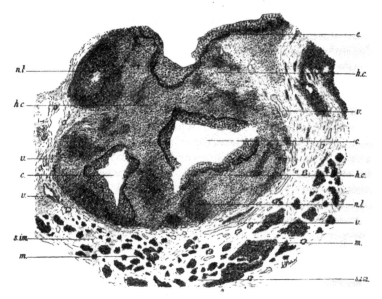

Fig. 6. — *Amygdale d'enfant dite hypertrophiée avec lésions inflammatoires manifestes.*

e, épithélium malpighien. — *c*, cryptes amygdaliennes tapissées de leur épithélium. — *n.l.*, nodules lymphoïdes avec hyperplasie cellulaire. — *h.c.*, hyperphasie cellulaire généralisée. — *m*, muscles. — *s.i.m.*, sclérose intermusculaire. — *v*, vaisseaux.

constater un épaississement du stroma avec une hyperplasie cellulaire qui, en se continuant entre les faisceaux musculaires voisins de l'organe, donne l'aspect d'un tissu sclérosé. Il s'agit très manifestement de phénomènes inflammatoires.

L'atrophie de l'amygdale résulte ordinairement d'une sclérose ancienne et n'attire guère l'attention. Elle coexiste toujours avec une diminution de la vascularisation.

Le *corps thyroïde* est souvent dit hypertrophié. Rarement on s'occupe de son atrophie. Dans l'immense majorité des cas de prétendue hypertrophie, il s'agit de goitres qui sont à proprement parler des adénomes, dont il sera question à propos des tumeurs. Cependant on rencontre assez fréquemment le corps thyroïde augmenté de volume uniformément, surtout chez les jeunes gens et plus particulièrement aussi chez les jeunes femmes, avec une recrudescence au moment des périodes menstruelles. C'est bien là une hypertrophie simple qui persiste à un degré variable, et ne doit pas être confondue avec des lésions inflammatoires ou néoplasiques.

Ce sont les lésions du goitre que l'on rencontre dans la maladie de Basedow et non une hypertrophie simple, que nous n'avons jamais constatée dans ces cas. Une fois même nous avons trouvé une diminution du volume de l'organe, mais toujours avec les productions qui caractérisent le goitre, c'est-à-dire avec des néoformations glandulaires plus ou moins anormales ayant pris la place de celles qui étaient saines et qui avaient disparu.

Le tissu pulmonaire. — Pour les poumons, on ne parle guère de leur hypertrophie, et l'emphysème vésiculaire de Laënnec qui coexiste avec une augmentation de volume de ces organes est décrit comme caractérisant leur atrophie. Or, nous croyons que c'est là une erreur; que, si le tissu pulmonaire peut présenter sur quelques points des lésions atrophiques, le phénomène dominant dans cette affection est, au contraire, une hypertrophie.

Les auteurs admettent que l'emphysème est le plus souvent supplémentaire, complémentaire ou vicariant. Nous ajouterons que tous les cas reconnaissent ce même mode de production, qu'ils peuvent tous y être ramenés par l'examen attentif des conditions dans lesquelles l'emphysème s'est produit, qu'il s'agisse d'un emphysème réparti sur les deux poumons, sur un seul de ces organes, ou sur des parties plus ou moins limitées du parenchyme de l'un ou des deux poumons. Aux lésions entravant le fonctionnement des poumons dans leurs parties postérieures et inférieures, correspond l'emphysème des parties supérieures et antérieures. Avec celles qui entravent un poumon entier, on peut voir que l'autre poumon est devenu emphysémateux à peu près dans sa totalité, au moins à sa périphérie. Enfin, lorsqu'on trouve des lésions inflammatoires plus ou moins localisées, récentes ou anciennes, mais surtout dans ce dernier cas, il y a, d'une manière constante, dans leur voisinage, de l'emphysème plus ou moins accusé. Celui-ci sera d'autant plus prononcé que le tissu pulmonaire sera resté indemne, qu'il se trouvera dans une région favorable à son fonctionnement et que ce dernier aura pu être augmenté. C'est notamment dans les points correspondant aux régions où la cavité thoracique est le plus susceptible de variations étendues et par conséquent où elle peut prendre la plus grande ampliation.

Ainsi, l'emphysème se remarque surtout au niveau du bord antérieur où le fonctionnement de l'organe est le plus actif, et où il doit se rapporter à un état anatomique correspondant. Car si

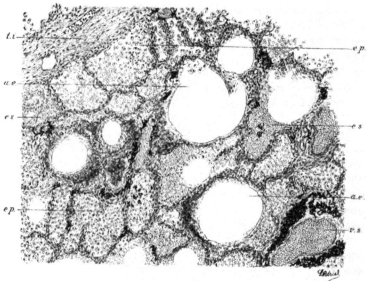

Fig. 7. — *Processus pneumonique dit de bronchite chronique avec emphysème pulmonaire.*

t.i., travée interlobulaire sclérosée. — *a.e.*, alvéoles emphysémateux. — *e.p.*, exsudat pneumonique. *e.s.*, exsudat sanguin. *v.s.*, vaisseaux avec sclérose et anthracose.

le tissu pulmonaire était atrophié, sa fonction devrait être au contraire diminuée.

Or, la diminution des phénomènes respiratoires s'observe non pas en avant, mais en arrière et dans les parties déclives sur la plupart des malades dits emphysémateux et dont « l'emphysème s'accompagne, dit-on, de bronchite ». Mais c'est encore le contraire qu'il faut dire ; car ce sont les lésions pulmonaires qui ont engendré l'emphysème plus ou moins limité ou disséminé qu'on peut rencontrer à ce niveau. Si la respiration est entravée et affaiblie dans cette région, c'est en raison du processus inflammatoire caractérisé ordinairement par une sclérose ancienne plus ou moins accusée et par la présence d'exsudats récents en quantité variable, qui oblitèrent en totalité ou en partie un grand nombre d'alvéoles pulmonaires (fig. 7). Ainsi se trouve diminuée la capacité respiratoire du parenchyme à ce niveau, malgré la présence de quelques alvéoles emphysémateux rencontrés au milieu des précédentes lésions et qui ne peuvent suppléer que très imparfaitement les alvéoles insuffisants.

Lorsqu'on examine attentivement ces alvéoles emphysémateux disséminés au sein des alvéoles entravés par les produits inflammatoires, on voit que leur paroi se présente avec une forme

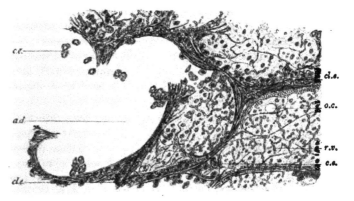

Fig. 8. — *Alvéoles pulmonaires emphysémateux renfermant peu d'exsudat inflammatoire.*

a.d., alvéole dilaté avec concavité exagérée de sa paroi, caractéristique de l'emphysème, — cl.e., cloisons interalvéolaires avec fibres élastiques augmentées de volume. — c.e., cellules exsudées. — o.c., orifice de communication interalvéolaire. — r.v., réseau vasculaire.

arrondie, à concavité exagérée, indice de leur distension compensatrice (fig. 8). Non seulement elle n'est pas atrophiée, comme on le suppose, mais elle est au contraire manifestement épaissie et densifiée, avec des fibres élastiques bien apparentes et un réseau vasculaire en parfait état. Cette paroi est même tapissée de cellules épithéliales dont quelques-unes ont dû souvent se détacher d'une manière accidentelle. C'est à cette cause plutôt qu'à une perforation par déchirure qu'on peut attribuer de petites pertes de substance arrondies, en raison de leurs dimensions et de leurs formes en rapport avec celles des cellules ; d'autant qu'une explication analogue rend compte des communications interalvéolaires qui sont démontrées par la disposition des exsudats fibrineux dans l'hépatisation rouge. (Voir p. 217.) Nous ajouterons que ces alvéoles emphysémateux rencontrés près de lésions inflammatoires doivent être considérés comme hypertrophiés au même titre que les tubes du rein dilatés par compensation au voisinage des points enflammés, par analogie du mode de production et de fonctionnement.

　-- Il est vrai qu'on décrit plutôt comme lésions emphysémateuses du poumon des portions où l'on voit des parois alvéolaires partiellement détruites, agrandissant les infundibula, faisant communiquer entre eux les alvéoles également agrandis, et se présentant en somme comme un tissu dont les cavités alvéolaires sont plus grandes, mais dont les parois sont plus grêles, voire même atrophiées et détruites en partie. En est-il bien ainsi ?

　On remarquera d'abord que lorsqu'on examine une préparation de tissu pulmonaire sain, on a à peu près le même aspect, c'est-à-dire que beaucoup de parois alvéolaires sont rompues, agrandissant de même les infundibula, et faisant communiquer les alvéoles entre eux sur beaucoup de points. La question est donc de savoir si l'on.·.peut distinguer ces ruptures de parois alvéolaires dans les divers cas. Or, il ne nous a pas été possible de faire cette distinction ; d'où la conclusion que, puisqu'il s'agit de ruptures produites sans doute accidentellement pour le poumon sain, il doit en être de même pour le poumon emphysémateux, et d'autant plus que les alvéoles et les infundibula sont incontestablement agrandis. Leurs parois, il est vrai, ne sont pas aussi manifestement épaissies que celles des alvéoles emphysémateux au sein des productions inflammatoires, mais elles ne sont pas non plus amincies comme on le suppose ; car elles sont bien constituées malgré l'agrandissement des cavités, et c'est encore une hypertrophie relative par rapport à leur extension. On peut même dire que dans cet état qui se rapporte aux portions emphysémateuses placées plus ou moins loin des lésions d'où elles résultent, les parois alvéolaires se présentent à peu près dans les conditions normales, sauf l'agrandissement des cavités. Ces parties sont précisément en rapport avec leur capacité respiratoire augmentée qu'on a pu constater pendant la vie à ce niveau, comme le fait est rendu très manifeste dans tous les cas par la respiration supplémentaire vers les régions antérieures du thorax.

　Mais, dira-t-on, on rencontre cependant assez fréquemment, vers le sommet des poumons, surtout près de lésions inflammatoires anciennes, des portions du tissu pumonaire apparaissant à l'œil nu comme de petites vessies distendues. Percées avec une aiguille, elles s'affaissent en laissant échapper l'air qu'elles renferment et que leur paroi amincie et leur élasticité affaiblie ne leur ont pas permis de chasser; de telle sorte qu'on ne saurait nier l'existence d'une certaine atrophie du tissu à ce niveau. Bien plus, lorsqu'on ouvre largement avec les ciseaux ces saillies qui correspondent à la plus grande distension du tissu, on trouve une cavité dont les parois revenues sur elles-mêmes semblent constituées par un tissu filamenteux.

On remarquera d'abord que si le poumon s'est affaissé par le fait de la pression atmosphérique lorsqu'on a ouvert la cavité thoracique, il reste cependant plus ou moins distendu par l'air qu'il renferme, et davantage là où il présente de l'emphysème. Mais on peut déjà se rendre compte que ces parties emphysémateuses sont en rapport avec les portions de la cage thoracique, dont la capacité a été augmentée, et qu'il a dû en résulter une augmentation permanente de volume du parenchyme à ce niveau. Il n'est donc pas étonnant que les parties emphysémateuses restent ensuite plus volumineuses, et qu'elles renferment une plus grande quantité d'air d'une manière permanente.

En outre, les phénomènes d'expiration n'ont pas augmenté autant que ceux d'inspiration, comme on peut en juger par l'examen du mode de respiration des emphysémateux, par les indices que fournit l'auscultation et par les preuves expérimentales. Une rupture s'est manifestement produite dans le rapport normal des deux temps de la respiration, et elle est précisémeut en corrélation avec les modifications du parenchyme devenu plus ou moins imperméable à l'air sur certains points, tandis que le fonctionnement est augmenté là où l'air a pu pénétrer en plus grande quantité. Mais il ne peut pas aussi facilement en sortir, soit parce qu'une partie des forces inspiratrices n'ayant pu agir que sur une certaine étendue du poumon, il doit en résulter une diminution de l'expiration à ce niveau, soit aussi parce que ce dernier effet ne présente pas son maximum d'action là où les phénomènes d'inspiration peuvent prédominer, soit enfin parce que l'emphysème a pu se produire tout à côté de lésions inflammatoires scléreuses empêchant presque totalement que les portions ainsi distendues d'une manière exagérée par une plus grande quantité d'air puissent se vider.

Quoique les alvéoles soient dilatés à l'excès, et qu'ils paraissent communiquer librement, lorsque leurs parois ne sont plus représentées que par l'aspect filamenteux précédemment indiqué, il est encore difficile de démontrer qu'il existe une atrophie telle que la décrivent les auteurs, car on n'y rencontre jamais des phénomènes de nécrose ni d'inflammation, qui devraient résulter des prétendues oblitérations vasculaires admises par eux. En réalité, il y a des alvéoles au plus haut degré de distension, dont les parois sont très amincies à ce niveau, et qui communiquent largement entre eux ; c'est tout ce qu'on peut dire de positif.

Dans l'hypertrophie des organes creux à paroi musculaire, celle-ci est ordinairement plus ou moins augmentée d'épaisseur, mais la cavité peut parfois devenir excessive par rapport aux parois relativement ou réellement amincies par suite de circonstances diverses, sans que pour cela le processus des lésions soit différent. Il en est de même pour l'emphysème alvéolaire dont le processus réside certainement dans une action augmentée et qui ne peut être autre chose qu'une hypertrophie correspondante, quand bien même la lésion aboutirait sur certains points à des modifications variables et jusqu'à une distension excessive dans quelques circonstances particulières.

C'est ainsi que l'on peut admettre un certain degré d'atrophie locale du tissu pulmonaire dans ces circonstances, et son atrophie générale chez les vieillards où elle relève de l'atrophie de tous les organes.

Les organes pairs. — Par les exemples précédemment cités d'hypertrophie plus ou moins manifeste de l'un des organes pairs lorsque l'action de l'autre a été annihilée d'une manière quelconque, on peut conclure à un effet constant de même nature pour tous les organes dans les mêmes conditions. Il est souvent difficile ou même impossible à constater d'une manière précise dans beaucoup de circonstances, notamment pour ce qui concerne les *centres nerveux* et les *organes des sens*. Mais le fait de l'exagération dans le fonctionnement des organes persistants, souvent constatée, est un indice des phénomènes d'hypertrophie qui ont dû se produire à des degrés divers, en raison de la corrélation intime qui existe toujours entre l'état des organes et celui de leur fonction.

La peau et les muqueuses. — En général, il n'est guère question de l'hypertrophie de la peau et des muqueuses, sans que ces tissus soient en même temps le siège d'altérations inflammatoires. Cependant on peut rencontrer au voisinage de lésions diverses, localisées sur le corps muqueux de Malpighi ou sur une muqueuse quelconque, dont la vascularisation est augmentée sans changement de structure, des cellules plus volumineuses et peut-être même plus nombreuses avec des noyaux bien colorés, indiquant une nutrition plus active et une hypertrophie localisée qui tend à l'inflammation. Par contre, dans des conditions de nutrition inverse, ces mêmes tissus peuvent être diminués de volume et manifestement atrophiés.

Le tissu adipeux. — On ne dit pas non plus que le tissu adipeux est hypertrophié ou atrophié dans les cas de surcharge graisseuse ou d'amaigrissement. Et cependant si l'augmentation et la diminution que peut présenter le pannicule graisseux se rencontrent souvent à l'état physiologique, c'est-à-dire d'une manière temporaire, elles peuvent aussi se présenter d'une manière permanente et rentrer ainsi dans la définition de l'hypertrophie et de l'atrophie, puisque ces modifications ont lieu sans changement notable de structure, comme pour l'hypertrophie et l'atrophie musculaires.

Les vésicules adipeuses paraissent augmentées de volume dans l'adipose et diminuées dans l'amaigrissement. On admet aussi qu'elles augmentent ou diminuent de nombre concurremment. La démonstration est impossible à faire sur les points qui sont plus ou moins riches en tissu adipeux à l'état normal, quoiqu'ils soient manifestement augmentés d'épaisseur, parce qu'on ne peut exactement se rendre compte de l'effet de l'augmentation de volume des vésicules ; ce n'est guère qu'en considérant les points où les vésicules adipeuses sont ordinairement rares et où on les voit devenir abondantes, comme entre les faisceaux musculaires, qu'on a la preuve de leur néoproduction. Et alors on passe insensiblement de l'hypertrophie à l'hyperplasie des éléments, c'est-à-dire à l'inflammation, comme nous aurons l'occasion de l'indiquer plus loin pour ce qui concerne ce tissu.

En tout cas, les productions exagérées et pathologiques du tissu adipeux ne se rencontrent que là où existe ce tissu à l'état normal, et le plus souvent sur tous les points à la fois, avec prédominance partout où existe un tissu fibro-vasculaire lâche. C'est ce qui constitue la surcharge graisseuse, l'*adipose* ou la *lipose*, la *polysarcie* ou plus communément l'*obésité*. On lui donne aussi quelquefois le nom de lipomatose ; mais c'est bien à tort, parce qu'on semble faire une assimilation avec le tissu des tumeurs, dont les carac-

tères de développement sont différents. Et c'est ainsi que, contre
toutes raisons, des anatomo-pathologistes ont été jusqu'à considérer comme une espèce de lipome l'exagération de production
de la graisse de l'atmosphère adipeuse du rein, qui est bien
plutôt en rapport avec l'inflammation de l'organe et surtout avec
une adipose généralisée.

De même que dans les autres hypertrophies, c'est par l'examen à
l'œil nu qu'on peut le mieux se rendre compte des modifications
survenues dans le tissu cellulo-adipeux sur le plus grand nombre
de points, sauf pour ce qui concerne les vésicules infiltrées entre
certains éléments, comme entre les fibres musculaires du cœur.
Cependant les vésicules adipeuses sont en général plus volumineuses, de telle sorte que pressées les unes contre les autres,
elles laissent à peine apercevoir çà et là un noyau qui paraît
toujours très petit en raison de la compression qu'il subit.

La graisse semble s'accumuler ainsi, parce qu'elle est produite en
trop grande quantité ou parce qu'elle n'est pas utilisée, et probablement par suite de ces deux conditions réunies, mais toujours
par le mécanisme habituel de sa production et de son emmagasinement dans les régions où elle se trouve normalement et sans
changement de structure. Cette hypertrophie ou surcharge graisseuse peut se voir avec toutes les apparences d'une bonne santé,
et encore dans les états cachectiques les plus graves, comme dans
les cas d'anémie pernicieuse progressive.

L'adipose peut exister seule. Mais on la rencontre fréquemment
avec des productions graisseuses sur des parties qui n'en contiennent pas normalement, et qui, pour cela, doivent être étudiées
en dehors des hypertrophies. (Voir p. 100.)

L'atrophie du tissu cellulo-adipeux, ou atrophie graisseuse ou
émaciation se rencontre communément à des degrés divers, très
vraisemblablement par suite des circonstances opposées à celles
qui font la surcharge graisseuse, indépendamment de l'atrophie
qui arrive à se produire dans la vieillesse, pour le tissu adipeux
comme pour tous les autres tissus.

Les vésicules adipeuses sont moins volumineuses et paraissent
moins nombreuses dans les points où elles existent en abondance
même à l'état normal, et font défaut là où on ne les rencontre
normalement qu'en petit nombre.

La figure 9 qui se rapporte à des préparations de la peau de
l'aisselle recueillie, d'une part chez un sujet obèse et d'autre part
chez un cachectique très amaigri, montre la différence très grande

présentée par le développement du tissu cellulo-adipeux sous-cutané dans les deux cas, comme, du reste, l'examen à l'œil nu pouvait le faire prévoir. La différence n'est pas moins manifeste entre le grand épiploon des gras et des maigres. Il peut acquérir l'épaisseur de la main dans la surcharge graisseuse, tandis qu'il se présente chez les

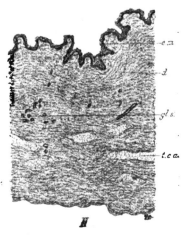

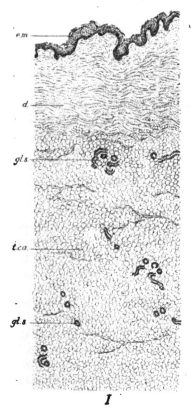

Fig. 9. — *Peau de l'aisselle avec tissu cellulo-adipeux* : I. *Chez un sujet gras*; II. *Chez un sujet amaigri et cachectique* (même grossissement).

e.m., épithélium malpighien. — *d.* derme. — *t.c.a.*, tissus cellulo-adipeux. — *gl.s.*, glandes sudoripares.

sujets amaigris sous l'aspect d'une membrane excessivement mince et plutôt brunâtre, surtout chez les cachectiques. Même différence dans les deux cas au niveau du tissu cellulo-adipeux sous-péritonéal et des franges épiploïques du mésentère, de l'atmosphère cellulo-adipeuse du rein, du médiastin, du tissu sous-péricardique, etc., et en somme partout où il y a normalement du tissu adipeux. C'est une constatation facile à faire à l'œil nu et au microscope.

Les tissus fibreux et osseux. — Ces tissus participent aux phénomènes de développement en rapport avec les autres parties constituantes de l'organisme, sans qu'on y attache en général une grande importance. Cependant, avec les hypertrophies musculaires, on trouve manifestement un épaississement de la charpente fibro-vasculaire, qui paraît dû surtout à l'augmentation de la substance hyaline du tissu, sans qu'on puisse exactement dire s'il y a ou non augmentation du nombre des éléments cellulaires. En tout cas l'hypertrophie proprement dite est un acheminement à l'hyperplasie des cellules conjonctives qui, lorsqu'elle devient manifeste, caractérise l'inflammation.

La charpente fibro-vasculaire des organes ne subit pas des modifications bien prononcées sans la participation des éléments propres, en raison des rapports étroits qui existent entre les parties indissolublement liées dans toutes leurs modifications, comme à l'état normal. Et, lorsqu'on trouve un développement exagéré de tissu fibreux aux dépens des autres éléments, c'est qu'il s'agit en général de phénomènes inflammatoires et parfois de tumeurs.

Son atrophie est aussi constamment liée à celle des autres parties constituantes des organes, quoiqu'elle soit en général moins manifeste.

Il en est de même des os dont le développement exagéré localisé n'est guère appréciable que dans les cas de lésions inflammatoires, mais dont l'atrophie se manifeste dans la vieillesse par l'ostéoporose à des degrés variables, plutôt en rapport avec le degré d'atrophie des autres tissus.

La rate et les ganglions. — L'hypertrophie de la rate, des ganglions, si souvent relatée dans les observations des maladies aiguës ou chroniques, se rapporte évidemment à une activité circulatoire et fonctionnelle augmentée, mais qui ne tarde pas à donner lieu à des altérations scléreuses, comme on peut le constater pour peu que ces modifications aient persisté avec augmentation ou diminution du volume de ces organes, lesquels sont dits alors hypertrophiés ou atrophiés.

Le volume de la rate est ordinairement en rapport avec l'augmentation de volume du foie et tout au moins avec les phénomènes inflammatoires dont il est le siège, ce qui s'explique, au moins en partie, par les connexions vasculaires existant entre ces organes. Il l'est aussi avec les modifications analogues des reins, quoique d'une manière moins constante.

Quant à l'atrophie de la rate, elle va de pair avec celle des autres organes au déclin de l'âge. En outre nous avons constaté que cette atrophie se rencontre dans la cachexie cancéreuse, et que, notamment, dans le cancer de l'estomac, elle nous a toujours paru constante ; d'où la remarque que, dans les cas où le diagnostic est douteux entre une cirrhose hépatique et un cancer de l'estomac, si l'on peut constater sûrement une augmentation de volume de la rate, la possibilité du cancer doit être écartée.

Les cellules. — Indépendamment de l'augmentation ou de la diminution de volume des cellules considérées, en général, dans les tissus hypertrophiés ou atrophiés, les auteurs disent souvent d'une ou de plusieurs cellules considérées isolément, soit dans les tissus normaux, soit dans les productions pathologiques quelconques, qu'elles sont hypertrophiées ou atrophiées, parce qu'elles se présentent avec un volume qui parait augmenté ou diminué.

Il est d'abord à remarquer que toutes les cellules d'un tissu normal ne présentent pas le même volume. Celui-ci dépend non seulement des conditions de nutrition dans lequel se trouvent les cellules, mais encore de l'espace qui leur est dévolu pour leur développement par rapport aux cellules voisines, et dont résulte également leur forme, comme on peut s'en rendre compte par l'examen des cellules des tissus dissociés à l'état frais, aussi bien que par celui des préparations faites après durcissement. A côté de cellules très volumineuses, on trouve souvent des cellules avec de petites dimensions, les unes et les autres étant de même constitution et parfaitement normales.

Les cellules jeunes sont cependant manifestement moins volumineuses que les cellules ayant atteint un développement plus ou moins avancé. Et même ces dernières subissent ensuite des modifications qui les différencient graduellement de plus en plus. Il faut donc, dans l'appréciation du volume des cellules, tenir compte de toutes ces conditions qui offrent en outre dans chaque tissu des particularités importantes à connaître. De ce que, dans une dissociation d'un tissu normal à l'état frais, on trouvera des cellules de gros volume à côté de petites cellules, on ne devra pas en conclure que les premières sont hypertrophiées et les secondes atrophiées, ni que toutes les cellules d'un tissu n'ayant pas la même forme sont de nature différente, etc.

Il en sera de même à l'état pathologique où les conditions de nutrition, d'évolution et de situation des cellules, avec plus ou moins de liquide exsudé, etc., rendront l'état des cellules très variable.

A coup sûr une cellule volumineuse peut présenter tous les caractères d'une vitalité exagérée ; mais cette augmentation de volume résulte aussi très souvent de la présence de liquides chargés de granulations diverses et parfois de débris d'éléments qui sont absorbés par la cellule dans un espace où elle peut se laisser distendre, de telle sorte qu'il s'agit plutôt d'une altération cellulaire, comme le prouve l'état de son protoplasma plus ou moins modifié. C'est ce qu'on voit si souvent pour les cellules qui se rencontrent dans les alvéoles pulmonaires au cours des divers processus pneumoniques, dans tous les foyers inflammatoires, dans les cavités kystiques, dans les tumeurs, etc. ; tandis que les petites cellules qui, assurément, peuvent être des cellules en voie de dégénérescence et de régression, correspondent bien plus souvent à des cellules pleines de vitalité et en voie de développement. Néanmoins certaines cellules, comme celles des centres nerveux, qui sont dites atrophiées, offrent bien une diminution de volume qui correspond à des altérations de leurs éléments constituants.

· Il y a cependant beaucoup de cas où toutes les cellules nouvellement produites sont grandes ou petites d'une manière générale, surtout dans la production des tumeurs, mais cela dépend de conditions multiples très variables et plus ou moins difficiles à apprécier, indépendamment des particularités relatives à chaque tissu où ces productions ont lieu. Dans ces cas, comme dans ceux de lésions inflammatoires, on ne peut parler d'hypertrophie ou d'atrophie sans sortir complètement des termes de la définition de ces états, pour les appliquer seulement à l'augmentation ou à la diminution de volume, c'est-à-dire sans revenir à la confusion ancienne de ces états avec toutes les autres altérations, comme on a toujours de la tendance à le faire, qu'il s'agisse de productions visibles à l'œil nu ou au microscope.

En résumé, si l'on se tient strictement à la définition de l'hypertrophie et de l'atrophie, il ne faut appliquer ces termes qu'à l'augmentation ou à la diminution de volume des organes, des tissus et de leurs éléments cellulaires correspondants, par augmentation ou diminution de leurs phénomènes de nutrition, en rapport, d'une part, avec l'augmentation ou la diminution de l'activité circulatoire, et, d'autre part, avec leur action fonctionnelle augmentée ou diminuée, sans changement dans la structure des tissus ; de telle sorte que ces phénomènes sont analogues à ceux que l'on peut observer normalement dans des conditions d'activité exagérée ou diminuée. Mais au lieu d'être temporaires, ils sont persistants. Ces états sont toujours plus faciles à apprécier à l'œil nu qu'au microscope. Ce n'est pas que l'augmentation ou la diminution de volume des éléments cellulaires fassent défaut, mais l'une et l'autre sont relativement peu appréciables, parce qu'elles sont réparties à un léger degré sur *tous* les éléments constituants d'un tissu ou d'un organe, qui contribuent par leur ensemble à son augmentation ou à sa diminution.

Toutefois l'examen microscopique est nécessaire pour dire s'il n'existe qu'une simple hypertrophie ou atrophie, et déceler les premières lésions inflammatoires qui peuvent succéder à l'hypertrophie (comme il arrive si fréquemment), ainsi que toute lésion concomitante de ces états.

Si l'on persistait à qualifier ces phénomènes pathologiques complexes d'hypertrophie ou d'atrophie, pour spécifier simplement l'augmentation ou la diminution de volume, il faudrait encore indiquer la nature des lésions concomitantes, comme on le fait quelquefois. On dirait, par exemple, qu'il s'agit d'une hypertrophie ou d'une atrophie inflammatoire ou néoplasique, par opposition à l'hypertrophie et à l'atrophie simples, qui méritent d'être conservées parce qu'elles correspondent à des états assez nettement définis, qu'il importe de ne pas confondre avec d'autres états pathologiques, quoique leurs limites ne soient souvent pas très tranchées, ainsi qu'il arrive, du reste, pour beaucoup de productions anormales et notamment pour toutes celles qui débutent par une action productive augmentée.

CHAPITRE II

SURCHARGE GRAISSEUSE OU ÉTAT GRAS
DES ÉLÉMENTS CELLULAIRES DES TISSUS

Poursuivant l'étude des modifications qui peuvent se produire dans les tissus, *sans changement dans leur structure*, après avoir passé en revue celles qui consistent dans une augmentation ou une diminution de volume en rapport avec la nutrition augmentée ou diminuée, il convient d'étudier celles qui résultent d'une *perversion dans les phénomènes de nutrition.* Or, la seule altération que l'on puisse ainsi constater sur la plupart des éléments anatomiques, *indépendamment de toute autre lésion,* réside dans la *production d'une substance graisseuse,* dont la pathogénie est encore très obscure.

Pendant longtemps on a confondu toutes les productions anormales de la graisse. C'est Virchow qui a commencé à faire la lumière sur ce point, en montrant les analogies de ces productions avec celles observées à l'état normal, et en les classant sous les trois types suivants : 1° accumulation de la graisse dans le tissu cellulo-adipeux; 2° accumulation transitoire de la graisse dans certains organes; et 3° destruction des éléments cellulaires par la graisse.

Pour ce qui concerne les cas de la première catégorie, il n'existe maintenant aucune divergence parmi les auteurs compétents, pour les séparer des autres altérations graisseuses; et afin d'accentuer encore cette séparation, nous avons rangé les faits qui s'y rapportent dans les hypertrophies et atrophies des tissus, d'autant que c'est aussi la manière la plus rationnelle d'envisager ces phénomènes pathologiques, où l'on ne trouve que des productions en plus ou en moins d'un tissu normal, sans altération appréciable de structure.

Mais une grande confusion existe pour les cas qui doivent être rangés dans la deuxième ou la troisième catégorie, car ni Virchow, ni les auteurs qui, depuis lors, se sont occupés de cette question, n'ont nettement spécifié, en s'appuyant sur les faits, quelles sont les conditions précises qui permettent de les séparer. On a surtout insisté sur ce que dans les uns, il y aurait seulement une « infiltration graisseuse », tandis que les autres consisteraient dans une « métamorphose graisseuse ». Mais on n'est pas d'accord sur les cas appartenant à chaque catégorie, et de plus les uns et les autres sont communément désignés sous le nom de « dégénérescence graisseuse », ce qui contribue encore à augmenter la confusion.

Virchow a pris pour type des cas de la deuxième catégorie, que l'on désigne aujourd'hui sous le nom d'infiltration graisseuse, le *foie gras* rencontré si communément à des degrés divers. Cet auteur dit qu'il ne voit pas de différence essentielle entre l'état du « foie gras physiologique » et celui du « foie gras pathologique », si ce n'est dans l'intensité de la production graisseuse. Cependant comme celle-ci est temporaire dans le premier cas, il faudrait encore s'assurer jusqu'à quel point il peut en être de même pour le second, à tous les degrés de sa production. Il ne serait peut-être pas inutile, non plus, de rechercher si les globules graisseux que l'on trouve de part et d'autre ont la même constitution chimique.

Virchow cite comme pouvant être atteintes de la même manière que les cellules du foie celles des villosités intestinales et celles des canaux biliaires; mais on range encore avec cet auteur dans la troisième catégorie, c'est-à-dire sous le titre de métamorphoses graisseuses, les productions graisseuses des cellules du rein et des glandes, ainsi que des muscles et notamment de ceux du cœur, présentés comme type de la métamorphose ou dégénérescence graisseuse destructive. Cependant on ne peut pas plus constater des phénomènes de destruction sur ces parties que sur le foie gras, avec lequel ces altérations graisseuses présentent au contraire la plus grande analogie.

C'est la démonstration qui ressort nettement du travail de M. L. Gallavardin sur la *dégénérescence graisseuse du myocarde*, par des arguments tirés à la fois de l'anatomie pathologique, de l'étiologie et de la symptomatologie. La cellule musculaire n'est pas plus détruite que la cellule hépatique. De part et d'autre, on trouve

Fig. 10. — *Surcharge graisseuse des cellules hépatiques (foie gras).*

Cellules dissociées à l'état frais présentant une augmentation de volume due à la présence de granulations et de vésicules graisseuses, avec refoulement du noyau à la périphérie lorsque les granulations graisseuses sont devenues abondantes et se sont réunies pour former d'abord de petites vésicules, puis une grosse vésicule qui s'est substituée à la plus grande partie sinon à la totalité du protoplasma.

des gouttelettes graisseuses de grosseur variable dans le protoplasma cellulaire dont le volume, loin d'être diminué, est, au contraire, manifestement augmenté, quoiqu'elles soient développées à ses dépens. On dit bien que dans l'infiltration graisseuse, le protoplasma persiste plus ou moins refoulé par la graisse comme dans le foie gras, et que, dans les cas de métamorphose, la graisse prend la place du protoplasma; ce qui permettrait de distinguer les cas de la deuxième et de la troisième catégorie de Virchow. Mais un examen attentif des lésions montre que cet argument n'a pas la valeur qu'on lui suppose. Et d'abord, même d'après les auteurs, les lésions légères des deux cas ne pourraient pas être distinguées, en raison de la présence seulement de fines gouttelettes graisseuses et de la persistance du protoplama. Si l'on examine ce qui se produit dans le foie à un degré plus avancé, on voit sur la figure 10 se rapportant à une préparation par dissociation à l'état frais que les globules graisseux plus volumineux d'emblée ou par suite de la réunion des petites gouttelettes occupent une plus grande partie du protoplasma cellulaire, en refoulant plus ou moins à la périphérie la portion qui reste ou seulement le noyau, lorsque tout le protoplasma a disparu. Il ne faut pas oublier, en effet, que dans le foie gras, les globules graisseux ont pu se substituer, non seulement à une partie du protoplasma, mais encore à sa totalité, en occupant un plus grand espace et refoulant le noyau, de manière que le tissu hépatique arrive à présenter un aspect analogue au tissu cellulo-adipeux, lorsque l'altération est au plus haut degré. Les vaisseaux et même les espaces portes se trouvent tellement refoulés qu'ils peuvent être difficiles à reconnaître ; ce qui contribue à augmenter alors l'analogie du foie gras avec l'aspect du tissu adipeux, quoique la constitution de ces deux tissus soit bien différente. Mais dans les degrés moins avancés on se rend bien compte de la

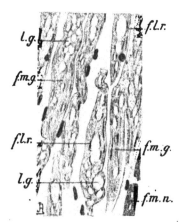

Fig. 11. — *Fibres musculaires du cœur avec vacuoles précédemment occupées par la graisse refoulant les fibrilles voisines* (cœur gras ou graisseux).

f.m.n., fibres musculaires normales. — *f.m.g.*, fibres musculaires graisseuses. — *l.g.*, loges des vésicules graisseuses intramusculaires. — *f.l.r.*, fibrilles longitudinales refoulées précédemment par la graisse.

production des granulations, puis des vésicules adipeuses dans le protoplasma des cellules situées le plus près des espaces portes et qui doivent être le mieux alimentées par les vaisseaux.

Or, sur le myocarde, on voit aussi les gouttelettes graisseuses de volume variable se développer aux dépens de la substance protoplasmique interfibrillaire, en refoulant autour d'elles les fibrilles, comme on peut le voir sur les préparations où la graisse a été dissoute par l'éther et comme le montre la figure 11.

Les espaces occupés par la graisse peuvent être assez volumineux, mais jamais le protoplasma ne disparaît en totalité, ni même en très grande partie, comme il arrive si souvent pour le foie gras. Non seulement il n'y a ni atrophie, ni nécrobiose, ni modification destructive quelconque, ni consomption des cellules, comme l'admettent les auteurs dans la métamorphose graisseuse ; mais les fibres musculaires sont plutôt augmentées de volume, ont leur disposition structurale habituelle, et ont continué de fonctionner ainsi, parce que cette production graisseuse, qui est souvent en

Fig. 12. — *Fibres musculaires du cœur surchargées de graisse* (graisse colorée en noir par l'acide osmique et vaisseaux injectés) *dans leur rapport avec les vaisseaux* (cœur gras ou graisseux).

f m.g., fibres musculaires graisseuses. — *v.i.*, vaisseaux injectés.

rapport avec l'adipose généralisée, date d'un temps plus ou moins long. M. L. Gallavardin l'a observée, en effet, dans un cas de mort accidentelle produite par un traumatisme qui n'aurait pas pu déterminer instantanément ces lésions.

La présence des vaisseaux injectés au niveau des points les plus altérés du tacheté sous-endocardique prouve bien qu'il n'y a pas, à ce niveau, d'oblitération vasculaire, comme on peut le voir sur la figure 12. Elle montre aussi le rapport des vaisseaux avec les parties graisseuses du myocarde, bien mis en relief par M. L. Gallavardin et qui est analogue à celui que l'on peut constater sur le foie et le rein gras.

En examinant les préparations d'un *rein gras* (fig. 13), on voit qu'il s'agit de lésions tout à fait analogues à celles du foie et du cœur. Les altérations épithéliales sont caractérisées par la présence de fines gouttelettes graisseuses infiltrant toute la substance protoplasmique des cellules du rein avec prédominance dans les tubes contournés où l'on trouve surtout de grosses gouttes de volume variable. On voit sur beaucoup de points la graisse prédominer à la base de la cellule, entre le noyau et la paroi du tube. Dans un cas nous avons vu chaque cellule présenter à ce niveau une goutte à peu près égale sur chaque cellule, de manière à former comme une

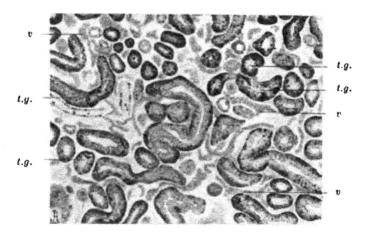

FIG. 13. — *Surcharge graisseuse du rein ou rein gras* (graisse colorée en noir par l'acide osmique).

t.g., tubuli avec cellules graisseuses. — *v*, vaisseaux.

rangée de perles au pourtour interne de la paroi des tubuli, tandis que les parties du protoplasma situées au-dessus du noyau ne présentaient presque pas de granulations graisseuses. Le cas, qui est représenté sur la figure ci-jointe, est celui que l'on rencontre le plus communément, avec une augmentation de volume des cellules graisseuses, lorsque la structure du tissu n'est pas modifiée. Du reste, ces altérations cellulaires correspondent à une augmentation de volume des reins qui sont aussi de gros reins blancs. Cette coloration est due à la grande quantité de graisse que renferme le protoplasma des cellules, malgré la présence des vaisseaux assez volumineux qu'on peut observer précisément au niveau des tubes altérés, comme au niveau des parties analogues dans le foie et le cœur.

Pas plus que dans le foie ou dans le cœur il n'y a de destruction des cellules du rein, lorsqu'il n'existe pas d'autre altération que la présence de la graisse dans les cellules. Si l'on trouve sur certaines parties des destructions partielles de cellules, cela tient uniquement aux conditions dans lesquelles les préparations ont été faites, comme on peut s'en rendre compte en variant les modes de préparation. Il faut aussi prendre en considération les altérations cada-

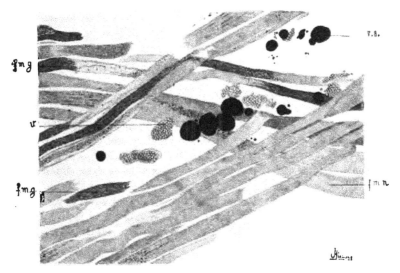

Fig. 14. — *Surcharge graisseuse ou état gras des fibres musculaires du diaphragme* (graisse colorée en noir par l'acide osmique).

f.m.n., fibres musculaires normales. — *f.m.g.*, fibres musculaires graisseuses. — *v.a.*, vésicules adipeuses dans les interstices des fibres musculaires. — *v.* vaisseaux.

vériques qui ont pu se produire. Ce qu'il y a de positif, c'est que l'on peut rencontrer les altérations graisseuses les plus prononcées avec une intégrité parfaite des cellules et la persistance de la circulation.

Nous avons insisté plus particulièrement sur les altérations graisseuses des organes où elles sont le plus évidentes et où on les rencontre le plus communément. Toutefois, on peut trouver les mêmes productions graisseuses sur d'autres organes glandulaires et sur d'autres muscles dans les mêmes conditions, mais en général à un moindre degré. Il résulte des recherches des auteurs que pour les

muscles, ce sont ceux dont l'action est là plus active qui sont le plus
souvent affectés; après le cœur, notamment les muscles des pau-
pières et du diaphragme. La figure 14 se rapporte à une préparation
du diaphragme, dans un cas où le cœur était atteint à un très haut
degré. En même temps que la stéatose des fibres musculaires, on
constate la présence de grosses vésicules adipeuses en rapport avec
une surcharge graisseuse générale, comme c'est le cas habituel, et
des vaisseaux volumineux.

Il est probable que ce sont aussi les glandes dont l'activité
est la plus grande qui sont le plus affectées; mais tout d'abord le
foie dont les cellules renferment de la graisse à l'état normal, au
moins temporairement, et qui, par ce fait, diffère du cœur et des
reins plus spécialement étudiés au point de vue de la présence de
la graisse, puisque ces derniers organes n'en contiennent pas à
l'état normal.

C'est même, comme l'a prévu M. L. Gallavardin, la principale
objection que l'on peut faire à l'analogie des diverses altérations
graisseuses avec celles du foie gras. Mais en même temps il a rap-
pelé que l'on peut trouver de la graisse dans des éléments cellulaires qui n'en renferment pas à l'état normal, soit chez le fœtus et
le nouveau-né, soit chez certains animaux adultes dans différentes
circonstances physiologiques ; de telle sorte que dans l'obésité qui
n'est que l'exagération d'un état normal, il peut aussi se produire
de la graisse, non seulement dans les points où se trouvent les
réserves habituelles, c'est-à-dire dans le tissu cellulo-adipeux et
dans le foie, mais aussi dans d'autres organes, comme les reins,
le cœur, etc. Et à l'appui de cette manière de voir, on peut précisément remarquer la fréquence de toutes ces productions sur le
même sujet, à l'état pathologique, lorsqu'elles sont très prononcées.

C'est le foie qui est le plus communément graisseux. Il l'est
souvent isolément, surtout lorsque la production ou surcharge
graisseuse est peu prononcée. Mais lorsqu'on le trouve très gras,
il est assez fréquent de rencontrer des gouttelettes graisseuses en
plus ou moins grande quantité dans les cellules du rein et même
dans le myocarde. Comme le fait remarquer aussi M. L. Gallavardin, avec le cœur dont l'endocarde est manifestement tacheté
par la graisse, coexistent toujours un foie et des reins gras. Ces
lésions ne peuvent donc pas être considérées isolément et doivent
relever de la même étiologie d'où dépend toute production graisseuse, c'est-à-dire d'un emmagasinement plus abondant de graisse,
par la non-utilisation de substances grasses absorbées en quantité

normale ou exagérée, ou encore produites aux dépens des autres substances hydrocarbonées, ainsi que des substances azotées.

En tout cas, on sait que la présence de la graisse dans les cellules, lorsqu'elle ne correspond pas à une absorption plus grande de cette substance, est en rapport avec des conditions de nutrition où les combustions sont incomplètes. On peut ainsi se rendre compte de la présence de la graisse en quantité anormale, non seulement sur les parties qui en renferment à l'état physiologique, mais encore sur celles qui n'en contiennent pas d'une manière appréciable à l'état normal, et où les phénomènes nutritifs ne se produisent pas moins ; ce qui indique qu'il s'agit partout des mêmes troubles de la nutrition, seulement à des degrés de plus en plus prononcés.

Il résulte de ces considérations que si l'on admet l'altération du foie gras par surcharge graisseuse, on peut désigner de la même manière l'altération analogue des autres organes où la graisse est surajoutée aux éléments cellulaires sans altération de structure, parce que, s'il n'y a pas une première charge normale de graisse, il s'agit toujours de l'accumulation en surcharge d'une substance résultant d'un ralentissement dans les transformations métaboliques habituelles des cellules.

L'argument qui aurait le plus de valeur contre l'expression de surcharge est celui qui vise la disparition concomitante d'une plus ou moins grande partie de la substance protoplasmique pour faire place à la graisse, quoique les cellules augmentent de volume. Mais ce phénomène se produit aussi bien dans le foie que dans les autres organes, et si le mot de surcharge doit, pour ce motif, ne pas être appliqué à l'altération des derniers, il doit aussi ne plus être employé pour le foie qui, pour la même raison, ne doit pas davantage être considéré comme présentant une simple infiltration graisseuse.

On peut encore objecter que l'expression de *surcharge graisseuse* étant employée habituellement pour ce qui concerne l'*adipose*, le mieux est de ne pas l'adopter pour d'autres cas, ni même pour le foie gras où il ne s'agit évidemment pas de tissu adipeux. Mais en disant dans le premier cas qu'il y a surcharge *adipeuse*, on peut encore dire qu'il y a surcharge *graisseuse* dans le foie et les autres organes où la graisse se présente dans des conditions analogues.

En résumé, on doit admettre que l'exagération de production du tissu adipeux peut être désignée par les expressions d'obésité,

ou de polysarcie et mieux d'adipose ou de lipose, ou encore
de surcharge adipeuse pour désigner l'état de tel ou tel organe où
le tissu adipeux est exagéré.

La présence d'une plus ou moins grande quantité de graisse
dans les cellules des organes qui n'en renferment pas à l'état
normal ou n'en présentent que d'une manière temporaire, sans
diminution de leur volume plutôt augmenté et sans altération de
structure, pourrait être désignée par les expressions de stéatose
ou d'infiltration graisseuse, employées par les auteurs, mais qui
ont l'inconvénient d'impliquer une explication différente dans le
mode de production de la graisse, probablement complexe; de telle
sorte que les expressions de surcharge graisseuse ou de tel organe
gras ou mieux graisseux sont beaucoup plus justes et suffisamment
expressives.

En effet nous avons déjà justifié l'expression de surcharge graisseuse opposée à celle de surcharge adipeuse. Et pour ce qui a trait
à l'état gras ou graisseux d'un organe, la dernière expression est
préférable, parce que si l'on peut dire qu'un individu est gras et
qu'une partie du corps est grasse, qu'un organe même est gras
par suite de sa surcharge adipeuse, on ne saurait dire qu'il est
graisseux. C'est donc ce dernier qualificatif qui est le meilleur
et qu'il faut employer de préférence pour désigner l'altération que
nous avons en vue.

Il n'implique, en effet, que la présence anormale de la graisse
dans les éléments cellulaires d'un organe, conformément à ce que
l'on constate; tandis que le mot de stéatose est synonyme de
métamorphose et de dégénérescence, expressions qui ont plus particulièrement cours pour désigner les cas de la troisième catégorie
de Virchow, dans lesquels on admet la transformation graisseuse
des cellules avec leur destruction graduelle.

Mais que deviennent les organes et tissus graisseux? Peuvent-ils,
à un moment donné, passer dans cette troisième catégorie de
lésions, caractérisée par des phénomènes destructifs?

Il est admis pour le foie, que la graisse s'y trouvant normalement
à l'état transitoire, doit avoir le même caractère à l'état pathologique. C'est probablement ce qui doit avoir lieu dans l'état graisseux
de cet organe, correspondant à une obésité variable. Mais il est
impossible de savoir si le foie gras d'un cachectique dont l'état va
toujours en empirant serait susceptible de revenir à l'état normal.
En tout cas, ce qui est bien certain, c'est que, quel que soit le
degré de la production graisseuse, on ne trouve que des cellules

surchargées de graisse plus ou moins volumineuses, *sans que jamais ces cellules offrent la moindre tendance à l'atrophie et à la destruction.*

Il en est absolument de même pour le myocarde gras où, comme dans les cas les plus accusés que nous avons examinés, il n'y a jamais aucune modification atrophique ou destructive. C'est la même chose pour le rein, en tenant compte de la remarque faite précédemment, et qui est relative à la friabilité des cellules sous l'influence des manipulations.

Et s'il en est ainsi pour les organes où l'état graisseux se présente au plus haut degré, il en est bien certainement de même pour ceux qui sont atteints d'une manière identique, avec une moindre intensité.

On ne peut pas soutenir que les phénomènes destructifs ne se produisent pas, parce que la graisse est seulement « infiltrée » dans les cellules ; car si une partie peut être considérée comme infiltrée, on ne peut pas nier qu'une partie au moins du protoplasma cellulaire ait contribué à sa formation. C'est même cette dernière origine qui est donnée à la graisse par les auteurs, pour le cœur et le rein, et qui doit aussi, au moins en partie, être admise pour le foie gras, où le protoplasma cellulaire fait plus ou moins place à la graisse. Donc *la graisse produite dans tous ces éléments cellulaires, soit par infiltration, soit par transformation de son protoplasma, auquel elle se substitue en partie ou même en totalité, ne suffit pas pour déterminer un processus destructif.*

Cette déduction, qui découle naturellement de l'étude de l'état graisseux des organes dont la structure n'est pas modifiée, nous paraît inattaquable. Son importance est grande parce qu'elle contribue à éclairer la pathogénie des diverses lésions, en fixant exactement la valeur de la présence de la graisse dans les éléments cellulaires, et en ne lui attribuant plus un rôle qu'en réalité elle ne joue pas. A plus forte raison, ne doit-on pas considérer la présence de cette graisse comme un phénomène inflammatoire, sous peine de tout confondre. Mais nous reviendrons sur ce point à propos de l'inflammation. (Voir p. 292 et suiv.)

Ce n'est certes pas que l'on ne puisse trouver des altérations graisseuses des cellules dans les foyers inflammatoires, puisque rien n'est plus commun. Mais les conditions dans lesquelles ces altérarations se présentent sont bien différentes et relèvent précisément du processus inflammatoire qui joue alors, comme nous chercherons à le prouver, le principal rôle, et auquel doivent être attribués tous les phénomènes destructifs; car *l'état graisseux des cellules qui s'accompagne de phénomènes de diminution de volume, de désintégration et de disparition de ces éléments coexiste toujours avec des phénomènes inflammatoires.* Cette proposition est un corollaire indispensable de la précédente, pour rendre compte de tous les cas où les altérations graisseuses peuvent se rencontrer, et pour les classer d'après leur pathogénie et leur évolution.

Les phénomènes normaux auxquels Virchow a assimilé ces derniers cas sont précisément analogues à des phénomènes inflammatoires. Ce n'est, du reste, qu'à propos de l'inflammation que nous pourrons utilement étudier ces altérations complexes, où les productions graisseuses peuvent certainement être désignées, si l'on veut, par les expressions de *dégénérescence graisseuse destructive* ou de *désintégration graisseuse*, pour les distinguer des précédentes, mais en se souvenant que ce n'est pas à la présence de la graisse que les phénomènes de destruction doivent être attribués, puisque nous croyons avoir démontré qu'elle ne suffit pas pour produire un tel effet. Reste à faire la démonstration que ces phénomènes sont sous la dépendance de l'inflammation. Déjà la simple observation des faits le prouve, et nous espérons que cela paraîtra encore plus évident après avoir étudié la pathogénie de l'inflammation qui en fournira l'explication.

CHAPITRE III

NÉCROSE

Avant d'étudier les altérations des tissus avec modifications de leur structure nous devons examiner tout d'abord leur mortification qui peut avoir lieu sans changement structural.

Le mot de *nécrose*, d'abord employé pour désigner la mortification d'un os ou d'une portion d'os, a été appliqué à celle d'un tissu quelconque, mais en désignant plutôt sous le nom de *gangrène* la mortification des parties molles exposées à l'air.

Depuis que Virchow a fait connaître les phénomènes de *thrombose* et d'*embolie* avec leurs conséquences nécrosiques, on a appliqué à ces dernières altérations le terme de *nécrobiose* qui est encore généralement employé en pareille circonstance, quoiqu'il ait été considéré comme défectueux, parce que, étymologiquement, ce mot veut aussi bien dire la vie par la mort que la mort par la vie. Or, en réfléchissant aux conditions dans lesquelles cette mort locale peut se produire, et aux phénomènes qui en résultent ordinairement, cette double acception est plutôt un avantage, car elle répond précisément à la fois aux faits où la nécrose d'une portion de tissu résulte d'une production exubérante oblitérant les vaisseaux de cette région, ainsi qu'à ceux où, par suite d'une nécrose primitivement produite, il y a en amont ou au pourtour des néoproductions plus ou moins abondantes.

C'est ainsi que le mot de nécrobiose s'applique à l'ensemble des phénomènes produits à l'occasion de ces mortifications locales spontanées provenant d'une thrombose ou d'une embolie; ce qui n'empêche pas de désigner la portion mortifiée sous le nom de nécrose. On a encore admis une « nécrose de coagulation » en raison des conditions dans lesquelles on suppose que le phénomène s'est produit, et suivant l'aspect particulier qu'il peut prendre sous l'influence de circonstances plus ou moins bien déterminées. Toutefois, le mot nécrose peut suffire à désigner toutes les mortifications locales, parce qu'elles reconnaissent toutes la même cause initiale qui est la cessation de la nutrition, produite directement par l'action d'agents mécaniques, chimiques ou thermiques, ou indirectement par des oblitérations vasculaires.

Les premières causes agissent par une action destructive directe, pouvant porter, suivant l'agent nocif et son intensité d'action, sur tous les éléments constituants du tissu ou seulement sur une partie, de telle sorte que les altérations peuvent être variées; mais les parties nécrosées sont toujours en rapport avec la cessation des phénomènes de nutrition à ce niveau, dans les traumatismes, sous l'influence de l'action des caustiques, des brûlures et des froidures, etc.

C'est ainsi que des premières causes on passe naturellement à celles où l'action nocive a pour point de départ un arrêt de la circulation sur un territoire irrigué par un vaisseau dont l'oblitération a été produite plus ou moins rapidement par ligature ou par compression, par embolie ou par thrombose, par inflammation directe ou propagée d'un foyer inflammatoire voisin.

Toutes choses égales d'ailleurs, les nécroses se produiront plus facilement chez les personnes âgées ou malades, ainsi que chez les

convalescents. On les rencontre particulièrement chez les diabétiques et les paralytiques sous l'influence de causes qui seraient
incapables de les produire à l'état de santé ou tout au moins qui
ne donneraient lieu qu'à des lésions sans importance. Ces circonstances les rendent au moins plus rapides et plus étendues, en raison,
soit de l'altération du sang, soit de la perte de l'influence nerveuse,
qui agit probablement comme dans les cas d'affaiblissement de
l'action du cœur sur la circulation périphérique; et toutes ces
conditions aboutissent toujours à une diminution dans les phénomènes de nutrition.

On a dit que le temps nécessaire pour la production de la nécrose
était variable suivant les organes et suivant les conditions dans
lesquelles ils se trouvent au moment où la circulation est arrêtée;
que les tissus exerçant des fonctions spéciales meurent plus rapidement que le tissu conjonctif; que pour le tissu cérébral, l'épithélium rénal et l'épithélium intestinal, deux heures suffisent,
d'après Cohnheim, tandis qu'il faudrait douze heures pour que la
peau, l'os, le tissu conjonctif cessent de vivre.

Nous ignorons dans quelles conditions ces recherches ont été
faites, mais il y a toutes probabilités pour qu'on ait confondu, au
moins dans l'énoncé du résultat, les phénomènes de décomposition des tissus avec ceux de cessation de la vie. Les premiers
peuvent être, en effet, très variables par suite de la constitution
différente des éléments des tissus et des conditions diverses
dans lesquelles ils se trouvent, qui facilitent ou non leur destruction. Si la vie peut encore persister d'une manière plus ou moins
défectueuse là où la circulation est plus ou moins entravée, il est
certain que *la mort locale se produit dans n'importe quel tissu au
moment où la circulation y est absolument arrêtée*; c'est-à-dire
lorsqu'il n'y arrive plus aucun élément de nutrition, et par le fait
d'une anémie locale dans le sens étymologique du mot, *tout comme
la mort générale de l'organisme a lieu au moment de l'arrêt complet
et définitif du cœur.*

On pourra peut-être objecter que des animaux considérés comme
morts par hémorragie ont pu être rappelés à la vie par une transfusion sanguine immédiate, et que même, on a pu par ce moyen,
constater pendant un temps assez long des signes de vie sur la tête
d'animaux préalablement décapités; de telle sorte que la vie n'avait
pas été complètement éteinte, soit par l'hémorragie qui avait paru
déterminer la mort, soit par la décollation qui est considérée
cependant comme immédiatement mortelle.

Et d'abord, dans le premier cas, il est possible que le cœur ne fût pas encore arrêté quand la transfusion a été faite ; car l'on sait que dans l'état syncopal déterminé par une hémorragie, les battements cardiaques, que l'on a cru souvent arrêtés, sont seulement très affaiblis. Mais ils peuvent aussi avoir cessé, et l'action du cœur ne se fait certainement plus sentir sur la tête du décapité, où l'injection de sang peut encore donner lieu à des manifestations vitales. Donc la vie peut encore revenir ou être entretenue après la mort apparente, même après la cessation de l'action du cœur, pourvu que du sang arrive à nouveau à la périphérie *dans un temps très court*, au delà duquel la mort est irrémédiable.

Ces expériences prouvent en tout cas l'importance de l'action du sang dans l'entretien de la vie, puisque l'arrêt de la circulation détermine la mort, à moins qu'on puisse de nouveau faire immédiatement circuler du sang qui ramène la vie. Elles montrent aussi que ce rappel à la vie ne peut avoir lieu que dans un espace de temps où très vraisemblablement des échanges nutritifs n'ont pas complètement cessé, de telle sorte qu'ils se continuent faiblement en présentant ensuite une recrudescence. En effet, de la cessation de ces échanges doivent résulter des modifications du protoplasma des cellules et de leur stroma en rapport seulement avec les conditions physiques du milieu ambiant, comme tous les corps abandonnés à eux-mêmes, et de telle sorte que c'est déjà une manifestation de la mort empêchant le retour à la vie.

En somme, le passage de la vie à la mort est excessivement rapide et paraît résider dans le moment où les éléments anatomiques, ne recevant plus les sucs nutritifs qui entretiennent les échanges caractéristiques de la vie, sont soumis aux lois de tous les corps inertes. Par conséquent si l'on voulait étudier combien il faut de temps pour que certains tissus passent de la vie à la mort, ce serait en recherchant le temps pendant lequel ils peuvent être rappelés à la vie après la cessation de la circulation. Des expériences de ce genre seraient très difficiles à établir d'une manière rigoureuse par suite de la difficulté, sinon de l'impossibilité de se placer dans des conditions identiques pour permettre d'établir les comparaisons.

Cela a, du reste, peu d'importance, parce qu'il ne s'agit vraisemblablement que de quelques secondes de différence dans la mort des divers tissus, en rapport avec leur différence de constitution par des éléments où les échanges nutritifs sont plus ou moins rapides, mais dont *la vie est bien caractérisée par la nutrition*, comme on l'a dit depuis longtemps pour tout corps vivant, par conséquent pour toutes ses parties constituantes, et ainsi qu'il ressort très nettement des considérations précédentes.

Les parties privées de vie offrent un aspect qui varie à l'infini suivant les circonstances nombreuses dans lesquelles elles peuvent se présenter et qui sont relatives principalement à leur situation externe ou interne, à l'importance de l'organe, à l'étendue des parties atteintes, à la cause de la lésion, à sa détermination rapide ou lente, alors que l'organe était sain ou précédemment altéré, au temps écoulé depuis sa production, à l'intervention possible des divers microbes pathogènes ou de leurs produits, etc., de telle sorte que les phénomènes pathologiques sont susceptibles de se présenter et d'évoluer sous des aspects tellement variés qu'il n'est guère possible d'en donner une description s'appliquant à tous les faits.

Cependant comme il résulte des considérations précédemment exposées que la mort se produit dans tous les cas et sur tous les éléments de la même manière, on doit trouver partout sur les parties privées de vie des altérations en rapport avec cette cessation de la nutrition. Et, effectivement, au point de vue anatomique, comme au point de vue physiologique, *le premier phénomène par lequel se manifeste la mort est la constatation de l'arrêt définitif de la circulation*, quelles que soient les causes de la nécrose. Toutefois, suivant la nature de ces causes, les altérations des éléments anatomiques peuvent être immédiatement plus ou moins prononcées, mais elles peuvent aussi être très peu appréciables ou même impossibles à déterminer au début, dans les cas où il s'agit d'une nécrose par oblitération vasculaire, parce que les changements produits dans l'état des éléments sont d'abord très légers et que nous ne connaissons que très imparfaitement leurs caractères pendant la vie.

M. Bard fait remarquer, avec raison, que dans cette mort locale, les modifications anatomiques des cellules sont « peu appréciables et d'autant plus difficiles à préciser que l'on n'étudie guère sous le microscope que des cellules mortes et que ce sont elles qui fournissent les types considérés comme normaux ». Et encore quelle différence entre l'état des cellules provenant d'un fragment de tissu recueilli sur l'organisme vivant, au cours d'une opération, et les cellules du même tissu après la mort naturelle, surtout après certaines maladies et certaines agonies! Et quelle différence encore suivant les conditions dans lesquelles se trouvera placé le cadavre avant qu'on ait pu faire l'examen!

C'est pourquoi en examinant les parties plus ou moins localisées ayant cessé de vivre peu de temps avant la mort générale de l'individu qui en est porteur, on peut ne trouver sur les éléments privés de vie les premiers aucune différence appréciable avec les éléments voisins, parce que sur les deux points, il s'agit d'éléments morts, et même d'éléments morts depuis au moins vingt-quatre heures et par conséquent déjà soumis de part et d'autre aux lois des corps subissant seulement les influences du milieu où ils se trouvent. Ils ne pourraient être distingués que par les modifications survenues dans les premiers durant la vie pendant l'espace d'un temps très restreint où des changements appréciables n'ont pas eu le temps de se produire.

C'est notamment ce que l'on a l'occasion de constater dans les cas de mort rapide à la suite de l'oblitération embolique d'une grosse artère de l'encéphale. C'est la lésion vasculaire qui seule peut révéler la cause de la mort, et non l'état de la portion de l'encéphale qui en dépend, et dont les éléments offrent un aspect qu'on ne peut différencier de celui des autres parties. Des oblitérations artérielles plus localisées et à plus forte raison des troubles circulatoires périphériques disséminés, soit dans les centres nerveux, soit dans d'autres organes, et survenus peu de temps avant la mort produite par d'autres causes, doivent de même passer absolument inaperçus.

Cependant, le plus souvent, les malades survivent un certain temps à la production de ces morts locales, et l'on peut constater des altérations également très variables à l'examen microscopique, suivant les mêmes circonstances qui font varier l'aspect offert par ces lésions à l'œil nu, mais qui sont plus particulièrement en rapport avec la nature du tissu altéré et la rapidité de production de la nécrose.

Ainsi pour le cerveau, MM. Prévost et Cotard, ayant déterminé des embolies expérimentales sur des chiens, ont constaté la présence de granulations graisseuses dans des cellules dès le troisième jour, parce qu'il s'agit d'un tissu qui subit très vite cette altération. Et effectivement, les lésions produites ainsi spontanément par des oblitérations vasculaires sont rapidement appréciables et même très prononcées, soit par le fait de la constitution anatomique de l'organe, soit par suite de l'influence des phénomènes inflammatoires du voisinage, sur lesquels nous aurons l'occasion de revenir.

Mais, sauf dans les cas de mortification portant sur des segments de membre, ou sur des portions du tégument ou des muqueuses

accessibles à la vue, le début des lésions de la plupart des nécroses
des organes internes passe inaperçu, parce que les lésions elles-
mêmes ne donnent pas lieu pendant la vie (si l'on en excepte celles
du cerveau, des poumons) à des signes manifestes, ou qu'elles
peuvent tout au plus être soupçonnées dans leurs manifestations
les plus intensives, comme il arrive exceptionnellement même pour
le rein. Il en résulte que ces lésions internes, qui sont pour ainsi
dire des trouvailles d'autopsie, sont considérées, dans le rein, par
exemple, comme récentes plutôt lorsqu'elles se présentent avec la
coloration rouge, et, comme plus ou moins anciennes lorsqu'elles
offrent une teinte blanc-jaunâtre, en supposant que l'infarctus
d'abord rouge a pris par la suite cette dernière coloration.

Mais rien n'est plus hypothétique, parce que les infarctus rouges
du rein sont toujours très petits et correspondent à des oblitérations de vaisseaux très fins, ou que, si elles ont eu lieu sur des
vaisseaux plus volumineux, ce ne sont pas des artères terminales;
de telle sorte que la dilatation des vaisseaux collatéraux permet le
passage ou le reflux du sang au niveau du point où se distribue le
vaisseau oblitéré. En outre, l'examen de certains infarctus blancs
ou jaunes permet de constater l'absence du sang nouvellement ou
anciennement exsudé, en même temps que des altérations tellement minimes des éléments cellulaires, que l'on ne peut douter
qu'on soit en présence d'une lésion récente. A un faible grossissement, on est même étonné au premier abord de ne pas trouver
une différence bien manifeste entre la portion du tissu qui paraît
blanchâtre à l'œil nu et les parties voisines; car la structure du
tissu n'est pas modifiée, tous les éléments sont en place à peu près
avec leur aspect habituel. On constate seulement, comme à l'œil nu,
du reste, la présence de la zone congestive à la base du cone
nécrosé, qui correspond à la périphérie de l'organe, ainsi que sur
tout son pourtour représenté sur les coupes par les parties latérales.
Il en résulte que la lésion est beaucoup plus manifeste à l'œil nu.

Il faut un fort grossissement pour se rendre un compte exact de
l'altération des parties nécrosées. On voit alors que si la structure du
rein est, en effet, conservée, il existe cependant des modifications
plus ou moins importantes. Les cellules des tubuli et des glomérules
ont perdu leur netteté et leur transparence, pour prendre un aspect
vitreux ou terne ou même trouble et granuleux, parfois avec une
teinte légèrement brune, de telle sorte qu'on aperçoit peu ou pas
leurs noyaux, lesquels sont mal ou non colorés par le picrocarmin.
Il en est de même des cellules conjonctives intertubulaires qui sem-

blent faire défaut. De plus, on ne voit des globules sanguins dans aucun capillaire et les vaisseaux plus volumineux sont également vides, si ce n'est sur les limites de l'infarctus et parfois au niveau des glomérules, où ils peuvent contenir du sang plus ou moins altéré et plutôt de coloration brunâtre, souvent avec des suffusions de même aspect à travers le tissu, et qui sont en rapport avec la dilatation des vaisseaux à la périphérie. Toutefois, dans la partie la plus externe, le sang conserve ses caractères de sang non altéré.

On a très communément l'occasion d'observer ces lésions, et en comparant le tissu nécrosé avec les parties saines, on se rend bien compte qu'il s'agit d'un tissu privé de vie par la cessation de la circulation ; car indépendamment des preuves que le sang n'a plus accès à ce niveau, on peut souvent observer, soit à l'œil nu, soit à l'aide du microscope, les oblitérations vasculaires qui commandent ces lésions.

Dans le premier cas, on a plutôt l'occasion de voir la propagation du caillot qui va du point oblitéré d'une fine artériole jusque dans une artère plus volumineuse située au voisinage du sommet du cône de l'infarctus. Dans le second cas, il faut que la coupe microscopique faite le plus souvent de la base au sommet du cône tombe sur le vaisseau oblitéré de manière à le partager dans sa longueur et ordinairement plus ou moins obliquement. C'est ce qu'on peut voir sur certaines préparations, où l'on trouve le vaisseau oblitéré manifestement sectionné de la sorte. Il s'agit parfois d'une artère relativement volumineuse, et encore, pour peu que la coupe fût tombée à côté, la lésion vasculaire eût passé inaperçue. Aussi n'est-il pas étonnant qu'elle fasse si souvent défaut sur les préparations où les coupes sont faites de cette manière. Pour ne pas manquer le vaisseau oblitéré qui doit toujours exister, il faut pratiquer des coupes en série, parallèles à la surface du rein, sur toute la hauteur de l'infarctus. C'est un bouchon fibrineux que l'on trouve ordinairement lorsque l'infarctus est récent, et qui fait place plus tard à de l'artérite oblitérante qui sera étudiée plus loin. (Voir p. 371 et 376).

Avec le temps, les éléments cellulaires du tissu rénal au niveau de l'infarctus deviennent de plus en plus troubles et granuleux jusqu'à être méconnaissables et à disparaître graduellement en totalité ou en partie, tandis qu'en même temps on constate des modifications profondes dans le tissu qui entoure l'infarctus, où les vaisseaux sont d'abord dilatés et où les éléments cellulaires sont mieux colorés, de telle sorte que ce tissu paraît plus vivant et

contraste davantage avec celui qui est privé de vie. Bientôt les
cellules deviennent plus nombreuses et ce sont les produits inflammatoires qui, peu à peu, se substituent aux éléments du tissu
nécrosé en voie de disparition.

Ce qui se passe dans le tissu périphérique vivant a une grande
influence sur les parties privées de vie et sera plutôt étudié à
propos de l'inflammation. C'est même de cette influence que
dépend, au moins en partie, l'aspect des portions mortifiées ou en
voie de mortification, lesquelles ont reçu des noms différents sui-

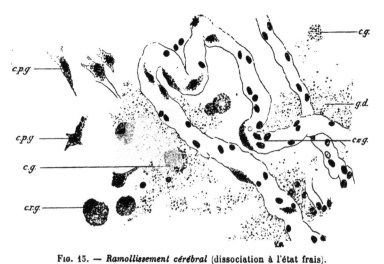

Fig. 15. — *Ramollissement cérébral* (dissociation à l'état frais).

c.e.g., capillaire avec endothélium en partie graisseux. — *c.p.g.*, cellules pyramidales graisseuses.
— *c.r.g.*, cellule ronde graisseuse. — *c.g.*, corpuscules de Glüge. — *g.d.*, granulations disséminées.

vant cet aspect ou suivant les hypothèses faites pour l'expliquer.

Ainsi pour l'encéphale, dans les parties qui ont cessé de recevoir
du sang, on constate au bout d'un certain temps, comme on peut
le voir sur la figure 15, une dégénérescence graisseuse des éléments
cellulaires à des degrés divers et jusque sous la forme de corpuscules de Glüge, des altérations semblables des cellules endothéliales
des capillaires et ensuite de toutes les parties constituantes du tissu,
qui peuvent offrir l'état granulo-graisseux et être mélangées à des
éléments du sang plus ou moins modifiés. En même temps on
remarque une tendance générale de ces parties à se ramollir et à
tomber en déliquescence avec désintégration, en prenant une
coloration jaunâtre particulière, d'où les noms de *plaques jaunes*

et plutôt de *ramollissement*, donnés primitivement à cette lésion, ce qui n'exprime qu'une modification grossière de la portion nécrosée, laquelle disparaît aussi graduellement au fur et à mesure des productions inflammatoires suscitées à son pourtour par la dilatation des vaisseaux collatéraux, résultant de l'oblitération vasculaire cause de la nécrose. Mais il s'agit en réalité d'altérations consécutives à la nécrose sous l'influence inflammatoire dont elle a été l'origine.

Par contre, on désigne, depuis Cohnheim, sous le nom de *nécrose de coagulation*, la mort locale d'un tissu où persiste la forme des cellules dont le protoplasma paraît avoir subi une sorte de coagulation que l'on assimile à celle du sang sorti des vaisseaux. Or les auteurs ont considéré, comme un caractère particulier, ce qui caractérise en somme, de prime abord, toutes les nécroses, et en réalité ils ont constitué cette catégorie avec des faits appartenant à la plupart des nécroses, voire même à quelques-unes qui sont tant soit peu disparates.

Ainsi *la conservation de la forme des éléments des tissus au début de la nécrose est un phénomène absolument commun à toutes les nécroses dites spontanées*, lorsque ces éléments n'ont pas été auparavant ni simultanément altérés ou détruits. Ce phénomène ne provient pas d'une action coagulante particulière d'un liquide s'exerçant sur les éléments; car on ne peut rien constater de semblable dans les infarctus du rein, de la rate et de la plupart des organes. Il n'y a qu'une chose commune à tous les cas, c'est la cessation de la circulation, c'est-à-dire l'absence de sang et de liquide nutritif sur les points nécrosés, où les éléments qui ne sont plus soumis aux échanges que nécessite la nutrition perdent bientôt par ce fait leur aspect habituel pour prendre une teinte et un aspect particuliers, variables suivant les tissus.

Cela suffit à rendre compte de cet état anormal sans modification de la forme des éléments, lesquels ne subiront qu'à la longue des changements sous l'influence de la putréfaction, si les parties nécrosées sont exposées à l'air, ou des phénomènes de dégénérescence par l'action des liquides et des éléments provenant des parties voisines dont les productions sont augmentées et l'activité nutritive plus intense. Et même cette action ne se fait sentir pendant longtemps que sur les portions voisines des parties restées vivantes. Toutefois on peut encore constater pendant un certain temps, lorsque les nécroses sont étendues, comme dans un cas où les infarctus de la rate occupaient l'organe presque en entier, que les diverses parties mortifiées ont à peu près partout le même aspect. Du reste, ces phénomènes relatifs aux modifications survenues d'abord au pourtour des parties nécrosées ne se produisent qu'après l'activité augmentée à la périphérie, par le fait même de la nécrose qui ne saurait en dépendre puisqu'elle est antérieure.

Il y a cependant des cas où les parties nécrosées se présentent dans

Fig. 16. — *Nécrose diphtérique de la muqueuse du larynx.*

f.m., fausse membrane nécrosée confondue avec la partie superficielle de la muqueuse. — *d.m.* derme muqueux avec hyperplasie cellulaire. — *d.m.s.*, derme muqueux : portion sphacélée. — *v*, vaisseaux. — *m*, muscles.

des conditions particulières et où l'on pourrait faire jouer un rôle à des liquides infiltrant les tissus, contribuant à produire une légère tuméfaction des cellules et à leur donner parfois un aspect vitreux; c'est lorsque la mortification atteint des tissus qui sont le siège d'une inflammation préalable et où existent des exsudats plus ou moins abondants. Il en résulte un aspect variable que peuvent prendre ces parties, notamment dans les nécroses superficielles des muqueuses atteintes de diphtérie, dans celles de la muqueuse ntestinale au cours de la fièvre typhoïde, mais dont les dessins ne peuvent rendre la couleur et l'apparence spéciale offertes par les préparations.

La figure 16 reproduit une préparation d'inflammation diphtérique du larynx. On voit à la superficie un exsudat épais et dense, de coloration grisâtre sans aucun élément reconnaissable, constituant une fausse membrane adhérente à la surface de la muqueuse sur laquelle elle empiète irrégulièrement en se confondant avec la partie la plus superficielle du derme muqueux, également de coloration grisâtre, terne, mais plus claire, sans aucune cellule colorée, sans trace de globules sanguins dans les vaisseaux. La fausse membrane

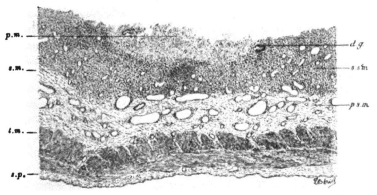

Fig. 17. — *Plaque de Peyer nécrosée et en voie d'ulcération* in *fièvre typhoïde.*

s.m., sous-muqueuse. — *s.p.*, tissu sous-péritonéal. — *t.m.*, tunique musculaire. — *s.s.m.*, portion superficielle de la sous-muqueuse avec hyperplasie cellulaire et production de nouveaux vaisseaux. — *p.s.m.*, portion profonde de la sous-muqueuse avec vaisseaux dilatés et hyperplasie cellulaire autour d'eux. — *p.m.*, portion mortifiée de la muqueuse. — *d.g.*, débris glandulaires.

et la zone superficielle du derme muqueux sont manifestement nécrosées ; et, comme toujours, ces parties sont limitées par une zone d'hyperplasie cellulaire en rapport avec une vascularisation augmentée.

La figure 17 se rapporte à une ulcération intestinale au cours d'une fièvre typhoïde. La partie la plus superficielle infiltrée de cellules offre une teinte jaunâtre, sale et terne, qui indique la privation de nutrition et de vie des éléments qui s'y trouvent. Elle est exactement limitée au-dessous par le tissu sous-muqueux bien vascularisé et rempli de cellules nettement colorées par le carmin, qui forme un contraste frappant avec la zone superficielle nécrosée et en voie de désintégration. Il est évident que la nécrose s'est pro-

duite alors qu'il y avait déjà une hyperplasie cellulaire inflammatoire et que celle-ci a particulièrement augmenté au voisinage de
la portion nécrosée, puisqu'elle va en décroissant dans les parties
sous-jacentes.

Dans ces cas, ce n'est pas le liquide infiltré qui, en se coagulant, comme on le suppose, produit la nécrose, car on observe
des coagulations d'exsudat à la surface des muqueuses sans
mortification. Celle-ci résulte, comme dans tous les cas, des
oblitérations vasculaires produites, soit par l'abondance des néoproductions cellulaires comprimant les vaisseaux, soit par des
oblitérations directes de ces vaisseaux en raison de l'accumulation
des cellules ou de l'altération de leur endothélium, etc. Ce qu'il y a
de positif c'est que l'on trouve au pourtour des parties nécrosées
une accumulation très dense de cellules et plus tard un véritable
tissu de cicatrice. Dans tous les cas, on n'y voit pas de vaisseaux
perméables et on en trouve souvent qui sont manifestement
oblitérés.

La nécrose est donc toujours produite par l'arrêt du sang : tout
est mortifié, les éléments nouvellement exsudés comme les anciens,
et si l'aspect de ces parties offre quelque chose de particulier, cela
est dû à la présence des productions anormales également nécrosées, mais non à un mode particulier de nécrose. Celle-ci doit
être seulement considérée comme résultant des oblitérations vasculaires produites au sein des productions hyperplasiques inflammatoires.

La nécrose de coagulation comprendrait aussi la *nécrose de
caséification* ; car on a appliqué cette désignation à tout tissu nécrosé
ayant pris à l'œil nu l'aspect blanc-jaunâtre, granuleux et plutôt
sec, du fromage, dont on a décrit les variétés dures et molles,
comprenant depuis les infarctus des divers organes ayant la coloration blanchâtre, les nécroses des productions tuberculeuses, ainsi
que certaines mortifications locales des néoplasmes faisant croire
autrefois à leur tuberculisation, jusqu'à des coagulations nécrosiques de nature purement fibrineuse.

Or, d'une manière générale, on peut dire que toutes les parties
nécrosées prennent d'abord à l'œil nu une teinte blanchâtre, à
moins qu'elles ne soient préalablement ou en même temps
modifiées par la présence de liquides teintés de diverses manières
et plutôt par la matière colorante du sang ou de la bile, qui donne
aux parties mortifiées des teintes rougeâtres, verdâtres, brunes ou
noires. L'aspect blanchâtre et surtout caséeux des tissus nécrosés

résulte des altérations graisseuses des parties surtout riches en
éléments cellulaires et pauvres en liquide sous l'influence des
phénomènes inflammatoires concomitants. Il indique une nécrose
plutôt sèche des tissus. On la rencontre surtout dans les lésions
tuberculeuses, parce que celles-ci présentent précisément ces conditions favorables à sa production, et non par suite d'une action particulière du bacille de Koch ou de ses produits comme on l'a soutenu.
Mais c'est un point sur lequel nous reviendrons à propos de la

Fig. 18. — *Gangrène des muscles d'un membre par oblitération artérielle spontanée.*
f.m., fibres musculaires. -- *c.f.*, cloisons fibreuses avec vaisseaux.
g.m.r., gaine musculaire rétractée.

tuberculose où cette altération nécrosique joue un si grand rôle.

Enfin on a également considéré comme une nécrose de coagulation l'altération des muscles connue sous le nom de *dégénérescence de Zenker*, laquelle est encore désignée sous le nom de dégénérescence cireuse, hyaline ou vitreuse.

L'examen de préparations se rapportant à des muscles pris sur le
territoire d'une artère oblitérée dans un cas de gangrène d'un
membre permet de se rendre compte des conditions qui réalisent,
d'une part la nécrose proprement dite, et d'autre part la dégénérescence de Zenker.

On trouve, d'abord, au-dessous du sillon d'élimination qui tend
à se former, du tissu musculaire dont tous les faisceaux, parfaitement en place, mais peut-être légèrement diminués de volume,
ont pris une teinte pâle, à peu près uniformément gris-jaunâtre,
terne, avec un aspect finement granuleux paraissant correspondre
aux stries musculaires (fig. 18). Mais on n'aperçoit aucun noyau
coloré ou non sur les divers faisceaux, ni aucune cellule manifeste dans le tissu interfasciculaire. Il n'existe donc dans ce tissu
musculaire aucune cellule pouvant être considérée comme récemment vivante, ni, du reste, aucune trace de sang, ni le moindre
bouleversement. C'est qu'il s'agit bien d'un tissu qui est mort depuis
un certain temps, et même qui a dû mourir immédiatement par le
fait de l'interruption complète de la circulation et par conséquent de
la nutrition des éléments anatomiques, puisqu'on y trouve non
seulement les caractères d'un tissu mort depuis longtemps, mais
encore l'absence de toute trace de néoproductions qui n'auraient
pas manqué de se produire s'il n'y avait eu qu'un trouble plus ou
moins prononcé de la circulation comme dans les parties voisines.

En effet, immédiatement au-dessus du sillon d'élimination, il n'y
a plus de tissu musculaire mort d'emblée comme le précédent;
on y trouve, à côté de faisceaux musculaires qui disparaissent au
fur et à mesure que se produisent des néoproductions scléreuses,
d'autres groupes de faisceaux qui paraissent augmentés ou diminués de volume et qui ont pris, sous l'influence des mêmes réactifs,
une coloration rouge orangé, légèrement vitreuse, assez homogène,
caractérisant leur dégénérescence (fig. 19).

Cette dernière altération s'est bien produite à la suite de l'oblitération artérielle qui a déterminé les altérations nécrosiques
précédemment décrites. Mais si l'on admet avec les auteurs que la
dégénérescence de Zenker est une nécrose de coagulation, on doit
se demander pourquoi elle s'est produite sur un point et non sur
l'autre, quoique les deux altérations musculaires ressortissent à la
même cause initiale. Or, l'examen des deux préparations montre
qu'il existe une différence très appréciable sur ces deux points.
Tandis que sur le premier, c'est la mort sans phrases, on voit que,
sur le second, des vaisseaux sont encore perméables, et qu'il y a des
éléments cellulaires parfaitement colorés, répandus en plus ou moins
grand nombre entre les faisceaux ainsi altérés. La vie n'était pas
complètement éteinte sur ce dernier point, puisqu'il pouvait être
encore le siège de productions cellulaires. Des phénomènes de
nutrition devaient donc y avoir lieu, mais très probablement d'une

manière insuffisante ou défectueuse, puisqu'il en est résulté des
modifications anormales dans l'état des fibres musculaires, qui
étaient en voie de subir une *mort lente* par dégénérescence et ne
pouvaient être considérées comme ayant subi une nécrose de coagulation. Voilà ce qu'il y a de positif. Nous reviendrons ultérieurement
sur cette question en étudiant les dégénérescences qui accompagnent les phénomènes inflammatoires.

La *gangrène* dite spontanée des membres qui se produit par le

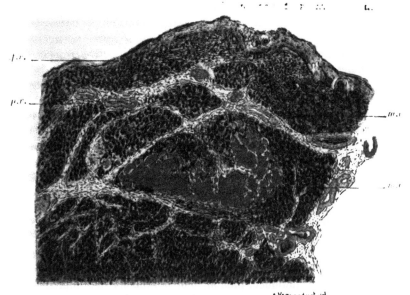

FIG. 19. — *Dégénérescence de Zenker sur des muscles sclérosés au voisinage
de parties nécrosées.*

m.d.z., fibres musculaires en dégénérescence de Zenker avec sclérose. — m.d.z.', fibres musculaires
en dégénérescence avec sclérose plus accusée. — s.p.v., sclérose périvasculaire; on voit un peu
au-dessous une artère complètement oblitérée. — g.f.r., gaine fibreuse épaissie et rétractée.

fait d'oblitérations artérielles se présente sous la forme sèche ou
humide, suivant son mode d'évolution.

Lorsqu'on assiste au début des phénomènes de mortification,
on voit que les parties atteintes offrent un aspect rougeâtre,
violacé, livide, dû à la stase du sang dans les vaisseaux périphériques dilatés, tout comme à la périphérie des plus petits
infarctus. Les tissus prennent ensuite une coloration brunâtre ou
noirâtre qui a pour cause la transsudation dans les tissus de la
matière colorante du sang.

8**

Dans les cas où l'évolution a lieu sous la forme de gangrène sèche ou de momification, c'est que les liquides se sont peu à peu évaporés. Il s'est produit une rétraction de plus en plus prononcée de tous les tissus qui ont pris une coloration jaune brunâtre et sont diminués de volume.

L'examen microscopique qui a porté sur les tissus d'une gangrène sèche du pied montre que le revêtement épithélial n'est plus reconnaissable. Il est confondu avec le tissu du derme manifestement rétracté et d'aspect vitreux, sillonné de lignes irrégulières noirâtres et de dépôts brunâtres, irréguliers, qui se rapportent vraisemblablement à du sang altéré. On reconnaît aussi la structure des plus gros vaisseaux et des glandes; mais on ne trouve plus de globules sanguins, ni d'éléments cellulaires d'aucune sorte. Les vésicules adipeuses persistent dans le tissu cellulo-adipeux sous-dermique, mais sans qu'on puisse découvrir aucun noyau.

Quant aux muscles, ils sont pour la plupart transformés en masses homogènes, colorées en rouge, qui paraissent correspondre, aux faisceaux augmentés de volume et entourés d'un tissu fibreux ayant le même aspect et la même coloration, sauf qu'on y voit, çà et là, quelques fibres musculaires autrement colorées, mais sans aucune striation, et sans la moindre trace de noyaux ou d'éléments cellulaires quelconques dans les tissus altérés.

La rétraction des parties gangrenées peut se continuer jusqu'au point où elles deviennent sèches et cassantes.

S'il s'agit de l'évolution des parties mortifiées sous la forme de gangrène humide, on trouve ces parties avec la coloration anormale précédemment indiquée, plus ou moins tuméfiées et imprégnées de liquide. L'épiderme est soulevé et se détache en laissant à nu une surface rouge brunâtre ou noirâtre, tendant au ramollissement et à la désintégration, qui se produisent peu à peu par décomposition putride des tissus sous l'influence des microorganismes septiques, entraînant leur destruction. Celle-ci commence par l'épithélium superficiel et les divers éléments cellulaires, pour se poursuivre d'abord sur toutes les parties molles, avec une résistance plus grande des fibres élastiques et des tendons, puis sur les cartilages et les os qui résistent le plus longtemps.

Les escarres qui se rencontrent si fréquemment sur diverses parties du corps rentrent ordinairement dans cette dernière catégorie. C'est surtout au niveau du siège qu'on les observe, en raison de leur cause déterminante par des pressions prolongées, des souillures d'urine et de matières fécales chez des malades prédisposés par un état général grave ou plus souvent par une affection des centres nerveux.

On peut constater, avec la disparition de l'épithélium et de tous les éléments cellulaires, la présence du sang altéré à travers les faisceaux du derme qui persistent encore avec les autres éléments de la peau. Les parties gangrenées ne sont même bien détruites qu'à la limite des parties vivantes, et elles sont ainsi éliminées en masse.

On est étonné, au premier abord, que dans la gangrène humide ou sèche caractérisée par des lésions très apparentes à l'œil nu, et telles que les tissus n'apparaissent constitués que par une substance noirâtre informe, l'examen microscopique, tout en montrant les altérations précédemment relatées, et qui portent surtout sur les éléments cellulaires, c'est-à-dire sur les éléments actifs de la nutrition ou de la vie, laisse encore apercevoir la structure des tissus avec toutes leurs parties constituantes parfaitement reconnaissables avant les phénomènes de dessiccation extérieure ou de désintégration. C'est que pour les gangrènes comme pour toutes les nécroses, il ne s'agit pas d'un bouleversement de tissus, ni même d'altérations graduelles, qui ne peuvent se produire que par la persistance de la vie donnant lieu à des hyperproductions cellulaires ou à des troubles de la nutrition. Bien au contraire, *les tissus sont tout d'abord d'autant moins modifiés dans leur structure, dans leur constitution et leur aspect, que la gangrène s'est effectuée plus rapidement et plus complètement.*

Quand on rencontre en même temps des productions anormales, comme celles qui caractérisent les inflammations des muqueuses, du poumon, et même les néoplasmes, etc., c'est qu'avant la mortification des tissus, ceux-ci ont été le siège de modifications de nature diverse. La nécrose n'est pour rien dans la production de ces lésions ; elle n'a pas fait autre chose que d'arrêter la nutrition ou la vie, en laissant les parties atteintes, préalablement ou non, en l'état où elles étaient. C'est en somme la mort locale qui les a surprises et qui permet de les voir dans l'état où elles se trouvaient alors, puis avec les transformations consécutives qu'elles ont dû subir et qui dépendent de conditions multiples.

Il s'agit donc, en somme, d'un phénomène général, commun à *toutes les nécroses dites spontanées qui doivent être considérées seulement comme caractérisées par la cessation de la vie, qu'elles portent sur des tissus sains ou pathologiques.* Il ne faut pas les confondre avec les altérations qui ont pu se produire antérieurement, ni avec les phénomènes ultérieurs de destruction des tissus qui ont cessé de vivre, par des modes divers suivant les milieux et les circonstances variables. Enfin on ne saurait, à l'exemple de certains auteurs, faire jouer le rôle principal aux microbes dans la production des phénomènes nécrosiques, en négligeant celui bien autrement important des oblitérations vasculaires, sans lesquelles on ne rencontre jamais de mortification.

Mais une partie de l'organisme, si minime soit-elle, ne peut être gangrenée ou nécrosée sans qu'il se produise dans les parties restées vivantes des modifications de la plus haute importance, qui favorisent l'élimination des parties mortifiées et tendent en même temps à réparer et à cicatriser la perte de substance qui en résulte. Ces phénomènes sont considérés par tous les auteurs comme se rapportant à l'inflammation et c'est à ce sujet que nous y reviendrons.

TROISIÈME PARTIE

INFLAMMATION

CHAPITRE PREMIER

THÉORIES PRINCIPALES DE L'INFLAMMATION

Les auteurs modernes mentionnent encore les caractères attribués par Celse à l'inflammation : *calor, rubor, tumor, dolor*, qui ont servi pendant longtemps à caractériser cet état. Et, tout en faisant ressortir que ces symptômes cliniques ne sauraient se rapporter à toutes les lésions considérées comme inflammatoires, ils continuent cependant à leur attribuer une valeur réelle. Virchow fait même remarquer que chaque symptôme de la définition de Celse a pris successivement une importance plus grande, en rapport avec les recherches et les travaux de chaque époque. Déjà, du temps de Galien, on faisait jouer à la chaleur le rôle principal; puis est venu le tour de la rougeur. Boerhaave attribuait l'inflammation à l'obstruction des petits vaisseaux et à la stase sanguine consécutive. Depuis lors on a toujours cherché dans les *troubles circulatoires* la caractéristique de l'inflammation.

Comme le fait observer Virchow, l'Ecole de Vienne substitua aux symptômes de l'inflammation ses produits pathologiques, et c'est ainsi que Rokitansky est arrivé à définir l'inflammation : « un processus qui, commençant par la dilatation vasculaire, aboutit à *l'exsudation* ».

« Dans la classification des anciens, dit Virchow, *l'exsudat* répond à la tuméfaction. » Mais il n'est pas tout à fait juste de dire avec cet auteur que les névristes ont mis la douleur en première ligne, comme étant le phénomène primordial, essentiel, caractérisant l'inflammation (dolor). Ils ont seulement placé les troubles circulatoires sous la dépendance du système nerveux qui, primitivement affecté, pouvait donner lieu à des phénomènes de paralysie suivant les uns et de constriction suivant les autres; d'où les *théories* dites *neuroparalytique* et *neurospasmodique*.

« De toutes ces hypothèses, dit Virchow, celle de l'École de Vienne serait la plus exacte, si l'on pouvait démontrer que dans chaque inflammation il existe toujours un exsudat. » Or, cet auteur examinant le cartilage et la cornée enflammés et n'y trouvant pas manifestement de vaisseaux, ni de liquide exsudé, mais constatant seulement une tuméfaction formée par des cellules plus ou moins modifiées et plus nombreuses, fut amené à penser qu'il n'y avait qu'une exsudation de cellules, d'où la première expression qu'il a employée d'*exsudation parenchymateuse* « devenue plus usitée, dit-il, que je ne le voulais moi-même ». De plus, cet auteur, croyant que l'inflammation ne pouvait provenir des vaisseaux dans les tissus non vascularisés, en avait induit que ce sont les cellules qui devaient faire tous les frais des phénomènes observés.

Partant de cette idée, Virchow admit que les cellules devaient posséder trois sortes d'irritabilité (fonctionnelle, nutritive et formative) qui pouvaient être mises en jeu par les causes de l'inflammation, par « l'irritation inflammatoire », à la condition qu'elle ne fût pas trop forte pour détruire immédiatement les parties ou pour épuiser d'un coup leur activité fonctionnelle.

Cependant une cause nocive qui agit sur un point de l'organisme fait sentir ses effets sur tous les éléments cellulaires de la région atteinte, à des degrés extrêmement variables, sans changer de nature. C'est ainsi qu'un fer rouge déterminera au point de contact une destruction complète des tissus et une brûlure de moins en moins prononcée sur les parties de plus en plus éloignées qui ont pu en ressentir les effets. Mais, partout, il y aura une altération de même nature, seulement plus ou moins manifeste, ne pouvant que porter atteinte à l'état des cellules et à leur fonctionnement. Nulle part, il ne pourra en résulter une activité nutritive, fonctionnelle ou formative augmentée; parce que les mêmes causes destructives, agissant sur les éléments des tissus seulement à des degrés divers, ne peuvent avoir des effets absolument opposés, comme on est obligé de l'admettre avec cette théorie dont le point de départ est du reste absolument contraire à l'observation des faits, les phénomènes d'activité augmentée ne se trouvant qu'au delà des portions atteintes.

On est parti, en effet, de l'hypothèse de « l'irritabilité cellulaire » considérée comme démontrée, alors que rien n'a été prouvé à ce sujet et que les causes d'irritabilité invoquées ont toujours eu un effet contraire. Un coup de bâton qui peut assommer quelqu'un pourra, s'il est léger, l'inciter à se sauver et à courir; mais cela ne saurait prouver que les tissus sur lesquels le coup aura porté aient des cellules en meilleur état de fonctionnement. On y trouvera au contraire des ecchymoses et des altérations cellulaires plus ou moins prononcées. Un coup sur la tête n'excitera jamais au travail. Il ne saurait en être autrement pour toutes les causes nocives qu'il ne faut pas confondre avec les causes capables de produire une augmentation d'action des organes excitables de l'appareil neuro-musculaire.

C'est ainsi que l'origine de la théorie de Virchow, qui est toujours en honneur, ne consiste que dans une hypothèse sans fondement. Cependant l'auteur part de là pour expliquer la production anormale des cellules qu'on trouve dans les foyers inflammatoires, et qui, pour lui, provient de la division directe des cellules, à laquelle on a depuis quelques années substitué la division indirecte.

Si la cause invoquée pour motiver la division des cellules inspire une suspicion légitime, celle-ci augmente encore lorsqu'on ne peut arriver à voir cette division dans les conditions indiquées, d'autant qu'on n'est d'accord ni sur le mode de division, ni même sur les cellules qui se diviseraient.

Cette théorie de l'inflammation par irritabilité cellulaire donnant lieu à l'hyperplasie cellulaire ne peut servir à caractériser l'inflammation, non seulement parce qu'elle ne repose que sur des hypothèses contraires aux faits observés, mais encore parce qu'elle ne tient pour ainsi dire pas compte de l'appareil circulatoire, auquel elle n'attribue qu'un rôle secondaire, presque négligeable. Le sang n'interviendrait pas dans les tissus non vascularisés, et, dans les autres tissus, ce sont les cellules qui seraient plus ou moins incitées à se nourrir, à appeler à elles les éléments de nutrition.

Or, l'influence du sang dans les tissus non vascularisés n'est pas douteuse. Elle se fait sentir à distance, tout comme dans les éléments qui ne sont pas immédiatement en contact avec un capillaire et pour lesquels les liquides nutritifs doivent parcourir un certain trajet, du reste, toujours très court. La preuve en est que les éléments constituants de ces tissus ne peuvent vivre lorsque la circulation est arrêtée dans les vaisseaux voisins. En outre les néoproductions inflammatoires qui apparaissent plus ou moins manifestement sous la forme d'exsudats sont bientôt le siège de vaisseaux de nouvelle formation, suivant la loi d'observation que, *dans tous les tissus vascularisés ou non, où se produisent des cellules en plus grande quantité qu'à l'état normal, il y a toujours augmentation de la vascularisation et même formation de nouveaux vaisseaux pour peu que la structure du tissu soit modifiée.* C'est là un fait évident pour tout observateur n'ayant pas de parti pris et qui est absolument en opposition avec la théorie que nous combattons.

En effet, si les néoproductions provenaient de la prolifération des cellules par division des cellules propres de l'organe affecté non pourvu de vaisseaux et étaient indépendantes de ceux-ci, on ne voit pas comment et pourquoi il en résulterait cette tendance constante à la production de nouveaux vaisseaux et concomitante de celle des autres éléments cellulaires. Tandis que ce phénomène s'explique fort bien, en admettant ce que l'on peut constater, c'est-à-dire qu'il s'agit d'éléments diapédésés au nombre desquels se trouvent toujours des globules sanguins, entourés de jeunes cellules, qui sont l'origine des nouveaux vaisseaux.

Cohnheim a effectivement remis en honneur l'importance de la circulation dans les phénomènes inflammatoires. Par une expérience mémorable, il a montré que dans l'inflammation provoquée sur le mésentère de la grenouille, exposé à l'air, il y a d'abord dilatation des vaisseaux, puis une diapédèse abondante de globules blancs et même d'une certaine quantité de globules rouges, en même temps qu'une exsudation liquide au sein de laquelle se trouvent ces globules. La diapédèse fut pour Cohnheim le phénomène primordial et essentiel de l'inflammation qu'il croyait absolument spécial au processus inflammatoire, tandis qu'il attribuait une tout autre origine aux néoproductions des tumeurs.

La plupart des auteurs qui ont admis la réalité de la diapédèse des globules du sang dans les phénomènes inflammatoires n'ont cependant pas abandonné les idées qui avaient cours précédemment sur la production des cellules en hyperplasie par la division des cellules fixes préexistantes. Ils ont admis ces deux modes de production cellulaire pour les éléments destinés à périr ou à édifier des tissus nouveaux, sans se soucier de leur incompatibilité, et sans pouvoir décider si ces éléments provenaient de l'un ou de l'autre mode de production; de telle sorte qu'il n'a plus été possible de regarder la diapédèse comme caractéristique de l'inflammation, d'autant plus que ce phénomène était aussi considéré comme se produisant à l'état normal.

C'est alors que M. Metchnikoff a proposé et fait généralement accepter une conception nouvelle de l'inflammation qui mérite d'être particulièrement examinée, tant à cause de l'adhésion qu'elle a reçue, en totalité ou en partie, des savants de tous les pays, et de la considération qui s'attache au nom de son auteur, qu'en raison de ce que l'interprétation des faits sur lesquels elle est établie nous paraît invraisemblable et qu'elle n'a, semble-t-il, abouti qu'à un échafaudage d'hypothèses plus ou moins arbitraires, n'expliquant rien et ne pouvant que faire dévier les recherches pathologiques de leur voie naturelle.

Nous pensions que l'engouement suscité dans le monde médical par cette théorie ne pouvait durer, parce qu'on ne tarderait pas à se rendre compte qu'elle ne repose sur aucune donnée biologique positive. Du reste des critiques fort justes lui avaient été adressées dès le début par Ziegler et Weigert. Mais, aujourd'hui, on ne paraît avoir conservé aucun souvenir de ces critiques, et plus que jamais, dans les écrits journaliers, on voit les auteurs expliquer tout par la phagocytose. Celle-ci n'est plus considérée comme une hypothèse, et l'on est arrivé peu à peu à la tenir pour un phénomène réel et incontestable, tellement la croyance au merveilleux fait encore facilement des adeptes.

Nous sommes persuadé que la plupart des médecins qui ont recours à cette théorie pour expliquer les cas pathologiques ne se doutent pas sur quelle base fragile repose la phagocytose elle-même. Le renom scientifique de son auteur et la commodité de la théorie qui se prête à tout ce qu'on peut imaginer leur suffisent. Mais quel que soit le caractère du savant, cela ne doit pas arrêter la critique scientifique de ses travaux pour la recherche de la vérité, en discutant non les faits observés, mais les interprétations qu'on en déduit. Nous croyons donc nécessaire de suivre pas à pas l'œuvre de M. Metchnikoff pour montrer en quoi elle est défectueuse d'un bout à l'autre.

Examen de la théorie de la phagocytose.

Tout d'abord l'auteur insiste principalement sur ce que « les tentatives pour obtenir une inflammation sans l'intervention des vaisseaux ont échoué parce que, même dans les tissus les plus isolés des animaux supérieurs, on ne peut guère éliminer le rôle de l'appareil circulatoire. Pour obtenir un résultat positif il faut s'adresser au groupe si nombreux d'animaux invertébrés parmi lesquels, il ne manque pas d'êtres complètement dépourvus de vaisseaux ».

Il est évident, en effet, que chez les animaux supérieurs, les parties qui ne renferment pas de vaisseaux ne sont pas indépendantes de la circulation, comme le croit Virchow et beaucoup d'auteurs avec lui. Cohnheim l'a parfaitement démontré expérimentalement et il est facile de s'en convaincre, comme nous espérons le prouver, par l'examen des phénomènes inflammatoires dont ces parties sont le siège.

En déterminant de l'inflammation sur des animaux qui n'ont pas de vaisseaux, M. Metchnikoff a certainement réfuté l'opinion des auteurs qui placent le point de départ de ce phénomène dans une lésion vasculaire, en n'ayant en vue que l'homme ou des animaux pourvus d'un appareil circulatoire. S'il s'en était tenu à cette démonstration, on ne pourrait que l'approuver. Mais il a cru trouver « *le primum movens de l'inflammation dans une réaction phagocytaire de l'organisme animal* ».

Pour bien se rendre compte comment l'auteur est arrivé à cette conclusion, il faut le suivre depuis son point de départ, dans toutes ses déductions.

Considérant d'abord des organismes unicellulaires, une amibe notamment, dans laquelle des substances étrangères ou parasitaires pourront être incorporées, puis rejetées à moins que leur accumulation ne détermine la mort de cet organisme, il conclut que « le parasite attaque en sécrétant des substances toxiques ou dissolvantes et se défend en paralysant l'action digestive et expulsive de son hôte. Celui-ci exerce une influence nocive sur l'agresseur en le digérant ou l'éliminant de son corps, et se défend lui aussi par les sécrétions dont il s'enveloppe ».

Ces assertions sont émises sans discussion, c'est-à-dire comme si l'on ne pouvait pas interpréter autrement les phénomènes observés. Cependant, dire que le parasite attaque et se défend est une simple affaire d'imagination; car si, au lieu du parasite, on introduit une substance toxique quelconque, ou même une substance inerte produisant des effets analogues, il ne viendra à l'idée de personne d'employer les mêmes expressions. La substance nocive, quelle qu'elle soit, altère plus ou moins les parties avec lesquelles elle est en contact et produit des troubles fonctionnels en rapport avec ces lésions. Si ces troubles sont considérables il peut en résulter la mort de l'animal. Dans le cas contraire les fonctions de nutrition seulement plus ou moins troublées continuent de s'effectuer, sans qu'on puisse prouver la moindre intention de défense en dehors de l'accomplissement de ces fonctions. Et même la digestion des bacilles n'est rien moins que démontrée puisqu'ils ne changent pas de volume; la digestion ne pouvant avoir lieu, semble-t-il, que pour des substances assimilables au moins en partie, et n'ayant pour but que l'entretien de l'organisme, mais non sa défense. Tout cela, devient encore bien plus inconcevable avec des substances toxiques.

Quant à l'élimination des substances nocives, elle a lieu certainement si l'organisme peut encore fonctionner; car elle résulte de la continuation des mouvements qui se passent dans la substance rotoplasmique.

L'interprétation des expériences que l'auteur a faites sur des organismes polycellulaires, n'est pas plus admissible que la précédente. Elle prête même d'une manière plus évidente à la critique.

Dans une première expérience, il s'agit d'un tube de verre introduit dans un plasmode où il est englobé puis rejeté. Dans une seconde expérience, le plasmode est cautérisé sur un point, soit avec une baguette de verre chauffée à la lampe, soit avec un petit fragment de nitrate d'argent.

« Le bord touché par le nitrate d'argent meurt et se détache du reste du plasmodium. Ce dernier réagit immédiatement par un changement brusque de la direction de ses mouvements. Tandis qu'au moment de l'opération les courants plasmiques étaient dirigés vers le bord auquel a été appliqué le nitrate, aussitôt après ils se dirigèrent vers les côtés du plasmode et prirent bientôt une direction opposée à la première. Au bout d'une heure après le début de l'expérience, le plasmode s'était déjà éloigné de sa position primitive en laissant les débris mortifiés à leur place antérieure. »

Or, l'auteur voit dans ces faits des phénomènes d'attraction et de répulsion, alors qu'il est beaucoup plus simple de les expliquer par des phénomènes ressortissant au mode de fonctionnement de ces organismes qui absorbent les substances en contact avec eux, les assimilent lorsqu'elles sont assimilables, et, dans le cas contraire, les rejetent par le mouvement du plasmodium. Quant à la petite escarre; elle se détache très vraisemblablement parce que les mouvements du plasmodium n'ont plus lieu à ce niveau, ce qui les force à prendre une autre direction, tout comme nous voyons des phénomènes du même ordre se passer dans les tissus des animaux supérieurs à la suite de la production d'une mortification localisée.

ANAT. TRIPIER.

Rappelant les expériences de Stahl et de Pfeffer, l'auteur attribue au plasmode une chimiotaxie positive, ou négative, en se fondant sur des expériences également très intéressantes, mais dont l'interprétation peut donner lieu à des possibilités diverses comme les faits précédents.

Passant des protozoaires aux métazoaires, aux cœlentérés, puis aux échinodermes et aux vers, aux arthropodes, mollusques et tuniciers, l'auteur montre que dans tous les cas, lorsque des substances étrangères sont introduites dans les organismes, il se produit à ce niveau, une accumulation plus ou moins grande de cellules mobiles dites amiboïdes, en raison des mouvements dont on les suppose douées. C'est parce que ces cellules sont capables de s'incorporer des substances étrangères, qu'il les désigne sous le nom de *phagocytes*, en les identifiant avec les amibes précédemment examinées, et les considérant comme douées, non seulement de mouvements, mais aussi d'une sensibilité positive et négative.

Admettre l'*identification des leucocytes avec les amibes* sous prétexte de mouvements amiboïdes n'est pas moins fantastique que de considérer les mouvements vermiculaires des muscles comme produits par de petits vers. Supposer que des organismes peuvent vivre à l'état physiologique dans un autre organisme et même faire partie de cet organisme, y remplir une prétendue fonction, n'est-ce pas tout ce qu'il y a de plus invraisemblable? Eh bien! C'est cependant la base de la théorie de M. Metchnikoff, tout simplement parce que depuis longtemps, on a observé que les leucocytes pouvaient dans certaines conditions, absorber des granulations diverses, des globules du sang, des particules étrangères, et que M. Metchnikoff y a vu des microbes. Or, il n'est pas nécessaire de faire une pareille hypothèse, absolument contraire aux données physiologiques les plus positives, pour se rendre compte d'un fait qui peut être facilement expliqué par les phénomènes d'osmose et les lois de l'absorption.

Cette explication qui se présente immédiatement à l'esprit et donne pleine satisfaction, n'est pas discutée par l'auteur; il n'en fait même pas mention, alors que, pour quiconque n'a pas d'idée préconçue, c'est, non seulement la chose la plus vraisemblable, mais encore la chose évidente. Du reste M. Metchnikoff poursuit toujours son idée, en y adaptant tout ce qu'il observe, sans souci des autres possibilités. C'est ainsi que dans cette même expérience il ne se préoccupe pas du tout des mouvements que présentent les

liquides au sein desquels se trouvent les cellules et de l'influence
qui peut en résulter sur ces dernières, ni des obstacles qui doivent
être apportés à la mobilité des cellules par la présence des substances étrangères.

M. Metchnikoff accentue encore cette manière d'interpréter les
faits lorsqu'il arrive à l'étude de l'inflammation sur les Vertébrés. Il
cherche à prouver que dans ce dernier cas les phénomènes inflammatoires peuvent être indépendants des vaisseaux. C'est à propos
de l'irritation produite sur la nageoire d'un embryon d'axolotl
et où l'on voit en ce point une accumulation « de cellules mobiles du tissu conjonctif qui englobent des grains de couleur appliqués sur la plaie ou les débris de cellules détruites. Parmi ces cellules agglomérées, on en trouve quelques-unes en voie de division
karyokinétique. Ce phénomène est cependant trop rare pour qu'on
puisse y chercher la provenance de beaucoup de cellules au point
lésé. Du reste cette hypothèse serait superflue, puisque l'observation directe prouve suffisamment le fait de l'accumulation des
cellules mobiles à l'endroit de l'opération... Les vaisseaux sanguins, ne jouent aucun rôle dans les phénomènes consécutifs à la
lésion. Présents sous forme de grands troncs caudaux, ils manquent complètement dans la nageoire ou ne font leur apparition
que sous forme de petits tubes sans circulation ».

Nos connaissances zoologiques ne nous permettent pas de
discuter si réellement ces petits tubes qui représentent les
vaisseaux n'ont pas de circulation. En tout cas la portion de nageoire
qui a ou n'a pas de vaisseaux n'est pas moins alimentée par les vaisseaux voisins. Il est difficile de ne pas rapporter à la diapédèse, la
provenance des cellules mobiles, puisque de l'aveu même de
M. Metchnikoff, la karyokinèse est trop rare et ne peut expliquer la
provenance abondante des cellules. Du reste, si les phénomènes
inflammatoires étaient indépendants de la circulation, on devrait les
observer sur des parties détachées du corps ou au moins après
l'arrêt complet de la circulation; ce qui n'a jamais pu être prouvé.

M. Metchnikoff arrive à attribuer tellement d'importance à la
« réaction phagocytaire de l'organisme animal », que tous les
autres troubles observés sont pour lui des accessoires de ce phénomène et se résument en moyens pour faciliter l'accès des phagocytes vers l'endroit lésé. C'est l'action phagocytaire qui constitue
l'inflammation et tous les autres phénomènes doivent converger
vers ce but. Pour ne laisser aucun doute sur sa manière d'interpréter les faits, il ajoute encore le paragraphe suivant :

« Les phénomènes morbides proprement dits, comme la lésion ou la nécrose primaires, ainsi que les actes de réparation consé-cutifs à l'inflammation n'appartiennent pas à cette dernière et ne doivent pas être confondus avec elle. »

Donc, d'après l'auteur, l'inflammation est quelque chose à côté des phénomènes de destruction et de réparation : c'est la lutte des phagocytes contre l'agresseur, par conséquent un combat n'ayant aucun rapport avec l'évolution physiologique de l'organisme; ou plutôt celui-ci n'est occupé qu'à faciliter l'accès des phagocytes vers l'endroit lésé. L'inflammation est donc un phénomène tout à fait en dehors de l'action physiologique, c'est-à-dire en opposition avec la donnée incontestable aujourd'hui qu'il n'y a *aucun phénomène pathologique constitué autrement que par une modification ou une déviation de l'état normal de l'organisme.*

Mais l'auteur qui a tant insisté sur ce qui ne doit pas être confondu avec l'inflammation, arrive lui-même à désigner sous ce nom les phénomènes qu'il rejetait plus haut d'une manière absolue. Il s'agit de maladies où « les leucocytes en présence de microbes d'une virulence excessive, ne traversent point la paroi vasculaire, malgré la dilatation des vaisseaux... Il se produit pourtant, ajoute-t-il, *une inflammation considérable* avec hypé-rémie et exsudation séreuse, même hémorragique, et malgré toutes ces conditions si favorables, *la diapédèse n'a pas lieu* ».

Nous avons souligné les mots qui nous paraissent en contra-diction avec les assertions précédentes de l'auteur; car s'il y a inflammation sans leucocytes, ce doit être pour M. Metchnikoff un combat sans combattants. Nous ferons encore remarquer à propos de cette dernière citation que l'auteur attribue une chimiotaxie négative aux leucocytes, tout simplement parce qu'il n'y a pas de diapédèse. Il ne se préoccupe pas de savoir si dans ce cas la virulence excessive des microbes n'a pas pu avoir une action nocive sur les éléments anatomiques, notamment sur les parois vasculaires, sur les cellules endothéliales, et sur les globules du sang ; ce qui expliquerait bien plus simplement les phénomènes constatés que le prétendu refus des leucocytes de livrer un combat.

Cependant l'auteur ne peut pas toujours invoquer la sensibilité tactile et chimiotactique des leucocytes. Il admet alors que « différentes autres sensibilités peuvent jouer un rôle ». Il invoque aussi pour certains cas « le changement physique du milieu (diffé-rence de tension, etc.) qui peut exercer une influence attractive sur les leucocytes ». Or, si M. Metchnikoff reconnaît l'action de cette dernière influence dans un cas, c'est qu'elle peut également avoir lieu dans d'autres cas. Pourquoi dès lors ne s'en préoccupe-t-il pas dans tous les faits observés, soit pour en faire la part, soit pour l'éliminer, s'il pense qu'on ne doit pas en tenir compte? C'est que dans la plupart des interprétations qu'il donne, il n'y a toujours qu'une possibilité.

L'auteur continue à appliquer sa théorie à tous les phénomènes observés, toujours sans se préoccuper des explications plus simples par lesquelles il est possible de s'en rendre compte. Ainsi il pense qu'on pourrait peut-être attribuer l'accumulation des leucocytes dans la zone périphérique des vaisseaux dilatés par un reste de sensibilité (après l'action du chloroforme) qui leur permettrait d'apprécier les différences du milieu extérieur. « Or, les leucocytes, dit-il, se dirigent vers les endroits les plus calmes, dans lesquels ils pourront étaler leurs prolongements protoplasmiques. »

Si les leucocytes ne s'étaient pas déplacés on eût pu attribuer le fait, comme dans d'autres cas, à l'action du chloroforme ; mais comme ils ont changé de lieu malgré le chloroforme, c'est qu'ils ont conservé un certain degré de sensibilité et qu'ils aiment leurs aises. Presque toujours il s'agit d'expériences de ce genre qui évidemment ne sauraient fournir aucune preuve aux assertions de l'auteur. Les corps inertes en effet s'accumulent aussi dans les endroits les plus calmes, sans qu'on songe à leur attribuer une sensibilité quelconque; et on ne voit pas pourquoi il ne saurait en être de même des leucocytes. Il faudrait d'abord prouver le contraire avant de chercher une autre explication.

Dans les inflammations chroniques, le rôle des phagocytes devient tout à fait étrange. S'il s'agit d' « inflammations chroniques infectieuses, dit M. Metchnikoff, les phagocytes se dirigent vers les parasites, tandis que dans les cirrhoses ces cellules attaqueraient surtout les éléments affaiblis par l'action des poisons. Le résultat peut donc être tout à fait différent, parce que dans un cas les phagocytes détruisent les microbes, et dans l'autre ils éliminent les cellules propres de l'organisme ».

Le malheur est que les cirrhoses reconnaissent aussi pour cause des infections; de telle sorte qu'il faut admettre que les phago-cytes s'en prennent tantôt aux parasites et tantôt aux cellules affaiblies; ce qui est en opposition avec tout ce qui a été dit précé-demment, et notamment sur le rôle de défenseurs de l'organisme, que l'auteur attribue aux leucocytes ; à moins cependant que les choses se passent comme autrefois chez les Spartiates.

M. Metchnikoff va encore plus loin lorsqu'il dit que « le *primum movens* de la réaction inflammatoire est une action digestive du protoplasma vis-à-vis de l'agent nuisible ». Le *primum movens* étant déjà une réaction phagocytaire de l'organisme animal, cela veut dire que, dans l'inflammation, les phagocytes se précipitent sur l'agent nuisible pour « l'avaler à la manière des amibes » et le digérer. Ce dernier terme signifie assimilation par des organismes qui vivent sur un autre organisme; à moins que ce ne soit de la part des phagocytes « défenseurs de l'organisme » une simple action de défense qui suppose une volonté d'action, dans un but déterminé, à des éléments faisant partie de l'organisme, et auxquels tous les autres phénomènes doivent être subordonnés, comme le font supposer les lignes suivantes : « à l'aide du courant sanguin l'organisme peut à chaque moment donné expédier vers l'endroit menacé un nombre considérable de leucocytes pour arrêter le mal ». Mais, dans l'organisme, quelle partie peut bien être chargée de surveiller l'approche des ennemis et de donner des ordres aux leucocytes? Le rôle de la circulation ainsi expliqué est certainement inconnu de la plupart des médecins qui parlent de la phagocytose.

« Il surviendrait encore une autre sensibilité, dit M. Metchnikoff, celle des éléments nerveux qui s'associent à l'appareil phagocytaire et vasculaire pour faciliter la réaction contre les agents nuisibles ». Voilà pour le rôle du système nerveux qui est tout aussi simple que celui de l'appareil circulatoire et démontré par le même argument que tout doit être rapporté aux phagocytes, aux « défenseurs de l'organisme »!

Il est fâcheux que l'auteur n'ait pas jugé à propos de nous apprendre ce que peuvent bien faire ces défenseurs à temps perdu, c'est-à-dire lorsque l'organisme n'est pas attaqué. M. Metchnikoff admet cependant la production de la diapédèse à l'état normal, mais sans se préoccuper davantage du rôle des éléments diapédésés qui, probablement, doivent rôder dans l'économie à la recherche des ennemis capables de l'assaillir ; ce qui constitue une fonction nouvelle dont il n'est pas encore fait mention dans les traités de physiologie.

L'auteur applique sa théorie à divers cas pathologiques qui lui paraissent ainsi simplifiés; et qui le sont, en effet, puisque tout peut être expliqué avec la sensibilité positive ou négative attribuée aux divers éléments, tout, jusqu'à la présence ou l'absence de vaisseaux dans les productions pathologiques. « Dans beaucoup de néoplasies, dit-il, le pannus ophtalmique, etc., les vaisseaux pénètrent facilement et passent abondamment dans le tissu affecté. Cette croissance vasculaire dériverait d'une chimiotaxie ou quelque autre sensibilité positive, tandis que l'absence de vaisseaux dans les granulomes, tels que le tubercule, la lèpre, l'actinomycose, s'expliquerait par une sensibilité négative. » Après une pareille explication qui ne tient aucun compte de la constitution anatomique de la région, de la nature et de la disposition des éléments, etc., on peut aussi bien expliquer tous les phénomènes normaux ou pathologiques, sans être pour cela plus avancé qu'après la constatation simple des faits.

L'auteur ne connaît plus d'obstacles dans le domaine des inductions hypothétiques. « Cette théorie, dit-il, est basée sur la loi de l'évolution... Les caractères utiles et entre autres ceux qui servent à la réaction inflammatoire se sont fixés et transmis... L'appareil phagocytaire n'a pas atteint son stade de développement et se trouve en voie de perfection. » A coup sûr, ces considérations ne rentrent pas parmi celles que l'auteur regarde comme bien positives et bien établies. On ne peut y découvrir que de simples vues d'un esprit très imaginatif.

En attendant que l'appareil phagocytaire ait atteint le degré de perfection qui lui permettra sans doute de détruire tous les ennemis de l'organisme, M. Metchnikoff explique comment son insuffisance a amené l'intervention de l'homme de l'art. « Trop souvent, dit-il, les phagocytes fuient l'ennemi ou détruisent les éléments de l'organisme duquel ils font partie (comme dans les scléroses). C'est cette imperfection qui depuis longtemps a rendu nécssaire l'intervention active de l'homme, non satisfait de la fonction de sa force curatrice naturelle. »

Voilà donc la « force curatrice naturelle » élevée au rang de « fonction ». Cette prétendue fonction est remplie par des éléments chargés de combattre un ennemi, et qui, non seulement fuient parfois devant cet ennemi, mais aussi se retournent contre les propres éléments de l'organisme dont ils font partie, pour les dévorer! C'est bien là une fonction sans analogue dans l'économie, remplie par des éléments n'ayant également aucune analogie avec ceux qui sont chargés des autres fonctions.

Enfin c'est à l'influence des phagocytes que nous serions redevables de la science médicale. Suivant M. Metchnikoff, « la défense de l'organisme contre les agents nuisibles, concentrés dans l'appareil phagocytaire et le système nerveux somatique, s'étendit sur

l'appareil nerveux psychique, aux cellules nerveuses qui dirigent
les contractions et la dilatation des vaisseaux, s'associent les
cellules qui produisent la pensée et les actes volontaires. Comme
fonction de ces cellules psychiques, il se développa toute une
science ayant pour but la défense de l'organisme contre les agents
nuisibles ». Ces assertions sans preuve, énoncées d'une manière
dogmatique, ne semblent-elles pas s'adresser à des croyants plutôt
qu'à des hommes de science? L'auteur continue : « Elle inventa
des méthodes pour activer l'inflammation curatrice, comme dans
beaucoup de cas de lésions artificielles facilitant la réaction
inflammatoire. » Cependant, à tort ou à raison, les médecins et
les chirurgiens ne cherchent pas seulement à provoquer l'inflammation curative, ils s'emploient bien quelquefois à la combattre ;
mais cela doit être encore facile à expliquer avec une théorie aussi
accommodante.

Ce qui paraît plus extraordinaire encore, c'est que « l'application d'agents excitant l'inflammation tels que le jéquirity, le
virus de la blennorrhée, la tuberculine et la cantharidine présente une continuation consciente des mesures élaborées incon-
sciemment par la série des êtres dans la lutte pour l'existence ».
C'est bien le cas de répéter qu'à vouloir trop prouver on ne
prouve rien ; car on se rend difficilement compte de ce « travail
inconscient de la série des êtres » pour aboutir à l'emploi d'agents
qui peuvent avoir beaucoup d'importance pour la théorie de
M. Metchnikoff, mais qui sont tout autrement appréciés par les
médecins.

« Mais, dit encore cet auteur, comme l'appareil réactionnel
inconscient, les forces curatrices de la nature ne sont point par-
faites, l'appareil réactionnel conscient, la science médicale n'est
pas parfaite non plus. » On s'en doutait ; mais ce qu'on ne pouvait
pas prévoir, c'est l'assimilation de la science médicale à l'appareil
phagocytaire. Il n'est guère possible de pousser plus loin l'in-
vraisemblance des conceptions théoriques. En tout cas, il faut
espérer que l'appareil médical est plus perfectible que l'appareil
phagocytaire.

D'après M. Metchnikoff les phagocytes n'interviendraient pas
dans les tumeurs, autant qu'on peut en juger par ce qu'il dit des
végétaux. Il reconnaît, en effet, qu'ils sont sujets à la formation
des tumeurs, qu'il peut y avoir « lésion et nécrose primaires; il
y a aussi régénération au delà de la limite normale, mais il n'y a
point d'inflammation ». Et cela parce qu'on ne voit pas de phago-

cytes dans les végétaux. Or, ceux-ci, sous l'influence des agents nocifs, présentent des phénomènes de destruction et de réparation tout à fait analogues à ceux qu'on peut observer sur les animaux. Il est tout aussi contraire à la raison de ne pas appliquer le terme d'inflammation à ces lésions, parce qu'il n'y a pas de leucocytes, que de le refuser aux lésions des animaux inférieurs qui n'ont pas d'appareil de la circulation ni de système nerveux. Cela seul suffirait pour ruiner la théorie de M. Metchnikoff auprès de ceux qui auraient accepté toutes ses hypothèses plus ou moins invraisemblables.

L'auteur prétend néanmoins que sa théorie « pourrait être désignée sous le nom de théorie biologique ou comparée de l'inflammation, puisqu'elle est fondée sur l'étude des phénomènes de la vie cellulaire, examinés au point de vue de la pathologie comparée ». Mais outre que cette théorie n'est pas applicable aux organismes végétaux, il est certain que la biologie n'est pas bornée à l'étude de la manière dont se comportent les éléments cellulaires en présence de corps étrangers introduits dans le corps des animaux , même des animaux inférieurs. Ce serait une biologie simplifiée que celle qui ne tiendrait aucun compte de tous les autres phénomènes inhérents à l'organisme vivant!

La plupart des auteurs admettent cependant la phagocytose, comme il résulte des publications journalières ; mais tous ne suivent peut-être pas M. Metchnikoff dans les déductions qu'il tire de sa théorie ; ils en gardent néanmoins l'idée essentielle qui consiste à considérer les leucocytes comme les défenseurs de l'organisme lorsqu'il est attaqué sur un point. On les fait accourir sur ce point « non pas au hasard » mais « poussés par une force mystérieuse », et prendre des dispositions stratégiques pour entourer l'ennemi et se livrer ensuite à un combat qui est accepté ou refusé, etc. On décrit les péripéties de la lutte, on dit même sérieusement qu'il y a « d'innombrables victimes qui ont bien mérité de l'organisme », et, pour un peu, on leur distribuerait des récompenses. Viennent ensuite les leucocytes qui enlèvent les morts et déblaient le terrain, puis ceux qui réparent les tissus, etc. Mais il arrive aussi que l'organisme mobilise plus de phagocytes qu'il n'en faut et qu'il en résulte, au contraire, une action fâcheuse. C'est bien toujours l'organisme qui réagit, qui se défend, en prenant des dispositions en vue de s'opposer à l'agent nocif et aux conséquences qu'il doit prévoir; mais il ne sait pas mesurer exactement les moyens nécessaires à sa défense et agit tout comme l'ours de la fable. Au moins est-il facile comme cela de tout expliquer, mais sans beaucoup de bénéfices.

On admet aussi qu' « un coup de froid peut paralyser l'action des phagocytes » et que les microbes peuvent en profiter pour « envahir un organe, l'ulcérer, le perforer, etc. », toutes choses absolument fantastiques.

Tous les arguments sont bons avec la théorie de la phagocytose. C'est ainsi que l'infection prend une « gravité spéciale dans un organe dont la richesse en follicules clos fait de lui un organe important de phagocytose ». Or c'est la conclusion contraire à laquelle on devrait arriver si la phagocytose existait ; car un organisme riche en phagocytes devrait plus facilement se débarrasser des microbes, tandis que c'est le contraire qui est constaté. Mais le mot magique de phagocytose est prononcé et suffit à tout expliquer !

La thérapeutique a-t-elle au moins quelque chose à gagner avec cette théorie ? Pas du tout. On suppose seulement que c'est, lorsque la réaction a dépassé le but que « la thérapeutique doit lutter contre l'organisme ». Ce sont partout et toujours des luttes : l'homme de l'art luttant contre l'organisme, lequel lutte cependant contre l'agent morbide. Cela expliquerait-il par hasard l'inefficacité si fréquente de la thérapeutique ?

Nous pourrions aisément multiplier les citations ; car il suffit de consulter la plupart des publications de nos jours pour y voir figurer la théorie de la phagocytose à un degré quelconque et souvent avec des idées qui ne relèvent que d'une imagination excessive, s'éloignant bien manifestement de la voie scientifique. Les plus jeunes auteurs font figurer dans leurs écrits la défense de l'organisme par la phagocytose comme une chose si naturelle, qu'il ne leur vient pas même à l'idée qu'on puisse en douter ; ce qui donne tout à fait l'image des légendes qui finissent par se transformer en principes immuables.

Nous tenons toutefois à déclarer que ces critiques ne sont pas faites dans un but de dénigrement, d'autant que nous avons pris des exemples parmi les publications d'auteurs que nous tenons en haute estime. C'est afin de mieux démontrer à quelles conséquences peut conduire l'adoption d'une théorie contraire aux lois biologiques, malgré les principes scientifiques irréprochables qui servent de point de départ aux travaux des mêmes auteurs.

La plupart font aussi jouer un rôle dans l'inflammation, à la fois à la théorie de M. Metchnikoff, aux théories contradictoires de

Virchow et de Cohnheim et, au besoin encore, à d'autres théories, pour arriver, en définitive, à édifier des hypothèses qui sortent toujours du domaine biologique ; d'où l'incertitude et la plus grande confusion dans l'interprétation des phénomènes pathologiques. Nous signalerons encore, sans pouvoir l'adopter davantage, la théorie proposée dans ces dernières années par M. J. Courmont qui explique la production de toute inflammation par l'action de substances solubles phlogogènes. Les agents traumatiques, thermiques et chimiques n'auraient même pas d'autre mode d'action ; l'auteur supposant que les corps nocifs sont des centres émissifs de ces substances ou que ce sont les cadavres cellulaires provenant des grands traumatismes qui en sont l'origine, et sans plus se préoccuper de l'état de la circulation que si elle n'existait pas.

M. Courmont a cru trouver un argument en faveur de son opinion dans un fait, par nous constaté, de la possibilité de rencontrer dans les poumons l'anthracose simple à un très haut degré sans pneumonokoniose. Mais s'il avait pris en considération l'état de la circulation, il aurait pu constater qu'il n'y a pas d'inflammation, dans ce cas, parce que les poussières ont pénétré très lentement dans le parenchyme pulmonaire, sous une forme excessivement tenue, et qu'ainsi elles ont pu ne pas donner lieu à des troubles circulatoires. Tandis que dès que ceux-ci sont produits par quelque cause surajoutée, des phénomènes inflammatoires surgissent. Et, pour peu qu'un corps étranger soit introduit dans le poumon aussi bien que dans tout autre organe, de manière à entraver la circulation, il y a toujours des productions inflammatoires, quelque soin qu'on ait pris de le rendre absolument aseptique. Dire que dans ce dernier cas il émet encore une substance soluble phlogogène qui ferait défaut dans le premier, est une hypothèse bien invraisemblable, et qui ne peut s'expliquer que par la tendance que nous avons généralement à tomber du côté où nous penchons. Ce sont, sans doute, les remarquables travaux de M. J. Courmont, sur les substances solubles phlogogènes, qui l'ont poussé jusqu'à émettre, comme il le dit lui-même, « une simple vue de l'esprit, née peut-être du désir de simplifier une pathogénie complexe ». C'est, en effet, ce qui ressort de l'examen de cette théorie.

Nous avons particulièrement insisté sur les défectuosités que présentent les théories proposées pour expliquer les phénomènes inflammatoires, non seulement parce qu'elles n'expliquent rien, mais encore parce qu'elles tendent plutôt à faire dévier des prin-

cipes supérieurs de la biologie. Or ceux-ci sont immuables dans
les diverses circonstances où se trouve l'organisme vivant, aussi
bien dans tous les états pathologiques, et, par conséquent, dans
l'inflammation où les altérations ne relèvent toujours que des
phénomènes normaux plus ou moins modifiés. Ce n'est qu'en ayant
constamment présent à l'esprit ce principe (admis cependant depuis
longtemps, mais qui est toujours abandonné), qu'on peut expliquer
les phénomènes inflammatoires et chercher à établir la base de leur
pathogénie.

Mais d'abord il importe de définir autant que possible ce que
l'on doit entendre sous le nom d'inflammation.

DÉFINITION DE L'INFLAMMATION

La définition de l'inflammation ne pouvant pas être basée sur
les symptômes si variables qui en résultent, on a cherché à l'établir
d'après les productions anormales au sein des tissus affectés. Mais, là
encore on a trouvé des lésions si peu spéciales et même tellement
variées qu'on a renoncé à une définition se rapportant aux lésions
observées.

Quelques auteurs ont cru tourner la difficulté en disant avec
MM. Cornil et Ranvier que c'est « la série des phénomènes observés
dans les tissus ou les organes, analogues à ceux produits artifi-
ciellement sur les mêmes parties par l'action d'un agent irritant
physique ou chimique », mais ils n'ont fait que la reculer ; car
c'est dire que l'action d'un agent irritant chimique ou physique
peut produire de l'inflammation (ce qui n'a jamais fait de doute
pour personne), sans être plus avancé sur ce qu'on doit entendre
par inflammation.

La même objection s'adresse aux variantes de cette définition
proposées par d'autres auteurs ; de telle sorte que chacun parle
couramment de l'inflammation, sans que cette expression ait un
sens précis ; ce qui équivaut presque à sa négation.

Cependant, M. Bard ne croit pas que le terme d'inflammation soit
vide de sens et qu'il doive disparaître de la pathologie ; mais il pense
que son individualité n'est pas là où on la cherche depuis Virchow.
« L'inflammation ne constitue pas en elle-même, dit M. Bard, un
processus pathologique défini, elle intervient seulement à titre
d'élément surajouté et de complication ; elle est, en quelque sorte,
une physionomie propre, qui appartient à un certain nombre de

processus pathologiques, d'ailleurs les plus divers. Ainsi compris, les phénomènes inflammatoires se *superposent* à la lésion initiale; ils constituent une sorte de *syndrome anatomique*, qui accompagne et complique les lésions diverses.» L'auteur passe ensuite en revue toutes les altérations se rapportant aux *phénomènes vasculaires* et aux *lésions cellulaires*, pour arriver à conclure que « la prolifération cellulaire intense témoigne comme les phénomènes vasculaires eux-mêmes, de la *suractivité de nutrition et de formation*, qui constitue, en somme, le caractère principal de l'inflammation ».

Par cette conception, M. Bard cherche en quelque sorte à rattacher les caractères anatomiques de l'inflammation à ceux fournis par la clinique, qui ont toujours été pris en considération depuis Celse.

Cependant, l'auteur restreint beaucoup la caractéristique de l'inflammation en la limitant à la *suractivité circulatoire et proliférative*; car, pour lui, « les lésions dégénératives proprement dites, quelque profondes et quelque rapides qu'elles puissent être, ne ressortissent pas à l'inflammation... La suppuration qu'on a considérée comme la terminaison en quelque sorte caractéristique de la prolifération inflammatoire, ne lui appartient pas plus en propre que la tuberculose ou la gangrène ». C'est que, suivant l'auteur, « le sort ultérieur des cellules proliférées varie suivant la nature du *processus initial* ».

Nous ne pensons pas qu'on puisse adopter cette interprétation des phénomènes inflammatoires. En effet, on ne voit pas bien ce que peut être ce processus initial en dehors des phénomènes de suractivité de nutrition et de formation, qui doivent fatalement régler le mode d'évolution et de terminaison des productions cellulaires. En outre, on ne peut séparer les phénomènes de production et de destruction des cellules, parce que dans les phénomènes inflammatoires, comme du reste dans tous les phénomènes pathologiques et comme à l'état normal, ils sont intimement liés. L'examen des préparations dans les divers types d'inflammation qui seront bientôt passés en revue, montre qu'il n'y a pas de déchets exagérés sans des productions augmentées et réciproquement. Si chaque phénomène peut être étudié à part, comme tout ce qui est renfermé dans l'évolution de l'être ou des éléments qui le composent, il n'est .pas moins certain que ce sont des phénomènes éveillant une idée adéquate dont les divers termes sont absolument inséparables, tout comme la vie avec l'évolution et la mort.

Dans la tuberculose et dans la gangrène, on observe des phénomènes que M. Bard lui-même rapporte à l'inflammation. On peut en dire autant de toutes les lésions et même des tumeurs ; de telle sorte que, si l'inflammation ne doit pas comprendre toute l'anatomie pathologique, elle se retrouve encore dans une partie de toutes les lésions; car il n'en existe guère où il n'y ait, à un moment donné, sur la totalité ou une partie de la région affectée, augmentation de l'activité circulatoire et de la production cellulaire. Et l'on peut toujours constater en même temps des phénomènes destructifs des cellules, parce que tout ce qu'on observe n'est que l'image plus ou moins défigurée ou bouleversée des phénomènes normaux fondamentaux, inséparables de la notion de vie et de mort pour les divers éléments comme pour les individus.

Or en adoptant la manière de voir des auteurs, on arrive à cette conclusion que toutes les lésions rentrent dans la définition de l'inflammation en tout ou en partie, d'une manière plus ou moins arbitraire. Cela équivaut à dire qu'il n'y a pas de définition de l'inflammation, tirée, soit des propriétés générales ou particulières des cellules, soit des phénomènes propres de la circulation et du système nerveux, soit de l'association des phénomènes de suractivité circulatoire et de production des cellules; parce que tous ces phénomènes ressortissent aux phénomènes normaux plus ou moins troublés qui se retrouvent sous des formes variées dans tous les états pathologiques.

Il n'y a, en effet, que des modifications dans la manière d'être des phénomènes normaux qui continuent leur évolution avec toutes les lésions. Celles-ci ne peuvent donc différer que par les circonstances variées de leur production, pour constituer les diverses affections. Leur différenciation ne reposera pour ainsi dire que sur des caractères en quelque sorte accessoires, qui ne doivent jamais faire perdre de vue les phénomènes normaux auxquels ils correspondent.

En réalité, le mot *inflammation* est employé aujourd'hui pour désigner toutes les lésions aiguës, subaiguës ou chroniques qui ne se rapportent ni à l'hypertrophie simple, ni aux tumeurs. Mais encore ces dernières affections se présentent souvent dans des conditions analogues aux phénomènes inflammatoires, jusqu'au point où l'on discute pour savoir si certaines productions doivent être rangées dans les hypertrophies, dans les [tumeurs ou dans les inflammations, et où, même parfois, ces termes sont indifféremment employés par les auteurs pour désigner toutes ces lésions; ce qui amène des confusions regrettables.

Jusqu'à ce que l'on ne décrive plus que les *diverses altérations observées sous la dépendance d'une cause déterminée*, on peut adopter, comme nous le ferons pour les tumeurs, une définition provisoire permettant de classer les lésions inflammatoires d'après leurs caractères qui les distinguent de la simple hypertrophie et des tumeurs. On pourrait dire ainsi que *l'inflammation est caractérisée par des phénomènes pathologiques de cause connue ou inconnue, consistant dans un trouble local des phénomènes de nutrition et de rénovation cellulaire, avec hyperplasie cellulaire et le plus souvent avec modification de la structure des tissus; cette lésion étant susceptible de s'étendre et même de se généraliser, mais aussi de guérir.*

Il serait assurément préférable de pouvoir définir l'inflammation par un mot; mais cela est impossible. On définit un corps ou une de ses parties par la description de ses caractères essentiels. Or, la définition de ce corps ou de ses parties dans l'état de maladie ne peut se faire autrement. C'est pourquoi on doit avoir recours à une définition analytique en attendant ou même avec la définition causale, pour spécifier les modifications survenues dans l'organisme et qui peuvent être catégorisées pour en faciliter l'étude.

PATHOGÉNIE DE L'INFLAMMATION

Avant de rechercher comment peuvent être produites les inflammations dites spontanées, que l'on rencontre dans les divers tissus ou organes, sous des aspects si variés, il faut d'abord examiner le cas le plus simple, celui de l'inflammation résultant de la lésion des tissus par des agents traumatiques, thermiques ou chimiques, et qui a été précisément proposé pour servir à sa définition; mais en examinant comment l'inflammation est produite dans ces circonstances où les phénomènes se présentent d'une manière relativement simple, afin d'arriver graduellement à la compréhension de ceux qui sont plus compliqués dans les inflammations dites spontanées.

Sous l'influence de ces causes nocives, les tissus ont été divisés ou détruits sur une partie d'étendue variable, et il y a eu inévitablement une interruption ou une modification de la circulation à ce niveau, d'où sont résultées, soit la suppression, soit des modifications de la nutrition des éléments tissulaires sur les points où se rendent les vaisseaux lésés et des altérations correspondantes de plus en plus accusées. On remarquera d'autre part une dilatation des vaisseaux collatéraux, où l'activité circulatoire sera d'autant plus augmentée que les entraves à un certain nombre de vaisseaux terminaux auront été plus considérables. Il faut supposer que l'action du cœur n'aura pas été affaiblie et que l'état général du sujet ne sera pas dans de trop mauvaises conditions, toutes choses qui peuvent modifier le résultat.

L'expérience de Cohnheim indique ce qui va se passer au niveau des parties où la circulation a été ainsi accrue : c'est une diapédèse plus ou moins abondante des éléments liquides, cellulaires et globulaires du sang, variable suivant de nombreuses circonstances, mais où ces divers éléments ne font jamais défaut, bien que ce soit ordinairement les éléments cellulaires qui attirent le plus l'attention, constituant l'hyperplasie cellulaire considérée comme le phénomène essentiel de l'inflammation. Mais, il ne saurait y avoir le moindre doute sur ces faits et sur leur ordre de succession qui en donne l'explication.

Or, on observe, comme chacun sait, des phénomènes analogues aux précédents, dans les cas d'oblitérations vasculaires, soit par une ligature, soit par embolie ou thrombose, c'est-à-dire toujours des phénomènes nécrosiques ou dégénératifs plus ou moins manifestes sur le point correspondant aux troubles circulatoires, et des phénomènes productifs à la périphérie, où l'inflammation se manifeste à des degrés divers. La pathogénie est encore dans ces cas, d'une évidence frappante.

Ceci bien constaté, il nous a semblé qu'on ne saurait prendre un meilleur guide pour éclairer la pathogénie des cas où l'inflammation se produit, alors que les phénomènes initiaux échappent à l'observation, soit lorsque le début est insinueux et lent, soit au contraire lorsque les désordres sont rapidement très prononcés, soit enfin dans tous les cas où les lésions sont plus ou moins diffuses.

Ce qui milite en faveur de cette manière de procéder, c'est que, au niveau de tout foyer inflammatoire, on trouve constamment une activité circulatoire augmentée, se manifestant au moins par une dilatation des vaisseaux, comme dans les cas précédemment indiqués, et qu'il est souvent possible d'en saisir la cause et les effets. Lorsqu'on peut assister à la production des premières altérations, on ne voit jamais les cellules commencer à se modifier avant qu'il y ait des troubles circulatoires appréciables, tout au moins on ne les voit pas augmenter de nombre avant que les vaisseaux, dont elles dépendent, aient augmenté de volume. Jamais elles ne présentent la moindre modification qui atteste leur indépendance. Et comme, d'autre part, dans les faits précédemment indiqués, ce sont bien manifestement les troubles de la circulation qui ont marqué le début du processus inflammatoire, il n'y a pas de raison pour admettre que l'ordre des facteurs soit renversé dans les cas où les phénomènes initiaux échappent à l'examen.

Enfin, comme les oblitérations vasculaires spontanées sont évidemment la cause incontestable d'une inflammation dans des cas bien déterminés, il s'agit de rechercher si l'on peut en découvrir aussi dans les diverses inflammations spontanées ou de cause infectieuse; car, en les décelant, on acquiert ainsi toutes probabilités pour que les troubles circulatoires soient encore produits de la même manière que dans les cas pris pour types.

Nos recherches n'ont pas été infructueuses. Dans toutes les inflammations que nous allons passer en revue, nous avons trouvé un certain nombre de préparations où des artérioles sont oblitérées, et où il existe le plus souvent des modifications profondes dans la circulation capillaire sur les points où le tissu est plus ou moins bouleversé. Ces altérations sont tellement constantes et sont si bien en rapport avec ce que l'on connaît le mieux, qu'on ne saurait les considérer comme un facteur négligeable, pour courir après l'ombre vaine de quelque théorie absolument hypothétique.

Il est vrai que si ces lésions vasculaires ne sont pas contestables, on peut supposer qu'elles sont survenues consécutivement à la production de l'inflammation, comme on voit des vaisseaux plus ou moins volumineux être manifestement envahis secondairement au voisinage des foyers inflammatoires. Il n'est pas douteux, en effet, que l'inflammation en s'accentuant et s'étendant, ne procède par l'envahissement des vaisseaux qui sont affectés comme tous les autres éléments des tissus, et même plus particulièrement pour les raisons que nous avons dites. Mais loin d'en tirer un motif pour nier l'origine vasculaire de l'inflammation, c'est plutôt une raison pour l'admettre, car il y a toutes probabilités pour que les mêmes altérations soient produites de la même manière. La question qui est réellement difficile à résoudre est de savoir par quel mécanisme la circulation peut être modifiée en premier lieu dans beaucoup de cas où l'observation ne peut porter que sur les altérations consécutives.

On a admis, surtout depuis les travaux de Cl. Bernard, et certains auteurs admettent encore, que l'inflammation peut provenir, soit d'un resserrement des vaisseaux d'une région, soit plutôt de leur dilatation par une action réflexe ayant son origine sur un point dont les filets sensitifs seraient irrités ou excités par l'agent nocif, et occasionneraient une vaso-constriction ou une vaso-dilatation sur les nerfs correspondants. Bien certainement, l'excitation nerveuse peut donner lieu à des phénomènes de resserrement ou de dilatation des vaisseaux par l'intermédiaire des nerfs vaso-constricteurs et vaso-dilateurs, comme l'ont prouvé notamment les expériences de MM. Dastre et Morat. Il en résulte des modifications de la circulation, qui peuvent assurément jouer un rôle dans les phénomènes inflammatoires ; mais nous ne pensons pas qu'on ait réellement démontré la possibilité de réaliser, par ce mécanisme seul, la production d'une inflammation.

Pour admettre la détermination d'une inflammation spontanée avec cette théorie, il faut supposer que la substance nocive répandue dans le sang qui continue à circuler, va irriter tout particulièrement un point déterminé ; bien plus que cette irritation assez légère pour ne pas engendrer de lésion locale, va produire un tel effet sur certains filets nerveux, qu'il en résultera une action réflexe suffisante pour être le point de départ des phénomènes inflammatoires. Et cela alors que la section des nerfs et les excitations de toutes espèces, produites sur l'un et l'autre bout, aussi bien que sur les centres d'où ils émanent, sont absolument impuissantes à déterminer la moindre inflammation !

A notre demande, notre collègue M. Morat a bien voulu très obligeamment faire l'expérience suivante sur un chien préalablement anesthésié avec une injection de chlorhydrate de morphine de 0 gr. 05 et des inhalations de chloroforme. Il a d'abord préparé pour l'excitation le nerf vaso-sympathique à droite, en coupant le vague après sa séparation d'avec le sympathique. Ensuite l'excitation du sympathique par un courant faradique a eu lieu pendant deux heures au moins, mais avec suspension de l'excitation de temps à autre pendant quelques minutes. Sous l'influence de l'excitation il s'était produit une vaso-dilatation très nette de la muqueuse des lèvres du côté correspondant. Et, à la fin de l'expérience, plusieurs fragments de la lèvre supérieure à droite et à gauche ont été prélevés pour être examinés comparativement.

Or, après avoir placé ces fragments de chaque côté, en partie dans l'alcool, en partie dans le liquide de Müller, et après leur durcissement, les coupes colorées au picrocarmin ne nous ont offert aucune trace d'hyperplasie cellulaire du côté droit, soit au niveau des parties superficielles de la peau et de la muqueuse, soit dans le tissu musculaire intermédiaire. Il nous a même été impossible de constater la moindre différence sur les diverses parties constituantes de la lèvre du côté excité où la vaso-dilatation avait été cependant très prononcée.

On objectera peut-être que les toxines peuvent agir autrement sur les extrémités nerveuses, de manière à produire ce qu'on n'a pu obtenir par d'autres moyens. Mais alors il ne s'agit que d'une simple vue de l'esprit sans analogie avec ce que l'on connaît.

Il en est de même des hypothèses qui font agir les substances solubles sur les tissus, en les irritant d'une manière indéterminée, en provoquant la multiplication des cellules, etc. Or, nous avons déjà réfuté cette hypothèse de la multiplication des cellules et notamment sous l'influence de l'action d'une cause nocive. (V. p. 124.) Quant à celle d'une action indéterminée, elle ne comporte pas d'autre objection puisqu'elle équivaut à ne rien expliquer.

Cependant les auteurs ont recherché si dans certains cas et notamment dans les inflammations de cause infectieuse, les micro-organismes ne pourraient pas être la cause directe de l'oblitération de petits vaisseaux. C'est ainsi que depuis longtemps déjà on a signalé la présence de colonies microbiennes produisant des oblitérations de vaisseaux ou étant l'origine des lésions de leurs cellules endothéliales, aboutissant au même résultat et marquant le début des phénomènes inflammatoires. Le même fait peut naturellement se produire sur des vaisseaux plus petits où les phénomènes initiaux échappent à l'examen.

Depuis lors on a prouvé que les substances toxiques microbiennes ou autres pouvaient produire les mêmes lésions; de telle sorte qu'on ne peut plus admettre, au moins pour tous les cas, l'action précédemment indiquée des microbes. Mais il semble assez rationnel de supposer que les agents nocifs peuvent agir d'abord, soit sur des éléments du sang qui, ayant subi une altération, sont capables de donner lieu à des embolies capillaires, soit sur les éléments endothéliaux des plus petites artérioles, dans une région où la circulation est ralentie par la disposition anatomique des vaisseaux ou par une stase résultant de causes diverses, et le plus souvent tout simplement par la position relativement déclive des parties affectées, de manière à produire les oblitérations que l'on constate si communément sur les tissus enflammés et auxquelles il est rationnel d'attribuer les autres troubles.

Si l'on ne veut pas admettre que ces oblitérations artérielles
soient primitives, surtout lorsqu'il s'agit d'inflammations étendues
comme dans la pneumonie lobaire, par exemple, rien n'empêche
de supposer que l'action des substances nocives s'est d'abord fait
sentir dans les éléments cellulaires, toujours plutôt sur les régions
où, pour une cause quelconque, la circulation est ralentie. Cette
action a pu avoir lieu par l'intermédiaire des sucs nutritifs infectés, de manière à modifier le protoplasma des cellules, tout au
moins à troubler les phénomènes osmotiques et dès lors à entraver
la circulation capillaire, en raison des rapports intimes existant
entre les vaisseaux capillaires et les éléments conjonctifs, qui
constituent la substance conjonctive, c'est-à-dire la matrice de
tous les éléments propres des tissus. Ces éléments et surtout ceux
qui sont en voie de développement étant modifiés *profondément*
d'une manière quelconque, il doit en résulter des troubles de la
circulation capillaire sur des points limités ou diffus, notamment
son arrêt. Celui-ci ne tarde pas à se faire sentir dans les artérioles
dont les oblitérations peuvent alors facilement se produire, en
donnant lieu à l'augmentation de la circulation collatérale avec
dilatation des vaisseaux, phénomènes inflammatoires bien caractérisés, et non simple dégénérescence. Ce qui prouve, en tout cas,
l'importance du trouble circulatoire, c'est la localisation de ces
grandes inflammations non seulement à la périphérie des organes,
mais encore sur des parties déclives, lorsqu'il n'existe pas quelque
autre cause déterminante bien manifeste.

Assurément les actes tout à fait initiaux échappent à l'examen,
mais peuvent être rationnellement admis par analogie avec ce que
nous constatons lorsque l'oblitération de vaisseaux un peu plus
volumineux est produite spontanément ou expérimentalement.
On ne découvre pas non plus les oblitérations vasculaires sur toutes
les préparations se rapportant à des infarctus et cependant personne ne met en doute qu'ils résultent d'oblitérations artérielles
appréciables ou non.

Nous montrerons d'autre part la grande analogie qui existe
entre les infarctus et les phénomènes inflammatoires proprement
dits, plus particulièrement dans le rein et dans le poumon, dont
les lésions nous paraissent très démonstratives de l'opinion que
nous soutenons. On acquiert ainsi la conviction qu'il ne s'agit pas
d'une simple vue de l'esprit, comme pour la plupart des théories
régnantes de l'irritation, de la défense de l'organisme, etc. On se
rend bien compte de toute la série des phénomènes observés sans

exception, qu'il s'agisse d'une inflammation à marche aiguë ou chronique, que sa cause soit toxique, thermique ou mécanique, etc., puisqu'en définitive les causes nocives quelles qu'elles soient occasionnent tout d'abord des troubles de la circulation, d'où dérivent les phénomènes inflammatoires sous quelque aspect qu'ils se présentent. Ces troubles sont trop manifestes dans la généralité des cas pour faire admettre des exceptions qui n'existent guère dans les choses naturelles.

On oublie trop souvent que l'afflux initial du sang en quantité exagérée est la condition *sine qua non* de la nutrition augmentée, de l'hypertrophie des éléments dans les conditions que nous avons précédemment indiquées, et enfin, lorsqu'elle persiste et surtout lorsqu'elle augmente, de l'hyperplasie attribuable à une diapédèse plus ou moins abondante, suivant toutes probabilités.

L'encombrement des tissus par de jeunes éléments cellulaires se produit d'une manière plus ou moins anormale, soit par suite de l'évolution et de l'élimination trop lentes des cellules anciennes, soit surtout par l'abondance trop grande des éléments jeunes pour pouvoir trouver place dans la structure des tissus, et vraisemblablement par ces conditions anormales réunies. Il en résulte des troubles variés et jusqu'à un bouleversement tissulaire. Et naturellement plus la cause aura été violente et aura de la tendance à persister, plus les désordres seront considérables et auront de la tendance à s'étendre et à envahir même les parties voisines ou éloignées, en tenant compte de toutes les circonstances locales et générales susceptibles de modifier les altérations.

En tout cas, quels que soient les troubles produits et sous quel aspect que puissent se présenter les phénomènes inflammatoires, il ressort manifestement de l'observation des faits, en partant des plus simples et en suivant tous les intermédiaires pour aboutir aux plus complexes, que les lésions ne sont jamais bornées à des éléments simples, suivant les théories généralement adoptées, mais que l'on se trouve toujours en présence de l'organisme ou d'une portion d'organe ou de tissu offrant des modifications variables. On y peut constater d'une part, des phénomènes productifs exagérés et d'autre part des phénomènes de disparition insensible, de dégénérescence ou de mortification, en se rendant compte que les uns et les autres sont en rapport avec les modifications apportées à la circulation. Quelle que soit la cause nocive, on verra que c'est toujours l'organisme qui continue à évoluer dans des conditions anormales à des degrés divers, d'où résultent les aspects variables des phénomènes inflammatoires.

Du reste, en examinant avec soin les productions nouvelles surtout au niveau des tissus à productions cellulaires, naturellement
abondantes pour leur renouvellement normal, on peut constater la
tendance constante à la production d'éléments de même nature et
de formations rudimentaires, qui ne laissent aucun doute à ce
sujet. Toutefois, lorsqu'il s'agit d'un tissu hautement spécialisé et
dont la structure est telle que la nutrition des éléments propres
ne s'effectue qu'insensiblement sans leur renouvellement de toutes
pièces et qu'il n'y a jamais de reproduction après sa destruction,
comme du reste dans tous les cas où un tissu quelconque a été complètement détruit, on voit les productions nouvelles n'aboutir qu'à la
formation d'un tissu scléreux. Il se substitue aux parties détruites,
sans constituer une inflammation particulière ; ce phénomène étant
commun à tous les cas, seulement à des degrés divers, suivant des
circonstances multiples que nous aurons l'occasion d'indiquer.

Il n'y a, du reste, ni formes, ni périodes se rapportant à des
altérations tantôt destructives et tantôt formatives ; car il y a dans
tous les cas des phénomènes concomitants de disparition et de production des éléments constitutifs des tissus. A certains moments
peuvent prédominer les uns ou les autres, suivant l'état local de la
circulation, d'où dépend toujours la nutrition des parties altérées,
comme celle des éléments normaux. C'est ainsi qu'au début, suivant l'origine, l'intensité et la persistance de la cause, on pourra
avoir tout d'abord des phénomènes dégénératifs et destructifs prédominants, et que plus tard, après la cessation de l'action nocive,
les phénomènes productifs prendront le dessus, d'autant que la
circulation aura été plus active à la périphérie.

On dit que dans ce dernier cas, il se produit des phénomènes de
réparation ; mais en réalité il ne s'agit toujours que de la continuation des mêmes phénomènes d'évolution des tissus dans des conditions qui permettent cette réparation. La *guérison* a lieu, *non
par le fait de l'intervention d'une nature médicatrice agissant dans
un but final*, mais simplement *par la continuation des phénomènes
biologiques propres à tout être organisé, en rapport avec les modifications anatomiques résultant des causes nocives passagères*. Il n'y a
que cela dans tout processus inflammatoire comme, du reste, dans
tout état pathologique, depuis le commencement jusqu'à la fin ;
en remarquant que la guérison est impossible, soit lorsque la cause
nocive persiste, soit lorsque les troubles produits ont déterminé
des désordres tels que les réparations ne peuvent pas aboutir à la
cicatrisation, et que la vie aussi peut être compromise.

DIVISION DE L'INFLAMMATION

Après ce qui vient d'être dit sur l'interprétation des phénomènes inflammatoires, on ne peut que rejeter absolument les divisions de l'inflammation proposées par les auteurs, suivant des conceptions théoriques inadmissibles.

C'est ainsi que l'inflammation ne saurait être tantôt « parenchymateuse » et tantôt « interstitielle », comme on l'admet depuis les travaux de Virchow, parce que l'inflammation, quelle qu'elle soit, n'est qu'une modification apportée aux phénomènes normaux de nutrition et de rénovation cellulaire, en même temps que de destruction, qui se rapportent à *toutes les parties constituantes des tissus et non pas seulement à certains éléments qui ne sauraient être considérés isolément.*

Du reste, l'expression d'inflammation parenchymateuse a dévié du sens employé primitivement par Virchow, qui y fait probablement allusion lorsqu'il dit qu'elle est devenue plus usitée qu'il l'aurait voulu. C'est qu'en effet, on ne l'emploie guère que pour désigner la dégénérescence graisseuse et principalement celle des reins. Or, on ne fait ainsi qu'établir dans les dénominations, une confusion qui n'est nullement justifiée et ne peut être utile à quoi que ce soit; car on ne voit guère l'intérêt qu'il peut y avoir à confondre des choses totalement différentes sous la même dénomination.

Les mêmes réflexions s'imposent pour ce qui concerne la division de l'inflammation, en « dégénérative » et « productive », qui n'est qu'une variante de la précédente.

On ne peut pas non plus diviser l'inflammation avec M. Lancereaux, en « inflammation exsudative, suppurative et proliférative », tout au moins parce que l'inflammation suppurative, aussi bien que l'exsudative, sont en même temps prolifératives.

On a divisé l'inflammation, suivant sa cause, en « inflammation traumatique, chimique et infectieuse ». Dans tous les cas, c'est une cause agissant *physiquement* sur les éléments constituants des tissus pour les détruire et apporter un trouble dans leurs phénomènes de nutrition et de rénovation cellulaire ; il est néanmoins important de tenir compte de cette cause dont le mode d'action peut différer, non seulement suivant les divisions indiquées ci-dessus, mais encore suivant des circonstances nombreuses rela-

tives à la nature de l'agent nocif, à son intensité d'action, etc. En
même temps, il faut prendre en grande considération la localisation
et l'étendue de la lésion dans les organes et les tissus, qui a aussi
donné lieu à une « division régionale de l'inflammation », suivant
qu'elle siège sur la peau, sur les muqueuses, sur les séreuses, sur
l'appareil circulatoire, sur les appareils glandulaires, sur les viscères, sur les muscles et les nerfs, etc.

C'est en prenant pour base « les données relatives à la fois à
l'étiologie et à la localisation des lésions », qu'on pourra établir de
la manière la plus profitable, une classification de toutes les
inflammations dont l'organisme est susceptible d'être atteint, et
dont les modalités peuvent être encore infiniment variées par suite
de l'influence résultant de circonstances accidentelles nombreuses.

C'est à tort que l'on a aussi divisé l'inflammation, suivant l'altération des tissus, en « inflammation catarrhale, nécrosique, ulcéreuse,
gangreneuse » et, suivant la nature des exsudats, en « inflammation séro-fibrineuse, fibrineuse, purulente, putride, hémorragique, etc. », d'abord parce que ces diverses dénominations ne sont
pas applicables à tous les tissus, et, ensuite, parce que chaque
variété ainsi admise n'est pas indépendante, chacune pouvant se
rencontrer sur la même région, sous l'influence de la même cause,
successivement et simultanément.

Mais cela n'empêche pas de se servir de ces dénominations
diverses, surtout en clinique, pour caractériser d'un mot l'aspect
prédominant que présente l'inflammation de telle ou telle partie à
un moment donné, sauf à rechercher les causes ordinairement
complexes qui donnent aux lésions un aspect variable.

Ainsi les aspects présentés par les lésions inflammatoires seront
excessivement variés (on peut même dire innombrables). Ils seront
en rapport avec la cause et le lieu de production des lésions,
le degré d'altération des tissus, les phénomènes prédominants
de destruction et de production, les modalités nombreuses dans
l'évolution des productions anormales plus ou moins localisées
ou généralisées, et les phénomènes dits de terminaison aboutissant à des destructions de tissus et d'organes, ainsi qu'à des
phénomènes de réparation et de cicatrisation, qui tous ne résident que dans une déviation plus ou moins prononcée des phénomènes normaux. Ils pourront encore se présenter avec une
marche rapide ou lente qui est la base de la grande division de
l'inflammation généralement admise en « aiguë et chronique ».

- Au premier abord, cette division paraît très simple et très naturelle,

lorsque se présentent à l'esprit les faits où, d'une part, les altérations sont rapidement produites, et où, d'autre part, elles n'ont lieu
que, pour ainsi dire, d'une manière insensible. Mais nombreux
sont les cas dans lesquels il est difficile, sinon impossible, de dire
où finit l'inflammation aiguë et où commence l'inflammation
chronique.

Dans le but de parer à cette difficulté, on a admis une forme pouvant servir de transition sous le non d'inflammation « subaiguë »,
mais on ne peut pas davantage en fixer les limites. C'est que l'inflammation ne pouvant pas être définie par les innombrables lésions
qu'on rencontre, il n'est pas possible non plus d'établir de
divisions définies d'une manière précise.

Il s'agit toujours des mêmes phénomènes naturels modifiés par
une évolution rapide ou lente aux degrés extrêmes où la différence
dans les altérations peut être très manifeste, mais devient graduellement insensible dans les cas intermédiaires, comme du reste
dans tous les phénomènes d'ordre naturel. En outre, comme il
sera facile de le démontrer, on peut rencontrer dans les inflammations dites chroniques des altérations semblables à celles de certaines formes aiguës, et celles-ci peuvent s'accompagner aussi
d'altérations considérées comme caractérisant les formes chroniques. Il en résulte que les dénominations d'inflammation aiguë,
subaiguë ou chronique, sont plutôt du domaine clinique. En tout
cas, elles ne sauraient impliquer un changement de nature dans la
production de lésions qui, bien souvent, passent insensiblement
de la marche rapide à la marche lente, c'est-à-dire de l'inflammation aiguë à l'inflammation chronique, et aussi, quoique plus
rarement, de l'inflammation chronique ou subaiguë à la forme
aiguë.

En effet, qu'il s'agisse d'inflammation aiguë ou chronique, il n'y a
pas de lésions caractéristiques se rapportant à chacune d'elles.
La sclérose, qui prédomine le plus souvent dans les inflammations
chroniques, se rencontre aussi dans celles qui sont tout à fait
aiguës, comme on peut le constater dans les inflammations des
divers tissus, surtout dans ceux de nature fibreuse, notamment
dans l'inflammation aiguë des valvules du cœur, du péricarde,
des plèvres, des tissus péri-articulaires, etc., et particulièrement dans
les inflammations suppurées, enfin au niveau de la zone dite de
réparation de toute inflammation aiguë. D'autre part, on a des
productions cellulaires abondantes et persistantes dans les inflammations chroniques et principalement dans celles des organes

riches en éléments cellulaires, comme les poumons, les reins, etc. Quoique la suppuration se présente plutôt avec une inflammation aiguë, il est certain qu'elle se rencontre assez fréquemment à l'état chronique.

Ainsi les lésions inflammatoires peuvent se présenter sous des aspects différents qui dépendent, non seulement de leur marche, mais encore de circonstances variées très nombreuses. Pour bien les apprécier, il importe donc d'avoir constamment présentes à l'esprit les conditions anatomiques et biologiques des divers éléments des tissus, afin de se rendre compte de la nature des produits pathologiques ; ceux-ci ne consistant toujours, comme nous pensons le démontrer, qu'en ces mêmes éléments plus ou moins modifiés à leurs diverses phases d'évolution.

Avant d'analyser les phénomènes inflammatoires proprement dits, c'est-à-dire avec toutes les modifications qui les constituent, nous devons d'abord examiner le trouble décrit sous le nom de *congestion*, qui correspond à un afflux anormal du sang dans les vaisseaux, non seulement en raison de son rôle important dans l'inflammation, mais encore parce que les auteurs considèrent aussi ce trouble comme pouvant constituer un état pathologique défini et distinct, cependant souvent confondu avec l'inflammation.

CHAPITRE II

CONGESTION VASCULAIRE ET ŒDÈME

CONGESTION VASCULAIRE

La congestion qui se traduit cliniquement par de la rougeur et de la tuméfaction, a toujours figuré au nombre des phénomènes principaux de l'inflammation et même, pour Boerhaave, comme sa cause déterminante. Néanmoins on a aussi toujours cherché à la distinguer de l'inflammation et même de la fluxion (qui est déjà de l'inflammation), en constatant sa présence dans diverses circonstances sans les autres caractères de cette affection.

On définit la *congestion simple* par l'*augmentation de l'afflux du sang avec dilatation des vaisseaux, sans extravasation anormale, sans altération structurale d'aucune sorte.* C'est le phénomène précédant l'entrée en fonction des organes, qui est toujours en rapport avec leur activité augmentée, et qui résulte aussi d'une excitation directe ou réflexe du système nerveux, mais qui peut encore se produire sous l'influence d'un obstacle à la circulation. C'est ainsi que la congestion est dite *active* quand elle paraît provenir d'un apport exagéré du sang, et *passive* lorsqu'elle résulte d'une entrave à la circulation en retour. Tout le monde est à peu près d'accord à ce sujet, et encore pour la distinguer de l'inflammation théoriquement; car, en réalité, on confond habituellement les deux termes.

On dit couramment que le poumon est congestionné, alors qu'il s'agit déjà de phénomènes inflammatoires. Il n'en est pas autrement pour la prétendue congestion pulmonaire de Woillez, quoiqu'elle ait été plus particulièrement étudiée. La congestion de la rate correspond le plus souvent à une inflammation aiguë ou chronique. Il en est souvent de même pour ce qu'on désigne sous le nom de congestion de la peau ou des muqueuses. Une congestion cérébrale peut assurément se produire. Néanmoins ce terme est le plus souvent employé pour désigner des phénomènes en rapport avec une hémorragie ou une oblitération vasculaire.

En réalité, la congestion simple est quasi un phénomène physiologique, et, dans les cas pathologiques, il se transforme bientôt en état inflammatoire; de telle sorte qu'on a déjà affaire à cet état dans la plupart des cas désignés sous le nom de congestion.

Cela provient de ce que *la dilatation des vaisseaux par l'accumulation anormale du sang est le phénomène commun dans les deux cas, car il n'y a pas d'inflammation sans cette modification préalable de la circulation.*

C'est lorsque l'inflammation est à son début ou qu'elle se présente avec peu d'intensité qu'elle est surtout confondue avec la congestion qui est le phénomène dominant. Si l'on a des doutes, au lieu de dire *congestion simple*, on se sert du terme de *congestion inflammatoire*, c'est-à-dire de congestion intense qui s'accompagne ou va s'accompagner d'inflammation, autant dire d'exsudation ou de productions anormales, lesquelles font défaut dans la congestion simple.

Cependant la limite qui existe entre ces deux états n'est pas aussi tranchée que pourrait le faire croire l'examen de cas typiques, comme ceux par exemple d'une congestion passagère produite sur la peau par l'application momentanée d'un corps chaud ou d'un sinapisme d'une part, et l'effet suffisamment prolongé d'un emplâtre cantharidé d'autre part. C'est que l'action de la cantharide commence à se manifester par une congestion, et que le sinapisme laissé assez longtemps en place produit aussi de l'inflammation, qu'enfin il en est de même de l'action d'un corps suffisamment chaud. Il existe donc une transition insensible entre les phénomènes congestifs simples et inflammatoires qu'on peut observer dans ces cas et dans beaucoup d'autres ; d'où la conclusion qu'une congestion tant soit peu intense, répétée ou persistante, doit aboutir à l'inflammation..

C'est, en effet, ce qui a lieu dans la plupart des cas, mais non dans tous, et il importe d'examiner d'une manière aussi précise que possible les conditions en rapport avec les diverses circonstances qui peuvent se présenter.

On sait qu'à l'état normal, les organes en fonction sont le siège d'une activité circulatoire augmentée, d'une véritable congestion active et d'autant plus que l'organe doit fournir une plus grande quantité d'éléments qui, suivant toutes probabilités, proviennent du sang, ainsi que nous l'avons précédemment exposé. Or, si, sous l'influence d'une cause quelconque, une congestion analogue est produite, elle donnera lieu aussi à des productions cellulaires plus abondantes, évoluant plus rapidement, etc. Et s'il s'agit de la peau, par exemple, on pourra constater une desquamation anormale de cellules cornées en rapport avec l'hyperproduction cellulaire résultant de la congestion précédemment déterminée, sans qu'il soit nécessaire de faire intervenir un processus inflammatoire lorsqu'il n'y a pas eu de perturbation produite dans la structure du tissu. Il y a eu seulement sous l'influence de l'hyperémie, une production plus abondante d'éléments qui ont évolué plus rapidement, mais en somme, dans les conditions habituelles et sans modification anormale. C'est ainsi que l'on peut expliquer l'absence de toute production inflammatoire sous l'influence d'une vaso-dilatation expérimentale produite même avec une grande intensité par une excitation nerveuse, comme nous l'avons indiqué précédemment.

Que la congestion soit plus vive ou plus prolongée, que les éléments produits n'aient pas le temps et la place nécessaires pour leur évolution, ils se répandront d'une manière anormale dans le tissu conjonctif, dont ils vont ainsi modifier la structure, par leur accumulation sur certains points où ils comprimeront les capillaires et les diverses parties constituantes du tissu. Ils donneront lieu ainsi à des troubles secondaires de la circulation, d'où résulteront d'une part des lésions dégénératives, d'autre part des productions anormales nouvelles. L'inflammation sera établie avec les caractères qui lui sont assignés, continuant à augmenter d'intensité et à s'étendre ou, au contraire, à s'amender et à disparaître, suivant que la cause productrice de la congestion initiale persistera ou viendra à cesser.

Ce qui est particulièrement à remarqner, c'est que l'inflammation est produite à la suite d'une congestion active et, par conséquent, de même nature que celle à laquelle se rapporte le fonctionnement habituel ou augmenté de l'organe; ce qui prouve bien que l'inflammation provient seulement d'une exagération dans les productions habituelles, mais avec des déviations résultant de l'encombrement des parties et des perturbations apportées dans les tissus au point de vue de leur constitution et de leur fonctionnement.

L'effet de la congestion active ou passive dans la production de l'inflammation, correspond à celui qu'on observe dans l'état physiologique. On en a la preuve en comparant les phénomènes productifs en rapport avec la congestion active, à ceux du fonctionnement plus ou moins prononcé de l'organe qu'il est possible de déterminer expérimentalement, comme dans l'expérience de Cl. Bernard, où l'on peut juger de l'effet produit sur la sous-maxillaire par l'excitation de la corde du tympan. Au contraire, l'absence de phénomènes inflammatoires dans les cas de stase veineuse correspond à ce que l'on peut constater dans le fonctionnement diminué des organes qui sont le siège de cette stase, et à ce que l'on peut prouver expérimentalement par la ligature des veines.

Aussi faut-il en conclure que, si des congestions actives peuvent exister et même se répéter sans donner lieu à des phénomènes inflammatoires lorsqu'elles sont légères et passagères, comme on l'observe dans beaucoup de circonstances, elles sont cependant particulièrement susceptibles d'aboutir à des inflammations, soit par leur répétition, leur persistance et leur intensité, soit en favorisant l'action des agents capables de produire d'emblée cet effet par quelque entrave à la circulation sur le même point.

Effectivement, un arrêt de la circulation sur un point déterminé est souvent la cause initiale d'une inflammation, mais de telle sorte qu'en amont la circulation soit activée et augmentée. Et pour cela il faut que l'obstacle porte sur des artères ou des capillaires artériels. On conçoit très bien comment dans ces conditions la congestion des parties voisines qui en résulte, consiste dans un apport augmenté du sang, dans une véritable congestion active et

même à un tel degré que l'on voit se produire les altérations
caractéristiques de l'inflammation avec les phénomènes normaux
simplement augmentés sur les confins.

Il n'en est pas de même lorsque l'obstacle se produit au niveau
des veines, donnant lieu à une congestion passive. On peut, en effet,
constater souvent une stase sanguine excessive avec dilatation des
veines, sur les extrémités des membres par suite d'un obstacle circulatoire au niveau du cœur ou sur un gros tronc veineux qui commande les dilatations vasculaires d'un organe quelconque aussi
bien que des membres, sans qu'on constate d'inflammation manifeste
auprès des veines et des capillaires plus ou moins dilatés et gorgés de
sang. C'est que les conditions ne sont plus les mêmes que celles auxquelles se rapporte l'inflammation. Il y a bien une dilatation des
vaisseaux par stase sanguine ; mais c'est au niveau de la circulation
en retour, avec un sang qui a perdu ses qualités vivifiantes et qui,
loin d'augmenter l'activité nutritive, tend plutôt à la ralentir, surtout
lorsqu'il s'agit d'un obstacle au niveau du cœur droit qui se fait
sentir sur tout le système veineux et par conséquent sur tout
l'appareil circulatoire, pour ralentir la circulation d'une manière
générale dans toutes les veines et diminuer en même temps l'apport
du sang par les artères.

Un autre exemple typique de cette dilatation vasculaire par
entrave à la circulation cardiaque est offert par le foie cardiaque où
l'on peut trouver, non seulement la dilatation des veines sus-hépatiques, mais, aussi et surtout celle des capillaires intertrabéculaires,
à des degrés divers, jusqu'au point où près des veines sus-hépatiques les trabécules sont comprimées et même parfois complètement effacées, réduites à des travées filiformes, sans qu'on puisse
trouver la moindre trace d'inflammation. Le réseau capillaire est
alors composé de vaisseaux volumineux qui ne semblent avoir
pour les séparer que les travées filiformes représentant les trabécules, mais où il est impossible de constater ni substance protoplasmique, ni noyaux. Il n'y a même plus place pour des productions cellulaires.

Il est à remarquer que les capillaires ne présentent cette dilatation excessive qu'au voisinage des veines où la circulation est
entravée, et que dans les parties des lobules où ils se trouvent.
près des espaces portes, ils ne sont que peu ou pas dilatés. C'est
ainsi que le trouble circulatoire veineux se fait encore sentir
sur les capillaires correspondants, mais seulement à une faible
distance.

La paroi des veines sus-hépatiques peut être seulement un peu épaissie et hyaline, sans productions cellulaires anormales à son pourtour, quel que soit le degré d'intensité de la congestion par stase. Ce dernier trouble ne peut donc à lui seul donner lieu à des phénomènes inflammatoires, ainsi qu'on l'admet généralement. Et lorsqu'ils existent simultanément (fig. 20), ce n'est pas au pourtour des veines sus-hépatiques qu'on les voit se développer, ainsi

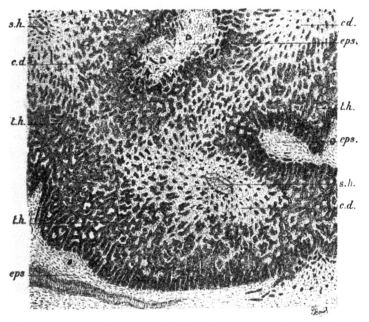

Fig. 20. — *Foie cardiaque avec début de sclérose au niveau des espaces portes.*

Les veines sus-hépatiques sont dilatées et offrent seulement un aspect hyalin de leur paroi. Si elles sont entourées d'une zone blanchâtre, cet aspect est dû à la présence dans les capillaires dilatés des globules sanguins qui ne pouvaient pas être représentés autrement sans être confondus avec les cellules des trabécules plus ou moins comprimées.

eps, espaces portes sclérosés. — *s.h.*, veines sus-hépatiques. — *c.d.*, capillaires dilatés. — *t.h.*, trabécules hépatiques.

qu'on l'admet encore, mais tout d'abord au niveau des espaces portes, dans tous les cas d'inflammation du foie. Lorsque celle-ci augmente d'intensité, les nouvelles productions peuvent atteindre des veines sus-hépatiques, sans que jamais les lésions y soient prédominantes. Du reste, cette inflammation provient des causes qui sont susceptibles de l'engendrer, en dehors de toute congestion préalable de cette nature, de telle sorte qu'on peut tout ou plus se demander si elle favorise l'action de ces causes.

L'absence d'inflammation sous l'influence d'une congestion intense seule, n'est pas particulière au foie; on peut la constater partout ailleurs. On sait combien les séreuses deviennent facilement le siège d'une inflammation sous l'influence des moindres causes dites irritantes. Or, on peut voir sur la figure 21 qui se rapporte à un fragment superficiel de la paroi d'un cœur où le trou de

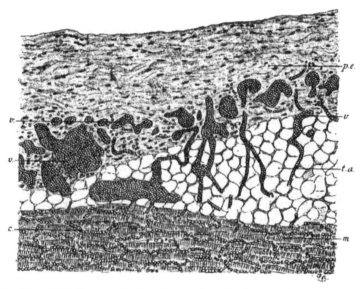

Fig. 21. — *Dilatation excessive des vaisseaux du péricarde et des tissus sous-jacents dans un cas de persistance du trou de Botal.*

p.e., péricarde épaissi surtout par augmentation de la substance hyaline et un certain degré d'hyperplasie cellulaire, mais sans phénomènes inflammatoires appréciables, soit à la surface du péricarde, soit dans les parties sous-jacentes congestionnées. — v, vaisseaux du péricarde très dilatés. — t.a., tissu cellulo-adipeux avec vaisseaux également dilatés. — m, fibres du myocarde. — c, capillaires musculaires participant à la dilatation.

Botal persistait, une congestion d'une intensité extraordinaire sur tous les points, sans trace de péricardite ni de myocardite. Les vaisseaux du tissu sous-péricardique sont très volumineux et confluents. On constate également la dilatation des capillaires du tissu cellulo-adipeux sous-jacent et du tissu musculaire. Ces vaisseaux sont dilatés et remplis de sang, formant un élégant réseau, aussi manifeste que s'il s'agissait d'une injection colorée bien réussie, sans le moindre exsudat à la surface de la séreuse.

On voit seulement que le péricarde est plus épais et offre l'aspect hyalin, phénomène déjà constaté sur la paroi des veines sus-hépatiques, et qui se rapporte à la gêne de la circulation. Toutefois on y constate aussi un certain degré d'hyperplasie cellulaire qu'on peut considérer comme une tendance à un léger état inflammatoire produit très lentement en raison de la longue durée des troubles.

Rien n'est commun comme de trouver une congestion intense des reins sans inflammation.

On peut voir des points où le poumon très congestionné ne présente pas d'exsudat. Cependant, sous cette influence, cet organe est bien vite le siège de phénomènes inflammatoires; ce qui paraît tenir aux conditions dans lesquelles la circulation a lieu. Il est à remarquer, en effet, que les parois alvéolaires offrent un réseau vasculaire excessivement riche, et que c'est précisément le cœur droit, où afflue le sang en abondance dans les cas d'entrave à la circulation, qui a un rôle actif dans la propulsion du sang à travers le parenchyme pulmonaire. Ce sang acquiert bien vite les qualités de sang artériel, de telle sorte que la congestion qui en résulte présente la plus grande analogie avec les congestions actives, surtout pour peu que se rencontre dans les vaisseaux un obstacle favorisé par la stase et produit par des causes diverses capables d'engendrer une inflammation.

La peau et les muqueuses ainsi que les tissus sous-jacents peuvent être fréquemment le siège d'une congestion passive sans inflammation; mais ce n'est pas à dire que, comme, du reste, toutes les congestions passives des autres parties de l'organisme, elles ne puissent pas, à un moment donné, présenter sur quelques points ou même au niveau de toutes les parties congestionnées des phénomènes inflammatoires. On peut se demander alors si la congestion passive ne peut pas par elle-même aboutir à ce résultat ou au moins jouer le rôle de circonstance prédisposante.

Il est bien certain qu'une partie congestionnée est plus exposée aux lésions résultant des moindres traumatismes. Il semble aussi que le ralentissement de la circulation capillaire qui en résulte doit favoriser des obstructions vasculaires éminemment propices à la détermination des phénomènes inflammatoires sous l'influence des causes internes auxquelles on les attribue ordinairement, ou même simplement par les altérations produites de proche en proche, jusqu'à ce que la *vis a tergo* se fasse sentir anormalement.

Cette assertion paraît en opposition avec ce que nous avons dit précédemment, en avançant que non seulement la congestion passive ne donne pas lieu par elle-même à l'inflammation, mais qu'elle n'est pas propice à son développement. Or, il faut précisément distinguer les conditions qui donnent lieu à des phénomènes inflammatoires de celles qui favorisent leur développement. C'est ainsi que la congestion passive expose à la production de ces phénomènes, mais n'est pas favorable à leur évolution. Si même une inflammation se produit dans ces conditions, elle est ordinairement insensible et lente. Et si la congestion passive est très intense, elle expose les parties à la mortification plutôt qu'aux productions excessives qui caractérisent l'inflammation, laquelle se manifeste alors à la périphérie où une congestion active a pu résulter de ces derniers accidents.

Cette différence dans les phénomènes congestifs est surtout bien marquée lorsqu'on compare la congestion active à la congestion passive résultant d'un obstacle éloigné, au niveau du cœur ou d'une grosse veine. Mais il n'en est plus de même si l'obstacle s'est produit sur une veine de petit calibre par suite de thrombose. Il en résulte toujours des phénomènes inflammatoires plus ou moins prononcés, non seulement autour des parois de la veine oblitérée, mais encore dans une partie au moins du territoire capillaire qui en dépend.

L'inflammation des parois de la veine oblitérée n'est pas douteuse. On a longtemps discuté pour savoir si cette inflammation est primitive comme le voulait Cruveilhier, ou si elle est secondaire suivant l'opinion soutenue par Virchow. Mais il résulte des observations et de l'expérimentation que les deux processus doivent être admis; car si, le plus souvent, l'oblitération veineuse se produit au niveau de foyers inflammatoires auxquels participent les veines, et aussi au niveau des grosses veines qui deviennent le siège d'inflammation par suite de lésions des vaisseaux de leurs parois, il est indubitable que la production d'une thrombose dans une veine donne lieu à une inflammation correspondante de ses parois.

Comme nous avons eu déjà l'occasion de le dire, si cette lésion porte sur un vaisseau plus ou moins volumineux, elle se fera peu sentir du côté des petites veines et des capillaires qui en sont tributaires, parce que la circulation pourra encore se faire plus ou moins bien par les collatérales. Or, on comprend qu'il n'en soit plus de même lorsqu'une toute petite veine est atteinte, parce que la circulation doit être beaucoup plus entravée dans tous les capillaires qui y aboutissent directement, et qu'il doit en résulter une congestion analogue aux congestions actives. On peut soutenir, il est vrai, que cette inflammation provient de la propagation de celle de la paroi veineuse, et qu'il n'est guère possible de réaliser une expérience permettant de distinguer nettement les phénomènes sous la dépendance de ces divers troubles. Toujours est-il que lorsqu'on trouve des oblitérations veineuses, bien manifestes, il s'agit toujours de phénomènes inflammatoires intenses. Encore peut-on soutenir que c'est en raison de cette intensité de l'inflammation que les veines d'un certain calibre ont été atteintes et oblitérées. Il s'agit aussi dans ces cas d'un trouble localisé toujours plus intense que lorsqu'il est étendu. Donc, pour ce qui concerne l'effet des troubles circulatoires résultant de l'oblitération des petites veines, on constate bien les relations de ces lésions avec les phénomènes inflammatoires, mais on ne peut émettre que des présomptions sur leur pathogénie.

Il en est tout autrement dans les cas de congestion passive sous la dépendance d'une entrave à la circulation du côté du cœur ou des gros vaisseaux, lorsqu'il survient à la longue et même parfois assez rapidement des phénomènes qui dépendent bien manifestement de cette entrave circulatoire.

C'est d'abord un peu d'épaississement des parois vasculaires veineuses et artérielles. Elles sont devenues hyalines et semblent comme infiltrées par un liquide qui leur donne cet aspect. Le tissu fibreux lâche tend aussi à prendre le même aspect hyalin. C'est ce qu'on peut constater sur la paroi des veines sus-hépatiques dans le foie cardiaque, ainsi qu'au niveau du tissu fibreux du péricarde congestionné. Et lorsqu'il existe en même temps des phénomènes inflammatoires, comme nous le verrons bientôt, les nouvelles productions scléreuses prennent aussi le même aspect.

Il y a, semble-t-il, toutes probabilités pour que ce soit un commencement du phénomène désigné sous le nom d'œdème, qui, lorsque les troubles circulatoires se prolongent, est caractérisé par l'infiltration plus accusée à travers les tissus d'un liquide incolore, d'où résulte une tuméfaction particulière des parties affectées, plus ou moins manifeste à l'œil nu.

Pour ne pas y revenir, nous dirons de suite en quoi consistent les lésions que l'on rencontre sur les parties œdématiées.

ŒDÈME

Les auteurs considèrent l'œdème comme produit dans les tissus qui en sont le siège par l'infiltration d'un liquide incolore ou citrin. Lorsqu'on incise ces tissus, ce liquide s'écoule en plus ou moins grande quantité bientôt mélangé de sang ; d'autant plus que les vaisseaux qu'on peut apercevoir et qu'on ouvre sont plus congestionnés. C'est un liquide séro-albumineux qui renferme aussi un peu de fibrine. On y trouve encore des globules blancs en quantité variable, ainsi que quelques globules rouges.

Il peut se rencontrer partout où il y a du tissu fibreux lâche, mais principalement au niveau de la peau, des tissus sous-cutanés et sous-séreux, quelquefois des tissus sous-muqueux, plus rarement au sein des organes, à l'exception des poumons où il est au contraire très fréquent.

On admet qu'il existe un œdème actif et passif ; le premier se présentant sur diverses régions dans des points plus ou moins limités et plutôt sous l'aspect de nodosités, s'accompagnant d'une congestion active ; le second beaucoup plus fréquent, presque toujours très étendu et coexistant avec une congestion passive, ordinairement au niveau des parties déclives. Dans les deux cas il s'agit pour la plupart des auteurs d'une lésion distincte de l'inflammation, quoiqu'on y rencontre les éléments diapédésés qui, pour Cohnheim, caractérisent cette dernière affection à l'état aigu, et qu'on admette dans les cas d'œdème persistant la production d'une sclérose non moins caractéristique d'une inflammation chronique.

A vrai dire les phénomènes scléreux ne sont bien manifestes que dans les cas d'œdème survenant avec une grande intensité et ayant duré un certain temps chez des cardiaques ou des brightiques. Les exsudats cellulaires sont très abondants en même temps que les productions liquides qui infiltrent les téguments ; tandis que dans l'œdème cachectique des cancéreux, par exemple, c'est l'exsudat liquide qui prédomine de beaucoup, les néoproductions cellulaires étant cependant encore augmentées, mais très faiblement. C'est qu'il y a une transition insensible entre les divers états œdémateux, comme entre les divers états congestifs, tous pouvant par leur persistance aboutir à une inflammation manifeste, suivant leur intensité d'action et l'état dans lequel se trouve le malade. Et même l'exsudat liquide, quoique pauvre en éléments cellulaires, peut être considéré comme caractérisant un commencement d'inflammation.

Dans le · poumon œdémateux, indépendamment de la présence d'un liquide séreux plus ou moins abondant, on trouve toujours des exsudats cellulaires en quantité variable également, suivant qu'on a affaire à des sujets dont la circulation était encore très active au moment de leur mort, ou qui, au contraire, se trouvaient dans un état de grand affaiblissement. Dans tous les cas, on constate le début d'un processus inflammatoire.

CHAPITRE III

LÉSIONS INFLAMMATOIRES PROPREMENT DITES

D'après les explications dans lesquelles nous sommes entré précédemment et conformément à notre définition, les lésions qui constituent l'inflammation consistent dans un trouble local des phénomènes de nutrition et de rénovation cellulaire, comprenant naturellement des actions productives et destructives. Ces phénomènes sont ordinairement assez exagérés et déviés pour donner lieu à des modifications de structure des parties affectées; de telle sorte qu'en commençant l'étude de l'inflammation par les altérations les plus accusées, on risquerait de méconnaître la nature des productions anormales. Au contraire, en prenant pour point de départ de cette étude des troubles moins intenses et survenus graduellement, on arrive facilement à se rendre un compte exact de toutes les productions par les transitions insensibles que l'on peut constater, depuis les plus légères qui modifient peu les tissus, jusqu'à celles qui les bouleversent complètement, sans que, pour cela, les productions aient changé de nature.

Avec l'augmentation de l'activité circulatoire, l'*hyperplasie cellulaire* toujours évidente a été particulièrement étudiée par tous les auteurs. Elle est le point de départ de leurs théories relatives à la production de l'inflammation, comme nous l'avons précédemment indiqué. C'est aussi parce qu'ils n'ont plus eu en vue que ce phénomène, qu'ils nous semblent avoir dévié de la voie biologique, tout en ayant cherché cependant à rattacher certains phénomènes à ceux de la nutrition.

La plupart des auteurs considèrent, en effet, « l'hypertrophie, l'hyperplasie et la régénération » comme des phases successives correspondant à une augmentation de plus en plus prononcée de la nutrition. Mais ils confondent souvent les phénomènes se rapportant aux deux premiers termes, en les attribuant à l'hypertrophie simple, à l'inflammation ou à des tumeurs. D'autre part, ils ne considèrent la régénération que dans certains cas particuliers, pour porter toute leur attention sur l'hyperplasie cellulaire qu'ils supposent produite par la division indirecte des cellules, lesquelles évolueraient, se nourriraient et continueraient de se multiplier suivant des processus hypothétiques relevant de la « pathologie cellulaire ».

A ces conceptions nous opposons l'observation des faits montrant que sous l'influence d'une cause nocive connue ou inconnue, un trouble local étant déterminé, il en résulte toujours une augmentation de l'activité circulatoire, à laquelle succède une hyperplasie cellulaire d'intensité variable portant sur tous les éléments des tissus affectés, d'où procéderont les phénomènes inflammatoires également variables sur les mêmes parties et non pas seulement sur certains éléments cellulaires.

Comme nous l'avons dit à propos de l'hypertrophie, on ne saurait admettre avec Virchow une hypertrophie numérique ou hyperplasique, car il faudrait la distinguer de l'hyperplasie inflammatoire; or, personne n'a cherché à faire cette distinction qui est impossible.

On a vu, du reste, que dans l'hypertrophie simple incontestable, on ne peut pas constater d'hyperplasie et que dans les cas où celle-ci apparaît manifestement, on se trouve en présence le plus souvent de phénomènes inflammatoires et parfois de tumeurs. C'est ainsi que certaines lésions sont considérées suivant les auteurs, tantôt comme des hypertrophies, tantôt comme des inflammations et tantôt comme des tumeurs. Souvent même ces termes sont employés comme synonymes.

La première déduction qui s'impose, c'est que l'hyperplasie ne doit plus figurer dans les phénomènes d'hypertrophie simple, puisqu'elle est en somme en opposition avec la définition adoptée pour cette affection, et que, dès qu'elle est constatée, elle éveille l'idée de formation exagérée qui se rencontre constamment dans les inflammations et dans les tumeurs. Ce caractère commun à ces deux sortes de lésions, et qui fait qu'elles sont parfois confondues, ne permet pas de le considérer comme spécial aux unes ou aux autres. Pour être distinguées, elles doivent être envisagées au point de vue de leur évolution, ainsi qu'il ressort des considérations relatives à leur définition (voir p. 140 et p. 669); car, dans tous les cas il ne s'agit que des tissus plus ou moins modifiés dans leur nutrition et la rénovation de leurs éléments cellulaires.

Pour ce qui concerne l'inflammation que nous avons actuellement en vue, il résulte des considérations précédentes que cette lésion peut être regardée comme dérivant de l'augmentation des phénomènes de production, liée à un accroissement de l'activité circulatoire.

C'est ainsi que l'on pourrait considérer l'hypertrophie simple comme la modification initiale due à une inflammation lente et graduelle, puisqu'elle correspond à une activité circulatoire et à une nutrition plus actives. Mais elle est en rapport avec une augmentation de l'activité fonctionnelle des éléments cellulaires devenus seulement plus volumineux et restés sains tout au moins en apparence; ce qui permet de classer cet état à part, d'autant qu'il peut ne pas survenir d'autres troubles suivant la remarque faite précédemment.

Toutefois, comme nous l'avons vu, à l'hypertrophie proprement dite, succède le plus souvent l'hyperplasie cellulaire par suite de la persistance des mêmes troubles circulatoires et ordinairement de leur augmentation. C'est ainsi que l'on passe insensiblement de l'hypertrophie à l'inflammation.

Toute inflammation au début étant caractérisée par une augmentation de nutrition, il est bien naturel qu'elle se manifeste d'abord par de l'hypertrophie des éléments du tissu normal, et qu'il s'ensuive même des productions typiques, lorsque le tissu est apte à ces productions par le renouvellement habituel de ses éléments, et que ceux-ci se trouvent dans les conditions possibles de leur développement au point de vue de l'espace et du temps nécessaires. Tandis que, dans les conditions inverses, l'activité de production se manifestera plutôt d'une manière atypique.

Bien plus souvent, en effet, la phase hypertrophique passe inaperçue ou fait défaut, en raison de la production plus rapide et plus abondante des éléments cellulaires sous l'influence d'un trouble circulatoire plus accusé, et qui n'est plus en rapport avec l'état fonctionnel. C'est alors qu'on peut constater une augmentation du nombre des cellules propres des tissus pour les cas où elles sont sujettes à rénovation, c'est-à-dire à production facile, et une hyperplasie des cellules conjonctives pour tous les tissus, au niveau des parties affectées.

C'est le début des phénomènes inflammatoires, tel qu'on a souvent l'occasion de l'observer dans les divers tissus. Il correspond à une activité circulatoire plus grande localement et à une augmentation des phénomènes productifs. En rétrocédant à ce moment, il est possible qu'il ne laisse que des traces peu ou pas appréciables. Le processus peut aussi se continuer en donnant lieu à des productions plus abondantes, d'où résulteront des formations nouvelles en partie semblables ou analogues aux produits normaux, en partie plus ou moins dissemblables et rudimentaires, ainsi qu'à des productions conjonctives en plus grande quantité, en raison des modifications structurales produites par l'accumulation des éléments cellulaires.

Et même s'il s'agit de tissus dont les éléments propres ne sont pas susceptibles de reproduction, on ne constatera que la présence d'une plus ou moins grande quantité de jeunes éléments. Dans tous les cas, les cellules nouvellement produites évolueront suivant le tissu dans lequel elles se trouveront et les conditions de nutrition, d'espace, etc., qu'elles rencontreront.

· C'est ainsi que les éléments encore en place, dont la structure n'aura pas été modifiée, apparaîtront parfois plus volumineux, mais ordinairement plus nombreux, semblables aux éléments normaux. Ceux dont la structure n'aura pas été notablement altérée auront un aspect analogue. Tandis que dans les points où le tissu aura été bouleversé il n'y aura que des productions rudimentaires, s'il s'agit d'éléments à production habituellement abondante, comme pour les épithéliums glandulaires. Enfin, on n'aura même que des productions cellulaires incapables de s'élever au rang de cellules propres plus ou moins modifiées, lorsqu'elles ne se trouveront pas dans des conditions structurales suffisantes pour que leur évolution normale ou anormale s'accomplisse.

Dans tous les cas, il y aura aussi une évolution plus rapide des éléments cellulaires, comme on peut s'en rendre compte par l'augmentation des déchets sur les points où les cellules auront encore conservé leur structure, mais seulement sur ces points. En effet, dans ceux qui auront été bouleversés, on comprend facilement que les cellules ne puissent plus suivre leur développement et qu'elles disparaissent insensiblement au fur et à mesure des productions nouvelles, par suite d'une nutrition insensiblement décroissante ou après avoir subi une dégénérescence, voire même une mortification.

L'évolution des nouvelles cellules elles-mêmes est très variable suivant leur nature et les conditions de nutrition dans lesquelles elles se trouvent, d'autant que les déchets plus abondants sont plus difficilement éliminés et d'autant plus que la structure du tissu est plus altérée. Il en résulte des modifications nombreuses des éléments cellulaires, au point de vue des dispositions qu'ils prennent et des dégénérescences dont ils sont le siège. Ces phénomènes peuvent varier à l'infini, même dans les inflammations à marche chronique et à plus forte raison dans celles qui se présentent avec une acuité plus ou moins grande.

C'est au point, comme nous l'avons dit, que la nature de ces dernières pourrait être souvent méconnue, si l'on n'avait pas pour se guider dans leur étude les observations faites sur les inflammations à marche graduelle et lente, qui permettent de relier celles-là à celles-ci, et de ne voir dans tous les cas que des perturbations apportées aux phénomènes normaux de nutrition et de production cellulaire.

Quoi qu'il en soit, le point de départ des altérations réside toujours dans une perturbation de l'activité circulatoire, qui est suivie de phénomènes productifs et destructifs exagérés, capables de se présenter dans des conditions excessivement complexes de nutrition et d'évolution pour constituer les divers phénomènes inflammatoires. Ceux-ci ont une marche également très variable, mais, en cas de guérison, ils se terminent par la reconstitution des tissus dans la mesure du possible, et par la formation d'un tissu de cicatrice sur les points dont la structure a été modifiée.

Il est impossible de faire une description des lésions se rapportant à la fois à tous les tissus et organes en raison de leur structure différente, quoique chez tous il s'agisse de phénomènes du même ordre. Mais nous espérons en donner une idée suffisamment précise en passant en revue les phénomènes inflammatoires considérés dans les divers tissus et les principaux organes pris pour exemples.

Nous examinerons d'abord les cas d'inflammation simple, dite chronique ou aiguë, puis l'inflammation suppurée consécutive à l'inflammation simple ou spontanée, ainsi que les inflammations ulcéreuse, diphtéritique et gangreneuse, et enfin les phénomènes dits de réparation.

CHAPITRE IV

INFLAMMATION SIMPLE

INFLAMMATION DE LA PEAU

On a fréquemment l'occasion d'observer l'inflammation chronique et aiguë de la peau sous les formes les plus diverses dans des affections nombreuses et avec des caractères qui ont toujours la plus grande analogie. C'est pourquoi il suffira de considérer quelques types pour en prendre une idée exacte.

A. *Inflammation chronique*. — Nous examinerons d'abord la lésion décrite par certains auteurs comme une hypertrophie de l'épiderme et du corps papillaire, désignée communément sous le nom de *durillon*, pour montrer qu'il s'agit d'une inflammation lente ou chronique dans sa forme la plus simple et cependant avec des caractères bien typiques (fig. 22).

Ce qui frappe au premier abord, c'est l'épaississement anormal de la couche cornée, qui correspond à une hyperproduction des cellules de cette couche, en même temps qu'à une augmentation d'épaisseur et à une déformation plus ou moins prononcée du corps muqueux de Malpighi, où les cellules sont notablement plus nombreuses. Celles des papilles sont aussi en plus grand nombre et l'on y voit des vaisseaux manifestement augmentés de volume. Pour Rindfleisch qui considère cette lésion simplement comme une hypertrophie, c'est l'hyperémie du corps papillaire, produite par des pressions extérieures, qui augmente la nutrition du corps papillaire. Celui-ci fournit de jeunes cellules qui viennent s'ajouter au réseau de Malpighi, se convertissant peu à peu en cellules épidermiques.

Or, c'est d'une inflammation qu'il s'agit. D'abord, pour peu que la lésion soit intense, on y trouve les signes symptomatiques attribués depuis Celse à l'inflammation et, bien manifestement, sous l'influence d'une cause traumatique, parfaitement susceptible de déterminer une lésion de ce genre. Au point de vue anatomique, on constate sur toute l'épaisseur de la peau, à ce niveau, des dilata-

tions vasculaires indiquant une augmentation de l'activité circulatoire tout à fait en rapport avec les symptômes observés. Il y a une
hyperplasie correspondante qui porte, effectivement, sur les cellules
épithéliales du corps de Malpighi, donnant lieu à une accumulation
très abondante de cellules cornées et de déchets cellulaires, probablement en raison de la lenteur et de la persistance des troubles.

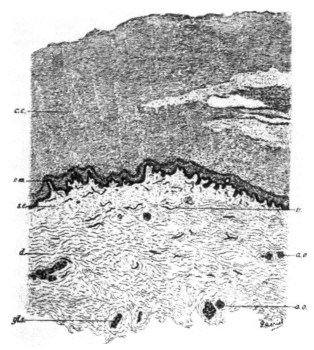

Fɪɢ. 22. — *Durillon.*

c.c., couche cornée très épaissie exfoliée à la partie moyenne. — *c.m.*, corps muqueux de Malpighi
augmenté d'épaisseur. — *s.e.*, tissu sous-épithélial avec hyperplasie cellulaire. — *d*, derme également
avec un plus grand nombre de cellules. — *gl.s.*, glandes sudoripares. — *v*, vaisseau dilaté. — *a.o.*,
artères oblitérées.

Mais on peut aussi remarquer une plus grande quantité de cellules
dites conjonctives près des cellules basales de l'épithélium, dans le
derme, et principalement autour des vaisseaux et des glandes. On
y constate même l'oblitération complète ou incomplète d'artérioles,
comme dans la plupart des inflammations.

Du reste, on a fréquemment l'occasion d'observer des lésions analogues localisées ou plus ou moins étendues dont le caractère

inflammatoire n'est contesté par personne. Telles sont les diverses lésions papuleuses et squameuses de la peau, les inflammations de voisinage dans les cas de lésions chroniques des os et des articulations, etc., ainsi que les inflammations chroniques plus ou moins prononcées, dites scléroses de la peau, ordinairement avec de l'œdème. Dans tous ces cas, il y a toujours une vasculari-

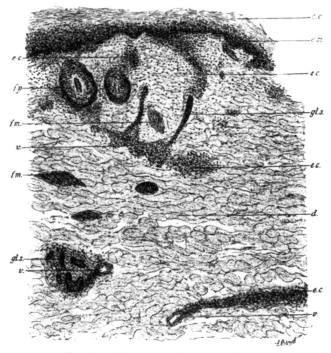

Fig. 23. — *Inflammation chronique de la peau.*

c.c , couche cornée. — c.m., corps muqueux. — d, derme. — f.p., follicules pileux. — f.m., fibres musculaires. — gl.t., glandes sudoripares. — v, vaisseaux. — e.c., exsudats cellulaires.

sation augmentée du corps papillaire et du derme, avec des productions cellulaires exagérées, non seulement au niveau des papilles et des cellules épithéliales, mais encore sur toutes les parties constituantes du derme, sans changement bien accusé dans la structure des tissus, ainsi qu'on peut s'en rendre compte sur la figure 23.

En effet, on trouve sur beaucoup de points une accumulation des jeunes cellules dans les papilles et dans le tissu conjonctif sous-épithélial, près de la couche basale, avec les cellules de laquelle on les voit souvent se confondre et notamment au niveau des parties interpapillaires. Ce phénomène est d'autant plus facile à observer que les cellules sont plus nombreuses. Les follicules pileux et leurs appareils glandulaires ainsi que les glandes sudoripares offrent une augmentation remarquable de cellules. Les interstices des faisceaux fibreux du derme sont également plus riches en cellules. Les fibres musculaires lisses qui s'y trouvent sont augmentées de volume et probablement de nombre. On remarque aussi que les cellules de la gaine des nerfs et même des tubes nerveux sont parfois plus nombreuses. Le phénomène est constant pour les vaisseaux de toute région enflammée. Leur paroi est entourée d'une ou plusieurs couches de jeunes cellules et souvent leur endothélium paraît plus abondant.

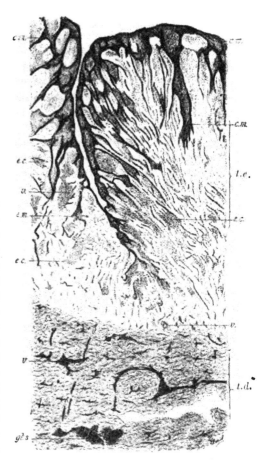

Ainsi, pour peu que l'inflammation ait quelque intensité,

FIG. 24. — *Inflammation éléphantiasique de la peau du dos du pied.*

c.m., corps muqueux de Malpighi. — *t.e.,* tissu sous-épithélial. — *t.d.,* derme. — *gl.s.,* glandes sudoripares. — *v,* vaisseaux. — *e.c.,* exsudat cellulaire.

on constate très nettement qu'elle consiste dans une hyperplasie cellulaire généralisée, de toutes les parties constituantes de la portion du tissu affecté, et qu'elle est en rapport avec une vascularisa-

tion plus ou moins augmentée des mêmes parties, enfin que les
déchets cellulaires sont plus abondants.

L'intensité plus grande des lésions ne saurait apporter aucun
changement à la nature des phénomènes pathologiques, ainsi qu'on
peut s'en rendre compte par l'examen d'une préparation intéressante se rapportant à un œdème éléphantiasique des membres
inférieurs au niveau du dos du pied (fig. 24).

On voit que la peau est infiltrée par un liquide abondant et par
une grande quantité de cellules que l'on rencontre à l'état confluent
presque partout, mais particulièrement auprès des diverses parties
plus ou moins riches en cellules, telles que vaisseaux, glandes et
productions épithéliales. Les modifications que présentent ces
dernières sont particulièrement remarquables. Elles sont refoulées de
tous côtés par les papilles considérablement augmentées de volume
sous l'influence d'une infiltration excessive de liquide et de
cellules. On voit, en effet, une grande quantité de cellules dont le
noyau arrondi et bien coloré se détache nettement sur le stroma
blanchâtre hyalin, infiltré d'un liquide incolore, finement granuleux,
paraissant très abondant.

Il en résulte que les papilles forment à la périphérie des saillies
plus ou moins volumineuses et arrondies, coiffées du corps de
Malpighi épaissi, et auquel se trouve surajoutée une couche
cornée également plus épaisse. Cependant, il arrive que sur certains points la couche épithéliale est tellement refoulée que les
cellules se présentent sous la forme d'une masse tassée, de coloration brunâtre, et que, sur beaucoup de points, cette couche est
dissociée par l'abondance du liquide infiltré, formant de petites
cavités superficielles dans lesquelles sont disséminées des cellules
épithéliales. Et tandis qu'au-dessous on voit encore une partie de la
couche malpighienne tassée sous la forme d'une traînée brunâtre,
une autre partie se trouve à la superficie faisant corps avec les
cellules de la couche cornée.

Mais ce qu'il y a de plus remarquable, ce sont les modifications
apportées aux portions interpapillaires du corps de Malpighi. Elles
ont encore une certaine épaisseur au voisinage de la couche
superficielle. Mais elles sont bientôt tellement refoulées par les
papilles voisines, qu'elles deviennent de plus en plus minces en
s'étendant dans les parties profondes. Et cette extension est considérable, au point de donner l'apparence de tractus presque parallèles,
sillonnant la plus grande partie du tissu sous-épithélial énormément
épaissi par l'infiltration de la grande quantité d'éléments nouveaux

qu'on peut voir entre la couche de Malpighi et les faisceaux fibreux du derme qui paraissent ainsi très abaissés. Il y a de nombreuses cellules dans le derme, autour des vaisseaux et des glandes. Il existe aussi beaucoup de liquide granuleux, surtout au niveau des parties superficielles qui correspondent au tissu sous-épithélial, lequel est, pour ainsi dire, complètement transformé et considérablement augmenté par la quantité de liquide et de cellules qui s'y trouvent. C'est dans cette région que les productions épithéliales interpapillaires se sont particulièrement développées sous la forme de longs cordons brunâtres, dont les cellules plutôt petites se confondent insensiblement avec les cellules voisines des papilles. Et quoique les cellules épithéliales de la couche superficielle soient en général mieux limitées, elles se confondent sur beaucoup de points avec celles des papilles. Enfin, on peut voir que certains cordons épithéliaux qui semblent s'enfoncer dans le tissu sous-épithélial sont réunis çà et là, et jusque dans les parties les plus profondes, par une couche épaisse et continue de cellules. Celles-ci offrent sur les préparations la disposition membraniforme et paraissent relier ainsi ces cordons, sur quelques points, à la façon des membranes de la patte des palmipèdes, ou mieux de la portion parenchymateuse d'une feuille dont les cordons épithéliaux formeraient les nervures; mais elles constituent en réalité des amas sous la forme de tractus d'épaisseur variable et impossible à apprécier sur les coupes.

Au premier abord on dirait qu'il ne s'agit partout que de petites cellules rondes ou ovalaires, disposées irrégulièrement, puis d'une manière plus régulière près des cordons qui semblent formés par des cellules plus tassées, ainsi qu'au niveau des productions cellulaires plus abondantes qui les relient. Mais un examen attentif permet de se rendre compte que ces cordons cellulaires sont bien constitués par une dépendance du corps de Malpighi provenant de ses portions interpapillaires avec lesquelles ils se continuent sans interruption. En outre, on peut voir sur les bords de la couche de Malpighi, plus minces et plus clairs, que les cellules épithéliales ont partout de petites dimensions, et qu'elles sont constituées par un noyau arrondi bien coloré, semblable à celui des cellules des papilles, et par un protoplasma très clair et hyalin, peu abondant, dont les pressions réciproques empêchent que les contours se détachent nettement. Bien plus, il arrive sur beaucoup de points que les cellules sont tellement abondantes et pressées, que les noyaux paraissent presque se

toucher. Il en est de même sur les cordons qui descendent profondément et qui apparaissent comme formés de cellules si petites
que les noyaux semblent tous en contact. Ce n'est que sur les
parties latérales et sur celles qui offrent l'aspect membraniforme,
dans les points les plus clairs, qu'on peut reconnaître aux cellules
les caractères ci-dessus indiqués. Et l'on voit encore que, sur les
limites extrêmes, la transition entre ces cellules épithéliales et les
cellules voisines des papilles ainsi que du tissu sous-épithélial est
tout à fait insensible; de telle sorte qu'il est impossible de dire où
les unes finissent et où les autres commencent.

Nous appelons spécialement l'attention sur ce cas qui nous
paraît tout à fait probant contre les hypothèses des auteurs pour
expliquer l'hyperproduction des cellules épithéliales, et se trouve
au contraire absolument en faveur de notre interprétation.

Comment admettre, avec les auteurs, que le corps de Malpighi a
pu, au niveau des espaces interpapillaires, pousser des prolongements épais, filiformes ou membraniformes, etc.; dans la profondeur
du tissu sous-jacent, par la multiplication des cellules de la couche
basale, sans faire des hypothèses contre nature?

On sait, en effet, que ces cellules évoluent à l'état normal du
côté de la superficie où, lorsque les productions cellulaires sont
plus abondantes, elles arrivent à former une couche cornée plus
épaisse. Or, en supposant que l'épithélium « pousse des prolongements dans la profondeur du derme par le même mécanisme »,
suivant les hypothèses des auteurs, il faut supposer que l'évolution
épithéliale se fait en sens inverse; et cependant on a la preuve du
contraire, parce que les parties qui semblent s'enfoncer conservent
toujours à leur limite inférieure ou profonde la même disposition.

S'il s'agit, en effet, de cellules produites dans des conditions où
leur développement peut le mieux se faire, on trouve constamment
sur les parties limitantes inférieures des cellules semblables ou
analogues aux cellules basales normales. Ici, les cellules basales se
confondent avec celles des tissus sous-jacents, mais encore leur
type ne ressemble nullement aux cellules cornées, car on peut
constater dans tous les cas que l'évolution cellulaire a toujours
lieu des parties profondes aux parties superficielles, où une accumulation anormale de cellules cornées correspond aux productions
cellulaires intensives sous-jacentes. Or, s'il y avait des cellules se
portant en même temps du côté de la surface libre et des parties
profondes, il devrait se produire entre les deux groupes une séparation du corps de Malpighi, correspondant à chaque partie dont

l'évolution aurait lieu en sens inverse, et des modifications dans la disposition des cellules depuis leur lieu de formation ou de production, jusqu'à leur évolution dernière, alors qu'on ne trouve pas la moindre trace de pareilles modifications. C'est ainsi que la seule disposition anatomique des cellules dans ce cas, comme dans tous les cas d'hyperproduction épithéliale, toujours analogue à la disposition physiologique, ne permet pas d'admettre les hypothèses des auteurs qui ne peuvent nullement concorder avec elle et seraient contre nature.

On est ainsi amené à conclure, d'abord que l'évolution des cellules de la couche de Malpighi en hyperproduction ne peut avoir lieu de la manière indiquée par les auteurs, et qu'il doit en être de même de l'hypothèse de la division des cellules de la couche basale, qui en est le point de départ. En effet, si ces cellules se divisaient, comme on l'admet, elles ne pourraient ensuite évoluer que du côté de la superficie et non vers les parties profondes. Il faut nécessairement que l'explication de la production des cellules épithéliales à l'état normal soit applicable aux productions plus ou moins exagérées de l'état pathologique.

Or, ce cas montre d'une façon évidente la transition insensible des cellules dites conjonctives aux cellules bordantes de l'épithélium, soit au niveau des parties superficielles des papilles, soit sur les parties latérales et profondes des prolongements épithéliaux interpapillaires, en de nombreux points. Il semble parfois que les cellules conjonctives s'allongent pour venir constituer la couche basale de l'épithélium, tandis que d'autres fois la confusion entre ces diverses cellules est tout à fait insensible.

Du reste, à l'état normal, lorsque la préparation est assez mince, on trouve toujours dans le tissu conjonctif, près de la couche basale, des cellules plus ou moins manifestes sur quelques points. Elles sont.beaucoup plus évidentes sur les préparations fraîches durcies par l'acide carbonique. Et pour peu qu'il y ait de l'hyperplasie, on voit ces cellules conjonctives plus nombreuses et pénétrant plus ou moins manifestement dans la couche basale. C'est ce qui a été plus ou moins constaté par divers observateurs, et ce qui est évident sur toutes les préparations se rapportant à des phénomènes d'hyperproduction inflammatoire ou néoplasique, ainsi que nous aurons souvent l'occasion de le faire remarquer.

Dans le cas ci-dessus relaté où l'hyperproduction est particulièrement intense, les cellules conjonctives très nombreuses sont peu volumineuses et l'on voit que les cellules épithéliales prennent le même aspect et les mêmes caractères; ce qui est encore une raison de plus pour admettre qu'il s'agit bien du passage des unes aux autres. L'analogie de ces cellules provient de leur parenté rapprochée qui l'explique naturellement, tandis qu'on ne voit pas pourquoi cette analogie existerait s'il ne s'agissait, comme on l'admet généralement, que d'éléments appartenant à des tissus différents et qui proliféreraient de part et d'autre, seulement par suite d'une action de présence et d'une réaction hypothétique.

Il existe un rapport manifeste entre l'abondance et l'aspect des cellules du tissu conjonctif et les mêmes caractères des cellules épithéliales. Il n'est pas particulier à ce fait, car on peut le constater dans tous les cas à des degrés divers; mais il est d'autant plus remarquable que les nouvelles productions sont plus abondantes, et par conséquent que les formations épithéliales sont aussi plus nombreuses et plus hâtives. C'est pourquoi il est le moins manifeste à l'état normal et le plus accusé dans les cas comme celui qui vient d'être décrit. Ce rapport n'est pas non plus particulier aux productions relatives à l'épithélium malpighien ; car on peut le constater également dans les hyperproductions se rapportant à l'épithélium des muqueuses et des glandes, ainsi qu'il ressortira bientôt des préparations examinées.

En outre nous ferons remarquer, à l'appui de l'opinion que nous soutenons, que l'hyperplasie cellulaire n'est pas limitée à l'épithélium et au tissu conjonctif, qu'elle existe également au niveau des glandes sudoripares, entourées d'une grande quantité de cellules conjonctives et dont les cellules propres ont pris aussi des caractères en rapport avec cette abondante et rapide production.

Entre les faisceaux du derme, on aperçoit encore des cellules en grande quantité, et d'autant plus qu'on examine les parties les plus superficielles. Cependant on en trouve également plus qu'à l'état normal sur les parties profondes et jusque dans le tissu cellulo-adipeux.

Partout, au niveau des vaisseaux, l'hyperplasie cellulaire est particulièrement prononcée, comme dans tous les cas d'hyperproduction de cellules, quelle qu'en soit la nature. Et non seulement les cellules sont plus ou moins abondantes à la périphérie des vaisseaux, mais on peut voir sur les coupes perpendiculaires à leur direction que les cellules endothéliales sont nombreuses et font saillie à leur surface interne ou remplissent leur lumière, s'ils sont de petit calibre; tandis que pour les vaisseaux à plusieurs tuniques, on constate l'épaississement de celles-ci et parfois des

oblitérations incomplètes ou complètes de leur lumière, sur lesquelles nous aurons l'occasion de revenir.

Mais dès à présent, ce qui ressort très nettement de l'ensemble de
ces lésions, c'est, comme nous l'avons déjà précédemment constaté,
l'hyperproduction généralisée à toutes les parties constituantes du
tissu affecté, de telle sorte que l'hyperplasie initiale supposée d'un
seul élément ne saurait expliquer les autres productions, ni même
cette première production, par les hypothèses qui ont généralement cours. Au contraire l'hyperplasie généralisée à tous les
éléments sous la dépendance d'un territoire vasculaire dont l'action
est augmentée s'explique parfaitement par une diapédèse plus
abondante à ce niveau, d'où résulte la production d'une plus
grande quantité d'éléments jeunes semblables sur tous les points,
et dont la transformation s'opère partout pour constituer l'augmentation des éléments propres de chaque partie. Ensuite ces éléments évoluent d'une manière analogue à celle de l'état normal, et
seulement avec des modifications secondaires facilement explica-
bles par les conditions plus ou moins anormales où ils se trouvent.

Si nous insistons sur cette *hyperplasie cellulaire de tous les*
éléments constituants de la région ou siège l'inflammation, et *qui*
correspond à l'augmentation de la vascularisation à ce niveau, c'est
que nous considérons comme capital ce phénomène, dont il n'est
pas tenu compte suffisamment par les auteurs. Ceux-ci paraissent
même l'oublier pour faire jouer un rôle particulier, tantôt aux
cellules propres de la partie affectée, et tantôt au tissu conjoncti.
interstitiel, contrairement à l'observation des faits qui montre
toujours la participation de ces divers éléments dans l'inflammation d'un organe ou d'un tissu.

C'est à tort aussi que les auteurs regardent certaines cellules
comme étant d'un ordre supérieur et auxquelles les autres
seraient subordonnées, les secondes ayant moins d'importance
que les premières, etc. Celles-ci, dites cellules nobles, quoique
remplissant une fonction déterminée, sont souvent à la fin de leur
évolution et elles vont alors disparaître pour être remplacées par
des cellules plus jeunes qui ne leur cèdent en rien comme importance. Il est évident que tous les éléments appelés à jouer un rôle
dans la constitution des tissus sont indispensables et également
importants. Tous participent à l'activité augmentée, là où existe
l'hyperémie qui est le point de départ de tous les phénomènes
observés et permet seule de les expliquer dans leur ensemble,
comme nous espérons le prouver ultérieurement.

Jusqu'ici, il n'a été question que de lésions produites lentement, graduellement et considérées comme chroniques. Mais il est facile de se convaincre qu'on peut observer à l'état aigu des phénomènes tout à fait analogues.

.B. *Inflammation aiguë.* — S'il survient un érythème et notamment un exanthème fébrile, caractérisé tout d'abord par une rougeur variable de la peau, on voit ensuite celle-ci prendre plus ou moins manifestement un aspect terne dû aux productions cellulaires plus abondantes qui ont eu lieu à cette occasion. Les cellules abondent au niveau des parties sous-épithéliales, augmentant les productions malpighiennes et épidermiques. L'accumulation des cellules épidermiques à la surface est telle, qu'il ne tarde pas à survenir une exfoliation de ces cellules sous forme de furfures ou même de véritables lambeaux.

S'il s'agit d'une altération cutanée plus localisée, comme celle qui résulte d'un coup de soleil, on observe encore les mêmes phénomènes dans la région qui a subi l'action nocive : vascularisation augmentée et production plus abondante de cellules épidermiques qui ne peuvent venir que des parties profondes.

Les lésions de l'érysipèle de cause manifestement infectieuse et qui se présentent ordinairement avec une grande acuité ne diffèrent pas beaucoup des précédentes.

L'examen de la peau au niveau d'un érysipèle de la jambe (fig. 25) montre aussi des lésions tout à fait analogues à celles de l'inflammation chronique. Les vaisseaux sont plus manifestement dilatés et remplis de sang, en général avec beaucoup plus de jeunes cellules à leur pourtour. Du reste il y a toujours des jeunes cellules dans toutes les parties constituantes de la peau, et en allant des parties profondes aux parties superficielles, d'abord autour des vaisseaux et des glandes sudoripares, dans tous les interstices des faisceaux fibreux qui sont très apparents, ainsi qu'au niveau des faisceaux de fibres lisses qu'on y rencontre.

Les cellules abondent surtout près de la couche de Malpighi augmentée d'épaisseur sur certains points, et au contraire refoulée sur d'autres, par la présence d'exsudats liquides dans un certain nombre de papilles, tout comme dans le cas d'éléphantiasis. Et enfin on remarque à la surface une couche anormale de cellules épidermiques provenant de la plus grande production de cellules épithéliales.

On est frappé qu'il y ait si peu de différence dans l'état anato-

mique de la peau considérée tour à tour dans une inflammation
chronique et une inflammation aiguë, toutes deux, cependant, étant

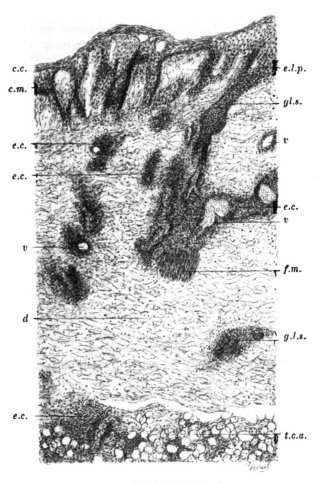

FIG. 25. — *Erysipèle de la jambe.*

c.c., couche cornée. — *c.m.*, corps muqueux de Malpighi. — *d*, derme. — *t.c.a.*, tissus cellulo-
adipeux. — *gl.s.*, glandes sudoripares. — *f.m.*, fibres musculaires. — *v*, vaisseaux dilatés. — *e.l.p.*,
exsudat liquide et cellulaire des papilles. — *e.c.*, exsudat cellulaire.

bien déterminées. On conçoit que cette simple constatation suffise
pour faire écrouler les théories hypothétiques basées sur leur
prétendu antagonisme.

INFLAMMATION D'UNE MUQUEUSE

A. *Inflammation chronique*. — Des altérations analogues peuvent être constatées sur les muqueuses, et notamment sur celle de l'intestin enflammé que nous prendrons pour exemple. Dans un cas d'appendicite opérée à froid après plusieurs mois de durée, nous trouvons l'inflammation caractérisée par la dilatation des vaisseaux et par une production cellulaire exubérante sur toute l'épaisseur de la paroi de l'organe, avec prédominance là où les cellules sont ordinairement plus abondantes, c'est-à-dire sur la muqueuse et la sous-muqueuse, et surtout au niveau des follicules lymphatiques. Toutes les parties constituantes de l'organe sont en place, mais toutes présentent une exagération dans la production de leurs éléments et notamment des cellules conjonctives. Ainsi, les glandes apparaissent plutôt volumineuses et bourrées de cellules. Celles-ci se trouvent en même temps en quantité anormale dans le tissu conjonctif interglandulaire et sous-muqueux. Mais ce sont surtout les follicules lymphatiques qùi présentent un volume excessif et dont les cellules paraissent déborder en se répandant dans toutes les parties voisines de la muqueuse et de la sous-muqueuse. L'augmentation de nombre des vésicules adipeuses dans la sous-muqueuse est aussi à remarquer.

Les éléments musculaires de la *muscularis mucosæ* sont manifestement plus nombreux, et l'on constate encore l'épaississement de la tunique musculaire, dû très vraisemblablement à l'augmentation du nombre de ses fibres.

Enfin, le tissu conjonctif sous-séreux est épaissi par la présence d'un nombre anormal de cellules, dont les éléments se continuent avec ceux du péritoine toujours enflammé, comme nous avons cherché à le démontrer avec M. Paviot. Et, à ce niveau, particulièrement, il existe des vaisseaux dilatés et même de nouvelle formation.

Sauf ce dernier point sur lequel nous reviendrons ultérieurement, on peut parfaitement se rendre compte que cette inflammation chronique au niveau de l'appendice iléo-cæcal est caractérisée, comme celle de la peau précédemment examinée, par une vascularisation augmentée et par des productions cellulaires exagérées dans toutes les parties de l'organe, ayant abouti à une hyperplasie des éléments constituants de ces diverses parties, c'est-à-dire des glandes et du tissu conjonctif, ainsi que des tissus lymphoïde, musculaire, cellulo-adipeux, sous-séreux, très vraisemblablement à la suite de l'inflammation de la séreuse où les productions anormales prédominent, tandis qu'il n'y a pas de perturbation bien accusée dans la structure de l'appendice, tout comme nous l'avons vu précédemment pour la peau enflammée. Ce sont des productions analogues que nous avons déjà pu constater au niveau d'une amygdale considérée à tort comme étant seulement hypertrophiée (V. fig. 6).

L'inflammation chronique d'une muqueuse dont les éléments épithéliaux sont facilement renouvelables, comme celle de l'utérus,

Fig. 26. — *Métrite avec hyperplasie cellulaire et néoformations glandulaires.*

c. cellules conjonctives du stroma se confondant avec les cellules épithéliales en bordure.
e. vaisseaux avec cellules endothéliales analogues aux cellules conjonctives voisines.

peut donner lieu à des productions exubérantes de nouvelle formation (dont une partie a été reproduite sur la figure 26), et qui offrent le plus grand intérêt, soit pour prouver les rapports existant entre les productions conjonctives et épithéliales, soit pour montrer l'analogie de ces productions intensives et lentes avec les néoplasmes proprement dits.

On peut très bien se rendre compte que toutes les cellules conjonctives et épithéliales constituant ce nouveau tissu sont de même nature, vu qu'on observe sur toutes le même noyau et le même protoplasma. Elles ne diffèrent que par leur forme et leur volume résultant des conditions physiques dans lesquelles elles se trouvent, soit à la surface des cavités glandulaires, soit dans le tissu conjonctif intermédiaire, soit enfin au niveau de l'endothélium vasculaire. On remarquera que, même dans le tissu conjonctif, les cellules offrent également des variations de volume et de forme pour les mêmes raisons. On constate bien aussi le passage insensible des cellules conjonctives à la surface épithéliale qui n'est bien manifestement dans ce cas, suivant l'expression de M. Sabatier, « que la forme limitante des surfaces libres du tissu conjonctif ».

Enfin, si cette production se rapproche des véritables néoplasmes par son exubérance typique, elle en diffère, comme nous le verrons, par des formations plus simples, ainsi que par son évolution aboutissant ordinairement à la guérison, ce qui n'arrive jamais pour les tumeurs.

B. *Inflammation aiguë.* — En examinant par comparaison une inflammation aiguë de l'intestin, comme nous l'avons fait, par exemple, dans un cas où, à la suite de la création d'un anus contre nature, la muqueuse était restée pendant quelques jours exposée à l'air avec une entrave à sa circulation, nous avons pu constater que les lésions sont aussi caractérisées par une dilatation des vaisseaux devenus très apparents et par une hyperplasie cellulaire sur toutes les parties constituantes de l'intestin. Elles prédominent là où les cellules sont normalement le plus abondantes, c'est-à-dire au niveau des points lymphatiques et du tissu de la muqueuse proprement dite, puis du tissu sous-muqueux, ensuite des interstices conjonctifs des faisceaux musculaires et du tissu sous-séreux. Toutefois le péritoine n'était pas encore le siège d'exsudats, l'affection ayant débuté par la muqueuse.

Mais les productions cellulaires devenant plus abondantes surtout au niveau de la muqueuse et du tissu sous-muqueux, on voit les espaces conjonctifs interglandulaires bourrés de cellules et, par ce fait, plus ou moins épaissis, tandis que les cavités glandulaires, qui d'abord avaient pu prendre sur certains points un plus grand développement, se trouvent à ce niveau plus resserrées. En examinant l'épithélium cylindrique qui tapisse la paroi des glandes, on remarque que le noyau de leurs cellules est toujours analogue à celui des cellules conjonctives voisines, et que le volume du protoplasma est variable suivant l'espace qui lui est dévolu et les conditions dans lesquelles se trouvent les cellules conjonctives. En effet, à mesure que les cellules sont accumulées en plus grand nombre, les cavités glandulaires se rapetissent et en même temps leurs éléments cellu-

laires, jusqu'au point où ceux-ci deviennent tellement semblables
aux cellules conjonctives qu'on n'arrive plus guère à les distinguer,
surtout lorsque les cavités se trouvent plus ou moins effacées par
l'épaississement du tissu interglandulaire.

Sur une préparation se rapportant à une portion du cæcum qui
faisait également saillie au dehors dans le même cas, on pouvait
voir, sur un point moins enflammé, les cavités glandulaires encore
très manifestes disparaissant peu à peu sur les parties voisines, où
les cellules étaient le plus abondantes et en partie confondues avec
celles des glandes.

Les mêmes phénomènes peuvent être observés au niveau des
lésions intestinales de la fièvre typhoïde, à leur début, ainsi
que dans les inflammations de l'intestin ou de l'estomac au
voisinage des ulcérations, mais non d'une manière constante ; les
modifications produites sur les éléments glandulaires pouvant être
très différentes, suivant leur degré de nutrition et d'activité, et
l'espace dont ils disposent pour se développer. C'est ainsi qu'on
peut voir à côté d'une ou de plusieurs glandes qui ont pris un développement exagéré d'autres glandes plus ou moins effacées et dont
les éléments sont en partie confondus avec ceux du tissu conjonctif,
qui affluent à ce niveau. Mais, ces aspects différents s'expliquent
très bien en tenant compte des conditions manifestement différentes de nutrition et de développement possibles des cellules sur
tous ces points.

C'est lorsque la vascularisation est augmentée et que les nouvelles productions plus abondantes ne modifient pas encore notablement la structure du tissu qu'on voit les éléments propres
prendre leur plus grand développement. Tandis que si les cellules abondent au point de produire des compressions et d'entraver
plus ou moins la nutrition, elles deviennent confluentes, mais
plus petites ; et celles qui forment les glandes se mettent à
l'unisson.

Les altérations peuvent être plus accusées et plus variées lorsque
les vaisseaux, relativement volumineux, du tissu sous-muqueux ont
été oblitérés primitivement ou secondairement ; car il peut en
résulter des bouleversements de la structure de l'organe et même
des ulcérations, ainsi qu'on peut le constater sur une paroi du
rectum se rapportant à une dysenterie chronique (fig. 27).

Les productions exsudatives sont intenses sous l'influence d'une
dilatation très prononcée des vaisseaux, particulièrement au niveau
de la muqueuse et de la sous-muqueuse. Mais on remarque aussi

un épaississement de la substance hyaline de la sous-muqueuse,
du tissu intermusculaire et sous-séreux, tandis que ce sont les éléments cellulaires qui prédominent à la surface de la muqueuse. On
peut aussi y constater la formation d'une fausse membrane résultant de l'accumulation et de la condensation des produits exsudés,
qui augmentent à ce niveau l'épaississement de la paroi intestinale,
tandis que dans le voisinage se trouve une dépression résultant
d'une légère exulcération. Sur le point correspondant, la muqueuse
est bouleversée par des néoproductions cellulaires et vasculaires

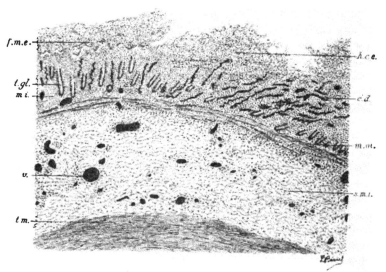

Fig. 27. — *Dysenterie chronique au niveau du rectum.*

m.i., muqueuse infiltrée. — *f.m.e.*, fausse membrane exsudée. — *h.c.e.*, hyperplasie cellulaire exubérante. — *t. gl.*, tubes glandulaires. — *c.d.*, capillaires dilatés. — *m.m.*, musculaire muqueuse. —
s.m.i., sous-muqueuse infiltrée. — *t.m.*, tunique musculaire. — *v*, vaisseaux.

intensives au point qu'un certain nombre de glandes ont disparu. Il
n'y a cependant pas une grande perte de substance, comme l'examen à l'œil nu semblait l'indiquer.

Quoique les produits de sécrétion et de desquamation épithéliales
ne soient pas appréciables sur beaucoup de préparations se rapportant à des inflammations moins prononcées, il est bien certain qu'ils
ne font pas défaut; car l'on sait qu'ils sont toujours plus ou moins
augmentés et modifiés dans tous les cas d'inflammation de la
muqueuse du tube digestif. C'est ce qui a été constaté par
MM. J. Courmont, Doyon et Paviot sur l'intestin grêle enflammé

sous l'influence d'une injection intra-veineuse de tòxine diphtérique.

La paroi intestinale a des vaisseaux remplis de sang avec augmentation de leur volume et il existe une hyperplasie cellulaire portant
sur toutes ses parties constituantes. De plus, il existe des traînées de
cellules paraissant agglutinées par du mucus, et des débris épithéliaux qui viennent d'être expulsés à la superficie de la muqueuse
et qui sont remplacés déjà par de nouvelles cellules. C'est l'image
bien nette d'une inflammation aiguë sans altération de la structure de l'organe et où se trouvent tous les caractères essentiels de
l'inflammation, c'est-à-dire l'augmentation de la vascularisation,
l'hyperplasie cellulaire et l'accroissement des déchets. En résumé,
c'est l'augmentation des phénomènes de nutrition et de rénovation
cellulaires sous la dépendance de l'activité circulatoire accrue.

Ce sont des phénomènes analogues que l'on constate sur les
autres muqueuses si souvent enflammées, comme celles des fosses
nasales, des bronches, etc., toujours sous l'influence de l'activité circulatoire localement augmentée. Il y a une production exagérée, non
seulement de cellules, mais aussi de mucus, de telle sorte qu'il y a
une exsudation mucoïde qui ne peut s'observer qu'au niveau d'une
muqueuse. Encore les caractères de cette exsudation varient-ils avec
la nature des productions normales dont chaque muqueuse est le
siège.

Après avoir présenté ces exemples d'inflammation chronique et
aiguë, principalement pour montrer l'analogie des phénomènes
pathologiques qui les caractérisent, nous poursuivrons l'étude de
l'inflammation dans les principaux tissus sous les aspects où on la
rencontre le plus fréquemment à l'état aigu ou chronique indistinctement, ou bien en insistant sur le passage de l'un à l'autre
état lorsqu'il peut offrir un intérêt bien manifeste.

INFLAMMATION DES VOIES RESPIRATOIRES
CORYZA

Dans le coryza, il existe une exagération de la sécrétion muqueuse
habituelle sous la forme d'un liquide incolore plus ou moins
visqueux, qui renferme des cellules entières avec leurs cils vibratiles et des débris cellulaires en plus grande quantité qu'à l'état
normal. A côté de cellules ratatinées et en voie de désintégration

granulo-graisseuse, on trouve des cellules à protoplasma volumineux, constitué par une substance hyaline finement granuleuse,
qui contribue à donner à l'exsudat ses caractères particuliers, soit
par les échanges qui ont lieu entre ce protoplasma et ce liquide
où se trouvent les cellules, soit par son mélange avec le liquide
lorsque les cellules distendues se sont rupturées. Ces dernières ne
se présentent plus que sous la forme de débris dans le liquide qui,
indépendamment des produits exagérés des glandes de la muqueuse,
renferme encore des lymphocytes et des globules sanguins provenant de l'augmentation d'intensité des exsudats très vraisemblablement par la diapédèse augmentée.

Ces phénomènes correspondent manifestement à une dilatation
des vaisseaux et à une production exagérée de cellules dans toutes
les parties constituantes de la muqueuse, et vraisemblablement du
tissu sous-muqueux, ainsi que semblent l'indiquer la rougeur et la
tuméfaction de la membrane de Schneider, à défaut d'autopsie permettant de faire un examen histologique.

BRONCHITE

L'inflammation qui constitue la bronchite aiguë peut être étudiée
d'une manière plus complète que la précédente. Les caractères de la
sécrétion sont bien encore ceux d'une muqueuse, mais déjà différents de la muqueuse des fosses nasales, d'autant qu'il s'y joint des
productions qui ont une autre origine, comme nous allons le voir.

L'exsudat est moins abondant, plus épais, plus visqueux. Dans
cette substance mucoïde, épaisse, se trouvent des éléments cellulaires en plus grande abondance, principalement sous la forme de
cellules plus ou moins altérées, mais dont quelques-unes sont suffisamment conservées pour indiquer leur origine. C'est ainsi qu'on
y trouve parfois des cellules cylindriques avec leurs cils vibratiles
d'origine bronchique ou trachéale, mais surtout des cellules arrondies de volume divers et en état de dégénérescence graisseuse,
tout à fait semblables à celles que l'on rencontre dans les alvéoles
pulmonaires enflammés. Si l'on doutait de leur provenance, la
présence d'une substance noire charbonneuse dans leur protoplasma
suffirait à indiquer leur origine. Il y a aussi une plus ou moins
grande quantité de jeunes cellules le plus souvent altérées, et
parfois des globules sanguins en quantité variable.

Du reste, dans les autopsies faites sur des sujets ayant présenté de la bronchite bien caractérisée, on se rend mieux compte de l'état des exsudations contenues dans les bronches et de leur provenance, par les lésions que l'on peut constater à l'examen, non seulement des bronches, mais encore du parenchyme pulmonaire voisin.

A l'œil nu, on remarque ordinairement dans les bronches, et au moins sur les plus petites que l'on peut ouvrir, la présence de mucosités qui recouvrent la muqueuse d'aspect rouge sombre, et

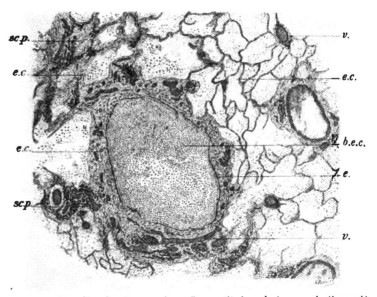

Fig. 28. — *Bronchite chronique au niveau d'une petite bronche* (avec productions sclé-reuses anciennes et exsudats récents non seulement au niveau des bronches, mais dans tout le tissu pulmonaire).

b.e.c., Bronche avec exsudat cellulaire remplissant sa lumière. — *e*, épithélium tapissant à peu près régulièrement la paroi bronchique. — *sc.p.*, sclérose avec pigment anthracosique. — *v*, vaisseau avec parois sclérosées. — *e.c.*, exsudat cellulaire dans les alvéoles et dans la paroi bronchique.

tomenteux. En même temps, le parenchyme pulmonaire paraît plus ou moins congestionné.

Sur les préparations histologiques, on trouve, en effet, les vaisseaux bronchiques dilatés et très apparents, et il existe des exsudats en quantité variable à l'intérieur des bronches, moindres dans les plus grosses, mais qui comblent les plus petites, en même temps que leur paroi est infiltrée de jeunes cellules (fig. 28). L'épi-thélium qui tapisse leur surface interne est bien apparent à la place qu'il doit occuper, ou en partie détaché au milieu de l'exsudat remplissant la cavité de la bronche, ce qui prouve la persistance des productions typiques sous l'influence de l'inflammation.

Au premier abord, lorsqu'on examine les bronches dites enflammées, remplies de cellules en dégénérescence et mélangées à des cellules jeunes, intactes, et à quelques globules sanguins, au sein

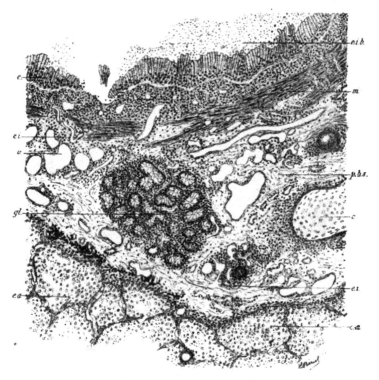

Fig. 29. — *Bronchite chronique.*

Segment de grosse bronche enflammée, avec épaississement scléreux de sa paroi et exsudation récente très abondante, non seulement sur toutes les parties constituantes de cette paroi, avec prédominance à sa superficie et jusqu'à sa surface interne, mais encore dans les alvéoles voisins, partout en rapport avec une dilatation très prononcée des vaisseaux.

e, épithélium bronchique. — *m*, fibres musculaires. — *gl*, glandes. — *c*. cartilage. — *v*, vaisseaux. — *e.a.*, exsudat alvéolaire. — *e.i.*, exsudat interstitiel. — *e.i.b.*, exsudat intra-bronchique. — *p.b.s.*, paroi bronchique sclérosée.

d'un liquide qui rend ces parties très fragiles, on est étonné de voir les cellules épithéliales intactes avec leurs noyaux bien colorés. Il semble qu'il devrait en être autrement d'après les descriptions des auteurs qui assimilent la bronchite aux altérations produites sur les bronches par des corps vulnérants. C'est qu'ils ont de la nature de l'inflammation une conception qui n'est pas en rapport avec l'observation des faits.

Or, ici comme partout, l'inflammation consiste dans la dilatation des vaisseaux avec augmentation de l'activité nutritive, d'où l'hyperplasie cellulaire se répandant à travers les parois bronchiques et portant sur toutes leurs parties constituantes, ainsi qu'on peut le voir sur la figure 29 qui représente une grosse bronche enflammée et infiltrée d'une grande quantité d'éléments cellulaires. Ceux-ci se trouvent disséminés sur toute l'épaisseur de la paroi épaissie et parfois sclérosée, autour des vaisseaux et des glandes, près des cartilages et des fibres musculaires, mais surtout dans le tissu sous-épithélial et jusqu'au niveau de l'épithélium lui-même, dont on trouve aussi des débris accumulés dans la lumière de la bronche avec d'autres éléments cellulaires plus ou moins altérés et chargés de particules noires au sein d'une substance mucoïde.

On voit très manifestement que ces productions ont donné lieu à la fois à des sécrétions glandulaires plus abondantes et à des productions épithéliales exagérées ; de telle sorte que non seulement les cellules de la couche épithéliale sont conservées, mais qu'il y a, en plus, dans la bronche, des produits de sécrétion exagérée.

Mais les lésions ne sont pas limitées à la paroi des bronches.

INFLAMMATION CONCOMITANTE DU PARENCHYME PULMONAIRE

On trouve, en effet, dans les bronches, en même temps que du mucus et des débris de l'épithélium de la muqueuse, des cellules jeunes à protoplasma granuleux qui ont fait irruption dans la bronche en même temps que des cellules provenant des alvéoles voisins également enflammés, ainsi qu'on peut le voir sur les deux figures précédentes. C'est que *l'inflammation désignée sous le nom de bronchite n'est jamais bornée aux bronches seules, grosses ou petites ; les alvéoles voisins participent toujours à l'inflammation, à des degrés divers, avec prédominance au niveau des petites bronches.*

Les parois alvéolaires ont des vaisseaux plus ou moins dilatés, et l'on voit les cellules qui les tapissent plus nombreuses, avec des déchets exagérés sous la forme d'amas cellulaires encore accolés à la paroi des alvéoles ou irrégulièrement disséminés dans les cavités alvéolaires, principalement au voisinage des bronches. Ces cellules ont un protoplasma granuleux abondant qui les rend volumineuses et troubles. Leur noyau également plus volumineux est peu apparent et souvent n'est plus visible. Pour peu que les cellules soient augmentées de volume, elles renferment toujours des particules noires très fines en quantité variable, soit dans le même alvéole, soit dans les alvéoles voisins. Le volume de ces cellules varie beaucoup, et, de plus, on peut voir parfois plusieurs d'entre elles agglutinées pour constituer un gros amas arrondi ou de forme variable par pression latérale, suivant sa situation dans les alvéoles. Ceux-ci renferment en outre des granulations et des débris cellulaires au sein d'un liquide granuleux.

Il n'y a qu'une question d'intensité de plus en plus grande entre ces lésions du parenchyme pulmonaire, que l'on trouve dans toutes les bronchites, et celles qui caractérisent la bronchite dite capillaire, la bronchopneumonie et même la pneumonie lobaire. C'est qu'il n'existe pas de bronchite sans alvéolite. Autrement dit, il n'y a pas d'inflammation spontanée du canal excréteur sans inflammation de l'organe ou d'une portion de l'organe auquel il appartient; car bien que son rôle soit indispensable, il n'est pas moins secondaire. Toutefois il est tellement lié à l'organe essentiel par ses connexions anatomiques et par ses fonctions à l'état normal, qu'il ne saurait en être autrement à l'état pathologique. Et *de même qu'il n'y a pas de bronchite sans alvéolite, il n'y a pas de pneumonie sans altération des bronches.* C'est même plutôt dans ce cas que l'on peut constater la destruction de l'épithélium de revêtement des bronches au sein des parties où l'exsudat est répandu abondamment et trop rapidement.

C'est sans doute parce que les malades rapportent habituellement au canal excréteur les troubles et les malaises qu'ils éprouvent lorsqu'un organe est affecté qu'on a pris l'habitude de localiser ainsi les lésions au niveau de ce canal, alors que les produits dérivent principalement des parties adjacentes appartenant en propre à l'organe. Il faut aussi remarquer que c'est dans ce canal qu'aboutissent naturellement et s'accumulent d'une manière anormale les déchets à expulser, et que les productions sont surtout abondantes là où, à l'état normal, les éléments cellulaires se détachent et se renouvellent facilement. C'est en général au niveau des conduits excréteurs; mais pour le poumon, les alvéoles sont encore atteints surtout au voisinage des bronches. C'est pourquoi l'inflammation des voies aériennes se traduit par des phénomènes si accusés à la fois dans les alvéoles et dans les bronches. Ainsi s'expliquent très bien les expectorations anormales qui existent pendant la vie dans toute affection inflammatoire des bronches et des poumons, dont les altérations sont inséparables dans les diverses circonstances où on peut les observer.

La constatation des lésions se rattachant à un processus pneumonique dans toutes les affections désignées à l'état aigu et chronique sous le nom de bronchite a, au point de vue clinique, la plus grande importance. Déjà nous avons indiqué l'influence de ces lésions dans la production de l'emphysème pulmonaire et nous aurons l'occasion d'y revenir à propos des inflammations chroniques des voies respiratoires.

PNEUMONIE ÉPITHÉLIALE DITE AUSSI CATARRHALE

Sous la dénomination de pneumonie catarrhale ou épithéliale, les auteurs décrivent précisément les lésions des alvéoles que nous croyons constantes dans les affections désignées seulement sous le nom de bronchites. Ils les considèrent comme un épiphénomène sans importance, lorsqu'elles se rencontrent à un léger degré et d'une manière diffuse, ou les rapportent, soit à une inflammation banale surajoutée, de cause déterminée ou non, soit à la période d'engouement de la bronchopneumonie ou même de la pneumonie lobaire lorsqu'elles se présentent au plus haut degré d'intensité.

Dans ces cas, le poumon paraît à l'œil nu non seulement congestionné, mais aussi engoué, c'est-à-dire augmenté de densité. Il surnage dans l'eau, parce que l'air y pénètre encore, mais non autant qu'à l'état normal. Sur les surfaces de section, on voit s'écouler un liquide plus ou moins abondant mélangé de sang et de coloration rouge foncé.

Cette affection est toujours caractérisée par une augmentation de vascularisation du tissu dont tous les vaisseaux sont manifestement dilatés, par une hyperplasie cellulaire plus ou moins prononcée sur toutes les parties constituantes du tissu affecté, notamment autour des vaisseaux, au niveau des bronches et de leurs glandes, ainsi que des alvéoles d'une manière plus ou moins irrégulière, mais encore avec prédominance dans les alvéoles situés au voisinage des bronches et des vaisseaux, de la plèvre et des travées interlobulaires.

La figure 30 se rapporte à un cas de pneumonie dite épithéliale ou catarrhale, mais à la préparation d'un fragment de poumon comprenant un segment de grosse bronche, afin de montrer que,

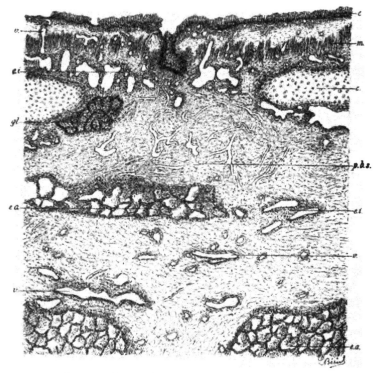

Fig. 30. — *Pneumonie épithéliale dite aussi catarrhale.*

Segment de grosse bronche montrant l'existence d'une inflammation bronchique concomitante de celle du parenchyme pulmonaire.

e. épithélium bronchique. — *m,* muscle. — *v,* vaisseaux. — *c.* cartilage. — *gl.* glandes. — *e.a.,* exsudat alvéolaire. — *e.i.,* exsudat interstitiel. — *p.b.s.,* paroi bronchique sclérosée.

comme dans le cas précédent, toutes les parties constituantes de la paroi bronchique participent aux productions exsudatives exagérées qu'on constate, il est vrai, en plus grande abondance dans les cavités alvéolaires et d'une manière plus ou moins irrégulière.

Le nombre, le volume et l'état des cellules qui se trouvent dans les alvéoles varient suivant l'intensité et la rapidité de production

de ces cellules ainsi que suivant l'espace qu'elles peuvent occuper.
Si le processus est très aigu comme dans certaines fièvres, les éléments cellulaires se présentent plutôt sous la forme arrondie et en
assez grand nombre. Dans ce dernier cas les cellules sont moins volumineuses que lorsqu'elles se trouvent en petit nombre, ainsi qu'on
peut s'en rendre compte par l'examen comparatif du contenu des
divers alvéoles. En tout cas, on y voit toujours, en plus ou moins
grande quantité, des cellules volumineuses dont le noyau est peu
apparent et dont le protoplasma est chargé de fines granulations
ordinairement avec un pointillé noir très fin et de petits dépôts charbonneux plus accusés sur un certain nombre de cellules.

C'est parce que ces cellules ont été considérées comme étant de
nature épithéliale qu'on a dénommé cette affection pneumonie épithéliale. Et, en effet, il est facile de voir que ces grosses cellules, ainsi
altérées, offrent une analogie très grande avec les cellules que l'on
trouve encore en place sur les parois alvéolaires. Celles-ci sont plus
petites et ordinairement non altérées. Mais on peut cependant en
rencontrer dont le protoplasma commence à présenter quelques
fines granulations et même quelques légers dépôts charbonneux.
Cela se voit bien mieux ensuite sur celles qui, augmentées de
volume, commencent à se détacher de la paroi. Mais c'est
toujours parmi les cellules qui sont alors dans la cavité qu'on
observe les altérations les plus prononcées et qui peuvent être très
variées.

C'est ainsi, qu'indépendamment des cellules volumineuses et
chargées de granulations granulo-graisseuses fines et pigmentaires,
on rencontre fréquemment, surtout dans les cas où les lésions
persistent depuis quelque temps, des cellules dont l'altération
graisseuse est prédominante sous la forme de gouttelettes réfringentes dans le protoplasma cellulaire, à des degrés divers, et
jusqu'à la formation de véritables corps granuleux. Parfois on voit
en même temps les cellules plus ou moins altérées se grouper
par coalescence pour former des amas volumineux arrondis le plus
souvent, mais qui ont pris aussi des formes diverses par leur
situation dans les alvéoles. On peut encore y reconnaître plus ou
moins manifestement la présence de 2, 3 ou 4 cellules ainsi
agglomérées et fusionnées en partie ou en totalité. On voit cela
bien plus souvent que l'incorporation de jeunes cellules dans
les anciennes. Les auteurs y signalent aussi la présence des
globules sanguins. Ils se basent sur ces observations pour faire
jouer à ces cellules un rôle dans l'enlèvement des déchets, et

bien plus encore depuis l'adaptation à ces cas de la théorie de
M. Metchnikoff, en supposant qu'il s'agit de cellules migratrices
désignées sous le nom de phagocytes.

En réalité, ces cellules sont devenues volumineuses, probablement par suite de la quantité du liquide albumino-fibrineux
exsudé, au sein duquel elles se trouvent, et des lois de l'osmose
auxquelles elles sont soumises; de telle sorte que leur protoplasma
a été envahi par ce liquide chargé de granulations diverses et de
poussières charbonneuses qui ont pénétré en même temps. Il n'est
certes pas impossible que des cellules plus petites et, notamment,
des globules sanguins, aient suivi le même chemin sous l'influence
des mêmes lois; mais à en juger par les examens que nous avons
pu faire, cela doit être bien rare, car nous n'avons jamais pu le
constater d'une manière très évidente, quoique la présence des
globules rouges dans les mêmes alvéoles soit fréquente. Ce que l'on
voit plutôt, c'est l'accolement aux grosses cellules d'une cellule
plus petite et d'un ou de plusieurs globules rouges sur des
points assez rares. Il est donc impossible de déduire de ces faits le
rôle qu'on veut attribuer aux cellules ainsi altérées dont l'état n'est
nullement en rapport avec la tâche à remplir.

Il faudrait encore démontrer comment des cellules, ayant acquis
un pareil volume par l'absorption de ces liquides surchargés de
granulations et de substances étrangères, et auxquelles sont venus
s'ajouter par absorption ou par accolement d'autres éléments
cellulaires, pourront pénétrer et cheminer dans les capillaires
sanguins ou lymphatiques que les globules blancs normaux ont de
la peine à traverser. Il faudrait aussi expliquer comment les
cellules épithéliales en place, et qui ont déjà subi un commencement des mêmes altérations, seraient appelées à jouer le même
rôle.

Peut-être objectera-t-on encore que les cellules épithéliales et
les grosses cellules altérées sont incapables de transporter hors du
poumon ces substances étrangères et qu'elles les laissent dans les
tissus où de jeunes cellules viennent les reprendre pour
les éliminer définitivement. Mais les jeunes cellules ne sont
guère chargées de ces substances et, le plus souvent, dans les
points où elles abondent, on ne constate qu'une altération granulo-
graisseuse de leur protoplasma. Il serait bien étonnant qu'ayant le
rôle qu'on leur attribue de phagocytes ou au moins de balayeurs, ce
fussent précisément elles qui ne présentassent pas de substances
étrangères, contrairement à ce que l'on voit pour les grosses

cellules qui en sont chargées et qui cependant sont incapables de voyager. Ce serait une organisation bien défectueuse !

Cette théorie est inadmissible, parce qu'elle est contraire, à la fois, à l'observation des faits et à ce que l'on sait des phénomènes physiologiques. Tout s'explique lorsqu'on s'en tient à ce que l'on voit dans les cavités alvéolaires. Il y a, en effet, des cellules qui paraissent bien de nature épithéliale, car on peut constater toutes les transitions entre les cellules encore en place et celles qui commencent à se détacher, puis celles qui se trouvent dans ces cavités à des degrés divers de volume et d'altération, suivant les conditions physiques par où elles ont passé au sein du liquide exsudé. Enfin on y voit aussi, en quantité variable, des cellules qui paraissent plus jeunes, en raison de leur volume moindre et du peu d'altération de leur protoplasma. Leur présence est en rapport avec l'intensité et la rapidité des phénomènes inflammatoires, au point que dans quelques alvéoles, puis dans tous ceux des parties hépatisées et même à travers les parois alvéolaires et bronchiques, ainsi qu'autour des vaisseaux, on ne trouve presque plus que des jeunes cellules. La transition est, d'autre part, insensible entre les points où les cellules plus ou . moins altérées ont encore le caractère épithélial bien manifeste et ceux où à ces cellules sont mêlées des cellules jeunes en quantité de plus en plus grande. Ces dernières peuvent même sur certains points exister à peu près seules, en tant que cellules, car on y trouve aussi d'autres éléments, notamment des globules rouges et de la fibrine sous la forme fibrillaire ou granuleuse dans le liquide exsudé, surtout par un processus rapide.

C'est probablement l'abondance et souvent la persistance des produits expectorés auxquels donne lieu cette inflammation du tissu pulmonaire qui lui a valu la désignation de *catarrhale*, laquelle ne repose sur aucune donnée précise et se trouve bien démodée. Mais il est à remarquer aussi que toute inflammation du poumon ne saurait être autrement qu'*épithéliale* dans la plus grande partie de ses productions anormales. On peut, toutefois, conserver encore le nom de pneumonie épithéliale, pour désigner, suivant l'usage, celle dont le processus modéré et diffus doit être distingué des autres inflammations pouvant passer à l'état d'hépatisation que nous allons examiner.

BRONCHITE CAPILLAIRE — BRONCHOPNEUMONIE
PNEUMONIE LOBULAIRE

Les auteurs décrivent sous ces dénominations une inflammation
qui débuterait par les bronches et envahirait le tissu alvéolaire
voisin de manière à produire de petits nodules indurés et imper-
méables à l'air autour des bronches ou limités à des lobules, au
sein d'un tissu engoué. Ce n'est que pour cette affection qu'ils
admettent cette corrélation des lésions alvéolaires avec celles des
bronches, en supposant que celles-ci en marquent toujours le début.
On trouve bien ces diverses lésions, mais il est impossible de
prouver qu'elles ont débuté dans un point plutôt que dans un autre.
Il y a même toutes probabilités pour que l'opinion qui a cours soit
mal fondée, puisque dans les simples bronchites on trouve déjà des
lésions alvéolaires. On doit être beaucoup plus près de la vérité en
admettant ce que l'on voit toujours, c'est-à-dire *l'hyperplasie en
rapport avec les dilatations vasculaires, et portant à la fois sur
toutes les parties constituantes du tissu bronchopulmonaire dans les
parties affectées.*

Si les phénomènes inflammatoires sont plus accusés au niveau
et au pourtour des bronches, c'est d'abord en raison de la présence
des nombreux vaisseaux de leur paroi. Mais, dira-t-on, il y a bien
aussi un riche réseau vasculaire dans tous les alvéoles, tandis
que ce sont ceux qui avoisinent les bronches qui renferment le
plus d'exsudat. Or, cette particularité paraît être en rapport avec
le rôle des bronches, lesquelles servent non seulement à la pénétration de l'air, mais encore à l'expulsion des produits de sécrétion et des déchets provenant à la fois des bronches et de leurs
glandes, ainsi que du parenchyme pulmonaire.

On a vu que cette disposition des exsudats était déjà appréciable
dans les cas précédemment examinés, mais c'est dans l'affection
désignée sous le nom de bronchopneumonie que cette modalité
inflammatoire est le mieux caractérisée, tout au moins dans un
certain nombre de ces cas; car il s'en faut que les lésions se
rapportent constamment au schéma des auteurs dans tous ceux
que l'on désigne sous ce nom.

Le type de cette lésion se rencontre assez communément chez les
enfants. On trouve les vaisseaux dilatés, surtout au niveau des
petites bronches dont la lumière, encore tapissée plus ou moins par

l'épithélium, est remplie d'éléments cellulaires en voie d'élimination, tandis que les parois des bronches sont infiltrées de cellules
semblables et que les alvéoles voisins sont remplis des mêmes
cellules, constituant à la périphérie du bouquet broncho-vasculaire
un véritable nodule compact privé d'air et hépatisé. Mais l'air devait
pénétrer encore dans les autres parties du tissu intermédiaire aux

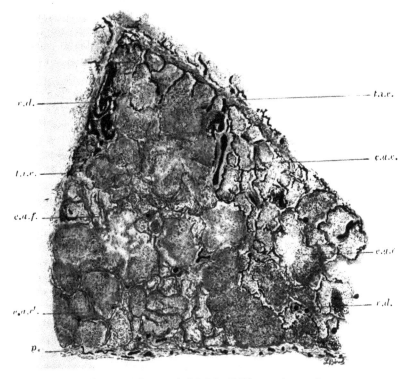

Fig. 31. — *Pneumonie lobulaire* (faible grossissement).

p. plèvre légèrement enflammée. — *t.i.e.*, travée interlobulaire avec exsudat. — *e.a.f.*, exsudat
alvéolaire fibrino-cellulaire. — *e.a.c.*, exsudat alvéolaire cellulaire. — *e.a.c'.*, exsudat alvéolaire très
dense. — *v.d.*, vaisseaux dilatés.

nodules, où l'inflammation est plus diffuse et moins intense, les
alvéoles ne renfermant qu'une petite quantité de cellules. C'est
ainsi qu'est caractérisé l'engouement qui coexiste toujours avec les
petits nodules d'hépatisation; et c'est pourquoi des fragments
de ce tissu, plongés dans l'eau, peuvent encore surnager.

Déjà chez les enfants on voit que certains alvéoles irrégulière-

13*

ment situés entre les nodules bronchiques sont remplis de cellules. Mais c'est surtout chez les vieillards, où l'on rencontre ensuite le plus fréquemment la pneumonie lobulaire, que la répartition des productions confluentes de cellules se présente irrégulièrement. Assurément on voit encore des nodules bronchopneumoniques plus ou moins caractérisés, mais on trouve beaucoup plus de points où l'hépatisation a envahi la totalité d'un lobule, et le plus souvent plusieurs lobules contigus en totalité ou en partie d'une manière irrégulière (fig. 31); c'est pourquoi on a donné aussi à la même affection la dénomination de pneumonie lobulaire, contre laquelle s'élèvent les auteurs qui font de la bronchopneumonie une entité parfaite.

En réalité, cependant, il s'agit de faits communs et d'une inflammation qui, répandue sur une région plus ou moins étendue d'un ou des deux poumons, sous la forme d'alvéolite diffuse, arrive à présenter une hyperplasie cellulaire assez prononcée pour remplir les alvéoles péri-bronchiques et donne lieu à des nodules d'hépatisation. Et si les productions sont encore plus abondantes, elles se répandent plus ou moins irrégulièrement à la périphérie pour constituer des nodules plus volumineux comprenant l'infiltration alvéolaire complète d'un ou de plusieurs lobules, comme on peut le voir même à l'œil nu.

L'examen microscopique permet de se rendre compte de la dilatation vasculaire, ainsi que de cette infiltration intensive de toutes les parties constituantes du tissu bronchopulmonaire, voire même de la plèvre et des cloisons interlobulaires. Cette dernière lésion est particulièrement remarquable par son analogie avec l'infiltration des alvéoles. On aperçoit (fig. 32) entre les éléments du tissu, écartés certainement par l'infiltration d'un liquide finement granuleux, des cellules nombreuses semblables à celles contenues dans les alvéoles, ainsi que des globules sanguins. Il en résulte un épaississement plus ou moins prononcé de ces travées, appréciable souvent à l'œil nu entre les lobules affectés.

Ces cloisons ne limitent même pas exactement les lésions d'hépatisation qui s'arrêtent irrégulièrement, tantôt au niveau de la cloison et tantôt à une petite distance. On remarque aussi que tous les alvéoles ne sont pas également remplis de cellules; que dans certains les cellules sont tellement tassées que l'on n'aperçoit guère que leur noyau, tandis que leur protoplasma est plus ou moins manifeste dans d'autres; qu'il y a même au milieu des alvéoles les plus remplis, çà et là un alvéole où les cellules sont plutôt clairsemées. Tantôt encore on n'y trouve pas de fibrine manifeste, et tantôt on découvre la présence d'un réticulum fibrineux léger ou plus prononcé, jusqu'à envelopper les cellules contenues dans les alvéoles et à former autant de masses sombres disséminées autour des bronches pour constituer le nodule. Enfin, on constate toujours la présence de globules sanguins mélangés aux autres éléments

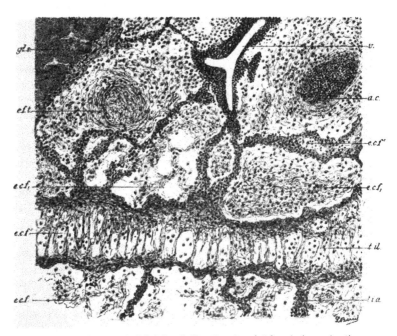

FIG. 32. — *Pneumonie lobulaire. Infiltration des alvéoles ainsi que des tissus interalvéolaires et interlobulaires par les mêmes éléments.*

t.i.l., travée interlobulaire. — *t.i.a.*, travée interalvéolaire. — *v.* vaisseau. — *e.c.f.*, exsudat cellulaire et fibrineux intra-alvéolaire. — *e.c.f'*, exsudat cellulaire et fibrineux interalvéolaire. — *e.c.f"*, exsudat cellulaire et fibrineux interlobulaire. — *e.f.t.*, exsudat fibrineux en tourbillon. — *a.c.*, amas de petites cellules à noyaux très colorés. — *gl.s.*, oxsudat de globules sanguins.

cellulaires en petite quantité ou formant parfois de petits amas bien caractérisés dans quelques alvéoles.

Il est impossible de se rendre un compte exact du volume et de l'état des éléments cellulaires qui remplissent les alvéoles, en raison de leur confluence et de la pression qui en résulte pour eux. Mais en examinant comparativement les points où les cellules sont moins confluentes, puis ceux où elles ne remplissent pas complètement les alvéoles, on voit très bien qu'il s'agit de cellules de

même nature, moins développées là où elles sont plus nombreuses
pour un même espace que sur les points où elles ont pu s'accroître,
et où elles se présentent avec les caractères précédemment décrits
qui prouvent leur nature épithéliale.

L'altération la plus commune des cellules de l'exsudat consiste
dans la présence de granulations graisseuses au sein de leur protoplasma. Elle est surtout prononcée dans les points où les cellules
sont très confluentes avec peu ou pas de réseau fibrineux et où les
vaisseaux des parois alvéolaires ne sont plus apparents; ce qui
caractérise l'état d'hépatisation grise, tandis que les altérations
précédentes se rapportent à l'hépatisation rouge. Il arrive même
que lorsque ces petits nodules ont pris une teinte grisâtre ou jaunâtre et que les cellules ont l'aspect des globules de pus, il devient
difficile de décider si l'on a affaire à des nodules d'hépatisation
grise ou suppurée. Il faut cependant autre chose pour dire qu'il
y a suppuration, comme cela arrive fréquemment pour la bronchopneumonie, mais cette question sera traitée à propos de la suppuration. (V p. 396.)

Quoi qu'il en soit, dans les points où les cellules sont moins
nombreuses et plus volumineuses, on les trouve avec toutes les
altérations décrites précédemment et, notamment, chez l'adulte,
avec des poussières charbonneuses.

Les lésions sont ordinairement plus nombreuses au voisinage de
la plèvre, qui, à ce niveau, présente toujours une inflammation
concomitante plus ou moins prononcée. Le tissu sous-séreux offre
des vaisseaux augmentés de volume et se trouve infiltré de cellules
nombreuses analogues à celles des alvéoles. Et, pour peu que
l'inflammation ait une certaine intensité, il existe aussi des
exsudats pleuraux, comme on peut le voir sur la figure 33. Il s'agit
d'un cas de pneumonie lobulaire récente avec inflammation de la
plèvre correspondante, et l'on aperçoit encore, à la surface de la
séreuse, une rangée de cellules abondantes qui paraissent provenir
des parties sous-jacentes infiltrées des mêmes éléments et avoir de
la tendance à se répandre dans les exsudats fibrineux voisins ou à
tomber dans la cavité pleurale avec le liquide simultanément exsudé.

Les auteurs décrivent aussi comme lésion concomitante de la
bronchopneumonie l'*atélectasie pulmonaire*, c'est-à-dire un état
plus ou moins accusé de *collapsus* ou *d'affaissement pulmonaire* en
rapport avec sa privation d'air à ce niveau. Cet état, qui rappelle
l'aspect du poumon qui n'a pas respiré, se présente, à la surface de
l'organe, sous la forme de plaques bleuâtres ou violacées, légè-

rement déprimées. Ces parties, qui n'occupent, en général, qu'une couche mince de la superficie de l'organe, offrent sur les surfaces de section un tissu lisse, rougeâtre, foncé, plutôt flasque, qui, à la pression, ne laisse sourdre qu'un peu de liquide sanguinolent sans traces d'air. Du reste, les fragments de ce tissu plongé dans l'eau ne surnagent pas.

L'atélectasie est attribuée en général à l'obstruction des petites bronches par les exsudats qui empêcheraient l'arrivée de l'air, en

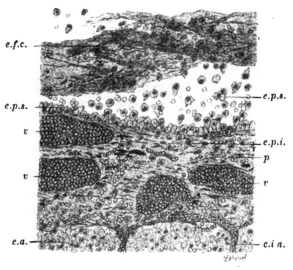

Fig. 33. — *Pneumonie lobulaire. Exsudat alvéolaire, pleural et intrapleural, constitué par les mêmes éléments.*

p, plèvre. — *c.i.a.,* cloison interalvéolaire. — *v,* vaisseaux dilatés. — *e.a.,* exsudat alvéolaire. — *e.p.i.,* exsudat pleural interstitiel. — *e.p.s.,* exsudat pleural superficiel. — *e.f.c.,* exsudat fibrineux et cellulaire.

supposant que celui qui y était précédemment contenu a pu être expulsé par l'expiration soulevant le bouchon-soupape, ou bien qu'il a été tout simplement résorbé. Mais Charcot et ses élèves ont admis qu'il s'agissait plutôt d'une pneumonie épithéliale analogue à la splénisation, en rapportant l'atélectasie au processus inflammatoire d'une manière indéterminée. Enfin on a encore incriminé la diminution des actes mécaniques de la respiration dans les états marastiques sous l'influence d'une maladie infectieuse grave ou d'une maladie chronique occasionnant le décubitus prolongé dans la position horizontale.

Il est bien certain que la plupart des phénomènes relevés chez
les sujets présentant de l'atélectasie pulmonaire doivent être pris
en considération pour expliquer l'atélectasie. Mais il nous semble
qu'on peut essayer de préciser davantage ses conditions de production.   .

Et d'abord lorsque l'atélectasie est produite par un épanchement
pleurétique, on peut remarquer que le tissu pulmonaire est non
seulement affaissé par compression, mais encore qu'il présente
toujours en même temps un processus pneumonique plus ou moins
accusé, caractérisé par une congestion manifeste et la présence
d'exsudats en quantité variable. Ce sont ces lésions, qui, lorsqu'elles ont persisté longtemps, surtout dans les cas où il existait
de la sclérose antérieure donnant au tissu une certaine résistance
(ainsi qu'on les rencontre surtout chez les cardiaques), ont fait
donner à cet état du poumon le nom de *splénisation*. Mais cela
n'explique pas pourquoi l'atélectasie se produit assez souvent en
l'absence de toute cause de compression.

Il n'y a certainement aucune difficulté pour se rendre compte de
l'absence de l'air sur les points où les alvéoles sont remplis et même
distendus par les exsudats, de manière à constituer de petits lobules
d'hépatisation semblables par leur constitution aux lésions de
l'hépatisation lobaire que nous examinerons bientôt, et où l'absence
de l'air s'explique tout naturellement par la présence abondante
des exsudats qui se sont substitués à l'air, et même dans l'état de
plus grande distension des alvéoles et des bronchioles. Le cas en
litige est celui où l'exsudat peu abondant ne remplit pas les
alvéoles, qui, cependant, sont affaissés et ne renferment pas d'air.

Il semble difficile d'admettre l'hypothèse de l'obstruction des
petites bronches par l'exsudat, vu que l'on rencontre communément des poumons avec un processus pneumonique plus accusé,
comme celui qui caractérise la pneumonie épithéliale très prononcée et même l'engouement de la pneumonie lobaire, sans que
l'air ait cessé d'arriver dans le poumon, ainsi qu'on le constate à
l'autopsie. C'est dire aussi que le processus pneumonique ne suffit
pas, à lui seul, à expliquer l'atélectasie, même dans les cas de
maladies graves aiguës ou chroniques, vu que l'on rencontre encore
assez fréquemment dans ces cas de l'engouement plus ou moins
étendu sans atélectasie, tout ou moins quand il n'y a pas eu d'épanchement pleurétique. Lorsque celui-ci s'est produit, il a déterminé
l'atélectasie d'une manière bien évidente par suite de la compression exercée sur les parties du parenchyme pulmonaire engoué,

mais non, ou du moins très difficilement, sur celles du voisinage se trouvant à l'état sain et surtout présentant de l'emphysème, comme on a souvent l'occasion de le constater dans les cas d'épanchement récent et plutôt avec des lésions inflammatoires pulmonaires et pleurales peu accusées et un emphysème antérieur, ainsi qu'il arrive fréquemment à la période ultime chez des cachectiques. C'est pourquoi cet épanchement même abondant passe si souvent inaperçu et principalement lorsque l'attention n'est pas portée sur les faits de ce genre.

Or, dans les cas d'atélectasie sans épanchement, on constate aussi un degré plus ou moins appréciable d'inflammation à ce niveau et de l'emphysème à la périphérie, mais dans des conditions en rapport avec l'état général dans lequel se trouvent les malades.

On pourra voir d'abord que l'inflammation est caractérisée par des dilatations vasculaires et par la présence d'exsudats, mais plutôt en petite quantité, puisque le tissu est déprimé au lieu de faire saillie comme au niveau des nodules de pneumonie lobulaire. Néanmoins on remarquera l'analogie offerte par la disposition des parties affectées dans ces divers cas, de préférence à la périphérie de l'organe, où elles occupent plusieurs lobules, en affectant en général une disposition conique aplatie et plutôt triangulaire vers les bords, et, en tout cas, de telle sorte que la base du cône ou du triangle se trouve toujours en rapport avec la surface pleurale ou avec le bord qui peut être atteint dans ce point sur toute son épaisseur. Nous verrons bientôt que cette disposition des inflammations localisées du poumon à des degrés divers offre la plus grande analogie avec ce que l'on constate dans les infarctus pulmonaires et peut servir à éclairer la pathogénie de ces lésions. Pour le moment, nous ne retiendrons de l'observation des faits que les caractères essentiels d'une inflammation localisée sur les points où il existe de l'atélectasie.

Il est à remarquer enfin que sur les parties voisines, le tissu pulmonaire est plus ou moins emphysémateux. On peut même parfois constater qu'à ce niveau ce tissu blanchâtre et saillant forme un contraste bien apparent avec les points atélectasiés bleuâtres et déprimés. Et il est bien évident que cet emphysème est produit en compensation des parties atélectasiées qui ne reçoivent pas d'air, tout comme au voisinage de lobules pneumoniques plus accusés.

En somme, les conditions sont les mêmes dans les deux cas ; et s'il y a des productions moins abondantes chez les sujets ayant présenté pendant leur vie un état marastique, cela n'est pas pour nous étonner, puisqu'il en est fréquemment de même pour d'autres déterminations inflammatoires dans les mêmes circonstances.

Dans l'un et l'autre cas nous ne savons pas à quel moment l'air cesse de pénétrer dans les lobules qui sont enflammés et l'on ne pourra jamais que faire des conjectures à ce sujet, vu 'que les

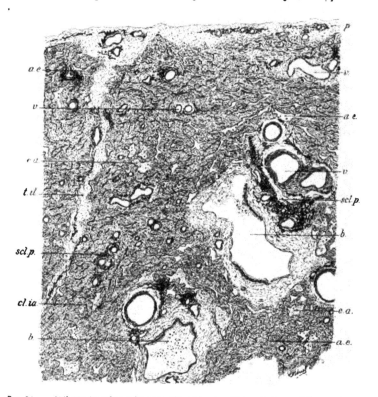

Fɪɢ. 3͏. — *Atélectasie pulmonaire sans pleurésie, avec lésions inflammatoires anciennes et récentes.*

p, plèvre épaissie par sclérose. — *t.il.*, travée interlobulaire épaissie par sclérose. — b, bronches. — v, vaisseaux. — *scl.p.*, sclérose périvasculaire et péribronchique avec pigment anthracosique. — *a.e* , alvéoles effacés par atélectasie. — *e.a.*, exsudat alvéolaire. — *cl.i.a.*, cloisons interalvéolaires épaissies par sclérose et par les exsudats récents.

symptômes observés pendant la vie ne permettent pas de faire cette détermination. Mais il y a tout lieu d'admettre *que le phénomène se produise dès qu'il y a le moindre obstacle sur des points plus ou moins localisés et lorsqu'une respiration complémentaire peut se faire dans les parties voisines.* L'action respiratoire exagérée sur ces dernières parties permet d'autant plus aux points atélectasiés de rester dans l'inaction, qu'ils sont déprimés et que les actes mécaniques de la respiration n'ont plus d'action sur eux. Et si les exsudats n'augmentent pas à ce niveau, c'est sans doute en raison des mauvaises conditions générales dans lesquelles se trouvent les malades.

Il en est tout autrement, en effet, des sujets encore doués d'une certaine vigueur, dans les cas d'engouement réparti sur une grande portion d'un lobe qui a continué d'être activé par les agents mécaniques de la respiration, et qui, dès lors, a toujours reçu de l'air dans les cavités non entièrement remplies par l'exsudat.

Lorsque le poumon présente d'anciennes lésions scléreuses, il peut arriver qu'il vienne s'y ajouter des exsudats récents en assez grande quantité de manière à combler à peu près complètement toutes les cavités alvéolaires sur des portions de poumon plus étendues que dans les cas précédents et en donnant lieu à une atélectasie correspondante. C'est ce que l'on peut voir sur la figure 34 qui offre à peu près l'aspect d'une atélectasie pulmonaire ancienne produite par un épanchement pleurétique, sauf que dans ce cas il n'y avait ni épanchement, ni traces d'inflammation pleurale. Il est du reste à remarquer que si les processus pneumoniques avec atélectasie spontanée ne donnent pas lieu à l'inflammation de la plèvre cela doit être attribué à leur caractère torpide qui leur vaut aussi leur peu d'activité et d'accroissement, sur lequel nous avons précédemment insisté.

Analogie des lésions de pneumonie lobulaire avec celles des infarctus.

Les pneumonies lobulaires offrent un point particulièrement intéressant à étudier, c'est l'analogie qu'elles présentent avec les lésions constituant les infarctus. On peut souvent constater, en effet, non seulement que les unes et les autres siègent à la périphérie de l'organe, c'est-à-dire près de la plèvre, mais encore que les lobules pneumoniques proprement dits aussi bien que les lobules atélectasiés sont souvent disposés en forme de coin tout comme les infarctus; tandis que ceux-ci offrent souvent, comme la pneumonie lobulaire, une limite festonnée due dans les deux cas à la limitation des exsudats par les cloisons interlobulaires. Cet aspect peut se remarquer dans les cas où les lésions de la pneumonie et de l'infarctus sont le plus tranchées, c'est-à-dire

lorsqu'il y a une infiltration du tissu pulmonaire, soit par des
cellules, soit par des globules rouges. Et comme, d'autre part, on
peut rencontrer toutes les transitions dans un mélange variable
de ces éléments, il arrive qu'il est parfois difficile de décider si
l'on a affaire à des lésions de pneumonie lobulaire ou d'infarctus,
même en tenant compte des circonstances concomitantes qui permettent ordinairement de compléter le diagnostic.

Du reste, dans les cas les plus typiques d'infarctus, il est à

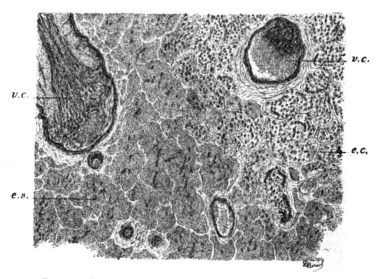

Fig. 35. — *Infarctus pulmonaire; passage au processus pneumonique.*

On voit l'exsudat pneumonique commencer à apparaître au milieu des globules
rouges à gauche, puis devenir prédominant à droite où se trouvent une assez
grande quantité d'alvéoles, ainsi qu'une bronche, remplis par l'exsudat cellulaire avec
peu ou pas de globules sanguins.

v.c., gros vaisseaux avec caillots fibrino-cruoriques. — e.s., exsudat sanguin. — e.c., exsudat cellulaire dont la plupart des éléments sont surchargés de pigment anthracosique comme ceux de la
pneumonie épithéliale. — Au bas de la figure se trouvent deux petites artérioles oblitérées, que l'on
a omis de signaler par des lettres.

remarquer que sur les limites de l'exsudation sanguine, on trouve,
indépendamment des points où des cellules sont mélangées en
plus ou moins grand nombre aux globules sanguins, des parties
où ceux-ci finissent par disparaître graduellement et où il n'y a
plus qu'un exsudat pneumonique, comme sur la préparation reproduite par la figure 35. Toutefois, s'il se trouve une travée interlobulaire à la limite de l'exsudation sanguine, celle-ci se termine

plus brusquement, tout en se continuant au delà avec une exsudation cellulaire variable qui ne fait jamais défaut. On ne peut
soutenir que celle-ci est secondaire, parce que, comme nous venons
de le dire, la fusion entre les exsudats est insensible sur beaucoup
de points, et que, dans nombre de cas, elle se présente à tous
les degrés dans les mêmes conditions.

De plus, on peut constater que l'exsudat sanguin pur est toujours réparti dans le tissu pulmonaire de la même manière que
l'exsudat cellulaire ; ce qui est encore un argument important en

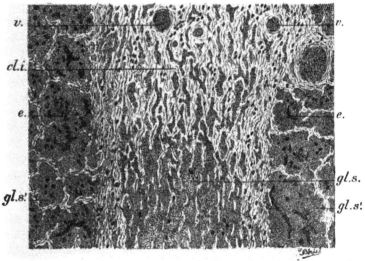

FIG. 36. — *Infarctus pulmonaire; travée interlobulaire infiltrée de globules sanguins.*

cl.i., cloison interlobulaire épaissie et infiltrée de globules rouges. — *v*, vaisseau. — *gl.s.*, globules
sanguins dans la cloison interlobulaire. — *gl.s'.*, globules sanguins intra-alvéolaires. — *e*, au milieu
des globules rouges, exsudat cellulaire dont la plupart des éléments sont surchargés de pigment
anthracosique.

faveur de la même provenance de tous ces éléments et du même
mécanisme de production des lésions. C'est ainsi que les globules
sanguins, non seulement remplissent les alvéoles, mais encore
infiltrent leurs parois, ainsi que les travées interlobulaires,
comme on le voit sur la figure 36. On en trouve partout sous
forme de petits amas irréguliers plus ou moins abondants ou
disséminés à travers la substance hyaline du tissu fibreux. Il en
est de même autour des vaisseaux et des bronches où l'infiltration
sanguine est également prédominante et où l'on voit les globules
disséminés ou disposés encore en petits amas de volume variable

(fig. 37). Les cavités bronchiques sont également pleines de globules sanguins, quoique leur épithélium soit conservé en grande partie. Quant à la cavité du vaisseau, elle renferme un caillot fibrineux qui en obture une partie et des globules rouges qui achèvent de la remplir.

Enfin, il existe aussi des infarctus suppurés analogues aux infarctus ordinaires, qui ont bien évidemment une origine infectieuse, d'où résultent des phénomènes inflammatoires ayant en même temps les caractères de l'infarctus. Ces lésions, du reste, se

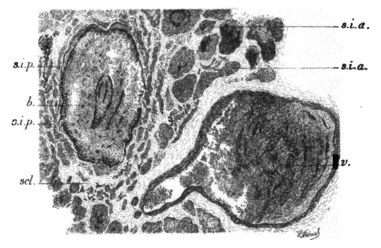

FIG. 37. — *Infarctus pulmonaire: vaisseau et bronche.*

v. vaisseau avec caillot fibrinocruorique. — *b,* bronche avec exsudation de globules sanguins, de quelques éléments cellulaires et de fibrine. — *scl.,* sclérose périvasculaire et bronchique avec quelques dépôts anthracosiques. — *s.i.p.,* sang infiltré dans la paroi bronchique. — *s.i.a.,* sang intraalvéolaire avec quelques éléments cellulaires.

terminent par suppuration, avec désintégration des parties centrales et formation d'un abcès donnant lieu, dans le parenchyme pulmonaire, à des cavernes de dimensions variables, dont les parois présentent à la fois les lésions de l'infarctus et de la pneumonie suppurée. Le tissu pulmonaire est infiltré de globules sanguins jusqu'à la surface interne de la cavité où se trouvent en même temps des éléments cellulaires en dégénérescence et désintégration.

Tous ces faits semblent bien prouver l'analogie qui existe entre les lésions de l'infarctus pulmonaire et celles de la pneumonie lobulaire, voire même leur fusion réelle dans beaucoup de circonstances. C'est pourquoi il nous semble bien rationnel de conclure à un mode de production analogue des lésions dans les deux cas. Pour ce qui concerne l'infarctus, il n'y a pas de doute : tout le monde est d'accord pour admettre sa production sous l'influence d'une oblitération artérielle qui est souvent très manifeste même à l'œil nu. Cependant, ce ne sont pas les caillots ordinairement fibrino-cruoriques ou même fibrineux trouvés dans les grosses artères, parfois jusqu'au hile du poumon, qui sont la cause des infarctus sur une partie du territoire qui en dépend, car on ne voit pas pourquoi ce territoire entier ne serait pas atteint. Toutes les probabilités sont, au contraire, pour l'oblitération initiale des petites artères, d'où résulte nécessairement une entrave plus grande à la circulation. C'est, du reste, au niveau de l'infarctus qu'on trouve les petites artères plus complètement oblitérées par des caillots fibrineux plus ou moins denses, tandis que dans les grosses artères d'où elles émanent, la fibrine est mélangée à des caillots cruoriques qui dominent le plus souvent, ce qui semble bien indiquer leur formation plus récente que celle des oblitérations portant sur les artérioles. Enfin, les caillots oblitérants font souvent défaut dans les grosses artères, tandis qu'ils sont constants dans les petites où le microscope finit toujours par les mettre en évidence, au moins sur un certain nombre de préparations.

L'absence habituelle de caillots fibrineux dans les grosses artères d'où dépendent celles au niveau desquelles se trouvent des lobules pneumoniques ne doit pas faire croire à l'absence de toute oblitération, puisque, avec l'infarctus, les grosses artères peuvent être absolument vides. C'est sur les petites artères qu'il faut rechercher les oblitérations et qu'on les trouve assez souvent, comme sur la figure 35, pour les admettre encore lorsqu'elles échappent à l'examen. Cela peut arriver même avec les infarctus suppurés où cependant on ne saurait nier l'origine des lésions par des oblitérations vasculaires.

Mais il est bien naturel aussi que les lésions plus ou moins différentes d'infarctus ou de pneumonie relèvent de circonstances également différentes. Au nombre de celles-ci se trouvent, pour les infarctus, d'abord des oblitérations artérielles plus brusques et portant habituellement sur des vaisseaux relativement volumineux auxquels correspondent une infiltration sanguine sur une étendue en général plus grande que dans les cas de pneumonie lobulaire à infiltration cellulaire où les lésions sont plus limitées et surtout plus diffuses. C'est vraisemblablement la brusquerie de l'oblitération, sous l'influence de l'impulsion cardiaque augmentée dans les cas d'hypertrophie du cœur, qui cause l'hémorragie et favorise la formation des caillots au-dessus des points oblitérés (à la façon d'une oblitération vasculaire expérimentale), surtout avec l'infection du sang. L'infiltration des globules sanguins se produit dans le tissu, tout comme celle des éléments cellulaires. Mais l'infiltration de ces derniers s'effectue plus lentement, soit sur les confins de l'exsudation sanguine, soit avec elle dans les cas intermédiaires, toujours au niveau des points où les vaisseaux sont dilatés et où il existe un accroissement de la vascularisation.

La présence du sang dans les exsudats inflammatoires dépend aussi des conditions dans lesquelles se trouvait antérieurement le poumon; car, comme nous le verrons, même dans les cas de pneumonie lobaire, la sclérose antérieure de l'organe est une condition qui favorise l'issue du sang à l'occasion d'un nouveau processus inflammatoire survenant plus ou moins rapidement.

D'autre part, on comprend que des oblitérations de fines artérioles sans sclérose antérieure et surtout sans augmentation de l'activité cardiaque donnent lieu plutôt seulement à des dilatations vasculaires et à des productions cellulaires caractérisant le processus inflammatoire, sans hémorragie véritable, c'est-à-dire avec l'issue de fort peu de globules sanguins.

Ces oblitérations des petites artères sont difficiles à voir, en raison de l'abondance des exsudats qui les masquent ordinairement. Mais il suffit de les avoir constatées bien nettement dans quelques cas pour ne pas douter de leur existence et de leur production sous l'influence des agents infectieux qui ont pénétré dans le sang en agissant sur les éléments cellulaires du liquide sanguin ou des parois vasculaires, surtout dans les points où la circulation est ralentie, c'est-à- dire à la périphérie de l'organe et principalement vers les parties déclives de chaque lobe. Lorsqu'on les rencontre sur d'autres points, leur localisation s'explique par la présence de lésions antérieures, surtout scléreuses, ou tout au moins par l'absence d'emphysème.

Ces considérations ne sont pas seulement particulières à la pneumonie lobulaire ; elles sont aussi applicables à la pneumonie lobaire qui, comme nous allons le voir, offre au point de vue anatomique et pathogénique des conditions analogues. Si, en clinique, elle se présente avec des caractères en général bien déterminés, on peut rencontrer néanmoins assez fréquemment des transitions insensibles de la pneumonie lobaire à la pneumonie lobulaire ou *vice versa*, au point que l'on a admis une forme pseudo-

lobaire de cette dernière. En réalité il y a beaucoup de cas, chez
le vieillard, où la maladie a offert cliniquement l'allure de la
pneumonie lobaire avec la fièvre à évolution cyclique habituelle,
et où les lésions se présentent, tantôt avec les caractères de la pneu-
nomie lobaire, tantôt avec ceux de la pneumonie lobulaire, ou
encore avec ceux de la pneumonie dite pseudo-lobaire, qui ne se
distingue de la pneumonie lobaire que par la présence d'un certain
nombre de lobules hépatisés plus ou moins indépendants. Cela n'est
pas suffisant pour en faire une maladie d'une autre nature; d'autant que dans beaucoup de cas d'hépatisation lobaire classique, on
trouve sur les confins de la lésion des points d'hépatisation lobulaire. Enfin il y a aussi des pneumonies lobaires hémorragiques.

PNEUMONIE LOBAIRE

On admet depuis Laënnec que la pneumonie lobaire peut se
présenter sous les formes d'*engouement*, d'*hépatisation rouge* et
d'*hépatisation grise*, constituant les trois phases successives par
lesquelles l'affection tend à évoluer, tout en admettant, cependant,
que la dernière peut se produire d'emblée, c'est-à-dire sans passer
par l'hépatisation rouge. Il est assez fréquent de rencontrer sur le
même poumon ces trois états pathologiques. Mais dans tous les cas
d'hépatisation lobaire rouge ou grise, on trouve toujours de
l'engouement sur les parties des lobes qui sont restées perméables
à l'air. C'est qu'ordinairement l'hépatisation n'occupe pas un lobe
entier. Et lorsque deux ou trois lobes sont affectés, c'est seulement
au niveau d'une portion de ces lobes, plutôt vers les parties déclives.
Exceptionnellement la plus grande partie d'un poumon peut être
hépatisée, mais probablement *jamais sa totalité absolue*. Nous aurons
l'occasion de dire pourquoi, à propos de la pathogénie de ces lésions
et des phénomènes de compensation respiratoire.

L'hépatisation est le plus souvent unilatérale, et, sur le lobe
affecté, elle touche toujours à sa périphérie où elle présente le plus
d'intensité. C'est ainsi qu'il n'y a pas de pneumonie centrale qui
n'arrive au moins à une surface interlobaire. Bien souvent même
lorsque les lésions ne sont pas trop étendues on peut remarquer que
l'hépatisation a la disposition conique avec la base au niveau de la
plèvre et le sommet vers le centre du lobe où les lésions sont moins
intenses. Mais la pneumonie peut aussi être *double* et elle atteint
alors *à peu près le point symétrique de l'autre poumon*, où, à défaut

14.

d'hépatisation, on trouve souvent de l'engouement. Il est toutefois
à remarquer que les parties envahies secondairement lorsqu'elles
étaient emphysémateuses peuvent être en rapport moins immédiat
avec la plèvre, comme parfois aussi les lésions primitives survenant
sur un poumon très emphysémateux. En tout cas, c'est l'engouement
qui marque le début des lésions et qui se rencontre toujours sur la
zone d'extension de l'hépatisation.

Engouement. — Les lésions qui caractérisent l'engouement

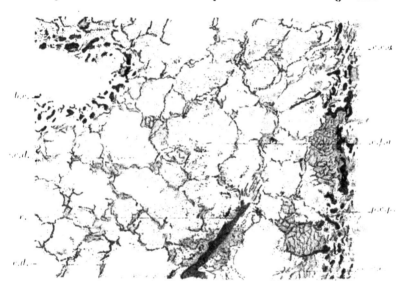

Fig. 38. — *Engouement pulmonaire.*
e.c.a., exsudat cellulaire alvéolaire. — e.f.a., exsudat fibrineux alvéolaire. — a.e., alvéole emphysémateux. — b.e., bronche avec exsudat. — p.e.p., plèvre avec exsudat pleural et intrapleural. —
v, vaisseaux. — c.d., capillaires dilatés.

sont celles de la pneumonie épithéliale ou catarrhale décrite
précédemment où l'on peut constater d'abord la persistance
d'une certaine quantité d'air non seulement parce que les
parties engouées surnagent dans l'eau, mais encore parce qu'il est
possible d'en faire pénétrer davantage par l'insufflation.

De même, au point de vue histologique (fig. 38), on constate
dans les alvéoles sains ou emphysémateux une augmentation
très accusée de la vascularisation par suite des dilatations vasculaires et une production exsudative plus ou moins abondante

où dominent les cellules volumineuses à protoplasma granulo-graisseux, chargé, çà et là, de particules noires en quantité variable. On y trouve aussi des cellules moins volumineuses paraissant plus jeunes, quelques globules sanguins et même des fibrilles fibrineuses sur quelques points.

Certains alvéoles peuvent offrir ainsi le même aspect que ceux des parties hépatisées. Mais ce qui différencie essentiellement les lésions de l'engouement, c'est qu'on y trouve toujours à côté de ces alvéoles remplis d'un exsudat fibrineux récent et abondant,

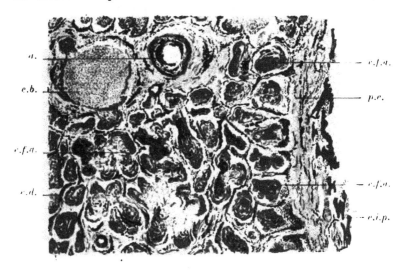

Fig. 39. — *Hépatisation rouge.*

e.f.a., exsudat fibrino-cellulaire alvéolaire. — *e b.*, exsudat bronchique. — *a*, artère. — *c.d.*, capillaires dilatés. — *p.e.*. plèvre épaissie avec exsudat. — *e.i.p.*, exsudat intrapleural.

d'autres alvéoles où l'on aperçoit, à travers les jeunes cellules, les grosses cellules pigmentées, lesquelles dominent, du reste, dans la plupart des alvéoles. Ce n'est que sur les points voisins de l'hépatisation que, graduellement, on arrive à la disposition inverse, c'est-à-dire que les cellules sont plus petites et plus nombreuses.

Hépatisation. — Le tissu pulmonaire hépatisé se distingue tout d'abord de celui qui est seulement engoué par l'absence de l'air, se manifestant par le défaut de crépitation, une induration notable, l'aspect granuleux des surfaces de section et surtout de déchirure, qui suffisent ordinairement à caractériser le degré de l'affection

en indiquant le remplissage de toutes les cavités du tissu par des
exsudats abondants moulés sur elles.

A ces lésions macroscopiques de l'hépatisation correspond une
exsudation liquide et cellulaire qui infiltre toutes les parties constituantes du tissu affecté, au point que tous ou à peu près tous les
alvéoles sont complètement remplis par l'exsudat, ce qui explique
bien comment l'air ne peut plus y pénétrer. Mais les lésions diffèrent suivant la variété d'hépatisation à laquelle on a affaire.

Dans l'*hépatisation rouge*, ce qui frappe immédiatement, c'est
la dilatation des vaisseaux remplis de sang au niveau de la plèvre,
des travées interlobulaires, des parois alvéolaires et des bronches,
ainsi que la présence d'un exsudat fibrineux réticulé, plus ou moins
abondant, dans les mailles duquel se trouvent des éléments cellulaires et des globules sanguins en quantité variable (fig. 39).
L'aspect du tissu pulmonaire est alors tellement caractéristique
qu'on ne saurait hésiter sur la nature de la lésion en tant qu'hépatisation rouge, mais il faut tenir compte de son étendue au moins
à une portion d'un lobe et non pas seulement à quelques lobules ;
car à ne considérer qu'un espace restreint, les lésions pourraient
être les mêmes dans la pneumonie lobaire et dans la pneumonie lobulaire. Donc il faut ajouter aux caractères précédents l'étendue des
lésions, et leur répartition plus uniforme sur les préparations,
quoiqu'il n'y ait rien d'absolu. Mais les diverses productions anormales doivent être l'objet d'un examen particulier.

C'est au sang contenu dans les vaisseaux dilatés et répandu dans
le tissu pulmonaire que celui-ci doit son aspect rouge violacé à la
surface de la plèvre et rouge foncé sur les surfaces de section,
d'autant plus prononcé qu'il existe plus de sang dans les alvéoles,
comme on le voit très bien dans la variété dite hémorragique de la
pneumonie. En tout cas les vaisseaux de la plèvre et du tissu
conjonctif sous-pleural sont toujours particulièrement distendus.
Il en est de même de ceux du parenchyme que la distension par
les globules sanguins rend très apparents, et dont dépendent certainement les productions exsudatives.

Le réseau fibrineux est également caractéristique, tellement
qu'on a désigné aussi la pneumonie lobaire sous les noms de
pneumonie fibrineuse et de pneumonie croupale. On a fait remarquer avec raison que ce dernier terme est absolument impropre, en
raison de la confusion qu'il peut occasionner avec les lésions de la
diphtérie auxquelles se rapporte le croup. On a dit aussi que toutes
les pneumonies n'étaient pas fibrineuses ; ce qui est vrai lorsqu'on

les envisage d'une manière générale et qu'on a en vue la présence du réseau fibrineux, mais ce qui ne l'est pas lorsqu'on ne considère que l'hépatisation rouge de la pneumonie lobaire aiguë où l'exsudat fibrineux est de règle. Seulement la fibrine est le plus souvent répartie d'une manière irrégulière dans le tissu pulmonaire, même dans les cas où au premier abord elle semble assez uniformément répandue, comme dans le cas de la figure précédente qui se présente assez fréquemment.

On voit, en effet, dans chaque alvéole un amas de fibrilles plus ou moins abondantes qui forment comme un réticulum à mailles irrégulières, très serrées dans certains points et au contraire plus ou moins larges dans d'autres. Le réticulum peut se présenter sous l'une ou l'autre apparence dans un alvéole entier ; mais le plus souvent c'est pour chaque alvéole la partie périphérique qui est plus dense et apparaît de prime abord avec une teinte sombre, tandis que la partie centrale est plus claire et par conséquent moins dense. Cette disposition est surtout bien manifeste au niveau des infundibula dont les parties centrales sont tout à fait claires jusqu'à l'entrée dans les alvéoles, la périphérie et les extrémités de ces derniers étant plus ou moins sombres. Sur les premiers points les fibrilles fibrineuses colorées en rouge par le picro-carmin forment un élégant réseau à fibres très déliées et à mailles larges, qui vont en se rétrécissant graduellement ou brusquement jusqu'à donner l'aspect d'un feutrage épais au niveau des parties où les fibrilles sont plus abondantes et correspondent aux parties sombres.

Lorsqu'un alvéole ne renferme qu'un réseau fibrineux à larges mailles, il s'étend à toute la cavité. Mais si le cas est fréquent dans la pneumonie lobulaire, c'est l'exception avec la pneumonie lobaire où le réticulum fibrineux, légèrement rétracté, forme ordinairement un amas distinct dans les cavités alvéolaires, parfois à une petite distance des parois ou accolé sur un côté. Dans tous les cas on voit des prolongements fibrineux passant à travers les parois des alvéoles et mettant en communication, comme par des anastomoses, les divers amas fibrineux alvéolaires. On voit ainsi ces amas présenter des tractus fibrineux de forme conique en nombre variable, dont l'extrémité s'engage dans la paroi et la traverse pour se continuer sans interruption avec l'extrémité d'un autre cône fibrineux appartenant à la masse fibrineuse d'un alvéole voisin. Ces tractus n'ont pas tous le même volume ; et si parfois ils semblent assez épais sur leur point d'origine à la masse, ils peuvent résulter seulement de la réunion de quelques

fibrilles ou être constitués par une seule fibrille, que l'on voit
parfaitement traverser la paroi alvéolaire. Ces tractus ou fibrilles
réunies ou isolées se remarquent en nombre variable autour de
chaque amas fibrineux. Tantôt il n'y a qu'un tractus pour faire
communiquer un amas fibrineux avec chaque amas des alvéoles
voisins, et tantôt il y en a plusieurs pour mettre en communication deux amas; alors que sur un autre point les tractus font défaut,
parce qu'ils ne se sont pas produits, ou parce qu'ils se sont rompus,
soit au moment de la rétraction des amas fibrineux entre lesquels
on les trouve souvent très tendus, soit par le fait des manipulations. Du reste, les parois alvéolaires isolées sont aussi le siège
de fibrilles déliées et très fines qui paraissent les infiltrer en même
temps que les éléments cellulaires dont il sera bientôt question.

Mais la fibrine se montre aussi dans les parois des bronches, et
jusque dans leur cavité, dans les cloisons interlobulaires, dans la
plèvre et à sa surface avec les exsudats qui s'y trouvent, ceux-ci
étant interstitiels aussi bien qu'intra-alvéolaires et intra-bron-
chiques.

On peut rencontrer des bronches dont la paroi est manifestement
infiltrée de fibrilles fibrineuses. Mais, le plus souvent, les petites
bronches ne peuvent plus être distinguées des alvéoles parce
qu'elles renferment les mêmes exsudats cellulaires et fibrineux en
abondance.

Dans certains cas exceptionnels la fibrine peut être produite en
telle quantité qu'elle se continue dans les grosses bronches et se
présente à l'œil nu sous la forme de prolongements moulés sur leur
cavité, comme nous avons eu l'occasion d'en observer un cas tout
à fait semblable aux observations publiées par les auteurs sous le
nom de *pneumonie à moules fibrineux des bronches*.

Dans un autre cas, se rapportant à une diphtérie du larynx et de
la trachée, nous avons trouvé dans le poumon un processus pneumonique diffus avec des exsudats ayant donné lieu à un réticulum
fibrineux délié, au sein duquel se trouvent les éléments cellulaires,
et qui est tout à fait semblable dans les petites bronches (fig. 40).
Naturellement, les bronches plus volumineuses offrent un amas
fibrineux plus épais et avec un plus grand nombre de cellules.

Dans tous les cas d'hépatisation rouge, les cloisons interlobulaires sont aussi plus ou moins infiltrées par la fibrine, et d'autant
plus qu'elles n'ont pas été préalablement sclérosées. On a vu déjà,
à propos de la pneumonie lobulaire, que les fibres des parois
interlobulaires sont écartées par l'exsudat liquide, de manière à

former de petites cavités alvéolaires au milieu desquelles il y
a un fin réticulum fibrineux et des cellules comme au milieu des
alvéoles. Il en est de même pour la pneumonie lobaire à des degrés
divers, ainsi qu'on peut le voir sur la figure 41 qui montre un
exsudat cellulo-fibrineux identique dans les alvéoles, dans les
parois alvéolaires, dans les plèvres, et dans un espace interlobaire.

Les dépôts fibrineux se voient très bien aussi dans le tissu

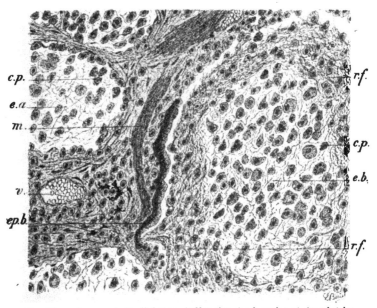

Fig. 40. — *Pneumonie in diphtérie; infiltration des bronches et des alvéoles*
par un exsudat fibrineux.

ep.b., épithélium bronchique. — **m**, fibres musculaires de la paroi bronchique.— **v**, vaisseau dilaté.
e.b., exsudat bronchique. — **e.a.**, exsudat alvéolaire. — **c.p.**, cellules pigmentées. — **r.f.**, réseau
fibrineux.

sous-pleural et jusqu'à sa surface (fig. 39 et 41) où ils apparaissent
tout semblables à ceux qui se trouvent dans les autres parties du
tissu bronchopulmonaire.

Les éléments cellulaires de nouvelle production sont répartis
de la même manière que la fibrine. Ce qui domine ordinairement
ce sont des cellules, en plus ou moins grande quantité, de volume
variable, parfois difficiles ou impossibles à distinguer au milieu du
feutrage fibrineux épais, mais qu'on voit d'autant mieux que le
réticulum est plus clair avec des mailles plus larges.

Lorsque les cellules ne sont pas très nombreuses, on peut les trouver assez volumineuses, avec un noyau plus ou moins coloré et un protoplasma ordinairement granulo-graisseux, souvent déformé et rétracté irrégulièrement. Si les cellules sont en très grand nombre, elles sont plus petites et les altérations sont moins apparentes ; mais on peut constater toutes les transitions avec les premières, auxquelles elles sont mélangées sur certains points.

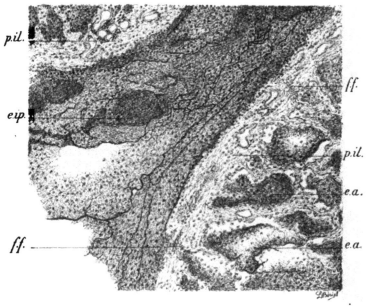

Fig. 41. — *Pneumonie lobaire; exsudat fibrineux intra-alvéolaire, pleural et interlobaire.*

p.i.l., plèvre interlobaire. — *e.a.*, exsudat alvéolaire cellulaire et fibrineux. — *e.i.p.*, exsudat intrapleural cellulaire et fibrineux. — *f.f.*, fibrilles fibrineuses avec exsudat cellulaire dans la plèvre.

C'est surtout dans les espaces situés entre les masses fibrineuses rétractées et les parois alvéolaires ne présentant que quelques rares fibrilles fibrineuses ou même pas de fibrine qu'on voit le mieux les éléments cellulaires avec toutes leurs variétés d'aspect. Ce sont des cellules de volume variable, toujours avec l'altération granulo-graisseuse de leur protoplasma, d'autant plus appréciable qu'elles sont plus volumineuses, les plus petites étant fort peu altérées ou même paraissant intactes. Sur certains points (plutôt sur les limites de l'hépatisation), on voit encore les cellules épithéliales

en place, dont quelques-unes commencent à être altérées et même
à présenter quelques traces de pigment noir, plus apparent sur les
cellules voisines, plus volumineuses, qui tendent à se détacher
de la paroi, ou qui ne sont plus qu'accolées à elle.

Parmi ces cellules, on en trouve toujours un certain nombre
qui ont pris la disposition fusiforme, et bien souvent aussi qui
sont reliées entre elles par leurs prolongements filiformes.
Elles se produisent surtout chez les sujets présentant déjà des
points de sclérose pulmonaire, et dans tous les cas où la pneumonie a eu de la tendance à persister. Ces cellules ont, du reste,
un aspect en rapport avec celui des autres cellules voisines et
elles sont tantôt assez volumineuses et tantôt plus petites et très
allongées. Leur protoplasma est clair hyalin, surtout dans ce
dernier cas. Il est parfois granuleux dans le premier où il peut même
présenter des granulations pigmentaires, comme dans le protoplasma des autres cellules voisines détachées de la paroi ou y
adhérant encore.

Il est du reste difficile de distinguer exactement les cellules qui
tapissent la paroi alvéolaire de celles qui l'infiltrent. Les premières
ne sont bien manifestes que sur certains points où une coupe
oblique d'un alvéole permet de voir à plat une petite portion de
sa paroi. Sur la plupart des points, les parois sont coupées de
telle sorte que les cellules se trouvant à sa partie interne se
confondent plus ou moins avec celles qui infiltrent très manifestement son tissu, et que l'on aperçoit entre les mailles des capillaires.
Quelquefois, elles forment des saillies irrégulières et donnent à la
travée interalvéolaire isolée l'aspect d'un bâton épineux.

De nombreuses cellules infiltrent pareillement la paroi des
bronches et remplissent sa lumière. Dans certains cas, comme sur
celui qui se rapporte à la figure 40, on voit très bien cette infiltration, quoique les éléments constituants de la paroi bronchique
soient encore distincts ; et, sur un point même, on reconnaît la
trace de l'épithélium cylindrique qui paraît altéré. Mais le plus
souvent les petites bronches ne peuvent pas être distinguées, tellement l'infiltration cellulaire est intense à ce niveau et en tout
semblable à celle des alvéoles.

Les mêmes cellules sont répandues dans les interstices des
travées interlobulaires, ainsi que dans la plèvre, et jusqu'à sa
surface dans les amas fibrineux qui s'y trouvent. Elles sont toujours plus volumineuses à l'état isolé, et plus petites lorsqu'elles
sont réunies en amas.

Enfin, on trouve encore disséminés dans les mêmes régions, des globules sanguins en quantité très variable dans chaque cas, et même d'un point à un autre d'une même préparation. Ainsi, il n'est pas rare de trouver, comme sur la figure 32, des alvéoles qui renferment un gros amas de globules rouges colorés en vert par le picrocarmin et situés ordinairement au milieu de l'amas fibrineux intra-alvéolaire ; puis, dans un autre alvéole où le réticulum fibrineux est clair et à larges mailles, des globules sanguins irrégulièrement disséminés au milieu des autres cellules, le plus souvent en moins grand nombre, mais parfois aussi en nombre à peu près égal ou même supérieur. Les plus grandes variations peuvent être rencontrées dans cette répartition des globules rouges exsudés, non seulement dans les alvéoles, mais encore à travers les diverses parties constituantes du tissu où se trouvent infiltrées les nouvelles productions cellulaires dont il vient d'être question.

Certaines pneumonies peuvent se présenter avec une exsudation prédominante de globules rouges. Elles correspondent à la variété hématoïde de Schützenberger et hémorragique de M. Lépine.

Pendant la vie, cette pneumonie se présente avec les signes locaux et généraux de la pneumonie lobaire. Cependant, on peut avoir quelques présomptions qu'on a affaire à cette variété lorsque les crachats sont nettement hémorragiques, s'il s'agit d'un cardiaque quand le malade est jeune, ou s'il présente depuis longtemps des signes de lésions inflammatoires des poumons quand il est vieux. L'examen des lésions à l'œil nu n'a rien d'absolument caractéristique, car les surfaces de section offrent l'aspect d'une hépatisation uniformément rouge grenat ou plus foncé se rapprochant de la couleur des infarctus, analogue aussi à l'aspect présenté par une pneumonie hyperplasique en raison de la dureté et de la résistance du tissu affecté. L'examen histologique est nécessaire pour reconnaître exactement la lésion, et ordinairement même ce n'est qu'en pratiquant cet examen qu'on s'aperçoit de la nature des exsudats. La figure 42 montre les lésions les plus typiques d'une pneumonie hémorragique qui occupait la plus grande partie du poumon droit chez un homme âgé de cinquante et un ans, alors qu'à l'œil nu nous pensions avoir affaire à une pneumonie hyperplasique, tout en ayant remarqué aussi sur les parties déclives l'analogie de ce tissu avec celui des infarctus.

Ce qui frappe au premier abord c'est, d'une part, que le tissu pulmonaire est le siège de lésions scléreuses antérieures très accu-

sées, et, d'autre part, que les cavités alvéolaires et bronchiques sont
remplies d'un exsudat où prédominent les globules rouges, mais
avec quelques éléments cellulaires et de la fibrine en quantité très
variable. On voit, en effet, des alvéoles remplis de globules rouges
qui présentent aussi quelques cellules plus ou moins volumineuses, irrégulièrement réparties, et plutôt en amas au centre
de l'alvéole, pour peu qu'elles soient en nombre.

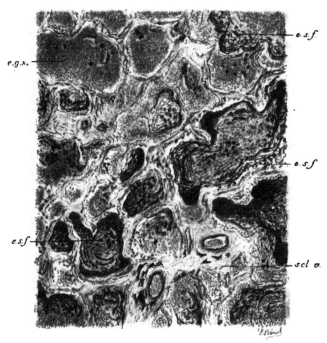

FIG. 42. — *Pneumonie lobaire hémorragique.*

s.cl.v., sclérose perivasculaire très prononcée se continuant autour des bronches et sur les cloisons
interalvéolaires. — *e.g.s.*, exsudat de globules sanguins prédominants. — *e.s.f.*, exsudat de globules
sanguins avec réticulum fibrineux offrant une disposition analogue à celle de l'hépatisation rouge
typique. — On remarque aussi dans les alvéoles des cellules colorées par le carmin en quantité
variable.

Mais ce qu'il y a de plus caractéristique dans ce cas, c'est la présence dans un certain nombre d'alvéoles d'un réticulum fibrineux
ayant tout à fait l'aspect de celui qu'on rencontre habituellement
dans l'hépatisation rouge, avec des anastomoses interalvéolaires, et
qui, d'autres fois, est moins caractéristique, plus irrégulier.

On constate encore que certains alvéoles pleins de globules rouges avec ou sans autres cellules alternent avec des alvéoles contenant de grosses cellules avec peu ou pas de globules rouges. Cette dernière disposition se remarque principalement sur les bords des parties hépatisées. Parfois on la rencontre aussi au milieu des portions infiltrées de globules rouges, qui donnent alors à l'œil nu l'aspect d'îlots blanchâtres sur le fond rouge. Il est à remarquer que les infarctus présentent, à leur périphérie surtout, un processus pneumonique, et qu'en somme ils offrent, au moins sur certains points, la plus grande analogie avec cette pneumonie hémorragique. En effet, les lésions de celle-ci n'en diffèrent guère que par leur plus gros volume et une plus large association des cellules blanches aux globules rouges exsudés ; mais dans les deux cas ces éléments se trouvent infiltrés dans toutes les parties constituantes du tissu, avec prédominance à la périphérie, c'est-à-dire à la superficie de l'organe, et il existe une inflammation concomitante de la plèvre avec des exsudats de même nature que dans le tissu pulmonaire : plus ou moins de cellules et de globules rouges.

Il est à remarquer aussi que cette variété dite hématoïde ou hémorragique de la pneumonie lobaire se produit dans des conditions analogues à celles qu'offrent les infarctus, c'est-à-dire plutôt chez des cardiaques, ou tout au moins chez des sujets ayant un cœur augmenté de volume et dont l'action est accrue. C'est ainsi que cette pneumonie se rencontre ordinairement avec des points de sclérose antérieure, dont la production a été déjà favorisée par les mêmes circonstances. Les parties sclérosées qui ne sont pas infiltrées de globules rouges se détachent nettement sur les préparations.

Ce n'est pas que tous les sujets qui présentent de la sclérose pulmonaire doivent avoir cette variété de pneumonie ; mais elle ne se rencontre guère que dans ce cas et il semble bien que les conditions dans lesquelles se trouvent alors les malades constituent une prédisposition à une exsudation plus ou moins abondante de globules sanguins, soit en raison de l'état du cœur, soit par suite des oblitérations vasculaires antérieures et récentes, qui entravent la circulation et peuvent favoriser l'issue des globules sanguins.

Ce n'est pas seulement avec la pneumonie hémorragique que l'on trouve des oblitérations vasculaires. Dans un cas de pneumonie lobaire franche, où il y avait une assez grande quantité de globules rouges exsudés, on pouvait constater des points de sclérose avec épaississement au niveau de la plèvre et des travées interlobulaires, mais principalement autour des vaisseaux.

On y voyait plusieurs artères avec de l'endartérite et même une petite artère presque complètement oblitérée.

Les faits de ce genre sont particulièrement instructifs au point de vue du mode de production des lésions et des prévisions que l'on peut fonder sur la constitution des lésions pneumoniques, lorsque la clinique permet de déterminer les conditions dans lesquelles elles se produisent.

En outre, nous appellerons l'attention sur l'exsudation variable de globules rouges ou blancs ou mélangés dans des proportions diverses, sous l'influence d'un même trouble général avec la même marche cyclique de la maladie ; ce qui contribue à prouver non seulement le même mode de production de l'exsudat dans tous les cas, mais encore la même origine des éléments qui s'y trouvent.

Enfin, dans la pneumonie lobaire, comme dans toute pneumonie, il y a une exsudation liquide concurremment avec celle des éléments dont il vient d'être question. Si nous n'avons pas tout d'abord commencé par nous en occuper, c'est pour nous conformer aux descriptions habituelles des auteurs. Mais cette question, en général plus ou moins négligée par eux, mérite d'être plus particulièrement examinée.

Il est bien certain qu'aucun élément ne peut exister et surtout se mouvoir dans l'économie, et jusque dans l'intimité des tissus, sans avoir pour véhicule un liquide qui est le sérum dans l'appareil circulatoire, et un liquide de même nature, non pas semblable (puisque les conditions dans lesquelles il se trouve ne sont pas les mêmes), mais analogue partout en dehors de cet appareil, ainsi que le prouvent les analyses des liquides anormalement produits qui peuvent être recueillis en quantité suffisante.

Non seulement on ne peut pas concevoir que des éléments vivent sans que des échanges s'établissent avec un liquide ambiant, mais à plus forte raison qu'ils se meuvent pour passer dans les tissus et y prendre des dispositions particulières, comme on le voit pour les exsudats pneumoniques. Et cependant les auteurs font souvent abstraction de ce liquide dont ils semblent ignorer la présence, ou dont ils ne se préoccupent guère, alors qu'il ne peut manquer de jouer un rôle important si l'on tient compte de son action physiologique.

Et d'abord sa présence est bien manifeste. Déjà à l'œil nu, on peut constater qu'en incisant les parties du poumon qui sont engouées ou même qui se présentent à l'état d'hépatisation rouge, on voit sourdre un liquide qui n'est pas simplement du sang.

Celui-ci paraît manifestement mélangé à une sérosité plus ou moins abondante, le poumon donnant souvent en même temps l'impres sion d'infiltration œdémateuse sur quelques points et surtout dans certains cas, de telle sorte que la pression du doigt laisse une empreinte caractéristique. Il peut même arriver (plutôt chez des tuberculeux) que cet état s'exagère sur une région, au point de présenter une sérosité citrine analogue à celle produite sur la peau

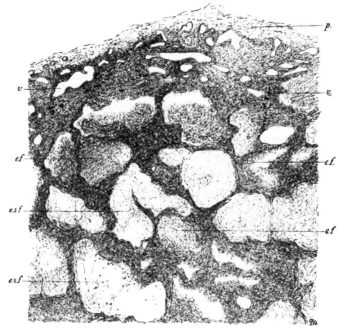

FIG. 43. — *Pneumonie lobaire chez un tuberculeux avec exsudat cellulo-fibrineux et séreux abondant.*

p, plèvre épaissie. — v, vaisseaux de nouvelle formation. — *e.f.*, exsudat cellulo-fibrineux. — *e.s.f.*, exsudat séro-fibrineux prédominant.

par un vésicatoire. Ce liquide infiltre irrégulièrement le tissu, distendant les alvéoles surtout vers les parties emphysémateuses des poumons et en alternant avec des exsudats plus ou moins denses dans des alvéoles voisins. Ce sont probablement des cas analogues dont Schutzenberger a fait sa « pneumonie séreuse ».

La figure 43 se rapporte à un cas de ce genre, et l'on peut voir, en effet, certains alvéoles distendus où l'on ne trouve cependant que de fines granulations éparses avec de rares cellules dans un réticulum à larges mailles, où existait certainement le liquide que l'on apercevait à l'œil nu sur ces points et qui s'écoulait par les incisions. La répartition du liquide est très irrégulière, et, à côté d'alvéoles où il n'y a que peu ou pas d'éléments cellulaires appréciables, on en trouve d'autres où les cellules sont disséminées ou réparties en plus ou moins grand nombre à travers l'exsudat fibrineux.

Or, on a vu que dans les cas d'hépatisation lobulaire et lobaire, des alvéoles se présentent dans des conditions analogues, ne laissant aucun doute sur la présence d'une plus ou moins grande quantité de liquide incolore, ordinairement chargé de fines granulations, probablement fibrineuses, et de fibrilles de même nature. On peut assez souvent aussi constater d'une manière très manifeste comme sur les figures 32 et 33 les espaces occupés par le liquide au niveau des travées interlobulaires, dans le tissu de la plèvre, et surtout à sa surface, c'est-à-dire dans la cavité de cette séreuse, ainsi qu'on peut s'en rendre compte dans tous les cas, et encore bien mieux à l'œil nu qu'au microscope.

Ce liquide, comme celui qui est exsudé à la surface de la plèvre, est albumino-fibrineux, et les dépôts granuleux et fibrillaires de fibrine que l'on constate à l'état d'infiltration dans les alvéoles et dans tout le tissu affecté proviennent du liquide qui a pu se répandre ainsi à travers tous les éléments constituants de l'organe et y laisser déposer cette fibrine dont on a fait la caractéristique de l'affection après la mort. Mais il semble que pendant la vie, on admet déjà la coagulation fibrineuse avec la production de l'hépatisation. Or, c'est là une opinion qui nous paraît très contestable.

Lorsqu'on examine le réticulum fibrineux dans les alvéoles et dans les parties du tissu pulmonaire où il se présente sous l'aspect d'un élégant réseau constitué par de minces fibrilles, entre les mailles duquel les éléments cellulaires sont bien appréciables, et avec des globules sanguins qui paraissent intacts, on se demande comment de pareilles dispositions auraient pu persister pendant plusieurs jours sans qu'il survînt des modifications dans l'état de ce fin réseau fibrineux et des éléments qu'il renferme; car des changements incessants se produisent inévitablement dans toutes les parties constituantes de l'organisme vivant, qu'elles soient normales ou pathologiques.

Du reste, en examinant comparativement les exsudats fibrineux de la plèvre, simultanément produits, on voit que, s'il y a dans son tissu et à sa surface des traces d'un réticulum fibrineux semblable à celui du tissu pulmonaire proprement dit, on trouve souvent dans la plèvre, notamment sur les parties déclives, et même sur tous les points correspondant à la pneumonie (lorsque cette lésion date de plusieurs jours), des amas de fibrine plus ou moins condensée sous la forme fasciculée ou granuleuse. Pour peu que la fibrine soit déposée depuis quelque temps, elle prend l'aspect granuleux et flou, qui rend difficile à distinguer les éléments qu'elle renferme. Bien plus, on ne tarde pas à voir des néoproductions parties de la plèvre qui tendent à envahir ces dépôts fibrineux.

Rien de semblable ne se voit dans les alvéoles pulmonaires durant l'hépatisation rouge. Ce n'est que dans les formes prolongées de cette hépatisation qui donnent lieu à des formations hyperplasiques scléreuses qu'on aperçoit des amas fibrineux au centre des alvéoles, non plus sous la forme réticulée, mais en voie de dégénérescence, et envahis par le processus scléreux, comme nous l'indiquerons bientôt. Or, nous le répétons, dans le stade d'hépatisation rouge, il n'existe que le fin réseau fibrineux qui a été décrit, et auquel on ne peut comparer que le réseau fibrineux non moins délié et élégant provenant des coagulations fibrineuses que fournit le liquide séro-fibrineux d'une pleurésie aiguë, lorsqu'il est retiré de la plèvre et placé dans un vase inerte, ou celui que l'on peut constater après la mort dans un espace interlobaire au niveau d'un épanchement parapneumonique. Dans ce cas notamment, on peut très bien se rendre compte de l'identité absolue des productions fibrineuses dans la plèvre et le poumon.

Il résulte de toutes ces remarques que les coagulations fibrineuses constatées dans l'hépatisation rouge de la pneumonie ont dû plutôt se produire au moment de la cessation des actes organiques vitaux, c'est-à-dire au moment de la mort ou de la période agonique, comme les coagulations fibrineuses dans les vaisseaux.

Cette interprétation des faits rend bien compte de la répartition générale de la fibrine dans tout le tissu infiltré de liquide, et des aspects si variés sous lesquels les coagulations se présentent, ainsi que des anastomoses constatées entre les amas fibrineux des alvéoles voisins. Les cellules endothéliales, altérées et déplacées, ont permis la mise en communication du liquide contenu dans les alvéoles à travers leurs parois et les entrecroisements des fibres élastiques; et les prolongements fibrineux sont la preuve de cette communication. Si beaucoup sont retrouvés encore intacts sur les préparations, c'est qu'ils se sont produits récemment; car on comprendrait difficilement qu'ils aient pu résister en conservant l'apparence de minces formations de fibrilles souvent en petit nombre, et même en ne présentant parfois qu'une seule fibrille déliée que l'on voit parfaitement traverser la paroi alvéolaire, si cette production datait de quelques jours.

. Cette interprétation permet encore de mieux expliquer ce qui se passe, soit au moment de la résolution de la pneumonie, soit lorsque l'hépatisation rouge passe au troisième stade d'hépatisation grise, comme nous l'indiquerons plus loin.

En effet, on voit que les dépôts fibrineux sont très longs à se résorber, comme on en a la preuve pour la pleurésie, même pour la pneumonie dans les formes prolongées, et qu'ils coïncident toujours avec des productions scléreuses. Or on sait aussi que la résolution de la pneumonie aiguë est en général rapide et qu'elle ne laisse ordinairement aucune trace; ce qui est absolument en faveur de la résolution d'un exsudat resté à l'état liquide, permettant son élimination plus facile, à la fois par l'expectoration et surtout par l'absorption des produits anormaux.

On peut aussi bien mieux se rendre compte des phénomènes d'auscultation dans la pneumonie apte à se résoudre, où persistent souvent des râles fins en même temps que le souffle, avec des variations fréquentes de ces signes d'un jour et parfois d'un instant à l'autre. Cela explique enfin l'apparition si rapide des râles de retour lorsque la terminaison est favorable.

Il est vrai que des pneumonies ont pu mettre un temps plus ou moins long à se résoudre; mais ces faits se rapportent surtout à des vieillards ou à des bronchitiques, à des cardiaques, probablement à des sujets ayant déjà des altérations pulmonaires ou disposés à avoir des troubles circulatoires, et confinent aux pneumonies prolongées dont nous allons bientôt nous occuper.

Le troisième stade de la pneumonie lobaire aiguë correspond à l'*hépatisation grise*, caractérisée encore par l'augmentation de la densité et de la consistance du tissu qui est devenu granuleux sur les surfaces de section ou de déchirure. Il a pris une coloration grise ou d'un gris jaunàtre, avec diminution de sa vascularisation. Il est devenu aussi plus friable, plutôt dans les parties profondes, une couche superficielle et tout au moins la plèvre conservant très fréquemment, mais non toujours, une vascularisation augmentée. En effet, nous avons souvent été frappé de la différence d'aspect que présente dans ces cas le poumon hépatisé considéré à sa surface et sur les coupes. Tandis qu'à l'extérieur on voit une

surface rouge violacée assez prononcée, on est tout étonné de trouver, sur les surfaces de section, un tissu grisâtre ou jaunâtre
ordinairement avec des marbrures rouges, mais qui offre en somme
un aspect plus ou moins anémique contrastant avec celui de la
surface externe.

L'examen histologique permet de bien se rendre compte des
conditions qui réalisent l'hépatisation grise. Celle-ci est parfois
susceptible d'exister seule, mais elle se présente le plus souvent

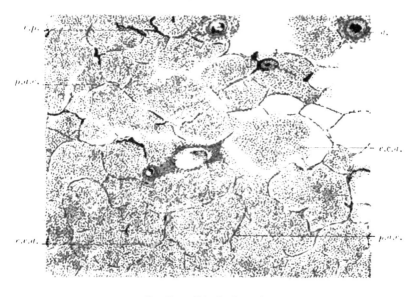

Fig. 44. — *Hépatisation grise.*

e.c.a., exsudat cellulaire alvéolaire. — *p.a.c.*, parois alvéolaires comprimées. — *c.p.*, vaisseaux
persistants. — *a.* artère.

avec plus ou moins d'hépatisation rouge. En tout cas l'hépatisation
grise (fig. 44) est essentiellement caractérisée par la surabondance
des productions cellulaires dans les alvéoles et dans tout le tissu
constituant du poumon, à l'état d'infiltration excessive. jusqu'au
point où les capillaires et les petits vaisseaux ne sont plus
apparents, probablement par le fait de la compression qui résulte
de la présence de ces exsudats abondants et plus denses que dans
l'hépatisation rouge. Ce n'est que çà et là, dans des vaisseaux assez
volumineux, qu'on voit quelques amas de globules sanguins de
coloration verdâtre sur l'ensemble de la préparation qui donne

l'aspect d'une large nappe cellulaire à peu près uniformément colorée en rouge, d'autant que les alvéoles sont souvent distendus, agrandis, et que les parois alvéolaires comprimées sont peu appréciables ou seulement marquées par des tractus incolores.

C'est en se rapprochant de la plèvre ou des grosses travées interlobulaires ou encore des gros vaisseaux qu'on trouve la vascularisation des parties et les exsudats avec plus ou moins de fibrine à l'état fibrillaire, c'est-à-dire l'aspect; de l'hépatisation rouge qui fait rarement défaut complètement, ainsi qu'on a si fréquemment l'occasion de le constater sur les préparations. Il n'existe pas de fibrine sur les points bien caractérisés d'hépatisation grise, et particulièrement au niveau de ceux où l'exsudat est un peu dissocié par le fait des manipulations, ce qui permet d'apercevoir quelques cellules à l'état isolé, sans trace de fibrine à leur pourtour, et de constater aussi que ces cellules paraissent toutes de volume égal et également altérées par la dégénérescence granulo-graisseuse de leur protoplasma. Cet aspect offert par l'hépatisation grise est caractéristique et bien distinct de celui de l'hépatisation rouge aussi nettement caractérisé, comme il résulte de l'examen comparatif des figures 39 et 44. Mais dans l'un et l'autre cas, l'exsudat pleurétique est toujours plus ou moins fibrineux.

Ce qui distingue, en somme, l'hépatisation rouge de l'hépatisation grise, c'est que la première présente encore tous les signes d'une vitalité excessive, puisque, avec l'hyperplasie cellulaire, on peut constater une activité circulatoire augmentée ; tandis que dans la seconde, si les productions cellulaires sont plus abondantes, elles paraissent avoir éteint leur foyer de production et de nutrition. On conçoit que dans ce dernier état, la résolution de l'inflammation soit bien difficile, sinon impossible, puisque la vitalité des parties affectées se trouve compromise et qu'il faut qu'un tissu vive ou meure. C'est pourquoi on se rend parfaitement compte que l'hépatisation grise ne puisse pas passer à l'état chronique comme l'hépatisation rouge, pas même pour faire de l'induration grise qui doit toujours avoir été préalablement de l'induration rouge, ainsi qu'il résulte de ce qui a été dit précédemment. C'est pourquoi aussi l'hépatisation grise entremêlée à l'hépatisation rouge est la lésion qu'on rencontre le plus communément dans les autopsies.

Cependant l'état des éléments cellulaires exsudés dans les deux cas ne diffère pas beaucoup, ainsi qu'on peut le constater par un examen à l'état frais, dont les préparations sont reproduites par la

figure 45. On remarque que les cellules sont beaucoup plus volumineuses et de forme plus variée qu'elles ne paraissent sur les
préparations durcies, en outre que leur protoplasma finement et
uniformément granuleux est chargé de petites granulations graisseuses arrondies, analogues à des perles de volume égal, et qui
sont seulement plus nombreuses dans l'hépatisation grise où
toutes les cellules en présentent, tandis qu'elles sont en moindre
quantité dans l'hépatisation rouge où un certain nombre de cellules
n'en renferment pas.

C'est parce qu'on observe souvent des cas où le tissu hépatisé est
en partie rouge et en partie gris qu'on admet en général le
passage de la pneumonie par les trois stades, tout en supposant encore que l'hépatisation grise peut se produire d'emblée.

Il est vraisemblable que
cette dernière expression n'a
trait qu'au défaut d'hépatisation rouge dans les cas où l'on
n'en trouve pas la trace et non
à l'absence du stade d'engouement ; les lésions qui caractérisent cet état ne manquant
jamais à la périphérie des
parties hépatisées rouges ou
grises, et pouvant seules rendre compte de toutes les productions initiales exagérées.

Fig. 45. — *Cellules d'exsudat pneumonique
à l'état frais* (frottis).

Provenant, à gauche, d'un point d'hépatisation rouge, et, à droite, d'un point d'hépatisation grise.

C'est ainsi que ce tissu infiltré de cellules jusqu'à la production
de la compression des vaisseaux, laquelle a donné lieu à son anémie, a dû être d'abord vascularisé à l'excès pour fournir une telle
quantité de cellules.

Il est fort possible, en effet, qu'en raison de circonstances
diverses, l'exsudation ait été de suite assez abondante pour donner
lieu à cette production exorbitante de cellules à travers tout le
tissu et déterminer immédiatement les lésions caractéristiques
de l'hépatisation grise. On peut même se demander si dans
les cas où l'on trouve en même temps des lésions d'hépatisation
rouge, les unes et les autres n'ont pas succédé immédiatement à la
période d'engouement avec les caractères particuliers à chaque
stade suivant la répartition de l'exsudat et ses caractères en rapport avec la persistance ou non de la vascularisation.

Cette opinion peut être aussi bien soutenue que celle de l'hépa-

tisation grise d'emblée, ou consécutive à l'hépatisation rouge,
en admettant comme nous l'avons fait que l'exsudat fibrineux de
l'hépatisation rouge est liquide et peut être facilement résorbé,
ce qui serait très difficile à comprendre avec l'hypothèse de sa
coagulation pendant la vie. S'il en était ainsi on devrait au moins
trouver dans l'hépatisation grise des amas de fibrine incomplètement résorbés, vu la grande quantité de cette substance contenue

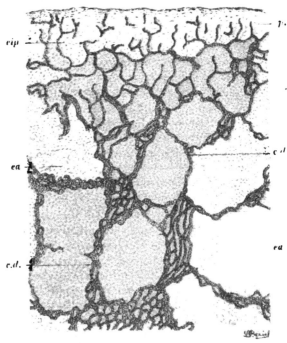

Fıо. 46. — *Congestion intense avec exsudation cellulaire abondante des poumons
et de la plèvre sans pleurésie* in *empoisonnement par l'acide phénique.*

p, plèvre. — *eip,* exsudat intrapleural. — *ea.,* exsudat alvéolaire. — *c.d.,* capillaires dilatés.

dans les alvéoles voisins en état d'hépatisation rouge ; tandis qu'elle
fait défaut ou ne se rencontre qu'en minime quantité et nullement
sous la forme d'amas anciens.

Toute inflammation du poumon atteignant la superficie de
l'organe en rapport avec la plèvre (ce qui est le cas habituel) est
bientôt accompagnée d'une propagation à la séreuse dans la partie
correspondante de ses deux feuillets. C'est ce que l'on peut con-

stater dans tous les cas d'hépatisation rouge et grise, et même, à un degré variable, à la période d'engouement dans la plupart des cas.

Néanmoins si l'on constate un léger exsudat à la surface de portions du poumon qui ne sont qu'engouées, puisqu'elles surnagent lorsqu'on les plonge dans l'eau, on trouve aussi dans leur voisinage immédiat des portions cependant engouées qui n'offrent pas encore d'exsudat à leur niveau. C'est que l'altération pulmonaire est primitive et qu'il faut un certain temps, du reste assez court, pour que la plèvre soit atteinte. C'est ce qui explique que, dans un cas d'empoisonnement par l'acide phénique, nous ayons pu trouver la plèvre absolument indemne quoique les poumons fussent déjà volumineux et augmentés de densité, non seulement avec l'aspect d'une congestion excessive à l'œil nu, mais encore avec une exsudation abondante seulement révélée par l'examen histologique.

La figure 46 représente cette hyperplasie cellulaire exsudative véritablement considérable dans les deux poumons, sous l'influence bien manifeste d'une vascularisation excessivement augmentée et probablement d'une manière très rapide; de telle sorte que la mort est survenue avant que la plèvre ait eu le temps d'être affectée.

Ne connaissant pas de cas semblables, nous attirons particulièrement l'attention sur celui-ci, d'abord en raison de sa production sous l'influence de l'empoisonnement par l'acide phénique, ensuite parce que, sans l'examen histologique, des lésions semblables cependant très prononcées pourraient passer inaperçues, non seulement dans les mêmes circonstances, mais encore dans d'autres cas de mort plus ou moins rapide sous l'influence d'autres empoisonnements ou même sur des points plus limités par suite de causes diverses.

Après avoir passé en revue les lésions qui se rapportent aux affections décrites en clinique sous les noms de bronchite simple, de bronchite capillaire, de broncho-pneumonie, de pneumonie lobulaire et lobaire, à leurs divers stades, on peut voir que si elles présentent des caractères qui les distinguent, ceux-ci se rapportent surtout à l'intensité et à la répartition des productions anormales, qui sont de même nature dans tous les cas. On se rend compte aussi qu'il s'agit principalement de productions surabondantes et plus ou moins modifiées des éléments normaux du tissu pulmonaire. Et dans ce tissu il faut comprendre les bronches, que l'on ne peut considérer isolément, pas plus à l'état pathologique qu'à l'état normal, une bronchite étant déjà une inflammation du tissu pulmonaire, ainsi que nous avons cherché à le mettre en évidence par l'examen des faits d'inflammation que l'on peut communément observer.

Nous ferons encore remarquer que les cellules des exsudats sont bien de nature épithéliale; car l'on peut suivre toutes les transitions entre les cellules altérées qui sont encore retenues à la paroi alvéolaire et celles qui sont accumulées dans les alvéoles en nombre de plus en plus grand, que l'on trouve dans la pneumonie dite épithéliale, puis dans la pneumonie lobulaire et lobaire. Si, dans ce dernier cas, les préparations du tissu durci et rétracté montrent des éléments de petit volume en raison de ce fait et de l'abondance

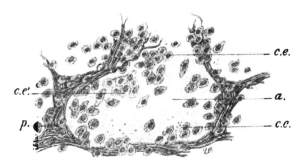

FIG. 47. — *Pneumonie lobaire*; *exsudat alvéolaire à l'état frais (par dissociation*.
a, alvéole. — p, paroi alvéolaire. — *c.e.*, cellules de l'exsudat. — *c.e'.*, cellules épithéliales.

des cellules, cependant l'examen de ces parties, surtout à l'état frais par dissociation, prouve qu'il s'agit bien encore d'éléments de même nature. On les trouve, en général, assez volumineux et quelques-uns peuvent parfois se présenter encore unis les uns aux autres, avec une disposition ne laissant aucun doute sur leur nature épithéliale, ainsi qu'on peut le constater sur la figure 47, se rapportant à une dissociation de pneumonie lobaire.

L'examen des lésions de même nature à l'état persistant, dit subaigu ou chronique, que l'on rencontre assez fréquemment, ne fera que confirmer ce que nous avançons.

BRONCHITE ET PNEUMONIE PERSISTANTES

Lorsque les lésions de bronchite et de pneumonie persistent, on dit qu'elles sont devenues chroniques; et comme elles se rencontrent ainsi très fréquemment, il importe de les étudier aussi dans ces circonstances.

Dans toute bronchite dite chronique, on observe en premier lieu les lésions qui ont été décrites comme se rapportant à la bronchite aiguë, toujours avec des degrés d'intensité variables, mais en général avec d'autant moins de productions cellulaires que l'inflammation a moins d'acuité; ce qui ne saurait rien changer à la nature de l'affection et à ses caractères anatomiques essentiels, qui sont analogues dans tous les cas.

Cette analogie est telle qu'au premier abord on ne trouve pas de différence bien évidente entre les formes aiguës ordinaires et les formes chroniques. Dans la plupart des cas même, on serait embarrassé pour préciser par l'aspect de ces seules lésions la durée de la bronchite, tellement il s'agit d'une affection identique dans son mode de production, contrairement à l'opinion des auteurs qui font une si grande différence entre les inflammations aiguës et chroniques. Ce n'est que dans les cas de bronchite souvent répétée ou prolongée, avec des exacerbations plus ou moins fréquentes, qu'on trouve çà et là un peu d'épaississement scléreux, autour des vaisseaux surtout, et au niveau de quelques parois alvéolaires, principalement près des bronches et des vaisseaux, ainsi qu'au voisinage de la plèvre et des cloisons interlobulaires, précisément partout où les jeunes cellules sont produites pendant longtemps ou trop fréquemment en grande quantité par suite d'une exsudation exagérée. On voit, en effet, ces cellules qui infiltrent les tissus, non seulement former des productions épithéliales et endothéliales, ainsi que des déchets exagérés, mais encore prendre la disposition fusiforme contre les parois alvéolaires, et donner lieu à un épaississement scléreux variable, mais qui peut aller, pour les alvéoles, jusqu'à une diminution considérable de leur cavité et même à leur oblitération. Celle-ci se traduit alors par la présence de petites plaques scléreuses, souvent assez étendues dans les bronchites anciennes pour être parfaitement appréciables à l'œil nu, ordinairement sous la forme de petits tractus grisâtres ou noirâtres.

La présence de ces petits tractus scléreux disséminés à travers le tissu pulmonaire doit être considérée comme la caractéristique de l'affection désignée sous le nom de bronchite chronique, parce qu'il existe un rapport constant entre ces lésions et la répétition ou la durée suffisamment prononcée du syndrome désigné sous le nom de bronchite, *indépendamment des exsudations récentes également constantes, communes aux formes aiguë et chronique précédemment décrites et qui caractérisent l'affection en cours d'évolution.*

Ces lésions se rencontrent fréquemment dans les nécropsies de malades considérés comme atteints de bronchite chronique. Elles siègent le plus souvent dans le lobe supérieur d'un poumon et même des deux poumons, principalement vers les parties supérieures, postérieures et centrales, mais parfois aussi un peu partout et même avec une très grande abondance.

En général il existe en même temps des lésions semblables à la partie supérieure et postérieure du lobe inférieur, pour peu que celles du lobe supérieur soient intenses. Enfin, des lésions diffuses peuvent se rencontrer aussi dans les autres parties, mais ordinairement à un moindre degré vers la base du poumon ainsi qu'en avant où l'emphysème prédomine. L'examen histologique montre des lésions en rapport avec celles constatées à l'œil nu, et permet d'en découvrir qui ont échappé en partie ou en totalité à cette première investigation.

On a ainsi la preuve du passage d'une inflammation de l'état aigu à l'état chronique, sans changement du processus qui est toujours le même, puisqu'il ne s'agit que de modifications plus ou moins intenses et persistantes dans les phénomènes normaux évoluant au sein du tissu bronchopulmonaire. On voit que la sclérose provient d'une production excessive et continue de jeunes éléments cellulaires, dont une partie seulement est utilisée, même avec exagération, pour le renouvellement cellulaire afférent aux diverses parties du tissu. Il en résulte probablement qu'une portion se transforme, comme dans tous les tissus enflammés, en cellules fusiformes qui augmentent l'épaississement des parties dites conjonctives, en leur donnant une résistance et une dureté plus grandes ; d'où l'expression de sclérose attribuée à ces productions anormales. En outre celles-ci présentent une teinte ardoisée ou noire, due à la présence de la même substance qu'on rencontre dans les cellules altérées des exsudats, mais qui n'est plus contenue dans des cellules et se trouve répartie très irrégulièrement entre les cellules fusiformes ou dans un stroma hyalin fibroïde surtout autour des vaisseaux.

Cet état persiste ensuite indéfiniment; car on ne rencontre pas dans les poumons des adultes du tissu de sclérose indemne de cette substance noire, quelle que soit l'ancienneté de l'affection. C'est dire qu'une fois fixée dans le tissu, cette substance n'est pas emportée par des cellules migratrices. On ne voit pas non plus qu'elle y soit apportée par ces cellules. On constate seulement que la matière noire se rencontre dans l'exsudat, principalement au sein des grandes cellules altérées et en voie de désintégration, tandis que les jeunes cellules n'en renferment pas. Ces dernières prennent la disposition fusiforme en enserrant les débris des exsudats, dont les parties cellulaires et liquides tendent à disparaître, mais dont on peut retrouver les traces sur beaucoup de points ; tandis que sur d'autres il ne reste plus que cette substance noire, au niveau des nouvelles productions scléreuses, lesquelles se sont substituées graduellement aux exsudats primitivement produits.

La sclérose peut se présenter en très grande abondance, sous la forme de plaques ou tractus grisâtres ou noirâtres, nombreux dans la bronchite chronique. Lorsqu'il existe de larges plaques ou amas plus ou moins rétractés, c'est que vraisemblablement l'inflammation a été plus intense, correspondant à des productions pneumoniques plus accusées et désignées autrement que sous le nom de bronchite.

Cependant à l'œil nu, les grosses bronches et la trachée peuvent présenter des signes d'inflammation, par la présence de mucosités plus ou moins adhérentes à la muqueuse, qui est de coloration rouge sombre et d'aspect épaissi, tomenteux. On peut même y voir fréquemment comme de petites perles de mucus, venant sourdre à la surface de la muqueuse au niveau des orifices glandulaires.

L'examen microscopique de la trachée et des bronches assez volumineuses montre ordinairement que leur paroi est le siège de productions cellulaires augmentées, comme à l'état aigu, dans toutes leurs parties constituantes : charpente fibreuse, muscles, glandes, épithélium, mais principalement au niveau de la muqueuse proprement dite, où les amas cellulaires d'aspect lymphoïde sont plus ou moins abondants. On constate en même temps de la sclérose à la périphérie des bronches et principalement autour des vaisseaux. Cette altération gagne parfois toute l'épaisseur de la paroi et l'on remarque simultanément une hyperplasie des fibres musculaires. Néanmoins, on voit encore les glandes avec beaucoup de cellules, et l'épithélium en place malgré la présence dans la cavité bronchique d'un exsudat contenant une grande quantité de cellules et de débris cellulaires, ainsi qu'on peut le voir sur la figure 28.

Ce n'est que dans les cas de sclérose très prononcée, occasionnant des modifications profondes dans la structure du tissu bronchopulmonaire et par suite dans sa nutrition, qu'on trouve l'épithélium bronchique plus ou moins modifié. C'est ainsi que dans les grosses bronches dont les parois sont très sclérosées, on voit parfois l'épithélium constitué par des cellules grêles, minces et allongées à leur extrémité terminale, tandis qu'elles sont seulement renflées au niveau de leur noyau, ce qui leur donne un aspect piriforme ou fusiforme. Dans ces cas où les vaisseaux de la paroi des bronches sont oblitérés en partie, les muscles et les glandes bronchiques, dont les éléments sont exubérants dans les premières périodes, peuvent être également envahis par la sclérose et diminués. Le cartilage qui participe d'abord aux phénomènes d'hyperplasie cellulaire à sa périphérie se trouve ensuite enserré dans le tissu périphérique sclérosé.

Ce sont ces seules lésions scléreuses des bronches qui ont attiré l'attention des auteurs, alors qu'ils ne se sont pas préoccupés des lésions de pneumonie épithéliale concomitante et auxquelles il faut rattacher les productions scléreuses diffuses, non seulement au niveau des bronches, mais partout, autour des vaisseaux, au voisinage de la plèvre et des travées interlobulaires, et à un moindre degré sur les parois des alvéoles qui sont irrégulièrement épaissies.

Lorsque l'épaississement scléreux tacheté de noir prend des proportions plus grandes, de manière à former sur les préparations de véritables plaques remplissant des cavités alvéolaires, c'est que l'exsudat a été plus abondant, jusqu'à correspondre aux lésions désignées sous les noms de bronchopneumonie et de pneumonie lobulaire, en persistant un certain temps ; ce qui constitue le passage à l'état chronique avec la formation d'un tissu scléreux.

Pneumonie lobulaire persistante ou chronique.

On peut trouver des points indurés plus ou moins limités, du volume d'une lentille à celui d'une noix et même davantage, principalement au sommet des poumons où ces lésions se rencontrent si fréquemment chez les vieillards, avec la sclérose diffuse précédemment décrite. Elles sont encore assez fréquentes dans tout le lobe supérieur, mais plus rares dans le lobe inférieur où on ne les rencontre guère que lorsqu'il existe des lésions similaires au sommet. Enfin sur les diverses parties de l'organe, elles siègent plutôt à sa périphérie; de telle sorte que, par la palpation, on peut souvent déjà se rendre compte de la présence de ces lésions.

Les scléroses du sommet sont si fréquentes qu'elles ont particulièrement attiré l'attention des auteurs. Elles sont considérées en

général comme consécutives, soit à des bronchites et à des inflammations pulmonaires quelconques, soit à des inflammations tuberculeuses ou syphilitiques; car ces lésions se rencontrent fréquemment avec d'autres lésions tuberculeuses anciennes ou récentes,
chez d'anciens syphilitiques, mais aussi chez des sujets indemmes de
tuberculose et de syphilis. En réalité, elles se produisent dans toutes
les conditions capables de donner lieu à une inflammation plus ou
moins intense et persistante, avec des caractères variables suivant
l'origine et l'intensité de l'affection.

Nous laissons de côté pour le moment les lésions qui se rapportent
manifestement à la tuberculose et à la syphilis, afin de les examiner
plus complètement à l'occasion de l'étude des lésions pulmonaires
ressortissant à ces maladies. Nous n'envisagerons donc maintenant que les scléroses de causes indéterminées que l'on trouve au
sommet des poumons chez des sujets ayant succombé à des maladies
diverses sans manifestations tuberculeuses ou syphilitiques. On les
rencontre communément avec les affections les plus variées; toutefois elles sont particulièrement fréquentes chez les vieillards qui
ont présenté de la bronchite à répétition ou chronique, chez ceux
qui succombent à une pneumonie, chez les cardiaques et chez
les brightiques, chez tous ceux qui ont été sujets à des inflammations bronchopulmonaires de causes diverses dans le cours de leur
existence.

A l'œil nu, les scléroses du sommet se présentent, lorsqu'elles
sont un peu épaisses, avec une adhérence des plèvres épaissies à ce
niveau, et, lorsqu'il n'y a pas d'adhérence, encore avec un épaississement toujours plus ou moins manifeste de la plèvre viscérale qui
tranche, par sa coloration blanchâtre, avec celle de la plaque
scléreuse sous-jacente qui est le plus souvent d'une coloration grise
ardoisée, mais encore assez souvent noirâtre, analogue à celle du
caoutchouc, d'autant que le tissu donne fréquemment cet aspect
sur les surfaces de section. Ces plaques ont ordinairement l'étendue
d'une pièce de 50 centimes à 1 franc, et l'épaisseur de 2 ou 3 millimètres à un centimètre à leur centre, puis vont en s'amincissant
à la périphérie, en coiffant, pour ainsi dire, une petite partie du
sommet du poumon. A leur voisinage, on constate ordinairement
de l'emphysème pulmonaire et on aperçoit parfois près de leur surface inférieure une ou deux petites bronches dilatées paraissant se
terminer en cul-de-sac à leur niveau.

L'examen histologique montre en allant de la plèvre au poumon,
d'abord l'épaississement scléreux plus ou moins prononcé des deux

plèvres adhérentes ou seulement de la plèvre viscérale, de coloration blanchâtre, où ne pénètre pas la substance noire, si ce n'est, parfois, à un très léger degré, tout à fait près du tissu pulmonaire. Cette substance est, au contraire, toujours plus ou moins abondante dans le tissu sclérosé du poumon dont la coloration grisâtre, par le fait des taches noires, tranche très nettement sur celle de la plèvre.

Le plus souvent, le tissu pulmonaire est complètement transformé à ce niveau, de telle sorte que les alvéoles ont disparu et qu'on ne trouve qu'un tissu homogène constitué par une substance hyaline blanchâtre ou rosée, uniforme ou fasciculée, parsemée de petites taches noires irrégulières, qui lui donnent l'aspect moucheté. Il y a aussi, entre les faisceaux hyalins, des cellules à noyaux bien colorés en rouge par le carmin, et des fibres élastiques irrégulièrement disposées, en quantité variable. Ce tissu est plus ou moins alimenté par des vaisseaux de nouvelle formation. Enfin on y trouve encore des cavités ordinairement plus ou moins arrondies, de volume variable, isolées ou réunies par petits groupes, dont la surface interne est tapissée par un épithélium à cellules cubiques et à noyaux bien colorés semblables à ceux des cellules voisines. Celles-ci sont en général plus nombreuses à ce niveau, où elles se présentent sous l'aspect de petites cellules confluentes, formant des amas analogues à ceux qui caractérisent les points lymphatiques de la paroi intestinale enflammée. Toutes les parties sclérosées présentent un grand nombre de ces points, d'ou les cellules paraissent se répandre à travers le tissu et au pourtour des cavités précédemment décrites.

Sur les limites de la plaque de sclérose, on voit celle-ci se continuer avec des travées alvéolaires épaissies et dans l'intérieur desquelles se trouve un exsudat en quantité variable.

D'autres fois la portion sclérosée n'est caractérisée que par un amas hyalin plus restreint ou même seulement par un épaississement sous-pleural, auquel succède immédiatement un épaississement des travées alvéolaires voisines, de telle sorte que les cavités des alvéoles persistent, seulement plus ou moins diminuées et avec des exsudats cellulaires variables où prédominent des cellules fusiformes.

Ce dernier aspect de la sclérose pulmonaire où la structure du tissu est peu modifiée semble correspondre à des lésions beaucoup moins anciennes que les précédentes, et se rapporte tout à fait à l'inflammation chronique de la bronchite. Ces altérations paraissent consécutives à de la pneumonie lobulaire lorsqu'elles sont plus prononcées, particulièrement quand il s'agit de nodules de sclérose plus volumineux du sommet ou des autres régions du poumon. Il arrive même que ces dernières lésions peuvent être multiples et prendre plus d'extension, jusqu'au point où il est difficile de décider si l'on a affaire à de la sclérose consécutive à une pneumonie lobulaire ou lobaire, les malades ayant présenté pendant leur vie, à une époque plus ou moins éloignée, des signes de pneumonie lobaire, et les lésions n'étant cependant constituées que par des masses scléreuses qu'on peut tout aussi bien rapporter à de la pneumonie lobulaire. C'est une raison de plus pour ne pas vouloir scinder absolument ces lésions, qui, à l'état chronique, comme à l'état aigu, se trouvent souvent confondues.

Pneumonie lobaire persistante.

Le passage de la pneumonie lobaire à l'état dit chronique peut cependant être observé dans des conditions qui ne laissent aucun doute sur la nature de la maladie; c'est dans le cas d'une pneumonie franche qui occupe une grande portion d'un lobe et qui a persisté au delà de son cycle habituel.

A l'œil nu on constate une hépatisation qui au premier abord ne paraît pas différer beaucoup de l'hépatisation rouge. Mais à un examen plus attentif, lorsque l'attention est portée sur cette recherche, on trouve sur la surface de section une fermeté de tissu plus accusée, ou une induration de plus en plus prononcée, en rapport avec la durée de l'affection. Cette surface a un aspect lisse, rougeâtre, cependant avec quelques dépressions inégales, qui sont plus accusées lorsque le tissu arrive à prendre la consistance fibroïde. Sa coloration rougeâtre persiste pendant un temps assez long; mais lorsque l'altération est ancienne, elle peut prendre une teinte jaunâtre ou grisâtre.

Ces dernières lésions sont rares à la suite d'une pneumonie lobaire aiguë. En effet, on n'observe guère alors que les premières phases de la prolongation de l'inflammation ; car celle-ci ne laisse en général survivre les malades que pendant un espace de temps assez restreint, variant de quelques jours à un mois après la durée habituelle de la pneumonie. On ne peut toutefois fixer une date précise pour la durée de ces lésions, qui, tout à fait exceptionnellement, se prolongent au delà de ce temps. Les cas d'inflammation avec une survie plus longue se rapportent ordinairement à des lésions plus restreintes ou disséminées de pneumonie lobulaire ou pseudo-lobaire, qui aboutissent aux alté-rations désignées sous le nom de pneumonie chronique; quoique le même terme soit également employé pour désigner les scléroses consécutives à la pneumonie lobaire aiguë.

Mais tandis que les auteurs attribuaient à ces lésions un processus particulier sous le nom de sclérose interstitielle, M. Bret a montré comment les productions aiguës se modifient graduellement pour constituer les formations chroniques, en insistant sur les phénomènes d'hyperplasie cellulaire, et en se basant sur notre interprétation des lésions dans la production des tubercules, pour expliquer le mode d'organisation de la sclérose ; d'où le nom de *pneumonie hyperplasique* donné à toute pneumonie lobaire persistante en voie de sclérose.

Le plus grand nombre des cas observés se rapportent à des malades qui ont succombé depuis un peu plus d'une semaine jusqu'à cinq semaines après le début de leur maladie.

A l'autopsie, les lésions sont d'autant plus manifestes qu'elles sont plus anciennes ; mais au début elles sont peu appréciables et douteuses à l'œil nu. *L'examen histologique est indispensable pour s'assurer de leur existence.* C'est pourquoi nous sommes convaincu qu'elles ont dû souvent passer inaperçues, surtout sur des sujets ayant succombé à une période mal déterminée.

L'hépatisation rouge persistante est la condition essentielle de la production d'une pneumonie hyperplasique, parce que l'apport du sang et, par conséquent, des matériaux de nutrition reste plus considérable, et qu'il en résulte l'hyperplasie cellulaire persistante, nécessaire à la production des lésions dites de sclérose. Or, comme dans les cas où la pneumonie ne se termine pas par la guérison, elle tend à passer au stade d'hépatisation grise, que l'on constate le plus communément, il suffit même que l'hépatisation rouge persiste avec intensité au moment où elle devrait avoir atteint le troisième stade, c'est-à-dire vers les derniers jours de la période cyclique, pour que l'on aperçoive déjà des lésions qui indiquent la tendance à la production des phénomènes de sclérose. La conclusion est que ces lésions devront être recherchées chez tous les sujets qui présenteront de l'hépatisation rouge, sans même que l'examen à l'œil nu ait donné aucun indice qui s'y rapporte.

Dans un cas qui nous avait paru être un type de pneumonie lobaire aiguë, on voyait, en effet, avec des exsudats récents, la production de cellules fusiformes sur les parois alvéolaires, mais principalement au niveau de la plèvre, des travées interlobulaires et des vaisseaux, comme on l'a fait remarquer pour les lésions plus avancées, et nous ajouterons surtout près des points présentant la moindre sclérose antérieure.

On peut trouver toutes les transitions entre ces lésions et celles des productions scléreuses de plus en plus prononcées dans les divers cas observés. Et même dans chacun d'eux, on remarque des lésions à des degrés variés jusque sur la même préparation.

Chez un malade ayant succombé au vingtième jour de sa pneu-

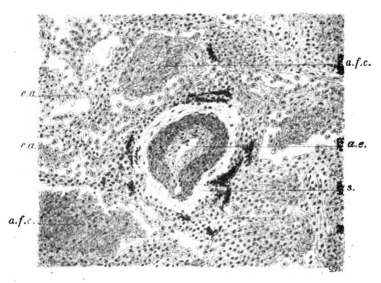

FIG. 48. — *Pneumonie hyperplasique; vaisseau ancien avec péri et endartérite.*
a.f.c., amas fibrino-cellulaire intra-alvéolaire. — e.a., exsudat alvéolaire. — a.e., artère
avec endartérite. — s, sclérose ancienne perivasculaire.

monie, il semble, au premier abord, qu'on se trouve en présence à peu près des mêmes lésions précédemment décrites pour l'hépatisation rouge, c'est-à-dire d'un exsudat plus ou moins rétracté dans les alvéoles avec une hyperplasie cellulaire générale et une tendance à l'épaississement des parties constituantes du tissu. Mais un examen attentif de la préparation reproduite par la figure 48 permet de constater des modifications plus profondes qui, néanmoins, se rattachent manifestement à celles qui viennent d'être rapportées.

L'exsudat est constitué par des amas fibrineux, d'aspect granuleux sombre, infitrés de nombreuses cellules, dont on ne distingue

bïen nettement que les noyaux semblables à ceux des cellules
voisines contenues dans les alvéoles ou dans les parois alvéolaires.
Parfois, l'exsudat fibrineux remplit tout l'alvéole, mais le plus
souvent il est rétracté, de telle sorte qu'il existe entre son contour
et les parois de la cavité un espace dans lequel on aperçoit de
jeunes cellules à protoplasma bien net, isolées ou réunies les
unes aux autres, de manière à former un damier qui dénote absolument leur nature épithéliale. Tantôt les cellules paraissent
isolées et tantôt elles sont rattachées aux cellules qui se trouvent
dans l'exsudat fibrineux où à celles qui existent dans la paroi
alvéolaire. Du reste dans les points où l'exsudat fibrineux est mince
ou en partie dissocié, on peut voir aussi quelques cellules manifestement semblables aux précédentes, et même plus volumineuses
lorsqu'elles sont isolées, mais surtout des cellules plus petites
dont quelques-unes ont de la tendance à prendre la disposition
fusiforme sur certains points, soit à la périphérie de l'amas, soit au
centre. Ces éléments forment comme un faisceau de cellules
fusiformes qui, partant d'un point de la paroi, souvent en communication avec un point semblable de l'alvéole voisin, pénètrent
dans l'amas fibrineux en le contournant ou en s'épanouissant à
sa partie centrale pour le diviser parfois en deux parties, ou, le
plus souvent, en s'infiltrant d'une manière diffuse.
    Non seulement les cellules sont très nombreuses au niveau de
l'exsudat fibrineux et à son pourtour dans l'alvéole, mais il en est
de même dans les parois alvéolaires, qui sont infiltrées de jeunes
cellules et se trouvent ainsi plus ou moins épaissies. Sur le bord
de ces parois et surtout vers les points où elles sont coupées un
peu obliquement, on voit très bien qu'elles sont tapissées de
jeunes cellules épithéliales nombreuses, semblables à celles qui
sont récemment détachées à proximité, et, d'autre part, que de
nombreuses cellules à noyaux tout à fait semblables, arrondies
ou un peu allongées, sont infiltrées entre les fibres élastiques des
parois.
    Sur un point où des fragments de parois alvéolaires sont tout
à fait libres (probablement parce que l'exsudat est tombé sous
l'influence des manipulations), on aperçoit bien les transitions
insensibles qui existent entre les cellules manifestement épithéliales de nouvelle formation et les jeunes cellules qui infiltrent
les parois ou qui se trouvent sur un point renfermant encore un
reste d'exsudat fibrineux.
    Les artères présentent toutes un épaississement de leurs parois,

dû à un degré en général assez prononcé au moins de périartérite pour les plus volumineuses et aussi d'endartérite pour les plus petites ; de telle sorte que la lumière de ces dernières est diminuée dans des proportions en rapport avec ces altérations.

Les petites bronches ne sont plus visibles, probablement parce qu'elles sont le siège des mêmes altérations que les alvéoles. Toutefois on peut rencontrer des bronches de petit calibre encore bien manifestes, mais qui sont le siège d'une infiltration de cellules ayant en partie la disposition fusiforme ; ce qui ne laisse aucun doute sur la participation des bronches aux phénomènes d'inflam-

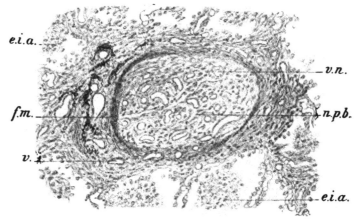

FIG. 49. — *Pneumonie hyperplasique; bronche envahie par les néoproductions.*
f.m., fibres musculaires de la paroi bronchique. — *v*, vaisseaux. — *n.p.b.*, néoproduction intra-bronchique. — *v.n.*, vaisseaux de nouvelle formation. — *e.i.a.*, exsudat intra-alvéolaire.

mation persistante et de sclérose. La figure 49 se rapporte à un point où les néoproductions sont très manifestement situées dans une bronche et présentent le même aspect que dans les cavités alvéolaires. Elles sont bien organisées avec de nombreux vaisseaux de nouvelle formation.

Il en est de même pour les travées interlobulaires et pour la plèvre, qui offrent un épaississement scléreux très prononcé. C'est aussi près de ces parties, comme autour des vaisseaux et des bronches, que le processus inflammatoire des alvéoles paraît le plus intense et où, par conséquent, les nouvelles productions sont le plus prononcées. La figure 50 montre un point de la périphérie où il existe un épaississement des plèvres adhérentes et scléreuses se continuant avec un espace interlobulaire également affecté. Dans un autre cas où la mort est survenue au trente-sixième jour de la maladie, les phénomènes de sclérose sont encore plus accusés, tout au moins pour ce qui concerne l'organisation des productions exsudatives dans les alvéoles (fig. 51).

L'exsudat se présente encore sous la forme d'amas anormaux

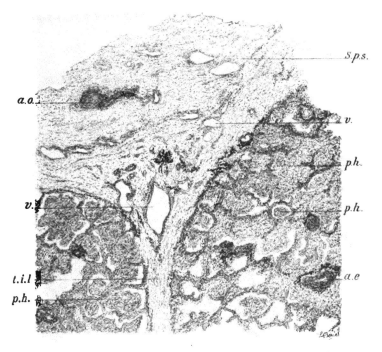

FIG. 50. — *Pneumonie lobaire hyperplasique avec plèvres adhérentes sclérosées et épaissies, et même altération au niveau d'un espace interlobulaire.*

s.p.s., symphyse pleurale avec épaississement scléreux. — *t.i.l.*, travée interlobulaire sclérosée et épaissie. — *v*, vaisseaux. — *a.o.*, artère oblitérée. — *a.e.*, artère avec endartérite. — *p.h.*, pneumonie hyperplasique.

qui remplissent les cavités alvéolaires ou sont plus ou moins rétractés. Ils sont surtout constitués par de jeunes cellules ayant pris, principalement à la périphérie, la disposition fusiforme au sein d'une substance hyaline blanchâtre ; tandis qu'au centre se trouvent encore des cellules rondes de volume variable, ainsi qu'une petite quantité de fibrine granuleuse. Parfois celle-ci a disparu en totalité ou en grande partie, de telle sorte que les cel-

lules fusiformes de la périphérie sont plus abondantes et arrivent
même à constituer toute la masse anormale d'un ou de
plusieurs alvéoles, en communication les uns avec les autres.
Ces masses scléreuses en contact avec les travées épaissies donnent
sur les coupes l'aspect de plaques de sclérose, toujours principalement au niveau des vaisseaux et des bronches et surtout des
travées interlobulaires et de la plèvre ; car on y trouve partout une
sclérose plus ou moins prononcée. Mais sur la plupart des points

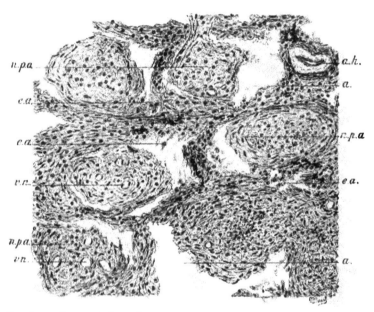

Fig. 51. — *Pneumonie hyperplasique; vaisseaux de nouvelle formation au sein des
néoproductions intra-alvéolaires.*

a, alvéole. — *n.p.a.*, néoproductions intra-alvéolaires. — *e.a.*, exsudat alvéolaire avec beaucoup
de cellules fusiformes. — *v.n.*, vaisseaux néoformés. — *a.h.*, artère à parois hyalines.

où il y a un intervalle entre les parois alvéolaires et les nouvelles productions qu'elles renferment, on voit des cellules plus
ou moins volumineuses et à protoplasma granulo-graisseux, disséminées, ou disposées par petits groupes irréguliers, qui sont
accolées aux parois de l'alvéole ou à son contenu.

A ce propos il est à remarquer que les cellules infiltrant les
travées interalvéolaires, interlobulaires, et tout le tissu, ont le
même aspect, avec les phénomènes de dégénérescence en moins.

Lorsque les cellules contenues dans les alvéoles sont plus petites, à noyau bien coloré comme sur la figure précédente, les autres cellules du tissu sont de même. Cette analogie que l'on trouve toujours, entre les cellules qui infiltrent tout le tissu pulmonaire et les éléments cellulaires qui se trouvent dans les alvéoles, est encore un argument en faveur de l'opinion précédemment émise sur la provenance et la nature de toutes ces cellules.

Enfin on peut voir que les masses scléreuses contenues dans

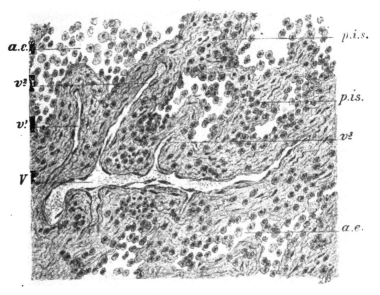

FIG. 52. — *Pneumonie hyperplasique; Vaisseaux de nouvelle formation coupés longitudinalement.*

V, vaisseau de nouvelle formation avec trois divisions : v^1, v^2, v^3. — *p.i.s.*, paroi interalvéolaire sclérosée. — *a.e.*, cavité alvéolaire avec exsudat.

les alvéoles renferment, indépendamment des cellules diverses jeunes et en dégénérescence, ainsi que de la fibrine granuleuse, des globules sanguins disséminés ou groupés çà et là, et assez souvent très manifestement contenus dans un ou plusieurs vaisseaux de nouvelle formation, dont la paroi, constituée par des cellules analogues à celles de la périphérie de l'amas scléreux, apparaît parfois avec une coloration blanchâtre sur les coupes perpendiculaires ou obliques.

Dans un autre cas où les exsudats se présentent d'une manière analogue, mais où les parties indurées sont de coloration rouge, on peut même voir des vaisseaux remplis de globules sanguins, comme ceux des parois interalvéolaires, et qui sur une coupe longitudinale présentent plusieurs divisions dans le sens des productions scléreuses (fig. 52).

Les vaisseaux anciens qui ont leurs parois épaissies en raison de l'inflammation dont ils sont le siège offrent aussi une teinte blanchâtre due au stroma hyalin où se trouvent les éléments cellulaires ainsi qu'on peut le remarquer sur un point de la figure 51. C'est que le sujet était de son vivant un brightique, et que c'est en général dans les cas où la circulation est notablement entravée avec production d'œdème, et où le cœur est hypertrophié, que l'on constate le même aspect particulier des parois vasculaires anciennes ou nouvelles et du tissu conjonctif de nouvelle formation, dans les divers produits inflammatoires des tissus.

La durée de la maladie avait été de trente-six jours; et cependant il s'agissait d'une induration grise, à laquelle on attribue ordinairement une durée beaucoup plus longue. Mais cette coloration, qui tient en partie à la diminution de la vascularisation et surtout à la présence des exsudats en dégénérescence, peut se manifester assez rapidement.

C'est bien sous le même aspect macroscopique que se présentent habituellement les lésions plus anciennes, constituées d'après les auteurs par un tissu de sclérose assez pauvre en vaisseaux et qui a oblitéré ou diminué très notablement les cavités alvéolaires. Il n'y aurait pas de revêtement épithélial cubique dans les alvéoles ni de dilatation bronchique, suivant Charcot et la plupart des auteurs, contrairement à ce qui s'observerait dans les formes chroniques de la bronchopneumonie.

Il y a bien quelques divergences sur ces points ; mais cela n'a rien d'étonnant, en raison de la difficulté d'observer des malades dans des conditions qui ne laissent aucun doute sur la nature des lésions initiales, et d'autant que souvent (nous serions presque tenté de dire toujours) il existe des lésions de sclérose ancienne à des degrés divers, localisées au sommet des poumons et disposées à l'état diffus dans une partie de ces organes, plutôt dans les parties supérieures.

Comme on l'a vu précédemment, les lésions scléreuses anciennes sont disséminées surtout près de la plèvre et des travées interlobulaires, autour des vaisseaux, et autour des bronches. C'est aussi au niveau de ces productions antérieures que l'on voit les lésions produites en dernier lieu prédominer et prendre plus vite le caractère scléreux.

D'après les faits que nous avons pu observer, on trouve, avec les lésions de pneumonie lobaire chronique, des lésions plus anciennes pouvant être rapportées à des phlegmasies bronchopneumoniques ou diffuses ; de telle sorte qu'on rencontre sur certains points toutes les lésions décrites comme se produisant isolément dans chaque cas. C'est ce que nous avons pu très nettement constater sur un sujet, à la fin du mois de décembre 1892. Nous avons fait l'examen des poumons d'un vieillard de soixante dix-huit ans, du service de Colrat, qui avait présenté dès le 18 du mois de janvier précédent les signes d'une pneumonie lobaire de la base droite, bien caractérisée, avec une expectoration de crachats rouillés ayant persisté après la chute de la fièvre.

L'examen du malade, fait au mois de mai, permettait de constater encore à la base droite de la matité et de l'obscurité de la respiration avec des râles sous-crépitants et un retentissement exagéré de la voix. Enfin, le malade était mort le 28 décembre, après avoir présenté les signes d'une pneumonie récente du côté gauche que l'on supposait dater de cinq ou six jours.

Or, l'autopsie a montré que le poumon gauche, le plus récemment atteint, était volumineux et présentait, avec une sclérose diffuse prédominante dans les parties supérieures, une hépatisation massive presque complète, offrant les caractères de la pneumonie rouge hyperplasique.

L'examen histologique a montré, en effet, de nombreux points de sclérose pigmentée et une hyperproduction cellulaire intense dans tout le tissu, ainsi que dans les amas fibrineux en régression que contenaient les alvéoles ; ce qui indiquait certainement qu'il s'agissait d'une pneumonie datant de plus de cinq ou six jours. C'est dire que la détermination exacte de la durée des pneumonies de ce genre est parfois très difficile ou même impossible. Et à ce propos nous ferons remarquer qu'il a dû souvent se produire des erreurs analogues parmi les observations des auteurs.

Quant au poumon droit, très rétracté et entouré des plèvres adhérentes très épaissies, il était le siège d'une masse scléreuse noire occupant la plus grande partie du lobe supérieur considérablement réduit de volume, et se continuant dans la moitié supérieure du lobe inférieur en arrière. Enfin, partaient de cette masse des travées scléreuses qui s'étendaient jusqu'à la face inférieure du

poumon. De plus, la masse scléreuse du lobe supérieur était le
siège d'une caverne pouvant contenir une petite noix, sans qu'on
trouvât aucune altération manifestement tuberculeuse. Le tissu
scléreux, dense et noir, avec l'aspect du caoutchouc, présentait en
outre quelques petites cavités lisses qui pouvaient se rapporter
à des bronches plus ou moins dilatées.

A l'examen histologique, on voyait, indépendamment des plèvres
adhérentes, des productions scléreuses infiltrées de taches noires
formant des travées épaisses et même de véritables plaques au
milieu desquelles on apercevait de petits espaces semblables à des
fentes ou un peu plus larges et irréguliers. Dans ces cavités se
trouvaient des cellules disséminées irrégulièrement et parfois, en
même temps, avec une bordure d'épithélium cubique bas de leurs
parois, auprès desquelles étaient aussi çà et là des amas de jeunes
cellules. Il y avait quelques gros vaisseaux oblitérés et quelques
vaisseaux de nouvelle formation, sans aucune trace appréciable de
petits vaisseaux ni de petites bronches. Par contre, on découvrait des bronches relativement assez volumineuses dont les parois
étaient fortement sclérosées, et que l'on pouvait assez bien reconnaître à la présence de ces parties épaissies recouvertes d'un
épithélium à cellules cylindriques peu développées, mais suffisamment caractérisées.

Ce sont là, à n'en pas douter, des lésions semblables à celles
que l'on trouve dans les scléroses plus restreintes, attribuées seulement à la bronchopneumonie. Or, chez ce malade on avait cependant constaté dans cette région, près d'un an auparavant, les signes
d'une pneumonie ayant tous les caractères d'une pneumonie lobaire.

Que peut-on en conclure ? C'est qu'une pneumonie, s'étant
manifestée avec les signes qu'on attribue à la pneumonie lobaire,
s'est terminée par une pneumonie chronique avec les lésions qu'on
rapporte seulement à la bronchopneumonie.

On pourra objecter qu'il s'agit d'un vieillard et que la pneumonie
devait être une bronchopneumonie pseudo-lobaire? Mais alors
comment la différencier pendant la vie ? Du reste, s'il est vrai
que chez le vieillard la pneumonie se présente souvent avec un
caractère lobulaire assez bien marqué, les lésions occupent une
grande partie d'un lobe et se comportent à tous les points de vue
comme la pneumonie lobaire de l'adulte, sauf la répartition un peu
plus irrégulière des lésions. Cela paraît tenir surtout aux altérations
antérieures des poumons, qui ont certainement une influence sur la
tendance aux productions chroniques ; car celles-ci sont principa-

lement rencontrées chez les malades qui succombent peu de temps
après le cycle parcouru d'une pneumonie lobaire.

Le plus souvent (sinon constamment), en effet, les malades ne
survivent pas à une pneumonie lobaire persistante, et l'autopsie,
faite ordinairement dans le cours du mois qui suit sa période
cyclique, révèle les lésions précédemment décrites sous le nom de
pneumonie hyperplasique ou de pneumonie chronique. Mais en
même temps, nous avons *toujours* trouvé dans les poumons ainsi
affectés des traces de lésions scléreuses anciennes se rapportant à
de la bronchite chronique, chez des sujets doués plutôt d'une forte
constitution. Fréquemment aussi, nous avons constaté dans ces cas
de la tendance persistante aux formations scléreuses, une hypertrophie du cœur en rapport avec une néphrite chronique, avec des
lésions orificielles ou avec de l'athérome des artères, et, dans ce
dernier cas, sur des sujets âgés.

En résumé, toutes les inflammations bronchiques et pulmonaires
sont inséparables, parce qu'elles sont toutes bronchopulmonaires,
depuis la plus simple bronchite jusqu'à la pneumonie lobaire. Elles
sont toutes caractérisées, à l'état aigu, par la production, dans
toutes les parties constituantes du tissu, d'un exsudat, dont
l'abondance et la répartition donnent lieu aux divers types anatomiques qui correspondent aux formes cliniques des auteurs. Il
s'agit bien, dans tous les cas, de productions de même nature en
rapport avec les productions endothéliales et épithéliales habituelles devenues surabondantes et plus ou moins modifiées. Ce sont
ces mêmes éléments qui, à l'état persistant, vont former le tissu
scléreux que l'on peut constater, dans les formes subaiguës et
chroniques, également depuis la bronchite simple jusqu'à la pneumonie lobaire ; ce qui complète la démonstration de l'unité de
toutes ces lésions et leur analogie avec celles que l'on trouve
dans les inflammations aiguës et chroniques des autres tissus.
Enfin l'analogie des lésions de pneumonie avec celles des infarctus
permet d'entrevoir le mode de production de ces lésions et d'en
éclairer la pathogénie.

INFLAMMATION DES GLANDES

L'interprétation des phénomènes inflammatoires est relativement
facile à saisir au niveau de la peau et des muqueuses et même

dans le parenchyme pulmonaire, parce qu'il s'agit d'organes dont les éléments sont soumis à une rénovation plus ou moins rapide et dont les produits tombent facilement sous les sens. Il est plus difficile de se rendre compte de ce qui se passe dans l'inflammation produite au sein des organes dont les éléments cellulaires subissent plus lentement les phénomènes de rénovation ou ne se modifient que d'une manière insensible, comme dans les glandes, dans le rein, dans le foie, etc.

Déjà à propos de l'inflammation des organes précédemment examinés, nous avons eu l'occasion de noter l'hyperplasie cellulaire au niveau des glandes qu'ils renferment et les modifications de leurs éléments cellulaires en rapport avec les nouvelles cellules conjonctives qui les entourent. Il est même possible de constater dans les inflammations subaiguës ou chroniques des muqueuses, au sein d'un stroma scléreux, de nouvelles productions glandulaires en raison de leur constitution.

Dans les glandes plus profondément situées, on observe des phénomènes analogues, et des productions nouvelles de glandes, toujours plus ou moins rudimentaires, plutôt de celles qui, à l'état normal, présentent un développement et un renouvellement plus abondants de leurs éléments. C'est ainsi que la glande mammaire enflammée offre des productions acineuses ayant une certaine analogie avec celles observées pendant le fontionnement de la glande. On peut constater que la lésion débute par une augmentation de la vascularisation qui est bientôt suivie d'une hyperplasie cellulaire générale, prédominante au niveau des lobules glandulaires. Si les cellules du stroma sont plus nombreuses, on les trouve confluentes autour des acini dont le nombre est aussi plus ou moins augmenté. Ceux-ci sont tapissés par un épithélium bas dont le protoplasma est peu abondant et dont le noyau est semblable à celui des cellules conjonctives environnantes.

Il résulte donc de cette inflammation une hyperplasie générale et des phénomènes de production exagérée, analogues à ceux du fonctionnement de la glande, avec des déviations variables qui ne masquent pas cependant le caractère essentiel des nouveaux éléments résultant du processus inflammatoire.

Les modifications qu'on trouve sur le rein et le foie dans l'inflammation se présentent dans des conditions un peu différentes en raison de la constitution de ces organes, mais qui ne les fait pas échapper à la loi générale touchant la production et l'évolution des phénomènes inflammatoires, comme nous espérons le démontrer.

Leur fréquence a motivé les nombreux travaux qui s'y rapportent et qui servent en partie de base aux données relatives à l'inflammation considérée d'une manière générale. C'est pourquoi ces altérations méritent d'être plus particulièrement étudiées.

INFLAMMATION DU REIN

On sait que dans la néphrite aiguë, l'urine présente des cylindres provenant des tubuli de l'organe, et qui sont formés par des exsudats fibrino-albumineux coagulés, chargés de débris épithéliaux en raison d'une plus grande production d'éléments cellulaires. En général les autopsies sont faites lorsqu'il s'est déjà produit des lésions plus ou moins importantes avec des modifications dans la structure de l'organe; mais il est tout à fait rationnel d'admettre que les altérations très limitées au début ont donné lieu tout d'abord à une augmentation de la vascularisation et à de l'hyperplasie cellulaire plus ou moins étendue dans les limites de la conservation de la structure du tissu, qui ne s'est modifiée que consécutivement sous l'influence de la persistance des mêmes troubles.

Cela est d'autant plus admissible qu'on peut constater ces seuls troubles, immédiatement après la production d'un infarctus au voisinage des parties mortifiées, sur celles qui commencent à être enflammées. Et ce n'est que plus tard, dans les périodes plus avancées, qu'arrivent les modifications plus ou moins prononcées de structure.

Rien n'est commun comme de rencontrer cette hyperplasie cellulaire générale, dans les maladies infectieuses, pour peu que la survie ait été suffisante; ce qui rend bien compte des troubles fonctionnels qu'on observe si souvent du côté des reins en pareilles circonstances. Et même en examinant les reins des sujets qui ont succombé aux affections les plus diverses, il est encore bien fréquent de rencontrer des lésions inflammatoires plus accusées, mais peu étendues, paraissant de date ancienne, ou en voie de formation, sans que l'attention ait été particulièrement attirée sur ces organes pendant la vie, quoique l'examen de l'urine soit entré dans la pratique courante. Mais l'albuminurie peut être légère, intermittente ou nulle dans ces cas. Et puis la pathogénie de l'albuminurie n'est rien moins que précise. On sait seulement qu'elle coexiste à des degrés divers dans les cas où les lésions inflammatoires sont bien manifestes.

C'est ordinairement après une durée plus ou moins longue de la maladie qu'on examine les reins atteints de *néphrite*. Ils se présentent avec une augmentation ou le plus souvent avec une diminution de volume et une coloration blanchâtre ou rougeâtre, mais toujours avec une augmentation de consistance du tissu, qui peut être déformé par des saillies et des dépressions superficielles, principalement dans les cas de *petits reins*.

La coloration blanchâtre correspond ordinairement à un certain degré de stéatose des cellules des tubuli, qui peut se rencontrer sans inflammation, comme il arrive pour certains reins assez volumineux, de coloration blanchâtre, mais qui peut exister aussi avec des inflammations à des degrés divers, surtout dans le *gros rein blanc*, encore dans le *petit rein blanc*, sans que les lésions inflammatoires présentent pour cela des caractères particuliers, si ce n'est une plus grande abondance de cellules desquamées et dégénérées.

Toutefois, c'est avec le *rein rouge*, *gros* ou *petit* surtout, que les lésions inflammatoires sont ordinairement le plus prononcées, qu'elles ont des caractères d'activité intense, se manifestant par la présence de vaisseaux dilatés et la production de nombreux éléments cellulaires dans le tissu conjonctif intertubulaire et périvasculaire.

Il peut se faire qu'on trouve ces nouvelles productions répandues d'une manière diffuse dans tout le rein, dont le tissu conjonctif paraît en même temps augmenté d'épaisseur çà et là, plus ou moins irrégulièrement sur les parties où l'on constate aussi l'hyperplasie cellulaire. Mais, le plus souvent, les productions inflammatoires se rencontrent sur certains points avec plus ou moins d'intensité, tandis que sur d'autres le tissu est moins atteint ou même tout à fait indemne et plus souvent encore les tubuli sont dilatés par compensation, comme M. Chauffard l'a bien mis en évidence.

Il en résulte que, sur une préparation provenant d'une coupe perpendiculaire à la surface d'un rein atteint d'une néphrite granuleuse intense, on peut déjà constater à un faible grossissement (fig. 53), en allant de dehors en dedans, d'abord l'épaississement de la capsule formant parfois des sinuosités en rapport avec les granulations saillantes de la surface, puis la substance corticale avec des plaques de sclérose plus ou moins étendues, d'aspect blanchâtre uniforme (à ce grossissement), et entre lesquelles se trouvent comme des bouquets formés par des groupes de tubes plus ou moins dilatés, lesquels sont situés à la

fois au niveau des granulations et plus profondément à travers la substance corticale. On remarque, enfin, au niveau de la pyramide, la continuation par extension des plaques blan-
châtres de sclérose, où les tubes sont atrophiés, et sur lesquelles se détachent çà et là des tubes, au contraire, manifestement di-
latés. Il est évident que ces lésions de la pyramide sont en rapport avec celles de la substance corticale, car elles ne font jamais dé-
faut dans cette va-
riété de néphrite granuleuse.

Ainsi les lésions atrophiques et dégénératives, résul-
tant de l'inflamma-
tion intensive de la substance corticale, ne se produi-
sent pas sans qu'il y ait, à des degrés divers, des phénomènes de compen-
sation dans les parties voisines de l'organe, où les liquides à éliminer affluent en quantité aussi grande et même plus grande qu'à l'état normal;

Fig. 53. — *Néphrite chronique intense avec tubuli hypertrophiés et dilatés par compensation, se rapportant à
une préparation vue à un faible grossissement.*

c.é., capsule sclérosée et épaissie. — *s.t.a.*, sclérose avec tubuli
atrophiés. — *i.t.h.*, îlots de tubes hypertrophiés et dilatés. — S.C.,
substance corticale. — *I*, pyramide.

ce qui constitue la cause probable de cette persistance et même de cette augmentation de fonction de certaines portions de l'organe. Et ces phénomènes se continuent jusque dans les parties correspondantes de la substance tubulaire du rein. Ils ne sont, toutefois, bien manifestes que dans ces cas de néphrite intense à surface granuleuse; car ils sont peu appréciables ou font défaut lorsque les altérations sont peu accusées ou réparties d'une manière plus diffuse.

On observe même une variété de néphrite, ordinairement avec des lésions inflammatoires très prononcées et très uniformément réparties, sans qu'on trouve sur le rein affecté des tubes dilatés par compensation. C'est dans les cas de néphrite infectieuse avec obstacle au cours de l'urine, et, précisément, parce que l'obstacle se fait sentir à la fois sur toutes les parties constituantes de l'organe, la compensation ne pouvant se produire que sur l'autre rein lorsque l'obstacle à l'excrétion de l'urine n'a pas d'action sur lui. C'est pourquoi aussi cette néphrite devient progressivement et régulièrement si grave lorsque les deux reins sont affectés.

Mais revenant à la néphrite chronique dite spontanée, nous devons examiner plus particulièrement les diverses altérations que nous n'avons signalées que d'une manière générale.

Il n'y a pas de néphrite tant soit peu accusée sans que l'on trouve un épaississement de la capsule coïncidant avec des dilatations vasculaires, et produit par une hyperplasie cellulaire au sein de faisceaux hyalins plus ou moins volumineux. Parfois des travées épaissies de ce tissu s'enfoncent dans le tissu cellulo-adipeux qui environne l'organe et adhère ainsi plus ou moins intimement à sa surface.

En partant de la capsule, on voit de distance en distance, comme des traînées de cellules qui descendent plus ou moins profondément dans le parenchyme en passant principalement sur le trajet des glomérules, dont les uns sont sclérosés et atrophiés, d'autres en état d'hyperplasie cellulaire paraissant ainsi augmenter la surface occupée par ces cellules. Cette surface peut se trouver encore agrandie par les productions cellulaires rencontrées au niveau des vaisseaux les plus volumineux qui se trouvent à proximité. En outre, dans plusieurs endroits, on voit un amas de petites cellules confluentes tout à fait analogues à des points lymphatiques, particulièrement au voisinage de la capsule et près des vaisseaux ou des glomérules. Ces cellules sont tellement confluentes que leur noyau paraît presque se toucher et qu'on ne distingue pas manifestement leur protoplasma. Mais à la périphérie de l'amas, les cellules se disséminent peu à peu, se confondant insensiblement avec les autres cellules anormalement produites.

· Lorsque ces dernières paraissent disséminées sur une surface blanchâtre scléreuse qui est nettement distincte du tissu glandulaire, on dit qu'il s'agit d'une sclérose du rein ou d'une néphrite interstitielle. Mais les éléments de nouvelle production peuvent se trouver dans des conditions telles qu'ils se confondent plus ou

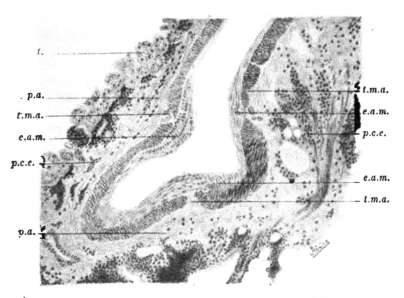

Fig. 54. — *Périartérite et endartérite dans un rein atteint de néphrite chronique.*

p.c.e., petites cellules exsudées. — *p.a.,* périartérite. — *t.m.a.* tunique moyenne altérée. — *e.a.m.,* endartérite avec fibres musculaires nouvellement produites. — *t,* tubuli.

moins avec les éléments glandulaires ; et, de plus, on trouve toutes les transitions entre ces cas d'aspect si différent aux deux extrêmes.

La variété dite *sclérose du rein* ou *néphrite interstitielle* est la plus commune. Parfois elle est tellement dominante qu'on la croirait caractérisée par la présence d'un tissu fibreux s'insinuant entre les tubes pour former des plaques et des tractus d'épaisseur variable, se continuant avec le tissu conjonctif intertubulaire non épaissi, mais devenu plus blanc, plus apparent, et formant comme un sertissage fibreux à chaque tube coupé transversalement ou longitudinalement. En même temps, les glomérules sont plus ou moins altérés par la présence d'un tissu de sclérose qui épaissit leur capsule et partage le bouquet glomérulaire, en le rétractant, jusqu'à ce qu'il ne reste que quelques cellules au point de pénétration de l'artère ou même plus du tout, le glomérule étant remplacé en grande partie par une masse hyaline plus ou moins rétractée. Mais c'est auprès des vaisseaux que le tissu de sclérose paraît surtout abondant, ainsi qu'on peut le constater sur la plupart des préparations. Très communément aussi, la paroi d'artères assez volumineuses participe à l'inflammation sous la forme à la fois de périartérite et d'endartérite, ainsi qu'on peut le constater, principalement sur les coupes perpendiculaires ou obliques des gros vaisseaux. La figure 54 montre une artère ainsi affectée et où l'endartérite, surtout manifeste au niveau des points où la structure de la tunique moyenne paraît altérée, est caractérisée par une hyperplasie des fibres musculaires. Mais nous reviendrons ultérieurement sur cette question. Des veines pareillement affectées peuvent être oblitérées en partie ou en totalité.

Lorsque les traînées de sclérose qui partent de la capsule pour descendre dans le parenchyme sont ainsi très prononcées, il en résulte des rétractions du tissu, auxquelles correspondent des dépressions de la capsule, et, par conséquent, de la surface du rein, tandis qu'il existe plutôt des saillies au niveau des points qui sont en rapport avec les groupes de tubes normaux et surtout dilatés; d'où l'aspect granuleux de la surface du rein.

En examinant les préparations pour se rendre compte en quoi consiste ce tissu de sclérose, on est étonné d'y trouver beaucoup plus de cellules qu'il semblait y en avoir à un faible grossissement où le tissu paraissait presque complètement blanc, hyalin. Mais les cellules sont petites et leur protoplasma est plus ou moins confondu avec cette substance hyaline, tandis que beaucoup de noyaux sont peu ou à peine visibles en raison de leur petit volume et de leur disposition allongée, paraissant résulter de leur compression par la substance hyaline. Cependant, à côté de ces petites cellules, on peut trouver aussi des cellules plus volumineuses, suivant les conditions de nutrition et de développement qui leur sont faites dans les différents points où elles se trouvent. C'est particulièrement dans les espaces intertubulaires les plus larges, correspondant aux points d'intersection des tubes, et autour des vaisseaux, tandis que les lignes fibreuses étroites qui se prolongent autour des tubes sains ne paraissaient contenir que de rares cellules excessivement petites, et même plus ou moins difficiles à découvrir.

Dans ce dernier point, les cellules conjonctives diffèrent beaucoup des cellules des tubuli, d'autant que ceux-ci, dans les parties les moins atteintes, présentent souvent un aspect tout à fait normal. Mais en examinant les points où les cellules conjonctives sont plus volumineuses, on peut constater leur analogie plus ou moins prononcée avec les cellules des tubes voisins qui ont souvent subi des modifications notables, consistant surtout dans la diminution de volume des tubes et de leurs cellules dont le protoplasma a un aspect plus clair, moins granuleux. Ce changement dans l'aspect des tubes sur les points qui sont le siège d'une hyperproduction est d'autant plus marqué que les cellules sont plus abondantes, et il est d'autant plus manifeste qu'on voit tout à côté des espaces où les tubes sont plutôt développés par compensation ; ainsi qu'on peut bien se rendre compte en examinant la plupart des préparations se rapportant à une néphrite chronique intense.

Quoique les cellules conjonctives se présentent sous des aspects différents, il n'est pas douteux cependant qu'elles soient de même nature, en raison des transitions insensibles qui existent entre elles, et qu'elles soient de parenté proche avec les cellules épithéliales des tubuli, par suite de l'analogie de quelques-unes de ces cellules avec celles des tubes voisins. Mais c'est un fait qui ressortira bien mieux encore de l'examen des préparations où les productions cellulaires dominent, parce que la plupart des cellules restent peu développées et plus ou moins déformées dans le tissu dit de sclérose.

Cependant ce tissu qui paraît au premier abord fibreux, surtout à un faible grossissement, et plus riche en cellules à un grossissement plus fort, ne renferme pas, si ce n'est autour des gros vaisseaux, de substance hyaline ou fibrillaire de nature fibreuse. C'est ce dont on peut parfaitement se rendre compte par l'examen des dissociations à l'état frais de petits fragments de reins sclérosés, ainsi que sur les coupes de fragments durcis par l'acide carbonique. Indépendamment des cellules des tubuli, on ne trouve que des cellules fusiformes, de volume variable, dont le noyau et le protoplasma sont analogues à ceux des autres cellules. Mais de faisceaux fibrillaires ou hyalins, aucune trace.

On ne peut donc rapporter cet aspect blanc hyalin qu'à l'état dans lequel se trouve le protoplasma cellulaire et vraisemblablement au liquide plasmatique qui baigne les cellules et se confond avec elles pour leur nutrition, par suite des échanges osmotiques incessants dont ces parties doivent être le siège. En recherchant pourquoi cet aspect est très prononcé dans certains cas et à peine sensible dans d'autres, nous avons fini par nous convaincre que les premiers correspondent surtout aux faits où la circulation générale doit être particulièrement gênée; d'où les stases et la tendance à l'augmentation de l'exsudat liquide qui environne et infiltre les éléments conjonctifs.

Ce n'est pas à dire que la stase sanguine seule suffira à produire cette variété d'inflammation, et nous reviendrons bientôt sur ce point à propos de la pathogénie, mais nous pensons qu'elle contribue à lui donner ce caractère dit scléreux, indépendamment des causes initiales d'inflammation.

Quand bien même le tissu conjonctif a un aspect blanc hyalin peu ou presque pas accusé et lorsqu'il est le siège d'une hyperproduction de cellules bien accusée, on dit encore qu'il s'agit de sclérose ou tout au moins de néphrite interstitielle. Mais on peut aussi observer ces cas dans des conditions très variées dont nous mentionnerons seulement quelques types assez différents d'aspect, et où se trouve toujours un phénomène constant qui consiste dans l'analogie des cellules conjonctives produites en quantité anormale avec les cellules des tubuli voisins.

Sur la figure 55 qui se rapporte à une néphrite chronique examinée à la suite d'une néphrectomie, les éléments normaux et anormaux du rein n'ayant subi aucune altération cadavérique, apparaissent avec une parfaite netteté et sans avoir même éprouvé la rétraction notable que l'on constate le plus souvent. On voit sur un point des cellules confluentes dans l'intervalle qui sépare deux glomérules, dont l'un est en partie sclérosé et rétracté, tandis que l'autre offre de nombreuses cellules qui se continuent en quelque sorte avec celles anormalement produites. Ces dernières occupent un espace assez grand pour avoir englobé des éléments glandulaires qui se confondent tout à fait avec elles. Mais ce qu'il y a de plus particulièrement intéressant, c'est l'aspect de ces nouvelles cellules dans les points où elles sont moins gênées dans leur développement.

On peut remarquer que déjà dans l'amas cellulaire, il existe un certain nombre de cellules qui sont plus volumineuses et dont on voit parfaitement le protoplasma assez développé pour leur donner le caractère épithélioïde et montrer leur analogie avec les cellules des tubuli. Mais c'est surtout au voisinage de ces dernières que les cellules mieux placées pour se développer et pour la comparaison avec les cellules normales offrent nettement ce caractère, ainsi qu'on peut le constater sur plusieurs points. Sur les confins de ces lésions où le tissu est légèrement dissocié, on remarquera que ce sont bien des cellules de même nature qui se sont insinuées entre les tubes, et qui, dans les parties plus ou moins resserrées, ont pris l'aspect fusiforme.

Entre ces diverses cellules arrondies ou polyédriques par pression réciproque, plus ou moins volumineuses, manifestement

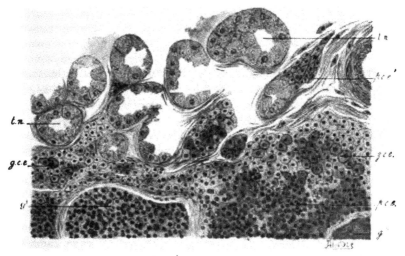

Fig. 55. — *Néphrite chronique sur un point vu à un fort grossissement, où se trouvent des cellules intertubulaires nouvellement produites manifestement épithélioïdes.* (Pièce provenant d'une néphrectomie.)

g, glomérule dégénéré. — *g'*, glomérule avec hyperplasie cellulaire. — *p.c.e.*, petites cellules épithélioïdes. — *g.c.e.*, grosses cellules épithélioïdes. — *t.n.*, tubuli normaux.

épithélioïdes, celles d'aspect fusiforme ou celles qui sont entassées de manière à ce qu'on ne peut voir manifestement que leurs noyaux à peine entourés d'un peu de protoplasma, il y a des transitions insensibles qui montrent évidemment qu'elles sont toutes de même nature. Et comme d'autre part les plus volumineuses sont incontestablement analogues aux cellules des tubuli et ne sauraient être d'une autre nature, il en résulte que la même conclusion s'impose pour toutes les cellules nouvellement produites.

Ce n'est pas, du reste, un phénomène particulier à ce cas, qui offre seulement l'avantage de permettre l'examen d'une néphrite à une période relativement peu avancée, et dans des conditions aussi favorables que possible pour bien juger de l'analogie des cellules de nouvelle production avec celles des organes glandulaires. Mais on peut faire les mêmes constatations tout à fait démonstratives sur des préparations de néphrite ancienne au plus haut degré.

Dans les cas de ce genre, ce qui frappe au premier abord, c'est le grand nombre de parties densifiées par l'infiltration d'une grande quantité de cellules nouvellement et anormalement produites, remarquables par leurs noyaux bien colorés, et qui alternent avec des parties d'une teinte grisâtre, dont les tubes plus ou moins agrandis ont des cellules paraissant plus ou moins altérées et même de telle sorte que certains auteurs en ont fait le processus inflammatoire, alors qu'en réalité il s'agit de cellules normales modifiées, parfois en désintégration sur beaucoup de points sous l'influence des altérations cadavériques et des manipulations, les productions nouvelles résistant bien mieux à ces causes de détérioration.

Les parties qui sont le siège d'une infiltration cellulaire intense et celles qui sont saines ou à peu près alternent d'une manière très irrégulière. Tantôt l'aspect des parties change brusquement d'un point à un autre, et tantôt il y a entre ces points une transition insensible, comme on peut s'en rendre compte surtout à un plus fort grossissement.

On voit sur la figure 56 se rapportant à une préparation de petit rein rouge, que les parties complètement infiltrées de cellules présentent cependant des tubes de calibres divers, mais surtout plus petits, quoiqu'il y en ait aussi de plus grands qu'à l'état normal. Ils sont tous tapissés de cellules notablement diminuées de volume, et plutôt cubiques, à protoplasma clair, et à noyaux bien colorés, ainsi qu'il ressort surtout de l'examen des diverses coupes des tubes les plus volumineux, dans la lumière desquels on peut même voir parfois des lambeaux d'épithélium, où les caractères des cellules sont bien mis en évidence. On remarque encore que beaucoup de tubes renferment des amas cellulaires plus ou moins altérés. Mais dans les points les plus densifiés, les tubes peuvent être très réduits, jusqu'à avoir leur lumière effacée, et à se présenter, soit comme des rangées doubles de cellules, soit comme de petits amas cellulaires, dont le protoplasma des cellules est peu ou pas visible, de telle sorte que l'on devine la présence des tubes, pour ainsi dire, par la disposition plus ou moins régulière des noyaux au milieu d'autres éléments cellulaires. Ceux-ci sont également très petits, avec fort peu de protoplasma; leurs noyaux sont seulement bien visibles et analogues à ceux des cellules des tubes réduits de volume. C'est pourquoi au premier abord on confond tous ces éléments cellulaires, qui ne deviennent distincts que par un examen très attentif. Sur certains points, mais surtout pour peu que la préparation ne soit pas très mince, la confusion devient impossible à éviter, tellement toutes ces cellules se ressemblent. Mais en examinant des points suffisamment clairs, on voit très bien, d'une part l'hyperplasie intertubulaire, et d'autre part la constitution des

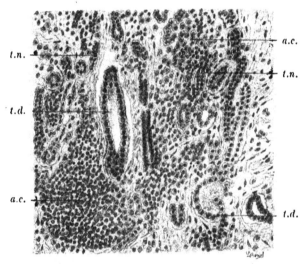

Fio. 56. — *Néphrite chronique* (petit rein rouge) *sur un point très limité* (vu à un fort grossissement).

a.c., amas cellulaires. — *t.n.*, tubes de nouvelle formation. — *t.d.*, tubuli dilatés.

tubuli par des cellules qui, comme les précédentes, paraissent peu volumineuses, à protoplasma clair avec des noyaux bien colorés.

On est frappé de l'analogie qui existe entre les cellules conjonctives et celles des tubes plus ou moins modifiés et en général diminués de volume, parfois déformés ou confondus complètement avec ces cellules. Et cela ressort également de l'examen des parties voisines à peu près saines et dont les tubes sont seulement plus ou moins dilatés. Il n'y a pas, à ce niveau, d'hyperplasie conjonctive et les cellules des tubuli ont leur aspect granuleux trouble qui masque légèrement les noyaux, lesquels apparaissent ainsi peu colorés. Si les cellules sont détruites sur beaucoup de points, cela tient aux raisons que nous avons dites, et non à un processus inflammatoire ou dégénératif qui fait défaut à ce niveau. La dilatation de ces tubes est certainement en rapport avec la rétraction, la diminution de volume et vraisemblablement de fonctionnement de ceux qui se trouvent au milieu de l'hyperplasie cellulaire intense.

Cependant, on rencontre encore sur ces derniers points quelques tubes très dilatés à épithélium semblable à celui des plus petits tubes au sein des nouvelles productions; et, au premier abord, il paraît difficile d'expliquer la présence de ces tubes si petits et si grands sous l'influence de la même cause. Mais sur certains points, l'envahissement des tubes dilatés sains au voisinage des parties enflammées (d'où résulte la transformation de leur épithélium en petites cellules à protoplasma clair, à noyaux bien colorés), indique le mode probable de production des autres tubes dilatés, qui ont dû être ainsi modifiés avant d'avoir été envahis par l'inflammation. Celle-ci a transformé leurs cellules lorsqu'ils se trouvaient déjà agrandis. C'est que *partout où l'infiltration conjonctive intense se manifeste, on voit un changement correspondant se produire dans l'épithélium des tubuli.* Il est vraisemblable que les points où ceux-ci ne sont plus apparents ont été les premiers atteints par l'hyperplasie qui s'est continuée de proche en proche, en formant des îlots de dimensions variables, au sein desquels les tubes ont été plus ou moins réduits de volume pendant que ceux du voisinage se dilataient. Cela n'a pas empêché l'inflammation d'empiéter ensuite sur ces derniers, parfois à un léger degré et seulement sur quelques tubes, mais aussi jusqu'à réunir certains îlots enflammés, qui arrivent ainsi, lorsqu'ils se présentent sur une large surface, à offrir des tubes dilatés au niveau de leurs points de jonction.

Les glomérules sont particulièrement atteints dans toutes les néphrites et, lorsque l'affection est très prononcée, comme dans le cas précédent, ils sont plus ou moins altérés. On ne les rencontre guère ainsi au niveau des parties saines, et ils se trouvent presque toujours compris dans les îlots infiltrés de cellules. On les voit alors participer à l'hyperplasie cellulaire par la présence de nombreuses cellules semblables à celles du tissu conjonctif voisin, qui recouvrent le bouquet glomérulaire enserré dans la capsule de Bowmann épaissie. Parfois la surface interne de celle-ci présente un épithélium semblable à celui des tubes voisins, lesquels participent aussi à l'inflammation. Sur d'autres points, les glomérules sont rétractés, avec division partielle du bouquet glomérulaire en plusieurs parties, comme les folioles du trèfle dont la tige correspond à l'artère de pénétration, ou plus souvent sont transformés en une substance blanchâtre hyaline, dans laquelle se trouvent ou non quelques traces d'éléments cellulaires atrophiés ou dégénérés.

Les glomérules sont donc les parties les plus affectées, et un grand nombre arrivent à cette transformation en une substance hyaline, indice certain de la cessation de leur fonction, alors que les tubes tendent plutôt à persister, même avec les lésions les plus prononcées.

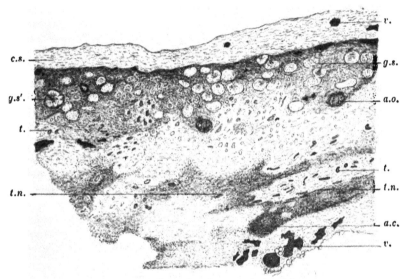

FIG. 57. — *Néphrite chronique avec hydronéphrose.*

c.s., capsule sclérosée et épaissie. — *g.s.*, glomérules sclérosés. — *g.s'.*, glomérule sclérosé avec trainées cellulaires au point de pénétration des vaisseaux. — *a.o.*, artère oblitérée. — *v*, vaisseaux dilatés ou de nouvelle formation. — *a.c.*, amas cellulaires. — *t*, tubuli anciens. — *t.n.*, tubes nouveaux.

C'est ce dont on peut bien se rendre compte par l'examen de la préparation que la figure 57 reproduit, et qui se rapporte à une néphrite de longue durée, avec hydronéphrose et compression de la substance rénale réduite à une coque bosselée de 2 à 4 millimètres d'épaisseur. En même temps il y avait une diminution du volume du rein qui, après l'élimination du liquide, ne pesait que 50 grammes.

La substance rénale, dans toute son épaisseur, ne forme ainsi qu'une bande étroite à laquelle adhère la capsule considérablement épaissie par des faisceaux hyalins ondulés, entre lesquels se trouvent de nombreuses cellules. Il existe aussi sur certains points des vésicules adipeuses, indiquant l'envahissement du tissu cellulo-adipeux, par la propagation de l'inflammation du rein à la capsule, puis à l'atmosphère cellulo-adipeuse, ainsi qu'il arrive souvent lorsque l'inflammation est intense, et particulièrement lorsqu'elle provient, comme dans ce cas, d'un obstacle au cours de l'urine; d'autant qu'il y avait des phénomènes infectieux résultant de la présence dans le petit bassin d'une pelvipéritonite suppurée. Des phénomènes analogues se voient avec les lésions du rein dit chirurgical, à la suite des lésions de la vessie, de la prostate, du canal de l'urètre, etc.

Immédiatement au-dessous de la capsule se trouvent, sur un fond gris rougeâtre, un grand nombre de taches blanchâtres arrondies, et toutes situées les unes à côté des autres jusqu'à presque se toucher. Elles sont disposées un peu irrégulièrement sur deux ou trois rangées, de manière à former en quelque sorte comme une guirlande de globes blancs, dans la portion la plus externe du tissu rénal de coloration grisâtre. Celui-ci présente aussi des taches et des traînées rouges qui deviennent plus abondantes près de sa partie interne où se trouvent de larges lacs sanguins. On remarque enfin des vaisseaux dilatés et pleins de sang sur plusieurs points du tissu rénal, mais surtout vers sa limite externe, sous la capsule, ainsi que sur cette dernière.

A un grossissement suffisant, on voit que les boules blanchâtres correspondent aux glomérules rétractés qui sont tous transformés en une substance blanche hyaline, ainsi que la capsule qui les enserre, et, au milieu de cette substance, se trouvent quelques éléments cellulaires dont on ne distingue guère que les noyaux très petits. Parfois, ces éléments paraissent disséminés irrégulièrement; mais souvent ils sont un peu plus confluents sur un point de la périphérie. On peut même voir comme de petites traînées de cellules, partant de ce point qui paraît correspondre au lieu de pénétration de l'artère glomérulaire et à ses branches. On en a la preuve très démonstrative par l'examen d'un glomérule plus volumineux également constitué par un stroma hyalin, où la tendance à former des folioles se voit très nettement, et sur lequel se détachent des traînées de cellules partant d'un point de la périphérie, d'où elles vont assez régulièrement en divergeant tout autour sur les diverses portions des folioles. On peut remarquer que, malgré cette profonde altération des glomérules, les cellules de la capsule de Bowmann persistent et leur forment comme une couronne. Naturellement, ces cellules sont très petites, comme celles des parties voisines; mais leurs noyaux sont bien colorés, ce qui les rend très apparentes.

On peut, au premier abord, être étonné de la persistance de ces cellules de la capsule de Bowmann sur un glomérule aussi altéré et même dans des cas d'altération moins profonde, alors que sur la plupart des reins recueillis dans les nécropsies, ces cellules font défaut complètement ou à peu près. Cela tient vraisemblablement à ce que ces cellules sont renouvelées dans les cas d'hyperplasie inflammatoires et transformées en cellules jeunes analogues à celles du tissu conjonctif voisin, tout comme les cellules des tubuli qui, ainsi transformées, deviennent beaucoup plus résistantes aux détériorations cadavériques et aux manipulations que les cellules saines. Nous avons déjà eu l'occasion de faire remarquer cette particularité dans les processus pneumoniques, et particulièrement lorsqu'il existe de l'hypertrophie du cœur, comme c'est précisément le cas dans les néphrites chroniques.

Cependant, ces cellules font défaut sur la plupart des glomérules dégénérés; ce qui tient probablement à ce que la circulation a été entravée à ce niveau, et qu'il en est résulté immédiatement la déchéance des glomérules avant toute autre manifestation notable. Tandis que les glomérules où se voient encore les cellules épithéliales de la capsule sont probablement ceux qui ont été envahis de proche en proche par l'inflammation; celle-ci ayant donné lieu à une hyperplasie cellulaire qui a porté sur toutes les parties constituantes de l'organe avant qu'elles aient cessé de recevoir du sang. Il en résulte que lorsque ce phénomène se produit au niveau d'un glomérule, celui-ci peut, comme dans ce cas, subir sa transformation dégénérative, alors que les cellules de la capsule persistent de même que celles des tubuli. Mais ces dernières résistent encore bien mieux, ainsi qu'on peut le voir sur cette préparation.

En effet, sur le stroma blanc grisâtre légèrement translucide, on constate la présence de nombreux tubes glandulaires sous forme de traînées longitudinales et parallèles de petites cellules, dont on ne distingue guère que le noyau bien coloré, surtout dans les points où les cellules sont nombreuses. Cependant, on peut voir aussi çà et là une petite cavité arrondie, tapissée de cellules semblables. C'est dans les points où les cellules sont le moins nombreuses qu'on reconnaît le mieux les tubuli devenus certainement très réduits, et revêtus de cellules également très petites, mais dont on peut, sur beaucoup de points, reconnaître parfaitement le protoplasma hyalin

peu abondant, avec la lumière du tube de dimension variable,
mais parfois assez prononcée par rapport à celle de ses parois et de
ses cellules. Quoique sur la plupart des tubuli la lumière paraisse
vide, il arrive aussi qu'elle renferme çà et là une substance en dégénérescence de coloration légèrement jaunâtre ou rouge-orangé sur
les préparations traitées par le pricrocarmin.

Quelques tubes sont mieux mis en évidence sur certains points
où leurs cellules sont un peu moins petites, et où leurs parois
sont constituées par une substance hyaline plus épaisse qui tranche
sur les parties voisines par sa coloration blanchâtre, mais où se
trouvent cependant aussi de petits éléments cellulaires disséminés. Ces tubuli sont plutôt des tubes pleins ou n'offrant que
de rares vestiges de leur lumière. Lorqu'on examine ceux qui
sont coupés longitudinalement ou obliquement, ils se présentent
sous la forme d'amas cellulaires irréguliers, et l'on voit qu'ils
se rapportent manifestement à des tubes contournés. Sur les
coupes perpendiculaires, ils sont constitués par quelques cellules
qui remplissent leur cavité. Toutes leurs cellules ont des noyaux
très colorés qui se détachent nettement sur les parties voisines, lesquelles paraissent d'autant plus blanches, qu'au delà les petites
cellules à noyau rouge sont plus confluentes.

· Il existe même plusieurs points où la confluence des cellules est
telle que, non seulement on ne peut y distinguer aucun tube, mais
que l'amas cellulaire ressemble à un point lymphatique d'où les
petits éléments à noyaux très colorés vont en se disséminant à la
périphérie. Ces amas de cellules se remarquent d'abord près de la
capsule ou de quelques glomérules, ensuite dans le voisinage des
grands lacs sanguins à la partie interne de l'organe.

Ces vaisseaux, en raison de leur volume, de leur forme irrégulière, et de leur paroi qui n'est pas nettement distincte du tissu
rénal, sont vraisemblablement de nouvelle formation. Il en est probablement de même, pour des raisons identiques, de ceux qui se
trouvent dans les parties externes près de la capsule, quoi qu'ils
soient moins volumineux. Ces productions vasculaires doivent être
en rapport avec les obstructions artérielles incomplètes ou complètes que l'on peut constater sur beaucoup de points, notamment
près des glomérules altérés. Elles existent certainement au niveau
de toutes les artères glomérulaires, dont les glomérules ne reçoivent
plus de sang, alors que les grosses artères du hile sont restées
perméables comme c'est le cas habituel.

Il est intéressant de rapprocher de cette préparation, celle qui provient de l'autre rein du même malade également atteint d'hydronéphrose dans sa moitié inférieure, mais dont la moitié supérieure offrait à l'œil nu l'aspect du gros rein blanc. On peut y constater des lésions inflammatoires certainement de même nature, mais se présentant sous un aspect bien différent (fig. 58). Il s'agit encore d'une inflammation très intense, avec un caractère d'acuité manifeste sous la forme de productions interstitielles diffuses très prononcées. De plus, il existe des modifications profondes dans

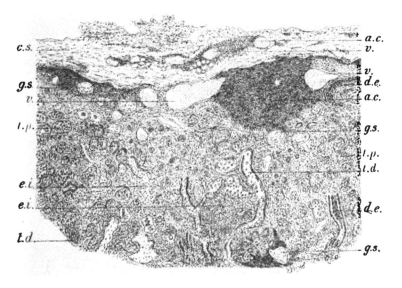

Fig. 58. — *Gros rein blanc sclérosé* (à un faible grossissement).

g.s., glomérules sclérosés. — *c.s.*, capsule sclérosée épaissie avec prolongements dans l'atmosphère cellulo-adipeuse. — *v*, vaisseaux dilatés ou néoformés. — *a.c.*, amas cellulaires. — *e.i.*, exsudat intertubulaire. — *t.p.*, tubes pleins do cellules épithéliales désintégrées. — *t.d.*, tubes dilatés. — *d.e.*, déchets épithéliaux intratubulaires.

les éléments cellulaires des tubuli, presque tous plus ou moins bouleversés.

Et d'abord la capsule est épaissie avec des prolongements dans l'atmosphère cellulo-adipeuse et anormalement vascularisée, comme celle du petit rein en état d'hydronéphrose. On peut même y constater la présence d'îlots de jeunes cellules au voisinage des vaisseaux les plus apparents. Mais c'est dans le rein, immédiatement au-dessous de la capsule, qu'on trouve, à un degré très prononcé, des îlots cellulaires avec l'apparence lymphoïde, à proximité de gros

vaisseaux vraisemblablement de nouvelle formation, et des glomérules complètement dégénérés.

Tout le tissu est infiltré d'une manière diffuse par une grande
quantité de cellules qui semblent avoir bouleversé sa structure. Ce
qui domine, ce sont les productions cellulaires interstitielles abondantes et manifestement en voie d'augmentation; de telle sorte que
les cellules se présentent sous des formes variées, mais surtout à
l'état fusiforme autour des tubuli coupés transversalement et remplis, pour la plupart, de cellules de formes diverses, même fusiformes aussi, et irrégulièrement agglomérées ou dissociées. Il en
résulte que sur les points où un certain nombre de tubes voisins se
présentent de la même manière, on a l'aspect de cavités alvéolaires
remplies de cellules et séparées par des faisceaux de cellules fusiformes qui leur constituent des parois en voie d'augmentation
d'épaisseur, tout à fait analogues à celles qu'on observe dans la
pneumonie hyperplasique au niveau des parois alvéolaires.

Sur d'autres parties, les cellules sont tellement nombreuses
qu'on ne reconnaît que peu ou pas la trace des cavités glandulaires
dont quelques-unes ne renferment que des débris de cellules ou
une matière granuleuse jaunâtre. Mais, par contre, on peut voir
sur quelques points, des tubuli avec leur épithélium en place bien
manifeste, d'autant que les cellules modifiées par l'inflammation
ont des noyaux colorés très apparents avec un protoplasma clair de
forme cubique. Il est à remarquer qu'on trouve surtout des tubes
pleins de cellules de nouvelle formation dans la région située près,
de la surface externe, où les vaisseaux sont dilatés, et où
existent les îlots de jeunes cellules qui s'étendent à la périphérie.

Dans les parties plus profondément situées, on observe les mêmes
lésions, mais avec une production cellulaire un peu moins intense,
de telle sorte qu'on trouve çà et là des points où quelques tubes
sont beaucoup moins atteints par l'inflammation, et sont même parfois dilatés. Bien rares doivent être les points tout à fait indemnes.

Il est manifeste que les productions hyperplasiques interstitielles
dominent partout ainsi qu'on peut bien s'en rendre compte à un
plus fort grossissement, comme sur le point représenté par la
figure 59. En outre, on peut constater que les tubes persistants
et dilatés, tapissés de nouvelles cellules plutôt cubiques, présentent
presque toujours dans leur lumière un amas de cellules anciennes,
parfois manifestement graisseuses, d'autres fois beaucoup plus
altérées, et sur quelques points avec une matière jaunâtre granuleuse. C'est très vraisemblablement à cette grande quantité de cel-

lules plus ou moins altérées dans les tubuli qu'il faut rapporter l'aspect du rein blanc, augmenté de volume par l'hyperproduction considérable de cellules dans les tubuli et dans le tissu interstitiel. Ce dernier cas se présente manifestement comme un spécimen d'inflammation du rein avec des altérations cependant moins avan-

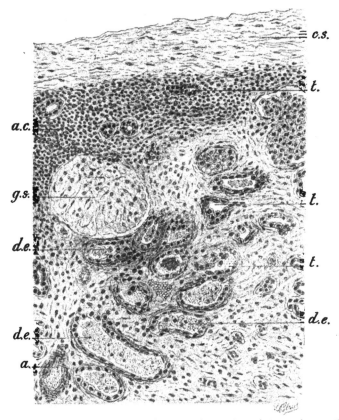

FIG. 59. — *Gros rein blanc sclérosé* (sur un point vu à un fort grossissement).
c.s., capsule sclérosée. — g.s., glomérule sclérosé. — t, tubuli. — d.e., déchets épithéliaux.
a.c., amas cellulaires. — a, artère.

cées que celles du petit rein dont le tissu a été complètement modifié, mais qui sont plus intenses et surtout ont dû être plus rapidement produites que celles des cas précédemment examinés. Elles offrent néanmoins la plus grande analogie avec les lésions de ces cas, dont elles constituent pour ainsi dire une amplification. On y

trouve avec la plus grande évidence, à côté de glomérules anciennement dégénérés, de gros vaisseaux probablement de nouvelle
formation, ainsi que des îlots volumineux et nombreux de jeunes
cellules, puis des productions cellulaires conjonctives ou interstitielles, auxquelles correspondent, dans les points les moins affectés,
un nouvel épithélium plus ou moins modifié, avec des débris cellulaires anciens. On y voit même des tubes pleins de cellules nouvelles, tellement la production cellulaire est abondante et rapide.
Tandis que là où le tissu interstitiel est très épais, l'épithélium ne
tient plus en place et ses cellules plus ou moins modifiées se trouvent dissociées dans l'intérieur des tubes. Ceux-ci offrent alors un
aspect analogue à celui de la pneumonie hyperplasique, c'est-à-dire
d'une inflammation subaiguë dite scléreuse, et où, en réalité, tous
les éléments du tissu sont modifiés.

Nous avons déjà appelé l'attention sur les phénomènes inflammatoires qu'on peut constater au niveau des gros vaisseaux et qui
sont également caractérisés par une production hyperplasique des
éléments musculaires constituant leurs parois. De même, les fibres
musculaires qui se trouvent à proximité dans le tissu du rein, présentent aussi une hyperplasie plus ou moins accusée, comme tous
les éléments constituants de l'organe. Mais elle est d'autant mieux
caractérisée que le processus a été plus lent et encore plus particulièrement dans certaines circonstances sur lesquelles nous reviendrons à propos de la tuberculose.

Ce sont les mêmes modifications du rein qui se rencontrent dans
les autres cas, mais atténuées dans les premiers et aggravées dans
le petit rein avec hydronéphrose où le tissu a subi pour ainsi dire
une complète transformation. Cependant là encore on constate les
mêmes lésions particulièrement intenses et destructives ou dégénératives des glomérules, ne laissant aucun doute sur l'oblitération
de leurs artères de pénétration. Cette oblitération se continue sur
des artères plus volumineuses, mais non les grosses artères du rein
qui ont laissé pénétrer le sang, lequel trouvant des artérioles oblitérées a dû refluer sur d'autres points en dilatant des vaisseaux
et en en créant de nouveaux.

C'est ainsi que de nombreuses cellules ont dû être produites en
îlots d'aspect lymphoïde et disséminées dans le tissu conjonctif où
les tubuli ont subi de profondes modifications, au point de vue de
leurs dimensions, de leurs formes, de leurs cellules devenues très
petites. C'est pourquoi il y a des tubes constitués seulement par
une petite traînée d'une double rangée de cellules, dont on n'aperçoit

que les noyaux semblables à ceux des cellules voisines plus ou moins nombreuses et disposées d'une manière régulière ou non. Il en résulte qu'on ne peut guère distinguer les cellules qui appartiennent à l'épithélium des tubuli de celles qui se trouvent dans le tissu conjonctif à stroma hyalin, complètement modifié, et considérablement diminué, puisque tous les glomérules arrivent presque à se toucher. S'il y a moins de déchets cellulaires que sur l'autre rein (gros rein blanc), c'est que les productions ont dû diminuer graduellement, comme l'indiquent le petit nombre des cellules et leurs petites dimensions.

Ce sont des lésions analogues que présentent tous les reins atteints d'inflammation à des degrés divers avec quelques modifications secondaires suivant les circonstances. On y trouve toujours, au niveau des points où la néphrite est nettement caractérisée, et jusque dans les reins les plus altérés, d'une part une tendance à la dégénérescence des glomérules, et d'autre part une hyperproduction de cellules dans le tissu conjonctif périvasculaire et intertubulaire, puis la substitution aux cellules anciennes des tubuli, de cellules jeunes ayant des caractères en rapport avec ceux des cellules conjonctives voisines.

On ne peut supposer avec les auteurs qu'il s'agit d'une lésion localisée tantôt aux tubes glandulaires et tantôt au tissu conjonctif, de manière à constituer des néphrites parenchymateuses ou interstitielles, parce que c'est une hypothèse absolument contraire à l'observation des faits, lesquels prouvent surabondamment *qu'il n'existe jamais d'hyperproduction cellulaire limitée à l'épithélium des tubuli ou au tissu conjonctif sur les points où l'inflammation est nettement déterminée par une altération de structure.*

On ne peut pas davantage admettre que le point de départ de l'inflammation réside dans la multiplication des cellules épithéliales, d'abord parce qu'on ne voit pas ces cellules se diviser, et ensuite parce que, s'il en était ainsi, malgré que le phénomène de la division passât inaperçu, les cellules des tubuli seraient les premières à être le siège de la prolifération cellulaire, tandis que c'est le contraire qu'on observe. Il est facile de constater, en effet, sur les reins où les points d'inflammation sont restreints, que des cellules nouvelles commencent à pénétrer entre les tubes dont l'épithélium est intact et que celui-ci ne se modifie que lorsque les cellules abondent dans le tissu interstitiel. Pour la même raison ces dernières ne peuvent être considérées comme un phénomène de réaction consécutif aux altérations épithéliales.

Du moment où l'on voit toujours des cellules jeunes surgir dans le tissu conjonctif en premier lieu, et occasionner ensuite un changement dans l'épithélium des tubes voisins, de telle sorte que dans tous les cas il est constamment en rapport avec l'état des cellules conjonctives, il y a toutes probabilités pour que celles-ci pourvoient à ce changement, et pour que, en somme, ces cellules, surabondantes dans le tissu conjonctif, viennent se substituer aux cellules anciennes des tubuli, graduellement éliminées. Du reste, on peut constater que ces jeunes cellules se présentent à la base des cellules épithéliales pour prendre leur place à mesure qu'elles se détachent de la paroi et forment des déchets dans les tubuli. Ces phénomènes sont d'autant plus manifestes que l'hyperproduction cellulaire est plus intense et rapide, ainsi qu'il ressort des cas précédemment examinés.

Comme dans ces cas on a autant que possible la preuve que les éléments conjonctifs vont constituer les cellules épithéliales au fur et à mesure de leur disparition, il est logique d'en conclure que les mêmes phénomènes doivent se passer à l'état normal, mais avec une lenteur qui empêche de s'en rendre compte aussi bien que dans les cas d'hyperproduction pathologique ; celle-ci ne pouvant consister que dans la continuation avec accélération des phénomènes normaux plus ou moins modifiés par des circonstances diverses où les conditions de nutrition et d'espace semblent jouer le principal rôle.

On peut ainsi se rendre compte comment, avec une production exagérée de cellules, il y a plus de déchets appréciables, et aussi des jeunes cellules trop abondantes pour être utilisées dans l'épithélium. Dès lors celles-ci restent inutilisées dans le tissu conjonctif où elles s'accumulent anormalement suivant l'espace dont elles peuvent disposer, en prenant un volume et une forme en rapport avec cet espace. C'est ainsi que par pression réciproque elles peuvent être polyédriques, comme on l'a vu, et le plus souvent fusiformes, également par pression latérale, mais surtout dans les variétés dites scléreuses où la circulation est plus ou moins entravée et où les phénomènes de stase avec exsudat liquide ont de la tendance à se produire.

On explique ainsi tout naturellement les productions anormales interstitielles auxquelles sont associées les modifications produites dans l'épithélium des tubuli, qui, comme on l'a vu, offre des cellules dont les caractères sont toujours analogues à ceux des cellules conjonctives dans les points où les phénomènes de nutrition et d'hyperproduction sont tout à la fois exagérés. Cependant on peut voir au milieu des productions conjonctives abondantes des tubes plus ou moins refoulés, comprimés en tous sens, qui ont conservé leur épithélium ancien plus ou moins altéré, ou n'en présentent que des débris, sans qu'il ait été remplacé par des cellules jeunes, comme on l'observe sur la plus grande partie des portions enflammées. On peut même voir sur le petit rein avec hydronéphrose plusieurs boyaux cellulaires relativement volumineux constitués par des cellules anciennes devenues d'un gris jaunâtre et dont les noyaux ne sont plus visibles. C'est que la compression des tubes ou tout au moins des vaisseaux voisins par l'accumulation des éléments cellulaires a dû modifier défavorablement leur nutrition ; d'où l'empêchement apporté à la continuation des phénomènes de rénovation et de nutrition de ces cellules épithéliales.

Au contraire, tant que les phénomènes de nutrition active sont persistants, même avec les modifications les plus profondes du rein, on peut constater la corrélation constante qui existe entre les cellules conjonctives et l'épithélium des tubuli. C'est ce que l'on voit dans la plupart des cas et jusque dans celui du petit rein avec hydronéphrose si profondément modifié (fig. 57). On peut même se demander si dans ce dernier cas, où une partie du tissu rénal a disparu et où ce qui reste offre de si grands changements, il n'y a pas eu un véritable remaniement du tissu glandulaire avec formation de nouveaux tubes, au moins sur certains points. Les tubes qui apparaissent comme des boyaux cellulaires plus ou moins atrophiés et déformés au milieu d'un tissu conjonctif d'aspect blanchâtre semblent bien correspondre à des tubes anciens dont les cellules ont cependant été modifiées et sont en harmonie avec les cellules conjonctives voisines, mais dont les parois sont manifestement de constitution ancienne.

Par contre, on voit sur d'autres points, surtout au voisinage des amas de jeunes cellules, des tubes sans paroi bien accusée, avec un épithélium formé d'une couronne de jeunes cellules limitant de petites cavités de dimensions très variables, ou même dont la présence est seulement décelée par des traînées cellulaires analogues à celles que l'on trouve dans le tissu conjonctif de la cirrhose hépatique. Or, ces cellules sont semblables aux cellules conjonctives voisines avec lesquelles elles se confondent sur certains points de manière à ne plus pouvoir être distinguées. Ce tissu constitué par de jeunes cellules très abondantes, et qui a donné lieu à de

nouvelles productions ayant occasionné son bouleversement et en
quelque sorte son remaniement, peut parfaitement comprendre
quelques éléments glandulaires rudimentaires de nouvelle formation. Mais il s'agit toujours de la continuation des phénomènes
de production cellulaire de même nature que l'épithélium glandulaire, qui tend à la persistance de l'organe dans des conditions
plus ou moins défectueuses, par suite des modifications profondes
de sa structure et des conditions de nutrition de ses éléments.

Cette question de la nutrition de l'organe ne joue pas seulement
un rôle important dans les modifications diverses qui se produisent
au cours des phénomènes inflammatoires, elle domine complètement la situation, en ce sens que c'est un trouble de la circulation
qui paraît être la cause initiale de tous ces phénomènes.

On remarquera, en effet, que les lésions initiales se trouvent à
la périphérie de l'organe, au niveau des glomérules et des vaisseaux. On est même étonné de découvrir parfois des glomérules
complètement dégénérés avec une hyperproduction cellulaire plutôt
restreinte. Et pour peu que celle-ci soit bien accusée, les altérations
glomérulaires sont toujours très nombreuses, consistant dans une
destruction partielle ou complète du bouquet vasculaire, d'où
résulte sa rétraction avec diminution du volume et disparition graduelle des éléments cellulaires qui le recouvrent, mais qui peuvent
persister encore longtemps, principalement au point de pénétration
de l'artériole, et même parfois sur le trajet des anses vasculaires,
ainsi qu'on peut le voir sur les figures précédentes relatives à
l'inflammation du rein. En dernier lieu le glomérule peut ne
présenter qu'une substance blanchâtre un peu hyaline, d'aspect
fibrillaire, où ne se rencontre plus aucun élément figuré. Il a été
complètement transformé en un tissu scléreux.

Presque toujours on trouve près des glomérules ainsi altérés,
des vaisseaux dilatés et des productions cellulaires plus abondantes. Et lorsque plusieurs glomérules sont détruits ou en voie de
destruction, il y a à leur périphérie des amas de jeunes cellules
qui forment comme une traînée cellulaire irrégulière, partant de la
capsule du rein pour se répandre plus ou moins à travers les parties
périphériques, où l'on peut trouver aussi d'autres points affectés,
et, dans les cas plus intenses, des oblitérations manifestes de vaisseaux de volume variable.

La figure 60, qui se rapporte à un cas de néphrite chronique,
montre sur un point très limité les altérations qui viennent d'être
décrites. On y voit notamment la sclérose des glomérules à des

degrés divers avec l'oblitération bien manifeste d'une artère voisine. On constate d'autre part à ce niveau, des vaisseaux dilatés ou de nouvelle formation et une hyperplasie cellulaire intense sous forme d'amas cellulaires d'aspect lymphoïde et de productions diffuses, d'où sont résultées les modifications de l'endothélium de la capsule de Bowmann sur les deux plus gros glomérules et des éléments cellulaires de quelques tubuli se distinguant nettement des tubes anciens non encore modifiés.

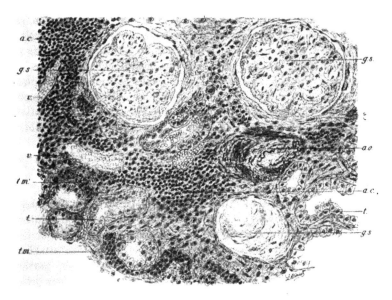

Fig. 60. — *Néphrite chronique avec détails des lésions sur un point limite.*

g.s., glomérules scléreux. — a.o., artère oblitérée. — v, vaisseaux dilatés ou de nouvelle formation. — a.c., amas cellulaires. — t.m., tubes modifiés. — t, tubes normaux.

L'explication la plus simple qui se présente pour rendre compte de l'enchaînement de ces lésions, c'est que les glomérules ont subi une altération dégénérative graduelle ou rapide par suite de la cessation de leur nutrition, et vraisemblablement de l'accès du sang dans le bouquet glomérulaire; car on ne voit pas pourquoi les glomérules présenteraient de pareilles altérations si la circulation persistait dans leurs capillaires. Il est donc rationnel d'admettre que des oblitérations vasculaires ont dû avoir lieu, le plus souvent au point de division de l'artère glomérulaire qui offre à ce niveau des conditions propices aux oblitérations. Celles-ci du reste ont pu aussi se produire seulement sur des vaisseaux plus petits, dans le glomérule dont une portion seulement est oblitérée, et naturellement aussi sur d'autres parties du rein, ainsi que sur des vaisseaux plus volumineux. Mais c'est au niveau des glomérules que ces lésions sont le plus fréquentes et le plus manifestes, et où enfin la démonstration d'une oblitération vasculaire initiale paraît évidente.

Une ou plusieurs artérioles étant oblitérées, il s'ensuit non seulement des phénomènes de dégénérescence dans le territoire des vaisseaux oblitérés, mais encore des dilatations vasculaires en amont et sur les parties collatérales, avec une activité nutritive augmentée, d'où une hyperproduction cellulaire correspondante et tous les phénomènes inflammatoires précédemment décrits, qui ne consistent, comme il a été dit, que dans la continuation des phénomènes normaux accélérés, augmentés d'une manière désordonnée par le fait de cette augmentation d'activité nutritive et de rénovation cellulaire, occasionnant des modifications de structure variables suivant l'intensité et la durée de ces phénomènes anormaux.

Analogie des lésions de néphrite avec celles des infarctus.

On a encore la preuve que les lésions glomérulaires dépendent bien d'oblitérations vasculaires qui sont la cause des autres troubles, en examinant ce qui se passe dans les cas d'infarctus rénaux où les oblitérations vasculaires initiales sont incontestables.

Déjà nous avons eu l'occasion de dire que sur les parties avoisinant un infarctus récent, on peut voir à côté du tissu privé de vie un tissu où au contraire la vitalité est exaltée et se manifeste par la dilatation des vaisseaux, l'intensité de coloration des noyaux de toutes les cellules, et l'augmentation graduelle du nombre des cellules conjonctives dans une zone assez limitée.

Lorsqu'on examine plus tard ce que sont devenues ces lésions, en considérant des infarctus de plus en plus anciens, on voit que sur les parties privées plus ou moins rapidement de sang les éléments cellulaires tendent à dégénérer peu à peu. Tandis que là où persiste encore une circulation restreinte, les éléments vivent en restant plus ou moins chétifs; et qu'enfin dans les points où la circulation est devenue plus active et surtout où le tissu a été modifié, il y a une hyperproduction cellulaire avec tendance à la formation de nouveaux tubes glandulaires. D'autre part les tubuli restent sains sur les parties voisines où les vaisseaux n'ont pas été modifiés dans leur structure, quand bien même on peut constater sur certains points un peu de stase sanguine. Mais pour bien se rendre compte de ces faits et des analogies qu'ils présentent avec ceux de l'inflammation précédemment étudiés, il faut examiner aussi quelques cas qui nous semblent très démonstratifs.

La figure 61 se rapporte à un petit infarctus ancien sur un rein qui en présentait un assez grand nombre, et même plusieurs sur

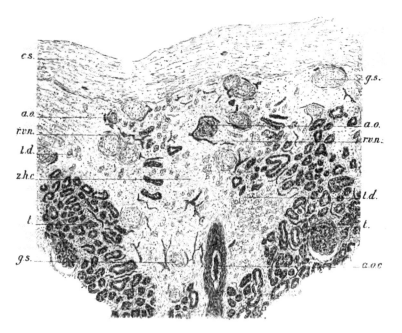

FIG. 61. — *Infarctus ancien du rein.*

c.s., capsule sclérosée. — *z.h.c.*, zone hyaline cunéiforme sclérosée. — *g.s.*, glomérules sclérosés. — *r.v.n.*, réseau vasculaire de nouvelle formation. — *t.d.*, tubuli dégénérés. — *a.o.*, artères oblitérées. — *a.o.c.*, artère oblitérée avec caillot. — *t*, tubuli conservés sur la limite de l'infarctus.

la même préparation durcie dans l'alcool et colorée au picro-carmin. A un faible grossissement on voit l'épaississement de la capsule du rein avec une dépression manifeste, et immédiatement au-dessous un petit espace ayant la forme d'un triangle isocèle dont la base se trouve en rapport avec elle, tandis que le sommet plonge dans la profondeur de l'organe. Cet espace apparaît d'une teinte plus claire, blanc rosé. On peut distinguer des taches encore plus claires correspondant aux glomérules dégénérés, des traînées verdâtres produites par des vaisseaux dilatés, et des parties rougeâtres qui se rapportent à des tubes avec leurs cellules normales ou plus ou moins modifiées, ainsi qu'à des cellules répandues dans le tissu interstitiel dont le stroma est généralement blanchâtre. On y découvre enfin des artères en partie ou complètement oblitérées.

Ces oblitérations, lorsqu'elles portent sur des vaisseaux de petit calibre, passent facilement inaperçues, surtout à un faible grossissement; mais déjà on peut avoir quelques présomptions de les trouver près des points où l'on voit des vaisseaux gorgés de sang. L'exploration à ce niveau avec un plus fort grossissement permet presque toujours de découvrir l'artère oblitérée correspondante, comme on peut bien s'en rendre compte par l'examen de cette figure. Des vaisseaux dilatés se trouvent aussi au voisinage des glomérules dégénérés, ce qui contribue à prouver qu'il y a également à ce niveau des oblitérations artérielles. On voit enfin qu'un caillot fibrineux obturateur se prolonge sur une artère plus volumineuse située au sommet du triangle, c'est-à-dire du cône de l'infarctus. Il s'agit évidemment d'une oblitération plus récente en voie de production, puisque l'on trouve à la périphérie du cône des artères complètement oblitérées et qu'on est en présence de lésions manifestement anciennes. Cela explique aussi comment il se fait que dans ce cône il n'y ait pas seulement des lésions destructives. On y voit, en effet, à côté de glomérules complètement dégénérés, d'autres glomérules peu altérés et où apparaissent même des capillaires dilatés. Il y a aussi des parties où, à côté de quelques tubes presque sains mais dilatés, près de capillaires bien apparents, se trouvent des tubes diminués de volume et comme dissociés par la présence d'une plus ou moins grande quantité de cellules dans le stroma du tissu, où l'on aperçoit aussi des capillaires remplis de sang, irrégulièrement disposés. Ces derniers points se trouvent tout près d'une artère oblitérée, et surtout dans l'espace compris entre cette artère et la capsule du rein. C'est toujours vers la base du cône de l'infarctus que les lésions destructives et les modifications du tissu sont le plus prononcées, parce que c'est vers la périphérie que les troubles circulatoires se font le plus sentir.

Toutefois il est à remarquer qu'au point même où le rein touche la capsule, il y a ordinairement une vascularisation augmentée qui doit tenir vraisemblablement aux anastomoses existant entre les vaisseaux du rein et ceux de la capsule, et que l'on trouve habituellement dilatés dès que les infarctus sont produits. A cette zone correspondent aussi des phénomènes de néoproduction cellulaire plus ou moins accusés dans la plupart des cas anciens, comme dans celui-ci.

En somme, on constate qu'au lieu d'avoir un cône dégénéré avec de l'inflammation à la périphérie, c'est ce cône lui-même qui est le siège de points dégénérés et d'autres points envahis à des degrés divers par l'inflammation, suivant les conditions de nutrition des diverses parties, à la suite d'oblitérations portant sur des artères gloméruleaires, et ayant de la tendance à se prolonger dans l'artère plus volumineuse d'où elles émanent. Ainsi, tandis que certaines parties ont cessé de recevoir du sang, d'autres en reçoivent peu ou d'une manière exagérée et anormale ; de telle sorte que des productions inflammatoires ont pu se produire à ce niveau avec bouleversement du tissu.

Quant aux tubuli immédiatement en rapport avec l'infarctus, c'est-à-dire avec les parties dégénérées et enflammées, ils se présentent avec leur aspect à peu près normal, leurs capillaires étant normalement disposés ou même çà et là un peu plus dilatés. On remarque toutefois que les glomérules commencent à être altérés et que ceux qui sont voisins de l'artère en voie d'oblitération sont plus ou moins dégénérés ; ce qui tend encore à prouver que les altérations glomérulaires sont bien les lésions initiales. S'il n'y a pas encore d'inflammation étendue aux tubuli voisins, c'est probablement que l'appareil circulatoire n'a pas été troublé sensiblement à ce niveau, comme on peut en juger par l'aspect que présentent ces parties. Mais il est très vraisemblable que dans le cône de l'infarctus ancien, se trouve comprise la zone inflammatoire qu'on remarque autour de l'infarctus récent, et qui se confond avec les parties dégénérées, ou en voie de dégénérescence. En définitive l'altération s'arrête là où persiste la structure normale du rein.

Lorsqu'on examine sur la même préparation un infarctus plus volumineux se prolongeant dans la substance pyramidale, toutes les lésions précédemment indiquées se présentent à un degré bien plus accusé suivant les points examinés.

Les oblitérations artérielles ayant été sans doute plus nombreuses et plus importantes, on remarque une dilatation plus prononcée des vaisseaux sur le bord de l'infarctus. La figure 62 montre au niveau de glomérules dégénérés le réseau capillaire énormément dilaté, seulement avec quelques traces des tubuli au milieu des nombreuses cellules produites entre les amas vasculaires. Et tandis que d'un côté on voit les tubes normaux avec les capillaires correspondants régulièrement disposés, on constate que de l'autre côté, l'hyperproduction cellulaire se continue dans le cône de l'infarctus, où de nombreux glomérules sont dégénérés et où les vaisseaux sont plus rares et irrégulièrement disposés.

C'est ainsi qu'on trouve parfois plusieurs glomérules dégénérés, seulement avec quelques traces de capillaires. Mais c'est encore près des points vascularisés qu'on remarque des tubes

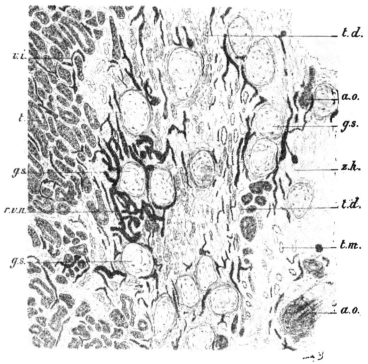

Fig. 62. — *Bord d'un infarctus ancien du rein avec réseau vasculaire de nouvelle formation très développé.*

t, tubuli de la zone saine. — *v.i.*, vaisseaux intertubulaires. — *z.h.*, zone hyaline sclérosée. — *t.d.*, tubes dégénérés. — *g.s.*, glomérules sclérosés. — *r.v.n.*, réseau vasculaire de nouvelle formation, près duquel se voit une artère oblitérée. — *a.o.*, artère plus volumineuse oblitérée.

anciens plus ou mois modifiés et des cellules nouvellement produites, sous forme d'amas irréguliers dans lesquels on peut souvent reconnaître la disposition particulière de quelques tubes, et plutôt au niveau des parties claires où les cellules sont moins abondantes.

Quant aux tubes anciens, que l'on trouve disséminés ou groupés en petit nombre dans le tissu altéré, tantôt ils ont conservé leur volume habituel avec un épithélium cubique ordinairement plus ou moins chargé de granulations graisseuses et tantôt leur lumière est considérablement agrandie par les modifications qu'ont subies les cellules épithéliales devenues très petites, irrégulières, avec un noyau souvent assez apparent et un protoplasma plutôt clair. Elles forment comme une petite bandelette rougeâtre qui double la paroi des tubes d'une manière irrégulière et assez variable; car on trouve des tubes avec tous les degrés d'atrophie de leurs

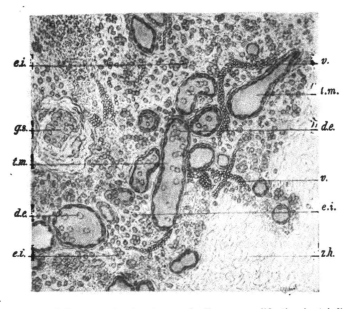

Fig. 63. — *Infarctus ancien du rein; zone hyaline avec modification des tubuli au sein des exsudats.*

g.s., glomérule scléreux. — *v*, vaisseaux. — *t.m.*, tubes modifiés avec refoulement de l'épithélium par le liquide et les déchets épithéliaux qui s'y trouvent. — *e.i.*, exsudats intertubulaires. — *d.e.*, déchets épithéliaux. — *z.h.*, zone hyaline.

cellules, et même seulement avec deux ou trois petites cellules sur les coupes perpendiculaires. La lumière de ces tubes est le plus souvent augmentée et remplie par une substance liquide, de coloration blanchâtre ou plutôt légèrement jaunâtre (parfois avec quelques débris cellulaires ou granuleux), et qui semble refouler l'épithélium à la périphérie, d'où l'aspect particulier qu'il prend alors, et çà et là avec des dilatations irrégulières des tubuli (fig. 63).

On trouve quelques-uns de ces tubes ainsi transformés dans la substance corticale, mais ils sont bien plus nombreux dans la portion médullaire où ils se détachent nettement sur le stroma en général blanchâtre, là où les cellules de coloration rougeâtre sont rares et même là où les productions cellulaires nouvelles sont abondantes. On remarque aussi, dans la substance médullaire, des capillaires dilatés, en moins grand nombre que dans la substance corticale. Il est parfois difficile de reconnaître les tubes modifiés ou nouvellement formés au niveau des amas abondants de cellules, mais on y arrive cependant dans les points de transition qui sont plus clairs.

On peut encore se rendre compte que ces lésions correspondent à de nombreuses artérioles oblitérées, et qu'en poursuivant l'examen des vaisseaux plus volumineux dont elles proviennent, on trouve ces derniers affectés d'une péri et endo-artérite plus ou moins prononcée qu'expliquent bien les oblitérations vasculaires voisines.

En résumé, on voit sur cette préparation où les altérations artérielles dominent et sont certainement l'origine de toutes les lésions, qu'il existe des phénomènes de dégénérescence et de production en rapport d'une part, avec la cessation ou la diminution de la vascularisation et d'autre part, avec son augmentation ou la persistance des vaisseaux dans un tissu plus ou moins bouleversé et dont les éléments offrent une évolution modifiée.

Les effets des troubles apportés à la circulation sont encore plus manifestes lorsqu'on examine un infarctus jaune beaucoup plus volumineux que les précédents et où les lésions dégénératives et productives sont plus étendues et se présentent avec des caractères plus nets, qui mettent encore bien plus en relief les phénomènes sur lesquels nous désirons appeler l'attention.

Dans ce cas (fig. 64), il existe une oblitération complète ou à peu près, d'artères relativement assez volumineuses, par endartérite bien caractérisée avec hyperproductions cellulaires dans la lumière de ces vaisseaux. On remarque autour d'eux des capillaires dilatés et des productions cellulaires jeunes se présentant sur les coupes longitudinales sous l'aspect de tubes à double rangée de petites cellules dont les noyaux sont colorés ou par des amas cellulaires variables sur les coupes obliques ou perpendiculaires. Il y a aussi des cellules irrégulièrement réparties entre les tubes et les capillaires. Tous les éléments de ces parties, bien colorés et bien vascularisés, semblent avoir été pleins de vie et en état d'hyperplasie cellulaire manifeste. Ils forment un contraste saisissant avec ceux de la zone blanchâtre qui sépare les deux groupes de vaisseaux et où l'on peut constater un petit nombre de capillaires, encore avec quelques tubes à cellules colorées, mais dont la plupart commencent à présenter une altération graisseuse, et forment çà et là des boyaux pleins, irréguliers, plus ou moins volumineux ou au contraire diminués et même d'apparence ratatinés.

En outre, on remarque sur le fond blanc où les vaisseaux sont rares ou même font défaut, des tubes plus ou moins modifiés également dans leur forme et leur volume, dont les cellules confondues

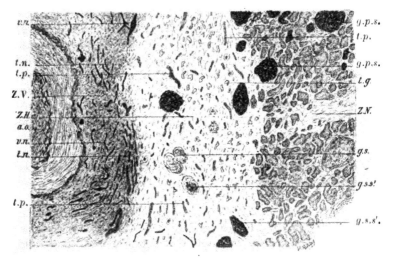

Fɪɢ. 64. — *Infarctus ancien du rein avec trois zones correspondant aux altérations diverses, en rapport avec l'état de la circulation.*

a.o., artère oblitérée. — Z.V., zone de vascularisation exagérée et d'hyperplasie cellulaire avec tubes de nouvelle formation. — Z.H., zone hyaline de dégénérescence et de sclérose. — Z.N., zone de nécrose avec conservation de la forme des tubes et des glomérules. — g.p.s., glomérules avec pigment sanguin. — g.s., glomérules sclérosés. — g.s.s'., glomérules sclérosés avec pigment sanguin. — t.p., tubes pleins d'éléments cellulaires. — t.g., tubes en dégénérescence graisseuse. — t.n., tubes de nouvelle formation. — v.n., vaisseaux de nouvelle formation.

en une substance granuleuse ne sont pas colorées et ont une teinte grisâtre terne. Elles ne deviennent manifestes qu'à une recherche très attentive. On y voit encore beaucoup de tubes devenus complètement graisseux, c'est-à-dire constitués seulement par des boyaux de granulations graisseuses qui tendent à disparaître, comme le prouve le volume de moins en moins prononcé des tubes les plus dégénérés.

Les glomérules situés dans cette zone sont complètement trans-

formés en une substance hyaline blanchâtre qui se confond parfois avec le stroma du tissu; tandis que sur d'autres points et
notamment sur les confins de la zone, ils restent plus manifestes.
On trouve aussi la trace de nombreuses artères complètement
oblitérées.

Enfin, au milieu de la zone blanchâtre se trouve une petite
portion de tissu rénal qui se présente avec des tubuli et des glomérules ayant leur volume habituel, mais qui ont été bien évidemment nécrosés. Tout ce tissu a une teinte rouge brique, terne et
uniforme, un peu plus claire au niveau des glomérules et de la
lumière des tubuli, tandis qu'elle est beaucoup plus foncée au
niveau de l'épithélium constitué par une substance uniformément
granuleuse, sans qu'on distingue les cellules ni leurs noyaux.
On ne voit qu'une mince ligne blanche entourant les tubes et les
glomérules sans cellules nettement limitées, sans capillaires appréciables. Mais on trouve sur plusieurs points des amas irréguliers
de substance ocreuse et même au niveau des vaisseaux relativement volumineux des amas un peu diffus de globules sanguins
qui ont pris une teinte vert sale. Il existe encore sur les limites de
cette portion nécrosée quelques glomérules dont les capillaires sont
remplis de sang de la même couleur, comme on les trouve habituellement sur les limites des infarctus où la circulation a cessé
dans les vaisseaux distendus.

C'est cette partie nécrosée et la zone blanche qui l'entoure,
auxquelles se rapporte l'aspect jaunâtre de l'infarctus. Puis, immédiatement au delà de la zone blanche, se trouvent des lésions
inflammatoires caractérisées, sur la limite qui confine à la zone
blanche, par des oblitérations artérielles et des capillaires très
volumineux remplis de globules rouges, surtout dans les points où
ils sont irrégulièrement disposés. C'est à ce niveau aussi qu'il
existe le plus de jeunes cellules dans le tissu interstitiel et que
l'épithélium des tubuli est le plus modifié, jusqu'à ne plus être distinct des éléments cellulaires répandus en grande abondance sur
ces points. Toutes ces cellules sont petites et leur noyau ne se distingue plus très nettement. Il semble que la nutrition ne s'y
effectue pas dans les meilleures conditions, et cela n'a rien de
surprenant, étant donné les troubles considérables de la circulation. Même sur les points où les capillaires sont répartis à peu
près normalement et où les tubes ont conservé leur aspect habituel,
l'épithélium est granulo-graisseux.

On voit, en somme, sur cette préparation, que les phénomènes de destruction du tissu rénal par oblitération artérielle ont eu lieu en masse, sans modifier beaucoup l'aspect du tissu, sur le point où la vie a été immédiatement éteinte, comme nous l'avons précédemment indiqué pour ce cas, puisqu'à la périphérie il existe des phénomènes de dégénérescence en rapport avec la persistance d'un certain degré de vascularisation, et enfin qu'au delà il est survenu des dilatations capillaires et une hyperplasie cellulaire correspondante, avec une modification plus ou moins prononcée du tissu à ce niveau, comme dans toutes les inflammations tant soit peu intenses.

Il est à remarquer qu'on ne voit pas, comme dans les cas de petits infarctus, des dilatations vasculaires près des glomérules dégénérés ou des petites artères oblitérées, probablement parce que les oblitérations n'ont pas commencé sur ces points, et qu'elles ont eu lieu d'emblée sur des artères plus volumineuses. Mais, par contre, on trouve au niveau de ces derniers vaisseaux, non pas une inflammation de propagation, comme sur les précédentes préparations, mais des dilatations capillaires particulièrement prononcées tout autour de ces grosses artères, et concurremment des néoproductions cellulaires très abondantes avec formation de tubes nouveaux irrégulièrement disposés, comme dans les cas précédemment examinés d'inflammation intense.

Donc, dans tous ces cas d'infarctus du rein à des degrés divers, on constate toujours des phénomènes de nécrose ou de dégénérescence, suivant que le tissu a été privé complètement ou incomplètement de sang par une oblitération vasculaire, et, sur les parties voisines, des phénomènes de dilatation capillaire et d'hyperplasie cellulaire, avec la tendance à la persistance des tubuli modifiés, ou à la formation de nouveaux tubes sur les points profondément bouleversés qui sont le siège de phénomènes productifs plus ou moins exagérés.

Les faits, précédemment cités, permettent de remonter des infarctus les plus volumineux aux plus petits, jusqu'à ceux qui ne sont visibles qu'au microscope et où l'on peut encore voir, indépendamment de ces lésions en forme de cône, mais cependant plutôt dans leur voisinage, des glomérules atteints isolément et dégénérés, avec des phénomènes de dilatation vasculaire et d'hyperplasie cellulaire commençant à se produire à ce niveau, et donnant l'aspect de la néphrite sans infarctus manifeste.

Bien plus, on trouve chez des malades âgés, ayant succombé avec des infarctus de divers organes, des reins plus ou moins diminués de volume et indurés, voire même à surface granu-

leuse, qui ont des lésions de néphrite, disséminées irrégulièrement au niveau de glomérules dégénérés. Ces reins offrent tout à
fait l'aspect de la néphrite ordinaire et présentent ou non, sur un
point, un infarctus ancien ou récent manifeste; de telle sorte que le
processus de ces lésions ne paraît différer que par l'importance et
le siège des artères oblitérées.

Les gros infarctus résultant de l'oblitération de gros vaisseaux
ne donnent lieu le plus souvent qu'à des hyperproductions autour
des vaisseaux oblitérés et sur les limites des parties nécrosées; de
telle sorte que les lésions sont le plus souvent assez nettement
limitées. Les petits infarctus, qui semblent résulter de l'oblitération
d'une artériole se distribuant à un groupe de glomérules ou seulement de plusieurs artères glomérulaires à proximité, déterminent
des phénomènes de dilatation capillaire autour de ces artérioles et
autour des glomérules dégénérés, puis une hyperproduction cellulaire sur les mêmes points. Ces derniers infarctus sont ordinairement multiples et de volume variable, en général très petits jusqu'à
n'être même visibles qu'au microscope. Ils donnent lieu ainsi à une
inflammation plus étendue et irrégulièrement répartie, néanmoins
prédominante au niveau des infarctus. Nous en avons trouvé ainsi
chez des sujets ayant présenté les symptômes d'un mal de Bright
et tout dernièrement chez un saturnin.

Enfin, la diffusion des lésions est plus marquée dans les cas où
des glomérules isolés sont simultanément dégénérés. Ces lésions
ressemblent tellement à celles de la néphrite qu'on ne peut pas les
distinguer par l'examen de ces altérations isolées qui, dès lors,
doivent vraisemblablement être produites de la même manière.
Toutefois, ce qui distingue particulièrement la néphrite, c'est la
diffusion des lésions et leur début sur des points très limités,
le plus souvent au niveau des glomérules, mais parfois aussi au
voisinage des vaisseaux ou sur une partie quelconque, au niveau
de laquelle on peut assez souvent trouver une artériole oblitérée.
Mais le point de départ de l'inflammation se trouvant le plus communément au niveau des glomérules complètement ou incomplètement dégénérés, c'est bien évidemment l'oblitération artérielle
cause de l'altération glomérulaire qui est le point de départ des
phénomènes inflammatoires.

Il est vrai que certains glomérules peuvent être le siège d'une
hyperproduction cellulaire en paraissant augmentés de volume,
mais c'est sur les points où il y a eu des phénomènes de vascularisation augmentée par les obstacles à la circulation dans le voisi-

nage et où existent des productions en quelque sorte compensatrices en rapport avec la nutrition augmentée sur ces points. Toutefois ce sont des phénomènes de dégénérescence à des degrés divers qu'on observe le plus souvent au niveau du bouquet glomérulaire, pendant que la capsule de Bowmann tend plutôt à s'épaissir par suite de la vascularisation augmentée à la périphérie et des phénomènes de production cellulaire plus intense à ce niveau.

Si les lésions sont très localisées dans la substance rénale et surtout lorsqu'elles se sont produites chez des sujets âgés, elles peuvent persister ainsi, sans donner lieu à des troubles notables. C'est pourquoi il est assez commun de trouver quelques glomérules isolés dégénérés avec fort peu d'hyperproduction cellulaire chez des sujets qui n'ont présenté pendant la vie aucun symptôme se rapportant à ces lésions et pas même de l'albuminurie, lorsqu'elles sont aussi restreintes. Il en est ordinairement de même dans les cas où les infarctus sont nettement limités.

Mais pour peu que les lésions soient diffuses, elles ont donné lieu pendant la vie à une albuminurie persistante avec des recrudescences paraissant en rapport avec de nouvelles productions inflammatoires, soit sur de nouveaux points, soit plutôt au voisinage des premières lésions auprès desquelles la circulation peut être plus facilement entravée sous l'influence des causes capables d'occasionner l'oblitération des vaisseaux. L'examen de préparations se rapportant aux lésions inflammatoires, même les plus prononcées, montre que le siège de celles-ci réside en des traînées ou des plaques plus ou moins étendues, entre lesquelles persistent des tubes sains ou plus ou moins augmentés de volume par compensation. C'est ce que nous avons pu encore constater sur un petit rein ne pesant que 40 grammes. Cependant, comme on l'a vu précédemment, ces tubuli qui ont été longtemps indemnes d'inflammation peuvent aussi à la longue être envahis graduellement, surtout au niveau des points qui confinent aux parties altérées, par extension de l'inflammation, peut-être sous l'influence des mêmes causes répétées, peut-être aussi par des troubles circulatoires s'étendant de proche en proche avec d'autant plus de facilité que les lésions sont déjà plus considérables.

Il est une circonstance qui doit beaucoup contribuer à cette extension et en somme à la production exagérée des éléments cellulaires : c'est l'oblitération des veines qui se produit très facilement au voisinage des artères oblitérées où se manifestent les productions inflammatoires indiquées précédemment.

Ce n'est pas qu'il soit toujours possible de constater ces oblitérations veineuses; d'autant que dans le rein, notamment, il n'est pas
toujours facile de dire si certains vaisseaux oblitérés sont des artères
ou des veines. Cependant lorsque les vaisseaux sont assez volumineux, cette distinction peut être faite et on trouve bien des veines
au sein des éléments de nouvelle production. Leurs parois sont
épaissies, et le tissu élastique qui s'y trouve est dissocié par une
plus ou moins grande quantité de cellules; de telle sorte que la
lumière du vaisseau est obstruée en totalité ou en partie. Mais
parfois on ne décèle que quelques fibres élastiques pouvant faire
supposer qu'il y a eu à ce niveau une veine, ou, le plus souvent, il
n'y a aucune trace de vaisseaux de cette nature. Cela paraît bien
indiquer que le tissu a été complètement bouleversé et que les
veines ont dû être oblitérées; car dans les tissus où l'on peut mieux
se rendre compte de ce que sont devenues les veines, on constate
toujours leur envahissement rapide par l'inflammation et leur oblitération à des degrés divers. Elle est le plus fréquemment complète,
pour peu que l'inflammation soit intense. A plus forte raison, il
en est de même des capillaires qui, comme partout ailleurs, sont
modifiés profondément par les productions conjonctives anormales.

Nous avons insisté tout particulièrement sur ces lésions inflammatoires des reins, dites spontanées, et sur celles produites à la
suite d'infarctus par oblitération artérielle, parce qu'elles sont les
unes et les autres très communes, qu'on les observe d'une manière
relativement facile, et qu'elles nous paraissent très démonstratives
de l'analogie qui existe entre leur mode de production et d'évolution; que par conséquent, elles peuvent servir à éclairer la pathogénie de l'inflammation.

Unité du processus inflammatoire des néphrites.

Nous ne pouvons pas entrer dans la discussion de toutes les
opinions émises par les auteurs qui admettent une ou plusieurs
espèces de néphrites, car ne traitant pas d'une manière spéciale des
affections des reins, leur inflammation n'est présentée par nous que
comme un type de celle d'un organe glandulaire, qu'on a souvent
l'occasion de rencontrer. Toutefois, comme c'est surtout à propos
du rein qu'on décrit une inflammation tantôt parenchymateuse et
tantôt interstitielle, nous insisterons pour faire remarquer que
cette dualité dans le processus inflammatoire est aussi inadmissible
pour le rein que pour les autres organes.

Et d'abord on a décrit des altérations de l'épithélium des tubuli sans avoir la certitude qu'elles soient véritablement pathologiques, car elles se rapportent souvent aux épithéliums des tubes qui précisément étaient restés normaux ou se trouvaient dilatés par compensation, les nouvelles cellules produites sur les points enflammés restant bien mieux en place. On n'a pas pris soin, en effet, de différencier des modifications relevant de causes nocives, les altérations pouvant se produire pendant une longue agonie, puis par suite de la putréfaction et enfin par le fait des manipulations. Il est bien certain que l'épithélium des tubuli ne se présente pas dans ces cas comme chez un sujet bien portant qui vient d'être décapité.

Il n'est pas contestable, toutefois, qu'à la suite de troubles prolongés de la nutrition et surtout sous l'influence de causes infectieuses donnant lieu à un état fébrile intense et prolongé, les cellules épithéliales des tubes du rein ne puissent offrir des altérations variables et notamment qu'on ne les trouve, dans ces cas, en grande partie détachées de la paroi et disséminées dans l'intérieur des tubes, probablement aussi par suite de leur fragilité plus grande sous l'influence des manipulations. Des altérations analogues peuvent simultanément se rencontrer sur d'autres organes et notamment au niveau des glandes du tube digestif, indiquant que la nutrition de tous ces éléments a été en souffrance. Mais cela ne prouve rien de plus. Et, dans d'autres cas où l'on observe une surcharge graisseuse du protoplasma des cellules, cela ne suffit pas davantage pour faire admettre une inflammation parenchymateuse, ainsi que nous pensons l'avoir déjà démontré (voir p. 103); à moins que l'on veuille appliquer la dénomination d'inflammation à toute altération et, par conséquent, tout confondre; puisque, lorsqu'il y a hyperplasie cellulaire avec plus ou moins de modifications tissulaires, tout le monde admet qu'il s'agit d'inflammation. Mais comme dans ce dernier cas les productions cellulaires nouvelles prédominent entre les tubes, on dit qu'il s'agit d'une néphrite interstitielle. Et si les cellules épithéliales paraissent altérées et plus ou moins détachées de la paroi des tubuli, comme sur le gros rein blanc représenté par la figure 58, on dit qu'on a affaire à une néphrite mixte, en supposant d'une manière arbitraire qu'un « agent pathogène spécial » a déterminé tantôt la lésion parenchymateuse et tantôt la lésion interstitielle, ou bien qu'il s'est produit une double lésion inflammatoire.

Or, l'examen des diverses variétés de néphrite montre qu'il y a, dans tous les cas, des modifications produites sur toutes les parties constituantes du tissu à des degrés et sur des points variables. Si les phénomènes d'hyperplasie sont d'abord manifestes au niveau du tissu conjonctif, aussi bien dans le rein que dans tout autre organe, c'est en raison de son rôle sur lequel nous avons précédemment insisté, et par suite de la non-utilisation d'éléments produits en trop grande quantité. Et si cette hyperplasie augmente, toutes les cellules épithéliales arrivent à être remplacées par de jeunes cellules semblables à celles du tissu conjonctif. Cela se passe d'une manière insensible (presque comme à l'état normal), à moins que les productions soient tellement abondantes qu'il en résulte des déchets de cellules et de substance hyaline encombrant les tubes. Encore n'est-ce que l'image exagérée et plus ou moins déviée des phénomènes normaux de production et d'évolution des éléments cellulaires, que l'on doit toujours avoir en vue et dont ne se sont pas préoccupés les auteurs qui ont admis, non seulement les diverses espèces de néphrites, mais encore ceux qui ne reconnaissent qu'une néphrite diffuse ou plus ou moins localisée. Il n'y a pas jusqu'aux phénomènes destructifs et productifs les plus accusés qui ne rentrent dans la règle générale.

Notre interprétation relative à la nature de toute néphrite, en conformité d'analogie avec ce qu'on peut constater à l'état normal, a le double avantage d'être absolument en harmonie avec l'observation des faits concernant les diverses variétés d'inflammation du rein aussi bien que de tout autre organe, et d'être conforme à la loi inéluctable de nutrition et d'évolution des organismes vivants troublés par quelque cause nocive, et dont les phénomènes pathologiques ne sont que la continuation des phénomènes normaux avec des modifications diverses.

INFLAMMATION DU FOIE

On a vu que dans l'inflammation du rein, les formations glandulaires nouvelles sont beaucoup plus restreintes que celles des épithéliums de revêtement dans les inflammations des muqueuses ou de la peau, et que du reste sa structure est moins facilement altérée. Si, maintenant, l'on considère l'effet produit dans le foie par des phénomènes inflammatoires, on constate encore bien mieux, d'une part, que la structure de l'organe a de la tendance à persister, et d'autre part, lorsqu'elle arrive à être modifiée, que les formations nouvelles sont encore très rudimentaires et restreintes.

On a souvent l'occasion d'observer une inflammation légère du foie dans les maladies aiguës et chroniques, principalement dans les maladies infectieuses. Ce qui frappe au premier abord sur les préparations qui s'y rapportent, c'est une coloration intense des noyaux de toutes les cellules qui semblent alors plus nombreuses qu'à l'état normal. Cependant les trabécules hépatiques et les canalicules biliaires bien apparents sont intacts sans multiplication cellulaire. Ce n'est qu'au niveau des espaces portes qu'on trouve des cellules conjonctives en plus grand nombre, surtout autour des

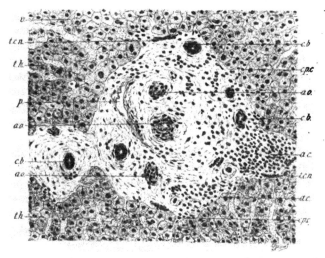

Fig. 65. — *Inflammation légère du foie : espace porte avec hyperplasie cellulaire* (fort grossissement).

t.h., travées hépatiques. — *v*, vaisseaux intertrabéculaires. — *p*, veine porte aplatie, en partie effacée. — *c.b.*, canaux biliaires. — *a.o.*, artères oblitérées. — *a.c.*, amas cellulaires. — *t.c.n.*, traînées cellulaires de nouvelle formation. — *c.p.c.*, cônes de pénétration cellulaire.

vaisseaux et des canalicules biliaires, et sous forme de petits amas analogues à des points lymphatiques, pour peu que l'hyperplasie soit prononcée. A un degré plus accusé, tout l'espace porte peut être envahi par des cellules qui tendent même à déborder en s'insinuant entre des trabécules voisines. Et, naturellement, la vascularisation de l'organe est plus ou moins augmentée.

L'inflammation du foie, comme celle du rein au début, est bien caractérisée par des phénomènes productifs se manifestant principalement par une nutrition intensive des éléments glandulaires que prouve la belle apparence du noyau et du protoplasma cellulaire,

sans modification de la structure du tissu. Mais au fur et à mesure
de la persistance du processus, il surgit des productions cellulaires
exagérées, là où elles peuvent tout d'abord se former, c'est-à-dire
près des vaisseaux et autour des canalicules biliaires. Les cellules
jeunes pénétrant entre des trabécules voisines des espaces portes
constituent déjà un commencement de cirrhose, c'est-à-dire d'inflammation chronique, comme on peut le voir sur la figure 65.

L'espace porte qui y est représenté est manifestement augmenté
d'étendue par l'abondance des éléments cellulaires jeunes qui s'y
trouvent et qui, près des canalicules, forment un amas confluent,
d'où les cellules paraissent se répandre à la périphérie, en commençant à s'insinuer sur plusieurs points entre les trabécules hépatiques avoisinantes. Les cellules de ces dernières ont des noyaux
très apparents par suite de leur coloration intense, et assez semblables à ceux des jeunes cellules, pour que celles-ci se confondent
plus ou moins avec les cellules trabéculaires entre lesquelles elles
sont infiltrées. Ce qui les distingue, toutefois, c'est qu'elles sont
plutôt fusiformes, et représentent en somme de petits tractus cellulaires insinués à ce niveau entre les trabécules.

On remarque, d'autre part, que les canalicules biliaires sont très
apparents, bourrés de petites cellules dont les noyaux ressemblent
également à ceux des jeunes cellules voisines, et d'autant plus que
les cellules sont plus nombreuses. Mais on constate en même temps
que la veine porte offre une lumière manifestement diminuée, et
qu'on ne trouve aucune artère bien visible. Cependant, trois
petits espaces arrondis et comme déprimés au milieu des cellules
paraissent se rapporter à des artérioles probablement oblitérées.

En examinant les divers espaces portes pour voir ce que sont
devenus les canaux biliaires et les vaisseaux, on voit qu'il y a, en
général, une exubérance des premiers, et au contraire une tendance
à la diminution des derniers. Presque partout on trouve des veines
portes très petites, manifestement diminuées, et les artères avec une
lumière plus étroite ou même oblitérée. Mais indépendamment des
dilatations vasculaires plus ou moins manifestes dans le voisinage,
on ne tarde pas à apercevoir, à une période plus avancée, les
vaisseaux de nouvelle formation qui accompagnent toujours les productions abondantes. Au début, l'encombrement de l'espace porte par
les cellules masque souvent les vaisseaux capillaires probablement
plus ou moins modifiés dans ces conditions. Le stroma hyalin
paraît plus abondant. Il arrive même parfois que la lumière des
veines portes est diminuée comme sur la figure précédente, par la

tuméfaction des parties voisines infiltrées d'éléments cellulaires et liquides, de telle sorte qu'il en résulte des saillies variables à l'intérieur de ces veines, donnant lieu à une oblitération incomplète ou complète, suivant leur volume et l'intensité de la compression.

L'oblitération des artérioles passerait facilement inaperçue, si l'on n'avait, pour se guider, la comparaison avec des artères de volume variable, où la lame élastique est plus ou moins manifeste, tandis qu'elle est à peine apparente ou fait défaut sur les plus petites artères oblitérées. Mais, dans tous les cas, on constate la présence des cellules musculaires qui constituent leur paroi augmentée d'épaisseur jusqu'à l'oblitération incomplète ou complète. Ces cellules sont reconnaissables, comme de coutume, à leurs noyaux allongés et entre-croisés. Toutefois, sur les points où les jeunes cellules exsudées sont très confluentes et où les artérioles sont très minces, naturellement avec de très petites cellules musculaires, il devient difficile de distinguer ces dernières des premières, en raison de la coloration semblable et de l'aspect analogue de leurs noyaux. On peut néanmoins, lorsque l'attention est attirée sur ce point, découvrir le plus souvent les artérioles oblitérées.

C'est encore sur la même préparation qu'on peut bien voir les jeunes cellules partant de divers points de la périphérie de l'espace porte et s'insinuant entre les trabécules, en raison du stroma hyalin dans lequel elles se trouvent et qui les met en évidence dans les espaces intertrabéculaires légèrement élargis. Sur le bord de l'espace porte, les jeunes cellules ont un noyau rond bien coloré semblable à celui des cellules des trabécules ; puis, à mesure que les cellules avancent entre les trabécules, on les voit prendre la disposition de plus en plus fusiforme, de manière à constituer de fins tractus partant de plusieurs points de l'espace porte pour pénétrer dans les lobules voisins. Ces prolongements sont, en général, assez limités sur cette préparation. Cependant, on en trouve assez fréquemment qui relient deux espaces portes et tendent à circonscrire irrégulièrement des lobules ; tandis qu'il est rare d'en rencontrer avec un prolongement jusqu'aux veines sus-hépatiques qui ne paraissent pas manifestement atteintes, et qui offrent seulement un peu d'épaississement hyalin de leurs parois.

Lorsqu'on considère les plus grands espaces portes de cette préparation, on y trouve encore les lésions précédemment signalées sur les plus petits. L'hyperplasie cellulaire y domine toujours avec une exubérance toute particulière des canalicules biliaires. Si les vaisseaux sont seulement rétrécis et non complètement oblitérés, cela tient à leur volume plus considérable et à ce qu'il s'agit, en somme, d'une inflammation relativement peu prononcée.

Quant aux éléments des trabécules, ou bien ils paraissent tout à fait sains, seulement avec une accentuation plus ou moins prononcée des espaces intertrabéculaires et une coloration plus accusée des noyaux de toutes les cellules, ou bien il existe sur beaucoup de points une surcharge graisseuse du protoplasma cellulaire, comme on en rencontre si fréquemment dans les cirrhoses bien caractérisées.

Ces inflammations légères du foie ne donnent lieu pendant la vie à aucun trouble notable. Il peut même exister à l'état latent des lésions beaucoup plus considérables, et telles qu'elles se présentent dans les cas de cirrhose manifeste. Tout au moins à ne considérer que les lésions du foie, lorsqu'elles sont ainsi très prononcées, on ne pourrait pas distinguer les deux cas; bien qu'il doive cependant exister une différence dans l'effet des lésions, au moins sur l'état du péritoine et sur l'appareil circulatoire, puisqu'il y a de l'ascite dans un cas et non dans l'autre.

Les cirrhoses du foie qu'on observe le plus communément ont donné lieu, pendant la vie, à des troubles divers plus ou moins accusés, qui ont permis d'établir le diagnostic, et l'on trouve à l'autopsie un foie augmenté ou plus souvent diminué de volume, mais d'une densité plus grande, avec épaississement de la capsule, à surface plus ou moins granuleuse, parfois au point de donner lieu à la variété connue sous le nom de *foie clouté*. Les surfaces de section offrent un aspect en rapport avec l'état extérieur : le parenchyme, d'aspect normal ou graisseux, est sillonné de tractus fibreux très fins, à peine appréciables ou plus accusés, et qui, alors, paraissent ensérrer les petites portions glandulaires ainsi irrégulièrement lobulées et plus ou moins saillantes. Dans beaucoup de cas, et presque toujours sur certains points, on trouve des productions d'aspect fibroïde plus étendues, formant de véritables plaques grisâtres, brillantes, déprimées, reliées entre elles et sur lesquelles on ne trouve plus que quelques rares petits lobules parenchymateux. Enfin, surtout dans les cas de sclérose intense, certaines parties paraissent anémiées, tandis que d'autres présentent, au contraire, des vaisseaux plus ou moins volumineux se rapportant à des vaisseaux anciens dilatés et surtout à des vaisseaux de nouvelle formation. Assez fréquemment aussi, on y voit des taches pigmentaires d'origine variable, soit sur les points sclérosés, soit sur le parenchyme qui, d'autres fois, offre une teinte ictérique.

Variétés de la cirrhose hépatique. — A ces aspects variés du foie cirrhotique correspondent des modifications histologiques également variables et qui ont fait admettre plusieurs variétés de cirrhose, auxquelles on a attribué non seulement des causes diverses, mais encore des processus différents. C'est ainsi que les auteurs décrivent une cirrhose veineuse porte et sus-hépatique, ainsi qu'une cirrhose biliaire, en supposant que les lésions ont pour origine, soit les branches de la veine porte, soit celles des veines sus-hépatiques,

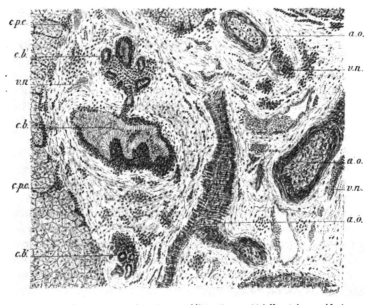

FIG. 66. — *Espace porte sclérosé avec oblitérations artérielles très manifestes et hyperplasie cellulaire surtout très prononcée au niveau des canaux biliaires.*

c.b., gros canalicule biliaire avec hyperplasie cellulaire. — c.b'., petits canalicules biliaires analogues. — a.o., artères oblitérées. — v.n., vaisseaux nouveaux. — c.p.c., cônes de pénétration cellulaire.

ou encore ces deux sortes de veines à la fois, sous le nom de cirrhose bi-veineuse, soit, enfin, les canalicules biliaires sous le nom de cirrhose biliaire ou hypertrophique. Or, si l'examen microscopique montre des altérations ou des productions très variées dans les divers cas que l'on a l'occasion d'observer, on peut constater, néanmoins, qu'il s'agit toujours de modifications anormales du tissu hépatique, seulement plus ou moins accentuées et étendues, et, par conséquent, de même nature, comme nous espérons le démontrer par l'examen des principales variétés de cirrhose.

Pour peu que l'inflammation se présente avec un certain degré d'intensité, on constate l'exagération des phénomènes précédemment indiqués pour les cas d'inflammation légère.

La figure 66 se rapporte à une préparation de cirrhose bien caractérisée à forme cloutée. On y voit un espace porte assez étendu formant comme une plaque irrégulière blanchâtre hyaline qui constitue le stroma sur lequel se détachent nettement les éléments cellulaires à noyaux bien colorés, et notamment ceux qui constituent les canaux biliaires et les parois vasculaires. On remarque aussi les globules sanguins qui remplissent les veines portes persistantes, et des vaisseaux de nouvelle formation.

Comme sur les petits espaces portes précédemment examinés, on constate l'oblitération complète ou incomplète des artères par une néoproduction de cellules musculaires entre-croisées qui constituent leur tunique musculaire, et se présentent avec une disposition circulaire. D'autres portions d'artère sont coupées longitudinalement et sont également oblitérées. Rien de plus démonstratif à cet égard que cette préparation.

Deux grandes veines appartenant au système porte offrent une diminution notable de leur lumière dont les contours sont en même temps aplatis et irréguliers en raison de l'augmentation de volume du stroma infiltré de cellules. Certaines portions de ces veines, plus ou moins déformées, ont même leurs parois tout à fait accolées. Par contre, on observe sur plusieurs points des cavités irrégulières, parfois assez grandes, dont la paroi est seulement constituée par le stroma bordé de cellules fusiformes et qui sont remplies de globules sanguins. Ce sont bien évidemment des vaisseaux de nouvelle formation.

Ce qui attire immédiatement l'attention, c'est la coupe perpendiculaire d'un gros canalicule biliaire dont l'épithélium à cellules cylindriques hautes forme des replis ondulés qui contribuent à remplir sa lumière. Cette disposition de l'épithélium paraît provenir de l'abondance des cellules qui est très manifeste et coïncide avec une accumulation de jeunes cellules immédiatement au-dessous des cellules en place. Le stroma blanchâtre semble former autour du canalicule comme une paroi épaisse, sillonnée de petites cellules fusiformes ou punctiforme. Au delà, les cellules sont plus irrégulièrement disposées jusqu'au voisinage des autres canalicules biliaires, des vaisseaux et du tissu trabéculaire.

On voit même au-dessus du canalicule, précédemment décrit, une traînée irrégulière de petites cellules qui le relie à un groupe de canalicules plus petits, dont quelques-uns sont tapissés d'un épithélium cylindrique bien caractérisé, remplissant leur lumière, et sont également entourés de jeunes cellules, tandis que d'autres sont à peine reconnaissables et paraissent prendre naissance au milieu d'un groupe de jeunes cellules. L'un d'eux, coupé obliquement, est formé par un amas longitudinal de cellules. Les canalicules les plus apparents du groupe se détachent aussi nettement sur le stroma blanchâtre, infiltré de petites cellules fusiformes dont ils sont entourés, tandis que les autres se trouvent au sein d'un

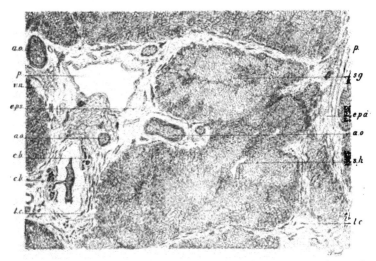

FIG. 67. — *Autre espace porte sclérosé se rapportant à la même préparation que la figure précédente, montrant des lésions semblables de cet espace, et des prolongements qui le relient à des espaces voisins également altérés avec une surcharge graisseuse des éléments glandulaires, au sein desquels se trouve une veine sus-hépatique saine.*

e.p.s., espace porte sclérosé. — *e.p.a.,* espace porte sclérosé et allongé. — *p,* veine porte à parois irrégulières. — *c.b.,* canaux biliaires avec hyperplasie cellulaire et paroi hyaline épaissie. — *a.o.,* artères oblitérées. — *v.n.,* vaisseaux nouveaux. — *t.c.,* traînées cellulaires. — *s.g.,* surcharge graisseuse des éléments glandulaires. — *s.h.,* veine sus-hépatique saine.

amas cellulaire. Un autre groupe de petits canalicules est situé au-dessous du gros canalicule et à une distance un peu plus grande que le précédent, mais il se présente dans les mêmes conditions. On peut encore constater la présence d'un canalicule isolé, situé un peu plus bas.

Beaucoup de cellules à noyaux bien colorés sont également disséminées dans l'espace porte. Mais çà et là, et principalement sur les bords en rapport avec la substance glandulaire, on voit les cellules former de petits amas longitudinaux ou arrondis, suivant la disposition de la coupe. En outre, les cellules tendent sur beaucoup de points à pénétrer entre les trabécules voisines sous l'aspect de petites cellules rondes ou fusiformes, dont les noyaux, bien colorés, se détachent encore nettement sur les cellules glandulaires.

Cet espace porte, ainsi modifié par l'inflammation, présente des amas de cellules formant des prolongements dits scléreux qui le relient à d'autres espaces portes voisins de volume et de dispositions diverses. Il est même immédiatement en rapport avec deux autres espaces dont l'un, presque aussi volumineux que lui, représenté sur la figure 67, offre des altérations identiques. Les oblitérations artérielles y sont particulièrement remarquables, mais la veine porte ne présente guère qu'une grande irrégularité de sa paroi. Il y a néanmoins beaucoup de vaisseaux de nouvelle formation. Un canalicule principal est flanqué aussi de deux groupes de petits canalicules ; mais les productions cellulaires sont moins abondantes, soit à ce niveau, soit sur les autres parties de l'espace porte, vers les bords duquel se trouvent aussi quelques cellules sous forme de petits amas, soit irréguliers, soit surtout arrondis ou allongés. Ceux-ci se remarquent encore très nettement sur les prolongements scléreux assez étroits, reliant cet espace porte aux espaces voisins qui sont tous le siège d'une inflammation plus ou moins intense. L'un d'eux se présente sous une forme allongée, due probablement à la pression résultant des deux portions glandulaires entre lesquelles il se trouve placé, et qui sont manifestement augmentées de volume par suite de la surcharge graisseuse de leurs cellules. Sur l'une de ces portions, qui est figurée, on aperçoit une cavité un peu irrégulière, remplie de sang, qui ne peut appartenir qu'à une veine sus-hépatique.

Le reste de la préparation montre un tissu glandulaire, graisseux sur beaucoup de points, mais d'une manière irrégulière, et qui, à un faible grossissement, paraît sillonné de tractus fibroïdes blanchâtres, anastomosés de manière à former comme un grossier réticulum à mailles irrégulières, en général assez grandes. De nombreuses cellules à noyaux bien colorés sont disséminées sur ces tractus, et constituent, çà et là, des traînées cellulaires et des amas de cellules, surtout au niveau des points d'entre-croisement du réticulum, ordinairement élargis, et d'où partent souvent plusieurs tractus. On y voit enfin des canalicules biliaires en plus ou moins

grand nombre. C'est qu'il s'agit d'espaces portes modifiés par
l'inflammation, dont les vaisseaux sont oblitérés en partie ou en
totalité, comme on peut le reconnaître sur les plus larges espaces,
mais qui ne sont guère appréciables sur les plus petits, en raison
de leur compression et de l'accumulation des cellules nouvelles.
Celles-ci contribuent à masquer plus ou moins la constitution de

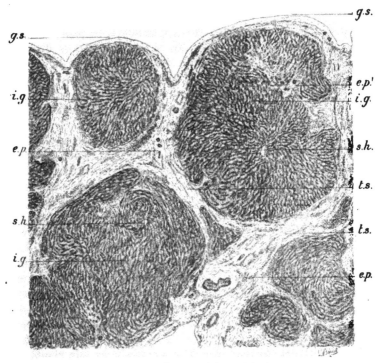

Fig. 68. — *Cirrhose annulaire* in *foie clouté.*

g.s., granulations saillantes avec sclérose glissonienne. — *t.s.*, travées scléreuses. — *i.g.*, îlots ou
lobules glandulaires. — *s.h.*, veines sus-hépatiques. — *e.p.*, espaces portes très sclérosés. —
e.p'., espace porte très petit, mais aussi sclérosé.

ces parties, au point même que parfois on ne voit plus que quelques
amas cellulaires de nouvelle formation sur une plaque blanchâtre.
    Le tissu glandulaire, contenu dans les mailles du réticulum
sous forme d'îlots, paraît sain ou graisseux. Dans ce dernier cas, il
s'agit de surcharge graisseuse et non d'une dégénérescence ; car
les cellules sont plus volumineuses, et il est même à remarquer
que la sclérose est en général moins accusée à leur niveau ; ce qui

s'explique probablement par les phénomènes de compression des cellules augmentées de volume, et la moindre vascularisation du tissu dans ces conditions. Bien différent est l'état des cellules en dégénérescence graisseuse au sein des plaques de sclérose et dont il sera question plus loin.

En examinant toujours les mêmes préparations à un fort grossissement, on peut s'assurer qu'il n'y a pas d'espace porte absolument sain, même parmi les plus petits. On ne découvre aussi que rarement des veines sus-hépatiques. Cependant, on peut constater que quelques-unes sont tout à fait saines, tandis que d'autres commencent à être envahies par des tractus déliés partis des espaces portes voisins, passant à côté d'une veine sus-hépatique l'englobant ou y aboutissant. Ces altérations ne sont visibles que sur de rares points, ce qui fait supposer que la plupart des veines sus-hépatiques doivent être comprises dans les tractus scléreux.

Lorsqu'on examine des préparations offrant des tractus fibroïdes plus épais, et à plus forte raison celles qui se rapportent à la forme la plus commune de cirrhose, désignée sous le nom de cirrhose annulaire, on trouve une exagération de toutes les productions précédemment examinées, ainsi que la figure 68 en offre un type, qu'on rencontre fréquemment sous la forme du foie clouté.

Ce n'est qu'au niveau des grands espaces portes qu'on trouve manifestement les veines perméables, au moins en partie. Les espaces portes sont souvent encore reconnaissables sur les points scléreux les plus larges, où l'on trouve, près des vaisseaux anciens . oblitérés, des vaisseaux de nouvelle formation, et les nouvelles productions cellulaires diffuses, en amas et sous forme de traînées nombreuses correspondant à des néocanalicules biliaires rudimentaires. On ne voit aucun espace porte sain, ni même avec peu d'altération comme dans les cas précédemment examinés de foie clouté au niveau du tissu glandulaire le moins altéré. En général, on n'aperçoit pas non plus les veines sus-hépatiques qui se trouvent certainement prises dans les travées scléreuses. Cependant il n'est pas rare de rencontrer encore sur les préparations de ce genre une et quelquefois plusieurs veines sus-hépatiques intactes ou à peu près, comme sur la figure ci-dessus.

Les lésions scléreuses peuvent être encore plus intenses, seulement sur quelques points du même organe ou de la même préparation, plus rarement sur tout l'organe, de telle sorte qu'on voit la sclérose occuper à ce niveau plus d'étendue que le tissu glandulaire dont on ne trouve plus que de petits amas irréguliers sur de larges plaques sclérosées. Celles-ci sont riches en cellules et les néoformations y abondent au fur et à mesure que disparaissent les portions glandulaires aux dépens desquelles elles sont manifestement formées, comme on peut le voir sur la figure 69 qui appartient à une cirrhose annulaire avec production scléreuse intensive sur certains points. Mais la sclérose peut encore offrir, en même temps, comme dans ce cas, une diffusion des lésions sur d'autres points. Il est possible, en effet, de rencontrer des tractus plus déliés et même linéaires, formant de petites mailles irrégulières,

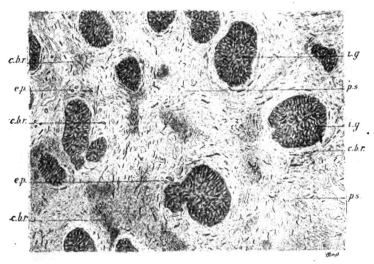

Fig. 69. — *Cirrhose annulaire très intense avec production abondante de néocanalicules biliaires rudimentaires et réduction du tissu glandulaire à de petits lobules irréguliers paraissant disséminés dans le tissu de nouvelle formation.*

i.g., îlots ou lobules glandulaires. — *p.s.*, plaques scléreuses. — *e.p.*, espaces portes encore reconnaissables. — *c.b.r.*, néocanalicules biliaires rudimentaires.

qui relient deux portions voisines de gros tractus, ou même s'étendent à travers la plus grande partie ou la totalité d'un îlot glandulaire. Ces productions constituent ainsi une sclérose diffuse, sous la forme d'un fin réticulum intertrabéculaire à mailles plus ou moins étroites qui enserrent seulement un petit nombre de cellules.

Dans certains cas, cette forme diffuse de la sclérose existe à un degré très prononcé et manifestement prédominant en même temps que les autres lésions scléreuses ; de telle sorte qu'on trouve dans les grandes mailles du réticulum formé par les gros tractus fibroïdes un autre réticulum à travées plus ou moins fines, qui subdivise le tissu glandulaire, ainsi qu'on le voit sur la figure 70. Dans les cas de ce genre, les néoproductions des canalicules biliaires sont encore manifestes, mais elles se rencontrent à un bien moindre degré que dans les cas précédents.

Il arrive même, quoique plus rarement, que l'on trouve une lésion diffuse généralisée avec des lésions restreintes des espaces portes. La figure 71 représente un cas de ce genre appartenant à un homme de vingt-cinq ans qui avait de gros reins, en même

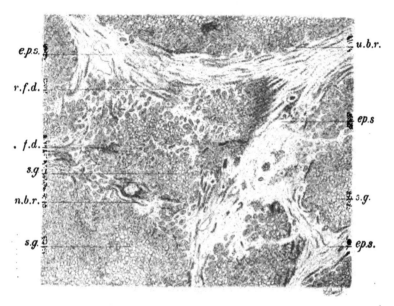

Fig. 70. — *Sclérose hépatique perilobulaire avec envahissement diffus des lobules glandulaires surchargés de graisse.*

e.p.s., espaces portes sclérosés d'où partent les fins tractus se répandant dans le tissu glandulaire en formant un réticulum irrégulier. — *n.b.r.*, néocanalicules biliaires rudimentaires. — *r.f.d.*, réticulum à fibres déliées. — *s.g.*, surcharge graisseuse des cellules hépatiques.

temps qu'un gros foie, ayant fait diagnostiquer pendant la vie une cirrhose hypertrophique.

Les espaces portes sont nettement déterminés et seulement un peu agrandis par la présence de nombreuses cellules confluentes, qui, pour peu que la coupe ne soit pas très mince, masquent plus ou moins les artères et même les canalicules biliaires. Ces cellules forment des prolongements d'épaisseur variable qui relient les espaces portes et parfois aussi les veines sus-hépatiques, quoique beaucoup de ces dernières soient saines ou à peine atteintes, tandis que tous les espaces portes présentent une hyperplasie cellulaire plus ou moins prononcée. En outre, les espaces intertrabéculaires sont également le siège d'une hyperplasie notable très manifeste partout et même d'une manière à peu près égale. En même temps, on constate des dilatations vasculaires, surtout apparentes au niveau des espaces portes, mais qui existent également à peu près sur tous les points au niveau des capillaires intertrabéculaires.

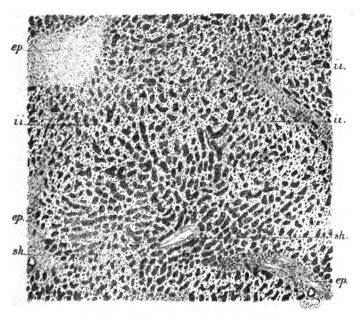

FIG. 71. — *Sclérose diffuse et récente du foie.*
e.p., espaces portes avec hyperplasie cellulaire. — *i.i.*, infiltration intertrabéculaire. — *s.h.*, veines sus-hépatiques.

Un autre cas (fig. 72) offre une disposition analogue, c'est-à-dire avec des lésions diffuses, mais avec des productions scléreuses manifestement plus anciennes que les précédentes. Bien que les espaces portes ne présentent pas des altérations très étendues, ils sont néanmoins tous plus ou moins affectés, tandis que les veines sus-hépatiques le sont encore à un moindre degré et même pas du tout sur beaucoup de points. Dans ce cas, le foie offre aussi des dilatations vasculaires anormales.

Dans tous les cas de cirrhose on trouve des modifications plus ou moins prononcées de la circulation qui est diminuée sur certains points, augmentée sur d'autres, par le fait des oblitérations vasculaires et des néoproductions de vaisseaux. Lorsque celles-ci sont très prononcées, on remarque une exubérance des productions cellulaires, qui dénote une suractivité de tous les phénomènes vitaux.

Mais on peut aussi observer des dilatations vasculaires, avec

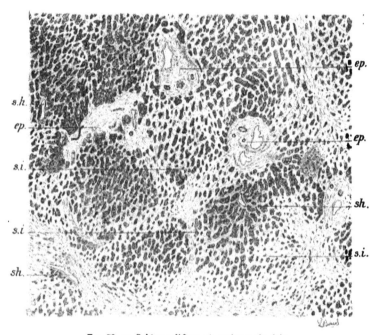

Fig. 72. — *Sclérose diffuse et ancienne du foie.*

e.p., espaces portes sclérosés. — *s.i.*, sclérose intertrabéculaire. — *s.h.*, veines sus-hépatiques.

beaucoup moins d'éléments cellulaires et plutôt avec la production plus ou moins abondante d'une substance hyaline au niveau de tous les points sclérosés et même partout où existe normalement du tissu conjonctif. Le tissu scléreux se présente alors sous la forme de plaques ou de tractus blanchâtres sur lesquels on distingue à peine les canalicules biliaires ainsi que les néoproductions de cellules agminées et presque pas les cellules disséminées ; tous ces éléments se trouvant plus ou moins masqués par l'abondance de la substance hyaline qui entre dans leur constitution et infiltre la plus grande partie du tissu intertrabéculaire. C'est ainsi que sur les bords des plaques scléreuses, on voit des portions de trabécules environnées de tractus blanchâtres épais ou déliés qui s'infiltrent à travers le tissu glandulaire, en donnant à la préparation tout à la fois l'apparence d'une sclérose massive et diffuse. On remarque en même temps des dilatations vasculaires anormales très prononcées, soit au milieu des plaques et des travées de sclérose, soit dans certains îlots de substance glandulaire.

C'est dans ces mêmes cas qu'on observe le plus fréquemment des dépôts pigmentaires brunâtres en plus ou moins grande quantité. Mais on peut en trouver aussi dans les autres variétés de cirrhoses, même dans celles à forme cloutée, pour peu que les bandes scléreuses soient épaisses et que la circulation soit profondément troublée. Ces dépôts se rencontrent à la fois dans les cellules glandulaires et au niveau des plaques ou bandes scléreuses, mais avec une prédominance très prononcée sur ces dernières parties, où ils attirent immédiatement l'attention, tandis qu'ils sont peu abondants au niveau du tissu glandulaire et encore plutôt répartis près des points scléreux. Ils se présentent sous la forme de petits amas granuleux, jaunes, brunâtres, irrégulièrement disséminés en quantité variable, mais toujours beaucoup plus grande au niveau des plaques scléreuses blanchâtres sur lesquelles ils se détachent nettement.

Non seulement ces dépôts pigmentaires ont tout à fait l'aspect de ceux qu'on trouve si souvent dans les tissus où du sang a été épanché, mais on peut encore observer sur certains points que ces dépôts existent tout à côté d'amas de globules sanguins avec lesquels ils sont souvent entremêlés. Du reste les cas où l'on trouve le plus de pigment sont également ceux où le tissu scléreux offre le plus de dilatations vasculaires. L'origine de ces dépôts pigmentaires paraît donc se rattacher à la présence de globules rouges et de leur matière colorante modifiée. Ce sont en réalité des pigments hématiques. Ils sont, du reste, parfaitement distincts de la pigmentation des cellules, soit par des granulations pigmentaires proprement dites, soit par la matière colorante de la bile, que l'on peut constater dans les cirrhoses pigmentaires biliaires.

Le foie atteint d'une cirrhose pigmentaire proprement dite se présente à l'œil nu ordinairement avec une sclérose intense et une coloration de pierre à fusil foncée. On ne peut cependant le distinguer de celui qui vient d'être examiné que par l'examen histologique qui permet de constater des productions bien différentes.

On voit, en effet, que les dépôts pigmentaires ne résident que dans les cellules, à leur partie centrale, sous la forme de très fines granulations arrondies, de coloration jaune clair, sur les points où elles sont moins nombreuses, et jaune verdâtre sur ceux où elles sont accumulées en plus grand nombre. Il n'existe aucun dépôt amorphe irrégulier, ni aucune teinte générale, la pigmentation est due uniquement à ces fines granulations arrondies, et que l'on voit pour ainsi dire former un semis régulier à la partie médiane des cellules, en se continuant tout le long des trabécules; de telle sorte que celles-ci se trouvent teintées par un ruban pigmentaire médian, d'intensité et de largeur variables, mais n'empiétant pas sur les parties latérales.

Bien différente est la cirrhose biliaire, c'est-à-dire avec ictère, quoique les productions inflammatoires puissent offrir des dispositions analogues à celles observées dans les autres variétés de cirrhose.

Lorsque la sclérose existe à un degré très prononcé à la fois sous la forme de plaques ou de travées épaisses et de tractus diffus envahissant les îlots glandulaires, les espaces portes ne sont plus guère reconnaissables. Il n'existe en somme qu'un tissu scléreux blanchâtre irrégulièrement réparti, au sein duquel se voient des îlots glandulaires de volume variable, mais plutôt assez restreints, et dont les cellules plus ou moins ictériques sont en voie de dissociation à leur périphérie, par l'envahissement scléreux.

A un faible grossissement, le tissu glandulaire offre des taches jaunâtres diffuses sur des points variables, et çà et là, principalement au niveau des parties les plus teintées, des petits dépôts d'un brun verdâtre, tandis que le tissu scléreux apparaît tout à fait blanc, sans aucune tache pigmentaire; si ce n'est sur quelques points voisins des îlots glandulaires où se trouvent des amas cellulaires pigmentés et plus ou moins en dégénérescence. Parfois aussi on voit des traînées de cellules de nouvelle formation qui offrent une teinte jaunâtre diffuse. Mais ce n'est guère qu'à un fort grossissement qu'on peut se rendre compte de l'ictère des jeunes cellules, bien moins marqué que celui des cellules anciennes au voisinage desquelles elles se trouvent. On peut ainsi apprécier très nettement en quoi consistent ces altérations.

Les cellules sont teintées en jaune clair ou verdâtre lorsque la coloration est plus intense. Le protoplasma des cellules est plus ou moins granuleux avec cette teinte, mais n'est pas le siège d'un dépôt de granulations colorées, comme dans la cirrhose pigmentaire. Il en est de même des dépôts de coloration foncée qui se présentent sous la forme de petits blocs de substance amorphe jaune dont les plus épais sont de coloration jaune brun à reflet verdâtre. Leur forme est plutôt arrondie ou un peu allongée, mais alors ils sont en général constitués par l'agglomération de deux ou trois amas arrondis agglomérés. Leur substance est uniformément jaunâtre et non granuleuse.

Ces caractères des dépôts de pigment biliaire dans les cellules les distinguent des dépôts pigmentaires précédemment décrits, ainsi que de ceux qui proviennent de la matière colorante du sang. Leur seule répartition différente permet, même à première vue, de les différencier.

Nous ajouterons qu'avec l'angiocholite calculeuse on peut rencontrer des dépôts de pigment biliaire au niveau des canalicules dilatés et plus ou moins altérés.

Il ressort encore, de la comparaison des cirrhoses biliaires avec les autres variétés de cirrhoses, que les productions inflammatoires se présentent dans les mêmes conditions, évoluant de la même manière, suivant le degré d'intensité de ces productions. Elles n'en diffèrent en somme que par la présence dans les éléments glandulaires du pigment biliaire qui trahit probablement l'oblitération des voies biliaires sur certains points, et il ne s'agit nullement d'une forme particulière de sclérose.

Il en est de même de la cirrhose des cardiaques. Rien ne la distingue, comme disposition, de la sclérose des cirrhoses vulgaires, si ce n'est la dilatation plus ou moins prononcée des capillaires inter-trabéculaires, que l'on considère l'inflammation à l'état récent ou ancien.

La figure 73 se rapporte à un foie muscade typique avec cirrhose chez un cardiaque. On voit, en effet, que les capillaires des lobules offrent partout un volume anormal aux dépens des trabécules hépatiques qui, dans certains points, sont comprimés jusqu'à se présenter sous l'aspect linéaire. Les préparations au liquide de Müller ont une teinte générale verdâtre due à la richesse du tissu en vaisseaux remplis de sang, sur laquelle se détachent très nettement des néo-productions, consistant en petites cellules à noyaux bien colorés par le carmin. On les remarque principalement sur les espaces portes agrandis où elles commencent à constituer des prolongements sous l'aspect de cellules rondes ou fusiformes, qui tendent, sur certains points à relier les espaces portes voisins. Elles s'avancent aussi, mais à un moindre degré d'intensité, à travers les lobules, toujours entre les trabécules, jusque vers les veines sus-hépatiques. A ce niveau peuvent se trouver ou non quelques jeunes cellules en plus dans les espaces intertrabéculaires voisins ; mais, il n'y a pas de processus inflammatoire initial auprès de ces veines, tandis qu'il existe manifestement sur tous les espaces portes.

Les mêmes phénomènes peuvent être constatés dans des cas de cirrhose ancienne avec productions scléreuses intenses. Tous les

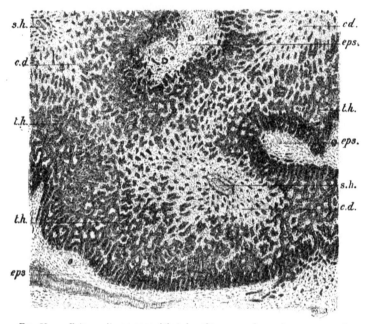

Fig. 73. — *Foie cardiaque avec début de sclérose au niveau des espaces portes.*

Les veines sus-hépatiques sont dilatées et offrent seulement un aspect hyalin de leur paroi. Si elles sont entourées d'une zone blanchâtre, cet aspect est dû à la présence dans les capillaires dilatés des globules sanguins qui ne pouvaient pas être représentés autrement sans être confondus avec les cellules des trabécules plus ou moins comprimées.

eps, espaces portes sclérosés. — *s.h.*, veines sus-hépatiques. — *c.d.*, capillaires dilatés. — *t.h.*, trabécules hépatiques.

espaces portes sont affectés à des degrés plus ou moins prononcés, et si la plupart des veines sus-hépatiques sont prises dans des travées fibreuses, comme dans toutes les cirrhoses intenses, on trouve encore quelques-unes de ces veines qui ont échappé à l'envahissement scléreux. Ce n'est pas la disposition de la sclérose qui indique la cardiopathie concomitante, mais les

dilatations vasculaires et notamment celles des capillaires intertrabéculaires, à des degrés variables suivant les différents points.

Il nous paraît résulter de l'examen des cirrhoses à tous leurs degrés
et dans leurs diverses variétés que l'inflammation se traduit toujours
par une hyperplasie cellulaire qui a pour siège initial les espaces
portes et envahit les parties voisines par des productions plus ou
moins abondantes. Celles-ci tendent à réunir les espaces portes
voisins en formant des prolongements dans les lobules d'une
manière très irrégulière, et jusqu'à englober la plupart des veines
sus-hépatiques dans les cas plus ou moins intenses. Elles constituent ensuite des travées ou plaques scléreuses aux dépens du
tissu glandulaire qui persiste sous la forme d'îlots de dimensions
très variables. Tantôt ces îlots paraissent nettement circonscrits
par des bandes scléreuses en donnant lieu à la variété décrite sous le
nom de cirrhose annulaire, et tantôt on dit qu'il s'agit d'une cirrhose
diffuse lorsque la sclérose paraît dissocier les trabécules ; ces deux
dispositions pouvant se présenter sur les divers points d'une même
préparation. En tout cas, les éléments glandulaires semblent bien
disparaître graduellement pour faire place aux productions nouvelles sous la forme d'un tissu scléreux, blanchâtre, dans lequel se
trouvent des éléments de nouvelle formation à l'état diffus ou sous
des formes particulières. Mais il faut pousser plus loin les investigations pour chercher à se rendre compte comment sont produites les
nouvelles formations et comment disparaissent les anciennes.

Tout d'abord nous devons déterminer en quoi consistent les éléments constitutifs des travées et plaques scléreuses pour nous
rendre compte de leur mode de production.

Sur divers points des préparations, on peut voir des cellules qui
semblent partir des espaces portes ou des travées déjà existantes,
pour se répandre à la fois dans plusieurs espaces intertrabéculaires, en formant comme un réseau irrégulier à petites mailles,
dont les extrémités tendent à s'enfoncer dans le tissu glandulaire,
souvent à la rencontre d'autres prolongements ayant pour origine
des parties similaires voisines. Sur d'autres points, c'est le coin
cellulaire précédemment décrit, partant d'un espace porte, et pénétrant dans le tissu glandulaire avec plusieurs rangées de cellules
jeunes, à noyaux bien colorés. Tantôt celles-ci sont pressées les unes
contre les autres, en prenant plus ou moins la disposition fusiforme, et tantôt elles se détachent sur un stroma blanchâtre, parfois très accusé. Des travées ainsi constituées réunissent des espaces

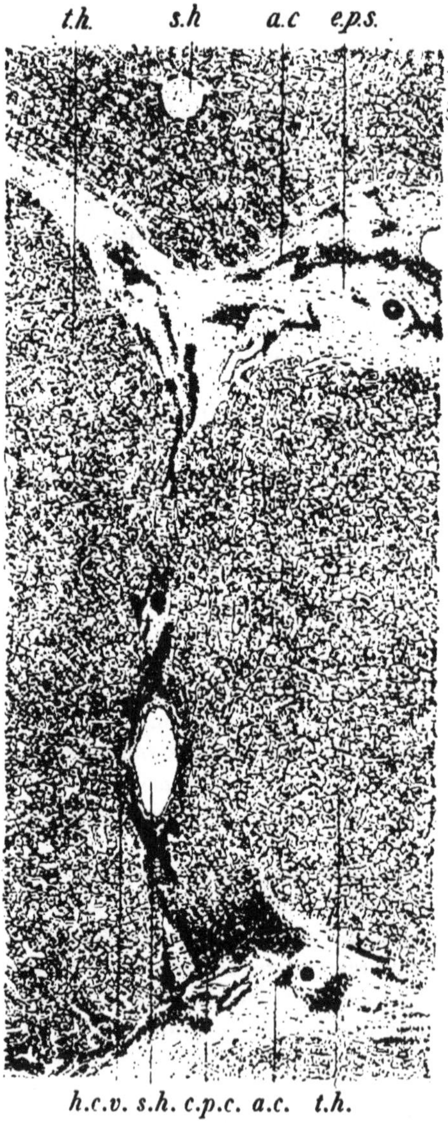

t.h.   *s.h*   *a.c*   *e.p.s.*

h.c.v. s.h. c.p.c. a.c. t.h.

Fig. 74. — *Sclérose périlobulaire atteignant une veine sus-hépatique.*

t.h., trabécules hépatiques. — s.h., veines sus-hépatiques. — e.p.s., espaces portes sclérosés. — a.c., amas cellulaires. — c.p.c.. cônes cellulaires de pénétration s'avançant sur une veine sus-hépatique. — h.c.v., hyperplasie cellulaire autour d'une veine sus-hépatique.

portes voisins et s'insinuent encore plus ou moins irrégulièrement à travers les lobules, comme on peut bien s'en rendre compte par l'examen des figures précédentes.

Les veines sus-hépatiques qu'on trouve indemnes au début des cirrhoses finissent par être envahies graduellement par les travées scléreuses (fig. 74) et sont graduellement enveloppées par les nouvelles productions, jusqu'au point où elles ne sont plus reconnaissables. Il arrive cependant que, sur la plupart des cirrhoses d'une grande intensité, on trouve encore des veines sus-hépatiques intactes, alors que tous les espaces portes sont plus ou moins affectés, comme on peut le constater sur plusieurs de nos figures.

Ces veines non altérées se rencontrent le plus souvent au milieu des nodules glandulaires, peu ou pas envahis par la sclérose. Bien plus, on peut même trouver une veine tout à fait indemne à proximité d'un gros tractus scléreux (fig. 75). Mais, nous le répétons, la plupart des veines sus-hépatiques finissent par être envahies dans les scléroses intenses, et c'est ce qui a fait croire à une sclérose veineuse ou bi-veineuse qui ne saurait être admise, puisqu'il ne s'agit que d'un envahissement secondaire de ces veines et jamais d'une altération primitive. Le schéma de M. Sabourin se rapporte à des cas où, comme sur la figure 68, on trouve, au milieu d'une portion de substance glandulaire limitée par des tractus plus ou moins épais de sclérose, un petit espace porte relative-

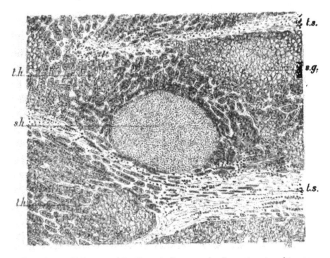

Fig. 75. — *Veine sus-hépatique indemne près d'une travée scléreuse.*
s.h., veine sus-hépatique. — *t.s.*, travées scléreuses. — *t.h.*, trabécules hépatiques. — *s.g.*, surcharge graisseuse des cellules hépatiques.

ment peu altéré, mais encore non indemne. Nous reviendrons du reste sur cette question.

Les nouvelles productions, commençant au niveau des espaces portes et pénétrant dans le tissu intertrabéculaire, ne refoulent pas cependant les trabécules, mais se substituent à elles. Déjà, sur les bords des espaces portes et des travées scléreuses qui en partent, on peut voir les trabécules hépatiques saines ou graisseuses ; mais elles n'offrent pas d'altération spéciale, et parfois il semble même que leurs éléments sont plus volumineux, comme s'ils devaient suppléer les parties voisines détruites. Néanmoins le tissu scléreux tend à les envahir pour se substituer à eux, ainsi qu'il est arrivé déjà pour les points qu'il occupe.

Sur les parties où les travées scléreuses sont épaisses, avec l'aspect fibroïde, et semblent, en quelque sorte, sertir les îlots glandulaires qu'elles entourent, il n'est guère possible de se rendre compte du mode d'envahissement du tissu glandulaire ; mais on trouve toujours quelques points où l'on voit les nouvelles cellules anormalement produites pénétrer entre les trabécules. On peut constater en outre qu'il s'est formé, çà et là, des agglomérations de jeunes cellules sous la forme de petits amas arrondis ou de petites traînées longitudinales qui occupent principalement les parties centrales des plaques scléreuses, plutôt lorsque celles-ci sont très larges, avec une hyperplasie cellulaire abondante.

Ces néoproductions se multiplient parfois avec une grande intensité, jusqu'à former sur quelques points, par leur disposition sinueuse ou bifurquée et leur entre-croisement, comme un réseau irrégulier de petites travées cellulaires, dont la nature n'est pas déterminée d'une manière univoque par les auteurs. En effet, on les considère, tantôt avec Charcot, comme des néocanalicules biliaires résultant d'un bourgeonnement des canalicules interlobulaires, tantôt avec MM. Kelsch, Kiener et Sabourin, comme des pseudo-canalicules biliaires provenant d'une transformation régressive, embryonnaire, des trabécules en communication avec les canalicules interlobulaires, tantôt, enfin, avec Ziegler, comme un processus de régénération avec un caractère embryonnaire.

Dans la plupart des cas, il est assurément très difficile de se rendre compte de ce qui se passe sur les confins de la sclérose et du tissu glandulaire où se développent ces néoformations, car, le plus souvent, on les trouve ainsi produites à côté du tissu sain, sans pouvoir saisir les phases intermédiaires entre ces deux états.

Mais, en examinant plus particulièrement les points où le tissu scléreux, riche en cellules, paraît se développer avec exubérance, le tissu glandulaire semble disparaître concurremment avec rapidité, autant qu'on en peut juger par les îlots de trabécules hépatiques de plus en plus petits et déjà dissociés sur leurs bords, qu'on trouve au sein d'un tissu scléreux de plus en plus abondant. Certains cas même présentent d'une manière générale ces néoproductions en grand nombre et sont particulièrement favorables pour l'étude de cette question.

Sur la figure 69 qui se rapporte à un cas de ce genre, on voit d'abord que les espaces portes ne sont guère reconnaissables, si ce n'est sur quelques points où l'on constate la présence de vaisseaux anciens oblitérés en partie ou en totalité et de vaisseaux de nouvelle formation. On voit aussi qu'il existe des canalicules biliaires anciens dont les cellules épithéliales sont plus ou moins modifiées et en général en harmonie avec les jeunes cellules voisines. Enfin l'on trouve un grand nombre de néocanalicules biliaires reconnaissables à la disposition des cellules encore plus analogues aux jeunes cellules disséminées à la périphérie, lesquelles laissent à leur centre une lumière très manifeste sur les coupes

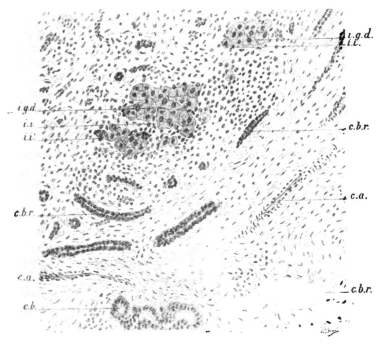

FIG. 76. — *Sclérose hépatique intense se substituant aux lobules glandulaires en voie de disparition.*

i.g.d., îlots glandulaires en voie de disparition au milieu d'une large plaque de sclérose. — *i.i.*, infiltration cellulaire intertrabéculaire plus intense en *i.i'*. — *c.b.*, canalicule biliaire ancien. — *c.b.r.*, canalicules biliaires rudimentaires. — *c.a.*, capillaires de nouvelle formation probablement artériels.

longitudinales comme sur celles qui sont transversales. Parfois même on remarque la bifurcation d'un néocanalicule.

Mais ces canalicules n'existent pas seulement dans les espaces interlobulaires, ils s'étendent encore au niveau des îlots glandulaires en voie de disparition et dont il ne reste plus que de très minimes parties. Ce qui semble bien indiquer qu'il s'agit, non de

canalicules biliaires anciens dont les cellules sont modifiées, comme
ceux qui se trouvent au niveau des espaces portes, mais de canalicules nouveaux, puisqu'ils sont manifestes là où l'on n'en voit pas à
l'état normal, c'est-à-dire sur les points précédemment occupés par
les trabécules hépatiques, et, auxquelles ils paraissent s'être substitués au fur et à mesure de leur disparition.

Cette disposition des néocanalicules autour d'un îlot glandulaire
qui tend à disparaître et dont quelques-uns paraissent le pénétrer
en y aboutissant directement se remarque sur beaucoup de points à
des degrés variables. La figure 76 reproduit un de ces points bien
caractérisés. Non seulement il y a dans la nappe scléreuse environnant le tissu glandulaire des canalicules de nouvelle formation,
mais encore de petits tractus formés par une agglomératiõn de
jeunes cellules sans lumière centrale, c'est-à-dire de petits boyaux
cellulaires droits ou sinueux, parfois entre-croisés et qui, en somme,
se comportent comme les précédents avec lesquels ils sont
généralement confondus.

Cependant si, dans certains cas, les nouveaux tractus cellulaires
paraissent tous pourvus d'une lumière centrale, dans d'autres cas,
et surtout dans ceux où le processus est le plus rapide, on ne trouve
la lumière centrale que sur les plus volumineux, tandis que les
plus étroits, placés aussi plus près des trabécules en voie de disparition, ont généralement l'aspect de simples boyaux cellulaires.
Ces derniers, qui sont très abondants dans les cas de ce genre et
même sur les points où se trouvent les traces des espaces portes,
sont cependant ceux qui s'avancent le plus près des îlots glandulaires. Le plus souvent ils ne sont pas immédiatement en contact
avec les cellules des trabécules, dont ils sont séparés par quelques
élements cellulaires de nouvelle production. Lorsqu'ils arrivent
jusqu'au niveau de ces cellules, ils s'en distinguent nettement
par leur constitution (amas de petites cellules jeunes), et par leur
direction (ordinairement différente de celle de la trabécule voisine).
Ce n'est que d'une manière exceptionnelle qu'un amas cellulaire
nouveau semble se continuer avec une trabécule hépatique. Et
encore dans les cas de ce genre, peut-on, par un examen attentif,
voir que les cellules jeunes sont seulement accolées aux anciennes
près desquelles elles sont situées. C'est dire que la continuation
des trabécules hépatiques avec les pseudo ou néocanalicules biliaires
admise par quelques auteurs n'est rien moins que prouvée.

Lorsque de petits amas cellulaires confinent ainsi aux trabécules,
on peut se demander si les premiers ne sont pas formés aux dépens

d'une portion de trabécules comprenant plusieurs cellules qui disparaîtraient graduellement en cédant la place à de jeunes cellules plus petites et plus nombreuses. Ce qui tendrait à le faire croire, c'est que les jeunes amas cellulaires ont assez souvent une teinte qui se rapproche de celle des cellules hépatiques, dont quelques-unes aussi, sur les bords de l'îlot glandulaire, sont parfois isolées par de petites travées scléreuses interstitielles, de telle sorte qu'il faut un examen très attentif pour distinguer l'amas cellulaire jeune de celui qui appartient à des productions anciennes. Cependant, on peut parfois constater la formation de jeunes amas glandulaires très manifestement au niveau du coin cellulaire engagé entre les trabécules; et dès lors il est assez rationnel d'admettre qu'il en est encore ainsi, même lorsque les amas jeunes et anciens sont accolés. Du reste, c'est avec les nouvelles cellules que les tractus cellulaires sont formés puisqu'on les voit en plus grand nombre plutôt à une certaine distance des îlots glandulaires et surtout dans les espaces portes. Enfin, il ne faut pas oublier que les lésions initiales consistent toujours dans la pénétration de jeunes cellules le long des espaces intertrabéculaires, comme on peut le constater plus ou moins nettement dans tous les cas.

Il est à noter, d'autre part, que les cellules des îlots glandulaires sont ordinairement saines ou graisseuses, sans altération destructive préalable dans les cas auxquels il est fait allusion, comme on le voit sur la figure 76, où les derniers vestiges du tissu hépatique semblent présenter une résistance remarquable aux lésions destructives. Cependant, on peut observer parfois, près des points de pénétration des jeunes cellules dans l'îlot glandulaire, que le protoplasma de quelques cellules anciennes est décoloré ou diminué de volume aux dépens des nouvelles cellules avec lesquelles elles se trouvent en rapport immédiat. Mais encore ces altérations sont-elles rarement bien appréciables et voit-on sur la plupart des points seulement la substitution des éléments jeunes aux anciens et constamment avec des productions interstitielles plus ou moins abondantes.

Il arrive parfois qu'on aperçoit peu de cellules dans le tissu de sclérose qui se présente sous l'aspect de plaques ou de bandes blanchâtres et encore bien souvent de travées diffuses mettant plutôt en évidence des portions de trabécules constituées par des amas cellulaires anciens. Ceux-ci ne doivent pas être confondus avec les amas de jeunes cellules, rares dans ces cas. Tantôt ces anciennes cellules sont d'aspect à peu près normal ou graisseux, tantôt on en

trouve qui sont manifestement en voie de dégénérescence granulo-
graisseuse, sous la forme de petits amas constitués par de fines
granulations troubles et graisseuses avec des noyaux peu ou pas
appréciables et du reste à des degrés variables d'altération et de
disposition.

Il est à remarquer que dans ces cas il peut y avoir de la stase
sanguine, mais qu'il n'y a pas d'augmentation de l'activité circulatoire, que les vaisseaux de nouvelle formation sont plutôt rares,
et que même, le plus souvent, le tissu paraît pauvrement et insuffisamment vascularisé. C'est pourquoi on peut supposer qu'après
les premières productions scléreuses, il y a eu d'abord de la stase
qui a donné lieu à l'exagération des productions hyalines, puis
à une nutrition insuffisante des portions de trabécules isolées qui
dégénèrent.

Il résulte de ces considérations ,basées sur des examens répétés
de nombreuses préparations, qu'on ne peut rattacher les productions nouvelles à des modifications des trabécules par régression
ou autrement, c'est-à-dire à une simple transformation, et que
toutes les probabilités sont en faveur de productions collatérales
qui finissent par se substituer aux anciennes, mais en apportant
des modifications profondes dans la structure du tissu. Il est
également probable que la présence de ces néoproductions dans le
tissu conjonctivo-vasculaire intertrabéculaire trouble profondément la nutrition des éléments anciens, lesquels tendent dès lors
à disparaître graduellement au fur et mesure qu'augmentent les
nouvelles productions cellulaires, ou dégénèrent manifestement.

On ne saurait admettre qu'il s'agit de prolongements surajoutés
aux canalicules biliaires, car, outre qu'ils se présentent avec des
dispositions très variées, on assiste à leur mode de formation par
la production de petits amas cellulaires indépendants, et on ne
les voit pas plus communiquer manifestement avec les canalicules
biliaires qu'avec les trabécules hépatiques. Du reste, si les nouvelles productions abondent au niveau des espaces portes où il y a
d'anciens canalicules, elles sont souvent assez abondantes sur les
points où les îlots glandulaires sont en voie de disparition et où
il n'y a aucune trace de canalicules biliaires anciens.

Dans ces cas, remarquables à la fois par l'intensité de production des éléments cellulaires et des nouveaux canalicules, et par la
disparition du tissu ancien, il y a à noter tout particulièrement
l'augmentation de la vascularisation et sa répartition irrégulière.

On trouve non seulement des vaisseaux volumineux au niveau

des anciens espaces portes, mais encore çà et là, principalement au niveau des points où les formations cellulaires sont le plus abondantes, de fins vaisseaux qui sillonnent la préparation sur une assez grande étendue, en présentant parfois des subdivisions terminales. On voit assez nettement la lumière étroite de ces vaisseaux, dont les parois sont représentées de chaque côté par une succession de cellules fusiformes longitudinalement placées bout à bout, et près desquelles se trouvent, en dehors, des cellules rondes formant comme une double rangée le long des premières, et paraissant même, sur certains points, plutôt fusiformes et perpendiculaires à la direction longitudinale des vaisseaux (fig. 76). C'est au point que l'on peut se demander si, au lieu de capillaires de nouvelle formation, entourés de cellules, il ne s'agit pas plutôt de véritables artérioles, de capillaires artériels?

Ce qu'il y a de positif, c'est que nous avons trouvé constamment ces vaisseaux, avec cette disposition, et même en assez grand nombre, dans tous les cas de productions cellulaires intenses ayant donné lieu à la formation de nombreux néocanalicules et amas cellulaires au sein de larges plaques scléreuses, lorsque celles-ci avaient paru se développer rapidement aux dépens du tissu glandulaire, dont les îlots se trouvaient ainsi de plus en plus réduits et tendaient à disparaître. Tandis que les vaisseaux de nouvelle formation se présentent tout autrement dans les autres variétés de cirrhoses, même avec des scléroses étendues, mais où l'on trouve peu de cellules, où finit par prédominer la stase sanguine et où il y a, par conséquent, moins d'activité productive augmentée que dans les cas précédents.

Déductions relatives à l'étude de l'inflammation du foie.

L'étude des altérations du foie dans les diverses variétés de cirrhose montre bien les conditions dans lesquelles ont lieu les phénomènes de néoproduction, de bouleversement et de disparition des éléments anciens de l'organe. Elle permet notamment de se rendre compte des lésions initiales et de l'enchaînement de celles qui leur succèdent dans toutes les variétés d'inflammation qu'on peut rencontrer. On arrive ainsi à la conclusion que toutes ces lésions sont sous la dépendance des troubles de nutrition de l'organe qui persiste avec des modifications plus ou moins profondes dues à ces troubles, comme dans toutes les inflammations des autres organes.

On a vu que dans les cirrhoses, les premières lésions se remarquent toujours au niveau des espaces portes et qu'elles consistent dans une hyperplasie cellulaire plus ou moins prononcée, qui coexiste avec des oblitérations artérielles. On trouve les petites artères complètement oblitérées et les artères plus grosses en voie d'oblitération, tout comme dans les inflammations du rein, où nous avons déjà fait ressortir l'importance de ces lésions. Cette concordance dans la détermination des lésions initiales sur ces deux organes renforce l'opinion que nous avons précédemment émise sur l'origine des néoproductions consécutives à ces oblitérations. Lorsqu'elles portent à la fois sur de nombreuses artérioles et sur de gros troncs, il y a aussi production d'infarctus. Mais, à notre connaissance, ce phénomène ne se produit dans le foie que sous l'influence de la syphilis. Il en sera question à propos des inflammations de cette nature. (Voir p. 614.) Dans les cirrhoses proprement dites, il s'agit seulement de lésions disséminées à tout l'organe, quoique à des degrés différents sur les diverses parties, et qui peuvent avoir pour origine des infections diverses, mais surtout l'infection tuberculeuse. Toutefois ces lésions n'acquièrent une importance suffisante pour leur faire donner le nom de cirrhose que sous l'influence simultanée ou consécutive des boissons alcooliques.

Puisque l'on trouve constamment les artérioles oblitérées au niveau des espaces portes qui sont le siège des premières lésions inflammatoires, il y a toutes probabilités pour qu'elles-mêmes ou les capillaires qui leur font suite aient été le point de départ des altérations résultant des causes habituelles de la maladie, soit par l'altération de leur endothélium, soit par celle des éléments du sang à ce niveau, où la circulation doit être assez brusquement ralentie.

De l'oblitération de ces artérioles résulte, au niveau des espaces portes, des dilatations vasculaires, et de l'hyperplasie cellulaire, sous la forme d'amas cellulaires d'aspect lymphoïde et de cellules disséminées principalement autour des vaisseaux et des canalicules biliaires. A mesure que l'inflammation augmente, ces cellules envahissent les espaces intertrabéculaires à des degrés de plus en plus prononcés, en donnant lieu aux diverses productions scléreuses.

Ce qui attire ensuite l'attention : c'est, *l'hyperplasie qui se manifeste au niveau et au pourtour des canalicules biliaires*, et les rend plus apparents, avec un plus grand nombre de cellules, dont les noyaux sont bien colorés, impliquant l'augmentation des phénomènes de nutrition et de production de ces éléments; c'est, lorsque le tissu périphérique est profondément modifié, *la modification concomitante des cellules épithéliales, en rapport d'analogie avec celles qui se trouvent dans le stroma périphérique;* enfin c'est, lorsque les néoproductions deviennent plus intenses, *la formation des canalicules rudimentaires* au sein des productions cellulaires nouvelles.

Ces divers phénomènes montrent bien que l'hyperproduction cellulaire résultant des modifications apportées à la circulation a d'abord pour effet d'augmenter les actes normaux qui assurent la nutrition et la rénovation des cellules dans les canalicules biliaires, au fur et à mesure de leurs transformations ; puis que les mêmes actes se continuent plus ou moins modifiés par l'augmentation des productions où l'on peut constater l'analogie des cellules de l'épithélium avec celles de la périphérie, prouvant bien leur nature ; enfin qu'à un degré plus accusé, il y a même des formations nouvelles de canalicules sous une forme rudimentaire, comme on le voit dans le rein pour les tubuli et comme on l'observe pour tous les tissus glandulaires de nouvelle formation.

Ce sont toujours les parties les plus simplement constituées et qui sont habituellement le siège de productions épithéliales abondantes, au fur et à mesure qu'elles sont éliminées, qui, dans l'inflammation, présentent ces phénomènes d'hyperproduction, puis de modifications plus ou moins prononcées et auxquelles se rapportent les néoproductions, comme cela a lieu pour les canalicules biliaires. Encore sont-elles bien différentes des productions normales en raison des modifications apportées à la structure de l'organe, et des conditions différentes dans lesquelles se trouvent les matériaux de construction. Il est cependant évident qu'il s'agit d'un organe dont les phénomènes de nutrition et de production cellulaires se continuent, seulement avec des troubles plus ou moins considérables.

Il est vrai que les trabécules ne sont guère modifiées et ne se reproduisent pas lorsqu'elles ont été détruites. Mais cela tient vraisemblablement à leur structure et aux conditions dans lesquelles s'opère leur nutrition.

Au début des inflammations, sous l'influence des premières manifestations de l'hyperproduction cellulaire, on voit parfaitement que les noyaux des cellules hépatiques sont mieux colorés et paraissent plus nombreux. Mais comme les anciennes cellules persistent en raison de leur constitution, il en résulte qu'il ne se produit pas de changement notable à leur niveau, tant que leur structure n'est pas altérée et que le réseau capillaire n'est pas modifié. Lorsque ce dernier est atteint par les nouvelles productions conjonctives, toujours interstitielles, il s'ensuit, pour les cellules, des troubles de nutrition d'où résulte leur disparition graduelle, insensible, à mesure que les nouveaux éléments s'infiltrent en dissociant peu à peu les cellules, et en présentant une activité augmentée de la nutrition. C'est ce qui explique à la fois les néoproductions plus abondantes et l'enlèvement des déchets.

Dans d'autres cas où cette activité semble ralentie, après la formation d'une sclérose qui a cependant déjà produit de grands désordres dans le tissu glandulaire, on voit des amas cellulaires anciens, dont la nutrition n'est plus assurée, subir la dégénérescence granulo-graisseuse. Celle-ci ne doit pas être confondue avec la surcharge graisseuse du foie si communément rencontrée dans les diverses variétés de cirrhoses à tous les degrés, et qui semble plutôt en rapport avec les phénomènes productifs, c'est-à-dire avec tout le contraire de ceux de dégénérescence par nutrition insuffisante.

Si les points où les cellules hépatiques présentent de la surcharge graisseuse sont moins envahis par la sclérose, cela peut être rationnellement attribué à la compression qui en résulte pour les vaisseaux et à l'espace qui est ainsi limité pour l'établissement des nouvelles productions. C'est, en effet, avec un foie plus ou moins gras qu'on observe ordinairement la cirrhose cloutée. Les tractus scléreux y sont plus déliés et la disparition des grosses cellules surchargées de graisse semble plus difficile. Il y a du reste à ce niveau des productions cellulaires moins abondantes. C'est pourquoi les cirrhoses latentes et celles de longue durée, probablement aussi celles dites curables ou tout au moins capables de donner aux malades des répits plus ou moins longs, doivent se rapporter à cette catégorie de lésions inflammatoires avec surcharge graisseuse du foie. Néanmoins lorsque la sclérose est intense, on voit les points graisseux en voie de disparition de la même manière que les cellules voisines non graisseuses, c'est-à-dire graduellement et insensiblement jusqu'à ce qu'il ne persiste plus qu'une gouttelette graisseuse, puis aucun vestige des éléments cellulaires anciens.

L'agent de cette destruction des éléments propres du foie réside dans l'hyperplasie cellulaire qui a lieu au sein du tissu conjonctif, d'abord des espaces portes, puis du tissu intertrabéculaire, d'une manière plus ou moins abondante et irrégulière, de manière à diviser le tissu glandulaire en îlots de volume variable comprenant des portions inégales d'un ou de plusieurs lobules hépatiques, ordinairement avec engloblement de la plupart des veines sus-hépatiques lorsque les lésions sont très prononcées.

Il en résulte d'abord des troubles profonds dans le système vasculaire dont les petits vaisseaux échappent à l'examen, mais se révèlent suffisamment par l'accumulation de nouvelles productions qui modifient forcément la structure du tissu, et par l'état des vaisseaux plus volumineux.

Déjà on a vu que les petites artères sont oblitérées et que les plus grosses sont le siège d'une endartérite tendant également à produire leur oblitération, lorsque les altérations deviennent plus considérables, soit par le fait de la continuation des productions inflammatoires artérielles, soit par suite de l'inflammation périphérique. On peut même se demander si ce n'est pas cette dernière qui est la cause de l'oblitération des petites artères en supposant que le point de départ des altérations se trouve au niveau des capillaires. Mais les artérioles sont si vite prises, que ce ne pourrait être que sur un point rapproché d'elles et que cela ne saurait rien changer au mode de production de l'hyperplasie cellulaire, laquelle résulte toujours des dilatations vasculaires collatérales et en amont. Donc parmi les vaisseaux facilement appréciables à l'examen microscopique, ce sont les artérioles qu'on trouve d'abord oblitérées ou qui sont le siège d'une inflammation avec tendance à l'oblitération lorsqu'elles sont volumineuses.

Mais les veines participent aussi à l'inflammation et montrent la même tendance, déjà dans les cas les plus légers pour les veines portes, et aussi pour les veines sus-hépatiques lorsque les altérations augmentent, jusqu'au point où l'on a de la peine à reconnaître les plus gros vaisseaux complètement ou incomplètement oblitérés; tandis que les vaisseaux moyens ou petits n'ont laissé aucune trace dans le tissu complètement bouleversé par les abondantes productions cellulaires et la formation des tractus et plaques de sclérose, au niveau desquels on trouve seulement des vaisseaux de nouvelle formation en quantité très variable.

Ces néoproductions vasculaires se rencontrent constamment avec les néoproductions cellulaires; les unes et les autres résultant des oblitérations vasculaires, lesquelles ont augmenté la pression sanguine collatérale et ont dû donner lieu à la diapédèse qui les a engendrées simultanément.

Mais si l'interprétation des phénomènes est assez facile au début des altérations consécutives à l'oblitération d'une artériole, il n'en est plus de même aux périodes plus avancées où les néoproductions ont modifié complètement le tissu, en atteignant forcément les capillaires et les autres vaisseaux voisins plus volumineux, notamment les veines qui sont très facilement affectées et oblitérées secondairement. Cette oblitération contribue beaucoup à la production d'une sclérose intense et diffuse encore bien plus dans le tissu hépatique que dans les autres tissus en raison du rôle rempli par les vaisseaux portes.

Les nouvelles conditions de nutrition pour les éléments anciens et nouveaux deviennent excessivement compliquées et variables, suivant toutes les possibilités d'oblitérations vasculaires et de création de vaisseaux nouveaux, dans les diverses variétés de cirrhoses et jusque dans les divers points d'un même cas. Tout ce que l'on peut dire, c'est que les phénomènes de disparition graduelle du tissu ancien, et, à un plus haut degré, ceux de dégénérescence granulo-graisseuse, sont toujours en rapport avec une diminution de la nutrition à ce niveau; tandis que les phénomènes productifs sont d'autant plus intenses que la circulation et la nutrition sont plus actives. Mais c'est surtout l'augmentation plus ou moins considérable de ces phénomènes qui est la cause des troubles apportés graduellement dans la structure du tissu normal dont la nutrition est alors entravée au fur et à mesure des productions nouvelles.

On peut ainsi se rendre un compte très exact de toutes les productions anormales observées dans les cirrhoses. Elles dérivent toutes des modifications produites dans les phénomènes de nutrition, qui continuent seulement à se produire d'une manière plus ou moins anormale, et l'on voit persister à l'état rudimentaire les éléments propres encore susceptibles de vivre au sein du tissu profondément bouleversé.

On a vu aussi que les lésions initiales sont toujours les mêmes, quels que soient les troubles concomitants des veines sus-hépatiques ou des voies biliaires auxquels les auteurs rattachent l'origine de certaines cirrhoses, en supposant, à tort selon nous, qu'il en résulte des formes particulières de cirrhose, ayant des localisations différentes.

Ainsi on admet, du moins en France, sinon que la plupart des cirrhoses ont pour siège les veines sus-hépatiques, comme M. Sabourin en a proposé le schéma, mais qu'il existe une variété de cirrhose dite bi-veineuse, où les veines portes et sus-hépatiques seraie t simultanément affectées, et une autre variété dite cardiaque, ayant pour siège exclusif les veines sus-hépatiques, enfin, d'une manière à peu près générale, qu'il existe une cirrhose biliaire indépendante de la cirrhose commune dite cirrhose portale. Ziegler, qui s'élève avec raison contre la multiplicité des formes de cirrhose, admet cependant ces deux formes et aussi que l'inflammation peut avoir pour origine un irritant agissant primitivement sur les veines portes ou sur les artères hépatiques. Or, toutes ces distinctions nous paraissent également inadmissibles. Non pas que les lésions de ces diverses parties constituantes de l'organe ne puissent jouer un rôle dans les phénomènes pathologiques, mais parce que *l'inflammation se manifeste dans tous les cas de la même manière*.

Nous n'avons jamais pu trouver de sclérose localisée uniquement aux veines sus-hépatiques, comme elle se trouve figurée sur les schémas de M. Sabourin, ni même chez les cardiaques, comme certains auteurs l'ont aussi représentée. Nous avons vu seulement sur un foie cardiaque dont les veines sus-hépatiques et les capillaires étaient distendus, et alors que les globules sanguins étaient peu ou pas apparents, un aspect blanchâtre de ces régions, pouvant à un faible grossissement faire penser à un certain degré de sclérose. Mais cette impression ne résistait pas à un examen attentif avec un fort grossissement; car il n'y avait aucune production cellulaire anormale au niveau de ces vaisseaux à peu près vides et à parois seulement un peu épaissies par une infiltration hyaline (fig. 73). C'est cette seule infiltration que l'on trouve parfois à un léger degré au niveau de la paroi des veines sus-hépatiques remplies de sang dans les foies cardiaques et qui se rapporte aux phénomènes de stase, comme nous avons eu l'occasion de le dire, et non à ceux d'inflammation.

En effet, la simple dilatation des vaisseaux en général, des veines sus-hépatiques et des capillaires interlobulaires en particulier, ne suffit pas pour déterminer de l'inflammation, comme on peut s'en assurer en examinant la plupart des foies cardiaques consécutifs aux troubles déterminés par l'hypertrophie du cœur avec ou sans lésion orificielle, et dans les cas de *maladie bleue* par communication des deux cœurs. Il en est de même pour les dilatations vasculaires du rein dit aussi cardiaque qui ne déterminent pas de sclérose.

Les vaisseaux peuvent, d'une manière générale, supporter des dilatations très prononcées, sans qu'il en résulte des altérations inflammatoires, lorsque l'obstacle à la circulation veineuse est

éloigné et n'est que relatif, le cours du sang n'étant pas arrêté;
pourvu aussi qu'il n'intervienne aucune cause engendrant ordinairement des inflammations, comme nous avons cherché à l'établir
précédemment. (V. p. 156 et suiv.)

Mais les malades qui se trouvent dans ces conditions ne sont pas
à l'abri de l'intervention de quelque cause nocive, et de la plus fréquente, consistant dans une infection quelconque, puis de l'effet des
boissons alcooliques pour ce qui concerne la cirrhose chez des
cardiaques. Or, dans les cas de ce genre (fig. 73) la cirrhose débute
comme de coutume par les espaces portes; et même, à un degré
assez avancé, on trouve encore beaucoup de veines sus-hépatiques
indemnes, alors que tous les espaces portes sont plus ou moins
affectés. Les veines sus-hépatiques ne sont envahies que graduellement par l'extension de l'inflammation, comme dans tous les
cas de cirrhose.

On ne peut pas davantage admettre une cirrhose biveineuse,
c'est-à-dire débutant à la fois par les veines portes et sus-hépatiques, encore pour la même raison qu'*on ne voit pas plus le
début simultané qu'exclusif de la cirrhose par les veines sus-hépatiques. Celles-ci, quelles que soient les conditions dans lesquelles se
trouve le foie enflammé, ne sont jamais envahies que secondairement, au fur et à mesure de l'extension de l'inflammation à travers les lobules, par les néoproductions qui ont toujours débuté par
les espaces portes.*

Enfin, c'est une erreur de dire qu'on ne trouve pas de veines
sus-hépatiques saines dans des cirrhoses bien caractérisées, et que
des espaces portes non altérés pourront se rencontrer au milieu
d'un îlot glandulaire dont le pourtour scléreux correspondrait aux
veines sus-hépatiques, parce que nous croyons ces assertions
contraires à l'observation des faits.

Rien n'est commun comme de rencontrer des veines sus-hépatiques tout à fait indemnes ou à peines atteintes secondairement,
comme sur plusieurs des figures précédentes, pourvu que, d'autre
part, les productions scléreuses ne soient pas trop considérables et
que, notamment, la plupart des espaces portes sclérosés soient
encore reconnaissables. C'est que, en effet, la sclérose peut arriver
à un tel degré de production que les grands espaces seuls aient
laissé quelques traces, tandis que tous les autres sont englobés
dans les nouvelles productions, en même temps que les veines sus-
hépatiques et une grande partie du tissu.

C'est surtout dans les cas de travées scléreuses assez récentes, sillonnant un foie gras, et particulièrement sur les points donnant lieu à la variété de cirrhose dite cloutée, qu'on peut rencontrer, au milieu d'un îlot glandulaire, un petit espace porte très légèrement atteint d'hyperplasie cellulaire ou de sclérose, relié ou non par quelques travées scléreuses à la bande plus épaisse qui limite cet îlot.

Dans les cas de ce genre, l'espace porte qui semble ainsi isolé est cependant affecté, quoique à un moindre degré que les autres espaces, tandis que l'on trouve sur la même préparation des

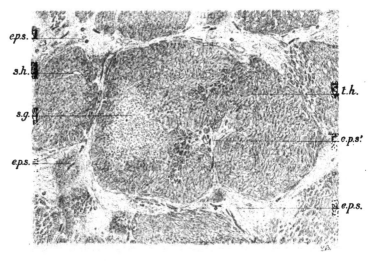

FIG. 77. — *Petit espace porte isolé manifestement sclérosé, quoique à un moindre degré que les espaces portes environnants, probablement en raison de leurs dimensions différentes à l'état normal.*

e.p.s., espaces portes sclérosés. — *e.p.s'.*, petit espace porte sclérosé paraissant isolé au milieu d'un lobule glandulaire. — *s.h.*, veine sus-hépatique indemne. — *t.h.*, trabécules hépatiques. — *s.g.*, surcharge graisseuse.

veines sus-hépatiques absolument indemnes (fig. 77). Et encore cela n'arrive jamais que pour un très petit espace noyé pour ainsi dire au sein d'un tissu glandulaire le plus souvent gras, où la sclérose a peu de tendance à se produire à sa périphérie, de telle sorte qu'il n'est relié que par quelques légers tractus aux autres productions scléreuses. Il existe, en effet, de très petits espaces portes à peine reconnaissables, surtout lorsqu'ils se trouvent au milieu des cellules chargées de graisse par lesquelles ils sont comprimés. Il est à remarquer aussi qu'ils sont irrégulièrement situés et parfois non loin d'une veine sus-hépatique plus ou moins volumineuse et cependant tout à fait saine.

Ces faits que nous avons pu vérifier bien souvent donnent l'explication des apparences qui ont pu faire croire à la cirrhose des veines sus-hépatiques et à une cirrhose biveineuse; tandis qu'en somme ils rentrent dans la règle générale, à savoir que l'envahissement des veines sus-hépatiques par la sclérose est toujours subordonné aux lésions des espaces portes. Celles-ci sont primitives, tandis que les autres sont consécutives et ne résultent que de l'extension irrégulière de l'inflammation à travers les lobules du foie jusqu'aux veines sus-hépatiques, mais, il est vrai, parfois assez rapidement dans certaines scléroses diffuses, surtout avec des productions tuberculeuses.

L'inflammation débutant par les espaces portes, on ne saurait prouver qu'elle a pour origine, tantôt les veines et tantôt les artères qui s'y trouvent. La vérité est que l'*inflammation existe sur toutes les parties constituantes de l'espace porte* puisqu'il y a sur tous les points de l'hyperplasie cellulaire ; de telle sorte qu'on pourrait aussi bien ne pas se contenter du début par les veines ou les artères et y ajouter les capillaires et le tissu conjonctif, puis les canalicules biliaires comme le font encore la plupart des auteurs.

Nous avons déjà insisté sur ce fait que, quel que soit le tissu affecté, l'inflammation n'est jamais localisée à l'un de ses éléments constituants, et qu'il y a participation de tous ceux qui entrent dans sa constitution. Les espaces portes enflammés ne font pas exception. Là comme ailleurs il y a partout de l'hyperplasie cellulaire et cependant le début des troubles a dû porter sur un point déterminé.

A propos de l'inflammation du rein, nous avons cherché à démontrer qu'il y avait toutes probabilités pour des lésions initiales sur les artérioles des glomérules, en nous basant sur l'analogie des lésions constatées dans l'inflammation avec celles qui sont consécutives aux infarctus. Or, à l'examen des espaces portes au début de l'inflammation, nous trouvons aussi, à des degrés divers, des oblitérations constantes d'artérioles, qui concordent avec ce que nous avons pu observer sur le rein, et qui expliquent d'une manière très rationnelle les néoproductions consécutives, au niveau de toutes les parties constituantes de l'espace porte.

Il ne s'agit pas d'oblitérations d'artères terminales donnant lieu à des phénomènes de nécrose, mais seulement d'une exagération de la circulation dans les parties collatérales. Elle est ensuite augmentée par les troubles dus à la présence de nouvelles productions au sein du tissu conjonctif, et il en résulte en définitive une perturbation complète et un bouleversement du tissu.

Parmi ces nouvelles productions, les canalicules biliaires ont dans tous les cas la plus large part, en raison de ce qu'ils sont habituellement le siège d'une production en rapport avec le renouvellement obligatoire de leurs cellules épithéliales, et que l'inflammation exagère ces productions pour donner lieu d'abord à des cellules plus abondantes dans les canalicules modifiés, puis à des néocanalicules plus ou moins rudimentaires.

C'est une erreur de croire que ces néoproductions se rapportent à une forme particulière de cirrhose dite biliaire, c'est-à-dire dont l'origine résiderait dans une altération des voies biliaires, et notamment coïnciderait avec leur oblitération, comme on a cherché à le prouver cliniquement et expérimentalement.

S'il existe une forme clinique de cirrhose avec ictère décrite par Hanot sous le nom de cirrhose hypertrophique (qui est, du reste, beaucoup plus rare qu'on le croit généralement), il ne s'ensuit pas qu'elle reconnaisse une pathogénie où l'oblitération des voies biliaires joue le principal rôle; car cette oblitération si fréquemment observée chez les malades et même expérimentalement produite sur les animaux ne détermine nullement cet effet.

L'abondance des néocanalicules n'est même pas en rapport avec l'oblitération des voies biliaires, puisque l'on observe des cas où, avec de l'ictère, ces productions sont relativement restreintes. Elles ne se rapportent pas davantage à des hypertrophies hépatiques, car c'est sur des foies très atrophiés que nous les avons trouvées au plus haut degré (fig. 69). Comme nous l'avons précédemment indiqué à propos de l'examen histologique des cas de ce genre, l'abondance de toutes les néoproductions cellulaires, et particulièrement des néocanalicules biliaires, nous a paru en rapport avec celle des néoproductions vasculaires et l'augmentation des apports nutritifs par le sang. Elle nous a semblé se rapporter surtout à la présence de nombreux capillaires artériels de nouvelle formation, indiquant une grande activité de la circulation, d'où la tendance aux néoproductions se substituant au tissu ancien qui disparaît au fur et à mesure de leur établissement.

On peut cependant trouver de grands lacs vasculaires, sans que les productions soient aussi considérables; c'est qu'il semble y avoir plutôt, dans ces cas, des phénomènes de stase donnant lieu assez souvent à des dépôts pigmentaires d'origine hématique bien différents du pigment proprement dit siégeant dans les cellules trabéculaires et dont la cause de production est encore inconnue.

Enfin, lorsqu'on examine les préparations se rapportant, non seulement aux divers cas de cirrhoses, mais encore aux divers points d'un même foie sclérosé, on peut constater que l'intensité des néoproductions est toujours en rapport avec celle de la vascularisation, et des conditions dans lesquelles la nutrition des éléments peut s'opérer.

Il arrive même que le foie, après avoir été le siège de néoproductions plus ou moins abondantes, ne présente plus une activité en rapport avec ces productions. C'est que très vraisemblablement la présence de ces nouveaux éléments a tellement modifié la circulation que la nutrition est entravée et que tous les éléments anciens et nouveaux se trouvent en souffrance, soit par les phénomènes de stase précédemment indiqués, soit par suite d'un apport insuffisant du sang. Il en résulte des phénomènes de dégénérescence que l'on peut constater sur les éléments cellulaires au sein des tissus sclérosés, et que l'on ne voit jamais dans les cas où existent les capillaires artériels sur l'importance desquels nous avons précédemment insisté.

La rétention biliaire, en dehors des cas d'angiocholite, ne donne lieu qu'à la présence du pigment biliaire dans les cellules, de la manière précédemment indiquée, sans aucune particularité relative à la disposition de la sclérose qui reconnaît d'autres causes.

Et même si les angiocholites suppurées ou non donnent lieu à une inflammation siégeant sur les espaces portes, comme toute lésion infectieuse du foie, elles ne produisent pas de cirrhose hypertrophique ou atrophique. Il faut encore l'adjonction des boissons alcooliques; car *on ne trouvera jamais une cirrhose de Laënnec sur un sujet n'ayant bu que de l'eau.*

Il n'y a donc pas lieu d'admettre une forme de sclérose ayant pour origine les voies biliaires et se comportant d'une manière particulière; tout en tenant compte des lésions prédominantes qui peuvent s'y rencontrer sous l'influence de circonstances déterminées, mais d'importance secondaire au point de vue de la cirrhose.

Les inflammations corticales du foie, celles qui résultent d'une propagation locale, de la présence d'un parasite ou d'un corps étranger, même d'un traumatisme, se manifestent toujours de la même manière, c'est-à-dire avec prédominance au niveau des espaces portes, mais d'une manière plus ou moins localisée, tandis que les lésions sont toujours généralisées dans les cir-

rhoses proprement dites, parfois seulement avec prédominance
sur certaines portions et plutôt sur le lobe gauche.

Dans toutes les inflammations spontanées du foie, comme dans
toutes celles des divers organes, il n'y a pas de processus particulier
à telle ou telle partie constitutive de l'organe. On ne trouve toujours
que la tendance à la persistance des tissus dans les troubles dégénératifs et productifs, en rapport avec les modifications de la nutrition.
Celle-ci, s'opérant toujours de la même manière, ne peut que présenter des phénomènes analogues dans tous les cas où elle est
troublée.

Nous avons encore insisté sur les cirrhoses du foie, comme
sur les néphrites, pour bien mettre en lumière les conditions
de production de ces inflammations qui sont si fréquentes et
qui ont été particulièrement étudiées par la plupart des anatomo-
pathologistes, afin de réfuter les erreurs qui nous semblent encore
avoir cours au sujet de ces affections, et de montrer, par les exemples
qu'on a si souvent sous les yeux, l'application des lois biologiques
qui doivent toujours servir de guide dans l'étude de la pathologie.

INFLAMMATION D'AUTRES ORGANES GLANDULAIRES

Le *pancréas* est assez souvent le siège d'une inflammation chronique concomitante de celle du foie, ou sans cette lésion. Elle se
manifeste ordinairement par une sclérose plus ou moins prononcée
aux dépens des éléments glandulaires. C'est ce que l'on peut constater
aussi dans l'inflammation des autres glandes en grappe.

Dans tous ces cas, l'hyperplasie cellulaire débute autour des
vaisseaux pour se répandre peu à peu dans le tissu interglandulaire et envahir graduellement les éléments glandulaires eux-
mêmes auxquels elle se substitue insensiblement dans une mesure
très variable suivant les cas, et sans doute par le même mécanisme que dans l'inflammation du foie prise précédemment pour
exemple.

Lorsqu'il s'agit d'une glande comme la *prostate* qui renferme des
cavités glandulaires tapissées par un épithélium devant se renouveler facilement, et un stroma constitué par des fibres lisses, l'inflammation se manifeste d'abord par des productions intensives de
tous ces éléments constituants de la glande, et ce n'est qu'à un
degré plus accusé, par suite d'une inflammation persistante et surtout de la stase circulatoire, qu'on observe l'épaississement prédo-

minant de la substance hyaline intercellulaire, le processus étant le même dans tous les cas et ne variant que suivant la constitution des tissus enflammés et le degré des lésions.

INFLAMMATION DES SÉREUSES

Les inflammations des séreuses sont communément rencontrées à l'état aigu et chronique. Elles se présentent dans des conditions particulières, qu'au premier abord on pourrait croire bien différentes de l'inflammation des autres organes, alors qu'en réalité il ne s'agit toujours que de modifications et de productions anormales du même ordre en rapport avec les phénomènes normaux particuliers des séreuses. L'étude de ces inflammations contribue aussi à prouver que les productions pathologiques proviennent de la diapédèse des éléments sanguins et non de la multiplication des cellules endothéliales.

Lorsqu'on examine une inflammation aiguë de la plèvre, du péricarde ou du péritoine à l'état récent, ce qui frappe immédiatement c'est la présence d'un léger exsudat fibrineux blanchâtre, finement granuleux, quelquefois seulement appréciable à contre-jour, tellement il est léger, mais le plus souvent assez abondant, paraissant tantôt un peu sec et assez résistant, tantôt au contraire humide et avec de la tendance à se détacher facilement. L'examen histologique montre le plus souvent un amas fibrineux irrégulièrement disposé qui recouvre la séreuse et dans lequel on aperçoit des éléments cellulaires en quantité variable, mais toujours en assez grand nombre, ainsi que des globules sanguins qui sont le plus souvent réunis en petits amas. On remarque aussi que de nombreuses cellules infiltrent la séreuse et le tissu sous-séreux où les vaisseaux sont manifestement dilatés et remplis de sang.

On a bien manifestement sous les yeux les phénomènes constants de toute inflammation, c'est-à-dire les dilatations vasculaires et les produits exsudés en plus ou moins grande quantité, mais où prédomine ordinairement l'exsudat liquide, lequel s'accumule d'abord dans les parties déclives de la séreuse. Il renferme du reste les mêmes éléments avec des débris cellulaires, et contient en dissolution les mêmes substances chimiques que le sérum sanguin, seulement dans des proportions différentes.

Cependant on observe parfois l'inflammation à un plus léger degré, c'est-à-dire lorsque l'exsudat fibrineux se trouve tout à fait au début de sa production, en très petite quantité, de telle sorte qu'on peut mieux voir l'accumulation des cellules nouvellement produites à la surface de la séreuse (fig. 33). C'est ce qui a fait supposer que les nouvelles cellules provenaient de la multiplication des cellules endothéliales par division directe d'abord, puis en dernier lieu par karyokinèse. Mais c'est en vain que dans ces cas, comme dans les précédents, nous avons cherché la preuve de cette division, oont nous n avons pas même pu observer la moindre apparence. Du reste en admettant que les cellules soient ainsi produites, il faudrait également admettre, comme pour les productions épithéliales de la peau et des muqueuses, une évolution épithéliale contre nature.

Non seulement les cellules endothéliales tombent rapidement dans la cavité sous l'influence de la production de l'exsudat, mais, en supposant que ces cellules se soient multipliées, il faudrait encore admettre que tandis qu'une partie évolue du côté de la cavité suivant l'ordre naturel, une autre partie s'enfonce dans la séreuse, puisqu'on y trouve, à l'état d'infiltration, des cellules semblables à celles de la surface, et encore avec de la fibrine qui ne peut s'enfoncer et confirmer la similitude des productions. Et puis les choses n'en restent pas là : les cellules continuent à se produire en grande quantité, sans que l'on voie à la surface de la plèvre de nouvelles cellules devenir adultes pour se diviser, etc., suivant la théorie admise, à moins de supposer que les jeunes cellules se comportent comme les anciennes, sans qu'on les aperçoive cependant en état de division, puis sans qu'on en trouve même sur la séreuse un peu plus tard, tandis qu'elles continuent cependant à augmenter dans la cavité pleurale.

Du reste les cellules se présentent partout sous l'aspect de jeunes cellules analogues aux cellules blanches du sang, avec une plus ou moins grande quantité de globules sanguins, et avec un liquide analogue au sérum du sang, alors que les vaisseaux sont dilatés, comme dans les cas de production expérimentale de la diapédèse sur le mésentère de la grenouille. On a une production des mêmes éléments qui sont ceux du sang, modifiés seulement par les conditions anormales dans lesquelles ils se trouvent, et qui ne paraissent si différents de ceux de l'état normal que par le fait de l'abondance excessive des productions.

Les produits de l'inflammation sont plus ou moins abondants, non seulement sur la séreuse, mais encore au niveau du tissu sous-séreux où les exsudats inflammatoires, comme les néoproductions dans les tumeurs, ne font jamais défaut. On constate aussi à des degrés divers des productions cellulaires en quantité plus ou moins prononcée dans le parenchyme sous-jacent. C'est ainsi que concurremment avec une pleurésie, on trouve toujours, dans les alvéoles voisins de la plèvre enflammée, des exsudats cellulaires semblables à ceux qui infiltrent son tissu et se trouvent à sa surface. De même que ces alvéoles ne sont pas habituellement le siège d'un exsudat inflammatoire, sans que la plèvre ne présente un exsudat semblable, en raison des connections vasculaires qui existent à l'état normal entre ces parties.

Si l'on ne trouve pas dans la plupart des cas d'inflammation du péricarde une myocardite bien manifeste, c'est probablement en raison de la couche cellulo-adipeuse qui sépare la séreuse du muscle, mais qui présente toujours des lésions inflammatoires plus ou moins manifestes principalement à sa superficie. Néanmoins on peut remarquer d'une manière à peu près constante au moins une hyperplasie cellulaire à des degrés divers, qui prédomine au voisinage des vaisseaux dans les parties du tissu cardiaque les plus voisines de la séreuse, et parfois aussi une sclérose bien caractérisée, mais plutôt dans les cas où le tissu adipeux est fortement affecté sur toute son épaisseur. Enfin, *c'est avec l'hypertrophie du cœur, qui est, comme nous l'avons dit, un acheminement à l'inflammation, qu'on observe le plus souvent la péricardite.*

Dans la péritonite où le tissu sous-séreux enflammé est plus directement en rapport avec le tissu musculaire, on voit bien plus manifestement, dans les points où l'inflammation est particulièrement prononcée, l'envahissement des couches musculaires par une hyperplasie cellulaire interstitielle procédant du péritoine vers la muqueuse qui peut aussi être parfois atteinte secondairement.

Mais c'est surtout dans la méningite qu'on voit les exsudats pénétrer avec les vaisseaux dans la substance nerveuse centrale et dans les nerfs, de telle sorte que ces organes ne tardent pas à participer à l'inflammation d'une manière plus ou moins prononcée qui rend bien compte de la gravité de cette affection.

Ces faits sont importants à connaître en raison des troubles fonctionnels observés pendant la vie, qui se rapportent en partie aux lésions des organes revêtus par la séreuse enflammée.

De même que deux surfaces de la peau ou d'une muqueuse en contact présentent toujours des lésions inflammatoires lorsque l'une d'elles est atteinte, on trouve toujours des exsudats de même nature sur les points en contact d'une séreuse enflammée, c'est-à-dire à la fois sur le feuillet viscéral et le feuillet pariétal. C'est une règle qui ne comporte pas d'exception.

Il n'est guère admissible que deux points correspondants des feuillets d'une grande séreuse soient atteints simultanément par une cause nocive provenant de la circulation, en raison de l'éloignement réel des territoires vasculaires de ces points à surface contiguë, et à plus forte raison lorsque l'inflammation a pour origine une lésion viscérale atteignant d'abord la plèvre voisine. Il y a au contraire toutes probabilités pour que les lésions produites sur la plèvre viscérale contaminent la plèvre pariétale.

On remarquera, en effet, que tout contact anormal d'un épithélium (et à plus forte raison d'un endothélium beaucoup plus fragile) produit des altérations inflammatoires à ce niveau. Dès lors, il n'est pas étonnant qu'il en soit de même lorsque cette surface, si facile à subir une altération, se trouve en rapport avec des productions exsudatives, d'autant que ces parties sont en outre le siège de frottements anormaux. L'inflammation de la plèvre correspondante se produit; ce qui n'a rien de surprenant. Mais de plus elle est toujours de même origine; ce qui ne peut s'expliquer que par une manifestation du processus général sur un point enflammé par le voisinage des premières lésions, ou par la contamination directe de celles-ci, ce qui est infiniment plus probable.

Du reste, l'inflammation des feuillets d'une séreuse peut bien débuter sur un point, mais pour peu que cette inflammation soit aiguë, et qu'il y ait eu production d'une certaine quantité d'exsudat liquide, celui-ci se répand sur les parties voisines en raison des mouvements qui existent à ce niveau, et tombe inévitablement dans les parties déclives qui sont bien manifestement contaminées à des degrés variables. C'est ainsi que la plèvre diaphragmatique est plus ou moins atteinte dans toute pleurésie et que les inflammations du péritoine dans les parties supérieures de l'abdomen donnent lieu fréquemment à des inflammations sur divers points des parties déclives, notamment au niveau du cæcum et de l'appendice, ainsi que dans la cavité pelvienne, comme nous avons cherché à le démontrer avec M. Paviot. Il en résulte souvent aussi une inflammation plus ou moins généralisée de la séreuse, et avec des exsudats fibrineux en plus grande abondance dans les parties déclives, en raison des dépôts provenant de la fibrine en suspension dans le liquide exsudé.

On peut alors se rendre compte que la présence dans la cavité séreuse du liquide qui sépare les surfaces enflammées est une cause de la persistance de l'inflammation; car les points où les feuillets sont restés en contact ne tardent pas à tendre à la résolution ou à donner lieu à des adhérences au moins partielles. C'est pourquoi il est indiqué d'enlever ce liquide lorsqu'il est abondant et que la cavité séreuse est abordable; la résolution se produisant en général spontanément lorsque l'épanchement est léger.

Par suite de la persistance de l'inflammation qu'entretient la présence du liquide, les exsudats pleuraux et sous-pleuraux continuent à se produire, en donnant lieu vers leur périphérie (comme dans toute inflammation persistante) à des lésions scléreuses qui sont dues à l'abondance continue des productions cellulaires. Il en résulte non seulement un épaississement scléreux des feuillets pleuraux et de leurs tissus sous-séreux correspondants, mais encore des lésions inflammatoires scléreuses qui gagnent les tissus voisins.

On peut déjà remarquer que dans tous ces cas le feuillet pariétal est en général plus épaissi que le feuillet viscéral, très vraisemblablement en raison de son tissu sous-séreux plus abondant et plus riche en vaisseaux que celui du feuillet viscéral. Lorsque l'inflammation persiste, surtout dans la plèvre, il y a envahissement du tissu cellulo-adipeux du feuillet pariétal, de telle sorte qu'il devient tout à fait épais, et encore bien plus dans les cas où le périoste des côtes finit par être envahi, en même temps que la sclérose atteint parfois les muscles intercostaux. C'est toujours au niveau du point où l'épanchement a le plus persisté. Pour la même raison la plèvre pariétale ou diaphragmatique peut présenter un épaississement plus ou moins considérable, jusqu'à donner lieu à une production d'aspect gélatiniforme, cartilaginiforme, mais toujours scléreuse ou fibroïde, aux dépens des exsudats fibrineux qui en recouvrent la surface. D'autre part, l'inflammation peut gagner le diaphragme en formant des travées scléreuses intermusculaires. Il en résulte une altération à distance d'un certain nombre de faisceaux musculaires qui disparaissent graduellement par suite de la production interstitielle d'un tissu de nouvelle formation plus ou moins exubérant, constitué par une substance hyaline homogène, au sein de laquelle on aperçoit de petits éléments cellulaires. Cette substance, qui prend une coloration rosée par le carmin, a pu être confondue avec la dégénérescence de Zenker. Assez fréquentes au niveau du diaphragme, surtout lorsqu'il existe simultanément une inflammation de la plèvre et du péritoine, ces productions fibroïdes se rencontrent rarement sur les muscles intercostaux. Elles résultent de l'inflammation des séreuses, quelle que soit son origine, aussi bien néoplasique que tuberculeuse. La figure 78 offre un spécimen de cette altération musculaire dans cette dernière circonstance.

Lorsque l'inflammation se prolonge, comme dans certains cas

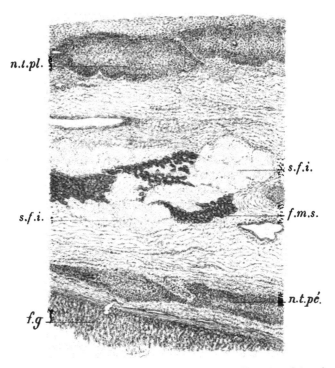

Fig. 78. — *Infiltration fibroïde substituée à une partie des fibres musculaires du diaphragme sous l'influence d'une inflammation tuberculeuse de la plèvre et du péritoine à ce niveau.*

n.t.pl., nodules tuberculeux pleuraux. — n.t.pé'., nodules tuberculeux péritonéaux. — f.m.s., fibres musculaires saines. — s.f.i., substance fibroïde infiltrée à la place d'une partie des fibres musculaires détruites. — f.g., foie avec surcharge graisseuse.

assez fréquents de pleurésie, on voit encore la sclérose gagner très vite le parenchyme pulmonaire comprimé et atélectasié. Elle se manifeste principalement d'abord sur la plèvre et le tissu sous-séreux, puis le long des cloisons interlobulaires et sur les parois alvéolaires voisines de ces parties, toujours avec prédominance près des vaisseaux et des bronches, en présentant des lésions analogues à celles qui se trouvent sur la figure 34 avec des productions intra-pleurales en plus ou à celles de la figure 98 avec l'abcès pulmonaire en moins.

La pleurésie avec exsudat séreux est susceptible do persister des mois et même des années lorsque les plèvres ne sont pas arrivées en contact sur tous les points.

C'est ainsi que nous avons pu faire l'autopsie d'un vieillard examiné pendant plus de deux ans, et qui avait constamment présenté des signes d'épanchement, quoique deux ponctions lui aient été faites et qu'elles aient permis de retirer chaque fois une certaine quantité de liquide. Avec un épaississement scléreux très prononcé des plèvres qui immobilisaient d'une part la paroi tho-racique et le diaphragme, d'autre part le poumon atélectasié au niveau de son lobe inférieur, il persistait, entre ces surfaces ren-dues rigides par leur épaississement scléreux, une petite cavité contenant seulement un peu de liquide incolore.

Dans ces cas de pleurésie longtemps persistante ou prolongée, peut-on dire qu'il s'agit d'une inflammation chronique? Ce ne serait que pour indiquer la longue durée des lésions, mais non les carac-tères de celles-ci. En effet, on ne pourrait déclarer le passage de la pleurésie de l'état aigu à l'état chronique que d'une manière arbitraire, vu que l'on y rencontre toujours dans la plupart des cas un exsudat récent à la surface interne des feuillets pleuraux, pen-dant que l'inflammation se poursuit sous la forme scléreuse à la périphérie comme dans tout foyer inflammatoire aigu, et qu'on ne peut interpréter que dans le sens d'une tendance à la cicatrisation, laquelle se produit le plus souvent, comme nous le verrons.

La véritable inflammation chronique de la plèvre serait plutôt celle qui, débutant insensiblement et se poursuivant de même, en donnant lieu, non à la production d'exsudats abondants avec épan-chement, mais seulement à un épaississement avec adhérence des plèvres, constitue ainsi la pleurite adhésive. C'est cette inflam-mation que l'on rencontre si communément dans les autopsies, soit sur des parties plus ou moins localisées des poumons, soit encore très fréquemment sur tout un poumon, soit enfin excep-tionnellement sur les deux poumons tout entiers, lorsque ces organes ont été le siège de lésions persistantes localisées ou diver-sement étendues.

L'épaississement des plèvres adhérentes est manifeste à l'œil nu, et encore bien plus quand il existe en même temps une infiltration œdémateuse. Il est toujours prédominant sur la plèvre pariétale, comme on peut s'en rendre compte par l'examen des parties où l'adhérence des feuillets n'est pas tout à fait complète. Toutefois, sur les points où la cavité pleurale est entièrement effacée, on ne trouve qu'une hyperplasie cellulaire peu dense, dont les éléments sont constitués par des couches parfois assez régulières, mais aussi irrégulières, de cellules fusiformes disposées parallèlement ou perpendiculairement à la direction de la surface pleurale, souvent par couches alternantes. On y voit de nombreux vaisseaux plus ou moins volumineux de nouvelle formation ordinairement du type capillaire, faisant communiquer les vaisseaux des deux feuillets réunis et ceux de la plèvre viscérale avec les vaisseaux du poumon.

M. Letulle a signalé des adhérences pleurales « infiltrées de graisse, gorgées de vaisseaux veineux et même artériels », et il a donné une figure où l'on voit effectivement des vaisseaux à paroi musculaire au sein d'un tissu adipeux qui, d'après l'auteur, se trouverait situé entre le poumon sclérosé et la plèvre pariétale Mais, dans ce cas, ces vaisseaux peuvent tout naturellement être attribués au tissu adipeux résultant du développement inflammatoire de celui qui appartient à la plèvre pariétale, plutôt qu'à des néoproductions scléreuses entre les plèvres.

Cependant, il résulte de nos examens que, dans certains cas, l'on peut trouver des vaisseaux de volumes divers dont les parois renferment des faisceaux très manifestes de fibres musculaires, non pas seulement dans du tissu adipeux, mais bien au sein des néoproductions scléreuses constituant l'épaississement et l'adhérence des plèvres, comme on le voit sur la figure 79; de telle sorte qu'on ne peut alors récuser en doute la production de ces nouveaux vaisseaux à parois musculaires. Celles-ci sont même très épaisses sur certains vaisseaux, mais sans qu'on puisse dire s'il s'agit de veines ou d'artères, vu l'impossibilité d'y apercevoir des lames élastiques pour être guidé dans cette interprétation. Et on en trouve l'explication dans le caractère toujours rudimentaire des néoformations constituées par les éléments qui se reproduisent le plus facilement.

Néanmoins, comme ces productions scléreuses ne renferment habituellement que des vaisseaux du type capillaire, quoique de volume variable, et que la production de fibres musculaires dans leur paroi n'est rencontrée que d'une manière exceptionnelle, nous avons recherché si une circonstance pourrait expliquer cette différence dans les formations vasculaires. Or, les quelques faits se rapportant à la néoproduction des fibres musculaires que nous avons pu observer appartenaient à des cardiaques, c'est-à-dire à des sujets ayant un gros cœur, et offrant une grande activité dans les productions cellulaires nouvelles de la plèvre et du poumon. Dans ces conditions d'hyperplasie cellulaire excessive, il n'y a rien d'étonnant à ce que les gros vaisseaux

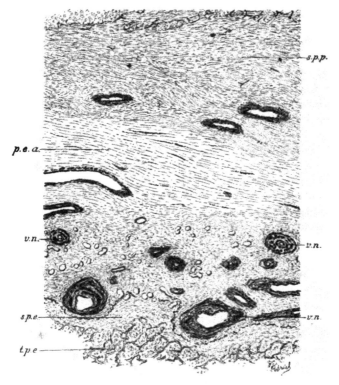

Fɪɢ. 79. — *Symphyse pleurale, avec plèvres sclérosées épaissies et néoproductions vasculaires à parois musculaires.*

s.p.p., partie superficielle de la plèvre pariétale. — *p.e.a.*, plèvres sclérosées épaissies et adhérentes. — *v.n.*, vaisseaux de nouvelle formation avec parois contenant des faisceaux de fibres musculaires. — *s.p.e.*, tissu sous-pleural sclérosé et épaissi. — *t.p.e.*, tissu pulmonaire avec exsudat alvéolaire.

nouvellement formés dans le tissu scléreux des plèvres, et qui sont en communication très manifeste et probablement très large avec les vaisseaux anciens, soient arrivés à être pourvus aussi de fibres musculaires lisses qui ont partout une grande tendance à l'hyperplasie, comme dans toutes les inflammations à marche lente et graduelle, surtout dans les conditions de circulation résultant d'un cœur hypertrophié.

Nous avons encore trouvé sur un certain nombre de préparations des petites cavités à paroi scléreuse plus ou moins vascularisée et tapissée par un épithélium à cellules cubiques plutôt basses. Ces cavités, de forme et de volume variables, paraissent situées au niveau de l'un ou de l'autre feuillet épaissi avec symphyse. On peut voir une de ces cavités sur la figure 146 qui se rapporte à une sclérose du sommet avec adhérence des plèvres sclérosées et épaissies. Ce sont manifestement des cavités de nouvelle formation, qui ne peuvent guère être rapportées qu'à une tendance à la persistance d'une cavité de nature pleurale, en raison de leur revêtement épithélial. Le processus inflammatoire chronique produit peut-être là ce que l'on voit si fréquemment pour les organes glandulaires simples qui sont également reproduits d'une manière rudimentaire sous la même influence.

Nous avons rencontré aussi les mêmes productions dans un cas de symphyse cardiaque où l'épaississement inflammatoire des feuillets adhérents était très prononcé.

Très souvent l'inflammation adhésive des plèvres se présente avec une infiltration œdémateuse plus ou moins accusée. On voit alors que le tissu est moins dense et que les cellules paraissent comme dissociées au milieu d'espaces clairs occupés précédemment par le liquide infiltré.

Il est à remarquer que cette inflammation adhésive et chronique des plèvres conserve dans tous les cas une certaine laxité, et que l'on n'y trouve jamais de productions scléreuses dures, d'aspect fibreux ou cartilagineux, ni des infiltrations calcaires, qui toutes sont consécutives aux inflammations aiguës caractérisant les pleurésies proprement dites.

Il en est de même lorsque ces lésions sont rencontrées sur les feuillets des autres séreuses.

Mais encore dans les inflammations des séreuses à processus lent ou chronique, les caractères des lésions consistent également dans des productions anormales plus ou moins intensives qui ne permettent pas de les considérer comme étant d'une autre natuıe que celle provenant des états aigus.

INFLAMMATION DU TISSU FIBREUX

L'inflammation du tissu fibreux se présente, en général, dans des conditions analogues à celles du tissu des séreuses, c'est-à-dire qu'elle coexiste le plus souvent avec l'inflammation de quelque tissu épithélial ou autre du voisinage. Ainsi le derme cutané ou muqueux est souvent le siège d'une inflammation aiguë ou chronique en même temps que le tissu épithélial de revêtement. Dans les deux cas, ce sont des productions cellulaires plus ou moins abondantes que l'on remarque entre les faisceaux hyalins et surtout autour des vaisseaux, avec une infiltration liquide plus ou moins manifeste, lorsqu'il existe de l'œdème. Dans ces cas d'inflammation chronique, les productions nouvelles augmentent l'épaisseur du tissu en ne modifiant guère son aspect. Il peut en être de même dans certaines inflammations aiguës, comme dans l'érysipèle. (Voir fig. 23, 24, 25.) Mais le plus souvent, il s'agit d'inflammations localisées occasionnant un bouleversement dans la structure du tissu, d'où résultent des altérations diverses, fréquemment suppurées, suivies de phénomènes de réparation et d'une véritable cicatrice, comme dans les inflammations correspondant à des furoncles, à des plaies traumatiques, etc., que nous aurons l'occasion d'examiner plus loin. (Voir p. 412, 480.)

Le tissu fibreux constituant le stroma des glandes, comme celui de la glande mammaire, participe toujours aux inflammations des éléments glandulaires proprement dits, c'est-à-dire qu'il ne peut pas être considéré isolément, soit dans les inflammations dites spontanées, soit dans les inflammations traumatiques ; parce que les modifications vasculaires et, par suite, nutritives, qui se produisent alors, font sentir leur action à la fois *sur les éléments glandulaires et sur le stroma, toujours simultanément modifiés.*

C'est ainsi que l'on trouve partout une hyperplasie cellulaire prédominante au niveau des acini où il y a de nouvelles formations glandulaires, si les productions ont lieu avec une certaine lenteur, puis autour des canaux excréteurs, près des vaisseaux, et dans les interstices des faisceaux fibreux suivant le degré d'intensité du processus inflammatoire. Celui-ci, dans les cas chroniques, aboutit aussi à des formations tellement voisines de celles des tumeurs, qu'elles sont confondues par la plupart des auteurs. Mais c'est bien à tort, car, indépendamment de ce que les néoproductions sont en général très limitées dans les inflammations, elles aboutissent à la guérison avec production d'une cicatrice, contrairement à ce que l'on peut observer sur les tumeurs qui continuent à se développer dans des conditions très variables.

Il n'est pas moins vrai que, *dans les inflammations chroniques et aiguës des glandes, on peut déjà observer l'association constante des modifications du stroma avec celles des éléments glandulaires proprement dits, en raison du caractère similaire de tout processus pathologique d'un tissu déterminé, puisqu'il ne peut être dans tous les cas que ce tissu plus ou moins modifié.*

Les tissus des tendons, des ligaments, des aponévroses, des gaines vasculaires et nerveuses ne sont guère le siège que d'une inflammation aiguë ou chronique par extension de celle d'un organe voisin. Elle est caractérisée de même par une hyperplasie cellulaire, d'autant plus abondante que le tissu est normalement plus riche en vaisseaux et en cellules, tandis que les tissus les plus denses où se trouvent le moins de cellules et de vaisseaux sont plus difficilement envahis. C'est ainsi que l'on peut trouver un tendon ou un ligament presque intact au sein d'un foyer inflammatoire, tandis que le tissu de la périphérie des gaines vasculaires ou nerveuses voisines est bien vite le siège d'un processus variable suivant le degré de l'inflammation et sa cause. Encore la gaine lamelleuse des nerfs s'oppose-t-elle longtemps à leur envahissement, tandis que les parois vasculaires sont beaucoup plus facilement atteintes dans les tissus enflammés.

Cependant, on a fréquemment l'occasion d'observer une inflammation aiguë avec des productions exubérantes sur un tissu fibreux assez dense qui ne renferme pas de vaisseaux. Il s'agit des lésions de l'endocardite aiguë, caractérisées par la présence de *végétations granuleuses bordant la ligne d'occlusion des valvules* sur la face auriculaire de la mitrale et sur la face ventriculaire des sigmoïdes de l'aorte, exceptionnellement sur les parties correspondantes des valvules du cœur droit. L'examen histologique d'une endocardite récente de la mitrale (fig. 80) montre que l'endocardite est constituée par la production d'un exsudat infiltrant le tissu valvulaire et faisant irruption à la surface des valvules pour constituer les végétations à divers degrés de développement, lesquelles peuvent être considérées comme provenant d'une coulée de nouvelle formation du tissu, et non d'une thrombose ou d'amas fibrineux, comme l'admettent la plupart des auteurs. En effet, les coagulations sanguines ont d'autres caractères et, lorsqu'elles existent, ne consti-

tuent en général dans les végétations qu'une partie tout à fait accessoire surajoutée aux productions inflammatoires.

Si les végétations les plus volumineuses renferment beaucoup
de substance amorphe granuleuse avec une petite quantité de cellules provenant manifestement de la valvule, on peut voir que la
même substance infiltre aussi les parties voisines du tissu valvulaire, et que les plus petites granulations constituées par une substance riche en cellules correspondent encore, sur une valvule en
apparence saine, à un exsudat de même nature qui l'infiltre à ce

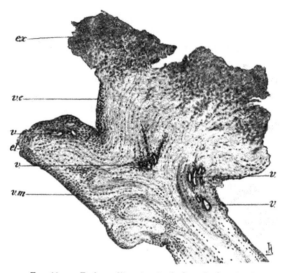

Fig. 80. — *Endocardite récente de la valvule mitrale.*

v.m., valvule mitrale avec infiltration générale d'un exsudat cellulaire prédominant vers son extrémité. — *e.l.*, extrémité libre de la valvule. — *v.e.*, végétation ou granulation exubérante au niveau
de sa face supérieure. — *ex.*, extrémité libre de la végétation avec substance amorphe granuleuse
en voie d'infiltration cellulaire. — *v*, vaisseaux de nouvelle formation avec cellules plus nombreuses
à leur périphérie.

niveau. De plus, on peut remarquer que, suivant la loi générale
précédemment énoncée, les néoproductions s'accompagnent de la
formation de nouveaux vaisseaux dans la valvule qui n'en renferme
pas à l'état normal, au moins sur les points principalement
enflammés, et près des végétations. Comment se formeraient de
pareils vaisseaux, si les productions nouvelles étaient le simple
résultat de la division des cellules préexistantes? Or, les exsudations
abondantes qui proviennent des vaisseaux sanguins expliquent
parfaitement leur présence dans ce cas comme dans toutes les

nouvelles productions avec modification de la structure du tissu. Les végétations ne siègent pas sur lès points où se trouvent le plus de frottements produits par le sang, ainsi que l'admettent les auteurs, mais sur ceux où, au contraire, a lieu la stase physio-

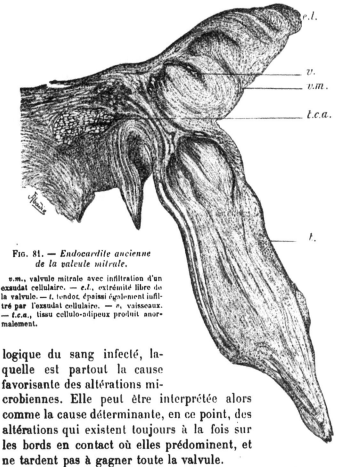

e.l.
v.
v.m.
t.c.a.
t.

Fig. 81. — *Endocardite ancienne de la valvule mitrale.*

v.m., valvule mitrale avec infiltration d'un exsudat cellulaire. — *e.l.*, extrémité libre de la valvule. — *t.* tendot épaissi également infiltré par l'exsudat cellulaire. — *v*, vaisseaux. — *t.c.a.*, tissu cellulo-adipeux produit anormalement.

logique du sang infecté, laquelle est partout la cause favorisante des altérations microbiennes. Elle peut être interprétée alors comme la cause déterminante, en ce point, des altérations qui existent toujours à la fois sur les bords en contact où elles prédominent, et ne tardent pas à gagner toute la valvule.

On ne peut objecter que cette inflammation ne doit pas être attribuée à un trouble circulatoire dans le tissu valvulaire, parce qu'il n'a pas de vaisseaux, vu qu'il est alimenté par les liquides nutritifs qui en proviennent et dont les troubles se font sentir de la même manière, ainsi qu'il résulte des expériences faites sur les tissus non vascularisés.

Toujours est-il que la valvule et les végétations deviennent le siège de nouvelles productions cellulaires et de vaisseaux, d'où résulte un tissu épais, plus ou moins dense, et dont les rétractions effacent ensuite les saillies granuleuses. Plus tard les valvules épaissies irrégulièrement jusque dans leur tendons, et souvent adhérentes entre elles sur quelques points, présentent un tissu fibreux hyalin très dense dans lequel se trouvent des cellules en quantité variable tant qu'il existe des vaisseaux dans le voisinage.

C'est ce qu'on peut constater sur la figure 81 qui se rapporte à un type d'endocardite chronique, où persistent, avec l'épaississement scléreux du tissu, des vaisseaux anormaux et une exsudation de jeunes cellules en plus ou moins grande quantité, comme c'est le plus souvent le cas pour l'endocardite ancienne de la mitrale. On y voit aussi parfois, comme dans ce cas, sous l'influence du processus inflammatoire longtemps continué, une production anormale de tissu cellulo-adipeux qui, au lieu d'être confiné près du point d'attache de la valvule, s'avance jusque près de son extrémité libre. Mais il ne reste aucune trace des végétations qui ont dû se produire au début; tandis que les productions dernières prédominent au niveau des parties inférieures de la valvule, en se continuant sur les tendons voisins, souvent avec une grande intensité, comme dans ce cas.

Mais il peut arriver aussi que les végétations persistent au moins en partie et que les cellules diminuent graduellement de nombre et finissent par disparaître par suite de l'occlusion graduelle des nouveaux vaisseaux sous l'influence des rétractions survenues ultérieurement dans le tissu de nouvelle formation. C'est surtout au niveau des valvules sigmoïdes que l'on rencontre des productions de ce genre parce qu'elles ne sont plus alimentées, comme les valvules elles-mêmes, que par les vaisseaux situés à leur point d'insertion. Il est bien certain que dans ce dernier cas, on ne peut pas dire qu'il existe une endocardite chronique, c'est-à-dire une inflammation continue, vu qu'il s'agit, en somme, d'un tissu de cicatrice où il n'y a plus de productions nouvelles, même lorsque persistent quelques vaisseaux nouveaux près de la base des valves profondément altérées. Cela est si vrai que ces altérations peuvent persister pendant un grand nombre d'années sans modifications appréciables, indiquant seulement l'endocardite antérieure.

Il n'en est pas de même lorsque les néoproductions inflammatoires restent vascularisées et sont le siège d'une nutrition anormale donnant lieu à des hyperplasies répétées, soit sous l'influence d'une nouvelle infection, soit même par suite des conditions défectueuses du fonctionnement des valvules. Toutefois ce ne sont pas ces lésions qui constituent la maladie du cœur, qui font le cardiaque : c'est, ainsi que nous avons déjà eu l'occasion de le dire, l'hypertrophie du cœur, avec comme sans lésion valvulaire. Mais l'endocardite aiguë peut se répéter sur des valvules déjà altérées, ainsi que cela arrive souvent, notamment sous l'influence du rhumatisme ou d'autres maladies infectieuses, Enfin une première atteinte prédispose à la production d'une endocardite ulcéreuse.

Les gros vaisseaux peuvent présenter à leur surface interne des productions inflammatoires dans les mêmes conditions que l'endocarde, mais plus rarement, et avec des altérations manifestes préalables qui en sont les causes déterminantes habituelles.

INFLAMMATION DU TISSU CELLULO-ADIPEUX

Le tissu cellulo-adipeux peut être le siège d'une inflammation primitive aiguë à la suite d'une plaie, d'une brûlure, etc., et l'on constate, comme sur la figure 114, une augmentation de la vascularisation avec une hyperplasie cellulaire principalement accrue à la superficie qui offre l'aspect du tissu dit de granulation.

Il est difficile de décider si, dans les cas de ce genre, il y a aussi augmentation du nombre et du volume des vésicules adipeuses; mais c'est probable, sinon à la superficie, au moins dans les parties profondes, en raison de la constatation très manifeste de ce phénomène dans d'autres circonstances, non seulement dans les cas d'inflammation lente, comme nous venons de le voir pour l'endocardite chronique, mais encore sous l'influence d'un processus plus ou moins rapide.

Ainsi on rencontre fréquemment des productions intensives du tissu adipeux dans les régions sous-cutanées, sous-muqueuses ou sous-séreuses au voisinage de foyers inflammatoires développés sous l'influence de causes internes. Il n'est pas rare de rencontrer sur un os enflammé une production abondante de tissu adipeux dans la substance médullaire ainsi agrandie. Des productions de même nature se remarquent parfois sur l'intestin jusqu'au niveau de la sous-muqueuse. C'est même une production fréquente avec l'appendice dont l'inflammation est surtout prédominante au niveau du péritoine, comme nous avons cherché à le prouver avec M. Paviot. Et c'est ainsi que toutes les parties constituantes de l'appendice présentent, au moins pendant une certaine période, des productions exagérées sans altération de structure sous l'influence du processus inflammatoire. C'est souvent aussi à l'inflammation qu'on peut attribuer l'augmentation de l'atmosphère cellulo-adipeuse du rein, lorsqu'on y trouve en même temps des travées scléreuses partant de la capsule épaissie d'un rein sclérosé. Et du reste on peut interpréter de la même manière toute production de tissu adipeux en quantité anormale qui se rencontre assez fréquemment au voisinage d'organes ou de tissus enflammés et semble très disposé à se prolonger au delà des points où il se trouve à l'état normal.

Mais c'est surtout dans les cas de destruction d'une portion du derme par un traumatisme, et même dans les simples cicatrices de plaie cutanée, qu'on peut le mieux se rendre compte de l'hyperproduction du tissu adipeux venant combler les vides produits par les destructions antérieures, et très manifestement sous l'influence du processus inflammatoire. C'est ce que démontrent péremptoirement les préparations reproduites par les figures 115 et 116.

Un phénomène analogue se produit à l'état tout à fait chronique dans l'atrophie musculaire progressive où le tissu du muscle arrive à être graduellement remplacé à la fois par des productions scléreuses et adipeuses.

Ces productions intensives du tissu adipeux dépendent bien toujours du processus inflammatoire, en raison de leur formation sous l'influence d'une cause souvent bien manifeste d'inflammation et de la concomitance d'autres productions qui ne sauraient être interprétées d'une manière différente.

Si les vides produits sont comblés en partie et plutôt par du tissu adipeux, c'est vraisemblablement en raison de la facilité avec laquelle ce tissu prend un grand développement, dont on a la preuve à l'état physiologique, comme du reste pour toutes les productions pathologiques abondantes qui sont en rapport avec celles constatées à l'état normal. C'est ainsi que ces productions du tissu adipeux sous l'influence de l'inflammation rentrent absolument dans la règle générale. Il va sans dire qu'il n'y a de productions de cette nature que là où existe à l'état normal du tissu adipeux ou dans son voisinage.

Il arrive aussi au tissu cellulo-adipeux, comme à tout autre tissu, de disparaître en totalité ou en partie sous l'influence d'une inflammation donnant lieu à des produits ordinairement scléreux qui se substituent graduellement au tissu normal, de telle sorte qu'au lieu d'être augmenté, il est détruit. C'est très probablement lorsque les jeunes productions cellulaires sont trop abondantes et arrivent trop rapidement dans le tissu. Sa structure est alors modifiée; et comme il ne peut plus vivre dans les conditions nécessaires à son développement normal, il est forcé de céder la place aux nouvelles productions dont on peut toujours constater la très grande abondance dans ces cas.

C'est en somme un phénomène commun à tous les tissus qui, sous l'influence d'un processus inflammatoire, se développent d'une manière exagérée lorsque les conditions de nutrition et d'espace sont propices, et qui, au contraire, disparaissent graduellement dans les conditions inverses.

Ces deux effets de l'inflammation peuvent coexister, comme nous avons eu l'occasion de le constater sur un cœur dont le tissu adipeux sous-épicardiaque avait en grande partie disparu par le fait d'une inflammation scléreuse concomitante, c'est-à-dire d'une péricardite, et où il y avait, en même temps, une production extraordinairement exagérée de cellules adipeuses entre les faisceaux musculaires du cœur dans ses couches les plus superficielles.

INFLAMMATION DU TISSU OSSEUX

Le tissu osseux est tout à fait favorable pour l'étude de l'inflammation, parce qu'il présente les phénomènes que nous avons indiqués comme mettant le mieux en relief les caractères de cet état pathologique. En effet, ce tissu offre, à l'état normal, des jeunes cellules en grande abondance, qui pourvoient au remplacement des éléments propres au fur et à mesure de leur disparition; et, lorsqu'il a été partiellement détruit, il a une grande tendance à se reproduire. Il en résulte qu'à l'état pathologique, les productions cellulaires deviennent facilement et évidemment exagérées, et que l'on peut constater en même temps des phénomènes de reproduction du tissu, qui indiquent la continuation des phénomènes normaux, seulement plus ou moins modifiés suivant les désordres produits. Enfin on peut facilement observer ce qui se passe dans l'inflammation, en dehors de toute infection, au niveau des fragments osseux résultant de fractures simples, à toutes les périodes ; car l'expérimentation sur les petits animaux donne des résultats analogues à ceux qu'on observe chez l'homme.

L'étude de la formation du *cal* équivaut à celle de l'inflammation de l'os. Les périodes admises par les auteurs, comprenant ◦ d'abord une période exsudative, puis la période de la formation d'un cal provisoire et enfin celle de la formation du cal définitif, sont absolument artificielles, parce qu'elles ne correspondent nullement à ces phénomènes particuliers. Il n'y a pas non plus une période inflammatoire et une période réparatrice. *Tout ce qui se produit aux diverses périodes est compris dans l'inflammation.* De même que l'on assiste dès le début à des phénomènes de réparation; parce que toutes les productions sont simplement en rapport avec la continuation des phénomènes de nutrition et de rénovation cellulaire dans des conditions anormales, comme on peut s'en rendre compte par l'examen des altérations, en les suivant dès le début jusqu'au moment où l'os qui a subi la lésion est considéré comme réparé.

Ainsi que dans les plaies des parties molles, il y a d'abord division de l'os et des tissus qui y adhèrent, d'où résulte la rupture des vaisseaux qui laissent écouler du sang, mais ne tardent pas à s'oblitérer. L'activité circulatoire se trouve augmentée en deçà et il se produit à ce niveau une hyperplasie cellulaire en rapport avec cette vascularisation subitement accrue, qui active seulement les phénomènes de nutrition et de rénovation cellulaire sur les régions où la structure de l'os et des parties molles voisines est conservée. Cette hyperplasie donne lieu aussi à une accumulation de cellules, d'autant plus anormale que les tissus ont été déchirés et offrent des espaces anormaux où les productions nouvelles peuvent s'entasser. Toutefois c'est toujours au niveau des points où elles se trouvent en plus grande abondance à l'état normal qu'on les voit d'abord augmenter, c'est-à-dire sous le périoste et à un moindre degré au niveau de la moelle osseuse, principalement dans la région correspondant aux fragments jusqu'à une certaine hauteur qui est déterminée non seulement par le décollement du périoste, mais encore par l'augmentation de l'activité circulatoire. C'est ainsi que partout où cette activité se manifeste, comme dans les parties molles voisines, il y a également des productions plus abondantes de cellules.

En même temps que ces phénomènes productifs, il y a des phénomènes d'absorption qui se continuent et qui enlèvent peu à peu les déchets cellulaires et le sang épanché. Au bout de peu de jours, mais surtout à partir de la fin du premier septénaire, on peut constater la transformation des nouvelles cellules en cellules cartilagineuses, sous le périoste, à l'extrémité des fragments et entre eux lorsque les extrémités fracturées ont chevauché. Bientôt, mais surtout à partir du dixième jour, ce tissu cartilagineux s'infiltre de sels calcaires qu'on voit former des traînées entre les cellules qui se trouvent alors incluses dans de petites plaques calcifiées.

Sur une préparation se rapportant à une fracture d'un humérus de lapin avec chevauchement des fragments, qui date de onze jours (fig. 82), on voit que de petites lamelles osseuses irrégulièrement

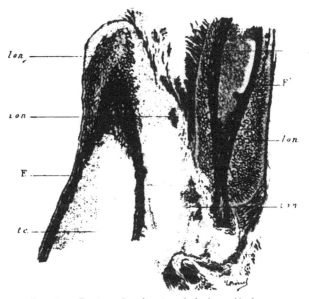

FIG. 82. — *Fracture d'un humérus de lapin au 11e jour.*

F.,F'., fragments chevauchés de la diaphyse. — *l.o.n.*, lamelles osseuses de nouvelle formation à la périphérie des fragments. — *t.c.*, tissu cartilagineux de nouvelle formation entre les deux fragments et à leurs extrémités avec îlots osseux en voie de nouvelle formation *i.o.n.*, aux dépens du cartilage. — *m.m.*, muscles.

anastomosées se sont produites au niveau de chaque fragment entre le périoste et l'os, en petite quantité au niveau de la partie la plus éloignée de la fracture, et dans une proportion de plus en plus grande lorsqu'on approche de la solution de continuité, pour diminuer tout à fait à l'extrémité où se trouve encore beaucoup de tissu cartilagineux et même de jeunes cellules conjonctives qui ne sont pas spécialisées. Mais c'est surtout entre les deux fragments chevauchés que le tissu cartilagineux abonde. On peut même remarquer qu'à ce niveau, l'un des fragments ne présente presque pas de formation osseuse, parce que le périoste fait défaut de ce côté où il a dû être décollé pour permettre le chevauchement. On notera cependant que ce tissu cartilagineux tend également à la formation du tissu osseux, car on voit sur deux points un îlot de petites lamelles osseuses rudimentaires. C'est sur ces points qu'on peut bien se rendre compte du mode de formation des lamelles osseuses par la calcification du tissu fondamental dans lequel les jeunes cellules arrondies sont enchassées et se trouvent d'abord en très grand nombre. Elles conservent en quelque sorte les caractères des cellules du cartilage précédent, comme si celles-ci avaient été prises dans une calcification du tissu. Cependant on peut déjà voir que les espaces interlamellaires renferment des cellules qui ont perdu les caractères des cellules cartilagineuses, étant de formes diverses, de volume et de nombre variables. Sur la plupart des points, les cellules médullaires sont nombreuses et plus ou moins irrégulièrement placées, quoique parfois elles bordent les lamelles, pour ainsi dire à la manière d'un épithélium. Enfin on peut aussi y rencontrer un certain nombre de vaisseaux de nouvelle formation.

Quelques lamelles nouvellement produites se trouvent dans la cavité médullaire des fragments, tout près de leur solution de continuité. Ces lamelles se continuent avec le tissu osseux de la diaphyse. Il en est de même de celles qui sont situées entre l'os et le périoste dans les parties éloignées de la fracture; car à ce niveau où il y a accumulation de cellules conjonctives et cartilagineuses en grande quantité, les nouvelles formations osseuses sont en rapport avec le périoste.

Toutes les formations cartilagineuses et osseuses sont limitées en dehors par des éléments conjonctifs fusiformes qui leur succèdent insensiblement pour former le périoste ou pour se confondre avec le tissu interstitiel des muscles voisins où abondent aussi les éléments cellulaires de nouvelle production. C'est au point que parfois (et probablement surtout dans les cas de déchirure du périoste formant des lambeaux irréguliers), le tissu cartilagineux, puis osseux, peut s'insinuer à des degrés divers dans certains muscles. C'est aussi dans les cas de productions exubérantes analogues qu'on peut trouver des faisceaux musculaires, pris au milieu des productions nouvelles et en voie de disparition.

L'examen de cette préparation montre bien la prédominance des nouvelles productions au niveau des régions sous-périostées, sur laquelle M. Ranvier a particulièrement attiré l'attention. C'est ainsi que serait formé le cal externe que l'on oppose à tort au cal médullaire ; car ces diverses productions se confondent absolument, èt il n'y a d'important à retenir que la formation de nouvelles productions, principalement au niveau de la couche des cellules sous-périostiques, dont Ollier a tiré un si grand parti au point de vue chirurgical.

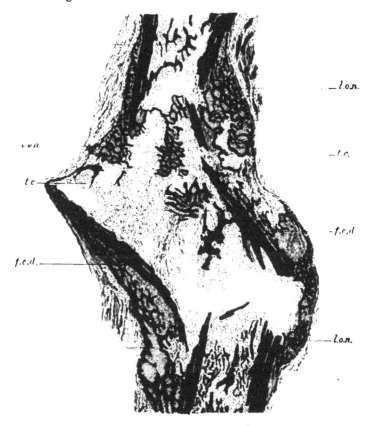

FIG. 83. — *Fracture de côte au 30ᵉ jour chez un homme adulte.*

c, côte. — *f.c.d.*, fragment central déplacé. — *l.o.n.*, lamelles osseuses néoformées. — *t.c.*, tissu cartilagineux.

Toutefois lorsque la fracture a lieu sans chevauchement des fragments et surtout sur un os spongieux, on remarquera que les productions médullaires avec formation de nouvelles lamelles osseuses sont beaucoup plus abondantes que dans le cas précédent. C'est ce qu'on peut voir notamment sur une préparation se rapportant à une fracture de côte au trentième jour chez un homme âgé de trente-huit ans (fig. 83). L'os forme comme une ligne brisée sur deux points, mais dont les parties sont restées en contact.

Les formations nouvelles sous-périostiques sont bien manifestes sans être très abondantes, prédominant au niveau des points déprimés qui correspondent aux cassures osseuses, où les cellules ont pu s'accumuler en plus grande quantité, et où elles ont donné lieu à du tissu cartilagineux dont il reste encore quelques traces. C'est ainsi que ce tissu a une grande tendance à se produire au voisinage de l'os enflammé, en venant remplir les vides dans les points déprimés, comme dans ce cas, et dans celui des fragments déplacés, au niveau de leurs extrémités et entre les fragments. *Le tissu cartilagineux est produit partout où il y a de la place et où la circulation n'est pas encore organisée; tandis que ce sont des productions osseuses qui se développent sur les points suffisamment vascularisés.*

Ainsi on remarquera que le cartilage ne persiste pas ou même qu'il ne se produit pas sur les points où la circulation est bien assurée et notamment dans le canal médullaire, si ce n'est, dans ce cas, sur un point tout près d'une cassure. On trouve, effectivement, une assez grande quantité de lamelles osseuses de nouvelle formation très irrégulières et irrégulièrement distribuées. Ce n'est que sur un point avoisinant l'une des solutions de continuité en saillie, que l'on voit à côté de lamelles osseuses, comme des plaques très irrégulières constituées par des faisceaux de fibres diversement entre-croisés et dont l'une d'elles laisse voir, entre ces faisceaux, des cellules analogues aux cellules cartilagineuses ou mieux aux cellules qui viennent d'être enserrées dans une incrustation calcaire, comme s'il s'agissait d'une incrustation scléreuse.

C'est aux manifestations qui surviennent ultérieurement que l'on attribue la formation du cal définitif, sans qu'on puisse indiquer son commencement ni sa fin; ce qui est la meilleure preuve de ce que nous avons précédemment avancé au sujet des prétendues périodes qui aboutissent à la formation du cal.

Il y a évidemment des lamelles osseuses nouvellement formées qui disparaissent, soit sous le périoste, soit dans la cavité médullaire, tandis que les parties qui font suite au corps de l'os se densifient; mais ce n'est pas une raison pour dire qu'il y a « une ostéite raréfiante » et une « ostéite ossifiante », vu qu'il n'y a pas deux espèces d'ostéite. Il y a seulement comme dans tout tissu enflammé des phénomènes destructifs en même temps que des phénomènes productifs, et les uns et les autres sont en rapport avec les conditions de vascularisation des nouvelles comme des anciennes productions.

Peu à peu la circulation se rétablit dans les parties qui font suite aux productions normales, tandis qu'elle diminue dans les autres parties se trouvant dans une situation anormale. Et comme l'os pathologique continue à évoluer, il en résulte que les phénomènes de production deviennent de plus en plus réguliers sur les parties qui correspondent le mieux à la structure de l'os, tandis que les autres parties reçoivent moins de nutrition et sont probablement le siège de phénomènes d'absorption plus actifs jusqu'à leur disparition. C'est chez les jeunes sujets et surtout chez les enfants où les phénomènes de nutrition sont le plus actifs, que l'on observera les phénomènes de réparation les plus rapides et les plus complets.

Les auteurs ne sont pas d'accord sur l'époque où les phénomènes de réparation sont achevés : certains estimant que quelques mois suffisent, alors que pour d'autres il faudrait plusieurs années. Or, indépendamment de ce que la durée des phénomènes de réparation varie suivant les désordres primitivement produits, et que le retour de l'os à sa forme et à ses dimensions habituelles est subordonné aux mêmes phénomènes, le nouvel os qui donne lieu à la coaptation des fragments et qui paraît le plus parfait à l'œil nu, n'arrive jamais à présenter une structure absolument normale. Dans ce cas comme dans celui de tous les tissus où la structure a été modifiée, on n'observe jamais le retour *ad integrum*.

Pour ce qui concerne les *inflammations spontanées de l'os*, désignées sous les noms d'ostéite, de périostite ou d'ostéopériostite, d'ostéomyélite, on observe des phénomènes analogues à ceux qui se produisent au niveau des os fracturés. Pas plus qu'au niveau du cal, on ne doit admettre une ostéite raréfiante et une ostéite ossifiante ou condensante, puisque le processus inflammatoire est dans tous les cas constitué par la continuation des phénomènes normaux d'évolution du tissu, seulement plus ou moins modifiés, et qui comprennent toujours des phénomènes destructifs et productifs, comme sur les autres tissus.

Lorsque l'inflammation est lente et relativement peu intense, les nouvelles productions peuvent ne pas modifier sensiblement la structure de l'os, tout en donnant lieu à une augmentation des éléments normaux surtout appréciables dans la substance méou laire. On y rencontre en effet, dans ces cas, avec une augmentation de la vascularisation, une plus grande quantité de tissu adipeux avec un plus grand nombre de cellules. Mais pour peu que celles-ci abondent, on constate aussi l'amincissement des lamelles osseuses, comme on peut le voir sur la figure 84 pour le tissu osseux voisin du cartilage enflammé. Cet amincissement des lamelles osseuses a lieu par le même mécanisme que leur disparition dans les cas d'inflammation intensive où le phénomène est plus manifeste.

Si la destruction du tissu ancien et la reconstitution d'un tissu nouveau plus compact, attirent plus particulièrement l'attention, c'est ce que ces phénomènes sont très prononcés dans l'inflammation des os, en raison de leur constitution, où il entre de nombreux éléments soumis à un renouvellement incessant et dont la charpente présente des modifications faciles à apprécier.

En effet, lorsqu'un trouble dans la circulation s'est produit et qu'il y a eu hyperproduction cellulaire, les éléments exsudés en très grande quantité ont, comme dans les autres tissus, de la tendance à se substituer aux éléments anciens. Mais il est assez rationnel de supposer que, se trouvant trop nombreuses pour être utilisées à la constitution du tissu dont les éléments anciens ne disparaissent pas dans la même proportion, les jeunes cellules s'accumulent dans les espaces médullaires, le long des vaisseaux, autour des canaux de Havers, aux dépens des lamelles osseuses qui tendent à disparaître insensiblement pour faire place aux espaces cellulaires agrandis et remplis de jeunes cellules.

On admet généralement que c'est par le fait d'une action corrosive de l'exsudat ou d'une attaque directe des cellules, comme semblent l'indiquer les encoches d'Howship où se trouvent agglomérées des cellules à un ou plusieurs noyaux ; le rapport de l'accumulation des cellules le long du bord des lamelles en voie de destruction et particulièrement dans les points excavés, paraissant indiquer une relation de cause à effet. Toutefois, outre qu'il s'agit de simples hypothèses, il faut encore remarquer qu'elles ne rentrent pas dans le cadre des phénomènes physiologiques, et qu'elles seraient, par conséquent, contre nature.

Il nous semble plus rationnel d'admettre que l'os disparaît par le même procédé qu'à l'état normal, au fur et à mesure de la production de nouveaux éléments, mais d'une manière plus rapide, et qu'on peut attribuer ce phénomène aux modifications apportées à la circulation capillaire des espaces médullaires par l'exsudat. En effet, les capillaires anciens disparaissent par compression, et de nouveaux capillaires se forment au sein des nouvelles cellules. Il en résulte naturellement que les anciennes cellules ne peuvent plus être alimentées d'une manière suffisante, et que dès lors elles doivent tendre à disparaître, comme on le voit pour les autres éléments dans les tissus enflammés; tandis que les nouvelles cellules pleines de vie, puisqu'elles sont bien alimentées par les capillaires nouveaux remplis de globules sanguins, tendent naturellement à se substituer aux éléments anciens au fur et à mesure de leur disparition. Si ce phénomène peut se produire assez rapidement dans les parties molles, il a lieu beaucoup plus lentement pour les os dont les lamelles sont insensiblement détruites, avec prédominance là où les nouvelles cellules abondent, d'où les encoches d'Howship. Et cela est si vrai que, lorsque les lamelles ont été assez amincies et sont sur le point de disparaître, on voit que les cellules nouvelles, non seulement entourent les lamelles, mais encore qu'elles se sont substituées à leurs ostéoblastes.

Ce n'est que lorsque les causes qui ont déterminé l'inflammation ont disparu, que les jeunes cellules donnent lieu à un nouveau tissu osseux par la constitution de nouvelles lamelles calcifiées, soit directement, soit après le passage à l'état cartilagineux, suivant les circonstances. Dans tous les cas, ce nouveau tissu dit de réparation, n'est que la continuation des phénomènes habituels, après la disparition de la cause nocive et des obstacles qui peuvent s'opposer à son établissement. Mais comme il y a eu des modifications de structure, il faut un certain temps pour qu'il prenne l'aspect à peu près normal à l'œil nu, encore que cette structure soit toujours plus ou moins modifiée, comme on peut le constater au microscope.

INFLAMMATION DU CARTILAGE

Les cartilages ne sont le siège d'une inflammation primitive que dans les cas de lésion directe qui retentit peu à peu sur les tissus vascularisés chargés de les alimenter; tandis que dans les inflammations dites spontanées, ce sont ces tissus qui sont affectés tout d'abord.

Dans les inflammations chroniques des cartilages se rapportant à une inflammation concomitante des os voisins ou des bronches, par exemple, on peut remarquer sur quelques points un empiètement des nouvelles productions se manifestant par une hyperplasie cellulaire vers les bords du cartilage. Ce n'est que d'une manière exceptionnelle et sur des parties très limitées, qu'on peut observer des hyperproductions de toutes les parties constituantes du tissu, donnant lieu à des *ecchondroses*.

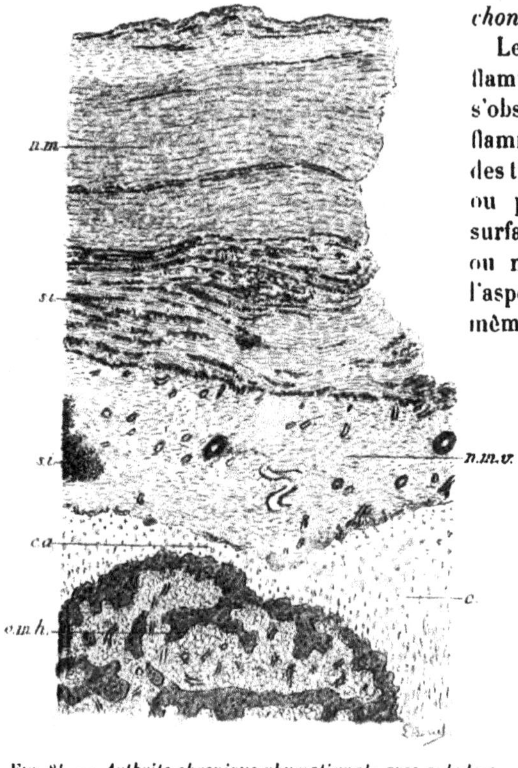

Le plus souvent l'inflammation du cartilage s'observe avec une inflammation invétérée des tissus voisins osseux ou périarticulaires. Sa surface est alors plus ou moins altérée avec l'aspect velvétique ou même avec des altérations destructives irrégulières, d'intensité variable, surtout au niveau des parties saillantes ; tandis que s'il y a des productions exagérées, du reste, toujours assez limitées, elles se trouvent plutôt dans des conditions inverses.

Au microscope, la surface articulaire offre un bord libre irrégulier ou frangé diversement. C'est au niveau des parties superficielles qu'on remarque l'hyperplasie cellulaire au degré le plus prononcé. Elle diminue graduellement dans les parties profondes, sans jamais faire défaut dans les cas de ce genre. Elle correspond à une vascularisation augmentée dans le tissu osseux ou fibreux voisin, dont les vaisseaux sont chargés

FIG. 84. — *Arthrite chronique rhumatismale avec ankylose du genou.*

c, cartilage condylien. — *o.m.h.*, lamelles osseuses et moëlle avec hyperplasie cellulaire et adipeuse sous l'influence d'une vascularisation augmentée. — *c.a.*, portion amincie du cartilage. — *n.m.r.*, néomembrane très vascularisée. — *n.m.*, néo-membrane. — *s.i.*, sang infiltré dans la néomembrane sous forme d'amas ou de petits tractus noirâtres.

de pourvoir à sa nutrition. On trouve du reste, en même temps une hyperplasie de ces tissus vasculaires avec des productions exubérantes qui modifient profondément la structure du tissu, d'où le peu de tendance aux productions cartilagineuses, auxquelles se substituent plutôt des productions vascularisées. Celles-ci contractent des adhérences sur les points où le cartilage a disparu, comme on l'observe couramment dans les arthrites anciennes, qui arrivent ainsi à produire des ankyloses incomplètes ou complètes.

C'est un cas de ce genre auquel se rapporte la figure 84 où l'on constate une hyperplasie très prononcée au niveau de la superficie de l'os dont les productions intensives ont augmenté aux dépens du cartilage. Celui-ci se trouve également entamé d'autre part dans sa partie la plus superficielle correspondante, par des productions inflammatoires superficielles intra-articulaires très épaisses, auxquelles il faut rapporter l'ankylose de l'articulation. L'hyperplasie de cellules cartilagineuses en quantité plus ou moins abondante et irrégulière n'a pu se produire que loin des vaisseaux; tandis que dans la portion correspondante aux tissus enflammés où ils sont nombreux, c'est-à-dire au niveau de l'os et de la néomembrane (où se trouvent même des hémorragies interstitielles), le cartilage a manifestement de la tendance à disparaître graduellement.

Dans les arthrites aiguës tout à fait récentes, les lésions sont minimes, peu ou pas appréciables à l'œil nu; et, au microscope, on ne trouve souvent que des cellules un peu plus nombreuses à la superficie du cartilage, avec peu ou pas d'état velvétique du bord libre. Mais les tissus vasculaires voisins offrent toujours une vascularisation augmentée et des phénomènes d'hyperplasie cellulaire.

INFLAMMATION DU TISSU MUSCULAIRE

L'étude de l'inflammation lente ou chronique du tissu musculaire est bien propre à montrer les rapports étroits qui existent entre cette affection et l'hypertrophie. Nous avons déjà insisté à ce propos (v. p. 72), pour montrer comment la nutrition et le fonctionnement exagérés produisent d'abord l'hypertrophie simple, à laquelle la persistance des mêmes causes fait ordinairement succéder l'inflammation chronique. Mais la manière de se comporter des fibres musculaires striées et des fibres musculaires lisses dans les phénomènes inflammatoires doit nous les faire envisager séparément.

A. Inflammation du tissu musculaire à fibres striées.

Nous avons vu que pour les muscles striés hypertrophiés, l'hyperplasie des fibres musculaires admise par les auteurs n'est rien moins que prouvée, et qu'il y a au contraire toutes probabilités pour qu'elle fasse défaut. Du reste, on ne l'observe pas davantage dans l'inflammation chronique où, cependant, tous les tissus dont les éléments sont susceptibles de se reproduire, présentent à un moment donné de l'hyperplasie. On voit, en effet, non seulement le tissu fibreux interfasciculaire devenir plus épais, en présentant un plus grand nombre de cellules, mais encore les fibres musculaires elles-mêmes présenter une hyperplasie de leurs noyaux. Toutefois, les fibres musculaires, loin de se multiplier, diminuent graduellement d'épaisseur jusqu'à disparaître sur une étendue variable.

Cependant quand bien même on a affaire à un muscle hypertrophié, comme il arrive fréquemment avec l'hypertrophie du cœur, on dit qu'il s'agit d'une inflammation qui est interstitielle et non parenchymateuse. On réserve cette dernière dénomination pour des productions graisseuses qui, comme nous avons cherché à le démontrer précédemment, ne doivent pas être confondues avec le processus inflammatoire proprement dit. Cette conception de l'inflammation interstitielle opposée à celle du muscle, paraît encore bien plus inconcevable dans les inflammations localisées et intenses où peuvent disparaître non seulement des fibres musculaires isolées, mais même des faisceaux entiers et jusqu'à des portions limitées de la paroi musculaire donnant lieu aux « anévrysmes du cœur ».

Cependant l'hyperplasie s'est manifestée au niveau des fibres musculaires aussi bien que dans les espaces conjonctifs, et les éléments anciens ont disparu graduellement comme dans tous les cas de production abondante de jeunes éléments cellulaires; mais ils ne se sont pas reproduits avec leurs caractères les plus différenciés, parce qu'ils ne se reproduisent ainsi en aucune circonstance. Et les arguments donnés par M. Durante en faveur de la régénération du tissu musculaire strié ne nous paraissent nullement probants.

Comme dans tous les cas de production cellulaire excessive, où les jeunes cellules ne peuvent pas arriver à former les éléments différenciés dans leur situation normale (probablement par suite de modifications de structure du tissu et notamment de son réseau vasculaire), il n'y a plus que des amas cellulaires plus ou moins denses et irrégulièrement répartis dans une substance intermédiaire variable, constituant le tissu de sclérose à la place du muscle, aussi bien qu'à celle de tous les tissus auxquels il se substitue. C'est ce que nous avons vu dans l'inflammation des tissus précédemment examinés, sans qu'on puisse contester la nature du processus, que leurs éléments propres aient été reproduits ou non.

C'est pourquoi, dans l'inflammation aiguë des muscles, il faut voir également une inflammation du tissu musculaire proprement

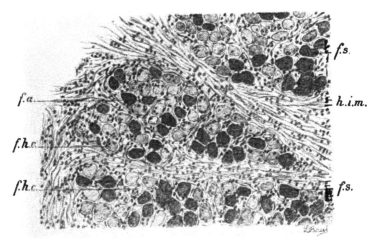

FIG. 83. — *Myosite typhique* (inflammation aiguë d'un muscle à fibres striées).

f.s., fibres musculaires saines. — *f.a.*, fibres à divers degrés d'altération : *f.h.c.*, fibres avec hyperplasie cellulaire. — *h.i.m.*, hyperplasie cellulaire intermusculaire.

dit avec une hyperplasie cellulaire portant sur ses éléments susceptibles de présenter ce phénomène. On peut, du reste, s'en rendre parfaitement compte en examinant une préparation de myosite aiguë survenue au niveau d'un muscle droit de l'abdomen au cours d'une fièvre typhoïde (fig. 85).

On voit parfaitement sur beaucoup de points où l'inflammation débute, que les noyaux des fibres musculaires sont plus nombreux, tout comme ceux du tissu conjonctif qui les unit. La substance musculaire striée commence à pâlir sur ces points, pour disparaître ensuite graduellement au milieu de nouvelles productions cellulaires. Celles-ci se présentent sous l'aspect fusiforme avec des dispositions très irrégulières, où cependant, au début, persiste l'emplacement des fibres coupées transversalement et rempli de jeunes cellules, entouré par de plus grandes cellules fusiformes. Ce n'est que plus tard qu'il se fait un tassement de toutes ces cellules, de manière à donner lieu à un tissu de sclérose.

Dans tous ces cas où il s'est produit une hyperplasie des noyaux des fibres musculaires suivie de la disparition incomplète ou complète des éléments différenciés, remplacés ou non suivant la nature des éléments et l'intensité du processus, on peut dire qu'il y a eu *inflammation du muscle* et non simplement inflammation du tissu

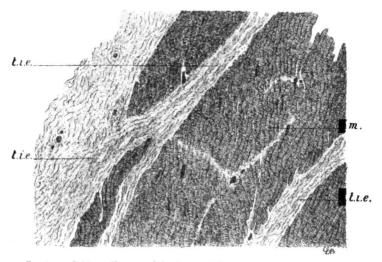

Fig. 86. — *Sclérose fibro-vasculaire interstitielle par propagation aux muscles intercostaux.*

m, muscle. — *t.i.e.*, tissu fibro-vasculaire intermusculaire épaissi et sclérosé.

interstitiel, c'est-à-dire de sa charpente fibro-vasculaire. Ce dernier cas peut se rencontrer dans certaines circonstances et se présente d'une manière bien différente, comme on peut le voir sur la figure 86, où des muscles intercostaux sont le siège de la propagation éloignée d'une inflammation suppurée de la plèvre. Il s'agit, on le sait, d'une inflammation œdémateuse qui arrive souvent jusqu'à la peau. Or, on peut constater que, s'il existe entre les faisceaux musculaires un épaississement notable du tissu fibreux caractérisé surtout par la présence d'une quantité augmentée de faisceaux hyalins volumineux, probablement avec un peu plus de cellules que l'on voit très mal parce qu'elles sont comprimées entre ces faisceaux et à peine appré-

ciables, les faisceaux musculaires sont absolument indemnes. C'est
que l'inflammation n'a pas été assez intense pour atteindre le muscle
lui-même, pour produire une myosite vraie, et qu'elle s'est limitée
au tissu fibro-vasculaire interstitiel proprement dit, en s'étendant
cependant jusqu'aux parties superficielles de la peau.

Nous rappellerons d'autre part le fait particulier dont il a été
déjà fait mention à propos de l'inflammation des séreuses et qui
concerne l'infiltration fibroïde à la place des fibres musculaires,
principalement observée au niveau du diaphragme (fig. 78). Cette
altération se manifeste a une certaine distance des séreuses
enflammées, et, quoiqu'elle soit produite sous cette influence probablement par des modifications vasculaires de proche en proche,
elle est cependant bien distincte d'une sclérose propagée avec bouleversement du tissu, comme on l'observe sur les muscles sclérosés
au voisinage des foyers inflammatoires envahissants et que nous
avons mentionné précédemment.

C'est, comme on le voit, une altération du muscle très différente
de la sclérose habituelle, qui le détruit par l'envahissement direct
des éléments cellulaires jeunes plus ou moins abondants, tandis
que dans les cas que nous avons en vue, il s'agit probablement
d'une production fibroïde qui se substitue à quelques fibres musculaires sous l'influence d'une inflammation d'à-côté, c'est-à-dire
qui agit seulement par des modifications circulatoires à distance,
dont l'action réelle nous échappe pour le moment.

B. Inflammation du tissu musculaire à fibres lisses.

Le tissu musculaire à fibres lisses est celui qui, à l'état pathologique, présente les caractères les plus typiques, probablement en
raison des modifications considérables dont il est susceptible à
l'état physiologique. On donne, en effet, l'état de l'utérus gravide
comme l'exemple le plus manifeste à la fois d'hypertrophie simple
et d'hyperplasie. S'il est évident que, dans ce cas, les fibres musculaires de l'organe augmentent de volume et surtout de nombre,
il n'en résulte pas qu'il s'agisse d'une simple hypertrophie. Ces
productions hyperplasiques se rapprochent beaucoup plus de celles
qu'on observe dans les états inflammatoires et néoplasiques, tout
comme les modifications de la glande mammaire pendant la grossesse et l'allaitement, au point de vue seulement des modifications
anatomiques et en dehors de toute autre considération. On ne saurait toutefois, assimiler ces états qui n'offrent qu'une assez grande

analogie, d'autant plus accusée que les éléments constitutifs des muscles lisses se produisent avec une grande facilité. Ils n'offrent pas moins le meilleur exemple qu'on puisse donner, d'une part, de l'analogie des productions pathologiques avec les productions normales, et d'autre part de la nature des modifications imprimées aux tissus dans les produits inflammatoires et néoplasiques, qui, se rapportant les uns et les autres à l'état biologique, doivent nécessairement aussi présenter entre eux une analogie plus ou moins prononcée. Enfin, ils montrent bien qu'il ne s'agit, dans tous les cas que de modifications apportées aux éléments normaux qui continuent à évoluer, seulement d'une manière plus ou moins anormale dans les cas pathologiques.

L'inflammation des muscles lisses peut être observée partout où ces éléments se trouvent, mais particulièrement au niveau de l'utérus où elle est décrite sous le nom de métrite parenchymateuse que l'on distingue de la métrite dite catarrhale localisée à la muqueuse, tout en admettant leur coexistence dans la plupart des cas. Mais tandis que Virchow soutient que dans la métrite chronique parenchymateuse où l'hypertrophie du tissu musculaire est très prononcée, c'est par hyperplasie cellulaire que l'inflammation se manifeste, la plupart des auteurs admettent plutôt qu'il s'agit d'une production anormale de tissu fibreux. Or, ces opinions divergentes proviennent de ce que les auteurs n'ont pas eu une notion précise de ce qu'est en réalité l'inflammation, de telle sorte qu'ils ne donnent pas aux phénomènes observés leur véritable interprétation.

Il n'est pas douteux, en effet, qu'il y ait de l'hyperplasie des fibres musculaires, non seulement dans les cas où les productions surajoutées sont évidentes même à l'œil nu, mais encore dans tous les cas de métrite prédominante au niveau de la muqueuse ; car, même dans ces cas, on observe, concurremment avec des productions conjonctives et glandulaires augmentées, de nouvelles fibres musculaires qui viennent s'infiltrer au travers de la muqueuse ainsi altérée, et en quantité d'autant plus grande que l'inflammation s'étend plus profondément. Il y a à la fois hyperplasie des éléments de la muqueuse et du tissu musculaire sur lequel elle repose, toujours sous l'influence d'une vascularisation augmentée et qui souvent donne lieu en même temps à l'infiltration de globules sanguins à travers les cellules conjonctives de la muqueuse.

Il est vrai que, dans les régions profondes, on trouve des parties, notamment autour des vaisseaux, où le stroma hyalin, tantôt blanchâtre, tantôt rosé, apparaît manifestement plus abondant, avec de

rares éléments cellulaires; mais on peut remarquer que si quelques-
uns de ces éléments sont comme disséminés isolément dans ce
stroma, la plupart sont disposés par petits groupes parallèles et
entre-croisés, tout comme les faisceaux musculaires voisins qui
deviennent de plus en plus manifestes. On a ainsi la preuve qu'il
s'agit de fibres musculaires jeunes, soit isolées, soit surtout disposées par petits groupes fasciculés au sein d'un stroma abondant,
ainsi qu'on a l'occasion de le constater si fréquemment dans les
myomes surtout à production rapide, c'est-à-dire dans les cas où il
s'agit incontestablement de productions nouvelles du tissu musculaire. Et même dans les myomes, on admet aussi à tort, selon
nous, la production de tissu fibreux. Dans tous ces cas de productions inflammatoires et néoplasiques, *il n'y a d'analogue au tissu
fibreux que le stroma hyalin, tous les éléments cellulaires étant des
éléments musculaires*, comme le prouvent les caractères propres
aux noyaux des cellules et notamment les productions voisines
dont on peut suivre le développement graduel par les divers degrés
d'accroissement où on les trouve.

Nous ajouterons qu'il ne saurait en être autrement, parce que
sous l'influence des productions inflammatoires, on ne peut trouver
dans un organe que ses éléments constituants, seulement plus ou
moins modifiés. Or, dans le tissu musculaire lisse, ce sont ses
éléments musculaires irrégulièrement disposés, à leurs divers
degrés de développement, dans un stroma qui est celui du tissu
musculaire, seulement aussi plus ou moins augmenté, et d'autant
plus appréciable que les nouvelles productions sont plus jeunes.

Ce sont des productions analogues que présentent les tumeurs
bénignes, dans l'utérus et dans d'autres organes, d'où la confusion
si fréquente de l'inflammation chronique avec les tumeurs. Mais,
comme on le verra, la différence ne peut provenir de la nature des
productions qui est la même, puisqu'il ne s'agit, dans tous les cas,
que de l'organe plus ou moins troublé et modifié dans son évolution; elle doit être recherchée dans les caractères des altérations et
dans leur marche, indépendamment de leurs causes connues ou
inconnues.

Même dans la métrite aiguë, ce sont des phénomènes analogues
que l'on peut constater avec des productions cellulaires jeunes
beaucoup plus abondantes. Les gros vaisseaux arrivent à être particulièrement atteints jusqu'à production de leur oblitération en
partie ou en totalité, également par hyperplasie des fibres musculaires de leurs parois.

Ce n'est que dans les cas où il s'agit d'une inflammation suppurée, que les éléments cellulaires jeunes sont détruits prématuré-
ment, mais encore il y a toujours à la périphérie des phénomènes
productifs qui ne peuvent pas être autre chose qu'une hyperplasie
du tissu, c'est-à-dire des fibres musculaires au sein de leur stroma.

On a encore très fréquemment l'occasion d'observer l'inflammation
du tissu musculaire lisse avec l'inflammation des organes dans lesquels il se trouve, notamment dans les annexes de l'utérus, dans
le derme cutané ou muqueux, dans les parois du tube digestif et
des voies aériennes, dans la plupart des conduits excréteurs et surtout dans les vaisseaux. Partout, son inflammation se traduit,
comme dans l'utérus, par une hyperplasie cellulaire de même
nature au sein d'un stroma également augmenté, lorsque les conditions de nutrition sont suffisantes. Le tissu ne disparaît que dans
les cas de modification de sa structure et notamment sous l'influence
des phénomènes destructifs résultant de la substitution plus active
d'éléments jeunes provenant d'un tissu voisin ou d'une inflammation suppurée.

Quant à l'inflammation des vaisseaux, elle se présente avec des particularités importantes à connaître. Elle est si fréquente et elle joue
un si grand rôle dans les phénomènes inflammatoires de tous les
tissus que nous devons lui consacrer une étude spéciale, d'autant que
les auteurs nous ont paru l'interpréter d'une manière défectueuse.

PARTICIPATION DES VAISSEAUX SANGUINS A L'INFLAMMATION DES TISSUS

Rien n'est commun comme de rencontrer au niveau des tissus
enflammés, des vaisseaux artériels et veineux qui participent à
l'inflammation d'une manière variable, suivant que cette lésion
est simple ou suppurée, mais principalement suivant son siège par
rapport aux principales altérations, suivant son intensité, sa marche
lente ou rapide, etc. En tout cas, les artères et les veines se
présentent dans des conditions qui doivent faire examiner séparément leur inflammation.

A. Altérations inflammatoires des artères.

Et d'abord on peut constater dans la plupart des foyers inflammatoires l'oblitération incomplète ou complète d'artérioles par le

fait de l'augmentation d'épaisseur de leur tunique interne, de telle
sorte que leur lumière est à peu près ou complètement effacée, les
parois du vaisseau paraissant d'une manière générale plutôt
épaissies et toujours avec de l'inflammation à la périphérie, c'est-
à-dire avec de la périartérite. Si c'est dans un tissu très sclérosé, les
petites artères oblitérées sont difficilement reconnaissables et
parfois n'apparaissent que comme un point déprimé, arrondi,
légèrement brillant.

Lorsqu'on examine des artères plus volumineuses, soit au sein
d'un foyer inflammatoire, soit sur ses confins, on peut également
observer de l'endartérite donnant lieu à un rétrécissement ou à
une oblitération de la lumière du vaisseau. Dans tous ces cas
encore, on peut constater un degré plus ou moins prononcé de
périartérite. On remarque même dans les cas très fréquents
d'endartérite localisée sur un point du vaisseau, que cette partie
correspond à une inflammation voisine ayant atteint la tunique
externe dans le point correspondant, et que, si l'endartérite est
répartie irrégulièrement sur la coupe du vaisseau, elle est en
rapport avec le degré de périartérite qui existe à la périphérie.

Très souvent on ne trouve qu'un épaississement variable de
l'endartère, constitué par des lames transparentes entre lesquelles
existent de petites cellules sans caractères particuliers. Mais d'autres
fois et assez communément, on peut remarquer que ces éléments
cellulaires sont disposés par petits faisceaux irréguliers, parallèles
ou entre-croisés, qu'ils ont des noyaux allongés de même aspect que
ceux des fibres lisses de la tunique moyenne ; de telle sorte que
ces nouvelles productions apparaissent bien manifestement comme
une hyperplasie des cellules musculaires de la tunique moyenne,
disposées en petits faisceaux dans un stroma hyalin, ainsi qu'on peut
en voir un exemple sur la figure 87, qui se rapporte à une artère du
rein dans un cas de néphrite chronique, comme on en rencontre sur
la plupart des artères au sein des tissus enflammés.

Il ne s'agit pas d'une exception, car si l'on peut hésiter à se
prononcer au début d'une endartérite, alors que les cellules sont
très jeunes et n'ont pas encore acquis des caractères particuliers ; il
n'en est pas de même dans les cas où l'oblitération d'un vaisseau
relativement volumineux est complète ou à peu près. Ordinairement le stroma est plutôt hyalin avec des éléments cellulaires
parfois diffus et difficiles à caractériser, mais qui doivent certainement être de même nature que d'autres cellules voisines qui
ont manifestement les caractères de cellules musculaires plus ou

voisinage. Tandis que les inflammations à marche plus ou moins rapide et à tendance destructive, notamment les inflammations suppurées, paraissent plutôt produire des oblitérations rapides des petites artères, et une sclérose dont les cellules n'ont pas de caractères particuliers sur les artères plus volumineuses situées à la périphérie du foyer d'inflammation. Mais nous laissons de côté pour le moment l'atteinte portée aux vaisseaux par l'envahissement de la suppuration, car il en sera question plus loin.

Nous ferons encore remarquer combien les phénomènes productifs ont de la tendance à s'étendre au loin en atteignant, avec tous les éléments constituants des tissus, les artères de volume variable. C'est ainsi que sur une préparation se rapportant à un érysipèle au niveau de l'oreille, on pouvait voir de nombreuses artérioles oblitérées et même des artères déjà volumineuses également oblitérées ou en voie d'oblitération par hyperplasie des éléments de leur tunique musculaire. Nous donnerons d'autres exemples.

Enfin, on trouve fréquemment sur les artères atteintes d'endartérite des caillots fibrineux et plutôt cruoriques et fibrineux qui contribuent à l'oblitération incomplète ou complète de ces vaisseaux

B. Altérations inflammatoires des veines.

Les veines situées dans les tissus enflammés sont encore bien plus rapidement envahies que les artères, et en général à un degré beaucoup plus prononcé, probablement en raison de leur constitution anatomique et notamment de la discontinuité des faisceaux musculaires et des lames élastiques. C'est au point que certains auteurs n'admettent pas de tunique moyenne, tellement la tunique qui renferme les fibres musculaires se confond insensiblement avec le tissu fibreux lâche et élastique de la périphérie de ces vaisseaux.

On retrouve difficilement la trace des petites veines oblitérées et perdues dans les nouvelles productions. Il n'en est pas de même pour les veines plus volumineuses que l'on peut rencontrer incomplètement ou complètement oblitérées, toujours avec une inflammation périphérique, d'où résulte ordinairement (tout au moins dans les inflammations à marche lente) un épaississement de leur paroi par hyperplasie des cellules musculaires au sein d'un stroma, ayant plus ou moins le caractère hyalin. Puis il y a un épaississement de l'endoveine qui peut être plus ou moins localisé et toujours en rapport avec des productions exagérées à la périphérie.

Comme dans l'endartérite, on peut voir les nouvelles productions formées dans l'intérieur des veines par une hyperplasie des cellules musculaires, qui, de la tunique moyenne, se continuent jusque dans la lumière du vaisseau en l'oblitérant incomplètement ou complètement, souvent avec une déformation des parois. Toutefois, il y a ordinairement une ou plusieurs petites cavités contenant du sang, et qui correspondent à des vaisseaux du type capillaire, formés en même temps que les nouvelles productions, ainsi qu'il arrive pour les artères. Mais, de même que pour les artères, le bouchon veineux peut être constitué par un tissu scléreux plus ou moins vasculaire sans caractère particulier semblable à celui qui entoure le vaisseau dans les mêmes circonstances. Au niveau des vaisseaux enflammés, comme partout ailleurs, il y a hyperproduction ou destruction de leurs éléments constituants.

C'est particulièrement encore et d'une manière bien plus évidente que pour les artères, dans les inflammations à processus lent, s'accompagnant de productions analogues aux productions normales, que l'on trouve au plus haut degré ces productions spécialisées, c'est-à-dire musculaires, plus ou moins abondantes, et constituant les bouchons d'oblitération des veines. Et de même aussi, comme nous le verrons, surtout dans les tissus riches en fibres musculaires lisses.

Les veines ainsi altérées au sein des tissus enflammés ne présentent guère de caillots fibrineux et même cruoriques, qui sont plus fréquemment rencontrés sur les artères, au moins pour ce qui concerne les petits vaisseaux au sein des tissus enflammés. Cela paraît tenir à ce qu'ils sont plus vite et à un plus haut degré le siège d'une inflammation oblitérante que les artères dont les parois, assez résistantes et protégées par leurs lames élastiques, se laissent moins facilement envahir; de telle sorte que leur oblitération est souvent complétée par un caillot fibrineux et cruorique.

Mais qu'il s'agisse d'endophlébite ou d'endartérite, cette altération est toujours précédée d'une inflammation périphérique. Nous verrons que même pour les gros vaisseaux isolés, atteints d'inflammation dite spontanée, c'est toujours au niveau de la tunique externe que l'on rencontre les lésions initiales, parce que c'est là que se trouvent les *vasa vasorum* et que les tissus des parois vasculaires ne peuvent être atteints d'inflammation primitive ou secondaire que par des troubles apportés à la nutrition de leurs éléments, c'est-à-dire par des troubles circulatoires. Seulement, dans les tissus, les vaisseaux sont affectés de proche en proche, comme toutes les autres parties qui les constituent. A propos de la tuberculose et de la syphilis nous donnerons des types bien caractéristiques de l'inflammation des artères et des veines avec une hyperplasie très prononcé des fibres musculaires. (V. p. 557 et 633.)

Il est encore à remarquer que, lorsqu'une artère ou une veine d'un certain volume est comprimée sur une portion de sa circonférence, au sein d'un tissu enflammé, et qu'il se produit sur ce point un commencement d'inflammation caractérisée par des productions nouvelles faisant saillie en dedans de la tunique interne, on observe ordinairement une saillie correspondante sur la portion de la paroi avec laquelle elle est en contact, mais de manière à s'emboîter avec la précédente. C'est ainsi que lorsque la paroi interne d'un vaisseau est le siège d'un processus inflammatoire et se trouve en contact avec un autre point de cette paroi, ce dernier devient également le siège d'une altération semblable, tout comme le même phénomène a lieu dans des circonstances analogues pour l'endocarde, pour les séreuses et les muqueuses.

ÉTAT DES CAPILLAIRES SANGUINS AU SEIN DES TISSUS ENFLAMMÉS

S'il y a une inflammation des artères et des veines, c'est que ces vaisseaux sont constitués par des tissus qui sont plus ou moins vascularisés ou qui reçoivent de proche en proche des liquides nutritifs provenant de vaisseaux voisins. Il n'en est pas de même pour les capillaires proprement dits, constitués simplement par la soudure de cellules endothéliales au milieu des cellules conjonctives. C'est que, en réalité, *les capillaires sont parties intégrantes de la substance conjonctive* telle que nous la comprenons ; les cellules endothéliales étant de même nature que celles des éléments conjonctifs d'où elles proviennent. Il y a entre ces parties une telle solidarité que pour peu que des cellules conjonctives soient produites en plus grande quantité qu'à l'état normal, il en résulte immédiatement des modifications dans l'état des capillaires, qui sont comprimés et peuvent être complètement effacés, d'où un bouleversement du tissu ; parce que, avec les nouvelles cellules abondamment produites, se forment en même temps de nouveaux capillaires par le fait de la présence de petits amas de globules sanguins, exsudés simultanément, bientôt limités par les cellules conjonctives voisines qui paraissent former l'endothélium des nou

veaux vaisseaux, et dont on peut parfaitement reconnaître la similitude avec les cellules voisines, lorsqu'il s'agit de productions
tout à fait récentes.

Donc, dans les foyers inflammatoires, il n'y a *pas d'inflammation
des capillaires*; il peut y avoir seulement des dilatations ou des
compressions de certains capillaires, avec une dégénérescence graisseuse de leurs éléments cellulaires. En tout cas le plus souvent,
c'est *la disparition des capillaires anciens que l'on peut constater,
et leur remplacement par de nouveaux capillaires au sein des nouvelles productions;* ce qui constitue un *phénomène capital* dans
toutes les productions nouvelles.

ÉTAT DES VAISSEAUX LYMPHATIQUES
DANS LES TISSUS ENFLAMMÉS

On les trouve parfois remplis d'éléments cellulaires dans les
inflammations récentes principalement, comme au niveau de la
plèvre et des cloisons interlobulaires dans la pneumonie. Mais,
bien plus souvent, ils échappent à l'observation, soit que les éléments qu'ils renferment se confondent avec ceux de la périphérie,
soit qu'ils se trouvent comprimés et effacés au point d'être méconnaissables. Toutefois, l'étude des vaisseaux lymphatiques dans
l'inflammation n'a pas encore parfaitement élucidé toutes les modifications qu'ils sont susceptibles de subir.

INFLAMMATION SPONTANÉE
DES GROS VAISSEAUX PLUS OU MOINS INDÉPENDANTS
DES TISSUS PÉRIPHÉRIQUES SAINS

Les vaisseaux ne sont pas seulement atteints d'inflammation
parce qu'ils se trouvent dans un foyer inflammatoire et qu'ils participent en somme à l'inflammation des tissus au sein desquels ils
se trouvent, on observe encore très fréquemment des inflammations à marche rapide ou lente, mais plutôt lente, sur des vaisseaux volumineux (artères ou veines) qui peuvent être considérés
comme indépendants des organes ou tissus voisins, lesquels sont
tout à fait sains ou ne présentent que des lésions consécutives.

Nous examinerons successivement l'inflammation des artères et
des veines dans ces conditions.

A. Inflammation dite spontanée des grosses artères.

Des artères plus ou moins volumineuses peuvent être le siège soit d'une thrombose soit d'une embolie, d'où résultent des phénomènes inflammatoires qui tendent à l'oblitération de ces vaisseaux par le même mécanisme que dans le cas d'une constriction par une ligature. Il s'agit alors d'une inflammation tout à fait localisée qui a pour origine les troubles survenus consécutivement dans les *vasa vasorum* à ce niveau, par le même mécanisme que sur les autres tissus et notamment que sur les veines, ainsi qu'on le verra plus loin.

Mais on peut encore observer principalement sur de plus gros vaisseaux, notamment sur l'aorte et ses principales branches, jusque sur les grosses artères des membres et de l'encéphale, des lésions inflammatoires disséminées et plus ou moins étendues sur une ou plusieurs de ces artères, se présentant simultanément avec des lésions dégénératives particulières qui ont fait donner à ces lésions depuis longtemps le nom d'athérome artériel, et qui, depuis les travaux de M. Huchard principalement, sont désignées sous le nom d'artério-sclérose.

Nous laisserons de côté les questions doctrinales relatives à la production de ces lésions, pour ne nous occuper de celles-ci qu'au point de vue anatomique.

ATHÉROME ARTÉRIEL

Lorsqu'on examine, par exemple, l'aorte au niveau d'une plaque jaune d'athérome, on peut voir, en allant de sa surface interne à sa surface externe, les altérations suivantes.

Au plus léger degré on trouve toujours un épaississement plus ou moins prononcé de la couche lamelleuse interne suivant l'intensité des lésions; et à celles-ci correspond un épaississement ou au moins une densification de la tunique externe. Mais pour peu que ces lésions deviennent bien accusées, on constate en même temps la présence de globules graisseux à la partie profonde de la tunique interne épaissie, en commençant toujours au niveau du point où cet épaississement est le plus marqué. Ces globules graisseux ont pour origine les éléments cellulaires qui existent entre les faisceaux lamelleux, car on trouve leur protoplasma à des degrés divers de dégénérescence graisseuse. Ce n'est, toutefois, que lorsque la graisse est produite en grande quantité qu'on la voit accumulée entre ces faisceaux qui paraissent ainsi plus ou moins dissociés.

A un degré plus marqué, avec un épaississement en général plus accusé de la tunique interne, on voit que celle-ci présente déjà quelques fins globules grais-seux, disséminés entre les faisceaux lamelleux les plus superficiels, tandis que les faisceaux profonds en pré-sentent une quantité beau-coup plus grande qui a dés-organisé le tissu et donné lieu à un véritable foyer irrégulier où se trouvent des produits graisseux, par-fois avec des cristaux de cholestérine. Ils peuvent être assez abondants pour déprimer légèrement la tu-nique moyenne à ce ni-veau, et même souvent pour empiéter aussi sur elle. Sou-vent aussi, ces foyers grais-seux augmentent jusqu'à se confondre et à s'ouvrir dans la cavité du vaisseau, comme on le voit sur la figure 89. D'autres fois, ils s'infiltrent de sels calcaires et peuvent rester en cet état ou bien encore se ramollir au-des-sous de la plaque calcaire superficielle et s'ouvrir de même sur l'un des bords. Le sang peut, en pénétrant dans ces cavités, les aug-menter aux dépens des par-ties voisines altérées, for-mer des dépôts fibrineux sur les bords, etc.

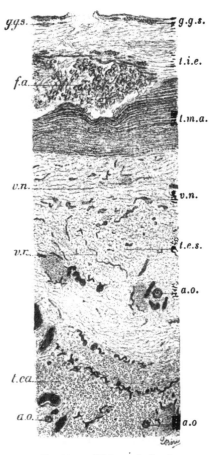

Fɪɢ. 89. — *Athérome de l'aorte.*

t.i.e., tunique interne épaissie et altérée. — *t.m.a* tunique moyenne altérée. — *t.e.s.*, tunique externe sclérosée et épaissie. — *t.c.a.*, tissus cellulo-adipeux. — *g.g.s.*, granulations graisseuses superficielles. — *f.a.*, foyer athéromateux au point d'élection. — *a.o.*, artère oblitérée. — *v.n.*, vaisseaux nouveaux.

La tunique moyenne ne présente des altérations bien manifestes que dans les cas d'athérome très prononcé, indiqués précédem-

ment et seulement sur les points contigus aux productions graisseuses. On la trouve ainsi conservée en totalité ou en grande
partie. Cependant, on remarque parfois au milieu de son tissu
quelques légers tractus blanchâtres qui correspondent à un léger
degré de sclérose irrégulièrement distribuée.

La tunique externe présente toujours un épaississement et une
densification plus ou moins prononcés, dus à une hyperplasie
cellulaire, souvent très apparente, avec des formations de nouveaux capillaires qui apparaissent remplis de sang, tandis que
l'on peut trouver des oblitérations de petites artères, comme cela
a été observé depuis longtemps et particulièrement décrit par
M. H. Martin.

Mais cette tunique externe peut aussi ne présenter qu'une densification apparente de ses faisceaux fibreux avec peu d'hyperplasie
cellulaire, tout au moins dans les cas qui correspondent aux lésions
athéromateuses les moins prononcées, et surtout aux lésions inflammatoires modérées survenant chez des sujets très âgés, et qui ne
sont pas en rapport avec des lésions athéromateuses proprement
dites. Elles correspondent plutôt à une atrophie scléreuse, analogue
aux autres lésions séniles de même nature qu'on peut observer sur
les divers organes.

Nous faisons surtout allusion à un état de l'aorte ascendante,
qui se rencontre assez fréquemment dans l'âge avancé et qui
consiste dans une dilatation de toute la paroi, laquelle semble
plutôt amincie et n'offre que peu ou pas de plaques jaunes. Elle
a une teinte générale blanchâtre, un peu plus accusée que sur
les autres portions du vaisseau. Or, dans ces cas, l'on trouve la
tunique interne épaissie seulement à un léger degré, avec un peu
de sclérose disséminée à travers les fibres élastiques de la tunique
moyenne, et une tunique externe qui n'est que peu ou pas épaissie,
mais qui est manifestement densifiée, comme on peut le constater
sur la figure 90.

Ces dernières lésions paraissent bien se rapporter à une atrophie
sénile avec légère sclérose diffuse. Les productions cellulaires ont
été peu nombreuses, d'où le faible épaississement des tuniques
interne et externe. Et comme la tunique moyenne a participé aux
phénomènes d'inflammation avec atrophie d'une partie de ses éléments, il en est résulté une dilatation générale de la paroi du
vaisseau dans la région où cette altération est surtout fréquente,
probablement en raison de la distension qui doit se produire alter-
nativement à chaque systole et diastole.

Si l'on peut rencontrer des plaques jaunes sur les artères, et notamment sur l'aorte à tous les âges, il est certain néanmoins que l'athérome, bien caractérisé par les lésions précédemment décrites, ne se rencontre que chez des sujets au déclin de l'âge, mais non chez tous surtout à un degré prononcé. Il en résulte qu'il doit exister encore une ou plusieurs causes déterminantes de ces lésions, variables suivant les auteurs, mais qui, en somme, n'ont pas été établies sans conteste ; toutes celles qui ont été invoquées pouvant faire défaut.

Il y a toutes probabilités pour que les phénomènes inflammatoires qu'on observe sur les artères relèvent de causes analogues

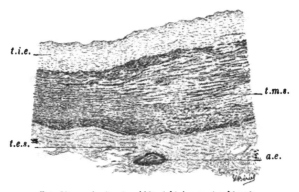

FIG. 90. — *Aorte atrophiée et légèrement sclérosée.*

t.i.e., tunique interne épaissie. — *t.m.s.*, tunique moyenne sclérosée et atrophiée. *t.e.s.*, tunique externe sclérosée et densifiée. — *a.e.*, artère avec endartérite.

à celles qui déterminent des inflammations viscérales diverses, et au sujet desquelles des notions étiologiques positives font souvent défaut. Néanmoins, i semble bien qu'il faut toujours incriminer, au moins au début, une cause infectieuse qui doit faire sentir ses effets sur les *vasa vasorum*, pour donner lieu à des phénomènes inflammatoires par le même mécanisme que sur d'autres organes, c'est-à-dire par des oblitérations vasculaires, d'où résultent une activité circulatoire augmentée dans les vaisseaux collatéraux, puis des phénomènes d'hyperplasie cellulaire, d'épaississement inflammatoire des tuniques interne et externe, etc.

Cependant, il y a ce fait particulier de la production intensive des lésions cellulaires dégénératives, en foyer, qui n'existe pas dans la plupart des inflammations viscérales, et qui a, du reste, assez frappé les auteurs, pour que quelques-uns en aient fait l'altération initiale, d'où découleraient les phénomènes productifs. Mais nous avons vu que les éléments cellulaires peuvent être surchargés de graisse sans donner lieu à des productions inflammatoires, et que ce n'est qu'avec la coexistence de celles-ci qu'on observe la dégénérescence graisseuse proprement dite, c'est-à-dire la transformation granulo-graisseuse avec désintégration et destruction des cellules. C'est que, en effet, comme à l'état normal, il y a dans tout processus inflammatoire des phénomènes de production et de destruction, mais plus accusés, se manifestant surtout par la présence d'un plus grand nombre de cellules, ainsi que par une plus grande quantité de déchets. Ces derniers sont plus faciles à apprécier dans certaines circonstances, notamment lorsqu'ils sont abondants et difficilement éliminés; ce' qui arrive précisément dans le cas des altérations athéromateuses.

Au début de l'inflammation, ce sont les productions surabondantes qui sont seules appréciables, et se manifestent ici par le simple épaississement de la tunique interne qu'on peut constater sur les points les moins affectés, sans altération graisseuse, de telle sorte que celle-ci ne saurait être alors incriminée comme lésion initiale. Ce n'est que sur les points où la tunique interne est le plus épaissie qu'on trouve les altérations graisseuses, c'est-à-dire là où les productions ont été le plus abondantes et où les échanges nutritifs et les phénomènes d'élimination doivent se faire le plus difficilement, tout d'abord au niveau de sa partie la plus profonde. Il est à remarquer en outre que la sclérose de la tunique externe, augmentant graduellement, doit aboutir à l'oblitération d'un plus grand nombre de vaisseaux, au sein des faisceaux hyalins volumineux et tassés; de telle sorte que la nutrition des nouvelles productions, au niveau de la tunique interne, va encore en être diminuée. Cette circonstance contribue aussi à augmenter les phénomènes de dégénérescence, lesquels, pour ces divers motifs, se présentent d'une manière si constante dans l'artérite chronique qui est désignée pour ce fait sous le nom d'*athérome artériel.*

Cependant, nous avons vu qu'on peut observer de la périartérite et de l'endartérite sans athérome, dans certaines conditions déterminées, et plutôt lorsque l'activité circulatoire est notablement augmentée, particulièrement dans l'artérite syphilitique, laquelle donne lieu, au niveau de l'aorte, à des lésions bien distinctes des précédentes, comme nous chercherons à le prouver à propos des inflammations artérielles d'origine syphilitique. (Voir p. 639.)

B. Inflammation dite spontanée des grosses veines.'

Cette altération des grosses veines décrite sous le nom de *phlébite* a depuis longtemps attiré l'attention des observateurs en raison de sa fréquence. Ses conditions pathogéniques paraissaient surtout bien établies depuis les travaux de Cruveilhier, lorsque ceux de Virchow sur la thrombose et l'embolie sont venus remettre en question l'origine des lésions attribuées par Cruveilhier à la phlébite et par Virchow à la présence du caillot. Mais aujourd'hui on admet que si la présence d'un caillot arrêté sur un point d'une veine peut déterminer à ce niveau une inflammation de sa paroi, le plus souvent on trouve au niveau de la paroi veineuse, qui était le siège d'une thrombose, les micro-organismes qui, probablement, ont été l'origine des lésions inflammatoires. C'est tout au moins la démonstration que M. Widal paraît avoir faite pour la *phlegmatia* survenue au cours de la fièvre puerpérale et de la tuberculose, et où il a constaté sur les veines enflammées la présence de streptocoques dans le premier cas et des bacilles de Koch dans le second.

Toutefois, on peut se demander si l'altération par les micro-organismes ou même seulement par leurs toxines, provient du sang infecté contenu dans les veines ou de celui des *vasa-vasorum* ?

Dans le premier cas, il faut supposer que les agents nocifs ont traversé les artérioles et les capillaires sans produire aucun trouble pour atteindre les veines ; ce qui paraît assez insolite. Il est vrai qu'on peut objecter que la stase du sang dans les veines est favorable à l'action des agents nocifs. Cependant, il n'est pas moins vrai que la circulation est principalement ralentie au niveau du réseau capillaire, et que, dans la plupart des cas de propagation de lésions infectieuses, ce ne sont pas les veines qui sont atteintes en premier lieu, mais bien les artérioles ou les capillaires, au niveau desquels se développent les lésions de généralisation. Il semble donc qu'il est plus rationnel de considérer les grosses veines qui sont le siège de lésions inflammatoires, comme les autres tissus, et d'admettre que, plus probablement, l'origine des altérations doit provenir d'une lésion du *vasa vasorum* sous l'influence de la cause nocive contenue dans le sang, et d'autant plus que la stase du sang dans les veines doit se faire sentir aussi sur celui qui est contenu dans les vaisseaux de leurs parois.

Dans tous les cas, qu'il s'agisse d'une altération primitive de l'endothélium de la veine thrombosée ou de celui de ses *vasa vaso-rum*, ces derniers sont toujours bientôt affectés et il en résulte des troubles de leur circulation, d'où dérive le début de la phlébite, la coagulation du sang et les phénomènes ultérieurs qui tendent à l'oblitération du vaisseau.

Ainsi que nous l'avons indiqué précédemment, avec le plus léger degré de phlébite, on peut déjà observer des dilatations des petits vaisseaux de la paroi et une hyperproduction cellulaire à la péri-

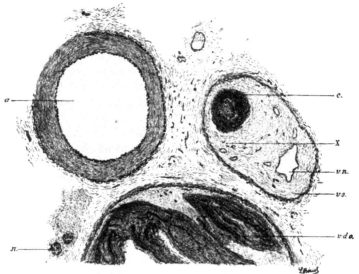

Fig. 91. — *Phlébite avec oblitération complète d'une petite veine et incomplète d'une veine plus volumineuse.*

a, artère. — *v.o.*, veine oblitérée par une néoformation contenant des vaisseaux nouveaux, *v.n.* — c, caillot obturateur. — *v.d.o.*, veine avec début d'oblitération. — *n*, nerfs avec un peu de sclérose dans le tissu interstitiel sclérosé. — *X*, point représenté sur la figure 92, à un fort grossissement.

phérie de la veine. Ensuite l'on voit ordinairement sur un point où des caillots sont adhérents, une saillie plus ou moins accusée aux dépens et en dedans de la tunique interne. Cette partie saillante est constituée par un stroma plutôt hyalin dans lequel se trouvent des cellules qui n'ont pas tout d'abord de caractères particuliers. Mais lorsque l'inflammation a pu arriver à un degré plus avancé sur une partie ou sur la totalité du pourtour du vaisseau de manière à former des saillies irrégulières qui pénètrent dans sa lumière, en empiétant sur le caillot fibrineux ou cruorique, on voit que les nouvelles productions sont constituées par des éléments cellulaires dont les noyaux sont allongés. Ils sont disposés en petits faisceaux, parfois flexueux comme ceux de la paroi, et irrégulièrement entre-croisés, au milieu d'une substance hyaline qui se confond insensiblement, d'une part avec le stroma de la paroi, et d'autre part avec le caillot.

Sur une préparation reproduite par la figure 91 et se rapportant à une phlébite déjà ancienne, on remarque une veine assez volumi-

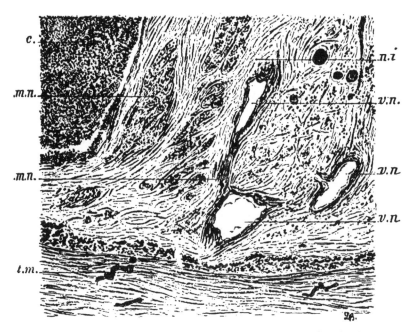

Fig. 92. — *Veine thrombosée avec endophlébite* (grossissement du point X de la figure 91).

t.m., tunique musculaire de la veine. — *c*, caillot fibrinocruorique. — *n.i.*, néoproduction inflammatoire constituée par une substance hyaline fondamentale, vascularisée, où se trouvent une grande quantité d'éléments musculaires. — *f.m.n.*, faisceaux musculaires de nouvelle formation. — *v.n.*, vaisseaux de nouvelle formation entourés de fibres musculaires.

neuse, en grande partie oblitérée par des caillots cruoriques et des nouvelles productions d'endophlébite qui commencent à se produire et sont semblables à celles qui occupent la plus grande partie de la lumière d'une veine voisine plus petite et que nous examinerons plus particulièrement. On y trouve encore un caillot fibrino-cruorique qui achève l'oblitération complète du vaisseau dont la plus grande partie de la lumière est occupée par une substance fondamentale d'aspect hyalin, assez riche en éléments cellulaires et en vaisseaux. Au premier abord et surtout à un faible grossissement, cette substance semble ne présenter que des cellules indifférentes irrégulièrement disséminées. Mais l'attention étant plus particulièrement dirigée sur les éléments cellulaires examinés à un fort grossissement, on voit que près des parois de la veine et autour des nouveaux vaisseaux, il existe des fibres-cellules à noyaux allongés très manifestes, et que sur les points où l'on pourrait croire seulement à la présence de petits amas cellulaires quelconques, il s'agit de faisceaux de fibres coupés en travers, semblables à ceux qui se trouvent dans la paroi vasculaire, comme on peut bien s'en rendre compte par l'examen de la figure 92, représentant un point indiqué de la figure 91, à un fort grossissement.

Ainsi on acquiert la preuve que, même dans les cas où il semble qu'on ait affaire à un tissu de nouvelle formation indéterminé, il s'agit en réalité d'un tissu à stroma hyalin très abondant, mais où les éléments cellulaires sont des fibres-cellules disposées en faisceaux ou disséminées.

Il est à remarquer que s'il y a de la sclérose à la périphérie des veines, elle est relativement peu intense. Elle a seulement uni plus intimement les vaisseaux veineux et artériels et atteint légèrement les nerfs voisins, ainsi que dans toute thrombose veineuse ; mais il n'y a pas encore la moindre trace d'endartérite, en raison de la résistance plus grande des grosses artères à l'inflammation par propagation.

D'après ce fait et d'après ce que nous avons vu dans les cas précédents, il est probable que dans tous les cas d'inflammation simple et plus ou moins lente des veines aussi bien que des artères, les nouvelles productions cellulaires se rapportent à des fibres-cellules dans un stroma clair hyalin, comme on le voit assez souvent dans les néoproductions de l'utérus.

Donc dans les veines comme dans les artères, comme du reste dans les autres tissus dont les éléments sont facilement reproduits, les inflammations à marche lente ont de la tendance à la production de ces éléments. C'est ainsi que les fibres musculaires lisses qui ont dans tous les cas une grande tendance à l'hyperplasie sous l'influence des phénomènes inflammatoires n'altérant pas trop le tissu, deviennent de plus en plus abondantes. Tandis que pour les veines comme pour les autres tissus, lorsque l'inflammation est intense et destructive, notamment lorsqu'elle est suppurée, les cellules n'ont pas le temps de se développer et donnent lieu seulement à des productions scléreuses indéterminées ou suppurées.

VARICES

On désigne sous le nom de *varice* ou de *phlébectasie* la dilatation permanente d'une veine. On admet qu'elle est en même temps le siège d'un processus inflammatoire, ce qui nous fait ranger cette lésion à côté des phlébites. En effet, la dilatation seule des

FIG. 93. — *Varices sous-cutanées de la jambe.*

d.d., derme cutané densifié avec légère hyperplasie cellulaire. — *v.v.*, veines variqueuses avec hyperplasie des fibres musculaires de leurs parois.

veines, même plus ou moins prolongée, ne suffit pas à caractériser les varices. On rencontre souvent des dilatations de ce genre que l'on ne considère pas avec raison comme des varices. C'est pourquoi l'expression de « varices œsophagiennes » nous paraît impropre; on n'y trouve pas l'*hyperplasie cellulaire de la paroi veineuse*, qui est constante dans les véritables varices et qui doit figurer dans leur définition, au même titre que la dilatation permanente.

Lorsqu'on examine des varices simples au début de leur

formation, on serait plutôt tenté de considérer les modifications survenues dans les parois veineuses comme se rapportant à
une hypertrophie; surtout si l'on admettait avec Virchow une
hypertrophie hyperplasique.

. La figure 93, qui se rapporte à des veines sous-cutanées de la
jambe à l'état variqueux, permet de constater qu'elles sont manifestement dilatées et que leur paroi est notablement augmentée
d'épaisseur, non seulement par l'augmentation de volume des cellules et des faisceaux musculaires, mais encore par l'accroissement
bien évident de leur nombre. On voit même sur un point des fibres
musculaires nombreuses s'étendre bien en dehors de l'une des
veines. Le stroma paraît aussi plus apparent et plus dense. Mais
il n'y a pas la moindre trace de sclérose au sens des auteurs, ni
dans la tunique moyenne, ni dans la tunique interne.

Nous n'en faisons pas une hypertrophie simple, en raison de
l'hyperplasie des fibres musculaires; mais il est possible que les
modifications aient débuté par une simple hypertrophie résultant
de l'obstacle à la circulation, comme se produit l'hypertrophie
du cœur sous une influence analogue, et que l'hyperplasie soit
survenue ultérieurement par suite des troubles persistants dans
la circulation des *vasa vasorum*.

Comme d'autre part il semble aussi que les varices se produisent par poussées, et souvent manifestement à l'occasion d'infections légères qui donnent lieu à des lésions veineuses, précisément parce que ce sont des points où la stase sanguine se produit
facilement, on peut aussi les considérer comme étant des lésions
d'origine inflammatoire, même dès le début. En tout cas, dès qu'il
y a une hyperplasie des cellules musculaires, cela suffit pour que
nous les considérions comme ayant cette origine, vu que c'est ce
qui se passe dans toutes les inflammations à processus insidieux et
lent portant sur des éléments à production facile, comme le sont
les fibres musculaires lisses. Dans ces cas, en effet, il ne peut y
avoir que des nouvelles productions de même nature, qui ont le
temps d'évoluer et de se montrer avec leurs caractères propres
en servant pour ainsi dire de transition entre les phénomènes
d'hypertrophie et d'inflammation. Ce n'est que lorsqu'il y a des
phénomènes productifs intenses et destructifs que les choses se
passent autrement et qu'on peut observer des scléroses sans caractères particuliers. Nous allons voir que même avec des inflammations plus intenses et bien manifestes, ce sont encore des
productions musculaires que l'on peut constater.

PHLÉBITE VARIQUEUSE

C'est au niveau des veines variqueuses enflammées que l'on trouve au plus haut degré l'hyperplasie des cellules musculaires, ainsi qu'on peut le constater sur la figure 94. Elle est déjà très prononcée au niveau de la paroi veineuse manifestement épaissie par la présence d'une plus grande quantité de faisceaux musculaires au sein d'un stroma hyalin qui paraît aussi plus épais

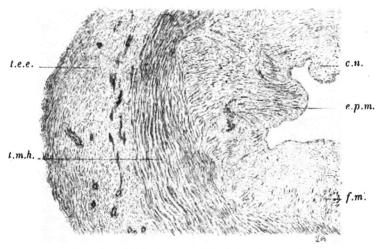

Fig. 94. — *Phlébectasie et phlébite de la veine crurale.*

t.e.e., tunique externe épaissie avec nombreux vaisseaux de nouvelle formation. — *t.m.h.*, tunique moyenne avec hyperplasie des fibres musculaires. — *e.p.m.*, endophlébite constituée par une néo-production de fibres musculaires. — *f.m.*, fibres musculaires plus jeunes. — *c.n.*, cellules de toute nouvelle formation.

et plus dense. En outre, on constate que de nouveaux faisceaux musculaires de volume variable et plus ou moins irrégulièrement disposés et entre-croisés, s'avancent dans les saillies que présente la surface interne de la veine en contact avec les caillots obstruant sa lumière. Les cellules musculaires qui les constituent se confondent insensiblement avec des éléments cellulaires plus jeunes, plus irrégulièrement disposés, et qui n'ont pas encore de caractères particuliers, mais qui ne peuvent pas cependant être considérés comme d'une autre nature que les éléments voisins.

En somme, tous les éléments propres constatés à l'état d'hyperplasie sont des cellules musculaires dans un stroma hyalin, qui a augmenté en même temps, comme dans tout tissu musculaire hyperplasié, contrairement à l'opinion qui a généralement cours et d'après laquelle on croit plutôt à la production d'un tissu conjonctif indépendant.

Ces altérations diffèrent beaucoup de celles relatées par M. Quénu. C'est que cet auteur a décrit, non pas simplement les lésions de la phlébite variqueuse, mais bien toutes celles qui dépendent d'un ulcère variqueux, c'est-à-dire d'un *foyer de suppuration* qui, ainsi que nous l'avons précédemment indiqué, donne toujours lieu, avec ou sans veines variqueuses, à des phénomènes de sclérose très étendus, et d'autant plus qu'il s'agit d'une plaie suppurée longtemps persistante.

INFLAMMATION DU TISSU NERVEUX

Dans l'inflammation des centres nerveux, on constate naturellement des productions cellulaires de même nature que celles du tissu affecté et qui aboutissent aussi à la formation d'un tissu de sclérose après la disparition des grandes cellules qui ne sont pas reproduites, comme on peut le voir au niveau des foyers inflammatoires consécutifs aux hémorragies et aux ramollissements de l'encéphale.

Il en est encore de même pour les scléroses secondaires de la moelle, considérées comme des inflammations interstitielles. En effet, si l'on examine attentivement ce qui se passe dans ces cas, on voit que, au fur et à mesure de la disparition de la myéline, il y a une production plus abondante de noyaux au niveau des fibres nerveuses dont le cylindre-axe seul est conservé, c'est-à-dire que l'hyperplasie se manifeste dans les fibres nerveuses en même temps que dans le tissu conjonctif interstitiel, et qu'il s'agit d'une névrite dans le sens propre du mot.

Les nerfs périphériques peuvent aussi être le siège d'une inflammation, avec les mêmes phénomènes d'hyperplasie des noyaux de leurs fibres constituantes, comme on peut le voir, par exemple, au niveau d'une cicatrice d'un moignon d'amputation (fig. 95). Il y a bien une hyperplasie interstitielle intense, mais le processus a aussi envahi les tissus musculaires et nerveux. Sur l'un comme sur l'autre, on peut voir une hyperplasie cellulaire sur quelques points diffus, soit au niveau des fibres nerveuses dont la myéline n'est plus appréciable soit sur les fibres musculaires qui tendent à disparaître sous la même influence des productions cellulaires intensives. Mais les altérations ne sont pas très prononcées, parce qu'il s'agit en somme d'un tissu de cicatrice, c'est-à-dire d'une sclérose qui ne progresse plus. C'est l'altération qui a été désignée à tort sous le nom de névrome des amputés; car, comme nous le verrons, les véritables névromes sont constitués par des néoforma-

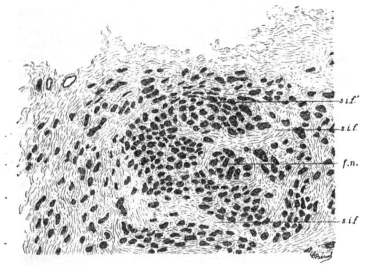

Fig. 95. — *Cicatrice du nerf crural au niveau d'un moignon d'amputation* (pseudo-névrome).

f.n., faisceaux nerveux avec légère sclérose intrafasciculaire. — *s.i.f.*, sclérose interfasciculaire prédominante.

tions ayant leur origine dans les fibres nerveuses, et se comportent tout autrement au point de vue de leur développement et de leur accroissement persistant.

Nous nous bornerons à signaler l'analogie des inflammations du tissu nerveux avec celles d'autres organes, sans entrer dans leur description qui comporterait un développement spécial ne rentrant pas dans le cadre que nous nous sommes tracé.

CHAPITRE V

INFLAMMATION SUPPURÉE

Nous avons vu dans les cas d'inflammation aiguë pris précédemment pour types, que, sur les séreuses comme sur les muqueuses et dans les parenchymes, il y a toujours, avec une vascularisation augmentée et une production cellulaire plus abondante, une destruction plus grande des cellules de tous les tissus affectés. On trouve, en effet, sur les surfaces enflammées ou au sein des parenchymes, dans la substance désignée sous le nom d'exsudat, un liquide séreux, contenant de l'eau et des sels minéraux, de l'albumine, avec plus ou moins de fibrine sous la forme fibrillaire ou granuleuse, et des cellules d'aspect divers, jeunes ou en voie d'altération.

Il y a des cellules manifestement reconnaissables pour appartenir à celles de la région, et d'autres cellules augmentées de volume et déformées par suite de modifications survenues dans le protoplasma qui est trouble, granuleux, et le plus souvent chargé de granulations graisseuses. A côté de ces cellules se trouvent des débris des mêmes cellules : noyaux avec fragments protoplasmiques ou fragments complètement isolés ou encore réduits en débris granuleux sous forme de fines granulations. On y rencontre aussi, avec quelques globules rouges, des grandes et des petites cellules mononucléaires et surtout des cellules polynucléaires également plus ou moins altérées, dont l'origine est discutée, mais que tout le monde désigne sous le nom de *globules de pus.*

Cependant tous les exsudats dans lesquels on rencontre ces globules ne sont pas considérés comme purulents. L'inflammation est dite simple lorsque l'exsudat n'a pas la coloration blanche; tandis que si celle-ci apparaît légèrement, l'inflammation est dite séro ou muco-purulente. Enfin, lorsqu'elle est nettement caractérisée, on la qualifie de purulente; la quantité des globules de pus étant en rapport direct avec la coloration de l'exsudat, en ne considérant, bien entendu, que les cas où celle-ci est due à la présence de ces globules, et ne provient pas de la simple accumulation de granulations graisseuses dans le liquide, comme il arrive pour certains épanchements dans les cavités séreuses.

Si le doute n'existe pas, en général, pour déterminer la nature purulente d'un exsudat contenant beaucoup de globules de pus, il n'en est pas de même pour dire où commence la formation du pus, c'est-à-dire la *suppuration*, puisque des globules dits de pus peuvent se rencontrer dans toutes les inflammations qui cependant ne sauraient être considérées comme purulentes. On peut seulement en induire qu'il n'y a pas une altération cellulaire spéciale correspondant à cet état, puisqu'il ne s'agit que d'une question de quantité dans la présence des mêmes éléments. On doit ajouter que l'on n'a pas affaire à un processus absolument différent, quoique les altérations franchement purulentes se rapportent à des modifications des tissus beaucoup plus profondes et se comportent d'une manière, en général, bien distincte de celles des inflammations dites simples.

Avant d'étudier dans quelles conditions se produit la suppuration, il faut tout d'abord établir en quoi consiste le pus, c'est-à-dire d'où il provient.

On ne saurait faire provenir le sérum albumino-fibrineux que du sang. Il n'y a pas non plus de doute au sujet des éléments cellulaires plus ou moins altérés de la région qui sont assimilables aux éléments voisins encore sains. Mais les opinions sont partagées au sujet de l'origine des globules de pus, tout comme de celle de la plus grande partie des éléments cellulaires qui se trouvent dans toutes les productions inflammatoires. C'est pour expliquer leur formation qu'ont été produites les théories de Virchow et de Cohnheim, ainsi que des théories mixtes avec la division directe, puis indirecte des cellules, que nous avons précédemment réfutées, pour considérer les formations cellulaires anormales comme la continuation des productions normales plus ou moins modifiées, et constamment fournies très vraisemblablement par les éléments sanguins. C'est dire que si nous attribuons l'origine des globules de pus à la diapédèse des globules blancs du sang, nous considérons qu'il s'agit toujours de la production d'éléments cellulaires destinés à être de même nature que ceux du tissu affecté, mais qui, au lieu de suivre leur évolution normale, ont été plus ou moins modifiés ou ont dégénéré plus ou moins rapidement par suite des conditions anormales où ils se trouvaient.

Et d'abord, on remarquera que toute inflammation simple avec ses caractères particuliers à chaque tissu, peut devenir une inflammation suppurée, et que toute suppuration spontanée offre à la périphérie des lésions analogues à celles d'une inflammation simple. Par conséquent il y a bien, dans ces cas, production d'éléments cellulaires se rapportant au tissu affecté, comme nous croyons l'avoir démontré pour les inflammations simples, et ce sont ces mêmes éléments produits en plus grande quantité et plus rapidement qui vont fournir le pus et en même temps les éléments nécessaires aux phénomènes de réparation ; ce qui ne saurait mieux démontrer la nature des cellules de pus, indépendamment des transitions insensibles qu'on peut souvent observer dans l'aspect des cellules propres d'un tissu, qui sont plus ou moins altérées, et les globules de pus proprement dits.

Lorsqu'on examine, par exemple, une pustule de variole on est frappé de l'analogie que présentent les éléments du pus avec ceux de l'épithélium. On voit aussi que les éléments nouveaux sont accumulés sous le corps de Malpighi comme dans l'inflammation simple. Il est bien certain que ces productions diffèrent de celles d'un abcès miliaire du poumon ou du rein. On sait, du reste, que le pus considéré à l'œil nu offre un aspect variable, suivant son tissu d'origine, et, d'une manière bien évidente, suivant qu'il provient des téguments cutanés ou muqueux, des os, des centres nerveux, etc. Mais encore cela n'explique pas pourquoi l'exsudat prend les caractères de purulence.

On a cru, un instant, avoir trouvé la cause déterminante de la suppuration dans la présence de certains microbes. Mais on n'a pas tardé à reconnaître, non seulement que des microbes habituellement non pyogènes pouvaient devenir pyogènes, mais aussi que les microbes réputés les plus pyogènes, tels que les staphylocoques et le streptocoque, pouvaient donner lieu à des lésions non suppurées.

Comme l'on rencontre habituellement ces microbes dans les foyers de suppuration, il semble bien que ce sont ces micro-organismes ou leurs toxines qui donnent lieu le plus souvent à la formation du pus. Mais le pneumocoque, les diverses variétés du bactérium coli commune, et notamment le bacille d'Eberth, produiraient assez fréquemment le même effet. Il en serait de même pour le bacille de Koch, pour le gonocoque, etc., quoique tous ces micro-organismes puissent encore être rencontrés à l'état de saprophytes. Il est donc impossible de dire exactement quelles sont les conditions qui régissent la production des toxines microbiennes dont le rôle semble aujourd'hui le plus important dans les lésions produites sous l'influence des micro-organismes, et qui agissent vraisemblablement à la manière des substances chimiques, telles que l'essence de térébenthine, le nitrate d'argent, les sels de mercure, etc., lesquelles peuvent aussi déterminer la suppuration.

Mais il y a encore à tenir compte du terrain qui est plus ou moins apte à suppurer. « La fonction pyogénique d'un microbe est purement accidentelle », dit M. Letulle, en ajoutant que « l'aptitude suppurative est réglée par l'organisme attaqué »; ce qui résume simplement les obscurités de la question, sans qu'elle soit davantage éclairée par cette autre proposition du même auteur : « Pour qu'un microbe ou une matière quelconque devienne pyogène, il faut et il suffit que l'organisme attaqué par cette substance ou par ce microbe, soit apte à réagir de manière à créer, *à ses propres dépens*, un foyer de suppuration en un point donné ». M. Letulle arrive cependant à une indication plus précise lorsqu'il dit : « Pour pouvoir suppurer, il faut secondement que le germe pathogène ou la substance phlogogène en question, soit suffisamment irritant pour frapper de *mort rapide* un département plus ou moins circonscrit du tissu conjonctivo-vasculaire ».

Les phénomènes de destruction plus ou moins rapides, mais parfois aussi assez lents dans les inflammations aiguës et chroniques suppurées, constituent, en effet, un des caractères importants des foyers de suppuration. Mais il ne saurait à lui seul suffire pour caractériser le phénomène; car on peut observer sur quelques organes un foyer de *mort rapide*, avec destruction et désintégration des tissus, comme il arrive au niveau de certains infarctus, et même sous l'influence d'agents susceptibles de donner lieu, d'autres fois, à la suppuration, sans que celle-ci se produise. La diapédèse exagérée des leucocytes, comme dans la pneumonie lobaire, se produit sans suppuration. Et même la rapide dégénérescence de ces éléments cellulaires ne suffit pas pour caractériser la suppuration, vu qu'elle n'a pas lieu à la période de résolution. On peut aussi rencontrer dans le cœur des caillots globuleux, dont le contenu formé par un liquide albumino-fibrineux, renfermant des globules blancs en dégénérescence granulo-graisseuse, a tout à fait l'aspect du pus sans en avoir les propriétés septiques, et sans se comporter, du reste, comme le pus des abcès au point de vue de son évolution.

En réalité, la suppuration est principalement caractérisée par une surproduction continue d'un exsudat riche en éléments cellulaires au fur et à mesure d'une destruction moléculaire active de la plupart des éléments anciens et nouveaux qui se trouvent au centre du foyer ou à sa surface libre, et qu'on désigne sous le nom

d'exsudat purulent ou de pus. Ce liquide est doué d'une virulence
plus ou moins grande par suite de la présence de micro-organismes
ou de leurs toxines, et il tend à envahir plus ou moins les parties
voisines, surtout lorsqu'il ne peut pas être éliminé en dehors de
l'organisme. Ce sont les deux termes de *surproduction continue* et
de *destruction concomitante*, qui nous semblent constituer les *deux
facteurs essentiels de la suppuration.*

La cause de ces phénomènes doit vraisemblablement résider
dans l'intensité et la persistance de l'agent nocif, en même temps
que dans une résistance amoindrie de l'organisme, et encore
qui ne doit pas l'être trop; c'est-à-dire dans des phénomènes
impossibles à apprécier autrement que par leurs effets, et sur
lesquels nous n'avons pas pour le moment de notions plus
précises. On peut cependant se rendre compte des conditions
anatomiques qui doivent être réalisées pour qu'un foyer inflammatoire suppure, aussi bien que du mode de production des lésions
et de leur évolution.

L'agent nocif, quel qu'il soit, traumatique, thermique, chimique
ou microbien, détermine sur un point d'étendue variable, mais
plus ou moins bien limité, des altérations par le même mécanisme
qui donne naissance à toute inflammation, c'est-à-dire par une
entrave à la circulation provenant probablement d'oblitérations
vasculaires, d'où résulte une perturbation dans toutes les parties
constituantes du tissu, au niveau du territoire vasculaire affecté.
Ces altérations se manifestent à la fois par des phénomènes de
dégénérescence destructive, appréciables ou non au niveau des
parties où la circulation est entravée, et, dans celles où elle est
devenue plus active (comme l'indique la dilatation des vaisseaux),
par la production d'un exsudat abondant dans lequel se trouvent
des jeunes cellules en quantité excessive. Celles-ci deviennent
bientôt elles-mêmes le siège de troubles nutritifs consistant en une
dégénérescence graisseuse.

Cette altération dégénérative provient, soit de ce que ces cellules
subissent directement l'effet de l'agent nocif, soit plutôt de ce que
la circulation est entravée en ce point, à la fois par les premières
lésions vasculaires et par l'accumulation des cellules formant toujours des amas plus ou moins volumineux où les vaisseaux font
défaut, c'est-à-dire où les capillaires anciens sont effacés, et où il
ne s'en est pas produit de nouveaux. Aussi est-ce vers le centre de
l'amas cellulaire que les lésions de dégénérescence et de nécrose
sont le plus prononcées et que commencent la désintégration et la

liquéfaction dégénérative du tissu ainsi infiltré; tandis qu'à la périphérie les jeunes cellules, moins nombreuses, tendent à s'organiser en constituant le tissu dit de granulation, ordinairement bien vascularisé. Ces cellules font de la sclérose à la périphérie, parce qu'elles se trouvent alimentées, soit par les vaisseaux de la région dont l'activité circulatoire est accrue, soit par les capillaires de nouvelle formation, qui se produisent très rapidement au fur et à mesure de la production de l'exsudat.

Ainsi non seulement on a les troubles caractéristiques et exagérés de toute inflammation, c'est-à-dire des phénomènes destructifs et productifs; mais encore ceux-ci doivent-ils être très intenses et persistants, et pour cela il faut certaines conditions générales et locales.

On voit, par exemple, qu'un malade infecté au plus haut degré et sur le point de succomber, peut ne pas présenter de foyer de suppuration, non seulement spontanément, mais même sous l'influence d'agents capables de produire cette lésion lorsque l'état général est meilleur. Il arrive même qu'il ne présente que peu ou pas d'inflammation, parce que l'organisme n'est plus dans les conditions à fournir les éléments caractéristiques sur lesquels nous avons précédemment insisté.

Il peut même se faire que les malades soient capables de produire des exsudats en grande quantité sans qu'il y ait de suppuration, comme avec l'érysipèle, avec l'hépatisation grise lobaire. Dans le premier cas l'exsudat est disséminé à travers les tissus dont l'activité circulatoire est accrue, de telle sorte que les phénomènes destructifs caractéristiques de la suppuration ne se produisent pas ordinairement. Dans le second, il y a bien une exsudation en masse qui comprime et efface les capillaires des parois alvéolaires, dont la vitalité est en grande partie anéantie; mais l'organe étant envahi sur le territoire entier de la région atteinte, avec tout au plus un peu de dilatation des vaisseaux pleuraux, il en résulte qu'il n'y a pas place pour la zone productrice de l'hyperplasie et que la suppuration ne se produit pas ordinairement. Car il ne faut pas prendre pour de la suppuration, comme nous l'avons vu faire, le liquide grisâtre ou jaunâtre qu'on remarque sur les surfaces de section d'un tissu dont la structure n'a pas été bouleversée ou dans des cavités produites par une cause mécanique accidentelle, comme celle provenant insciemment de la pression d'un instrument et surtout des doigts. Du reste, les malades atteints d'une hépatisation grise lobaire, le plus souvent assez étendue, se trouvent, en outre, dans un état général peu propice à fournir les éléments nécessaires à la suppuration et ne tardent pas à succomber. C'est pourquoi cette terminaison est tout à fait exceptionnelle dans la pneumonie lobaire.

Deux fois seulement nous avons eu l'occasion de rencontrer une pneumonie du lobe inférieur dont la portion atteinte d'hépatisation grise avait environ le volume du poing et paraissait complètement mortifiée, commençant même à se détacher des parties périphériques voisines de la plèvre épaissie et très vascularisée, à laquelle adhérait encore une couche plus ou moins épaisse de tissu pulmonaire hépatisé et non mortifié, offrant une surface suppurante en rapport avec la masse nécrosée qui baignait ainsi dans le pus. Les malades avaient, du reste, présenté une résistance très grande, car la durée cyclique habituelle de la pneumonie avait été dépassée.

Mais, dans l'immense majorité des cas, les pneumonies terminées par suppuration sont des pneumonies lobulaires survenant plutôt chez des malades infectés à la suite d'une plaie traumatique ou opératoire, d'une lésion ulcéreuse quelconque et même parfois des plus légères érosions cutanées, dans certaines conditions générales, etc. Ce sont à proprement parler des infarctus septiques avec un processus pneumonique qui contribue à prouver l'analogie de production de ces lésions sur laquelle nous avons précédemment insisté. (V. p. 207.)

Il peut se faire que cette pneumonie lobulaire se présente avec la répartition des lésions que nous avons indiquées précédemment et quelle n'en diffère que par la présence, dans certains lobules, de *grains jaunes* du volume d'une tête d'épingle, d'une lentille, ou d'abcès plus volumineux, comme un pois et même une petite noix. Or, lorsqu'on examine, dans ce cas, un point en imminence de suppuration, tel que celui de la figure 96, on se rend bien compte des conditions réalisées pour la production de la suppuration.

Ce qui frappe tout d'abord, c'est le contraste offert, d'un côté, par les parties centrales et de l'autre par les parties périphériques. Les premières ont à peu près l'aspect de l'hépatisation grise ; c'est-à-dire que le tissu est complètement infiltré d'éléments cellulaires, que les cavités en sont remplies au point d'être distendues et de comprimer les parois interalvéolaires, d'effacer les vaisseaux dont on ne trouve plus que quelques traces çà et là, en occasionnant aussi l'oblitération des artérioles. Tout ce tissu qui a pris un aspect pâle, commence à se fendiller sur certains points et à se désintégrer sur d'autres, tandis que les parties périphériques également hépatisées, mais à la façon de l'hépatisation rouge, c'est-à-dire avec une vascularisation manifestement augmentée, forment un contraste très accusé avec les précédentes, en raison de l'activité nutritive qui y est particulièrement augmentée.

On voit cependant que les lésions ne consistent, en somme, qu'en celles de l'hépatisation grise et de l'hépatisation rouge que l'on trouve si souvent associées dans la pneumonie lobaire, sans qu'il en résulte la moindre suppuration. Ce qu'il y a de particulier

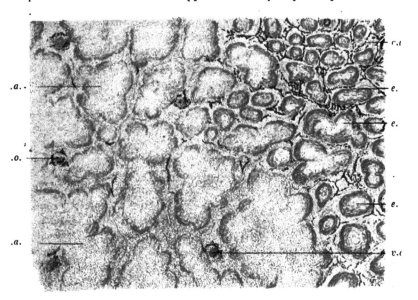

Fig. 96. — *Pneumonie lobulaire en imminence de suppuration* (portion du centre de la lésion à gauche et de la zone périphérique à droite).

a.c.a., amas cellulaires alvéolaires très compacts avec effacement des parois interalvéolaires et vaisseaux oblitérés. *v.o.* — *e.f.a.*, exsudat fibrino-cellulaire alvéolaire. — *c.d.*, capillaires dilatés.

au processus pneumonique suppuré, c'est *sa localisation limitée et sa grande intensité chez un malade offrant une résistance suffisante*, de telle sorte qu'il existe un rapport étroit entre les phénomènes nécrosiques produits sur des points très limités et ceux de nutrition et de productions exagérées à leur périphérie, capables de fournir les éléments de la suppuration et la constitution de la zone dite « membrane pyogénique » dans les cas de survie suffisante des malades.

Les abcès miliaires dits pyohémiques et qu'on trouve disséminés

en plus ou moins grand nombre dans le tissu pulmonaire se présentent dans les mêmes conditions que les précédents. Mais comme
ils sont encore d'un volume moindre, on peut mieux les étudier
dans leur ensemble. Leur siège se trouve principalement auprès des
vaisseaux et des bronches, près de la plèvre et des espaces interlobulaires comme les autres productions inflammatoires. Il en est
de même, en effet, de toutes les productions exsudatives, quelle
qu'en soit la cause, et quelle que soit leur destinée ultérieure;
précisément parce que, dans tous les cas, on se trouve toujours en
présence de la continuation des phénomènes productifs et nutritifs
de l'organe, qui évoluent toujours de la même manière, mais qui
sont seulement produits en quantité variable et diversement modifiés suivant les causes nocives et des circonstances multiples. C'est
ainsi que les lésions prennent le caractère de lobules bronchopneumoniques surtout dans les cas où les cellules sont produites
en assez grande quantité sur des points limités, comme il arrive
pour les productions suppurées ou caséeuses.

Lorsqu'on examine des abcès miliaires du poumon, on trouve
de petits foyers de suppuration isolés et parfois groupés de
manière à former, en se fusionnant, des abcès un peu plus gros.
Comme dans tout autre tissu, le centre de la lésion est constitué
par des amas cellulaires compacts dont les éléments dégénérés
sont en désintégration; tandis qu'à la périphérie se trouve une
zone plus ou moins riche en cellules dans les mêmes conditions
que les autres productions cellulaires dites simples et également
sous l'influence d'une augmentation de la nutrition en rapport
manifeste avec des dilatations vasculaires. Mais pour bien se
rendre compte du mode de production et de la constitution de ces
abcès, il faut examiner les lésions à leurs divers degrés d'évolution et notamment à leur début, comme elles se présentent sur
la figure 97.

On voit effectivement un lobule broncho-pneumonique très
limité, en rapport avec des vaisseaux dilatés et dont les éléments
exsudés sont très nombreux dans la lumière de la bronche (encore
avec la conservation de son épithélium), dans ses parois complètement infiltrées et dans un certain nombre de cavités alvéolaires
de la périphérie, de manière à constituer un petit lobule arrondi
assez régulier et que l'on pourrait aussi bien prendre pour un
lobule d'inflammation non suppurée. Cependant on s'aperçoit que,
sur un point de la paroi bronchique où l'exsudat est plus dense,
les éléments cellulaires sont moins manifestes, ainsi que sur une

petite portion de l'épithélium de revêtement de la bronche et des cellules renfermées dans sa lumière à ce niveau. Toutes ces parties ont pris une teinte plus sombre et plus terne, indiquant manifestement l'imminence d'une désintégration, telle qu'on peut la constater à des degrés divers sur d'autres petits abcès dans le même poumon.

On a ainsi la démonstration évidente que le processus inflammatoire devant aboutir à la suppuration est bien le même que celui qui caractérise l'inflammation simple, et n'en diffère que par une évolution des nouvelles productions sous la dépendance des conditions précédemment indiquées. Et dès lors on a en même temps la démonstration qu'il s'agit toujours de formations nouvelles, qui, à l'origine, sont bien également constituées par des éléments de même nature que les éléments normaux, mais qui offrent des déviations en rapport avec leurs conditions anormales de production.

On voit aussi sur

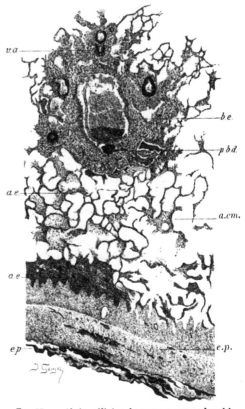

Fig. 97. — *Abcès miliaire du poumon avec pleurésie purulente.*

b.e., bronche avec exsudat, remplissant sa cavité et présentant un commencement de nécrose à la partie inférieure. — *p.b.d.*, paroi bronchique infiltrée d'une grande quantité de cellules et en voie de destruction sur ce point. — *v.a.*, vaisseau avec anthracose, mais aussi vaisseaux dilatés à la périphérie du lobule. — *a.e.*, alvéoles avec exsudat disséminé. — *a.em.*, alvéoles emphysémateux à paroi distendue et arrondie. — *p.e.*, plèvre épaissie avec une exsudation très dense de cellules surtout, de globules sanguins et de fibrine. — *e.p.*, exsudat pleural fibrino-purulent abondant avec des globules sanguins.

cette figure que les alvéoles du tissu pulmonaire voisin sont le siège, comme dans les cas d'inflammation simple, d'un exsudat diffus sans caractères particuliers, et qu'il s'est produit un peu d'emphysème caractérisé par la présence d'alvéoles dont les portions de paroi appréciables sont distendues et arrondies.

On constate encore que les exsudats cellulaires sont particulièrement abondants au voisinage de la plèvre très épaissie. Cet état est dû à une infiltration cellulaire très dense, au sein de laquelle on remarque même quelques amas fibrineux près de la superficie. Mais c'est surtout dans la cavité pleurale que ces derniers abondent. Ils forment, à sa surface interne, comme un revêtement irrégulier de fausses membranes infiltrées d'éléments cellulaires dégénérés et mélangés çà et là à des amas de globules sanguins.

Ainsi ces lésions pleurales ont également évolué à la manière des productions inflammatoires simples, plus ou moins abondantes, pour aboutir à des productions purulentes conformes à celles du tissu pulmonaire voisin, par propagation locale.

La figure 98 représente un autre abcès miliaire du poumon complètement formé, et même avec son centre en désintégration. Il se trouve situé au voisinage de la plèvre également enflammée et qui contient un épanchement purulent assez abondant pour avoir déterminé l'atélectasie du tissu pulmonaire sous-jacent, voisin de l'abcès.

On remarquera aussi l'analogie de ces lésions avec celles qu'on rencontre dans les pleurésies simples de quelque intensité. La plèvre et les espaces interlobulaires (dont l'un limite à droite le petit abcès), offrent une vascularisation considérablement augmentée et un épaississement scléreux très manifeste, surtout autour des vaisseaux, de telle sorte que la plèvre semble former de grosses ondulations dont les parties saillantes s'enfoncent dans le tissu pulmonaire densifié par l'abondance des exsudats. Ceux-ci sont répandus partout à la fois, dans les alvéoles en grande partie remplis, dans les cloisons interalvéolaires ainsi que dans les parois interlobulaires et pleurales, jusqu'à la surface de la plèvre où se trouvent une grande quantité de cellules en partie détachées par l'épanchement qui en renfermait une quantité encore plus grande; toute l'étendue des surfaces pleurales, en contact avec le pus, ayant pris les caractères d'une inflammation purulente.

En somme, cette inflammation pleuro-pulmonaire suppurée ne diffère anatomiquement d'une inflammation simple des mêmes parties que par les productions intensives et dégénératives sur un

point localisé et à la surface de la plèvre, pendant qu'à la périphérie l'infiltration excessive des tissus est en rapport avec une
vascularisation considérablement accrue.

Même lorsque l'hépatisation grise n'a pas pu suppurer pour les
raisons précédemment indiquées, on peut trouver du pus en partie
concret à la surface correspondante de la plèvre enflammée. C'est
que celle-ci a pu fournir par sa richesse en vaisseaux et son activité circulatoire augmentée tous les éléments nécessaires à la for-

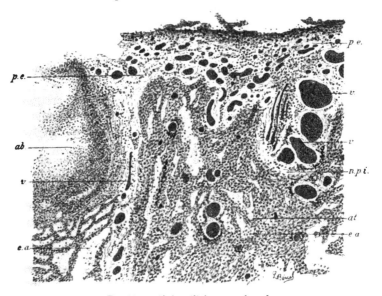

FIG. 98. — *Abcès miliaire sous-pleural.*

ab., abcès pulmonaire superficiel. — *p.e.*, plèvre enflammée très vascularisée et infiltrée d'éléments cellulaires se continuant avec ceux contenus dans la cavité pleurale. — *at.*, atélectasie
pulmonaire effaçant ou diminuant les cavités alvéolaires. — *v*, vaisseaux très dilatés avec sclérose
à leur périphérie au niveau de la plèvre et des espaces interlobulaires. — *n.p.i.*, néoproduction
interne de la plèvre, s'enfonçant dans le tissu pulmonaire. — *e.a.*, exsudat alvéolaire très abondant.

mation du pus ; tellement est indispensable pour cela la constitution préalable d'une zone productive.

D'une manière générale la pleurésie purulente se forme facilement sous l'influence des causes septiques et c'est le liquide contenu
dans la cavité pleurale, de même que dans toute autre séreuse, qui
constitue l'abcès, dont la poche ou la membrane pyogénique est
représentée par les feuillets séreux qui acquièrent souvent un
épaississement scléreux considérable.

· La figure 97 nous a montré un abcès miliaire du poumon débu-

tant par la formation d'un lobule broncho-pneumonique analogue à celui qui résulte d'une inflammation simple et qui est, par
conséquent, de même nature. On remarquera aussi qu'on y constate la conservation de l'épithélium bronchique, malgré l'intensité des nouvelles productions, c'est-à-dire d'une production
typique avec ses caractères habituels, parce que la structure du tissu
est encore conservée. Mais lorsque les phénomènes de nécrose et
de désintégration se sont produits, on ne constate plus que des
productions cellulaires en grande quantité, qui ne peuvent avoir
que le caractère atypique, comme on le voit au niveau de la paroi
de l'abcès représenté sur la figure 98. C'est dire que l'inflammation
purulente, qui, à un moment donné, paraît si différente de l'inflammation simple, a cependant débuté de la même manière par
des productions exagérées du tissu d'origine.

C'est ce que l'on peut également observer dans les inflammations suppurées de la peau et des muqueuses. L'étude de la formation d'une pustule variolique est particulièrement démonstrative à
cet égard.

Les glandes ne font pas exception à la règle, comme on peut
s'en rendre compte par l'examen de la figure 99.

Il s'agit d'un abcès du sein dont une portion de la paroi se
trouve représentée avec quelques débris purulents encore adhérents
à sa surface interne. Sa paroi est constituée par le stroma fibreux
de l'organe dont la vascularisation est considérablement augmentée.
Mais ce qu'il y a de particulièrement intéressant, c'est de voir que
s'il existe partout et notamment autour des vaisseaux une hyperplasie cellulaire intense, elle se présente encore au plus haut degré
au niveau des glandes voisines, tout comme dans l'inflammation
simple. Toutefois, les productions typiques sont difficiles à constater. On n'aperçoit, en effet, de petites cavités glandulaires que
sur un point relativement clair. Elles disparaissent bientôt par
suite de l'abondance et de la rapidité de production des jeunes
cellules qui ne se présentent dès lors que sous la forme atypique.
Elles s'accumulent surtout là où les productions sont habituellement le plus abondantes, c'est-à-dire autour des acini auxquels
elles se sont substituées. Et là encore, elles sont devenues tellement abondantes, que du pus ne tarde pas à se former à leur
centre, et que graduellement l'amas cellulaire métaglandulaire
s'est transformé en abcès dont les éléments sont en partie désintégrés, ainsi qu'on le voit sur un point.

Les lésions peuvent ultérieurement se réunir par suite des altérations envahissantes du stroma, pour donner lieu à des abcès plus ou moins volumineux, comme celui dont une portion seulement de la paroi est représentée sur cette figure.

Dans le rein, le début de l'inflammation purulente est également analogue à celui de l'inflammation simple, comme on peut le voir sur la figure 100, qui se rapporte à un abcès miliaire de cet organe.

Sous l'influence d'une dilatation bien appréciable des vaisseaux,

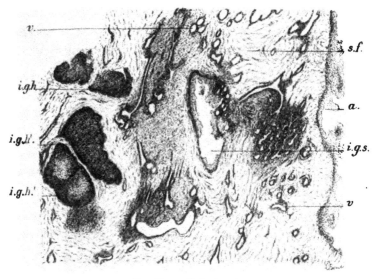

FIG. 99. — *Abcès du rein.*

i.g.h., îlots glandulaires en état d'hyperplasie cellulaire. — *i.g.h'.*, îlots glandulaires avec hyperplasie cellulaire et permettant d'apercevoir sur les parties claires de petites cavités glandulaires assez nombreuses et nouvellement formées, mais plus ou moins masquées et étouffées par l'abondance des jeunes cellules. — *i.g.s.*, îlot glandulaire suppuré avec désintégration des parties centrales. — *a*, abcès dont on ne voit qu'une partie de la paroi à laquelle adhèrent des débris d'éléments purulents. — *s.f.*, stroma fibreux. — *v*, vaisseaux nombreux de nouvelle formation avec hyperplasie cellulaire à leur périphérie principalement.

il s'est produit, sur un point assez limité et constituant comme un nodule, une hyperplasie cellulaire abondante, de telle sorte que les éléments exsudés se sont répandus dans les espaces intertubulaires, ainsi que cela arrive dans toute inflammation de cet organe. Mais les productions ont été probablement si abondantes et si rapides, que, vers le centre du nodule, les tubuli ont été en partie dissociés et même nécrosés. Ces derniers se trouvent en état de dégénérescence, au milieu de l'abcès dont les éléments sont en désintégration et sont probablement tombés en partie sous l'influence des manipulations.

Dans les tissus fibreux, osseux, musculaire et nerveux, les productions inflammatoires qui doivent aboutir à la formation d'un abcès débutent aussi comme dans les inflammations simples et, d'après ce que nous avons cherché précédemment à mettre en évidence, les productions cellulaires sont toujours de même nature que celles du tissu affecté, mais avec une hyperplasie cellulaire

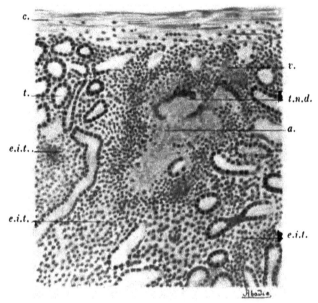

Fig. 100. — *Abcès miliaire du rein.* .

c, capsule. — *t*, tubuli normaux. — *v*, vaisseau dilaté. — *a*, abcès avec désintégration des éléments du rein à ce niveau. — *t.n.d.*, tube nécrosé en voie de dégénérescence. — *e.i.t.*, exsudats intertubulaires.

localisée, tellement intense, qu'elles prennent rapidement le caractère atypique, en donnant lieu à la fois à des phénomènes de nécrose et de surproduction continue, que nous avons précédemment considérés comme caractérisant la suppuration.

Toujours est-il que quel que soit le siège du foyer de suppuration dans un organe, il débute par la production d'un amas cellulaire plus ou moins dense vers son centre, et, en général, vers les parties les plus éloignées des vaisseaux perméables, ainsi que sur les limites des parties mortifiées en voie de dégénérescence rapide et de désagrégation. Il s'établit en même temps autour du foyer en dégénérescence une zone où des cellules en plus ou moins grand nombre, parfaitement nourries, vont former, comme dans toute inflammation, un tissu scléreux plus ou moins dense, mais en général très épais et très dense pour peu qu'une inflammation suppurée ait persisté pendant un certain temps, constituant ce qu'on a appelé la zone de protection ou de défense, mais qui serait aussi, suivant M. Letulle, une zone d'extension. En réalité, elle n'est ni l'une, ni l'autre.

La formation du pus ne saurait davantage être considérée comme une « propriété défensive de l'organisme vivant » ou comme « un procédé de guérison » (Letulle), puisqu'il s'agit de phénomènes productifs aboutissant tout d'abord à une dégénérescence et non à un phénomène curateur, lequel ne peut se produire qu'ultérieurement. On ne doit pas non plus l'attribuer à la zone qui se formera plus tard et que l'on désigne sous le nom de membrane pyogénique, parce que cette production scléreuse résulte seulement des conditions mécaniques qui ont déterminé l'afflux du sang considéré comme étant réactionnel par les auteurs. En tout cas, on ne saurait y voir avec M. Metchnikoff, M. Letulle et beaucoup d'autres auteurs le résultat d'une lutte engagée entre les microbes et les leucocytes, puisque c'est une hypothèse invraisemblable, comme nous avons cherché à le prouver, et que tous les phénomènes s'expliquent assez bien par les troubles circulatoires, ainsi que par les modifications qui en résultent à la fois dans la nutrition des éléments et dans leur production.

La zone périphérique d'hyperplasie cellulaire ne doit pas non plus être considérée comme une zone d'extension du foyer purulent; car elle n'est disposée à l'envahissement que par son voisinage avec le foyer primitif et non par sa constitution. Elle jouerait plutôt le rôle de barrière à cet envahissement, parce qu'il s'agit du même processus qui doit aboutir à la cicatrisation. Ainsi lorsque cette zone a eu le temps de se former assez résistante, le foyer ne s'étend plus régulièrement et même il cesse ordinairement de s'étendre à partir du moment où le pus peut s'écouler au dehors.

Mais si le pus est retenu au sein des tissus, les phénomènes d'altérations cellulaires et de nécrose tendent à envahir peu à peu la zone dite de protection et qui dès lors ne mérite plus ce titre. Et cela arrive d'autant plus facilement que la « membrane pyogénique » est constituée par un tissu assez fragile, doublé d'une sclérose plus ou moins irrégulière, et qu'elle n'est jamais constituée par

une véritable membrane dense et homogène, comme l'examen à
l'œil nu semblerait l'indiquer. Bien plus rationnelle serait l'expression de *zone pyogénique.*

C'est ce que l'on peut constater, par exemple, pour les abcès
du foie dont la paroi, c'est-à-dire la prétendue membrane pyogénique, est constituée, ainsi qu'on peut le voir sur la figure 101
par une double zone : la plus interne mortifiée et complètement
infiltrée de pus (mais où l'on peut encore reconnaître quelques
traces du tissu enflammé), à laquelle fait suite immédiatement une

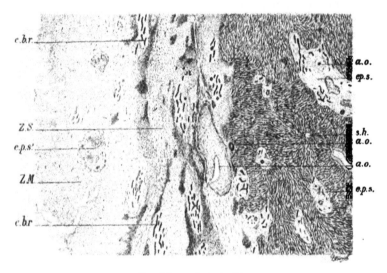

Fig. 101. — *Abcès du foie.*

Portion de la paroi vue à un faible grossissement et montrant à gauche des débris
purulents avec la zone mortifiée du tissu qui est infiltrée des mêmes éléments, puis
en allant de gauche à droite la zone inflammatoire scléreuse qui diminue d'intensité
à mesure qu'on s'éloigne de l'abcès.

Z.M., zone mortifiée. — *Z.S.*, zone de sclérose. — *e.p.s.*, espaces portes sclérosés. — *e.p.s'.*,
espaces portes sclérosés et mortifiés. — *a.o.*, artères en partie oblitérées. — *c.b.r.*, canalicules
biliaires rudimentaires. — *s.h.*, veine sus-hépatique intacte.

zone un peu plus épaisse où le tissu hépatique est sclérosé au plus
haut degré; puis bientôt la sclérose diminue à mesure que l'on
s'éloigne de l'abcès.

On peut ainsi se rendre compte que la densité du tissu n'est
pas homogène, parce qu'elle prédomine manifestement au niveau
des espaces portes, comme dans toutes les inflammations du foie,
et que si la sclérose de ces espaces arrive par son extension

excessive à être contiguë près de la surface suppurante, elle ne tarde pas à devenir discontinue à la périphérie; de telle sorte que la protection qui résulte de cette zone de sclérose ne peut être absolument efficace.

Nous ferons encore remarquer, au sujet de cette inflammation suppurée du foie, que les lésions sont, comme dans les inflammations simples, prédominantes au niveau des espaces portes où se trouvent de nombreux canalicules rudimentaires de nouvelle formation, ainsi que les autres altérations précédemment décrites et notamment des oblitérations artérielles. En outre, l'on peut de même constater l'intégrité des veines sus-hépatiques au niveau de la région où les espaces portes sont déjà bien manifestement le siège du processus inflammatoire.

L'extension d'un abcès tient vraisemblablement aux mêmes causes qui ont déterminé les premières lésions, c'est-à-dire à l'action de l'agent nocif qui s'étend peu à peu, en déterminant de nouvelles altérations vasculaires de proche en proche, suivant les circonstances locales qui les favorisent ou non. En effet, si des obstacles nouveaux se produisent dans la circulation des parties voisines, il en résulte des dilatations vasculaires sur les points périphériques où la circulation est augmentée, donnant lieu à des exsudats nouveaux qui vont constituer une zone plus excentrique, laquelle pourra subir à son tour les mêmes altérations, et ainsi de suite, tant que le pus sera retenu au sein d'un tissu.

L'inflammation suppurative peut donc s'étendre plus ou moins loin dans un ou plusieurs tissus du voisinage, avec des productions cellulaires de plus en plus abondantes, de telle sorte que le volume d'un abcès peut varier depuis celui d'un point invisible à l'œil nu jusqu'à celui d'une immense poche occupant la plus grande partie d'un viscère, une grande cavité séreuse, une portion étendue du tronc ou des membres, etc. Toutefois, il est à remarquer que les abcès ne s'étendent pas seulement en augmentant graduellement à leur périphérie, et qu'il peut se former de nouveaux foyers dans le voisinage par la propagation de l'inflammation le long des vaisseaux sanguins et lymphatiques dans le tissu périvasculaire. Ces abcès secondaires peuvent se confondre avec le premier en l'agrandissant, s'ils se trouvent à proximité, ou rester plus ou moins indépendants.

En augmentant de volume, les abcès tendent en même temps à se faire jour à la surface des parties affectées, notamment de la peau ou des muqueuses, suivant les points où ils ont pris naissance.

C'est le plus souvent à la surface de la peau qu'on les observe. « On ne connaît pas très bien, dit M. Ricard, les lois qui régissent cette progression du pus vers la surface du corps. On a invoqué la moindre résistance de certains points des téguments, l'inégale résistance des tissus normaux, des trajets cellulaires préexistants, des gaines veineuses, musculaires, etc., l'action de la pesanteur, l'influence des mouvements, etc. »

Toutes ces causes, en effet, doivent être prises en considération, parce qu'elles expliquent comment la pression du pus, égale certainement dans toutes les parties de la poche, se fait particulièrement sentir sur les points de la périphérie de l'abcès, qui cèdent par l'effet des causes indiquées ci-dessus. Il en résultera sans doute, plus particulièrement sur ces points, une compression des vaisseaux nouveaux et anciens, d'où les altérations nutritives des parties correspondantes avec des dilatations vasculaires à la périphérie, et les conséquences indiquées précédemment pour expliquer les phénomènes d'extension de l'abcès qui se trouvent plus accusés toujours dans la même direction.

Ce sont naturellement les tissus les plus extensibles qui ont le plus de tendance à céder, c'est-à-dire ceux dans lesquels le tissu fibreux lâche entre, en plus grande quantité ou en totalité. Ce sont aussi les tissus les plus vasculaires qui subissent le plus vite les effets de la compression, puisqu'il y aura des oblitérations vasculaires et les troubles inévitables qui en résultent.

Enfin, lorsqu'un abcès sera parvenu jusque sous la peau ou sous une muqueuse, il pourra certainement s'étendre plus ou moins, dans le tissu fibreux lâche ou adipeux sous-jacent, suivant les circonstances variables qui peuvent se présenter; mais, en général, il ne tardera pas à envahir le derme malgré sa résistance plus grande, parce que les vaisseaux de la partie profonde se trouvent nécessairement comprimés et envahis par l'inflammation. Il en résulte, en effet, une entrave graduelle à la nutrition dans le territoire des rameaux vasculaires, périphériques, c'est-à-dire sur toute l'épaisseur de la peau ou de la muqueuse, qui est ainsi envahie par l'inflammation et par la suppuration jusqu'à l'issue du pus au dehors.

Il ne s'agit pas d'une simple hypothèse, car ces troubles de la circulation sont faciles à observer sur la peau, au niveau d'un abcès tendant à s'ouvrir spontanément.

On constate d'abord de la tuméfaction qui correspond à la distension du point cédant le plus facilement à la pression de l'abcès, puis de la rougeur qui, après avoir débuté sur le point le plus culminant, s'étend à la périphérie, et ne peut être attribuée qu'à la dilatation des vaisseaux de la zone périphérique. A un moment donné, le point culminant prend une teinte livide de plus en plus marquée, à mesure que la paroi s'amincit, indiquant les phénomènes de nécrose qui se produisent à ce niveau, pendant que la rougeur persiste et s'étend à la périphérie. Et cela, jusqu'à ce que le derme soit entièrement détruit à ce niveau, sur un point quelquefois assez limité, de telle sorte qu'un peu de pus passant dans la couche sous-épithéliale peut encore être retenu momentanément par cette couche, en donnant lieu à l'abcès dit en bouton de chemise. Mais la couche épithéliale qui ne tarde pas à être ramollie par l'exsudat (lorsque cet effet n'a pas été produit par des applications émollientes) cède bien vite, en général, aussitôt que l'ouverture est suffisante pour donner passage à la moindre quantité de pus.

Les phénomènes que l'on voit se passer à la surface de la peau sont en rapport très manifestement avec les modifications survenues dans la circulation. Or, s'il n'y a pas de doute sur le mode d'envahissement et de progression de l'abcès, à la superficie des téguments, il ne saurait y en avoir pour ce qui se passe au sujet des mêmes phénomènes évoluant dans les parties profondes, quels que soient les tissus et les régions où les abcès peuvent se présenter.

Les membranes fibreuses, qui sont à la fois résistantes, élastiques et peu vascularisées, s'opposent d'autant plus à la propagation des abcès, que l'inflammation déterminée à leur niveau par le voisinage de l'abcès aura donné lieu à un tissu de sclérose plus ou moins épais qui viendra les renforcer, sans qu'il y ait cependant rien d'absolu. Mais c'est la raison pour laquelle les tendons, les aponévroses, les gaines nerveuses et vasculaires, etc., résistent tout particulièrement à l'envahissement par le pus. Du reste, dans chaque cas particulier on se rendra un compte exact des phénomènes qui auront dû se passer ou qui se passeront probablement, en considérant surtout les dispositions anatomiques de la région, mais encore les autres conditions physiques et biologiques, locales et générales.

Dans tous les cas, le trajet parcouru par le pus est précédé de phénomènes inflammatoires dont l'intensité rend ce trajet beaucoup plus direct, comme on l'observe dans les abcès chauds par opposition aux abcès froids, où les phénomènes physiques jouent un rôle plus important. C'est parce que ces derniers abcès ne déterminent pas

d'inflammation très vive à leur périphérie que, sous l'influence de
la pesanteur et des mouvements, ils peuvent parcourir un long
trajet, et rester même longtemps sous-cutanés sans avoir de la
tendance à s'ouvrir au dehors; tellement est importante, dans
l'évolution des abcès, l'influence du processus inflammatoire actif
avec les oblitérations vasculaires, qui se trouve réduite au
minimum dans ce cas. Mais encore si l'abcès arrive à s'ouvrir
spontanément, c'est toujours par le même mécanisme de l'inflammation envahissante précédemment décrite, seulement avec un
processus plus ou moins lent.

C'est parce que le trajet parcouru par le pus est toujours précédé
de phénomènes inflammatoires qu'on voit les abcès se frayer une
voie au travers des parties de constitution différente et même normalement indépendantes, comme certains abcès du foie passant
à travers le diaphragme et le poumon, pour venir s'ouvrir dans les
bronches ou dans le péricarde.

Toutefois, il arrive le plus souvent, pour les cavités séreuses, que
les parois opposées en contact, d'abord enflammées au voisinage
d'un abcès, contractent des adhérences qui ferment la cavité à ce
niveau; de telle sorte que l'abcès, au lieu de s'ouvrir dans la cavité
séreuse, la franchit et passe au delà pour aller s'ouvrir, soit à la
surface cutanée, soit à la surface d'une muqueuse dans un organe
creux. Il n'y a rien de providentiel en cela, vu qu'on se rend parfaitement compte des phénomènes qui ont abouti à ce résultat, et qui,
d'autres fois, par le même mécanisme, cependant, ont fait ouvrir
l'abcès dans des conditions fâcheuses jusqu'au point de déterminer
la mort du malade.

Les chirurgiens ont mis à profit ce passage possible des abcès
à travers une cavité séreuse, en provoquant préalablement l'oblitération de celle-ci par une action inflammatoire au niveau de
l'abcès, lorsqu'ils ont l'intention d'aller à la rencontre de la
collection purulente pour l'ouvrir.

Mais si, pour une raison quelconque, cette oblitération de la
cavité séreuse ne peut pas être produite d'une manière complète,
soit spontanément, soit par l'homme de l'art, l'abcès peut s'ouvrir
dans cette cavité, en donnant alors à l'inflammation purulente
une extension variable.

Lorsque l'inflammation a procédé assez lentement, il peut se
faire que des adhérences se produisent secondairement dans la
cavité séreuse, non seulement entre les feuillets pariétal et viscéral,
mais encore entre diverses parties de ce dernier, comme on peut

le voir dans la cavité abdominale, et que l'abcès reste limité à une portion de la cavité séreuse, d'où il gagnera d'autres régions ou s'ouvrira, soit dans un organe voisin, soit à l'extérieur. Mais il peut arriver aussi que l'inflammation purulente s'étende à toute la cavité séreuse, et d'autant plus facilement que la marche de l'inflammation sera plus rapide et ne donnera pas aux séreuses le temps de s'accoler ou que des mouvements intempestifs auront disséminé le pus avant cet accolement. La contamination de l'inflammation se fait sur tous les points de la séreuse où l'exsudat a séjourné, comme nous l'avons indiqué précédemment, et toujours sur les deux feuillets à la fois, avec des caractères de purulence identiques et la présence des mêmes micro-organismes que dans l'abcès primitif.

Si les malades ne succombent pas rapidement à ces accidents, il se produit à la périphérie de la collection purulente une inflammation toujours très intense qui donne lieu à une sclérose plus ou moins prononcée des feuillets séreux, atteignant même les parties situées au delà, et pouvant aussi provoquer des adhérences des feuillets séreux capables de limiter la collection purulente.

Après l'ouverture de l'abcès qui s'est vidé plus ou moins complètement à l'extérieur ou dans une cavité permettant également son évacuation, il s'écoule une quantité de pus variable, suivant l'étendue de la surface interne de l'abcès, et qui peut être considérable pour des abcès très vastes. En tout cas, on peut dire que pendant les premiers jours qui suivent l'ouverture d'un abcès, sa surface interne fournit une quantité de pus supérieure à celle qu'elle devait donner auparavant dans le même temps, lorsque le pus collecté comprimait plus ou moins ses parois. On ne comprendrait pas qu'une telle quantité de cellules fût fournie chaque jour pour la défense de l'organisme, alors que l'abcès est ouvert et que les substances nocives n'étant plus retenues dans l'organisme s'éliminent au moins en partie. Par contre, il est tout naturel d'expliquer l'abondance de l'exsudat par la résistance moins grande qu'offre une surface libre où se trouvent beaucoup de vaisseaux gorgés de sang, rendant plus faciles les phénomènes de diapédèse et par conséquent de production abondante de cellules.

Toutefois, l'écoulement du pus ne tarde pas à diminuer, lorsque les conditions sont favorables à son évacuation; la cavité se rétrécit plus ou moins rapidement jusqu'au point de disparaître par le fait d'une cicatrisation graduelle, des parties profondes aux parties superficielles, sous l'influence de l'inflammation diffuse

périphérique que l'on constate dans tous les cas à des degrés
divers et qui rend bien compte de ces phénomènes.

Lorsqu'on examine, par exemple, une préparation se rapportant
à un furoncle récemment ouvert et dont le bourbillon, c'est-à-dire

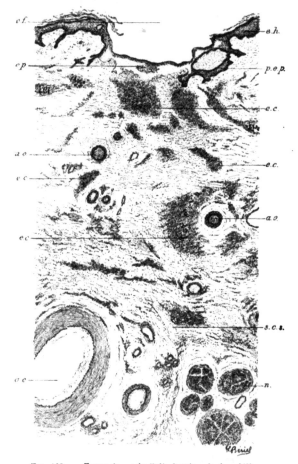

Fig. 102. — *Furoncle après l'élimination du bourbillon.*

o.f., ouverture du furoncle avec persistance d'une légère trace de l'épithélium sur les bords. —
e.h., épithélium avec hyperplasie cellulaire au pourtour de l'ouverture. — *p.e.p.*, production épithéliale en prolongement dans le tissu sous-épithélial. — *e.p.*, exsudat purulent. — *e.c.*, exsudats cellulaires surtout au voisinage des vaisseaux de nouvelle formation. — *a.o.*, artères oblitérées. —
a.e., grosse artère avec endartérite. — *n*, nerfs légèrement sclérosés. — *s.c.s.*, stroma conjonctif
sclérosé.

le tissu mortifié, a été évacué (fig. 102), on peut voir que la cavité renferme encore des amas de cellules en dégénérescence granulo-graisseuse, et que la paroi présente des cellules parfaitement colorées, disséminées ou en amas irréguliers au sein d'un stroma conjonctif où se trouvent de nombreux vaisseaux de nouvelle formation. Ces divers éléments se sont substitués aux éléments normaux qui ont disparu, dans la cavité, ainsi que sur ses bords. Le tissu ancien, qui persiste au delà, est notablement modifié jusqu'aux parties profondes de la peau et aux régions latérales avoisinantes.

On voit sur toutes les parties constituantes de la peau un accroissement du nombre des cellules, particulièrement autour des vaisseaux, mais aussi près de l'épithélium et autour des glandes. On peut même constater vers l'ouverture de l'abcès des productions épithéliales exubérantes, c'est-à-dire typiques, comme s'il s'agissait d'une inflammation simple. Mais dans les parties profondes où les cellules atypiques abondent, c'est la tendance à la formation d'un tissu de sclérose qui prédomine ainsi qu'on peut le remarquer, non seulement au niveau des faisceaux dermiques, mais aussi autour de tous les vaisseaux à un degré plus ou moins prononcé, et même sur des troncs nerveux. A la périartérite de tous les vaisseaux et à l'oblitération de petites artères par endartérite, est venue s'ajouter encore une endartérite déjà bien appréciable sur une artère relativement volumineuse, cependant profondément située, tandis que les veines sont presque complètement oblitérées, et que les petits vaisseaux qui ne sont plus visibles ont dû disparaître par oblitération.

Ces altérations vasculaires et nerveuses sont bien en rapport avec les manifestations symptomatiques et l'évolution des lésions inflammatoires. De plus, on constate que, malgré leur caractère tout à fait aigu, les phénomènes inflammatoires se sont accompagnés cependant de productions cellulaires à la périphérie, qui ont eu de suite la tendance à présenter l'aspect scléreux, considéré comme le caractère propre aux inflammations chroniques, mais qui, en somme, doivent aboutir à la cicatrisation. C'est dire que l'on ne peut admettre avec M. Metchnikoff un mécanisme différent de production pour les cellules qui donnent lieu ou non à des phénomènes de sclérose, toutes ces cellules ayant vraisemblablement la même origine.

Il n'est pas douteux, en effet, que les cellules en dégénérescence graisseuse, dites cellules de pus, proviennent des cellules du tissu de granulation formant le paroi de l'abcès, et dont les plus superficielles présentent la même altération à des degrés divers,

se confondant insensiblement avec les cellules qui ont cessé de
vivre, tandis que celles de la périphérie donnent lieu à de la
sclérose. C'est là un fait positif contre lequel aucune théorie ne
saurait prévaloir.

Et du reste, toutes les productions anormales constatées peuvent
s'expliquer par la persistance des phénomènes normaux plus ou
moins modifiés, c'est-à-dire par la continuation des productions
cellulaires devenues seulement plus abondantes et réparties plus
ou moins irrégulièrement. Elles occasionnent alors des troubles en
rapport avec les modifications du tissu, mais ordinairement limitées
par les productions scléreuses qui dérivent des mêmes phénomènes. Ces dernières sont plus abondantes au niveau des parties
périphériques où l'on constate toujours une dilatation des vaisseaux, indice de l'activité circulatoire augmentée ; d'où le rôle
attribué à la zone pyogénique, à la fois de fournir le pus et
de concourir à la guérison de l'abcès.

C'est ainsi que lorsqu'un abcès est ouvert au dehors, il se produit,
lorsque rien ne s'y oppose, une rétraction graduelle des parois,
d'où la diminution de capacité des vaisseaux et de l'activité circulatoire. Il y a de moins en moins des cellules diapédésées à la surface de l'abcès, de telle sorte que l'écoulement purulent diminue
graduellement. Puis, à mesure que les dernières cellules dégénérées sont éliminées, les cellules sous-jacentes du tissu bien
vivant entrent en contact, d'abord dans les parties profondes, puis
au-dessus, de manière à rétrécir et à combler peu à peu la cavité.
Il se forme ainsi un tissu de sclérose qui gagne de plus en plus,
des parties périphériques ou profondes aux parties superficielles,
en donnant lieu à un tissu de cicatrice, tout comme dans les cas
d'une plaie suppurante quelconque tendant à la cicatrisation que
nous examinerons un peu plus loin.

C'est bien la rétraction des tissus qui diminue la suppuration
et permet la cicatrisation graduelle; car lorsque les surfaces
suppurantes sont maintenues écartées, comme dans certains cas
de collection purulente des plèvres, dont les parois épaissies,
indurées et immobilisées ne peuvent pas arriver au contact, la
suppuration persiste jusqu'à ce que le malade en meure. La simple
présence des parties mortifiées, comme des séquestres osseux, ou
même du pus qui ne peut s'écouler facilement en raison de la
situation de l'abcès, créent des conditions physiques qui s'opposent
à la guérison ou la retardent, sans qu'on ait à faire intervenir
les hypothèses que nous avons combattues, non seulement parce

qu'elles sont irrationnelles, mais encore parce qu'elles ne sont pas nécessaires pour se rendre compte de phénomènes dont l'explication ressort tout simplement de l'examen des faits.

Surfaces suppurantes et ulcères n'aboutissant pas à la cicatrisation.

Un exemple typique d'une suppuration persistante est offert par le cautère du bras entretenu au moyen d'un pois. La figure 103,

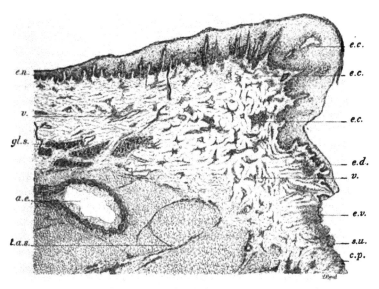

Fɪo. 103. — *Plaie d'un cautère du bras entretenue par un pois.*

La figure présente à droite la moitié de la cupule occupée par le pois à cautère et en haut la continuation du tégument cutané modifié.

e.n., épithélium normal. — *e.e.*, épithélium épaissi. — *e.d.*, épithélium diminué. — *e.v.*, épithélium à l'état de vestige. — *s.u.*, surface ulcérée. — *c.p.*, cellules de pus. — *e.c.*, exsudats cellulaires dans le derme sclérosé. — *gl.s.*, glandes sudoripares avec hyperplasie cellulaire. — *v*, vaisseaux. — *a.e.*, artère avec endartérite. — *t.a.s.*, tissu adipeux sclérosé.

qui représente environ la moitié de la cupule cutanée occupée précédemment par le pois, est particulièrement intéressante à étudier.

On voit à droite et en bas la partie la plus ulcérée correspondant au centre de la cupule et où le bord de l'ulcération présente un amas de jeunes cellules confluentes donnant lieu au pus, tandis que, immédiatement au-dessus, les jeunes cellules sont limitées par une légère couche de cellules épithéliales qui paraissent en quelque sorte rudimentaires et se continuent très manifestement un peu plus loin avec le corps de Malpighi bien caractérisé, mais encore assez mince et irrégulier.toutefois, celui-ci ne tarde pas à augmenter et même à prendre un épaississement exagéré à l'extrémité supérieure droite qui correspond au bord de la cupule, pour aller ensuite en diminuant graduellement à gauche, jusqu'au point où il finit insensiblement par devenir normal.

On constate ainsi l'absence de l'épithélium sur le point où la présence du corps étranger devait exercer son maximum d'influence, puis la tendance de l'épithélium à se reformer sur les points voisins qui devaient être moins comprimés, mais cependant où la circulation devait être encore notablement entravée ; tandis que l'épithélium devient au contraire exubérant sur le bord de la cupule où la vascularisation a dû être augmentée par suite de l'entrave précédente, et où il n'y a pas d'empêchement à ce développement. Il diminue ensuite d'épaisseur à mesure que l'augmentation de vascularisation se fait moins sentir, jusqu'au point où cette dernière se trouve à l'état normal.

On remarquera aussi que ce n'est pas seulement au niveau de la petite ulcération qu'il y a de nouvelles cellules exsudées ; mais que celles-ci se trouvent en plus ou moins grand nombre au-dessous des points où l'épithélium est anormalement diminué et augmenté, ainsi que dans les parties profondes du derme et du tissu cellulo-adipeux correspondant, notamment au niveau des vaisseaux et des glandes, de telle sorte qu'il en résulte une sclérose manifeste et jusqu'à un commencement d'endartérite sur un vaisseau situé cependant assez loin de la surface suppurante.

Si l'on ignorait la cause de cette ulcération de longue durée, on pourrait croire aussi bien à une ulcération récente, vu que les productions de jeunes cellules abondent partout et ont de la tendance à reproduire le tissu épithélial et à se comporter sur les autres parties comme s'il s'agissait d'une inflammation aiguë, et même d'une inflammation simple si l'on n'avait pas sous les yeux le petit bout de surface suppurée. Cette préparation contribue donc à prouver l'analogie qui existe entre les inflammations aiguës et chroniques, et celles qui sont simples et suppurées; ce qui confirme notre interprétation de la pathogénie de ces lésions.

Aujourd'hui, on n'a plus guère recours à l'emploi de cautères persistants, mais on observe encore des ulcères qui peuvent être entretenus par la persistance de causes irritantes, par des soins défectueux, ainsi que par les conditions de vitalité défavorables que présentent parfois des tissus épaissis et sclérosés depuis long-temps, comme il arrive, par exemple, pour certains ulcères de la jambe ou d'une autre région.

INFLAMMATIONS ULCÉREUSE, DIPHTÉRIQUE, GANGRENEUSE

On considère en général, comme *inflammation ulcéreuse* ou *ulcère*, toute inflammation avec perte de substance située à la surface de la peau ou d'une muqueuse, survenue spontanément, ordinairement d'une manière plus ou moins lente et persistante. Tandis qu'on donne plutôt le nom de *plaie* à une solution de continuité ou à une perte de substance produite plus ou moins rapidement par le fait d'un agent destructif extérieur. Mais outre que, dans certains cas, la plaie peut devenir persistante comme un ulcère, on a dans tous les cas, en réalité, une perte de substance en rapport avec des oblitérations vasculaires spontanées ou trauma-tiques, mais en définive persistantes au niveau du tissu enflammé. Il y a des productions exsudatives plus ou moins abondantes et une suppuration variable au niveau de la surface ulcérée, constituée par un tissu dit de granulation, c'est-à-dire par des éléments cellu-laires et des vaisseaux nouvellement produits. Ce tissu a, dans tous les cas, une tendance à se transformer en tissu scléreux de répara-tion ou de cicatrisation, tout comme la perte de substance résul-tant de l'ouverture d'un abcès, qui a été précédemment examinée.

Avec les pansements actuels, les ulcérations persistantes sont rares, à moins qu'elles soient entretenues par la persistance des causes nocives, par certaines conditions locales ou générales qu'il s'agit de déterminer, parce qu'elles s'opposent aux phénomènes de répa-ration qui ne peuvent dès lors aboutir à la cicatrisation.

On a encore admis que des ulcères pouvaient être produits dans l'estomac par les mêmes causes que sur d'autres régions, ainsi que par la présence du suc gastrique dans certaines conditions d'acidité, et que cette dernière circonstance expliquait dans tous les cas la persistance de ces ulcères que l'on désigne généralement depuis les travaux de Cruveilhier sous le nom d'*ulcères simples de l'estomac*.

Nous avons déjà eu l'occasion de réfuter l'opinion relative à cette prétendue action du suc gastrique qui, si elle était réelle, donnerait lieu bien plus souvent à des ulcères, et ne laisserait pas toujours plus ou moins limités ceux que l'on rencontre avec des altérations habituelles de la muqueuse dans leur voisinage. Il y a, du reste, des ulcères qui se cicatrisent malgré la présence du suc gastrique, puisque l'on rencontre quelquefois des cicatrices linéaires ou étoilées qui en sont des indices certains. Enfin on peut, sur des chiens, déterminer, comme l'a fait M. F. Arloing, des scarifications répétées de la muqueuse sans qu'il en résulte aucune altération.

Des ulcères simples sont produits au niveau de la muqueuse de l'estomac et du duodénum par les mêmes causes qu'au niveau d'une autre muqueuse, c'est-à-dire par des altérations inflammatoires destructives résultant d'oblitérations vasculaires qui sont suivies de la nécrose, puis de l'élimination des parties superficielles, pendant que se produisent des phénomènes de sclérose dans le tissu sous-jacent, et à un degré d'autant plus prononcé que la cicatrisation tarde à se faire. Or, celle-ci ne peut avoir lieu que pour de petits ulcères dont les parois sont susceptibles d'arriver immédiatement au contact; ce qui, probablement, n'est pas possible pour peu que l'ulcère soit étendu, en raison de la distension des parois de l'organe et des mouvements auxquels il est assujetti. Et pour peu aussi que l'ulcère ait persisté, que la sclérose ait rendu son fond épaissi et calleux, encore bien plus quand ce fond a contracté des adhérences avec le pancréas ou un autre organe, la coaptation des surfaces ulcérées devient impossible. Elles présentent, du reste, peu de vitalité, comme on peut s'en rendre compte par l'examen des prétendus ulcères cicatrisés à plat, qui, comme nous l'avons fait remarquer précédemment, ne présentent rien moins qu'une cicatrice.

Il ne semble pas possible, en effet, que la muqueuse de l'estomac détruite sur une certaine étendue puisse se cicatriser autrement que par la soudure des bords de la solution de continuité; parce que, pour avoir une cicatrisation en surface, il faudrait, comme on le voit pour les ulcères cutanés qui se cicatrisent, une reconstitution au moins des éléments épithéliaux. Or, cette reproduction d'un épithélium a lieu d'autant plus difficilement que la muqueuse offre une structure plus compliquée; et c'est précisément le cas pour la muqueuse de l'estomac qui est à proprement parler un tissu glandulaire, même à glandes composées, avec une faculté de reproduction très limitée en raison des altérations de structure produites à ce niveau, et d'autant plus que la surface ulcérée est constituée par un tissu scléreux plus dense et moins vascularisé, par conséquent moins productif, ainsi qu'on peut le voir sur la figure 104.

C'est ainsi que toute cavité ou perte de substance à surface suppurante dans un organe quelconque ne peut arriver à la cicatrisation que par l'accolement et la soudure des parois, d'une manière graduelle au fur et à mesure de l'expulsion des parties détruites et de l'écoulement du pus. Lorsque ce phénomène ne peut pas se produire et que les parois de la cavité suppurante restent écartées, il faudrait pour qu'il y eût cicatrisation dans ces conditions que la surface suppurante fût susceptible d'un recouvrement épithélial, comme on l'observe sur la peau pour des surfaces assez étendues et sur les muqueuses pour des surfaces de petites dimensions. Or,

Fig. 101. — *Ulcère simple de l'estomac.*

La perte de substance produite par des oblitérations artérielles est limitée par des tissus sclérosés profondément modifiés et peu vascularisés.

u, ulcération. — *t.s.*, tissu sous-péritonéal fortement sclérosé et épaissi constituant le fond. — *a.o.*, artère oblitérée. — *m.h.*, muqueuse avec hyperplasie cellulaire interglandulaire et sous-épithéliale formant la partie supérieure du bord. — *t.m.*, tunique musculaire. — *f.m.b.*, fibres musculaires bouleversées par des productions irrégulières et formant la partie inférieure du bord.

cela ne peut avoir lieu au sein des organes détruits où il n'y a pas à l'état normal un simple épithélium de recouvrement.

En tout cas, ce qu'il y a de bien manifeste dans les faits de non-cicatrisation, c'est la persistance, à la périphérie des surfaces ulcérées ou suppurantes quelconques, de productions cellulaires donnant lieu à une sclérose de plus en plus prononcée, et qui, comme nous l'avons dit pour certains ulcères, loin de favoriser la cicatrisation, l'entraverait plutôt. Il s'agit bien cependant du même phénomène, dit réactionnel, qui tend à limiter les lésions et à les guérir. Il aboutit à ce résultat, non dans un but final déterminé, comme certains auteurs l'ont admis, mais simplement par l'effet inévi-

table des oblitérations vasculaires, donnant lieu à une activité
circulatoire augmentée en deçà et sur les parties collatérales, d'où
résultent des productions exagérées et des phénomènes de sclérose,
qu'ils soient utiles ou non.

C'est ainsi que, s'il y a eu destruction par oblitérations vasculaires d'une portion de tissu, qui ne peut être éliminée au sein
d'un organe (comme il arrive si souvent pour le poumon), on peut
constater, à la périphérie, des productions scléreuses qui augmentent jusqu'à envelopper complètement et isoler les portions privées
de vie, lesquelles subissent une dégénérescence granulo-graisseuse.
Leurs parties liquides continuent d'être absorbées jusqu'au point
où il ne reste plus qu'une substance analogue à du mastic infiltré
de sels calcaires et même seulement une matière crayeuse ou
calcaire.

On décrit des *inflammations pseudo-membraneuses* de la peau et
surtout des muqueuses, caractérisées par la présence de pseudo-
membranes à la surface des parties enflammées, et qui dans des
inflammations de causes diverses, peuvent consister en exsudats
abondants et riches en fibrine séjournant à ce niveau. Toutefois
cette dénomination est plutôt réservée à l'*inflammation diphtérique*
où l'on observe en même temps des lésions nécrosiques superficielles dont Virchow a fait la caractéristique de cette inflammation.
La présence du bacille de Lœffler au sein des exsudats est considérée comme non moins caractéristique dans ces cas et même
dans ceux où les phénomènes de nécrose font défaut.

La figure 105 se rapporte à une inflammation diphtérique de la
trachée. On voit que des exsudats membraniformes recouvrent la
muqueuse et sont aussi infiltrés dans ses parties superficielles,
sous l'aspect d'une substance granuleuse trouble qui ne permet
plus de distinguer d'éléments figurés manifestes à ce niveau ; ces
parties, ainsi que les exsudats qui les infiltrent et les recouvrent,
ayant été frappées simultanément de nécrose. Au-dessous de ces
lésions, l'activité circulatoire est au contraire augmentée, préparant
l'élimination des portions nécrosées d'où résulte ensuite une légère
exulcération, rendue évidente lorsqu'on enlève la pseudo-membrane, mais qui se répare bien vite lorsque la maladie tend à la
guérison.

On observe des *inflammations gangreneuses* caractérisées par
des phénomènes de mortification et de décomposition putride qui

accompagnent les lésions inflammatoires, soit sur les membres ou le tronc, soit sur les parois buccales ou dans les voies respiratoires, c'est-à-dire toujours sur des parties en contact avec l'air extérieur. C'est que, indépendamment des oblitérations vasculaires qui jouent le rôle le plus important dans tous les cas où il y a_mortification d'un tissu, il faut encore tenir compte de l'action des bactéries

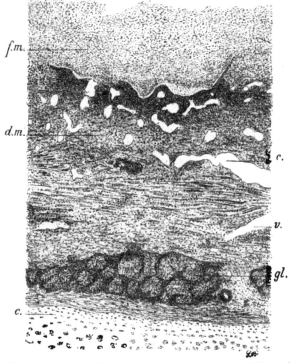

FIG. 105. — *Inflammation diphtérique et pseudo-membraneuse de la trachée.*

f.m., fausse membrane nécrosée confondue avec la partie superficielle de la muqueuse qui commence à se détacher des parties où la nutrition est, au contraire, augmentée. — *d.m.*, derme muqueux. — *gl.*, glandes. — Hyperplasie cellulaire générale sur toutes les parties où se trouvent de nombreux vaisseaux de nouvelle formation. — *c*, cartilage.

septiques venues du dehors. Elles sont la cause déterminante de la décomposition putride qui s'empare des tissus privés de vie et qui caractérise la gangrène.

D'après certains auteurs, les microbes pyogènes pourraient suffire à produire cet effet sur un terrain propice, par exemple chez un diabétique ou chez un sujet profondément débilité. Toutefois, on trouve toujours dans le foyer gangreneux diverses bactéries, dont quelques-unes sont des bactéries saprogènes de la cavité buccale pour ce qui concerne la gangrène pulmonaire. En tout cas, quel que soit le siège de la gangrène putride, elle est toujours en rapport avec la présence de bactéries venues du dehors, par opposition à la mortification simple, dite aussi gangrène aseptique ou nécrobiose. Enfin, elle est toujours accompagnée d'un processus inflammatoire, d'autant plus manifeste à la périphérie des parties mortifiées que la gangrène est plus limitée et que les lésions ont duré plus longtemps. C'est par ce processus aussi qu'ont lieu les phénomènes d'élimination des parties mortifiées, puis ceux de cicatrisation, dans les cas où la guérison est possible.

CHAPITRE VI

PHÉNOMÈNES DE DÉGÉNÉRESCENCE DANS L'INFLAMMATION
ET ÉLIMINATION DES DÉCHETS
DANS LES PHÉNOMÈNES DITS DE RÉPARATION DES TISSUS

PHÉNOMÈNES DE DÉGÉNÉRESCENCE

Les phénomènes de dégénérescence qui aboutissent à la destruction des éléments qui en sont le siège se produisent toujours en même temps qu'une hyperplasie cellulaire plus ou moins prononcée ; ce qui a pu contribuer à faire rapporter quelquefois l'inflammation à ces lésions dégénératives et par suite à des éléments simplement surchargés de graisse. Mais comme nous l'avons précédemment indiqué (v. p. 103), cette dernière altération doit être absolument distinguée des lésions inflammatoires ; et celles-ci comprennent à la fois les phénomènes productifs et dégénératifs, lesquels correspondent aux phénomènes normaux de production et de désassimilation devenus plus intenses et plus ou moins anormaux. Les dégénérescences doivent naturellement être rattachées aux conditions anormales dans lesquelles se produisent les phénomènes de nutrition et ceux d'élimination des déchets.

Les auteurs comptent au nombre des dégénérescences : la tuméfaction trouble des cellules, leur dégénérescence graisseuse, amyloïde, muqueuse ou colloïde, hyaline ou vitreuse, etc., comme se rapportant à des altérations primitives ou secondaires des éléments cellulaires. Leur pathogénie est plus ou moins obscure et leurs caractères ne sont même souvent pas très nets, puisque quelques auteurs fusionnent certaines de ces dégénérescences que d'autres considèrent comme très distinctes. C'est dire qu'une grande incertitude existe toujours à ce sujet.

Or, le seul moyen, non pas de tirer au clair absolument leur pathogénie, parce qu'elle est très complexe et qu'elle se rapporte aux modifications produites dans le protoplasma cellulaire encore incomplètement connu à l'état normal, mais d'entrer dans la voie qui permettra d'élucider cette question, c'est d'envisager ces altérations au moins dans leur mode de production correspondant aux phénomènes normaux.

A l'état normal les déchets cellulaires sont en partie résorbés d'une manière insensible, et même aussi en partie éliminés au dehors dans des conditions à peu près analogues, parce que les phénomènes de rénovation des éléments constituants des tissus s'opèrent lentement et, on peut le dire, insensiblement. Or, dans les états pathologiques où les productions cellulaires se sont considérablement accrues plus ou moins rapidement, leur élimination devient très appréciable pour les parties soumises habituellement à une rénovation complète des éléments cellulaires, comme à la surface de la peau et des muqueuses, dans les glandes, et partout dans des conditions plus ou moins anormales; d'où leurs aspects divers dits de dégénérescence, suivant les tissus affectés. C'est une kératinisation plus ou moins anormale pour les cellules épidermiques produites dans ces conditions, une dégénérescence muqueuse pour les cellules provenant des muqueuses proprement dites, une dégénérescence colloïde à la fois pour les muqueuses et les glandes, une dégénérescence hyaline ou vitreuse pour certains éléments anciens ou nouvellement produits, qui se trouvent dans la profondeur des tissus et dont les conditions de nutrition insensible ont été sans doute profondément modifiées. On peut même observer des modifications variables de ces altérations suivant des circonstances diverses. Enfin, sur tous les tissus, il est possible de rencontrer une dégénérescence granulo-graisseuse des divers éléments, soit dans les inflammations simples, soit avec plus d'intensité dans les inflammations suppurées.

Ces diverses dégénérescences se rencontrent, non seulement avec des phénomènes inflammatoires, mais encore avec des productions néoplasiques, tandis que la dégénérescence amyloïde ne se produit que dans le premier cas et presque uniquement avec des lésions tuberculeuses ou syphilitiques.

Tuméfaction trouble des cellules.

Nous avons vu qu'on rencontre fréquemment dans les foyers inflammatoires des cellules augmentées de volume et dont le protoplasma est devenu légèrement granuleux, d'où son aspect trouble. Nous avons précédemment cherché à démontrer qu'on ne pouvait pas admettre avec Virchow la possibilité pour ces cellules d'un retour à l'état embryonnaire; car, outre qu'aucune partie de l'organisme ne jouit de la propriété de se rajeunir, il s'agit évidemment d'une altération de dégénérescence. On observe, en effet, toutes les transitions entre cet état des cellules et celui où on les trouve chargées de productions granulo-graisseuses et ensuite en voie de désintégration. On a aussi désigné cet état des cellules sous le nom de dégénérescence ou d'inflammation parenchymateuse. Mais cette question nous a déjà assez occupé pour n'avoir pas à revenir sur cette interprétation qui est absolument défectueuse. (V. p. 292.)

Dégénérescence granulo-graisseuse destructive.

Nous avons aussi insisté précédemment pour dire que la surcharge graisseuse, l'état gras ou graisseux des éléments cellulaires, se produit primitivement et peut demeurer ainsi pendant que persistent et même augmentent de volume ces éléments plus ou moins modifiés; que cet état ne doit pas être confondu avec la dégénérescence graisseuse ou granulo-graisseuse que nous avons maintenant en vue. Celle-ci, en effet, coexiste toujours avec des productions inflammatoires plus ou moins intenses, et correspond alors à des phénomènes destructifs. Par conséquent, cette altération se rencontrera principalement sur les points où ces phénomènes seront le plus actifs.

C'est sur les limites des parties nécrosées, au voisinage des infarctus produits dans les divers organes, qu'on trouve le plus d'éléments cellulaires chargés de granulations, d'abord indéterminées, mais qui ne tardent pas à prendre l'aspect réfringent caractéristique, à former des gouttelettes de graisse de volume variable, et à disparaître graduellement avec les éléments qui en sont le siège. En même temps de nouvelles cellules sont produites en quantité plus ou moins grande dans le tissu interstitiel et viennent se substituer aux cellules ainsi altérées, au fur et à mesure de leur destruction graduelle, en constituant un tissu de sclérose variable. Ces altérations sont très faciles à mettre en évidence notamment sur les préparations se rapportant au ramollissement cérébral (fig. 106). On trouve les diverses cellules nerveuses ainsi que celles des capillaires plus ou moins chargées de granulations graisseuses.

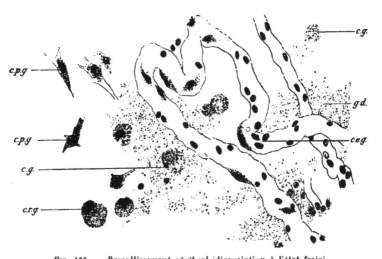

Fig. 106. — *Ramollissement cérébral* (dissociation à l'état frais).

c.e.g., capillaire avec endothélium en partie graisseux. — *c.p.g.*, cellules pyramidales graisseuses. — *c.r.g.*, cellule ronde graisseuse. — *c.g.*, corpuscules de Glüge. — *g.d.*, granulations disséminées.

On peut parfaitement, surtout au début de l'altération, suivre toutes les transitions des lésions sur les cellules qui commencent à présenter quelques granulations fines dans leur protoplasma. Ces granulations graisseuses augmentent de volume et de nombre de manière à ne laisser voir que le noyau, lequel est à peine visible sur d'autres cellules, puis disparaît complètement sur les cellules bourrées de granulations graisseuses qui forment les *corps granuleux* ou corpuscules de Glüge. Enfin, sur d'autres points on trouve ceux-ci diminués de volume, en désintégration, et la préparation est remplie de granulations graisseuses, de volume variable, qui proviennent de la désintégration des parties dégénérées.

On voit bien qu'il y a eu une altération graduelle des éléments cellulaires, qui a abouti à leur destruction, en même temps que de nouveaux éléments cellulaires ont produit à la périphérie un tissu de sclérose tendant à se substituer aux précédents. Il en est de même pour d'autres tissus où des lésions analogues sont plus ou moins faciles à apprécier, mais jamais aussi bien que sur les centres nerveux, probablement en raison de l'altération facile de leurs éléments riches en substance grasse et des troubles circulatoires facilement produits sur leurs artères terminales.

L'atrophie jaune aiguë du foie n'est ni une simple atrophie, ni une simple dégénérescence graisseuse ; car avec les productions graisseuses que présentent les cellules, on peut voir qu'il existe en même temps une production cellulaire abondante, qui prédomine au niveau des espaces portes et s'infiltre entre les trabécules, prouvant bien qu'il s'agit d'une inflammation intense concomitante.

Mais on peut encore rencontrer des cellules en dégénérescence graisseuse destructive, dans la plupart des inflammations. Rien n'est commun comme d'observer ces lésions dans les processus pneumoniques. Lorsqu'il s'agit des formes lentes, on peut trouver dans les cavités alvéolaires des cellules plus ou moins augmentées de volume sous la forme de véritables corps granuleux, à des degrés divers, puis ces mêmes cellules ainsi altérées en désintégration.

L'exsudat pneumonique finit, dans tous les cas, par subir la dégénérescence granulo-graisseuse. On la trouve au plus haut degré dans les amas cellulaires situés au centre des productions nouvelles de la pneumonie hyperplasique. On rencontre déjà de nombreuses granulations graisseuses dans les cellules provenant d'une hépatisation grise ; et même celles de l'hépatisation rouge ne tardent pas à en présenter, seulement à un moindre degré, ainsi que nous l'avons précédemment indiqué. Mais, pour que ces cellules soient détruites, il faut encore la continuation des phénomènes inflammatoires avec augmentation de la vascularisation devant aboutir à la résolution de la pneumonie ou à son passage à l'état chronique.

Les éléments cellulaires des glandes enflammées peuvent présenter des altérations graisseuses de dégénérescence à des degrés divers.

Enfin, c'est dans les inflammations suppurées qu'on observe encore le plus d'altération graisseuse des éléments nouvellement produits, puisque c'est ainsi que se présentent les globules de pus. Ce sont des éléments cellulaires jeunes qui vraisemblablement proviennent du sang et sont de même nature que les autres éléments voisins du tissu affecté, mais qui dégénèrent rapidement, jusqu'au moment où les nouvelles cellules produites peuvent trouver les conditions nécessaires à leur organisation; ce qui arrive peu à peu, comme nous l'avons vu, après l'élimination de la plus grande partie des déchets, c'est-à-dire du pus, et la reconstitution d'un tissu vascularisé.

Nous avons dit précédemment que c'est au voisinage des parties nécrosées qu'on voit le plus d'éléments cellulaires en dégénérescence graisseuse, en ayant en vue principalement les régions où s'opère le travail de réparation des parties mortifiées. Mais dans les cas où il s'agit de parties qui ne peuvent pas être éliminées en bloc ni absorbées et qui sont enveloppées par un tissu scléreux plus ou moins dense les séparant du tissu périphérique vivant, c'est encore à la partie interne de cette coque fibreuse, sur la limite de la masse mortifiée, que l'on trouve des cellules chargées de granulations graisseuses. C'est ce que l'on peut très bien voir, notamment, au niveau des gommes syphilitiques du foie, des masses caséeuses tuberculeuses ou de toute autre partie mortifiée encapsulée.

Comme nous l'avons aussi indiqué, les parties immédiatement mortifiées par la suppression complète de la circulation offrent tout d'abord un aspect à peu près semblable à celui de l'état normal, au point que leur mortification peut passer inaperçue lorsque l'attention n'est pas particulièrement attirée sur ce fait. Elles deviennent troubles, granuleuses, ne se colorant que peu ou pas, et subissent ensuite des modifications assez mal connues, qui les transforment en une matière offrant à l'œil nu l'aspect d'une substance blanchâtre, quelquefois teintée par les liquides de la région où elles se trouvent. Elles apparaissent au microscope, sur les préparations traitées au picro-carmin, avec une coloration ordinairement jaunâtre sous la forme d'une masse plus ou moins compacte, en générale granuleuse, dans laquelle on peut voir encore longtemps la trace des grosses travées fibreuses du tissu, qui finissent cependant par disparaître aussi. En tout cas on n'y trouve aucun élément figuré, si ce n'est, sur les limites périphériques, quelques jeunes cellules provenant du tissu scléreux et s'avançant dans la masse mortifiée.

Cette masse a bien subi une transformation, où les matières graisseuses se produisent, comme dans tout tissu qui a cessé de vivre et se trouve en décomposition, mais ce n'est pas de la même manière que dans la dégénérescence graisseuse des cellules. En effet les cellules qui s'y trouvent ne sont pas d'abord surchargées de graisse. Elles subissent seulement une transformation particulière insensible et en masse, avec tendance à la liquéfaction, mais où se trouve aussi de la graisse qui, vraisemblablement, est absorbée par les lymphatiques voisins et a pénétré aussi en partie dans les jeunes cellules de la périphérie. Celles-ci tendent à empiéter de plus en plus sur la masse mortifiée qui, si elle n'est pas trop considérable, disparaît peu à peu pour être remplacée par du tissu scléreux. Mais lorsque cette masse est trop volumineuse, elle est seulement enserrée par le tissu scléreux et réduite au minimum de débris persistants, sous la forme d'une bouillie graisseuse infiltrée de sels calcaires, ou même simplement de substance calcaire par suite de l'absorption graduelle de toute la matière graisseuse.

En considérant que les cellules de la périphérie sont chargées de graisse, on pourrait croire qu'elles sont occupées à son transport au loin. Mais on ne comprendrait pas comment des cellules dans ces conditions pourraient voyager et franchir la zone scléreuse toujours plus ou moins épaisse et dense ; tandis qu'il est tout naturel d'admettre que les cellules se trouvant au niveau de la région où la masse laisse sourdre ces parties liquides graisseuses se chargent de granulations graisseuses dont elles ne se débarrassent ensuite qu'en se désagrégeant. Les parties liquéfiées peuvent être alors peu à peu entraînées au dehors par le fait des échanges osmotiques, jusqu'au point où les lymphatiques peuvent en débarrasser la région. C'est ainsi que la masse en décomposition diminue graduellement au fur et à mesure que le tissu scléreux l'envahit et l'enserre.

Nous avons insisté sur ce point pour bien mettre en parallèle les deux modes d'altération graisseuse qui aboutissent à la disparition des éléments affectés et qui sont bien différents, parce que l'un a trait à des éléments cellulaires qui dégénèrent graduellement, tandis que l'autre se rapporte à la décomposition des portions immédiatement mortifiées pour être éliminées graduellement en totalité ou en partie au sein des tissus vivants.

Dégénérescence muqueuse ou mucoïde et colloïde.

Dans les inflammations des muqueuses et des glandes, on observe des produits anormaux de sécrétion plus ou moins abondants avec des altérations cellulaires correspondantes, comme dans l'écoulement muqueux du coryza, les crachats muqueux, les selles muqueuses ou glaireuses, les écoulements muqueux et glaireux de la cavité utérine, etc. Or, on peut constater en même temps que les cellules qui se trouvent dans ces liquides ont subi des altérations qui rendent compte de la nature de ces sécrétions; car, indépendamment de l'eau et des sels qu'elles renferment, on y trouve en plus ou moins grande quantité une substance muqueuse ou mucoïde qui provient du protoplasma des cellules altérées.

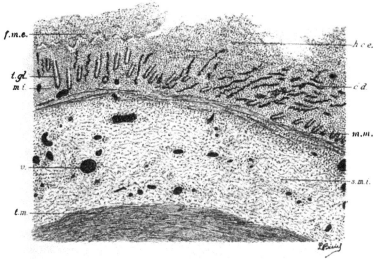

Fig. 107. — *Dysenterie chronique au niveau du rectum.*

m.i., muqueuse infiltrée. — *f.m.e.*, fausse membrane exsudée. — *h.c.e.*, hyperplasie cellulaire exubérante. — *t. gl.*, tubes glandulaires. — *c.d.*, capillaires dilatés. — *m.m.*, musculaire muqueuse. — *s.m.i.*, sous-muqueuse infiltrée. — *t.m.*, tunique musculaire. — *v*, vaisseaux.

On y voit, en effet, des cellules plus ou moins augmentées de volume et déformées, présentant une gouttelette d'une matière claire translucide, laquelle arrive ainsi à la remplir et à déborder dans le voisinage, tandis que d'autres cellules sont en partie désintégrées, ayant laissé écouler cette substance qui se trouve alors mélangée au liquide en plus ou moins grande quantité, suivant les conditions variables de l'inflammation et l'époque où l'examen est fait.

On sait que dans la dysenterie les malades ont des selles glaireuses et sanguinolentes. Or, sur la figure 107, se rapportant à des

lésions du gros intestin dans une affection de ce genre, on peut
voir immédiatement au-dessus de la muqueuse enflammée au plus
haut degré (dont les vaisseaux sont dilatés et qui présente une
hyperplasie cellulaire intense) un amas de débris cellulaires et de
globules sanguins dans une substance mucoïde, constituant comme
une pseudo-membrane sur certains points, tandis que sur d'autres
points ces productions font défaut, et qu'il y a même des exulcérations variables, cependant beaucoup moins prononcées que
l'examen à l'œil nu le faisait croire.

Les cellules en place sont ordinairement peu altérées dans les

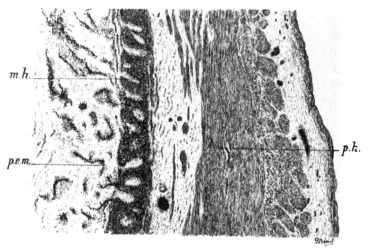

Fig. 108. — *Segment de la paroi d'un appendice enflammé et oblitéré avec rétention
des produits de sécrétion dans sa cavité.*

p.h., paroi avec hyperplasie musculaire et scléroso dos tissus sous-péritonéal et sous-muqueux.
tendant à pénétrer entre les faisceaux musculaires. — m.h., muqueuse avec hyperplasie cellulaire
dans le tissu interglandulaire. — p.e.m., produits épithéliaux et mucoïdes dans la cavité.

inflammations aiguës non ulcérées lorsqu'elles sont assez rapidement éliminées au dehors, surtout à la surface des parties affectées
où elles sont remplacées par des cellules jeunes. Elles le sont bien
davantage lorsque le processus inflammatoire est lent et que les
cellules se trouvent retenues dans une cavité close, comme on peut
le voir dans un cas d'appendicite ancienne avec oblitération [de
l'appendice (fig. 108).

On remarquera que, dans ce cas, les productions glandulaires qui
remplissent la cavité se composent de débris cellulaires au sein
d'une substance mucoïde, épaisse, dont les fines granulations

forment des traînées qui lui donnent l'aspect des productions dites
colloïdes ; ce qui semble indiquer à la fois l'origine de cette
substance dans certaines modifications du protoplasma cellulaire
des éléments sécrétants des muqueuses ou des glandes, et peut-être
sa cause déterminante principale qui résiderait dans la rétention
des produits anormaux de sécrétion.

* C'est, du reste, plutôt dans les tumeurs que les dégénérescences
mucoïde et colloïde sont observées, probablement en raison du
mode de production plus ou moins lent des éléments cellulaires,
et des phénomènes de rétention des produits de sécrétion qui
doivent en résulter. Nous reviendrons sur ces altérations à propos
des tumeurs.

Dégénérescence hyaline ou vitreuse.

Elle a été considérée par Recklinghausen comme analogue à la
dégénérescence amyloïde dont elle diffère par l'absence de la
réaction caractéristique de cette dernière lésion sous l'influence de
l'iode, du violet de Paris, etc. Cet auteur attribue sa formation à
une dégénérescence des globules blancs parce qu'il l'a tout d'abord
rencontrée sur certains caillots sanguins. Ceux-ci se présentent
alors sous l'aspect d'une substance anhiste, homogène, transpa-
rente, avec peu ou pas d'éléments cellulaires, qui ne se gonfle
pas dans l'eau et n'est pas modifiée par les acides. Elle est fortement colorée par le carmin, l'éosine, la fuchsine, ce qui la
rapproche, dit M. Coÿne, de la chromatine. On la rencontre assez
fréquemment sur des vaisseaux oblitérés par des amas fibrineux
offrant l'aspect précédemment décrit, et aussi sur des caillots adhérents à la paroi cardiaque atteinte de myocardite, sur des dépôts
de fibrine à la surface interne d'une séreuse, etc.

On a considéré comme se rapportant à la même dégénérescence
les cylindres hyalins que l'on trouve dans les tubes du rein atteint
de néphrite ; tandis que d'autres auteurs les considèrent comme des
tubes amyloïdes ou colloïdes suivant l'aspect variable qu'ils
peuvent présenter et les altérations du rein qui coexistent.

En somme, cette dégénérescence serait attribuée par les auteurs
principalement à des altérations dégénératives présentées par des
exsudats où prédomine la présence de la fibrine, au niveau d'un
tissu peu vascularisé et plutôt limité par une paroi scléreuse, de
telle sorte que leur nutrition doit être en souffrance. Mais si l'on peut
assimiler les diverses altérations se rapportant à des caillots formés

dans les vaisseaux et le cœur, voire même dans d'autres points où du sang a été épanché, il ne semble pas qu'on doive confondre ces productions en dégénérescence avec les cylindres hyalins des tubuli. Ces cylindres semblent plutôt résulter des sécrétions exagérées et anormales de l'épithélium glandulaire en même temps que de leur rétention variable. On serait, croyons-nous, plus près de la vérité en classant ces derniers produits anormaux dans la catégorie des dégénérescences qui se rapportent à celles des muqueuses et des glandes avec les particularités relatives à l'organe affecté et à leur lieu de production.

Il va sans dire qu'on ne doit pas confondre la dégénérescence hyaline avec l'aspect hyalin que peut prendre le stroma d'un organe glandulaire, ni avec des productions inflammatoires récentes où la substance fondamentale peut avoir un aspect analogue, en se colorant bien par le carmin, d'autant qu'on n'y peut trouver qu'un petit nombre de cellules et de rares vaisseaux. Dans ce dernier cas, il s'agit, au contraire, de productions nouvelles où l'organisation tend à s'accentuer de plus en plus au fur et à mesure de leur formation, contrairement aux substances en dégénérescence où les vaisseaux font défaut et qui ont un aspect mat ou vitrifié uniforme.

Dégénérescence cireuse des muscles striés.

(Dégénérescence de Zenker.)

Les auteurs décrivent sous ce titre les altérations des fibres musculaires que Zenker a trouvées dans certains cas de fièvre typhoïde, et que depuis lors on a constatées aussi dans d'autres fièvres graves et dans des circonstances diverses. Toutefois, ils assimilent cette lésion tantôt à une dégénérescence colloïde, vitreuse ou hyaline, et tantôt à une nécrose de coagulation. Il règne donc une certaine confusion à ce sujet et surtout une incertitude relative à la nature de cette altération musculaire.

Sans avoir la prétention d'élucider complètement la question, nous voulons cependant essayer de présenter la dégénérescence cireuse des muscles striés sous son aspect réel, en cherchant à montrer qu'on ne saurait la confondre avec les dégénérescences des autres tissus, ni avec les phénomènes de nécrose, en raison de sa nature et de ses conditions de production.

Les muscles atteints de dégénérescence cireuse offrent à l'œil nu un aspect blanc-jaunâtre entremêlé d'infiltration sanguine, laquelle prédomine à la périphérie; de telle sorte qu'on a l'aspect d'un infarctus musculaire. C'est ainsi que nous avons eu l'occasion de l'observer plusieurs fois au niveau des muscles droits de l'abdomen dans la lièvre typhoïde et chez un ancien syphilitique ayant succombé avec des lésions tuberculeuses récentes des poumons; puis dans deux cas de gangrène spontanée des membres immédiatement au-dessus du sillon d'élimination de la partie mortifiée.

L'examen microscopique dans les cas les plus récents, sur des préparations durcies à l'alcool et traitées par le picrocarmin, montre

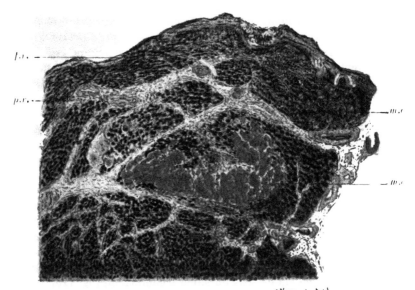

FIG. 109. — *Dégénérescence de Zenker sur des muscles sclérosés au voisinage des parties nécrosées.*

m.d.z., fibres musculaires en dégénérescence de Zenker avec sclérose. — m.d.z.', fibres musculaires en dégénérescence avec sclérose plus accusée. — s.p.v., sclérose périvasculaire; on voit un peu au-dessous une artère complètement oblitérée. — g.f.r., gaine fibreuse épaissie et rétractée.

le tissu musculaire infiltré de globules sanguins plus ou moins irrégulièrement répartis entre les faisceaux et même entre des fibres musculaires, dont l'aspect est notablement modifié. Ce qui frappe, au premier abord, c'est leur augmentation de volume et leur coloration jaune-rougeâtre plus ou moins vive. On constate en même temps que leur striation n'est plus appréciable et que le tissu est plutôt légèrement trouble. Ce sont les points où les fibres ainsi altérées ne sont que peu ou pas infiltrées de globules sanguins qui correspondent aux portions blanchâtres constatées à l'œil nu, tandis qu'aux alentours la coloration rouge est en rapport avec la quantité de sang infiltrée entre les fibres encore altérées de la même manière. Parfois on peut commencer à trouver quelques productions cellulaires anormales autour des vaisseaux, dans le tissu interstitiel.

A un degré plus avancé, qui est représenté sur la figure 109 et se rapporte à un fragment pris immédiatement au-dessus du sillon d'élimination d'une gangrène de la jambe, on trouve encore les fibres musculaires avec leur caractère cireux particulier, et plutôt avec un aspect brillant. Mais il existe en plus un processus inflammatoire caractérisé par la dilatation des vaisseaux et la production d'une grande quantité de jeunes éléments cellulaires qui se trouvent répandus entre les faisceaux et les fibres musculaires, non seulement au niveau des parties altérées, mais encore entre celles du voisinage qui n'ont pas subi la dégénérescence cireuse. Sur ces dernières, la striation persiste, ainsi que la coloration habituelle ; mais comme les précédentes, elles tendent à disparaître graduellement, sous l'influence du processus inflammatoire, les fibres saines et les fibres dégénérées conservant leurs caractères particuliers qui font contraste.

Il est bien certain que les phénomènes inflammatoires qui se sont développés, comme de coutume, à la limite de la portion mortifiée du membre, ont atteint non seulement des fibres saines, mais encore des fibres dégénérées se trouvant à cette limite. Ce ne sont pas des fibres ayant subi une prétendue nécrose de coagulation, par la raison qu'elles diffèrent totalement des fibres immédiatement mortifiées prises au-dessous du sillon d'élimination (fig. 110). Ces dernières, en effet, examinées à l'œil nu, en diffèrent déjà par leur teinte brune et leur diminution de volume. Leur aspect n'est pas moins différent au microscope : les fibres apparaissant toutes avec une teinte feuille morte à peu près uniforme et seulement avec une coloration qui varie du clair au foncé. Non seulement, il n'y a pas de processus inflammatoire, mais on ne voit pas la moindre trace d'un exsudat même sanguin comme sur les fibres dégénérées précédemment décrites. C'est, comme nous l'avons déjà dit, une mort brusque qui s'est produite à ce niveau, vraisemblablement sous l'influence de la cessation complète et brusque de la circulation. Or, sur les limites des portions mortifiées où l'on trouve des parties dégénérées, il n'en a pas été ainsi, et des fibres musculaires ont dû encore recevoir une nutrition quelconque (puisqu'elles n'ont pas été nécrosées comme les précédentes), mais probablement insuffisante ou viciée en raison des modifications qu'elles ont subies. Néanmoins, pour qu'elles disparaissent, il faut encore le processus inflammatoire qui donne lieu à un tissu de sclérose se substituant peu à peu à elles comme à celles qui n'ont pas dégénéré, par le même mécanisme de la disparition insensible. Cette diminution graduelle des fibres musculaires ne reconnaît pas pour cause le processus dégénératif, puisque nous l'observons aussi bien sur les parties non dégénérées; elle n'est que consé-

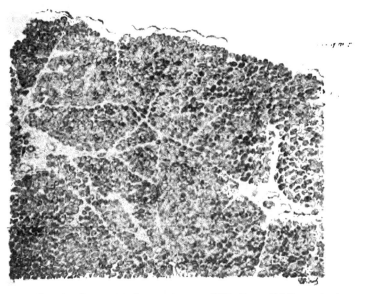

Fig. 110. — *Gangrène des muscles d'un membre par oblitération artérielle spontanée.*
f.m.. fibres musculaires. -- *c.f.,* cloisons fibreuses avec vaisseaux.
g.m.r.. gaine musculaire rétractée.

cutive. En effet nous avons vu précédemment qu'on peut trouver les phénomènes de dégénérescence au début sans inflammation, et seulement avec un exsudat sanguin, qui indique bien dans quelle circonstance se produit cette dégénérescence cireuse des muscles striés, c'est-à-dire sous l'influence d'une oblitération vasculaire donnant lieu à proprement parler à un infarctus musculaire. Dans ce dernier cas, il n'y a même au niveau des parties blanches ou jaunâtres, que des phénomènes de dégénérescence et non de mortification, parce que ces parties, qui sont plus ou moins infiltrées de sang, sont encore soumises à l'influence de quelques liquides nutritifs avec lesquels des échanges osmotiques ont lieu dans des conditions plus ou moins anormales. Il en résulte des phénomènes de dégénérescence et non de nécrose ; ces derniers ne s'observant que sur les parties absolument privées de toute nutrition, et qui ne peuvent ensuite que se putréfier et se désintégrer.

On peut cependant observer des fibres musculaires ayant subi la dégénérescence cireuse au voisinage de certains foyers inflammatoires ; mais encore ce n'est pas le fait de l'envahissement du tissu par les nouvelles productions cellulaires, puisque, dans la plupart des cas d'inflammation musculaire, on observe la simple disparition insensible des fibres qui conservent jusqu'au bout leur aspect normal. C'est qu'il a dû résulter du processus inflammatoire des oblitérations vasculaires assez importantes pour agir sur de petites portions des muscles voisins de la même manière que les oblitérations primitives précédemment envisagées.

Nous avons indiqué, à propos de l'inflammation des séreuses, l'altération particulière, fibroïde, qui pouvait atteindre les fibres musculaires striées voisines et qu'il ne faut pas confondre avec leur dégénérescence cireuse (v. p. 338) ; ces deux altérations étant bien différentes, tant au point de vue des caractères que des conditions pathogéniques.

Enfin, nous ferons encore remarquer que *la dégénérescence cireuse de Zenker n'a aucun rapport avec les dégénérescences diverses des autres tissus, vu qu'elle est tout à fait spéciale au tissu musculaire strié.*

Dégénérescence amyloïde.

C'est surtout depuis les recherches de Virchow que la dégénérescence amyloïde, ainsi nommée par lui, a été étudiée. Toutefois, Rokitansky avait déjà décrit cette affection sous les noms de *Foie lardacé, Foie cireux, Rate lardacée, Rate sagou.* On la considérait alors comme constituée par une production graisseuse, albumineuse, fibrineuse ou colloïde. C'est après avoir découvert des corps amylacés dans les centres nerveux que Virchow crut trouver une matière semblable dans la rate. Bientôt après Meckel découvrit la même substance dans les reins, le foie et l'intestin. Plus tard, Virchow l'a rencontrée aussi dans d'autres organes, dans les ganglions lymphatiques, dans toute l'étendue du tube digestif, dans les muqueuses des organes urinaires, dans les appareils musculaires, etc.

Lorsque l'altération est assez prononcée pour être reconnaissable à l'œil nu, les parties affectées sont ordinairement plus ou moins augmentées de volume et ont une teinte uniforme, demi-transparente que l'on a comparée à celle de la cire ou du lard frit, ou encore, lorsque l'affection est disséminée, à du sagou ou à du tapioca cuit; d'où les dénominations indiquées précédemment. Mais il arrive parfois que l'affection existe à un degré si léger, dans un ou plusieurs organes, même avec des altérations plus prononcées dans d'autres, que la présence de la substance amyloïde n'est décelée que par des réactifs. Ceux-ci la rendent alors évidente à l'œil nu et parfois seulement au microscope; d'où la nécessité de cette recherche dans les cas douteux.

Sous l'influence de la solution d'iode (surtout d'iode et d'iodure), indiquée par Virchow, les parties affectées prennent une coloration rouge brun, acajou, très caractéristique, tandis que les parties environnantes sont seulement teintées en jaune pâle. Mais, aujourd'hui, on emploie de préférence la réaction indiquée par Jürgens, avec le violet de méthylaniline ou violet de Paris, qui est encore plus évidente, la substance amyloïde ayant pris alors sur les préparations une teinte rouge rubis, brillante, qui se détache nettement sur les autres parties dont la coloration est bleu indigo.

La figure 111 représente une dégénérescence amyloïde du rein dont la plupart des éléments offrent la teinte bleuâtre indigo, tandis que les parties dégénérées, c'est-à-dire les parois artérielles et certains capillaires des glomérules, apparaissent avec la coloration rouge rubis caractéristique.

On a encore indiqué d'autres colorants, mais ils ne valent pas mieux. Du reste, même sur les préparations au picrocarmin, on dépiste facilement l'altération pour peu qu'on en ait l'habitude; car les parties affectées prennent un aspect homogène ou au moins plus compact, avec une teinte jaune orangé, légèrement brillante, qui est assez caractéristique.

Quel que soit l'organe affecté, on remarquera que la substance amyloïde se rencontre principalement le long des vaisseaux, Lorsqu'on considère une artériole au début de l'affection, on voit que les fibres musculaires sont remplacées par des amas d'une matière homogène qui, peu à peu, rend méconnaissable la structure des parties affectées, et qui se fusionne de manière à transformer et à épaissir la paroi vasculaire en diminuant le calibre du vaisseau.

L'altération peut également être rencontrée sur les capillaires, notamment dans le foie, dans les glomérules du rein et entre les tubuli, etc. Mais dans ces cas elle a donné lieu à des interprétations diverses pour ce qui concerne sa localisation. C'est ainsi que pour Rindfleisch ce sont les cellules qui seraient d'abord le siège de l'altération dans les organes; tandis que pour d'autres auteurs c'est dans le tissu conjonctif que se déposerait la substance amyloïde. Cependant c'est l'interprétation de Virchow qui nous paraît la seule admissible. En effet si, comme dans le foie, on trouve, avec des altérations artérielles, des amas plus ou moins denses de substance amyloïde, de telle sorte que celle-ci semble au premier

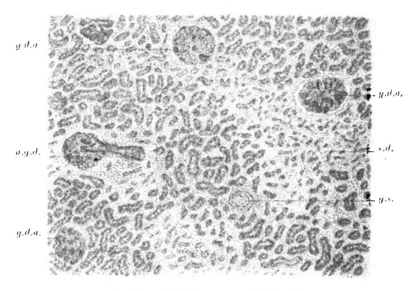

Fɪɢ. 111. — *Dégénérescence amyloïde du rein.*

g.d.a., glomérules avec dégénérescence amyloïde à divers degrés d'intensité. — a.g.d., artère glomérulaire avec dégénérescence amyloïde de la paroi. — g.s., glomérule scléreux. — s.d., sclérose diffuse.

abord constituée par des trabécules épaissies et transformées, on voit sur les limites de ces amas que l'altération se poursuit, non pas sur les trabécules, mais bien sur les capillaires (fig. 112). On peut seulement discuter pour savoir si, des capillaires, la substance s'est répandue dans les cellules, ou bien si l'augmentation de volume des parois vasculaires infiltrées a refoulé les trabécules au point qu'elles ne se présentent plus que sous la forme linéaire, comme dans certains cas de foie cardiaque.

Enfin, si l'altération paraît parfois siéger dans le tissu conjonctif,

c'est encore qu'elle réside au niveau des capillaires; car lorsque
les capillaires des glomérules du rein sont atteints, on trouve toujours la membrane périglomérulaire intacte.

Il résulte donc de l'observation des faits, indépendamment de
toute théorie, que l'altération se trouve localisée dans les organes
au niveau des artérioles et des capillaires. Nous l'avons constatée
aussi sur le tube digestif, et notamment sur l'estomac, au niveau
des fibres lisses de la muscularis mucosæ et des prolongements

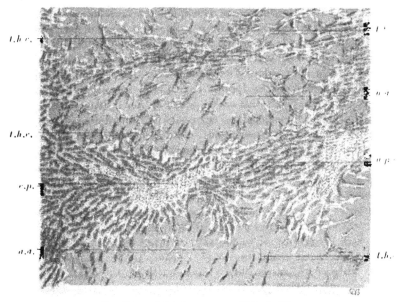

FIG. 112. — Dégénérescence amyloïde du foie.

a.a., amas amyloïdes. — t.h.c., travées hépatiques comprimées et en voie de disparition. —
e.p., espace porte avec un peu de sclérose. — a.p.a., artère avec paroi en dégénérescence amyloïde.

cellulaires qu'elle envoie dans les interstices glandulaires. Mais
malgré des recherches attentives, nous ne l'avons jamais rencontrée
primitivement dans les cellules constituantes des organes habituellement affectés, l'altération nous ayant toujours paru dans ces
cas avoir pour siège les capillaires.

Virchow avait donné le nom de substance amyloïde à ces productions dégénératives, en raison de la réaction de l'iode qu'il
comparait à celle de l'amidon, tout en faisant remarquer qu'elle s'en
éloignait pour se rapprocher de celle de la cellulose, avec laquelle

elle ne pouvait pas non plus être identifiée. Mais il s'agissait pour Virchow d'une substance non azotée, apportée par le sang dans les tissus dont la nutrition est affaiblie, tandis qu'il résulte des recherches de Friedreich et de plusieurs autres auteurs que la substance dite amyloïde est en réalité une substance albuminoïde.

On a aussi rencontré des parties offrant la réaction de la substance amyloïde dans les vestiges d'anciennes hémorragies, dans les cylindres des tubuli du rein ; ce qui semblerait prouver que cette substance peut provenir de la transformation de l'albumine du sang et de son action sur l'endothélium vasculaire. Toutefois elle n'a jamais été trouvée dans le sang. On a donc supposé que la substance amyloïde provenait d'une combinaison de la substance albuminoïde du sang avec certaines parties constituantes des tissus ou qu'elle résultait d'une modification de l'albumine du sang qui se séparerait de ce liquide par suite de circonstances créées sous l'influence d'un état cachectique (Ziegler). Pour Wagner, il s'agirait d'une métamorphose régressive des albuminoïdes formant un degré intermédiaire entre ces substances et la graisse. D'autres théories ont encore été proposées pour expliquer le mode de formation de la substance amyloïde qu'on ignore tout à fait en réalité.

En tout cas, si la cause immédiate de production de la substance amyloïde est incertaine, il n'est pas douteux que cette dégénérescence est toujours engendrée par un état cachectique, le plus souvent sous l'influence de suppurations prolongées. Presque tous les faits, sinon tous, se rapportent à la tuberculose ou à la syphilis invétérée. C'est dans les cas de suppuration osseuse d'origine tuberculeuse et dans la phtisie chronique avec de vastes cavernes qu'on rencontrerait plutôt la dégénérescence amyloïde ; mais on l'observe aussi assez fréquemment chez des syphilitiques présentant des lésions anciennes diverses, notamment celles du tabes, de la maladie de Bright. Toutefois, comme on constate journellement les diverses manifestations chroniques de la tuberculose et de la syphilis, même avec des suppurations prolongées, sans dégénérescence amyloïde, il est certain que nos connaissances pathogéniques laissent encore beaucoup à désirer.

Nous ferons remarquer en dernier lieu que cette dégénérescence ne fait pas exception à la règle, qu'elle se rencontre toujours sur les organes avec des altérations inflammatoires plus ou moins accusées.

Il va sans dire que la dégénérescence amyloïde survenant chez des cachectiques et donnant lieu à des altérations profondes, il y a toutes probabilités pour qu'elle tende à augmenter sans jamais rétrograder.

ÉLIMINATION DES DÉCHETS DANS LES PHÉNOMÈNES DE RÉPARATION DES TISSUS

Au cours de la description des phénomènes inflammatoires et aussi bien à propos de ceux qui se rapportent à la réparation des tissus, nous avons insisté sur la concomitance des phénomènes destructifs au fur et à mesure des phénomènes productifs, portant à la fois sur les éléments anciens qui ont été altérés directement ou secondairement, ainsi que sur une partie des éléments nouveaux et du sang épanché. Ces éléments disparaissent insensiblement ou après avoir subi une altération granulo-graisseuse manifeste. Une partie de ces derniers est éliminée au dehors lorsqu'il s'agit d'une inflammation qui touche à la superficie de la peau ou d'une muqueuse, tandis qu'une autre partie est absorbée par les lymphatiques comme les déchets habituels, mais avec un surcroît de fonctionnement, lequel est rendu plus difficile et souvent incomplet par suite de l'abondance des déchets anormaux et des conditions qui parfois s'opposent à leur disparition. En tout cas, *l'élimination des parties détruites ou altérées, ainsi que du sang et des productions nouvelles inutilisées, est un phénomène qui se produit simultanément avec l'édification du tissu nouveau, parce qu'on assiste, à l'état pathologique et dans la réparation des tissus, à la continuation des phénomènes de nutrition et de rénovation des éléments cellulaires avec une activité augmentée ou diminuée et plus ou moins désordonnée*, suivant les troubles primitifs ou consécutifs qui ont déterminé une perturbation plus ou moins profonde de la circulation sanguine et lymphatique. Les phénomènes d'absorption auxquels nous faisons allusion sont très complexes et difficiles à suivre d'une manière précise, car les phénomènes normaux auxquels ils correspondent sont eux-mêmes assez mal connus.

En tout cas, lorsqu'une plaie est fermée par seconde intention, le processus inflammatoire n'est pas arrêté et les déchets, ne pouvant plus être éliminés au dehors, doivent tous être absorbés. Il en est de même dans les cas de réunion par première intention Les parties liquides ou qui le sont devenues par dégénérescence sont assez facilement absorbées, mais les parties solides persistent plus ou moins dans les tissus. C'est ainsi que l'on trouve pendant longtemps du pigment sanguin et même des substances étrangères accidentelles, soit dans les éléments cellulaires devenus plus ou moins volumineux, soit surtout et en définitive dans le stroma.

On admet qu'à l'état normal, les déchets sont emportés par les cellules migratrices dans les voies lymphatiques et le système veineux, et qu'il doit en être de même à l'état pathologique. Mais la perméabilité des voies naturelles est plus ou moins entravée, alors que les déchets sont précisément plus considérables. Il est vrai qu'il y a une exsudation abondante de cellules et de liquide, laquelle doit favoriser l'élimination des déchets; et on trouve, en effet, dans les foyers inflammatoires beaucoup de cellules chargées de granulations protéiques et graisseuses, parfois de débris cellulaires et de globules du sang, très communément au moins de pigment sanguin, de corps étrangers, comme de la poussière de charbon, de microbes divers, etc.

C'est ainsi qu'on a été porté à considérer les cellules comme chargées de l'élimination des substances dont elles sont remplies. On les a même, pour cela, désignées depuis longtemps sous le nom de « balayeurs » de l'économie. M. Metchnikoff a encore renchéri sur le prétendu rôle de ces cellules qui seraient douées, non seulement de la propriété de motilité propre, mais encore de celle de sensibilité et de digestibilité. Or, nous pensons avoir démontré qu'il ne s'agit là que d'hypothèses antiphysiologiques qui ne sont nullement nécessaires pour expliquer les faits observés. Et lorsqu'on considère dans quelles conditions se trouvent les cellules chargées de déchets ou de substances étrangères, on peut se demander si même elles jouent réellement le rôle de simples balayeurs ?

Nous avons examiné dernièrement une urine purulente où l'on trouvait, avec les globules de pus, des cellules polymorphes isolées et parfois réunies au nombre de quatre ou cinq offrant la disposition stratifiée qui indiquait sûrement leur origine vésicale.

Or la plupart de ces cellules desquamées avaient incorporé un ou plusieurs globules de pus, qui, sur d'autres points paraissaient seulement accolés aux cellules épithéliales. Ce fait, analogue à celui que l'on peut constater dans les foyers inflammatoires, n'est certainement pas suffisant pour supposer que les cellules épithéliales desquamées dans la vessie pouvaient jouer le rôle de cellules migratrices chargées d'éliminer les globules de pus; les cellules encore réunies ne pouvant guère voyager dans ces conditions et, du reste, les cellules isolées ne pouvant même pas sortir de la vessie pour se répandre dans les tissus et jusque dans les ganglions. Il est bien évident que les globules de pus libres ou incorporés aux cellules ne pouvaient être éliminés qu'avec l'urine par le canal de l'urètre, que l'incorporation d'un certain nombre de globules de pus aux cellules ne devait provenir que des conditions physiques dans lesquelles ces éléments se trouvaient dans la vessie, et qu'ils ne pouvaient avoir un but défini à remplir, puisque les globules isolés ou réunis aux cellules devaient être éliminés de la même manière.

On ne peut pas davantage admettre, dans les épanchements des séreuses, l'évolution et le rôle phagocytaire que MM. Widal, Ravaut et Dopter attribuent à la cellule endothéliale qui « pour opérer la défense contre l'infection se desquame, s'isole, devient sphérique, prend l'aspect de gros mononucléaires dont elle arrive à partager les fonctions macrophagiques, et retourne ainsi probablement à son origine » ; car toutes ces assertions sont basées uniquement sur ce que ces auteurs ont trouvé dans les pleurésies des cellules endothéliales détachées sous forme de placards et « qu'il est fréquent de les trouver bourrées de polynucléaires dégénérés de quelques rares lymphocytes et de globules rouges ».

Or c'est toujours la simple constatation que des cellules endothéliales détachées de leur paroi peuvent absorber d'autres éléments ; mais cela ne saurait prouver qu'elles doivent les dévorer ou les emporter, ni même qu'elles reviennent à un état antérieur, toutes choses qui ne sont que du domaine de l'imagination et même impossibles à admettre théoriquement parce qu'elles sont contre nature.

Des observations analogues peuvent être faites pour toutes les cellules chargées parfois de substances et d'éléments variables dans les divers foyers inflammatoires, mais qui sont toujours plus ou moins altérées et dans des conditions les rendant absolument impropres à la fonction qu'on leur attribue d'une manière arbitraire.

Ces cellules, en effet, sont ordinairement augmentées de volume et déformées au milieu d'un liquide trouble, granuleux, rempli des mêmes substances contenues dans les cellules, pour la plupart à l'état trouble, et qui ont un noyau mal coloré. Quelques-unes sont en voie de dégénérescence manifeste et même de désintégration. Les jeunes cellules qui sont en place ne sont ordinairement pas chargées de ces substances ou n'en présentent que des traces. C'est ce qu'on voit très bien notamment dans la pneumonie dite épithéliale, où les cellules normalement fixées aux parois alvéolaires ne présentent pas ordinairement de particules noires, tandis que celles qui sont libres dans la cavité ou même encore attachées à une paroi, mais augmentées de volume, en renferment des quantités variables. On remarque encore que ce sont les cellules les plus volumineuses et les plus altérées qui en renferment le plus.

On dit bien qu'il s'agit de cellules migratrices et non de cellules épithéliales, mais sans le prouver. C'est le contraire qui est évident, surtout en remarquant que certaines cellules adhèrent encore à la paroi alvéolaire ; puisque, comme nous avons cherché à le prouver, il n'y a qu'une exagération et une déviation des productions endothéliales habituelles. Du reste les auteurs n'admettent-ils pas aussi la production de ces cellules par division des cellules endothéliales préexistantes? Ce qui n'est pas en faveur d'un changement de nature. On remarquera, en outre, que dans le tissu scléreux voisin, on ne trouve pas de cellules surchargées de ces déchets ; d'autant que des éléments aussi volumineux auraient de la peine à se frayer un passage, non seulement dans les interstices de ce tissu, mais encore dans les fins canaux lymphatiques et dans les capillaires sanguins. Quant aux cellules jeunes qui paraissent libres dans le tissu conjonctif, comme celles qui se trouvent dans le torrent circulatoire, elles ne présentent pas ordinairement de particules noires.

On admet, il est vrai, que les grosses cellules chargées de déchets et de pigment qu'elles emportent peuvent se rompre en route, afin d'expliquer la présence du pigment et des matières charbonneuses aux environs du foyer inflammatoire, au sein du tissu scléreux de nouvelle formation, sans qu'ils soient contenus dans des éléments cellulaires. On ajoute même que ces substances étrangères doivent être reprises ensuite par d'autres cellules qui finissent par les emporter jusque dans les ganglions lymphatiques voisins. Or, ce sont autant d'hypothèses dont la preuve reste à faire.

Et si les microbes ou produits microbiens ont l'influence néfaste qu'on leur attribue, n'est-il pas étonnant que des cellules migratrices puissent se charger de ces éléments de mort et cependant continuer à jouir de la propriété de déambuler, ainsi que des autres propriétés qu'on leur attribue arbitrairement, comme de sentir, de digérer, de se reproduire ?

En réalité, *la preuve qu'il existe des cellules migratrices n'a pas été faite* et nous ajouterons qu'*il n'est même pas prouvé qu'il existe des cellules douées de mouvements propres spontanés*. Ceux que l'on a observés *in vitro* sont dus bien plus probablement à des conditions physico-chimiques qui peuvent rationnellement expliquer les déformations cellulaires constatées dans ce cas et dans les tissus.

Or, dans l'organisme, la propulsion du sang se communique dans une certaine mesure, si faible soit-elle, au liquide nutritif au sein duquel se trouvent les jeunes éléments qui vont contribuer à la nutrition et au renouvellement cellulaire des tissus. Et cela suffit à expliquer les mouvements correspondants des cellules que l'on peut observer expérimentalement. On a aussi la preuve que les éléments cellulaires normaux et pathologiques subissent l'influence des mouvements du milieu liquide, par ce qu'on connaît de ces mouvements qui permettent au liquide et aux cellules qui s'y trouvent de s'infiltrer partout, de s'accumuler dans les parties déclives et dans les espaces libres, d'y former des remous, etc.

Il y a bien plus de probabilités pour que les déchets cellulaires et les particules étrangères soient entraînés par les liquides exsudés à l'état pathologique comme à l'état normal, et que, s'ils pénètrent dans certaines cellules, ce soit plutôt dans celles qui sont en voie d'altération, et qui, le plus souvent, se trouvent déplacées. Ce sont les conditions physiques que présentent les divers éléments infiltrés de liquide en quantité anormale qui déterminent l'incorporation des substances étrangères aux cellules ainsi altérées, et dont la désintégration va de nouveau remettre en liberté les particules dont elles étaient chargées et les substances dont elles sont composées, lorsqu'elles restent dans les tissus. On trouve donc ces résidus (et notamment les particules colorées libres dont il est facile de constater la présence) dans un tissu plus ou moins sclérosé et dans lequel de grosses cellules ne pourraient s'engager. Les liquides circulent, à n'en pas douter, à travers les tissus, et on ne voit pas pour quels motifs on leur refuserait l'action de « balayeurs » qu'ils ont sans conteste dans toutes les autres conditions en dehors de l'économie, et qu'ils sont bien plus aptes à remplir que les cellules dont l'action à ce point de vue doit être forcément très restreinte, n'étant manifeste que pour les cellules altérées qui sont rejetées au dehors.

C'est ainsi que dans les inflammations du poumon, la résolution des substances exsudées a lieu en partie seulement par l'expectoration des crachats, tandis que la plus grande partie est absorbée par les lymphatiques. Mais il reste toujours des particules noires sur les points sclérosés consécutifs aux inflammations antérieures dans le tissu pulmonaire et dans les ganglions correspondants.

Lorsque l'inflammation a lieu à proximité de la surface de la peau ou d'une muqueuse, la plus grande partie des déchets peut être éliminée au dehors, seulement avec exagération des produits ou avec des modifications plus ou moins prononcées, comme dans l'érysipèle et les diverses inflammations superficielles. La guérison peut survenir alors assez rapidement. Il en est encore souvent de même pour l'inflammation des organes qui n'a pas produit de troubles profonds dans la structure du tissu, ainsi qu'on le voit dans la plupart des pneumonies franches rapidement guéries, qui ne laissent aucune trace ou seulement quelques légers tractus de sclérose autour des vaisseaux ou près de la plèvre. Au contraire, ces lésions sont plus accusées dans les pneumonies lobulaires et les inflammations moins étendues à répétition, auxquelles succèdent ordinairement, comme nous l'avons vu, des lésions de sclérose où se trouvent toujours des particules charbonneuses en plus ou moins grande quantité, et d'autant plus que le sujet est plus âgé et a vécu dans une atmosphère chargée de poussières de charbon.

Ainsi que nous avons eu l'occasion de le soutenir, ce ne sont pas ces particules qui donnent lieu aux lésions inflammatoires ; car on peut les trouver en grande quantité chez des mineurs, sur des poumons sains, en raison de leur ténuité. Mais on les rencontre en grande quantité sur tous les points qui sont le siège d'une inflammation relevant de causes diverses et le plus souvent de la tuberculose. On peut seulement se demander pourquoi ces substances se trouvent toujours en plus grande quantité dans les foyers inflammatoires récents ou anciens? Or, les exsudats liquides abondamment produits et qui déterminent comme une *chasse* à travers les tissus sont bien propres à les entraîner dans les points où le tissu est plus ou moins bouleversé. C'est pourquoi ces particules sont en partie éliminées avec les crachats sous l'influence des affections inflammatoires et même de simples bronchites, et qu'on en trouve encore une plus grande partie au sein des tractus de sclérose, notamment autour des vaisseaux où passent les produits absorbés et naturellement les corps étrangers. Une certaine quantité reste en route, tandis que les parties les plus ténues atteignent les ganglions voisins.

Ce que nous venons de dire de l'anthracose est également vrai pour la chalicose produite par la présence des poussières de silice et pour la sidérose due à celle de l'oxyde rouge de fer, et, du reste, pour l'infiltration pulvérulente des poumons de quelque nature qu'elle soit; puisque ces substances étrangères, lorsqu'elles sont à l'état d'extrême ténuité, sont incapables de déterminer des troubles, et que les altérations pulmonaires observées sont variables, mais toujours en rapport avec les diverses causes d'inflammation et surtout avec la tuberculose qui est, des poumons, l'affection la plus commune. C'est pourquoi nous avons conclu qu'on ne peut admettre avec Zenker l'existence des pneumonokonioses, c'est-à-dire d'altérations scléreuses considérables produites dans les poumons seulement par ces poussières.

Ce n'est que lorsque des corps étrangers plus ou moins volumineux ont été introduits dans une partie quelconque de l'organisme, de manière à entraver les phénomènes de nutrition, qu'il en résulte nécessairement une inflammation plus ou moins circonscrite, pouvant donner lieu à de la suppuration s'il y a eu infection, et à un abcès qui évolue de manière à s'ouvrir et à créer ainsi une voie qui facilite ordinairement l'expulsion du corps étranger. Il peut aussi en résulter une inflammation simple aboutissant à des productions scléreuses à son pourtour jusqu'à la formation d'une coque qui l'enserre et qui persiste indéfiniment s'il n'est pas trop volumineux.

Il en est de même des parasites animaux qui ont pénétré dans les tissus et les organes, comme des *trichines* dans les muscles striés, où elles ne tardent pas à s'enkyster. Les *cysticerques* qui proviennent du *tænia solium* se fixent également dans les muscles, mais encore dans l'encéphale, dans l'œil, etc., en formant des amas dits kystiques limités par une membrane d'enveloppe fibreuse les séparant du tissu de l'organe affecté. Les *échinocoques* qui proviennent du *tænia echinococcus* donnent lieu bien plus fréquemment, surtout dans le foie, mais aussi dans le rein, etc., à des productions ayant à l'œil nu l'aspect de kystes simples ou multiples, qui peuvent acquérir un très gros volume. Ils sont également toujours limités par une membrane fibreuse provenant de l'inflammation créée par la présence des parasites sur une membrane particulière. Ces parasites peuvent évoluer de diverses manières, en produisant des pseudo-kystes de plus en plus volumineux ou nombreux dans le même organe ou dans les organes voisins. Mais il arrive aussi qu'ils cessent de vivre; et il n'est pas rare de rencontrer dans le foie d'anciennes cavités dont les parois peuvent être infiltrées de sels calcaires. Ces pseudo-kystes contiennent un peu de liquide clair ou trouble ne renfermant plus d'échinocoques et souvent un magma pâteux et crayeux où l'on n'en trouve pas davantage. Néanmoins il est parfois possible de découvrir dans le contenu quelques crochets caractéristiques de l'affection. Ces lésions anciennes sont ordinairement des trouvailles d'autopsie.

Du reste, qu'il s'agisse d'un corps étranger, d'un parasite ou d'une partie de l'organisme mortifiée, dans tous les cas il y a des troubles de la circulation locale d'où résultent des phénomènes inflammatoires, lesquels aboutissent à l'élimination de ces parties lorsque cela est possible, ou à leur enkystement lorsque les parties anormales sont trop volumineuses pour être expulsées ou absorbées. Au lieu d'une cicatrice remplaçant les parties détruites, on a en réalité une cicatrice qui les enveloppe momentanément ou définitivement suivant ce qui peut arriver en dernier lieu.

CHAPITRE VII

FOYERS INFLAMMATOIRES UNIQUES ET MULTIPLES

Sous l'influence des causes générales toxiques ou infectieuses, aussi bien que sous l'action d'une cause mécanique, les foyers inflammatoires peuvent se présenter à l'état isolé ou en nombre variable, soit simultanément, soit consécutivement, par métastase proprement dite ou par généralisation. Les lésions inflammatoires doivent être examinées dans ces divers cas pour chercher à se rendre compte des conditions de leur production, ainsi que de leur mode d'évolution et de terminaison.

FOYERS INFLAMMATOIRES UNIQUES

L'inflammation se rencontre localisée primitivement sur une région de l'organisme, pouvant comprendre un ou plusieurs tissus dans les cas où elle relève d'une cause mécanique, chimique ou thermique qui a directement lésé un ou plusieurs tissus ou organes voisins d'une région déterminée. Mais dans les cas d'une inflammation dite spontanée, sa localisation primitive a toujours lieu sur un seul organe ou sur un seul tissu et le plus souvent sur un territoire vasculaire déterminé ; ce qui est tout à fait en faveur du rôle que nous attribuons aux lésions vasculaires dans la pathogénie des lésions inflammatoires et, du reste, dans celle de toutes les lésions dites spontanées.

L'étendue de la lésion inflammatoire primitive est en rapport avec le volume et le nombre des vaisseaux tout d'abord affectés, et où, d'une part l'état de la circulation, d'autre part l'état général du sujet jouent certainement un rôle important, favorisant ou non la production des altérations. On doit admettre dans tous les cas une circonstance locale qui occasionne la production de l'inflammation primitive sur un point déterminé.

Souvent c'est une lésion directe de la peau ou d'une muqueuse, si minime qu'elle a pu passer inaperçue, comme cela arrive dans la production des furoncles ou anthrax, de l'érysipèle, d'abcès superficiels, etc. ; ou bien dans une infection générale, c'est une cause irritante locale incapable de nuire à l'état normal, qui provoque une inflammation par le fait des conditions anormales de nutrition dans lesquelles se trouvent les tissus. C'est ainsi que dans ces cas une légère pression, la moindre substance irritante pour la peau ou les muqueuses, tout comme une lésion récente ou ancienne, pourra donner lieu à une inflammation locale plus ou moins prononcée et même le plus souvent ulcéreuse, lorsqu'il s'agira de la peau ou des muqueuses, en raison de la fragilité de leur constitution et de leur rapport avec l'air extérieur.

La position habituelle d'un sujet peut être la cause déterminante de la localisation d'une lésion, telle qu'une pneumonie ou une pleurésie, par les phénomènes de stase qui en résultent et qui influent sans doute sur la fixation des altérations vasculaires. De même sur les points où l'action nerveuse est supprimée ou même diminuée, comme dans les cas de localisation constante de la pneumonie sur le poumon du côté paralysé chez les sujets ayant eu récemment une hémiplégie.

C'est aussi au niveau des extrémités terminales des vaisseaux que les lésions se produisent tout d'abord ; ce qui est encore à l'appui de l'interprétation donnée à la pathogénie des lésions.

Mais, soit dans la détermination initiale des lésions, soit dans leur étendue, il faut toujours tenir compte des facteurs multiples de leur production, comprenant l'action plus ou moins prononcée de l'agent nocif et les conditions locales et générales du sujet.

L'état fébrile est particulièrement apte à favoriser la production et la persistance des lésions. Il en est de même des phénomènes cachectiques sans fièvre, en raison de l'état de la circulation et de la tendance aux oblitérations vasculaires dans ces cas.

Ces mêmes causes doivent aussi influer, dans une mesure variable, sur la limitation ou l'extension des lésions inflammatoires. On comprend, en effet, que d'une manière générale, plus la lésion initiale sera limitée et occasionnelle avec un état général satisfaisant, plus il y aura de chances pour que l'inflammation reste limitée; tandis que dans des conditions inverses, elle pourra s'étendre plus ou moins. Mais encore faut-il tenir compte des faits révélés par la clinique, touchant la manière de se comporter des diverses lésions inflammatoires suivant leur cause et leur localisation, leur mode d'évolution parfois cyclique, d'autres fois naturellement extensive, etc., dont les déterminations précises échappent encore à nos recherches.

Toujours est-il qu'au point de vue anatomique, l'extension d'une lésion primitive aux parties voisines, a lieu par le même mécanisme qui a produit les premières altérations, c'est-à-dire par des altérations vasculaires envahissant les vaisseaux voisins du même territoire ou d'un territoire naturellement contigu, ou encore, qui l'est devenu accidentellement, par exemple, à la suite d'adhérences de parties habituellement plus ou moins indépendantes. Cela explique comment une inflammation peut envahir successivement plusieurs parties distinctes d'un même organe et aussi plusieurs organes voisins. Mais, dans tous les cas, il faut naturellement supposer la persistance de la cause avec un état général propice à l'extension des lésions.

Dans ces conditions, on peut observer l'extension graduelle plus ou moins prononcée des foyers inflammatoires aigus ou chroniques, à des degrés divers dans les deux cas, mais, en général plus prononcés dans le premier. C'est particulièrement lorsque l'inflammation est dite suppurée, encore bien plus lorsque le pus n'a pas pu être évacué, et au plus haut degré dans les inflammations désignées sous le nom de phlegmon, qui peuvent prendre rapidement de proche en proche une grande extension, plus particulièrement encore dans les inflammations gangréneuses.

A l'état chronique, on peut aussi observer l'extension très prononcée de foyers inflammatoires suppurés ou non ; mais ce sont ces derniers qui, en raison de leur marche lente, peuvent acquérir la plus grande étendue, comme dans les cas de sclérose chronique affectant tout un organe d'une manière diffuse ou souvent aussi deux organes similaires.

Il semble que, dans ce cas, les premières lésions qui ont modifié le tissu, l'ont rendu apte à présenter de nouvelles lésions sous l'influence de la moindre cause persistante ou renouvelée, par la présence des productions scléreuses qui rendent plus faciles de nouveaux troubles à leur niveau.

FOYERS INFLAMMATOIRES MULTIPLES

On observe fréquemment des foyers inflammatoires multiples ; mais il faut distinguer d'abord ceux qui sont produits simultanément de ceux qui succèdent à un foyer primitif unique.

C'est la cause première qui a provoqué des altérations sur plusieurs points à la fois, ordinairement sur le même organe ou dans deux organes pairs ou sur des points plus ou moins éloignés d'un même tissu surtout dans les cas d'infection générale avec des causes locales occasionnelles multiples.

On considère en général les lésions ulcéreuses multiples de la fièvre typhoïde comme produites spontanément par l'action du bacille d'Eberth ou de ses sécrétions, sur les organes lymphoïdes de l'intestin ; mais il est à remarquer que, si tous ces organes sont plus ou moins tuméfiés et le siège d'une hyperplasie cellulaire, on ne trouve des lésions ulcéreuses que sur les régions qui correspondent aux points où ces organes sont le plus développés et le plus nombreux, et où en même temps séjournent le plus les substances contenues dans l'intestin, auxquelles on peut ration- . nellement attribuer une tendance à la stase sanguine dans ses parois et une action plus ou moins irritante sur sa muqueuse. Ainsi peuvent prendre naissance les troubles de la circulation locale de la muqueuse et les phénomènes inflammatoires, puis nécrosiques, qui en résultent, avec une inflammation périphérique suivie de l'élimination des portions nécrosées et ultérieurement de la cicatrisation des ulcérations.

Ce ne sont pas ces lésions qui entretiennent la fièvre ; car celle-ci précède la production des lésions ulcéreuses qui peuvent même faire défaut et qui, d'autres fois, persistent à l'état d'ulcères plats incomplètement réparés, comme on les observe parfois chez des malades qui ont succombé au bout de plusieurs mois de maladie sous l'influence de complications consécutives. Ce sont au contraire les ulcérations qui persistent, ne pouvant pas arriver à la cicatrisation complète tant que durent les phénomènes fébriles.

On en a la preuve dans le fait que, lorsqu'au cours d'une fièvre typhoïde, il se produit une ulcération de la peau ou d'une muqueuse, comme cela arrive souvent par suite d'une cause irritante locale ou même d'une simple pression, la cicatrisation définitive ne se produit que lorsque la température est revenue complètement ou à peu près à l'état normal. C'est ce que l'on peut constater notamment pour les exulcérations légères du voile du palais que l'on observe quelquefois sur des sujets dont une grosse papille tuméfiée de la langue vient s'appliquer de chaque côté sur le voile du palais, probablement dans le sommeil. Quoique cette lésion soit très superficielle et légère, elle persiste tant que dure l'état fébrile. Les ulcérations légères de la langue ou de la lèvre produites dans des circonstances analogues par une dent coupante ou un chicot, se comportent de la même manière. Les pressions prolongées, surtout avec les souillures par l'urine et les matières fécales, ont encore plus d'action sur le siège, où se produisent des lésions que Beau assimilait non sans raison à celles de l'intestin.

Il en est de même, du reste, d'une ulcération quelconque dans tout état fébrile grave et notamment des plaies chirurgicales lorsque les malades sont sous l'influence de phénomènes infectieux.

On peut observer des manifestations inflammatoires multiples non seulement dans l'intestin, mais sur un poumon (ou sur les deux poumons et alors plutôt sur des parties à peu près symétriques), sur les divers points de la surface cutanée, et souvent encore avec une certaine symétrie pour les parties similaires. De même pour des lésions articulaires dans le rhumatisme articulaire aigu ou chronique, etc. On a beaucoup discuté dans ces cas pour savoir si ces inflammations ne devaient pas avoir plutôt une origine nerveuse afin d'expliquer ces localisations inflammatoires symétriques, et d'autant, que l'on n'a pas encore déterminé avec certitude quel est l'agent infectieux du rhumatisme.

Mais, dans la pneumonie double, ne voit-on pas la localisation inflammatoire se faire sur des parties symétriques? Et cependant, il n'y a pas de doute sur l'infection pneumococcique dans ce cas. C'est que, comme nous l'avons indiqué précédemment, il faut bien tenir compte, dans la localisation initiale des lésions, des conditions anatomiques propices à leur production qui sont à peu près les mêmes sur les points identiques des parties similaires. Encore voit-on ordinairement l'altération débuter sur une des parties avant l'autre par le fait de quelque circonstance indiquée précédemment ou même qui échappe à l'observation.

Dans certains cas, et notamment dans le rhumatisme articulaire aigu pris pour exemple, on peut observer des manifestations inflammatoires concomitantes ou consécutives sur d'autres articulations symétriques ou non et même sur des organes divers, comme les séreuses, les tendons et les muscles, et surtout l'endocarde. Toutefois, il est à remarquer que le tissu valvulaire, qui en est le siège habituel, a une certaine analogie de constitution avec les surfaces articulaires au point de vue de l'absence de vaisseaux, qui rend compte, dans une certaine mesure, de la concomitence de ces localisations.

On peut se demander si ces diverses manifestations inflammatoires qui se prolongent parfois pendant un temps assez long, proviennent toujours de la même cause infectieuse qui n'est pas épuisée, ou si les premières productions ont une influence sur celles qui leur succèdent, autrement dit si les dernières sont engendrées par celles qui les précèdent, d'autant que l'on observe ordinairement à l'occasion des nouvelles productions un arrêt dans les phénomènes inflammatoires sur les points primitivement envahis, qui guérissent si l'affection a été légère ou qui laissent seulement des altérations persistantes lorsque les perturbations ont été très intenses. Il s'agit à proprement parler d'une métastase. Mais il y a toutes probabilités pour que la même cause ait continué à faire sentir ses effets sur des points différents, en raison de leur localisation sur des parties similaires ou analogues et non dans les conditions où nous allons voir les effets de la généralisation d'une lésion primitive. Dans tous les cas, il résulte de l'observation la plus ancienne, que lorsqu'une manifestation inflammatoire nouvelle se produit, la première cesse ou s'atténue, à moins qu'il s'agisse de lésions graves auxquelles viennent s'ajouter des lésions ultérieures.

Cependant, un foyer inflammatoire primitif peut, à un certain moment, donner lieu à d'autres lésions qui en proviennent bien manifestement, et paraissent transmises par les voies lymphatiques ou sanguines.

FOYERS INFLAMMATOIRES MULTIPLES PAR ENVAHISSEMENT DES GANGLIONS ET DES LYMPHATIQUES

Et d'abord, il n'y a guère de foyer inflammatoire qui n'ait un retentissement plus ou moins appréciable sur les ganglions lymphatiques voisins, surtout lorsque cette inflammation est tant soit peu persistante ou répétée, bien plus lorsqu'elle est aiguë et particulièrement dans toute inflammation ulcéreuse ; et cela indépendamment de sa cause qui peut la prédisposer aussi, à des degrés divers, aux altérations ganglionnaires, au moins à une certaine période. C'est notamment ce que l'on peut constater au niveau des ganglions voisins du chancre simple et du chancre syphilitique, ou des lésions diphtéritiques des muqueuses. On remarque aussi la tendance constante toute particulière à l'envahissement des ganglions dans les manifestations inflammatoires aiguës ou chroniques de certaines maladies, comme la peste et la tuberculose.

S'il est difficile de dire pourquoi les ganglions sont plus affectés à la suite de certaines inflammations, il est facile de comprendre que, dans tous les cas, il y ait sur eux un retentissement plus ou moins prononcé d'une lésion voisine. En effet le système lymphatique continue à fonctionner plus ou moins sur les points enflammés ; et des éléments cellulaires, surtout des liquides chargés de déchets de toute sorte, et par conséquent aussi des substances nocives qui ont déterminé les premières lésions, sont charriés jusque dans les ganglions voisins et peuvent même atteindre des ganglions plus éloignés. Il est donc assez rationnel que des lésions de même nature se manifestent au niveau de ces ganglions. On est plutôt étonné qu'il ne s'en produise pas constamment de plus prononcées ; car, dans la plupart des inflammations, les altérations ganglionnaires secondaires sont plutôt légères, au point de ne pas attirer l'attention, mais peuvent toujours être constatées à des degrés variables dans les autopsies.

C'est ainsi que chez les malades atteints de lésions pulmonaires aiguës ou à répétition et chroniques, on trouve toujours les ganglions trachéo-bronchiques plus ou moins atteints de sclérose en raison des affections antérieures, et qu'on y constate une hyperplasie cellulaire seule ou surajoutée lorsqu'il s'agit d'une affection récente primitive ou récidivée.

On sait aussi combien fréquemment les ganglions cervicaux sont envahis à la suite des inflammations des muqueuses de la bouche, des fosses nasales, des glandes lacrymales, de l'arrière-gorge, ceux de la région lombaire, sous l'influence des lésions des organes abdominaux, ceux de la racine des membres dans les cas de lésions des extrémités, etc., presque toujours consécutivement à des lésions ulcéreuses ou même aux plus légères exulcérations cutanées ou muqueuses, qui y prédisposent plus que des lésions profondes, probablement en raison des connections du réseau lymphatique superficiel où les phénomènes d'absorption sont normalement le plus actifs.

Si l'on rencontre aussi fréquemment des altérations ganglionnaires dans la tuberculose, cela tient peut-être aux localisations primitives de ces lésions au niveau de parties superficiellement situées où elles sont longtemps persistantes, où elles donnent lieu ordinairement à des ulcérations ; toutes circonstances qui favorisent l'absorption active et longtemps continuée des éléments de contagion, lesquels vont infecter les ganglions du voisinage et même parfois ceux qui sont plus ou moins éloignés.

Les inflammations des ganglions voisins d'un foyer inflammatoire primitif sont toujours de même nature que celui-ci ; mais elles peuvent ne pas se présenter au même degré d'évolution. Ainsi on rencontre souvent des ganglions manifestement tuberculeux au voisinage d'un foyer primitif de même nature, ou des ganglions suppurés au voisinage d'un foyer de suppuration. Mais dans ces deux cas on peut aussi ne trouver sur d'autres ganglions qu'une simple augmentation de volume par activité circulatoire augmentée et hyperplasie cellulaire, tout comme on peut constater ces seules productions, à l'entour des foyers tuberculeux ou ulcéreux quelconques. Il s'agit dans tous les cas d'une extension de l'inflammation qui peut se présenter à cette période et même rétrocéder ou au contraire continuer à évoluer jusqu'à donner des productions tout à fait identiques à celles du foyer inflammatoire primitif.

Cette manière d'interpréter les faits observés est beaucoup plus rationnelle que celle qui consiste à admettre la production d'une lésion plus ou moins spécifique faisant naître des lésions réactionnelles à la périphérie. En effet on ne peut distinguer ainsi ces lésions, parce qu'elles présentent des transitions insensibles ; et que celles qui, à un moment donné, étaient considérées comme simplement réactionnelles, ne tardent pas souvent à présenter les caractères essentiels de l'affection. C'est bien ainsi que les choses doivent se passer puisque toutes les altérations dérivent de modifications anormales survenues dans les phénomènes biologiques des tissus.

Il n'est guère admissible que la propagation de l'inflammation d'un foyer primitif aux ganglions voisins ait lieu par le transport d'une ou de plusieurs cellules infectées qui se multiplieraient, vu qu'on ne constate aucune division cellulaire. On ne peut davantage admettre que des agents infectieux soient transportés par une ou plusieurs cellules ; car les cellules de ce foyer, qui sont plus ou moins altérées et augmentées de volume, ne doivent pas être susceptibles de se multiplier, ni même probablement d'être transportées, puisqu'elles ne pourraient circuler dans les vaisseaux les plus fins.

Il y a au contraire toutes probabilités pour que les lymphatiques absorbent surtout les liquides chargés de substances nocives avec les produits de désintégration cellulaire et la matière colorante du sang à l'état amorphe, ainsi que les substances étrangères à l'état de division extrême, telles que les poussières ténues provenant des voies respiratoires. Et du reste les lésions débutent dans les ganglions comme dans les autres tissus probablement par des altérations vasculaires donnant lieu à l'augmentation de l'activité circulatoire et à une hyperplasie cellulaire, phénomènes que l'on peut constater principalement dans le ganglion, mais encore à sa périphérie ; ce qui explique comment, dans les cas d'invasion ganglionnaire intense, par la suppuration notamment, le tissu cellulo-adipeux environnant ne tarde pas ordinairement d'être atteint.

Les ganglions voisins de la même région peuvent être affectés assez rapidement et ensuite ceux avec lesquels ils sont en relation. D'une manière générale on peut dire que l'intensité des altérations ganglionnaires est en rapport direct avec l'intensité, l'étendue et surtout la persistance des lésions inflammatoires primitives.

Toutefois il est des cas où la plus légère altération cutanée peut envahir les voies lymphatiques en donnant lieu à une inflammation qui se propage sur le trajet des vaisseaux lymphatiques jusqu'aux ganglions, comme on le voit fréquemment pour des plaies infectées de la main ou du pied, parfois si petites qu'elles ne laissent que peu ou pas de trace, alors que l'on constate cependant de la lymphangite et surtout de l'adénite axillaire ou inguinale, parfois même avec des accidents généraux plus ou moins graves.

L'inflammation s'est propagée très manifestement de proche en proche et avec une grande rapidité, les trainées de lymphangite étant apparues dans un temps très court. Toujours est-il que les ganglions atteints semblent bien limiter l'extension de cette inflammation dans la plupart des cas, où elle ne tarde pas à se terminer par résolution. Cependant elle peut s'étendre parfois aux parois du thorax ou de l'abdomen ; ce qui indique que cette limitation n'a rien d'absolu

Quant à l'inflammation sur le trajet des lymphatiques, nous n'avons pas eu l'occasion de l'observer anatomiquement, les malades ne succombant pas en général à cette période. Mais il y a toutes probabilités pour qu'elle réside dans le tissu conjonctif périvasculaire et qu'elle consiste dans une dilatation des capillaires avec activité augmentée de la circulation, phénomènes que l'on peut constater pendant la vie, et qui doit aboutir à une hyperplasie cellulaire d'intensité variable. En tout cas ce qu'il y a de positif, c'est que sur les cordons blanchâtres quelquefois rencontrés dans les autopsies à la périphérie du poumon et attribués à une lymphangite chronique, nous avons trouvé un tissu de sclérose périvasculaire dû certainement à une hyperplasie antérieure à ce niveau.

Nous ajouterons que parfois on peut croire à une lésion inflammatoire, alors que le tissu est seulement épaissi par une infiltration hyaline due à des troubles circulatoires, comme nous avons eu déjà l'occasion de le faire remarquer.

FOYERS INFLAMMATOIRES MULTIPLES
PAR GÉNÉRALISATION D'UN FOYER PRIMITIF

Il arrive assez souvent qu'un foyer inflammatoire donne lieu à un ou plusieurs autres foyers de même nature sur des points plus ou moins éloignés et dans des organes divers, constituant le phénomène dit de généralisation plutôt employé pour les tumeurs, mais qui présente la plus grande analogie dans tous les cas, par le fait de l'engendrement de productions ayant leur point de départ dans une première lésion qui leur imprime les mêmes caractères essentiels.

Déjà nous avons vu l'extension fréquente de l'inflammation aux ganglions sous l'influence de la même cause, aboutissant avec le temps à des lésions identiques. Mais tandis qu'un foyer de suppuration peut ne donner lieu qu'à une adénite non suppurée, tout au moins au début; le même foyer se généralisant dans d'autres organes donnera toujours lieu *immédiatement* à une inflammation également suppurée. C'est que, *vraisemblablement, la contamination des parties affectées secondairement se produit d'une manière différente dans les deux cas.* Il est admis, du reste, que dans le dernier, elle a lieu par la voie sanguine.

Les parois des veines, sont, en effet, très facilement atteintes et

dissociées par les productions inflammatoires, de telle sorte que,
lorsque l'inflammation n'est pas de nature à produire l'oblitération
complète du vaisseau, lorsqu'elle est rapide et destructive comme
dans le cas des inflammations suppurées, il arrive que les exsudats
purulents pénètrent dans les vaisseaux, d'où ils sont entraînés
dans le torrent circulatoire. Ils peuvent ainsi produire des altérations dans les poumons en donnant lieu à des oblitérations artérielles dites par embolies septico-pyohémiques, lesquelles produisent
des infarctus suppurés. Cette pathogénie de certains abcès secondaires est indubitable, puisque l'on peut parfois découvrir l'embole
qui a été la cause d'un infarctus suppuré et le rapporter sûrement
à son lieu d'origine.

Mais le plus souvent il n'en est pas ainsi, soit que la suppuration ait détruit les altérations initiales, soit que les oblitérations
vasculaires ne portent que sur des vaisseaux de très petits calibres
comme il arrive pour les abcès miliaires. S'il n'y a pas, dans ces
cas qui sont les plus communs, d'embole appréciable, on peut
presque toujours se rendre compte qu'il y a eu des oblitérations
de petites artérioles donnant lieu à la périphérie du tissu pulmonaire, c'est-à-dire au niveau de ses artères terminales, à une
inflammation lobulaire, comprenant un ou plusieurs lobules,
dont les parties centrales arrivent très rapidement à la suppuration,
tandis que sur les parties voisines il y a seulement de l'hépatisation
et de l'engouement, comme auprès de tout foyer inflammatoire.

Il est bien certain que dans ces cas, les oblitérations vasculaires
ne sont pas dues à des emboles volumineux, et que s'il y a eu
des embolies, ce ne peut être que par des globules purulents entiers
ou en partie désintégrés, des granulations fibrineuses ou des micro-
organismes. Il se peut même que ces oblitérations soient résultées
d'altérations des cellules endothéliales des vaisseaux qui en sont
le siège, par des produits microbiens occasionnant une thrombose
oblitérante. Celle-ci a d'autant plus de tendance à se produire qu'il
s'agit [d'affections fébriles particulièrement propices à la coagulation du sang dans les vaisseaux. Les conditions qui la sollicitent
relèvent à la fois de l'état physico-chimique du sang, de la débili-
tation générale du malade, et enfin des circonstances locales propices aux oblitérations vasculaires, surtout dans les poumons où
aboutit le sang veineux de toutes les parties de l'organisme. La
localisation des lésions secondaires dans les poumons est ordinairement au niveau des parties déclives des divers lobes, suivant
la position occupée par les malades, et suivant les conditions de

fonctionnement des diverses parties de l'organe, variables par le fait de circonstances diverses.

Les foyers secondaires de suppuration peuvent aussi se produire dans d'autres organes ; ce qui indique bien la possibilité de leur origine par un mécanisme différent de celui d'une embolie partie du foyer primitif, puisque la cause déterminante à dû traverser l'appareil pulmonaire pour porter son action plus loin.

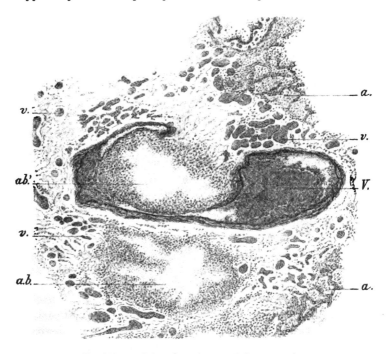

FIG. 113. — *Abcès pulmonaire ouvert dans une veine.*

V, veine. — *a.b.*. foyer abcédé près de la veine. — *a.b'.*, foyer abcédé dans la veine. — *a.* alvéoles avec exsudats. — *v*, vaisseaux nombreux dilatés.

Cependant lorsqu'un foyer purulent secondaire s'est formé dans un poumon, il peut se faire qu'il soit à son tour l'origine d'autres altérations éloignées. Dans un cas de ce genre, consécutif à un phlegmon préparotidien, nous avons pu voir, sur une préparation se rapportant à l'abcès secondaire du poumon, un vaisseau manifestement envahi par un amas purulent dont les éléments ont dû ainsi pénétrer dans la circulation (fig. 113). Il existait dans ce cas une artérite oblitérante de la fémorale gauche que l'on peut attribuer au foyerpulmonaire aussi bien, sinon mieux qu'au foyer primitif.

Toujours est-il qu'on observe parfois des lésions suppurées dans des organes autres que les poumons sans que ceux-ci aient été affectés, de telle sorte qu'on est obligé d'admettre que l'agent nocif a franchi l'appareil pulmonaire sans le léser, ou même tout en le lésant, pour aller donner lieu à une localisation dans quelque autre organe. C'est pourquoi l'hypothèse de l'action des produits microbiens sur les vaisseaux d'un organe où la circulation est ralentie, notamment dans les reins, dans la rate, sur les membres inférieurs, permet d'expliquer toutes les localisations secondaires d'une manière satisfaisante.

On peut supposer cependant que ces produits existent dans le sang de tous les malades qui ont un foyer de suppuration avec de la fièvre, et il s'en faut que tous présentent des foyers secondaires, puisque cela n'arrive que d'une manière exceptionnelle. Il doit donc exister en outre des conditions qui sont plus ou moins propices à la production de ces phénomènes de généralisation.

Depuis longtemps on a remarqué que les inflammations suppurées primitives qui donnent lieu le plus souvent à ces accidents sont celles qui siègent sur un tissu riche en vaisseaux, et sur lequel existent des cavités ou des anfractuosités rendant l'écoulement du pus au dehors plus ou moins difficile. C'est ainsi que les suppurations de l'utérus, de la prostate, des os sont citées parmi celles qui sont le plus fréquemment l'origine des foyers secondaires. Il n'en est pas cependant qui exposent plus les malades à ces accidents que les lésions cutanées, notamment celles du cuir chevelu dans les traumatismes, et celles du siège dans le décubitus au cours des maladies graves. Le pus est retenu dans une cavité naturelle ou accidentelle, dans un clapier d'où il peut difficilement sortir, ou dans une plaie dont les parois superficielles ont été recollées par une cicatrisation hâtive, tandis que du pus est resté enfermé dans le tissu sous-jacent, condition éminemment favorable à son absorption, au moins partielle, d'où résultera la production de foyers purulents secondaires, habituellement dans les poumons, parfois aussi dans les articulations, dans la rate, le foie, les reins, etc.

Il y a eu pénétration dans le sang du pus ou des substances toxiques élaborées au sein du foyer primitif puisque ce sont les conditions qui favorisent cette pénétration, auxquelles il faut rapporter la production des foyers secondaires. C'est l'adultération du sang qui va modifier les éléments cellulaires en circulation, ou ceux de l'endothélium des vaisseaux, ou encore les éléments du tissu conjonctif et ceux des capillaires sur les points où la circulation est le moins active, favorisant aussi dans les mêmes points les coagulations sanguines oblitérantes d'où résulteront les infarctus qui sont l'origine des abcès métastatiques.

Ce qui contribue encore à prouver l'influence des agents nocifs ayant pour origine le foyer primitif, c'est que le plus souvent les foyers secondaires se trouvent sur les points qui sont en communication directe avec le foyer primitif. Ainsi le poumon est, dans l'immense majorité des cas, le siège des abcès secondaires lorsque le foyer primitif se trouve sur une région ressortissant à la circulation générale, tandis que c'est le foie qui est secondairement affecté lorsque la lésion initiale est située sur un organe tributaire de la veine porte, comme cela arrive pour les abcès consécutifs aux lésions ulcéreuses dysentériques du gros intestin, dont les anfractuosités inflammatoires favorisent cet accident, ainsi qu'on l'a vu également pour du pus retenu dans l'appendice vermiculaire, dans les trompes, etc.

On n'a pas tenu compte de ces conditions différentes, dans les abcès métastatiques observés au cours de la fièvre typhoïde, lorsqu'on a rapporté leur origine aux ulcérations de l'intestin. Depuis longtemps nous soutenons que ces ulcérations ne doivent pas être incriminées pour des motifs nombreux qui paraissent les mettre hors de cause.

On remarquera d'abord que les accidents pyohémiques se produisent ordinairement dans certaines fièvres typhoïdes à forme prolongée, et à une période où les ulcérations sont absolument détergées et plates, dans des conditions peu favorables à l'absorption du pus qui ne peut guère séjourner à leur surface. Ce qui le prouve, du reste, c'est que le foie, qui, dans la fièvre typhoïde devrait être le siège de prédilection des abcès secondaires, n'est ordinairement pas affecté, et que l'on observe des abcès dans les poumons principalement, comme dans les cas où le foyer de suppuration primitif se trouve dans le ressort de la circulation générale. Et, en effet, on peut toujours trouver dans ces fièvres typhoïdes (le plus souvent au niveau du siège) une escarre ou au moins une exulcération de la peau, qui est l'origine des accidents.

Depuis bien des années où notre attention est attirée sur ce point et où nous avons fait beaucoup d'autopsies, nous n'avons jamais rencontré de fièvre typhoïde compliquée d'infection puru-

lente, sans constater en même temps les lésions cutanées qui en
sont l'origine et que l'on découvre en examinant avec soin les
diverses parties du tégument, mais qui sont souvent méconnues
lorsque l'attention n'est pas spécialement dirigée de ce côté.
Cependant cette notion est des plus importantes, d'abord parce
qu'elle est en conformité avec les faits précédemment exposés sur
la pathogénie de l'infection purulente, et ensuite parce qu'en connaissant la cause de ces accidents habituellement mortels, on peut
prendre préalablement des soins capables d'éviter les lésions qui
les déterminent.

La remarque que l'on a trouvé des bacilles d'Eberth dans les
foyers purulents secondaires ne saurait prouver leur origine intestinale contraire à l'observation des faits et à leur explication naturelle ; car, à notre connaissance, *jamais les ulcérations seules de l'intestin chez les typhiques n'ont donné lieu à des abcès secondaires ;*
tandis qu'il est assez naturel d'admettre que des abcès se formant
chez des typhiques infectés par les bacilles d'Eberth, ceux-ci se
retrouvent dans les abcès comme dans les autres manifestations
inflammatoires.

Non seulement les escarres et les exulcérations au niveau du
siège constituent le foyer d'infection qui donne lieu aux abcès
secondaires observés dans la fièvre typhoïde, mais il en est encore
ainsi dans toutes les maladies qui obligent les malades à un séjour
prolongé au lit, notamment dans les paralysies, dans les fractures, etc., et probablement dans la plupart des cas où l'infection
purulente est dite spontanée, lorsque l'on n'a pas trouvé de foyer
bien évident sur le cuir chevelu et les parties les plus en vue.

Dernièrement, nous avons fait l'autopsie d'un homme âgé de
soixante et un ans, ayant succombé à une infection purulente quelque temps après un traumatisme, d'où était résultée, en apparence
seulement, une fracture de la cinquième côte droite près de son
extrémité chondro-sternale. Or, après avoir constaté un foyer purulent au niveau de cette fracture et dans les interstices musculaires
de la paroi thoracique, avec un autre foyer de même nature indépendant du précédent, situé entre la paroi et la plèvre pariétale
épaissie, nous avons trouvé plusieurs petits infarctus suppurés ou
abcès dans le poumon gauche, tandis que le poumon droit, comprimé
par un épanchement séro-hémofibrineux, n'en contenait pas. Nous
avions affaire à des foyers purulents du poumon, qui nous paraissaient avoir pour origine l'abcès anfractueux situé au niveau de
la fracture. Mais comment avait pu se produire un abcès en ce

point où il n'y avait aucune plaie extérieure? Car, jusqu'à preuve du contraire, nous ne pensons pas que l'infection purulente puisse être spontanée, c'est-à-dire survenir d'emblée, sans qu'il y ait quelque part un foyer primitif de cause externe qu'il s'agit de découvrir.

Nous avons immédiatement incriminé une plaie cutanée devant se trouver sur un point quelconque et plutôt sur le siège où les lésions de ce genre passent ordinairement inaperçues. En effet, nous avons constaté, à ce niveau, deux petites plaies superficielles donnant plutôt l'aspect d'éraflures et ayant dû se produire dans le traumatisme qui avait donné lieu à la fracture de côte, mais dont on ne s'était pas préoccupé. L'une des plaies était récemment cicatrisée avec une croûte peu adhérente et l'autre était encore ouverte et suppurante. Un examen anatomique incomplet aurait pu faire croire à une infection purulente spontanée, tout comme en clinique ces lésions cutanées avaient été, sans qu'on s'en doutât, la cause de l'infection purulente. Celle-ci aurait pu être évitée en tenant compte du facteur important des altérations cutanées superficielles qui exposent aux plus graves dangers, et qui doivent toujours être recherchées dans les traumatismes pour être soignées comme il convient, et de manière à prévenir autant que possible les phénomènes de généralisation au cours des affections où les malades y sont exposés.

Il va sans dire que toutes les plaies cutanées, ni toutes les escarres, ne donnent pas lieu à de la pyohémie. Indépendamment des circonstances locales variables précédemment indiquées comme favorisant la résorption, il faut encore tenir compte des conditions générales, telles que l'affaiblissement produit par de longues maladies aiguës ou chroniques, le diabète, l'alcoolisme, et toutes les causes débilitantes, qui rendent les malades plus aptes aux phénomènes d'infection secondaire.

Il est à remarquer que si les foyers inflammatoires secondaires ont le caractère purulent comme le foyer primitif, on peut cependant observer en même temps d'autres lésions inflammatoires n'ayant pas ce caractère, lorsqu'elles ne dérivent pas directement du foyer primitif.

C'est ainsi que dans le cas précédemment cité de la fracture de côte suppurée, il y avait tout à côté un épanchement pleurétique séro-hémofibrineux qui n'avait qu'un rapport indirect avec les autres lésions, et notamment avec les infarctus suppurés du poumon, lesquels n'existaient que du côté gauche, précisément parce

que le poumon droit avait été préalablement atélectasié par cet
épanchement, et que les productions secondaires suppurées, aussi
bien que les tubercules ou les lésions métastatiques des tumeurs,
ne se produisent pas sur un poumon dans ces conditions. Et c'est
un argument à faire valoir en faveur de l'identité des conditions
de production ou de non-production de toutes ces lésions, ressortissant cependant à des causes différentes, et aussi en faveur de la
manière dont nous interprétons leur pathogénie.

Au contraire, lorsqu'un épanchement survient consécutivement à
une lésion suppurée du poumon, il prend le même caractère. Dans
un cas de pyohémie survenue à la fin d'une fièvre typhoïde, et
ayant pour origine une ulcération du pli interfessier, nous avons
trouvé une pleurésie purulente du côté droit où se trouvait un
infarctus suppuré du poumon, tandis qu'il y avait du côté gauche
une simple pleurésie fibrineuse, comme il peut s'en produire en
dehors des phénomènes pyohémiques.

Cependant, il est possible d'observer, dans ces circonstances,
une endocardite à forme ulcéreuse qui doit être considérée comme
se rapportant à des altérations de même nature, avec un état fébrile
persistant, en raison de l'intensité des productions et surtout des
phénomènes destructifs, tout à fait en rapport avec ce qu'on
observe au niveau des foyers de suppuration. Les valvules affectées
sont infiltrées d'une grande quantité d'éléments cellulaires, débor-
dant irrégulièrement dans les exsudats voisins. S'il n'y a pas de
collection purulente au niveau de ces valvules, c'est que les conditions résultant de l'état anatomique des parties altérées et du milieu
sanguin s'y opposent. C'est, du reste, surtout dans l'infection
purulente des accouchées et des blessés que cette endocardite est
observée. Ce qui n'empêche pas qu'elle puisse se produire aussi
dans d'autres circonstances et notamment dans les récidives de
cette inflammation affectant la forme végétante.

Au sujet de ces foyers inflammatoires produits consécutivement
à un foyer primitif, il n'a été question que d'inflammations suppurées. C'est que cela paraît être la condition nécessaire pour
donner naissance par la voie sanguine aux foyers secondaires dans
les organes plus ou moins éloignés.

Il est vrai qu'on admet la possibilité de la production de foyers
pyohémiques à une distance plus ou moins éloignée d'un point de
la peau ou d'une muqueuse, qui a été le siège de l'inoculation d'un
liquide purulent ou même d'agents infectieux, n'ayant laissé à ce
niveau que peu ou pas de trace. Mais encore est-il certain qu'il y

a eu en ce point un foyer purulent ou tout au moins des éléments qui en proviennent, en aussi petite quantité qu'on le voudra, mais dont l'absorption a donné lieu aux foyers secondaires.

Si les lésions cutanées les plus superficielles peuvent engendrer la pyohémie, il y a des probabilités pour qu'il puisse en être de même de certaines lésions des muqueuses dont les produits sont retenus dans des cavités facilitant leur résorption. Et c'est ainsi que des inflammations de ces muqueuses, placées plus ou moins profondément de manière à échapper, au moins en partie, à l'observation, peuvent être la cause de productions secondaires pyohémiques, qu'au premier abord on pourrait croire dues à une infection générale spontanée. Mais celle-ci n'existe pas plus que la génération spontanée : *il faut toujours un foyer primitif, et encore purulent, pour donner lieu à la production de phénomènes inflammatoires de même nature, dits de généralisation.*

Nous n'insisterons pas sur les caractères des lésions inflammatoires secondaires se présentant sous la forme d'infarctus ou de petits foyers inflammatoires qui peuvent être uniques, mais qui sont le plus souvent multiples. Ils tendent immédiatement à la suppuration et donnent lieu, par conséquent, à des abcès de volume variable, souvent très petits et nombreux, désignés sous le nom d'abcès miliaires. Le mode de production de ces abcès ne diffère pas de celui des abcès primitifs, avec les particularités relatives aux organes où ils se présentent, comme on peut le voir sur les figures qui se rapportent aux abcès miliaires du rein et du poumon. (Voir fig. 100 et 97.) C'est la production intensive des jeunes cellules sur un point assez limité et, d'autre part, les altérations dégénératives des éléments anciens au milieu de ces jeunes cellules également en dégénérescence, qui sont les phénomènes dominants, pendant que l'on voit, à la périphérie, des vaisseaux dilatés auxquels il faut rapporter l'hyperplasie cellulaire persistante.

CHAPITRE VIII

ÉVOLUTION ET TERMINAISON DE L'INFLAMMATION

L'inflammation peut être considérée dans tous les organes à · l'état aigu ou chronique. Dans le premier cas l'évolution des lésions se poursuit le plus souvent avec une activité plus ou moins rapide, jusqu'à la terminaison par la mort ou la guérison ; tandis que dans le second elle est ordinairement plus ou moins lente et persistante. Mais nous avons vu aussi que ces deux catégories de lésions ne pouvaient pas être distinguées d'une manière absolue, d'abord en raison de ce que cliniquement une inflammation ayant débuté d'une manière aiguë pouvait persister indéfiniment, et inversement de ce qu'une inflammation considérée comme chronique pouvait à un moment donné présenter des phénomènes aigus, mais surtout parce que, anatomiquement, la distinction est impossible, autrement que par la considération que les productions ont eu lieu rapidement ou lentement en rapport avec les phénomènes symptomatiques. Les seules lésions ayant quelque importance et accompagnées de fièvre, pourraient rationnellement figurer comme inflammations aiguës, et plutôt nécessairement au point de vue clinique.

Nous avons encore vu que les inflammations aiguës ou chroniques, simples ou suppurées, ne persistent qu'en raison de la persistance de l'agent nocif ou par suite de circonstances locales empêchant les phénomènes de réparation, et que ceux d'extension locale ou de généralisation trouvent presque toujours leur explication dans les conditions anatomiques locales et dans l'état général où se trouve le malade. Il y a, dans tous les cas, un phénomène dominant que nous avons constamment cherché à mettre en relief dans l'étude des lésions inflammatoires : c'est la tendance que présente l'organisme à la continuation des phénomènes de nutrition et de rénovation cellulaire de tous les tissus au cours de leur évolution ; parce que c'est le fil conducteur qui permet de se rendre compte de la nature de toutes les productions pathologiques (aussi bien pour ce qui concerne les lésions de généralisation que pour celles qui sont primitives), toutes provenant de la déviation de celles de l'état normal sous l'influence de la cause nocive connue ou inconnue.

C'est ainsi qu'on peut expliquer les altérations les plus variées au cours de l'évolution de toutes les manifestations inflammatoires et jusqu'à celles qui s'éloignent le plus de l'état normal sous l'influence des causes diverses, soit pour ce qui concerne les phénomènes productifs, soit pour ceux de dégénérescence, quelles que soient aussi les complications qui peuvent se présenter et le mode de terminaison de l'inflammation.

C'est avec la même préoccupation de la conservation de l'organisme dans son évolution pathologique que doivent être envisagées les possibilités de terminaison de l'inflammation pour arriver à en avoir une notion aussi exacte que possible, car c'est toujours un phénomène constant, non seulement dans les cas où la structure de l'organe affecté n'est pas modifiée, mais encore dans ceux ou des altérations destructives ont eu lieu; de telle sorte qu'on explique ainsi parfaitement la tendance aux phénomènes de réparation et de guérison qu'on peut observer dans tous les cas.

Terminaison de l'inflammation par le retour ad integrum.

Les inflammations légères de la peau et des muqueuses et même les altérations plus accusées, comme celles de l'érysipèle, se terminent ordinairement par résolution. Il en est de même de beaucoup d'inflammations légères des parenchymes survenues sous l'influence d'une cause infectieuse, qui n'ont donné lieu à aucune altération de structure, et encore d'une inflammation exsudative intense, comme celle qu'on observe dans la pneumonie lobaire et même dans d'autres organes, comme les reins, le foie, etc. Toutefois ce que l'on entend cliniquement par résolution, s'applique bien à la rétrocession des phénomènes inflammatoires, mais comprend à la fois les cas où les parties reviennent absolument à l'état normal, ainsi que ceux où elles conservent quelques traces des lésions antérieures, qu'il importe de distinguer anatomiquement. Pour le moment, nous ne nous occuperons que de la terminaison par le retour des parties *ad integrum*.

Virchow admet le retour possible à l'état normal, voire même à l'état embryonnaire, des cellules atteintes de tuméfaction trouble; mais c'est une vue théorique dont la démonstration n'a pas été faite. La preuve contraire est tout aussi aléatoire, en raison de l'impossibilité de suivre une cellule dans son évolution au sein des tissus où l'on trouve seulement des cellules voisines aux diverses phases de leur évolution et d'autres cellules à divers degrés d'altération. Mais il y a tout lieu de penser que des cellules évoluant naturellement d'une manière déterminée, vont continuer leur évolution lorsqu'elles seront altérées, sauf avec des modifications variables, et sans revenir en arrière en vertu d'une propriété contre nature que l'état pathologique leur aurait fait acquérir. On ne peut comparer, d'autre part, les cellules à des individus malades qui reviennent à la santé; car cet état est dû, non au rajeunissement des cellules et encore moins à leur retour à l'état embryonnaire, mais au *renouvellement des éléments altérés*. Et en effet, lorsque des cellules ont subi des altérations, il y a toutes probabilités pour qu'elles évoluent tant bien que mal jusqu'à disparaître et être remplacées par des cellules normales. C'est le retour *ad integrum* que l'on peut constater dans les parties précédemment enflammées, où il n'y a eu que *des altérations portant sur les éléments cellulaires disposés de manière à pouvoir être remplacés comme ils le sont à l'état normal*, notamment pour les épithéliums et endothéliums.

C'est ce qui arrive pour la peau, les muqueuses et les glandes à la suite d'une inflammation légère, ou même d'une altération plus prononcée comme celle d'un érysipèle, ayant donné lieu seulement à une production intensive d'éléments cellulaires qui sont éliminés à la surface de ces organes dans les mêmes conditions qu'à l'état normal, mais seulement en plus grande quantité et plus rapidement jusqu'au retour *ad integrum*. Il peut en être de même pour une inflammation légère du poumon et même pour la pneumonie lobaire, lorsque la structure du tissu n'est pas modifiée. Une partie des exsudats est éliminée au dehors à la surface de la peau ou des muqueuses affectées et pour le poumon par l'intermédiaire des bronches, tandis qu'une autre partie est résorbée par les lymphatiques. C'est surtout dans les cas où l'affection atteint un organe sain et évolue rapidement, précisément à la façon de l'érysipèle auquel la pneumonie a été comparée.

Il est vraisemblable aussi que des inflammations légères sans altération de structure, telles que celles signalées dans les divers organes à l'occasion des maladies infectieuses, peuvent se terminer par le retour *ad integrum*, mais également lorsque l'évolution de l'affection a été rapide; car dans tous les cas dont il vient d'être question il est possible de trouver quelques lésions scléreuses consécutives, au moins sur les points où les productions exsudatives ont été le plus abondantes et le plus persistantes. Ces cas rentrent alors, soit dans la catégorie de la terminaison de l'inflammation par le passage à l'état chronique, soit dans celle de la terminaison par cicatrisation.

Terminaison de l'inflammation par le passage à l'état chronique.

Il est très commun de trouver au niveau de la peau, des muqueuses et des organes divers qui ont été le siège d'une inflammation tant soit peu persistante, un certain degré de sclérose se manifestant toujours de prime abord autour des vaisseaux ou des parties qui en renferment beaucoup, comme les parois bronchiques, par un épaississement parfois si léger qu'il passe inaperçu lorsque l'attention n'est pas spécialement dirigée sur cette recherche, et surtout dans les organes où l'on n'a pas, comme dans le poumon, des particules noires pour les mettre en évidence. C'est qu'il y a eu des productions cellulaires en quantité excessive, qui n'ont pas pu être utilisées entièrement pour la formation et l'évolution des cellules propres, lesquelles exigent des conditions structurales particulières et la place nécessaire à leur développement. Celles qui n'ont pas pu évoluer et sont restées dans le tissu conjonctif, se sont tassées irrégulièrement, naturellement aux dépens des éléments normaux dont la structure se trouve ainsi modifiée, ne fût-ce que par le changement de disposition des capillaires à ce niveau. *Le retour ad integrum de ces parties est alors impossible, parce que la structure du tissu a été modifiée et que, notamment, les vaisseaux ne sont plus disposés de la même manière.*

Il en résulte, en effet, que les nouveaux éléments produits se présentent dans des conditions différentes qui imposent une constitution ou structure en rapport avec ces productions nouvelles ; d'autant plus que des vaisseaux de volume variable peuvent être ensuite comprimés ou le siège d'une inflammation aboutissant à leur oblitération. C'est consécutivement la production de troubles nouveaux et d'un bouleversement du tissu engendrant la persistance non seulement de la sclérose, mais encore d'une hyperplasie cellulaire. Celle-ci se manifeste à la fois par des productions abondantes et anormales à la surface de la peau ou des muqueuses, ainsi que dans les cavités glandulaires des parties affectées, par la présence d'une plus grande quantité de cellules conjonctives dans tout le tissu avec prédominance aux points d'élection précédemment indiqués. Elle a aussi une tendance à accroître la sclérose

à la périphérie des parties primitivement atteintes, ainsi qu'à en
produire sur d'autres points, surtout sous l'influence de quelque
cause de recrudescence de l'inflammation.

On rencontre fréquemment la persistance de l'inflammation sous
cette forme. Elle est due seulement à ce que la structure du tissu a
été altérée de telle sorte, que, même après la suppression de la
cause et le retrait des troubles inflammatoires, il reste un certain
degré d'inflammation toujours caractérisée par une hyperplasie anormale, mais avec la présence de productions scléreuses anciennes en
plus ou moins grande quantité. Elle paraît entretenue par ces modifications de structure au niveau des tissus qui doivent fournir des
éléments cellulaires en grande quantité, au fur et à mesure de
leur utilisation à la surface de la peau, des muqueuses et des
cavités glandulaires, où on les voit persister à peu près comme à
l'état normal, et seulement avec quelques modifications, lorsque la
structure du tissu sous-jacent est très altérée.

C'est ainsi que persistent, quoique l'on fasse, certaines inflammations de la peau dont les parties profondes sont plus ou moins sclérosées. Il en est de même pour les inflammations des muqueuses
dans les mêmes conditions, comme celles de l'arrière-gorge, des
parties profondes de l'urèthre, de la vessie, etc. C'est en vain que
dans ces cas on multiplie les cautérisations dans un but curatif.
Encore les malades sont-ils heureux, lorsque leur état n'est pas
aggravé par ces nouvelles exacerbations inflammatoires qui se
propagent souvent aux muscles sous-jacents et occasionnent des
troubles irrémédiables.

Nous avons vu comment une bronchite qui a duré quelque temps
s'accompagne toujours de lésions scléreuses, et, à la longue, de
phénomènes inflammatoires persistants, qui exposent les malades
à la production de lésions nouvelles.

C'est le cas habituel pour l'inflammation des reins qui commence
à se produire sur quelques points de la périphérie de ces organes et
se diffuse peu à peu sur les diverses parties du parenchyme, en
présentant, comme nous l'avons indiqué, toujours les mêmes caractères, c'est-à-dire une hyperplasie cellulaire anormale. Celle-ci
modifie les cellules des tubuli et augmente les déchets ; elle
encombre les espaces intertubulaires et, à un moment donné, peut,
sur divers points, remplir tout le tissu en le bouleversant et en donnant lieu à la production de nouveaux tubes plus ou moins rudimentaires, en raison de la tendance persistante de l'organe à sa
conservation par ses productions cellulaires même anormales et

exagérées. Plus ces lésions augmentent et plus elles ont de la tendance à en engendrer de nouvelles; ce qui rend compte de leur incurabilité.

L'inflammation continue aussi à s'étendre dans la cirrhose hépatique pour peu qu'elle ait atteint un certain degré, et quand bien même la cause initiale a été supprimée. Il en est à peu près de même de toutes les inflammations dites spontanées qui se sont manifestées par des productions scléreuses tant soit peu étendues sur un organe de structure délicate et remplissant un rôle physiologique important, dont les altérations tendent constamment à augmenter. Cependant toutes les productions scléreuses ne donnent pas lieu à des inflammations indéfinies et il nous reste précisément à examiner les cas terminés par guérison définitive.

Terminaison de l'inflammation par cicatrisation.

Nous avons vu que parmi les cas d'inflammation, considérés comme terminés par résolution et le retour *ad integrum*, il y a souvent production d'un peu de sclérose qui passe inaperçue, mais empêche cependant de considérer le tissu affecté comme étant revenu absolument à l'état normal. Les altérations qui en résultent sont si légères qu'il faut les rechercher attentivement pour les trouver, qu'elles ne donnent pas lieu à des troubles notables dans les phénomènes de nutrition et de rénovation cellulaire; et que, si troubles il y a, on les considère comme négligeables. Telles sont, par exemple, les lésions inflammatoires produites sur la peau par une pression prolongée (durillon), celles de l'érysipèle, celles des poumons désignées sous le nom de bronchite, ou celles du rein et du foie dans les maladies infectieuses qui donnent lieu à quelques troubles passagers de ces organes, appréciables ou non. Après leur cessation, on considère cliniquement ces affections comme guéries ; mais au point de vue anatomique, il en est résulté des lésions scléreuses minimes persistantes, qui peuvent bien être considérées comme des lésions cicatricielles et auxquelles se rapportent sans doute quelques troubles locaux parfois encore appréciables, mais qui d'autres fois passent inaperçus.

Ainsi il suffit pour le durillon qu'il y ait eu un peu de sclérose du derme et des artérioles oblitérées pour que, malgré la cessation de toute pression, la peau ne puisse pas revenir complètement à l'état normal, qu'elle reste moins souple et avec quelques modifications des productions épithéliales.

L'érysipèle, et surtout l'érysipèle à répétition de la face, laisse parfois quelques modifications scléreuses persistantes des téguments qui, lorsqu'elles ne sont pas appréciables pendant la vie, sont manifestes à l'examen histologique.

Une bronchite légère ne laissera peut-être pas de trace appréciable fonctionnellement. Cependant il est possible qu'on relève de temps en temps la présence d'une mucosité bronchique expectorée difficilement pour songer que cela peut provenir d'une légère production anormale entretenue par un peu de sclérose pulmonaire sur quelques points que l'examen attentif des poumons dans les autopsies révèle communément.

Il est fréquent de trouver dans les reins de petits points de sclérose très limités sur une préparation, plus souvent au niveau d'un ou de quelques glomérules, chez des sujets n'ayant présenté pendant leur vie aucun signe de ces lésions. En effet elles paraissent plutôt se rapporter à une cicatrice ayant vraisemblablement pour origine une inflammation légère survenue à l'occasion d'une maladie infectieuse quelconque qui a pu produire ou non à ce moment une albuminurie passagère. Il arrive en effet que dans ces cas les altérations sont si limitées qu'elles ne donnent pas lieu à des troubles appréciables. Mais anatomiquement on peut remarquer qu'il y a toujours en plus quelques cellules irrégulièrement disposées au niveau ou autour des points sclérosés.

Il est encore très commun de rencontrer sur les reins des traces d'infarctus anciens sous forme de dépressions cicatricielles variables d'étendue et de nombre, qui n'ont donné pendant la vie aucun signe appréciable. Et cependant on trouve à ce niveau des lésions destructives avec de la sclérose et des productions cellulaires anormales, lesquelles sont restées plus ou moins limitées et peuvent ainsi être considérées comme cicatricïelles, quoique anatomiquement on trouve les traces d'une perturbation persistante à ce niveau.

Il est également fréquent de rencontrer dans le foie des espaces portes qui paraissent un peu agrandis, souvent même avec un ou plusieurs légers prolongements anormaux, et dont le tissu est manifestement scléreux, mais sans une production cellulaire abondante, de telle sorte que là encore on se trouve en présence d'une sclérose légère qui peut être considérée comme cicatricielle; d'autant qu'elle n'avait donné lieu pendant la vie à aucun trouble appréciable, et que les lésions n'ont pas le caractère envahissant.

Des altérations analogues peuvent exister dans d'autres organes, dans le cœur, par exemple, où des travées de sclérose fréquemment

rencontrées paraissent se rapporter à quelque inflammation antérieure, lorsque les éléments cellulaires sont peu abondants, et
surtout quand ces lésions n'avaient donné lieu à aucun trouble
fonctionnel appréciable. Néanmoins, dans ce cas comme dans
tous les autres précédemment indiqués, on peut bien considérer
les lésions comme cicatricielles, mais sans oublier que ce n'est
pas un retour à l'état normal. C'est, du reste, ce que l'on peut
constater au niveau de tout tissu cicatriciel, même dans les centres
nerveux où le tissu de cicatrice ne doit pas être confondu avec les
productions scléreuses qui ont un caractère envahissant, comme il
arrive aussi pour le cœur et pour d'autres organes, probablement
sous l'influence d'une cause persistante.

On peut dire, du reste, d'une manière générale que *toute lésion
inflammatoire localisée qui a donné lieu à une altération de structure
d'un tissu, tend à la cicatrisation par la formation de productions scléreuses, indépendamment de la tendance à la reconstitution du tissu
dans la mesure du possible*, comme nous l'avons vu. Toutefois on
ne considère comme *cicatrice* que les *productions scléreuses n'ayant
aucune tendance à l'accroissement*, produites accidentellement à la
suite d'une perte de substance par nécrobiose, par suppuration ou
par une action traumatique.

RÉUNION D'UNE PLAIE PAR SECONDE INTENTION

Nous avons vu qu'un abcès ouvert à la surface de la peau ou
d'une muqueuse arrive peu à peu à effacer sa cavité et à ne plus
présenter qu'une lésion analogue à une plaie suppurante avec ou
sans perte de substance, consécutive à un traumatisme, et qui n'a
pas pu être réunie immédiatement; de telle sorte que le cas rentre,
pour ce qui concerne la cicatrisation, parmi les faits de *réunion
par seconde intention.*

En effet les destructions produites par un traumatisme ont pu,
comme dans le cas de l'abcès spontané, porter sur des tissus divers
qui se trouvent divisés complètement ou incomplètement et dont
une partie peut avoir été enlevée. En même temps, il y a eu
des vaisseaux ouverts qui donnent lieu à un écoulement de
sang plus ou moins abondant, suivant la qualité et le volume
des vaisseaux, et qui s'arrête spontanément ou par le fait d'une
intervention, comme nous l'indiquons un peu plus loin. Toujours
est-il que la plaie va suppurer et que les parties altérées des

éléments cellulaires et du sang vont dégénérer et être expulsées avec le pus formé à la surface de la plaie. Celle-ci est, en effet, bientôt constituée par un tissu dit de granulation, dont la figure 114 offre un spécimen. Il s'agit, dans ce cas, d'une plaie cutanée consécutive à une brûlure et dont les parties détruites ont été éliminées. Il reste la plaie suppurante avec son tissu de granulation constitué par une grande quantité de cellules jeunes, au sein desquelles se trouvent des vaisseaux capillaires assez volumineux et nombreux, de formation concomitante. Il y a une transition insensible entre les cellules de ce tissu et celles du pus qui en proviennent manifestement par une dégénérescence granulo-graisseuse au fur et à mesure que les cellules arrivent à la surface de la plaie ; tandis que celles des parties profondes tendent à la reconstitution des tissus et tout au moins à la production d'une sclérose plus ou moins prononcée du derme et même du tissu cellulo-adipeux sous-jacent. Cette sclérose peut être beaucoup plus intense et remonter jusque près de la surface suppurante sur des tissus anciennement enflammés, comme il arrive notamment pour les ulcères chroniques de la jambe.

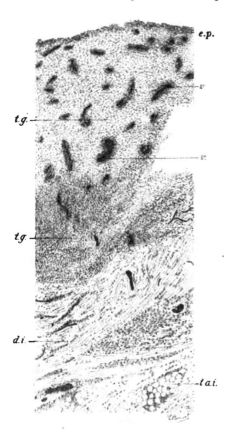

FIG. 114. — *Plaie cutanée consécutive à une brûlure.*

t.g., tissu de granulation constitué par une hyperplasie cellulaire intense avec des vaisseaux de nouvelle formation *v*. — *e.p.*, exsudat purulent à la superficie du tissu. — *d.i.*, derme infiltré d'éléments cellulaires. — *t.a.i.*, tissu adipeux infiltré de la même manière.

Il s'agit à proprement parler dans tous les cas où il y a une

solution de continuité d'un tissu, de phénomènes inflammatoires
variables suivant la nature du tissu, mais souvent avec une tendance à sa reproduction. C'est ainsi que l'os fracturé se reproduit,
mais toujours plus ou moins irrégulièrement; tandis que les
muscles ne se reproduisent nullement, mais que les parties séparées se soudent par du tissu scléreux; que les nerfs ainsi soudés
peuvent encore se reconstituer si les bouts sectionnés se trouvent
à proximité; que les faisceaux du derme sont également soudés
par des éléments de nouvelle formation, qui constituent partout
un tissu de sclérose, dans lequel il est possible de rencontrer
parfois des néoproductions d'éléments glandulaires rudimentaires
au niveau des glandes qui ont été plus ou moins altérées, mais
n'ont pas été complètement détruites. Les cellules nouvelles
abondent dans tous ces points et surtout autour des vaisseaux,
produisant une sclérose générale, et qui peut envahir de gros
vaisseaux veineux et même artériels, l'inflammation commençant
par la tunique externe pour gagner ensuite la tunique moyenne
et surtout la tunique interne. En tout cas, les cellules sont d'autant plus abondantes qu'on approche de la surface suppurante, où
elles forment le tissu de granulation toujours doublé d'une zone
scléreuse plus ou moins dense, comme nous l'avons vu pour la zone
pyogénique.

Le tissu de granulation diminue peu à peu d'épaisseur en même
temps que la sécrétion purulente se tarit graduellement et que la
sclérose sous-jacente augmente; puis on finit par voir une tendance
à la reconstitution de l'épithélium de recouvrement qui semble
partir des bords de la plaie pour aller s'étendre graduellement
jusque sur les parties centrales.

Cette question de la reconstitution de la couche épithéliale à la
surface d'une plaie en voie de cicatrisation a donné lieu à des
recherches intéressantes et à de nombreuses controverses. Certains
auteurs admettent sa formation aux dépens de l'épithélium persistant sur les bords, tandis que d'autres l'attribuent aux cellules
du tissu de granulation, et que d'autres, enfin, y font participer ces
divers éléments, mais toujours par la division des cellules. Or,
nous avons déjà dit qu'il était irrationnel de faire provenir les
mêmes cellules de deux origines aussi différentes, et que, non
seulement on ne constatait pas de division des cellules, mais qu'il
ne serait guère possible d'admettre une évolution latérale des
cellules qu'on suppose produites par l'épithélium en place.

M. Ranvier, étudiant expérimentalement le mode de cicatrisation d'une plaie de la cornée, a bien vu que ce sont les cellules profondes de l'épithélium qui viennent combler les vides faits par la plaie sur les couches superficielles, sans apercevoir aucune trace de division indirecte ou directe de ces cellules.

Il en est de même à la surface des plaies de la peau et des muqueuses, où l'on peut constater que l'épithélium est graduellement reformé par les jeunes cellules les plus superficiellement placées, et provenant des parties profondes, sans qu'on observe aucune division cellulaire, soit des cellules épithéliales voisines, soit des cellules conjonctives.

Cependant, l'influence de l'épithélium sur la reproduction de celui de la surface ulcérée ne paraît pas douteuse, d'autant que les « greffes de M. J. Reverdin » sont venues s'ajouter à la démonstration résultant des faits où l'on constate manifestement la production des nouvelles cellules de recouvrement au voisinage de l'épithélium resté en place. Mais en examinant une plaie de la peau dans ces conditions, on peut remarquer que des cellules épithéliales ne viennent pas s'ajouter à côté des cellules anciennes comme si elles étaient engendrées par elles, mais qu'il existe à partir de l'épithélium sur une certaine étendue, des cellules du tissu de granulation qui, peu à peu, prennent l'apparence de cellules malpighiennes, avec une prédominance marquée près de l'épithélium pour diminuer graduellement jusqu'à une certaine distance où l'on ne sait plus dire si les cellules superficielles sont ou non des cellules malpighiennes en voie de formation.

En supposant même, ce qu'on ne peut constater, que ces nouvelles productions proviennent de la division des cellules épithéliales anciennes, qui est l'opinion la plus générale, on ne comprendrait pas cette progression décroissante, à moins de supposer la division indéfinie de cellules à peine formées, c'est-à-dire dans des conditions contre nature, aussi bien pour ce fait que pour l'extension latérale des cellules épithéliales. Tandis que l'on voit la transformation insensible des cellules du tissu de granulation, c'est-à-dire des cellules conjonctives en cellules malpighiennes, tout comme on la voit près des cellules basales pour la couche restée en place. C'est aussi près de ce point que le phénomène commence à se produire et se trouve ensuite le plus avancé, probablement en raison de la persistance du tissu voisin dans des conditions de vascularisation plus propices à la reconstitution du tissu, et du voisinage de l'épithélium qui doit donner lieu à des échanges favorables à la spécialisation des cellules. C'est aussi ce qui résulte de la difficulté qu'on remarque pour la reconstitution de l'épithélium sur les surfaces suppurantes qui sont éloignées de l'épithélium et qui se cicatrisent plus vite lorsque des lambeaux épithéliaux sont transportés sur ces points.

Il ne s'agit pas à proprement parler de cellules greffées qui se multiplieraient, car rien de pareil ne peut-être observé. Mais les cellules transplantées dans de bonnes conditions, sur des surfaces dont la vitalité est bien assurée et à l'abri des causes infectieuses, deviennent immédiatement le siège d'échanges favorisant la formation sous-jacente des cellules, qui acquièrent ainsi une plus grande tendance à la reconstitution du corps de Malpighi. On remarquera en outre que la compression exercée à ce niveau pour maintenir les prétendues greffes en place, doit aussi favoriser la transformation épithéliale des jeunes cellules les plus superficiellement placées, par l'immobilisation et les conditions de nutrition qu'elle leur impose. Il n'y a que des parties vascularisées susceptibles de continuer à être alimentées par les vaisseaux de la plaie sur laquelle elles ont été transplantées, qui méritent le nom de greffes ; parce que, elles seules peuvent continuer à vivre, c'est-à-dire à évoluer. Tandis que toutes celles qui sont transplantées dans d'autres conditions sont destinées à périr, quels que soient les phénomènes qui se passent dans les parties sous-jacentes.

. L'épithélium finit ordinairement par recouvrir toute la plaie, en présentant souvent une accumulation anormale des cellules en rapport avec la vascularisation augmentée du tissu cicatriciel. Mais peu à peu celui-ci va se modifier par le fait des conditions nouvelles dans lesquelles il se trouve. L'activité circulatoire continue à diminuer de plus en plus, et s'égalise dans les parties voisines ; de telle sorte que les productions cellulaires diminuent graduellement. Le tissu se tasse en se rétractant jusqu'au point d'avoir une vascularisation notablement amoindrie, probablement par le fait de la disparition d'une portion de tissu ; de telle sorte que la cicatrice apparaît ultérieurement moins large, avec un aspect blanchâtre et une diminution d'épaisseur du tégument résultant de l'amincissement du tissu cicatriciel. Enfin lorsque la surface de celui-ci est tant soit peu étendue, l'épithélium se présente avec quelques particularités anormales : la couche cellulaire est moins épaisse et plus ou moins irrégulière ; tandis qu'il peut ne pas y avoir de différence appréciable avec les parties voisines lorsque la cicatrice est étroite.

Cette reproduction de l'épithélium modifié ou non, n'a lieu qu'à la condition que la surface reste libre; car si elle contracte des adhérences avec une autre surface ulcérée, l'épithélium n'est pas reproduit à ce niveau. Il en est de même pour les membranes enflammées ainsi qu'on peut le constater fréquemment sur les feuillets adhérents des séreuses.

Les organes complètement détruits, comme les glandes, les muscles et même le derme, ne sont pas reproduits. C'est ce qu'on pouvait constater sur une préparation se rapportant à une cicatrice de la peau qui datait de quinze jours, et était consécutive à une plaie sous pansement antiseptique. Il ne restait à la superficie qu'une lame assez étroite de tissu fibroïde, tapissée par une mince couche de cellules épithéliales, petites et tassées, dont on pouvait apprécier la différence avec les cellules normales des parties voisines. Puis au-dessous du tissu fibreux se trouvait seulement du tissu cellulo-adipeux devenu plus abondant, de telle sorte qu'il bouchait la perte de substance résultant de la disparition des autres éléments constituants de la peau.

Il n'y a que les parties détruites ou altérées qui disparaissent; car celles qui sont seulement le siège d'une production plus abondante d'éléments dont la nutrition peut être assurée, comme on l'observe au voisinage des parties détruites, ne présentent en général qu'une sclérose en rapport avec l'abondance des productions cellulaires, ou reviennent même tout à fait à l'état normal. Il y a le plus souvent une transition graduelle entre les diverses altérations et cet état.

S'il s'agit d'une inflammation suppurée des os, on constate la reproduction du tissu osseux au fur et à mesure de la diminution de la suppuration et de la tendance plus accentuée aux phéno· mènes de réparation, en raison de ses propriétés naturelles de reproduction avec beaucoup d'éléments cellulaires. Il en est de même dans les fractures compliquées ou septiques. Les auteurs ont remarqué que dans ces cas, il n'y a pas de formation carti- *lagineuse, tout au moins à la surface de la plaie ; ce qui a fait mettre en doute par quelques-uns, son existence dans les fractures simples. On a ainsi cherché à expliquer l'absence des productions cartilagineuses par les altérations profondes de la couche sous-périostée, quand *elle s'explique bien plus naturellement par le fait de la présence, à la surface de la plaie, de bourgeons charnus, c'est-à-dire d'un tissu vascularisé où le cartilage ne peut se former,* et qui est, au contraire, favorable à la production immédiate des lamelles osseuses.

Lorsqu'on constate d'autres phénomènes de reproduction dans les parties profondes, ils sont toujours très limités et n'ont lieu que d'une manière plus ou moins rudimentaire par des tissus simples, comme nous l'avons vu à propos de la description se rapportant aux phénomènes inflammatoires. Tandis que pour tous les tissus dont les éléments cellulaires présentent des perfectionnements, et qui, à l'état normal, se nourissent insensiblement sans être éliminés, ni reproduits, il n'y a jamais de reproduction consécutive aux destructions de cause quelconque. C'est le tissu scléreux, souvent avec l'adjonction du tissu cellulo-adipeux, produits d'une manière plus ou moins abondante, qui remplissent les vides. Mais quelles que soient ces modifications des tissus, pour qu'il y ait cicatrisation au niveau d'une surface libre, il faut encore qu'il y ait reconstitution d'une couche épithéliale à la superficie.

RÉUNION D'UNE PLAIE PAR PREMIÈRE INTENTION

Nous avons encore à examiner ce qui se passe dans le cas d'une plaie accidentelle ou résultant d'une opération chirurgicale, qui n'a pas été contaminée par des agents virulents et a pu être immédiatement réunie, en la considérant soit dans la profondeur des tissus, soit au niveau de la peau ou d'une muqueuse.

Il y a eu d'abord destruction des éléments qui se trouvaient sur le passage de l'agent vulnérant et dont une partie même peut avoir été enlevée. En tout cas il y a, au moins sur un point, production de discontinuité dans les éléments du tissu normal dont les parties voisines subissent nécessairement un certain degré de rétraction. Il résulte immédiatement de ces phénomènes une issue des liquides que renferme le tissu, d'abord dans la solution de continuité, et ensuite au dehors, si l'ouverture le permet. De ces liquides, le plus abondant est le sang, qui lui donne sa coloration; de telle sorte qu'on ne s'occupe guère que de lui. Il s'écoule plus ou moins abondamment suivant l'importance des vaisseaux qui ont été ouverts. Mais bientôt il se coagule entre les lèvres de la plaie, et d'autant mieux qu'il n'y a pas de perte de substance. Cette coagulation est aussi en rapport avec l'oblitération des vaisseaux ouverts, par un caillot qui arrête l'écoulement du sang, et au sujet duquel nous reviendrons en étudiant plus particulièrement ce qui se passe au niveau des vaisseaux ouverts dans les traumatismes.

Mais dès à présent nous pouvons partir de ce fait que l'écoulement du sang étant arrêté au niveau des vaisseaux qui ont été ouverts, il y aura certainement une dilatation de ces vaisseaux en amont et sur les parties collatérales, vu l'arrivée d'une plus grande quantité de sang par compensation. De cette vascularisation augmentée en ces points résultera une production plus abondante de cellules tout autour des parties lésées. C'est ainsi que, non seulement les phénomènes de nutrition et de production cellulaire se continueront vers ces parties, mais qu'il y aura même une hyperproduction cellulaire au sein d'une plus grande quantité de liquide plasmatique, constituant l'exsudat qu'on peut voir dans les parties voisines de la plaie et pénétrant même dans le caillot qui a pu se former. Peu à peu celui-ci disparaît en même temps que se constitue un nouveau tissu qui le remplacera et soudera les surfaces précédemment divisées, sous le nom de cicatrice. Dans tous les cas il y aura de l'inflammation comportant des phénomènes destructifs et productifs anormaux, tout comme dans la réunion par seconde intention, mais avec beaucoup moins de perturbation, au point que certains auteurs ont pu croire à tort à la possibilité de la réunion d'une plaie sans inflammation.

Si l'on considère, par exemple, une plaie cutanée réunie depuis quinze jours par première intention (fig. 115), on voit que l'épithélium s'est immédiatement reformé et qu'il n'existe à la surface qu'une dépression due à la solution de continuité persistante du derme dont les faisceaux ont été rompus, comme on peut fort bien s'en rendre compte. Dans l'intervalle qui les sépare se trouvent des éléments cellulaires nouveaux irrégulièrement disposés au sein d'une substance fondamentale claire, légèrement granuleuse, avec des vaisseaux de nouvelle formation, mais sans faisceaux hyalins et sans fibres élastiques. Plus profondément, on aperçoit des productions plus ou moins exubérantes de tissu cellulo-adipeux, entre lesquelles on remarque une suffusion sanguine probablement de formation récente. Les cellules abondent aussi, non seulement sous l'épithélium, mais entre les faisceaux du derme, dans le voisinage de leur rupture, et notamment autour des vaisseaux, des glandes sudoripares et même des nerfs, ainsi que dans le tissu cellulo-adipeux qui paraît manifestement augmenté de volume et a contribué à combler la perte de substance à la région profonde du derme.

Les phénomènes inflammatoires sont bien évidents dans ce cas et les nouvelles constructions constatées entre les faisceaux du derme rompus sont assez abondantes pour qu'on n'objecte pas qu'elles peuvent faire défaut. En effet, on peut rencontrer une coaptation plus immédiate des surfaces sectionnées, mais toujours avec quelques traces de la solution de continuité du derme, au niveau de laquelle se trouvent des productions nouvelles, indices

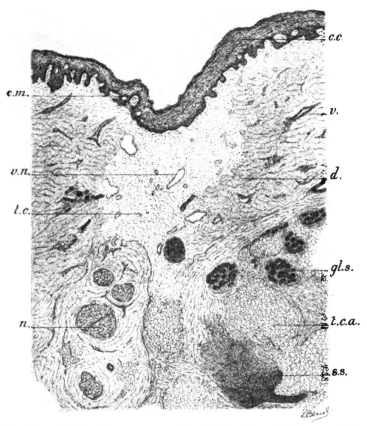

FIG. 115. — *Réunion de la peau par première intention à la suite d'une amputation du pied et datant de quinze jours.*

c.c., couche cornée. — c.m., corps muqueux de Malpighis. — d, derme interrompu dont les bords correspondant à la solution de continuité se détachent nettement du tissu de cicatrice t.c., situé entre eux. — gl.s., glandes sudoripares. — n, nerfs. — t.c.a., tissu cellulo-adipeux. — v, vaisseaux. — v.n., vaisseau de nouvelle formation. — s.s., suffusion sanguine.

certains d'une inflammation qui ne saurait manquer dans aucun cas, en raison des lésions vasculaires résultant de la solution de continuité.

En examinant une plaie de la paroi abdominale réunie par première intention depuis neuf jours dans des conditions aussi satis-
faisantes que possible (fig. 116), on voit encore la trace de la solution de continuité des faisceaux du derme. Ceux-ci sont soudés par
le tissu cicatriciel de nouvelle formation, lequel est constitué par
une substance fondamentale très claire qui renferme des cellules

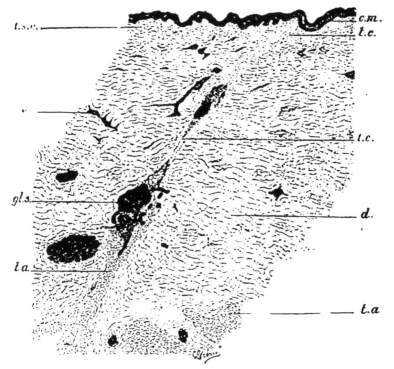

FIG. 116. — *Réunion de la peau par première intention dans une laparotomie
et datant de neuf jours.*

c.m., corps muqueux de Malpighi. — *t.s.e.*, tissu sous-épithélial. — *d*, derme. — *gl.s.*, glandes
sudoripares. — *v*, vaisseaux. — *t.a.*, tissu cellulo-adipeux. — *t.c.*, tissu de cicatrice.

disposées plutôt transversalement par rapport à la surface cutanée.
L'hyperplasie cellulaire est encore manifeste dans les parties voisines et il existe une production exubérante du tissu cellulo-adipeux qui remonte même en s'insinuant un peu entre les faisceaux
dermiques rompus. Ainsi est produite à travers le derme une cicatrice linéaire, mais une cicatrice, c'est-à-dire un tissu manifes-

tement inflammatoire, quoique cette cicatrice passe ensuite inaperçue, lorsqu'elle est très étroite, comme c'est souvent le cas pour les réunions par première intention.

Les phénomènes inflammatoires sont néanmoins bien manifestes, étant caractérisés à la fois par des phénomènes destructifs et par des productions cellulaires exubérantes et anormales, d'où résultent des altérations indélébiles. C'est qu'il y a eu, comme dans les cas de réunion par seconde intention, des tissus détruits ou altérés qui ne se reformeront pas ou se reproduiront d'une manière anormale ; c'est que des modifications ont été apportées à la structure des tissus divisés, et que, suivant la loi précédemment indiquée, il ne saurait y avoir dans ces cas de retour *ad integrum*.

Le retour à l'état normal ne saurait être observé que si l'agent vulnérant n'a enlevé ou altéré que les cellules de revêtement de la peau ou des muqueuses. Cela équivaut, en effet, à une desquamation hâtive des cellules ou à la section des cheveux et des ongles qui continuent de pousser, les cellules des couches profondes venant peu à peu remplacer celles qui ont été enlevées jusqu'au retour *ad integrum*.

On peut cependant se demander comment il se fait que dans ces cas la perte de substance se comble ; car il faut non seulement que les cellules continuent à se produire lorsque les parties superficielles sont tombées ou ont été régulièrement enlevées, mais encore qu'il y ait production d'une plus grande quantité de cellules à ce niveau pour arriver à l'égalisation parfaite de la surface externe de l'épithélium.

La théorie des équivalents d'espace de Weigert ne saurait suffire à expliquer ce phénomène ; car elle ne peut se rapporter véritablement qu'au volume et à la forme que les cellules prennent les unes par rapport aux autres dans un espace déterminé. En supposant que la simple perte de substance incite l'organisme à la remplir par une production exagérée de cellules, comme on devrait le faire en supposant le *primum movens* dans les cellules, ce serait revenir à l'hypothèse que « la nature à horreur du vide » c'est-à-dire à une hypothèse sentimentale ; tandis que l'on peut parfaitement se rendre compte des conditions qui doivent favoriser la production plus abondante des cellules là où des cellules normales ont été enlevées. En effet, dans ce point les capillaires sous-jacents doivent éprouver une résistance un peu moindre, d'où résulte leur dilatation, parfois nettement appréciable, avec une activité circulatoire augmentée qui favorise les productions cellulaires plus abondantes jusqu'au retour de l'état absolument normal.

Ainsi dans tous les cas les phénomènes productifs de réparation des tissus sont sous la dépendance des conditions physiques et physiologiques des vaisseaux chargés de pourvoir toujours aux phénomènes de nutrition et de rénovation cellulaire.

Mais dans les états généraux graves, surtout avec fièvre, et particulièrement à l'approche de la mort, les phénomènes inflammatoires peuvent être très diminués, à peine appréciables ou nuls au niveau des plaies dont les bords ont été mis cependant en coaptation parfaite, de même que sous l'influence des causes d'irritation (application d'un vésicatoire, injection d'une substance irritante, comme l'essence de térébenthine, suivant la méthode de M. Fochier dans le but d'obtenir un abcès dit de fixation, etc.), l'inflammation peut faire défaut. Il en résulte qu'à l'autopsie on trouve bien les surfaces incisées en contact, comme les a mises le chirurgien, mais que le travail de cicatrisation n'a eu lieu que d'une manière incomplète ou nulle, lorsque la fièvre a persisté et que l'état du malade a continué de s'aggraver jusqu'à sa mort.

Comme la question d'une intervention chirurgicale sur l'intestin dans les cas de perforation et même d'hémorragie au cours de la fièvre typhoïde, est actuellement à l'ordre du jour, on peut se demander si, d'après les considérations précédentes, il n'y a pas impossibilité à la réunion tissulaire des parties coaptées, lorsque la fièvre doit persister ? C'est ce qui est arrivé pour les réunions de plaies que nous avons observées dans des conditions analogues, et il nous semble particulièrement à craindre qu'il en soit toujours ainsi au cours d'une fièvre grave qui n'a aucune chance de céder sous l'influence de l'intervention ne visant qu'un phénomène secondaire. Car il en est tout autrement, lorsqu'on évacue une collection purulente qui entretenait la fièvre et que celle-ci ne tarde pas à diminuer, puis à cesser bientôt après l'intervention; ce qui permet à la cicatrisation de s'effectuer avec le retour des conditions de nutrition des tissus, suffisantes pour donner lieu aux phénomènes d'hyperplasie cellulaire.

La notion exacte de ce qui se passe dans la réunion d'une plaie par première intention est donc importante. Et même, lorsqu'elle a été faite dans les meilleures conditions générales et locales par le chirurgien le plus habile, on peut apprécier la constance des phénomènes inflammatoires, puisque, s'ils viennent réellement à faire défaut au niveau des parties mises en coaptation par le chirurgien, c'est que la réunion tissulaire ne s'est pas effectuée.

CICATRISATION D'UNE PLAIE DE VAISSEAU

Nous devons encore examiner les phénomènes de réparation qui se produisent au niveau des vaisseaux ouverts par le fait d'un traumatisme qui est le cas le plus simple.

Il y a d'abord un écoulement de sang qui peut s'arrêter spontanément. On a expliqué cet arrêt par la formation du caillot de J. L. Petit, puis par celle du caillot lymphatique de Jones, et en dernier lieu par la production du caillot lymphatique de Zahn, d'après l'observation directe sur le mésentère de la grenouille. Cette expérience a été répétée par M. Pitres sur la grenouille et sur des animaux à sang chaud pour les artères et les veines où les phénomènes se passent de la même manière.

Le bouchon de J. L. Petit ou caillot intérieur de Jones ne se forme qu'après la production du thrombus blanc, c'est-à-dire lorsque l'hémorragie est arrêtée, vers la fin du deuxième ou au commencement du troisième jour.

On a supposé que le début des phénomènes de coagulation avait pour origine l'action des hématoblastes. Toujours est-il que chez les animaux à sang chaud le thrombus blanc est formé par des globules blancs avec quelques globules rouges plongés au sein d'une substance granuleuse qui, pour M. Pitres, dériverait de la substance altérée des globules blancs. Cet auteur fait remarquer que ce n'est pas de la fibrine granuleuse, puisqu'elle est gonflée par l'eau pure qui n'altère pas la fibrine et qu'elle n'est pas modifiée par les solutions acidulées ou salées qui dissolvent la fibrine ; tandis qu'elle présente la plupart des caractères physiques et histochimiques de la substance protoplasmique des globules blancs.

Il ne nous semble pas qu'on doive considérer cette substance granuleuse comme provenant de la substance altérée des globules blancs, puisqu'elle est produite en même temps que ces globules.

Il s'agit, évidemment, comme pour toutes les plaies, d'un exsudat liquide accompagnant la diapédèse des globules blancs au niveau de la plaie vasculaire. Il n'est pas étonnant que ce liquide présente une analogie de composition avec le protoplasma de ces globules, en raison des échanges qui ont lieu entre ces parties, comme il en existe, du reste, entre toutes les cellules et le liquide plasmatique au sein duquel elles se trouvent. C'est cette substance oblitérant d'abord en partie, puis en totalité la lumière du vaisseau, qui devient le siège des productions cellulaires plus ou moins abondantes, lesquelles aboutissent à un tissu de sclérose à la périphérie et à l'intérieur du vaisseau, constituant ainsi un tissu de cicatrice qui empêche définitivement l'écoulement du sang.

Nous avons vu précédemment comment avait lieu l'oblitération spontanée des vaisseaux dans les foyers inflammatoires, c'est-à-dire par une inflammation graduelle d'abord de la tunique externe, puis de la tunique interne avec des phénomènes productifs aboutissant à l'oblitération. Sur les vaisseaux oblitérés par une ligature, on peut observer des phénomènes analogues qui ont depuis longtemps attiré l'attention des observateurs et ont été particulièrement étudiés.

OBLITÉRATION DES VAISSEAUX PAR UNE LIGATURE OU PAR TOUT AUTRE MÉCANISME

Laënnec, puis O. Weber, croyaient à l'organisation du caillot qui se forme dans les vaisseaux sur lesquels on a jeté une ligature; mais elle était niée par Cruveilhier, Ch. Robin et Verdeil. Pour Virchow, ce sont les globules blancs du thrombus qui se transforment en cellules conjonctives. C'est aussi l'opinion de Bubnoff qui les fait provenir des parois vasculaires et des organes voisins. Toutefois, la plupart des auteurs admettent que les productions nouvelles ont pour origine la prolifération de l'épithélium tapissant la surface interne des vaisseaux par division directe ou indirecte.

Or il résulte des recherches que nous avons pu faire sur des vaisseaux en voie d'oblitération, qu'on ne peut pas mieux voir la division des cellules au niveau de l'endothélium qu'à la surface des séreuses, de la peau ou de tout autre tissu enflammé.

La production des cellules en plus grand nombre à la surface interne des vaisseaux coïncide toujours avec une vascularisation augmentée de leurs parois qui sont pénétrées de nombreuses cellules, surtout au niveau des tuniques externe et interne, lesquelles sont ainsi toujours augmentées d'épaisseur. La tunique musculaire s'hypertrophie également, et le fait est surtout très manifeste pour cette tunique considérée sur les veines enflammées. Il arrive même que, soit sur les veines, soit sur les artères, la production de fibres-cellules envahisse plus ou moins la lumière du vaisseau. Dans le cas indiqué précédemment de la formation préalable d'un caillot cruorique, ce n'est pas celui-ci qui s'organise à proprement parler, mais c'est lui qui est peu à peu envahi et pénétré par un exsudat fibrineux au sein duquel se trouvent les cellules qui graduellement, s'organisent, le plus souvent en un tissu scléreux. Et dans celui-ci se forment en même temps, un ou plusieurs vaisseaux pouvant donner à ce tissu un aspect caverneux, ainsi que l'a fait remarquer M. Troisier. Les parois de ces vaisseaux de nouvelle formation sont constituées par des éléments cellulaires de l'exsudat, le plus souvent avec une ou deux couches de cellules et parfois, comme on peut le voir sur une grosse veine variqueuse oblitérée, avec des parois présentant manifestement des fibres musculaires. Ces nouveaux vaisseaux peuvent à leur tour être le siège d'une oblitération, comme on l'observe assez souvent. Quant aux éléments cellulaires qui remplissent la lumière des vaisseaux, ils sont de même nature que ceux des parois. Ce sont, comme nous l'avons indiqué précédemment à propos de l'inflammation des vaisseaux, des cellules musculaires à des degrés divers de développement. (V. p. 371 et 282.)

Cependant, dans certains cas d'artérite oblitérante rapide, on peut trouver l'artère transformée en un véritable cordon fibreux très dense, comme nous avons eu l'occasion de le voir pour l'artère sylvienne chez un syphilitique, tandis que dans les mêmes circonstances, avec une inflammation probablement moins rapide; nous avons constaté la formation de nouveaux vaisseaux dans la cavité oblitérée.

On peut se demander si cette néoformation vasculaire provient de la tendance générale de l'organisme à reproduire les parties détruites, ou s'il ne s'agit que de formations vasculaires dans un tissu nouvellement produit à l'intérieur du vaisseau comme partout ailleurs? Or, cette dernière interprétation nous semble la meilleure, vu que l'on voit des nouveaux vaisseaux sur les divers points où existent de nouvelles productions, lesquelles en comportent toujours. Et il y a d'autant plus de raisons pour que de nouveaux vaisseaux se produisent à ce niveau, que le sang y abonde nécessairement, et que, comme nous l'avons vu, c'est la présence du sang au sein de l'exsudat qui donne lieu à la constitution de nouveaux vaisseaux plutôt que le prolongement des capillaires persistants. Dans ce cas notamment, où les productions vasculaires nouvelles sont formées vers les parties centrales du vaisseau oblitéré, on ne peut faire intervenir la théorie des auteurs pour leur formation qui s'explique au contraire très bien, là comme partout ailleurs, par l'interprétation que nous avons donnée.

Les caillots cruoriques qui se forment dans le cœur, pendant la vie, sous l'influence de causes diverses et qui donnent lieu à une altération de l'endothélium à ce niveau, ne tardent pas à être le point de départ de phénomènes inflammatoires qui s'étendent à toute l'épaisseur de la paroi, en même temps que les exsudats de la paroi interne empiètent peu à peu sur le caillot pour produire des néoformations à tendance oblitérante, comme on l'observe parfois dans les ventricules, mais surtout dans les oreillettes et plus particulièrement dans les auricules. C'est le même processus, mais avec la disparition d'une partie des fibres striées.

INFLAMMATIONS RÉCIDIVANTES

Les inflammations qui sont produites par des causes traumatiques, thermiques ou chimiques, étant accidentelles, ne sont naturellement pas comprises parmi celles qui sont susceptibles de récidive. Toutefois elles peuvent être la cause occasionnelle de la localisation d'une inflammation spontanée : une arthrite tuberculeuse, par exemple, succédant à une arthrite traumatique. Mais bien plus souvent encore on rapporte à un traumatisme antérieur une inflammation spontanée qui est survenue au bout d'un temps trop long pour pouvoir lui être imputée, ou qui n'a fait que rendre évidente la lésion qui était auparavant à l'état latent, comme il arrive parfois dans l'exemple précédemment cité d'une arthrite et notamment d'une arthrite du genou.

Il va sans dire qu'une plaie traumatique récemment et parfois incomplètement cicatrisée, peut, sous l'influence de la moindre cause irritante ou d'un pansement défectueux, ou encore d'une maladie intercurrente, présenter à nouveau une surface suppurante ; mais ce n'est à proprement parler que la continuation de l'inflammation par suite de mauvaises conditions locales ou générales empêchant la cicatrisation.

La question de la possibilité d'une ou de plusieurs récidives ne se pose en réalité que pour les inflammations dites spontanées, c'est-à-dire de cause interne. Or la plupart de ces inflammations peuvent récidiver. Toutefois quelques unes confèrent à l'organisme une immunité qui le préserve plus ou moins d'une récidive, sans que le mécanisme de cet effet soit parfaitement élucidé, malgré les recherches nombreuses faites à ce sujet dans ces dernières années. En tout cas comme cette immunité ne ressort pas pour le moment d'un changement anatomique appréciable par nos moyens d'investigation, nous ne nous en occuperons pas davantage.

Non seulement la plupart des inflammations dites spontanées peuvent récidiver; mais une première manifestation prédispose souvent à des atteintes ultérieures. On peut les attribuer souvent, d'une part à la prédisposition du sujet, et d'autre part à ce qu'il est exposé aux mêmes causes nocives. Bien plus, les modifications locales cicatricielles ou scléreuses consécutives à une première inflammation constituent ordinairement une prédisposition locale à des inflammations récidivées par le fait d'une infection générale. C'est ainsi qu'une bronchite ou qu'une néphrite, ayant laissé des productions scléreuses, naturellement avec un bouleversement du tissu normal en ces points, prédisposera le sujet à contracter une nouvelle bronchite ou néphrite sous l'influence d'une infection générale, par le fait de ces productions déjà existantes, qui sont une cause de troubles circulatoires plus accusés à ce niveau : les nouvelles altérations venant s'ajouter à celles qui existaient antérieurement. Cela ressort également des expériences de Max Schüller. On peut ainsi s'expliquer comment certaines personnes ayant eu une ou plusieurs bronchites, contracteront ordinairement une bronchite à la suite d'un refroidissement, tandis que d'autres personnes avec des antécédents différents, exposées au même refroidissement, auront d'autres localisations inflammatoires.

Cela ne suffit pas à expliquer toutes les inflammations récidivées; mais on peut ainsi se rendre compte de la tendance à la reproduction de beaucoup d'inflammations, tout au moins de celles qui viennent se localiser sur les points atteints antérieurement.

Les lésions antérieures peuvent aussi avoir une influence sur les caractères de celles qui auront lieu ultérieurement. C'est ainsi que les productions scléreuses disséminées dans le tissu pulmonaire, et résultant d'inflammations plus ou moins répétées désignées improprement sous le nom de bronchites, prédisposeront d'abord à de nouvelles inflammations de même nature, ainsi qu'à celles désignées sous le nom de bronchopneumonie et de pneumonie. Mais de plus ces dernières altérations se présenteront le plus souvent, pour peu que l'intensité circulatoire soit notablement augmentée, avec des exsudats hémorragiques exagérés résultant vraisemblablement des troubles circulatoires plus accusés, occasionnés par la présence du tissu scléreux et probablement par une action exagérée du cœur. Il arrivera aussi que ces troubles circulatoires favoriseront la production d'un nouveau tissu de sclérose, même parfois pour des pneumonies lobaires plus ou moins étendues.

Cependant la pneumonie se présentera dans ces cas bien plus souvent à l'état de lésions disséminées, c'est-à-dire sous la forme lobulaire, probablement en raison des productions scléreuses antérieures autour desquelles se remarqueront principalement les productions nouvelles, bien entendu lorsqu'il s'agit de productions peu intenses; car, lorsqu'elles sont étendues, les lésions antérieures ne font que rendre le poumon moins susceptible d'aboutir à la résolution de l'inflammation et par conséquent aggravent le pronostic.

Les bronchitiques ayant aussi de l'emphysème, cet état du poumon doit également être pris en considération pour expliquer la manifestation plutôt sur les points non emphysémateux. C'est pourquoi la pneumonie est si souvent lobulaire chez le vieillard.

Dans les cas précédemment pris pour exemples d'inflammations récidivées, terminés par la guérison, nous n'avons considéré que ceux où les produits inflammatoires viennent simplement s'ajouter à ceux déjà existants; mais il peut arriver aussi que l'inflammation nouvelle se produisant sur des points anciennement sclérosés où la nutrition est difficilement assurée, il survienne des désordres plus grands, notamment des phénomènes nécrosiques et en somme une ulcération. C'est ce que l'on observe parfois dans l'encocardite à répétition : la présence des mêmes micro-organismes dans le sang, qui avait d'abord donné lieu à une endocardite simple mais plutôt végétante, peut dans une récidive produire une endocardite ulcéreuse. Il est vrai qu'il faut aussi tenir compte des conditions générales dans lesquelles se trouve le sujet.

Les circonstances dans lesquelles les inflammations récidivantes peuvent se présenter avec la même localisation ou sur des points différents sont excessivement variables. Mais dans tous les cas on ne doit pas manquer de s'enquérir des antécédents pathologiques des malades ; car ils fournissent souvent des indications applicables aux lésions qui sont d'origine tuberculeuse, dont nous allons nous occuper.

CHAPITRE IX

TUBERCULOSE

S'il est une maladie dont les lésions devraient être le mieux connues, c'est bien la tuberculose. Depuis les travaux de Bayle et de Laënnec, elle n'a jamais cessé d'être l'objet d'observations et de recherches de plus en plus fructueuses, qui ont d'abord fait connaître toutes ses manifestations possibles dans les divers organes. Elle a été encore bien mieux étudiée de nos jours sous toutes ses faces, depuis que Villemin, en 1865, a fait la démonstration de son caractère contagieux, et que Koch, en 1882, a mis en évidence le bacille qui peut être considéré comme la cause de production et de transmission des lésions. Cependant les publications les plus récentes montrent qu'on discute encore au sujet des productions tuberculeuses, et que, par conséquent, on n'est pas exactement fixé sur leur nature et leur constitution. Bien plus, il semble même qu'on soit toujours à la recherche des lésions caractéristiques de l'affection.

Nous n'essayerons pas de refaire l'historique de cette question, car en y consacrant un volume, nous risquerions encore d'être incomplet. Du reste les traités classiques donnent des indications suffisantes pour arriver au point en litige concernant le mode de production et de constitution des lésions tuberculeuses.

HISTOGENÉSE ET CONSTITUTION DES LÉSIONS TUBERCULEUSES

Depuis que les travaux de Langhans, de Köster, de Schüppel, ont fait connaître d'une manière précise les éléments qui entrent dans la constitution des tubercules, on a abandonné l'opinion de Virchow qui faisait provenir ces éléments des cellules fixes du tissu conjonctif, pour les rapporter à des éléments lymphatiques, puis à des cellules migratrices. On a ensuite admis avec Koch que ces cellules transportent les bacilles dans les organes, où, sous l'influence de ces agents, elles se transformeraient en cellules épi-

thélioïdes, constituant les follicules ou nodules tuberculeux.
M. Metchnikoff et son élève M. Borrel ont ensuite fait intervenir
les diverses variétés de leucocytes pour lutter contre les bacilles,
les englober, les digérer, etc. Mais bientôt Baumgarten est venu
soutenir que les éléments du tubercule ne proviennent pas des
cellules migratrices et qu'elles sont formées uniquement par la
prolifération karyokinétique des cellules fixes des tissus où se
développent les tubercules.

Depuis lors les auteurs sont partagés entre ces deux opinions
de la formation des tubercules par des cellules migratrices ou par
les cellules propres des tissus ; et beaucoup font intervenir à la
la fois le concours de ces deux processus. Dans ce dernier cas, les
uns admettent la formation des cellules épithélioïdes aux dépens
des cellules fixes, pendant que la zone embryonnaire proviendrait
des cellules migratrices ; les autres n'attribuent toutes les néoformations qu'aux cellules fixes se divisant par karyokinèse, tandis
que les cellules migratrices ne joueraient qu'un rôle mal déterminé
et consistant surtout dans leur destruction. Les uns et les autres se
réclament cependant d'expériences faites dans les meilleures conditions, puisqu'ils ont examiné les tubercules à tous les degrés de
production après leur avoir donné naissance par des injections dans
les veines de cultures de bacilles.

C'est ainsi que Baumgarten a toujours vu les tubercules se
former par la division indirecte des cellules propres des tissus,
tandis que M. Yersin n'a jamais pu constater leur division, ni
même leur dégénérescence, contrairement à l'opinion soutenue par
Kockel qui, opérant sur le foie par l'injection de cultures tuberculeuses dans la veine porte, a trouvé dans les extrémités terminales
des vaisseaux, des thrombus contenant des bacilles, avec une
nécrose des cellules hépatiques dans les parties correspondantes.
Au neuvième jour commenceraient à apparaître les tubercules
miliaires formés exclusivement par la prolifération des cellules
endothéliales et des cellules conjonctives ; les cellules hépatiques
et les leucocytes n'intervenant probablement pas dans l'histogé-
nèse du tissu tuberculeux.

Ainsi l'expérimentation qui paraissait si favorable pour élucider
cette question de l'histogenèse des produits tuberculeux n'a donné
que des résultats contradictoires, ou tout au moins incertains, qui
remettent toujours en question non plus l'origine, mais la nature
des productions. C'est que l'expérimentation ne permet pas de
suivre les éléments anatomiques dans la constitution des tuber-

cules, même en sacrifiant de jour en jour des animaux inoculés en même temps; car l'observation ne peut toujours porter que sur des animaux privés de vie et différents. Il en résulte que l'interprétation joue un très grand rôle dans la constatation des phénomènes et jusque dans l'existence ou non de la mitose des cellules propres, comme du reste dans tous les états pathologiques où cette question se présente toujours et se trouve partout contestable, ainsi qu'il résulte de nos recherches.

Il y a cependant certains faits importants à retenir de ces expériences sur lesquels nous aurons à revenir. C'est d'abord la formation d'un thrombus dans les vaisseaux où s'engagent les bacilles et parfois consécutivement des phénomènes de dégénérescence des cellules propres de la région, puis, au bout d'une semaine ou moins, la formation des tubercules avec la production de jeunes éléments dont la nature varie suivant les auteurs; mais où l'on voit intervenir à la fois des modifications dans les cellules propres des divers tissus et la production de cellules migratrices.

L'observation des sujets qui ont succombé à la tuberculose miliaire donne des indications équivalentes, et qui sont particulièrement profitables, en raison de la variété des lésions que l'on peut observer dans le même cas sur les divers organes et sur de nombreux sujets de tout âge, dans les circonstances variées ou la maladie s'est présentée et a évolué.

Après avoir examiné un grand nombre de lésions tuberculeuses dans les conditions les plus variées, nous sommes arrivé à la conclusion suivante, présentée au Congrès de Berlin en 1890 : « L'examen comparatif des tubercules développés simultanément dans la plupart des organes, démontre qu'il existe des différences notables entre les éléments constitutifs des follicules sur les divers organes, et que ces différences proviennent des rapports de parenté qui se révèlent manifestement entre les cellules épithélioïdes et les éléments propres de chaque organe. » En même temps, nous avons montré les dessins qui se rapportaient aux préparations des tubercules développés dans les divers organes d'un même malade et où ces phénomènes étaient très manifestes.

Nous avons cherché aussi à prouver que les nodules tuberculeux proviennent de cellules diapédésées répandues sous forme de tourbillons, dont les cellules du centre étaient plus ou moins immobilisées, tandis que celles de la périphérie devaient être encore en mouvement. « L'immobilisation des cellules, disions nous, paraît être une condition qui détermine leur évolution d'une manière analogue à celle des cellules épithéliales arrivées au point où, à l'état normal, elles sont immobilisées à la surface d'un organe. Et ainsi s'explique l'aspect épithélioïde que prennent les cellules avec des caractères qui se rapprochent plus ou moins de ceux offerts par les cellules épithéliales de l'organe affecté. » Nous étions ainsi arrivé par l'observation des faits à constater que les tubercules étaient, en somme, constitués par des éléments épithéliaux de même nature que ceux de l'organe qui en sont le siège, en cherchant à expliquer l'aspect analogue des cellules par le même mécanisme, et en même temps leur non-similitude et leurs aspects variés dans les divers organes, par suite des conditions différentes et variables dans lesquelles se trouvent les cellules des nodules tuberculeux.

En continuant nos études sur les lésions de la tuberculose comparativement avec celles des autres affections, nous n'avons pas tardé à nous apercevoir que beaucoup de lésions inflammatoires, surtout à marche lente, donnent lieu très manifestement à des productions analogues aux tissus qui en sont le siège ; d'où la conclusion que si cela était démontré pour des lésions produites sur des organes divers par des causes différentes, il devait en être de même pour les inflammations aiguës qui offrent toutes les transitions intermédiaires avec les inflammations subaiguës et chroniques. C'est ce qui nous a paru bientôt évident à la suite de nos observations faites dans ce sens. Enfin, nous avons vu qu'il en était de même des tumeurs. Et nous sommes ainsi arrivé à conclure, d'abord que toute lésion primitive des tissus réside dans une altération des éléments de ce tissu, et que les néoproductions sont constituées par des éléments de même nature que ceux du tissu affecté, parfois avec une disposition analogue, d'autres fois avec un aspect plus ou moins atypique, suivant la qualité de l'agent nocif, et les conditions excessivement variées dans lesquelles les lésions peuvent se présenter.

De là à conclure que toutes les productions pathologiques n'étaient que la continuation des productions normales plus ou moins modifiées, il n'y avait qu'un pas que nous devions naturellement franchir. C'est dans cette direction que, depuis lors, nous avons poursuivi nos recherches en les faisant porter sur les préparations les plus variées. Nous avons eu chaque jour, graduellement la démonstration que nous sommes entré dans la bonne voie, et même que c'est la seule voie vraiment scientifique conforme à la biologie, si souvent proclamée et toujours abandonnée.

C'est ainsi que nos premières recherches sur la constitution des tubercules miliaires ont été le point de départ de celles qui se rapportent à tous les états pathologiques, où nous avons toujours trouvé la continuation de l'évolution de l'organisme seulement plus ou moins troublé à la fois dans son état statique et dans son fonctionnement. Si elles ont peu attiré l'attention, au point même de n'être pas signalées par les auteurs considérés comme les mieux documentés (parce qu'ils n'ont pas manqué de consigner les hypothèses les plus invraisemblables auxquelles l'histogenèse du tubercule a donné lieu), c'est, sans doute, qu'elles n'ont pas paru assez extraordinaires, et que le merveilleux a plus de succès. Mais du moment où il s'agit d'une conception générale applicable à l'histogenèse de toutes les altérations pathogéniques, nous espérons qu'on n'hésitera pas à y faire entrer les productions tuberculeuses, d'autant qu'elles sont particulièrement propices à la démonstration des idées que nous soutenons. L'examen des préparations se rapportant aux lésions tuberculeuses développées dans les divers organes sur des tissus différents, ne nous paraît laisser aucun doute sur la réalité des faits que nous avançons.

Et d'abord, si l'on considère, comme nous l'avons fait précédemment, seulement les nodules tuberculeux développés sur un même sujet dans plusieurs organes, on est frappé de l'aspect variable qu'ils présentent dans chacun d'eux, quoiqu'ils soient constitués par les mêmes éléments essentiels. C'est ainsi que les plus petits présentent un centre de cellules épithélioïdes avec une ou plusieurs cellules géantes et une zone périphérique de jeunes cellules ; tandis que ceux qui sont tant soit peu plus volumineux, ceux, en somme, qu'on rencontre le plus fréquemment, ont un centre en dégénérescence caséeuse, près duquel se trouvent ou non un ou plusieurs amas de cellules épithélioïdes avec ou sans cellules géantes appréciables, mais toujours avec une zone périphérique de jeunes cellules qui ont de la tendance à produire une sclérose plus ou moins accusée.

Il existe, comme nous l'avons indiqué, une transition insensible entre les éléments jeunes de cette zone périphérique et ceux qui constituent les cellules épithélioïdes. Cependant, tandis que les premiers n'ont pas de caractères bien déterminés dans les divers organes, on peut constater que les seconds se spécialisent dans chaque tissu au fur et à mesure de leur développement cellulaire. Leurs noyaux sont bien toujours semblables à ceux de la zone périphérique, mais leur protoplasma se caractérise en

prenant un aspect analogue à celui des cellules propres du tissu
affecté; tous les éléments normaux et pathologiques d'un même
tissu ayant alors un air de famille, qui diffère plus ou moins de
celui des autres tissus.

Quelques exemples de nodules tuberculeux considérés sur des
organes différents dans des conditions favorables mettent bien en
évidence l'analogie des cellules épithélioïdes avec celles des éléments propres du tissu d'origine dans chaque cas.

Lorsqu'on examine certaines préparations de tuberculose de la

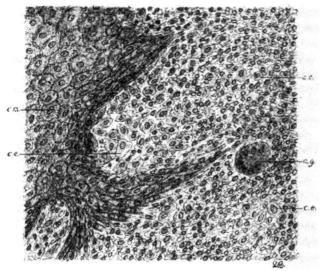

Fig. 117. — *Nodule tuberculeux de la langue près de son revêtement épithélial.*
c.m., corps muqueux de Malpighi. — c.g., cellule géante. — c.e., cellules épithélioïdes qui offrent
la plus grande analogie avec celles du corps muqueux près duquel elles se trouvent.

peau et surtout d'une muqueuse à épithélium malpighien, comme
celle de la langue (fig. 117), on est frappé de l'analogie que présentent les noyaux et le protoplasma des cellules épithélioïdes
et géantes avec les mêmes éléments des cellules épithéliales voisines. Ces dernières sont simultanément en état d'hyperplasie,
comme le prouve l'augmentation d'épaisseur de la couche épithéliale auprès de laquelle sont aussi accumulées un plus grand
nombre de jeunes cellules conjonctives. Dans ce cas, c'est tout
près des cellules épithéliales qu'on voit les cellules épithélioïdes
assez volumineuses pour offrir un type bien net de cette analogie.

Mais, à mesure qu'on s'éloigne de la couche de Malpighi et qu'on examine des follicules situés entre les fibres musculaires, on trouve les cellules épithélioïdes moins volumineuses et les noyaux plus petits, beaucoup plus analogues aux jeunes cellules qui entourent les follicules et sont répandues entre les fibres musculaires.

Cette différence dans l'état des cellules épithélioïdes de nodules tuberculeux cependant produits sous l'influence de la même cause, dans le même organe, ne peut tenir qu'au développement différent des nouvelles cellules en rapport avec les conditions différentes du milieu où elles se trouvent. En effet, c'est d'une part près de l'épithélium au niveau des cellules qui vont habituellement se transformer en cellules épithéliales et qui dès lors sont tout à fait aptes à des formations analogues, mais non identiques, puisque la structure du tissu en ce point n'est pas semblable. C'est d'autre part au sein du tissu intermusculaire où n'existent que de petits éléments et où naturellement les nouvelles productions ne peuvent être différentes.

En général, dans tous les tissus, les cellules épithélioïdes des tubercules offrent un aspect qui est ordinairement en harmonie avec les néoproductions avoisinantes. Et même près de l'épithélium, si les productions abondent sous la forme de petites cellules accumulées en grand nombre, comme souvent dans le lupus, les nodules tuberculeux sont alors très petits et pour ainsi dire constitués par un amas très dense de jeunes cellules sur lesquelles on trouve à peine la trace de leur protoplasma. Bien plus, si cette accumulation de cellules a déterminé des troubles profonds de la circulation, il peut se faire que les cellules aient un aspect trouble qui les rende encore moins distinctes. Et dans ces cas il y a aussi des phénomènes de caséification plus accusés et d'ulcération qui indiquent un état de la circulation bien différent de celui où les productions sont plutôt exubérantes.

Ainsi on se rend parfaitement compte de l'aspect variable que peuvent présenter les nodules tuberculeux sur la peau, sur une muqueuse, et, nous pouvons ajouter, dans les différents tissus, sur tous les organes. Il suffit en effet qu'au lieu de leur production, on ait constaté l'analogie des cellules épithélioïdes avec celles du tissu normal ou modifié par l'inflammation, dans des conditions favorables, pour qu'on ne puisse interpréter autrement les autres cas dont les modifications sont en rapport avec des circonstances plus ou moins appréciables. Et l'on doit en déduire que les productions tuberculeuses relèvent, comme toutes les productions

pathologiques, de la continuation des phénomènes normaux et
qu'elles ressortissent aux lois biologiques sur lesquelles nous avons
précédemment insisté. Naturellement les mêmes réflexions sont
applicables aux tubercules de tous les organes.

On rencontre assez souvent dans le foie des follicules tuberculeux (fig. 118), dont les caractères des cellules épithélioïdes se
rapprochent très manifestement de ceux des cellules trabéculaires
voisines par l'aspect que présentent de part et d'autre le protoplasma assez abondant et les noyaux. C'est surtout dans les cas

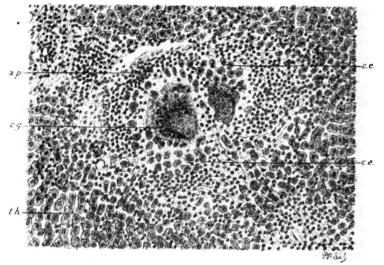

FIG. 118. — *Nodule tuberculeux du foie où les cellules épithélioïdes
offrent une grande analogie avec celles des trabécules.*

c.g., cellule géante. — *c.e.*, cellules épithélioïdes. — *z.p.*, zône périphérique de petites cellules. —
t.h., trabécules hépatiques.

où ces productions ont lieu au niveau des petits espaces portes en
empiétant sur les trabécules, et où il s'agit de productions plutôt
discrètes, paraissant édifiées lentement et avec une vascularisation
augmentée à la périphérie. Car, d'autres fois, surtout lorsque les
follicules sont très petits et les productions cellulaires abondantes,
les cellules épithélioïdes sont peu développées et il n'y a de bien
manifeste que la similitude des noyaux. Il arrive aussi bien souvent
que les nodules sont plus volumineux et plus nombreux, mais que
tous les éléments restent peu développés ou ont un aspect plus ou
moins flou en raison de l'état de la circulation à ce niveau.

Dans ces différents cas encore, les nouvelles productions ne sont ni identiques, ni différentes : elles sont et ne peuvent être que plus ou moins analogues.

En effet, les cellules épithélioïdes, qui ont avec celles des trabécules voisines un air de famille permettant de les considérer comme de même nature, s'en distinguent cependant en ce qu'elles ne prennent jamais la disposition trabéculaire. C'est que dans l'inflammation du foie, ainsi que nous l'avons indiqué précédemment il ne saurait y avoir une production de nouvelles trabécules nécessitant une structure compliquée, alors que le réseau vasculaire a été bouleversé; la modification de structure ne permettant pas la reconstitution du tissu, suivant la loi générale qui régit les néoproductions et sur laquelle nous avons particulièrement appelé l'attention.

S'il arrive bien plus souvent dans le foie, comme partout ailleurs que les cellules épithélioïdes n'offrent pas une analogie appréciable avec les cellules hépatiques, cela tient comme nous venons de le dire, à des particularités secondaires qui ne sauraient rien changer à la nature des éléments, puisqu'elles dépendent seulement de circonstances variables et surtout de l'état de la circulation.

Il arrive assez souvent que les cellules épithélioïdes des tubercules du rein offrent plus ou moins d'analogie avec celles des tubuli. Mais tantôt le protoplasma cellulaire est trouble et mal limité, probablement parce qu'il a subi rapidement une altération dégénérative, comme du reste l'épithélium des tubuli à ce niveau, et tantôt les cellules épithélioïdes ressemblent absolument aux cellules bien distinctes sur les tubes voisins où elles ont manifestement été renouvelées sous l'influence du processus inflammatoire donnant lieu à des productions nouvelles à la fois extra et intratubulaires. C'est au point que, dans ce cas, certaines cellules géantes à noyaux périphériques en couronne présentent plus ou moins d'analogie, soit avec ces tubuli, comme on peut le voir sur la figure 119, soit avec les vaisseaux dont les cellules endothéliales ont aussi été renouvelées; toutes les cellules du tissu étant de nouvelle production et analogues. C'est, du reste, ce qui a fait supposer à quelques auteurs que les cellules géantes pouvaient appartenir à des tubes glandulaires ou à des vaisseaux, dont elles se distinguent toujours, en réalité, par leur constitution tout à fait différente sur laquelle nous allons bientôt revenir.

C'est précisément dans les cas où l'inflammation, procédant pro-

bablement lentement et cependant avec assez d'intensité, a graduellement modifié les éléments propres restés en place dans les
tissus où ils ont été manifestement renouvelés, que les éléments
des formations épithélioïdes, naturellement récentes, ont le plus
d'analogie avec ces éléments, comme on peut s'en rendre compte
sur ce nodule tuberculeux du rein.

Ce phénomène est encore plus évident lorsqu'on le considère sur
la figure 120 se rapportant à un nodule tuberculeux de l'épididyme

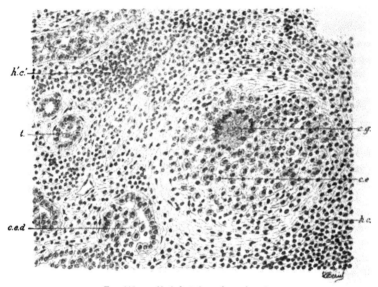

FIG. 119. — *Nodule tuberculeux du rein.*

c.g., cellule géante. — c.e., cellules épithélioïdes d'aspect analogue à celui des cellules épithéliales des tubuli. — h.c., hyperplasie cellulaire périphérique. — h'.c'., hyperplasie cellulaire en
amas. — t. tubuli. — c.e.d., cellules épithéliales desquamées dans un tube dont la coupe transversale
pourrait être prise pour une cellule géante, mais seulement à un faible grossissement.

qui se trouve à proximité des tubes glandulaires dont les cellules
sont complètement modifiées, se présentant sous l'aspect de
cellules cylindriques courtes et minces à protoplasma fortement
teinté en jaune par le picrocarmin, tandis que les noyaux allongés
sont vivement colorés en rouge, et qu'il existe à la périphérie de
ces tubes de nombreuses cellules rondes ou fusiformes également
bien colorées. Or, des cellules analogues se trouvent à la périphérie du follicule tuberculeux, tandis que le protoplasma des
cellules épithélioïdes et de la cellule géante offrent le même

aspect finement granuleux et jaune intense des cellules glandulaires, et que les noyaux fortement colorés par le carmin sont
plutôt allongés, surtout au niveau de la cellule géante où ils sont
à peu près semblables à ceux des cellules qui tapissent les tubes
voisins.

Il en est de même, à plus forte raison, lorsque les follicules
tuberculeux se trouvent au sein de néo-productions exubérantes,
comme on peut le voir sur la figure 121 se rapportant à une salpingite tuberculeuse sur une portion qui avait été prise, à l'œil nu,

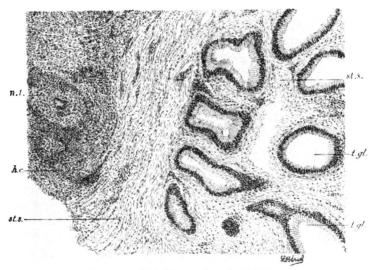

FIG. 120. — *Nodule tuberculeux de l'épididyme.*

n.t., nodule tuberculeux avec une cellule géante au centre. — *h.c.*, hyperplasie cellulaire
abondante périphérique. — *st.s.*, stroma scléreux par hyperplasie cellulaire généralisée. —
t.gl., tubes glandulaires modifiés.

pour une néo-membrane péritonitique au voisinage de la trompe
enflammée. Or, toutes ces parties se présentent avec ces productions inflammatoires typiques, manifestement de nouvelle formation, et où les éléments des follicules tuberculeux, toujours situés
dans le tissu conjonctif, mais très près des nouvelles productions
épithéliales, offrent avec elles la plus grande analogie, d'autant
qu'il s'agit partout de formations nouvelles et à peu près simultanément édifiées par des éléments incontestablement de même
nature. Le point de la préparation qui est reproduit montre un
nodule tuberculeux tout à fait récent situé dans un foliole volu-

mineux dont tous les éléments, y compris ceux des tubercules
sont constitués par les mêmes noyaux et le même protoplasma.
Les productions sont d'autant plus exubérantes que le tissu est,
comme on peut le voir, richement vascularisé.

Les dessins au crayon rendent toujours imparfaitement l'impression que donne l'examen attentif et répété des préparations dont
les éléments colorés facilitent les comparaisons. Et encore, même
avec des dessins coloriés, on arrive rarement à avoir une impression parfaite. Cependant, nous avons fait reproduire (fig. 122) une

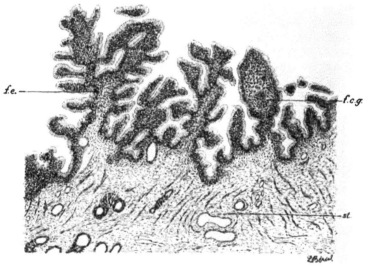

FIG. 121. — *Salpingite tuberculeuse avec petit nodule tuberculeux
dans un foliole exubérant.*

f.e., foliole exubérant avec hyperplasie cellulaire et épithélium cylindrique à la périphérie. —
f.c.g., foliole avec cellule géante et cellules épithélioïdes analogues aux cellules de revêtement du
foliole. — *s.t.*, stroma avec hyperplasie cellulaire abondante et de nombreux vaisseaux.

préparation se rapportant à une tuberculose de la muqueuse utérine, colorée par le picrocarmin, parce qu'elle montre assez bien
l'analogie des cellules épithélioïdes et géantes avec les éléments
épithéliaux qui tapissent les nouvelles cavités glandulaires. Celles-
ci sont produites avec une grande exubérance dans un stroma
cellulaire abondant, dont les éléments offrent, d'autre part, assez
d'analogie avec les précédents, pour montrer qu'ils sont tous de
même nature et que ce sont ces éléments conjonctifs qui, par leur
développement, donnent lieu à la fois aux éléments épithéliaux et

outre il est évident que les éléments constituant ces tubercules
sont bien différents de ceux qui forment des tubercules dans
d'autres organes.

Déjà, à un faible grossissement, on voit que les cellules épithélioïdes et géantes ont une coloration jaunâtre analogue à celle des
cellules épithéliales, de plus, que les noyaux de ces diverses
cellules et des éléments du stroma offrent tous une teinte rouge
analogue, mais avec une forme tant soit peu variable suivant leur
situation dans les divers points de ces parties.

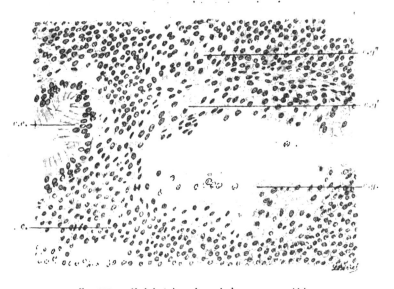

Fig. 122. — *Nodule tuberculeux de la muqueuse utérine.*

c.g., grande cellule géante environnée de cellules épithélioïdes et, à la périphérie, de cellules
conjonctives fusiformes. — c.g'. et c.g"., deux autres cellules géantes en voie de formation par la
coalescence des cellules épithélioïdes. — c.e., cellules épithéliales tapissant un cul-de-sac glandulaire.
— c. cellules conjonctives du stroma.

A un fort grossissement, on se rend bien compte de l'aspect
finement granuleux et légèrement jaune que présente le protoplasma des éléments anormaux suffisamment développés dans les
follicules tuberculeux comme dans les cellules épithéliales qui
tapissent les cavités glandulaires. Leurs noyaux offrent aussi la
même analogie. Ils sont en général assez volumineux et ovoïdes
sur les points où ils ont pu prendre leur plein développement,
soit dans les follicules, soit dans les cellules épithéliales qui forment dans certaines cavités un revêtement épais et exubérant avec

32*

des cellules à la fois hautes et larges, tandis qu'ils sont plus ou moins allongés et minces dans les cellules des cavités glandulaires où l'épithélium est plus étroit et où ces éléments étant manifestement très pressés les uns contre les autres se présentent sous la forme cylindrique, étroite et haute. Les noyaux prennent aussi la forme allongée (quoique à un moindre degré), dans les cellules des follicules qui se trouvent un peu tassées par l'abondance des éléments voisins constituant le stroma, et qui, eux-mêmes, offrent quelques variations suivant la situation qu'ils occupent. C'est ainsi qu'ils sont pour la plupart ovoïdes et semblables à ceux des éléments cellulaires précédemment décrits. Mais on en trouve aussi qui, insensiblement, deviennent peu à peu allongés sur les points où ils sont manifestement tassés et surtout à la périphérie des nodules tuberculeux, comme on peut le constater sur la figure. Dans les parties où le stroma est dense, on n'aperçoit guère que les noyaux avec fort peu de substance intermédiaire. Et si l'on examine des parties plus claires un peu dissociées par les manipulations, on voit que les noyaux se trouvent au sein d'une petite quantité de substance légèrement granuleuse et jaunâtre, analogue à celle du protoplasma des cellules épithéliales et épithélioïdes, mais sans limite manifeste, et se présentant plutôt comme des débris attachés encore aux noyaux ou intermédiaires; de telle sorte qu'il n'est guère possible de distinguer nettement le protoplasma de ces éléments conjonctifs, de la substance intermédiaire dans laquelle ils se trouvent.

On peut ainsi se rendre compte que, sous l'influence d'une vascularisation augmentée, cette production abondante de tissu conjonctif (qui n'a rien de commun avec le tissu fibreux désigné par les auteurs sous le même nom), va produire à la fois des éléments épithéliaux glandulaires, dont on voit les productions mucoïdes accumulées dans beaucoup de cavités avec des déchets cellulaires, et les formations épithélioïdes des follicules tuberculeux; car il est évident qu'il s'agit partout des mêmes éléments offrant toujours la plus grande analogie, et dont on peut constater les transitions, du stroma à l'épithélium de revêtement des cavités glandulaires et aux follicules tuberculeux.

Les nodules tuberculeux que l'on observe sur l'intestin se trouvent ordinairement au niveau des parties profondes de la muqueuse et sur les portions voisines de la sous-muqueuse. L'hyperplasie cellulaire semble partir des follicules lymphatiques, et les éléments sont le plus souvent très petits et très confluents avec une tendance rapide à la caséification et à la désintégration qui donne lieu aux ulcérations. Cependant, près des parties caséifiées, on observe assez souvent des follicules tuberculeux nettement constitués avec de petites cellules épithélioïdes. Dans un cas, nous avons trouvé un petit follicule développé dans un espace interglandulaire élargi et dont les éléments épithélioïdes offraient la plus grande analogie avec les cellules épithéliales voisines.

Sur l'intestin aussi, on peut remarquer la différence que présentent les cellules épithélioïdes des follicules tuberculeux situés près de la muqueuse, suivant que les cellules épithéliales sont plus ou moins altérées avec un aspect trouble, ou qu'elles ont été remplacées par de jeunes cellules, toutes bien apparentes avec un protoplasma clair et un noyau bien coloré. C'est ce que nous avons eu l'occasion d'observer très nettement dans un cas d'appendicite tuberculeuse où les productions nouvelles des glandes et des follicules tuberculeux de la sous-muqueuse se présentaient, par rapport aux productions habituelles, d'une manière analogue à ce que nous avons observé précédemment sur l'épididyme.

Les nodules tuberculeux que nous venons d'examiner dans divers organes et dont nous avons trouvé l'analogie des cellules épithélioïdes avec les cellules épithéliales de chacun, diffèrent naturellement entre eux d'une manière plus ou moins manifeste, et cette différence est d'autant plus grande que la constitution de ces organes est plus différente.

C'est ainsi que les nodules tuberculeux du cerveau et de la protubérance nous ont offert parfois des cellules épithélioïdes volumineuses, avec un noyau toujours semblable à celui des jeunes cellules voisines et un protoplasma très finement granuleux et plutôt clair, surtout au niveau des plus grosses cellules devenues ovoïdes et même pyriformes, rappelant l'aspect des cellules pyramidales dont le protoplasma aurait été augmenté et modifié. C'est ainsi que de pareilles cellules épithélioïdes ne se rencontrent que dans les centres nerveux et diffèrent absolument de celles des autres organes. On trouve aussi toutes les transitions entre ces cellules et celles qui sont infiltrées en abondance à la périphérie des nodules, où elles sont très petites, à noyaux bien colorés comme celles des amas cellulaires péri vasculaires.

Ces granulations tuberculeuses du tissu nerveux diffèrent même très notablement de celles des méninges où les exsudats liquides albumino-fibrineux sont particulièrement abondants avec des productions cellulaires jeunes en quantité variable, et prennent

assez rapidement l'aspect trouble qui précède la caséification. Les
dernières ne donnent lieu que sur de rares points, et plutôt près des
vaisseaux, à de petits follicules dont les éléments sont analogues
à ceux qui se trouvent répandus d'une manière diffuse à travers
les méninges et dans les parties voisines de la substance cérébrale
et des nerfs craniens. Il résulte assez rapidement de cette hyperplasie cellulaire une sclérose plus ou moins prononcée du tissu
nerveux, qui prédomine le long des vaisseaux et rend compte des
troubles observés pendant la vie.

Bien différents sont les nodules tuberculeux développés au sein
d'un tissu fibreux, et même à la surface d'une valvule du cœur,
comme nous en avons précédemment publié et figuré un cas
observé au niveau d'une valve de la mitrale. Les cellules épithélioïdes et géantes de ce petit nodule étaient représentées par de
jeunes éléments dont les noyaux étaient très nets et bien colorés
par le carmin au sein d'une substance protoplasmique finement
granuleuse et jaunâtre, avec des contours assez mal limités par
des lignes de séparation, offrant en quelque sorte l'aspect d'un
réticulum granuleux. Ces éléments offraient la plus grande analogie
avec tous ceux de nouvelle production caractérisant l'endocardite
concomitante.

Les follicules tuberculeux sont assez rarement développés dans
les muscles. Ceux-ci sont plutôt envahis au voisinage de quelque
foyer tuberculeux d'un os ou d'un ganglion. Cependant nous avons
plusieurs fois observé des lésions tuberculeuses du cœur, principalement au niveau des oreillettes et avec une péricardite tuberculeuse concomitante. Une fois seulement nous avons trouvé un
petit follicule tuberculeux près de la surface interne du muscle cardiaque, en même temps que d'autres follicules analogues existaient dans le tissu sous-péricardique et dans les nouvelles productions du péricarde. Une autre fois, c'était un petit foyer caséeux
avec des cellules géantes à la périphérie sur un point correspondant à peu près au milieu de la paroi du ventricule gauche.

Enfin, nous avons rencontré en dernier lieu un nodule caséeux,
dur, de coloration jaune-verdâtre et du volume d'une grosse noisette,
occupant toute l'épaisseur de la paroi de l'oreillette droite ainsi considérablement augmentée, et paraissant enchâssé dans du tissu scléreux à la façon d'une gomme syphilitique. C'est à une lésion de ce
genre que nous avions tout d'abord attribué cette production. Mais
l'examen histologique nous a bientôt permis de constater que cette
masse caséeuse était environnée de petits follicules tuberculeux

épithélioïdes. En dont les éléments épithélioïdes offraient un protoplasma peu abondant, tandis que les cellules de la zone périphérique étaient très petites et très nombreuses. En outre il y avait sur toute l'étendue du tissu musculaire périphérique, une hyperplasie cellulaire intense dissociant les fibres musculaires en voie de disparition sur les points les plus affectés.

C'est ce cas qui a attiré notre attention sur l'aspect différent que présentent les parties caséifiées, tout comme les produits de suppuration, suivant les tissus affectés.

Sur les follicules tuberculeux des os plus communément observés que les précédents, qui sont situés sous le périoste et dans la substance médullaire, on remarque surtout leur volume restreint et la constitution des cellules épithélioïdes et géantes par de petits noyaux au sein d'une substance protoplasmique très finement granuleuse et peu abondante offrant plutôt l'aspect hyalin.

Rien n'est commun comme de rencontrer des nodules tuberculeux au niveau des séreuses, notamment de celles des plèvres et du péritoine, encore assez fréquemment du péricarde, et plus rarement de la vaginale, des bourses séreuses, etc. Ils se présentent, comme du reste, partout ailleurs, sous des aspects qui varient avec les conditions dans lesquelles ils sont produits.

Depuis longtemps, M. Lépine a fait remarquer qu'au niveau des tubercules situés sur la plèvre viscérale, on observait aussi fréquemment sur la partie correspondante du feuillet pariétal, des tubercules qu'il a attribués à une infection de voisinage. Effectivement, la tuberculose ne fait pas exception à la règle générale, à savoir que toute affection inflammatoire ou néoplasique qui atteint un feuillet d'une séreuse se propage à l'autre feuillet, en quelque sorte comme si les deux feuillets ne formaient qu'un même tissu, probablement en raison de la fragilité de leur endothélium, et ensuite de leurs rapports intimes et persistants, puis même de leur unification de structure et de vascularisation lorsque des adhérences se sont produites.

C'est ainsi qu'on peut facilement expliquer la production des nodules tuberculeux sur les deux feuillets de la séreuse affectés à la fois par l'infection générale, dont on a la preuve dans les cas de granulie généralisée suivie de mort rapide, et même avant que les séreuses aient contracté des adhérences.

Dans ces cas, on peut voir que le lieu d'élection des tubercules se trouve pour la séreuse pariétale, à la fois dans les parties superficielles et profondes au voisinage des vaisseaux.

C'est ce qu'on peut constater sur la figure 123, qui se rapporte à
des tubercules de la plèvre pariétale notablement épaissie par des
exsudats abondants, surtout à sa superficie et dans les parties profondes, riche en néoproductions vasculaires sur toute son épaisseur. Il existe en plus une infiltration sanguine assez fréquente avec
la tuberculose, parfois jusque dans la cavité pleurale, et qui reconnaît vraisemblable-
ment pour cause
des oblitérations de
vaisseaux.

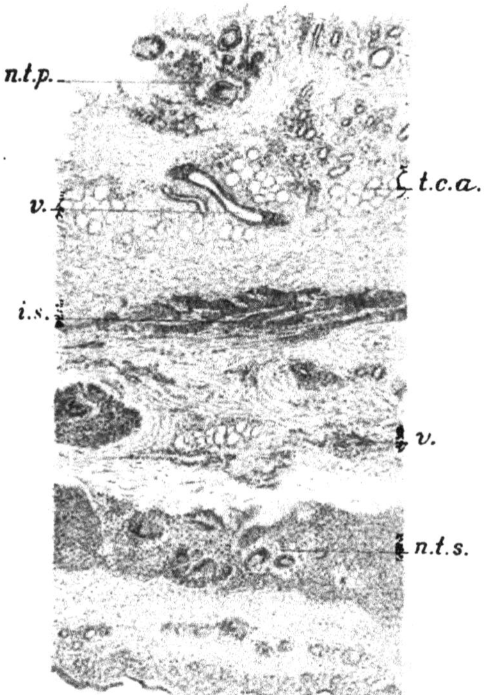

Sur la séreuse vis-
cérale, le siège des
tubercules se re-
marque, soit dans
le tissu sous séreux,
soit à la surface
même de la séreuse,
comme les figures
124 et 125 en offrent
des exemples se rap-
portant à la plèvre.

La figure 124
montre deux nodu-
les tuberculeux voi-
sins bien caractéri-
sés avec une grande
quantité de cellules
très petites et très
confluentes, d'où le
peu de développe-
ment des cellules
épithélioïdes et
géantes, qui sont
cependant mani-
festes. Sur les par-
ties latérales et pro-

Fig. 123. — *Nodules tuberculeux de la plèvre pariétale
enflammée et épaissie.*

n.t.s., nodules tuberculeux près de la surface de la plèvre enflammée. — n.t.p., nodules tuberculeux profonds. — t.c.a., tissu
cellulo-adipeux. — v, vaisseaux. — i.s., infiltration sanguine.

fondes le tissu pleural, plus ou moins sclérosé, est bien vascularisé, comme il arrive souvent pour les tubercules des séreuses; et
cela explique comment ils parviennent si facilement à guérir.

On remarquera encore qu'il existe à ce niveau des exsudats
dans les alvéoles et, par conséquent, un processus pneumonique,

qui, sur un point, a donné lieu aussi à la production d'un tout petit nodule tuberculeux, lequel ne devait pas être visible à l'œil nu.

C'est ainsi que dans certains cas, comme nous avons eu l'occasion de le constater sur un enfant ayant succombé à une méningite tuberculeuse, le sujet paraît au premier abord n'avoir présenté qu'une poussée tuberculeuse ultime et discrète sur les plèvres, alors que, cependant, l'examen microscopique des parties superficielles du poumon permet d'y constater déjà, comme on vient de le voir, quelques fines granulations.

Nous insistons sur ce point parce qu'il doit en être souvent de même dans beaucoup de pleurésies où les altérations pulmonaires

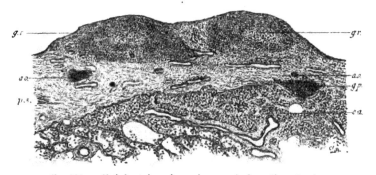

FIG. 124. — *Nodules tuberculeux pleuraux de formation récente.*

g.r., granulations tuberculeuses récentes avec cellules géantes. — *p.s.*, plèvre sclérosée. — *a.o.*, artères oblitérées. — *e.a.*, exsudat alvéolaire. — *g.p.*, granulation tuberculeuse du poumon.

ne se révélant par aucun signe passent inaperçues. Nous ajouterons qu'elles sont en général discrètes et guérissables comme les tubercules des plèvres, en raison de leurs petites dimensions et de leur dissémination assez restreinte dans un tissu pulmonaire plus ou moins atélectasié et enflammé. C'est que, quelle que soit l'origine de l'inflammation des plèvres, on peut toujours constater une inflammation concomitante du poumon de même origine.

Au sein même de l'exsudat récent situé à la surface de la plèvre, du péricarde ou du péritoine, nous avons eu plusieurs fois l'occasion de constater la formation de nodules tuberculeux bien manifestes, coïncidant tout à fait avec les premières productions inflammatoires, comme la figure 125 en offre deux exemples.

Et d'abord en A, on trouve à la périphérie du tissu pulmonaire infiltré de globules sanguins et de quelques éléments cellulaires,

une plèvre épaissie par sclérose et très vascularisée ; puis l'on voit
à sa surface interne, faisant saillie dans sa cavité, une néomembrane constituée surtout par des productions fibrineuses infiltrées
d'éléments cellulaires et de globules sanguins avec des vaisseaux
de nouvelle formation. Et, quoique dans un état très rudimentaire d'organisation, elle est cependant le siège d'un nodule tuberculeux caractérisé par la présence manifeste d'une cellule géante
environnée de cellules plus nombreuses à sa périphérie où l'on

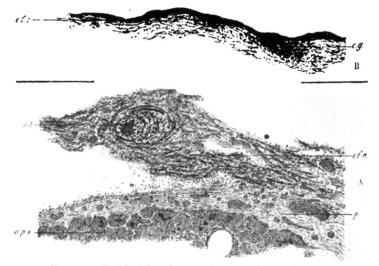

FIG. 125. — *Nodules tuberculeux sur des néomembranes pleurales.*

A., plèvre viscérale avec pleurésie tuberculeuse. — *p.* plèvre épaissie avec vaisseaux dilatés. —
a.p.s., alvéoles pulmonaires infiltrés de globules sanguins et de quelques éléments cellulaires. —
e.f.v., exsudat cellulo-fibrineux vascularisé. — *n.t.*, nodule tuberculeux avec cellule géante.
B., Fausse membrane pleurale tuberculeuse, avec de rares éléments cellulaires au sein de
productions fibrineuses. — *e.f.c.*, exsudat fibrineux et cellulaire. — *c.g.*, cellule géante.

remarque quelques stries fibrineuses arrondies qui limitent principalement le nodule de forme ovalaire.

Il est bien évident que l'on ne saurait, dans ce cas, faire intervenir la multiplication des cellules endothéliales de la plèvre
pour expliquer la production du nodule tuberculeux, d'autant
qu'on ne voit plus d'éléments cellulaires à la surface de la plèvre
et que le nodule est plus ou moins éloigné au sein d'une néomembrane. Or, les exsudats qui ont donné lieu à cette production tout
à fait récente paraissent bien provenir des éléments du sang,
puisque ceux-ci s'y trouvent en grande quantité encore peu modi-

fiés, et que le nodule tuberculeux est manifestement constitué par les mêmes éléments. Il s'agit évidemment d'éléments encore indéterminés de part et d'autre, comme dans tous les cas, où les cellules sont nouvellement exsudées et ne se sont pas trouvées dans les conditions nécessaires pour acquérir un développement plus ou moins accusé se rapprochant des productions normales.

La constatation de nodules tuberculeux dans les néoproductions inflammatoires à la surface des séreuses et même dans une néomembrane quasi indépendante est la démonstration de leur production réelle par les exsudats, non seulement pour ces cas, mais encore pour ceux où les nodules tuberculeux se développent dans la profondeur des tissus sous l'influence d'une inflammation dans des conditions propices. Ces faits bien constatés éloignent toute autre hypothèse, vu qu'on ne saurait admettre dans les phénomènes naturels plusieurs processus absolument différents pour aboutir à un résultat identique.

Il nous est même arrivé de trouver, dans un autre cas, une pseudo-membrane encore plus limitée et plus rudimentaire, dont une partie est reproduite en B. Elle n'était constituée pour ainsi dire que par un assemblage de fibrilles fibrineuses plus ou moins tassées, sans vaisseau appréciable, et où l'on avait de la peine à découvrir quelques cellules, alors qu'elle était cependant le siège de plusieurs cellules géantes, semblables à celle qui se trouve ici représentée.

Les noyaux de la cellule géante et ceux en petit nombre qui sont situés à l'entour, dans la pseudo-membrane fibrineuse, se présentent sous l'aspect de petits bâtonnets grêles au sein d'un peu de substance protoplasmique finement granuleuse, sans qu'on puisse manifestement distinguer des cellules épithélioïdes, très vraisemblablement en raison de la formation de ces follicules dans des conditions de nutrition bien restreintes. Tandis que sur le follicule formé dans l'exsudat récent voisin de la plèvre, les éléments situés au voisinage des vaisseaux de nouvelle formation, sont plus volumineux et ont manifestement plus de vitalité.

Mais c'est surtout dans les plèvres bien vascularisées, adhérentes ou non, que l'on observe les follicules les mieux constitués avec des cellules épithélioïdes et géantes, dont le protoplasma, plutôt clair, quoique peu abondant, rappelle celui des cellules endothéliales de la séreuse. Les cellules de la zone périphérique sont plus ou moins fusiformes avec une tendance à la sclérose rapide, et d'autant plus que la vascularisation est plus accusée.

C'est surtout lorsque les séreuses sont adhérentes, ainsi qu'il arrive dans les cas de symphyse cardiaque ou pulmonaire, ou sur les surfaces péritonéales faisant adhérer le diaphragme au foie (fig. 78), ou des anses intestinales, soit entre elles, soit avec la paroi abdominale, mais surtout, comme on a plus souvent l'occasion de le voir, au niveau des plèvres lobaires adhérentes, qu'on observe le plus de tubercules à leur surface. Ils se développent au sein des néoproductions inflammatoires qui y adhèrent, probablement en raison des conditions propices dues à la fois à l'immobilisation des parties affectées et à l'intensité des productions exsudatives sous l'influence d'une vascularisation augmentée, favorable à l'édification des nodules tuberculeux. Car il est à remarquer que, pour peu que ces nodules soient bien constitués, ils offrent toujours à leur périphérie des vaisseaux de nouvelle formation en plus ou moins grande quantité.

Dans les pleurésies anciennes avec exsudat abondant et épaississement considérable des plèvres, surtout à la base, au point de leur donner l'aspect gélatiniforme, mais avec induration, on ne voit pas ordinairement à l'œil nu de granulations à la surface des plèvres, comme à l'état aigu; mais sur les préparations histologiques on constate, tout à fait à la surface, ordinairement un amas fibrineux paraissant en dégénérescence, puis un tissu scléreux avec plus ou moins de substance hyaline fibreuse qui lui donne son induration et son aspect particulier. C'est entre les faisceaux de ce tissu qu'on trouve d'une manière générale de rares cellules, puis, çà et là, des cellules plus nombreuses, disséminées en amas, et enfin, plutôt dans les parties périphériques, quelques follicules tuberculeux, ordinairement peu développés et constitués par de très petits éléments. Ils suffisent cependant pour caractériser l'origine de pleurésies très anciennes, qui parfois n'ont pas pu aboutir à la guérison en raison de la persistance d'une cavité impossible alors à combler, mais qui, le plus souvent cependant, se terminent par la guérison et la disparition des nodules.

C'est sur les poumons que l'on a le plus souvent l'occasion de rencontrer des nodules tuberculeux et la possibilité de constater toujours l'analogie que présentent leurs éléments avec ceux du tissu affecté. Si les formations nouvelles ont des aspects variés dans les différents cas, on en trouve l'explication dans les conditions de leur production sur lesquelles nous avons précédemment insisté et qui sont aussi bien applicables aux tubercules pulmonaires.

C'est, comme partout ailleurs, lorsque les productions exsudatives sont peu abondantes et établies plutôt lentement, surtout lorsqu'elles coexistent avec une vascularisation bien assurée et même plus ou moins augmentée, qu'on trouve les nodules les mieux caractérisés avec des cellules épithélioïdes bien nettes, à protoplasma finement granuleux et clair, avec des noyaux parfaitement colorés (fig. 126). C'est aussi dans les cas de ce genre qu'on peut se rendre compte de la constitution des cellules géantes par la coalescence des cellules épithélioïdes qui n'ont pas pu rester indé-

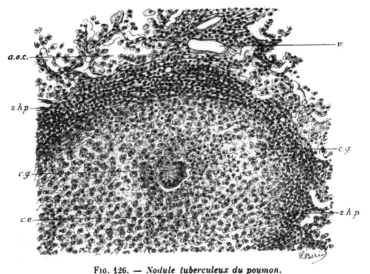

FIG. 126. — *Nodule tuberculeux du poumon.*

c.g., cellules géantes. — *c.e.*, cellules épithélioïdes. — *z.h.p.*, zone d'hyperplasie périphérique. — *v.*, vaisseaux. — *a.e.c.*, alvéoles avec exsudat cellulaire.

pendantes, car on y trouve les mêmes noyaux au sein de la même substance protoplasmique qui se confond avec celle des cellules épithélioïdes sur leurs limites irrégulières. Noyaux et substance protoplasmique sont manifestement analogues aux parties similaires des cellules qui se trouvent en quantité anormale dans le voisinage des nodules, soit en amas irréguliers dans les cavités alvéolaires, soit tapissant leurs parois un peu augmentées d'épaisseur. Les cellules de la zone périphérique sont fusiformes et l'on y voit, surtout dans la portion la plus externe, des vaisseaux anciens et nouveaux dilatés et remplis de sang, comme ceux des tissus interalvéolaires, interlobulaires et pleuraux. Ces dernières parties offrent, donc une vascularisation notablement augmentée, et naturellement des exsudats interstitiels en plus ou moins grande quantité.

En somme, il y a, dans ces cas, sous l'influence de l'augmentation de la vascularisation (résultant probablement des oblitérations vasculaires au niveau des nodules,), des productions exagérées partout, avec prédominance au niveau des lésions initiales, c'est-à-dire à la périphérie des nodules situés principalement au voisinage des vaisseaux et des bronches. Il est à remarquer que les nodules tuberculeux occupent ordinairement plusieurs alvéoles dont les parois sont parfois encore reconnaissables à travers les productions nouvelles, sans présenter aucune trace de vaisseaux; ce qui semble bien prouver que c'est en ces points que les troubles vasculaires ont commencé, et par des phénomènes d'oblitération, auxquels a succédé la vascularisation augmentée, constatée sur les autres parties.

Les nodules tuberculeux du poumon n'offrent les caractères précédemment indiqués que dans les conditions particulières sur lesquelles nous avons insisté et qui correspondent aux plus fines granulations grises, demi-transparentes ou légèrement blanchâtres. Bien plus souvent les exsudats inflammatoires sont plus abondants et probablement produits plus rapidement, de telle sorte que, tout en étant toujours de même nature, ils se rapprochent plus ou moins de ceux que l'on constate dans les divers processus pneumoniques, mais avec la tendance constante à présenter des productions plus prononcées, disséminées dans le tissu, où elles donnent lieu à des formations nodulaires de volume variable, ordinairement assez petit, mais en général supérieur à celui des nodules précédemment examinés.

Cependant, il est parfois possible de trouver de fines granulations tout à fait au début de leur production et qui, tout en étant très limitées, ont manifestement le caractère des productions pneumoniques dont la figure 127 reproduit une préparation.

On voit que le nodule tuberculeux est constitué par de jeunes cellules de petit volume qui infiltrent le tissu sur un point très limité. Il y a une confluence très grande des éléments vers le centre qui est en voie de caséification, tandis qu'à la périphérie les cellules sont moins tassées et paraissent mieux développées, se confondant insensiblement avec celles qui sont répandues irrégulièrement dans les alvéoles voisins où le processus pneumonique bien manifeste n'a pas de caractère particulier. C'est toujours la même analogie entre les éléments de production intensive au niveau des nodules et ceux qui sont produits en moins grande quantité dans les alvéoles voisins. Or, nous avons cherché à démontrer précédemment que les processus pneumoniques ne consistent que dans une production exagérée et plus ou moins déviée des productions normales; par conséquent, les nodules tuberculeux qui affecten cet aspect pneumonique se rapportent encore aux productions

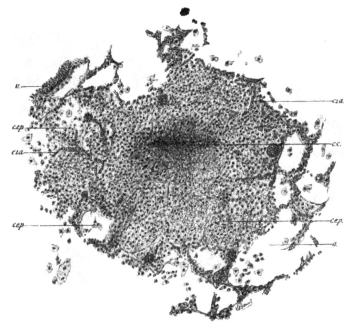

Fig. 127. — *Nodule tuberculeux constitué par un amas cellulaire d'aspect manifestement analogue aux productions pneumoniques.*

c.é.p., cellules épithéliales pneumoniques remplissant les alvéoles ou isolées à la périphérie. — *c.c.*, centre en voie de caséification. — *a*, alvéole avec quelques cellules isolées de pneumonie épithéliale. — *v*, vaisseau. — *c.i.a.*, capillaires interalvéolaires à la périphérie du lobule.

normales, mais avec une déviation plus grande, en raison des conditions plus anormales dans lesquelles elles sont produites.

Un fait qui contribue encore à montrer l'analogie des productions du nodule tuberculeux avec celles dites de pneumonie épithéliale, c'est que, dans certains cas où ces productions ont lieu sur des poumons renfermant précédemment beaucoup de particules anthracosiques, on peut constater que celles-ci se rencontrent non seulement dans les éléments disséminés à travers les alvéoles voisins, mais encore dans une partie de ceux qui constituent les nodules, et finalement dans le tissu de sclérose produit par leur cicatrisation. Le plus souvent, l'examen du poumon est fait lorsque les productions pneumoniques nodulaires se trouvent à une période plus avancée, où la partie centrale du lobule, et souvent sa plus grande partie, presque sa totalité, a subi la nécrose caséeuse, de telle sorte qu'on ne reconnaît plus aucun élément à ce niveau et qu'on pourrait douter de son origine, aussi bien pour ces derniers nodules que pour les premiers, si l'on n'avait pas l'occasion d'examiner des nodules à leur période initiale, puis à leurs divers degrés d'altération comme on les trouve tout à la fois dans beaucoup de cas.

Tous les auteurs ont signalé la présence des nodules tuberculeux auprès des vaisseaux, comme si cette localisation était particulière à la tuberculose; tandis qu'en réalité, comme nous avons déjà eu l'occasion de le faire observer, il s'agit d'un phénomène commun à toutes les productions nouvelles, mais qui se présente d'une manière plus frappante pour les tubercules en raison de leur disposition nodulaire et des phénomènes nécrosiques dont leur centre devient le siège, d'autant que l'on y voit parfois se perdre une artériole oblitérée ou détruite.

La figure 128 représente précisément plusieurs granulations nodulaires tuberculeuses en rapport très manifeste avec les branches d'une petite artère, auxquelles ces nodules semblent appendus comme des fruits aux branches d'un arbre. Sur l'un des nodules, on voit même très manifestement l'artériole correspondante oblitérée; ce qui fait supposer qu'il doit en être de même pour les autres nodules. L'un d'eux qui se trouve près d'une artère plus volumineuse a seulement déterminé une oblitération incomplète par endartérite avec addition d'un caillot. On remarque que les productions inflammatoires de l'artère sont bien plus accusées du côté du nodule qui a dû donner lieu à la périartérite bientôt suivie d'une endartérite correspondante.

Ce qu'il y a seulement de particulier dans la tuberculose, c'est la tendance à l'envahissement des vaisseaux par le processus inflammatoire et leur oblitération sur les parties qui correspondent aux points où les productions sont les plus intenses, et précisément au voisinage des vaisseaux et des bronches, au niveau des lobules bronchiques, ainsi que près des parois des bronches et des vaisseaux plus volumineux.

Mais tandis qu'au centre des granulations tuberculeuses, les troubles circulatoires aboutissent ordinairement à l'oblitération ou plutôt à la destruction du réseau vasculaire et à la production d'une nécrose caséuse, on constate toujours à leur périphérie, une dilation correspondante du réseau capillaire et des phénomènes d'hyperplasie qui rendent bien compte des productions observées ainsi que des altérations qui en résultent.

Comme nous chercherons à le prouver, ces altérations sont en rapport avec les troubles de la circulation au niveau des parties affectées, et ce sont encore les conditions de nutrition locale qui règlent les modifications des éléments à la périphérie des parties caséeuses où les phénomènes d'hyperplasie sont aussi plus ou moins

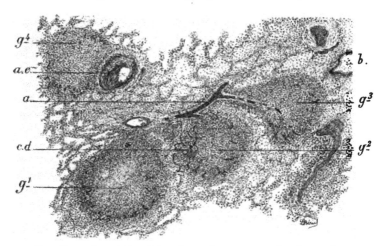

Fig. 128. — *Granulations tuberculeuses du poumon paraissant appendues aux branches d'une petite artère.*

a, artère avec deux branches auxquelles correspondent deux granulations. — $g^1.g^2.g^3.g^4$., granulations tuberculeuses avec artériole très manifestement oblitérée en g^3. — *c.d.*, capillaires dilatés à la périphérie des granulations. — *a.e.*, artère avec endartérite prédominante du côté de la granulation voisine et caillot oblitérant incomplètement sa lumière. — *b*, bronche.

manifestes. Encore faut-il tenir compte de l'état du cœur et des conditions générales dans lesquelles se trouve le sujet affecté, pour expliquer les phénomènes qui se produiront ultérieurement.

L'hyperplasie cellulaire qui se manifeste à la périphérie des nodules tuberculeux aboutit ordinairement à la production d'un tissu de sclérose qui peut, comme nous le verrons, se substituer graduellement à la partie centrale nécrosée et aboutir ainsi à la guérison. Mais il arrive plus souvent que la nécrose caséeuse persiste et même s'étende irrégulièrement en se confondant avec d'autres lésions voisines, et qu'elle se trouve limitée par un tissu

33*

scléreux plus ou moins dense au sein duquel se trouvent toujours des artères oblitérées.

Nous avons reproduit (fig. 129) une préparation se rapportant à des nodules tuberculeux devenus complètement caséeux mais bien caractérisés, qui se trouvaient au sein d'une masse scléreuse du sommet d'un poumon.

Le tissu est peu vascularisé, comme il arrive souvent pour les anciennes lésions tuberculeuses du sommet; mais les dépôts anthracosiques qui se trouvent au sein du tissu de sclérose, et particulièrement à l'entour des parties nécrosées, indiquent qu'il

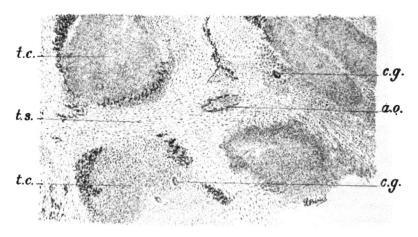

Fio. 129. — *Tubercules caséeux dans un tissu de sclérose au sommet du poumon, chez un homme âgé de cent trois ans.*

t.c., tubercules caséeux entourés de dépôts anthracosiques sur les bords du tissu de sclérose périphérique. — *c.g.*, cellules géantes. — *t.s.*, tissus de sclérose. — *a.o.*, artère oblitérée.

y a eu à ce niveau des productions hyperplasiques plus ou moins prononcées.

Du reste, la présence des cellules nombreuses sur certains points, et notamment de cellules géantes, indique encore la continuation du processus inflammatoire dans les conditions spéciales à la tuberculose.

Nous profitons de cette occasion pour montrer qu'on peut devenir tuberculeux à l'âge le plus avancé, puisqu'il s'agit d'un homme âgé de cent trois ans sur lequel nous avons rencontré ces lésions. Elles n'offrent rien de particulier en rapport avec ce grand âge; car on observe des altérations semblables très fréquemment à tout âge et notamment au sommet, dans les conditions les plus variables.

On rencontre encore avec une plus grande fréquence des nodules plus volumineux correspondant aux tubercules crus de Laënnec et même de plus gros amas caséifiés ou en voie de caséification, qui relèvent tous d'un processus pneumonique plus intense et plus diffus. Cependant l'on constate toujours la même tendance à la confluence des productions cellulaires sur des points disséminés, mais souvent assez rapprochés pour se confondre sur les parties voisines. Il en résulte des amas agglomérés ou plus ou moins distants de nodules pneumoniques caséeux, mais de manière à former des masses volumineuses irrégulières qui peuvent occuper un ou plusieurs lobules pulmonaires, soit par le fait de cette agglomération de nodules de volume variable, soit par les altérations consécutives. Celles-ci proviennent ordinairement des altérations vasculaires se produisant au niveau de la zone périphérique où l'on constate toujours une hyperplasie cellulaire et, le plus souvent, avec quelques petits follicules tuberculeux révélés par la présence des cellules géantes.

Souvent les éléments de cette zone paraissent pleins de vie et donnent lieu à une sclérose limitée à la périphérie des parties nécrosées ou plus ou moins étendue à une portion du parenchyme sous la forme de pneumonie hyperplasique. Cette production se remarque surtout lorsque les lésions sont plus ou moins localisées et que la circulation présente une suractivité capable de fournir les éléments nécessaires à ce processus. C'est dans la tuberculose pulmonaire chronique qu'on le rencontre le plus fréquemment.

D'autres fois, on trouve bien la trace de toutes ces lésions, mais avec des altérations dégénératives ou nécrosiques consécutives, par le fait de l'oblitération de gros vaisseaux envahis par les productions inflammatoires. Il arrive même que les phénomènes dits réactionnels sont peu intenses et que toutes les productions internodulaires conservent le caractère de lésions pneumoniques diffuses. Elles se présentent à l'examen sous un aspect plus ou moins terne, indiquant à la fois des productions partout très abondantes et douées de peu de vitalité, par le fait des conditions locales ou générales que nous avons indiquées. C'est ce qui arrive, surtout pour les productions tuberculeuses dans les périodes avancées de la phtisie et dans la forme dite pneumonique ou galopante.

Mais on observe encore très fréquemment chez des sujets porteurs de lésions avancées des sommets et notamment de grandes cavernes, une poussée granulique ultime où les lésions pneumoniques sont bien manifestes, ordinairement avec des altérations caséeuses plus ou moins prononcées.

Cependant, ce n'est pas seulement dans ces cas que ces lésions sont observées, on les rencontre aussi parfois comme première manifestation sur les poumons, surtout chez les enfants et les jeunes gens. Elles se présentent à l'œil nu sous la forme d'une pneumonie lobulaire, donnant lieu à des nodules plus ou moins volumineux qui comprennent une partie d'un lobule pulmonaire et parfois un ou plusieurs lobules devenus compacts et granuleux par le fait de leur hépatisation ordinairement rouge à la phéripérie et grise au centre, et même parfois jaunâtre et en désintégration ; de telle sorte que l'on ne sait pas si l'on a affaire à de la tuberculose ou à de la pneumonie lobulaire suppurée, lorsque d'autres altérations antérieures ou concomitantes soit du poumon soit des divers organes, ne donnent pas des indications suffisantes.

Il arrive même que l'examen histologique peut laisser dans le doute, lorsque l'on ne trouve que les productions pneumoniques localisées à des lobules bronchiques dont les parties centrales sont nécrosées et en voie de désintégration et de suppuration. C'est, en effet, à peu près le même aspect que présentent les abcès miliaires : parce que, dans les deux cas, il s'agit d'éléments de même nature dans des conditions analogues de production, c'est-à-dire avec des phénomènes de nécrose et de suppuration à la partie centrale des productions inflammatoires. Il faut alors recourir à la recherche des bacilles et à des inoculations si l'on veut établir le diagnostic d'une manière précise.

Le plus souvent, cependant, on arrive au diagnostic parce que, sur certains points, les lésions sont plus avancées et ont donné lieu à des nodules plus nettement limités et manifestement caséifiés, parfois avec une ou plusieurs géantes à la périphérie. Et même tout à fait au début, on peut remarquer que les abcès miliaires, quoiqu'ils soient nombreux, n'offrent pas la même confluence de cellules que les productions caséeuses ; qu'ils ont plutôt l'apparence d'une production inflammatoire simple avec des phénomènes nécrosiques surajoutés, comme dans le cas représenté par la figure 97, tandis que sur le tubercule pneumonique caséeux, les productions cellulaires forment un amas plus dense, plus compact, d'aspect granuleux et terne où l'on ne peut reconnaître aucun élément figuré. Si même le centre caséeux commence à être en désintégration, on trouve encore à la périphérie cette même substance avec ses caractères particuliers, au lieu des amas de cellules altérées, mais plus ou moins manifestes.

Un exemple typique de cette tuberculose à granulations lobulaires caséeuses nous a été présenté par une jeune fille âgée de dix-huit ans, qui, pendant son séjour à l'hôpital, avait été considérée comme atteinte d'une pneumonie lobaire du côté droit avec extension au côté gauche vers le septième jour, donnant lieu à des phénomènes d'asphyxie très accusés, et ayant déterminé la mort au onzième jour.

A l'autopsie, au lieu d'une pneumonie lobaire double à laquelle on s'attendait en raison des signes stéthoscopiques et de la marche de la maladie, on trouva des phénomènes d'hépatisation sur la presque totalité du poumon droit, ainsi que du côté gauche sur le centre du lobe supérieur et la partie correspondante du lobe inférieur; mais en outre, toutes ces parties hépatisées étaient farcies de granulations d'un blanc jaunâtre qui apparaissaient déjà à l'extérieur en faisant légèrement saillie, mais qui étaient encore plus évidentes sur les surfaces de section où elles se détachaient sur un fond rouge sombre. Ces granulations assez consistantes, du volume d'un grain de mil à un petit pois, se trouvaient disséminées ou groupées d'une manière irrégulière, mais en beaucoup plus grand nombre dans le lobe supérieur de chaque côté. Il y avait un commencement de pleurésie sans granulations appréciables. Mais les autres organes ne présentaient aucune lésion.

Dans ces conditions, le diagnostic d'une tuberculose à granulations pneumoniques lobulaires n'était pas douteux malgré la marche clinique de la maladie, et il s'agissait bien manifestement de lésions qu'on observe plutôt chez les enfants ou les adolescents sous cette forme aiguë, mais qu'on trouve aussi à tous les âges dans des circonstances variables avec les autres lésions des formes chroniques de la tuberculose pulmonaire.

La figure 130 reproduit une petite portion d'une préparation se rapportant au cas précédent qui peut être considéré comme un type de *tuberculose pneumonique lobulaire primitive.*

Tout le parenchyme est le siège de productions exsudatives intenses, mais avec une prédominance excessive sur certains points où elles constituent de petits nodules bronchopneumoniques, ainsi que des amas beaucoup plus gros, irréguliers, qui occupent la plus grande partie d'un lobule ou même plusieurs lobules, tout comme s'il s'agissait d'une pneumonie lobulaire, avec cette particularité que le centre des nodules où l'on aperçoit une bronche (et qui constituent un nodule bronchopneumonique) ou sans bronche appréciable, offre un aspect trouble granuleux ne permettant de distinguer aucun élément, et que les gros amas paraissent constitués par une agglomération de parties semblables dont les contours ont manifestement pour limite des parois alvéolaires distendues par l'exsudat. Ces parties sont cependant colorées par le carmin, probablement en raison de la fibrine qui doit s'y trouver en assez grande quantité. Mais on n'y voit aucune paroi alvéolaire

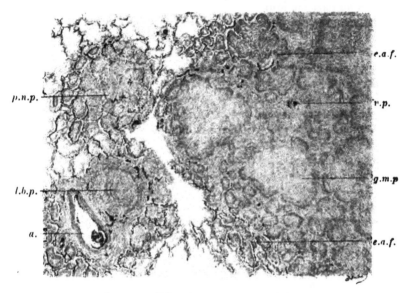

FIG. 130. — *Tuberculose pneumonique lobulaire.*

g.m.p., grosse masse pneumonique avec plusieurs points très denses, sans traces de vaisseaux, et en imminence de caséification. — *p.n.p.*, petit nodule pneumonique dont le centre est aussi en imminence de caséification. — *l.b.p.*, lobule broncho-pneumonique ayant pour centre la bronche dont les parois semblent également en voie de nécrose caséeuse. — *a*, artère. — *e.a.f.*, exsudats alvéolaires fibrino-cellulaires avec conservation du réseau vasculaire. — *v.p.*, vaisseau persistant.

vascularisée; les parois des alvéoles n'étant figurées que par des lignes incolores ou même faisant défaut au centre des nodules troubles qui doivent être déjà nécrosées et qui commencent à prendre l'aspect de la caséification. C'est dans ces gros amas, vers les points de réunion de ces centres nécrosés que l'on aperçoit parfois des artères oblitérées. Tous les nodules de volume variable se détachent très nettement du tissu pulmonaire périphérique ou intermédiaire qui est simplement hépatisé sous la forme d'hépatisation rouge, c'est-à-dire avec un exsudat fibrino-cellulaire abondant dans les alvéoles et avec des parois alvéolaires bien vascularisées. Quelques points ne paraissent même que fortement engoués. On peut en conclure que la circulation et la vie ont persisté dans ce tissu enflammé, au sein duquel se trouvent les granulations tuberculeuses.

Si les productions de ce genre se manifestent assez rarement sous cette forme primitive, on les rencontre cependant communément, non seulement sous la forme de granulations, mais encore sous celle de, nodules agglomérés et de blocs, du volume d'une noisette ou d'une noix et même parfois encore plus volumineux, concurremment avec des lésions caséeuses ulcérées anciennes qui ont manifestement ces lésions pour origine. Ce sont ces productions qui constituent les tubercules crus de Laënnec, les tubercules massifs et en somme la pneumonie lobulaire tuberculo-caséeuse.

Il y a même toutes probabilités, comme nous le verrons, pour que ces productions tuberculeuses soient les lésions initiales des formes chroniques habituellement observées, mais avec une localisation limitée ordinairement au sommet. Nous verrons aussi que leur nature ne diffère pas de celle des autres productions tuberculeuses qui sont toutes caractérisées également par un processus pneumonique, mais dont les modalités sont en rapport avec les circonstances variées de leur détermination. Néanmoins, il s'agit toujours des productions normales plus ou moins modifiées, comme dans tout processus inflammatoire.

Nous avons plus particulièrement insisté sur les modalités diverses que présentent les manifestations tuberculeuses dans les poumons, parce que ce sont les lésions qu'on rencontre le plus communément et qui ont donné lieu à plus de controverses. Or, il nous semble que par l'observation des faits on arrive à une interprétation qui rend bien compte de leur nature toujours identique et qui ne peut être rapportée qu'à des modifications dans les productions normales de l'organe, avec lesquelles elles offrent plus ou moins d'analogie suivant les circonstances que nous avons cherché à mettre en relief.

D'autre part, nous avons pris assez d'exemples de tubercules, développés dans d'autres organes, pour montrer que les phénomènes s'y passent de la même manière, c'est-à-dire que les productions inflammatoires tuberculeuses, dans leurs diverses modalités très localisées ou plus ou moins abondantes, sont toujours de même nature que celles de l'organe qui en est le siège, l'analogie des éléments normaux et pathologiques pouvant être très évidente dans certaines conditions déterminées et s'en éloigner dans d'autres, comme dans le poumon, et par suite des mêmes circonstances où l'état de la circulation locale et générale paraît jouer le rôle principal. C'est ainsi que l'on peut expliquer rationnellement les aspects si variés que présentent les productions tuberculeuses dans les divers organes.

Mais, en somme, on peut rencontrer des types de nodules tuberculeux, dont les éléments offrent une analogie manifeste avec les éléments propres des tissus, normaux ou seulement modifiés par des productions typiques nouvelles près desquels ils se trouvent, *lorsqu'ils ont pu acquérir un développement suffisant.* Et l'on a ainsi la preuve de la nature des tubercules, qui est spéciale à chaque tissu, quel que soit l'aspect sous lequel ils peuvent se présenter, comme il arrive, du reste, pour toutes les autres productions inflammatoires.

Nous devons maintenant rechercher plus spécialement dans quelles conditions sont produites et se présentent les diverses altérations qui constituent les productions tuberculeuses.

NATURE DES CELLULES GÉANTES

Nous avons assez insisté précédemment pour chercher à prouver que les cellules épithélioïdes correspondent aux points où les jeunes cellules sont immobilisées et continuent leur évolution en prenant d'une manière plus ou moins manifeste les caractères des cellules du tissu affecté; il nous reste seulement à spécifier en quoi consistent les cellules géantes que l'on rencontre au milieu des cellules épithélioïdes, et quel rapport elles ont avec les cellules normales, en un mot, quelle est leur nature.

Les cellules géantes ne correspondent pas, il est vrai, à des cellules normales : mais c'est qu'en réalité, elles ne représentent pas des éléments absolument déterminés, vu que leur volume, leurs contours, le nombre des noyaux offrent les plus grandes variétés, et qu'elles ne paraissent jouer aucun rôle manifeste; tandis qu'elles sont placées au milieu de cellules épithélioïdes avec lesquelles elles se confondent insensiblement. On peut ainsi se convaincre qu'elles résultent de la coalescence de ces cellules qui perdent leur indépendance d'une manière très irrégulière suivant l'abondance et les qualités du protoplasma, lequel, en général, paraît plutôt fluide et abondant dans les productions tuberculeuses. Elles paraissent aussi dépendre de l'espace plus ou moins limité dont les éléments cellulaires peuvent disposer pour se développer. Toutes ces circonstances peuvent influer sur la production et les aspects variés des cellules géantes qui ne représentent en réalité qu'une *formation incomplète*, qu'un *accident des cellules épithélioïdes* dans les conditions particulières réalisées. Elles paraissent résulter surtout des lésions localisées et nodulaires qu'on rencontre sous l'influence du bacille de Koch, mais parfois aussi des lésions résultant de la présence d'autres micro-organismes et même de corps étrangers inertes, ainsi que M. Laulanié en a fourni des exemples.

Les cellules géantes ne constituent donc pas un élément pathologique nouveau qui serait contre nature. Leur étude conduit au contraire à les faire rentrer dans les productions du tissu qui en est le siège, mais considérablement déviées par suite des conditions tout à fait anormales dans lesquelles se trouvent les nouvelles productions. Il en est de même de la coalescence des cellules malpighiennes pour former des lobules qui sont le plus souvent kératinisés, mais qui peuvent être aussi d'aspect épithélioïde, muqueux, jusqu'à avoir la disposition d'un gros amas protoplasmique à noyaux multiples, sans constituer un élément nouveau.

Il est très vraisemblable aussi que les cellules de la zone dite embryonnaire, qui limitent le nodule, doivent avoir encore une influence sur l'évolution des cellules épithélioïdes et sur leur aboutissement à la constitution des cellules géantes. Elles forment pour ainsi dire une barrière qui, tout d'abord, empêche le développement des cellules épithélioïdes trop nombreuses et dont le protoplasma abondant et fluide tend dès lors à se confondre en une seule masse où se trouvent les noyaux disséminés et le plus souvent rangés d'une manière variable à la périphérie, aux extrémités, etc., suivant des conditions locales diverses à peu près impossibles à déterminer.

LOCALISATION ET ORIGINE DES NODULES TUBERCULEUX

Depuis longtemps on a noté la production des nodules tuberculeux au niveau des parois vasculaires et les oblitérations qui peuvent en résulter. Il ne faudrait pas cependant voir dans ce fait une localisation spéciale et comme une sorte d'affinité de la tuberculose pour les parois vasculaires; car, quelles que soient la nature et l'origine des productions inflammatoires, celles-ci proviennent constamment des cellules qui vont former les tissus et qui sont plus nombreuses à la périphérie des vaisseaux. Il en résulte que c'est toujours à ce niveau qu'on trouve le plus de productions anormales et que les vaisseaux sont plus particulièrement affectés, comme nous l'avons fait remarquer précédemment. Plus ces productions sont abondantes et localisées, plus les vaisseaux risquent d'être atteints par la participation de leurs parois à l'inflammation, soit même parfois par la compression, quand il s'agit de productions nodulaires.

C'est parce que ce sont des productions nouvelles', formées nécessairement aux dépens des éléments conjonctifs, que les nodules tuberculeux se développent sur les points où s'accumulent les jeunes éléments, et non au sein des éléments cellulaires différenciés, comme cela devrait être si les nouvelles productions provenaient de la division des cellules propres des tissus. Mais, qu'on examine les tubercules de la peau ou de la langue, ceux des muqueuses à épithélium cylindrique, ceux des glandes, etc., *c'est toujours au sein des productions conjonctives qu'on voit se former les nodules tuberculeux, comme, du reste, toutes les nouvelles productions pathologiques; les cellules propres ne pouvant évoluer qu'en continuant leur développement ou en disparaissant.*

L'origine des productions tuberculeuses réside aussi dans les oblitérations vasculaires déterminées par la présence des bacilles tuberculeux, comme il ressort des expériences où la tuberculose est produite par des injections dans le sang, de cultures bacillaires. Et l'on s'explique ainsi comment des bacilles morts ont pu encore donner lieu à des lésions caractéristiques. C'est que, quelle que soit l'origine des lésions, celles-ci proviennent toujours d'une altération directe des tissus portant à la fois sur leurs éléments constituants et sur leurs vaisseaux, et tout d'abord sur ces derniers, lorsque l'agent nocif a pénétré comme de coutume par la voie sanguine.

Aufrecht fait débuter la tuberculose par une artérite qui frappe les ramifications de l'artère pulmonaire et y détermine une thrombose avec oblitération de la lumière du vaisseau et nécrose du territoire correspondant du poumon. Il admet ainsi que les foyers tuberculeux du sommet des poumons constituent comme de véritables infarctus dus à une thrombose par artérite. Il est certain que si les lésions tuberculeuses ne se produisent pas dans les mêmes conditions ni dans les mêmes lieux que les infarctus proprement dits, elles offrent néanmoins, au point de vue de leur détermination, les analogies que nous avons indiquées pour les inflammations comparées aux infarctus. Mais il est incontestable que dans toutes les productions tuberculeuses, on peut reconnaître le processus inflammatoire qui a probablement pour origine des oblitérations vasculaires, comme du reste celui de toutes les productions pathologiques dites spontanées.

C'est toujours une entrave qui est tout d'abord apportée aux phénomènes de nutrition et de rénovation des tissus, se traduisant à la fois par des troubles de nutrition, puis par des phénomènes de nécrose pour les parties insuffisamment alimentées ou privées complètement de sang, et par une hyperproduction de tous les éléments pour celles où la circulation apporte des matériaux nutritifs surabondants. Ces derniers sont toujours des éléments de même nature que ceux du tissu affecté, mais produits en telle quantité et d'une manière tellement anormale, que l'exsudat, non seulement se répand en formant des tourbillons avec des remous ordinairement multiples, pour constituer les granulations avec leurs centres le plus souvent également multiples, mais s'infiltre aussi dans les régions voisines à travers toutes les parties constituantes de l'organe affecté. C'est ainsi que pour le poumon, on peut constater à proximité des granulations, des néoproductions à la fois dans les alvéoles voisins, dans les parois alvéolaires, dans les espaces interlobulaires, dans le tissu conjonctif sous-pleural et enfin au niveau de la plèvre.

La nutrition et le fonctionnement de toutes ces parties ont été troublés, et il en est résulté des modifications anatomiques plus ou moins accusées. Mais qu'il s'agisse des tubercules proprement dits ou des altérations voisines, on a toujours affaire à des productions de même nature, c'est-à-dire se rapportant à une déviation plus ou moins accusée des phénomènes normaux, sous l'influence des bacilles vivants ou morts et de leurs toxines introduits dans l'appareil circulatoire.

PRODUCTIONS INFLAMMATOIRES TUBERCULEUSES QUI N'ONT PAS LES CARACTÈRES DES NODULES

Nous avons vu que les lésions tuberculeuses ne sont pas limitées à la production des nodules, que dans les cas les plus récents, on trouve toujours des exsudats en plus ou moins grande quantité infiltrant les parties voisines, et que si les lésions datent de quelque temps, il existe de nouvelles productions plus ou moins abondantes à l'état diffus et surtout autour des tubercules caséifiés et des masses caséeuses plus volumineuses où les jeunes éléments cellulaires ont de la tendance à faire un tissu de sclérose. Or, non seulement les lésions étendues caséeuses et scléreuses peuvent être prédominantes, mais il arrive aussi qu'elles se rencontrent sans qu'on trouve de follicules tuberculeux. C'est ce que l'on peut constater dans les divers organes, notamment dans les poumons, sur les muqueuses, dans les ganglions, dans les os, etc., mais ce sont surtout les lésions pulmonaires décrites sous le nom de *pneumonie caséeuse* depuis Reinhardt et considérées comme de nature différente des *tubercules*, d'abord par cet auteur, puis par Virchow, qui ont fait naître l'idée de la dualité de la phtisie pulmonaire, en opposition avec celle de l'identité admise précédemment par Laënnec et confirmée par les expériences de Villemin, puisque ces divers produits pathologiques inoculés avaient donné lieu aux mêmes productions tuberculeuses.

M. Grancher et Thaon se sont aussi efforcés de prouver l'unicité des lésions par l'assimilation qu'ils ont faite des productions pneumoniques aux granulations tuberculeuses ; M. Grancher a particulièrement insisté sur l'idée qu'il s'agissait de « tubercules pneumoniques » désignés plus tard par Hanot sous le nom de « tubercules massifs ». Il se basait surtout sur la présence fréquente dans les poumons de masses caséeuses, entourées d'une zone de cellules embryonnaires qu'il assimilait à la constitution analogue des granulations, en ralliant à cette conception Charcot et la plupart des auteurs contemporains.

Après les expériences de Villemin et la découverte de Koch prouvant que les bacilles se rencontrent dans les diverses lésions et que les unes et les autres peuvent être reproduites par l'injection des cultures bacillaires, il n'y a plus aucun doute au sujet de l'origine de toutes ces lésions qu'on observe journellement dans le poumon et dans les autres organes. Mais les auteurs ne paraissent pas avoir des idées précises au sujet de l'interprétation de ces lésions plus ou-moins confondues ou trop séparées, ainsi que de leur mode de production.

Et d'abord, le tubercule pneumonique de M. Grancher peut-il être réellement comparé par sa constitution au follicule tuberculeux, à la granulation élémentaire de Charcot ? Évidemment non ; car, quoique de même nature, il n'est pas constitué de la même manière. Tout au moins on ne rencontre pas de tubercules massifs ayant notamment des cellules épithélioïdes qui occupent tout le pourtour de la masse caséeuse, laquelle est entourée d'une zone de jeunes cellules, où se trouvent seulement quelques follicules tuberculeux. Les tubercules miliaires peuvent bien présenter à leur centre une portion en dégénérescence, mais il existe à la périphérie des cellules épithélioïdes, et si les phénomènes nécrosiques sont devenus plus considérables, ils ont englobé les cellules épithélioïdes et géantes, dont on trouve souvent la trace. Le tubercule tout entier et même plusieurs tubercules agglomérés peuvent être nécrosés, comme l'admettait Charcot, ou encore des tubercules plus ou moins distants avec le tissu intermédiaire peuvent être frappés de nécrose par l'oblitération d'un gros vaisseau, de manière à former une masse caséeuse plus ou moins irrégulière, dans tous les cas environnée de jeunes cellules où la vascularisation est augmentée.

Le plus souvent, toutefois, les amas caséeux sont constitués par des productions pneumoniques plus ou moins limitées au niveau des petites bronches ou occupant un ou plusieurs lobules pulmonaires en partie ou en totalité, de manière à constituer en somme des productions de bronchopneumonie ou de pneumonie lobulaire, et exceptionnellement des amas plus volumineux, dont les parties centrales tendent assez rapidement à la caséification dans tous les cas. Or, lorsque l'examen peut être fait de bonne heure, on se rend parfaitement compte que les amas pneumoniques ne résultent pas de la confluence de granulations miliaires, lesquelles n'en sont pas non plus l'origine, car il n'en existe aucune trace à ce moment, comme on peut le voir sur la figure 130. Ce n'est qu'à une période plus avancée (quoique, parfois, assez rapidement), alors que la zone d'hyperplasie cellulaire périphérique s'est nettement accusée, que l'on trouve dans cette zone des follicules tuberculeux.

Il faut remarquer cependant que lorsqu'il s'agit de productions tuberculeuses secondaires dans un poumon où il existe déjà des cavernes, on trouve ordinairement à la fois des productions pneumoniques granuleuses et plus ou moins étendues de même origine et de même nature, quoique différant quelque peu par leur constitution.

C'est parce que les productions cellulaires exsudatives sont intenses sur des points toujours assez limités que la structure du tissu est profondément modifiée, et que la nutrition devient rapidement insuffisante, puis nulle à ce niveau, pendant qu'elle persiste et tend à s'exagérer à la périphérie. Mais ce ne sont pas des phénomènes particuliers aux productions d'origine tuberculeuse, car on en observe d'analogues dans les cas de bronchopneumonie ou de pneumonie lobulaire suppurée, au point que, dans certains cas, il peut être difficile de distinguer anatomiquement ces lésions de celles de la tuberculose. Toutefois ce n'est guère qu'au début, car, dans cette dernière affection, on ne tarde pas à constater aussi la présence de follicules tuberculeux caractéristiques à la périphérie des productions bronchopneumoniques, et surtout dans la zone d'hyperplasie cellulaire qui tend à produire un tissu scléreux.

Enfin lorsque la nécrose est très avancée au point qu'on ne peut plus reconnaître la constitution du tissu vivant, il ne reste plus qu'une substance granuleuse, informe, entourée d'un tissu de sclérose, comme on peut l'observer dans une lésion d'une autre origine, telle que la syphilis notamment.

Il n'y a pas seulement des nodules pneumoniques tuberculeux plus ou moins volumineux et limités; il y a aussi constamment avec eux, comme avec les granulations miliaires, des lésions pneumoniques diffuses plus ou moins abondantes qui infiltrent le tissu dans toutes ses parties constituantes.

Certains alvéoles renferment seulement de grosses cellules libres plus ou moins altérées, tandis que d'autres présentent un plus grand nombre de cellules de moindres dimensions, irrégulièrement réparties au milieu d'un liquide granuleux où se trouvent parfois des fibrilles fibrineuses, tout comme dans la pneumonie. Il s'agit bien d'un véritable processus pneumonique plus ou moins étendu et ordinairement irrégulier. Sur quelques points les cellules peuvent être très confluentes, tandis que sur d'autres c'est le liquide granuleux et fibrineux qui domine en distendant les alvéoles, où l'on ne remarque qu'un petit nombre de ces cellules. Dans tous les cas les parois alvéolaires sont infiltrées de nombreuses cellules semblables à celles contenues dans les alvéoles, mais souvent devenues plus ou moins fusiformes. Cette infiltration de l'exsudat existe pareillement dans les parois bronchiques et jusque dans la cavité des bronches avec ou sans persistance de l'épithélium de revêtement. Elle est encore très manifeste au niveau des espaces interlobulaires qui se trouvent ainsi élargis par la présence d'un stroma granuleux où l'on voit des cellules ordinairement volumineuses et plutôt fusiformes, en tout cas semblables à celles qui infiltrent les autres parties. Enfin les mêmes lésions peuvent exister au niveau du tissu sous-pleural et de la surface de la plèvre qui présentent alors un exsudat, indice de la pleurésie accompagnant les poussées tuberculeuses des parties corticales du poumon. Toutes les parties constituantes du tissu affecté participent au processus d'hyperplasie, car on trouve aussi des cellules remplissant les vaisseaux lymphatiques, ainsi que des cellules endothéliales plus nombreuses dans la lumière des vaisseaux sanguins.

Du reste, la production des tubercules dans les divers organes s'accompagne toujours d'une augmentation dans les productions normales et de productions nouvelles diffuses, au moins au voisinage des nodules tuberculeux, si ce n'est pas à travers tout l'organe affecté, comme on peut s'en convaincre par l'examen du foie et des reins, des tissus fibreux et osseux, etc., où les tubercules se rencontrent si fréquemment. Le fait est encore très remarquable pour les muqueuses, où l'intensité des nouvelles productions peut masquer les lésions caractéristiques. Mais c'est surtout au niveau des séreuses que les exsudats sont produits en plus

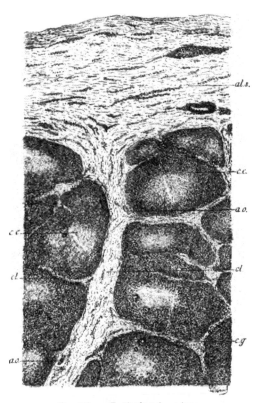

Fig. 131. — *Testicule tuberculeux.*

al.s., albuginée avec épaississement scléreux très prononcé. — *cl.*, cloisons interlobulaires et intertubulaires épaissies. — *a.o.*, artères oblitérées. — *c.e.*, centres caséeux des tubes en hyperplasie cellulaire. — *c.g.*, cellule géante.

grande quantité en même temps que se forment ou non des nodules tuberculeux.

Quoi qu'il en soit, ces productions inflammatoires ne tardent pas à prendre sur certains points ou sur la plus grande partie, lorsque

des vaisseaux ont été oblitérés, d'abord un aspect trouble particulier et bientôt l'apparence caséeuse manifeste. Mais il s'agit toujours de productions spéciales à chaque organe affecté. C'est ainsi
que pour le poumon, ce sont les cellules infiltrées partout et remplissant les cavités alvéolaires qui deviennent caséeuses. Les vésicules séminales devenues le siège d'une inflammation caséeuse se
présentent avec un épaississement de leurs parois qui efface en
partie leurs cavités. Sur le testicule (fig. 131), les cellules s'accumulent dans les cavités glandulaires qu'elles remplissent. Cette

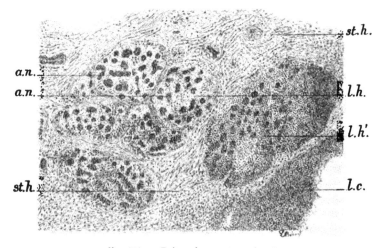

Fig. 132. — *Tuberculose caséeuse du sein.*

l.h., lobules glandulaires hyperplasiés. — *l.h'.*, lobule avec hyperplasie plus marquée. —
l.c., lobule caséeux. — *a.n.*, acini néoformés. — *st.h.*, stroma hyperplasié.

figure est remarquable par la localisation des productions anormales
dans les tubes glandulaires, avec caséification du centre des amas
cellulaires entourés d'une grande quantité de cellules jeunes où se
trouvent des cellules géantes à proximité des parties nécrosées. Il
existe en même temps une sclérose périphérique et interglandulaire très prononcée.

On peut voir également sur la figure 132 qui se rapporte à une
tuberculose caséeuse du sein que les amas caséeux se forment
aux dépens des éléments cellulaires jeunes des lobules glandulaires, parce que c'est à ce niveau qu'abondent les éléments
conjonctifs nouvellement produits.

On remarquera aussi que cette inflammation débute comme une

inflammation simple ou suppurée par une hyperplasie périglandulaire principalement. Celle-ci donne lieu à des formations
acineuses nouvelles rudimentaires devant être bientôt perdues dans
le flot montant de l'exsudat qui va subir la nécrose caséeuse. Le
stroma est également le siège d'une hyperplasie cellulaire et l'on
peut y voir surgir, surtout dans le voisinage des glandes, des amas
cellulaires devenant encore caséeux. Bien plus, s'il arrive que
les nouvelles productions oblitèrent de gros vaisseaux, ce ne sont
plus seulement les nouvelles cellules exsudées qui deviennent
caséeuses, mais encore toutes les parties constituantes du tissu qui
ne reçoivent plus de sang et dont on peut reconnaître encore la
structure dans les parties caséifiées.

La plupart des auteurs signalent bien les lésions diverses des
viscères et des autres tissus qui accompagnent les tubercules, mais
en les considérant plutôt comme des inflammations banales, secondaires, résultant de la présence des tubercules dans les tissus
tandis que d'autres les considèrent au moins en partie comme le
résultat de la pénétration dans les tissus de divers microbes associés aux bacilles de la tuberculose.

C'est en vain que Frænkel et Troje ont cherché dans les productions pneumoniques des tuberculeux la présence de streptocoques
et de pneumocoques, en procédant par l'examen direct et l'expérimentation. Il résulte de ces recherches que si ces microbes peuvent
être rencontrés avec les bacilles de Koch, ce n'est que d'une
manière exceptionnelle qui exclut la relation de cause à effet
avec ces lésions. Et il en est de même dans les autres organes où
l'inflammation tuberculeuse diffuse peut atteindre un très haut
degré d'intensité.

On ne peut pas davantage considérer ces inflammations seulement
comme consécutives à la présence des tubercules, quoique ceux-ci,
surtout lorsqu'ils sont multiples, doivent certainement contribuer
à la production de troubles secondaires de la circulation, de même
que toute production anormale. Il est à remarquer, en effet, que
dès le début, les productions tuberculeuses ne sont pas exactement
limitées et ne sont jamais constituées par les seuls tubercules ; car
on n'a jamais trouvé comme on semble l'admettre, des tubercules
des méninges et des diverses séreuses sans un exsudat dit inflammatoire en plus ou moins grande quantité, ni des tubercules des
muqueuses et des divers parenchymes sans des lésions inflammatoires diffuses plus ou moins abondantes, puisque ce sont précisément les éléments exsudés qui vont constituer les tubercules.

La figure 133 qui se rapporte à une tuberculose miliaire du péritoine aussi pure que possible, montre qu'il existe concurremment des cellules exsudées d'une manière diffuse ayant le même aspect que celles qui constituent les petits nodules manifestement récents.

Comme nous l'avons dit précédemment, toutes les parties constituantes du tissu sont affectées à ce niveau, et les lésions s'étendent plus ou moins irrégulièrement à la périphérie ; de telle sorte qu'il est impossible d'assigner une limite exacte à une portion de ces

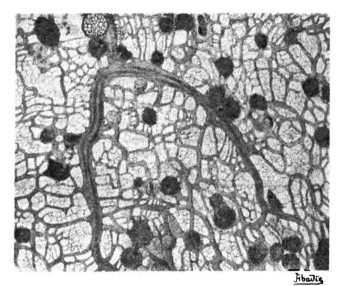

Fig. 133. — *Tuberculose granulique récente du péritoine.*

Le péritoine était criblé de fines granulations qui se présentaient avec la teinte demi-transparente et ne pouvaient être aperçues qu'à contre-jour. Un espace clair étant étalé sous le champ du microscope, on voit ces nodules constitués par des amas très denses de petites cellules, parfois avec le centre en voie de caséification, parfois aussi avec une cellule géante. En même temps on constate que le péritoine est rempli d'un exsudat cellulaire diffus dont les éléments sont semblables à ceux des nodules.

lésions, en les considérant comme primitives, pour admettre que les autres sont secondaires ; d'autant que si l'on peut trouver quelques tubercules isolés, on rencontre également des lésions inflammatoires diffuses qui ne sont pas immédiatement en rapport avec des tubercules. Par contre, on peut voir le plus souvent qu'il existe des transitions insensibles entre les tubercules et les productions inflammatoires diffuses, et que, en réalité, il est impossible de les séparer. Le fait est particulièrement frappant dans les cas de

poussées de granulations tuberculeuses ultimes dont les éléments
ne se distinguent pas de ceux qui sont diffus et semblent bien
résulter d'une accumulation irrégulière de ces derniers.

Du reste, si les tubercules doivent être attribués à la présence locale
des bacilles et à une action en quelque sorte localisée, il n'est
guère possible d'admettre des actions nocives multiples aussi nombreuses, affectant les extrémités des vaisseaux sans qu'il en résulte
en même temps des troubles plus ou moins prononcés à la périphérie et même dans tout l'organe atteint, pour peu que les lésions
soient disséminées. Enfin, il faut encore tenir compte de l'action des
produits solubles des bacilles, incriminée justement par Frænkel et
Troje. On peut rapporter à son effet sur la circulation une
grande partie des phénomènes inflammatoires; car l'on sait que
l'injection de ces produits dans les cas de tuberculose, donne lieu
à une recrudescence bien manifeste dans les productions inflammatoires, comme nous avons pu le constater sur les pièces qui ont
servi aux démonstrations de M. S. Arloing à ce sujet.

Non seulement la tuberculose ne se manifeste pas par la seule
production des follicules tuberculeux ou tubercules élémentaires
avec plus ou moins de lésions diffuses, mais il arrive souvent que
les follicules caractéristiques font défaut même avec d'anciennes
productions caséuses qui n'ont dès lors pas de caractères particuliers, comme on peut le voir notamment sur les os, et encore
sur les ganglions et les différents viscères. Il arrive qu'on ne trouve
que des lésions inflammatoires diffuses, comme sur certaines portions d'organes tuberculeux ou même sur la vessie dans la tuberculose des voies urinaires. Il s'agit bien toujours de lésions tuberculeuses, puisque l'on peut souvent y constater la présence des
bacilles de Koch. Néanmoins ceux-ci se rencontrent dans certains
cas en si petit nombre qu'ils peuvent parfois passer inaperçus.
Mais l'inoculation des produits inflammatoires aux animaux détermine toujours la tuberculose; de telle sorte qu'il ne saurait y avoir
aucun doute sur la nature de ces productions qui relèvent incontestablement de la même cause et possèdent les mêmes propriétés de
reproduction des tubercules proprement dits. Leur différence de
constitution doit seulement provenir des degrés divers d'action de
la substance nocive sur les divers points du tissu.

CASÉIFICATION AVEC DÉSINTÉGRATION CONSÉCUTIVE PRODUCTIONS D'ULCÉRATIONS OU DE CAVERNES

C'est à tort que les auteurs attribuent la caséification à une action particulière des bacilles tuberculeux ou de leurs produits, en abandonnant l'idée première qui rapportait naturellement cette altération à un trouble de nutrition, dû aux oblitérations vasculaires. Il est, en effet, absolument manifeste que *les parties caséeuses, quel que soit leur volume, coexistent toujours avec l'absence de vaisseaux perméables à ce niveau.*

Pour peu que la caséification soit étendue, on trouve en général des vaisseaux relativement volumineux oblitérés en partie ou en totalité, comme on l'a vu sur les figures 128 et 129. Et s'il s'agit d'un point très restreint, tel que celui qui existe sur la figure 127, on voit encore qu'il correspond à une partie où les cellules sont confluentes et serrées les unes contre les autres, de manière à entraver certainement les capillaires, dont on ne trouve jamais aucune trace à ce niveau. On remarquera, du reste, que les parties caséifiées situées au centre d'un nodule de cellules confluentes, sont celles qui sont le plus éloignées des vaisseaux, offrant une forme plus ou moins arrondie qui se rapporte à cet éloignement périphérique. Lorsqu'il y a plusieurs centres caséeux, c'est qu'ils sont en rapport avec une disposition correspondante de vaisseaux oblitérés.

De même lorsqu'il y a fusion entre les parties caséifiées, ou lorsque celles-ci se présentent en plus grande abondance avec une répartition irrégulière, on trouve toujours les vaisseaux oblitérés d'où dépend cette disposition. Et si, enfin, il y a des masses caséeuses plus considérables, on peut souvent reconnaître qu'elles appartiennent au tissu propre de l'organe, nécrosé sur ces points en même temps que les nouvelles productions, par suite de l'oblitération de vaisseaux plus volumineux.

C'est lâcher la proie pour l'ombre que de ne pas tenir compte de ce phénomène important des oblitérations vasculaires, on ne peut plus manifeste dans ce cas, pour s'attacher à y voir une action spéciale des causes nocives sur les tissus, qui est absolument hypothétique, sous le prétexte que la caséification est considérée comme un phénomène presque spécial à la tuberculose.

Même avant les découvertes de Villemin et de Koch, on ne considérait pas comme tuberculeux tout ce qui était caséeux et l'on savait que l'oblitération des vaisseaux peut déterminer cette lésion dans les affections de nature diverse et notamment dans les tumeurs où l'on ne songe pas à incriminer une action spéciale de la cause nocive. Mais, dira-t-on, pourquoi cette altération se rencontre-t-elle si constamment dans la tuberculose? C'est qu'apparemment les vaisseaux sont particulièrement atteints dans cette maladie, en raison du processus inflammatoire probablement plus abondant et plus rapide que dans toute autre.

Aucune explication ne nous semble plus simple et plus ration-

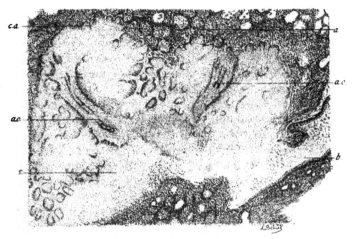

Fig. 134. — *Tuberculose pneumonique caséeuse chez un enfant.* — Bloc caséeux sous la dépendance d'oblitérations artérielles et en communication avec une bronche.

a. alvéoles avec exsudat cellulaire. — *c,* amas caséeux. — *c.a.,* contours alvéolaires de l'amas caséeux. — *a.o.,* artères oblitérées. — *b,* bronche en communication avec l'amas caséeux.

nelle; car elle est absolument conforme à l'observation des faits. Le phénomène est surtout manifeste lorsqu'on examine les vaisseaux au niveau et au voisinage des gros amas caséeux. On surprend la propagation des lésions à la paroi des vaisseaux, d'où résulte bientôt leur sclérose et leur oblitération incomplète ou complète. Dans les cas où les lésions caséeuses sont très limitées, on constate au moins l'absence de vaisseaux perméables, non seulement à leur niveau, mais encore dans leur voisinage. Toutes les préparations de tuberculose caséeuse peuvent servir à la démonstration de ces propositions et particulièrement celles du poumon, dont la figure 134 fournit un exemple. On peut dire d'une manière générale que *les productions caséeuses sont toujours en rapport avec la disposition et l'importance des vaisseaux oblitérés.*

L'aspect particulier blanc-jaunàtre caséeux est dû à la grande quantité de cellules qui ont subi la nécrose caséeuse et qui persistent au sein du tissu où a lieu l'absorption des substances liquides, tandis que les masses compactes persistantes sont entourées de productions scléreuses qui les limitent.

Cependant toutes les parties caséifiées n'ont pas exactement le même aspect. Celui-ci diffère à des degrés divers suivant le tissu affecté. Les altérations caséeuses de l'encéphale, des poumons, du cœur, du foie, des reins, des organes génitaux, des ganglions, etc., se présentent avec des différences notables de volume, de coloration, de consistance et d'évolution, en raison de la nature différente des éléments dégénérés et nécrosés appartenant à chaque tissu, et des productions scléreuses qui les environnent. Et sur un même tissu, les altérations diffèrent encore suivant qu'elles prédominent là où sont accumulés les éléments propres dégénérés des tissus avec des éléments nouveaux en plus ou moins grande abondance, comme c'est ordinairement la règle, ou bien qu'elles ont atteint une certaine étendue du tissu tout entier avec sa charpente fibreuse que l'on reconnaît encore sur les parties nécrosées.

C'est ainsi que toutes les productions pathologiques à tous les degrés et jusque dans leurs phénomènes de dégénérescence et de nécrose offrent la marque de leur origine spéciale à chaque tissu.

Comme les oblitérations vasculaires sont graduelles, la nutrition des éléments nouvellement produits ou même de ceux qui constituaient précédemment le tissu n'est pas brusquement supprimée. Elle se trouve graduellement de plus en plus troublée, de telle sorte qu'il en résulte des phénomènes de dégénérescence de ces éléments, suivis bientôt de la mortification du tissu et souvent de sa désintégration ; d'où la production des ulcérations ou des cavernes suivant leur situation à la superficie ou dans la profondeur des tissus.

En examinant les productions caséeuses qui ont abouti à des formations ulcéreuses, on trouve bien souvent sur les parties voisines les phases de transition par où elles ont dû passer pour aboutir à ce résultat. C'est ainsi qu'on voit des amas caséeux qui sont seulement fendillés, tandis que d'autres sont déjà en déliquescence à leur partie centrale qui commence à se désintégrer. On voit alors que les pertes de substance du voisinage résultent très manifestement de l'élimination d'une portion ou de la totalité de la matière caséeuse. Enfin, on peut encore constater que ces pertes de substance paraissent s'agrandir, surtout par l'adjonction de lésions similaires d'à côté, souvent même avec la nécrose du tissu intermédiaire sous l'influence d'oblitérations artérielles, manifestes sur la plupart des préparations.

Ce sont les lésions ulcéreuses des poumons, que l'on a le plus souvent l'occasion d'observer, puisque la tuberculose chronique de ces organes comporte ordinairement la production d'un plus ou moins grand nombre de cavernes situées surtout au sommet de

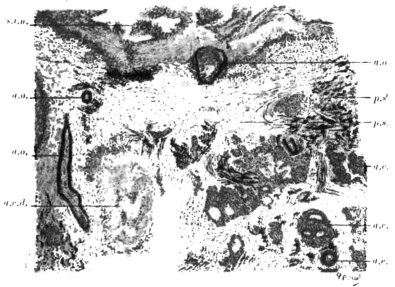

Fig. 135. — *Caverne tuberculeuse du poumon.* — Portion de la paroi à surface caséeuse au niveau du sommet.

s.i.n., surface interne nécrosée de la caverne. — *a.o.d.*, artère oblitérée en dégénérescence. — *a.c.d.*, amas caséeux avec commencement de désintégration. — *a.o.*, artère oblitérée. — *a.c.l*, amas cellulaires d'aspect lymphoïdes, au milieu desquels se trouvent des vaisseaux de nouvelle formation. — *a.c.l'.*, amas cellulaires avec néoformations alvéolaires à épithélium cubique. — *a.e.*, artère avec endartérite. — *p.s.*, paroi sclérosée de la caverne. — *p.s'.*, paroi avec dépôts anthracosiques.

l'un ou des deux poumons. Même à l'œil nu, on peut souvent se rendre compte du mode de formation d'une caverne par la désintégration bien évidente du centre des amas caséeux et par la coalescence de plusieurs amas à des degrés divers de désintégration.

L'examen microscopique confirme cette interprétation, ainsi qu'on en a la preuve par l'examen de la figure 135 qui reproduit une petite portion de la paroi d'une caverne d'un sommet.

La surface interne de la caverne présentait un aspect jaunâtre, grumeleux, qui était dû à la persistance d'une couche mince et irrégulière du tissu nécrosé, caséeux, en désintégration à sa partie la plus interne, mais encore adhérent à la paroi fortement sclérosée. Celle-ci présente plusieurs artères oblitérées, dont l'une sur la limite même de l'ulcération, qui commence à participer aux phénomènes nécrosiques. Il n'en est résulté aucune hémorragie, parce que le vaisseau a été préalablement tout à fait oblitéré, comme cela arrive ordinairement, mais non toujours, puisque dans des cas encore assez fréquents, l'ulcération peut atteindre un vaisseau à peu près sain ou incomplètement oblitéré, en donnant lieu à des hémorragies qui, le plus souvent, sont mortelles.

On aperçoit aussi dans la paroi scléreuse de la caverne, à proximité de la grande perte de substance, un amas caséeux dont le centre paraît ramolli et en désintégration commençante. Cette dernière lésion est, comme la caverne, commandée par une oblitération artérielle résultant de peri et endartérite. Et naturellement, en rapport aussi avec ces oblitérations de vaisseaux, se trouvent des formations vasculaires nouvelles entourées de jeunes cellules à noyaux bien colorés, formant tantôt des amas assez denses et plus ou moins arrondis, avec un aspect analogue à celui de points lymphatiques, et tantôt des traînées irrégulières plus ou moins abondantes suivant le degré de densité du stroma fibroïde. Enfin, il n'est pas rare de rencontrer, comme dans ce cas, sur quelques-uns de ces amas cellulaires, de petites cavités tapissées par un épithélium à cellules cubiques dont les noyaux bien colorés sont semblables à ceux des cellules de la périphérie. Il s'agit manifestement de formations nouvelles qu'on ne peut rapporter qu'à des alvéoles rudimentaires et qui, d'autres fois, sont mieux caractérisées et se trouvent en bien plus grande quantité, ainsi qu'on le verra plus loin.

La matière caséeuse qui tapisse la surface interne de la caverne finit par être éliminée en grande partie par les bronches dont la paroi a été atteinte de nécrose caséeuse à ce niveau, comme on le voit sur la figure 134 et comme on a constamment l'occasion de la constater sur les grandes cavernes auxquelles aboutissent des bronches qui semblent coupées à l'emporte-pièce. La surface interne peut alors paraître plus ou moins lisse, comme si elle était constituée par une membrane fibreuse, au point qu'on l'a comparée à une séreuse. Mais outre que ce tissu n'est jamais revêtu d'un épithélium, il ne représente même pas une membrane à proprement parler.

En effet, on trouve bien parfois un tissu fibroïde dense toujours plus ou moins infiltré d'anthracose, dont la constitution est irrégulière, comme sa surface. Celle-ci même, paraît souvent déchiquetée, en présentant encore çà et là quelques débris nécrosés, tandis que sur d'autres points elle est au contraire très vascularisée. Et, le plus souvent on a affaire à un véritable tissu de granulation offrant ainsi une surface en voie de suppuration.

La figure 136 montre une portion de la paroi d'une caverne

Fig. 136. — *Caverne tuberculeuse du poumon.*

Portion de la paroi dont la surface interne est constituée par un tissu de granulation avec une partie caséeuse en désintégration et dont la partie profonde scléreuse renferme de nombreuses cavités alvéolaires rudimentaires de nouvelle formation.

s.u., surface ulcérée. — *t.g.*, tissus de granulation. — *c*, partie caséeuse en désintégration. — *c.g.*, cellules géantes. — *p.s.p.*, paroi de la caverne, sclérosée avec pigment. — *a.r.*, alvéoles rudimentaires avec épithélium cubique dans le tissu sclérosé. — *v*, vaisseaux.

dont la surface interne est constituée par un tissu de granulation très riche en éléments cellulaires et en vaisseaux. A ce niveau on ne découvre aucune lésion caractéristique de la tuberculose et il en est ainsi assez souvent même pour des cavernes anciennes ayant été considérées à l'œil nu comme quasi guéries. Il en est de même pour certaines brides scléreuses traversant les cavernes ou faisant saillie sur leur paroi, et qui renferment des vaisseaux complètement ou incomplètement oblitérés.

Or, lorsque les parois et brides de cavernes ne présentent que çà et là des taches ou traînées d'anthracose, on ne persiste pas moins à les considérer comme des lésions tuberculeuses, même quoiqu'il n'y ait aucune production caractéristique sur ces parties. Mais si l'anthracose est beaucoup plus prononcée on en fait une caverne résultant d'une pneumonokoniose, bien à tort ainsi que nous avons cherché autrefois à le prouver, en raison de la présence dans la plupart de ces cas, de tubercules manifestes sur les poumons ou sur d'autres organes, quand il y a beaucoup d'anthracose aussi bien que lorsqu'il y en a peu; de telle sorte que dans tous ces cas l'origine tuberculeuse des lésions n'est pas douteuse.

Le plus souvent, cependant, on découvre un ou plusieurs points caséeux situés dans l'épaisseur de la paroi caverneuse, comme sur la figure 135, ou sur la limite de la perte de substance qu'elle vient ainsi agrandir, comme sur la figure 136. La zone cellulaire qui entoure la masse caséeuse présente même des cellules géantes qui pourraient être encore situées plus profondément et qui, d'autres fois, font tout à fait défaut.

On remarquera dans ce cas que, non seulement la paroi scléreuse de la caverne est très riche en vaisseaux de nouvelle formation et en cellules disposées d'une manière diffuse ou sous forme d'amas irréguliers, mais encore qu'il existe une assez grande quantités de petites cavités irrégulières, tapissées par un épithélium cubique et qui représentent incontestablement des productions alvéolaires rudimentaires nouvellement formées. Elles ne paraissent pas se rencontrer en aussi grand nombre sous l'influence de la tuberculose seule. Il s'agit ordinairement dans ces cas d'anciens syphilitiques, comme nous aurons bientôt l'occasion de le démontrer. (V. p. 626)

Des excavations ou ulcérations peuvent se former partout où la tuberculose donne lieu à des amas caséeux assez volumineux et capables d'entrer en désintégration, puis d'être éliminés au dehors au moins en partie, comme dans le rein, dans la prostate, dans l'épididyme ou le testicule, dans la glande mammaire, dans les ganglions lymphatiques, dans la peau et dans les muqueuses, dans les tissus périarticulaires et dans les os, etc., mais dans la plupart de ces cas les pertes de substance ne sont pas aussi considérables que dans le poumon, et l'élimination des parties ayant subi la nécrose caséeuse se fait d'une manière très variable suivant le volume et la constitution de l'organe affecté, sa situation par rapport aux surfaces où l'élimination de la substance caséeuse est possible et diverses circonstances locales.

Lorsque des nodules caséeux isolés ou agglomérés et en désintégration à la surface de la peau ou d'une muqueuse donnent lieu à des pertes de substance superficielles, celles-ci peuvent être très limitées, mais sont le plus souvent multiples, isolées et arrondies ou réunies pour former des lésions plus étendues avec des formes plus ou moins irrégulières. Elles constituent les ulcérations tuberculeuses proprement dites. On les rencontre sur le tégument cutané où le plus souvent elles caractérisent le lupus; mais elles sont encore bien plus fréquentes sur les muqueuses, surtout sur celles des voies respiratoires et digestives.

On observe assez fréquemment des ulcérations tuberculeuses sur la muqueuse du larynx, notamment au niveau des cordes vocales, chez d'anciens phtisiques, mais on en rencontre moins souvent sur les parties voisines de la trachée et du pharynx, sur les amygdales, sur la langue, sur l'estomac (où elles viennent d'être très bien étudiées par M. F. Arloing). C'est sur l'intestin que les ulcérations sont les plus fréquentes, avec une prédominance très marquée au niveau de la partie inférieure de l'iléon, particulièrement vers la valvule iléo-cœcale, puis sur le gros intestin et surtout au niveau du cœcum.

L'examen de ces ulcérations de l'intestin qu'on a si communément l'occasion d'observer permet de bien se rendre compte de leur production aux dépens des amas caséeux isolés ou réunis qui finissent par s'ouvrir dans l'intestin et se présentent ordinairement avec des bords saillants, irréguliers, et avec un fond déprimé, dont le plus grand diamètre se trouve ordinairement, mais non toujours, dans le sens transversal par rapport à la direction de l'intestin; car on peut trouver une grande quantité de nodules isolés ulcérés et parfois plus ou moins réunis sur une plaque de Peyer, ayant son grand diamètre dans le sens de la longueur de l'intestin.

Les parties périphériques présentent une inflammation scléreuse plus ou moins prononcée, et de plus on trouve de fines granulations tuberculeuses demi-transparentes ou blanchâtres dans le tissu sous-péritonéal et à la surface du péritoine manifestement enflammé sur les portions qui correspondent aux ulcérations tant soit peu profondes de l'intestin grêle; ce qui permet dans les cas douteux de distinguer les ulcérations tuberculeuses de l'intestin de celles de la fièvre typhoïde. Toutefois, l'examen histologique est nécessaire pour établir le diagnsotic lorsque l'examen à l'œil nu laisse des doutes. Il est à remarquer néanmoins que l'on rencontre assez souvent quelques ulcérations dont toute la matière caséeuse a été éliminée et où il n'y a pas de nodules tuberculeux dans le voisinage. Nous avons noté cette particularité plutôt sur des ulcérations du cœcum. Or, il s'agit bien cependant de lésions d'origine tuberculeuse puisque sur un autre point et souvent sur la même préparation, on trouve d'autres ulcérations avec des nodules tuberculeux caractéristiques. Il s'est produit au niveau de certaines ulcérations le même fait que nous avons constaté sur certaines cavernes pulmonaires : la substance caséeuse ayant été éliminée et la perte de substance étant simplement limitée par un tissu inflammatoire plus ou moins vascularisé.

D'autres fois les productions caséeuses sont profondément situées, comme il arrive si souvent dans les ganglions lymphatiques et rarement dans le sein ; ou bien elles sont contenues dans une membrane fibreuse résistante, comme dans le testicule, ou encore elles sont bridées par des aponévroses et des tendons, comme certaines fongosités caséeuses extra et intra-articulaires. Enfin elles peuvent même être retenues longtemps dans les parties vivantes du même tissu dont elles se séparent difficilement, comme on le voit pour les portions d'os qui ont subi la même altération. Il en résulte que dans la plupart de ces cas aboutissant à une ulcération, une petite portion ramollie est seulement venue se faire jour à l'extérieur, en donnant lieu à un trajet fistuleux qui persiste ordinairement en s'étendant ou en produisant d'autres lésions à distance, si l'on n'intervient pas en ouvrant plus largement la voie d'élimination aux parties nécrosées ou en les enlevant lorsque la situation des organes affectés le permet.

Mais si ces ulcérations tuberculeuses dont nous n'avons cité que les plus fréquentes, se présentent dans les conditions les plus variées, elles offrent cependant un caractère essentiel et constant dans tous les cas, permettant de distinguer les productions caséeuses ulcérées de celles qui ne le sont pas : c'est une production cellulaire intensive et persistante, analogue à celle que nous avons vue être la caractéristique de l'inflammation purulente ; tandis que les productions caséeuses non ulcérées sont simplement environnées d'un tissu scléreux qui tend à se substituer à elles ou au moins à les limiter, comme il arrive pour tous les tissus simplement nécrobiosés.

Or, lorsque les lésions caséeuses aboutissent à la formation d'une caverne ou d'une ulcération, il s'agit bien d'une inflammation purulente; car déjà sur le vivant on observe des symptômes qui sont bien ceux d'une lésion de ce genre, et l'examen histologique permet de se rendre compte que, dans tous les cas, l'élimination des parties nécrosées met en évidence à ce niveau un tissu de granulation qui fournit du pus comme s'il avait une toute autre origine.

Nous ajouterons que, les parties caséeuses doivent être à proximité d'une surface cutanée ou muqueuse, non seulement pour aboutir à une ulcération, mais encore pour donner lieu à une excavation, ou tout au moins il faut que les lésions périphériques évoluent en s'étendant pour se faire jour quelque part.

C'est ainsi que les ganglions cervicaux devenus caséeux produisent si facilement, dans le jeune âge, des abcès qui laissent les cicatrices cutanées rencontrées plus tard très fréquemment, et qui ont parfois une importance très grande pour rapporter à une origine de même nature des lésions douteuses. Or, les ganglions trachéo-bronchiques sont aussi très fréquemment caséifiés chez les enfants et même assez souvent chez les adultes, sans donner lieu à des lésions suppurées dans l'immense majorité des cas. Ce n'est que d'une manière exceptionnelle qu'on signale la fonte caséeuse d'une agglomération de ces ganglions pour aboutir à une excavation venant s'ouvrir dans une bronche ou dans la trachée. Mais cette dernière circonstance explique alors comment cette altération rentre dans le cadre des autres foyers caséeux terminés par ulcération.

Il est important enfin de remarquer que ce sont surtout les lésions tuberculeuses ulcéreuses, c'est-à-dire ayant les caractères d'une inflammation suppurée qui, comme toutes les lésions de ce genre, sont particulièrement disposées à être l'origine de phénomènes de généralisation de ces lésions dans les conditions que nous avons dites et sur lesquelles nous aurons bientôt l'occasion de revenir.

On peut encore se demander pour quel motif certaines lésions caséeuses tendent à l'ulcération, tandis que d'autres restent à l'état latent et finissent par disparaître ou par être isolées au sein d'un tissu de sclérose? L'étendue des lésions caséeuses et l'intensité des phénomènes inflammatoires périphériques sous l'influence des bacilles de Koch, suffisent-elles à motiver le processus ulcéreux suppuratif? ou bien faut-il admettre encore l'influence concomi-

tante de microbes pyogènes : streptocoques ou staphylocoques?
C'est une question très difficile à résoudre, en raison de la présence de microbes divers sur les surfaces ulcérées de la peau ou des
muqueuses et qui ont pu s'y établir consécutivement, d'autant que
la présence de ces derniers microbes ne paraît pas indispensable.
Du reste, ce que nous avons dit précédemment sur la cause
déterminante de la suppuration, est applicable à ces cas où nous
voyons, comme dans toute inflammation suppurative, indépendamment des phénomènes de nécrose (caséeuse dans ce cas), une
production intensive persistante d'éléments cellulaires jeunes et de
vaisseaux, qui arrivent à constituer un tissu de granulations et
provoquent l'élimination des parties nécrosées. (V. p. 393.)

Il semble bien que l'influence d'une lésion antérieure prédispose
à la localisation d'une production tuberculo-caséeuse sur le même
point, comme les expériences de Max Schüller l'ont prouvé. Et
lorsqu'il n'y a pas de productions de ce genre sous cette influence,
c'est qu'il y a d'autres conditions qui font défaut.

C'est pourquoi l'on peut interpréter de la même manière les
productions tuberculeuses qui surgissent sur un point ayant été
préalablement le siège d'un traumatisme, mais non dans tous les
cas, ainsi que parfois les nécroses caséeuses des ganglions préalablement enflammés sous l'influence de lésions voisines d'origine
indéterminée et même d'origine bacillaire.

Les ulcérations tuberculeuses de l'intestin ont si exactement le
même siège que celles de la fièvre typhoïde, qu'il y a toutes raisons pour admettre dans les deux maladies le même mode de détermination inflammatoire locale sous l'influence de causes irritantes, dont l'action n'est réalisée qu'avec la prédisposition créée
par l'infection générale, et encore dans certaines conditions,
puisque tous les tuberculeux n'ont pas des ulcérations intestinales.

On remarquera enfin que les ulcérations tuberculeuses de la
langue coexistent habituellement avec la présence à ce niveau
d'une dent coupante ou d'un chicot, comme les exulcérations du
même organe dans la fièvre typhoïde. Tout au moins, c'est ce que
nous avons toujours pu constater. Mais tandis que les dernières
guérissent avec la cessation de la fièvre, celles de la tuberculose persistent en s'étendant à la périphérie et surtout en donnant
lieu à des productions nodulaires dans les parties profondes de
l'organe.

On voit par ces exemples que la localisation des lésions tuberculo-caséeuses peut être expliquée dans certaines circonstances, ce

qui doit engager à faire des recherches analogues dans tous les
cas, car leur production, comme celle de toutes les manifestations
pathologiques, dépend certainement de conditions déterminées,
encore bien incertaines dans la plupart des cas, mais qu'il est peut-
être plus facile de découvrir dans la tuberculose, au sujet de
laquelle nous possédons les notions les plus étendues.

Nous devons encore rechercher et préciser le rapport qui existe
entre les diverses lésions d'origine tuberculeuse.

RAPPORTS DES TUBERCULES NODULAIRES
•OU ÉLÉMENTAIRES
AVEC LES AUTRES LÉSIONS TUBERCULEUSES

Et d'abord on ne saurait admettre les follicules ou tubercules
élémentaires comme première manifestation des lésions tuberculeuses, puisque l'observation montre qu'ils font défaut bien souvent. Dire avec quelques auteurs qu'ils ont dû précéder les autres
lésions, qu'ils sont masqués par elles, etc., c'est faire une pure
hypothèse, d'autant plus invraisemblable que souvent on ne trouve
pas un seul follicule dans les préparations, même sur les points
les plus minces où il n'y a pas eu de phénomènes destructifs, et
où l'on peut parfaitement se rendre compte de la disposition des
productions nouvelles.

La guérison des premières lésions tuberculeuses s'opère souvent
dans les cas où elles ne sont pas trop abondantes, surtout trop
étendues, peut-être même sans que ces lésions aient été jamais
caractérisées par la présence de follicules tuberculeux. C'est ce qui
doit arriver pour les lésions commençant à se produire sur les os,
les ganglions, les muqueuses et aussi sur les poumons.

Il y a, en effet, toutes probabilités pour que les premières manifestations tuberculeuses soient caractérisées, non par des follicules
tuberculeux, mais par des lésions inflammatoires, d'abord plus ou
moins irrégulières et mal limitées, qui, atteignant les vaisseaux et
déterminant des oblitérations, ne tardent pas à donner lieu à des
dégénérescences et nécroses caséeuses, ainsi qu'aux phénomènes
d'inflammation scléreuse périphérique qui tendent à limiter les
lésions. Nombreuses sont les productions tuberculeuses des divers
organes qui se présentent dans ces conditions sans la moindre
trace de tubercule proprement dit, surtout lorsqu'on peut les
observer à leur période initiale.

Bien plus souvent cependant, on rencontre en même temps que les inflammations irrégulières et les productions caséifiées, surtout à leur périphérie, des follicules tuberculeux considérés comme les lésions initiales de toutes ces productions, alors qu'en réalité ce sont des produits secondaires; car la preuve ressort manifestement des conditions dans lesquelles se produisent le mieux les tubercules au point de vue clinique et expérimental.

On sait que Dittrich avait indiqué les produits inflammatoires en régression comme pouvant être le point de départ de phénomènes de résorption par le sang, d'où résultait la production de tubercules; et que Buhl, en se fondant sur de nombreuses observations était arrivé à admettre que la tuberculose miliaire aiguë a toujours pour origine une lésion caséeuse préexistante. La phtisie étant considérée à ce moment comme caractérisée par les lésions de pneumonie caséeuse, on disait que « le plus grand danger auquel un phtisique est exposé, est de devenir tuberculeux ». Virchow avait bien reconnu la justesse des observations de Buhl, tout au moins la présence d'un foyer caséeux préexistant dans la plupart des cas d'éruption miliaire. « Néanmoins, ajoute-t-il, il est des cas rares, il est vrai, où des foyers caséeux font absolument défaut et où la tuberculose miliaire apparaît comme une affection primitive »; de telle sorte qu'il ne peut pas admettre entre les lésions caséeuses et les tubercules le rapport indiqué par Buhl.

Depuis lors, la question n'a pas été mieux élucidée et elle est généralement interprêtée à la manière de Virchow.

Dans tous les cas de tuberculose miliaire généralisée, soumis à notre observation, nous avons aussi recherché particulièrement la présence d'un foyer caséeux antérieur, et dans presque tous les cas nous l'avons rencontré sous la forme d'un amas caséeux ramolli et surtout ulcéré, siégeant, soit dans les poumons ou dans d'autres organes, soit au niveau des muqueuses, soit dans les ganglions ou dans les os et les articulations, etc. *Le rapport de la tuberculose miliaire avec des lésions antérieures est aussi constant que celui des lésions septico-pyohémiques disséminées dans divers organes avec un foyer primitif préexistant, et ne doit pas être davantage mis en doute.*

Les cas où l'on ne rencontre que les lésions de la tuberculose miliaire sans autre lésion antérieure manifeste, sont tellement rares qu'ils ne peuvent entrer en balance avec les faits contraires pour admettre un autre mode de production des lésions. Ils doivent par conséquent être rattachés d'une manière quelconque au fait général positif, tout comme on ne saurait hésiter à le faire pour les cas de septico-pyohémie généralisée où le foyer primitif fait défaut. En effet, on doit penser plutôt que, très minime, il a échappé à l'observation ou qu'il a cessé d'exister au moment où les recherches ont été faites.

On ne peut pas interpréter autrement les phénomènes de généralisation tuberculeuse sous la forme de granulations miliaires répandues dans les organes, puisqu'il s'agit en somme d'un phénomène du même ordre. En effet dans certains cas bien déterminés un ganglion caséeux suppuré et dont le pus séjourne dans une cavité anfractueuse donne lieu très manifestement à une infection granulique généralisée; il en est encore souvent de même dans le cas de coxalgie suppurée, de caverne pulmonaire se vidant mal, ou d'ulcérations intestinales, de lésions caséeuses de l'appareil génital, etc.

En tout cas l'origine des phénomènes de généralisation se trouve toujours dans une lésion caséeuse suppurée, c'est-à-dire au niveau d'un foyer de suppuration dont les parois sont constituées par un tissu dit de granulation, comme nous l'avons indiqué pour la généralisation de toute inflammation.

Si donc les mêmes lésions granuliques disséminées se rencontrent tout à fait exceptionnellement, sans qu'on trouve aucune autre lésion antérieure, c'est que la lésion a pu passer inaperçue. Bien souvent, lorsqu'on nous a dit qu'on avait trouvé un cas de ce genre, nous avons constaté que les examens avaient été plus ou moins incomplets : on avait oublié d'inciser les trompes utérines ou les vésicules séminales, ou bien on avait été empêché d'examiner convenablement les amygdales, les fosses nasales, les sinus maxillaires, l'appareil auditif, etc., ou encore il existait ou avait existé quelque part des lésions suppurées d'origine variable, mais qui avaient été probablement infectées par le bacille de Koch. Ce dernier cas est plus fréquent qu'on ne croit et dernièrement même nous avons observé plusieurs tuberculoses granuliques, qui avaient été précédées quelque temps auparavant d'un foyer de suppuration d'origine indéterminée.

Et, du reste, pourquoi une lésion minime des muqueuses ne pourrait-elle pas être le point de départ d'une éruption granulique, en se manifestant à un degré si léger qu'elle ait passé inaperçue ou même qu'elle ait eu le temps de guérir, tout comme on peut l'observer dans certains cas d'infection septico-pyohémique? Ne rencontre-t-on pas aussi des ganglions cervicaux tuber-

culeux chez des enfants dont les muqueuses correspondantes semblent n'avoir été que légèrement atteintes par une inflammation
passagère? Il y a toutes probabilités pour que, de même, les phénomènes de généralisation soient au moins précédés de quelque
altération pouvant se rapporter à des lésions localisées sur les
muqueuses des voies respiratoires, du tube digestif, etc.

Nous sommes convaincu que, plus les autopsies seront faites
avec soin et avec l'idée bien arrêtée de trouver quelque lésion
préexistante, plus les cas où toute affection de ce genre fera
défaut deviendront exceptionnels. On est donc parfaitement en
droit de considérer toute éruption granulique comme résultant de
la généralisation d'une lésion inflammatoire tuberculeuse primitive, c'est-à-dire comme une production secondaire.

Or, s'il est bien démontré qu'il en est ainsi pour les tubercules les
mieux caractérisés au point de vue de leur constitution, c'est-à-dire
pour le follicule de Schüppel, il doit en être de même pour les
lésions identiques que l'on trouve près des inflammations tuberculeuses primitives et qui, par le même mécanisme de l'infection,
ont donné lieu d'abord à des tubercules dans le voisinage. Cela
rend bien compte des observations si fréquentes où l'on ne trouve
comme manifestations tuberculeuses, que des lésions inflammatoires avec des productions caséeuses, parfois sans formation de
follicules tuberculeux ou seulement avec la présence de ceux-ci à
la périphérie des principales lésions.

Mais il peut arriver et il arrive souvent, surtout dans le poumon,
que les lésions inflammatoires s'accroissent et qu'il en résulte de
nouvelles oblitérations vasculaires, puis des productions caséeuses
plus étendues englobant le tissu où se trouvent des follicules, de
telle sorte qu'on peut parfois en retrouver la trace à la périphérie
des parties récemment caséifiées sous la forme de cellules géantes
encore reconnaissables. Or cela n'implique pas qu'il s'agit d'une
production primitive de follicules sur ces points, puisqu'on peut
parfaitement se rendre compte comment elles ont été formées
secondairement d'une façon très évidente dans la plupart des cas.

L'expérimentation est également favorable à cette manière d'interpréter les faits observés. L'inoculation des produits tuberculeux
sous la peau, dans les divers tissus, ou organes, ne donne pas
lieu à des tubercules au point même d'inoculation. Il en résulte
tout d'abord une inflammation périphérique au centre de laquelle
se trouvent seulement les résidus de la substance inoculée sous la
forme d'un magma caséeux. Et ce n'est qu'au bout d'un certain

temps qu'on voit apparaître des tubercules relativement discrets dans le tissu inflammatoire périphérique, et ordinairement plus abondants sur des points éloignés, à commencer par les ganglions du voisinage, puis dans des organes divers et notamment dans les poumons, comme on peut le constater sur le cobaye ou le lapin dans les inoculations sous-cutanées de crachats, renfermant des bacilles tuberculeux.

D'autre part, c'est en injectant dans une veine un liquide contenant des bacilles de Koch qui vont se répandre dans les organes, qu'on voit se produire immédiatement une éruption miliaire de tubercules sur les points où les bacilles ont été disséminés.

De ces deux séries d'expériences ressort évidemment la preuve que les nodules tuberculeux ¸sont formés par la présence des bacilles disséminés dans les organes, et que, dans les cas d'inoculation directe de matière tuberculo-caséeuse, comme dans ceux de production spontanée de foyers caséeux, les tubercules ne se forment probablement que lorsque les bacilles ont été disséminés sous l'influence de l'absorption par les voies lymphatiques ou sanguines. On se rend bien compte en même temps comment des foyers caséeux limités et rapidement entourés par un tissu de sclérose peuvent ne pas donner lieu à des lésions tuberculeuses secondaires, surtout lorsqu'ils renferment peu de bacilles; tandis que l'injection sous-cutanée et surtout péritonéale des produits tuberculeux riches en bacilles, donne lieu à coup sûr à des tubercules secondaires plus ou moins disséminés.

Ce n'est pas parce qu'on a injecté des bacilles sans produits tuberculeux, qu'on donne lieu à des tubercules plutôt qu'à une inflammation étendue irrégulièrement ; car l'injection des mêmes liquides contenant des bacilles, faite, non plus dans les vaisseaux, mais directement dans un organe, comme le poumon par exemple, produit d'abord sur le point inoculé une inflammation localisée qui prend ultérieurement le caractère caséeux. Il en est encore de même lorsque l'injection a lieu dans la trachée et que, par l'aspiration, le liquide est entraîné dans les plus fines ramifications bronchiques. Il y a bien dans ce cas, une dissémination plus ou moins prononcée des bacilles, mais ceux-ci arrivent dans les bronchioles et les alvéoles pulmonaires où, à la façon d'un corps étranger, ils suscitent des troubles diffus plus ou moins étendus. Ceux-ci retentissent bien vite sur la circulation, et donnent lieu à des productions anormales constituant les phénomènes d'alvéolite, de pneumonie lobulaire, avec des exsudats en quantité variable, mais non à des follicules tuberculeux proprement dits, qui ne se manifestent que sous l'influence de l'introduction des bacilles dans la circulation. C'est que, dans ce dernier cas, l'oblitération des capillaires se produit sur des points disséminés bien localisés, de telle sorte que les productions sont modifiées tout d'abord au niveau de ces points et d'une manière plus ou moins limitée. Mais elles ne peuvent l'être toujours que de la même manière, c'est-à-dire par défaut ou par excès ; et c'est ainsi qu'on voit se produire des amas cellulaires sur un point localisé où les éléments normaux sont altérés ou ·détruits.

Les nouvelles productions ne peuvent pas être d'une autre nature que celle des éléments constituants du tissu où elles ont pris naissance. C'est pourquoi, lorsque les circonstances sont favorables, les follicules tuberculeux se présentent avec des cellules épithélioïdes rappelant plus ou moins les cellules de ce tissu, comme il résulte des observations que nous avons faites.

Les conditions les plus propices au développement des cellules épithélioïdes paraissent résider dans la production des tubercules sous l'influence de la généralisation d'un foyer caséeux à évolution lente et ordinairement peu riche en bacilles, comme il arrive pour certaines lésions généralisées des os et des articulations, des ganglions, ainsi que de certains foyers caséeux ou des cavernes des divers organes, bien limitées par une zone scléreuse lentement produite.

C'est dans ces cas aussi que l'on retrouve très difficilement la présence des bacilles dans les tubercules miliaires de généralisation qui sont pourtant les plus typiques.

Dans les conditions inverses, c'est-à-dire lorsque le point de départ des lésions de généralisation réside dans un foyer caséeux largement ulcéré en contact avec l'air, comme il arrive si souvent pour les grandes cavernes pulmonaires, et surtout pour celles à évolution rapide, les tubercules de généralisation sont constitués en général par des amas de cellules nombreuses, paraissant plus rapidement formés; de telle sorte que les cellules n'ont eu ni le temps, ni l'espace pour prendre un grand développement. On peut alors constater que les nodules tuberculeux présentent des cellules très petites à la périphérie et peu développées même au voisinage des cellules géantes qui sont en nombre plutôt discret. Il y a comme toujours des portions caséeuses variables paraissant en rapport avec l'état des cellules et des vaisseaux de la périphérie; car c'est surtout dans les cas où il y a formation d'un tissu scléreux dense à ce niveau que les parties centrales se présentent avec la nécrose caséeuse la mieux caractérisée.

A côté de ces tubercules, on en peut trouver d'autres, notamment dans le poumon, qui, sans être plus volumineux que les précédents, sont uniquement constitués par des amas cellulaires infiltrant une petite portion du tissu à la manière des exsudats pneumoniques. Il n'y a ni cellules épithélioïdes, ni cellules géantes, ni même aucune zone distincte à la périphérie, et peu ou pas de portions nécrosées; de telle sorte que les cellules ont partout les mêmes caractères et ne se distinguent des cellules infiltrant les parties voisines que par leur petit volume et leur confluence sur un point limité pour former des granulations visibles ou non à l'œil nu.

Il arrive même qu'on ne trouve pas d'autres granulations que celles de ce dernier type. Et ces cas ne sont pas rares; car c'est ce que l'on observe le plus communément dans la période terminale de la plupart des phtisies pulmonaires ordinaires où ces dernières lésions sont la cause de la mort. Rien n'est commun, en effet, comme de rencontrer à l'autopsie de ces phtisiques, en même temps que des cavernes anciennes et des nodules caséeux plus ou moins volumineux, une éruption tuberculeuse récente qui a envahi les portions du tissu pulmonaire perméable à l'air, et qui ne consiste en somme qu'en des granulations pneumoniques disséminées dans le poumon et accompagnées d'un exsudat diffus variable, dont la présence ne peut être constatée qu'au microscope.

Si l'on observait ces dernières granulations toujours isolément, on pourrait croire qu'elles sont d'une autre nature que celles où se trouvent les follicules tuberculeux; mais on peut rencontrer simultanément les unes et les autres dans le même cas, et parfois sur la même préparation. De plus, on trouve toutes les transitions entre le tubercule primitif de Charcot et le nodule manifestement pneumonique; ce qui indique bien que dans tous les cas il s'agit d'un processus pneumonique. Et l'on se rend bien compte comment celui qui est constitué lentement, probablement avec le minimum de substance nocive, dans des conditions à pouvoir bien se développer, prend les caractères qui donnent lieu aux follicules, tandis que celui qui est plus ou moins rapidement formé par une grande confluence d'éléments cellulaires tend plutôt vers l'aspect pneumonique ordinaire. Enfin, on a d'autant plus de raisons pour trouver le processus en cet état que les malades ne survivent pas longtemps à cette poussée tuberculeuse ultime.

Il est également à remarquer que l'aspect des cellules diffère
plus ou moins dans les processus pneumoniques diffus, suivant
qu'il s'agit de la pneumonie dite épithéliale, de la pneumonie lobulaire ou lobaire, c'est-à-dire suivant les conditions dans lesquelles
ces productions ont lieu, quoiqu'elles soient toujours de même
nature.

Les formations épithélioïdes des nodules tuberculeux avec leurs
transitions insensibles jusqu'aux productions pneumoniques contribuent à mettre en évidence la nature de ces dernières; car toutes
ne sont que des déviations dans les productions normales. Elles
s'en éloignent d'autant plus qu'elles sont plus abondantes et plus
rapidement produites, qu'elles se trouvent, enfin, dans des conditions plus anormales à tous les points de vue.

HYPERPRODUCTIONS TYPIQUES D'ORIGINE TUBERCULEUSE

On peut encore observer sur les parties qui confinent aux lésions
tuberculeuses nodulaires et diffuses, mais dont la structure est
conservée, une hyperplasie cellulaire avec des productions exubérantes sous l'influence de l'activité circulatoire augmentée,
comme du reste au voisinage des foyers inflammatoires de cause
quelconque.

Il arrive, en effet, assez souvent, comme nous l'avons précédemment indiqué pour le poumon, pour l'intestin et surtout son
appendice, pour l'épididyme et la trompe utérine, pour le rein,
pour le revêtement des muqueuses et de la peau, et du reste,
pour tous les tissus, que leurs éléments propres, près des productions tuberculeuses, aient été aussi complètement modifiés sur
une certaine étendue, sans altération de structure, par la présence
de nouvelles cellules plus développées du même type. On remarque
seulement qu'elles sont environnées d'une plus grande quantité de
cellules conjonctives, qu'elles sont plus abondantes, que leurs
noyaux sont mieux colorés et qu'elles ont un protoplasma quelque
peu changé, à contours plus nets, indiquant manifestement qu'il
s'agit d'une substitution aux cellules anciennes de cellules paraissant pleines de vitalité et plus jeunes, probablement plus nombreuses et plus ou moins modifiées lorsque l'espace où elles se
trouvent le permet.

Mais on remarquera que ces phénomènes d'hyperproduction
cellulaire à caractères typiques sont souvent bien plus accusés que

dans les inflammations ayant une autre origine. Ainsi notamment pour la peau et les muqueuses à épithélium malpighien, il est fréquent d'observer des productions exubérantes excessives, au point d'être parfois confondues avec des productions néoplasiques, ainsi que M. Paviot en a présenté un spécimen au Congrès de la tuberculose en 1900. Comme les productions épithéliales sont très abondantes, l'aspect des lésions à l'œil nu ne laisse pas alors que de rendre le diagnostic incertain; et, à l'examen histologique, en trouvant tout d'abord le corps de Malpighi épaissi et plus ou moins irrégulier avec des prolongements en réseau ou même en amas détachés sur lesquels on découvre parfois de petits nodules à évolution épithéliale, il peut sembler au premier abord qu'on a affaire à un néoplasme, lorsque l'on finit par découvrir dans le tissu conjonctif des amas de cellules dont le centre a pris l'aspect flou caractéristique d'un commencement de dégénérescence, et bien souvent aussi des follicules tuberculeux avec cellules épithélioïdes et géantes. Des cas de ce genre ont été observés par divers auteurs et notamment par Ribbert. Ils ont conclu à la coexistence des lésions tuberculeuses et néoplasiques, en attribuant les lésions initiales aux unes ou aux autres. Tandis que pour Cordua, Baumgarten, Köster le néoplasme serait primitif, il ne serait que secondaire pour Crone et Ribbert, avec une prédisposition créée par les lésions tuberculeuses.

Les cas auxquels se rapportent l'opinion de ces auteurs, sont probablement ceux où, cliniquement, on hésite à dire s'il s'agit d'une lésion néoplasique ou tuberculeuse ou même, ajouterons-nous, syphilitique, comme il arrive assez souvent pour certaines ulcérations de la lèvre, du larynx, de l'œsophage, de la peau, etc. Mais si le diagnostic clinique peut présenter de très grandes difficultés, il n'en est pas de même ordinairement du diagnostic anatomique. En effet, lorsqu'on découvre des lésions manifestement tuberculeuses sur les points douteux, c'est le diagnostic de tuberculose qui s'impose, vu que la maladie évolue le plus souvent comme les affections tuberculeuses et non comme les néoplasmes. Les productions qui ont ces caractères typiques, sont toujours très limitées et ne se généralisent pas. Tout au moins nous n'en avons jamais rencontré dans ces conditions.

Cependant, parmi les observations publiées par les auteurs, il s'en trouve quelques-unes où l'on signale la présence de nodules tuberculeux et d'une tumeur maligne accompagnée de lésions métastatiques. En tout cas, ce qui a été observé parfois très mani-

festement, c'est un lupus, comme lésion initiale, et consécutivement
un épithéliome ayant pris naissance au voisinage de l'ulcération sur
des points exubérants, puis devenant la lésion prédominante. Bien
différents sont les cas où il s'agit d'un néoplasme avec une complication ultime de tuberculose, comme on en a signalé depuis longtemps.

Il nous est arrivé, comme à d'autres observateurs, de rencontrer
parfois quelques lésions tuberculeuses au sommet d'un poumon
en faisant l'autopsie d'un sujet mort d'une tumeur maligne et
notamment d'un cancer de l'estomac. Nous avons aussi observé,
une fois avec un kyste de l'ovaire et une autre fois avec une
tumeur bénigne de la muqueuse utérine, une tuméfaction d'un
certain nombre de ganglions et surtout de ceux de la région lombaire, qui nous avaient fait songer, au moment de l'autopsie, à la
possibilité d'une généralisation ganglionnaire de ces tumeurs. Or
l'examen microscopique nous permit de constater qu'il s'agissait,
dans les deux cas, d'une infection tuberculeuse ultime de ces ganglions. Mais ces faits diffèrent totalement de ceux que nous avons
précédemment cités.

Dans la tuberculose mammaire, l'hyperproduction des cavités
glandulaires acineuses est très remarquable (fig. 132), en raison
probablement de la facilité avec laquelle cette hyperplasie a lieu
à l'état normal; car on est frappé de l'analogie que ces productions présentent avec l'état de la glande dans la période de lactation
d'une part et dans les adénomes d'autre part.

Chez un tuberculeux, dans un cas d'ulcère de l'estomac, qui
avait détruit toute la paroi stomacale et atteint le pancréas, nous
avons constaté dans le tissu fortement sclérosé de cet organe une
hyperproduction de nombreuses petites cavités glandulaires tapissées par un épithélium à cellules cylindriques, ayant tout à fait
l'aspect de productions adénomateuses : ce que nous attribuons à
l'origine tuberculeuse des lésions.

M. Marfan a précédemment signalé des adénomes de l'estomac
chez un tuberculeux, et nous croyons qu'en compulsant les observations de tumeurs bénignes, on en trouverait un grand nombre
appartenant à des sujets chez lesquels des antécédents personnels
ou familiaux de tuberculose pourraient être relevés.

Nous avons plusieurs fois constaté sur des reins présentant des
lésions tuberculo-caséeuses en désintégration avec formation de
cavités anfractueuses, que le tissu voisin (dont une portion est
représentée par la figure 137), était le siège d'une hyperplasie cellulaire intense avec sclérose, portant sur tous les éléments et parti-

culièrement sur les fibres musculaires. Ainsi l'on voyait, comme
sur cette figure, des artères volumineuses presque oblitérées par
l'hyperplasie des fibres de leur paroi, et, à l'entour, des faisceaux
musculaires certainement beaucoup augmentés de volume et de
nombre par une hyperproduction de même nature. Il s'agit bien
de néoformations typiques bénignes sous l'influence d'un processus
inflammatoire, mais telles qu'on ne les rencontre jamais au même
degré dans les autres formes de néphrite. Il est probable que ces
productions sont en rapport avec l'augmentation très prononcée de

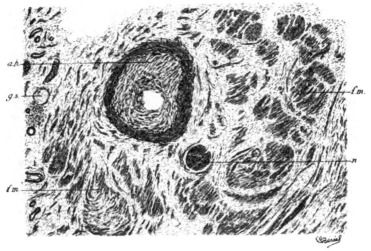

Fio. 137. — *Hyperplasie scléreuse et musculaire du tissu rénal au voisinage de foyers
tuberculo-caséeux, ulcérés.*

a.h., artère avec hyperplasie des fibres musculaires constituant une endartérite presque oblitérante.
— f.m., faisceaux musculaires agglomérés. — n, nerfs. — g.s., glomérule sclérosé.

la vascularisation à la périphérie des amas caséeux ulcérés et
vraisemblablement avec le maximum d'influence continue des
produits bacillaires.

Dernièrement, M. Jaboulay a signalé la présence de lipomes
multiples sur tout le corps chez un homme de trente-sept ans qui
présentait des ganglions lymphatiques tuberculeux et avait été
atteint à l'âge de douze ans d'adénites suppurées sous-maxillaires.
. Depuis assez longtemps que notre attention est dirigée sur ce
point, nous avons souvent constaté chez les tuberculeux surtout
des productions adénomateuses, des papillomes et des polypes que
l'on peut rationnellement attribuer à l'infection tuberculeuse. Les

organes qui nous ont paru ainsi le plus souvent affectés sont le larynx, le rectum, la muqueuse utérine et celle des trompes, le sein, la prostate, etc. Il nous a semblé d'autre part que les adénomes du sein chez les jeunes filles se rencontraient plutôt avec des antécédents héréditaires tuberculeux. On peut dès lors se demander si ces lésions sont sous la dépendance des bacilles de Koch ou tout au moins de leurs produits de sécrétion ou s'il faut admettre une simple prédisposition chez les tuberculeux avec la cause inconnue comme pour les autres tumeurs bénignes? On peut tout au moins penser que si les produits microbiens tuberculeux ne sont pas en cause, il s'agit probablement d'une cause nocive analogue; car on trouve fréquemment ces productions typiques exubérantes auprès des productions tuberculeuses bien caractérisées.

Les néoproductions typiques ne font pas défaut sur les poumons tuberculeux, quoique nous ne les ayons pas encore mentionnées parmi celles qu'on observe communément. C'est que, en effet, les productions y sont habituellement tellement abondantes et rapides qu'elles se présentent plutôt sous les formes pneumoniques où les cellules ne peuvent guère se développer, si ce n'est pour former les groupes épithélioïdes, lorsque les conditions que nous avons cherché à déterminer pour ce développement sont propices. Mais sur des points où l'inflammation a un caractère manifestement lent et persistant, comme au niveau des portions sclérosées du sommet, notamment au voisinage de cavernes, nous avons parfois rencontré, avec des parois alvéolaires très épaissies, des cavités d'aspect rudimentaire tapissées par des cellules endothéliales cubiques (fig. 136). Le plus souvent nous n'avons trouvé ces cavités qu'au sein des amas de jeunes cellules qui se présentent si fréquemment dans les parties sclérosées du sommet sous la forme de points lymphoïdes. Et encore ces cavités rudimentaires sont-elles toujours peu nombreuses chez les tuberculeux qui ne sont pas en même temps d'anciens syphilitiques; car, comme nous le verrons bientôt, c'est surtout chez ces derniers, avec ou sans tuberculose, qu'on les observe le plus communément et en plus grande quantité.

HÉMORRAGIES PULMONAIRES D'ORIGINE TUBERCULEUSE

Les lésions tuberculeuses des divers organes peuvent donner lieu à quelques exsudations sanguines, mais qui sont en général assez limitées, même au niveau des séreuses. Ce n'est que la tuberculose pulmonaire qui est susceptible de produire de véritables hémorragies désignées sous le nom d'*hémoptysies*. Elles sont déjà très fréquemment rencontrées dès les premières manifestations de la maladie. C'est qu'elles sont en rapport avec le processus pneumonique hémorragique des lésions initiales, et non avec la présence des tubercules sur le trajet des vaisseaux, comme on l'admet généralement; car s'il en était ainsi on verrait aussi bien des hémorragies dans la tuberculose des méninges, des reins, etc., où on ne les observe jamais. Cela est si vrai que bien souvent on voit les crachats hémoptoïques persister, quoi qu'on fasse, pendant plusieurs jours, cinq ou six et même huit jours, c'est-à-dire tant que dure le processus pneumonique qui peut avoir sa durée habituelle de huit jours, mais qui peut aussi correspondre aux formes dites abortives de moindre durée ou aux formes persistantes au-delà de huit jours. Le sang qui était pur au début est ensuite mélangé avec un exsudat mucoïde, analogue à celui que l'on a dans la pneumonie lobulaire ou lobaire non tuberculeuse.

Nous n'avons pas eu l'occasion de faire l'autopsie d'un malade ayant succombé à une hémoptysie en rapport avec le début des lésions. Il est même probable que *la mort ne doit pas résulter d'une première hémorragie, lorsque l'appareil respiratoire est sain;* parce que les lésions étant toujours plus ou moins limitées ou disséminées et ne tardant pas à se modifier, l'hémoptysie même lorsqu'elle est abondante, ne continue pas à se reproduire avec la même intensité, quel que soit le traitement employé. C'est probablement ce qui a fait croire à l'efficacité de diverses médications qui échouent dans les cas où l'hémorragie est due à l'ouverture d'un gros vaisseau dans une caverne. En dehors de ce dernier cas, une seule hémoptysie peut bien exceptionnellement entraîner la mort d'un malade, mais c'est lorsque les poumons sont déjà affectés depuis longtemps, et notamment lorsqu'il existe de nombreuses adhérences pleurales, de telle sorte que, même une petite quantité de sang arrivant dans les voies respiratoires et étant aspirée sans pouvoir être éliminée, ne tarde pas à occasionner l'asphyxie.

Nous avons fait des autopsies dans ces conditions et nous avons pu nous convaincre que les hémoptysies, lorsqu'elles ne proviennent pas d'un vaisseau ulcéré dans une caverne, doivent être attribuées aux lésions pneumoniques dans certaines conditions, et non aux tubercules développés sur le trajet des vaisseaux. Du reste, si cette cause était réelle, c'est dans les cas d'éruption miliaire qu'on devrait surtout observer les hémoptysies, tandis qu'elles sont plutôt

exceptionnelles, dans ces cas, précisément en raison de la limitation restreinte des exsudats au niveau de chaque nodule.

Au contraire, les hémoptysies sont fréquentes avec les premières
altérations pneumoniques. Il peut même arriver que les symptômes
soient tellement semblables à ceux d'une pneumonie proprement
dite du lobe supérieur, qu'on ne puisse établir nettement le
diagnostic, au moins chez un malade âgé. Quant à la pneumonie
du sommet des adultes qui sont encore jeunes et non alcooliques,
on peut dire qu'elle se rapporte toujours à la tuberculose, même
lorsqu'elle est suivie de guérison. C'est la répétition des lésions et
les phénomènes ultérieurs qui en fournissent la preuve.

La présence du sang dans les crachats se rapportant à ces cas,
doit être attribuée au même mécanisme que dans la pneumonie
hémorragique. Il y a une diapédèse plus ou moins abondante des
globules rouges, concomitante de celle des globules blancs, sous la
même influence, c'est-à-dire par suite des oblitérations vasculaires
qui sont le point le départ de toutes les inflammations. L'exsudat
liquide est toujours abondant chez les tuberculeux. La prédominance du sang paraît tenir à des causes diverses : probablement
d'abord à l'importance et à la brusquerie des oblitérations vasculaires, puis à l'énergie des contractions cardiaques comme cela a
lieu chez les jeunes gens atteints en pleine santé, au début de leur
affection. Il est même à remarquer que si les hémoptysies sont
peut-être plus fréquentes chez la femme que chez l'homme tout
à fait au début, plutôt à l'occasion de la menstruation, c'est chez
ce dernier qu'on les rencontre davantage aux périodes plus avancées et en plus grande abondance à toutes les époques. D'autres
fois elle reconnaît pour cause la résistance à la circulation que
présentent les tissus plus ou moins sclérosés préalablement, comme
chez d'anciens catarrheux atteints de pneumonie et probablement
chez les malades qui ont déjà de la sclérose localisée au sommet
du poumon et disséminée dans le parenchyme.

Ce ne sont pas les lésions les plus étendues qui donnent lieu
aux hémorragies les plus abondantes; car elles ont plutôt de la
tendance à se comporter comme les lésions de pneumonie proprement dite. Ce sont effectivement des lésions plus ou moins limitées,
et surtout au début de la maladie, qui provoquent les grandes
hémorragies, probablement parce que l'action augmentée de la
circulation est concentré autour d'un point relativement restreint où elle est entravée, et se trouve dans les conditions indiquées précédemment comme propices à la production de l'hémor-

ragie, d'autant plus que le sujet sera plus fort et vigoureux.
Des hémorragies de ce genre pourront bien encore se produire à
une période plus avancée de la phtisie pulmonaire sous l'influence
de nouvelles poussées pneumoniques; mais surtout lorsque les
malades auront conservé une certaine vigueur ou que le cœur sera
augmenté de volume. En effet, on ne les verra guère survenir dans
les formes dites galopantes, si ce n'est au début. Lorsque les
malades arrivent à cracher du sang à la période consomptive, ce
n'est ordinairement qu'en faible quantité, par suite des poussées
pneumoniques nouvelles ou par l'ouverture des capillaires du tissu
de granulation qui constitue la paroi des cavernes. Les hémorragies abondantes ou répétées, et qui causent souvent la mort des
malades à cette période, sont ordinairement produites par l'ulcération d'un gros vaisseaux dans une caverne. C'est, en effet, ce
dernier cas qu'on a le plus souvent l'occasion de constater dans
les autopsies de phtisiques morts à la suite d'hémoptysies.

Infiltration sanguine du parenchyme pulmonaire.

Il est souvent difficile de déterminer exactement d'où le sang est
sorti. On en trouve partout, dans toutes les cavernes et dans les
bronches. Parfois du sang infiltre même le tissu pulmonaire resté
sain sous la forme de taches rouges très apparentes au milieu d'un
tissu blanc grisâtre emphysémateux. On ne trouve pas manifestement un vaisseau ouvert dans une caverne, et cependant l'on ne
peut être certain de l'intégrité des vaisseaux qui se trouvent sous les
parois anfractueuses de nombreuses cavernes, où des lésions de ce
genre peuvent parfaitement échapper à l'examen le plus attentif.
C'est à cette cause qu'il faut attribuer l'hémorragie plutôt qu'à des
lésions sur tous les points où du sang se trouve infiltré; parce que
cette même infiltration tachetée diffuse s'observe dans tous les cas
où du sang a pénétré dans les voies respiratoires, quelle que soit
l'origine de l'hémorragie. Le sang ayant fait irruption dans les
bronches (comme il arrive après l'ouverture d'un vaisseau d'une
caverne et aussi dans le cas d'un anévrysme aortique ouvert dans
la trachée), pénètre dans toutes les parties du parenchyme pulmonaire où l'aspiration s'exerce avec activité. C'est ainsi que le sang
provenant d'un poumon passe en partie dans l'autre poumon,
d'autant plus que la respiration est plus entravée dans le premier,
soit par les lésions pulmonaires, soit par des adhérences pleurales,
et plus augmentée dans le second devenu emphysémateux par

compensation, le malade succombant alors aux troubles respiratoires qui en résultent.

En examinant les préparations qui se rapportent aux points où le
sang est répandu, on se rend bien compte qu'il se présente avec des
caractères particuliers et tout à fait distincts de ceux qu'on observe
habituellement au niveau d'un infarctus. En effet, comme on peut
le voir sur la figure 138, les globules sanguins infiltrent régulièrement toutes les parties constituantes du tissu, mais en respectant

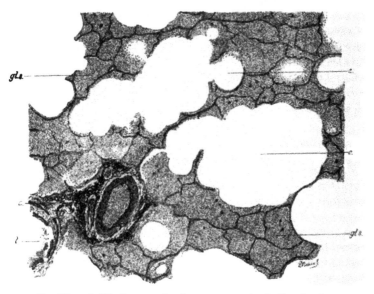

Fig. 138. — *Infiltration sanguine du poumon par inspirations forcées.*
b, bronche. — *a*, artère avec paroi sclérosée et anthracosique. — *gl.s.*, globules sanguins
remplissant les cavités alvéolaires. — *e*, emphysème.

un assez grand nombre d'alvéoles pulmonaires emphysémateux qui
se présentent avec leur paroi distendue sous la forme arrondie
caractéristique. Le sang a pénétré avec l'air, mais il n'a pu persister que sur les points où l'activité respiratoire était relativement
plus faible, tandis que l'énergie de celle-ci au niveau des alvéoles
emphysémateux a empêché la pénétration ou tout au moins la stase
du sang, ces alvéoles étant restés indemmes de toute infiltration
ou ne renfermant qu'une petite quantité de globules sanguins
contre leurs parois.

Il est à remarquer que chaque alvéole contient presque du sang

ou de l'air, et non les deux plus ou moins mélangés, probablement
en raison tout à la fois, de la perte de l'action respiratoire pour
les alvéoles où des globules sanguins ont pu pénétrer en assez
grande quantité, et de son augmentation considérable dans les
autres alvéoles, suivant la loi de suppléance qui se manifeste avec
d'autant plus d'intensité que le phénomène surgit *brusquement* au
niveau d'un poumon en plein fonctionnement.

Dans les cas de ce genre, l'infiltration du parenchyme pulmonaire
n'est constituée que par le sang qui y a fait irruption, tandis que,
dans l'infarctus, si des parties sont seulement infiltrées de globules
sanguins, on trouve fréquemment ceux-ci mélangés à des éléments
cellulaires en quantité variable, comme nous l'avons fait remarquer
précédemment. Mais ce qui distingue surtout l'infiltration sanguine
dans les deux cas, c'est, au milieu de cet exsudat, *la présence des
alvéoles emphysémateux et vides de sang, toujours nombreux dans
le premier cas, et absents ou rares dans le second;* de telle sorte
qu'à première vue, on peut ordinairement faire ce diagnostic
différentiel.

S'il arrive qu'il soit impossible de découvrir le vaisseau qui a
permis l'irruption du sang dans les voies respiratoires, d'autres fois
on trouve dans une caverne remplie de caillots cruoriques une
artère plus ou moins volumineuse manifestement ulcérée qui a été
l'origine de l'hémorragie mortelle. Celle-ci peut avoir été abondante; mais l'issue fatale peut aussi s'être produite sous l'influence
d'une petite hémorragie. C'est dans les cas où les poumons présentent des lésions nombreuses et surtout des adhérences pleurales
restreignant considérablement le champ respiratoire. La moindre
quantité de sang répandue alors brusquement dans les bronches
et aspirée dans les parties saines qui se trouvent ainsi en partie
obstruées, suffit pour déterminer l'asphyxie et la mort rapide des
malades.

On est étonné qu'une faible hémorragie ait produit ce résultat,
car le malade à souvent rejeté très peu de sang; mais l'examen
des lésions en rend parfaitement compte. Des hémorragies de
toute autre provenance peuvent aboutir au même résultat lorsqu'il
existe des lésions antérieures pleuro-pulmonaires; ce qui indique
que la mort provient non de la quantité de sang perdue, mais bien
des conditions mécaniques qui donnent lieu à l'asphyxie brusque
du malade.

Anévrysmes faux dits de Rasmüssen.

Il arrive, d'autres fois, qu'on trouve l'origine de l'hémorragie dans la lésion des cavernes décrite sous le nom d'anévrysme de Rasmüssen, sur le trajet d'une artère perméable au sang.

Cette lésion a été attribuée par Eppinger, d'abord à l'artérite tuberculeuse qui aurait détruit sur un point limité les tuniques externe et moyenne, et ensuite à la pression sanguine qui aurait provoqué sur ce point la distension de la tunique interne du côté de la caverne sous la forme de sac anévrysmal. Mais il résulte des travaux de M. P. Meyer et de M. Ménétrier que l'altération envahit encore la tunique interne qui est également perforée. D'après ces auteurs, il se formerait un caillot leucocytique qui se transformerait en une néomembrane, en se substituant à l'endartère détruite. C'est cette néomembrane dilatée et ayant subi, suivant M. Meyer, la transformation hyaline, qui constituerait le sac anévrysmal, dont a rupture donnerait lieu aux hémoptysies.

Notre attention a été attirée sur cette lésion depuis bien des années par un cas où le malade, entré dans notre service de l'Hôtel-Dieu, avait fini par succomber à des hémorragies abondantes et répétées à plusieurs jours d'intervalle. A l'autopsie, indépendamment du sang répandu dans les diverses parties des voies respiratoires, nous avons trouvé une caverne pouvant contenir une grosse noix, qui était remplie de caillots noirs cruoriques à travers lesquels se trouvaient seulement quelques strates fibrineuses blanchâtres. En les détachant avec précaution, nous avons découvert tout près de la paroi opposée à celle où nous avions pénétré, une légère saillie boutonneuse de 4 à 5 millimètres de diamètre formée par une néomembrane blanche, molle, tomenteuse, paraissant de formation tout à fait récente et qu'à cette époque nous pensions être de nature fibrineuse. En incisant et soulevant cette néomembrane nous avons pu nous rendre compte qu'elle limitait une cavité vide pouvant contenir un pois, immédiatement en rapport avec une ouverture de dimensions un peu plus restreintes, que présentait une grosse artère perméable de la paroi caverneuse. En somme il existait au niveau de l'ouverture de ce vaisseau une petite ectasie ampullaire intacte formée, non par une pseudo-membrane fibrineuse, mais bien par une néomembrane leucocytique tout à fait récente, comme on l'admet à présent, à la faveur des caillots fibrino-cruoriques remplissant la caverne.

Il s'agissait d'un anévrysme de Rasmüssen en voie de formation; et il était bien évident qu'*il n'avait pas précédé les hémoptysies* puisque celles-ci dataient de plusieurs jours et que, du reste, la néomembrane leucocytique manifestement récente, était intacte. Il est vraisemblable que les hémoptypies répétées avaient été produites par l'ulcération artérielle, que l'hémorragie avait semblé s'arrêter à diverses reprises, probablement par les caillots formés dans la caverne, et que, en dernier lieu, avait pu se constituer, précisément à la faveur de ces caillots, une néomembrane leucocytique au niveau de l'ouverture artérielle où la pression du sang la refoulait légèrement en forme de petite ampoule.

Si le malade eût pu survivre à ces accidents, il est probable qu'on eût trouvé plus tard une néomembrane mieux organisée, plus résistante, mais cependant susceptible d'être rompue ultérieurement, comme nous avons pu aussi en observer plusieurs fois.

Dans la plupart des cas, en effet, on trouve, attenant à l'ouverture de l'artère, une néomembrane fibroïde se continuant d'une part avec les parois du vaisseau, et d'autre part avec des caillots fibrineux dans lesquels elle se perd insensiblement ; de telle sorte que, si l'on peut bien constater qu'il n'y a pas de paroi anévrysmale comparable à celle que l'on trouve dans les véritables anévrysmes avec les altérations concomitantes des tuniques artérielles, il est en général difficile de se rendre compte du mode de production de cette paroi surajoutée à l'artère au lieu de son ouverture et plus ou moins déchirée et dissociée, intriquée au milieu de caillots fibrineux, etc. C'est pourquoi les auteurs, toujours sous l'impression de cette idée d'anévrysme, suscitée par Rasmüssen, ont admis qu'il s'agissait encore de la dilatation anévrysmale de la membrane formée au point ulcéré de l'artère, et ont attribué les hémoptysies à la rupture de cette petite poche considérée comme un anévrysme.

En prenant en considération le premier fait que nous avons observé, on voit que les choses peuvent se passer autrement, c'est-à-dire que les hémoptysies peuvent provenir d'abord de l'ouverture du vaisseau altéré, et que la dilatation ampullaire d'une néomembrane à ce niveau peut être de formation secondaire. On peut même se demander s'il n'en est pas toujours ainsi dans les divers cas qui ont été observés. Les probabilités nous paraissent en faveur de cette interprétation.

On sait, en effet, que les altérations des vaisseaux au niveau des cavernes consistent dans une inflammation avec hyperproduction cellulaire, et qu'il en résulte ordinairement leur oblitération par endartérite produite concurremment avec la périartérite qu'engendrent toujours les lésions inflammatoires voisines. Lorsque la désintégration des parties nécrosées s'est produite en donnant lieu à une caverne, les parois de celle-ci offrent ordinairement des artères et des veines ; mais on ne trouve plus que la trace de leurs tuniques au sein du tissu de sclérose ou de granulation, et jusqu'à la surface interne en désintégration et suppuration où de grosses artères peuvent même faire saillie et commencent à se désintégrer comme les tissus voisins.

Pour qu'une artère non oblitérée soit ulcérée, il faut que, située au voisinage d'un foyer inflammatoire caséeux, ses *vasa vasorum* aient été atteints et qu'il en soit résulté des lésions de même nature de sa paroi sur un point localisé, et assez rapidement pour que l'inflammation périphérique n'ait pas eu le temps de provoquer l'oblitération du vaisseau.

C'est ainsi qu'une artère saine ou même avec un degré plus ou moins prononcé d'inflammation de ses parois, mais non oblitérée, pourra présenter à un moment donné une altération nécrosique localisée, qui cédera sous la pression du sang et donnera lieu à une hémorragie par rupture ou perforation de sa paroi de dedans en dehors. Si le vaisseau est volumineux et se trouve dans une grande caverne, l'hémorragie continuera à se produire, avec des temps d'arrêt, probablement par la production de caillots fibrino-cruorique dans la caverne, ou sans pouvoir être arrêtée jusqu'à ce que la mort s'ensuive. Lorsque le vaisseau ouvert sera d'un calibre moindre, l'hémorragie pourra plus facilement cesser, par suite des conditions plus favorables à la formation de caillots leucocytiques comme dans tous les cas d'ouverture d'un vaisseau.

Si la caverne est petite et ne communique pas largement avec les bronches, le sang qui s'y accumule s'écoulant difficilement, il se formera d'abord des caillots cruoriques qui, en ralentissant l'écoulement du sang, favoriseront la formation des caillots leucocytiques par lesquels va s'opérer l'oblitération de l'ouverture, d'autant mieux et plus rapidement qu'elle sera plus petite. Mais on comprend que, pour peu qu'elle soit étendue, la pression du sang se faisant sentir sur le caillot leucocytique transformé en véritable membrane, il pourra en résulter sa distension ampullaire, qui, lorsqu'elle sera organisée, donnera lieu à un anévrysme de Rasmüssen. Qu'une pression plus forte vienne à se produire dans l'appareil circulatoire, sous l'influence d'une cause quelconque, et la néomembrane pourra céder, soit à l'état de caillot leucocytique, soit à une période plus ou moins avancée de son organisation. Ce sera toujours un point faible, susceptible d'être distendu et rupturé, tant que le vaisseau restera perméable. Mais le plus souvent il ne tarde pas à être oblitéré, et c'est ainsi qu'on peut trouver la trace d'anciens anévrysmes de Rasmüssen au niveau de vaisseaux oblitérés de la paroi des cavernes chez des sujets ayant eu des hémoptysies.

C'est en vain que l'on cherche à se figurer comment la membrane leucocytique pourrait se former, d'après l'opinion des auteurs, avant l'ouverture du vaisseau, c'est-à-dire avant la production de l'hémorragie.

En effet, si cette membrane était formée avant la perforation du vaisseau, ce serait à proprement parler une endartérite, et nous avons vu que cette opinion ancienne est contraire à l'observation des faits, de l'avis de la plupart des auteurs ; car la tunique interne est détruite aussi bien que les autres tuniques, et la portion ampullaire se continue manifestement avec la tunique externe en se confondant insensiblement avec elle. Or, pour qu'une membrane puisse se constituer à ce niveau, il faut que les parois aient été perforées, car l'on sait que les caillots leucocytiques ne se forment qu'au niveau des vaisseaux qui ont été ouverts.

Et, s'il en est ainsi, l'hémorragie a dû toujours précéder la formation de cette néomembrane. C'est encore ce que prouvent les recherches cliniques en rapport avec les examens nécropsiques, car nous n'avons jamais rencontré d'anévrysmes de Rasmüssen que chez les sujets ayant eu précédemment des hémoptysies, *lorsque les renseignements étaient suffisants*; tandis que l'on devrait au moins quelquefois en trouver de non rupturés chez des sujets n'ayant pas eu d'hémoptysie, si l'hémorragie était consécutive à la formation de ces prétendus anévrysmes. Ce ne sont donc pas de vrais anévrysmes puisqu'il s'agit de lésions bien différentes de celles qui sont décrites sous ce nom et qui résultent d'une artérite avec disparition de la tunique moyenne. Ce sont des pseudo-anévrysmes et, à proprement parler, des *anévrysmes faux*, consécutifs à une perforation artérielle et aux hémorragies qui en sont l'indice.

Hémorragies dans une caverne, de provenance aortique.

Nous avons encore constaté la production d'hémoptysies à répétition pendant huit ou dix jours, chez un phtisique présentant des lésions caverneuses et dont le sang provenait directement de l'aorte ascendante en rapport avec une caverne du volume d'un œuf de poule située dans le lobe supérieur du poumon droit. L'aorte présentait à la partie moyenne de sa face interne un groupe de quatre ouvertures voisines par lesquelles on pouvait introduire une sonde cannelée aboutissant dans la caverne dont la paroi était adhérente en ce point. Il en résultait que le sang de l'aorte passait dans cette caverne et de là dans les bronches pour être expulsé. Il va sans dire que l'hémorragie ne put être arrêtée. Toutefois il est à remarquer qu'elle persista pendant plusieurs jours avant de déterminer la mort du malade.

EXTENSION DES LÉSIONS TUBERCULEUSES

Les lésions tuberculeuses peuvent s'étendre comme les autres lésions inflammatoires et, du reste, comme toutes les lésions, soit de proche en proche, soit par les voies lymphatiques et sanguines.

L'extension de voisinage a lieu surtout le long des vaisseaux et aussi par leur envahissement graduel et les troubles circulatoires qui en résultent, alors que les lésions primitives n'ont pas pu arriver à la cicatrisation et qu'elles renferment encore des germes infectieux qui vraisemblablement se propagent ainsi aux parties voisines. Cette extension est d'autant plus à redouter que le tissu est plus vascularisé et que les premières lésions sont plus diffuses; tandis que celles qui sont restreintes ont plus de tendance à la production d'une sclérose limitative. Mais, dans ces cas encore, les parties voisines sont le plus souvent atteintes par des infections consécutives donnant lieu à la production de nodules tuberculeux que l'on rencontre communément au voisinage des grands foyers caséeux. Nous avons assez insisté sur ce point pour ne pas y revenir (voir p. 530), nous ferons seulement remarquer qu'il s'agit déjà d'une propagation des lésions s'effectuant comme celle qui a lieu, soit par les lymphatiques, soit par la voie sanguine, mais à une petite distance seulement.

Le tissu des ganglions est particulièrement atteint d'hyperplasie et d'altérations tuberculo-caséeuses, au voisinage des lésions tuberculeuses primitives de la plupart des organes, et, parfois, sur des régions plus ou moins éloignées, jusqu'à constituer une adénopathie tuberculeuse généralisée. On voit, en effet, que les lésions tuberculeuses du poumon sont toujours accompagnées de lésions de même nature des ganglions trachéo-bronchiques à des degrés divers; et que, s'il y a eu des lésions terminées d'abord par sclérose, celles des ganglions se présentent également sous l'aspect d'un tissu noir scléreux plus ou moins dense. D'autres fois, avec des lésions tuberculeuses du poumon en évolution, les ganglions peuvent offrir des portions en partie scléreuses et en partie caséeuses, et même assez souvent des altérations plus récentes consistant en une tuméfaction plus ou moins prononcée avec un aspect gris rosé et la présence de granulations visibles ou non à l'œil nu, mais que le microscope décèle. Ces diverses altérations peuvent se rencontrer sur des ganglions différents et aussi être réunies sur le même ganglion toujours augmenté de volume.

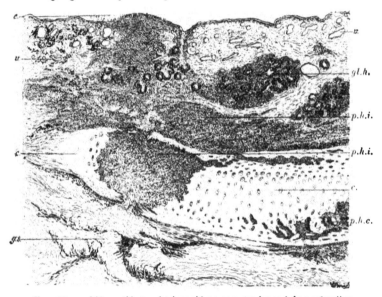

FIG. 139. — *Adénopathie trachéobronchique avec tendance à la perforation de la trachée.*

g.s., ganglion sclérosé et anthracosique (portion corticale). — *c*, cartilage trachéal. — *p.h.c.*, point d'hyperplasie cellulaire commençante. — *p.h.i.*, points d'hyperplasie cellulaire intense. — *gl.h.*, glandes avec hyperplasie cellulaire. — *e*, épithélium au niveau du point d'affleurement des parties en état d'hyperplasie cellulaire. — *v*, vaisseaux.

Toutefois, avec les anciennes lésions scléreuses du poumon dont la nature est difficile à déterminer, on observe souvent une sclérose des ganglions dont l'origine participe naturellement du même doute, quoiqu'il y ait beaucoup de probabilités pour qu'elle soit tuberculeuse. C'est dans les cas de ce genre que se range l'adénopathie trachéo-bronchique ancienne qui peut arriver, non seulement à contracter des adhérences intimes avec les parties avoisinantes, bronches et trachée, vaisseaux et nerfs, mais encore à les comprimer et même à les altérer plus ou moins, jusqu'à produire la perforation des bronches ou de la trachée par propagation de l'inflammation, comme on peut le voir sur la figure 139.

A la partie inférieure de cette figure se trouve une petite portion corticale d'un gros ganglion sclérosé et pigmenté par des poussières charbonneuses venues du poumon. Des éléments cellulaires jeunes situés dans les parties périphériques semblent pénétrer dans le cartilage en le traversant sur un point pour se répandre dans toute l'épaisseur de la paroi trachéale, notamment autour des glandes. En tout cas, on voit à ce niveau une hyperplasie cellulaire intense qui s'est substituée au tissu cartilagineux et s'est ensuite répandue dans le derme muqueux. Elle s'étend même sur une petite portion jusque vers l'épithélium cylindrique qui tapisse la muqueuse ; ce qui indique bien la marche suivie par les altérations inflammatoires lorsqu'elles aboutissent à la perforation de la paroi qui est imminente dans ce cas. Tout le tissu affecté présente naturellement à ce niveau une vascularisation augmentée qui rend compte de l'hyperplasie dont il est le siège.

Pour expliquer cette propagation de l'inflammation dans un sens contraire à celui de la circulation lymphatique, on ne peut naturellement pas invoquer le transport des produits pathologiques par cette voie, ni par les théories cellulaires de l'inflammation, car on ne voit pas pourquoi les éléments cellulaires se multiplieraient à travers le cartilage et les autres tissus sur un point déterminé où la nutrition a dû d'abord être en souffrance par le fait de la compression résultant de la présence du ganglion sclérosé et intimement adhérent.

Au contraire, cette propagation des lésions sur un point qui est le siège d'une compression s'explique là, comme partout ailleurs, par les troubles circulatoires ainsi produits, et qui consistent, d'une part, en des altérations nutritives et destructives sur les points imparfaitement vascularisés et d'autre part en des hyperproductions sur les points voisins où la circulation compensatrice se manifeste ; de telle sorte que les nouveaux éléments produits se substituent insensiblement aux anciens, comme nous l'avons vu pour toute production inflammatoire envahissante, simple ou suppurée. C'est aussi par le même mécanisme que procède un anévrysme s'étendant à travers les tissus qu'il commence à comprimer et où il détermine de l'inflammation au fur et à mesure de son extension.

Il est encore à remarquer que les poussières charbonneuses

pénétrent dans le cartilage avec les productions inflammatoires
aussi bien que dans les ganglions, comme on peut le voir en
particulier sur un point de la même préparation à un plus fort grossissement (fig. 140).

Ces productions inflammatoires sont constituées par des amas
cellulaires de grosseur et de forme variables au sein d'un stroma
qui se confond avec le protoplasma des cellules, et toutes ces
parties sont teintées à des degrés divers par la présence de par-

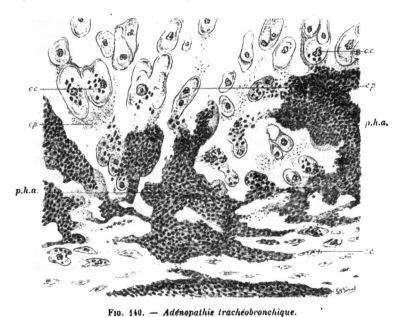

Fio. 140. — *Adénopathie trachéobronchique.*
(Grossissement du point indiqué en *p.h.c.* sur la figure précédente.)

c.c., capsules du cartilage. — *p.h.a.*, points d'hyperplasie cellulaire avec anthracose. —.*e.p.*, état
pulvérulent de l'exsudat dans le stroma ou dans les capsules.

ticules noires, charbonneuses, irrégulièrement réparties. Elles
paraissent envahir indistinctement au fur et à mesure de leur
accroissement le stroma et les capsules du cartilage auquel elles se
substituent graduellement.

Dans certains points encore peu affectés, soit du stroma, soit des
capsules cartilagineuses, on voit des cellules plus clairsemées au
sein d'une substance qui semble fumeuse par suite de la présence
des particules de charbon excessivement ténues, et, à proximité,
cette même substance sans cellules ; ce qui paraît bien démontrer

que les particules sont transportées avec les exsudats, non par
leurs cellules, mais, comme nous l'avons précédemment avancé,
par leurs substances liquides, qui, rationnellement, sont plus
aptes à produire ce résultat. (Voir p. 445.)

Les ganglions abdominaux sont envahis très fréquemment à la
suite des ulcérations tuberculeuses de l'intestin, et se présentent
avec des lésions inflammatoires récentes, ou avec des lésions
caséeuses et scléreuses. Mais comme la substance noire fait ordinairement défaut, il arrive que les ganglions sclérosés ne ressemblent pas aux ganglions précédents et sont blanc-jaunâtres. On les
croit parfois caséeux, alors qu'ils sont constitués par un tissu scléreux dense, au sein duquel se trouvent ou non des tubercules
plus ou moins limités ; le plus souvent cependant ils sont véritablement caséeux.

Ce sont les enfants qui présentent plus particulièrement des
productions tuberculo-caséeuses au niveau des ganglions mésenté-
riques et lombaires. Et lorsque ces lésions ont pris des proportions
exubérantes, elles donnent lieu à l'affection désignée sous le nom
de *carreau*, qui est parfaitement susceptible de guérison par la
transformation scléreuse et calcaire que l'on constate parfois à
l'autopsie de sujets plus ou moins âgés.

Toutes les lésions tuberculeuses des ganglions sont plus fréquentes ou tout au moins plus accusées dans l'enfance et nous
avons déjà appelé l'attention sur la fréquence des lésions tuberculo-
caséeuses des ganglions cervicaux, qui paraissent provenir le plus
souvent de lésions minimes des muqueuses du voisinage, dont
l'origine passe ordinairement inaperçue.

On observe parfois, avec des lésions tuberculeuses d'un organe
et le plus souvent des poumons, assez limitées pour passer inaperçues pendant la vie, une tuberculose généralisée aux ganglions
des principales régions, qui peuvent être considérablement tuméfiés. Cet état des ganglions peut même se trouver au nombre des
affections désignées sous le nom d'adénie ou de lymphadénie, et
être confondu avec des altérations analogues résultant d'une autre
cause infectieuse, et même parfois avec un lymphosarcome. C'est,
pendant la vie, l'état fébrile et la présence d'altérations tuberculeuses évidentes ou soupçonnées dans quelque organe, qui permettent ordinairement de faire le diagnostic, indépendamment des
indices fournis par la marche de l'affection. L'examen des ganglions
fait constater dans tous les cas une hyperplasie plus ou moins prononcée de leurs éléments constituants. Mais il faut multiplier les

examens pour la recherche des nodules tuberculeux qui, bien souvent, ne sont manifestes que sur un petit nombre de préparations et même seulement sur certains ganglions, d'où la nécessité d'en examiner le plus possible.

Il en est naturellement de même dans les cas où les ganglions ne sont que légèrement tuméfiés, et où cependant on peut déjà avoir affaire à une généralisation ganglionnaire, comme nous avons eu l'occasion de l'observer dans quelques cas et notamment sur un sujet provenant du service de M. Paviot. Il s'agissait d'un ancien syphilitique que, pendant la vie, l'on croyait plutôt atteint d'une adénopathie syphilitique. Néanmoins à l'autopsie il n'y avait aucune lésion pouvant être rapportée à la syphilis. Tous les ganglions tuméfiés de l'aine, de l'aisselle, ne nous ont pas présenté des nodules tuberculeux, mais nous en avons rencontré dans ceux de la région lombaire, qui, du reste, étaient plus volumineux. Dans un autre cas aussi (avec quelques lésions viscérales tuberculeuses), c'est sur ces ganglions que nous avons trouvé les lésions caractéristiques ; d'où l'importance de leur examen sur laquelle nous appelons l'attention d'autant que cette tuberculose ultime des ganglions peut se rencontrer avec les lésions les plus variées.

Tantôt les nodules tuberculeux sont très rares, soit près des follicules du ganglion, soit dans sa substance médullaire, tantôt au contraire ils sont pour ainsi dire confluents, notamment dans la partie médullaire, les follicules pouvant rester longtemps indemnes et disparaissant graduellement en dernier lieu.

Si l'atteinte des ganglions au voisinage de lésions tuberculeuses d'un organe primitivement affecté s'explique facilement par l'envahissement des voies lymphatiques, il est plus difficile de se rendre compte des altérations de même nature, généralisées à un grand nombre de ganglions, d'autant que si le premier cas est de règle, le second est relativement rare. Il ne se rencontre pas non plus avec les faits de généralisation par la voie sanguine qui sont fréquents ; de telle sorte que l'on ne peut faire que des hypothèses sur l'infection générale par l'une ou l'autre voie dans des conditions spéciales pour produire les altérations ganglionnaires généralisées, mais qui échappent encore à nos moyens d'investigation.

Quant à l'extension des lésions tuberculeuses dans des organes plus ou moins éloignés, elle a lieu par la voie sanguine, comme pour les autres inflammations, et en ayant également pour origine un foyer caséeux en désintégration et suppuré, principalement lorsqu'il s'agit d'un foyer dont les produits s'écoulent difficilement et séjournent dans une cavité close, ainsi que nous l'avons précédemment indiqué. Nous avons encore cherché à expliquer comment les productions secondaires peuvent se présenter avec des caractères variables qui font, soit les tubercules miliaires granuliques, soit des altérations inflammatoires plus ou moins diffuses, mais, dans tous les cas, avec des productions caséeuses, si la mort n'est pas survenu trop rapidement, et avec des formations scléreuses dans les cas où une plus ou moins longue survie a eu lieu. -

On peut également discuter pour savoir si dans certains cas l'envahissement de la circulation sanguine a pu se faire par les voies lymphatiques; mais, ce qu'il y a de certain, c'est que l'infection du sang peut avoir lieu directement par les veines et notamment par les veines pulmonaires pour les lésions primitives du poumon, ainsi que Weigert en a fait la démonstration. Mais nous croyons que, le plus souvent, c'est au niveau des cavernes qui se vident difficilement, tout comme au niveau des suppurations dans les mêmes conditions, que l'infection a lieu.

Nous avons souvent constaté une granulie plus ou moins généralisée chez des sujets ne présentant que des lésions scléreuses anciennes des sommets avec une seule petite caverne située à ce niveau et en général à la partie postérieure et interne du lobe supérieur, remplie en grande partie d'un pus caséeux dont l'écoulement devait mal se faire par suite de la communication de la caverne avec une très petite bronche et seulement vers sa partie moyenne. C'est ainsi qu'un tuberculeux qui pourrait vivre longtemps avec des lésions ainsi très limitées, est parfois emporté rapidement par une granulie; alors que des lésions beaucoup plus considérables peuvent permettre une survie plus longue avec l'envahissement graduel des poumons. Du reste, la plupart des phtisiques finissent par succomber, comme nous l'avons dit précédemment, à une poussée de tubercules récents dans les parties inférieures du poumon restées longtemps indemnes, et vraisemblablement par une infection ayant les tissus ulcérés et notamment des cavernes pour point de départ, alors que l'expectoration est rendue difficile par suite des nombreuses lésions pleuro-pulmonaires.

TERMINAISON DES LÉSIONS TUBERCULEUSES PAR SCLÉROSE

En même temps que se produisent des altérations dégénératives et nécrosiques sur les parties centrales des nodules tuberculeux ou des productions inflammatoires plus ou moins irrégulières, et leur transformation caséeuse lorsque la circulation y fait défaut, il s'établit à la périphérie une zone de jeunes cellules au sein d'un tissu où la vascularisation est exagérée et où se trouvent même le plus souvent des vaisseaux de nouvelle formation. L'hyperplasie cellulaire intense qui est ainsi suscitée sur la limite des parties altérées donne lieu bientôt à un tissu scléreux qui, en devenant de plus en plus tassé et dense, contribue à isoler davantage les parties nécrosées et accélère les phénomènes destructifs. Mais, en même temps on peut constater la tendance des jeunes éléments cellulaires à s'avancer dans la substance caséeuse, laquelle d'autre part tend à se désintégrer et à être absorbée.

C'est ainsi que l'on rencontre dans les poumons des nodules tuber-

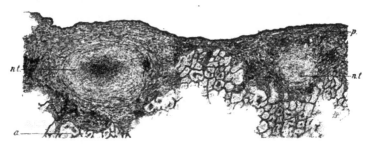

FIG. 141. — *Nodules tuberculeux du poumon guéris par sclérose.*

p, plèvre. — *a,* alvéoles pulmonaires. — *n.t.,* nodules tuberculeux sclérosés : celui de gauche avec persistance, au centre, d'un amas caséeux et anthracosique, tandis que celui de droite est entièrement cicatrisé.

culeux sclérosés de la périphérie au centre, à des degrés divers, pour peu que les lésions datent de quelque temps, mais naturellement à un degré bien plus prononcé lorsqu'elles sont anciennes. Il arrive que, sur la même préparation, on en trouve plusieurs aux diverses phases de la sclérose, depuis la plus légère jusqu'à la transformation des nodules tuberculeux en petits grains noirs et durs, analogues à des grains de plomb, constitués par un tissu scléreux très dense et très pigmenté, qui s'est substitué au nodule, d'une manière complète ou en ne laissant qu'un peu de substance caséeuse vers le centre lorsqu'il s'agit d'un nodule un peu volumineux.

Des nodules de ce genre se rencontrent assez fréquemment, surtout au voisinage de la plèvre, comme sur la figure 141 où l'on voit deux nodules dans cet état de guérison. Le plus volumineux présente encore à son centre de la matière caséeuse mélangée à des particules anthracosiques et qui se trouve comme enserrée dans le tissu scléreux dense, périphérique; tandis que le plus petit nodule est complètement sclérosé, mais toujours avec un centre d'aspect hyalin, qui offre moins de vitalité que la périphérie bien vascularisée et par conséquent dans des conditions de nutrition meilleures. C'est aussi au niveau du tissu scléreux de la périphérie des deux nodules que se trouvent des dépôts anthracosiques, comme dans tout tissu inflammatoire du poumon ayant respiré des poussières charbonneuses. Enfin les alvéoles voisins sont le siège d'un processus pneumonique, ainsi qu'on en rencontre constamment avec toutes les lésions scléreuses du poumon, qu'elles aient ou non une origine tuberculeuse.

On peut trouver dans tout le parenchyme pulmonaire des nodules tuberculeux en voie de cicatrisation et même cicatrisés. La figure 142 reproduit une préparation où l'on voit à la fois ces deux types de nodules. Le groupe le plus volumineux est constitué, à proprement parler, par des nodules scléreux infiltrés d'anthracose depuis leur périphérie jusque vers leur centre, et les divers éléments qui les constituent ont conservé la disposition en tourbillon des premières cellules fusiformes produites. Tout à côté se trouve un groupe plus restreint de petits nodules, manifestement plus récents, dont le centre est encore caséeux, mais dont la périphérie a déjà pris le caractère scléreux indiquant la tendance à la cicatrisation. Il est à remarquer que tandis que le centre des nodules est encore caséeux ou à subi la transformation scléreuse en prenant un aspect hyalin, vitreux (qui tient à l'éloignement des vaisseaux), il existe à la périphérie de ces amas nodulaires un tissu de sclérose bien vascularisé. On voit, notamment entre les deux groupes de nodules, des vaisseaux assez volumineux qui ont permis au processus inflammatoire d'aboutir à ce résultat favorable. C'est que, quel que soit l'organe affecté, la cicatrisation des nodules tuberculeux ne se produit que sur les points où la nutrition est assurée par la présence de vaisseaux perméables.

Ces lésions se rencontrent assez fréquemment dans les poumons de vieux phtisiques avec d'autres lésions plus ou moins considérables et dont les plus anciennes ont également une tendance aux productions scléreuses. On en trouve aussi avec la granulie généralisée aux deux poumons pour peu qu'elle ait duré quelques semaines, les lésions plus avancées se trouvant ordinairement dans les parties supérieures du poumon, probablement parce que les lésions sont produites par poussées successives. Ce n'est que dans les cas de productions tuberculeuse ultimes suivies rapidement de la mort que les nodules se présentent seulement à l'état pneumonique sous une forme plus irrégulière et sans avoir eu le temps d'être modifiés pour donner lieu parfois même aux phénomènes de dégénérescence et surtout à ceux de sclérose : d'autant qu'alors les conditions générales dans lesquelles se trouve le malade sont peu favorables à cette dernière production.

Les nodules tuberculeux des séreuses qui sont en général petits

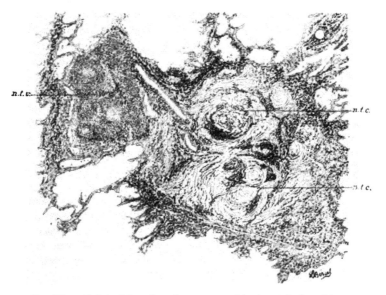

FIG. 142. — *Nodules tuberculeux du poumon guéris et en voie de guérison.*

n.t.c., nodules tuberculeux cicatrisés par sclérose avec anthracose. — *n.t.v.*, nodules tuberculeux en voie de cicatrisation.

avec peu de substance caséeuse, se rencontrent souvent en voie à peu près complète de sclérose ou même complètement cicatrisés. Dans ce dernier cas, lorsqu'ils se trouvent au sein d'un tissu scléreux épais (comme il arrive dans certaines plèvres épaissies et très denses), il peut être difficile ou même impossible de les reconnaître, en raison de l'absence de pigmentation. Mais le plus souvent ils laissent à la place qu'ils occupaient de petits nodules scléreux nettement limités, qui ne peuvent guère être rapportés à une autre origine, comme celui du poumon sur la figure 146.

Les tubercules sclérosés des séreuses peuvent se rencontrer

partout où ces tubercules se sont formés, c'est-à-dire à la fois
dans les parties profondes et superficielles des séreuses épaissies,
ainsi qu'au sein des néoproductions qui constituent leur épaississement et les font adhérer. Presque toujours, s'il s'agit de la plèvre,
on peut constater en même temps quelques nodules tuberculeux
dans les parties superficielles du poumon, qui n'étaient pas visibles
à l'œil nu, tellement les productions exsudatives de quelque origine
qu'elles soient, se produisent simultanément dans les parties
superficielles du poumon en même temps qu'à la surface pleurale.

On trouve souvent chez les vieillards à la surface des poumons et
surtout dans les parties supérieures, parfois avec prédominance sur
l'un des poumons, de petites taches blanchâtres, ponctiformes avec
une auréole noirâtre, qui font peu ou pas saillie, mais donnent au
doigt la sensation d'une légère induration. Quelques auteurs leur
ont attribué une origine tuberculeuse. C'est possible, car l'examen
histologique nous a permis de constater dans ces cas, de tout petits
nodules scléreux isolés ou groupés au nombre de deux ou trois,
dans le tissu même de la plèvre, ou faisant une légère saillie à sa
surface. Or, ces nodules sont plutôt assimilables à des nodules
tuberculeux sclérosés; mais on ne pourra être fixé sur ce point que
lorsqu'on les aura trouvés à l'état récent.

Dans le rein, dans le foie, il n'est pas très rare de rencontrer
des tubercules avec plus ou moins de sclérose périphérique, ce qui
est le cas habituel, mais aussi seulement un ou deux nodules du
volume d'un grain de mil à un petit pois se présentant sous l'aspect
blanc fibreux et dont la nature ne peut être décelée que par l'examen microscopique. On voit qu'il correspond à un ou plusieurs
nodules réunis, complètement ou le plus souvent incomplètement
sclérosés, c'est-à-dire ayant une coque fibreuse plus ou moins
épaisse et un centre en partie caséeux, pouvant même présenter
encore les éléments caractéristiques des nodules tuberculeux.

Mais c'est dans les tissus fibreux que la sclérose des nodules se
produit le plus rapidement et qu'ils sont le plus difficiles à
retrouver en raison de l'inflammation concomitante diffuse du
tissu qui se trouve plus ou moins épaissi et sclérosé.

On en a la preuve par ce qu'on peut observer quelquefois au
niveau des séreuses qui ont été le siège de productions tuberculeuses. Celles-ci, en effet, tendent à disparaître par une sclérose
de plus en plus prononcée, jusqu'au point où il en existe à peine
des traces qui sont en voie de disparition; les productions scléreuses des tubercules arrivant peu à peu à se confondre avec celles

de la séreuse épaissie, qui, d'autres fois, ne présente aucune lésion appréciable de ce genre, quoique le processus inflammatoire ait eu pour origine manifeste la tuberculose.

Il en est de même pour les valvules du cœur. On sait qu'elles sont assez souvent le siège d'un processus inflammatoire ultime chez les tuberculeux, mais où les lésions caractéristiques font défaut en raison ,des productions scléreuses intensives qui ne tardent pas à les englober. Or, il suffit d'avoir constaté parfois la

Fig. 113. — *Nodule scléreux à centre caséeux situé entre deux valves des sigmoïdes de l'aorte.*

p.s.l., paroi des sigmoïdes latérales. — p.s.n., portion scléreuse du nodule. — a.c., amas caséeux central avec plusieurs autres petits points nécrosés à l'entour. — m.p., faisceaux musculaires [de]la paroi du cœur.

présence de tubercules ou de bacilles tuberculeux, au sein de [ces exsudats inflammatoires récents, pour avoir toutes probabilités sur la même origine des lésions analogues rencontrées dans des circonstances identiques, c'est-à-dire chez des tuberculeux, quand bien même les tubercules font défaut à ce niveau.

C'est parce qu'il existe également des lésions d'endocardite ancienne, dite chronique, qui ne peuvent être rapportées qu'à la tuberculose n'ayant laissé aucune trace caractéristique, que nous avons admis l'existence d'une *endocardite tuberculeuse chronique* donnant lieu à des lésions orificielles, tout comme celle provenant du rhumatisme ou d'une autre cause infectieuse. Nous avons fait cette démonstration en mai 1890, précisément à l'occasion de la publication d'une observation d'endocardite tuberculeuse récente absolument caractéristique. Nous ajouterons que les observations ultérieures de Potain et de son élève M. P. Teissier, tout à fait analogues aux nôtres, sont venues confirmer notre démonstration.

Enfin, nous avons rencontré dernièrement chez un malade ayant succombé à une tuberculose pulmonaire une lésion de l'orifice aortique qui nous semble bien ressortir à la même affection. Il s'agit d'un nodule scléreux, du volume d'un petit pois, situé entre les deux valves antéro-latérales adhérentes et un peu épaissies. Sur la coupe représentée par la figure 143, on voit au sein d'un tissu de sclérose non vascularisé, un amas central caséeux avec quelques petits amas périphériques de même aspect, offrant tout à fait l'apparence des lésions tuberculeuses qu'on rencontre si fréquemment au sommet des poumons. La vitalité du nodule semblait faible; ce qui s'explique par le mode de nutrition de ces valvules, toujours précaire pour les productions dont elles sont le siège.

C'est la première fois que nous constatons une lésion de ce genre. Mais nous nous rappelons avoir parfois observé, surtout sur les valvules sigmoïdes, des nodules scléreux et même calcifiés, qui n'ont pas été examinés histologiquement et qui pouvaient avoir la même origine. C'est une recherche systématique à faire chez les tuberculeux. Et ce doit être au niveau des sigmoïdes plutôt qu'au niveau de la mitrale que pareille lésion persistante doit se rencontrer, en raison de ce que les phénomènes de production et de nutrition y sont beaucoup plus restreints.

Quel que soit le siège des amas caséeux, lorsqu'ils ont persisté quelque temps, on les trouve toujours environnés de productions scléreuses, parfois assez étendues à la périphérie sur la plupart des points où il y avait des exsudats assez bien vascularisés pour aboutir à leur formation. Cette sclérose se forme communément dans les poumons avec les caractères de la pneumonie hyperplasique précédemment décrite que l'on trouve toujours en plus ou moins grande quantité entre les masses caséeuses dans la tuberculose chronique. Mais près des parties dégénérées ou nécrosées, la vascularisation du tissu est plus intense et les productions cellulaires plus abondantes, de manière à former une véritable bande scléreuse limitative, d'où l'on voit également des jeunes cellules tendre à pénétrer graduellement dans la masse caséeuse en voie de régression. C'est ainsi qu'au bout d'un temps plus ou moins long, on trouve des productions fibroïdes, de coloration noirâtre dans le poumon et blanche ou jaunâtre dans les autres tissus, qui sont constituées par une substance très dense avec ou sans pigment, et le plus souvent encore avec quelques traces de matière caséeuse en régression, tandis qu'elle a complètement disparu sur d'autres points. Il peut même arriver qu'on ne trouve plus que des amas irréguliers, et sur certains points arrondis (comme devaient être les tubercules), d'une substance hyaline fibreuse paraissant très denses avec peu d'éléments cellulaires, et des fibres élastiques en quantité variable.

Par contre, sur certains points où la substance caséeuse s'est trouvée en quantité trop considérable, elle est seulement entourée d'une coque fibreuse qui tend toujours cependant à la pénétrer en partie, mais dont les portions centrales ont dégénéré en une substance graisseuse infiltrée de sels calcaires ; ces derniers pouvant même finir par se trouver seuls au milieu du tissu scléreux.

Mais on rencontre bien plus souvent ou tout au moins en plus grande quantité, surtout dans les poumons, des lésions caséeuses assez abondantes ou assez nombreuses et qui se réunissent pour former des amas tendant à la désintégration avec le tissu nécrosé qui en est le siège. C'est ainsi que se forment les cavernes si communes dans les poumons, mais qu'on trouve également dans d'autres organes, comme le rein, le testicule, le sein, etc. Or, nous avons vu que dans tous ces cas, la paroi qui limite la cavité formée par la désintégration des parties dégénérées, nécrosées et éliminées, est constituée par un tissu dit de granulation, c'est-à-dire par un tissu où se trouvent des éléments cellulaires jeunes abondants avec des vaisseaux de nouvelle formation plus ou moins nombreux, et qu'il en résulte une tendance à la formation d'une paroi scléreuse plus ou moins épaisse, dont la partie interne présente des éléments cellulaires dégénérés et même de petites portions nécrosées çà et là, tandis que la sclérose a plutôt de la tendance à se diffuser à la périphérie suivant l'état inflammatoire des parties environnantes (fig. 135 et 136).

Il est particulièrement intéressant de remarquer que les matières dégénérées et purulentes que renferment les cavernes pulmonaires communiquant largement avec les bronches contiennent ordinairement beaucoup de bacilles et sont très virulentes, quoique les parois de la caverne ne présentent ordinairement pas de nodules tuberculeux ; ceux-ci se trouvant en dehors et quelquefois seulement sur des points éloignés ou même faisant totalement défaut.

C'est que les surfaces ulcérées sont en somme constituées par un tissu de nouvelle formation et nouvellement vascularisé, qui s'est substitué au tissu normal dont. on trouve les vaisseaux oblitérés, par les mêmes productions. Le nouveau tissu ainsi vascularisé tend seulement à la sclérose et, même lorsque les cavernes sont petites, à l'accolement complet ou partiel des parois; tandis que l'agrandissement des cavernes a lieu par l'adjonction de nouveaux foyers caséeux en désintégration situés assez près pour que les nouvelles cavités produites fusionnent avec les plus anciennes.

C'est ainsi que les cavernes pulmonaires limitées au sommet peuvent se présenter avec une surface interne lisse uniforme, tandis que celles des parties profondes sont plus au moins anfractueuses. Mais, dans tous les cas on trouve une paroi plus ou moins scléreuse au point de faire croire parfois à une véritable membrane cicatricielle surtout pour certaines petites cavernes bien limitées. Il n'en est rien, cependant, comme nous avons cherché à le mettre en évidence précédemment, parce qu'il ne saurait y avoir cicatrisation d'une lésion avec persistance d'une cavité anormale, à la surface de laquelle ne peut se former un revêtement épithélial, ainsi qu'il arrive sur toute surface libre.

Si les grosses lésions caséeuses du rein donnent lieu, le plus souvent, à des ulcérations plus ou moins infractueuses, il arrive aussi, mais beaucoup moins fréquemment, qu'on trouve un rein volumineux et comme bourré d'une matière caséeuse blanchâtre qui serait contenue dans une coque multiloculaire à la périphérie. La substance caséeuse n'est pas jaune, granuleuse et en désintégration, comme dans le premier cas, elle ressemble à une crème épaisse et homogène, contenue dans des loges qui paraissent correspondre, non aux calices, mais plutôt aux lobules élémentaires du rein, et dont les cloisons sont constituées seulement par un peu de tissu rénal qui a pris un aspect dense, fibroïde, comme si les amas caséeux étaient contenus à la périphérie dans des poches fibreuses et lisses. Or, la substance caséeuse ne présente plus aucune trace d'organisation et le contenant se trouve effectivement représenté par le tissu rénal sclérosé à un très haut degré, comme on peut le voir sur la figure 144.

Ce qu'il y a de plus particulier dans les cas de ce genre, qui ne sont pas très rares, c'est qu'on n'y trouve pas la moindre trace d'un nodule tuberculeux. On peut dès lors se demander s'il ne s'agirait pas d'une lésion ayant une autre origine, vu que le plus souvent dans les reins tuberculeux, il existe à côté de masses caséeuses en désintégration, des formations nouvelles avec des aspects variables, et notamment avec des nodules tuberculeux.

Il existe, il est vrai, une zone scléreuse entre la substance rénale et la matière caséeuse, comme si cette dernière s'était produite dans le calice et avait refoulé le parenchyme de l'organe. Mais dans d'autre cas, cette zone scléreuse faisait défaut; et réellement il ne nous a pas semblé qu'on put admettre une distension des calices par la substance caséeuse, dont la production serait bien

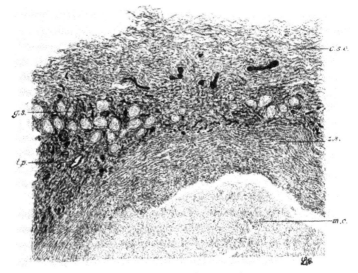

Fig. 144. — *Segment de rein caséeux.*

c.s.e., capsule sclérosée et épaissie du rein. — z.s., zone scléreuse entourant la masse caséeuse, m.c.. — g.s., glomérules scléreux dans un tissu sclérosé, qui parait tassé comme dans l'hydroné-phrose et où l'on trouve cependant encore quelques tubes persistants, t.p.

difficile à expliquer. En tout cas, ces faits ne doivent pas être confondus avec les précédents, dont ils se distinguent anatomiquement et probablement aussi cliniquement.

Des inoculations de la substance caséeuse ont tranché la question d'origine, comme M. Paviot vient de le faire dans un cas récent avec un résultat positif. Il y a toutes probabilités pour qu'il s'agisse de lésions de nature tuberculeuse, si considérables et si vite entourées par des lésions scléreuses, que des nodules n'ont pas pu se produire ou qu'ils ont été perdus au sein de ces lésions. Peut-être aussi la compression exercée sur la substance rénale phériphérique par les produits caséeux a-t-elle empêché la production d'autres lésions ? Il semble, en tout cas, que ce rein caséeux comporte un pronostic moins grave que celui du rein tuberculo-caséeux vulgaire ; car on y trouve une tendance manifeste à une sclérose sinon de guérison, au moins limitative.

Cependant toutes les productions scléreuses que nous venons de passer en revue, qu'elles aient pu se substituer en totalité ou seulement en partie aux lésions nécrosiques, et même simplement les circonscrire, ne constituent pas moins une tendance de ces productions, comme toutes celles de nature inflammatoire, à la cicatrisation et à la guérison, dans beaucoup de cas, de toutes les lésions ‑ tuberculeuses, ainsi que Laënnec l'avait déjà fait remarquer.

On ne peut pas interpréter autrement, les cas où les productions scléreuses sont accompagnées d'une quantité plus ou moins abondante de substance hyaline fibreuse et se forment plus rapidement. Il ne s'agit pas d'une tuberculose d'une autre sorte, comme pourrait le faire croire la dénomination de « phtisie fibreuse », donnée à la tuberculose pulmonaire lorsque ces productions fibreuses sont plus accusées que de coutume, parce que l'on est toujours en présence de la même affection avec les mêmes productions à des degrés divers, et que l'on peut expliquer l'allure particulière offerte dans les différents cas, par les conditions dans lesquelles se trouvait le sujet au moment de l'infection tuberculeuse.

C'est ainsi que les individus affaiblis par des maladies antérieures, ou de constitution débile, ou même avec les apparences de la santé, mais avec des antécédents héréditaires tuberculeux, non seulement risqueront beaucoup d'être affectés dans les milieux où la contagion est facile, mais pourront être immédiatement terrassés par une phtisie à marche progressive et plus ou moins rapide, voire même galopante, malgré tout traitement.

Par contre, les sujets n'ayant pas d'antécédents suspects, jouissant d'une bonne santé, et paraissant plutôt forts et vigoureux, non seulement auront beaucoup de chances de ne pas être affectés, quoique placés dans les mêmes conditions que les précédents, mais encore, s'ils sont atteints, ils le seront légèrement, tout au moins au début, et pourront guérir de ces premières lésions, comme cela paraît se produire bien souvent. Cette affection indique une disposition à des lésions nouvelles de même nature, qui peuvent guérir parfois à plusieurs reprises ; ces cas étant les plus favorables au traitement, et notamment à celui qui résulte du séjour à la montagne ou à la mer (comme on le faisait du temps de Laënnec).

Mais le plus souvent, il arrive un moment, un peu plus tôt, un peu plus tard, où, les poussées tuberculeuses se répétant, les malades ont de moins en moins de tendance à guérir, en raison des conditions d'affaiblissement de l'organisme, qui résultent des premières atteintes. La réceptivité locale est probablement augmentée par les adhérences pleurales consécutives aux premières lésions. Il doit en résulter un fonctionnement moindre, tout comme physiologiquement au sommet. Enfin les productions tuberculeuses ont de la tendance à venir s'ajouter à celles qui existent déjà, ou même seulement au tissu cicatriciel qui en est résulté, et qui crée dans ce cas comme pour toute inflammation d'une autre nature, une prédisposition locale. Puis des lésions caverneuses se produisent, c'est la porte ouverte à l'expansion bien plus grande des lésions de proche en proche et même à une infection généralisée.

Les nécropsies font découvrir alors les diverses lésions qui correspondent aux phases par lesquelles le malade a passé, montrant bien souvent au sommet des lésions scléreuses en rapport très certainement avec les premières lésions qui ont guéri, puis au-dessous ou à côté, des productions scléreuses avec un reste de substance caséeuse, avec une ou plusieurs cavernes de formation ancienne et récente, avec des tubercules caséeux, et souvent des granulations tout à fait récentes contemporaines des derniers accidents qui ont déterminé la mort, laquelle peut aussi provenir de complications et d'accidents divers.

Cependant, on observe encore très fréquemment dans les autopsies sur des sujets ayant succombé aux affections les plus variées, des lésions scléreuses, qui parfois incontestablement, et d'autres fois avec toutes probabilités, se rapportent à des lésions tuberculeuses définitivement guéries. Ces cas sont particulièrement intéressants à étudier, en raison des indications qu'on peut en tirer, pour se rendre compte de tous les faits observés, et réaliser les conditions les plus favorables à la guérison de ces lésions. C'est ainsi qu'il en est un certain nombre où l'on ne peut invoquer que les bonnes conditions générales dans lesquelles se trouvait le sujet, et auxquelles nous avons fait précédemment allusion.

ANTAGONISME DES MALADIES DU CŒUR ET DE LA PHTISIE PULMONAIRE

Si le bon état général peut être invoqué pour la guérison des premières lésions, il n'en est pas de même pour celles qui, à un degré plus avancé, ont néanmoins rétrocédé. C'est ainsi qu'on trouve assez souvent, non seulement une masse scléreuse au sommet, mais encore des amas caséeux de volume divers et des nodules tuberculeux sclérosés en partie ou en totalité, voire même parfois une ou plusieurs cavernes à parois scléreuses denses très prononcées, avec une rétraction évidente, et qui correspondent à la forme fibreuse des autres lésions, sans aucune poussée tuberculeuse récente, indiquant bien qu'il s'agit de lésions tuberculeuses anciennes, arrêtées dans leur marche et cicatrisées dans la mesure du possible, avec de la sclérose diffuse dans les poumons.

Or, dans ces cas, on trouve toujours le cœur augmenté de volume à des degrés divers, ou au moins relativement, lorsqu'il s'agit de sujets émaciés et de petite taille. Notre attention a été attirée sur ce point depuis longtemps et tous les faits que nous avons pu observer à ce sujet, ont confirmé nos premières observations publiées, à savoir qu'il n'y a *pas d'antagonisme entre la tuberculose pulmonaire et les lésions du cœur, puisque nous avons même prouvé que ces dernières pouvaient avoir la même origine que les premières*, mais qu'il existe un *antagonisme d'évolution entre la phtisie pulmonaire et les maladies du cœur*. Celles-ci sont toujours caractérisées par l'hypertrophie du cœur; car, qu'il y ait ou non des lésions orificielles, comme nous l'avons déjà dit, *c'est l'hypertrophie du cœur qui fait la maladie du cœur*, c'est-à-dire qui engendre les troubles du *cardiaque*. Et il est bien évident que le parenchyme pulmonaire plus ou moins enflammé se trouve alors soumis à des conditions de vascularisation particulièrement augmentée, qui modifient complètement son état habituel, en donnant lieu à des hyperplasies cellulaires abondantes, lesquelles engendrent la sclérose et entravent manifestement la continuation des productions tuberculeuses. Elles favorisent de la sorte leur guérison par la tendance à la sclérose de tout processus pneumonique d'origine tuberculeuse ou autre ; car c'est dans des conditions analogues que l'on voit aussi les lésions dites de bronchite, la pneumonie lobulaire et même lobaire, aboutir à des productions scléreuses, diffuses dans le premier cas et localisées ou massives dans les autres cas. On ne peut pas soutenir que ce sont les lésions pulmonaires qui ont déterminé l'hypertrophie du cœur, parce que, loin de s'hypertrophier, le cœur s'atrophie au contraire dans le plupart des cas de phtisie pulmonaire et d'autant plus que les lésions tuberculeuses sont plus étendues et ont une évolution plus rapide. On rencontre cependant assez souvent le cœur droit volumineux ; mais c'est plutôt en raison de ce qu'il est dilaté par l'acccumulation du sang et l'agrandissement de ses cavités. Lorsqu'on trouve le cœur véritablement hypertrophié avec la tuberculose pulmonaire chronique, c'est qu'il y a ordinairement une cause tout autre que l'on peut déceler, soit quelques lésions anciennes d'endocardite, soit, le plus souvent, une néphrite chronique. Quand celle-ci survient à une période ultime, la marche de la tuberculose pulmonaire n'est que peu ou pas modifiée. Mais lorsque la maladie de Bright se caractérise de bonne heure, c'est alors qu'on peut le mieux se rendre compte de l'effet de l'hypertrophie du cœur sur les lésions pulmonaires, lesquelles ne peuvent pas être accusées d'avoir donné lieu à un cœur de bœuf.

De même dans les cas d'endocardite chronique (probablement plus souvent qu'on ne pense d'origine tuberculeuse et notamment dans les cas de tuberculose pulmonaire initiale, sans autre cause d'endocardite), c'est, non pas cette lésion des valvules, mais l'hypertrophie cardiaque en résultant, qui est en antagonisme avec les lésions tuberculeuses des poumons, lesquelles rétrocèdent, c'est-à-dire se terminent par sclérose.

C'est ainsi qu'*on ne trouve jamais une phtisie pulmonaire évoluant, et à plus forte raison se développant chez un cardiaque*, en faisant toutefois exception pour une généralisation granulique qui peut avoir lieu dans ces cas, lorsqu'il existe en même temps un foyer capable de lui avoir donné naissance.

Cependant, on rencontre parfois sur des sujets ayant succombé à la tuberculose pulmonaire, une légère hypertrophie du cœur qui ne peut être rapportée qu'à des lésions d'endocardite ancienne dont on trouve les traces à la fois sur les valves de la mitrale et sur les sigmoïdes de l'aorte avec la prédominance habituelle sur les valvules de l'un des deux orifices du cœur gauche, sans donner lieu à un rétrecissement ou à une insuffisance appréciable. Il s'agit de lésions d'endocardite qui persistent sans donner lieu à des troubles bien accusés du côté du cœur, au point de ne pas empêcher le développement de la tuberculose pulmonaire, qui, en affaiblissant l'organisme et en créant un état cachectique paraît.s'opposer à l'évolution de l'affection du cœur, indépendamment de la tendance générale des lésions à évoluer plutôt sur un point. Dans les cas de ce genre, les tubercules pulmonaires tendent encore à la sclérose, mais évidemment beaucoup moins que dans les cas précédemment indiqués où les lésions cardiaques arrivent rapidement à dominer.

Non seulement ces faits prouvent, comme on l'a fait remarquer depuis longtemps, qu'il n'y a pas antagonisme entre les lésions orificielles du cœur et la tuberculose pulmonaire, mais encore, comme nous avons cherché à le prouver, qu'il y a beaucoup de probabilités pour que toutes ces lésions reconnaissent la même cause infectieuse, c'est-à-dire l'action des bacilles de Koch, et que les lésions devenant prédominantes d'un côté, empêchent leur évolution de l'autre; d'où l'antagonisme d'évolution de ces affections, qui est si souvent bien manifeste.

Nous avons insisté sur les relations qui existent entre l'état du cœur et les modifications qui se produisent alors dans les lésions tuberculeuses des poumons, parce qu'elles résultent de nombreuses observations que nous avons faites à ce sujet, et qu'on a souvent l'occasion de constater des phénomènes qui sont ainsi rationnellement expliqués. Nous croyons enfin que c'est dans cette voie qu'on peut trouver les conditions à réaliser pour prévenir et pour guérir les lésions tuberculeuses. L'état de la circulation pulmonaire avec un cœur hypertrophié n'est, en effet, que l'exagération des phénomènes résultant d'une activité circulatoire augmentée ou tout au moins bien assurée chez les sujets en parfait état de santé, se livrant à un exercice suffisant, etc., qui leur permet de résister aux causes de contagion ; celles-ci étant impossibles à éviter, tout au moins dans la plupart des agglomérations et notamment dans celles des grandes villes.'

PRODUCTIONS SCLÉREUSES AU SOMMET DES POUMONS. CICATRICES DES SOMMETS

C'est au sommet des poumons que se produit ordinairement la cicatrisation des premières lésions tuberculeuses, car dans bien des cas l'origine des cicatrices ne paraît pas douteuse. Mais il n'en est pas toujours ainsi, parce qu'elles peuvent ne rien présenter de caractéristique et qu'on les rencontre très communément. C'est

pour cette dernière raison surtout qu'elles méritent d'être particulièrement étudiées.

Les cicatrices du sommet se présentent ordinairement sous la
forme d'un tissu scléreux plus ou moins dense et non crépitant de
coloration noire, tandis que l'épaississement des feuillets pleuraux
correspondants, le plus souvent adhérents, est de coloration
blanche et d'aspect fibreux.

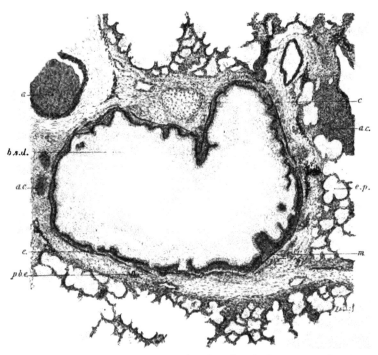

FIG. 145. — *Dilatation cylindrique d'une bronche près d'un sommet sclérosé,*
avec hyperplasie cellulaire périphérique, chez un tuberculeux.

b.s.d., bronche simplement dilatée, tapissée de son épithélium, *e*. — *p.b.e.*, paroi bronchique
épaissie par sclérose avec anthracose, — *m*, fibres musculaires de la paroi. — *c*, cartilage. — *a.c.*,
amas cellulaires d'aspect lymphoïde. — *a*, artère à paroi également sclérosées. — *e.p.*, emphysème
pulmonaire sur certains alvéoles à côté d'autres cavités alvéolaires contenant des exsudats.

Ces lésions se rencontrent, d'une part, si fréquemment chez les
tuberculeux, surtout chez ceux qui ont ébauché une guérison,
et ont, d'autre part, le plus souvent une apparence tellement
semblable dans les cas où il ne reste aucun indice certain de
tuberculose, que les probabilités sont, pour une même origine,

tout en faisant aussi une certaine part aux altérations dites bronchitiques, mais qui, en somme, résultent comme nous avons cherché à le prouver d'un processus pneumonique d'une origine souvent indéterminée. En tout cas, c'est à tort, croyons-nous, que MM. Cornil et Ranvier ont admis la production de « cicatrices ardoisées » du sommet des poumons, comme pouvant provenir de la cicatrisation d'infarctus, d'abcès ou de dilatations bronchiques.

Et, d'abord, tandis que les cicatrices se rencontrent si fréquemment que les auteurs les considèrent presque comme physiologiques, les abcès sont très rares, et, pas plus que les infarctus, ne siègent ordinairement au sommet des poumons; les uns et les autres ne se produisant, du reste, que dans des conditions bien déterminées.

Il est vrai qu'on y rencontre assez souvent une petite bronche en état de dilatation cylindrique, renflée près du tissu scléreux où, tantôt elle se termine brusquement, et tantôt se poursuit encore dans ce tissu sur un ou deux petits rameaux avec la même altération des parois, lesquelles sont épaissies assez régulièrement par un peu de sclérose superficielle. On les trouve parfois tapissées par un épithélium cylindrique, intact, comme dans le cas représenté sur la figure 145 et où l'on voit à la périphérie une hyperplasie cellulaire intense, indice d'une inflammation persistante.

D'autres fois, les cellules épithéliales sont tombées en partie ou même en totalité ; de sorte que dans ce dernier cas, on pourrait croire à une petite cavernule à surface lisse et cicatrisée, si l'on ne songeait à ces dilatations bronchiques et si l'on ne savait pas que les cavernes ne peuvent jamais arriver à une cicatrisation de ce genre, c'est-à-dire avec persistance d'une cavité, comme nous l'avons indiqué précédemment. Mais, ainsi que toutes les dilatations bronchiques cylindriques, celles-ci sont vraisemblablement secondaires et consécutives aux productions scléreuses voisines.

On peut cependant rencontrer au sommet du poumon des dilatations ampullaires des bronches se rapportant à l'affection désignée sous le nom de *dilatations bronchiques*, dont nous nous occuperons bientôt, mais ce cas est rare relativement; et parfois l'examen à l'œil nu fait croire à une lésion de ce genre, comme il nous est arrivé encore dernièrement, alors que l'examen histologique nous a prouvé qu'il s'agissait d'une petite caverne.

On pourrait avec plus de raison soutenir qu'une partie des cicatrices du sommet provient d'inflammations quelconques localisées au sommet et confondues avec des lésions tuberculeuses sous la dénomination de *bronchite*; d'autant qu'on peut rencontrer ces cicatrices chez des malades ayant succombé à la suite de bronchites chroniques avec emphysème pulmonaire. Mais dans ces cas, ces lésions des sommets ne sont pas constantes comme dans la tuberculose, et lorsqu'on les trouve, on peut encore incriminer cette dernière affection, surtout pour peu que les lésions soient importantes. Cependant l'examen histologique du tissu scléreux donne le plus souvent des indications qui rendent le diagnostic certain ou probable. Ainsi il n'y a naturellement aucun doute lorsqu'on y trouve des nodules tuberculeux en évolution, mais il faut parfois beaucoup d'attention pour les découvrir. C'est dans les cas où la masse scléreuse est constituée par un tissu fibreux très dense, irrégulièrement disposé, mais plutôt sous forme de masses arrondies, hyalines, compactes, avec des fibres élastiques en quantité variable et peu ou pas d'éléments cellulaires appréciables, chargées ou non de poussière noire, et parfois limitant des amas de substance caséeuse en voie de disparition. Ce n'est alors que sur les limites de la masse sclérosée qu'il existe de jeunes éléments cellulaires que les noyaux bien colorés rendent très manifestes sous forme de petits amas d'apparence lymphoïde et principalement au niveau des points où la plaque scléreuse se continue avec les travées interalvéolaires par un épaississement de celles-ci plus ou moins accusé. Or, c'est précisément au niveau de ces points que l'on découvre parfois une ou plusieurs cellules géantes caractéristiques, mais qui peuvent aussi faire défaut, comme sur la plupart des points voisins où les lésions sont identiques avec les cellules géantes en moins, sans qu'on puisse douter pour cela de l'identité du processus.

Même en l'absence de follicules tuberculeux, la constatation d'un nodule scléreux, arrondi, dont la figure 146 offre un spécimen, peut déjà être considérée comme donnant toutes probabilités d'une origine tuberculeuse. On peut en dire autant de la présence des amas caséeux ou crayeux, quoiqu'il y ait une réserve à faire pour les productions analogues d'origine syphilitique, qui sont très rares et que, du reste, on a toutes chances de distinguer par d'autres caractères, comme nous le verrons bientôt.

Pour peu que les productions scléreuses aient une apparence fibreuse bien nette, et soient assez importantes, il y a encore toutes probabilités pour la même origine tuberculeuse; surtout lorsque les amas de jeunes cellules d'aspect lymphoïde abondent comme dans les cas de tuberculose manifeste. Enfin il ne faut pas oublier, ainsi que nous avons cherché à le faire ressortir, que les premières

manifestations de la maladie ne se présentent pas sous la forme
de nodules et consistent plutôt en une inflammation localisée avec
une tendance à la production de phénomènes nécrosiques. Ces
lésions se terminent, dans les cas favorables, par la production
d'un tissu cicatriciel fibreux avec disparition complète ou incomplète des parties nécrosées. Elles se trouvent localisées au lieu

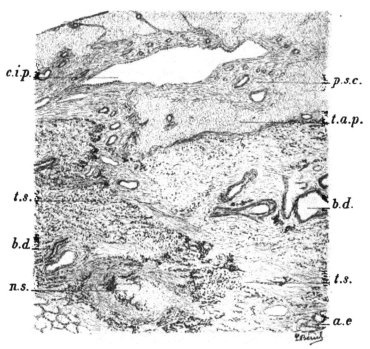

Fig. 146. — *Sclérose du sommet d'un poumon, faisant corps avec les plèvres
adhérentes où se trouvent une cavité de nouvelle formation et un nodule tuberculeux sclérosé.*

c.i.p., cavité intrapleurale à épithélium cubique. — p.s.c., paroi sclérosée de la cavité avec de
nombreux vaisseaux de nouvelle formation. — t.a.p., tissu adipeux périphérique. — t.s., tissu sclérosé avec de nombreuses fibres élastiques. — n.s., nodule de sclérose probablement consécutif à un
tubercule. — b.d., bronches dilatées au sein du tissu de sclérose. — a.e., alvéoles avec exsudat.

d'élection des productions tuberculeuses, c'est-à-dire au sommet
des poumons, avec ou sans trace de nodules sclérosés.

    D'autres fois, on rencontre au sommet, du tissu scléreux en
petite quantité, plutôt grisâtre et assez souple, constitué par des
travées fibreuses irrégulières et assez minces, infiltrées de fibres élastiques très nombreuses, et mouchetées de taches noires anthraco-

siques, avec peu de vaisseaux, parfois avec une petite bronche dilatée, mais sans avoir les caractères précédemment indiqués se rapportant à la tuberculose.

C'est dans ces cas seulement qu'il est impossible de dire s'il s'agit ou non d'une sclérose tuberculeuse. Il est fort possible, en effet, qu'une inflammation d'une autre origine ait laissé une

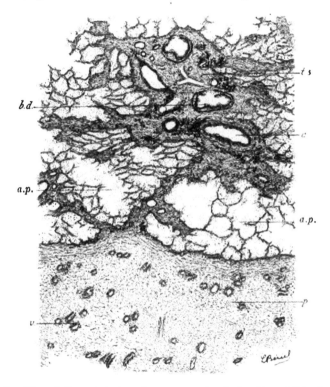

Fig. 147. — *Sclérose de la base d'un poumon, séparée des plèvres adhérentes par des alvéoles perméables à l'air.*

p, plèvres adhérentes, épaissies et très vascularisées. — r, vaisseaux de nouvelle formation. — t.s., tissu pulmonaire scléros" formant un amas séparé de la plèvre par des alvéoles libres. — b.d., bronche dilatée. — a, artère. — a.p., alvéoles pulmonaires renfermant des exsudats.

cicatrice de ce genre, notamment celle qui correspond au processus pneumonique (désignée communément sous le nom de bronchite), lorsqu'elle a été intense et prolongée. Elle a pu être produite spontanément ou à l'occasion de quelque maladie grave, à une époque quelconque de l'existence, et même pendant l'enfance,

surtout dans les cas où il existe une dilatation cylindrique des
bronches, car celle-ci se produit plus facilement à cette époque de
la vie qu'à un âge avancé. Il est rare, du reste, que les observations
prises pendant la vie relatent des phénomènes auxquels on puisse
rapporter ces lésions scléreuses. Il est vrai qu'on ne pourrait avoir
quelques données précises qu'en interrogeant les malades avec la
préoccupation de cette recherche.

Mais ce qui peut paraître étonnant c'est qu'une inflammation
légère au point de ne pas attirer particulièrement l'attention, ait pu
laisser des lésions aussi persistantes avec une adhérence habituelle
des plèvres à ce niveau, alors qu'une pneumonie lobaire ne laisse
ordinairement aucune trace! Or, nous croyons que cela tient uniquement au siège de l'affection.

Il est vraisemblable qu'au sommet les moindres lésions inflammatoires ordinairement tuberculeuses, mais pouvant avoir aussi une
autre origine capable d'engendrer un processus inflammatoire du
parenchyme pulmonaire, que ces moindres lésions, disons-nous,
n'arrivent pas à la résolution complète comme partout ailleurs, en
raison de l'impossibilité d'une augmentation d'action à ce niveau
des phénomènes mécaniques de la respiration, que réclame la présence des productions anormales. Dès lors celles-ci se cantonnent
sur ce point, où elles peuvent persister sans être modifiées par les
actes respiratoires, tandis que les parties voisines ont, au contraire,
un surcroît d'action se manifestant par un emphysème plus ou
moins prononcé. C'est sans doute aussi par ce mécanisme que se
produit la petite dilatation bronchique, sollicitée par la distension
des parties voisines et qui participe ainsi au phénomène de l'emphysème complémentaire.

C'est si bien l'état fonctionnel insuffisant du poumon à son
sommet qui est la cause de la stase des exsudats et, par suite, de
la production scléreuse particulièrement intense pour les moindres
lésions, que, même avec des inflammations beaucoup plus intenses
de la base de l'organe, on ne voit rien de semblable, lorsque
l'action du diaphragme a pu persister. La résolution se fait plus
ou moins bien, et s'il reste des productions scléreuses même avec
l'adhérence des plèvres, on remarque qu'elles sont plus ou moins
diffuses, quoique prédominantes au niveau des espaces interlobulaires, périvasculaires et bronchiques, mais qu'elles n'empêchent
pas l'air d'arriver dans les alvéoles sous-pleuraux, dont quelques-
uns peuvent avoir seulement leurs parois un peu épaissies. Il y a
une différence très grande entre ces lésions et celles qu'on observe

communément au sommet où le tissu sclérosé du poumon fait corps avec celui des plèvres adhérentes. Les figures 146 et 147 qui se rapportent à des productions scléreuses du sommet et de la base trouvées sur un même poumon, montrent bien la différence qu'elles présentent.

Du reste, il en est de même d'autres lésions terminées par la guérison. Ainsi, nous avons fait dernièrement l'autopsie d'un sujet qui avait eu, un an auparavant environ, une pleurésie suppurée du côté gauche, ayant nécessité l'opération de l'empyème, suivie de guérison. Or, les plèvres étaient restées épaissies et adhérentes à la base, mais le parenchyme pulmonaire que l'on trouve toujours enflammé, même à un haut degré dans ce cas, était redevenu tout à fait perméable à l'air, ne présentant que quelques traces de sclérose diffuse, très vraisemblablement par suite du fonctionnement persistant des parois thoraciques et du diaphragme et peut-être même augmenté par des lésions survenues ultérieurement du côté droit; tandis que dans les cas où un épanchement se maintient, anihilant plus ou moins l'action du diaphragme et des parois thoraciques, l'engouement du parenchyme persiste, donnant lieu à une sclérose correspondante.

Le début habituel des lésions tuberculeuses dans les poumons s'expliquerait par la pénétration facile des bacilles et équivaudrait à celle qui est produite expérimentalement lorsque ceux-ci sont injectés dans la trachée; de telle sorte qu'ils pénètreraient par aspiration ou inhalation. M. Marfan a cherché à mettre en relief ce mode de production des lésions pneumoniques, par opposition à celui des granulations tuberculeuses qui a lieu par infection des vaisseaux lymphatiques ou sanguins.

Lorsque la pénétration des bacilles est produite par inhalation expérimentale, les agents nocifs sont en quantité considérable et il n'est pas étonnant que les lésions soient produites sur des points divers. Il ne doit pas en être de même de ceux qui sont introduits accidentellement et qui, sans doute, doivent être en moindre quantité et ont encore besoin de quelque cause perturbatrice, comme un refroidissement, pour entrer en action. En tout cas il faut que les agents infectieux occasionnent un trouble circulatoire pour qu'il en résulte des productions anormales.

Le plus souvent le début est insidieux. Il existe tout d'abord des lésions peu intenses, peut-être même plus ou moins disséminées, surtout dans les parties où la respiration est le moins active, mais qui doivent plutôt se fixer au sommet pour les raisons que nous

38*

avons dites. Les bonnes conditions générales et le bon fonctionnement du cœur, mais surtout l'activité circulatoire augmentée, comme cela a toujours lieu avec l'hypertrophie du cœur, assurent la cicatrisation des lésions. Il semble même qu'elle se produise au début dans la plupart des cas, vu la fréquence de ces anciennes lésions scléreuses du sommet chez des sujets dont les lésions se sont ensuite répétées et étendues en gagnant peu à peu les parties sous-jacentes, mais en respectant souvent les parties superficielles et surtout antérieures du poumon, devenues plus ou moins emphysémateuses.

Ce sont ces altérations qui ont fait discuter longtemps sur l'*antagonisme de l'emphysème pulmonaire et de la tuberculose*, admis tout d'abord, puis nié par suite de leur présence concomitante et même voisine le plus souvent. Il est certain que ce sont les premières lésions tuberculeuses qui donnent lieu à l'emphysème vicariant, mais que, d'autre part, les parties du poumon où le fonctionnement est exagéré, restent indemnes tout à fait ou ne sont que fort peu envahies, ou encore seulement à une période ultime, comme on le voit pour le bord antérieur du poumon devenu toujours plus ou moins emphysémateux dans ces cas.

En effet, les lésions tuberculeuses qui se produisent ultérieurement ont plutôt de la tendance à envahir les parties déclives de la région postérieure et les parties centrales. C'est ainsi qu'en ouvrant un poumon tuberculeux dont les lésions superficielles paraissent surtout limitées au sommet, on découvre souvent des lésions beaucoup plus considérables et jusqu'à de grosses cavernes qui étaient recouvertes en partie ou en totalité par un tissu emphysémateux, de telle sorte que les lésions tuberculeuses paraissaient au premier abord plus ou moins discrètes. C'est surtout le cas pour le poumon qui est atteint en second lieu, parce qu'il était devenu emphysémateux à la suite des lésions du premier poumon affecté.

Ainsi la coexistence de la tuberculose et de l'emphysème ne saurait être mise en doute, puisqu'on rencontre constamment ces lésions associées et qu'il y a même entre elles une relation de cause à effet. Mais il n'est pas douteux non plus que les parties du parenchyme pulmonaire devenues emphysémateuses sont plus ou moins réfractaires aux productions tuberculeuses et inflammatoires quelconques, sinon toujours du moins pendant un certain temps.

Il arrive néanmoins que les lobes inférieurs des poumons, devenus plus ou moins emphysémateux à la suite de lésions tuber-

culeuses des sommets longtemps persistants, finissent par être
envahis peu à peu presque entièrement, avec prédominance,
cependant, dans les parties supérieures et postérieures, mais de
telle sorte que les poumons ainsi affectés offrent un volume considérable. C'est que les productions tuberculeuses consécutives aux
premières lésions se sont effectuées sur des parties d'abord augmentées de volume par compensation, c'est-à-dire hypertrophiées.
Les poumons sont restés volumineux après leur envahissement
général par la tuberculose, contrairement à ce que l'on observe
dans les cas où les phénomènes de destruction et de consomption
se produisent rapidement.

LÉSIONS SCLÉREUSES DIFFUSES D'ORIGINE TUBERCULEUSE

Nous avons vu que les lésions tuberculeuses des divers organes
sont ordinairement accompagnées d'hyperplasies cellulaires diffuses. Nous ajouterons qu'elles ont également pour les formations
scléreuses une tendance d'autant plus prononcée qu'elle existe à un
plus haut degré pour les lésions localisées que nous venons d'étudier
à ce point de vue. Il arrive même assez souvent que les productions
tuberculeuses localisées sont très limitées et que les productions
diffuses sont beaucoup plus importantes, jusqu'au point où les
premières passent inaperçues ou font défaut. Il en résulte que
certaines lésions diffuses à répétition qui produisent des scléroses
correspondantes, peuvent être considérées comme ayant probablement une origine tuberculeuse, surtout lorsque l'on considère que
ces lésions se produisent ordinairement dans les mêmes conditions
que les lésions tuberculeuses, c'est-à-dire plutôt chez des sujets
ayant des antécédents tuberculeux, et que les malades présentant ces lésions engendrent des enfants prédisposés à la tuberculose.

Ainsi, on rencontre souvent des malades atteints, dit-on, de
bronchite chronique ou à répétition, avec emphysème pulmonaire,
d'accès d'asthme, etc., depuis plusieurs années, dont les poumons
présentent à l'autopsie une cicatrice à l'un des sommets ou plus
souvent aux deux sommets avec prédominance d'un côté. On trouve
des exsudats récents avec de la sclérose plus ou moins ancienne,
particulièrement au niveau des vaisseaux et des bronches, surtout
près de la plèvre et des espaces interlobulaires, d'une manière
très irrégulière, mais plutôt dans les régions supérieures et posté-

38**

rieures de chaque poumon et assez souvent de chaque lobe. Ce n'est
qu'en dernier lieu que les parties inférieures du poumon sont
affectées, à moins que les plèvres aient contracté depuis longtemps
des adhérences, car on trouve toujours, dans ces cas, des lésions
plus ou moins accusées à ce niveau, surtout lorsque les altérations
sont telles que les mouvements respiratoires ont été plus ou moins
entravés vers les parties affectées.

Il arrive le plus souvent, en effet, que dans ces cas, c'est une
symphyse pleurale complète qui se produit d'un côté au moins, où
les altérations pulmonaires sont le plus accusées. Il arrive même
encore fréquemment que des adhérences pleurales se forment de
l'autre côté, avec une tendance à une symphyse, qui est ordinairement incomplète, mais qui peut d'une manière exceptionnelle
être également complète.

Les adhérences des plèvres enflammées et épaissies sont en rapport avec la production d'exsudats inflammatoires dans les parties
correspondantes de la superficie du parenchyme pulmonaire. C'est
pourquoi les lobes des poumons se trouvent ordinairement adhérents lorsqu'il existe une inflammation de voisinage. Pour les
plèvres pariétale et diaphragmatique les adhérences ont lieu moins
facilement en raison des mouvements respiratoires qui déplacent
incessamment les parties et forcent l'air à pénétrer dans les
alvéoles. Toutefois, pour peu qu'il y ait de la stase d'un côté, avec
diminution des mouvements respiratoires (ce qui est le cas habituel pour le côté où le malade se couche), les altérations y sont
plus intenses et plus persistantes, d'où la propagation de l'inflammation aux plèvres avec la production des adhérences qui,
peu à peu, se généralisent autour de tout le poumon, sauf peut-
être, ou en tout cas à un moindre degré, au niveau du bord antérieur emphysémateux.

Mais comme l'autre poumon a une action supplémentaire
exagérée avec plus ou moins d'emphysème, il en résulte que les
lésions y sont en général minimes et seulement plus ou moins
localisées dans les parties déclives qui sont les régions postérieures
pour les malades qui tiennent le lit depuis longtemps. C'est
pourquoi on ne trouve alors que des lésions anciennes et même
récentes en moins grande quantité, et plutôt dans les points où
l'emphysème n'existe pas ou ne se trouve qu'à un léger degré.
C'est pourquoi aussi dans ces cas, la sclérose peut être prédominante vers les parties centrales de l'organe sous la forme de petits
points ou tractus noirâtres, tandis que les parties superficielles

sont plutôt emphysémateuses, mais parfois aussi œdémateuses à la suite des troubles circulatoires ultérieurs.

Pendant la vie on a l'habitude d'opposer les lésions dites bronchitiques aux lésions tuberculeuses, en disant que les premières siègent à la base et les secondes au sommet. Or, lorsqu'on examine les malades qui commencent à prendre des *rhumes plus ou moins prolongés*, c'est bien dans les parties supérieures et postérieures de l'un ou des deux poumons que l'on constate quelques râles secs ou indéterminés mobiles, indiquant le siège des lésions. Ce n'est qu'au bout d'un certain temps que les râles se généralisent et qu'il y a notamment des râles muqueux aux bases avec une diminution des mouvements respiratoires, qui indiquent sûrement les adhérences pleurales et la persistance définitive des lésions, à un degré qui peut toutefois varier suivant l'état général des malades et la plus ou moins grande fréquence des exacerbations de ces lésions pleuro-pulmonaires.

C'est du reste au niveau des lobes supérieurs que les lésions scléreuses diffuses sont le plus prononcées, notamment à la région postérieure, et ensuite à la partie postérieure et supérieure du lobe inférieur. Mais ces lésions peuvent ensuite s'étendre sur tous les autres points ordinairement à un moindre degré. On peut même constater la coexistence d'amas scléreux plus ou moins importants surtout à la partie supérieure de chaque lobe, résultant probablement d'inflammations lobulaires plus intenses et plus ou moins localisées, parfois encore avec la persistance d'un dépôt caséeux ou crayeux à leur centre.

On voit ainsi que le siège des lésions inflammatoires initiales, puis des productions scléreuses qui leur succèdent ont tout à fait le même siège que les lésions tuberculeuses, avec des variations qui tiennent surtout à l'état du fonctionnement des diverses parties du parenchyme pulmonaire au moment où il est atteint. Ainsi que nous l'avons fait observer précédemment, les premières lésions produites créent une prédisposition à des altérations nouvelles, qui viennent d'autant plus facilement s'ajouter aux précédentes, que les poumons sont déjà plus entravés dans leur fonctionnement, comme nous l'avons vu pour la tuberculose.

Si l'on ajoute à ces considérations les phénomènes précédemment indiqués, relatifs aux antécédents familiaux décelant une prédisposition à la tuberculose, on voit qu'il existe de grandes présomptions pour que l'on ait affaire à des productions exsudatives d'origine tuberculeuse qui n'ont pas abouti à la formation de tubercules.

On peut présumer qu'il en est ainsi, soit parce que l'infection
résulte peut-être seulement de la présence de toxines et même de
toxines relativement peu virulentes et incapables de donner lieu
aux formations tuberculeuses proprement dites, soit plutôt parce
que l'organisme s'est trouvé dans des conditions à favoriser plus
ou moins rapidement la transformation scléreuse des exsudats,
et peut-être en raison de ces deux conditions réunies.

Ce qu'il y a de positif, c'est que les sujets adultes présentant une
déformation plus ou moins accusée de la colonne vertébrale sous
l'influence du rachitisme et surtout d'un mal de Pott du jeune âge,
devraient être, de par leur constitution et d'après leurs antécédents,
plus ou moins prédisposés à la tuberculose. Or, ils ne contractent
pas de tuberculose sous la forme de la phtisie pulmonaire, si ce
n'est dans des cas tout à fait exceptionnels, tandis qu'ils sont très
sujets aux inflammations diffuses des poumons qui donnent lieu à
une sclérose correspondante (naturellement avec beaucoup d'emphysème), parce que leur cœur est toujours hypertrophié au moins
relativement à la taille des sujets. Mais il y a aussi toutes probabilités pour que leurs lésions pulmonaires qui ne sont pas manifestement tuberculeuses aient cependant la même origine.

Il n'y a pas que les poumons qui soient le siège d'inflammation
à répétition ou persistante aboutissant à la production d'une sclérose plus ou moins diffuse; car en même temps on trouve sur
d'autres organes, notamment dans les reins, dans le foie, dans les
ganglions, etc., des lésions analogues qui peuvent recevoir la même
interprétation pathogénique. Il arrive même que l'un ou plusieurs
de ces organes soient affectés sans que les poumons soient atteints,
ou que, l'ayant été au début, les manifestations aient cessé de se
produire de ce côté, et qu'il y ait encore toutes probabilités pour
qu'on ait affaire à des altérations d'origine tuberculeuse, comme
l'examen des conditions dans lesquelles on rencontre ces lésions
tend à le prouver.

C'est surtout pour la sclérose des reins que cette étiologie nous
semble bien manifeste. Et d'abord *on ne rencontre pas le moindre
tubercule dans l'un des reins, sans que les deux reins soient le
siège d'une néphrite diffuse plus ou moins accusée.* Il est même
assez fréquent de trouver chez les phtisiques *une inflammation
scléreuse des reins sans aucun tubercule;* de telle sorte qu'il y a
toutes probabilités pour que, dans les deux cas, l'inflammation
rénale diffuse reconnaisse pour cause l'infection tuberculeuse,
sinon par la présence de bacilles, au moins par l'action de toxines

qui ont pénétré, par les voies respiratoires ou par une muqueuse, dans l'organisme, c'est-à-dire dans le sang, et qui doivent être en voie d'élimination par les urines.

D'autre part, il résulte de nombreuses observations que nous avons faites à ce sujet que les néphrites se rencontrent le plus souvent dans les familles où il y a des manifestations scrofuleuses ou tuberculeuses chez les ascendants ou les collatéraux, et que cela est surtout frappant pour ce qui concerne les jeunes sujets atteints du mal de Bright. En outre, on trouve souvent dans ces cas des lésions cicatricielles des poumons indiquant probablement la production initiale de lésions tuberculeuses, lesquelles ne se sont plus reproduites ou ont cessé d'évoluer lorsque les lésions rénales se sont établies et surtout lorsqu'elles se sont accompagnées graduellement d'une hypertrophie du cœur, ainsi que nous l'avons indiqué précédemment. (V. p. 586.)

Assurément, on peut encore admettre que, chez des sujets prédisposés à la tuberculose, et l'étant également à d'autres affections, comme c'est plutôt la règle, les lésions inflammatoires des reins ont pu être déterminées par diverses causes d'infection. Il est probable, du reste, qu'il en est ainsi pour un certain nombre de cas, notamment pour les néphrites survenant dans le jeune âge, à la suite d'une maladie infectieuse bien déterminée comme la scarlatine, la diphtérie, la fièvre typhoïde, etc., ou encore chez le vieillard dans des conditions complexes résultant des affections nombreuses antérieures et du genre de vie, etc. Mais il y a toutes probabilités pour que les lésions soient plutôt d'origine tuberculeuse dans les cas incontestablement les plus nombreux, où l'on ne découvre pas de cause spéciale, en raison des antécédents personnels ou héréditaires tuberculeux qu'on relève presque constamment, et de l'extrême fréquence des mêmes lésions chez les tuberculeux avec ou sans la présence des tubercules.

Nous avons insisté particulièrement sur la pathogénie de la sclérose des reins, surtout dans les cas typiques du mal de Bright, parce qu'on rencontre ces lésions aussi fréquemment que la tuberculose et que leur parenté nous paraît bien manifeste. Aussi, lorsque des lésions scléreuses sont constatées en même temps, sur d'autres organes, comme il arrive encore fréquemment pour le foie notamment, il y a toutes probabilités pour que la même cause ait déterminé des lésions diversement localisées, ou tout au moins ait été le point de départ des lésions aggravées et considérablement augmentées sous l'influence d'une autre cause, comme l'action de l'alcool. On sait, en effet, que rien n'est plus commun que d'observer la cirrhose hépatique chez des tuberculeux ou chez des malades ayant eu des poussées tuberculeuses ou encore dans les cas d'hérédité tuberculeuse.

La tuberculose seule, cependant, ne suffit pas à déterminer la cirrhose, car on trouve fréquemment des tubercules dans le foie sans que les malades aient présenté des signes de cirrhose, et, du reste, sans les lésions qui caractérisent habituellement la maladie de Laënnec. Mais on peut voir que les productions tuberculeuses dans cet organe, comme, du reste, dans tous les organes, sont accompagnées d'un certain degré d'inflammation diffuse, qui se manifeste, si les lésions sont récentes, par la présence de cellules plus nombreuses au niveau des espaces portes, et, si elles sont plus anciennes, par un peu de sclérose qui tend à se diffuser entre les trabécules sous formes de travées très fines et irrégulières. Il en résulte un certain degré de rétraction du tissu, donnant aux préparations un aspect particulier dont l'expression de *foie craquelé* donne une assez bonne idée. Peut-être dans ces cas doit-on déjà incriminer un effet concomitant de l'alcool, mais on ne trouve de grandes plaques ou bandes scléreuses enserrant des lobules ou portions de lobules en voie de disparition, que dans les cas où les malades ont fait, en outre, un usage abusif de l'alcool.

Ce n'est pas qu'il soit nécessaire que le malade ait commis de grands excès pour arriver à ce résultat; car parfois chez des sujets faibles ou débilités, ou bien encore chez des femmes ou des enfants, il suffit de l'usage même modéré d'une liqueur de bonne comme de mauvaise qualité pour donner lieu à une cirrhose. Cela est particulièrement observé chez les tuberculeux ou prédisposés à la tuberculose. Les lésions initiales paraissent dues à l'action des bacilles ou de leurs toxines et c'est l'alcool qui vient renforcer cette action pour aboutir aux grosses lésions de la cirrhose proprement dite qu'on ne rencontrera jamais chez des buveurs d'eau.

On s'explique ainsi comment certains sujets peuvent absorber des quantités parfois considérables d'alcool sous forme de liqueurs ou de vin, dix fois, vingt fois plus grandes que celles ayant pu déterminer une cirrhose dans les conditions précédemment indiquées, sans que leur foie soit atteint de cette affection, précisément parce que le terrain propice n'avait pas été préparé par une infection antérieure et notamment par l'infection tuberculeuse qui, le plus souvent, doit donner lieu aux lésions initiales.

On peut faire des remarques analogues au sujet de l'origine de la sclérose d'autres organes, telle que celle des capsules surrénales, du pancréas, des ganglions, de la rate, etc. On pourra attribuer ces lésions à une origine tuberculeuse, quand bien même on ne constatera de la tuberculose que sur les poumons.

On sait que les phtisiques présentent souvent des névralgies à retours fréquents et même des névrites nettement caractérisées, attribuées à des refroidissements, et qui tiennent à des lésions inflammatoires persistantes des nerfs sans tubercules. Elles sont produites par conséquent dans les mêmes conditions que les lésions viscérales, aggravées par les refroidissements, c'est-à-dire comme les lésions infectieuses du foie sont dues à l'influence des mêmes toxines et sont exacerbées par l'action de l'alcool.

On sait aussi depuis longtemps que les mêmes malades se plaignent fréquemment de douleurs articulaires désignées sous le nom de pseudo-rhumatismes (signalés, du reste, dans toutes les maladies infectieuses), et qui doivent être attribuées, chez les tuberculeux, à des lésions inflammatoires en général, minimes et ne laissant que peu ou pas de traces, ordinairement sans tubercules appréciables.

Les lésions tuberculeuses des centres nerveux n'étant pas rares, on peut se demander si, de même que pour les autres organes, l'action des bacilles ou de leurs produits ne peut pas également s'y faire sentir en donnant lieu seulement à des lésions inflammatoires sans caractères déterminés, et notamment à des scléroses localisées ou disséminées irrégulièrement comme sur les autres organes, comme sur le poumon ou le rein?

Ce sont des recherches qu'il conviendrait de faire d'abord chez les tuberculeux ayant présenté des troubles ressortissant à une altération de ces centres, et qui, si elle était constatée, permettrait ensuite de faire des observations analogues chez les malades succombant avec des symptômes d'épilepsie ou d'aliénation mentale. On sait, en effet, que ces maladies se rencontrent fréquemment avec des antécédents tuberculeux personnels ou familiaux ; ce qui donne beaucoup de probabilités pour que ces troubles soient sous la dépendance de lésions scléreuses de même origine et plus ou moins diffuses. Mais ces productions nouvelles ont un aspect fibrillaire et mou, qui les fait confondre avec les autres éléments du tissu ; ce qui explique la difficulté de les découvrir, surtout lorsqu'elles sont très limitées.

Il résulte des considérations dans lesquelles nous venons d'entrer qu'indépendamment des lésions considérées comme manifestement

tuberculeuses et qui comprennent les lésions primitives avec les
ubercules proprement dits, il faut encore attribuer la même origine, non seulement aux lésions inflammatoires diffuses produites
au voisinage de ces premières manifestations, mais probablement
aussi aux lésions également diffuses plus ou moins éloignées qu'on
observe fréquemment sur divers organes avec ou sans tubercules
concomitants, et même sur des sujets seulement prédisposés à la
tuberculose dont les premières manifestations de cette affection ont
pu être légères jusqu'au point de passer inaperçues pour se révéler
ensuite par ces seules lésions scléreuses.

CHAPITRE X

SYPHILIS

Aussi bien que pour la tuberculose, nous n'avons pas l'intention
de décrire toutes les manifestations possibles de la syphilis dans
les divers organes. Nous désirons seulement mettre en relief les
caractères essentiels des lésions qui ont cette origine, en insistant
sur quelques-unes parmi les plus fréquentes ou les moins bien
connues, et que nous avons plus particulièrement étudiées.

Depuis les travaux de Virchow, on tend à assimiler les diverses
lésions syphilitiques dans leurs manifestations. Or, cela ne nous
paraît pas conforme à l'observation des faits, aussi bien au point
de vue des examens histologiques que de ceux faits à l'œil
nu. Il est certain qu'on sait distinguer de prime abord dans
l'immense majorité des cas (en laissant naturellement de côté les
complications qui peuvent parfois masquer la nature des lésions)
un chancre induré, une plaque muqueuse, une gomme. Dire que
dans ces diverses lésions il y a des productions cellulaires abondantes principalement réparties autour des vaisseaux, ne suffit pas
à caractériser leur assimilation; car on pourrait encore les assimiler à bien d'autres productions. Ces manifestations de la syphilis,
qui correspondent aux trois phases admises par les auteurs, se
rapportent, au contraire, à des altérations nettement différenciées
par la localisation et l'aspect des lésions, ainsi que par les condi-

tions très variables dans lesquelles elles se produisent aux diverses périodes de la maladie.

ACCIDENT PRIMITIF : CHANCRE INDURÉ OU SYPHILITIQUE

On sait, depuis les travaux de Rollet, que le chancre induré ou syphilitique constitue toujours l'accident primitif, cutané ou muqueux, c'est-à-dire qu'il marque la porte d'entrée de la syphilis

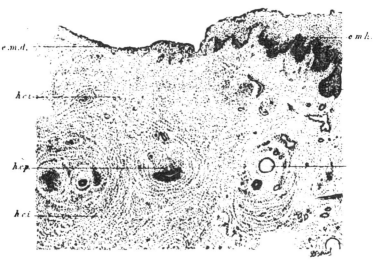

FIG. 118. — *Segment de chancre syphilitique.*

e.m.h., épithélium malpighien hyperplasié. — *e.m.d.*, épithélium malpighien diminué. — *u.*, ulcération. — *h.c.i.*, hyperplasie cellulaire intradermique. — *h.c.p.*, hyperplasie cellulaire à la périphérie de vaisseaux comprimés. — *v.*, vaisseaux perméables. — *g.l.*, glande sébacée.

au lieu d'inoculation. Il varie un peu d'aspect suivant qu'il a été précédé ou non d'une érosion plus ou moins marquée ; mais en somme les lésions proviennent de l'introduction directe sur un point superficiel de la peau ou des muqueuses, de l'agent nocif virulent. Celui-ci occasionne immédiatement, au niveau du tissu vasculaire sous-épithélial, des lésions portant nécessairement sur les vaisseaux, et d'où résulte un bouleversement de ce tissu par suite de la production d'un exsudat très riche en cellules. Celles-ci se trouvent au sein d'un stroma fibreux très dense qui est infiltré ainsi lentement et graduellement autour du point

lésé, de manière à former l'induration caractéristique de l'accident
primitif.

Il ne semble pas que la tuméfaction et l'induration produites au
niveau du chancre syphilitique soient attribuables à une augmentation du tissu fibreux, qui n'est pas manifeste. Par contre, on est
frappé de l'accroissement considérable des éléments cellulaires
répartis partout, entre les faisceaux hyalins du derme et autour des
vaisseaux, puis des éléments propres du tissu. La confluence des
cellules est encore augmentée au centre et à la superficie de la
production nodulaire, comme on peut le voir sur la figure 148.

C'est ainsi que près du corps muqueux de Malpighi augmenté
d'épaisseur à la périphérie du chancre, puis plus ou moins altéré à
son centre, il existe une transition insensible et même, sur certains
points, une confusion entre les cellules épithéliales et les jeunes
cellules conjonctives voisines qui infiltrent le tissu. Les premières
ne se distinguent guère des dernières que par une densification
plus accusée due sans doute à leur stratification. Mais les cellules
elles-mêmes ne diffèrent guère sur les divers points. Elles sont
partout très petites, avec un protoplasma clair à contours bien
accusés. Leur noyau a, au contraire, des contours manquant de
netteté et il offre plusieurs nucléoles lui donnant un aspect cha-
griné qui contribue à montrer l'analogie de tous les éléments
cellulaires.

On est étonné de voir à la superficie du chancre ces cellules tout
à fait analogues aux cellules épithéliales et au milieu desquelles se
trouvent un assez grand nombre de vaisseaux dilatés, remplis de
globules sanguins.

Un peu plus profondément où les cellules sont moins tassées les
unes contre les autres, et où on les voit former des amas intriqués
entre les faisceaux du derme, et surtout autour des vaisseaux, on
est encore plus surpris de constater la même analogie de ces cellules avec celles de l'épithélium.

Cependant, on voit aussi des cellules fusiformes, souvent disposées circulairement à une petite distance des amas péri-vasculaires
et parfois de manière à en englober plusieurs dans le cercle
qu'elles paraissent décrire.

A ce niveau, on ne voit pas de vaisseaux dilatés et l'on constate,
au contraire que la lumière des petites artères est effacée en totalité
ou en partie par l'accumulation des cellules à leur périphérie.

Il n'y a cependant des phénomènes destructifs que tout à fait à la
superficie et au centre du nodule inflammatoire, où les cellules sont

absolument confluentes et ont dû modifier l'état des capillaires à ce niveau. Ce sont ces troubles de la nutrition localisés qui ont donné lieu aux dilatations vasculaires voisines; tandis que les éléments cellulaires situés plus profondément ont dû, pour vivre, s'accommoder d'une nutrition restreinte. Or, l'aspect des cellules devenu à peu près conforme à celui des cellules épithéliales qui sont nourries à distance permet de s'en rendre compte. On comprend, en effet, que des cellules produites d'une manière intensive, graduellement et lentement, de manière à former de nombreux amas, aient pu s'établir en grande quantité, et persister en prenant, jusqu'à un certain point, les caractères des cellules épithéliales, en raison de leur immobilisation et de leur nutrition restreinte.

C'est aussi ce qui nous paraît expliquer le mieux les phénomènes de l'induration particulière du chancre syphilitique avec une longue persistance.

Pendant la durée du chancre, on peut constater un envahissement des ganglions voisins par l'agent infectieux, car l'adénite est de règle. Toutefois il résulte des recherches de M. Augagneur que si, dans les syphilis bénignes, l'atteinte des ganglions est ordinairement très appréciable, elle peut être très légère ou même faire défaut dans les syphilis graves. Cette adénite est caractérisée aussi par une hyperplasie cellulaire intense qui augmente le volume et la consistance des ganglions affectés d'une manière lente, graduelle, indolore, sans donner lieu à des phénomènes inflammatoires aigus avec suppuration, comme on l'observe, au contraire, pour le chancre simple.

Nous n'avons jamais eu l'occasion de faire l'examen histologique de ganglions affectés pendant l'existence d'un chancre syphilitique. L'examen de ce genre le plus rapproché de l'accident primitif que nous ayons fait, avait lieu cinq mois après cet accident, sur des pièces qui étaient envoyées au laboratoire : nous avons constaté, avec une hyperplasie cellulaire intense, plusieurs follicules à cellules épithélioïdes et géantes, absolument semblables à ceux de la tuberculose. Or, comme dans deux autres cas auxquels nous avons fait allusion précédemment et où nous avons rencontré les mêmes productions, il y avait des manifestations tuberculeuses nettement caractérisées sur d'autres organes, nous inclinons à croire qu'il en a été de même dans le dernier cas dont l'autopsie n'a pas été faite par nous.

ACCIDENTS SECONDAIRES

C'est bien toujours le même agent nocif inconnu qui va causer des désordres au loin, puisque la contagiosité des accidents secondaires a été démontrée. Mais quoi qu'il s'agisse encore de lésions superficielles de la peau et des muqueuses, ces organes ne sont atteints que sur des points plus ou moins limités, à un degré assez léger et encore assez lentement pour ne donner lieu qu'à une hyperproduction du tissu sous l'influence d'une dilatation des vaisseaux bien manifeste. Il en résulte parfois l'exode de globules sanguins qui se mêlent aux autres exsudats et donnent aux néoproductions une coloration particulière due à la présence de la matière colorante du sang. C'est ce que l'on peut observer au niveau des lésions qui caractérisent les éruptions secondaires de la syphilis. Mais ni les papules, ni les plaques muqueuses qui ne sont que de grosses papules produites dans des conditions de chaleur, d'humidité et d'irritation, qui favorisent leur développement, ne peuvent être assimilées à l'accident primitif.

Si l'on considère, par exemple, une plaque muqueuse typique (fig. 149), on voit qu'elle est principalement caractérisée par une exubérance plus ou moins prononcée des productions épithéliales. Celles-ci constituent une couche manifestement plus épaisse et forment dans les parties profondes comme des digitations ou des prolongements plus ou moins irrégulièrement anastomosés, de manière à se présenter sur certains points sous l'aspect réticulé. La couche épidermique est naturellement augmentée, parce qu'elle est en rapport avec cet accroissement du corps muqueux de Malpighi.

Enfin ces phénomènes relèvent d'une production cellulaire plus abondante au niveau des papilles et de tout le tissu sous-épithélial, dont la vascularisation est évidemment augmentée. Et, comme l'on trouve en même temps que des vaisseaux dilatés, de petites artères oblitérées, on a vraisemblablement sous les yeux la lésion initiale qui permet de se rendre compte de toutes les autres modifications du tissu dont la structure n'est cependant pas notablement bouleversée.

On se rend bien compte qu'il s'agit seulement d'une hyperplasie localisée portant sur toutes les parties qui concourent à la nutrition du tissu épithélial et à la rénovation de ses éléments, et non d'une altération inflammatoire principalement sous-épithéliale avec bouleversement et induration du tissu, comme au niveau du chancre induré. Ainsi s'expliquent ici la persistance des lésions et leur terminaison par un tissu cicatriciel, tandis que les plaques muqueuse disparaissent facilement sans laisser de trace bien appréciable.

Les diverses éruptions cutanées d'origine syphilitique sont égale-

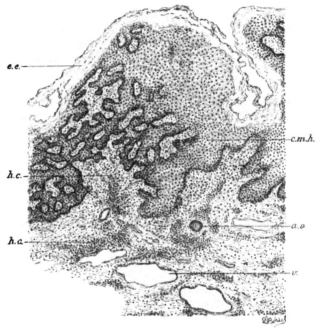

Fig. 149. — *Plaque muqueuse syphilitique.*

c.m.h., corps muqueux hyperplasié. — *e.e.*, exfoliation épidermique augmentée. — *h.c.*, hyperplasie cellulaire des tissus papillaire et sous-épithélial, — *a.o.*, artère oblitérée. — *v*, vaisseaux dilatés,

ment caractérisées par des hyperplasies cellulaires qui donnent lieu à des productions épithéliales analogues disséminées sur le tégument avec prédominance sur certains points où les productions sont normalement plus abondantes comme sur la paume des mains et la plante des pieds.

La leucoplasie buccale également d'origine syphilitique relève d'une même hyperplasie cellulaire avec une production épithéliale exubérante et une sclérose plus ou moins profonde des tissus sous-jacents en raison de la production lente des lésions qui deviennent ainsi persistantes.

Il est à remarquer que toutes ces productions sont analogues aux productions normales ; qu'elles résultent d'une vascularisation locale augmentée donnant lieu à une hyperplasie plus ou moins accusée et rapidement produite avec conservation de la structure essentielle des tissus, de telle sorte qu'elles présentent aussi la plus grande analogie avec les néoplasmes bénins des mêmes tissus. C'est au point de vue clinique seulement qu'il y a une différence ; d'où l'on peut induire que si les productions typiques sont suscitées dans les deux cas par des causes différentes, il y a des probabilités pour que les agents nocifs offrent quelque analogie.

ACCIDENTS TERTIAIRES

Les lésions désignées sous ce titre diffèrent notablement et de l'accident primitif et des accidents secondaires. Elles consistent assez rarement en lésions inflammatoires ulcéreuses, c'est-à-dire développées avec plus ou moins de rapidité de manière à donner lieu à des phénomènes nécrosiques rapides, auxquels succèdent des pertes de substance à surface suppurante. Le plus souvent ce sont des lésions inflammatoires à développement lent, mais avec production de phénomènes nécrosiques en masse, et auxquelles on a donné le nom de *gommes*. Toutefois, les auteurs ne paraissaient pas avoir des idées très précises sur ce que l'on doit entendre par ce terme.

On ne considère plus les gommes comme des tumeurs, ainsi qu'on le faisait encore récemment, et on admet qu'il s'agit de productions cellulaires ayant une tendance à la nécrose par suite de l'abondance de ces néoproductions qui étouffent les éléments propres du tissu et par les oblitérations vasculaires concomitantes. Mais tantôt ce sont les productions cellulaires qui sont désignées sous le nom de gommes ou de syphilomes, qu'elles se présentent sous la forme de petits nodules sur le trajet des vaisseaux ou qu'elles soient infiltrées à travers les tissus, et tantôt ce sont les parties nécrosées enveloppées d'une coque fibreuse qui reçoivent la même dénomination. Du reste on admet aussi que les premières lésions sont des gommes à l'état de crudité qui subissent graduellement une dégénérescence nécrosique, les faisant passer à l'état caséeux, auquel succède une deuxième période d'élimination des parties nécrosées et de réparation par la formation d'un tissu cicatriciel.

Les auteurs ne tiennent pas compte ainsi de la constitution préalable des parties caséeuses ou plutôt ils l'attribuent aux néoproductions cellulaires ayant subi cette transformation. Or, en réalité, *les parties nécrosées sont constituées pour la plus grande part sinon pour la totalité, par les portions du tissu affecté, qui se trouvent sous la dépendance des oblitérations vasculaires résultant de la présence des néoproductions. Et celles-ci continuent à former un tissu scléreux*

Fig. 150. — *Gomme syphilitique du foie en voie de disparition.*

p.n., portion nécrosée avec dégénérescence granulo-graisseuse périphérique. — t.s., tissu scléreux entourant la gomme. — e.p.s., espace porte sclérosé. — c.b.r., canalicules biliaires rudimentaires. — t.h., trabécules hépatiques.

plus ou moins abondant jusqu'à circonscrire les portions nécrosées et aboutir à une cicatrisation incomplète ou complète.

C'est en examinant de nombreuses préparations de gommes du foie à toutes les périodes de leur développement que nous avons pu nous rendre compte de leur constitution. Elles apparaissent dans l'organe sous l'aspect de nodules plus ou moins volumineux, jaunâtres et fermes, environnés d'une zone scléreuse dans laquelle ils sont comme enchâssés, en formant une légère saillie à surface sèche et résistante, le plus souvent ayant beaucoup d'analogie avec la substance du marron cru.

Ce tissu, manifestement nécrosé, se présente même à l'œil nu sous des aspects un peu différents. C'est ainsi que sa surface peut être

lisse, uniforme, et d'une teinte jaune clair ou jaune foncé, un peu
granuleuse, et même parfois infiltrée de sels calcaires ; ce qui
indique des degrés de plus en plus prononcés dans les phénomènes
de dégénérescence. Mais c'est l'examen histologique seul qui permet
de se rendre compte des altérations initiales.

Le plus souvent, il est vrai, les portions jaunes de la gomme
du foie se présentent sous l'aspect d'une substance granulo-graisseuse au sein de laquelle on ne trouve plus aucun élément figuré,
si ce n'est sur les bords, quelques cellules jeunes qui, de la
périphérie, semblent s'engager dans les parties dégénérées pour
constituer le tissu de sclérose qui augmente au fur et à mesure de
leur disparition graduelle périphérique (fig. 150).

Cependant sur des parties moins altérées, qu'il n'est pas rare de
rencontrer, on peut reconnaître au sein de la masse caséeuse la
trace de quelques vaisseaux anciennement oblitérés ou même
d'espaces portes également nécrosés, et qui, évidemment, se rapportent au tissu de l'organe incomplètement détruit en ce point.
Encore ces préparations pourraient-elles être interprétées comme le
font les auteurs en supposant que ce sont les néoproductions cellulaires qui forment la masse de la substance dégénérée, si nous
n'avions eu la preuve qu'il en est tout autrement.

En effet, nous avons eu l'occasion d'examiner des gommes du
foie à divers degrés de leur évolution, et dont les plus récentes
avaient donné lieu à une rupture de l'organe et à des accidents
mortels ; ce qui avait motivé la présentation des pièces à la Société
des sciences médicales de Lyon.

En examinant les préparations étiquetées « gomme récente », nous
voyons des productions cellulaires infiltrant certaines parties du
tissu hépatique, dissociant ses éléments et formant des bandes
scléreuses au milieu desquelles se trouvent des néocanalicules
biliaires groupés sur divers points en grande quantité. Ces bandes
irrégulièrement disposées circonscrivent çà et là des îlots de tissu
sain. Mais on rencontre encore des points où l'infiltration du tissu
hépatique par les néoproductions a donné lieu à une altération
granulo-graisseuse des cellules hépatiques se présentant alors sous
la forme de véritables corps granuleux, comme on le remarque sur
les bords de la perte de substance produite par désintégration ou
par le fait des manipulations sur un tissu qui semble n'avoir plus
qu'une faible cohésion.

D'autre part on a, tout à côté, un tissu hépatique en apparence
sain, constituant la plus grande partie de la préparation, de

telle sorte que nous pensions avoir sous les yeux, une coupe représentant les premières altérations très limitées de la gomme sur les points infiltrés de cellules, avec une sclérose du tissu hépatique voisin. Or, cela ne nous rendait pas compte de la lésion qui se présentait à l'œil nu sous l'apparence d'une gomme de la grosseur d'une amande et nous supposions tout d'abord que la coupe avait porté par mégarde sur les parties périphériques. Mais en examinant le fragment sur lequel les coupes avaient été faites, il était

FIG. 151. — *Nécrobiose d'une petite portion de tissu hépatique au sein d'une néoproduction cellulaire intensive constituant une gomme syphilitique du foie au début de sa formation.*

t.h.m., trabécules hépatiques mortifiées avec un peu de sclérose donnant à ces parties l'aspect de la cirrhose annulaire. — *t.h.n.*, trabécules hépatiques normales. — *e.p.s.*, espaces portes sclérosés. — *scl.*, tissu de sclérose formant une bande épaisse à la périphérie de la substance hépatique mortifiée. — *c.b.r.*, canalicules biliaires rudimentaires néoformés.

bien évident qu'elles comprenaient toute la gomme manifeste à l'œil nu et qu'on pouvait ainsi reconnaître encore de la même manière sur la préparation. Enfin, à l'examen histologique, nous avons pu nous convaincre que l'infiltration cellulaire et les petites pertes de substance sont comprises dans le tissu grisâtre qui entoure la portion nécrosée et devient tout à fait scléreux sur d'autres points, tandis que la substance d'aspect caséeux à la lumière réfléchie n'est constituée que par du tissu hépatique qui, au premier abord semble sain, mais qui, à un examen plus attentif, apparaît manifestement nécrosé (fig. 151).

D'une manière générale le tissu hépatique apparaît comme un peu trouble et rétracté : ses noyaux sont moins colorés par le carmin que de coutume. On ne voit plus de sang nulle part. Les capillaires des lobules hépatiques sont effacés et l'on constate seulement la persistance manifeste de la lumière des veines sus-hépatiques. Les espaces portes sont surtout remarquables par la présence d'un tissu hyalin blanchâtre, brillant, plus épais qu'à l'ordinaire, et par l'oblitération des vaisseaux qui est complète ou incomplète avec quelques débris endothéliaux remplissant leur lumière, enfin par la rétraction des canaux hépatiques dont les éléments cellulaires comblent la cavité. En somme, il s'agit bien évidemment d'une portion de tissu hépatique qui a cessé de vivre et se trouve enserrée par un tissu infiltré de jeunes éléments cellulaires ayant de la tendance à former un tissu de sclérose à la périphérie. Dès lors, il est probable que les parties centrales ont été frappées de mortification en raison de l'obstacle à la circulation, déterminé par les néoproductions périphériques où la vie a persisté. Le phénomène a dû se produire d'une manière assez rapide, car les parties nécrosées se présentent encore avec les caractères du tissu sain sauf un léger état trouble des éléments cellulaires, tout comme le tissu du rein au niveau des infarctus blanchâtres nouvellement formés. Il faut dans tous ces cas un examen attentif pour se rendre compte qu'il s'agit réellement d'un tissu nécrosé.

Les gommes du foie sont donc constituées en réalité, non par des néoproductions cellulaires subissant la dégénérescence caséeuse, mais *par des néoproductions cellulaires avec tendance à la sclérose, qui infiltrent le tissu principalement au niveau des vaisseaux en les oblitérant ; et ceux-ci déterminent des nécroses tissulaires dans les territoires correspondants ; de telle sorte que les portions caséeuses ne représentent à proprement parler que des infarctus du tissu hépatique subissant graduellement des modifications de plus en plus prononcée jusqu'à sa disparition partielle ou totale, pour être remplacé par du tissu de sclérose cicatriciel.*

Il n'est pas très commun de rencontrer ces lésions hépatiques au début, les malades ne succombant guère à cette période, comme dans le cas cité précédemment. Cependant la mort a pu survenir accidentellement par d'autres causes, et il est certain que les auteurs ont signalé depuis longtemps les productions cellulaires initiales infiltrant le tissu hépatique. Mais ils ont cru que c'était ce

qui allait constituer les parties caséeuses. Le premier état de nécrose
des portions du tissu, circonscrites par les néoproductions, leur a
échappé en raison de son aspect qui s'éloigne peu de celui du tissu
sain, et qui donne lieu cependant à la masse jaune considérée
comme une gomme à l'œil nu.

Du reste, en examinant les gommes recueillies sur des sujets
différents, nous avons pu nous assurer qu'on rencontre toutes les
transitions entre le tissu hépatique nécrosé avec conservation de
son aspect habituel, et celui qui est réduit à l'état de masse gra-

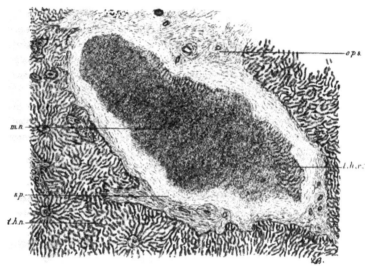

Fio. 152. — *Gomme syphilitique du foie où l'on reconnaît encore quelques éléments
du tissu hépatique dans la partie caséeuse.*

m.n., masse nécrosée avec trabécules hépatiques encore reconnaissables à la périphérie, t.h.r. —
s.p., sclérose périphérique. — t.h.n., trabécules hépatiques normales. — e.p.s., espace porte sclérosé.

nulo-graisseuse où l'on ne trouve plus aucune trace d'un élément
figuré. En effet, sur certaines préparations, on voit le tissu hépatique entièrement reconnaissable avec les modifications précédemment indiquées du début de l'altération, mais avec un aspect plus
ou moins flou, dû à la présence de fines granulations dans tous
les éléments constituants du tissu (fig. 152). D'autres fois, on ne
découvre plus dans la masse nécrosée que çà et là un espace porte
encore reconnaissable, ou seulement des travées scléreuses analogues à celles du tissu voisin non nécrosé, mais sclérosé, et avec
la trace des vaisseaux oblitérés à ce niveau.

Comme les gommes du foie, la plupart de celles des autres
organes et tissus, ne sont en général examinées qu'à une période
plus ou moins avancée, où l'on trouve des portions caséeuses dont
les éléments dégénérés sont méconnaissables, avec une hyperplasie
et la tendance à la formation d'un tissu de sclérose à la périphérie.
Les mêmes phénomènes se rencontrent au niveau des gommes
cutanées et jusque dans les os, comme il ressort de la description
de ces lésions par M. Gangolphe.

Les altérations inflammatoires hyperplasiques seules ne suffisent
pas pour caractériser les gommes; car on ne donne cette dénomination aux lésions que lorsqu'il existe en même temps des foyers
caséeux qui constituent en somme la caractéristique des gommes.
Il n'est même pas toujours facile de se rendre compte de l'oblitération des vaisseaux, et notamment aussi bien que pour la caséification tuberculeuse où des vaisseaux en général plus volumineux
sont oblitérés. Ce qui est particulier aux lésions syphilitiques, c'est
la perturbation produite dans le tissu affecté par l'abondance des
néoproductions qui ne tardent pas à se substituer au tissu propre
sous la forme d'une sclérose. Il en résulte immédiatement une
désorganisation entraînant des troubles circulatoires caractérisés,
comme nous l'avons vu, par la suppression de la circulation sur un
point, pendant qu'en amont ou à la périphérie la vascularisation
est augmentée; ce qui explique à la fois la nécrose caséeuse constituant la gomme avec les productions hyperplasiques périphériques
de plus en plus accusées.

Cependant si les petites gommes reconnaissent pour cause
surtout un trouble dans les artérioles et la circulation capillaire, il
n'est pas rare de rencontrer des oblitérations de vaisseaux plus ou
moins volumineux, lorsqu'il y a eu des nécrobioses étendues.
Et du reste, on peut observer encore des altérations vasculaires
isolées donnant lieu à une oblitération incomplète ou complète,
comme on a assez souvent l'occasion de le constater sur les artères
de la base de l'encéphale, notamment sur les cérébrales moyennes
et le tronc basilaire.

Nous avons relevé des lésions anciennes de ce genre sur un
homme jeune qui avait eu successivement une hémiplégie gauche,
puis une hémiplégie droite, des contractures et des crises épilep-
tiformes, etc., à la suite d'une syphilis grave d'où étaient résultées
des ulcérations destructives du nez et de la cloison. Nous avons
trouvé, à l'autopsie, des ramollissements étendus des deux hémi-
sphères sous la dépendance de l'oblitération des deux sylviennes

transformées en cordons pleins d'aspect fibreux et offrant des lésions de périartérite et d'endartérite anciennes.

Le plus souvent nous avons rencontré des lésions moins avancées et telles que les auteurs les décrivent à tort sous le nom de gommes des vaisseaux, lorsqu'elles se présentent sous la forme d'une tuméfaction blanchâtre du volume d'un pois ou d'un petit haricot, ordinairement sur le trajet des sylviennes ou du tronc basilaire.

Sur une préparation se rapportant à une lésion de ce dernier vaisseau (fig. 153), on peut voir que la tuméfaction, blanchâtre à l'œil nu, correspond à des productions hyperplasiques des parois,

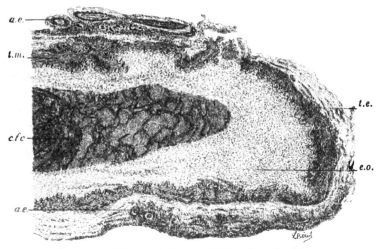

Fig. 153. — *Péri et endartérite syphilitique* (tronc basilaire).

t.e., tunique externe épaissie avec hyperplasie cellulaire et artérioles avec endartérite oblitérante *a.e.* — *t.m.*, tunique moyenne avec néoproductions vasculaires et hyperplasie cellulaire. — *e.o.*, endartérite récente avec néoproductions qui oblitèrent en partie le vaisseau. — *c.f.c.*, caillot fibrino-cruorique qui complète l'oblitération.

prédominantes plus particulièrement sur certains points des tuniques externe et interne. Il y a en somme une périartérite où l'on remarque des oblitérations de petits vaisseaux et la production de vaisseaux nouveaux plus abondants et plus volumineux. C'est à ces points que correspondent précisément les plus abondantes productions d'endartérite qui déforment et rétrécissent la lumière du vaisseau, dont le complément d'oblitération est constitué par des caillots en partie fibrineux et en partie cruoriques.

Il n'y a en somme au niveau de l'artère que des phénomènes d'hyperplasie qui ne suffisent pas à caractériser la gomme, si l'on

compare cette lésion à celle qui reçoit la même dénomination au
niveau du foie ou de la peau. Il faut encore pour compléter l'assimilation comprendre les lésions nécrosiques de ramollissement,
c'est-à-dire celles qui se produisent au niveau des artères terminales privées de sang par suite de l'oblitération du gros vaisseau.
Ce cas rentre dans les lésions inflammatoires syphilitiques des
artères décrites par tous les auteurs et considérées d'abord par Hub-
ner comme ayant pour origine une endartérite, qui, débutant sur un
point du vaisseau, envahirait toute l'épaisseur de la paroi, en produisant ultérieurement de la périartérite. Selon Köster, la tunique
moyenne serait primitivement affectée ; tandis que pour Lancereaux, Baumgarten, Friedlander, Ziegler, c'est par une périartérite
que l'inflammation débuterait. Rumpf la localise même tout d'abord
aux *vasa vasorum*. D'autres auteurs, notamment MM. Schmauss et
Darier pensent que toutes les tuniques sont affectées d'emblée. Or,
il en est bien ainsi véritablement, mais cependant dans un ordre
déterminé par les altérations préalables des *vasa vasorum* et avec
des productions se rapportant à la constitution de chaque tunique.
C'est ainsi que dans le cas indiqué précédemment d'oblitération
du tronc basilaire, nous avons pu observer les vertébrales à divers
degrés d'altération et notamment tout à fait au début des productions inflammatoires. Nous avons vu ainsi que, non seulement
les moindres lésions d'endartérite sont toujours accompagnées de
périartérite, mais que celle-ci est déjà manifeste sur des points où
celle-là n'est pas encore appréciable. On peut voir, enfin, que dans
l'intérieur d'un vaisseau rempli par un caillot cruorique et des
productions fibrineuses disposées sous forme de traînées entre-
croisées, on commence à apercevoir quelques néoproductions
vascularisées se poursuivant sur les travées fibrineuses, près de la
paroi, au point correspondant à un léger épaississement scléreux
de la tunique externe (fig. 154). Dans ce dernier point on remarque
encore l'oblitération d'une artériole avec de petits vaisseaux de
nouvelle formation.
Il est indéniable que la lésion de la tunique externe, qui est
très manifeste, a précédé celle de la tunique interne manifestement au début, et où les productions fibrineuses servent de charpente aux néoproductions inflammatoires ; de telle sorte que
l'oblitération du vaisseau par le sang coagulé va favoriser les
phénomènes d'endartérite qu'on trouve plus accusés sur d'autres
vaisseaux. Mais quel que soit le degré de cette lésion, on peut
parfaitement se rendre compte que, comme nous l'avons fait remar-

quer à propos de l'oblitération du tronc basilaire, les points où les productions endartéritiques sont le plus accusées correspondent toujours aux parties où la périartérite s'accompagne du plus grand nombre de vaisseaux de nouvelle formation et d'éléments cellulaires.

Il est, en effet, bien rationnel qu'il en soit ainsi, puisque la tunique externe seule des artères est vascularisée et que la lésion ne peut débuter sur la paroi d'un vaisseau, comme sur tout autre point, que par une altération vasculaire apportant un trouble dans les phénomènes de nutrition, se traduisant toujours par des oblitérations et des néoproductions vasculaires, dont

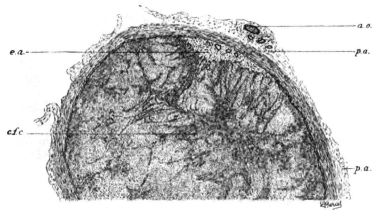

FIG. 154. — *Lésions initiales d'artérite syphilitique sur une vertébrale.*

p.a., péri-artérite avec épaississement scléreux. — *a.o.*, artère oblitérée et nouveaux vaisseaux dans le voisinage. — *e.a.*, ondartérite avec hyperplasie cellulaire et vaisseaux nouveaux. — *c.f.c.*, caillot fibrino-cruorique.

l'effet se fait sentir d'abord dans la tunique externe, puis plus tard au niveau de la tunique moyenne et surtout de la tunique interne.

L'infection syphilitique se manifeste par des altérations sur des vaisseaux divers, mais on peut se demander si la fréquence des lésions artérielles de la base du crâne ne proviendrait pas de la propagation à travers la lame criblée des lésions des fosses nasales encore plus fréquentes? Cette réflexion nous a été suggérée par le premier cas cité et par deux autres cas d'hémiplégie simple et double avec, préalablement, destruction d'un cornet dans le premier cas et gomme de la voute palatine dans le second. Mais nous n'avons pas eu la possibilité de faire d'autres recherches à ce sujet.

Comme ces lésions ne développées ne diffèrent pas de celles qui résultent d'une oblitération artérielle ayant une autre origine, on les considère comme secondaires. On admet cependant qu'il peut se produire au milieu des centres nerveux des gommes comprenant à la fois des lésions nécrosiques et des productions hyperplasiques à l'instar de ce que l'on observe dans les autres organes. C'est possible. Mais ces productions doivent être fort rares; car nous n'avons jamais eu l'occasion d'en rencontrer, quoique nous ayons fait l'autopsie de sujets présentant toutes les autres lésions syphilitiques. Et même sur un jeune homme, dont presque tous les organes à peu près étaient le siège de lésions syphilitiques, et dont les os du crâne offraient de nombreuses lésions ulcéreuses, il n'y avait pas la moindre gomme de l'encéphale, telle que les auteurs la comprennent.

Par contre, nous avons eu à examiner plusieurs fois des productions qualifiées de gommes syphilitiques du cerveau, du cervelet ou de la protubérance et qui, en réalité, étaient de gros tubercules avec leurs cellules géantes caractéristiques.

On a dit, il est vrai, que ces cellules pouvaient se rencontrer avec des altérations syphilitiques; mais il résulte de nos recherches poursuivies particulièrement pour résoudre la question, que cette opinion doit provenir précisément de la confusion de ces lésions avec des productions tuberculeuses, beaucoup plus fréquentes qu'on ne croit chez les syphilitiques.

En effet, *dans les productions incontestablement syphilitiques des divers organes, nous n'avons jamais découvert de cellules géantes manifestes.* Par exemple, dans le foie où ces cellules se rencontrent toujours en plus ou moins grand nombre avec les productions tuberculeuses, on n'en voit pas la moindre trace avec les gommes syphilitiques si faciles à distinguer des précédentes.

Il nous est arrivé pour le cœur de croire au premier abord à une gomme syphilitique, en raison de l'aspect du nodule constitué par une substance analogue à celle du marron cru et enchassée dans une gangue scléreuse épaisse. Or la présence de nombreuses cellules géantes dans la zone d'hyperplasie cellulaire nous a permis de rapporter cette lésion à sa véritable origine; d'autant que le sujet présentait en même temps une péricardite tuberculeuse.

C'est pourquoi nous croyons que, dans l'encéphale, les lésions désignées sous le nom de gommes, et qui s'accompagnent de nombreuses cellules géantes bien caractérisées sont aussi des lésions tuberculeuses. S'il en était autrement, il serait impossible de les distinguer des gros tubercules anatomiquement; mais les lésions concomitantes confirment ce que nous avançons.

Une seule fois, à propos d'une lésion ulcéreuse de la lèvre inférieure de nature douteuse, nous avons trouvé quelques amas cellulaires paraissant en voie de coalescence. Mais encore ce n'était pas de véritables cellules géantes et il s'agissait d'une altération de nature indéterminée.

Il ne faut pas oublier, en effet, que non seulement la tuberculose et la syphilis ont droit de domicile chez le même sujet, mais encore que la même prédisposition existe toujours simultanément pour les deux maladies et qu'une syphilis antérieure prédispose certainement aux manifestations tuberculeuses.

Cette question des cellules géantes dans les lésions syphilitiques a fait récemment l'objet d'un travail de M. Bordereau, basé sur un grand nombre de préparations examinées dans notre laboratoire et d'où il ressort effectivement qu'elles ont fait défaut sur toutes les lésions syphilitiques examinées.

L'absence des cellules géantes sera aussi un des caractères permettant de distinguer les lésions pulmonaires nécrosiques qui peuvent être rapportées à la syphilis plutôt qu'à la tuberculose; mais il ne saurait être pathognomonique, vu qu'il n'est pas rare non plus de rencontrer des lésions caséeuses, tuberculeuses, sans follicules tuberculeux. (V. p. 547.)

Les gommes du poumon décrites par les auteurs sont assez rares, et encore leur a-t-on attribué des caractères si peu univoques que dans la plupart des cas le diagnostic anatomique est plus ou moins contestable et que le plus souvent à l'autopsie, de même que pendant la vie, les lésions considérées comme des gommes syphilitiques ulcérées ou non, sont en réalité des productions tuberculeuses caséeuses avec ou sans ulcération. C'est que les sujets qui ont pu prendre la syphilis étaient également prédisposés à la tuberculose, qu'ils ont contractée d'autant plus facilement qu'ils avaient été préalablement affaiblis par l'infection syphilitique.

Comme, d'autre part, les gommes syphilitiques du poumon sont rares, il y a toutes probabilités pour que les lésions caséeuses coïncidant avec des tubercules manifestes soient sous la dépendance de la tuberculose, même chez des syphilitiques avérés, sans que ce soit cependant une certitude, puisque des lésions syphilitiques et tuberculeuses peuvent coexister. Or, c'est une éventualité dont M. Letulle ne s'est pas préoccupé en cherchant à établir le diagnostic différentiel de ces lésions auxquelles il nous semble donner des caractères un peu schématiques.

Et même en l'absence de tubercules, les gommes du poumon ne sont pas toujours faciles à distinguer, comme il résulte de la remarque que nous venons de faire, et nous croyons que les auteurs n'ont pas mis en relief les caractères essentiels qui permettent de reconnaître la nature de ces lésions, ni même des autres lésions pulmonaires de nature syphilitique, que l'on peut rencontrer chez l'adulte assez fréquemment. C'est pourquoi nous insisterons sur ce point de nos recherches.

Production essentielle dans toutes les lésions pulmonaires syphilitiques.

Dans quelques cas où il existait des gommes syphilitiques du foie, nous avons trouvé au sommet des poumons un tissu scléreux renfermant plusieurs amas caséeux. Nous étions resté dans l'incertitude sur leur nature, lorsque nous avons pu enfin rencontrer un cas de gommes pulmonaires ne laissant aucun doute sur l'origine syphilitique des lésions observées qui ne pouvaient être confondues avec aucune autre affection.

Il s'agissait de masses caséeuses multiples du volume d'un pois, d'une amande ou d'une noix, de coloration blanchâtre uniforme et de consistance assez ferme, enchâssées dans du tissu scléreux, et qui se trouvaient disséminées dans les poumons du jeune homme dont il a été question précédemment, lequel n'était pas tuberculeux et présentait des lésions syphilitiques considérables sur la plupart des organes.

Ces lésions qui, à l'œil nu, n'étaient pas douteuses au point de vue de leur origine syphilitique, présentaient à l'examen histologique une substance granulo-graisseuse centrale, et, à la périphérie, un tissu scléreux fortement vascularisé, sans tubercules dans les poumons ni ailleurs, de telle sorte qu'au premier abord, elles ne nous semblaient pas avoir des caractères particuliers. C'est au point qu'en examinant seulement les préparations histologiques, nous étions en ce moment dans l'impossibilité de dire si l'on avait affaire à une gomme plutôt qu'à une lésion tuberculeuse limitée par du tissu scléreux et en voie de guérison ou tout au moins d'isolement. Cependant, nous avons trouvé plus tard sur ces mêmes préparations et ensuite sur d'autres qui étaient véritablement douteuses, des caractères qui nous donnent maintenant toutes chances d'établir un diagnostic précis, lorsque nous les rencontrons, et surtout en l'absence de tubercules.

Ces caractères sont tirés des lésions pulmonaires concomitantes, déterminées par la syphilis avec ou en dehors des productions gommeuses, et qui coexistent toujours avec elles à des degrés divers, mais paraissent avoir été méconnues chez l'adulte jusqu'à présent. Ce sont des altérations analogues à celles que l'on trouve chez les nouveau-nés syphilitiques, et qui ont été décrites par Virchow sous le nom de *pneumonia alba*. Les caractères de cette dernière affection

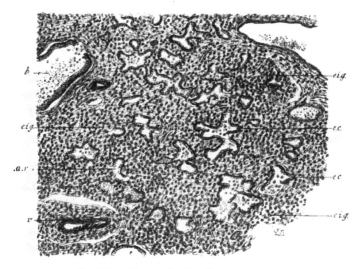

Fig, 155. — Pneumonia alba *chez un nouveau-ne*.
b. bronche. — *v*, vaisseau. — *e.i.g.*, exsudat interstitiel général. — *n.a.r.*, néoproductions alvéolaires rudimentaires tapissées d'un épithélium cubique, *e.c.*

sont depuis lors bien connus. Nous allons d'abord examiner ces lésions pour passer ensuite à celles qu'on rencontre chez les adultes.

Elles se présentent le plus souvent chez le nouveau-né sous la forme de nodules blanchâtres plus ou moins nombreux, du volume d'un petit pois à une noisette, disséminés à la surface des deux poumons où ils font une légère saillie. On les voit aussi sur les surfaces de section sous la forme de nodules superficiels et profonds, de coloration rosée ou blanchâtre sur un fond rougeâtre, dans lequel les nodules se confondent parfois insensiblement sur quelques points.

L'examen histologique permet de constater le plus souvent des lésions que l'on peut qualifier de spécifiques et qui consistent dans une modification profonde du tissu pulmonaire où abondent les néoproductions cellulaires et alvéolaires (fig. 155).

Déjà, dans les portions du tissu intermédiaire aux nodules, on trouve les cloisons interalvéolaires épaissies par infiltration cellulaire jusqu'au point d'avoir souvent une épaisseur plus grande que le diamètre des alvéoles voisins dans lesquels se trouvent des cellules irrégulièrement disposées. Cet épaississement des cloisons interalvéolaires augmente rapidement au voisinage des nodules où il est encore plus prononcé. Il donne l'aspect d'un stroma infiltré de cellules, dans lequel se trouvent disséminées çà et là, mais parfois aussi plus au moins confluentes, des cavités irrégulières, de grandeur et de forme variables, tapissées par un épithélium à une seule rangée de cellules ordinairement cubiques, et renfermant des cellules épithéliales desquamées. Il y a, sur ces points, comme une transformation néoplasique du tissu pulmonaire, mais avec conservation des bronches qui sont plus ou moins dilatées et tapissées par leur épithélium cylindrique. On y remarque enfin des néoproductions vasculaires abondantes qui correspondent à des oblitérations artérielles et veineuses.

A côté de ces lésions devenues classiques, on peut aussi observer d'autres fois des nodules de la *pneumonia alba* constitués par de véritables nodules bronchopneumoniques où l'exsudation cellulaire parait tellement abondante qu'elle infiltre absolument tout le tissu, en ne formant qu'une masse cellulaire compacte au sein de laquelle on n'aperçoit plus que les gros vaisseaux, les bronches ayant été complètement envahies et se trouvant réduites à une dépression ou fente linéaire.

Dans les cas de ce genre, il est à remarquer que les voies lymphatiques sont dilatées et remplies par une grande quantité de cellules. C'est ainsi que sous la plèvre, on trouve de grosses cavités lymphatiques coupées en divers sens et qui sont bourrées de cellules.

Sur une autre pièce, nous avons pu constater cet envahissement des lymphatiques jusque dans le parenchyme pulmonaire autour des vaisseaux et des bronches, où les cavités lymphatiques étaient également gorgées de cellules.

Toutefois, dans ces cas de nodules bronchopneumoniques à cellules confluentes infiltrant tout le tissu à ce niveau, on trouve encore des points, principalement à la périphérie des nodules, où l'infiltration est moins dense et où l'on rencontre parfois, au sein du stroma infiltré de cellules, quelques cavités en général assez petites, mais tapissées d'un épithélium à cellules cubiques, parfaitement reconnaissable au moins sur quelques points. Il en résulte que ce dernier caractère permet encore de spécifier la nature syphilitique des lésions qui ont pris sur d'autres points l'aspect bronchopneumonique simple, probablement en raison de la confluence plus grande et plus rapide des cellules sur ces derniers, puisque, à la périphérie où elles sont en moins grand nombre, c'est l'aspect de la *pneumonia alba* typique qui s'offre encore, tout juste pour affirmer l'origine des altérations.

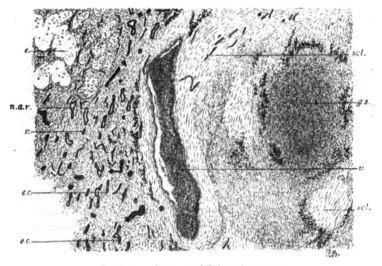

FIG. 156. — *Gomme syphilitique du poumon.*

g.s., gomme syphilitique au sein d'un tissu sclérosé et anthracosique, *scl.* — *n.a.r.*, néoproductions alvéolaires rudimentaires avec épithélium cubique, *e.c.*, dans le tissu également sclérosé. — *e*, exsudat dans les alvéoles emphysémateux. — *v*, vaisseaux.

Eh bien! ces lésions caractéristiques de la syphilis chez le nouveau-né se rencontrent aussi chez l'adulte, non sous la forme de nodules de *pneumonia alba*, mais en tant que lésions histologiques au sein du tissu pulmonaire enflammé et plus ou moins sclérosé chez les syphilitiques, et particulièrement à la périphérie des gommes. Il existait, en effet, des lésions de ce genre bien manifestes dans le cas du jeune homme dont il a été question précédemment et où les gommes avaient des caractères macroscopiques indubitables. La figure 156 reproduit précisément un point se rapportant à l'une de ces gommes parmi les plus petites.

On voit qu'il existe un amas central caséeux qui est comme enchâssé dans une zone scléreuse paraissant très dense et anthracosique, mais dont la nutrition est assurée par des vaisseaux assez nombreux. C'est à la périphérie de cette zone, dans un tissu plus ou moins sclérosé, que se trouvent de nombreuses petites cavités de forme irrégulière, tapissées par un épithélium cubique, et dont la cavité est souvent effacée par l'accolement de leurs parois ou par l'accumulation des déchets épithéliaux, tandis qu'au delà il existe seulement un processus pneumonique indéterminé dans les alvéoles emphysémateux.

En examinant ensuite les autres cas de gommes pulmonaires dont les lésions macroscopiques ne nous avaient pas paru aussi nettement caractérisées, en raison de leur localisation au sommet et de leur analogie avec des lésions tuberculeuses, nous avons pu également mettre en évidence au sein du tissu scléreux périphérique, quelques cavités tapissées par le même épithélium cubique dans des conditions semblables à celles observées dans le cas précédent non douteux. Dans tous ces cas nous avons constaté des lésions histologiques analogues à celles de la *pneumonia alba*, et souvent aussi leur coexistence avec d'autres lésions d'origine syphilitique et notamment avec des lésions hépatiques où cutanées bien caractérisées.

Sur la figure coloriée représentant une gomme du poumon, qui se trouve dans le livre de M. Letulle, on peut voir, à la périphérie des parties nécrosées, des groupes de cavités alvéolaires tapissées par un épithélium à une seule rangée de cellules cubiques. Et, avant d'avoir lu le titre, nous ne doutions pas, en raison de ce fait, qu'il s'agissait d'une lésion d'origine syphilitique. Cependant l'auteur ne paraît pas avoir songé à cette interprétation, car il n'en fait pas mention parmi les caractères qu'il attribue aux gommes du poumon, quoi qu'il ait étudié tout particulièrement cette question.

Or, d'après nos observations, qu'il s'agisse de lésions syphilitiques des poumons chez le nouveau-né ou chez l'adulte, quel que soit leur aspect macroscopique, on y trouve toujours, à l'examen histologique, des altérations se présentant sous la forme de *néoproductions alvéolaires rudimentaires c'est-à-dire plus ou moins irrégulières* et avec des *parois tapissées d'un épithélium cubique*, en voie de desquamation ordinairement abondante, au sein d'un stroma constitué par le tissu pulmonaire complètement infiltré de cellules, sous diverses formes, et même à l'état tout à fait scléreux.

Mais on peut encore rencontrer ces mêmes productions sur des poumons qui ne présentent pas de gommes, ni aucune trace de tissu caséeux quelconque, et qui offrent seulement de la sclérose, principalement au sommet sous la forme d'amas irréguliers ou de simples plaques cicatricielles, comme dans les cas de tuberculose antérieure, chez des malades ayant succombé à des affections diverses, après avoir présenté ou non des signes de catarrhe bronchique.

Lorsqu'on trouve en même temps des lésions d'origine syphilitique sur d'autres organes, il est tout à fait rationnel de rapporter ces lésions pulmonaires à la même origine; car s'il y a des

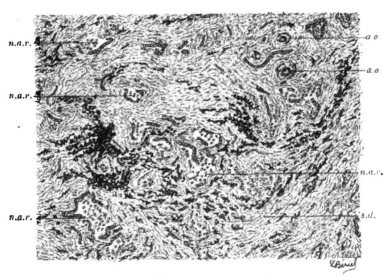

FIG. 157. — *Néoproductions alvéolaires rudimentaires dans une masse scléreuse et anthracosique du sommet d'un poumon chez un ancien syphilitique.*

n.a.r., néoproductions alvéolaires rudimentaires avec épithélium cubique. — *s.d.*, stroma très dense avec anthracose. — *a.o.*, artères oblitérées.

gommes en moins, cela provient vraisemblablement de ce qu'il n'y a pas eu des oblitérations vasculaires assez importantes pour produire des nécroses appréciables et que les altérations ont seulement abouti aux lésions d'*inflammation scléreuse avec des néoproductions alvéolaires rudimentaires*. La figure 157 représente un cas de ce genre, où l'on constate, en même temps qu'une sclérose anthracosique très prononcée, les néoproductions alvéolaires rudimentaires, caractéristiques de l'origine syphilitique de ces lésions.

Enfin on peut encore observer des lésions pulmonaires semblables, avec ou sans foyer nécrosique, sur des sujets qui n'offrent pas de lésions syphilitiques du foie ni d'autres organes, et qui sont cependant aussi bien caractérisées que celles observées dans les circonstances précédentes, de telle sorte qu'elles doivent être considérées également comme ayant la même origine syphilitique.

Il ne suffit pas cependant de découvrir ces productions pour en faire un caractère pathognomonique d'une syphilis antérieure ; il faut encore tenir compte des conditions dans lesquelles on les rencontre. Nous avons vu, en effet, qu'on pouvait aussi en trouver sur des poumons tuberculeux, mais assez rarement et plutôt d'une manière discrète qui contraste avec leur fréquence et leur abondance chez les syphilitiques. C'est cette différence, et la présence des lésions tuberculeuses d'un côté, leur absence de l'autre, qui permettent de rapporter les lésions à leur véritable origine dans les deux cas.

Comme ces productions sont constantes dans les scléroses pulmonaires des anciens syphilitiques, où elles sont toujours très manifestes, et que d'autre part on ne les rencontre qu'assez rarement dans les scléroses d'origine tuberculeuse, nous nous sommes demandé si les tuberculeux qui les présentent ne seraient pas d'anciens syphilitiques ? C'est l'opinion à laquelle nous nous étions . d'abord arrêté, vu que certains faits se rapportent manifestement à des cas de ce genre. Mais nous avons pu aussi constater ces lésions chez une jeune fille ayant succombé à une phtisie pulmonaire ; elle n'avait présenté aucune manifestation pouvant se rapporter à la syphilis, et de plus était vierge ; de telle sorte qu'on ne pouvait guère attribuer aux lésions une spécificité syphilitique, à moins de les rapporter à une infection congénitale.

La même hypothèse peut-être faite pour un autre cas où nous avons rencontré ces néoformations alvéolaires rudimentaires sans pouvoir décider à quelle origine on devait les rapporter. C'était au voisinage d'infarctus pulmonaires chez un cardiaque âgé seulement de dix-sept ans. Or, il n'y a guère de probabilités pour que, dans ce cas, les lésions fussent produites sous la simple influence de l'inflammation concomitante des infarctus, vu que celle-ci ne donne pas lieu habituellement à des productions de ce genre.

Ces deux cas où manquent des recherches suffisantes, relatives non seulement à une syphilis acquise, mais encore aux stigmates d'hérédité syphilitique, ainsi qu'aux antécédents des ascendants, ne permettent pas d'affirmer que la syphilis était réellement en cause. Nous désirons toutefois appeler l'attention sur ces lésions pulmonaires que nous avons trouvées au même degré que chez d'anciens syphilitiques; ce qui est en faveur d'une assimilation et doit engager dans l'avenir à rechercher si, lorsque les néoproductions alvéolaires rudimentaires trouvées en aussi grande quantité chez de jeunes sujets ne coïncident pas avec une syphilis acquise, elles ne sont pas en rapport avec une hérédo-syphilis?

En se basant sur les faits observés, il nous paraît rationnel d'admettre que la tuberculose, capable de donner lieu aux néoproductions que nous avons indiquées, peut également, dans certaines circonstances, produire ces néoformations alvéolaires, mais, comme nous l'avons dit précédemment, plutôt d'une manière discrète lorsque la syphilis n'est pas en cause. Leur production abondante, même avec des tubercules ou d'autres lésions, doit faire présumer l'origine syphilitique, laquelle ne laissera aucun doute dans la plupart des cas, vu que c'est ce que l'on constate dans ceux où les preuves sont évidentes. C'est qu'en réalité elles ne font jamais défaut dans les inflammations du poumon d'origine syphilitique, et peuvent être considérées chez l'adulte aussi bien que chez le nouveau-né, comme une production spécifique.

Toutes les productions nouvelles qu'on peut rencontrer dans les poumons se présentent avec une vascularisation augmentée dont elles dépendent. Elle est particulièrement intense avec les lésions scléreuses accompagnées de néoproductions d'origine syphilitique; ce qui rend compte des formations incessantes dont ces parties sont le siège et dont les débris sont retenus dans les cavités alvéolaires, lesquelles se trouvent ainsi comblées en partie ou en totalité. C'est probablement ce qui a dû les faire méconnaître. Mais lorsqu'on est averti de cette petite difficulté et qu'on l'a surmontée une fois, on arrive facilement par la suite à découvrir ces productions alvéolaires rudimentaires plus ou moins remplies de cellules.

DILATATIONS BRONCHIQUES

On rencontre parfois, avec les lésions précédentes, des dilatations bronchiques désignées aussi sous le nom de *bronchectasies*. On a signalé leur coexistence fréquente avec des lésions pulmonaires syphilitiques, tout en les attribuant également à d'autres causes et même à la tuberculose; tandis qu'elles nous ont toujours paru être d'origine syphilitique.

Cette démonstration ressort non seulement des antécédents de syphilis constatés dans la plupart des cas, mais encore des particularités présentées par les lésions pulmonaires qui, jusqu'à présent, n'ont pas été étudiées à ce point de vue.

En effet, les auteurs ont très bien décrit les altérations désignées sous le nom de dilatation des bronches avec les modifications particulières que prennent ces organes dont la vascularisation est particulièrement augmentée; mais l'état du parenchyme pulmonaire a moins attiré leur attention, car en signalant sa sclérose, ils n'ont pas cherché à la distinguer des autres scléroses tuberculeuses ou non si communément observées, en exceptant M. Leroy qui a admis un processus scléreux spécial.

Cependant Charcot avait objecté aux auteurs qui attribuaient la dilatation des bronches à la sclérose, que cette altération était souvent rencontrée sans bronchectasie; et on avait fait une objection analogue à Barth qui faisait jouer un rôle important, sinon prépondérant, à la plèvre sclérosée et adhérente au parenchyme pulmonaire. On peut encore aujourd'hui trouver insuffisante la théorie qui attribue cette lésion à des bronchites répétées, puisque, dans l'immense majorité des cas, les bronchitiques les plus invétérés ne présentent pas de dilatations bronchiques. Il n'est même pas rare de rencontrer réunies toutes les lésions de bronchite, de sclérose et de pleurite adhésive sans bronchectasie; de telle sorte que, bien manifestement, l'affection décrite sous ce nom ne dépend pas de la réunion de ces lésions. Le même argument qui est jugé bon contre l'une d'elles est applicable à toutes, quelles soient isolées ou réunies. Et, naturellement, les causes diverses capables de produire les altérations bronchiques, pulmonaires et pleurales, auxquelles les auteurs font remonter l'étiologie des dilatations bronchiques, ne sauraient être incriminées, puisque les lésions par elles déterminées n'aboutissent pas à la bronchectasie.

Nous laisserons de côté les dilatations cylindriques plus ou moins généralisées aux deux poumons ou à un seul poumon, que l'on peut observer parfois chez les enfants et plus rarement chez de jeunes sujets, sous l'influence d'accès de toux répétés et par suite de lésions variables entraînant des phénomènes de dilatation compensatrice. Ces dilatations (aussi bien que celles dont il a été question précédemment au sujet des cicatrices du sommet) sont en général bien distinctes par les caractères des altérations comme par l'étiologie, des dilatations localisées sur une ou plusieurs bronches dans un point déterminé du poumon, et surtout de ces dilatations multiples qui se présentent sous l'aspect d'un tissu spongieux ou angiomateux, et où se trouvent les altérations les plus caractéristiques sur lesquelles nous désirons appeler l'attention. Dans ce dernier cas, l'examen à l'œil nu montre bien que de grosses bronches manifestement dilatées communiquent avec les cavités de la périphérie du tissu spongieux; mais au delà on ne trouve plus que des cavités irrégulières isolées, ou communiquant avec une cavité voisine, au sein d'un tissu dense, résistant, qui constitue la paroi des cavités à surface lisse. On ne saurait dire en quoi consistent ces cavités, si l'examen histologique ne démontrait qu'elles sont tapissées par un épithélium cylindrique plus ou moins modifié, et que leur paroi est constituée par un tissu fibreux très vascularisé, où la disposition des vaisseaux rappelle celle qu'ils ont dans les bronches ; de telle sorte que l'on n'hésite pas à voir dans ces cavités des organes analogues aux bronches et même les bronches que l on suppose avoir perdu par le fait de la sclérose leurs tissus musculaire et élastique, d'où résulterait une dilatation plus ou moins prononcée et irrégulière. On pense même que certaines bronches ont dû perdre par atrophie leurs cartilages et leurs glandes, tout en admettant que les grosses bronches ne participent pas à cette altération.

Par contre, on a aussi soutenu que certaines bronches conservaient leurs fibres musculaires et même que celles-ci pouvaient être hypertrophiées.

En examinant comparativement la paroi d'une grosse bronche avec celle d'une cavité ampullaire communiquant largement avec elle, nous avons vu que la paroi bronchique était le siège d'une hyperplasie cellulaire et d'une sclérose très prononcées, correspondant à des dilatations et néoproductions vasculaires très accusées, mais avec persistance de tous les éléments constituants de la paroi bronchique, voire même avec de l'hypertrophie et de l'hyperplasie des fibres musculaires parfois jusqu'au niveau de grosses veines oblitérées. L'épithélium de la bronche est plus ou moins modifié. Il se continue avec celui de la cavité ampullaire qui n'en diffère pas notablement ; et, comme il y a encore une paroi scléreuse très vascularisée à la manière de la paroi bronchique, on dirait au premier abord qu'il n'y a pas de différence notable. Mais à un examen attentif, on voit que les autres éléments des bronches ont disparu en partie ou en totalité. Ce n'est que sur les confins du tissu sain que l'on peut découvrir la trace de ces éléments ; car dans les parties centrales on ne trouve plus ni muscles, ni glandes, ni cartilages. Les parois de toutes les cavités sont constituées de la même manière par le tissu de sclérose très vascularisé et bordé d'un épithélium le plus souvent formé par des cellules grêles allongées et parfois d'aspect irrégulier.

Ces cavités ampullaires sont bien de nature bronchitique ; mais on ne saurait prétendre que ce sont simplement des bronches dilatées. En effet, s'il en était ainsi, elles seraient toutes en communication avec les gros tuyaux bronchiques et conserveraient la direction générale des bronches, tandis que c'est le contraire qui peut être constaté ; et on ne comprend pas bien comment une bronche peut être dilatée si elle ne renferme pas de l'air exerçant une certaine pression intérieure, ni pourquoi les cavités seraient aussi irrégulièrement disposées au sein d'un tissu qui, lui-même, paraît complètement modifié.

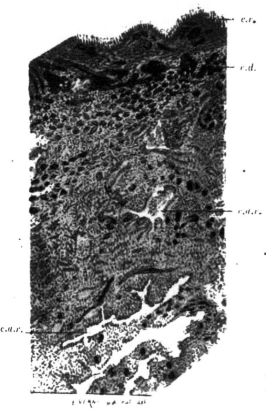

Fig. 158. — *Paroi d'une « dilatation bronchique »*.

e.r., épithélium de revêtement de la surface interne. — *r.d.*, vaisseau dilaté de la paroi. — *c.a.r.*, cavités alvéolaires rudimentaires à épithélium cubique, de nouvelle formation.

Nous avons dit que les auteurs avaient confondu ce tissu sclérosé avec les diverses scléroses, parce que, en effet, ils admettent qu'elles peuvent toutes conduire à la dilatation bronchique. Cependant Charcot a insisté sur les caractères de la sclérose broncho-pulmonaire, plus particulièrement observée avec la dilatation des bronches, où, avec l'épaississement scléreux des parois bronchiques, des espaces interlobulaires et des parois alvéolaires, on peut constater la persistance de cavités alvéolaires tapissées par un épithélium à cellules cubiques, et dans l'intérieur desquelles se trouvent des cellules desquamées à divers degrés d'altération.

Il est étonnant que les auteurs ayant spécialement étudié et décrit la dilatation des bronches, ne mentionnent même pas cette altération, à l'exception de M. Marfan qui, à ce propos, rappelle effectivement la description de Charcot. Toutefois, MM. Dejerine et Sottas ont publié une observation où ils signalent, avec figure à l'appui, des « boyaux d'épithélium alvéolaire » dans une cloison

Fio. 159. — *Hyperplasie musculaire péri et intravasculaire dans une paroi de « dilatation bronchique ».*

e. épithélium bordant la paroi bronchique en état d'hyperplasie cellulaire avec sclérose. — h.m., hyperplasie de fibres musculaires au niveau de vaisseaux veineux. — a, artère.

séparant deux dilatations bronchiques, et qu'ils comparent à des boyaux épithéliomateux. Et cependant nous n'avons pas observé un cas de dilatation des bronches sans constater ces lésions qui se présentent sous l'aspect de cavités irrégulièrement arrondies ou allongées, souvent avec des diverticules, et dont les parois épaisses et manifestement sclérosées sont tapissées d'un épithélium cubique adhérent à la paroi ou en partie détaché au milieu des éléments cellulaires que renferment ces cavités (fig. 158).

Tantôt ce sont des cavités grandes ou petites, isolées au sein d'un tissu très dense, mais toujours très vascularisé; tantôt les cavités sont réunies en amas constituant des groupements irrégulièrement disséminés, et qui, sur certains points, particulièrement au voisinage du tissu sain, se rapportent manifestement à une modification plus ou moins anormale des cavités alvéolaires, tout comme les cavités ampullaires se rapportent aux cavités bronchiques plus ou moins modifiées.

Il nous paraît évident que le tissu pulmonaire, tout en conservant sa charpente fibreuse générale avec tendance à l'épaississement, a été notablement modifié dans ses productions cellulaires; de telle sorte qu'il en est résulté des néoproductions épithéliales et endothéliales typiques en même temps que des formations scléreuses par suite de l'abondance excessive des productions cellulaires. Celles-ci correspondent manifestement à des dilatations vasculaires et à la formation de nouveaux vaisseaux, signalées particulièrement par tous les auteurs, et qui résultent des oblitérations vasculaires, importantes et nombreuses, que l'on peut constater dans tous les cas. On remarque aussi le fait consigné par plusieurs auteurs, d'une hyperplasie concomitante des éléments musculaires, soit des parois des bronches, soit surtout de celles des vaisseaux qui peuvent être de la sorte oblitérés en partie ou en totalité.

La figure 159 montre un point d'une paroi de dilatation bronchique où l'on remarque, en effet, un peu au-dessous de la bordure épithéliale assez grêle, dans un tissu qui est le siège d'une hyperplasie générale avec sclérose, une hyperplasie concomitante des fibres musculaires, particulièrement intense au niveau de vaisseaux veineux seuls, tandis que MM. Dejerine et Sottas ont noté celle des artères et des veines dans leur observation. Toutes ces altérations se sont produites lentement, et il n'y a pas eu de très grands bouleversements du tissu pulmonaire, dont on retrouve les éléments primitifs essentiels sur tous les points altérés, seulement plus ou moins modifiés par l'hyperplasie générale.

Les mêmes néoproductions alvéolaires rudimentaires peuvent se rencontrer près des dilatations bronchiques, cylindriques ou moniliformes ou même ampullaires, lorsque celles-ci sont isolées, principalement au sommet d'un poumon. C'est ainsi que ces dernières peuvent parfois rentrer dans la catégorie des dilatations bronchiques proprement dites.

Du reste, soit au sommet, soit à la périphérie de la bronche dilatée, on trouve des parties sclérosées présentant sur quelques points des cavités en général petites, irrégulières, tapissées d'un épithélium cubique analogue à celui des cavités plus nombreuses constatées dans les cas de dilatations ampullaires localisées à une portion plus ou moins étendue du tissu pulmonaire.

Il s'agit bien, dans tous ces cas, de néoproductions bronchiques et alvéolaires avec une hyperproduction cellulaire très prononcée, mais prenant une disposition analogue au tissu normal, comme on l'observe dans les tumeurs bénignes; de telle sorte que la première idée qui s'est présentée à notre esprit, c'est que nous devions avoir affaire à un véritable néoplasme à développement graduel continu, sans aucune tendance à la guérison et de cause inconnue, car les bronchites et les pleurésies étaient incapables d'expliquer une production qui n'a pas lieu dans l'immense majorité des cas où ces lésions sont constatées.

Cette hypothèse pouvait être d'autant mieux soutenue que la sclérose accompagnant ces néoproductions épithéliales et endothéliales permettait de comparer ces lésions à celles de l'adénome hépatique avec cirrhose. En outre, nous avons constaté que les ganglions bronchiques correspondant aux altérations pulmonaires pouvaient être plus ou moins tuméfiés et sclérosés avec production abondante de nouveaux vaisseaux, de manière à offrir la plus grande analogie avec le tissu sclérosé du poumon, mais sans les cavités bronchiques ou alvéolaires constatées sur ce dernier, comme il arrive pour les tumeurs bénignes qui ne se généralisent pas avec leurs caractères typiques.

Nous nous étions donc arrêté à cette idée d'une production néoplasique du poumon relativement bénigne, en raison de ses caractères typiques et de sa non généralisation, lorsque nous avons fini par constater l'analogie existant entre ces lésions pneumoniques accompagnées de dilatations des bronches et celles de la pneumonie blanche des nouveau-nés, manifestement de nature syphilitique. Nos observations de dilatations bronchiques se rapportaient également à des syphilitiques, et cela concordait aussi, en partie, avec les observations des auteurs qui ont parfois signalé la syphilis comme cause de la dilatation bronchique, surtout chez les enfants nouveau-nés et plus rarement chez l'adulte.

Il résulte maintenant de l'enquête à laquelle nous nous sommes livré, que *l'affection désignée sous le nom de dilation bronchique, se rapporte manifestement à la syphilis*, soit que cette maladie ait été signalée dans les antécédents, soit que l'on ait trouvé concurremment d'autres lésions incontestablement de nature syphilitique.

Comme dans toute lésion de cette nature, on trouvera toujours des cas où la syphilis n'est pas accusée dans les antécédents et où l'on n'en trouve pas d'autres traces; mais ils constituent une infime exception parfaitement explicable par le fait que les lésions syphilitiques échappent souvent à l'observation des malades. La dilatation des bronches doit, selon nous, être rangée au nombre des affections qui surviennent à une période plus ou moins éloignée des accidents primitifs et secondaires, et même tertiaires, plutôt près des lésions dites parasyphilitiques. C'est ainsi que dernièrement nous avons constaté des signes de dilatations bronchiques chez un malade présentant les premiers signes du tabès, et qui, naturellement, avait eu la syphilis.

Si maintenant nous rapprochons cette donnée étiologique de la conclusion à laquelle nous avait amenée notre étude anatomique, nous voyons que le virus syphilitique, dont l'agent nocif est inconnu, est capable de donner lieu à des lésions inflammatoires chroniques offrant les caractères d'un néoplasme, en raison des productions cellulaires qui prennent un arrangement analogue à celui de l'état normal, et qu'il s'établit en même temps une sclérose très prononcée résultant de l'hyperplasie générale, avec des néoproductions vasculaires abondantes. On peut donc considérer ces lésions comme des productions de transition entre celles qui sont simplement inflammatoires et celles que l'on considère comme des néoplasmes, dont elles ne diffèrent réellement que par le fait constant de leur non généralisation. Déjà nous avons vu que des productions typiques analogues peuvent se rencontrer chez des tuberculeux; et comme il y a une grande analogie de ces productions constatées chez les syphilitiques et les tuberculeux, avec les néoplasmes proprement dits, on peut en induire qu'il doit probablement exister un certain rapport entre les agents nocifs capables de produire ces diverses lésions. Nous verrons du reste qu'il n'y a pas entre les lésions inflammatoires et néoplasiques une aussi grande différence qu'on le croit généralement.

On a beaucoup discuté pour savoir si la dilatation des bronches pouvait coexister ou non avec la tuberculose, les auteurs s'appuyant de part et d'autre sur des faits de coexistence et de non coexistence de ces lésions. Mais de ce que, dans certains cas, la dilatation des bronches existait seule, on ne peut révoquer en doute ceux où l'on a trouvé en même temps des tubercules pulmonaires. Nous avons pu observer la dilatation bronchique dans les deux cas; de telle sorte que nous ne saurions mettre en doute la coexistence possible de ces lésions qui, cependant, se rencontrent le plus souvent isolées. Le seul fait qui nous paraisse incontestable, c'est

que la tuberculose est incapable de donner lieu à la dilatation
bronchique proprement dite, quel que soit le degré de sclérose qui
accompagne les productions tuberculeuses, s'il n'y a pas eu de
syphilis antérieure; d'où la conclusion que lorsque ces néoproductions seront constatées avec ou sans tuberculose, c'est qu'il s'agira
d'un ancien syphilitique ayant pu ou non devenir aussi tuberculeux, en raison de la prédisposition à la tuberculose qu'ont les
syphilitiques.

Quant aux néoproductions alvéolaires rudimentaires qui accompagnent les dilatations bronchiques, elles se présentent toujours
en telle abondance, qu'on peut les considérer aussi comme caractéristiques de leur origine syphilitique, en raison de leur rareté
et de leurs productions limitées chez les tuberculeux, ainsi que
nous avons eu précédemment l'occasion de le dire. En tout cas,
ce n'est pas de l'intensité plus ou moins grande des productions
scléreuses qu'elles dépendent, car les moindres scléroses pulmonaires des sommets chez les anciens syphilitiques en présentent
ordinairement, tandis qu'elles font défaut le plus souvent ou sont
à peine appréciables dans les scléroses tuberculeuses ou non les
plus prononcées, lorsque la syphilis n'est pas en cause. C'est que
ces néoproductions ne dépendent pas du tout de la sclérose, celle-ci
étant toujours consécutive aux productions cellulaires abondantes,
lesquelles peuvent être en partie typiques lorsque les conditions de
production sont lentes et régulières, ou au contraire irrégulières et
trop confluentes pour pouvoir produire autre chose que du tissu
scléreux, autant qu'on peut en juger par l'étude des lésions
résultant d'une infection de cause connue:

Le fait des néoproductions typiques syphilitiques, qui est bien
manifeste dans la période secondaire, peut donc aussi se présenter dans la période tertiaire ou ultérieure. Il ne paraît pas
limité au tissu pulmonaire; car nous avons eu encore l'occasion
de l'observer sur le corps thyroïde du jeune sujet dont il a été
plusieurs fois question, et qui présentait des lésions syphilitiques
de la plupart des organes avec des gommes pulmonaires dont
l'une a été reproduite. En incisant la thyroïde, nous avons rencontré un petit nodule blanchâtre du volume d'un tout petit pois,
que nous n'avons pas hésité à qualifier de gomme. Or, les préparations ne nous ont montré aucun point nécrosé. Nous avons
seulement trouvé que le nodule correspondait à un amas de
néoproductions glandulaires se présentant sous la forme de petites
cavités arrondies, tapissées d'un épithélium cubique, manifeste-

ment de nouvelle formation, en raison de leur groupement nodulaire, de leur différence de volume et de forme par rapport aux
cavités normales, avec lesquelles elles se confondent insensiblement à la périphérie, au sein d'un stroma manifestement
sclérosé (fig. 160).

Des recherches plus attentives dans ce sens, faites sur des jeunes
sujets présentant, comme dans ce cas, de nombreuses lésions

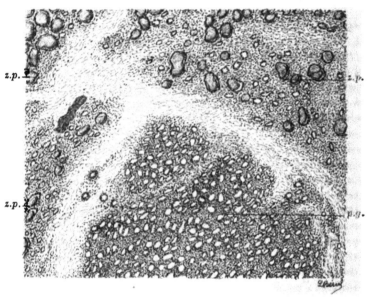

Fig. 160. — *Néoproduction glandulaire dans le corps thyroïde d'un syphilitique portant
de nombreuses gommes dans les divers organes, et simulant une gomme à l'œil nu.*

p.g., pseudo-gomme, constituée par des éléments glandulaires de nouvelle formation. — **z.p.**, zone
périphérique sclérosée avec quelques cavités glandulaires anciennes et récentes.

syphilitiques sur la plupart des organes, permettront peut-être de
trouver des néoproductions analogues, non seulement sur le corps
thyroïde, mais encore sur d'autres organes et de se rendre compte
des conditions de leur formation. Elles se rattachent probablement
à la tendance générale aux productions typiques, qui se révèle à
des degrés plus ou moins prononcés dans toutes les inflammations
lentes, d'origine syphilitique, lorsqu'elles portent sur des tissus
dont les éléments sont facilement reproduits.

LÉSIONS DITES PARASYPHILITIQUES

Il existe d'autres productions inflammatoires survenant à une époque éloignée, mais non précise, des divers accidents syphilitiques et qui ont été reconnues dans ces dernières années pour avoir également une origine syphilitique, au moins par un certain nombre d'auteurs. Elles sont plutôt désignées sous le nom de parasyphilitiques, et se présentent avec des caractères variables suivant le tissu qui est atteint.

Nous avons déjà eu l'occasion de nous occuper des lésions des vaisseaux, au sujet de la production des gommes; mais nous devons y revenir pour étudier plus spécialement les lésions de l'aorte : l'aortite syphilitique avec ou sans athérome, dont les caractères sont bien déterminés, et qui peut donner lieu, par l'oblitération de l'orifice des coronaires, à la maladie désignée sous le nom d'*angine de poitrine*, ou encore par son extensix aux valvules aortiques, à la *maladie de Corrigan*, ou enfin aux *anévrysmes de l'aorte*, lorsque les parois de ce vaisseau ainsi altérées cèdent sur ce point à la pression sanguine.

Ce qui caractérise particulièrement l'*aortite syphilitique*, c'est qu'elle est souvent limitée à une portion de l'aorte et plutôt à sa portion ascendante. Mais on peut la rencontrer encore étendue à tout le vaisseau avec prédominance surtout au niveau de la première portion, ou de la crosse et plus rarement de la portion thoracique au abdominale. Ensuite il est à remarquer que cette lésion se présente avec une plus ou moins grande intensité à un âge relativement peu avancé. C'est au point qu'*on peut considérer toute aortite intense, plus ou moins localisée, sur un sujet âgé de moins de cinquante ans, comme étant certainement de nature syphilitique.*

Les lésions ont aussi en général un aspect particulier. On est presque toujours frappé de l'intensité des productions de l'endartère sous la forme de *plaques gélatiniformes* faisant des saillies irrégulières plus ou moins prononcées et le plus souvent vers l'origine de l'aorte (fig. 161); de telle sorte que si elles se trouvent près de l'orifice des artères coronaires, il peut en résulter une modification profonde de l'un ou de l'autre, ou même des deux orifices simultanément; ceux-ci sont alors diminués et souvent à peu près ou complètement oblitérés; d'où la production des

crises angineuses en rapport avec le degré des lésions jusqu'au
point d'avoir déterminé la mort.

Il n'est pas rare non plus que des plaques gélatiniformes
siégeant à l'origine de l'aorte, au voisinage de l'insertion des
valvules sigmoïdes, aient donné lieu à l'altération de ces dernières,
soit par l'extension des lésions inflammatoires produisant leur
épaississement, des adhérences, etc., soit plus souvent par des

Fɪɢ. 161. — *Plaque gélatiniforme de l'aorte, près de l'orifice de la
coronaire antérieure.*

T.E.e., tunique externe épaissie. — *T.M.*, tunique moyenne avec un peu de sclérose. — *p.g.*, plaque
gélatiniforme très épaisse avec bord saillant, *b.s*, constituée par des lames de substance hyaline
infiltrées de cellules. — *v*, vaisseaux de nouvelle formation au sein d'un exsudat abondant.

phénomènes de rétraction, déterminant dans tous les cas des modifications dans la fonction de ces valvules, qui peuvent ainsi rétrécir
l'orifice et surtout devenir insuffisantes avec les conséquences plus
ou moins graves qui en résultent toujours.

Il peut même arriver que des malades présentant depuis un temps
plus ou moins long les signes d'une insuffisance aortique, soient
pris d'angine de poitrine, lorsque les plaques gélatiniformes ont
atteint à la fois les valvules sigmoïdes et les orifices des coronaires.

C'est ainsi que les malades peuvent succomber par le fait de ces productions inflammatoires intensives des parois aortiques, surtout dans les cas d'angine de poitrine, avec peu ou pas de lésions athéromateuses proprement dites.

Il en est de même pour l'endaortite qui donne lieu aux anévrysmes. Elle peut n'être constituée que par des plaques gélatiniformes seules surtout chez les jeunes sujets. Mais celles-ci se rencontrent plutôt chez les vieillards en même temps que des plaques jaunes athéromateuses, avec lesquelles elles ont été confondues;

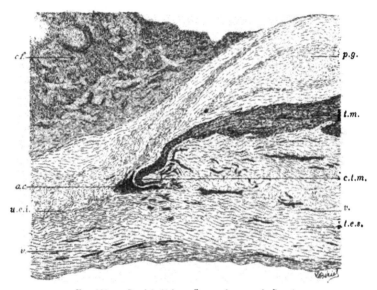

Fig. 162. — *Bord inférieur d'un anévrysme de l'aorte.*

p.g., plaque gélatiniforme saillante. — *t.m.*, tunique moyenne. — *c.t.m.*, cessation de la tunique moyenne. — *a.c.*, amas cellulaire. — *t.e.s.*, tunique externe sclérosée et épaissie. — *u.e.i.*, union des tuniques externe et interne. — *v*, vaisseaux. — *c.f.*, caillot fibrineux dans la cavité de l'anévrysme.

les plaques gélatiniformes ayant été considérées à tort comme leur premier degré.

Ce sont toujours des plaques épaisses d'aspect gélatiniforme mais plutôt dures, qui résultent d'une production intensive, pendant que la tunique moyenne diminue graduellement pour cesser même brusquement à ce niveau en donnant lieu aux anévrysmes (fig. 162). Cette inflammation avec plaques gélatiniformes est leur seule cause; parce que ce n'est que dans ce cas que disparaît graduellement ou brusquement la tunique moyenne, d'où

résulte la perte d'élasticité de la paroi et son ectasie à ce niveau ;
tandis que jamais le phénomène ne se produit avec les lésions
athéromateuses les plus prononcées. Lorsque de l'athérome, à des
degrés divers, se rencontre en même temps qu'un anévrysme, on
peut toujours constater simultanément la présence de plaques
gélatiniformes plus ou moins irrégulièrement entremêlées avec
les précédentes et notamment toujours prédominantes vers les
bords de l'anévrysme et souvent près de l'origine de l'aorte.

L'anévrysme siégera ainsi sur un point de l'aorte où les plaques
gélatiniformes auront prédominé, mais plutôt au niveau de sa portion ascendante et de la crosse, beaucoup plus rarement sur les
portions thoracique et abdominale du vaisseau.

En examinant les parties de la paroi qui ont cédé à la pression sanguine, on peut voir qu'elles sont toujours plus ou moins amincies,
constituées par la continuation des tuniques interne et externe
réunies, entre lesquelles on peut constater encore quelques par-
celles de la tunique moyenne, puis bientôt aucune trace de cette
tunique, à mesure qu'on s'éloigne du bord. Il arrive même, pour
peu que l'anévrysme soit volumineux, qu'on ne trouve plus qu'une
lame fibroïde immédiatement en rapport avec les caillots stratifiés
qu'il renferme. A ce niveau il devient souvent impossible de
distinguer la continuation des deux tuniques, car on ne trouve
plus qu'une substance hyaline à peu près homogène ou avec des
stries irrégulières, dans laquelle se rencontrent seulement de
rares éléments cellulaires. Il est vraisemblable que cette paroi se
constitue avec les éléments ambiants de nouvelle production au
fur et à mesure de la distension de la poche, au sein des parties
les plus différentes. Et lorsque l'anévrysme est stationnaire, les
éléments de la paroi tendent à empiéter un peu sur les caillots
de la poche, comme toute production inflammatoire des parois
cardiaques ou vasculaires sur les caillots qui se trouvent en rapport
avec ces parois.

M. Bonnet a fait récemment, dans notre laboratoire, une étude
des anévrysmes de l'aorte, qui met bien en relief tous les caractères anatomiques de ces lésions, en les rapportant, avec preuves
à l'appui, à leur véritable origine, qui est toujours la syphilis.

On admet généralement avec M. H. Martin que l'endaortite
provient d'une inflammation dystrophique des parois vasculaires,
d'où résultent toutes les lésions hyperplasiques et dégénératives de
l'aorte, comme toutes les lésions d'endartérite des autres vaisseaux
proviendraient de l'oblitération des *vasa vasorum*.

Déjà nous avons fait remarquer à propos de l'endartérite des artères cérébrales qu'il y avait certainement des oblitérations des vaisseaux de la tunique externe, mais qu'on trouvait simultanément sur cette même tunique des néoproductions vasculaires, particulièrement abondantes au niveau des points correspondant aux plus fortes néoproductions. Il en est absolument de même pour l'aorte, sauf que les productions exubérantes de l'endartère sont en général assez limitées, et que la tunique moyenne disparaît graduellement d'un côté par l'envahissement de la tunique interne

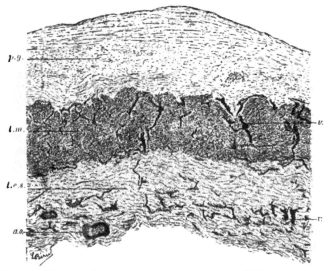

FIG. 163. — *Plaque gélatiniforme avec néoproductions cellulaires vascularisées dans la tunique moyenne.*

p.g., plaque gélatiniforme. — *t.m.*, tunique moyenne. — *v*, vaisseaux avec exsudat cellulaire. — *t.e.s.*, tunique externe sclérosée et épaissie avec néoproductions vasculaires. — *a.o.*, artère oblitérée.

épaissie, et de l'autre par celui de la tunique externe préalablement sclérosée, lorsqu'il s'est formé de nouveaux vaisseaux jusque dans la tunique moyenne elle-même, ce qui est le fait habituel et même caractéristique avec la formation des plaques gélatiniformes. Mais les lésions initiales se trouvent toujours dans la tunique externe épaissie et anormalement vascularisée, par suite de l'oblitération de petites artères à ce niveau.

La figure 163 présente un type de cette altération absolument spéciale aux productions ayant une origine syphilitique et se manifestant sous l'aspect de plaques gélatiniformes. La tunique externe est sclérosée et épaissie. On y trouve des oblitérations de petites artères, et de nouveaux vaisseaux avec une augmentation de la vascularisation, d'où est résultée l'hyperplasie cellulaire. Celle-ci se continue manifestement sur certains points avec les productions nouvelles qui entrecoupent irrégulièrement la tunique moyenne et sont constituées par des vaisseaux de nouvelle formation entourés de jeunes cellules. Ces traînées d'éléments vascularisés pénètrent ainsi dans la tunique moyenne et la traversent souvent pour se porter, comme dans ce cas, jusqu'au niveau de la tunique interne épaissie et d'aspect gélatiniforme à l'œil nu. Plus rarement la plaque est elle-même envahie par la néoproduction, ainsi qu'on le voit sur la figure 161 où cependant la tunique moyenne n'offre pas de néoproductions analogues appréciables. Mais c'est probablement parce que la coupe a dû porter sur un point intermédiaire relativement peu affecté, car les lésions de la tunique moyenne ne font jamais défaut dans les cas de ce genre. Elles peuvent seulement être très irrégulières et variables d'intensité sur les divers points affectés.

Ainsi les plaques gélatiniformes correspondent toujours à des points où les néoproductions vasculaires sont plus ou moins prononcées. Si les plaques sont en général plus souvent remarquées à l'origine de l'aorte, c'est probablement parce que les vaisseaux doivent être plus abondants dans cette région.

Il est démontré de la sorte que dans l'inflammation des parois aortiques, comme dans tout autre tissu de l'économie, l'altération est caractérisée par des oblitérations vasculaires provenant de la cause infectieuse et occasionnant dans le voisinage des dilatations vasculaires, ainsi que des néoproductions de vaisseaux; d'où résultent, d'une part des altérations de nutrition, d'autre part des hyperproductions plus ou moins considérables et même désordonnées lorsque la structure du tissu est modifiée.

 Il n'existe pas d'inflammation dystrophique à proprement parler; d'abord parce que la suppression ou la diminution de la circulation sur un point ne peut donner lieu qu'aux seuls phénomènes dystrophiques c'est-à-dire à des altérations dégénératives plus ou moins marquées, et non à l'ensemble des phénomènes dits inflammatoires. Ceux-ci, en effet, comprennent aussi des hyperproductions, voire même des néoproductions plus ou moins anormales, lesquelles ne peuvent provenir que d'une nutrition augmentée par dilatation des vaisseaux et par production de nouveaux vaisseaux que l'on constate sur les préparations.

On y voit la disparition des parties dont la structure est modifiée, pendant que de nouvelles productions fibreuses ou scléreuses les remplacent, avec une exubérance particulièrement remarquable au niveau des plaques gélatiniformes. En somme ces plaques sont constituées par une hyperplasie des éléments de la tunique interne, à laquelle correspondent des productions scléreuses plus ou moins abondantes de la tunique externe également très épaissie à ce niveau. Ces deux tuniques empiètent plus ou moins sur la tunique moyenne, laquelle est pénétrée par des vaisseaux entourés de jeunes cellules qui proviennent de l'expansion des mêmes productions prédominantes dans la tunique externe à un degré toujours très prononcé.

On constate ainsi le fait sur lequel nous avons précédemment insisté au sujet du rôle des vaisseaux dans les parties non vascularisées, et qui présentent assez rapidement des néoformations pour peu que l'inflammation soit assez intense, et même jusqu'au point de déterminer le bouleversement du tissu.

Il ne suffit pas non plus que la tunique externe de l'aorte soit le siège d'une inflammation scléreuse pour qu'il existe de l'endaortite. Nous avons observé, en effet, un cas de périaortite intense, étendue à la plus grande partie de la portion ascendante et de la crosse, sans aucune lésion appréciable des autres tuniques. Et du reste, on observe communément de la périartérite dans les divers organes qui sont le siège d'une inflammation, sans qu'il existe en même temps de l'endartérite caractérisée par une hyperproduction de l'endartère, ni même des altérations nutritives appréciables des tuniques interne et moyenne. Cela paraît provenir de ce que, dans ces cas, les lésions de la tunique externe ne sont pas très intenses et se trouvent réparties sur une grande étendue, plutôt d'une manière superficielle, de telle sorte qu'il n'y a pas un trouble notable apporté à la nutrition des autres tuniques, ni des phénomènes de vascularisation augmentée, capables de donner lieu à des hyperproductions, sauf en cas de lésions plus profondes ou plus persistantes sur certains points.

Nous avons précédemment insisté sur la certitude que l'on peut avoir au sujet de l'origine syphilitique des aortites constatées sur des sujets n'ayant guère dépassé cinquante ans, qu'elles aient donné lieu ou non aux troubles caractérisant, soit l'insuffisance aortique, soit l'angine de poitrine, ou à la formation d'un anévrysme, ou même qu'elles ne se soient manifesté par aucun phénomène appréciable; parce que nous avons presque toujours constaté dans ces cas des antécédents syphilitiques, et qu'on ne trouve aucune donnée étiologique aussi constante. Le paludisme, la goutte, le rhumatisme, l'alcoolisme, qui ont été encore incriminés, ne peuvent entrer en parallèle avec la syphilis. Ces divers états relevés dans les antécédents de certains malades sont excessivement inconstants, tandis que la syphilis est de règle, à quelques exceptions près, inévitables parce que parfois elle n'est pas avouée et que d'autres fois les manifestations ont passé inaperçues.

Quoique l'on ait pu constater des lésions athéromateuses de l'aorte à tout âge, et même chez des nouveau-nés, sous la forme de quelques petites et rares plaques jaunes, à peine appréciables; on les trouve toujours très discrètes avant cinquante ans, chez les sujets qui n'ont pas eu la syphilis; de telle sorte que l'aortite produite par cette dernière maladie en diffère absolument et ne peut être confondue avec les quelques rares plaques jaunes isolées ou groupées sur un ou plusieurs points de l'aorte (particulièrement au niveau de la partie inférieure de la crosse aortique), que l'on rencontre quelquefois avant cet âge.

Mais au delà de cinquante ans, et d'autant plus que le sujet est plus âgé, l'athérome se présente plus souvent sous la forme de plaques jaunes et calcaires, parfois même de plaques ulcérées, qui peuvent être encore peu nombreuses et localisées seulement sur quelques points, tels principalement que la partie inférieure de la crosse aortique, l'aorte ascendante surtout à son origine et à celle des gros vaisseaux, mais qui peuvent aussi être répandues sur la plus grande partie ou la totalité du vaisseau.

En faisant précédemment la description de l'*athérome artériel* (v. p. 376), nous nous sommes appliqué à bien spécifier les caractères histologiques de cette altération, afin de montrer combien est différente celle qui caractérise l'*aortite syphilitique*. Nous pensons que de ces descriptions ressort la démonstration suffisante qu'on a affaire à des lésions qui doivent être distinguées comme ne relevant pas de la même cause, d'autant que cette opinion est conforme à ce qu'enseigne la clinique.

On considère l'athérome surtout comme une lésion dystrophique, principalement sous la dépendance de l'âge, avec le concours des causes précédemment indiquées, mais qu'il est toujours très difficile d'établir d'une manière aussi évidente que celle de la syphilis dans la période antérieure à cinquante ans. En effet, bien qu'il soit admis qu'on a l'âge de ses artères, il est certain qu'on trouve des sujets très âgés dont les artères et notamment l'aorte sont indemnes d'athérome notable, ce qui permet déjà d'établir que l'âge seul ne suffit pas à produire ces lésions.

Cependant il est, d'autre part, incontestable que l'athérome est très fréquent chez les personnes âgées; et dès lors on peut en déduire que ces personnes ont été exposées pendant plus longtemps aux causes capables de déterminer l'athérome ou bien que leur action a été favorisée par les conditions plus ou moins défectueuses dans lesquelles s'opère la nutrition au fur et à mesure que la vieillesse s'accuse davantage, avec son cortège de phénomènes dystrophiques se manifestant sur l'organisme entier. Probablement même les deux circonstances doivent concourir à la production des lésions.

Il est à remarquer que dans ces cas, ce sont surtout les plaques jaunes et calcaires qui prédominent. On ne voit pas de plaques gélatiniformes bien manifestes et les phénomènes hyperplasiques semblent toujours peu accusés, probablement parce que les altérations sont produites d'une manière très lente, pour ainsi dire insensible, en même temps que l'organisme a moins de vitalité ; de telle sorte que, si les phénomènes dystrophiques se produisent à la longue, il n'y a que fort peu de troubles dus à une circulation augmentée, et principalement dans les cas d'affaiblissement concomitant de l'action du cœur.

Cependant on doit bien admettre aussi que, puisque toutes les personnes âgées n'ont pas des lésions athéromateuses, c'est que d'autres causes sont intervenues dans la production de ces lésions. Or, pour le moment, on n'a pas encore pu établir sur des observations suffisamment précises, quelles sont ces causes.

Nous avons dit que, d'après nos observations, la syphilis seule pouvait être incriminée comme cause des aortites avant cinquante ans. Cela ne veut pas dire qu'elle soit sans action sur celles qui surviennent après cet âge et même dans la vieillesse la plus avancée. Mais comme on rencontre alors de l'athérome sur des sujets qui, manifestement, n'ont pas eu la syphilis, on peut facilement confondre ces altérations de causes diverses.

Dans bien des cas cependant, il est possible de reconnaître les productions de nature syphilitique, à l'intensité du processus et à sa tendance à se localiser ou tout au moins à présenter des lésions très prédominantes sur un ou plusieurs points, avec des phénomènes d'hyperplasie donnant lieu aux plaques gélatiniformes. C'est ainsi que les productions anévrysmales peuvent encore être rencontrées à tout âge. Nous avons même constaté la présence

d'un anévrysme sacciforme du volume d'un œuf de pigeon
à l'extrémité inférieure de l'aorte abdominale, chez un homme
mort à cent trois ans, qui avait eu la syphilis, et qui présentait
au sommet du poumon gauche des lésions tuberculeuses, dont
nous avons donné un spécimen (fig. 129).

Plus les lésions seront accusées et plus il y aura de probabilités
pour que la syphilis soit en cause, et, comme nous l'avons dit,
d'autant plus sûrement encore que le sujet sera moins âgé. Cependant, même à l'âge le plus avancé, il faut toujours songer à cette
maladie, parce que c'est jusqu'à présent la seule origine nettement
établie pour les cas où les lésions inflammatoires de l'aorte sont le
plus prononcées et surviennent de la manière la plus hâtive.

Nous avons indiqué les caractères anatomiques des lésions aortiques qui se rapportent plutôt à la cause syphilitique qu'à des
causes diverses dont la détermination est incertaine. Mais il y a
beaucoup d'autres cas, moins nettement caractérisés, qui semblent
douteux et où il est difficile de se prononcer au premier abord. C'est
encore à la syphilis qu'on devra les rattacher s'il y a quelques
traces de plaques gélatiniformes, surtout avec des antécédents
syphilitiques, puisque, nous le répétons, c'est la seule cause
incontestable des aortites ainsi caractérisées.

Les lésions syphilitiques peuvent ne pas être bornées à l'aorte et
se présenter concurremment sur d'autres grosses artères ou même
être seulement localisées à une ou plusieurs de ces artères, comme
on l'observe dans les cas qui donnent lieu à un ou plusieurs
anévrysmes des artères du tronc, de la tête et des membres. Le
plus souvent ces lésions sont uniques; mais il est arrivé assez
souvent qu'elles étaient multiples, pour qu'on ait admis autrefois
une diathèse anévrysmale. Or ces cas relèvent tous, sans exception, de la syphilis.

Mais puisque les anévrysmes dépendent toujours de cette cause
virulente et qu'ils résultent en somme immédiatement des lésions
d'artérite, on comprend qu'à un moindre degré, tout comme pour
les lésions de même nature de l'aorte, on puisse trouver des altérations inflammatoires qui n'ont pas [été suffisantes pour aboutir à
la formation d'un anévrysme. Il résulte de cette remarque que les
lésions d'artérite localisée des gros vaisseaux et peut-être aussi
plus ou moins généralisées, devront plutôt faire rechercher la
syphilis que toute autre cause; ce qui n'empêche pas de s'enquérir
des circonstances capables de produire des lésions aortiques, si l'on
avait réellement la certitude que la syphilis fait défaut.

En somme si nous récapitulons les méfaits qui peuvent être attribués à une syphilis antérieure, du côté des artères, nous voyons que d'une manière générale elle y donne lieu à des phénomènes inflammatoires plus ou moins localisés, tout au moins comme intensité; que sur l'aorte il peut en résulter une altération des valvules sigmoïdes et une insuffisance aortique dont c'est cependant la cause la moins fréquente; que l'orifice des coronaires peut être oblitéré et qu'il en résulte des crises d'angine de poitrine, dont c'est la cause habituelle; qu'il se produit aussi des anévrysmes de l'aorte, dont c'est encore la cause ordinaire, et qu'il faut également rapporter à la même cause les anévrysmes des artères périphériques. Enfin on peut observer sur ces dernières, soit au dedans, soit surtout en dehors des organes, des lésions inflammatoires plus ou moins localisées qui ont plutôt de la tendance à produire des phénomènes d'oblitération incomplète ou complète. Il en résulte alors des troubles nutritifs à des degrés divers d'intensité et jusqu'à la production de phénomènes nécrosiques localisés, donnant lieu aux lésions désignées ordinairement sous le nom de gommes, lesquelles comprennent à la fois les parties nécrosées et les portions périphériques sclérosées.

Dans tous les cas les lésions débutent par les parties qui sont vascularisées, c'est-à-dire par la tunique externe des vaisseaux suivant le mécanisme commun à toutes les inflammations dites spontanées. De là elles gagnent les autres tuniques qui, quoique non vascularisées, sont sous la dépendance des mêmes *vasa vasorum*, et où il se forme de nouveaux vaisseaux avec des productions exubérantes de la tunique interne sous la forme de plaques gélatiniformes; tandis que dans les cas où ces vaisseaux ne se produisent pas, on observe plutôt l'athérome, c'est-à-dire des troubles dystrophiques et de dégénérescence graisseuse. Ces derniers phénomènes paraissent résulter des troubles de nutrition à distance de la tunique interne où l'hyperplasie est alors peu marquée, tout au moins pour ce qui concerne les grosses artères qui ne sont pas habituellement oblitérées. Enfin, un certain nombre de vaisseaux, comme les artères cérébrales, par exemple, peuvent être le siège soit d'anévrysmes, soit plus souvent d'oblitérations.

Il existe encore une altération des parois vasculaires, désignée par Virchow sous le nom de *dégénérescence amyloïde*, que nous avons précédemment étudiée. (V. p. 436.) Elle peut être sous la dépendance de la syphilis et elle serait même pour cet auteur la seule lésion artérielle véritablement de nature syphilitique.

Que la dégénérescence amyloïde puisse se manifester chez d'anciens syphilitiques cachectiques, cela nous paraît bien certain, et nous l'avons aussi constatée en même temps que la sclérose pulmonaire avec des néoproductions de cavités alvéolaires rudimentaires. Mais on la rencontre parfois encore chez de jeunes sujets non syphilitiques ayant subi de longues suppurations osseuses, de telle sorte que, tout en attribuant à cette lésion une valeur qui doit faire rechercher s'il existe d'autres lésions syphilitiques et au moins la syphilis dans les antécédents pathologiques et même héréditaires, on ne peut la considérer comme étant absolument spécifique.

Elle l'est certainement bien moins que les lésions qui donnent lieu à l'angine de poitrine et aux anévrysmes. Et cependant Virchow refuse l'origine syphilitique aux anévrysmes, au tabès, à la paralysie générale, parce que dans ces cas on ne signale pas la concomitance d'une dégénérescence amyloïde! « Au lieu, dit-il, de chercher à savoir comme on le fait généralement, combien de tabétiques ont eu la syphilis, on devrait se demander plutôt quelle est la proportion de syphilitiques qui deviennent tabétiques. »

En procédant de la sorte, on éliminerait de même la dégénérescence amyloïde qui est sans doute moins fréquente que les autres altérations auxquelles nous faisons allusion. En se fondant sur le fait qu'il ne s'agit pas de lésions constantes, on pourrait arriver à éliminer encore, non seulement toutes les affections des artères et des centres nerveux, mais même les accidents tertiaires qui sont relativement rares, et enfin, dans toutes les maladies, les phénomènes qui ne sont pas communément rencontrés. Et du reste, quand sur un champ de bataille on relève les blessés, il n'est pas nécessaire de connaître le nombre des projectiles lancés pour en déduire que les blessures doivent leur être attribuées, quoiqu'elles soient en proportion infime par rapport à ce nombre. Il suffit de savoir que les hommes y ont été exposés et qu'il n'est pas possible d'expliquer leurs blessures par une autre cause. On ne procède pas autrement pour les recherches étiologiques des diverses maladies auxquelles on ne peut appliquer les données expérimentales, et il ne saurait y avoir d'exception pour ce qui concerne la syphilis.

On peut encore observer très manifestement sous l'influence de la syphilis des lésions inflammatoires chroniques particulièrement dans les centres nerveux, mais aussi dans les muscles et même dans les os et les parenchymes.

Les lésions les mieux connues comme relevant de la syphilis, surtout depuis les travaux de M. Fournier, sont la méningo-encéphalite diffuse et le tabès. Nous croyons qu'il faut ajouter aux lésions des cordons et racines postérieures de la moelle, les inflammations chroniques de localisation variable, affectant aussi les cordons antéro-latéraux, parfois à un plus haut degré que les cordons postérieurs, et notamment certains cas de sclérose transverse qui ne sont pas sous la dépendance d'une tumeur ou de lésions extra-médullaires et qui peuvent se manifester, non seulement d'une manière lente ou chronique, mais encore avec plus ou moins d'acuité. D'où la conclusion que dans tous les cas de lésions inflammatoires chroniques ou même subaiguës, des centres nerveux, l'origine syphilitique doit être recherchée.

Le cœur est souvent, chez les syphilitiques, le siège de lésions scléreuses très prononcées, comme nous avons pu le constater, et comme il ressort d'une étude récente de M. Charvet. Les autres muscles n'ont guère été examinés à ce point de vue, et il est possible qu'on trouve des lésions analogues dans certaines masses musculaires, surtout au voisinage d'autres lésions syphilitiques ; car il est à remarquer que le cœur est ainsi affecté plutôt lorsque la syphilis a porté son action sur l'aorte.

On admet les néoproductions compactes du tissu osseux comme relevant parfois de la syphilis, et l'on a encore signalé la sclérose possible du foie indépendamment de la présence des gommes, sous l'influence de la syphilis.

Ce qu'il y a de positif, c'est d'abord que l'on peut trouver, avec les gommes, des scléroses plus ou moins étendues et irrégulières, qui, par leur rétraction, donnent lieu à l'aspect de l'organe désigné sous le nom de *foie ficelé*. Or, le même aspect est parfois aussi rencontré sans les gommes ; de telle sorte qu'on doit se demander si la lésion n'a pas pu se produire réellement sans elles. D'autre part, s'il y a eu des gommes, ou tout au moins des parties nécrosées, elles ont dû être très limitées et les phénomènes de sclérose ont dû l'emporter sur elles. Il en résulte qu'on ne peut considérer les lésions scléreuses comme secondaires ou réactionnelles, et qu'on doit les envisager comme des manifestations inflammatoires plus ou moins étendues de nature syphilitique.

On a été jusqu'à se demander si certaines cirrhoses atrophiques du foie avec gommes et sans gommes chez des syphilitiques, ne devaient pas aussi relever de la syphilis. Nous ne le pensons pas, tout au moins en considérant la syphilis comme la cause exclusive de ces lésions, parce que la sclérose se présente alors sous une forme qui diffère totalement de celle qui accompagne ordinairement les gommes, seulement au voisinage de ces lésions, ou qui prend les dispositions irrégulières donnant lieu aux rétractions du foie ficelé. Il n'y a *pas de sclérose diffuse répandue dans tout l'organe, au point de mériter le nom de cirrhose,* même avec la présence des gommes, *sans l'action concomitante des boissons alcooliques* qui viennent ajouter leur effet à celui de la syphilis. C'est aussi ce que l'on doit admettre à plus forte raison lorsque les gommes font défaut.

Charcot a cherché, il est vrai, à montrer que la syphilis donnait lieu à une sclérose plutôt intertrabéculaire; et il a pensé, à tort selon nous, que tout l'organe pouvait être ainsi envahi. Que cette lésion se présente avec ce caractère au voisinage des gommes; cela est, en effet, très manifeste quelquefois, surtout lorsque les lésions ne sont pas trop anciennes; car, plus tard, le tissu sclérosé est très dense. Mais il n'est pas rare de rencontrer aussi, comme nous l'avons indiqué précédemment (v. p. 306), de la sclérose diffuse sur divers points des cirrhoses alcooliques vulgaires sans antécédents syphilitiques. Et, nous le répétons, *il n'y a pas de cirrhose atrophique de Laënnec avec troubles circulatoires, etc., sans antécédents alcooliques,* quelles que soient les lésions concomitantes que puisse présenter le foie sous l'influence de la syphilis, des maladies du cœur, etc.

On a beaucoup discuté pour savoir si les affections dites para-syphilitiques étaient dues véritablement à la syphilis où si cette maladie ne faisait qu'y prédisposer, à moins que son rôle fût même nul.

Cette dernière opinion tend à disparaître, au moins pour ce qui concerne le tabès, la paralysie générale, et même l'angine de poitrine et les anévrysmes. Mais la plupart des médecins croient encore que ces affections peuvent reconnaître pour cause, tantôt la syphilis et tantôt d'autres maladies; ce qui, selon nous, provient d'une interprétation erronée des faits.

Toutes les lésions que nous venons de passer en revue (et auxquelles d'autres peuvent être ajoutées ou le seront par la suite), se trouvent au même titre chez des syphilitiques. Les exceptions inévitables, comme nous l'avons dit, proviennent de la facilité avec laquelle les accidents spécifiques peuvent passer inaperçus. Cette dernière remarque s'applique plus particulièrement aux malades qui fréquentent les hôpitaux, et qui, en général, ne portent guère leur attention sur une lésion aussi minime que l'est parfois le chancre induré, ni sur les productions secondaires souvent discrètes qui n'éveillent ni douleurs, ni démangeaisons, etc.

Il résulte aussi de nos observations que les manifestations éloignées de la syphilis, dites parasyphilitiques, ne surviennent pas ordinairement chez des malades ayant présenté les accidents primitifs et secondaires les plus accusés, et encore moins lorsqu'il y a eu des accidents secondo-tertiaires plus ou moins graves ; tout au moins nous n'en avons jamais observé après de pareils accidents. Tandis que le plus souvent l'accident primitif avait été très léger ou avait eu des caractères incertains ou encore avait passé inaperçu, notamment chez un médecin tabétique dont les accidents secondaires avaient été même si peu appréciables qu'ils auraient encore échappé à un malade étranger à la médecine. Il ne serait peut-être pas non plus impossible que l'infection syphilitique puisse pénétrer dans l'organisme, comme toute infection, par une lésion de la peau et surtout des muqueuses encore plus minime que le chancre habituellement rencontré ? On comprend que cela contribue à masquer l'origine véritable de ces lésions qui ne surviennent qu'au bout d'un temps plus ou moins long après que des troubles considérés comme insignifiants ont été oubliés.

Du reste il s'agit probablement, dans la répartition incertaine et irrégulière des diverses manifestations syphilitiques, d'un phénomène commun à toutes les infections.

Déjà M. Augagneur a remarqué que l'adénite fait plutôt défaut dans les formes graves de la syphilis, ce qui indique, soit que les ganglions n'ont pas rempli le rôle qu'on leur attribue, de servir de barrière à l'infection, soit plutôt, selon nous, que les accidents locaux dont les altérations ganglionnaires font pour ainsi dire partie, ont été peu accusés, et que dès lors l'infection a plutôt de la tendance à produire des troubles loin du foyer primitif, ainsi qu'on l'observe pour la plupart des infections et même pour les tumeurs, sans méconnaître l'influence probable du degré variable de virulence de l'agent infectieux et des conditions offertes par l'organisme infecté, sur laquelle nous n'avons pas de données précises. Il est vrai que ces phénomènes se remarquent surtout dans les infections aiguës, mais aussi pour les accidents secondaires et tertiaires à l'état subaigu et chronique ; de telle sorte qu'il peut bien encore en être de même pour des accidents se produisant à l'état tout à fait chronique.

En outre, les cas cliniques à l'appui de l'opinion que les accidents parasyphilitiques sont toujours d'origine syphilitique et où la preuve de la syphilis a pu être faite, sont nombreux et se présentent à chaque instant aux médecins qui veulent bien observer avec l'idée arrêtée de trouver la syphilis dans tous les cas et de ne pas se borner à enregistrer la simple réponse négative des malades.

Une fois la syphilis admise dans les antécédents, peut-on réellement distinguer ce qui est un produit syphilitique direct de ce qui ne serait qu'une production indirecte ? Nous ne le croyons pas.

Après l'accident primitif, les manifestations de la syphilis sont essentiellement protéiformes. Si l'on peut assimiler certaines éruptions cutanées aux plaques muqueuses, il existe une grande différence entre ces lésions et celles qui sont connues sous le nom de gommes où, du reste, les phénomènes de sclérose finissent par dominer. Il n'y a donc rien d'étonnant à ce que, ultérieurement encore, on ne rencontre plus que ces scléroses à des degrés divers.

Leur localisation sur les vaisseaux, sur les centres nerveux ou dans certains organes n'a rien qui doive surprendre, quand bien même la cause occasionnelle, immédiate, reste inconnue, parce qu'il en est de même dans la plupart des maladies. Nous ignorons pourquoi un malade aura une gomme du foie plutôt que d'une autre région, et de même pourquoi il aura une gomme, alors qu'un autre syphilitique n'en aura pas. Il y a bien certainement une cause occasionnelle qui doit fixer les localisations dans la syphilis, mais, comme dans les autres maladies, tantôt la raison peut en être trouvée ou seulement soupçonnée, et tantôt elle échappe à l'observation.

On a pensé que des accidents survenant vingt et trente ans après l'accident primitif ne pouvaient pas dépendre de la persistance du virus dans l'économie pendant un temps aussi long, mais sans preuve; de même qu'on ne peut pas prouver sa persistance autrement que par ses effets. Il en sera de même tant qu'on n'aura pas découvert l'agent nocif de la syphilis. Mais comme on n'hésite pas à rapporter à la syphilis un accident tertiaire qui survient après plusieurs années d'une santé en apparence parfaite, de même on doit admettre que des lésions se produisant encore constamment chez des syphilitiques, après un plus grand nombre d'années de santé apparente, peuvent aussi bien avoir la même origine.

La principale objection est celle relative au traitement, en général toujours efficace dans les affections reconnues syphilitiques par tout le monde, et toujours nul ou à peu près, dans celles qui sont contestées encore par beaucoup de médecins. Mais il suffit de réfléchir un instant à la nature des lésions pour se rendre compte qu'on n'obtient un véritable succès que dans les cas où il s'agit de lésions facilement modifiables, comme celles des plaques muqueuses et des syphilides.

Les gommes guérissent complètement, ou incomplètement s'il y a beaucoup de tissu nécrosé; mais en tout cas le tissu qui a été sclérosé persiste à l'état de tissu cicatriciel. Il n'y a donc rien d'étonnant à ce que des lésions de sclérose seule, ne soient pas autrement modifiées par le traitement.

Mais, objectera-t-on, comment se fait-il que ce traitement qui est si efficace pour empêcher la formation de nouvelles gommes, soit impuissant pour s'opposer à la continuation d'une artérite, d'une méningo-encéphalite ou d'un tabès?

Nous venons de voir que si le traitement est favorable pour obtenir la cicatrisation d'une gomme suppurée, il ne peut rien sur le tissu sclérosé produit à ce niveau, et qu'il paraît surtout empêcher la production de nouvelles gommes, qu'il agit surtout d'une manière préventive.

Par analogie, on peut parfaitement comprendre que le traitement soit sans effet sur des lésions scléreuses qui ont commencé à s'établir sur des parties plus ou moins étendues et qui, par suite des relations fonctionnelles et vasculaires des régions atteintes, continuent de s'étendre ou tout au moins se complètent. Toutefois, dans certains cas où les accidents étaient plus rapprochés de l'accident primitif et où le traitement mixte avait été employé avec une grande énergie dès le début des premiers troubles, il a fort bien été possible de les enrayer ou de les limiter, comme des observations en ont été produites et comme nous avons pu aussi le constater dans plusieurs cas très démonstratifs se rapportant notamment à des scléroses de la moelle et à des angines de poitrine. Mais ce que nous avons dit précédemment, démontre que c'est surtout par un traitement préventif suffisamment prolongé, comme on a du reste de la tendance à le faire aujourd'hui, qu'on a le plus de chances d'empêcher la production de lésions qui, une fois établies, de par leur constitution, ne peuvent plus guère rétrocéder.

Cette digression, au sujet du traitement des lésions dites parasyphilitiques, n'a d'autre but que la réfutation de l'argument tiré de son insuccès contre ces lésions pour leur dénier l'origine syphilitique qui nous paraît la seule rationnelle.

QUATRIÈME PARTIE

TUMEURS

CHAPITRE PREMIER

DÉFINITION

Parmi toutes les productions morbides, celles qui sont désignées par les expressions de *tumeurs* ou de *néoplasmes* sont certainement les moins bien connues au point de vue, non seulement de leur étiologie et de leur pathogénie, mais aussi de leurs caractères essentiels. Nombreuses encore sont les lésions considérées par certains auteurs comme des tumeurs, tandis que d'autres les regardent comme des inflammations ou de simples hypertrophies.

Cependant, pour étudier les tumeurs, il importe avant tout de déterminer ce que l'on doit comprendre sous ce nom à l'exclusion de toute autre production. Or, ce ne peut être, comme pour tous les états pathologiques de cause connue ou inconnue, que par la recherche des caractères habituellement présentés par les lésions considérées d'une manière incontestable comme des tumeurs. Ces caractères doivent se retrouver également groupés sur toutes celles qu'on veut comprendre dans la même catégorie, et non dans les autres productions pathologiques.

Il va sans dire que sur les limites extrêmes des cas considérés, les phénomènes caractéristiques peuvent être moins marqués et se rapprocher de ceux appartenant à d'autres états pathologiques ; mais on peut en dire autant des diverses lésions lorsqu'il s'agit de les classer, et du reste de toutes les *choses naturelles* dans les classifications.

Si quelques auteurs ont cherché à définir et classer les tumeurs d'après leurs caractères propres, en signalant la difficulté, sinon l'impossibilité d'arriver à une détermination précise, d'autres ont voulu y découvrir des caractères ou propriétés spécifiques, ou bien ils ont procédé d'après des données théoriques sur leur mode présumé de formation. C'est ce qui ressort des publications se rapportant à cette question, dont les principales étapes doivent être retracées pour se rendre compte des opinions ayant cours actuellement et qui ne nous paraissent pas concorder avec l'observation des faits.

Revue rétrospective sur la définition des tumeurs par les auteurs.

Pendant longtemps on a désigné sous le nom de tumeur toute production pathologique donnant lieu à une augmentation de volume plus ou moins circonscrite, quelle que fût sa nature. L'historique de la question n'offre aucun intérêt dans la période où les connaissances anatomiques et physiologiques étaient à l'état rudimentaire. Toutefois il est curieux de voir Hunter cherchant déjà à établir que les tumeurs étaient formées d'une manière analogue aux tissus sains et qu'on confondait des affections diverses sous le nom de cancer. « Les maladies qui sont communément rangées sous cette dénomination, disait-il en 1786, sont très différentes par leur aspect et le sont aussi très probablement par leur nature. On ne devrait pas les désigner sous le même nom. »

Broca, à qui nous empruntons ces lignes, ajoute que Hunter ni ses élèves ne purent faire cette distinction. « Avant de classer les tissus pathologiques, d'en étudier la structure et les propriétés, il fallait, pour avoir un point de comparaison, connaître préalablement la structure et les propriétés des tissus sains. Avant de créer l'anatomie pathologique générale, il fallait connaître l'anatomie normale générale. »

Ce fut, peu de temps après, l'œuvre de Bichat qui mourut avant de pouvoir édifier une anatomie pathologique générale. Néanmoins, à la suite des travaux de Bichat et de Dupuytren, on admettait encore deux classes principales de tumeurs : les formations nouvelles accidentelles et les productions *sui generis* sans analogue dans l'économie. C'est ainsi que Laënnec divisait les tumeurs en homologues et hétérologues.

La même idée se retrouve dans la théorie de Lobstein de l'homœoplasie et de l'hétéroplasie, ainsi que dans la division adoptée par Lebert de tumeurs homœomorphes et hétéromorphes.

Toutefois, dès 1815, Fleischmann cité par Virchow prétendait ne voir dans les tumeurs que des reproductions des parties organiques normales de ce même corps dans lequel elles se développent. Mais

il prenait certains polypes des muqueuses pour des glandes lymphatiques, de telle sorte que Meckel eut facilement raison contre lui.
L'histologie n'était pas assez avancée pour appuyer cette assertion
de Fleischmann, qui, à ce moment encore, ne pouvait pas plus être
démontrée que du temps de Hunter.

Mais, en 1838, Jean Müller se basant sur ses études histologiques,
a cherché à démontrer que « toute tumeur est formée d'un tissu
ayant son analogue dans l'organisme normal, soit à l'état embryonnaire, soit à l'état de complet développement ».

Cette proposition connue sous le nom de *loi de Müller*, ne pouvait
pas faire distinguer les tumeurs des autres lésions, mais elle réalisait
néanmoins un grand progrès sur la conception générale des tumeurs.
Elle fut réellement le point de départ de tous les travaux modernes
qui reposent encore sur elle.

Elle ne reçut pas tout d'abord l'adhésion unanime. On continua
les recherches dans le sens de la constitution des tumeurs par une
substance ou par des éléments spécifiques. C'est en vain qu'on
s'adressa aux chimistes qui échouèrent naturellement dans leurs
tentatives pour trouver la substance en laquelle résiderait la malignité. Cruveilhier attribua une importance exagérée au « suc cancéreux ». Lebert ne fut pas plus heureux en soutenant l'existence
de la « cellule cancéreuse ».

Il faut arriver à Remak et surtout à Virchow pour voir aban-
donner définitivement la spécificité de la cellule cancéreuse.

Remak d'abord cherche à établir que les tissus pathologiques
sont les descendants ou les produits des tissus normaux et que toute
cellule prend naissance dans une cellule antérieure : *Omnis cellula
in cellula.*

C'est surtout Virchow qui a démontré l'identité ou l'analogie
des cellules cancéreuses avec des cellules normales, en soutenant
que « le type qui régit le développement et la formation de
l'organisme, régit également le développement et la formation des
tumeurs ; qu'il n'existe nulle part un type nouveau indépendant ».
Admettant un autre mode de production cellulaire que Remak, il
a modifié l'aphorisme précédent, en disant : *Omnis cellula e cellula.*

Les idées soutenues par J. Müller, par Remak, par Virchow, ont
assurément réalisé un grand progrès, en éliminant pour toujours
les idées de productions étrangères à l'économie, de substance
particulière, de cellules spécifiques, et par la démonstration de
l'identité ou de l'analogie des éléments constitutifs des tumeurs
avec ceux des tissus de l'organisme. Mais ces auteurs ont attribué

aux caractères qu'ils ont cru reconnaître dans le tissu des tumeurs, la part prépondérante, pour expliquer leur nature, sans tenir compte suffisamment de leur origine. Ils ont été ainsi amenés à admettre la possibilité de tumeurs hétérotopiques, c'est-à-dire de formations d'une nature déterminée se produisant et vivant aux dépens d'un tissu d'une autre nature; d'où ensuite les théories pour expliquer ces productions dans des conditions aussi anormales. En tout cas, depuis leurs travaux, on a considéré comme définitivement acquis que toutes les cellules nouvellement produites sont engendrées par une division des cellules normales ou anormales aboutissant à des productions cellulaires considérées comme étant, soit à l'état embryonnaire, soit à l'état de complet développement, toutes choses qui n'ont pas été démontrées et qui, du reste, n'ont pas beaucoup contribué à la connaissance des tumeurs, ainsi que la preuve ressort des lignes suivantes de Virchow : « On aurait beau, dit-il, mettre quelqu'un à la question pour lui faire dire ce que sont en réalité les tumeurs, je ne crois pas qu'on puisse trouver un seul homme qui soit en mesure de le dire. » Il pense du reste « qu'il n'y a pas réellement de motif rigoureux qui sépare les tumeurs des tuméfactions inflammatoires;... mais que le besoin de la pratique ne range dans la catégorie des tumeurs que les choses pour lesquelles il peut y avoir une erreur de diagnostic », c'est-à-dire que l'auteur emploie le mot tumeur dans le même sens que les chirurgiens au lit du malade.

Virchow comprend ainsi dans les tumeurs, des épanchements sanguins, des produits de sécrétion retenus dans une glande et des lésions inflammatoires diverses, à côté des productions attribuées par lui à la prolifération des éléments cellulaires des anciens tissus de l'organisme, ainsi que des malformations congénitales. C'est dire qu'il n'a pas tenté de définir les tumeurs et encore moins de leur donner une caractéristique anatomique.

Ch. Robin a cherché à distinguer du terme de tumeur appliqué à « toute éminence circonscrite d'un certain volume », celui qui se rapporte à l'anatomie pathologique, en définissant ce dernier : « une production morbide persistante, de génération nouvelle, et caractérisée par une tuméfaction limitée, quels que soient du reste ses caractères physiques ». Mais il comprenait dans cette définition nombre de productions inflammatoires qui ne sont plus considérées comme des tumeurs, de telle sorte qu'elle ne saurait être conservée actuellement. Bien plus intéressants sont les commentaires qui l'accompagnent, car on y trouve des indications précieuses sur la manière dont l'auteur envisage la formation des tumeurs. « En disant *produit de génération nouvelle*, ajoute-t-il, on entend que des éléments fondamentaux ou accessoires d'un tissu se sont multipliés outre mesure. Dans un sens plus général, les tumeurs solides sont des *maladies des tissus*... »

« Les lois naturelles de la naissance et du développement des éléments et des tissus, celles de leur constitution dans les états embryonnaire, adulte et sénile, expliquent en tous points les perturbations qui amènent la production d'une tumeur. » Il dit encore ailleurs à propos des éléments qui la constituent qu' « on ne peut méconnaître leur identité spécifique avec les éléments qui existent normalement dans le tissu de l'organe où s'est développée la tumeur ».

On voit par ces citations que Ch. Robin est arrivé à spécialiser les tumeurs en considérant leur développement dans ses rapports avec les [phénomènes normaux qui se passent dans les tissus où elles ont pris naissance. C'est dire que, d'une manière générale, nul n'avait jusqu'alors envisagé d'une manière aussi rationnelle ce développement, et que, depuis cette époque, malgré les progrès considérables réalisés dans la connaissance des tissus normaux et pathologiques, aucun auteur n'a mieux compris, selon nous, ce que sont en réalité les tumeurs. On verra qu'on s'est plutôt écarté de cette conception naturelle, en continuant néanmoins à se réclamer des principes qui doivent toujours faire assimiler les phénomènes pathologiques aux phénomènes normaux.

Broca a bien mis en lumière la difficulté de définir les tumeurs. Ce mot est pour lui incertain et même défectueux. « J'ai eu, dit-il, la main forcée par la difficulté de trouver un caractère anatomique, physiologique ou pathologique, qui fût commun à toutes les affections que je me propose de décrire, qui fût étranger à tous les autres, et qui fut assez simple pour être exprimé en un petit nombre de mots. » Il fait remarquer que les mots « néoplasme, pseudoplasme, production accidentelle », indiquent la formation d'éléments nouveaux ajoutés à l'organisme, et ont en outre l'avantage de donner immédiatement à l'esprit un premier aperçu de la nature du travail morbide qui constitue l'essence de la lésion, mais qu'aucun d'eux ne lui a paru posséder un degré de précision suffisant pour faire disparaître le vague qu'il reproche lui-même au vieux mot qu'il a accepté. « Le phénomène qu'ils désignent est, en physiologie pathologique, aussi peu caractéristique que l'est, en symptomatologie, celui de la tuméfaction. »

Après ces remarques judicieuses, Broca finit cependant par conclure que les tumeurs pourraient être définies : « des productions accidentelles idiopathiques et permanentes qui se manifestent sous forme de tumeurs ». Il est vrai qu'il en retranche les productions accidentelles qui sont purement réparatrices, celles qui tendent naturellement à se résoudre et qui n'ont qu'une assez courte durée, celles enfin qui sont assez diffuses pour ne former aucune saillie appréciable. Mais encore cela ne suffit pas pour en distraire tout ce qui ne doit pas figurer au nombre des tumeurs et que comprend encore cette définition. Nous chercherons surtout à prouver que l'idée prédominante à cette époque et encore aujourd'hui, à savoir que les tumeurs sont constituées par des éléments nouveaux et permanents, en quelque sorte surajoutés à l'organisme, de manière à en faire des affections de nature différente des autres productions pathologiques, ne nous paraît pas en rapport avec ce que l'on observe en réalité.

Rindfleisch décrit les tumeurs immédiatement à la suite des néoplasies inflammatoires sans les définir.

Ziegler ne donne pas de définition des tumeurs à proprement parler; mais il cherche cependant à établir les caractères qui doivent permettre de les distinguer de la prolifération hyperplasique et de l'inflammation. Un néoplasme proprement dit est toujours constitué, d'après l'auteur, par un tissu qui diffère comme type de celui dont il provient. Il se distingue du tissu inflammatoire par la grande variété de formes qu'il peut présenter et par son mode de genèse. Du reste, l'auteur insiste sur la difficulté de distinguer anatomiquement le tissu hyperplastique ou inflammatoire d'un néoplasme vrai et il fait valoir avec raison l'importance des caractères cliniques et notamment de la continuation à croître que présentent les tumeurs. Quant à la différence d'origine : ce n'est qu'une hypothèse dont on ne saurait rien tirer pour distinguer les tumeurs.

MM. Cornil et Ranvier qui ont cherché à « se placer uniquement au point de vue de l'histologie », n'ont guère réussi à fournir des caractères propres à les distinguer. Ils ont éliminé les bosses sanguines et les hygromas, croyant ainsi rejeter tout ce qui appartenait aux phénomènes inflammatoires et ils ont désigné sous le nom de tumeur, « toute masse constituée par un tissu de nouvelle formation (néoplasme) ayant de la tendance à persister et à s'accroître ». Ils pensent que « la persistance et l'accroissement des tumeurs les distinguent complètement des néoplasies inflammatoires ». « Dans celles-ci, en effet, disent-ils, lorsque des néo-plasmes se forment, ils s'organisent en reproduisant le tissu même où ils sont nés » ; comme si la même tendance ne se retrouvait pas dans les tumeurs ! Du reste, le seul fait qu'ils ont pu comprendre ainsi dans les tumeurs, les productions tuberculeuses, syphilitiques et morveuses, suffit à prouver que leur définition ne remplit pas le but désiré. Et puis il n'est pas question de leurs caractères histologiques ? En outre, tout en disant que « les tumeurs obéissent d'une façon générale aux lois qui régissent les tissus vivants », ces auteurs les considèrent comme constituant « un organisme nouveau enté sur un organisme plus complet ».

C'est ainsi qu'on est arrivé à considérer les tumeurs, quoique constituées par des tissus semblables ou analogues aux tissus de l'organisme, comme des productions nouvelles analogues aux productions anormales congénitales qui depuis longtemps avaient pris place parmi les tumeurs.

Bien plus, Cohnheim a assimilé toutes les tumeurs à ces dernières en supposant qu'elles proviennent toutes d'un germe embryonnaire resté inclus dans l'organisme, théorie sur laquelle nous aurons l'occasion de revenir à propos de l'origine des tumeurs.

C'est aussi à cette occasion que nous discuterons la théorie de M. Bard basée sur une conception originale du mode d'évolution des cellules ; nous ne retiendrons pour le moment que sa définition des tumeurs.

« Au point de vue anatomique, dit M. Bard, les tumeurs sont constituées par des éléments anatomiques des tissus normaux, doués d'une vitalité excessive et en voie d'hyperplasie indéfinie, par le fait d'une anomalie spéciale, d'une sorte de monstruosité du développement des tissus ; ces éléments conservent d'ailleurs les attributs essentiels de leur espèce originelle, ils évoluent dans leur direction atavique primitive, mais s'arrêtent suivant les cas à des étapes diverses de leur développement physiologique. »

Cette définition résume la théorie de l'auteur, assurément très ingénieuse, mais qui est basée sur une série d'hypothèses, dont une seule démontrée en défaut suffit pour la réduire à néant, et elle suppose un arrêt de développement peu compatible avec les données physiologiques et du reste avec ce qu'on peut observer.

- Nous verrons toutefois qu'au point de vue clinique, M. Bard est arrivé à un résultat qui nous paraît mieux en rapport avec l'observation des faits.

Dans les dernières publications françaises, les auteurs ont adopté la définition de MM. Cornil et Ranvier avec ou sans modification, et parfois, sans paraître s'apercevoir qu'elle s'applique aussi bien à des productions considérées aujourd'hui comme tout à fait indépendantes des tumeurs.

Cependant quelques auteurs ont cherché à éviter cette confusion, mais par un moyen qui ne saurait apporter aucun éclaircissement. C'est ainsi que M. Heurtaux définit une tumeur : « toute masse constituée par un tissu de nouvelle formation ayant de la tendance à persister ou à s'accroître et indépendante de tout processus inflammatoire ». Il eût fallu indiquer à quoi l'on peut reconnaître cette indépendance, puisque la question est précisément de distinguer les tumeurs des produits considérés comme inflammatoires.

La même critique s'applique à la définition de M. Quénu : « Un néoplasme est une néoformation distincte de tout processus inflammatoire », qui ne fait que poser la question sans la résoudre.

M. Delbet, qui rejette les définitions précédentes, dit : « Un néoplasme est une tumeur constituée par un tissu de nouvelle formation, tissu engendré par une suractivité des éléments cellulaires, qui a pour caractère d'être désordonnée, progressive et au moins permanente ». L'auteur insiste sur la suractivité cellulaire désordonnée pour différencier un néoplasme d'une hypertrophie et sur la permanence de ces lésions néoplasiques pour les distinguer des tissus inflammatoires.

En définissant l'hypertrophie comme une simple augmentation de volume sans modification de structure, on évite la confusion établie avec les tumeurs par quelques auteurs, et on la distingue assez bien de toute autre production pathologique.

La suractivité cellulaire désordonnée peut s'observer dans la plupart des inflammations, et il n'y a pas de néoproductions permanentes proprement dites. Leur persistance même ne suffit pas pour caractériser une tumeur, vu que la plupart des lésions au sujet desquelles on discute leur nature néoplasique ou inflammatoire, comme les adénomes, sont précisément des productions persistantes. On sait, d'autre part que certaines inflammations chroniques du foie, des reins, etc., ont un caractère persistant indéniable.

Du reste, M. Delbet reconnaît la difficulté de distinguer les produits néoplasiques et inflammatoires et va encore plus loin. « J'estime pour ma part, dit-il, qu'un certain nombre de formations qui sont actuellement rangées dans les néoplasmes, sont de nature inflammatoire. » On ne saurait mieux prouver l'insuffisance des caractères précédemment indiqués pour définir les tumeurs.

M. Fabre-Domergue, en disant que toute tumeur dérive de l'aberration du développement d'un tissu, ne la distingue pas des inflammations où l'on peut également observer une aberration dans les productions cellulaires; de sorte qu'on ne saurait définir ainsi une tumeur. On ne le peut davantage en disant avec le même auteur que les tumeurs épithéliales ne sont que le résultat d'une déviation anormale de la cytodiérèse, pour les mêmes raisons, et aussi parce que cette cytodiérèse troublée ou non n'existe qu'à l'état d'hypothèse, aussi bien pour les productions néoplasiques que pour celles de nature inflammatoire.

M. Brault reconnaît que la définition de MM. Cornil et Ranvier rassemble des lésions disparates; il critique celle formulée par M. Heurteaux, puis par M. Quénu, et propose la définition suivante : « Les tumeurs sont des néoformations irrégulières, assez souvent désordonnées, mais qui rappellent toujours par l'agencement et le groupement de leurs cellules, les organes et les tissus d'où elles dérivent ». Or, les tumeurs ne rappellent pas toujours les tissus dont elles dérivent, puisque l'examen de beaucoup d'entre elles donne lieu à des interprétations différentes au point de vue de leur nature, comme celles qui sont atypiques et dont on ne connaît pas le tissu d'origine. Il est encore beaucoup de productions qui sont considérées par certains auteurs comme des tumeurs et par d'autres comme des néoplasies inflammatoires, quoique les unes et les autres puissent présenter des analogies avec le tissu d'où elles proviennent.

Il résulte de cette revue rétrospective, que les tumeurs ont d'abord été confondues avec toutes les autres lésions et considérées plutôt comme des productions parasitaires; qu'on a ensuite reconnu leur identité ou leur analogie avec les tissus normaux pour une partie, puis pour la totalité, mais alors en supposant que les tumeurs dont le tissu ne pouvait pas manifestement être rapporté à l'un des tissus de l'organisme, devait être un tissu embryonnaire, d'où l'assimilation des tumeurs avec les productions congénitales.

Les auteurs considèrent toujours les tumeurs comme formées par des tissus de même nature que ceux de l'organisme, mais en supposant que ce sont des productions nouvelles ayant leur origine dans les éléments des tissus où elles ont pris naissance, et évoluant en quelque sorte d'une manière indépendante, c'est-à-dire tout à fait contraire aux données biologiques.

Les explications fournies par les auteurs pour rendre compte de l'origine des tumeurs, de leur constitution, de leur évolution, etc., ne reposent que sur des vues théoriques et ne font, comme nous le verrons, qu'accentuer le désaccord avec les phénomènes biologiques.

En outre, on trouve dans les auteurs une confusion constante entre les tumeurs et, d'une part, les formations congénitales, d'autre part, les productions inflammatoires, de parti pris ou involontairement; car c'est en vain que quelques-uns ont cherché à la dissiper par les définitions proposées. C'est au point que, à plus de quarante ans de distance et malgré les travaux nombreux et remarquables dont les tumeurs ont été l'objet, Virchow a pu encore trouver d'actualité sa boutade sur l'impossibilité de déterminer en quoi consiste une tumeur.

Ce que l'on doit entendre sous le nom de tumeur.

En examinant les tumeurs en dehors de toute conception théorique et en ne nous écartant pas des lois biologiques qui nous ont guidé dans l'étude des autres lésions, nous devons arriver à connaître les tumeurs aussi bien que toute autre affection dont la cause déterminante est encore inconnue, c'est-à-dire par les caractères communs qu'elles présentent.

Et d'abord, nous avons vu qu'on ne pouvait admettre avec Cohnheim la formation des tumeurs par le développement de germes restés inclus dans l'organisme. La critique en a été faite par la plupart des auteurs, car on ne découvre jamais ces germes et l'on ne saurait expliquer leur état latent. Du reste, on ne peut même pas assimiler les productions pathologiques observées dans le cours du développement et de l'évolution de l'organisme aux altérations survenues dans sa période de formation.

Dans la période formative, en effet, on n'observe aucune des altérations des périodes ultérieures, par la simple raison que tous les agents nocifs, quels qu'ils soient, connus ou inconnus, ne peuvent agir que sur les phénomènes biologiques qui se passent à ce moment, c'est-à-dire sur les phénomènes de formation. Les troubles qui en résulteront ne pourront donc donner lieu qu'à des *malformations* qui ne doivent pas être classées parmi les tumeurs. Elles en diffèrent non seulement par leur origine, mais encore par leur constitution; car il s'agit de productions anatomiquement caractérisées par des tissus normaux, seulement plus ou moins anormalement disposés, qui peuvent certainement continuer à se développer, mais à la façon des tissus normaux. Elles n'envahissent pas les parties voisines ni les voies lymphatiques ou sanguines et ne donnent jamais lieu à des productions métastatiques. Bien plus, ces malformations peuvent être l'origine de tumeurs diverses; ce qui n'arrive jamais pour les tumeurs proprement dites.

On a admis, il est vrai, des tumeurs du fœtus, en se basant sur quelques observations qui n'offrent pas toute la précision désirable pour entraîner la conviction. « Nous avouerons, dit M. Trévoux, dans sa thèse inspirée par M. Bard, que dans l'état actuel de la science, il est fort difficile de préciser exactement la délimitation entre le néoplasme et la monstruosité. » Cependant cet auteur admet pour le fœtus des tumeurs bénignes et malignes, sans même discuter la possibilité de les rattacher à de simples malformations. Or, il n'est pas possible d'y voir autre chose que des malformations ; même pour les productions considérées par M. Trévoux comme constituées par des tissus embryonnaires en voie de prolifération, parce que les observations sur lesquelles il se fonde ne sont rien moins que probantes.

Ainsi, dans l'observation XLII, on indique bien la présence de tumeurs analogues à du cancer encéphaloïde par places, mais « l'examen histologique fait par M. Cornil a montré que la tumeur contenait une grande variété de tissus différents de l'économie », ce qui ne saurait prouver qu'il s'agissait de tissus embryonnaires et tend plutôt à démontrer le contraire.

L'observation de M. Leclerc, dont les pièces ont été examinées par M. Trévoux, n'est pas plus démonstrative, car il est dit simplement qu'il existe des fibres musculaires embryonnaires qui prolifèrent, sans l'indication des caractères qui permettent de considérer ces éléments embryonnaires, comme appartenant au tissu musculaire.

Si l'on trouvait de véritables tumeurs sur le fœtus, c'est-à-dire des productions qui diffèrent des malformations et surtout des tumeurs malignes, ce dont la possibilité ne semble pas encore démontrée, ce ne pourrait être que des productions développées après la période de formation de l'organisme.

. Il résulte de ces considérations que les malformations étant des altérations qui correspondent à un trouble survenu au moment de la formation de l'organisme, ne doivent pas être comprises parmi les tumeurs. Celles-ci, en effet, se produisant dans les périodes ultérieures qui correspondent à son développement, ne peuvent consister que dans un trouble de nutrition et de rénovation des tissus en rapport avec ce développement.

Il s'agit à proprement parler de productions pathologiques de cause inconnue, offrant beaucoup d'analogie avec toutes celles qui résultent de causes quelconques, et notamment avec celles de nature infectieuse, comme la tuberculose, la syphilis, la morve, avec lesquelles les tumeurs étaient encore récemment confondues.

En réalité, ce qui rend la distinction des tumeurs difficile et même impossible à réaliser d'une façon absolue, en dehors de la notion étiologique et en ne considérant que la nature des altérations, c'est que, *dans ce cas, comme dans tous les cas pathologiques, il ne saurait être question d'autre chose que d'un trouble survenu dans la continuation des phénomènes de production et de nutrition des éléments de l'organisme.* Il en résulte des *productions anormales variées*, mais *ne présentant entre elles que des différences relatives qu'il s'agit seulement de spécifier autant que possible pour caractériser les tumeurs.*

On a renoncé depuis longtemps et avec raison à chercher dans les tumeurs la présence d'éléments spécifiques; mais on a réagi en sens inverse, en disant qu'il s'agit de tissus constitués comme ceux de l'organisme normal et évoluant de la même manière, tout en admettant des productions exagérées.

De là à admettre l'assimilation des tumeurs avec les hypertrophies, il n'y avait qu'un pas, et on l'a franchi. On voit des auteurs décrire certaines tumeurs sous le titre d'hypertrophies ou employer ces expressions comme synonymes, confondant le plus souvent les tumeurs avec les inflammations subaiguës ou chroniques hypertrophiques qui ne sont pas non plus des hypertrophies simples.

Il faut garder à chaque expression sa valeur, sous peine de tout confondre et de ne plus s'entendre. Or, comme nous avons cherché à l'établir, le mot *hypertrophie* tout court ne doit s'appliquer qu'à *l'augmentation de volume persistante d'un organe sans altération de structure.* Par contre, aussitôt que cette altération est constatée, c'est qu'il s'agit d'une inflammation ou d'une tumeur. Nous avons vu, en effet, que pour peu que les phénomènes inflammatoires soient intenses, il se produit des troubles plus ou moins profonds et laissant des traces indélébiles même après la guérison.

Pour les tumeurs, il s'agit encore de *productions analogues à*

celles des tissus qui leur donnent naissance, mais *jamais de productions semblables*.

Dans les tumeurs malignes, les productions sont tellement dissemblables qu'on n'est pas toujours d'accord sur la nature des
éléments cellulaires, ou tout au moins sur la phase de production
qu'ils représentent; mais on a de la tendance à croire que les
tumeurs bénignes sont constituées d'une manière identique au tissu
normal. Certains auteurs vont même jusqu'à refuser le nom de
tumeurs aux adénomes qui n'ont pas ce caractère et qui dès lors
deviennent des raretés phénoménales. Or, *les tumeurs bénignes
qui se rapprochent le plus des tissus normaux par leur constitution,
en diffèrent toujours plus ou moins, par leur structure et la disposition des vaisseaux, par l'état des éléments cellulaires et la répartition
du tissu conjonctif*. Il n'y a pas d'exception à cette règle.

C'est un fait important à constater pour distinguer les tumeurs
bénignes des simples hypertrophies, mais qui ne suffit pas, par ce
simple énoncé, pour les séparer des productions inflammatoires
qui sont aussi plus ou moins anormales. Ce n'est qu'en étudiant
les divers cas en particulier qu'on pourra trouver dans la constitution anatomique des tumeurs, certains caractères spéciaux
propres à les faire reconnaître, et par conséquent à les distinguer
des autres productions pathologiques; mais il est impossible de
les faire entrer dans une définition en raison de leurs caractères
souvent incertains, de leurs variétés, et des particularités spéciales
à chaque cas. Cependant ces tumeurs se distinguent des lésions
inflammatoires par leur *accroissement continu*.

La constitution des tumeurs malignes s'éloigne toujours à des
degrés plus ou moins prononcés de celle du tissu normal. Il arrive
même le plus souvent que les cellules propres du tissu sont tellement modifiées dans leur forme qu'elles sont dites métatypiques
ou atypiques. Elles sont disposées d'une manière très variable dans
un stroma non moins modifié, avec des vaisseaux ordinairement
plus volumineux et plus nombreux. Il y a une production abondante et désordonnée de tous les éléments constitutifs du tissu où
la tumeur a pris naissance. Il y a même des formations ordinairement exubérantes dont la structure peut être tellement
bouleversée, qu'on discute encore sur la nature et l'origine de
beaucoup de tumeurs en ne considérant que ces productions;
tandis qu'elles peuvent être déterminées, comme on l'a fait, du
reste, pour beaucoup de tumeurs, par l'observation attentive des
formes de transition qui existent entre ces tumeurs et celles qui

se rapprochent le plus des productions normales sur un même tissu d'origine.

On arrive ainsi à établir, sans le secours d'aucune conception théorique, que *toute tumeur, quels que soient ses caractères atypiques, est toujours de même nature que son tissu d'origine.*

Conclusions pour arriver à la définition.

Ainsi, dans tous les cas de tumeurs bénignes ou malignes, il s'agit toujours d'une modification ou déviation dans les phénomènes de nutrition et de rénovation des éléments constituants d'un tissu, en somme d'une *modification ou production pathologique d'un tissu*, tout comme dans les cas de phénomènes inflammatoires de causes diverses.

Mais *la cause des tumeurs est encore indéterminée.* C'est un fait important à indiquer pour caractériser les tumeurs, d'abord parce qu'il est applicable à toutes et qu'il les distingue déjà des lésions inflammatoires dont la cause est connue.

Il est impossible de ne pas tenir compte du phénomène qui a de tout temps frappé les observateurs et qui a valu à ces productions le nom de *tumeurs*, c'est-à-dire l'*augmentation de volume local.* On l'a attribuée à des productions nouvelles plus ou moins abondantes, et on est arrivé à définir une tumeur en disant que c'est un *néoplasme.*

Le mot est entré tellement dans le langage médical qu'il est employé comme synonyme de tumeur. Il n'y a à cela aucun inconvénient, pourvu qu'on n'attribue pas plus au second mot qu'au premier, son sens propre. De même que le mot tumeur ne s'applique pas à toute partie tuméfiée suivant son ancienne acception, celui de néoplasme ne signifie pas toute production nouvelle, puisqu'il existe aussi des néoplasies inflammatoires. Bien plus, le mot *néoplasme ne doit pas impliquer l'idée d'une production nouvelle surajoutée au tissu primitivement formé,* quand bien même ce serait avec des cellules provenant des cellules de ce tissu, comme on tend généralement à le croire ; car dans les tumeurs, il n'y a jamais à proprement parler de formations nouvelles, c'est-à-dire « d'organisme nouveau enté sur un organisme plus complet », comme l'ont admis MM. Cornil et Ranvier, puisque les tumeurs occupent au moins une partie du tissu affecté, et que, du reste, à toutes les périodes de l'existence, il n'y a que des modifications plus ou moins anormales apportées dans les phénomènes normaux qui *continuent* à se produire avec des déviations et perturbations plus ou moins prononcées.

Il y a cependant des cellules nouvellement produites dans les tumeurs, et ce sont bien ces nouveaux éléments qui entrent dans leur constitution; mais il en est de même dans les états inflammatoires, comme à l'état normal, où la rénovation des éléments constituants de l'organisme se poursuit incessamment pendant tout le cours de l'existence.

Ce qui distingue à ce sujet l'état normal des états pathologiques, c'est que dans le premier cas, la production des cellules a lieu au fur et à mesure de la disparition des anciennes cellules, avec un ordre parfait et avec une exacte régularité dans les phénomènes de nutrition, en raison de la structure normale des parties et de la nutrition convenablement assurée par la disposition régulière des vaisseaux; tandis que dans les cas pathologiques il existe toujours des troubles plus ou moins prononcés dans les phénomènes de nutrition et de structure, en rapport avec l'état de la circulation qui modifie la production du liquide plasmatique et des éléments cellulaires, comme quantité et qualité.

Ce qui caractérise plus particulièrement les tumeurs, c'est la prédominance du processus formatif donnant lieu à ce niveau à une augmentation de volume plus ou moins circonscrite, les tumeurs même dites atrophiques étant constituées par des productions exagérées plus ou moins localisées. Mais cela ne veut pas dire que les éléments ainsi produits *persistent* indéfiniment ou *se reproduisent* contre nature, ainsi qu'on l'admet généralement. Cela signifie seulement que les phénomènes formatifs l'emportent sur ceux de désassimilation et de disparition des éléments, par suite des conditions anatomiques et fonctionnelles anormales résultant des modifications de structure et surtout de l'état des vaisseaux.

Il est vrai que des troubles analogues peuvent se rencontrer avec des productions dites inflammatoires; mais ce qui distingue encore le processus formatif des tumeurs, indépendamment de sa prédominance le plus souvent bien manifeste, c'est qu'il est en général progressif, non seulement pour les tumeurs malignes, mais aussi pour les tumeurs bénignes. Dans ce dernier cas les productions sont ordinairement limitées et ont un développement en quelque sorte autonome au niveau du point d'implantation de la tumeur; tandis que dans les cas de tumeurs malignes le développement a lieu surtout par l'envahissement des parties voisines du même tissu, puis des tissus voisins. Mais dans tous les cas il y a bien *prédominance d'un processus formatif anormal, localisé, qui tend toujours à l'accroissement.*

Ce caractère, qui est si manifeste dans la plupart des tumeurs, ne suffirait pas cependant à les distinguer de certaines productions inflammatoires pouvant se présenter aussi dans ces conditions. Il en est de même de la *tendance à la généralisation par les voies lymphatiques et sanguines* qui est commune aux maladies infectieuses et aux tumeurs, quoique dans ce dernier cas elle se présente avec des caractères particuliers bien propres à distinguer ces états pathologiques dans la plupart des cas, en raison des *productions semblables ou analogues qu'on observe au niveau des foyers métastatiques.* Mais encore n'y a-t-il pas entre ces productions et celles qu'on rencontre dans les maladies infectieuses autant de différences qu'on pourrait le croire au premier abord, comme nous aurons l'occasion de le démontrer. On ne peut donc pas faire entrer ce caractère dans la définition des tumeurs ; d'autant que si beaucoup de tumeurs se généralisent ordinairement, et même que si toutes peuvent se généraliser à un moment donné, il en est dont la généralisation est exceptionnelle.

Toutes les productions pathologiques, quelle que soit leur nature, présentent en même temps que le processus formatif, des phénomènes d'évolution variable correspondant à ceux de l'état normal plus ou moins modifiés, donnant lieu à des aspects particuliers et à des phénomènes de dégénérescence, voire même à des altérations par nécrose et désintégration. *Quelques-unes de ces dégénérescences qu'on rencontre sur certaines tumeurs déterminées sont assez caractéristiques,* mais elles ne se présentent pas sur toutes les tumeurs ; d'où l'impossibilité de les faire figurer dans leur définition.

Toutefois, ce qui caractérise essentiellement le processus des tumeurs, c'est qu'*il n'aboutit jamais à la guérison.*

Ce n'est pas que l'on ne puisse trouver dans les tumeurs, comme dans toute production pathologique, une tendance à la limitation et même parfois à la formation d'un tissu cicatriciel ; mais qu'il s'agisse de tumeurs bénignes ou malignes, on peut être assuré que les néoproductions continuent à s'étendre à des degrés variables et qu'en somme il ne se produit pas de guérison, soit par résolution, soit par cicatrisation.

Il y a bien des lésions inflammatoires qui n'aboutissent pas toujours à la guérison ; de telle sorte que ce caractère isolé ne suffit pas pour distinguer absolument les tumeurs, malgré sa constance dans ce dernier cas. Il en est donc de ce caractère comme des précédents ; d'où l'on peut conclure qu'aucun n'est absolument pathognomonique.

Toutefois en réunissant les caractères essentiels des tumeurs bénignes et malignes, on arrive à une définition provisoire jusqu'à ce qu'on puisse la compléter par la donnée étiologique. On peut dire ainsi que *toute tumeur consiste dans une production pathologique tissulaire, de cause encore indéterminée, où prédomine un processus formatif plus ou moins localisé n'aboutissant jamais à la guérison et ayant au contraire de la tendance à l'accroissement, par autonomie si la tumeur est bénigne, par extension et souvent par généralisation lorsqu'elle est maligne.*

Nous avons précédemment insisté sur le fait que *toutes les productions pathologiques sont tissulaires.* (V. p. 7.) Si nous le répétons dans la définition des tumeurs, c'est que les auteurs les considèrent, en général, comme constituées seulement par tel ou tel élément déterminé, ainsi que nous le verrons bientôt à propos de l'histogenèse, et que cela nous paraît absolument contraire à l'observation des faits.

Les tumeurs ainsi présentées ne constituent qu'un groupe d'attente auquel on enlèvera peu à peu, au fur et à mesure des progrès de la science, les affections dont on aura reconnu la cause déterminante. En effet, *ce n'est qu'en tenant compte à la fois de la cause d'une lésion et des modifications qui en résultent pour l'organisme, au point de vue local et général, dans chaque cas particulier, qu'on peut réellement définir une affection, qu'il s'agisse de tumeurs ou d'inflammation*, ces mots ne servant pour le moment qu'à réunir les affections les plus variées des divers organes.

Donc, lorsqu'on connaîtra l'agent susceptible de déterminer la production d'une tumeur, on définira celle-ci en disant simplement qu'elle consiste dans les *modifications tissulaires relevant de cette cause.* C'est la définition de l'avenir.

De nombreuses tentatives on été faites pour découvrir l'agent nocif capable d'engendrer les tumeurs ; mais jusqu'à présent les résultats ont été tellement incertains qu'on peut conclure comme nous l'avons fait, en disant que *les tumeurs sont encore de cause indéterminée.*

Au point de vue histologique, on a certainement rencontré sur les préparations des tumeurs, la présence de nombreux parasites microbiens. Mais on n'en a trouvé aucun de constant et les mêmes parasites ont été retrouvés sur des lésions inflammatoires ; de telle sorte que cette étiologie a été éliminée pour faire place depuis quelques années à la théorie psorospermique.

Or, tandisque que certains auteurs croient trouver des coccidies dans les éléments épithéliaux des tumeurs, d'autres considèrent ces productions comme résultant des altérations cellulaires et non de la présence des parasites. Les recherches que nous avons faites à ce sujet ne nous ont pas permis de constater manifestement ces coccidies. Du reste, ceux qui sont partisans de cette théorie, ne s'entendent même pas sur les caractères et les variétés de ces éléments parasitaires ; de telle sorte qu'en réalité, il n'existe aucune donnée positive sur ce point.

M. Delbet fait aussi remarquer que' dans les cas de psorospermose connus, les lésions évoluent à la façon d'une production inflammatoire autour d'un corps étranger et non à la manière des tumeurs.

Cependant nous avons observé plusieurs cas de coccidies du foie sur le lapin, où les néoproductions anormales canaliculées donnaient tout à fait l'apparence d'une tumeur adénoïde se rapportant aux voies biliaires. Mais nous avons vu, à propos de la tuberculose et de la syphilis (p. 554 et 637), que des néoproductions adénoïdes pouvaient également se rencontrer sous l'influence de ces maladies infectieuses, en faisant précisément remarquer leur analogie avec celles des tumeurs proprement dites, de cause inconnue.

Néanmoins *l'étiologie parasitaire reste la cause la plus probable en raison des analogies que présentent les tumeurs avec les inflammations infectieuses*; mais il est indéniable que, si l'on ne doit pas la rejeter, *elle reste encore à déterminer.*

Il ne faut pas croire que la connaissance de la cause des tumeurs, quoique constituant un progrès immense et pouvant avoir des avantages pratiques considérables, éclairerait la structure des néoplasmes ; car on se trouverait toujours en présence de ces modifications si variables des tissus, qu'il importe d'analyser et d'interpréter. C'est ainsi que la découverte du bacille de Koch n'a pas élucidé les mêmes questions relatives aux lésions tuberculeuses, et au sujet desquelles il existe autant de divergences que si la cause de ces lésions était encore inconnue, sauf qu'elles ne sont plus rangées par personne au nombre des tumeurs.

Si certaines productions pathologiques sont reconnues à première vue comme appartenant à une inflammation ou à une tumeur, il en est beaucoup d'autres pouvant relever de l'une ou de l'autre de ces affections et qui n'offrent pas de caractères suffisants pour que l'on puisse sans conteste les rapporter à leur véritable origine. C'est dire qu'*au point de vue anatomique*, il n'existe pas, à proprement parler, de caractères absolus de ces affections et qu'il est *impossible de les définir par un mot.* C'est pourquoi notre définition repose à la fois sur des *caractères anatomiques et cliniques* permettant de comprendre tous les faits de *tumeurs bénignes et malignes* généralement ainsi désignés dans l'état actuel de la science, jusqu'à ce que l'on soit arrivé à en découvrir les causes et probablement alors à les démembrer.

Si dans la plupart des cas bien étudiés, l'examen anatomique (macroscopique et microscopique) permet de décider que l'on a affaire à une tumeur et même de spécifier *la nature de la tumeur*, *c'est-à-dire le tissu qui lui a donné naissance*, en attendant que l'on connaisse sa cause, il en est beaucoup cependant où le diagnostic est particulièrement difficile et reste douteux, indépendamment de toute question doctrinale, soit pour distinguer les lésions d'une tumeur de celles d'une altération inflammatoire, soit surtout pour en découvrir la nature. On ne peut y arriver alors que par les renseignements cliniques qui sont indispensables, et qui, dans tous les cas, facilitent l'examen histologique, en fournissant une base solide de recherches et en permettant de bien se rendre compte des modifications survenues dans le tissu affecté. A son tour, mieux renseigné, le chirurgien trouve, dans une connaissance plus précise des tumeurs et de leur pronostic, des indications précieuses pour les décisions à prendre.

CHAPITRE II

ORIGINE ET NATURE DES TUMEURS

DISCUSSION DES THÉORIES RELATIVES A L'ORIGINE ET A LA CONSTITUTION DES TUMEURS

Depuis les travaux de Remak et surtout depuis ceux de Virchow, la théorie qui faisait naître spontanément les éléments constituants des tumeurs dans un blastème a été définitivement abandonnée, et l'on a admis, avec ce dernier auteur, le « développe-.

ment cellulaire continu » par la division des cellules aussi bien pour les tumeurs et pour toutes les productions pathologiques que pour les productions normales. Mais tandis que naguère, avec Virchow, on faisait dériver les tumeurs des cellules du tissu conjonctif, considérées comme embryonnaires, indifférentes et susceptibles de donner lieu à toutes les productions cellulaires par leurs divisions, la plupart des auteurs admettent aujourd'hui avec Thiersch et Waldeyer que les tumeurs développées sur la peau et les muqueuses, ainsi qu'au niveau des glandes, ont pour origine les cellules propres de ces organes, c'est-à-dire qu'elles sont dues à la prolifération de ces cellules différenciées. Pour ces mêmes auteurs, les cellules de substance conjonctive ne peuvent donner naissance qu'à des cellules conjonctives et non aux productions épithéliales ou glandulaires.

Remak a même cherché à différencier les tumeurs en rapportant tout d'abord leur origine, d'une part aux feuillets interne et externe du blastoderme, d'autre part au mésoderme. C'est là, comme le fait remarquer M. Delbet, la première notion de spécificité cellulaire, dont la théorie récemment émise par MM. Monod et Arthaud peut être envisagée comme une extension. D'après ces derniers auteurs, toutes les tumeurs de nature conjonctive constitueraient un groupe ayant pour origine le tissu endothélial, qui serait aussi indépendant que le groupe des tumeurs épithéliales.

Déjà M. Quénu a montré que cette spécialisation des tumeurs d'après leur provenance présumée des feuillets de l'embryon, ne peut être admise sans exception, et ensuite que, même indépendamment de la provenance de toutes les cellules d'une seule cellule, l'un des feuillets engendrerait les deux autres, d'après les recherches récentes des auteurs; de telle sorte que même théoriquement on ne saurait prendre pour point de départ ou d'origine des tumeurs l'un des feuillets.

Nous ajouterons qu'il s'agit là de productions embryonnaires dont nous n'avons pas à nous préoccuper dans les productions ultérieures tout à fait différentes à tous les points de vue, comme nous avons cherché à le démontrer. Et déjà la constitution des tumeurs montre qu'on n'y trouve jamais un seul élément, comme on le suppose avec cette théorie de l'origine des tumeurs dans les éléments des feuillets blastodermiques.

Quant à la théorie de MM. Monod et Arthaud qui dérive de celle de Remak; elle n'est pas plus admissible pour les mêmes

raisons, et parce que l'identité de nature des tissus, dits de substance conjonctive ou assimilés, ainsi que des endothéliums, n'a
pas été démontrée et ne peut pas l'être, pour les motifs que nous
avons donné précédemment.

C'est M. Bard qui est entré le plus avant dans la voie de la spécificité cellulaire, car pour notre collègue « toutes les espèces cellulaires de l'économie à toutes les périodes de la vie sont capables à
des degrés divers de fréquence de donner naissance à des tumeurs
et chaque type cellulaire possède une série de tumeurs qui lui est
propre ».

M. Delbet, qui ne doute pas cependant de la spécificité des
épithéliums se refuse à suivre M. Bard jusqu'au bout, tout en
faisant remarquer que ses déductions sont logiques. « Mais, ajoute-
t-il, en pathologie comme dans toutes les sciences d'observation,
il faut se défier de la logique. »

Cependant, sans la logique, il serait impossible de se rendre
compte des faits observés. Et lorsqu'en raisonnant logiquement
d'après une théorie, on est conduit à admettre des choses contraires à l'observation, la logique sert encore a prouver que l'on
est dans l'erreur et qu'il faut chercher une autre explication.

C'est, croyons-nous, le cas de la théorie de M. Bard, édifiée
cependant avec un grand talent et d'autant plus séduisante qu'elle
avait pour point de départ des observations dont nous avons déjà
indiqué toute l'importance.

Il en est de même des théories précédemment émises par les
auteurs, qui se rapportent toutes à des recherches consciencieuse-
ment poursuivies et qui ont toujours réalisé un progrès, mais qui
ne peuvent pas s'adapter à tous les faits; tandis que nous espérons
démontrer que les observations des auteurs concordent avec les
nôtres et viennent prêter leur appui à notre interprétation.

Nous ne faisons pas exception pour la théorie relative à l'origine
et à la constitution des tumeurs, connue sous le nom de *Loi de
Müller*, qui, jouissant encore d'un grand crédit, mérite d'être particulièrement discutée.

Pour tous les pathologistes, en effet, « le tissu qui forme une
tumeur a son type dans un tissu de l'organisme à l'état embryonnaire ou à l'état de développement complet ». Or nous ne croyons
pas qu'on puisse admettre actuellement qu'il existe des tumeurs
formées par un tissu embryonnaire, ni même par un tissu à l'état
de développement complet, si l'on entend par là, comme beaucoup
d'auteurs, un tissu semblable au tissu normal.

La conception de Müller était bien propre à satisfaire l'esprit, lorsqu'elle fût émise, parce que d'abord elle supprimait une hypothèse contre nature. Ensuite elle paraissait d'autant plus rationnelle qu'on considérait les tumeurs comme étant de même nature que les malformations congénitales, et qu'à l'instar du tissu embryonnaire, celui des tumeurs offrait la particularité de ne pas présenter les caractères d'un tissu déterminé.

C'est ainsi que la théorie de Müller fut adoptée d'enthousiasme et érigée à l'état de loi, sans qu'on parut se douter qu'elle repose d'une part, sur une hypothèse invraisemblable : l'assimilation du tissu des tumeurs acquises à celui du tissu de l'embryon, et d'autre part sur des signes négatifs : la démonstration du caractère embryonnaire du tissu des tumeurs, n'ayant pas été faite par Müller et n'ayant pas été mieux établie par tous les auteurs qui considèrent encore actuellement sa loi comme inébranlable.

L'état pathologique ne pouvant procéder que d'une déviation de l'état normal, il en résulte qu'une production de tissu embryonnaire anormal ne peut provenir que des tissus de l'embryon. On revient ainsi à la théorie de Cohnheim qui n'est pas soutenable, parce qu'il faut supposer la persistance dans les tissus définitivement constitués de germes, à l'état latent et invisible. Mais il est encore plus irrationnel d'admettre que les tissus dits adultes sont capables d'engendrer des tissus embryonnaires, alors que c'est l'inverse qui a lieu à l'état normal. Dans tous les cas, il faut encore supposer une chose contre nature : la persistance d'un tissu à l'état embryonnaire. C'est d'autant plus invraisemblable que les éléments de ce tissu continuent d'évoluer, et que loin de tendre à la formation de tissus définitifs, comme devrait le faire un véritable tissu embryonnaire, ils subissent de simples modifications en rapport avec les phénomènes de nutrition à la manière des tissus définitivement constitués.

En réalité il ne saurait y avoir d'altération et de production anormale du tissu embryonnaire qu'au moment où ce tissu existe, c'est-à-dire pendant la formation de l'embryon; ce qui ne peut donner lieu qu'à des malformations définitives. (Voir p. 41.) Et comme, dans l'organisme constitué, il n'y a que des tissus subissant des modifications dans les phénomènes de nutrition et de rénovation des éléments, on ne saurait admettre des productions d'une autre nature; d'autant que l'examen attentif des tumeurs montre qu'il n'y a aucune assimilation possible avec des tissus embryonnaires, soit par le fait de leur constitution, soit par celui

de leur évolution. Ce que l'on observe est, au contraire, en faveur
de leur analogie avec les tissus constitués, conformément à la loi
fondamentale qui régit les états pathologiques.

Déjà M. Bard avait fait remarquer que l'on ne pouvait admettre
dans l'organisme constitué la production de tissus de l'organisme
embryonnaire, parce que les tissus de l'embryon ont un caractère
transitoire spécial et que leurs cellules doivent donner lieu à des
formations multiples. Aussi cet auteur a-t-il modifié la loi de
Müller en assimilant les tumeurs, non aux « tissus de l'organisme
embryonnaire », mais aux « tissus embryonnaires de l'organisme
adulte ».

Cette formule de M. Bard est assurément plus rationnelle que
celle de Müller, quoiqu'elle nous paraisse également hypothétique. A plus forte raison mérite-t-elle d'être discutée, en indiquant les motifs qui ne nous permettent pas de l'adopter.

Nous avons dit précédemment pourquoi la production de véritables tumeurs dans la période embryonnaire ou de formation de
l'organisme ne nous paraissait pas démontrée et nous semble
plutôt improbable. Nous n'y reviendrons pas. Nous ne nous
occuperons que des tumeurs survenant au cours du développement de l'organisme, que M. Bard considère comme constituées
avec des tissus adultes, embryonnaires ou intermédiaires de l'état
normal. Notre collègue admet, non pas l'analogie, mais l'identité
du tissu des tumeurs avec celui de l'organisme qui lui a donné
naissance aux diverses périodes de son évolution.

Nous avons déjà fait remarquer que les tumeurs qui, par leur
constitution, se rapprochent le plus des tissus normaux, ne sont
jamais identiques à eux. Les adénomes de M. Bard, les para-
plasmes de M. Delbet, présentent toujours des modifications dans
l'état des cellules ou dans leur arrangement, dans la disposition
des vaisseaux, et en somme dans leur structure, qui ne permettent
pas de soutenir « l'identité » de ces productions avec le tissu
sain. Et cela est si vrai que certains auteurs ne peuvent trouver de
véritables adénomes, parce qu'ils ne rencontrent pas de productions identiques au tissu sain. C'est qu'en effet il s'agit toujours
de *productions analogues et non semblables*, ainsi qu'il résulte de
l'observation des faits.

On conçoit bien qu'il en soit ainsi ; car pour qu'une production
anormale offrît une structure semblable à celle de l'état normal, il
faudrait qu'elle fût produite dans les mêmes conditions, c'est-
à-dire qu'elle résultat d'une formation embryonnaire proprement

dite, qui ne peut avoir son origine que sur l'embryon pour acquérir dans sa structure le degré de perfection qui caractérise les tissus normaux. Il faudrait, en somme, qu'il y ait eu une production d'éléments embryonnaires identiques à ceux qui ont précédé les éléments normaux pour qu'il y eût ensuite identité dans les formations définitives. Et c'est là précisément le caractère des malformations, dont les tissus, au point de vue de la structure, se distinguent des tumeurs par leur similitude avec celles des tissus sains.

En dehors des phénomènes de formation de l'organisme, c'est-à-dire pendant toute la période de développement et d'évolution, il n'y a que des productions destinées à l'entretien des parties primitivement constituées dans la période de formation, et qui, lorsqu'elles ont été modifiées dans leur structure, ne peuvent plus être reconstituées à l'état normal, ni donner lieu à des productions de structure identique, puisque les conditions dans lesquelles elles ont lieu ne sont plus les mêmes.

Les néoproductions vasculaires ne sont pas disposées de la même manière qu'à l'état normal, les lymphatiques y font probablement défaut, le tissu conjonctif offre des arrangements plus ou moins variés ; de telle sorte que les conditions de nutrition et d'évolution des cellules sont bien différentes de ce qu'elles sont à l'état normal, ce qui explique tout naturellement les différences plus ou moins prononcées qu'on observe toujours à l'état pathologique.

Mais cela n'empêche pas de trouver les analogies qui existent à des degrés divers entre certaines tumeurs à développement lent, ordinairement ou relativement bénignes, et les tissus normaux où elles ont pris naissance, parce qu'elles ne consistent qu'en des modifications plus ou moins prononcées de ces tissus poursuivant une évolution anormale, mais toujours analogue.

Si maintenant nous recherchons en quoi consistent les tissus auxquels M. Bard assimile les tumeurs qu'il considère comme formées d'éléments embryonnaires ou intermédiaires à ces derniers et aux éléments adultes, « ayant les attributs essentiels de leur espèce originelle, évoluant dans leur direction atavique primitive, mais s'arrêtant suivant les cas à des étapes diverses de leur développement physiologique », nous ne voyons rien de semblable dans les tissus normaux.

S'agit-il de la peau ou des muqueuses? Nous apercevons bien en place l'épithélium de revêtement au dessus du tissu conjonctif.

Mais où est le tissu embryonnaire auquel on pourra comparer ou même auquel doit être semblable une tumeur dite embryonnaire de ces tissus ? Et de même pour les glandes dont les tubes tapissés de cellules épithéliales se trouvent à la surface ou au milieu du tissu conjonctif ? De même encore pour le foie, pour le rein, etc. ?

On ne trouve entre les trabécules du foie ou les canalicules du rein que des capillaires avec si peu de tissu conjonctif qu'il est nié par certains auteurs ; mais il n'existe pas la moindre trace d'un tissu embryonnaire, et il en est de même pour tous les organes où l'on ne voit immédiatement en rapport avec les éléments cellulaires propres du tissu spécialisé que des cellules conjonctives.

Il n'y a donc aucune assimilation possible à faire entre les tumeurs que nous avons en vue, et un tissu normal dont on ne saurait apprécier les caractères, puisqu'on ne peut l'observer. Il va sans dire que pour la même raison on ne pourra pas distinguer les divers tissus embryonnaires entre eux, ni aux diverses phases de leur évolution. C'est que, en fait, il n'existe pas dans l'organisme constitué de tissu embryonnaire (en dehors des cellules conjonctives), évoluant et passant par des phases intermédiaires pour constituer le tissu dit adulte, lequel, à son tour, engendrerait par la division de ses cellules un tissu embryonnaire suivant les mêmes phases pour évoluer de la même manière.

En prenant pour exemple le corps de Malpighi, on voit déjà qu'il est difficile de dire quelles sont les cellules arrivées à l'état de complet développement ; car c'est d'une manière insensible que les cellules, à partir de la couche basale, augmentent de volume pour diminuer ensuite graduellement jusqu'à la superficie où elles se détachent et disparaissent, en remplissant, dans leurs divers états, un rôle déterminé.

Les cellules basales sont-elles considérées par les auteurs comme des cellules adultes ? C'est probable, puisque c'est à elles qu'on attribue le pouvoir de donner naissance à de nouvelles cellules destinées à renouveler les cellules de la couche de Malpighi à sa partie profonde au fur et à mesure de leur desquamation à la superficie. Et cependant ces cellules basales n'ont pas atteint tout leur volume, ni leur forme définitive, caractéristique de l'épithélium malpighien !

D'autre part, lorsque les cellules sont arrivées à la phase de cellules volumineuses polyédriques, qui peut bien mieux être

considérée comme correspondant à leur complet développement,
on leur dénie le pouvoir de se reproduire.

Il est vrai qu'on ne trouve entre les cellules polyédriques
aucune trace de tissu embryonnaire. Mais il n'y en a pas davantage près de la couche basale dans le lieu où l'on suppose que les
cellules de cette couche se divisent pour donner naissance à la fois
à d'autres cellules basales qui continueront à se reproduire, et
aux cellules polyédriques du corps de Malpighi qui évolueront
vers la superficie avec le type épidermique ou corné. Quel que soit
le point de la couche malpighienne que l'on envisage, il n'y a pas
place pour un tissu embryonnaire, même en théorie. Il y a bien
des cellules sous-épithéliales, dites conjonctives, mais les auteurs
les considèrent comme appartenant à un tissu spécialisé, différent
des cellules épithéliales.

On voit ainsi que les expressions de tissu à l'état de complet
développement, de tissu adulte ou de tissu embryonnaire, aussi
bien que les théories qui font naître et évoluer ces tissus, ne correspondent à rien de précis, ni surtout à ce qu'on peut observer.
Il ne s'agit que de théories hypothétiques plus ou moins ingé-
nieuses, mais qui ne résistent pas à l'examen des faits.

Il est à remarquer que les tumeurs qui sont les plus malignes,
c'est-à-dire qui sont les plus envahissantes et se généralisent le
plus, sont considérées par les auteurs comme constituées par un
tissu embryonnaire. Ils attribuent en même temps la production
cellulaire intensive dont ces tissus sont le siège à une prolifération
incessante et plus ou moins active des cellules nouvellement
produites, autrefois par division directe, aujourd'hui par division
indirecte.

Or, comme il ne s'agit certainement pas d'un tissu de l'embryon,
ces cellules seraient, à proprement parler, suivant l'expression de
M. Bard, des cellules embryonnaires de l'organisme adulte, qui,
nées de cellules adultes, resteraient à la phase embryonnaire et
seraient cependant capables de se reproduire comme les cellules
adultes, quoique « arrêtées dans leur développement » !

Mais, alors, comment distinguer les cellules embryonnaires des
cellules adultes, si elles ont toutes les mêmes propriétés, et
notamment si toutes possèdent le pouvoir de se reproduire, les
cellules filles restées embryonnaires, tout comme les cellules
mères adultes? A moins que ces mots n'aient en réalité aucun
sens, même pour ceux qui admettent la prolifération cellulaire
par la division des cellules.

Nous avons indiqué comment il est possible d'expliquer plus simplement et plus rationnellement, d'après les observations et les analogies des tumeurs avec les autres altérations des tissus, la production des éléments cellulaires, sans avoir recours aux hypothèses généralement admises. On peut, du reste, constater qu'un grand nombre de tumeurs sont constituées par les éléments essentiels qui forment habituellement les tissus où elles ont pris naissance, c'est-à-dire par leurs cellules propres, seulement modifiées à des degrés divers, et accompagnées d'une plus ou moins grande quantité de jeunes cellules, dites conjonctives, au milieu desquelles se trouvent des vaisseaux augmentés de volume et de nombre, seulement avec de légères modifications de structure, de telle sorte que le tissu d'une pareille tumeur est manifestement analogue à celui de son tissu d'origine. Dans les cas de ce genre, il s'agit incontestablement d'une production de même nature, et encore peut-on dire de la continuation dans les phénomènes de production et de nutrition d'un tissu, mais avec une déviation plus ou moins prononcée dans son développement. Telles sont les tumeurs typiques.

Il est incontestable, d'autre part, qu'on peut observer tous les degrés entre ces tumeurs à cellules dites typiques et celles dont les cellules sont dites métatypiques ou atypiques, dont la structure s'éloigne tellement du tissu d'origine, qu'on ne pourrait rationnellement les rattacher à ce tissu si l'on n'avait pas trouvé toutes les transitions entre les tumeurs qui s'en rapprochent et s'en éloignent le plus.

Les travaux modernes les plus importants ont eu principalement pour but de démontrer que les tumeurs qui s'éloignent du type normal doivent être encore rattachées à ce type, même dans les cas où les éléments cellulaires sont devenus tout à fait atypiques, avec une structure bouleversée, comme, par exemple, dans les épithéliomes des organes de revêtement et dans les carcinomes glandulaires. C'est un fait absolument acquis aujourd'hui parce qu'il repose, non sur une théorie, mais bien sur des observations précises. Il s'agit, en effet, dans tous les cas de tumeurs de même nature. Par conséquent, si les tumeurs typiques résident incontestablement dans une déviation des phénomènes normaux du tissu d'origine à un degré léger ou plus prononcé, il est évident que les tumeurs atypiques, trouvent leur explication naturelle dans une déviation encore plus marquée, jusqu'au point extrême (autant qu'on peut l'imaginer et qu'on peut, du reste, le constater), c'est-à-dire jusqu'aux tumeurs constituées presque uniquement par des éléments cellulaires de forme et de volume très variés, ordinairement riches en vaisseaux avec peu de substance intercellulaire, et que l'on désigne sous le nom de *sarcomes*.

Or, ce sont précisément les tumeurs ainsi constituées et désignées, que tous les auteurs considèrent comme formées d'un tissu embryonnaire. Mais tandis que pour la plupart ce serait un tissu embryonnaire indifférent et plutôt rapporté au tissu conjonctif, pour M. Bard, ce serait toujours un tissu embryonnaire spécialisé et de même nature que le tissu d'origine de la tumeur.

C'est probablement parce que M. Bard a envisagé ces tumeurs comme constituées par un tissu embryonnaire, c'est-à-dire par des cellules qu'on ne peut pas histologiquement distinguer suivant leur origine, que M. Delbet considère la conception de M. Bard comme « n'ayant pas une grande importance » au point de vue pratique. Il eut été certainement d'un avis différent, s'il eut pris davantage en considération la démonstration faite par M. Bard, que les sarcomes sont de même nature que les tissus qui leur ont donné naissance. C'est, en effet, ce qui ressort d'une manière indiscutable de ses études sur les caractères macroscopiques et microscopiques, notamment des gliomes, et qui est applicable à tous les sarcomes. Or, il est autrement important de connaître la nature d'une tumeur que de savoir si elle est constituée par des cellules rondes ou fusiformes, petites ou volumineuses, etc., car des cellules de même forme et de même volume peuvent se rencontrer sur des tumeurs tout à fait dissemblables au point de vue de leur nature, c'est-à-dire de leur provenance. Celle-ci étant connue, il ne manquera plus que d'en connaître la cause pour avoir une notion exacte.

Nous croyons donc que M. Bard a réalisé un progrès réel dans la connaissance des tumeurs, en démontrant que celles qui sont désignées sous le nom de sarcomes, ne sont pas des tumeurs de nature indifférente et qu'elles appartiennent en réalité à un organe déterminé, à celui où elles ont pris naissance. Il y a toujours une *grande importance* à se rendre compte de l'origine des lésions observées et par conséquent de leur nature. Si la pratique n'en récolte pas immédiatement les bénéfices, on ne sait pas ce qui pourra arriver plus tard; et, du reste, on peut déjà prévoir qu'il ne doit pas être indifférent au chirurgien comme au pathologiste, de connaître exactement le point de départ d'une tumeur.

Mais pourquoi vouloir considérer ces sarcomes comme des .

productions embryonnaires arrêtées dans leur évolution? C'est ce qui nous paraît absolument inadmissible, ne fut-ce qu'en raison de cette supposition de l'arrêt dans l'évolution des éléments cellulaires qui n'a été démontrée dans aucune circonstance et qui, du reste, est contre nature. En effet, *toute cellule continue à évoluer normalement ou anormalement, mais sans jamais conserver un état stationnaire,* comme le prouve l'examen des tumeurs et des autres productions pathologiques dont l'analogie d'évolution avec les tissus normaux où elles ont pris naissance est en rapport avec celle de leur constitution.

Si nous prenons pour exemple les gliomes, nous trouvons des tumeurs constituées par des cellules d'aspect très varié, et assez souvent par des cellules fusiformes très volumineuses, qui ne sont semblables ni aux éléments cellulaires de l'embryon, ni à ceux qu'on peut trouver sur l'organisme formé, en les désignant comme embryonnaires ou adultes. Aucune de ces diverses cellules ne prend à l'état normal le volume et la forme de ces cellules pathologiques. On ne peut donc les considérer comme des cellules adultes, ni comme des cellules embryonnaires arrêtées dans leur évolution. Et, du reste, ces cellules n'ont pas pris cet aspect dès leur naissance. En examinant sur les coupes, les parties situées entre ces éléments et ceux de la substance cérébrale restée saine, on trouve les transitions qui permettent de constater à la fois que ces cellules ont pour origine celles de la substance cérébrale et qu'elles résultent de modifications évolutives graduellement produites.

On arrive tout naturellement à conclure qu'il ne peut être question de cellules arrêtées à une période de leur évolution, mais qu'il s'agit de cellules de la substance cérébrale à des degrés divers de leur évolution anormale. On peut même trouver en partie la raison de ce fait dans leur production abondante, la formation d'un milieu qui diffère par l'abondance et le volume des vaisseaux irrégulièrement répartis, et la production d'une substance granuleuse intercellulaire très variable comme aspect et comme quantité. En un mot, il y a eu une *déviation* dans les phénomènes normaux de production et de nutrition, non pas seulement des cellules, mais de tous les éléments complexes constituant la substance cérébrale, sur un point déterminé où la tumeur s'est développée.

Il en est de même pour les tumeurs sarcomateuses des autres organes.

Si nous considérons les tumeurs que l'on désigne sous le nom de sarcomes du rein, on peut constater que les cellules anormalement produites ne sont semblables, ni à des cellules embryonnaires proprement dites, ni aux cellules qu'on rencontre à l'état normal dans le rein. Elles diffèrent des cellules des tubuli par leur volume plus petit ou plus grand, par leurs formes variées et les diverses modifications de leur protoplasma cellulaire, ainsi que par la structure du tissu qui ne se présente plus sous la forme canaliculée, mais qui offre des cavités plus ou moins grandes remplies de cellules ; parfois à côté d'autres points où les cellules sont irrégulièrement réparties à travers le tissu conjonctif comme dans le carcinome. Et enfin si l'on examine plus spécialement les parties de la tumeur qui confinent au tissu sain, on trouve des points où l'on peut passer par des transitions insensibles de ce tissu au tissu pathologique. Il est évident que les portions qui ont la structure du sarcome, sont de même nature que celles qui se rapportent au carcinome, et que les unes comme les autres ne représentent que des modifications plus ou moins prononcées survenues dans l'état normal de la substance rénale à ce niveau.

Si nous examinons encore, par exemple, les sarcomes mélaniques de la peau, nous voyons qu'ils sont parfois désignés sous le nom de carcinomes. Et, en effet, certaines tumeurs présentent au milieu du stroma conjonctif de nombreuses cavités de volume variable, et qui sont remplies de cellules ; d'où le nom attribué à ces tumeurs de *sarcome alvéolaire;* tandis que d'autres tumeurs n'offrent que des amas cellulaires peu volumineux et plutôt des cellules irrégulièrement réparties entre les fibres conjonctives à la manière des carcinomes. Mais ce qu'il y a de non moins positif, c'est que, sur toutes les tumeurs, on trouve à la fois des points ayant les caractères du sarcome et ceux du carcinone avec des cellules qui sont évidemment de même nature. Le noyau de ces diverses cellules est identique. Il en est de même du protoplasma cellulaire dont le volume varie seulement suivant le développement que les cellules ont pu prendre. Mais, sur les unes et les autres, ont peut trouver çà et là des traces de pigment noir qui ne laissent aucun doute sur leur identité. On en trouve aussi dans les cellules dites conjonctives ; ce qui complète l'identité de nature de ces cellules avec celles qui forment les masses néoplasiques et avec les cellules du corps de Malpighi devenues anormales et également pigmentées.

On peut voir, en effet, que ces cellules ont le même aspect que les cellules de la couche de Malpighi au point de vue du noyau et de la substance protoplasmique dont la quantité et la forme sont seulement variables. Mais on y trouve aussi des granulations pigmentaires, surtout au niveau des cellules basales et des cellules polygonales avoisinantes, d'autres fois au niveau du *stratum granulosum*. Du reste, la couche de Malpighi est ordinairement augmentée de volume et plus ou moins déformée au niveau des altérations sous-jacentes. Il n'est même pas rare de trouver des points ulcérés où les lésions ont tout à fait l'aspect de l'épithéliome cutané ulcéré. Enfin, on ne rencontre pas de tumeur mélanique primitive en dehors des néoplasmes de la peau et de l'œil.

On peut du reste se rendre compte que les productions désignées sous le nom de sarcome mélanique sont de même nature que celles appelées carcinone mélanique, et que les unes et les autres ne résultent que des modifications anormales survenues sur un point déterminé, dans la nutrition et la rénovation d'éléments cellulaires habituellement pigmentées, mais à un moindre degré.

En examinant les diverses tumeurs des autres organes désignés encore par les auteurs sous le nom de sarcomes, on voit qu'il s'agit toujours de faits analogues à ceux que nous avons pris pour exemples. Ce sont le plus souvent des tumeurs à production cellulaire très abondante, de telle sorte que la structure des tumeurs s'éloigne ordinairement beaucoup du type normal; d'où la tendance générale à en faire des tumeurs à cellules embryonnaires, conjonctives ou spécialisées. Mais, en somme, on peut parfaitement les rapporter aux éléments tissulaires des organes atteints, plus ou moins modifiés, jusqu'au point d'être méconnaissables.

Cependant les auteurs ont également considéré comme des sarcomes, les tumeurs dont la structure ne s'éloigne guère du type normal : nous voulons parler des lymphosarcomes. Or, ce qui permet de les distinguer d'autres tumeurs, à petites cellules rondes, c'est précisément leur structure typique avec le réticulum. Il ne saurait donc être question de tissus embryonnaires quelconque, et cependant ces tumeurs sont considérées comme des sarcomes, en raison de leurs petites cellules rondes! C'est encore la démonstration de l'inanité des caractères, basés sur la forme et le volume des cellules pour déterminer leur nature.

Il résulte des considérations précédentes, que les tumeurs désignées sous le nom de sarcomes, ne sont pas d'une nature différente de celles des carcinomes et des épithéliomes, puisqu'on peut trouver sur la même tumeur et parfois sur la même préparation, les dispositions anatómiques attribuées à ces dénominations. On a également la preuve que les tissus des sarcomes, des épithéliomes et des carcinomes, doivent être considérés comme étant de même nature que le tissu d'origine de la tumeur et constitués par les mêmes éléments, seulement plus ou moins anormaux, et avec des dispositions variées, d'importance secondaire. En général, les sarcomes offrent une prédominance dans la production des éléments cellulaires qui ont plutôt le caractère atypique, quoique pouvant se rapprocher du type normal ; ce qui est encore en faveur de leur origine.

En somme, *de même que les tumeurs dites épithéliomes ou carcinomes ont été rattachées à leur tissu d'origine et considérées comme des productions anormales de même nature, il faut y ajouter les sarcomes dont la formation et la constitution doivent être interprétées de la même manière pour des raisons aussi justifiées*, en considérant toutes ces dénominations comme correspondant à de simples modifications anormales dans les phénomènes de nutrition et de rénovation des éléments normaux des tissus.

C'est, du reste, par l'étude attentive des transitions que l'on peut observer entre les tumeurs typiques et atypiques qu'on est arrivé à rapporter à leur véritable origine les épithéliomes et les carcinomes, et, par conséquent à établir leur véritable nature, en les rattachant aux tissus normaux de l'organisme. Les observations analogues relatives aux sarcomes doivent donc faire conclure de même.

Thiersch a montré l'analogie présentée par les éléments des tumeurs de la peau et des muqueuses avec les épithéliums de ces organes, et ensuite Waldeyer a fait la même démonstration pour les glandes. « Peu à peu, dit M. Bard, on s'est vu obligé d'étendre à un grand nombre de tissus la propriété de donner naissance à des tumeurs; on l'accorde aujourd'hui tout à la fois à toutes les variétés de tissus conjonctifs, au tissu osseux, aux tissus lymphatiques, aux endothéliums, à tous les épithéliums; mais on se refuse encore à reconnaître là une propriété générale commune à tous les tissus. »

Or, M. Bard nous semble bien avoir fait cette démonstration, non pas théoriquement, mais par l'analyse d'observations précises. Il résulte de ses travaux qu'on rapporte assez volontiers l'origine des tumeurs aux tissus où elles ont pris naissance, pourvu qu'on trouve dans leur structure des éléments rappelant plus ou moins ceux du tissu normal. Les divergences commencent à se produire lorsque les tumeurs sont constituées par des éléments atypiques; de telle sorte que ces tumeurs sont également attribuées à des productions conjonctives sous le nom de sarcomes.

Déjà on a dû démembrer cette classe de tumeurs pour rendre notamment aux sarcomes ganglionnaires leur véritable attribution de productions typiques; et M. Bard a prouvé que les gliomes sont réellement des tumeurs du tissu nerveux central, comme toutes les tumeurs du corps thyroïde appartiennent au tissu de cette glande, qu'enfin ces données doivent être généralisées à tous les organes.

Il suffit, en effet, d'examiner les tumeurs des divers organes en vue de rechercher cette assimilation du tissu des tumeurs à celui des organes où elles se sont développées pour trouver les transitions entre les tumeurs typiques et celles qui sont le plus atypiques. Nous verrons bientôt qu'il n'y a aucune raison pour faire la moindre exception à la *loi primordiale de la formation des tumeurs exigeant que leur nature soit régie par celle du tissu qui leur a donné naissance sous l'influence d'une cause encore indéterminée.* Mais au point de vue de l'histogenèse proprement dite, nous ne pouvons pas mieux adopter la théorie de M. Bard que celle des autres auteurs.

Et d'abord, tous considèrent comme acquis que les productions cellulaires des tumeurs sont engendrées par la prolifération des cellules des divers tissus normaux, à l'exception de Virchow qui fait provenir toutes les cellules de la prolifération des cellules conjonctives et dont la théorie paraît avoir perdu tout crédit parmi les auteurs contemporains. Tous prétendent aujourd'hui que Thiersch a démontré l'origine épithéliale des épithéliums de la peau et Waldeyer l'origine glandulaire des carcinomes. Or, si ces auteurs ont prouvé la véritable nature de ces tumeurs, il ne s'en suit pas qu'ils aient démontré leur mode de production. Ils n'ont pas mieux prouvé la division des cellules différenciées que celle des cellules conjonctives; et si, indépendamment du défaut d'observations précises, il est inadmissible que des cellules conjonctives supposées fixes puissent redevenir embryonnaires pour engendrer indifféremment les divers tissus, on ne peut pas mieux supposer que des cellules sans cesse en voie d'évolution et de rénovation, qui prennent seulement une part transitoire à la constitution de l'organisme, puisqu'elles arrivent à être détruites, puissent en même temps continuer à vivre afin de donner naissance à des cellules nouvelles.

Pour M. Bard, il est vrai, les tumeurs seraient produites d'une tout autre manière que les diverses productions pathologiques, et par conséquent que les productions normales. « Il y a tout lieu de penser, dit-il, que la tumeur débute à l'origine par une cellule unique. Celle-ci prolifère activement; elle transmet par hérédité à ses produits la puissance de multiplication qui est en elle, et l'indépendance dont elle jouit vis-à-vis des influences modératrices de ses voisines. La multiplication indéfinie des éléments de la tumeur est pour nous le facteur unique de son accroissement. » Mais, pour étayer toutes ces hypothèses, M. Bard ne cite que la multiplication cellulaire admise de tout temps, confirmée par la karyokinèse, et la présence du glycogène dans les tumeurs en voie d'accroissement rapide, signalée par M. Brault! Ce n'est vraiment pas suffisant pour entraîner la conviction.

Nous avons dit précédemment comment la karyokinèse ne nous paraissait pas mieux démontrée que les autres modes de division cellulaire admis précédemment, en dehors de la période embryonnaire proprement dite, soit dans les tissus normaux en voie d'évolution, soit dans les productions pathologiques qui ne sont qu'une déviation des premiers et parmi lesquelles se trouvent les tumeurs qui ne sauraient constituer une exception, et ne pourraient être que des productions contre nature.

Du reste les éléments cellulaires évoluent dans les tumeurs d'une manière analogue à celle que l'on peut constater dans le tissu d'origine, très manifestement pour les tumeurs typiques et seulement à un moindre degré d'évidence à mesure qne les tumeurs observées s'éloignent du type normal. L'ensemble des caractères présentés par ces diverses tumeurs est aussi en faveur de leur assimilation. En tout cas ce ne sont pas les quelques figures de pseudo-karyokinèse rencontrées exceptionnellement dans certaines tumeurs qui peuvent rendre compte de l'origine d'une tumeur par « une cellule », suivant M. Bard, ou par « plusieurs cellules privilégiées », suivant M. Fabre-Domergue, ni de son « accroissement par une multiplication indéfinie », supposant la survie de toutes les cellules, que l'on peut voir, au contraire, sur certaines tumeurs, évoluer d'une manière analogue aux cellules normales ou dégénérer, etc. En réalité, la multiplication indéfinie des cellules ne saurait pas plus être admise à l'état pathologique qu'à l'état normal, aucune preuve n'en ayant jamais été fournie, et la théorie même aboutissant à des effets invraisemblables.

M. Fabre-Domergue admet, il est vrai, que « toute tumeur dérive de l'aberration de développement d'un tissu » et que « l'on peut *a priori* pressentir l'existence de toutes les formes transitoires entre le tissu normal initial et les modifications les plus accentuées dans le sens aberrant »; mais il en place le point de départ dans le mode de division des cellules en supposant que « les tumeurs épithéliales ne sont que le résultat d'une déviation anormale de la cytodiérèse ». La production cellulaire par la division des cellules fixes des tissus étant déjà hypothétique, la déviation ainsi admise porte l'hypothèse au plus haut degré. C'est du reste ce qui ressort des explications fournies par l'auteur.

Il admet trois formes de division cellulaire : division directe et bourgeonnement, division indirecte et bourgeonnement, multiplication endogène, mais sans que les preuves qu'il cherche à donner à l'appui de son opinion soient plus convaincantes que celles de ses devanciers. Selon lui « il existe d'une part des variations secondaires infinies, d'autre part des anomalies dans chacun de ces modes. En troisième lieu, enfin, chacun de ceux-ci se relie à ses voisins par des processus intermédiaires »; ces assertions sont toujours sans preuve, et basées seulement sur l'opinion de Waldeyer, à savoir, que « la division directe et la division indirecte ne sont que des variations extrêmes d'un processus unique entre lesquelles on peut trouver toutes les transitions ».

Ce ne doit pas être certainement l'avis d'Hertwig qui rejette absolument la division directe, ni celui des auteurs qui se sont plus particulièrement occupés de la karyokinèse; et cela prouve qu'il s'agit de phénomènes bien mal caractérisés puisqu'ils prêtent à autant d'interprétations diverses, alors que la karyokinèse réelle est si facile à constater, de l'aveu même des auteurs les plus compétents. Du reste, après avoir passé en revue les opinions des auteurs sur les divisions cellulaires, M. Fabre-Domergue arrive à une conclusion assez inattendue : « il ressort, dit-il, aussi nettement que possible de tous ces travaux, la preuve évidente que rien ne permet de distinguer la division cellulaire des tumeurs ou des tissus pathologiques de celle des tissus sains ». Par conséquent, toutes les variations admises précédemment par l'auteur dans les modes de division cellulaire existeraient à l'état normal; ce qui semble bien prouver que toutes les divisions cellulaires admises pour les cellules fixes ne reposent que sur des hypothèses.

Tout aussi hypothétique est la théorie de la désorientation cellulaire présentée par l'auteur pour expliquer la formation des tumeurs épithéliales et glandulaires.

M. Fabre-Domergue suppose qu'à l'état normal la division cellulaire doit toujours se faire dans un sens déterminé, de façon à ce que les cellules résultant de la division puissent suivre leur évolution naturelle. Pour la couche basale du corps de Malpighi, par exemple, le fuseau produit par la division des cellules serait toujours perpendiculaire à la surface cutanée, et par conséquent la plaque équatoriale se trouverait en sens inverse. Or, dans le cas de production d'une tumeur, cette orientation serait modifiée et aurait lieu, par exemple, en sens inverse lorsque des bourgeonnements cellulaires se produiraient dans les parties profondes. Dans les lobules isolés, l'orientation se ferait de manière à ce que les cellules évoluent de la périphérie au centre. Une désorientation analogue se produirait pour le développement des tumeurs aux dépens d'une glande dont les cellules, au lieu de se produire de la périphérie au centre, se développeraient d'une manière excentrique.

L'auteur donne des figures schématiques qui rendent bien compte de sa théorie, mais qui ne sauraient être considérées comme une preuve à l'appui. Il faudrait d'abord démontrer que les cellules sont engendrées par la division des cellules de la couche basale, ce qui n'est encore qu'une hypothèse. Il faudrait ensuite admettre une deuxième hypothèse basée sur la première : le changement d'orientation des cellules pour lequel l'auteur est obligé de supposer l'existence d'une zone neutre encore plus hypothétique, si possible, et invraisemblable ; puisque, les cellules évoluant à partir de ce point en sens inverse, il devrait exister une séparation dont il n'est pas fait mention.

Cette théorie n'ajoute rien aux faits connus précédemment, à savoir que les cellules épithéliales qui bordent la couche profonde du corps de Malpighi plus ou moins augmenté de volume et déformé, ou celles de la périphérie des lobules épithéliaux réguliers ou irréguliers, évoluent dans le premier cas vers la périphérie et dans le second vers les parties centrales. Mais elle a surtout pour but d'expliquer comment l'épithélium de Malpighi peut « pousser des prolongements dans les parties profondes », ainsi que l'admettent tous les auteurs, sans qu'ils aient auparavant recherché par quel mécanisme ce phénomène pouvait se produire. Or, nous croyons que si M. Fabre-Domergue n'a pas réussi à l'expliquer, c'est que, en réalité, il n'existe pas et ne peut pas exister, comme il est facile de s'en rendre compte.

En effet, si l'on considère le corps de Malpighi épaissi, avec des prolongements irréguliers dans les parties profondes du derme, on ne saurait admettre que la couche basale à laquelle on attribue

le pouvoir générateur des cellules va fournir des éléments évoluant à la fois dans les deux directions, superficielle et profonde.
Outre que cette *hypothèse* est absolument en opposition avec ce qui
se passe à l'état normal, *l'observation simple des faits*, indépendamment de toute conception théorique, *montre l'impossibilité de
sa réalisation*, sur laquelle nous avons déjà appelé l'attention à
propos de l'inflammation de la peau. (Voir p. 176.)

On peut s'assurer d'abord que, quels que soient le volume et la
forme du corps de Malpighi modifié par les néoplasies, l'évolution
des cellules a toujours lieu de la partie profonde à la partie superficielle où se trouvent les cellules kératinisées accumulées en plus
grande quantité et d'une manière plus ou moins anormale.

D'autre part, quel que soit le prétendu enfoncement d'un bourgeon épithélial, on ne voit jamais les parties profondes évoluer à
la façon des parties superficielles. Au contraire, si profondément
que se trouve le bourgeon, il présente toujours à sa limite inférieure une rangée de cellules cylindriques ou ayant de la tendance à prendre cette forme, qui évoluent constamment vers la
superficie.

Il peut même arriver que les prolongements épithéliaux dans
les parties profondes deviennent tout à fait allongés jusqu'à être
filiformes à leur extrémité inférieure; mais on y trouve toujours
la même disposition des cellules basales qui les limitent et qui
évoluent de la même manière vers les parties superficielles. Or, en
supposant, avec les auteurs, que les cellules évoluent d'un point
plus ou moins élevé du bourgeon épithélial vers les parties profondes par multiplication cellulaire, il est impossible de se figurer
comment ce processus pourrait aboutir au phénomène constaté ;
car on est obligé d'admettre que ces cellules cesseraient graduellement de se produire dans leur sens habituel (ce qui serait en opposition avec le fait bien manifeste de l'hyperplasie cellulaire d'où
résulte principalement la tumeur), et de plus que les cellules pas-
seraient de l'état polyédrique à l'état cylindrique, ce qui serait
absolument contre nature.

Enfin, il faudrait encore admettre qu'à côté de ces productions
allant en s'effilant dans les parties profondes, il y en aurait d'autres
qui iraient au contraire en augmentant, de manière à former des
renflements lobulaires, toujours par le même mécanisme, qu'on
suppose ainsi capable de donner lieu à des phénomènes absolument opposés, et en tout cas en opposition avec nos connaissances
biologiques.

Ces observations seules réduisent à néant, non seulement toutes les hypothèses de l'enfoncement des bourgeons épithéliaux et de la désorientation cellulaire, mais encore toutes celles qui se rattachent à la prétendue origine des tumeurs par division des cellules fixes du revêtement cutané, puisque *la supposition de cette division pour donner lieu aux néoproductions n'est pas compatible avec les faits observés et se trouve, par conséquent, absolument invraisemblable.*

Ce que nous venons de dire au sujet de l'épithélium cutané, qui est particulièrement favorable pour mettre en évidence l'impossibilité des hypothèses que nous combattons, est également applicable aux néoplasmes affectant les muqueuses dont les épithéliums de revêtement ont un caractère plus ou moins typique.

Pour les épithéliomes des muqueuses à épithélium pavimenteux stratifié, on observe les mêmes phénomènes que pour l'épithélium cutané, et nous ne pourrions que répéter ce qui vient d'être dit.

Dans les épithéliomes des muqueuses à une seule rangée de cellules de formes diverses, on ne voit pas davantage les cellules pourvues de prolongements en sens inverse de leur direction normale. Elles continuent d'évoluer plus ou moins anormalement, il est vrai, mais toujours des parties profondes aux parties superficielles où se trouvent les débris des cellules altérées.

Il en est de même encore pour les glandes, ainsi qu'on peut s'en convaincre en examinant les productions qui s'éloignent peu du type normal. On voit les culs-de-sac glandulaires plus ou moins augmentés de volume et irréguliers, par suite d'une surproduction cellulaire, mais dont toutes les cellules évoluent de la périphérie au centre pour aboutir à la formation de déchets cellulaires dans les parties centrales et non à la périphérie où les cellules ont leurs caractères plus ou moins typiques. Quel que soit le nombre des cellules surajoutées à la périphérie des culs-de-sac, on ne voit jamais les cellules présenter un aspect indiquant leur évolution dans le sens excentrique, comme cela devrait être s'il y avait une désorientation cellulaire ou même des prolongements périphériques par multiplication cellulaire provenant de la division des cellules basales.

On peut observer des cavités glandulaires agrandies irrégulièrement, parfois même avec des saillies dentritiques de la paroi dans la cavité qui a souvent pris la disposition kystique; mais on ne voit pas les cellules qui tapissent la cavité créer des cavités

nouvelles par une évolution excentrique, comme on l'admet d'une
manière générale depuis les travaux de MM. Malassez et de Sinéty.
Ces auteurs, en effet, considèrent les amas cellulaires sous-épithé-
liaux comme des « enfoncements épithéliaux pleins » ; ce qui prouve
déjà qu'avec leur grande compétence, ils leur trouvent des caractères permettant de les assimiler aux cellules épithéliales. Le reste
est de l'interprétation. Toute la question est de savoir si les éléments épithéliaux peuvent s'enfoncer dans le tissu conjonctif
sous-jacent sous l'influence d'une force qui reste à déterminer, en
même temps qu'ils évoluent dans le sens des épitheliums normaux,
comme l'admettent aussi ces auteurs, c'est-à-dire dans un sens
opposé?

Poser la question, c'est la résoudre, en prenant en considération
les raisons que nous avons fait valoir précédemment à ce sujet;
d'autant, bien entendu, qu'il s'agit, non de formation embryonnaire, ni d'une production sans analogie avec les phénomènes
normaux, mais bien de productions anormales, pouvant toujours
être considérées comme la continuation de phénomènes normaux
seulement plus ou moins modifiés.

On remarquera seulement que les grandes cavités à parois
irrégulières se produisent dans un stroma de faible consistance,
riche en cellules, par suite de formations épithéliales abondantes, et de la fusion de plusieurs cavités contiguës. Les nouvelles cavités ont leur origine au sein d'éléments cellulaires
indépendants, voisins ou éloignés des cavités déjà formées, dont
l'épithélium de revêtement évolue toujours dans le même sens, en
formant des déchets que l'on trouve en plus ou moins grande
abondance dans ces cavités, tandis que leur paroi est toujours
bordée par l'épithélium typique.

Nous aurons, du reste, à revenir sur tous ces faits à propos de
la constitution et de l'évolution des tumeurs.

ROLE DES CELLULES CONJONCTIVES DANS LES TUMEURS
HISTOGENÈSE

Avec l'hypothèse de la production des tumeurs par la division
initiale et anormale d'une ou de plusieurs cellules fixes d'un tissu,
on ne peut expliquer d'une manière rationnelle la production de la
substance conjonctive qui se trouve toujours en plus ou moins
grande quantité dans le stroma des tumeurs, d'autant qu'on admet

la spécificité de prolifération des éléments cellulaires, et ordinairement d'un seul élément. C'est au point qu'en général les auteurs ne s'occupent plus que de cet élément ou ne considèrent les autres productions que comme accessoires et à peu près identiques dans chaque cas, ce qui constitue, selon nous, une *grosse erreur d'observation.*

La plupart des auteurs, en effet, se bornent à mentionner simplement la présence du tissu conjonctif, sans chercher à l'expliquer, en notant, toutefois, que l'hyperplasie conjonctive est ordinairement en rapport avec celle des éléments fixes du tissu qui est le siège de la tumeur. Quelques-uns cependant attribuent la production des cellules conjonctives à une réaction ayant pour origine la présence anormale des cellules propres du tissu, mais ils n'indiquent pas autrement leur mode de production et ne cherchent même pas à prouver que les cellules conjonctives apparaissent secondairement ; de telle sorte que l'explication se réduit à une simple constatation.

M. Bard s'est préoccupé davantage de la présence du tissu conjonctif dans les tumeurs et a cherché à faire concorder les faits observés avec sa théorie, mais sans parvenir, croyons-nous, à un meilleur résultat.

Bien que notre collègue considère le tissu conjonctif comme parfaitement « spécialisé », pour ce qui concerne la production des tumeurs de cette nature, il lui fait encore jouer le rôle de tissu « accessoire ». Il admet qu'il existe entre l'épithélium glandulaire et la charpente connective, par exemple, « une solidarité automatique telle, que la prolifération de l'un d'eux, non seulement entraîne dans quelque mesure la prolifération de l'autre, mais encore la dirige et la commande, de telle sorte que l'édification en ait lieu d'une manière donnée ».

« Il résulte de là, ajoute-t-il, que la nature et la distribution des tissus accessoires, étant elles-mêmes fonctions du tissu fondamental, contribuent à caractériser l'aspect histologique du néoplasme... » Cependant l'auteur admet également que le tissu accessoire peut jouer le rôle de tissu fondamental, car « de même que la végétation néoplasique du tissu épithélial glandulaire détermine par son influence la formation d'un stroma connectif, de même la végétation néoplasique du tissu connectif interacineux détermine une prolifération correspondante du tissu glandulaire lui-même... » Dans ce dernier cas, c'est le tissu conjonctif qui « non seulement entraîne la prolifération de l'autre, mais encore

la dirige et la commande ». C'est en vain que, dans un cas comme
dans l'autre, on cherche la preuve de cette assertion qui, en
somme, équivaut à la simple constatation du fait de la prédominance de certains éléments cellulaires d'un tissu dans les tumeurs.
Il est encore des cas où les éléments glandulaires et conjonctifs
sont à la fois assez nombreux pour qu'il soit difficile de décider
quels sont les éléments prédominants et ceux qui commandent
aux autres. Ces cas ne sont cependant pas rares, puisque certaines
tumeurs sont considérées par quelques auteurs comme étant de
nature glandulaire, tandis que d'autres les font de nature conjonctive. L'aspect d'une même tumeur peut aussi varier suivant les
points que l'on examine, présentant du tissu glandulaire prédominant sur certaines parties et une plus grande quantité de tissu
conjonctif sur d'autres points. Le tissu « qui commande et qui
dirige » sera-t-il aussi variable avec ces parties ? En invo-
quant une « influence spécifique inductive » pour expliquer le
fait, M. Bard n'en rend pas mieux compte qu'en le constatant
simplement.

Il est évidemment impossible de reconnaître l'action directrice
d'un tissu dans la production d'une tumeur, pas plus, du reste,
que le point de départ de cette tumeur dans la prolifération d'une
ou de plusieurs cellules de ce tissu. En outre, avec ces hypothèses,
les tumeurs seraient des néoproductions surajoutées aux tissus de
l'organisme, c'est-à-dire une chose contre nature à proprement
parler.

Rapport des cellules conjonctives avec les cellules propres des tissus.

Toutes les observations qu'on peut faire sur les tumeurs montrent d'une manière évidente qu'il existe une solidarité constante
entre les cellules propres correspondant aux tissus affectés et les
cellules dites conjonctives, c'est-à-dire qui sont immédiatement en
rapport avec les premières, et qu'il ne faut pas confondre avec le
tissu fibreux proprement dit, ni même avec la charpente fibro-
vasculaire, quoiqu'il existe une transition insensible entre les
éléments constituants de cette charpente et ceux de la substance
conjonctive. C'est qu'il s'agit des éléments indispensables à la
constitution des tumeurs, comme ils le sont à la constitution des
tissus normaux dont les tumeurs ne sont en somme qu'une
déviation.

Cette seule considération pourrait suffire pour expliquer la présence constante des cellules conjonctives dans les tumeurs. Mais en poussant plus loin les investigations, on arrive à se rendre compte du rôle important joué par ces éléments, dans la production des cellules propres des tissus et de celles qui leur correspondent dans les tumeurs aux divers degrés de leur évolution, avec les déviations les plus variées au point de vue du volume, de la forme, de la constitution du noyau et du stroma, des modifications de structure, etc. ; tous ces phénomènes étant en rapport avec l'état de la vascularisation qui est également très variable.

Cellules propres et cellules conjonctives dans les tumeurs épithéliales.

Nous avons vu précédemment que les productions cellulaires exagérées constatées dans les tumeurs ne pouvaient provenir de la division des cellules épithéliales ou glandulaires, en raison de ce qu'on ne constate pas cette division, que cette hypothèse est en contradiction avec les faits observés, et qu'on ne rencontre ni cellules-filles comme produits de la division attribuée aux cellules-mères, ni cellules embryonnaires d'aucune sorte.

Cependant il faut bien qu'il y ait des cellules jeunes pour remplacer les anciennes au fur et à mesure de leur évolution et de leur disparition. Elles existent assurément, mais on n'en trouve pas ailleurs que dans le tissu conjonctif, ce qui constitue déjà une forte présomption en faveur de leur provenance conjonctive.

Nous avons déjà reconnu que ce n'est pas une opinion nouvelle, mais qu'elle est aujourd'hui, en général dédaigneusement repoussée, au point que les auteurs les plus récents n'en font même plus mention ou ne la signalent que comme une ancienne erreur d'interprétation, sans autre examen. C'est une tendance générale qui repose, non sur l'examen des faits, mais seulement sur l'engouement pour des conceptions théoriques dont nous pensons avoir prouvé la fragilité.Du reste, dans tous les cas incertains, il faut se reporter aux observations, afin d'en tirer d'abord toutes les déductions possibles permettant d'arriver à une interprétation rationnelle. C'est ce que nous nous proposons de faire.

Si l'on considère les préparations d'une tumeur épithéliale ou glandulaire plus ou moins typique, on peut constater d'abord qu'il n'existe pas de cellules jeunes ailleurs que dans le tissu conjonctif, et ensuite qu'il y a un rapport direct entre la proportion des cellules épithéliales ou glandulaires et celle des cellules du tissu conjonctif, autrement dit entre l'état des prod ctions cellulaires

propres et celui des cellules du stroma. Si ce dernier est fibreux
et plus ou moins dense avec peu de cellules, on n'aura qu'une production assez restreinte d'éléments épithéliaux ou glandulaires,
tandis que s'il est constitué par une matière de faible consistance
et remplie de cellules, on verra qu'il existe simultanément des
productions épithéliales ou glandulaires très abondantes. Dans tous
les cas on trouve toujours près des cellules propres une plus ou
moins grande quantité de jeunes cellules dites conjonctives qui
sont surtout bien mises en évidence sur les préparations provenant
de fragments durcis par l'acide carbonique ou l'air liquides.

On peut aussi très bien constater l'analogie qui existe entre les
cellules épithéliales et glandulaires d'une part et d'autre part celles
qui se trouvent à proximité dans le stroma. Les noyaux sont en
général assez semblables pour toutes ces cellules dont la différence
porte principalement sur le protoplasma au point de vue de la
quantité et de la forme, qui dépendent de la situation occupée par
les cellules.

D'une manière générale, les cellules conjonctives sont plus
petites, pour ce qui concerne le noyau et surtout le protoplasma
qui est souvent à peine appréciable et n'a pas alors de forme
déterminée. Ces différences sont d'autant plus marquées qu'on
examine des tissus peu pourvus d'éléments cellulaires et à stroma
fibreux. Mais elles s'effacent graduellement à mesure que l'on
considère des tissus de plus en plus riches en cellules. Il peut
même arriver un moment où l'on trouve une assimilation complète
entre les cellules propres du tissu et celles qui sont dites conjonctives, au point qu'on peut difficilement établir entre elles une
ligne de démarcation.

La similitude d'aspect que présentent les noyaux et le protoplasma de toutes les cellules est particulièrement démonstrative sur
les cellules des tumeurs, offrant quelques caractères particuliers
propres à indiquer sûrement leur nature, comme dans les tumeurs
du corps thyroïde, dans toutes celles des glandes ayant subi des
dégénérescences, dites mucoïde, colloïde, etc.

C'est en outre sur les préparations par dissociation à l'état frais
qu'on peut encore bien mieux se rendre compte de la similitude de
constitution de toutes les cellules d'une tumeur (qu'elles soient
rondes, fusiformes ou polygonales, de volume quelconque) et par
conséquent de l'identité de leur nature.

Cette conclusion nous paraît indéniable, parce que les variations
de volume et de forme des cellules, qui dépendent des conditions

de nutrition et des modifications de structure, ne permettent pas d'en faire des éléments de nature différente. Autrement on serait bien embarrassé pour classer les tumeurs, dont les cellules propres elles-mêmes se présentent toujours avec des variations plus ou moins prononcées de volume et même de forme, suivant les points examinés et suivant les conditions dans lesquelles ces cellules ont pu s'alimenter et se développer.

En répétant les examens des tumeurs à ce point de vue, soit à l'état frais, soit sur les préparations durcies, on ne tarde pas à se faire une opinion basée sur des observations précises. Les faits de ce genre ne sont pas rares; ils s'observent au contraire très communément et nous paraissent absolument démonstratifs de la formation des éléments propres des tissus épithéliaux et glandulaires par les jeunes éléments dits conjonctifs, qui viennent les remplacer au fur et à mesure de leur disparition à la surface des épithéliums cutanés et muqueux, ainsi qu'à celle des organes sécréteurs des glandes.

Comme il s'agit d'une exagération plus ou moins prononcée d'actes normaux, il n'est pas étonnant que dans ces conditions les phénomènes de la production cellulaire soient plus manifestes qu'à l'état normal et qu'ils servent même à leur démonstration.

En examinant la figure 164 qui représente un épithéliome lobulé de la peau, on a la preuve évidente que les épaississements et les prolongements du corps de Malpighi dans les parties profondes du derme sont dus à l'adjonction des cellules conjonctives à sa partie profonde, où peu à peu elles viennent former les cellules de la couche basale, à mesure que les précédentes gagnent les régions supérieures. Mais c'est surtout à l'extrémité et sur les parties latérales des prolongements épithéliaux interpapillaires, que l'on voit bien se former les amas de cellules nouvelles. On peut y saisir toutes les formes évolutives du corps de Malpighi depuis les cellules jeunes qui deviennent cylindriques, puis se transforment en cellules polyédriques jusqu'à ce que ces dernières donnent lieu à une production plus abondante de cellules kératinisées qui s'accumulent à la superficie.

L'augmentation des productions épithéliales irrégulières ou disposées en lobules a lieu évidemment de la même manière, dans le stroma dermique très vascularisé et en état d'hyperplasie cellulaire. On voit bien que ce sont les cellules surajoutées à la périphérie des lobules qui augmentent le volume des productions épithéliales, dont l'évolution, ne pouvant se faire au niveau d'une

surface libre, a lieu vers les parties centrales, c'est-à-dire vers les
points qui sont, comme au niveau des surfaces libres, le plus éloignés des formations nouvelles et des vaisseaux ; les conditions de
nutrition devant certainement influer sur les transformations évolutives des cellules qui ne peuvent être considérées comme des
êtres indépendants, ainsi qu'on a de la tendance à le croire.

Il arrive même, dans les cas où les productions épithéliales sont

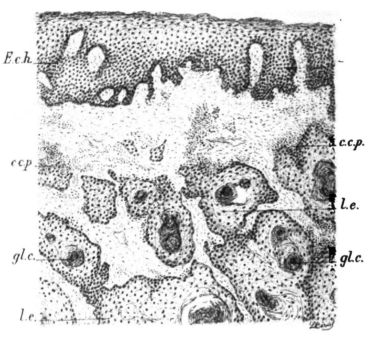

FIG. 164. — *Epithéliome lobulé de la peau.*

E.c.h., épithélium cutané hyperplasié irrégulièrement épaissi. — *l.e.*, lobules épithéliaux présentant vers leur partie centrale des globes cornés. *gl.c.*, au milieu du derme très vascularisé et en
état d'hyperplasie cellulaire. — *c.c.p.*, cellules conjonctives préépithéliales particulièrement abondantes autour des lobules épithéliaux comme près de la couche épithéliale superficielle.

très abondantes, que les cellules conjonctives elles-mêmes, avant
d'être en place pour constituer le corps de Malpighi, prennent
déjà des caractères de similitude du noyau et de la substance protoplasmique, qui ne laissent aucun doute sur leur nature épithéliale, car il n'y a de différence que dans la forme des cellules qui,
au lieu d'être cylindriques ou polyédriques, sont arrondies, ovalaires ou même fusiformes. C'est aussi sous ces formes variées que

se présentent les cellules épithéliales à l'état d'infiltration dont
nous nous occuperons bientôt.

L'examen des tumeurs ayant leur origine sur une muqueuse à
épithélium non stratifié et dont les cellules peuvent être de forme
et de volume divers montre aussi très évidemment la formation de
l'épithélium par les cellules conjonctives sous-épithéliales; car sur
le point même d'implantation de l'épithélium on voit une ou
plusieurs cellules jeunes de petites dimensions absolument sem-

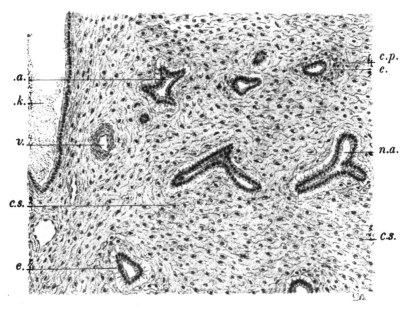

Fig. 165. — *Tumeur kystique du sein.*

n.a., néoproduction acineuse. — *n.k.*, néoproduction kystique. — *e.*, épithélium à protoplasma-
hyalin. — *c.p.*, cellules périacineuses hyalines. — *c.s.*, cellules hyalines du stroma. — *v.*, vaisseaux.

blables aux cellules voisines du tissu conjonctif. L'assimilation des
cellules épithéliales et des cellules du stroma, dites conjonctives,
est d'autant plus manifeste qu'on examine des préparations où les
productions sont plus abondantes.

Il en est de même pour les néoproductions glandulaires. Sur une
préparation de tumeur kystique de la glande mammaire (fig. 165),
on voit, dans un stroma de faible consistance et très riche en cellules, beaucoup de cavités glandulaires néoformées et l'une d'elles
devenant kystique. L'épithélium cylindrique qui tapisse ces cavités

est légèrement détaché de sa ligne d'implantation, probablement
par suite de la rétraction provenant du durcissement et parfois des
manipulations nécessitées pour la préparation. Or, il reste, adhérente à la paroi, une rangée de petites cellules qui, sur les points
où l'épithélium ne s'en est pas séparé, se confond avec les cellules
cylindriques dont les noyaux semblent seulement plus nombreux.
En même temps, il est facile de constater que ces petites cellules
ne proviennent pas de la division des cellules cylindriques qui ont
toutes la même hauteur, et que d'autre part leur protoplasma
hyalin est semblable à celui des cellules du stroma avec lesquelles
elles se confondent même sur certains points. Il en résulte qu'on
ne peut pas avoir de démonstration plus manifeste du passage des
cellules du stroma dans la cavité glandulaire et de leur adaptation
comme cellules épithéliales lorsque celles qui se trouvent plus
superficiellement placées ont disparu.

Non seulement on voit les cellules du stroma fournir les
éléments propres de l'organe, mais on peut aussi assister à la
formation d'éléments glandulaires à travers ce stroma dans les
points où les néoproductions sont le plus abondantes, en suivant
toutes les transitions entre un amas cellulaire du stroma et la production d'une cavité glandulaire typique bien caractérisée. On
remarque, en effet, que certains amas cellulaires commencent à
présenter à leur centre une légère cavité claire, translucide. Puis,
sur un autre amas, la cavité est plus large et des cellules sont rangées tout autour, en prenant une forme déterminée par pression
réciproque et par l'espace dont elles peuvent disposer. Enfin,
d'autres cavités claires encore plus grandes ont leur paroi tapissée
par des cellules qui se rapprochent de plus en plus de celles des
cavités typiques avec lesquelles elles se confondent. Il est encore
rationnel d'admettre que la distension des cavités par le liquide
sécrété favorise leur agrandissement en faisant place à de nouvelles
cellules qui, mécaniquement, viennent s'apposer à la périphérie où
sont accumulées les cellules du stroma.

On peut de la sorte se rendre compte aussi bien que possible
de la manière dont les cellules épithéliales, endothéliales et glandulaires sont remplacées par les cellules voisines du stroma, dites
conjonctives, au fur et à mesure de leur destruction, pendant
qu'on trouve toujours les débris cellulaires à la surface des épithéliums et dans les cavités glandulaires. On voit que les cellules
propres abondamment produites ont nécessairement pour substratum une abondante production de cellules dans le stroma où l'on

peut même assister, pour ainsi dire, à la naissance de cavités glandulaires nouvelles aux dépens des mêmes éléments qui assurent leur entretien.

Il ne faudrait pas croire, cependant, que dans ce dernier cas il y a création d'organes nouveaux surajoutés aux anciens; il y a seulement substitution de cavités glandulaires nouvelles au tissu ancien; ces néoformations résultant de la *continuation des productions cellulaires dans un tissu dont la structure est plus ou moins modifiée et parfois complètement bouleversée.* Et comme ces cellules sont produites en grande quantité, il y a des néoproductions irrégulières dans les points où les cellules formées en amas s'arrêtent et évoluent en fournissant leur sécrétion habituelle ou une sécrétion analogue; d'où la formation des cavités glandulaires, au pourtour desquelles se rangent les jeunes cellules en prenant la disposition régie par les conditions physiques où elles se trouvent. C'est ainsi que sur une même préparation, on peut voir des cavités tapissées par des cellules basses cubiques et par des cellules cylindriques hautes, avec toutes les variations intermédiaires, et même des tubes glandulaires pleins.

Il s'agit si bien dans ces cas, de la simple continuation dans les productions cellulaires seulement plus abondantes et anormales, qu'on peut constater des phénomènes analogues dans les processus inflammatoires précédemment examinés. La seule différence réelle qui existe dans les deux cas, c'est que, pendant que ceux-ci tendent à la guérison par la formation simultanée ou ultérieure d'un tissu de cicatrice ou tout au moins de sclérose, les tumeurs sont constamment le siège de néoformations nouvelles qui évoluent assurément suivant leur type, mais d'une manière plus ou moins anormale et excessive, sans jamais aboutir à la guérison spontanée.

Cellules propres et cellules conjonctives dans les tumeurs des tissus non épithéliaux.

Après avoir cherché à démontrer l'identité de nature et l'association intime des cellules conjonctives et des cellules propres dans les tumeurs développées aux dépens des tissus épithéliaux de revêtement ainsi que des tissus glandulaires, et qui correspondent aux mêmes éléments normaux déviés, il faut encore examiner ce qui se passe dans les tumeurs qui ne sont pas de nature épithéliale et où la même démonstration peut être faite d'une manière encore plus évidente, en raison de l'association plus intime des cellules conjonctives et des cellules propres, qui sont en quelque sorte confondues, et où l'on ne voit pas non plus les cellules propres se diviser.

On sait que le tissu névroglique faisant fonction de tissu conjonctif dans les centres nerveux est considéré par les histologistes comme bien différent de ce dernier, puisqu'ils assimilent ses cellules aux cellules nerveuses. Or, nos recherches tendent à prouver que ce fait n'est pas particulier au système nerveux, les autres organes présentant tous également des éléments conjonctifs de même nature que leurs cellules propres. Il en résulte que ce qui se passe à ce sujet dans les centres nerveux ne constitue pas une exception, et que cela vient confirmer notre conception générale relative aux *cellules conjonctives des organes qui leur appartiennent en propre et qu'il ne faut pas confondre avec le tissu fibreux*, comme on a coutume de le faire.

Or, toutes les tumeurs des centres nerveux désignées sous le nom de gliome appartiennent bien au tissu nerveux, quoiqu'il entre dans leur constitution des éléments qui se rapprochent plus ou moins, tantôt des cellules nerveuses et tantôt des cellules de la névroglie, avec toutes les variations intermédiaires, comme on le voit sur la figure 166. C'est ainsi qu'on peut observer des tumeurs constituées par des grandes ou des petites cellules, arrondies, ovalaires ou fusiformes, souvent avec des prolongements en pinceau ou en pattes d'araignées; mais on a toujours affaire à des tumeurs du tissu nerveux central.

On peut, du reste, constater assez facilement une transition insensible entre la substance cérébrale saine et les parties les plus altérées, non seulement par l'examen fait à l'œil nu, comme nous l'avons déjà indiqué, mais encore par l'examen histologique, en suivant les modifications graduelles qui sont produites dans le nombre, la forme et le volume des cellules, ainsi que dans la substance granuleuse intermédiaire et dans sa vascularisation.

On ne peut, à l'exemple de la plupart des auteurs, considérer ces tumeurs comme se rapportant uniquement à des productions névrogliques, parce qu'il y a encore d'autres cellules d'aspect variable et parfois très volumineuses avec une substance intermédiaire constituant un tissu analogue au tissu nerveux, mais plus ou moins dévié, et qu'il s'agit en somme de tumeurs de ce tissu, formées par des productions plus ou moins atypiques où les cellules dites conjonctives ont seulement de la tendance à prédominer.

C'est à tort que les myomes sont souvent désignés sous le

nom de fibro-myomes, laissant croire qu'il s'agit d'un tissu mixte, constitué à la fois par du tissu fibreux et du tissu musculaire à fibres lisses; à moins de vouloir ajouter le préfixe *fibro* à la dénomination de tous les tissus, puisque tous, normaux ou anormaux, présentent une charpente fibro-vasculaire plus ou moins prononcée, et que les myomes se trouvent simplement dans les mêmes conditions.

En effet, si l'on examine un léiomyome, on voit qu'il est constitué parfois par de grandes fibres formant des faisceaux denses et irrégulièrement entre-croisés. Dans ces cas, il existe si peu de

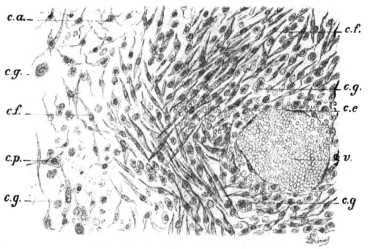

Fig. 166. — *Gliome du cerveau* (formations exubérantes et récentes
à un fort grossissement).

v., vaisseau. — *c.e.*, cellules de l'endothélium. — *c.f.*, cellules fusiformes. — *c.p.*, cellules pyramidales. — *c.a.*, cellules en araignée. — *c.g.*, cellules surchargées de granulations graisseuses.

substance intermédiaire entre les fibres, qu'elles paraissent en contact les unes avec les autres, et on n'en trouve bien manifestement quelques traces que vers les points d'entre-croisement des faisceaux et surtout autour des vaisseaux. Là, il existe des cellules moins volumineuses dans une substance hyaline offrant une analogie parfaite avec l'aspect du protoplasma cellulaire. En tout cas les cellules qu'on peut rencontrer sur divers points ont partout le même aspect.

Mais c'est surtout lorsqu'on examine des myomes plus ou moins volumineux à développement rapide, qu'on trouve des cellules de volume plus variable et notamment des cellules plus petites

dans un stroma plus abondant, avec lequel le protoplasma cellulaire se confond absolument.

Or, par la dissociation de ces tumeurs à l'état frais, dont la
figure 167 offre un spécimen, on se rend bien compte qu'il n'existe
pas deux espèces de cellules ; car toutes ont le même noyau, seulement de volume variable, et un protoplasma également variable
comme quantité, mais constitué par une même substance. Identique aussi est la substance intermédiaire qu'on voit entre les
cellules et qui se confond à tel point avec elles qu'il est souvent
difficile de dire s'il en existe réellement et si l'on ne se trouve pas

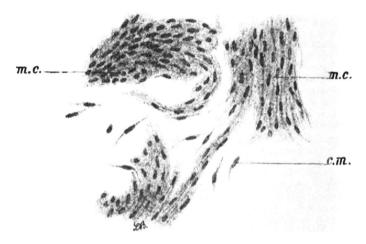

Fig. 167. — *Myome utérin*. (Dissociation à l'état frais.)
m.c., masses cellulaires. — *c.m.*, cellules musculaires.

simplement en présence de noyaux plus ou moins allongés dans
une masse protoplasmique. Toutefois, les cellules que l'on peut
détacher de la masse, et qui sont, en général, plus ou moins fusiformes en raison de la pression qu'elles subissent réciproquement,
offrent toutes le même aspect. *Aucune ne peut être rationnellement
attribuée à un autre tissu*, même dans les points où elles sont le
plus petites avec beaucoup de substance intermédiaire, et jusqu'au
pourtour des vaisseaux où l'on peut voir une certaine quantité de
substance hyaline interposée pour constituer la charpente fibro-
vasculaire.

On ne voit pas non plus les fibres-lisses dites adultes se diviser
pour former les jeunes cellules. Celles-ci se présentent souvent sous

l'aspect d'amas disposés surtout autour des vaisseaux et groupés irrégulièrement loin des fibres se trouvant à un stade plus avancé. En outre l'on peut bien apprécier les transitions que présentent les jeunes cellules pour passer à l'état de celles qui sont plus développées.

Il en est de même pour les tumeurs du tissu fibreux où l'on trouve partout des cellules de volume variable, mais de constitution identique entre les faisceaux fibrillaires ou hyalins (fig. 168).

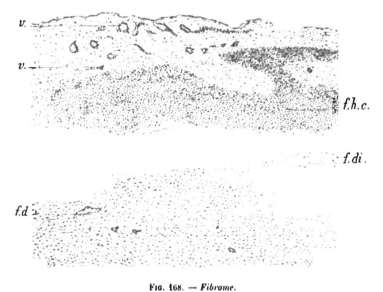

FIG. 168. — *Fibrome.*

f.d., tissu fibreux dense. — *f.d.i.*, faisceaux fibreux dissociés. — *f.h.c.*, faisceaux fibreux avec hyperplasie cellulaire intense donnant à cette partie l'aspect sarcomateux. — *v*, vaisseaux.

Lorsque les productions cellulaires sont très abondantes, la substance hyaline intermédiaire est produite en moins grande quantité jusqu'au point où elle fait pour ainsi dire défaut; de telle sorte qu'il n'y a plus que des cellules se présentant sous la forme sarcomateuse. La tumeur est bien encore de nature fibreuse, quoiqu'il n'y ait plus de substance caractéristique; parce qu'elle a pris naissance dans un tissu fibreux, et que, si l'on a observé les transformations initiales, on a pu voir les premières productions (encore constituées par un tissu analogue au tissu normal), présenter des aspects de plus en plus atypiques, tout comme on l'observe dans beaucoup de tumeurs glandulaires. Mais dans tous

les cas les tumeurs se sont développées aux dépens des jeunes
cellules, dites conjonctives, produites en grande quantité, dans
des conditions anormales.

Dans l'enchondrome d'un os (fig. 169), toutes les cellules qu'on
trouve, quels que soient leur volume et leur forme, excessivement
variables, sont constituées par un noyau et un protoplasma de même
aspect dans une substance hyaline intermédiaire caractéristique,
quoique également variable dans sa constitution. Il y a sur certains
points, et notamment à la périphérie des lobules cartilagineux, des
cellules plus petites, qui paraissent plus jeunes et susceptibles
d'un développement plus grand, mais qui ne sont pas d'une nature
différente et représentent l'élément conjonctif du tissu. Celui-ci, du
reste, se confond insensiblement avec celui de la charpente fibro-
vasculaire tant au point de vue des cellules que de la substance
intermédiaire. Celle-ci devenant fibrillaire et plus serrée, en même
temps que les cellules, pressées entre les faisceaux fibreux, deviennent plus petites.

On ne voit pas les enchondromes se produire au niveau d'un
cartilage préexistant, précisément parce que les tumeurs ne naissent
pas de la division des cellules arrivées à leur entier développement,
dites adultes, et que le cartilage ne fournit pas les éléments cellulaires qui s'y trouvent, lesquels proviennent d'un tissu pourvu
de vaisseaux, c'est-à-dire du tissu osseux voisin qui a presque
complètement disparu sur le point figuré ci-dessus.

Les tumeurs des os ne sont pas non plus formées par la division
des éléments cellulaires constituant les corpuscules osseux. Elles
proviennent des éléments cellulaires jeunes qui se trouvent sous
le périoste, ainsi que dans la moelle osseuse; et qui, à la suite
d'une production surabondante, aboutissent à la formation anormale d'un nouveau cartilage ou d'un os nouveau, l'os ancien disparaissant toujours au fur et à mesure des productions nouvelles
où tous les éléments cellulaires sont bien évidemment semblables
et par conséquent de même nature. On les voit, du reste, tous
dans la substance fondamentale hyaline, présenter peu à peu une
infiltration calcaire et une ossification plus ou moins prononcée:
ces produits cartilagineux et osseux de nouvelle formation étant
toujours constitués d'une manière anormale, ce qui permet de les
différencier du cartilage et de l'os anciens.

Bien plus souvent, les nouvelles productions n'arrivent pas à ce
degré d'organisation même imparfait, et se présentent sous des
aspects atypiques variables, mais en rapport plutôt avec l'état des

éléments cellulaires de la moelle osseuse ou du périoste. C'est ainsi que sont produites les tumeurs sarcomateuses des os, constituées par de petites cellules ou des cellules volumineuses à noyaux multiples, désignées par Ch. Robin sous les noms de tumeurs à médullocelles et à myéloplaxes.

Ces tumeurs peuvent se présenter sous des formes encore plus variées tout en ayant la même origine dans les éléments jeunes de l'os. Ainsi il arrive parfois qu'elles simulent des productions kystiques (sarcome kystique des os), lorsque le protoplasma des

FIG. 169. — *Chondrome malin.*

c.c., cellules cartilagineuses ayant encore leur capsule reconnaissable. — *c.c.d.*, cellules avec leur capsule en voie de disparition. — *a.c.*, amas de cellules cartilagineuses. — *l.o.d.*, lamelles osseuses en voie de destruction. — *p.é.*, périoste épaissi.

cellules est clair, hyalin et très fragile avec une substance intermédiaire de même nature et plus ou moins abondante; de telle sorte que le tissu nouvellement formé s'effondre en donnant lieu à un pseudo-kyste, comme il arrive parfois aussi pour les gliomes.

D'autres fois et même plus souvent les néoproductions sont surtout caractérisées par la présence de cellules de volume variable qui sont fusiformes et réunies en faisceaux entre-croisés, lesquelles paraissent plutôt avoir quelque analogie avec les productions périostiques.

Néanmoins si les éléments de ces tumeurs présentent parfois une

certaine analogie avec ceux des éléments normaux de la moelle
ou du périoste, on ne peut cependant rien affirmer au sujet de
leur origine qui peut être dans l'un ou l'autre point malgré des
apparences diverses de la tumeur, en raison de sa production par
l'évolution plus ou moins défectueuse de jeunes cellules abondamment produites et qui se trouvent dans des conditions anormales. Tout ce que l'on peut dire c'est qu'il s'agit bien d'une
production de nature osseuse et non d'une production sarcomateuse indéterminée, tout comme les tumeurs sarcomateuses du
tissu nerveux sont des tumeurs de ce tissu; ces diverses tumeurs
étant formées par des déviations dans la production de tous les
éléments constituants de leur tissu d'origine.

Il résulte de ces considérations que ce sont les cellules conjonctives qui, coopérant à la formation des cellules propres des organes,
vont former les tumeurs aussi bien que toutes les productions
pathologiques. En effet, toutes résultent seulement d'une déviation
évolutive de ces cellules, capable de reproduire plus ou moins les
caractères propres du tissu ou de s'en éloigner beaucoup, suivant le
degré des conditions anormales dans lesquelles se trouve le tissu
affecté, sous l'influence de la cause morbifique encore indéterminée
pour les tumeurs.

C'est bien l'interprétation la plus rationnelle, surtout manifeste
pour les tumeurs dont le développement est lent, car sur les mêmes
préparations, on peut voir des productions qui prennent les caractères typiques et d'autres qui sont métatypiques ou atypiques,
alors que toutes proviennent des mêmes éléments, c'est-à-dire des
cellules dites conjonctives. Celles-ci offrent des dispositions régulières et plus ou moins typiques, là où elles ne sont pas trop abondantes et où la structure du tissu n'est pas trop modifiée; tandis
qu'elles présentent des dispositions de plus en plus irrégulières et
atypiques, lorsque leur production devient excessive et qu'il se
produit un bouleversement de plus en plus grand du tissu.

On comprend ainsi très facilement la production des tumeurs
avec toutes les variétés qu'on peut concevoir, depuis celles qui sont
le plus typiques jusqu'aux plus atypiques. Ces dernières correspondent effectivement à la production d'éléments cellulaires pouvant avoir la plus grande analogie avec ceux du stroma conjonctif
puisqu'ils en proviennent, mais elles restent de même nature que
les autres tumeurs, puisque toutes ont la même origine dans un
tissu déterminé.

Donc, contrairement à l'opinion des auteurs qui rangent encore les sarcomes parmi les tumeurs d'un tissu conjonctif général confondu avec le tissu fibreux, on voit qu'il s'agit de productions spéciales au tissu où le néoplasme s'est produit et de même nature que ce tissu, quand bien même la tumeur offre des éléments atypiques et se présente sous les aspects les plus variés.

Il n'y a, en effet, aucune parenté à établir entre une tumeur sarcomateuse du cerveau et du rein ou de l'os. D'autre part, aucune de ces tumeurs ne pourra être assimilée aux tumeurs atypiques de la peau, de la muqueuse du tube digestif ou de ses glandes annexes; tandis que ce serait le contraire s'il y avait réellement des tumeurs d'un tissu conjonctif commun à tous les organes. C'est pourquoi *on doit considérer les tumeurs de chaque tissu comme lui appartenant spécialement et comme formées par ses éléments dits conjonctifs qui sont produits ordinairement en quantité excessive et qui ont subi une déviation plus ou moins prononcée dans leur développement ultérieur.*

Des prétendues tumeurs de substance conjonctive.

Les auteurs, qui comme M. Delbet, admettent la production des tumeurs par la prolifération des éléments cellulaires de même type que ceux du tissu d'origine, font une exception pour les tumeurs de tissus dits de substance conjonctive, considérées depuis Reichert comme des équivalents morphologiques. Pour eux « un chondrome ou un ostéome pourra naître dans le tissu conjonctif qui ne contient pas normalement d'os ni de cartilage ».

Cette proposition qui ne saurait être généralisée, n'a que l'apparence de la réalité, par suite de certains phénomènes particuliers auxquels elle parait s'adapter et qui s'expliquent bien mieux autrement, sans faire intervenir une exception toujours suspecte dans les phénomènes naturels.

En effet, on pourra bien constater la présence du cartilage ou de l'os sur des points qui n'en présentent pas à l'état normal, mais ce sera toujours *à proximité d'un cartilage ou d'un os.* Jamais on n'en trouvera dans les parties éloignées ou qui en sont nettement distinctes, telles que dans les divers organes ne renfermant ni os, ni cartilage, par exemple dans la peau et les muqueuses, dans le foie et le rein, etc.; tandis qu'on devrait pouvoir en rencontrer partout si la conception de Reichert était juste.

Les faits observés s'expliquent en admettant de simples dévia-

tions locales en raison de l'exubérance et de l'abondance des
productions cartilagineuses ou osseuses, surtout lorsqu'il y a eu
des perturbations profondes dans la structure du tissu.
Cependant M. Bard ne confond pas les tumeurs de la famille
conjonctive; « non seulement, ajoute-t-il, il faut séparer nettement
les unes des autres les formes embryonnaires de toutes leurs
espèces, mais encore il faut distinguer dans chacune de ces espèces
autant de variétés néoplasiques fixes que ces espèces cellulaires
présentent elles-mêmes des variétés normales ». C'est ainsi que
l'auteur admet des tumeurs du stroma des divers organes, qui dif-
féreraient par suite de la différence de leur stroma conjonctif.
Si nous sommes de l'avis de M. Bard, au point de vue de la
non similitude qui existe entre les tumeurs dites sarcomateuses de
chaque organe, nous nous en éloignons absolument pour ce qui
concerne leur nature, laquelle, suivant nous, ne saurait être
attribuée à un tissu conjonctif plus ou moins indépendant, parce
que leurs éléments se rapportent toujours aux cellules jeunes évoluant pour devenir cellules propres du tissu où la tumeur a pris
naissance, mais avec des modifications variables.

NATURE DES TUMEURS

Les cellules conjonctives qui se trouvent sous les épithéliums
de revêtement de la peau ou des muqueuses, ou autour des acini
glandulaires, ne donneront jamais naissance qu'à des tumeurs de
nature épithéliale ou glandulaire de l'organe affecté, quelle que
soit la quantité de stroma produite simultanément, parce qu'il
s'agit de modifications ou de déviations survenues dans les parties
constituantes essentielles du tissu épithélial ou glandulaire en
voie de production et de développement. Mais on pourra observer
au niveau de la peau et des muqueuses, ainsi que d'autres organes,
des tumeurs indépendantes de leurs parties essentielles lorsqu'elles auront pris naissance dans leur tissu suffisamment spécialisé, comme les tissus fibreux, cellulo-adipeux et musculaire,
qui entrent dans la constitution de ces organes. Toutefois ces tissus
n'y jouent, pour ainsi dire, qu'un rôle adjuvant, et c'est en raison
de cela sans doute, qu'ils sont rarement affectés, tout au moins
primitivement; car leur participation aux néoproductions, concurremment avec celles des cellules propres ou essentielles, peut être
souvent constatée, parfois sans qu'on y attache une attention

particulière: d'autrefois, au contraire, en les considérant à tort comme la formation dominante et initiale.

C'est pourquoi il importe d'examiner les différents cas qui peu-, vent se présenter, en prenant d'abord pour exemple les tumeurs du sein dont l'origine est contestée, et en bien spécifiant en quoi consistent les productions pour en interpréter l'origine, c'est-à-dire la nature, et éviter les confusions qui existent encore à ce sujet.

Nature glandulaire de toutes les tumeurs du sein.

Il est certaines tumeurs du sein qui, au premier abord, semblent favorables à l'opinion des auteurs pour lesquels il existerait des tumeurs spéciales au tissu conjonctif des organes ; ce sont celles dont le stroma conjonctif a pris un tel développement, qu'on le considère comme la production anormale essentielle et qu'on en fait, suivant sa constitution, un fibrome, un myome, ou un sarcome, en négligeant les productions glandulaires concomitantes ou en ne les considérant que comme accessoires.

M. Quénu a déjà fait remarquer que cette interprétation est peu en rapport avec les faits observés, c'est-à-dire avec l'abondance des productions glandulaires plus ou moins développées, au lieu d'être refoulées et atrophiées, comme cela semblerait rationnel s'il s'agissait véritablement d'une tumeur du tissu fibreux. Mais les conditions anatomiques que présente le sein à l'état normal, les modifications qu'il offre à l'état physiologique, ainsi que celles qui peuvent être constatées dans les diverses productions pathologiques, permettent, selon nous, d'arriver à une interprétation logique de tous les phénomènes observés, en les faisant rentrer dans la règle générale sur l'origine que l'on doit attribuer à toutes les tumeurs des tissus et des organes.

Et d'abord, on remarquera la grande place occupée normalement dans le sein par le stroma fibreux, au point que chez la jeune fille ou la nullipare, on a de la peine à découvrir les éléments glandulaires rudimentaires et expectants, qui se trouvent plongés dans un tissu fibreux plus ou moins dense et abondant, lequel attire immédiatement et pour ainsi dire à lui seul l'attention.

Durant la grossesse et l'allaitement, on est frappé des modifications profondes survenues dans le sein : les éléments glandulaires ont pris graduellement un développement considérable, avec la production concomitante d'une grande quantité d'éléments cellulaires à la périphérie des acini. Or, en même temps, le tissu

fibreux s'est complètement transformé, en prenant une teinte blanchâtre en harmonie avec l'état du protoplasma des cellules péri-
aciniennes, qui, par leur développement, doivent devenir les cellules sécrétantes du lait.

On saisit ainsi à l'état physiologique la transformation concomitante du stroma conjonctif qui prend des caractères en rapport
avec l'état des cellules et qui fait place aux néoproductions glandulaires, en diminuant considérablement de volume. Il n'est donc
pas étonnant qu'à l'état pathologique, on puisse retrouver des
modifications parallèles plus ou moins anormales dans les diverses
parties constituantes du sein.

Déjà nous avons vu que dans les inflammations de cet organe,
l'hyperplasie cellulaire se manifeste au niveau des lobules glandulaires pour empiéter plus ou moins sur le stroma fibreux modifié. Or, il en est encore de même dans les tumeurs considérées
tantôt comme des adénomes, tantôt comme des tumeurs du tissu
fibreux. Les néoproductions cellulaires se remarquent d'abord au
niveau des lobules glandulaires, à la périphérie des acini, toujours avec des modifications plus ou moins appréciables dans l'état
du stroma fibreux, variables comme celles des productions glandulaires, suivant des circonstances diverses, où la quantité d'éléments cellulaires produits dans un temps donné paraît jouer le
principal rôle.

En effet, dans les cas de tumeur à développement très lent,
avec productions cellulaires peu abondantes, on trouve les acini
avec un aspect qui rappelle celui de l'état latent (fig. 170), constituant des amas de petites cellules, ou une ébauche de cavités dont
les parois sont toujours tapissées de ces cellules. Mais les acini sont
augmentés de volume et de nombre par la présence d'une plus grande
quantité d'éléments cellulaires restés très petits et comme à l'état
rudimentaire. Des cellules semblables sont disséminées en plus
grand nombre entre les faisceaux du tissu fibreux, principalement au voisinage des lobules glandulaires, mais encore avec une
augmentation sur les parties éloignées où les cellules paraissent
d'autant plus petites que les faisceaux hyalins sont très apparents
et probablement augmentés de volume. On ne peut cependant
rien préciser à ce sujet, si ce n'est qu'ils ne sont nullement en
voie de transformation ou de disparition, comme on peut le constater dans d'autres variétés d'adénomes.

Il s'agit en somme d'une *production hyperplasique localisée qui
a porté sur toutes les parties constituantes de la glande*, et avec si

peu de modifications qu'elle a conservé dans une certaine mesure les caractères qu'elle présente chez la nullipare. C'est donc bien un *adénome*. Mais c'est une néoproduction relativement restreinte et du reste avec des vaisseaux peu développés.

Bien plus souvent, les productions cellulaires prédominent davantage au niveau des lobules glandulaires. Ceux-ci ont pris un plus grand développement et frappent immédiatement l'attention.

Le développement des productions glandulaires n'a pu se faire qu'aux dépens du stroma fibreux que l'on trouve, du reste, plus ou moins modifié dans sa constitution et diminué pour leur faire place. C'est ainsi que les faisceaux fibreux deviennent d'autant plus hyalins et blanchâtres que les éléments cellulaires ont un protoplasma plus abondant, d'une manière analogue à ce qui se passe dans la glande en fonction. De même, il est diminué et peut être très réduit sur les points où les productions cellulaires sont abondantes. Il n'y a pas de doute que, dans ces cas, on ait bien affaire encore à des productions hyperplasiques, portant sur toutes les parties constituantes d'un point de la glande, c'est-à-dire à un adénome, avec une prédominance plus marquée des productions cellulaires et glandulaires, lesquelles offrent alors une certaine analogie avec l'état de la glande en fonction (fig. 171).   •

On trouve en effet des amas cellulaires relativement volumineux, de forme arrondie ou ovalaire, dans lesquels on aperçoit un plus ou moins grand nombre de petites cavités tapissées par un épithélium cylindrique, bas, si les cellules voisines sont encore petites, et plus haut, si leur protoplasma est plus abondant. Lorsque les productions glandulaires sont peu développées, le stroma fibreux voisin renferme relativement moins de cellules et a conservé à peu près son aspect habituel; tandis que si elles sont abondantes et tendent à prendre de l'extension, les cellules inter-fasciculaires sont beaucoup plus nombreuses, comme on peut le voir, non seulement sur les diverses parties d'une tumeur, mais encore sur les divers points d'une même préparation. On constate aussi que les produits cellulaires sont en rapport avec le développement des vaisseaux sur chaque point.

S'il s'agit d'une tumeur ayant pris un développement plus prononcé et plus rapide, on trouve des altérations analogues, mais avec des vaisseaux plus abondants et des modifications plus accusées des éléments glandulaires, ainsi que du stroma fibreux. Les cellules forment des amas encore plus volumineux où l'on peut voir avec des culs-de-sac glandulaires plus grands, des cavités étendues au point de former de véritables kystes (fig. 172).

Les cas de ce genre sont particulièrement propices pour se rendre compte des modifications concomitantes des formations glandulaires et du stroma, dont les éléments de même aspect et évidemment de même nature, sont intimement associés dans ce néoplasme, au point qu'ils ne sauraient être considérés isolément. Les cellules jeunes abondent dans le stroma, mais elles sont surtout accumulées près des surfaces épithéliales où elles vont constituer des cellules nouvelles au fur et à mesure de la dispa-

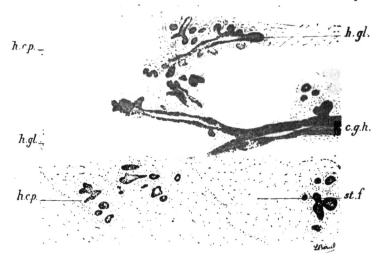

FIG. 170. — *Adénome du sein; variété rappelant l'aspect de la glande à l'état latent.*

h.gl., hyperplasie glandulaire. — *c.g.h.*, canal galactophore hyperplasié. — *h.c.p.*, hyperplasie cellulaire très accusée à la périphérie des éléments glandulaires. — *st.f.*, stroma fibreux avec hyperplasie cellulaire moins prononcée.

rition des anciennes dont les débris se trouvent dans les cavités kystiques. En tout cas, dans cet organe en voie d'augmentation rapide, on n'aperçoit aucune cellule épithéliale en voie de division, ni même, à côté des cellules typiques, des éléments pouvant être considérés comme des cellules filles; tandis que le renouvellement de l'épithélium par les cellules conjonctives paraît aussi vraisemblable que possible.

Il arrive encore que les cellules peuvent être produites en beaucoup plus grande quantité et avec des vaisseaux plus nombreux et plus volumineux, au point que la plus grande partie ou la totalité du stroma fibreux est transformée en un amas cellulaire d'aspect très variable, autant par le volume et la disposition des cellules que par la présence de cavités glandulaires extrêmement variées, de forme, de volume, et de nombre. C'est dans ces cas surtout que les cavités sont nombreuses, irrégulièrement disséminées et qu'elles peuvent acquérir le plus grand volume, en donnant lieu aux variétés kystiques les plus diverses et les plus volumineuses, comme dans le cas dont la figure 165 offre un spécimen.

Lorsque les vaisseaux sont très volumineux et nombreux, les cellules du stroma ont ordinairement un protoplasma abondant. Les cavités glandulaires prennent naissance au milieu des amas cellulaires confluents et sont tapissées par un épithélium à cellules cylindriques ou prismatiques par pression réciproque. Celles-ci sont également en rapport avec les premières, qui viennent s'y ajouter à la périphérie en accroissant l'étendue des surfaces glandulaires. Il en résulte des cavités qui tendent toujours à augmenter et à produire des kystes, dont le contenu renferme des débris cellulaires avec plus ou moins de liquide. Ces substances peuvent être considérées en somme comme provenant d'une sécrétion anormale analogue à celle de l'organe à l'état sain. Ce n'est du reste que dans ces conditions qu'on observe de véritables kystes, ainsi que nous chercherons à le démontrer plus loin. (Voir p. 889.)

Dans les cas où les productions cellulaires sont le plus prononcées on peut constater qu'il ne reste du stroma fibreux que quelques travées formant la charpente de la tumeur. Mais à des degrés moindres ou en trouve davantage; et en examinant les cas intermédiaires jusqu'aux productions initiales sur des tumeurs différentes, parfois aussi sur la même tumeur, on peut constater que les néoproductions cellulaires paraissent toujours avoir pour point de départ les régions périglandulaires et mieux périacineuses où elles sont le plus nombreuses. Elles donnent lieu à la fois à des productions glandulaires plus abondantes et à une augmentation de quantité des éléments cellulaires qui empiètent de plus en plus sur le stroma fibreux périphérique. Celui-ci, du reste, plus ou moins profondément modifié, tend à disparaître en cédant la place aux nouvelles productions. C'est toujours le même processus, mais avec une extension plus grande de ses productions cellulaires, lesquelles portent à la fois sur toutes les parties constituantes de la glande qui est plus profondément modifiée que dans les premiers cas considérés, par suite de l'intensité des néoproductions. Il s'agit encore d'*adénomes* en raison du caractère relativement typique des productions glandulaires et de la limitation des tumeurs. Si elles sont *souvent kystiques*, c'est pour les motifs précédemment indiqués.

L'origine des néoproductions se trouve dans les régions périacineuses, comme sous les épithéliums de revêtement, dans les cellules sous-épithéliales, parce que ce sont les jeunes cellules nouvellement produites qui vont donner lieu aux cellules propres

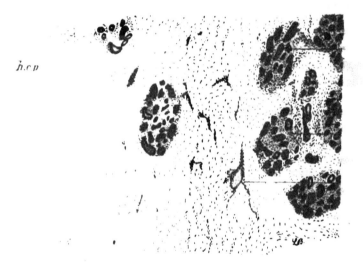

FIG. 171. — *Adénome du sein; variété rappelant l'aspect de la glande à l'état de fonctionnement.*

h.gl., hyperplasie glandulaire. — *h.c.p.,* hyperplasie cellulaire très prononcée à la périphérie des néoproductions glandulaires. — *st.f.,* stroma fibreux avec hyperplasie cellulaire à un moindre degré. — *v.,* vaisseaux entourés de cellules.

et par conséquent aux formations glandulaires plus abondantes. Mais, en même temps, de nouvelles cellules se répandent à la périphérie, en transformant, puis en faisant disparaître le tissu ancien auquel le nouveau se substitue toujours dans toutes les productions, suivant la loi générale.

C'est dans les cas où les cellules sont produites en grande quantité avec une substance intermédiaire liquide ou demi-liquide, que les cellules du stroma sont volumineuses, rondes, ovalaires, fusiformes ou polygonales sur les points où elles sont réciproquement pressées. Elles sont considérées alors par les

auteurs comme constituant des sarcomes à cellules de formes
variées, et le plus souvent fusiformes. L'analogie que présentent
ainsi ces cellules disposées en faisceaux avec celles des tumeurs
du tissu fibreux ou musculaire est même pour beaucoup dans l'interprétation que les auteurs donnent à ces tumeurs. Mais on peut
remarquer que les cellules ne prennent la disposition fusiforme
qu'au fur et à mesure qu'elles se trouvent plus pressées ; c'est ce
dont on peut très bien se rendre compte par l'examen des prépa-

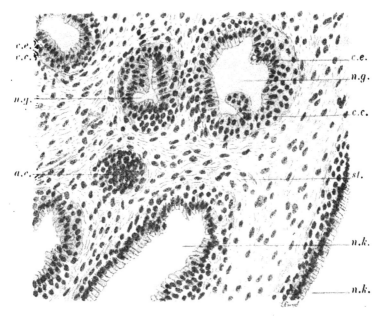

Fig. 172. — *Tumeur kystique du sein.*

n.g., néoformations glandulaires. — n.k., néoformations kystiques. — c.c., cellules conjonctives
sous-épithéliales. — c.e., cellules épithéliales. — a.c., amas de cellules conjonctives. — st., stroma
avec hyperplasie cellulaire.

rations où cette disposition se présente au plus léger et au plus
fort degré.

La figure 173 en offre un spécimen bien caractérisé. On voit
une hyperplasie cellulaire excessivement intense au niveau et
autour des néoproductions glandulaires, ainsi que dans tout le
stroma où les cellules abondent au point qu'il est transformé en
un véritable tissu de cellules. Mais ce tissu fait manifestement
corps avec les productions essentielles et ne sauraient être consi-

déré comme indépendant et par conséquent comme étant d'une autre nature, malgré la disposition fusiforme et fasciculée des cellules qui le constituent. Il est certain que ces dernières présentent une grande analogie avec celles de certaines tumeurs des tissus fibreux ou musculaire à fibres lisses. Or, ce n'est pas une raison pour en faire une tumeur fibreuse ou musculaire, car on serait déjà dans l'indécision; et nous verrons bientôt qu'on peut observer des gliomes offrant aussi une apparence analogue. C'est dire que, tout en tenant compte de l'analogie que présentent

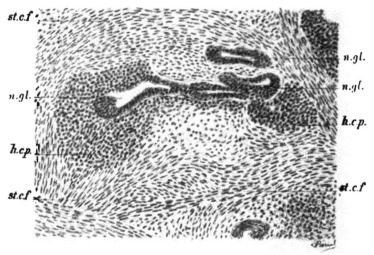

FIG. 173. — *Tumeur du sein.* Les cellules du stroma sont remarquables par leur abondance et leur disposition fusiforme en faisceaux, qui rappelle l'aspect de certaines tumeurs des tissus fibreux ou musculaires à fibres lisses.)

n.gl., néoproductions glandulaires. — *h.c.p.,* hyperplasie cellulaire à la périphérie des éléments glandulaires. — *st.c.f.,* stroma conjonctif fasciculé par suite d'une hyperplasie cellulaire intensive.

les néoproductions avec les tissus sains, on ne peut s'en référer absolument à cette apparence pour déterminer la nature d'une tumeur, c'est-à-dire son origine, surtout lorsqu'il s'agit de néoproductions constituées par de jeunes éléments abondamment produits et qui se présentent dans des conditions très variables suivant des circonstances nombreuses. Ainsi, dans ce cas, il n'est pas douteux qu'il y ait des néoproductions glandulaires, c'est-à-dire caractérisant une tumeur de la glande, et que les productions cellulaires périphériques, fassent partie du processus qui se poursuit dans tout le stroma, où les cellules trop abondantes et pressées réciproquement, prennent la disposition fusiforme et se rangent en faisceaux irréguliers par le fait de ces conditions anormales.

Il est encore des cas où, dans le stroma, il y a des cellules volumineuses à protoplasma hyalin avec des prolongements irréguliers, au sein d'une substance molle, hyaline, rappelant l'aspect du tissu muqueux, tandis qu'il existe en même temps des néoproductions glandulaires plus ou moins abondantes tapissées de cellules cylindriques hautes. Les auteurs considèrent néanmoins ces tumeurs comme des myxomes, c'est-à-dire comme des tumeurs primitives du stroma, qui seraient constituées par du tissu muqueux nouvellement produit.

Or, l'examen du tissu de ces tumeurs montre qu'il se présente dans des conditions assez variables, mais toujours bien différentes de la constitution du véritable tissu muqueux, et que, dans ces cas, comme dans beaucoup d'autres tumeurs de divers organes où les néoproductions prennent le même aspect, on n'en a que la vaine apparence. Il est facile, en effet, de se rendre compte que cet aspect myxoïde résulte de la production exagérée d'un exsudat liquide avec des cellules à protoplasma abondant et dont proviennent les substances mucoïdes. D'autre part, l'on trouve sur ces tumeurs des néoproductions glandulaires dans les mêmes conditions que précédemment. On peut qualifier ces tumeurs de myxoïdes seulement pour rappeler leur aspect. Mais celui-ci n'a rien de spécifique, car sur la même préparation, d'autres points offrent des cellules en amas plus compacts ou qui prennent la disposition en faisceaux fusiformes, etc. Dans tous les cas les productions glandulaires sont toujours en rapport avec l'état des cellules du stroma ; ce qui est bien aussi une raison pour ne pas considérer ces parties isolément. On ne le fait pas, du reste, pour les tumeurs malignes, quelles que soient les proportions de stroma par rapport aux productions épithéliales.

Ces divers états variables du stroma glandulaire ne sauraient donc impliquer un changement de nature de la tumeur qui, lorsqu'on se rend compte de ses phases de production, se trouve toujours formée de la même manière, c'est-à-dire par les éléments constituants de la glande; d'où la conclusion, qu'on doit toujours en faire une *tumeur glandulaire*.

En réalité on ne peut pas plus admettre des fibromes, des myxomes ou des sarcomes du sein comme tumeurs indépendantes de la glande, qu'on ne doit considérer les tumeurs glandulaires comme indépendantes du stroma. Celui-ci peut présenter l'aspect fibreux en grande partie ou plus souvent offrir l'aspect d'une substance riche en cellules avec des dispositions très variées des cellules et de la substance intermédiaire, laquelle arrive parfois jusqu'à prendre l'aspect myxoïde. Il s'agit toujours d'une tumeur de même nature, parce que *dans tous les cas l'origine des productions est la même, et que les modifications du stroma sont constamment en rapport avec celles des éléments glandulaires proprement dits ; que les uns et les autres ne sauraient être considérés isolément*

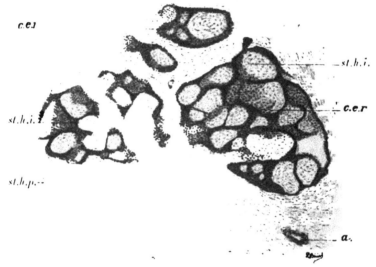

FIG. 174. — *Adénome du sein à stroma fibroïde végétant* (au début de sa formation).

c.e.r., cellules épithéliales formant des amas disposés en réseau à la place des lobules glandulaires. — *st.h.i.*, stroma hyalin inter et péri-glandulaire avec hyperplasie des cellules conjonctives. — *st.h.p.*, stroma hyalin périphérique avec hyperplasie cellulaire. — *a*, artère.

parce qu'ils concourent ensemble à la constitution de la glande à l'état pathologique comme à l'état normal.

On ne peut pas davantage faire une exception pour les tumeurs du sein désignées sous le nom de fibro-adénome végétant, en raison de la production abondante du stroma par rapport aux éléments glandulaires, et de la supposition que ceux-ci se sont transformés en épithélium de revêtement, suivant l'opinion défendue par MM. Labbé et Coyne. En effet, avec les explications que nous avons données précédemment on se rend très bien compte comment les productions cellulaires initiales des acini

peuvent, lorsque les cellules restent très petites et plus ou
moins confinées dans un espace périglandulaire, ne donner lieu
qu'à des éléments épithéliaux également très petits qui forment
comme un revêtement aux saillies d'aspect végétant provenant
de la production relativement abondante des éléments cellulaires.

En examinant attentivement les divers cas qui peuvent se présenter et souvent la même préparation, on peut voir parfois que
les cellules glandulaires ne constituent pas même un revêtement,
qu'elles forment des amas analogues à ceux de la glande à l'état

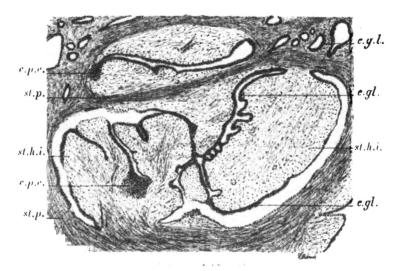

FIG. 175. — *Adénome du sein à stroma fibroïde abondant et végétant.*

e.g.l., épithélium glandulaire à petites cellules cylindriques basses. — *st.h.i.*, stroma hyalin végétant inter et péri-glandulaire avec hyperplasie des cellules conjonctives. — *c.p.s.*, cellules en amas
près de surfaces épithéliales. — *st.p.*, stroma périphérique d'aspect fibrillaire et dense.

latent, mais beaucoup plus abondants, jusqu'à prendre un aspect
réticulé (fig. 174). Cet état peut être expliqué par la répartition
des éléments cellulaires à l'état rudimentaire et par leur abondance dans les cavités glandulaires comprimées et refoulées à la
périphérie des productions concomitantes du tissu intermédiaire,
dont le stroma est très dense et où se trouvent de très petites
cellules. C'est ainsi que, au lieu d'acini plus ou moins indépendants, il existe à la place des lobules glandulaires, des amas
cellulaires irréguliers, qui sont comme étirés et reliés les uns aux
autres de manière à offrir une disposition en réseau. Et les amas

cellulaires correspondent bien aux cavités acineuses bourrées de
petites cellules, mais qui n'ont pu se développer; car sur un
autre point de la même préparation, on pouvait apercevoir le
commencement de la formation de cavités linéaires, telles qu'on
les trouve mieux caractérisées dans la variété d'adémone représentée par la figure 175.

Ce dernier cas nous semble bien rendre compte de ce que l'on
voit sur le précédent, car il y a encore quelques espaces glandulaires pleins de cellules sous un aspect linéaire, tandis que la
plupart tendent à se développer pour former des cavités étroites,
arrondies ou sinueuses, tapissées par un épithélium cylindrique
bas à petites cellules.

Le stroma est particulièrement remarquable par sa production
dans la zone périglandulaire et intermédiaire aux acini, sous la
forme d'une substance hyaline abondante et même exubérante,
probablement très consistante en raison de l'état des cellules qui
s'y trouvent et qui sont très petites. Les cellules épithéliales qu'elles
vont former ont sans doute aussi pour cela un développement
restreint, indépendamment de l'influence de la compression résultant de l'exubérance du stroma à ce niveau et à la périphérie où
il est devenu fibrillaire et encore plus dense.

En outre on peut constater que, sur certains points, ce prétendu épithélium de revêtement forme de véritables cavités glandulaires représentant la disposition initiale des acini plus ou
moins agrandis. Bien plus, là où les cavités sont le plus étalées, on
peut voir l'épithélium constituer, en se réunissant sur plusieurs
points, des cavités successives tapissées par un épithélium cylindrique. Enfin ou trouve tout à côté des cavités glandulaires
avec leur aspect habituel. Nous signalerons en dernier lieu les cas
où le prétendu épithélium de revêtement limite, sur d'autres
points, de véritables cavités kystiques, et où l'on peut constater
toutes les transitions entre ces diverses productions, indiquant
qu'elles sont toutes de nature glandulaire, qu'elles prédominent
au niveau des glandes, puis sur d'autres parties du stroma.

Donc il n'y a aucun motif pour changer le nom de ces productions épithéliales qui n'ont pas changé de nature en présentant
seulement des dispositions variées sur certains points. Dire que
ces glandes ne sécrètent rien n'est pas non plus pour leur ôter
leur caractère glandulaire, parce que cela ne suffit pas pour changer la nature d'une tumeur du sein lorsqu'elle présente d'autres
aspects : et que, du reste la glande elle-même à l'état normal

ne sécrète rien en dehors de l'état de gestation et d'allaitement. Les tissus fibreux et cellulo-adipeux voisins de la glande mammaire pourront avoir pris un développement anormal concurremment avec les productions néoplasiques de la glande, mais d'une manière seulement accessoire lorsque la tumeur aura débuté dans la glande. Ces tissus en effet ne continuent qu'à remplir un rôle accessoire, tandis que l'organe essentiel est principalement modifié dans ses parties constituantes, quelles que soient les proportions relatives de productions glandulaires et de stroma qu'elles renferment. En admettant que le développement plus prononcé des uns ou des autres suffit pour en changer la nature, il faudrait encore indiquer, à quel point précis il devrait se trouver pour constituer tantôt un adénome et tantôt un fibrome. Poser ainsi la question, c'est la résoudre : le plus ou le moins d'une même chose ne pouvant jamais en changer la nature. C'est ce que l'on a fini par comprendre pour les tumeurs atypiques qui sont toujours considérées comme des tumeurs glandulaires, quel que soit le développement du tissu conjonctif ; et cela ne saurait être refusé aux tumeurs typiques sans manquer de logique, aussi bien que pour toutes les raisons précédemment indiquées.

Ce n'est que dans les cas tout à fait exceptionnels où le néoplasme aura pris naissance dans le tissu fibreux ou cellulo-adipeux en dehors de la glande non hyperplasiée, qu'on sera en droit de le considérer comme étant de nature fibreuse ou adipeuse.

Nous avons insisté sur l'interprétation que l'on doit donner aux tumeurs bénignes du sein en raison des opinions divergentes qui existent à ce sujet, et de la tendance que l'on a de considérer ces tumeurs plutôt comme des fibromes, des myxomes et des sarcomes, contrairement à leur véritable nature de tumeurs glandulaires que nous avons cherché à mettre en relief.

Toutes les tumeurs des tissus épithéliaux et glandulaires sont de même nature que ces tissus.

On peut prouver de même que les autres tumeurs bénignes des organes glandulaires, désignés sous le nom d'adénome, ainsi que les tumeurs bénignes de la peau et des muqueuses, connues sous les noms de papillome et de polype, sont bien des tumeurs des tissus où elles ont pris naissance, en considérant tous leurs éléments constituants.

Si ces tumeurs sont regardées parfois comme étant de nature

épithéliale, bien plus souvent on les range parmi les fibromes, les myxomes ou les sarcomes. Or, il s'agit dans tous ces cas de tumeurs constituées à la fois par des éléments épithéliaux ou glandulaires plus ou moins anormaux et par un stroma également plus ou moins modifié avec une hyperproduction générale, correspondant à une vascularisation locale augmentée et modifiée.

C'est que la caractéristique des tumeurs qui ne sont pas destructives et qui sont produites lentement est de provoquer une hyperproduction de toutes les parties constituantes du tissu ou de l'organe affecté, au voisinage de la région où elles ont pris naissance, dans des proportions certainement très variables et qui ne changent rien à la nature d'une tumeur, c'est-à-dire du tissu essentiel principalement modifié.

Ainsi un papillome cutané consistera à la fois dans les productions anormales épithéliales et sous-épithéliales avec prédominance au niveau des papilles, quelles que soient les proportions relatives des néoproductions de ces parties essentielles de l'organe qui ne peuvent pas être atteintes isolément. Mais en même temps on pourra constater un épaississement plus ou moins accusé du derme avec hyperplasie de tous les éléments cellulaires qu'il renferme et notamment des fibres musculaires; les phénomènes productifs pouvant encore être augmentés au niveau du tissu cellulo-adipeux, c'est-à-dire sur toute l'épaisseur du tégument correspondant à la tumeur, au titre accessoire.

Tel sera un papillome d'une muqueuse à épithélium pavimenteux, de la langue par exemple, comme celui qui est représenté par la figure 176. On voit en effet que la tumeur consiste à la fois dans une production considérablement et irrégulièrement augmentée de l'épithélium malpighien qui offre à sa superficie une exfoliation abondante, et dans un état scléreux des papilles, du derme muqueux ainsi que du tissu intermusculaire. Il en résulte des papilles exubérantes qui ont valu à cette production le nom de papillome. Mais il est évident qu'on ne saurait en faire un fibrome sans manquer à la logique, c'est-à-dire sans tenir compte des productions épithéliales comme on le fait pour toutes les autres tumeurs. Si le tissu des papilles et du derme est affecté d'un certain degré de sclérose qui se propage même plus profondément, il est évident qu'il provient d'une hyperplasie cellulaire dont il a été le siège et qui a donné lieu en même temps aux productions épithéliales exagérées; vu qu'il n'y a jamais de modifications de ce genre dans un épithélium sans que le tissu

sous-jacent soit affecté en même temps, parce qu'il est intimement
associé à la couche épithéliale pour constituer en somme le tissu
épithélial qui est affecté en entier, c'est-à-dire avec ses parties
sous-jacentes, mais sans changer de nature pour cela. C'est
pourquoi un papillome est une tumeur, non pas du tissu fibreux
ni de l'épithélium, mais du tissu épithélial.

Lorsque la peau sera le siège d'une tumeur fibreuse, adipeuse
ou musculaire, c'est qu'elle aura pris naissance dans ces tissus
plus ou moins indépendants de l'épithélium et de ses éléments con-

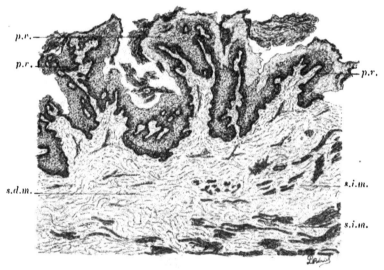

FIG. 176. — *Papillome de la langue.*

p.r., papilles sclérosées végétantes avec un revêtement épithélial très exubérant. — s.d.m.. sclérose
du derme muqueux. — s.i.m.. sclérose intermusculaire.

jonctifs sous-jacents, mais on pourra constater accessoirement une
hyperproduction de ces parties lorsque leur nutrition sera
augmentée du fait des modifications circulatoires, tout comme
dans les cas précédents il y avait une hyperplasie des parties
voisines de la tumeur épithéliale proprement dite. Dans les deux
cas aussi il peut y avoir atrophie et même destruction des parties
voisines de la tumeur, lorsque celle-ci prend de grandes proportions et entrave la circulation dans son voisinage.

Dans l'exemple précédent d'un papillome, les papilles, quoique
sclérosées, ne constituaient qu'une production d'une mince importance en comparaison de celle de leur revêtement, de telle sorte

qu'il n'y avait absolument aucun motif pour attribuer à leur modification le phénomène prépondérant. Mais il y a des cas où, comme nous l'avons vu pour le sein, les productions du stroma prennent une importance plus grande sous l'influence de circonstances qui nous échappent, sans cependant que la nature des productions soit changée, en raison des néoproductions concomitantes des éléments essentiels du tissu. C'est ce que l'on peut voir aussi sur d'autres papillomes et que l'on rencontre communément sur les polypes des muqueuses des fosses nasales, de l'intestin, de

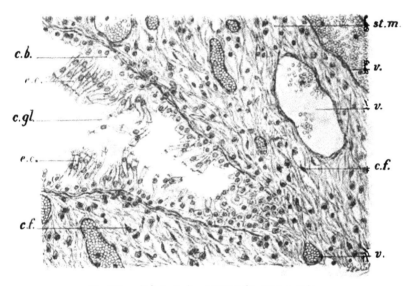

Fig. 177. — *Polype de la muqueuse des fosses nasales.*

c.gl., cavité glandulaire. — *e.c.*, épithélium cylindrique à cils vibratiles. — *c.b.*, cellules basales. — *c.f.*, cellules fusiformes. — *st.m.*, stroma mucoïde. — *v.* vaisseaux.

l'utérus, etc., encore sans que la nature des productions soit changée, parce qu'il s'agit toujours de productions afférentes au tissu où la tumeur a pris naissance avec ses éléments constituants en quantité variable, mais avec des dispositions diverses.

La figure 177 se rapporte à un polype des fosses nasales. C'est une néoproduction très exubérante où le stroma occupe la plus grande partie de la tumeur, probablement en raison de la riche vascularisation de la muqueuse et des sécrétions abondantes dont elle est normalement le siège. On y trouve, en effet, un stroma très vascularisé et très riche en cellules rondes ou fusiformes au milieu d'une substance claire, mucoïde, parsemée de fibrilles, et qui rend compte de la coloration rougeâtre, ainsi que de la faible consistance du polype. Mais on y trouve aussi des cavités nouvellement produites, tapissées par un épithélium typique, c'est-à-dire analogue à celui de la muqueuse où la tumeur a pris naissance. Il présente, en effet, des cellules cylindriques hautes munies de cils vibratiles qui reposent au niveau de cellules basales abondantes, de forme cuboïde, au-dessous desquelles se trouvent les cellules du stroma.

Il s'agit en somme d'un stroma mucoïde abondant, en conformité avec ses éléments naturels de production et dont les surfaces libres aussi bien que les cavités sont recouvertes par un épithélium typique de nouvelle formation. Or, il est évident que cette néoproduction épithéliale est en rapport avec la constitution mucoïde exubérante du stroma, d'où résultent aussi des productions épithéliales exubérantes avec des cellules dont le noyau et le protoplasma sont analogues à ceux des éléments du stroma ; de telle sorte qu'il ne saurait y avoir le moindre doute sur l'association de ces divers éléments pour constituer le polype. Celui-ci doit donc être considéré comme une néoproduction, non pas simplement du stroma muqueux ou de l'épithélium (ainsi qu'on a coutume de le faire), mais de la muqueuse des fosses nasales, comprenant à la fois et en quantité qui peuvent varier beaucoup les parties qui entrent dans la constitution de cette muqueuse c'est-à-dire l'épithélium et le stroma sous-épithélial avec leurs caractères spéciaux.

De même un adénome de la muqueuse gastrique se présentera, non seulement avec des néoproductions glandulaires très développées, mais encore avec un épaississement exagéré de la *muscularis mucosæ*, de la sous-muqueuse, de la tunique musculaire dont le tissu interstitiel est sclérosé, et enfin du tissu sous-séreux (fig. 178). Toutefois la lésion prédominante consistera essentiellement dans les néoproductions cellulaires glandulaires inter et sous glandulaires qui ne sauraient être séparées, puisqu'il s'agit de productions de même nature concourant à la constitution de la muqueuse et que les autres productions sont manifestement accessoires. Nous n'avons même jamais rencontré de myome ayant pris naissance dans la *muscularis mucosæ*. Ceux que nous avons pu constater dans les parois stomacales et intestinales, s'étaient développés dans la tunique musculaire proprement dite, et les lipomes tout à fait à la périphérie.

Il est à remarquer cependant que la *muscularis mucosæ* peut présenter, avec un adénome de la muqueuse, une hyperplasie excessive, au point que, d'une part, les fibres interglandulaires sont considérablement augmentées, et que, d'autre part, les parties sous-jacentes empiètent sur la sous-muqueuse jusqu'à se confondre presque avec les fibres de la tunique musculaire proprement dite également épaissie, comme nous avons eu l'occasion de l'observer. L'hyperplasie musculaire, quoique très prononcée dans les cas de ce genre, ne doit encore être considérée que comme un phénomène secondaire en raison de son extension diffuse et de ses rapports avec les productions glandulaires essentielles, car les myomes sont toujours des tumeurs plus ou moins localisées au milieu du tissu musculaire où ils ont pris naissance.

Le tissu musculaire lisse a, du reste, une grande tendance à l'hyperproduction, non seulement comme tumeur primitive dans la constitution des myomes, mais encore à l'état diffus, lorsque des fibres musculaires se trouvent au voisinage d'éléments glandulaires en état d'hyperplasie. Ce phénomène est très accusé sur la prostate qui présente fréquemment des productions adénomateuses accompagnées d'une hyperplasie des fibres musculaires en quantité variable. Celles-ci sont réparties sur tout l'organe, suivant leur disposition habituelle, ce qui ne saurait rien changer à la nature de ces productions, lorsque ce sont les cavités glandulaires qui se sont multipliées et ont pris un développement excessif, en présentant sur leur paroi interne un épithélium à cellules cylindriques, sou-

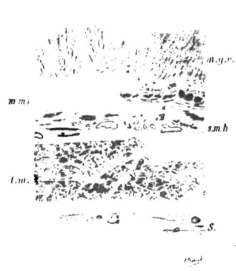

Fig. 178. — *Adénome de la muqueuse de l'estomac.*

m.g.e., muqueuse avec productions glandulaires exubérantes. — *m.m.h.*, musculaire muqueuse en état d'hyperplasie et riche en vaisseaux. — *s.m.h.*, sous-muqueuse avec hyperplasie cellulaire et sclérose. — *t.m.*, tunique musculaire avec sclérose interstitielle. — *S.* sous-séreuse également épaissie pourvue de vaisseaux dilatés.

vent avec des arborisations végétantes dans ces cavités (fig. 179).
Ce sont les fibres musculaires qui constituent le tissu interglandulaire. Leurs noyaux arrivent jusqu'au contact de l'épithélium, ou
plutôt il y a une transition insensible, d'une part entre les cellules
à noyaux allongés des fibres musculaires et les jeunes cellules

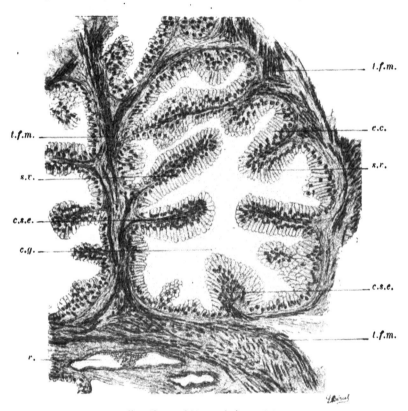

FIG. 179. — *Adénome de la prostate,*

c.g., cavité glandulaire. — *t.f.m.,* travée avec fibres musculaires lisses. — *s.v.,* saillies végétantes
— *e.c.,* épithélium cylindrique. — *c.s.e.,* cellules sous-épithéliales. — *v.* vaisseaux.

sous-épithéliales plus petites, d'autre part entre ces dernières cellules et celles de l'épithélium qui sont cylindriques ou prismatiques. Le noyau de ces dernières est également allongé, de même
aspect que celui des jeunes éléments sous-jacents et que celui des
fibres musculaires. C'est là un phénomène général pour toute
production glandulaire au sein d'un tissu musculaire à fibres

lisses, dont les éléments jouent alors le même rôle que ceux du
tissu conjonctif sur les organes qui n'ont pas de fibres musculaires à proximité des éléments épithéliaux.

Ainsi se présentait un petit polype recueilli dans la cavité utérine dont le stroma, riche en vaisseaux, était constitué seulement
par des fibres musculaires jeunes, formant plus ou moins manifestement des faisceaux entre-croisés, déjà très accusés sur les points
en rapport avec la paroi utérine et manifestement de plus en
plus jeunes et moins caractérisés à l'extrémité libre. Cette tumeur
émanait bien évidemment du tissu utérin, et ce n'était cependant
pas un myome ; car, outre que les fibres musculaires n'avaient
pas la disposition d'une tumeur de ce genre, c'est-à-dire d'une
production arrondie plus ou moins limitée, on voyait que le tissu
nouvellement formé renfermait des cavités glandulaires qui se
rapportaient à celles de la muqueuse utérine plus ou moins modifiée, et qui était en somme le tissu essentiellement affecté.

Du reste, dans toutes les tumeurs bénignes ou malignes qui ont
pour origine la muqueuse utérine, le stroma est uniquement musculaire. Les éléments typiques ou atypiques qui caractérisent les
néoproductions sont seulement en rapport avec des cellules musculaires de formation ancienne ou nouvelle, plus ou moins développées et anormalement disposées. Le stroma ne peut pas être
constitué autrement, parce qu'il ne renferme, à l'état normal, que
des éléments musculaires, et qu'à l'état pathologique il ne peut
être que plus ou moins modifié, mais non transformé, par une
production ayant ce tissu pour origine.

Cependant il est des tumeurs glandulaires dont le stroma présente manifestement une métamorphose complète, bien propre à
faire attribuer l'origine de ces tumeurs au stroma. C'est lorsque,
aux éléments conjonctifs ordinaires de la glande, se sont substitués
les éléments du tissu cartilagineux à l'état de production excessive
et anormale.

C'est bien ainsi, du reste, que les auteurs envisagent les tumeurs
désignées par eux sous le nom de chondromes des glandes salivaires, de la mamelle, etc.

Cependant il n'y a pas refoulement des éléments glandulaires
par le développement d'un tissu cartilagineux, ni substitution de
cette tumeur à la glande, comme aux autres parties à la place
desquelles elle peut se développer. Les éléments glandulaires ont
pris aussi un accroissement exagéré et anormal, comme dans les
adénomes précédemment examinés. Leurs cellules offrent une

analogie manifeste avec celles du stroma. C'est ainsi que les noyaux et le protoplasma présentent des variations d'aspect et de volume en rapport avec l'état de la substance cartilagineuse, tout comme avec le stroma de substance conjonctive. Il s'agit donc bien encore d'une tumeur portant sur tous les éléments constituants de la glande, notamment sur ses éléments essentiels, et par conséquent d'une tumeur glandulaire. Son origine se trouve, non dans un des éléments de la glande, mais à la fois dans toutes ses parties constituantes, c'est-à-dire dans ses éléments formateurs et formés. Reste à expliquer la présence de la substance cartilagineuse dans le stroma.

Ce ne peut être ni par la théorie de l'équivalence des tissus dits conjonctifs, ni par celle de l'hétérotopie, par la simple raison que l'on ne voit pas de cartilage se produire à la place d'un tissu conjonctif ou autre, quelconque, des divers organes ; tandis que cette production ne s'observe qu'au voisinage de tissus cartilagineux et osseux.

Or, il n'y a rien d'étonnant à ce que, sous l'influence d'une activité circulatoire augmentée et de la production d'une hyperplasie accrue dans une glande au voisinage de ces tissus, il se produise une dérivation de leurs éléments au niveau de la glande, d'où la formation d'une substance cartilagineuse, comme nous avons vu précédemment une hyperplasie débordante de fibres musculaires lisses. Ne sait-on pas que sous l'influence d'une simple inflammation près des mêmes tissus, des productions plus complètes peuvent se présenter jusque dans les muscles voisins de l'os, tellement le tissu osseux a de la tendance à se former dans son voisinage en donnant lieu à des tissus osseux ou seulement cartilagineux, pour peu que des exsudats existent à ce niveau. Cela doit vraisemblablement être attribué, comme les phénomènes de reproduction, à ce que, normalement, les phénomènes de rénovation sont très actifs dans le tissu osseux. Donc, rien d'étonnant à la formation de productions analogues sous l'influence du processus néoplasique assez proche pour influencer les productions de ce tissu.

Il est vraiment étonnant que ce soit pour les tumeurs bénignes seules que les auteurs aient conservé la dualité de nature (épithéliale ou conjonctive), alors qu'ils ont abandonné cette hypothèse pour ce qui concerne les tumeurs malignes, et notamment les épithéliomes; car personne aujourd'hui n'admet plus le carcinome avec les caractères que lui avait assignés Virchow. A plus forte raison ne fait-on pas un fibrome des tumeurs où l'on rencontre un stroma fibroïde prédominant parce qu'on y trouve des éléments cellulaires de nature épithéliale ou glandulaire et que l'on a pu saisir toutes les transitions entre les cas où ces derniers éléments prédominent et ceux où ils existent en minime quantité, sans que la tumeur ait changé de nature.

C'est ainsi que l'on peut trouver sur la même tumeur du sein, dans la variété dite squirrheuse, et parfois sur la même préparation (fig. 180) des points où les boyaux cellulaires sont plus ou

FIG. 180. — *Epithéliome squirrheux du sein.*
p.f., portion fibroïde avec îlots cellulaires relativement restreints. — *b.c.*, boyaux cellulaires plus abondants.

moins abondants, tandis que sous un autre point voisin les productions sont beaucoup plus restreintes au milieu d'un stroma fibroïde prédominant.

Mais les cas de ce genre démontrent également qu'il ne s'agit pas plus d'une production purement épithéliale que d'une simple production fibreuse et qu'on a affaire en réalité à une néoformation glandulaire renfermant à la fois les éléments essentiels de la glande et du stroma de l'organe, seulement avec des déviations plus ou moins considérables des divers éléments, qui n'en changent pas la nature.

Les exemples de ce genre abondent parmi les tumeurs malignes des divers organes, et, à propos de la constitution des tumeurs, nous verrons qu'elles renferment toujours les éléments plus ou moins modifiés des tissus où elles ont pris naissance.

Par conséquent pour déterminer la nature d'une tumeur primitive, il faudra non seulement prendre en considération les caractères de ses éléments constituants, mais encore et surtout la nature de son tissu d'origine qui sera une indication certaine lorsqu'on pourra sûrement l'établir.

La connaissance de l'origine tissulaire d'une tumeur sera même indispensable dans tous les cas, puisque nous venons de voir son importance pour la détermination glandulaire d'un enchondrome de la parotide, par exemple. Mais elle sera encore bien plus indispensable pour établir avec certitude la nature de toutes les tumeurs dont les caractères peuvent se confondre avec ceux des tumeurs d'origines diverses, pour toutes celles dont les éléments constituants n'ont rien de caractéristique par eux-mêmes ou qui ne peuvent être rationnellement interprétés qu'avec la connaissance de leur tissu d'origine. Il en résulte que dans tous les cas on devra avant tout s'enquérir autant que possible pendant la vie des malades et après leur mort, du tissu où la tumeur a pris naissance, si l'on veut avoir toutes chances d'une détermination positive.

En général, l'origine des tumeurs typiques, constituées par les éléments plus ou moins modifiés d'un tissu déterminé, peut être assez facilement spécifiée, surtout lorsqu'on a quelques renseignements cliniques. Il en est encore ainsi assez souvent même pour les tumeurs atypiques. Mais il arrive fréquemment qu'il est impossible de déterminer leur origine précise. C'est ce qui se produit surtout pour les tumeurs observées après qu'elles ont acquis un certain volume, et alors qu'elles ont pris naissance au voisinage de tissus divers susceptibles d'être également l'origine de tumeurs se développant d'une manière atypique analogue.

Telle est la difficulté qui se présente principalement pour certaines tumeurs de la face et de la cavité buccale, lesquelles peuvent se rapporter aux tissus cutanés, muqueux ou glandulaires, ou bien aux tissus fibreux, adipeux ou osseux. Il en est de même pour les tumeurs si fréquentes dans la continuité des membres, dont l'origine peut être épithéliale ou dermique, cellulo-adipeuse ou aponévrotique. Bien plus difficile encore est à déterminer l'origine de tumeurs situées plus profondément, qui peuvent se rapporter aux tissus aponévrotique, fibro-vasculaire, musculaire ou osseux.

Sans le secours des renseignements cliniques, on pourrait commettre de grosses erreurs, en raison de l'analogie que peuvent présenter des néoproductions atypiques de provenance en réalité bien différente, telles que celles émanant des tissus osseux, fibreux ou musculaire et même nerveux, qui, à ne considérer qu'un point déterminé, et souvent même malgré tout ce que l'on examine, ne sauraient être rapportées à leur véritable origine. Il peut même arriver qu'on ne puisse pas distinguer sûrement les éléments qui proviennent de ces divers tissus d'avec ceux dont l'origine réelle se trouve dans un tissu épithélial ou glandulaire.

On se rend bien compte alors qu'il ne sert pas à grand'chose de savoir qu'une tumeur est à cellules rondes ou fusiformes, à petites ou à grosses cellules, de supposer que les cellules sont embryonnaires ou adultes, etc., parce que cela ne suffit pas pour caractériser une tumeur au point de vue de l'anatomie et de la physiologie pathologiques, c'est-à-dire de la clinique. Pour les mêmes raisons, on ne sait où placer une tumeur qui ne présente les caractères d'aucun tissu déterminé lorsqu'on a pris pour base de classification le « tissu de constitution des tumeurs », de telle sorte qu'on met toutes ces tumeurs dans le même sac, sous le nom de sarcomes, en les rapportant, faute de mieux, au tissu conjonctif embryonnaire ou adulte.

Or, nous avons cherché à prouver que dans la plupart des cas, on peut remonter assez facilement à l'origine de ces tumeurs, et la trouver dans un tissu déterminé, plus ou moins profondément modifié dans ses parties constituantes essentielles; ce qui permet de conclure qu'il en est de même pour toutes les tumeurs qui ne sont pas constituées par un tissu permettant de les classer, mais dont *le tissu d'origine peut seul indiquer leur nature, puisqu'en réalité toute tumeur n'est qu'une production anormale dans les phénomènes d'évolution d'un tissu, comme toute production pathologique.*

Enfin, nous avons vu que, dans les tumeurs, l'origine des cellules tissulaires propres, plus ou moins modifiées, doit provenir, comme à l'état normal, des cellules jeunes dites conjonctives. En réalité, celles-ci pourvoient à toutes les productions qui, normalement, sont nécessaires au renouvellement des cellules au fur et à mesure de leur disparition, et qui, à l'état pathologique, notamment dans les tumeurs, donnent lieu aux néoproductions exubérantes typiques ou atypiques, suivant le degré d'intensité des productions et les modifications de structure survenues dans les tissus affectés.

Telles sont les conclusions qui ressortent, on peut le dire, de la simple observation des faits, sans le secours d'aucune théorie, mais il faut encore rechercher d'où peuvent provenir les jeunes éléments fondamentaux dits conjonctifs. C'est là que réside la difficulté du problème à résoudre pour arriver à la connaissance complète du mode de constitution des tissus normaux modifiés, et par conséquent des tumeurs. Seulement on ne peut, pour le moment, pénétrer plus avant dans l'interprétation de ces phénomènes d'histogenèse qu'en émettant des hypothèses dont le sort dépendra des progrès ultérieurs de la science.

Origine des cellules conjonctives dans les tumeurs.

Pendant longtemps on a admis, avec Virchow, la division des cellules du stroma conjonctif pour expliquer leur hyperproduction. Comme nous l'avons déjà fait remarquer, tous les auteurs qui avaient vu ces cellules se diviser pour se multiplier et aller constituer les productions cellulaires des tumeurs, ont tout à coup cessé de voir ce phénomène pour le reporter sur les cellules propres des tissus qui à leur tour se diviseraient. La facilité avec laquelle ces auteurs ont modifié leur opinion au sujet de ces deux ordres de faits d'observation simple, rend les derniers aussi suspects que les premiers; et, à vrai dire, on ne peut constater de division manifeste capable d'expliquer les nombreuses productions cellulaires ni sur les cellules propres, ni sur les cellules conjonctives.

Cependant c'est bien parmi les cellules de certaines tumeurs volumineuses à développement rapide que nous avons seulement pu trouver quelques figures rappelant une phase de la karyokinèse de telle sorte que, si ce phénomène se produisait réellement ce serait plutôt parmi ces cellules. Mais ce qui le rend plus que douteux, c'est que d'abord *on ne le rencontre d'une manière évidente dans aucun cas*, alors que de l'avis des auteurs, il s'agit d'un phénomène bien caractérisé et facile à constater lorsqu'il existe réellement. On n'a jamais à proprement parler que des *figures de pseudo-karyokinèse* (fig. 3 et 4) qu'on peut expliquer tout aussi bien, sinon mieux, par l'action des réactifs sur les noyaux des cellules dont le protoplasma est altéré, et par les dispositions accidentelles de certaines cellules plus ou moins modifiées dans leur constitution et dans leur forme. Et encore ces figures se rencontrent si exceptionnellement qu'en les rapportant à de véritables divisions cellulaires, leur nombre serait en proportion infime par rapport à

la production excessive des cellules, qui ne saurait être expliquée
de la sorte, sans faire intervenir une multiplication, on peut dire
miraculeuse, vu la rapidité avec laquelle on suppose qu'elle s'opé-
rerait, et qui n'empêche pas cependant d'observer la karyokinèse
sous tous les aspects correspondant à ses diverses phases lorsque
ce phénomène se produit réellement. ·V. p. 9.¹

Mais on admet aussi depuis Cohnheim que la totalité ou une
partie des cellules produites dans les processus inflammatoires
proviennent des globules blancs du sang. Pourquoi ce liquide ne
pourrait-il pas aussi fournir aux tumeurs les éléments produits en
plus ou moins grande quantité?

On ne l'admet pas, d'abord parce qu'on *suppose* qu'il s'agit pour
les tumeurs d'un processus tout autre que celui de l'inflammation,
et ensuite parce qu'on *croit* aux productions cellulaires par la prolifération des cellules propres des tissus.

Nous pensons avoir démontré que les tumeurs ne sont constituées, comme toute lésion inflammatoire, que par une *déviation
des phénomènes normaux dans l'évolution des tissus sous l'influence
d'une cause nocive encore indéterminée*, et que, non seulement on
n'observe pas la division des cellules propres des tissus, mais
qu'elle n'est pas admissible dans les cas pris pour exemple, ce qui
permet de conclure qu'il en est de même pour tous les autres cas
vu l'unité de développement que l'on peut constater dans tous les
éléments constituants de l'organisme.

Il n'est guère vraisemblable d'admettre que les cellules du stroma
se divisent, puisque maintenant personne ne constate plus cette
division ; tandis qu'on peut rationnellement expliquer leur production excessive par la théorie qui les fait provenir du sang dans
les autres processus pathologiques. Or, s'il est admis que des cellules formatives des tissus dans les phénomènes inflammatoires
proviennent du sang; c'est qu'il ne s'agit que d'une déviation
de l'état normal. On ne saurait donc dire pourquoi il n'en serait
pas de même dans les tumeurs qui ne sont constituées également
que par les modifications des phénomènes normaux.

Mais on peut encore trouver pour appuyer cette assertion de
bonnes raisons tirées de l'observation des faits. Il est facile de voir
sur les préparations non seulement que *tout néoplasme est vascularisé ainsi que toute néoformation inflammatoire*, mais encore que
*la production des éléments cellulaires est toujours en rapport avec
la quantité et le volume des vaisseaux que renferme le tissu affecté
d'une tumeur.*

On ne peut pas soutenir avec Virchow que les cellules attirent à elles leurs éléments de nutrition par suite d'une propriété hypothétique, et on peut encore moins admettre que leur pouvoir attractif donne lieu à la formation des vaisseaux, sans faire des hypothèses qui sont inutiles et en opposition avec ce qu'on peut observer.

Effectivement, on ne voit jamais apparaître les cellules au sein du stroma sans les vaisseaux qui doivent les alimenter. C'est le contraire que l'on peut quelquefois constater, dans les cas de néo-productions abondantes et rapides, par exemple, dans celles qui se rapportent à certains myomes utérins et à des tumeurs d'une autre nature avec l'apparence myxoïde. On trouve alors à côté de portions riches en vaisseaux et en cellules, d'autres portions où le stroma est surtout constitué par une substance granuleuse, demi liquide, très abondante, avec fort peu de cellules disséminées, et seulement un peu plus nombreuses autour des vaisseaux déjà formés. On a comme le squelette d'un tissu en voie de formation rapide correspondant toujours à un grand développement pris par une tumeur qui offre à ce niveau une faible consistance et où l'on peut constater, non des cellules en voie de multiplication, mais un exsudat vascularisé avec des cellules très nombreuses sur les points déjà consistants et de moins en moins nombreuses sur les parties les plus nouvellement constituées.

· Cependant, le plus souvent, on trouve à la fois les néoproductions cellulaires et vasculaires en plus ou moins grande quantité, qui forment déjà les tumeurs nouvellement produites. Or, on voit fréquemment sur ces préparations des amas de globules rouges correspondant à la formation de nouveaux capillaires dont les parois sont figurées par des cellules de même aspect que celles du stroma, mais plutôt fusiformes, et qui sont environnées de cellules.

On peut ainsi se rendre compte que *les productions cellulaires et vasculaires sont vraisemblablement contemporaines*, et que les parois des vaisseaux sont constituées par les premières cellules exsudées avec des globules sanguins. Si ultérieurement les cellules peuvent devenir très abondantes; il n'est guère possible d'admettre que cette hyperproduction précède la formation des vaisseaux, car ceux-ci ne trouveraient plus la place nécessaire pour se produire en second lieu.

La contemporanéité de ces productions paraît tout à fait en faveur de leur origine. Les globules rouges ne pouvant venir que du sang, il y a toutes probabilités pour que les jeunes cellules en proviennent également et que ce soit les globules blancs qui aient fait irruption simultanément, d'autant que l'on trouve toujours, en même temps, dans le sang, une augmentation de leur nombre.

Enfin il y a encore la substance intercellulaire du stroma qui ne peut provenir que du plasma sanguin, quoique les auteurs admettent, en général, que ce sont les cellules qui sécrètent cette substance ; parce qu'ils n'ont toujours en vue que les cellules considérées comme indépendantes de l'ensemble de l'organisme. Mais, outre que les cellules souvent très petites et même peu nombreuses, seraient dans l'impossibilité absolue de fournir les matériaux nécessaires pour l'édification d'une substance intermédiaire, parfois très abondante relativement aux éléments cellulaires, il faut bien que les matériaux nutritifs soient apportés aux cellules par la circulation et que celles-ci soient imprégnées par le plasma sanguin. Or, il est incontestable qu'il s'opère incessamment des échanges entre les parties liquides du protoplasma des cellules et de la substance intermédiaire, ainsi que l'indiquent les analogies d'aspect présentées par ces substances et ordinairement leur confusion au niveau des éléments conjonctifs. On doit encore l'admettre de par les lois de l'osmose qui régissent les échanges à travers les substances organiques en présence.

C'est ainsi, du reste, que s'accomplissent les phénomènes de nutrition par le plasma sanguin dont l'action sur les cellules ne peut naturellement avoir lieu que par l'intermédiaire de la substance intercellulaire.

Il est donc rationnel d'admettre que dans les tumeurs, comme dans tout état pathologique et comme à l'état normal, les cellules et la substance intercellulaire reçoivent leurs éléments de nutrition du plasma sanguin, d'après les lois de l'osmose, et qu'elles continuent à échanger les liquides qui les imprégnent suivant les conditions physiques, plus ou moins anormales, qui se présentent dans la suite. Il en résulte que la substance intercellulaire est constituée à la fois par les matériaux venus du plasma sanguin et par ceux provenant des échanges effectués avec le protoplasma des cellules préexistantes.

On se rend bien compte de la sorte, d'abord de la similitude qui existe entre le protoplasma cellulaire et la substance intermédiaire (au point que souvent il est difficile, sinon impossible, de limiter les cellules, non seulement dans le stroma, mais encore parfois dans les points où les cellules sont plus ou moins différenciées), et aussi de l'adaptation des jeunes cellules pour former les tissus propres par des matériaux de nutrition puisés dans la substance intermédiaire où elles arrivent pour se développer. Mais dans les tumeurs tout cela se passe d'une manière plus ou moins anormale, en raison des modifications structurales du tissu et de l'abondance des productions; d'où les aspects si variés offerts par les néoproductions des diverses tumeurs d'un tissu et parfois d'une même tumeur sur des points différents.

Il y a donc toutes probabilités pour que les divers éléments constituants des tumeurs, comme ceux des productions inflammatoires et des tissus normaux, proviennent du sang, qui, très rationnellement, en fournissant aux tissus leurs matériaux de nutrition, leur procure également les éléments nécessaires à la rénovation des cellules au fur et à mesure de leur destruction; ce qui est aussi en définitive un phénomène de nutrition.

En effet, s'il est démontré que les globules sanguins jouent un rôle important dans la nutrition des tissus normaux et pathologiques, que les liquides plasmatiques proviennent également du sang, il n'y a pas de raison pour refuser aux globules blancs de jouer aussi leur rôle dans ces phénomènes. Du reste, la diapédèse de ces globules n'est-elle pas admise dans les actes normaux et inflammatoires de l'organisme? Dès lors, on ne saurait lui refuser de se produire dans les formations néoplasiques, qui ne consistent également qu'en des modifications apportées aux tissus normaux, et qui, par conséquent, doivent être régies d'après les lois de la biologie générale, auxquelles ne peut faire exception aucune production pathologique.

ACTION PRÉSUMÉE DE LA CAUSE ENCORE INDÉTERMINÉE POUR PRODUIRE LES TUMEURS

De ce que l'on ne connaît pas encore la cause déterminante des tumeurs, il ne s'ensuit pas qu'elle doive agir autrement que toute autre cause donnant lieu à des phénomènes pathologiques, dits spontanés, et qui résultent de phénomènes infectieux dont les agents sont connus ou non. En effet, il ressort bien manifestement de l'étude des tumeurs bénignes et des productions inflammatoires subaiguës ou chroniques qu'il existe entre ces affections la plus grande analogie, au point que les auteurs rangent le plus souvent ces tumeurs parmi les inflammations et que si nous ne partageons pas cette opinion, nous reconnaissons néanmoins qu'il

y a des cas douteux; que, du reste, cette analogie est bien naturelle, puisqu'il s'agit dans tous les cas de troubles plus ou moins
lents produits dans un tissu qui continue à se nourrir et à évoluer
d'une manière anormale sur le point affecté.

Bien plus, les tumeurs atypiques, examinées aussi au point de
vue de leur comparaison avec les productions inflammatoires,
offrent également avec elles la plus grande analogie, comme on
peut l'observer dans les tumeurs de nature épithéliale ou glandulaire, dont les cellules se trouvent à l'état d'infiltration dans les
tissus et notamment au niveau des points qui sont le siège d'une
ulcération, et où il serait parfois impossible de distinguer les productions d'une tumeur de celles d'une inflammation si l'examen
ne portait que sur un de ces points.

Il n'y a pas, du reste, entre les tumeurs bénignes et malignes
plus de différences qu'entre les néoproductions inflammatoires
chroniques et aiguës, qui peuvent être considérées comme des
altérations parallèles aux premières. Toutes résident dans des altérations de plus en plus rapides et prononcées, présentées par les
phénomènes de nutrition et de rénovation des éléments constitutifs
des tissus. Et comme toute production pathologique dérive d'une modification du tissu normal, il y a beaucoup de probabilités pour que
toute modification spontanée soit produite par le même mécanisme
sous l'influence des causes les plus différentes. Du reste les infections spontanées de causes diverses se manifestent certainement
par une détermination initiale analogue, ainsi qu'on en a la preuve
par l'analogie des phénomènes qu'on peut observer dans le développement des altérations consécutives les plus variées.

En étudiant le mode d'évolution, d'extension et de généralisation
des tumeurs, nous verrons leur analogie se continuer avec les
mêmes phénomènes inflammatoires de nature infectieuse, qui se
complètent encore lorsque cette étude s'étend à la clinique; de
telle sorte que la différence essentielle consiste plutôt dans le
résultat définitif qui est la non-guérison spontanée de toutes les
tumeurs, probablement sous la dépendance de la persistance de la
cause, comme il arrive dans les maladies infectieuses qui évoluent
fatalement.

Puisque l'analogie des tumeurs avec les inflammations semble
démontrée à la fois par les études cliniques et anatomiques, elle
doit correspondre à une analogie dans la cause productrice, ainsi
qu'on l'a déjà dit et comme il y a toutes probabilités, quoique l'on
n'ait pas encore pu en fournir la preuve.

S'il en est ainsi, il est également probable que les phénomènes intimes de néoproduction, quelle que soit leur cause, relèvent du même mécanisme, c'est-à-dire d'une lésion vasculaire initiale, soit par une altération primitive des éléments conjonctifs et des cellules endothéliales ou de celles qui se trouvent dans le sang, et qui, de la même manière, peuvent entraver sur un point la circulation. Il en résulte nécessairement des dilatations vasculaires et des hyperproductions consécutives de tous les éléments du tissu à ce niveau.

Assurément on ne peut pas saisir le moment où cette lésion première se produit; mais dans l'état de nos connaissances, il n'est guère possible de comprendre autrement la production d'une lésion spontanée, qu'il s'agisse d'une tumeur ou d'une inflammation de cause infectieuse. La plupart du temps, on invoque pour la cause supposée, une action de présence qui n'explique rien. Du reste, dans les tumeurs, comme dans les lésions inflammatoires, on se rend assez facilement compte des oblitérations vasculaires, notamment de celles des petites artères et des veines, auxquelles correspondent des dilatations de vaisseaux collatéraux et des néoproductions vasculaires avec une production exubérante des éléments du tissu à ce niveau. Celle-ci varie depuis la simple hyperplasie jusqu'aux productions les plus exagérées et les plus atypiques, qu'il s'agisse de phénomènes inflammatoires ou de tumeurs.

On peut toutefois se demander pourquoi, sous l'influence du même mécanisme, il surgit une tumeur plutôt qu'une inflammation? C'est évidemment pour les mêmes motifs qu'on a des processus inflammatoires différents suivant l'origine de la cause infectieuse, c'est-à-dire parce que l'on a affaire à la cause inconnue des tumeurs, à laquelle on peut seulement attribuer hypothétiquement un effet permanent et plus ou moins lent.

Mais on comprend que l'intensité des troubles soit modifiée suivant des circonstances nombreuses, dépendant principalement de l'intensité d'action de la cause inconnue et des effets qu'elle a pu produire plus ou moins rapidement, sur des vaisseaux dont le nombre et le volume sont variables ; ce qui permet de se rendre compte de la production des tumeurs dans un temps et avec des altérations qui peuvent beaucoup varier.

A l'appui de cette hypothèse d'une oblitération vasculaire, comme lésion initiale, pour expliquer les hyperplasies, nous ferons remarquer que celles-ci ne peuvent avoir lieu que sous l'influence d'un accroissement de la circulation qui, pour se produire localement avec assez d'intensité, doit correspondre et correspond toujours à un effet compensateur d'une oblitération vasculaire voisine visible ou non.

On peut certainement se demander si une action nerveuse ne serait pas suffisante pour produire cet effet, étant donnée l'influence bien connue des émotions dépressives, comme cause occasionnelle de certaines tumeurs, notamment de celles de l'estomac chez les vieillards. Or, il n'est guère admissible qu'une influence nerveuse puisse à elle seule donner lieu à une lésion toujours assez localisée ; tandis qu'on peut parfaitement expliquer son action à titre adjuvant, comme favorisant celle de la cause inconnue, sur un point dont les fonctions sont plus ou moins languissantes, par suite d'une dépression morale, et particulièrement chez les vieillards dont la nutrition locale tend à diminuer en même temps que se produisent des phénomènes d'atrophie correspondants.

Ce sont, du reste, ces phénomènes qui, chez les sujets prédisposés par des antécédents héréditaires, paraissent constituer la circonstance la plus propice aux oblitérations vasculaires résultant des altérations attribuables à la cause inconnue, et qui peuvent le mieux rendre compte de la fréquence des tumeurs au déclin de la vie ; de même que les infarctus se produisent plus facilement dans les divers organes, au cours de cette période, mais avec des oblitérations portant rapidement sur de gros vaisseaux, problablement lorsqu'il existe un trouble concomitant dans l'état du cœur.

Les modifications anatomiques qui consistent dans une atrophie de plus en plus marquée des tissus au fur et à mesure de l'accroissement des années, au cours de la vieillesse, coexistent, comme nous l'avons vu, avec une diminution de calibre des vaisseaux, d'où résultent des oblitérations fréquentes donnant lieu à de petits points de sclérose, ne se traduisant même souvent pendant la vie par aucun symptôme bien manifeste : et l'on comprend comment, dans ces conditions, des oblitérations de plus gros vaisseaux peuvent avoir lieu, et produire des altérations plus importantes, constituées par de véritables infarctus. N'est-ce pas aussi par des infarctus indéniables que se produisent les foyers de généralisation des tumeurs que nous examinerons plus loin ?

En prenant en considération d'une part les raisons que nous avons fait valoir pour démontrer la constitution des tumeurs par une modification des tissus d'un caractère persistant et même progressif, sans qu'on ait pu en découvrir la cause, et d'autre part l'assimilation des tumeurs aux autres productions pathologiques dans leur mode de développement dit spontané; on peut dire que *toute tumeur consiste dans une déviation locale et progressive des phénomènes d'évolution d'un tissu, sous l'influence d'une cause encore indéterminée, par le même mécanisme que toute autre production pathologique dite spontanée, mais probablement d'une manière plus ou moins lente et persistante.*

Si les tumeurs se rencontrent principalement dans les conditions précédemment indiquées, on peut cependant en observer à tous les âges et même assez fréquemment chez de jeunes sujets, en raison de prédispositions héréditaires particulières et de conditions inconnues, qui exposent peut être à l'action de la cause déterminante. Toujours est-il que chez ces sujets, sauf au niveau de la glande mammaire, qui est le siège de modifications fréquentes, évidemment propices à la formation de néoplasmes de toutes variétés, les tumeurs bénignes sont rares, et que celles qui se produisent affectent en général une malignité plus ou moins grande et le plus souvent très grande, en prenant rapidement une large extension locale ou en se généralisant. C'est, du reste, ce que l'on constate également pour les lésions infectieuses, qui surviennent chez les jeunes sujets, et où les manifestations locales et générales sont ordinairement plus accusées que chez le vieillard. Cela paraît tenir évidemment à l'activité plus grande de la circulation et des phénomènes de nutrition et de production des éléments sous leur dépendance, et qui, chez les jeunes sujets, se présentent avec une intensité d'action d'autant plus grande que le sujet est plus jeune, c'est-à-dire que les phénomènes de nutrition et de développement sont plus accusés.

En somme, si la production des tumeurs est plus fréquente au déclin de la vie, elle offre une plus grande intensité dans sa période ascendante, et les conditions anatomiques et fonctionnelles des tissus en rapport avec ces périodes rendent compte des effets différents que peut avoir la cause inconnue sur l'organisme. Ceux-ci sont toujours en rapport avec ces conditions, vu que, dans tous les cas, il ne s'agit que de modifications apportées sur un point déterminé d'un tissu, et qui doivent varier nécessairement, non seulement suivant l'intensité de la cause perturbatrice, mais encore suivant l'état anatomique et fonctionnel dans lequel se trouve ce tissu.

CHAPITRE III

CLASSIFICATION DES TUMEURS

Il résulte des considérations dans lesquelles nous sommes entré précédemment au sujet de l'origine et de la pathogénie des tumeurs, qu'une classification de ces productions pathologiques ne saurait avoir d'autre but que de les présenter dans un ordre qui en facilite l'étude.

Ayant rejeté l'hypothèse qui consiste à considérer les tumeurs comme des monstruosités des tissus embryonnaires ou adultes, pour les faire entrer dans les phénomènes pathologiques qui dérivent des modifications produites dans les tissus normaux, nous ne comprendrons pas au nombre des tumeurs, les productions anormales pouvant résulter de déviations dans la formation de l'organisme, et donnant lieu seulement à des *malformations congénitales*. Celles-ci sont constituées par des éléments complexes se rapportant à des tissus à peu près normaux, mais avec une autre disposition locale, évoluant dans leur sens habituel, n'envahissant jamais les tissus voisins ou éloignés, ne se comportant pas, en un mot, comme les tumeurs, ni par leur origine, ni par leur constitution, ni par leur développement. Tels sont, par exemple, les nævi. De plus, les malformations peuvent devenir le siège de tumeurs, ce qui n'arrive à aucune tumeur véritable pour les raisons ressortissant à leur origine et à leur mode de formation, ainsi que nous avons cherché à le démontrer.

Quant aux tumeurs que l'on peut exceptionnellement rencontrer sur le fœtus, elles ont été produites après la formation de l'organisme et doivent être considérées comme toutes celles rencontrées ultérieurement.

A plus forte raison ne saurait-il exister chez l'adulte des tumeurs se rattachant à l'origine des tissus, comme il résulte de nos démonstrations précédentes. C'est dire que nous laisserons de côté les classifications basées depuis Remak sur une prétendue origine correspondante des tumeurs.

Nous ne considérerons pas non plus les espèces cellulaires comme des espèces naturelles, ainsi que le font beaucoup d'auteurs, par la raison qu'on ne peut assimiler les cellules à des êtres évoluant d'une manière indépendante, alors qu'elles sont intimement associées dans l'organisme pour sa constitution et son fonctionnement. L'observation montre, en effet, qu'à l'état pathologique, comme à l'état normal, les modifications que présentent les tissus ne portent jamais sur un de leurs éléments à l'exclusion des autres, que tous les éléments constituants d'un tissu participent aux phénomènes normaux et pathologiques qui s'y passent, dans une mesure très variable certainement, mais qui contribue précisément à constituer les diverses modalités pathologiques.

C'est ainsi que les tumeurs ne sont jamais formées par des éléments simples, épithéliaux ou conjonctifs, et que cette division admise par la plupart des auteurs est absolument contraire à l'observation des faits. Il est évident que les tumeurs, comme toutes les autres productions pathologiques, sont constituées par les modifications survenues dans leur tissu d'origine, et que ce sont à proprement parler des *productions tissulaires pathologiques à caractères variables*, que nous avons cherché précédemment à mettre en relief et à définir autant que possible.

Bien plus nous ne saurions, à l'exemple des auteurs, baser notre classification sur la constitution que présente le tissu des tumeurs, parce qu'on aboutit fatalement à une impossibilité d'où résulte l'incohérence qui existe dans toutes les classifications proposées.

En effet, si l'on peut jusqu'à un certain point fonder sur ce principe une classification des tumeurs bénignes, c'est-à-dire de celles dont la constitution est plus ou moins analogue au tissu d'origine, cela devient de plus en plus difficile pour les tumeurs malignes dont les caractères s'éloignent de plus en plus de ceux des tissus normaux, jusqu'au point où les tumeurs dites métatypiques ou atypiques n'offrent plus une constitution qui permette de les rattacher à un tissu déterminé.

C'est parce qu'on s'est toujours trouvé dans l'impossibilité de caractériser cette dernière catégorie de tumeurs qu'on les a considérées d'abord comme hétérologues, puis comme hétéromorphes après la démonstration qu'il n'y avait pas dans l'économie de tissu sans analogie avec les tissus normaux. On a aussi invoqué l'hétérotopie lorsqu'on a cru trouver des néoproductions dont la structure paraissait différente de celle du tissu d'origine, alors que c'est à proprement parler une chose aussi bien contre nature que l'hétérologie.

Enfin aujourd'hui, si l'on a reconnu la nature de certaines

tumeurs métatypiques dont on a pu suivre les modifications en partant de productions plus ou moins typiques, il y a encore un grand nombre de tumeurs, et notamment toutes celles désignées sous le nom de sarcomes, qui sont indûment confondues et classées d'une manière arbitraire, par suite d'idées purement théoriques et contre la réalité des faits, ainsi que nous avons cherché à l'établir. C'est en cela que réside l'obstacle absolu à toute classification des tumeurs basée sur leur constitution, puisque, pour un grand nombre, celle-ci s'éloigne absolument de la constitution de tout tissu normal.

Il n'en est plus de même en classant les tumeurs, comme nous l'avons fait, d'après leur tissu d'origine; ce qui est bien naturel, puisqu'il s'agit de modifications produites dans les phénomènes biologiques du tissu affecté, de manière à aboutir à des productions typiques ou atypiques, mais qui sont dans tous les cas de même nature. On arrive ainsi, dans l'état actuel de la science, à une conception aussi rationnelle que possible des tumeurs, comme de toutes les productions pathologiques, et sans qu'il puisse y avoir le moindre doute sur leur nature lorsqu'on peut se rendre compte de leur origine.

Ainsi les tumeurs doivent être classées d'après le tissu où chacune a pris naissance, en partant de celles qui ont le plus d'analogie avec leur tissu d'origine, jusqu'à celles qui s'en éloignent le plus, et auxquelles correspondent *en général* d'abord des *tumeurs bénignes*, puis des *tumeurs malignes* à des degrés de plus en plus prononcés. Telle est la base essentielle de notre classification.

On peut, si l'on veut, conserver les *dénominations employées par les auteurs*, en les rapportant aux *variétés anatomiques observées*, mais *sans y attacher aucune interprétation relative à la nature des tumeurs et à leur mode de production ou de constitution* et *seulement pour éviter l'emploi de mots nouveaux*, tellement sont nombreux ceux qui encombrent déjà la science.

. C'est ainsi que nous avons adopté les dénominations employées par la plupart des auteurs pour les *tumeurs bénignes*, formées par le *radical grec du nom du tissu normal*, auquel appartient la tumeur et la désinence *ome* : ostéome, myome, névrome, etc, pour indiquer une tumeur des tissus osseux, musculaire, nerveux, etc,

Le mot *épithéliome* doit être employé, non pour désigner une tumeur formée exclusivement aux dépens d'un épithélium ou comme provenant d'une prolifération de cet épithélium, mais pour indiquer simplement une *tumeur de nature épithéliale*, où prédominent ordinairement les productions manifestement épithéliales, et qui a son origine, soit dans un tissu à révêtement épithélial ou endothélial, soit dans un tissu glandulaire. Dans ce dernier cas, le mot *adénome* est plutôt réservé aux *tumeurs bénignes*, à moins qu'on le fasse suivre d'une épithète qui indique la malignité de la tumeur : *adénome malin ou destructif*.

Le mot *carcinome* (quoique bien démodé, mais souvent employé comme synonyme de cancer), peut encore être appliqué aux tumeurs ayant pour substratum les mêmes tissus et plutôt les glandes, avec une intrication particulière des cellules propres et des cellules conjonctives. Toutefois ce n'est pas en raison de leur origine ou d'une production conjonctive spéciale, comme on l'avait supposé tout d'abord ; car telle tumeur qui a l'aspect d'un épithéliome sur un point, peut avoir celui d'un carcinome sur un autre point et parfois sur la même préparation.

Nous avons cherché à démontrer en nous appuyant à la fois sur des faits précis et sur des considérations pathogéniques, que le mot *sarcome* ne pouvait pas se rapporter à des tumeurs formées par un tissu embryonnaire conjonctif ou autre, qu'il s'agisse d'un tissu embryonnaire proprement dit ou d'un tissu embryonnaire de l'adulte, et que ces hypothèses devaient être absolument rejetées. Mais rien n'empêche de conserver le mot et de considérer comme *sarcomateuses*, les *variétés de tumeurs constituées en grande partie par des éléments cellulaires atypiques abondants et confluents*, sans oublier que ces mêmes productions peuvent se rencontrer avec les autres variétés anatomiques de tumeurs, encore parfois sur la même préparation.

Les tumeurs ne consistant qu'en des productions anormales des divers tissus, une *première division naturelle* s'impose : c'est celle qui repose sur la différenciation des tissus, lesquels peuvent être répartis en *sept grandes classes*.

La *1ʳᵉ classe* renfermera les *tumeurs de tous les tissus dits épithéliaux*, c'est-à-dire de tous les tissus à revêtement épithélial proprement dit ou endothélial, ainsi que de tous les organes glandulaires dont la surface sécrétante est aussi tapissée par un épithélium.

Il s'agit par conséquent des tumeurs des organes les plus nombreux, les plus actifs et qui sont aussi le plus souvent affectés. C'est dire que l'immense majorité des tumeurs se trouve dans cette classe, laquelle comprend assurément des productions d'aspects excessivement variés, suivant l'organe affecté et les diverses modalités des néoproductions. Celles-ci consistent toujours dans un tissu plus ou moins anormal, mais où l'on trouve constamment des vaisseaux et de jeunes cellules, en même temps que des cellules à une évolution plus avancée, analogues aux cellules épithéliales du tissu d'origine, avec des déviations peu ou de plus en plus accusées donnant lieu aux productions dites typiques, métatypiques ou atypiques et, par conséquent, à des tumeurs bénignes et malignes à des degrés divers.

La *2ᵐᵉ classe* comprendra les *tumeurs du tissu adénoïde* qui prédomine dans les ganglions et dans la rate, mais qui se trouve aussi répandu abondamment dans les muqueuses, surtout dans celles du tube digestif.

Ce sont des néoproductions qui peuvent être considérées comme plus ou moins typiques non seulement lorsqu'elles se manifestent sur les divers points du même tissu, mais encore dans leurs noyaux de généralisation sur des organes où ce tissu fait défaut à l'état normal.

La *3ᵐᵉ classe* se rapportera aux *tumeurs du tissu fibreux* très répandu dans l'organisme, où il remplit certains rôles particuliers et où il forme la charpente des tissus en servant en même temps de soutien à leurs vaisseaux.

C'est ainsi que, pour le moment, on peut ranger dans cette classe les tumeurs du tissu fibreux proprement dit, comprenant le derme cutané ou muqueux, les aponévroses et les tendons, la tunique externe des vaisseaux ainsi que le tissu des gaines vasculaires et nerveuses.

Il va sans dire que si le tissu fibreux peut présenter des tumeurs constituées en partie ou en totalité par de jeunes éléments, comme tous les autres tissus, ce n'est pas un motif pour confondre encore ces tumeurs avec celles des autres tissus, et surtout pour rapporter ces dernières sous le nom de sarcomes, à une origine dans le tissu conjonctif considéré par les auteurs comme synonymes du tissu fibreux. Autrement c'est rester dans une confusion entretenue depuis longtemps par une théorie ne reposant que sur des hypothèses en contradiction avec les faits, comme nous avons cherché à le prouver.

La *4ᵐᵉ classe* comprendra les *tumeurs du tissu cellulo-adipeux*. Celles qui se présentent sous la forme typique et constituent les *lipomes* sont très nettement caractérisées, au point de ne pas pouvoir être attribuées à un autre tissu; tandis qu'il en est tout autrement des tumeurs atypiques, auxquelles il manque la production des vésicules adipeuses. Il en résulte que ces dernières tumeurs peuvent être confondues avec celles qui appartiennent aux tissus fibreux voisins, aux gaines vasculaires ou nerveuses, aux aponévroses et même aux muscles striés, précisément en raison des transitions insensibles qui existent entre les productions de tous ces tissus. C'est que, si certaines tumeurs apparaissent bien manifestement de nature fibreuse ou graisseuse par leur lieu d'origine et leurs caractères typiques, il arrive souvent que celles qui s'éloignent de ces types ne peuvent pas être rapportées absolument à l'un de ces tissus plus particulièrement, aussi bien par l'impossibilité de fixer d'une manière précise ce lieu d'origine que par celle de reconnaître la nature de leurs éléments. C'est dire que pour élucider cette question, comme du reste dans tous les cas où les tumeurs n'ont pas des caractères tranchés, on devra commencer à rechercher cliniquement aussi bien que possible l'origine des tumeurs, de telle sorte qu'on pourra ainsi l'établir dans des cas qui serviront à éclairer ceux où cette origine est actuellement impossible à déterminer.

La 5ᵐᵉ *classe* sera constituée par les *tumeurs du tissu osseux* qui forme la charpente solide de l'organisme et qu'il ne faut pas confondre avec le tissu fibreux sous prétexte que ce dernier peut se substituer au cartilage et à l'os; vu qu'il se substitue aussi à d'autres tissus détruits sans qu'on songe à les assimiler pour cette raison. De plus, les prétendus tissus fibreux qui s'ossifient et qu'il ne faut pas non plus confondre avec les tissus fibreux qui sont le siège de dépôts calcaires, sont de véritables formations osseuses par des éléments cellulaires osseux qui s'incrustent d'osséine, et qu'on ne rencontre qu'au niveau ou au voisinage des os et des cartilages; car *jamais il ne se produit de substance osseuse véritable dans un tissu fibreux situé loin d'un os ou d'un cartilage*, comme on devrait le voir s'il existait une assimilation réelle entre le tissu fibreux et les tissus cartilagineux et osseux, ainsi que l'admettent la plupart des auteurs sous le nom de tissu de substance conjonctive.

On doit donc, au contraire, considérer les tissus cartilagineux et osseux comme des tissus bien différenciés du tissu fibreux, et les tumeurs auxquelles le tissu osseux donne naissance, comme bien différentes en général de celles du tissu fibreux. Si dans certains cas il y a une grande analogie dans les productions néoplasiques de ces tissus, on peut en dire autant pour les tumeurs ayant leur origine dans d'autres tissus, sans que pour cela on doive confondre toutes les tumeurs d'origines diverses. C'est du reste la raison principale pour laquelle *notre classification a pour base l'origine des tumeurs dans les tissus* et *non les caractères des éléments constituants des tumeurs*, si variés, si incertains dans beaucoup de cas, qu'ils ne sauraient indiquer leur nature, mais qui peuvent être utilisés pour déterminer leur degré de formation et les variétés qui en résultent.

Les tumeurs qui ont pour origine le tissu osseux peuvent se manifester par toutes les productions plus ou moins modifiées de ce tissu aux diverses phases de son évolution formative, à laquelle correspondent, par conséquent, les productions cartilagineuses qui ont toujours une origine osseuse.

Nous n'admettons pas de tumeurs du tissu cartilagineux parce qu'on n'a pas démontré la possibilité de la production d'une tumeur au sein de ce tissu. Cela n'est pas pour nous étonner, puisque ce tissu ne possède pas de vaisseaux, et que, comme nous l'avons indiqué, la présence des vaisseaux est une condition essentielle à la production des tumeurs. Le cartilage est alimenté par les vaisseaux de l'os voisin; et, s'il y a des néoformations cartilagineuses, elles sont d'origine osseuse, soit qu'elles restent dans l'état catilagineux, soit qu'elles tendent à s'ossifier. C'est encore un des arguments pour lesquels les tumeurs doivent être classées, non suivant leur constitution, qui peut être variable dans le même cas, mais d'après leur origine.

Il est d'autant plus naturel de considérer les néoproductions cartilagineuses comme des tumeurs des os, sans faire appel à la théorie hétérotopique des auteurs, que les formations osseuses initiales à l'état physiologique et les productions inflammatoires observées à la suite des fractures, sont précédées de productions cartilagineuses qui sont bien évidemment de nature osseuse. Toutefois les cartilages non articulaires peuvent être le lieu d'origine de néoproductions cartilagineuses ou osseuses aux dépens du périchondre. Mais la possibilité de ces dernières productions indique bien qu'il s'agit, dans tous les cas, de formations de même nature et qui normalement sont restées à l'état de cartilage.

Les tumeurs des os sont fréquentes, non comme tumeurs bénignes mais comme tumeurs malignes.

La *6ᵉ classe* comprendra les *tumeurs du tissu musculaire*, en distinguant celles qui dépendent du tissu à fibres lisses ou à fibres striées. Les unes et les autres ont été désignées sous le nom de *myomes*, en ajoutant les mots : *à fibres lisses* ou à *fibres striées*, suivant leur constitution; expressions auxquelles Zenker a substitué celles de *léiomyomes* et de *rabdomyomes*. Mais pas plus pour les muscles que pour les os et les autres tissus, la caractéristique des tumeurs ne doit résulter de leur constitution plus ou moins variable. C'est toujours leur tissu d'origine qui indique leur nature, et c'est dans ce sens que nous employons les expressions de Zenker.

Les léiomyomes sont souvent désignés simplement sous le nom de myomes en indiquant leur localisation. Mais c'est à tort qu'on leur donne fréquemment le nom de « fibro-myomes » ou de « corps fibreux », après leur avoir donné pendant longtemps celui de « fibromes »; car s'il se trouve une substance hyaline entre les jeunes fibres musculaires, elle est particulière à ce tissu et diminue au fur et à mesure du développement des fibres. En tout cas, *il n'y a que des cellules musculaires dans le tissu et non des cellules du tissu fibreux*, en faisant remarquer toutefois, qu'autour des gros vaisseaux, on trouve au sein de la substance hyaline de petites cellules sans caractères particuliers, en raison de leur volume très restreint et de leur état de compression.

Ce n'est pas un motif suffisant pour en faire des tumeurs mixtes, vu que les mêmes circonstances se présentent dans les tumeurs des autres tissus, sans qu'on les considère pour cela comme des tumeurs en partie fibreuses et qu'on fasse usage du préfixe *fibro*.

Dans l'immense majorité des cas, ces tumeurs sont bénignes, au point que pour certains auteurs, elles seraient les seules à considérer. Or, non seulement les tumeurs malignes de cette nature existent, mais encore ne sont-elles pas excessivement rares. C'est une considération importante à l'appui de l'assimilation des tumeurs bénignes et malignes que nous avons précédemment soutenue, contrairement à la tendance qu'ont certains auteurs de considérer les tumeurs bénignes comme des hypertrophies ou des inflammations.

Pour ce qui concerne les rabdomyomes, les auteurs admettent la possibilité de rencontrer parfois des tumeurs typiques constituées par des fibres striées, notamment dans la langue, dans le cœur, dans le testicule, dans l'ovaire. Mais il s'agit évidemment de malformations congénitales qui ne se comportent pas comme des tumeurs et qui n'en sont pas.

De véritables tumeurs typiques, c'est-à-dire constituées par des fibres striées, nous n'en avons jamais rencontré, malgré nos recherches faites dans ce but sur les tumeurs développées dans les muscles striés. Et cela n'a rien d'étonnant, lorsqu'on réfléchit que les éléments de ce tissu sont très différenciés, qu'ils ne sont le siège à l'état normal que de modifications moléculaires, et qu'ils ne se reproduisent en aucune circonstance. Il y a, par conséquent, toutes probabilités pour que ces éléments qui ne peuvent être produits sans passer préalablement par l'état embryonnaire, ne puissent donner lieu ultérieurement à des productions anormales de manière à constituer une véritable tumeur. C'est probablement parce qu'il n'y a pas de tumeurs des muscles striés, analogues par leur constitution au tissu normal, qu'on ne rencontre pas des tumeurs bénignes de cette nature.

Cependant, il y a incontestablement des tumeurs qui ont leur origine dans les muscles striés, c'est-à-dire qui sont de même nature, sans en avoir la structure; et cela suffirait pour ruiner la classification basée sur la constitution des tumeurs. Il est vrai que les auteurs ont tourné la difficulté en admettant que ces tumeurs d'aspect fibreux, myxomateux ou sarcomateux, sont des tumeurs du tissu conjonctif, c'est-à-dire des fibromes, des myxomes, des sarcomes, développés aux dépens des éléments de la substance intermédiaire aux faisceaux musculaires. Mais alors il n'y aurait plus de tumeurs de ces muscles, alors que cliniquement on en rencontre encore assez souvent.

. La question est donc de savoir si ces tumeurs constituées par des éléments atypiques, doivent être considérées comme des tumeurs du tissu fibreux ou du tissu musculaire. C'est précisément la même question qui s'est présentée à propos des tumeurs du sein, de la peau et de tous les organes. Or, nous l'avons constamment résolue en considérant ces tumeurs comme appartenant à l'organe où elles se sont développées, en raison de la corrélation intime qui nous paraît exister entre les éléments propres de l'organe et ceux de son tissu conjonctif, avec la seule différence que dans ce cas les éléments propres disparaissent bien comme dans les autres tumeurs, mais ne se reproduisent sous aucune forme. Toutefois la difficulté consiste à distinguer ces tumeurs de celles qui ont pu prendre naissance dans les tissus des aponé- ·vroses musculaires, dans le tissu fibreux des gaines vasculaires et même dans le tissu adipeux ; ces tissus constituant en somme des appareils particuliers indépendants du tissu musculaire, aussi bien que le tissu adipeux et le derme par rapport à la peau et aux muqueuses.

Il est souvent possible de constater que les néoproductions cellulaires ont leur origine, non dans le tissu fibreux interfasciculaire, mais dans les faisceaux musculaires, où l'on peut parfois les observer à leur début. En continuant à se produire en excès, les cellules étouffent la substance striée, à laquelle elles se substituent insensiblement, formant des amas de cellules rondes ou fusiformes, disséminées ou réunies en faisceaux plus ou moins irrégulièrement entrecroisés, au sein d'une substance hyaline plutôt molle, d'aspect parfois myxoïde, mais qui peut se présenter aussi avec l'apparence fibroïde. Lorsque les cellules sont très abondantes on a l'aspect d'un tissu sarcomateux, au moins sur quelques points.

Évidemment certains cas offrent une grande difficulté pour distinguer ces tumeurs de celles du tissu fibreux. Mais indépendamment des considérations que nous avons fait valoir précédemment, on remarquera que si les dernières sont le plus souvent bénignes, les tumeurs qui ont leur origine dans les muscles striés sont toujours malignes ; ce qui s'explique par leurs productions atypiques, que l'on doit rationnellement attribuer au tissu musculaire proprement dit où elles ont pris naissance.

La 7ᵉ classe comprend les *tumeurs du tissu nerveux*, c'est-à-dire celles des centres nerveux et des nerfs périphériques. Pour la plupart des auteurs, les *névromes* sont constitués par du tissu nerveux de nouvelle formation, et, avec Fœrster, on les divise en *névromes médullaires* ou *ganglionnaires* et en *névromes fasciculés ;* les premiers se rapportant aux tumeurs des centres nerveux, et les seconds à celles des nerfs périphériques.

D'après cette manière de voir, il n'y aurait pour ainsi dire pas de véritables tumeurs du système nerveux ; car on ne découvre, en fait de productions anormales bien caractérisées, que des malformations, et encore d'une manière tout à fait exceptionnelle ; tandis que la plupart des auteurs considèrent les tumeurs habituellement rencontrées sur les centres nerveux et les nerfs, comme des fibromes, des myxomes et des sarcomes, ce qui n'est guère pour éclairer la question.

En admettant, comme nous l'avons fait, que ce sont des *tumeurs du tissu nerveux central ou périphérique*, c'est-à-dire des *tumeurs qui ont pour origine ce tissu*, ainsi que nous avons cherché à en démontrer la réalité, nous n'avons qu'à étudier dans les néoproductions, les analogies qui indiquent leur origine, et les déviations plus ou moins prononcées qui constituent précisément les diverses variétés pathologiques qu'on peut rencontrer.

On admet encore un névrome des moignons d'amputation, mais

bien à tort, car ce n'est pas un névrome; c'est un simple tissu
cicatriciel avec production abondante d'éléments cellulaires constituant un tissu de sclérose entre les faisceaux musculaires et nerveux. On peut le reconnaître sur tous les points, quand bien même
la sclérose s'infiltre un peu çà et là entre les tubes qu'elle dissocie,
mais sans jamais donner lieu à des tumeurs nodulaires à évolution
progressive, comme les véritables névromes. Ceux-ci sont considérés à tort comme des fibromes de la gaine des nerfs; car non
seulement les lésions initiales ne s'y rencontrent pas, mais même
on voit que les fibres nerveuses sont dispersées et atrophiées au
milieu de néoproductions cellulaires diversement disposées, quoique
ayant une constitution uniforme avec un aspect tout particulier.
L'origine nerveuse de ces néoproductions est manifeste et par conséquent bien différente, à tous les points de vue, de celle du tissu du
prétendu névrome d'un moignon d'amputation. Cette comparaison achève la démonstration qu'il y a une grande différence entre
les tumeurs des nerfs et les productions plus ou moins intensives
du tissu fibreux périphérique, avec lesquelles on ne doit pas les
confondre.

Nous n'avons pas décrit de tumeurs se rapportant aux vaisseaux
sanguins et lymphatiques, désignées par les auteurs sous le nom
d'angiomes simples ou caverneux pour les premiers et de lymphan-
giomes pour les seconds. C'est que la plupart de ces productions
sont des malformations congénitales, et que celles qui semblent
rentrer dans les tumeurs proprement dites peuvent et doivent
même recevoir une autre interprétation.

Rinfleisch a cru que les angiomes pouvaient être considérés comme
des fibromes avec production excessive de vaisseaux, c'est-à-dire
des fibromes télangiectasiques. Mais outre que les angiomes ne se
comportent pas comme des tumeurs, c'est en nous plaçant au point
de vue de la biologie générale, qui concorde précisément avec
l'idée servant de base à notre classification, que *nous ne pouvons
pas admettre des tumeurs de vaisseaux, ceux-ci ne constituant pas un
tissu, mais entrant dans la constitution de tous les tissus dont ils
font intimement partie*, puisque les vaisseaux de nouvelle formation
sont toujours constitués, comme nous l'avons vu, par les éléments
mêmes des tissus où ils sont produits. Il en résulte que les vaisseaux
ne doivent pas être considérés comme indépendants des tissus
où ils se trouvent, car ils sont en connection intime avec les
éléments de chaque tissu. Leurs modifications ou néoproductions

résultent toujours de celles de ce tissu, et en définitive nous n'avons jamais à considérer que les modifications ou déviations de celui-ci, où les vaisseaux peuvent prendre un développement particulier dans certains cas, mais qui ne peut jamais être considéré comme indépendant des modifications du tissu qu'ils alimentent.

Il est même peu probable que la plupart des productions acquises dans le cours de l'existence et désignées sous le nom d'angiomes soient des tumeurs, car on ne trouve pas dans leur constitution un tissu évoluant comme celui des tumeurs. Et, si l'on considère, par exemple, les angiomes du foie qu'on rencontre si fréquemment dans les autopsies, on ne voit pas comment le tissu glandulaire pourrait être le siège d'un fibrome télangiectasique. D'autre part, les productions de ce genre ne se comportent pas non plus comme des tumeurs, au point de vue du développement, de l'extension, etc. Elles ont beaucoup plus d'analogie avec les petits angiomes cutanés survenant aussi chez les vieillards et qui sont constitués simplement par un tissu de sclérose dans lequel se trouvent des vaisseaux en plus ou moins grand nombre, ces productions scléreuses très vascularisées étant encore de cause inconnue.

Les gros vaisseaux indépendants des divers organes peuvent toutefois être exceptionnellement l'origine de tumeurs, mais c'est aux dépens du tissu de leur tunique externe, la seule qui soit vascularisée, et il s'agit alors d'une tumeur de nature fibreuse (comme nous avons eu l'occasion d'en observer un spécimen sur l'aorte où ce néoplasme simulait un anévrysme), mais non d'une tumeur formée par des vaisseaux.

Chaque classe principale de tumeurs comprendra des *divisions en rapport avec les caractères particuliers des éléments caractérisant les divers tissus et organes.*

Les tumeurs de chacun d'eux doivent être étudiées dans des *sub-divisions* comprenant d'abord les *tumeurs qui ressemblent le plus au tissu normal et qui sont ordinairement bénignes, puis celles dont les caractères s'en éloignent de plus en plus et dont la malignité est en général de plus en plus prononcée.* C'est ainsi qu'en partant des *formes typiques*, on passera graduellement aux *formes métatypiques ou atypiques*, puis aux *variétés diverses* et pour ainsi dire infinies qu'on peut rencontrer dans les tumeurs de tous les tissus et organes. Cet aspect si variable des tumeurs se produit sous l'influence de circonstances connues ou inconnues, le plus souvent en rapport avec l'évolution anormale des diverses néoformations, sans qu'il y ait aucune limite absolue entre les formes et variétés, lesquelles, au contraire, peuvent offrir toutes les transitions possibles de l'une à l'autre, non seulement sur la même tumeur, mais encore parfois sur la même préparation.

Au point de vue anatomique, il n'y a pas de classification plus naturelle et plus simple, puisqu'elle a pour base, non les caractères si variables et parfois si incertains des néoproductions, mais leur lieu d'origine qui est un tissu normal connu et qui en indique la nature. Les subdivisions seules sont tirées des analogies plus ou moins manifestes que les tumeurs peuvent offrir ou non avec leur tissu d'origine. Pour être complète il n'y manque que de connaître la cause des néoformations. Elle a en même temps l'avantage de *maintenir l'ancienne division clinique des tumeurs, en tumeurs bénignes et malignes*, sous la réserve qu'il n'y a *rien d'absolu* dans cette appréciation, quoique les probabilités résultant déjà de nos connaissances actuelles, aient cependant une grande importance pour le chirurgien.

CHAPITRE IV

LOCALISATION ET CONSTITUTION DES TUMEURS

LOCALISATION INITIALE DES NÉOPLASMES DANS LES TISSUS

Ce ne sont pas les hypothèses concernant la multiplication d'une ou de plusieurs cellules qui peuvent expliquer l'origine des tumeurs dans les tissus et leur localisation initiale, ainsi que nous croyons l'avoir démontré ; il faut d'abord rechercher dans quelle partie des tissus les tumeurs ont pris naissance et en quoi consistent les lésions initiales. Pour cela on doit prendre en considération, d'une part les faits observés cliniquement et anatomiquement, et d'autre part les raisons qui nous ont fait adopter le développement des cellules propres normales et anormales des tissus aux dépens de leurs cellules conjonctives.

A. — Tumeurs bénignes.

Les tumeurs bénignes qui offrent une analogie de structure plus ou moins prononcée avec celle du tissu d'origine, semblent avoir pris naissance au milieu des éléments propres et résultent en réalité d'une modification produite dans le développement des éléments nouveaux au fur et à mesure de la disparition des anciens. Elles consistent surtout dans une production plus ou moins exagérée et anormale, ne pouvant se manifester, par conséquent, qu'au niveau des éléments susceptibles de rénovation complète, et de préférence au niveau de ceux qui, à l'état normal, se renouvellent le plus.

C'est ainsi que les tumeurs bénignes de la peau et des muqueuses, qui consistent dans une néoproduction exubérante superficielle des productions épithéliales, n'ont pu prendre naissance qu'à ce niveau, sous l'influence d'une vascularisation localement augmentée, par une déviation dans les productions habituelles. Toutefois ce ne peut être que par le même mécanisme de production, c'est-à-dire par l'arrivée d'une plus grande quantité de cellules conjonctives envahissant le territoire des cellules propres. Elles en modifient plus ou moins la structure et donnent lieu à des néoproductions non semblables, mais analogues, quoique parfois très irrégulières, de manière à constituer les papillomes et les polypes. Ceux-ci sont essentiellement caractérisés par des productions exubérantes superficielles et des phénomènes d'hyperplasie cellulaire au niveau des parties sous-jacentes, ainsi qu'on peut le contrôler sur les figures 176 et 177.

On constate des productions initiales analogues pour les tumeurs bénignes des glandes. La vascularisation est toujours augmentée à ce niveau et il y a toujours une hyperplasie des éléments cellulaires qui vont modifier les cavités glandulaires existantes et même donner lieu à de nouvelles cavités analogues dans le voisinage des premières. C'est ainsi qu'au niveau des glandes des muqueuses, on voit une multiplication de ces organes dans la même région, ou faisant une saillie superficielle, sans que les parties profondes présentent d'autres modifications qu'une hyperplasie générale de leurs éléments constituants.

Dans le sein, on observe beaucoup d'adénomes dont l'origine est bien manifestement aussi dans les lobules glandulaires, et qui parfois y restent localisés (fig. 170 et 171), mais qui, d'autres fois, augmentant de volume, ne peuvent s'étendre qu'en empiétant sur le stroma fibreux de l'organe, modifié consécutivement et graduellement comme nous l'avons vu, de manière à permettre une transformation complète de tout le tissu sur le point affecté et, en outre, comme dans toutes les tumeurs bénignes, la formation d'une membrane d'enveloppe limitante.

Pour les ostéomes, les chondromes, les fibromes, les lipomes, les myomes, les premières lésions sont en général sur un point du tissu d'origine de ces tumeurs, lesquelles continuent ensuite à se développer par une augmentation graduelle de leur tissu de nouvelle formation, dite autonome, quoiqu'elles reçoivent toujours leurs éléments de nutrition des vaisseaux du tissu d'origine. C'est aussi pour cela que certaines tumeurs constituées par des éléments osseux et cartilagineux peuvent se développer à proximité d'un tissu de même nature.

B. — Tumeurs malignes.

La détermination des lésions initiales est beaucoup plus difficile pour les tumeurs malignes essentiellement caractérisées par des productions irrégulières et par une tendance envahissante. Cependant, on peut souvent encore se rendre compte de l'origine des lésions dans les mêmes conditions que pour les tumeurs bénignes.

Ainsi, les épithéliomes de la peau et des muqueuses débutent fréquemment par des néoproductions anormales superficielles et peuvent même, pendant un certain temps, rester localisées sur ces mêmes points. C'est ce que l'on peut constater sur la figure 181 qui se rapporte à une préparation d'épithéliome de la lèvre, caractérisé par des néoformations papillaires exubérantes dont les productions épithéliales, quoique très prononcées et à tendance envahissante, sont encore restées limitées aux papilles.

Mais le plus souvent il n'en est pas ainsi, et l'on voit ces néoproductions épithéliales s'étendre encore plus ou moins dans les parties sous-jacentes en présentant peu ou beaucoup d'amas cellulaires en continuité ou non avec celles des parties superficielles. Dans les cas de ce genre où, le plus souvent aussi, on a pu constater cliniquement les premières altérations dans les parties superficielles, il y a toutes probabilités pour que le néoplasme ait débuté par des formations anormales au niveau de l'épithélium, et qu'il soit venu s'y ajouter d'autres productions de même nature dans le voisinage des premières, très vraisemblablement par suite des troubles circulatoires connexes et des modifications structurales qui en sont résultées.

Il est d'autres cas où l'on trouve des néoproductions peu appréciables à la superficie et très prononcées dans les parties profondes,
de telle sorte qu'il est difficile de dire en quel point elles ont
débuté. Il faut cependant chercher à expliquer comment elles ont
pu devenir prédominantes sur des parties plus ou moins éloignées
de la couche épithéliale.

Et d'abord les faits de ce genre sont en opposition avec la

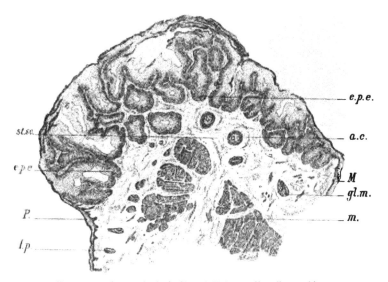

Fig. 181. — *Cancroïde de la lèvre inférieure.* (Vue d'ensemble
à un faible grossissement).

P. peau. — *M*, muqueuse. — *e.p.e.*, épithéliome papillaire exubérant. — *st.sc.*, stroma scléreux. —
a.e., artère avec endartérite. — *f.p.*, follicules pileux. — *gl.m.*, glandules muqueuses. —
m, muscles.

théorie qui attribue les productions cellulaires nouvelles à la
prolifération des cellules épithéliales; car si cette théorie était
vraie, on devrait plutôt trouver des néoproductions en surface
qu'en profondeur. En tout cas, lorsque des formations nouvelles
s'étendent sous la couche de Malpighi jusqu'à arriver à son
contact, on devrait voir les cellules qui se trouvent à ce niveau
participer au phénomène de prolifération, si prolifération il y avait.
Au contraire, on constate que la couche épithéliale se présente
alors, soit à peu près à l'état normal ou avec une simple hyper-

plasie, soit avec des phénomènes d'atrophie et une tendance manifeste à disparaître graduellement, soit même parfois avec l'apparence nécrosique ; ce qui indique que l'état de la couche épithéliale à ce niveau est en rapport avec les conditions de nutrition qui sont sous la dépendance de la circulation, laquelle peut être modifiée en plus ou en moins par la présence du néoplasme sous-jacent.

C'est ainsi que l'envahissement des parties profondes par le

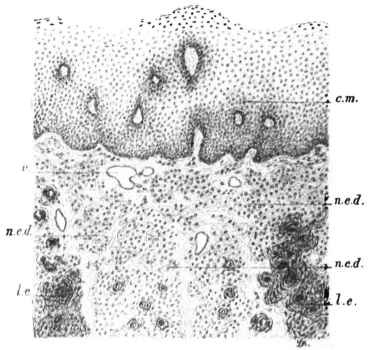

c.m.

n.e.d.

n.e.d.

n.e.d.

l.e.

l.e.

p.

FIG. 182. — *Epithéliome du voile du palais.*

c.m., corps muqueux de Malpighi. — n.e.d., néoformation épithéliale diffuse, mais surtout prononcée autour des vaisseaux situés dans la partie médiane et intérieure de la figure. — l.e., lobules épithéliaux à évolution cornée. — v, vaisseaux.

néoplasme secondairement ou simultanément, mais avec une prédominance très prononcée et dont on ne peut rationnellement se rendre compte par la théorie de la prolifération, est encore parfaitement expliqué par l'analogie de la production des tumeurs avec celle des lésions infectieuses. En effet, comme celles-ci, les tumeurs se développent primitivement dans une zone vasculaire déterminée, et on peut se rendre compte de la possibilité de l'origine variable de la lésion initiale, ainsi que du mécanisme de son extension dans les parties profondes plutôt que dans les parties superficielles, par la localisation variable de la cause productive du néoplasme sur les divers points des branches artérielles de cette zone, soit simultanément, soit consécutivement.

Mais il est encore des cas où le néoplasme semble avoir pris naissance dans le tissu conjonctif sous-épithélial ou même plus ou moins profondément dans le derme, en raison de l'absence de néoformations anormales au niveau de l'épithélium, cliniquement constatée, et que l'on peut encore reconnaître lorsque l'ablation de la tumeur a été faite avant son envahissement. Il s'agit alors de productions cellulaires de volume variable et disposées

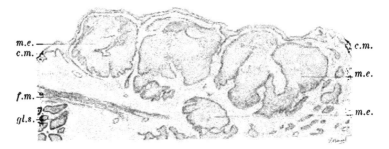

FIG. 183. — *Cancroïde de la paupière auquel ne participe pas l'épithélium cutané.*
(Vue d'ensemble à un faible grossissement.)

c.m., corps muqueux de Malpighi aminci sur les points correspondant aux saillies sous-jacentes formées par les néoproductions et au contraire épaissi sur ceux qui sont intermédiaires ou périphériques. — *m.e.*, masses épithéliales de nouvelle formation. — *f.m.*, fibres musculaires. — *gl.s.*, glandes sébacées.

plus ou moins irrégulièrement comme dans les cas où l'épithéliome prend les dispositions en amas, en colonnes, etc. Les cellules sont volumineuses et offrent une analogie très grande avec celles de la couche de Malpighi. Ces néoproductions qui siègent plus ou moins profondément dans le derme n'atteignent pas toujours la couche épithéliale qui peut être intacte ou seulement un peu épaissie et déformée d'une manière variable.

La figure 182 se rapporte à un épithéliome du voile du palais, où l'on voit que le revêtement épithélial est seulement augmenté d'épaisseur, en raison de l'accroissement de la vascularisation et de l'hyperplasie cellulaire qui existent dans le tissu dermique correspondant et où se trouvent des lobules épithéliomateux à évolution cornée et des néoproductions diffuses évidemment de même nature.

L'abondance de ces productions néoplasiques profondes contraste
déjà avec le peu de modifications que présente l'épithélium voisin:
mais on rencontre souvent des cas où cette opposition est encore
plus frappante, ainsi qu'on peut le constater sur la figure 183 qui
se rapporte à un cancroïde de la paupière. Les néoproductions se
présentent sous l'aspect de masses épithéliales typiques de nature
malpighienne, qui occupent un espace assez étendu en refoulant
l'épithélium cutané. Celui-ci est plutôt aminci au niveau des saillies que forment les néoproductions sous-jacentes et n'a de la
tendance à augmenter que sur les points intermédiaires et périphériques où il n'y a pas de compression et où il doit probablement
recevoir des éléments de nutrition plus abondants, contrairement
à ce qui se passe sur les points comprimés.

Lorsque les néoproductions arrivent au contact de l'épithélium,
celui-ci peut même tendre à s'atrophier et à disparaître graduellement jusqu'à donner lieu à une ulcération. Toutefois, à ce
moment l'examen ne pourrait plus prouver que la tumeur a débuté
plus profondément, parce qu'il est possible de supposer que les
lésions initiales ont été détruites; mais il n'est pas rare de pouvoir
examiner la tumeur à une période moins avancée.

Comme on ne trouve pas la couche épithéliale manifestement
atteinte, que les éléments des glandes sébacées et ceux des glandes
sudoripares ne paraissent pas davantage affectés primitivement et
qu'on ne peut constater que leur disparition lorsqu'ils se trouvent
sur les points d'accroissement des néoproductions, on serait très
embarrassé pour déterminer la nature des lésions si l'on n'admettait pas la possibilité de productions épithéliales indépendantes
de celles qui se rattachent à l'épithélium préexistant. Or, rien ne
s'oppose à admettre que les néoproductions ont eu lieu d'emblée
dans le tissu sous-épithélial ou même un peu plus profondément;
car nous avons vu précédemment que les néoproductions pouvaient
être minimes au niveau de l'épithélium, en prédominant dans les
parties sous-jacentes; il ne s'agit que d'une exagération de cette
tendance aux déterminations moins superficielles.

En admettant le mode de production que nous avons indiqué
précédemment, on peut parfaitement expliquer cette localisation
dans ce dernier cas. Il suffit, en effet, que l'altération primordiale
ait portée sur un vaisseau de ce tissu voisin de l'épithélium, d'où
est résulté de suite (au lieu de consécutivement), un bouleversement très prononcé, donnant lieu à une dérivation des éléments
cellulaires dans le tissu sous-épithélial ou même un peu plus

profondément, tout comme le fait arrive à se produire le plus
souvent après les modifications primitives observées près de l'épithélium de revêtement. Ensuite les cellules continuent à se développer à ce niveau plus ou moins anormalement. C'est sans doute
aussi la raison pour laquelle les tumeurs malignes s'accroissent en
s'étendant plus ou moins loin des éléments propres de leur tissu
d'origine.

Il est plus difficile de constater le début des tumeurs dans le

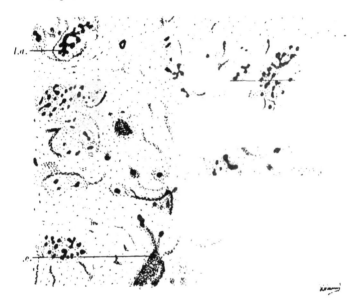

Fig. 185. — *Epithéliome du sein paraissant avoir débuté par des néoformations
adénomateuses.*

l.a., lobules adénomateux. — *l.e.*, lobules avec néoformations épithéliomateuses. — *v.* vaisseaux.

tissu sous-épithélial de l'estomac, en raison de ce que, au moment
où l'examen peut être fait, les lésions sont en général assez avancées pour avoir produit des ulcérations ne permettant plus de dire
où les lésions initiales se sont produites. Toutefois, il est à remarquer que, bien souvent, l'on trouve les lésions dominantes dans le
tissu sous-muqueux et avec peu ou pas de productions néoplasiques sur la muqueuse qui offre seulement, tantôt une hyperproduction cellulaire, tantôt l'aspect scléreux et tantôt enfin des phénomènes d'atrophie et de nécrose.

Il est vrai que, vu l'impossibilité d'examiner la tumeur tout

entière, on peut supposer qu'il y a des points non examinés où la
muqueuse était affectée. Il en ressort néanmoins ce fait que
l'extension s'est produite hors de la muqueuse et souvent dans
des proportions considérables, sans être en contact avec elle. Du
reste l'on voit, dans beaucoup de tumeurs, des amas cellulaires
indépendants à la périphérie de la lésion principale, et dont on ne
peut mieux expliquer la formation que par le mécanisme indiqué
précédemment, tout comme pour les productions à localisation
analogue dans les maladies infectieuses.

Pour ce qui concerne les tumeurs malignes des glandes, il est
également très difficile de surprendre le point de départ de leur
développement. On peut cependant constater assez souvent que
les lésions initiales se trouvent au niveau des acini qui augmentent de volume et se remplissent de cellules (fig. 184. Mais en
même temps on observe la multiplication des cavités glandulaires,
tantôt dans les lobules et tantôt aussi sur des points éloignés. C'est
toujours au milieu d'amas plus ou moins abondants de jeunes cellules
qui se transforment graduellement pour constituer des cavités
glandulaires nouvelles, en raison des modifications de structure du
tissu. Les formations nouvelles naissent au milieu des jeunes
cellules, et occupent une situation analogue à celle que l'on peut
constater pour les tumeurs nées dans la région sous-épithéliale des
tissus à épithélium de revêtement.

Ces faits sont encore bien manifestement en opposition avec les
idées généralement admises pour la formation des néoproductions,
car il est impossible d'invoquer la division des cellules épithéliales
des acini anciens pour constituer les productions épithéliales anormales et les nouvelles cavités glandulaires indépendantes, qu'on
voit naître au milieu des jeunes cellules réunies en amas sur le
point où ces cellules sont le plus confluentes.

Du reste, on peut trouver aussi à côté des productions typiques
d'autres néoproductions plus abondantes et qui sont atypiques,
dont le mode de formation s'explique bien mieux par la transformation des cellules conjonctives en cellules épithéliales atypiques,
en raison des conditions tout à fait anormales dans lesquelles elles
se trouvent.

Quant aux tumeurs malignes des tissus non épithéliaux, elles ont
toujours pour origine les parties de ces tissus qui sont vascularisées et dont les cellules sont susceptibles de rénovation, principalement sur les points où se trouvent les jeunes éléments destinés
à remplacer ceux qui disparaissent graduellement. Qu'elles soient

typiques ou atypiques, elles diffèrent des tumeurs bénignes par leur tendance à l'extension aux dépens du tissu où elles ont pris naissance et des tissus voisins ou éloignés.

Toutes les parties constituantes de l'os peuvent être le siège initial d'une tumeur maligne, mais plutôt les régions de la moelle et du périoste jusqu'à la portion la plus externe de cette membrane. Il n'y a pas de tumeur du cartilage parce que son tissu n'est pas vascularisé et qu'une tumeur ne peut prendre naissance qu'au voisinage des vaisseaux ; ce qui est encore un argument en faveur de notre interprétation du mode de formation des tumeurs.

Les tissus fibreux peuvent être l'origine de tumeurs malignes typiques ou atypiques sur toutes les régions où ils existent, à l'exception des parties qui ne sont pas vascularisées. Ainsi il n'y a pas de tumeur primitive de l'endocarde ni de la tunique interne des vaisseaux, tandis qu'on peut en voir naître dans leur tunique externe.

Les tumeurs malignes des muscles lisses qu'on rencontre assez rarement, ont toujours pris naissance sur un point où il existe du tissu musculaire et le plus souvent sur l'utérus, après avoir débuté comme une production bénigne, laquelle est, comme on sait, très fréquente, mais devient rarement maligne.

Les muscles striés ne donnent pas naissance à des tumeurs bénignes, probablement du fait de leur constitution complexe qui n'est pas en état de rénovation habituelle et ne permet pas la formation de nouvelles productions typiques. Ce sont seulement les noyaux et le protoplasma du myolemme qui sont susceptibles de rénovation et de néoproduction ; de telle sorte que les tumeurs prenant naissance au niveau de ces éléments sont toujours atypiques et malignes.

Si toutes les parties des centres nerveux vascularisés peuvent donner lieu à des tumeurs, il n'en est pas de même pour les nerfs dont les noyaux avec leur protoplasma à la surface interne de la gaine de Schwann, paraissent seuls le siège de phénomènes de rénovation et peuvent seuls être l'origine d'une tumeur.

Ainsi, *dans tous les tissus, les tumeurs prennent naissance, non par la multiplication des éléments propres et plus ou moins perfectionnés, ni même par leur modification. Elles débutent toujours par des formations anormales aux dépens des jeunes cellules qui étaient destinées aux formations normales et qui offrent des déviations en rapport avec l'intensité de leur production et le degré des modifica-*

lions de structure du tissu. C'est ainsi que les tumeurs peuvent débuter partout où se trouvent ces jeunes éléments en production anormale sous l'influence de troubles circulatoires ordinairement dans le tissu même ou tout à fait à proximité, dans un point sous la dépendance des mêmes vaisseaux.

CONSTITUTION DES TUMEURS

Il n'est pas possible de faire une description générale des tumeurs qui s'applique exactement à chacune; d'autant que si les tumeurs de chaque tissu peuvent se présenter avec des caractères analogues à ceux d'un autre tissu, surtout dans la grande classe des tissus épithéliaux et glandulaires, on observe habituellement diverses variétés de néoplasmes pour chacun. En outre, rien n'est plus commun que de trouver des éléments anormaux avec des dispositions différentes sur la même préparation. En conséquence, nous devrons nous borner à des indications générales en appelant seulement l'attention sur quelques points qui sont particulièrement importants.

Les détails dans lesquels nous sommes entré précédemment au sujet de l'origine et de la formation des tumeurs nous ont déjà fourni l'occasion de dire quels sont les éléments essentiels de leur constitution. Il s'agit dans tous les cas des éléments déviés du tissu où la tumeur a pris naissance; et l'on peut dire d'une manière générale que tous les éléments du tissu, sur le point affecté, participent aux néoproductions. Celles-ci se rapportent plus ou moins aux productions normales et comprennent ainsi des cellules correspondant aux cellules propres des tissus, dans un stroma où se trouvent des cellules conjonctives et des vaisseaux, parfois encore d'autres éléments, et en tout cas une charpente fibro-vasculaire. Ce sont ces diverses parties dont nous devons étudier les dispositions principales ou générales, en les considérant tour à tour dans les tumeurs typiques, métatypiques ou atypiques, que l'on peut diviser en tumeurs bénignes et malignes, les premières ne comprenant que des tumeurs typiques.

Nous avons déjà eu l'occasion de dire que si les tumeurs typiques se présentent avec une constitution ayant toute l'apparence du tissu d'origine, on peut cependant constater qu'il s'agit d'une analogie plus ou moins grande, mais non d'une similitude, vu que l'on trouve toujours quelques différences dans la disposition des vaisseaux et l'arrangement des cellules, qui correspondent aux conditions différentes plus ou moins irrégulières des productions, à la fois plus abondantes et forcément dans des situations variables. C'est ainsi que les épithéliomes, les fibromes, les adénomes, les ostéomes, les lipomes, les chondromes, les myomes et les névromes, quelque typiques qu'on les suppose, ne seront jamais de constitution absolument identique au tissu normal correspondant. L'apparente similitude sera d'autant plus prononcée que le développement de la tumeur aura été plus lent. Par contre, les différences portant sur l'état et la quantité des cellules et du stroma seront surtout marquées dans les tumeurs qui se seront développées plus ou moins rapidement. Et dans une même tumeur on pourra trouver ces différences en comparant les points nouvellement produits à ceux primitivement développés.

Il est une remarque importante à faire au sujet des tumeurs de tous les tissus, qui se développent avec les caractères les plus typiques ou atypiques, c'est que le tissu constituant les nouvelles productions est toujours principalement formé par les éléments qui se renouvellent le plus à l'état normal dans chaque tissu et qui sont le plus simplement constitués, comme les épithéliums de la peau et des muqueuses, des glandes tubulées et acineuses, les éléments des tissus fibreux et osseux. Mais ils comprennent à la fois les cellules propres et les jeunes cellules dites conjonctives avec leur stroma et leurs vaisseaux ; ces parties étant inséparables dans les néoproductions comme à l'état normal, parce qu'*il n'y a jamais de tumeur résultant de l'hyperplasie d'un seul élément cellulaire*, et que *c'est toujours un tissu avec ses éléments constituants qui est plus ou moins modifié.*

Donc, *toute tumeur typique ou atypique, bénigne ou maligne est constituée par un tissu simple, c'est-à-dire réduit à ses parties essentielles, et souvent à l'état rudimentaire, mais toujours plus ou moins anormal, de même nature que son tissu d'origine.* Cette conclusion ressort de toutes les observations faites en vue de cette recherche, et peut être considérée comme une *loi primordiale de la constitution des tumeurs, qui ne comporte pas d'exception.*

Il faut encore ajouter que *les organes dits de perfectionnement sont toujours exclus des néoplasmes,* leur formation exigeant une structure plus compliquée, laquelle, sans doute, ne peut exister qu'après avoir été préparée dans la phase embryonnaire. C'est probablement pourquoi ils ne peuvent être reproduits dans l'organisme complètement développé, où l'on observe les seuls phénomènes nécessaires au renouvellement des cellules, qui suffisent pour donner lieu à des néoformations correspondantes, plus ou moins modifiées par les conditions physiques et nutritives dans lesquelles elles se trouvent.

Ce sont dans tous les cas des productions aussi élémentaires et aussi simples que possible; de telle sorte que, si dans une production anormale de la peau, on découvre des follicules pileux, des glandes sébacées ou sudoripares n'appartenant pas au tissu normal, on peut être certain qu'on n'a pas affaire à une tumeur proprement dite, c'est-à-dire à une néoproduction dans l'organisme complètement développé. La présence de ces organes indique toujours des formations qui ont eu lieu sur l'embryon et ne peuvent correspondre qu'à des malformations, lesquelles ne sont pas des tumeurs, mais sont susceptibles d'en devenir le siège.

C'est dans ces productions congénitales qu'on trouve les formations les plus conformes à des parties normales et qui peuvent porter sur plusieurs tissus à la fois. Ceux-ci peuvent être tous le siège de néoproductions simultanées, que l'on a rencontrées, soit au niveau de la peau, soit dans les organes génitaux et qui constituent les *kystes dermoïdes*. Et encore, dans ces cas, les néoproductions proprement dites sont toujours celles d'un tissu simple, réduit à un épithélium de revêtement ou glandulaire, avec un stroma conjonctif et des vaisseaux pour chaque tissu affecté. Ce ne sont pas des tumeurs de tumeurs, comme on le dit généralement, mais seulement des tumeurs de tissus de malformation. Que ces tissus anormaux soient particulièrement prédisposés à devenir le siège de tumeurs, comme certains organes sont également plus atteints que d'autres, cela ne saurait infirmer la loi précédemment indiquée qui régit la constitution des tumeurs.

CONSTITUTION DES TUMEURS ÉPITHÉLIALES ET GLANDULAIRES

Les considérations précédentes sont particulièrement applicables aux tumeurs typiques, ordinairement bénignes, de la peau, des muqueuses et des glandes, vu que les néoproductions les plus typiques de ces tissus s'éloignent parfois beaucoup de la constitution de leur tissu d'origine. En outre, comme les tissus affectés confinent à d'autres tissus pour constituer certains organes, il faut encore tenir compte des modifications produites concurremment

dans ces tissus connexes, ainsi que nous avons déjà eu l'occasion
de le faire ressortir, sans confondre ces modifications avec celles
relatives à la tumeur proprement dite, en spécifiant bien en quoi
consiste celle-ci. Quelques exemples nous permettront de mettre ces
divers points en évidence, surtout en se reportant aux figures 170
à 179.

Un papillome de la peau, un adénome de la muqueuse gastrique,
un polype du rectum ou de la muqueuse utérine, seront constitués
par des productions épithéliales ou glandulaires exubérantes, plus
ou moins anormales, avec un stroma dont le rapport avec les
éléments propres est conservé, mais qui offrira une plus grande
épaisseur avec une production cellulaire augmentée correspondante, ainsi que des vaisseaux plus volumineux et plus nombreux.

Dans chaque cas, les productions épithéliales seront bien de
même nature et avec une disposition analogue à celles du tissu
d'origine ; mais les cellules pourront être plus volumineuses ou
plus petites suivant les cas et même suivant les points examinés,
formant des revêtements plus épais et plus ou moins irréguliers
en surface ainsi que dans les cavités glandulaires, fournissant des
déchets ordinairement plus abondants qui correspondent précisément aux productions cellulaires augmentées.

*Quelle que soit l'exubérance des néoproductions de la peau ou
des muqueuses, leur caractère de bénignité ressort de leur limitation aux parties superficielles de ces tissus.* Leur augmentation
de volume n'a jamais lieu par des formations nouvelles dans les
parties profondes. Celles-ci deviennent seulement le siège d'une
hyperplasie simple, lorsque la circulation y est activée, comme
c'est le cas le plus commun, ou bien elles sont atrophiées lorsque
les néoproductions ont déterminé une compression et un refoulement de ces parties pouvant aller jusqu'à causer leur destruction.

Le stroma sera aussi de même nature que celui du tissu d'origine,
fibreux ou musculaire suivant les cas, mais encore en harmonie
avec les néoproductions des cellules propres, c'est-à-dire que ses
éléments cellulaires seront également plus nombreux avec plus ou
moins de substance intermédiaire, et une vascularisation augmentée, surtout lorsque la tumeur se sera rapidement développée.
Il y a toujours, en effet, un rapport constant entre ces divers
éléments, suivant le volume et la rapidité de développement de la
tumeur. S'il s'agit d'une tumeur lentement produite et qui n'a pu
prendre qu'un petit volume, comme c'est ordinairement le cas pour
les papillomes de la peau et les adénomes de l'estomac, le stroma

épaissi sous l'épithélium cutané, entre les formations glandulaires de la muqueuse gastrique et dans la sous-muqueuse, est dense, d'apparence fibreuse, avec de petits vaisseaux. Les parties profondes, correspondantes, de la peau et de la paroi gastrique, offrent un épaississement scléreux plus ou moins prononcé partout où se trouve du tissu fibro-vasculaire. Mais ce n'est pas un motif pour faire de ces tumeurs, soit le produit d'une lésion inflammatoire, telle qu'un condylome syphilitique, soit un fibrome.

La grande analogie qui existe, en effet, entre une plaque muqueuse et un papillome de cause indéterminée, doit certainement être prise en considération comme nous l'avons fait, pour contribuer à prouver que les productions néoplasiques doivent être interprétées de la même manière au point de vue de leur formation initiale et de leur constitution.

Mais il n'est pas moins vrai de reconnaître qu'en dehors de la cause déterminante inconnue dans les deux cas, la plaque muqueuse guérit, tandis que le papillome ne tend jamais vers la guérison. Au contraire, le trouble persistant dans les phénomènes de nutrition et de rénovation des éléments du tissu où il se trouve tend plutôt à son augmentation.

Ce n'est pas un fibrome, parce qu'on ne peut considérer isolément la substance conjonctive sous-épithéliale qui, en devenant plus abondante, a donné lieu en même temps à des formations typiques plus nombreuses en rapport direct avec la quantité et les caractères des productions cellulaires du stroma.

Nous ne saurions trop insister, du reste, sur l'*analogie de constitution que l'on peut toujours constater entre les cellules propres et les cellules conjonctives correspondantes qui font intimement partie du tissu épithélial ou glandulaire.* Quand le stroma est plus abondant et plus vascularisé, les cellules peuvent se trouver en plus grande quantité au milieu d'une substance demi-liquide d'aspect muqueux. On peut alors remarquer que les cellules épithéliales ou glandulaires sont plus volumineuses, et que leur protoplasma est, comme aspect, tout à fait semblable à celui des cellules du stroma, dont il ne diffère que par une quantité plus grande et par une forme résultant des conditions physiques de leur fixation. La substance intermédiaire même est en harmonie avec celle du protoplasma des cellules.

L'aspect du stroma offre parfois ainsi une certaine apparence avec celui du tissu muqueux, mais non une similitude avec le tissu du cordon ombilical ou du co. ps vitré. Il ne saurait pas davantage être considéré comme un tissu embryonnaire pour les mêmes raisons que nous avons précédemment fait valoir contre l'hypothèse d'une formation semblable dans l'organe constitué. On ne peut donc considérer ces néoproductions comme des myxomes, soit parce qu'il ne s'agit pas d'un véritable tissu muqueux, soit parce qu'on a affaire manifestement à des tumeurs épithéliales ou glandulaires. Il suffit d'ajouter à leur désignation l'épithète de *myxoïde pour rappeler seulement l'apparence qu'elles présentent.*

Nous avons déjà fait remarquer que le stroma peut être constitué par des fibres musculaires lisses, comme dans l'utérus et la prostate, sans que pour cela la tumeur soit de nature différente de celle de la muqueuse, parce que l'on ne constate qu'un développement exagéré et plus ou moins anormal des éléments qui constituent les surfaces muqueuses et glandulaires à l'état normal, quand bien même les tumeurs développées à ce niveau sont pédiculées.

Tous les éléments constituants de l'organe affecté prennent ordinairement un développement augmenté au voisinage de la tumeur, pourvu qu'ils ne soient pas comprimés et que leur nutrition ne soit pas en souffrance; car cette augmentation dans les productions tient précisément à une nutrition augmentée par une activité circulatoire plus grande, sans changement de structure, contrairement à ce que l'on peut constater au niveau de la tumeur où les dispositions sont toujours plus ou moins modifiées, sans jamais tendre à la guérison.

Enfin, sur les limites des tumeurs à très lent développement, on peut voir les productions cellulaires abondantes tendre à former un tissu scléreux qui, par suite du refoulement sous l'influence du développement de la tumeur, aboutit à la constitution d'une membrane d'enveloppe. Ce sont les conditions qui sont réalisées précisément par les tumeurs glandulaires bénignes à lent développement autonome sur un point limité, quoique parfois elles arrivent à acquérir un grand volume, tout comme on l'observe également pour les tumeurs des tissus non épithéliaux.

Les tumeurs malignes considérées d'une manière générale peuvent encore être constituées par des productions typiques correspondant à une tumeur de faible malignité, et aussi d'une malignité excessive. Mais les tumeurs dites métatypiques ou atypiques, doivent toujours être regardées comme malignes et comporter un pronostic grave. Du reste, toutes les tumeurs typiques malignes ne conservent jamais sur tous les points, des caractères

absolument typiques, soit parce que les néoproductions cellulaires
sont très abondantes, soit parce qu'elles arrivent à s'établir en
dehors de leur tissu d'origine ; de telle sorte que les éléments cellulaires présentent rapidement des déviations qui leur font prendre
des formes atypiques. Celles-ci sont précisément en rapport avec
les caractères de malignité qui se manifestent, soit par un accroissement rapide, soit par une récidive après l'ablation de la tumeur,
soit surtout par une extension plus ou moins prononcée aux parties
voisines et par des phénomènes de généralisation.

Nous n'avons pas la prétention de donner une description se
rapportant aux tumeurs des divers tissus épithéliaux et glandulaires
avec les nombreuses modifications que comportent leurs variétés
et celles qui résultent de leur marche, produisant des modalités
excessivement variables suivant des circonstances multiples. Ce
n'est réellement qu'en étudiant séparément les tumeurs des divers
tissus avec toutes les particularités qu'elles comportent, qu'on peut
arriver à en avoir une idée exacte permettant de les reconnaître
sous leurs aspects souvent bien différents. Cependant nous pouvons d'une manière utile envisager les caractères principaux que
présentent ces tumeurs dans leur constitution, afin d'arriver
non seulement à les distinguer d'autres lésions, mais encore à
bien se rendre compte des conditions dans lesquelles elles sont
produites.

Déjà nous avons vu comment débutent les néoplasmes, par une
hyperplasie des jeunes cellules qui viennent sur un point modifier
plus ou moins profondément les cellules propres du tissu, auxquelles se substituent des productions plus ou moins exubérantes
et anormales, lesquelles ne tardent pas à déborder dans les parties
voisines ou qui même peuvent d'abord y prendre naissance. Dans
tous les cas, on a à considérer à la fois l'état des néoproductions
et du tissu dégénéré, ainsi que des tissus voisins.

Les tumeurs malignes de nature épithéliale ou glandulaire se
présentent sous les formes typique, métatypique ou atypique, que
nous devons examiner successivement.

Les néoplasmes tout à fait typiques dans toutes leurs manifestations ne sont pas les plus communs. On pourrait même dire
qu'ils sont assez rares si on voulait les distinguer absolument des
formes métatypiques ; ce qui, du reste, importe peu, vu que *ce
qui constitue surtout la malignité, c'est la désorganisation du tissu
et la présence des cellules propres plus ou moins modifiées sur des
parties où elles ne doivent pas exister à l'état normal.* Il est à remar-

quer aussi que ces productions typiques malignes s'éloignent beaucoup plus de la constitution du tissu normal que celles des tumeurs bénignes précédemment examinées.

Ainsi un épithéliome cutané ou muqueux malpighien ne présentera des productions bien typiques qu'au niveau des parties superficielles. Celles-ci seront modifiées par des hyperproductions plus ou moins irrégulières donnant lieu à un épaississement de

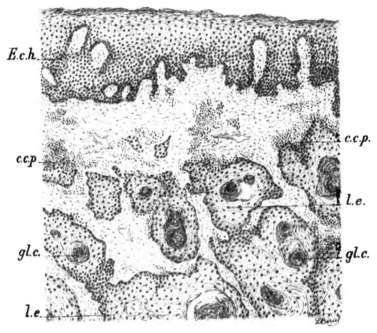

FIG. 185. — *Epithéliome lobulé de la peau.*

E.c.h., épithélium cutané hyperplasié, irrégulièrement épaissi. — *l.e.*, lobules épithéliaux présentant vers leur partie centrale des globes cornés, *gl.c.*, au milieu du derme très vascularisé et en état d'hyperplasie cellulaire. — *c.c.p.*, cellules conjonctives préépithéliales particulièrement abondantes autour des lobules épithéliaux comme près de la couche épithéliale superficielle.

la couche de Malpighi avec des prolongements interpapillaires variables en même temps qu'à un surcroît de déchets épithéliaux cornés à la superficie, comme sur la figure 181 qui se rapporte à un épithéliome de la lèvre où les néoproductions se trouvent encore limitées aux parties les plus superficielles.

Mais aussitôt que des néoproductions surgissent plus ou moins profondément, quoique constituées par des éléments de même nature que les précédentes, elles se présentent sous d'autres aspects tenant aux conditions différentes dans lesquelles elles évoluent. Les amas épithéliaux formeront le plus souvent des lobules arrondis qui, à la périphérie, présenteront des cellules basales au-dessus desquelles se trouveront des cellules polygonales. Ces cellules continuant leur évolution aboutiront à des formations cornées plus ou moins défectueuses en raison de ce qu'elles ne sauraient être éliminées au dehors comme à la superficie de la peau ou des muqueuses, et de leur accumulation à la partie centrale des lobules où elles seront disposées concentriquement de manière à donner parfois l'apparence d'un bulbe d'oignon (fig. 185).

C'est l'épithéliome lobulé classique qui prédomine dans la plupart des néoproductions, mais qui peut aussi être plus discret et ne se montrer que sur certains points où le développement des cellules a été suffisamment avancé. Ainsi, on peut ne voir que çà et là un petit lobule épithélial au milieu de néoproductions plus ou moins abondantes ayant le caractère des cellules du corps de Malpighi.

Il arrive aussi que les jeunes cellules, au lieu de subir l'évolution cornée, n'en donnent qu'une ébauche caractérisée par quelques cellules d'aspect en quelque sorte vitreux, réunies de manière à empiéter un peu les unes sur les autres. Les caractères de ces petits amas cellulaires sont très importants à connaître, parce que leur présence nettement constatée au milieu de masses cellulaires n'offrant pas des caractères bien typiques, suffit pour indiquer sûrement la nature des néoproductions.

Parfois les cellules qui constituent ces amas ont un aspect hyalin, clair, translucide comme dans le cas représenté par la figure 186 où l'on peut remarquer aussi l'aspect analogue offert par le protoplasma des autres cellules et même par la substance intermédiaire donnant un aspect hyalin particulier à toute la préparation et constituant en quelque sorte une variété hyaline des lobules.

Bien plus souvent on trouve au centre des lobules ou amas cellulaires, des masses jaunâtres analogues aux productions des glandes sébacées ou bien offrant un aspect colloïde. C'est une variété qu'on observe fréquemment sur le cuir chevelu. Mais on peut aussi la rencontrer sur d'autres parties du tégument cutané et notamment sur des muqueuses à épithélium malpighien.

La figure 187 se rapporte à un cas de ce genre qui provient d'un épithéliome du larynx, lequel, d'autres fois, offre l'aspect tout à fait corné, sans que nous connaissions exactement les conditions d'où résulte cette évolution différente des éléments nouvellement produits, mais qui ne peut tenir qu'aux conditions physiques et nutritives dans lesquelles ils se trouvent. Toujours est-il que sur cette figure on constate la transformation des cellules du centre des amas cellulaires en une substance colloïde jaunâtre très' abondante, probablement par la rapide évolution des cellules en place au niveau

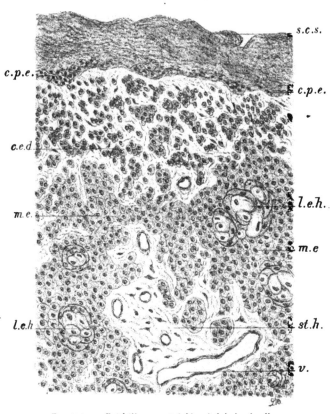

Fig. 186. — *Epithéliome malpighien à lobules hyalins.*

c.p.e., couches profondes de l'hépithélium cutané altéré. — *s.c.s.,* substance cornée superficielle. — *c.e.d.,* cellules épithéliales diffuses. — *m.e.,* masses épithéliales. — *l.e.h.,* lobules épithéliaux hyalins. — *st.h.,* stroma hyalin. — *v.* vaisseaux.

des lobules, d'autant que beaucoup de lobules ont la plus grande partie de leurs cellules ainsi transformées et qu'il ne reste parfois qu'une bordure d'une ou deux rangées de cellules épithéliales à la périphérie.

On remarquera que le protoplasma de toutes les cellules est

abondant et commence déjà partout à offrir une teinte indiquant sa
tendance à la transformation colloïde ultérieure. On peut même,
par un examen attentif, trouver la même tendance dans les éléments
cellulaires du stroma et jusque dans la substance intermédiaire,
ainsi que l'indique l'analogie de coloration de ces parties qui ont
plus ou moins fixé les mêmes couleurs.

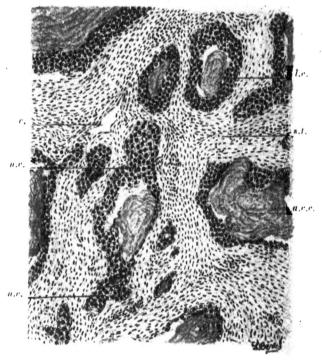

Fig. 187. — *Epithéliome malpighien du larynx à lobules colloïdes.*

l.e., lobule épithélial. — *n.e.,* néoproduction épithéliale. — *a.c.c.,* amas central dit colloïde analogue
aux productions sébacées. — *s.l.,* stroma avec cellules conjonctives offrant un aspect analogue à
celui des cellules épithéliales. — *v,* vaisseau.

Du reste, qu'il s'agisse de productions cornées, hyalines ou colloïdes avec toutes les variantes possibles, le protoplasma des
diverses cellules en place, présente partout où il est suffisamment
appréciable (et naturellement d'autant mieux que les cellules sont
plus volumineuses), un aspect qui offre une certaine analogie avec
celui des productions plus anciennes dont elles devaient suivre
l'évolution. Bien plus, on trouve encore dans les parties consti-

tuantes du stroma la même tendance qui, pour n'être pas aussi
nettement caractérisée, est cependant facile à apprécier dans
beaucoup de cas, et contribue à démontrer le rôle et par conséquent
la nature de toutes ces productions.

On rencontre parfois certains épithéliomes malpighiens dont le
stroma, très riche en cellules volumineuses, présente sur des points
plus ou moins nombreux des amas protoplasmiques encore plus
volumineux et véritablement massifs, au sein desquels se trouvent
de nombreux noyaux disséminés irrégulièrement. Ces *cellules massives à noyaux multiples des épithéliomes* malpighiens se trouvent
en général en plus ou moins grande quantité sur la même préparation, au sein du stroma riche en vaisseaux et en éléments cellulaires, soit à l'état isolé, çà et là, soit encore sous la forme d'amas
arrondis plus ou moins volumineux; cette dernière disposition des
cellules massives paraissant s'effectuer plutôt lorsqu'il y a dans le
voisinage, des productions qui offrent plus ou moins la disposition
alvéolaire du carcinome.

On rencontre plus souvent des *cellules à noyaux multiples*,
mais moins volumineuses que les précédentes, dans certaines
tumeurs des gencives désignées sous le nom d'*épulis*, dont la
nature ne semble pas avoir été déterminée d'une manière précise.
Elles n'ont rien d'absolument caractéristique, d'autant qu'elles
peuvent faire défaut, et que, du reste, sous ce nom on a certainement compris des tumeurs de nature différente. On a plutôt de
la tendance à les considérer comme ayant pour origine les tissus
fibreux ou osseux, c'est-à-dire à en faire des fibromes ou des ostéosarcomes. Ch. Robin faisait de celles qui présentaient des cellules à
noyaux multiples, des tumeurs à myéloplaxes. Mais on peut se
demander encore s'il ne s'agirait pas, au moins dans certains cas
de tumeurs malpighiennes? Ce n'est que par une étude clinique
attentive sur la localisation initiale de ces tumeurs qu'on pourra
tirer la question au clair.

Lorsque les productions épithéliales sont très abondantes avec
une vascularisation qui en assure la nutrition, elles arrivent assez
fréquemment à former de grosses masses ou des tractus irréguliers
désignés à tort sous le nom d' « épithéliome tubulé ». Elles peuvent
aussi prendre la disposition arborescente ou réticulée, parfois sur
la même préparation. Les néoproductions cellulaires, quelle que
soit leur forme, peuvent avoir un aspect épithélial uniforme, mais
avec une bordure de cellules basales cylindriques (fig. 188); tandis
que d'autres fois elles présentent de petits amas cellulaires ayant

une teinte jaunâtre d'aspect assez variable, dus à l'évolution cornée
des cellules qui, dans d'autres cas, acquiert même une assez grande
étendue. Il arrive encore plus souvent que les amas épithéliaux
gardent l'apparence du corps muqueux de Malpighi seulement avec,
çà et là, quelques petits lobules cornés dans les parties centrales
des productions les plus importantes.

Ces aspects divers des néoproductions peuvent se rencontrer sur

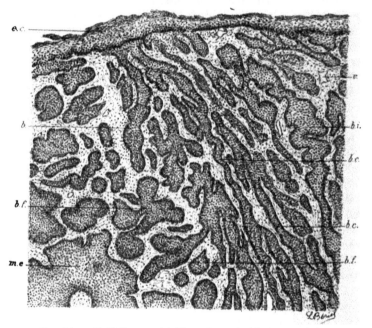

FIG. 188. — *Epithéliome malpighien polymorphe* (dit à tort tubulé).

e.c., épithélium cutané. — *b*, boyaux épithéliaux. — *b.i.*, boyaux irréguliers. —
b.c., boyaux columnaires. — *b.f.*, boyaux foliacés. — *m.e.*, masses épithéliales. — *v.* vaisseaux.

la même préparation, constituant des altérations de même nature,
en raison de leur formation par des amas cellulaires qui représentent la partie essentielle du tissu, c'est-à-dire le corps muqueux
de Malpighi. C'est pourquoi l'expression d'*épithéliome malpighien
polymorphe* nous paraît la meilleure pour désigner ces tumeurs avec
toutes leurs variétés d'importance secondaire. Celles-ci, en effet, ne
paraissent bien dues qu'aux conditions d'évolution des cellules anormalement produites, d'abord typiques, puis métatypiques, pour
celles qui diffèrent sensiblement des productions superficielles,

mais qu'on peut souvent rattacher, sur certains points, aux productions typiques.

On rencontre encore assez souvent à côté des précédentes productions, des cellules en amas ou boyaux irréguliers ou même disséminées entre des faisceaux fibreux, parfois aussi intriquées avec des cellules plus ou moins allongées, qui ont un noyau et un protoplasma offrant la plus grande analogie avec ceux des cellules manifestement malpighiennes, de telle sorte qu'elles ne peuvent pas être considérées autrement que comme des cellules de cette nature. Leur présence dans ces conditions est facilement expliquée

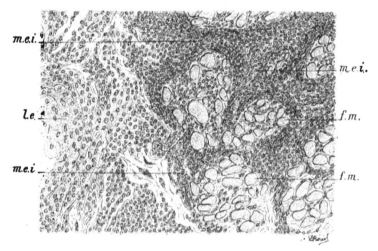

FIG. 189. — *Epithéliome de la lèvre*. (Envahissement des muscles présentant la disposition de l'infiltration inflammatoire simple.)

l.e., lobule épithélial. — *m.e.i.*, masses épithéliales intermusculaires. — *f.m.*, fibres musculaires.

par le bouleversement du tissu où elles se trouvent et par les conditions de production des éléments des tumeurs sur lesquelles nous avons précédemment insisté.

La figure 189 reproduit une partie d'un épithéliome de la lèvre sur un point où les muscles sont envahis par les néoproductions. On voit que celles-ci se comportent absolument comme si elles étaient d'origine inflammatoire, à la manière dont elles entourent les faisceaux musculaires entre lesquels elles s'insinuent, avec une tendance à se substituer graduellement à eux. Cependant ces jeunes éléments ont déjà pris un aspect analogue à celui des cellules qui se trouvent dans les masses épithéliales voisines; ce qui indique bien leur nature malpighienne et l'analogie de leur processus avec celui qui est d'origine inflammatoire.

Enfin nous avons vu que les néoproductions pouvaient parfois se présenter tout d'abord, non dans le corps de Malpighi, mais dans les parties voisines. C'est surtout dans ces cas qu'on les observe à l'état métatypique ou atypique en raison de leurs conditions tout à fait anormales de production. Mais les caractères des cellules et toutes les transitions qu'on peut constater avec les cellules de la couche de Malpighi elles-mêmes (souvent modifiées de la même manière, au moins au niveau des cellules basales conjonctives voisines), ne permettent pas de méconnaître la nature de ces tumeurs.

Nous avons déjà insisté sur la possibilité de voir prendre aux éléments la disposition du carcinome ou du sarcome, sans que, pour cela, on doive les considérer comme étant d'une nature différente, vu que toutes ces dispositions des cellules peuvent se présenter dans le même cas et encore avec des productions typiques. Ces aspects divers des néoproductions dépendent de l'abondance des cellules et du bouleversement des tissus qui en sont le siège.

C'est ainsi que le stroma de ces tumeurs se présente sous un aspect variable, qui contribue, avec la disposition des cellules propres, à constituer les variétés principales qu'on peut rencontrer. Il diffère seulement de l'état normal par une augmentation d'épaisseur et de densification dans les productions typiques en même temps qu'on constate la présence d'une plus grande quantité de cellules conjonctives avec une vascularisation augmentée. Dans les formes métatypiques et atypiques, le stroma devient d'abord plus ou moins irrégulier entre les amas cellulaires, tout en conservant à peu près les mêmes caractères; puis lorsque les cellules sont produites en plus grande quantité, il arrive à offrir les dispositions les plus variables. La plupart des cellules qui s'y trouvent peuvent prendre les caractères des cellules propres, tout au moins les plus volumineuses, tandis que les autres se trouvent pressées irrégulièrement et affectent plutôt la disposition fusiforme ; ou bien, lorsque les cellules se sont accumulées en grande quantité, le stroma présente des cavités ou alvéoles qui renferment les principaux amas cellulaires (fig. 190), tandis que d'autres cellules sont encore disséminées dans les travées interalvéolaires plus ou moins épaisses. Ce sont ces dispositions qui correspondent aux formes carcinomateuses et alvéolaires de l'épithéliome, toujours avec l'augmentation et la disposition irrégulière de la vascularisation, mais qui s'observent plutôt avec de la mélanose.

On décrit généralement sous le nom de « sarcome mélanique » des néoproductions à tendance productive abondante, se présentant le plus souvent sous la forme d'amas contenus dans des cavités alvéolaires, d'où aussi le nom de « sarcome alvéolaire ». Mais en même temps on peut constater, comme sur la figure précédente, des productions plus ou moins exubérantes sous la forme de boyaux ou d'amas cellulaires irrégulièrement répartis dans le stroma et parfois jusqu'au niveau des cellules du corps muqueux de Malpighi augmenté d'épaisseur et même déformé, que l'on trouve pigmentées d'une manière anormale plus ou moins intense, tout comme les cellules des autres productions. Les transitions insensibles que l'on peut constater entre ces cellules malpighiennes ainsi pigmentées, soit à la su-

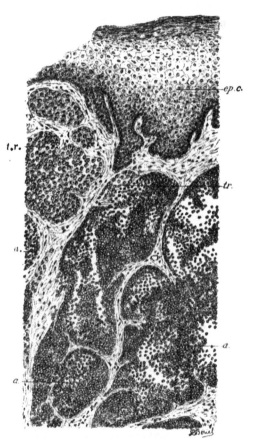

Fig. 190. — *Epithéliome mélanique de la peau à forme sarcomateuse alvéolaire.*

ep.c., épithélium cutané. — *a*, amas cellulaires néoformés contenus dans des cavités alvéolaires. — *tr.*, points de transition entre les amas épithéliaux bien manifestes et les jeunes cellules confluentes.

perficie, soit à la base du corps muqueux et celles qui se trouvent à proximité dans les parties sous-jacentes avec des apparences de plus en plus atypiques indiquent bien la nature de ces dernières,

quand bien même elles n'offrent que la disposition carcinomateuse
ou sarcomateuse dans des cavités alvéolaires de dimensions variables. C'est vraisemblablement en raison de leur production rapide
en quantité excessive, que les cellules nouvelles prennent cette
disposition, qui explique aussi la tendance particulière de ces
tumeurs à l'extension et à la généralisation, et, par conséquent,
leur gravité excessive.

Il faut vraisemblablement attribuer encore à la même cause le

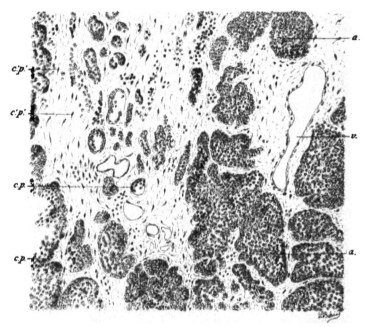

Fig. 191. — *Noyau de généralisation d'une tumeur mélanique de la peau,
dite sarcome alvéolaire.*

a, amas cellulaires contenus dans des cavités alvéolaires irrégulières. — *c.p.*, cellules pigmentées.
— *c'.p'.*, cellules pigmentées disséminées dans le stroma scléreux. — *v*, vaisseau.

fait que les tumeurs mélaniques débutent souvent dans le tissu
sous-épithélial, sans que pour cela on doive méconnaître leur véritable nature, ainsi que nous avons cherché à le démontrer précédemment. (V. p. 763.) Du reste, c'est toujours en raison de leur
activité productive intense et de leur caractère atypique que les
néoproductions prédominent dans les parties profondes du tégument où elles se présentent sous cet aspect, encore plus accentué,

s'il est possible, sur les points de généralisation, dont la figure 191
offre un spécimen.

On voit, en effet, dans un tissu scléreux riche en vaisseaux, des
amas cellulaires de volume et de forme variables, dont quelques-
uns en désintégration (probablement par suite des manipulations)
laissent apercevoir les cavités alvéolaires qui contiennent les cellules. En même temps, on constate que beaucoup de ces cellules
offrent une pigmentation irrégulière, à peine appréciable ou très
accusée sur certains groupes de cellules. On peut voir également
que les cellules disséminées dans le stroma présentent çà et là
une pigmentation plus ou moins manifeste, qui ne laisse aucun
doute sur leur assimilation aux cellules contenues dans les alvéoles,

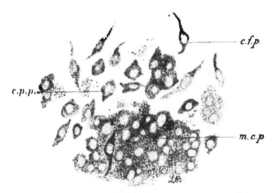

Fig. 192. - *Tumeur mélanique.* (Dissociation à l'état frais; cellules et substance
intercellulaire.)

m.c.p., masse cellulaire pigmentée où l'on voit la confusion du protoplasma des cellules avec leur
substance intermédiaire. — *c.p.p.*, cellules polygonales pigmentées. — *c.f.p.*, cellules fusiformes
pigmentées.

ainsi qu'aux cellules du corps muqueux de Malpighi encore plus
régulièrement pigmentées. Du reste, si les conditions de production du pigment sont inconnues, il n'est pas douteux que son origine se trouve dans les cellules épithéliales pigmentées à l'état
normal et que toutes les cellules pigmentées à l'état pathologique
doivent être de nature identique, quand bien même elles se présentent sous la forme atypique.

Le pigment est répandu en plus ou moins grande quantité dans
le protoplasma apparent des cellules atypiques comme dans celui
des cellules du corps muqueux, sous la forme de très fines granulations sphéroïdales à contours noirs indécis, pouvant ne donner
qu'un aspect fumeux, mais qui sont très apparentes et très carac-

téristiques lorsqu'elles sont abondantes, comme sur la figure 192 représentant une dissociation à l'état frais de ces cellules à un haut degré de pigmentation.

On remarquera que le pigment est répandu non seulement dans le protoplasma des cellules, mais encore dans leur substance intermédiaire qui est confondue avec elles, de telle sorte que sur les points où les cellules sont nombreuses, on ne saurait distinguer leur limite. Ce cas peut donc servir à démontrer l'assimilation de la substance protoplasmique des cellules avec celle du milieu où elles se trouvent, d'autant que nous avons fait la même remarque pour un grand nombre de tumeurs de natures diverses.

Les tumeurs mélaniques ne sont pas toujours aussi pigmentées et notamment au début, car elles peuvent ne présenter qu'une pigmentation assez minime pour passer inaperçue, tandis que les productions ultérieures de récidive ou de généralisation offrent une pigmentation plus accusée et, naturellement, plus manifeste. C'est dans certains cas de ce genre qu'on a cru à tort à la production d'une tumeur primitive sarcomateuse simple récidivant sous la forme de sarcome mélanique.

Il suffit de signaler l'erreur pour l'éviter. Et notamment lorsqu'on trouvera la disposition du sarcome alvéolaire (surtout avec une pigmentation anormale des cellules du corps de Malpighi), on devra particulièrement rechercher la pigmentation des nouvelles cellules, dont la *moindre trace* suffira pour établir le diagnostic et, par conséquent, le pronostic grave.

La constitution des tumeurs malignes des muqueuses à épithélium cylindrique, par exemple, du tube digestif, de la vésicule biliaire, de l'utérus, etc., peut se présenter à l'état typique, c'est-à-dire avec des néoproductions consistant en des cavités glandulaires tapissées par un épithélium à cellules cylindriques hautes. moyennes ou basses, suivant les cas, et même suivant les points observés sur les préparations, en raison de circonstances diverses. et principalement par suite des conditions de nutrition et de développement des cellules. La figure 193 qui se rapporte à un cancer de l'estomac en est un exemple bien caractérisé.

On remarque, en effet, des néoproductions typiques sur toute l'épaisseur de la paroi stomacale. La muqueuse est exubérante et complètement transformée par la présence de cavités anormales très irrégulières. tapissées de cellules cylindriques, en même temps qu'on constate une hyperplasie cellulaire intense dans le tissu inter et sous-glandulaire avec des points lymphatiques augmentés de volume et qui se confondent insensiblement dans l'hyperplasie générale. Quoique le tissu de la muqueuse soit en place, limité nettement par la musculaire muqueuse, on voit les lésions se continuer dans les parties profondes. La sous-muqueuse est remplie de néoproductions en général plus petites qu'au niveau de la muqueuse, et les couches musculaires en sont également infiltrées, soit surtout entre leurs faisceaux, soit même aux dépens de ceux-ci qui sont alors interrompus à ce niveau. Enfin, on constate encore les mêmes productions, mais beaucoup plus discrètes dans le tissu sous-séreux qui présente un épaississement bien accusé, comme les diverses parties constituantes de la paroi stomacale, en raison de l'hyperplasie cellulaire générale dont elle est le siège, sous l'influence d'une vascularisation partout augmentée.

C'est ainsi que les néoproductions se rencontrent le plus souvent sur la muqueuse même, qui peut être partiellement ou

Fig. 193. — Cancer de l'estomac à forme typique.

M, muqueuse. — m.m., musculaire muqueuse. — S.M., sous-muqueuse. — C.M., couches musculaires. — S.S., sous-séreuse. — n.gl., néoformations glandulaires. — p.l., points lymphatiques. — v. vaisseaux.

totalement transformée comme dans ce cas, puis dans le tissu sous-muqueux et dans les muscles sous-jacents à des degrés d'intensité très variables, parfois même jusqu'au niveau du tissu sous-séreux et de la séreuse qui peut ainsi être envahie consécutivement. Les néoproductions dominent ordinairement au niveau de la muqueuse ou de la sous-muqueuse, mais elles peuvent aussi, au moins sur certains points, prédominer dans les couches musculaires.

Les culs-de-sac glandulaires de nouvelle formation sont disséminés irrégulièrement dans les tissus qui présentent à ce niveau une grande quantité de jeunes éléments cellulaires et une vascularisation augmentée.

Ces cavités sont tapissées assez régulièrement dans ce cas par une simple couche de cellules cylindriques, tandis que leur centre offre un aspect clair translucide, dû certainement à la présence d'une sécrétion mucoïde hyaline se rapportant à la nature glandulaire des néoproductions.

La présence de cette substance coïncide avec un état analogue du protoplasma des cellules, et il est de plus à remarquer que tout le stroma a un aspect hyalin blanchâtre particulier se rapportant certainement à la même substance qui infiltre tous les éléments. Nous attirons particulièrement l'attention sur ce point, parce que le même phénomène peut être constaté à des degrés divers dans les cas de productions atypiques dont cet état contribue à prouver la nature.

Il arrive quelquefois que les productions épithéliales sont plus abondantes, de manière à former, dans les nouvelles cavités, comme des rubans froncés ou doublés qui partagent diversement les cavités glandulaires, indiquant toujours un haut degré de gravité des tumeurs, non seulement de l'estomac, mais encore des muqueuses à épithélium cylindrique des autres organes et notamment de l'utérus.

D'autre fois les cavités glandulaires de nouvelles formations sont confluentes au point de produire de grandes pertes de substance, et l'épithélioma est dit alors *adénome destructif*. Mais c'est plutôt lorsque les cavités glandulaires nouvelles sont volumineuses avec des productions épithéliales exubérantes, et qu'elles arrivent à se réunir. Il n'est pas nécessaire toutefois de trouver des lésions aussi considérables pour dire qu'une tumeur est maligne ; car *les moindres néoproductions typiques au-dessous de la muqueuse caractérisent sa malignité*.

C'est sur l'intestin qu'on rencontre ordinairement les néoproductions les plus typiques de l'épithéliome à cellules cylindriques hautes, telles qu'on les voit sur la figure 194 reproduisant une portion très limitée d'un cancer du rectum.

La muqueuse présente des cavités glandulaires qui ne se distinguent guère des productions normales que par une exubérance intensive es productions épithéliales et conjonctives, comme on l'observe plutôt sous l'influence d'un simple processus inflammatoire. Cela montre d'abord l'analogie de ces productions d'origine différente, et ensuite que cet état de la muqueuse. quoique bien manifestement anormal sous l'influence de la cause inconnue, ne suffit pas pour caractériser le néoplasme et à plus forte raison sa malignité. Ce sont les lésions sous-jacentes qui ne laissent aucun doute à ce sujet.

On trouve, en effet, dans la sous-muqueuse et même dans les couches musculaires, qui sont également le siège d'une

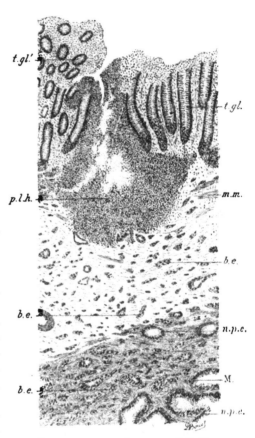

Fig. 194. — Cancer du rectum. (Épithéliome de la muqueuse intestinale.)

t.gl., tubes glandulaires coupés longitudinalement. — t.gl'., tubes glandulaires coupés en travers dont les éléments paraissent nouvellement produits. — p.l.h., point lymphatique hyperplasié. — m.m., musculaire muqueuse. — M, couches musculaires. — n.p.e., néoproductions épithéliales glandulaires. — b.e., boyaux épithéliaux de nouvelle production dont un certain nombre commencent à présenter une cavité à leur centre, en même temps que les cellules de la périphérie prennent la disposition cylindrique.

hyperplasie générale, des néoproductions glandulaires caractérisées par la présence de cavités arrondies ou plus ou moins irrégulières, et qui sont tapissées par un épithélium à cellules cylindriques très hautes lorsqu'elles ont pu prendre un développement suffisant. Car tout à côté on voit des cavités plus petites dont les cellules de revêtement sont moins hautes ou se trouvent même tout à fait au début de leur formation au milieu d'un petit amas ou boyau cellulaire. C'est ainsi que l'on peut bien constater toutes les transitions entre les amas cellulaires qui sont l'origine des formations glandulaires avec les cavités de plus en plus développées. Et au niveau de ces dernières on voit toutes les grandes cellules à peu près égales et intactes, sans la moindre trace de division, ni sans la présence de cellules filles pouvant être attribuées à une division qui aurait été trop rapide pour être aperçue, ainsi qu'on le suppose généralement. On voit, au contraire, à la base de l'épithélium, de jeunes cellules conjonctives qui, bien plus vraisemblablement, doivent remplacer les cellules en place au fur et à mesure qu'elles sont éliminées.

C'est ce que l'on peut constater également au niveau des productions glandulaires de la muqueuse dont nous avons fait reproduire, à un plus fort grossissement, une portion naturellement encore plus restreinte, au voisinage de points lymphatiques, afin de montrer en même temps les rapports de ces points avec les néoproductions épithéliales (fig. 195).

L'hyperplasie cellulaire est bien manifeste au niveau des points lymphatiques augmentés de volume. Les cellules y sont très confluentes et très petites au centre, tandis qu'à la périphérie elles s'étendent insensiblement dans le tissu interglandulaire en augmentant de volume et en se confondant absolument d'abord avec les cellules de ce tissu, puis avec celles qui tapissent les culs-de-sac glandulaires. Ces dernières ne sont nulle part en état de division ni ne paraissent avoir donné naissance à des cellules filles devant les remplacer lorsqu'elles seront détachées; ce rôle paraissant bien mieux adapté aux cellules conjonctives, préépithéliales. En outre, on constate partout la présence de vaisseaux plus ou moins volumineux et remplis de sang, auxquels on doit rationnellement rapporter l'hyperplasie cellulaire.

Il est encore à remarquer dans l'épithéliome typique de l'intestin, que les cellules épithéliales peuvent être très hautes et assez régulièrement placées dans les cavités de nouvelle formation, même jusqu'à les remplir en partie ou en totalité, et que sur les points les plus anciens, les déchets se présentent sous l'aspect d'une

substance jaune-brunâtre, informe, bien souvent en plus grande
quantité que dans les productions analogues d'une autre muqueuse.

Nous avons vu que les tumeurs de la peau et des muqueuses à
épithélium pavimenteux sont rarement absolument typiques, et
c'est encore ce que l'on observe pour celles des muqueuses à épithélium cylindrique.

Dans les tumeurs de l'estomac, de l'intestin, de la vésicule
biliaire, prises précédemment pour exemples, on constate le plus

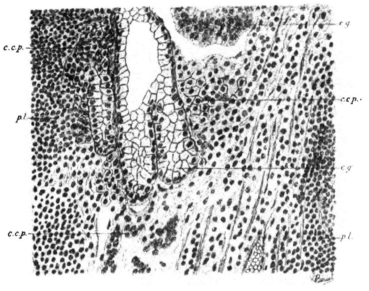

Fig. 195. — *Épithéliome de la muqueuse du rectum*
(grossissement d'une petite portion de la figure précédente).
c.g., culs-de-sacs glandulaires. — *p.l.*, points lymphatiques avec tissu interglandulaire.
c.c.p., cellules conjonctives préépithéliales.

souvent au niveau de la muqueuse, quelques néoproductions
glandulaires à épithélium cylindrique ou cubique, puis à côté ou
au-dessous des cavités analogues, irrégulières, remplies de cellules,
parmi lesquelles on reconnaît ou non celles qui devaient primitivement tapisser la cavité. En s'éloignant de la muqueuse, on peut
encore rencontrer des cavités à peu près de même aspect: mais, le
plus souvent, on trouve des points où ces cavités se confondent
entre elles et avec les éléments cellulaires jeunes plus ou moins
abondants qui les environnent toujours; puis çà et là se trouvent

infiltrés dans les tissus, des amas cellulaires irréguliers de nouvelle
formation, qui sont bien de nature glandulaire, en raison de l'aspect
de leur noyau et de leur substance protoplasmique hyaline, semblables à ceux des premières formations néoplasiques. C'est ce
dont on peut bien se rendre compte dans les cas où le protoplasma
cellulaire est particulièrement mucoïde ou colloïde, et se trouve
représenté par des points clairs translucides, comme on le voit sur
la figure 196.
   Il s'agit, en effet, d'un cancer colloïde du rectum à forme
métatypique ou atypique. La sous-muqueuse est le siège de
cavités irrégulières à contours arrondis, festonnés, qui sont remplies de cellules à protoplasma colloïde. Mais tandis que les
cellules de la première rangée tapissant ces cavités ont la forme
cylindrique ou typique, encore bien accusée, celles beaucoup plus
nombreuses qui les remplissent semblent arrondies ou déformées
par pression réciproque et en désintégration sur certains points.
Mais en somme, à un faible grossissement, comme sur la figure
ci-jointe, ces cellules apparaissent plutôt sous l'aspect de fines
perles hyalines. Des cellules semblables sont disséminées irrégulièrement dans la sous-muqueuse, mais on n'en trouve nulle part
autant qu'au niveau de la muqueuse qui en est entièrement infiltrée
et présente seulement çà et là un espace clair occupé par la même
substance que celle du protoplasma cellulaire.
   Les lésions sont moins nombreuses dans les parties profondes
de la paroi stomacale, mais ne sont pas moins bien caractérisées.
On y trouve, en effet, des amas cellulaires semblables à ceux de
la sous-muqueuse, dans les couches musculaires et jusque dans
le tissu sous-séreux. Ces néoproductions indiquent bien l'envahissement de toute la paroi stomacale, ainsi qu'il arrive ordinairement assez vite dans le cancer colloïde, par suite de sa tendance
particulière à l'extension en tous sens, qui lui fait même atteindre
fréquemment le péritoine.
   Ce qui nous paraît particulièrement intéressant dans ce cas et
dans tous ceux de ce genre, c'est qu'ils sont bien propres à montrer
la nature des éléments cellulaires répandus irrégulièrement dans
toute la paroi stomacale, en raison des caractères particuliers du
protoplasma qui ne laissent aucun doute à ce sujet. C'est ainsi
qu'au niveau même de la muqueuse il y a une infiltration de ces
cellules qui, dans les cas où le cancer n'est pas colloïde, sont dites
simplement conjonctives et sont considérées par les auteurs
comme des productions inflammatoires. On remarque également

des cellules disséminées sur toute l'épaisseur de la paroi ou formant des amas irréguliers à travers les muscles et ailleurs, qui seraient interprétées de la même manière si leur protosplasma tout à fait caractéristique n'indiquait avec certitude qu'il s'agit de cellules glandulaires sous une forme encore jeune.

Dans un autre cas de cancer colloïde de l'estomac avec envahissement du péritoine et de la plèvre, nous avons trouvé au niveau du diaphragme, une infiltration cellulaire interfasciculaire offrant absolument la même disposition que celle d'origine inflammatoire et qu'on aurait pu considérer ainsi à un examen superficiel. Or, en examinant plus attentivement les petits éléments cellulaires répartis irrégulièrement entre les faisceaux musculaires, on reconnaissait que si les plus petits, dans les points où ils étaient très confluents, n'avaient pour ainsi dire d'appréciable que leurs noyaux, ceux qui étaient moins pressés et avaient pu acquérir un développement plus avancé avaient pris un protoplasma hyalin, colloïde, leur donnant l'apparence de petites perles claires, ne laissant aucun doute sur leur nature glandulaire.

En partant de ces faits bien positifs et en examinant les tumeurs de l'estomac où il n'y a pas de dégénérescence mucoïde ou colloïde, on arrive encore bien souvent à trouver aux jeunes cellules un protoplasma caractéristique de leur nature glandulaire, lorsqu'elles ont pu se développer tant soit peu. Ces faits viennent donc à l'appui de notre opinion sur la nature des cellules conjonctives considérées comme des cellules jeunes destinées à former les éléments propres des tissus où elles se trouvent au fur et à mesure de la disparition de ces dernières.

Il arrive souvent que les productions typiques font défaut ou qu'on n'en trouve que quelques traces sur la muqueuse qui est leur siège de prédilection, naturellement en raison de la tendance persistante aux formations normales et près d'elle sur la sous-muqueuse à ce niveau. Tandis que partout ailleurs, et quelquefois même sur tous les points, il n'existe que des néoproductions atypiques disséminées à travers les tissus très irrégulièrement ou sous la forme de petits boyaux cellulaires. En même temps l'on constate des productions cellulaires plus abondantes dans certains points, notamment au niveau de la sous-muqueuse, ou des cellules glandulaires disposées en boyaux irréguliers qui alternent avec d'autres cellules plus petites ordinairement fusiformes, donnant à ces lésions l'aspect carcinomateux. On peut même rencontrer des cas où les cellules forment des amas plus compacts sur certains points con-

stituant de véritables cavités alvéolaires, comme celles observées
précédemment dans les tumeurs décrites sous le nom de sarcome
alvéolaire. C'est ainsi que le cancer de l'estomac peut se pré-

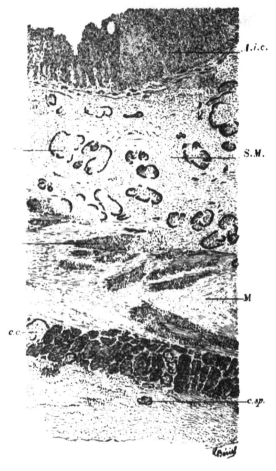

Fig. 196. — *Cancer colloïde du rectum.*

M.i.c., muqueuse infiltrée de cellules atypiques colloïdes. — *S.M.*, sous-muqueuse. — *M.* couches
musculaires. — *c.c.*, cellules colloïdes atypiques réunies dans des cavités anormales ou infiltrées
dans la sous-muqueuse et les couches musculaires. — *c.s.p.*, amas analogue dans le tissu sous-péritonéal épaissi.

senter avec des néoproductions dont les dispositions et l'aspect
sont excessivement variés jusqu'au point où elles peuvent être
confondues avec des productions inflammatoires.

Ainsi il peut se faire que les éléments cellulaires soient seulement répartis sous la forme atypique à l'état d'infiltration diffuse dans tout le tissu resté à peu près intact, en y comprenant les éléments glandulaires. C'est dans la catégorie de ces derniers faits qu'on peut ranger la lésion décrite sous le nom de linite et considérée bien à tort par MM. Hanot et Gombault comme étant d'origine inflammatoire ; car il s'agit d'une affection néoplasique proprement dite, dont la nature ressort de ses caractères cliniques, de sa marche, etc., aussi bien que de ses caractères anatomiques, ainsi que l'ont bien mis en évidence M. Garret sous l'inspiration de M. Bard et notamment MM. Bret et Paviot.

Le plus souvent, il s'agit alors du « cancer fibreux sous-muqueux » de Rokitansky, remarquable par l'augmentation

Fig. 197. — Cancer de l'estomac. (Variété atypique fibroïde désignée à tort sous le nom de linite.)

m.g.m., muqueuse avec glandes modifiées par les néoproductions atypiques. — m.i.n., muqueuse avec infiltration néoplasique. — m.m., musculaire muqueuse. — s.m.i., sous-muqueuse infiltrée de cellules atypiques dans un stroma assez homogène et régulièrement épaissi. — v.vaisseaux. — i.c.a., infiltration cellulaire plus abondante par places. — t.m.i., tunique musculaire infiltrée au niveau de son tissu interstitiel.

d'épaisseur et de densité de toutes les parties constituantes de la paroi, qui prend un aspect fibroïde uniforme assez caractéristique, comme on peut le voir sur la figure 197 d'après une préparation de cancer en nappe de l'estomac.

Il est facile de se rendre compte que cet aspect est dû à une infiltration générale des tissus par de nombreux éléments cellulaires et une substance intermédiaire hyaline, qui sont répandus partout d'une manière à peu près uniforme, quoique avec prédominance au niveau de la muqueuse et surtout de la sous-muqueuse, puis à un moindre degré dans la tunique musculaire et le tissu sous-séreux.

On ne distingue plus les cavités glandulaires de la muqueuse. On remarque seulement qu'elle est allongée et déjetée d'un côté. Elle semble comme flétrie et cependant elle est le siège d'une hyperplasie très prononcée où l'on voit encore quelques cavités glandulaires à petites cellules. Au-dessous, la *muscularis mucosæ* est nettement appréciable malgré une infiltration cellulaire intense. Mais c'est au niveau de la sous-muqueuse que les cellules de nouvelle formation sont le plus nombreuses et répandues le plus uniformément, surtout autour des vaisseaux. Enfin, de nombreuses cellules semblables aux précédentes sont disséminées entre les faisceaux musculaires et aussi principalement au voisinage des vaisseaux, jusque dans le tissu sous-séreux épaissi.

Non seulement on ne voit pas, comme dans les cas de lésions inflammatoires, des points scléreux irréguliers résultant d'une cicatrice, ainsi qu'il arrive à la suite de lésions manifestement inflammatoires, mais on a la sensation que tout le tissu qui est le siège de l'infiltration cellulaire, est en même temps infiltré d'une substance hyaline brillante, analogue à celle que renferme le protoplasma cellulaire que l'on peut apercevoir nettement sur quelques points où les cellules ont pu mieux se développer et qui apparaît comme étant d'origine glandulaire. C'est ainsi que toutes les parties infiltrées prennent un aspect particulier qui est bien différent de celui résultant d'une inflammation telle que celle produite au voisinage d'une ulcération, comme sur la figure 104.

On peut même observer des tumeurs de l'estomac où les cellules infiltrées sont si nombreuses et si petites qu'elles offrent l'aspect du tissu adénoïde.

Dans le premier cas de ce genre que nous avons observé chez un malade ayant succombé après avoir présenté les signes cliniques d'un cancer de l'estomac, la plus grande partie de l'organe ou plutôt sa totalité était affectée (à l'exception peut-être d'une petite portion, la plus déclive du grand cul-de-sac, qui était plus' mince). Elle présentait, sur toute l'épaisseur de sa paroi, l'aspect d'un épaississement œdémateux très prononcé, qui nous avait rendu indécis sur la nature de cette lésion.

L'examen histologique nous laissa d'abord tout aussi incertain; car nous n'avions trouvé qu'une infiltration générale de petites cellules rondes avec peu ou pas de protoplasma appréciable, confondu avec un stroma hyalin abondant. Celui-ci prenait, sur les points dissociés, un aspect plus ou moins filamenteux, jusqu'à donner, avec les cellules qu'il renfermait, l'impression d'un tissu lymphoïde et, au point de vue pathologique, d'un lymphosarcome.

Toutefois, en l'absence de néoproductions ganglionnaires, nous étions resté dans le doute sur la nature de cette lésion, lorsque nous avons eu l'occasion d'observer un autre cas de cancer de l'estomac bien caractérisé, dans lequel nous avons pu constater des néoproductions analogues. Il ne s'agissait plus d'un cancer en nappe, mais bien d'une volumineuse tumeur encéphaloïde ayant pour siège la petite courbure près du cardia, avec un envahissement très prononcé des ganglions voisins, constituant une masse adhérente à la portion de la paroi cancéreuse.

Or, l'examen histologique nous permit de constater dans ce cas une infiltration excessive de toutes les parties constituantes de la paroi par de jeunes cellules et une substance hyaline, notamment au niveau de la muqueuse considérablement augmentée d'épaisseur et qui ne contenait pas autre chose que ces éléments, puis de la sous-muqueuse surtout à un très haut degré, enfin de toutes les autres parties, comme dans le cas précédemment relaté.

On avait encore l'aspect du lymphosarcome, quoique sur quelques points le protoplasma des cellules nous ait paru un peu plus prononcé. Les ganglions voisins de l'estomac étaient seuls affectés; et, quoique, en règle générale, ils soient envahis secondairement, on pouvait en raison de l'aspect particulier des néoproductions, se demander s'il ne fallait pas incriminer une affection primitive de ces organes, comme dans les cas de lymphosarcome du poumon. Eh bien, leur examen histologique nous a prouvé d'une manière indéniable que, conformément à la règle, ils avaient été envahis secondairement.

En effet, on pouvait constater, d'une part l'hyperplasie très prononcée des follicules en place sous leur aspect habituel d'amas de petites cellules confluentes, comme si les noyaux se trouvaient

presque en contact; tandis que les cellules produites en grande
quantité sur les autres parties offraient un aspect tout différent, et
absolument semblable à celui des cellules infiltrées dans les parois
de l'estomac, c'est-à-dire qu'elles étaient un peu plus volumineuses
avec un protoplasma hyalin bien manifeste et se trouvaient disséminées irrégulièrement au sein d'une substance hyaline. En somme,
les ganglions n'offraient pas les lésions caractéristiques du lymphosarcome et ils étaient manifestement envahis secondairement par
les mêmes néoproductions que celles de l'estomac.

C'est ce second cas bien mieux caractérisé comme cancer de
l'estomac, à tous les points de vue, qui nous a permis d'attribuer à
des lésions de même nature, celles du cas précédent, en raison
de l'analogie offerte à l'examen histologique; d'autant que dans les
deux cas, il ne pouvait pas être question de simples lésions œdémateuses et inflammatoires, vu l'intensité et la diffusion des lésions
qui se rapprochaient beaucoup plus de celles du lymphosarcome,
mais auxquelles on ne pouvait pas les assimiler pour les raisons
indiquées ci-dessus.

Du reste, on a aussi considéré comme se rapportant au lymphosarcome certaines néoproductions analogues dans d'autres organes
et notamment dans le testicule, sans que cette interprétation soit
mieux en rapport avec ce qu'on observe dans les véritables tumeurs
de cette nature, c'est-à-dire sans que l'on ait constaté le début de
l'affection sur des ganglions et son extension sur des organes dotés
de tissu lymphoïde avant d'atteindre ceux qui n'en renferment pas
à l'état normal. La seule analogie réside donc seulement dans
l'abondance de l'infiltration cellulaire, et elle peut être plus rationnellement rapportée à l'intensité et à la rapidité de production de
cellules très jeunes qui ne se trouvent pas dans les conditions de
leur évolution habituelle, et qui, comme nous le faisons remarquer
plus loin, ont peut-être une parenté avec celles du tissu considéré comme lymphoïde dans les organes à productions cellulaires
abondantes. (Voir p. 863.)

Il est vrai que certains ulcères de l'estomac sont diversement
interprétés, en prenant pour base leur constitution et les hypothèses relatives à leur mode de formation. Mais nous aurons l'occasion d'y revenir au sujet de l'ulcération des tumeurs en général,
qui sera étudiée à propos de leur évolution.

Les néoplasmes malins typiques sont rares dans les organes
glandulaires proprement dits, comme le sein, le pancréas, le
foie; ou, s'ils débutent en général de cette manière, on constate

bientôt leur déviation métatypique ou atypique. Il en est de même pour les tumeurs du rein, du testicule, de l'ovaire, du corps thyroïde, etc. Du reste, c'est ce que l'on peut constater dans l'immense majorité des tumeurs malignes de tous les organes épithéliaux et glandulaires.

Lorsqu'on observe les tumeurs malignes du sein à leur début, on peut constater au niveau des lobules glandulaires, que les acini entourés de jeunes cellules sont constitués par des cavités élargies, tapissées d'un épithélium plutôt assez bas, et qui sont bientôt

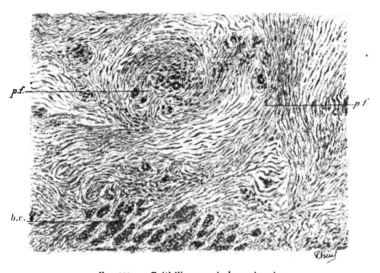

FIG. 198. — *Epithéliome squirrheux du sein.*

p.f., portion fibroïde avec îlots cellulaires relativement restreints. — *b.c.*, boyaux cellulaires plus abondants.

remplies de cellules ainsi qu'on le voit sur la figure 184. En s'éloignant de ces points on trouve des cavités plus grandes et irrégulières dans lesquelles les éléments cellulaires peuvent être disposés d'une manière très variable. Tantôt ce sont des cellules stratifiées dans de larges cavités disséminées au milieu d'un stroma assez dense, quoique riche en cellules, et qui forment une couche épaisse semblant disposée en couronne par suite d'un vide persistant à leur centre, mais qui peuvent aussi se remplir entièrement. Tantôt les cellules constituent des masses ou boyaux cellulaires irréguliers, analogues à ceux de l'épithéliome dit à tort tubulé, en produisant des cavités encore plus grandes et irrégu-

lières, remplies de cellules. Mais le plus souvent les cellules sont
infiltrées irrégulièrement à travers les faisceaux fibreux de la glande,
ou au milieu d'autres éléments cellulaires de toutes formes avec
les dispositions les plus variées, en formant des faisceaux entre-
croisés où dominent, soit des amas de cellules plus ou moins volumineuses, soit au contraire des faisceaux fibroïdes, ainsi qu'on le
voit sur la figure 198. Il arrive souvent aussi que des cellules plus
ou moins volumineuses disposées en amas alternent avec des

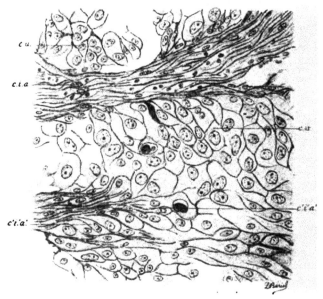

Fig. 199. - *Epithéliome du sein* (détail à un fort grossissement.)

c a.. cellules alvéolaires. — c.i.a., cellules interalvéolaires. — c'.i'.a'., cellules interalvéolaires
de passage dans l'alvéole.

cellules fusiformes de même aspect, tellement même que bien
souvent on peut saisir le passage des cellules disposées en boyaux
plus ou moins épais avec celles qui sont fusiformes, et qui constituent des faisceaux s'épanouissant dans certains points pour se
continuer avec les plus volumineuses cellules (fig. 199.)

C'est ainsi qu'on peut observer toutes les variétés possibles de
productions constituant les épithéliomes métatypiques ou atypiques,
auxquels on peut, suivant la disposition des cellules, donner le nom
de carcinome ou de sarcome, sans que pour cela la tumeur change
de nature, vu que dans tous les cas, il s'agit toujours de néopro-

ductions glandulaires anormales avec un stroma d'aspect variable,
suivant la quantité de cellules conjonctives qui s'y trouvent, lesquelles sont toujours en rapport avec les formations propres précédemment indiquées d'une part, et, d'autre part, avec la vascularisation augmentée et plus ou moins modifiée de la glande.

Dans tous ces cas encore où les néoformations sont le plus
atypiques, on peut, en examinant la tumeur à sa périphérie,

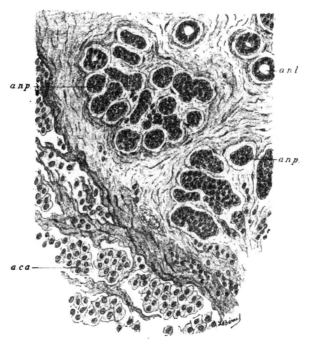

FIG. 200. — *Cancer du sein* (point de transition entre les productions typiques
et atypiques).

a.n.l., acini néoformés tapissés d'un épithélium à cellules cylindriques avec lumière centrale. —
a.n.p., acini néoformés pleins de cellules. — a.c.a., amas cellulaires alvéolaires atypiques.

reconnaître que les boyaux cellulaires commencent à se produire
sous la forme de groupes distincts en rapport avec des lobules
glandulaires au milieu d'un stroma ordinairement d'aspect fibreux,
et qu'ils finissent par se confondre par suite de l'augmentation
graduelle des néoproductions. La figure 200 montre une petite
portion d'un épithéliome tout à fait atypique, sur les confins de
laquelle se trouvent, au milieu d'un stroma fibreux,, des cavités

glandulaires remplies de cellules ou même seulement tapissées de cellules cylindriques: de telle sorte que l'on peut suivre les modifications graduelles qui se sont produites dépuis les productions typiques jusqu'à celles qui sont devenues tout à fait atypiques. Il arrive même que ces dernières peuvent, sur certains points, former des groupes correspondant encore aux lobules glandulaires.

On peut se demander enfin s'il est possible que les tumeurs des muqueuses et des glandes débutent d'emblée d'une manière atypique? mais la solution de cette question est à peu près impossible, car dans les cas où l'on ne trouve que des lésions de ce genre, les premières néoformations peuvent avoir échappé à l'examen. Ce qu'il y a seulement de positif, c'est que certaines productions prennent beaucoup plus rapidement que d'autres des caractères atypiques, et que cette disposition des éléments cellulaires correspond toujours à un bouleversement plus grand du tissu.

Dans les tumeurs du foie, du pancréas, du rein, la disposition métatypique initiale persiste rarement et les productions deviennent le plus souvent tout à fait atypiques. Il en est de même pour le testicule. Par contre, pour l'ovaire, on observe fréquemment des productions kystiques qui peuvent être considérées, avec M. Malassez, comme des épithéliomes typiques ou métatypiques, ce qui n'empêche pas de rencontrer d'autres productions avec des caractères tout à fait atypiques, et notamment des productions sarcomateuses, pseudo-réticulées, analogues à celles que l'on trouve aussi sur le testicule, où elles ont été considérées, bien à tort, selon nous, comme des lymphosarcomes. Il ne s'agit pas, en effet, d'un tissu lymphoïde, dont on ne trouve pas les caractères essentiels. C'est surtout l'examen à l'état frais, qui permet de se rendre compte de l'aspect particulier des coupes durcies. On remarquera, d'autre part, que le tissu lymphoïde des divers organes n'est pas affecté.

Les tumeurs malignes de la glande thyroïde, qui sont plus communes qu'on le croit généralement, se présentent assez souvent avec un aspect métatypique, tenant à la présence de cavités qui renferment une substance colloïde caractéristique. Mais ces cavités ordinairement très irrégulières ont de petites dimensions et se trouvent situées au milieu d'éléments cellulaires très abondants. C'est ainsi que sur la plupart des points, on peut ne voir que des amas cellulaires dont les cellules sont immédiatement en contact, alors que sur de rares points seulement l'on découvre encore çà et là une petite cavité tapissée des mêmes cellules et au centre de laquelle se trouve un peu de la matière colloïde caractéristique. Toutefois, dans d'autres cas, cette substance fait complètement défaut et les néoproductions sont tout à fait atypiques, particulièrement sur les points en voie d'accroissement rapide et dans les cas de récidive.

Les tumeurs malignes du poumon prennent si rapidement des caractères atypiques, qu'il est difficile de dire si l'origine de ces tumeurs se trouve dans des productions anormales de l'épithélium alvéolaire ou des glandes bronchiques. Ce sont des tumeurs qu'on rencontre très rarement, et celles que nous avons eu l'occasion d'observer, nous ont paru se rapporter plutôt aux

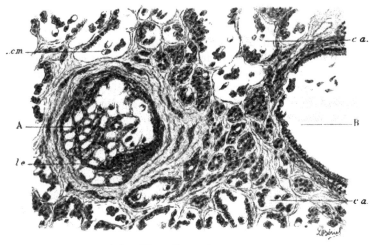

FIG. 201. — *Cancer du poumon.*

c.a., cavités alvéolaires contenant des cellules à protoplasma mucoïde, *c.m.,* qui tapissent leurs parois sous la forme cylindrique basse ou formant des amas irréguliers plus ou moins volumineux. — *A,* artère dont la lumière est remplie par des néoproductions ayant donné lieu à des sécrétions mucoïdes très apparentes et dont les parois sont en partie infiltrées des mêmes néoproductions. — *l.e.,* lames élastiques dissociées par les néoproductions. — *B,* bronche dont l'épithélium de revêtement est analogue à celui qui tapisse anormalement les cavités alvéolaires.

éléments glandulaires des bronches (fig. 201). On y voit, en effet, une néoproduction abondante de cellules dont le protoplasma est caractérisé par la présence constante d'une gouttelette mucoïde. Quant à ces cellules, elles sont répandues dans toutes les parties constituantes du tissu affecté comme tous les exsudats qui ont lieu dans le poumon, et principalement au niveau des vaisseaux et des bronches. On remarquera sur la figure qui s'y rapporte ces particularités au plus haut degré et même l'envahissement de la lumière d'une artère relativement volumineuse.

Quel que soit l'aspect sous lequel se présentent les tumeurs épithéliales et glandulaires malignes, que les éléments propres soient disposés d'une manière typique, métatypique ou atypique, leur stroma immédiat est toujours constitué par les éléments conjonctifs en rapport avec ces néoproductions et dont les dispositions varient avec les premiers.

Tandis que les cellules conjonctives sont disposées au dessous ou autour des productions typiques, elles sont intriquées irrégulièrement avec les productions métatypiques, d'autant plus que celles-ci vont en s'éloignant de la constitution normale du tissu pour devenir tout à fait atypiques. C'est ce que l'on peut très bien voir sur les préparations, en constatant même que dans certains points, il n'est plus possible de distinguer ces cellules les unes des autres, ce qui n'a rien d'étonnant, puisque ce sont les cellules conjonctives qui sont destinées à devenir les cellules propres du tissu, et qu'elles subissent seulement leur évolution dans des conditions plus ou moins anormales. Du reste, lorsqu'on dissocie ces tumeurs à l'état frais, on se rend très bien compte que les cellules de formes diverses et de volume variable, ont toutes un noyau et un protoplasma semblables. Tel est surtout le cas des carcinomes avec productions cellulaires intensives se substituant aux éléments anciens des tissus.

Mais les tumeurs malignes de nature épithéliale ou glandulaire, ne sont pas seulement constituées par des néoproductions exubérantes, au niveau du tissu d'origine; il entre encore dans leur constitution des portions du tissu ancien et des tissus voisins, aux dépens desquels elles ont pris un développement plus ou moins prononcé, car c'est précisément cet envahissement d'un ou de plusieurs autres tissus qui caractérise surtout la malignité de ces tumeurs. Il faut donc encore considérer les rapports existant entre les productions anciennes et nouvelles. Or, d'une manière générale, on peut dire que ces dernières se substituent aux premières, lesquelles disparaissent graduellement en totalité ou en partie sur les points affectés.

Déjà, au niveau de l'épithélium des surfaces de revêtement et des cavités glandulaires, on constate la disparition des éléments anciens au fur et à mesure de la production des cellules nouvelles, puis, à un degré plus prononcé, la substitution complète au tissu ancien d'un tissu nouveau avec stroma et vaisseaux dans des conditions plus ou moins anormales. C'est ce qu'on peut observer assez fréquemment sur la muqueuse de l'estomac en partie conservée

presque à l'état normal, et offrant des néoformations nettement limitées comme dans une cavité faite à l'emporte-pièce, ainsi que dans
les néoproductions des glandes, notamment de la glande mammaire.
C'est aussi ce qui se passe pour les tissus sous-muqueux et musculaires voisins des surfaces épithéliales ou des cavités glandulaires,
qui disparaissent graduellement au fur et à mesure du développement des nouvelles cellules répandues à ce niveau sous forme
d'amas ou à l'état diffus. Toutefois, dans ce dernier cas, on peut
voir persister plus ou moins les éléments des tissus anciens. Dans
le derme cutané ou muqueux et surtout dans le stroma fibreux du
sein, on constate souvent, au moins sur certains points, la conservation des faisceaux hyalins ou fibrillaires entre lesquels se trouvent infiltrées les néoproductions cellulaires d'une manière plus ou
moins diffuse. Ces cellules paraissent seulement s'être substituées
aux cellules normales, et sont devenues plus apparentes, d'abord
par leur plus grand volume et sans doute aussi par leur plus grand
nombre.

Le stroma fibreux de ces tumeurs présente encore assez fréquemment des fibres élastiques répandues irrégulièrement ou disposées
par amas plus ou moins abondants sur quelques points, particulièrement remarquées dans les tumeurs de la peau et du sein. Il s'agit
évidemment de productions exubérantes et anormales d'un élément
existant à l'état normal dans le tissu affecté. Mais d'autres tumeurs
de même nature peuvent ne pas présenter de fibres élastiques en
excès, sans qu'on puisse se rendre compte des conditions qui déterminent ces états différents. Cela tient sans doute à ce que l'on
connaît encore très mal les rapports existant entre la production
des fibres élastiques et celle des autres éléments, et pas du tout le
mode de production de ces fibres.

L'aspect des épithéliomes dont les cellules infiltrent les faisceaux
fibreux (fig. 198), ne doit pas être confondu avec celui où les cellules
de nouvelle formation sont intriquées entre elles (fig. 199) ; ce
dernier état se présentant sur certains points à côté du précédent
par une transition insensible, que l'on peut aussi souvent constater
près des grosses travées de la charpente fibro-vasculaire.

Le tissu fibreux périvasculaire est, en effet, infiltré vers la périphérie par les cellules nouvellement produites, entre lesquelles se
voient encore des faisceaux fibrillaires ou hyalins. Mais tandis que,
tout près de la paroi vasculaire, les éléments cellulaires sont restés
normaux, on voit ceux de la périphérie prendre de plus en plus les
caractères des nouvelles productions et en même temps les fais-

ceaux fibreux devenir moins accusés, de telle sorte que ces dernières parties se confondent avec le tissu néoplasique ambiant. Il arrive même que, soit à ce niveau, soit sur des points plus ou moins éloignés des vaisseaux, on ne puisse plus distinguer si la substance intermédiaire aux amas ou boyaux cellulaires est constituée encore par des faisceaux fibreux ou si elle est formée par le protoplasma des cellules fusiformes étroitement accolées et unies, sans substance intermédiaire. Ce qu'il y a de positif, c'est que *bien souvent un épithéliome du sein qui, au premier abord, paraissait fibreux sur des préparations durcies, ne montre par sa dissociation à l'état frais que des amas de cellules sans substance intermédiaire appréciable*, tellement celle-ci est en petite quantité et plus ou moins confondue avec le protoplasma cellulaire. C'est du reste ce qui a lieu sur tous les points où l'on n'aperçoit pas très manifestement des faisceaux fibrillaires ou hyalins, sans la présence desquels on ne saurait admettre l'existence du tissu fibreux.

C'est en suivant la gaine des vaisseaux que les néoproductions envahissent le tissu cellulo-adipeux et le tissu musculaire, dont les éléments propres disparaissent graduellement au fur et à mesure que les néoproductions deviennent plus abondantes.

Ce sont les nerfs qui résistent le plus à l'envahissement, protégés qu'ils sont par leur gaine lamelleuse très dense et très résistante, de telle sorte qu'on les trouve souvent intacts au milieu des néoproductions. Cependant, ils peuvent aussi, à la longue, être envahis, ainsi que le montre la figure 202 se rapportant à un cancer du sein où les productions néoplasiques se présentent à la fois au niveau du tissu musculaire et d'un nerf. On constate d'abord que les néoproductions sont très abondantes autour du nerf dont la gaine semble amincie et un peu dissociée par les nouvelles productions disposées en petits amas fusiformes, en raison de la compression exercée par les fibres lamellaires. On aperçoit ensuite dans le tissu conjonctif intrafasciculaire, de jeunes cellules isolées et en amas plus ou moins volumineux, semblables à ceux des parties voisines, qui se substituent aux éléments propres en voie de disparition à ce niveau.

Nous avons vu précédemment que les vaisseaux protégés par une gaine fibreuse pouvaient n'être envahis qu'à la périphérie. Toutefois, ils peuvent aussi, dans des productions intensives, subir le même sort que les parties précédemment examinées, c'est-à-dire être détruits en partie ou en totalité pour faire place aux nouvelles productions.

Et d'abord, aussitôt que la structure du tissu est modifiée, les capillaires anciens ont disparu, et il en est de même pour les petites veines, dont on retrouve difficilement la trace. Quant aux veines plus ou moins volumineuses, elles apparaissent fréquemment sur les préparations avec un envahissement de leur paroi à des degrés divers (notamment dans toutes les tumeurs du sein). Les tuniques des vaisseaux sont souvent infiltrées par les cellules du néoplasme, dont les productions se manifestent également à la surface interne de ces vaisseaux. C'est d'abord par une modification de l'endothé-

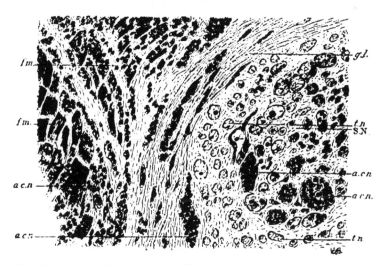

Fig. 202. — *Cancer du sein* (au niveau d'une petite portion de tissu musculaire et d'un nerf envahis par le néoplasme).

f.m., fibres musculaires. — *S.N.*, segment d'un nerf. — *a.c.n.*, amas de cellules de nouvelle production disséminées dans le tissu musculaire et le tissu intrafasciculaire du nerf. — *g.l.*, gaine lamelleuse infiltrée de nouvelles productions cellulaires. — *t.n.*, tubes nerveux.

lium dont les cellules prennent l'aspect de celles du néoplasme, puis par des néoproductions qui épaississent graduellement la tunique interne, et finissent par oblitérer la lumière des vaisseaux, de telle sorte qu'à sa place, se trouvent des amas cellulaires entre lesquels sont disposées des fibres élastiques dissociées par les nouvelles cellules, mais qui ont conservé la disposition circulaire indice de la présence antérieure du vaisseau.

Les artères sont beaucoup moins facilement envahies, et d'autant moins que leur paroi fibreuse est plus épaisse et plus dense. Cependant, on trouve encore fréquemment qu'elles sont le siège d'une

lésion tout à fait analogue à celle de l'endartérite, sauf que les
nouvelles cellules produites sont semblables à celles du néoplasme.
Il s'agit en somme pour les veines et pour les artères de lésions
néoplasiques envahissantes qui se comportent comme celles de
nature inflammatoire intensive et n'en diffèrent en réalité sur ce
point comme ailleurs, que par la tendance des néoproductions à
continuer leur évolution en se substituant aux éléments normaux
au lieu de se terminer par cicatrisation.

Cependant, on peut trouver aussi des vaisseaux qui sont simplement oblitérés par compression. C'est surtout le cas de petites artères
dont les parois sont épaissies ou non, et qui sont rétractées au point
que la lumière du vaisseau n'est plus appréciable ou n'est marquée que par la présence de quelques cellules endothéliales. Cet
aspect des vaisseaux peut être expliqué par la rapidité de développement des néoproductions à sa périphérie, qui donne lieu à des
phénomènes de compression, ne permettant pas l'évolution des
lésions dans leur paroi. Cela tient probablement aussi à ce que
les lésions initiales peuvent d'abord donner lieu à des oblitérations
portant sur des artérioles qui sont incapables de prendre part
autrement aux néoproductions consécutives, et qui, lorsque
celles-ci deviennent très abondantes, sont seulement susceptibles
de disparaître graduellement ainsi que tous les autres éléments.
Enfin on trouve encore quelquefois des artères assez volumineuses
dont les parois sont en contact par simple compression avec ou
même sans productions néoplasiques.

Ce sont ces oblitérations vasculaires constatées dans les tissus où
se trouvent les productions néoplasiques, comme dans ceux où se
produisent des phénomènes inflammatoires, qui expliquent les
dilatations vasculaires collatérales avec l'activité circulatoire
augmentée, ainsi que les néoformations vasculaires concomitantes
de celles des cellules. En effet, on ne trouve pas de néoproductions cellulaires, tant soit peu importantes, sans constater en
même temps, comme dans les productions inflammatoires, la présence de nouveaux vaisseaux du type capillaire, et de volume
variable, qui ont une disposition analogue à celle des vaisseaux
dans le tissu d'origine par rapport aux éléments propres, mais
jamais normale, ce qui, selon nous, rend compte de la disposition
et de l'évolution également plus ou moins anormales des néoproductions.

Ainsi les auteurs ont fait remarquer depuis longtemps que
les vaisseaux ne pénètrent pas dans les néoformations de l'épithé-

liome malpighien. On ne les rencontre pas davantage dans les néoformations glandulaires proprement dites; c'est-à-dire dans les productions épithéliales qui correspondent à celles du tissu normal. Nous ajouterons qu'on ne les voit pas non plus pénétrer dans les néoproductions cellulaires jeunes réunies en amas de volume variable et en imminence de transformation épithéliale, correspondant aux productions d'un épithélium de revêtement ou glandulaire; et que, du reste, ces amas ne subissent de pareilles transformations que parce qu'ils sont constitués par des cellules immobilisées à une certaine distance des vaisseaux. Ce n'est que dans les parties voisines où les cellules jeunes sont encore très irrégulièrement disséminées, et constituent les cellules conjonctives proprement dites, que les vaisseaux se présentent en plus ou moins grande quantité, suivant la richesse habituelle du tissu, et les circonstances diverses qui peuvent contribuer à augmenter la vascularisation des parties affectées.

Il ne faudrait pas croire cependant que l'absence de vaisseaux soit favorable aux néoproductions épithéliales même de nature malpighienne; parce que ce sont eux qui fournissent les éléments de nutrition et les jeunes cellules qui se développeront avec leurs caractères particuliers, lorsqu'elles auront été immobilisées loin des vaisseaux. Ainsi nous avons pu constater sur un cartilage de l'épiglotte, commençant à être envahi par un épithéliome de la muqueuse voisine, un îlot cellulaire déjà vascularisé au centre où les cellules conjonctives jeunes abondaient, tandis qu'à la périphérie, les cellules, devenues plus volumineuses, commençaient à prendre l'aspect épithélial caractéristique; ce qui indique bien le mode de formation des néoproductions par la transformation graduelle des jeunes cellules et non par la division des cellules dites adultes qui n'auraient pas pu se mouvoir et à plus forte raison pénétrer dans le cartilage. On constate en même temps la situation et le rôle des vaisseaux. Du reste l'importance de ceux-ci dans toutes les néoproductions de nature malpighienne ou autre ressort encore de ce fait, que c'est dans les cas où l'extension des tumeurs se produit sur des tissus mieux vascularisés qu'elles sont le plus exubérantes. C'est que les néoplasmes, quels qu'ils soient, sont soumis à la loi du développement de toutes les productions pathologiques. Celui-ci est, en effet, en rapport direct avec leurs conditions de nutrition, c'est-à-dire de vascularisation.

Mais on comprend qu'une vascularisation excessive favorisera plutôt l'abondance des productions conjonctives et atypiques.

Dans les points les plus récemment formés, la paroi des capillaires est, comme de coutume, constituée par des cellules fusiformes analogues à celles des néoproductions ambiantes. Sur des points de production moins récente, la paroi de ces vaisseaux peut présenter plusieurs rangées de cellules et même être environnée d'une zone de substance hyaline, qui contribue à les rendre indépendants.

Du reste, dans les productions intensives et exubérantes des tumeurs épithéliales, on constate souvent entre les amas cellulaires, une néoproduction plus ou moins abondante de tissu fibroïde hyalin, sans qu'on puisse invoquer d'autre motif que la continuation dans les phénomènes de production des éléments essentiels du tissu dont la charpente fibreuse fait partie; d'autant que celle de nouvelle formation est ordinairement en rapport avec le stroma fibreux du tissu normal d'origine. Mais la lenteur de développement du tissu néoplasique est surtout une condition propice à la production d'un stroma fibreux, qui est plus ou moins restreint ou peut même faire défaut sur les tumeurs à développement rapide, quand bien même elles se rapportent à un tissu normal qui en est richement pourvu comme le sein.

Mais si, à l'état normal, les éléments épithéliaux sont en rapport avec un stroma musculaire, comme cela existe pour l'utérus, pour la prostate, ce sont des productions de même nature, c'est-à-dire musculaires, qui constituent le stroma des productions épithéliales ou glandulaires, ainsi qu'on peut le voir sur la figure 203, se rapportant à un épithéliome typique de la muqueuse utérine. Nous avons fait précédemment la même remarque au sujet des tumeurs bénignes, et tout cela contribue encore à prouver que *les néoproductions sont toujours régies par celles de l'état normal, comprenant à la fois tous les éléments essentiels du tissu.*

Les néoproductions résultent des exsudats abondamment produits qui pourvoient tout à la fois aux formations cellulaires, à la substance intermédiaire plus ou moins confondue, comme nous l'avons vu, avec la substance protoplasmique des cellules, ou qui devient distincte sous la forme de faisceaux hyalins ou fibrillaires, suivant les points de répartition de ces éléments et particulièrement autour des vaisseaux remplis de sang, lesquels proviennent aussi des exsudats.

La différenciation des cellules se fait vraisemblablement au fur et à mesure des productions cellulaires, et par suite des conditions de milieu où se trouvent les cellules.

Ce sont les formations anciennes qui en déterminent la nature, car on ne voit jamais de tumeur primitive hétérotopiquement développée.

Et, comme il y a dans tout tissu des cellules propres, des cellules conjonctives et des vaisseaux; ces divers éléments se rangent suivant les lois ataviques relatives à chaque tissu qui continue à se développer, mais, dont les productions sont seulement plus ou moins modifiées par les conditions anormales de leur développement.

Lorsque celui-ci se fait assez lentement, et qu'il y a formation de

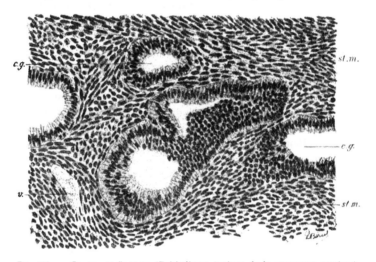

Fig. 203. — *Cancer de l'utérus.* (Epithéliome typique de la muqueuse utérine.)

c.g., cavités glandulaires néoformées tapissées par un épithélium à cellules cylindriques hautes. — *st.m.*, stroma musculaire à fibres lisses de nouvelle formation. — *v*, vaisseau.

faisceaux fibreux, au moins autour des vaisseaux, on voit que les jeunes cellules produites en même temps conservent les caractères des cellules du tissu fibreux, c'est-à-dire qu'elles sont très petites et pressées entre les faisceaux, de telle sorte qu'elles sont à peine appréciables et fixées ainsi dans leur forme. Il n'en est pas de même des cellules qui se trouvent en dehors des bandes hyalines, et qui ont pu acquérir des éléments de nutrition, par les échanges effectués avec la substance liquide intermédiaire. Elles ont évolué avec les caractères plus ou moins manifestes de celles du tissu propre où la tumeur a pris naissance, en donnant lieu à des formations typiques, métatypiques ou atypiques. Mais lorsque les productions sont rapides, les cellules mêmes les plus rapprochées des parois vasculaires offrent l'aspect de celles de toutes les autres néoproductions.

C'est ainsi qu'on peut constater une hyperplasie cellulaire générale à l'entour des productions néoplasiques proprement dites, tout comme dans les productions cellulaires inflammatoires, mais qui en diffère en ce que ces cellules tendent à s'accumuler en prenant l'aspect épithélial sur beaucoup de points, et particulièrement lorsqu'elles sont disposées en amas et paraissent immobilisées. Certaines préparations sont tout à fait démonstratives et offrent toutes les transitions entre ces cellules et celles qui sont répandues un peu partout en excès, notamment autour des vaisseaux, dans les interstices musculaires, etc.

Comme nous l'avons dit précédemment, on peut souvent constater que l'endothélium des vaisseaux situés dans les néoproductions, présente aussi des cellules nouvelles qui ont de la tendance à prendre les caractères de celles du néoplasme. On observe même parfois sur certaines préparations de cancer de l'estomac, au niveau des vaisseaux de la sous-muqueuse, un endothélium vasculaire, tellement modifié dans le sens typique, qu'au premier abord on serait tenté de prendre pour des cavités glandulaires les parois vasculaires tapissées par de nouvelles cellules analogues à celles des néoproductions voisines, dont elles ne se distinguent pour ainsi dire que par la constitution de la paroi propre aux vaisseaux.

C'est un phéomène général bien manifeste dans la plupart des tumeurs de nature quelconque, avec productions cellulaires intensives, que peu à peu les nouvelles cellules soient produites partout avec exagération, comme dans les états inflammatoires (et probablement par le même mécanisme). Mais en plus elles ont de la tendance à prendre, au moins au lieu de plus grande production, le caractère épithélial propre au tissu d'origine de la tumeur quoique avec des modifications variables. Comme c'est au voisinage des vaisseaux que se trouvent principalement les productions nouvelles et que l'endothélium vasculaire prend facilement les caractères spéciaux aux néoproductions, on s'explique comment certains auteurs ont pu placer l'origine de ces tumeurs dans l'endothélium et en faire des endothéliomes.

Mais les caractères variés que peuvent prendre les cellules endothéliales, et surtout la remarque faite précédemment de leur transformation très manifeste dans beaucoup de tumeurs d'origine bien déterminée et de leur adaptation aux diverses néoproductions au milieu desquelles se trouvent les vaisseaux, suffisent pour réduire à néant cette hypothèse.

On peut dire que dans la constitution des tumeurs, tous les éléments des tissus qui en sont le siège participent aux phénomènes exagérés de néoproduction, par suite des modifications survenues dans la rénovation des cellules. Ces phénomènes sont devenus exagérés et désordonnés sur un point déterminé et avec une intensité variable, suivant des influences diverses tenant à la cause inconnue, à son mode d'action hypothétique, mais qui sont, toutes choses égales d'ailleurs, en raison directe de l'intensité des phénomènes de rénovation normale des diverses parties constituantes des tissus.

Comme ce sont les éléments épithéliaux et glandulaires qui présentent au plus haut degré les phénomènes de rénovation cellulaire, nécessitant une production intensive de cellules, on comprend que la peau, les muqueuses et les glandes soient particulièrement affectées. De plus, on se rend ainsi bien compte comment les modifications de structure des tissus avec la surabondance des productions cellulaires, donnent lieu à des formations épithéliales plus ou moins irrégulières. Il en résulte que dans ce nouveau milieu épithélial, toutes les nouvelles cellules tendent à prendre le même caractère, tout d'abord dans le voisinage des premières productions, en envahissant graduellement les parties périphériques, probablement par suite de la continuation d'action de la cause et des lésions vasculaires consécutivement produites. Ce sont les éléments les plus simples et les plus nombreux qui finissent par se substituer en partie ou en totalité aux autres éléments plus spécialisés qui ne sont habituellement le siège que de modifications peu accusées ou qui sont détruits. C'est probablement aussi la raison pour laquelle les tissus formés de ces derniers éléments, comme les fibres musculaires striées et les fibres nerveuses, sont rarement affectées primitivement et sont détruites sans retour de formation d'une structure aussi compliquée.

Les tumeurs malignes de nature épithéliale arrivent donc à être constituées par des néoproductions anormales correspondant à la vascularisation augmentée au point d'origine et proviennent d'une déviation dans les phénomènes évolutifs du tissu. Les productions nouvelles forment ordinairement des amas cellulaires typiques, métatypiques ou atypiques plus ou moins irréguliers

et exubérants dans le tissu d'origine. Elles ont aussi une tendance à envahir les tissus voisins, en se substituant à eux, dans la
région où se sont produits, sous l'influence de la cause première,
des troubles circulatoires et des altérations consécutives, à peu près
comme les nouvelles cellules se substituent insensiblement aux
anciennes ; mais le phénomène est plus actif et désordonné dans
les néoplasmes, d'autant plus que leurs caractères s'éloignent des
productions typiques.

En tous cas ces tumeurs offrent, dans leur constitution complexe,
tout à la fois les nouveaux éléments anormaux et des éléments
persistants plus ou moins modifiés des tissus anciens affectés.

Les productions cellulaires nouvelles comprennent essentiellement des cellules propres et conjonctives avec des vaisseaux en
quantité plus grande, et anormalement disposés. Elles sont ordinairement en partie exubérantes et en partie infiltrées dans les
tissus, aux dépens de leurs éléments qui ont disparu à ce niveau,
et auxquels les productions nouvelles se sont substituées graduellement. C'est ainsi que les tissus anciens se présentent avec des
pertes de substance correspondant aux productions néoplasiques,
et avec des modifications dans les parties persistantes qui sont
en rapport avec celles de la circulation augmentée ou diminuée à
ce niveau.

CONSTITUTION DES TUMEURS DU TISSU ADÉNOIDE

Il est difficile, sinon impossible, de caractériser nettement les
tumeurs bénignes de ce tissu, parce qu'elles se trouvent probablement confondues avec les productions qui sont communément
désignées sous le nom d'adénites, d'origine infectieuse et considérées comme inflammatoires, dont la constitution est plus ou
moins typique. C'est que l'analogie de ces productions avec celle
des tumeurs bénignes se présente pour le tissu adénoïde comme
pour tous les autres tissus susceptibles d'acquérir une hyperplasie
de leurs éléments constituants, particulièrement sous l'influence de
la tuberculose et de la syphilis, surtout lorsque les lésions sont
plus ou moins généralisées et que l'on ne découvre pas des caractères spécifiques permettant de les rapporter avec certitude à
une origine déterminée. On se trouve donc en présence d'une
hyperplasie plus ou moins considérable et généralisée du tissu
lymphoïde, qui ne se distingue pas de celle également de cause

inconnue, pouvant se rapporter à une néoplasie proprement dite. Pareille remarque peut s'appliquer à plus forte raison aux productions désignées sous le nom d'*adénie* ou de *lymphadénie*, avec ou sans leucocythémie manifeste et seulement avec de la leucocytose, vu qu'elles se développent lentement, ont une marche envahissante, et que leur cause est inconnue. C'est dire que la plus grande obscurité règne encore au sujet de l'origine de ces lésions, parmi lesquelles doivent très probablement se trouver plus ou moins confondues, des lésions inflammatoires et néoplasiques. Ce n'est que par la connaissance de leur cause de production qu'on pourra arriver à élucider les divers cas.

Les tumeurs malignes du tissu adénoïde ne sont mieux connues qu'en raison de la marche particulièrement envahissante des néoproductions.

Ce qui porterait encore à admettre qu'il existe en réalité des tumeurs bénignes, c'est que l'on peut observer des néoproductions édifiées d'abord très lentement, comme de simples adénies ou lymphadénies, qui prennent à un moment donné une marche envahissante et rapide, les faisant alors considérer à juste titre comme des tumeurs malignes, c'est-à-dire comme des lymphadénomes malins ou lymphosarcomes.

Ces tumeurs ont d'abord pris naissance sur une région déterminée, plutôt au niveau des ganglions du cou ou de l'aisselle, qui ont acquis un développement plus ou moins considérable. Peu à peu ou plus ou moins rapidement, on a vu surgir de nouvelles néoproductions sur d'autres ganglions, voire même parfois sur tous ceux que la palpation permet d'atteindre, et à l'autopsie on constate encore l'envahissement des points lymphatiques des muqueuses, et enfin la production de nodules secondaires dans divers organes qui ne renferment pas de tissu adénoïde à l'état normal, comme il arrive assez souvent pour le foie qui est alors plus particulièrement affecté.

La constitution de ces tumeurs offre une grande analogie avec celle du tissu adénoïde normal. Il s'agit, par conséquent, de tumeurs typiques, bien caractérisées, que la plupart des auteurs considèrent néanmoins comme des sarcomes. Et cela est assez insolite de leur part, vu que ce terme leur sert habituellement à désigner des tumeurs communes à tous les organes; ce qui contribue ainsi à montrer qu'ils sont dans l'erreur.

Non seulement ce tissu pathologique présente une vascularisation augmentée et l'accumulation d'une grande quantité de petites cellules rondes et fusiformes, entremêlées au sein d'une substance hyaline qui semble contenue dans un réticulum, mais on remarque que le tissu est parcouru par des travées plus épaisses qu'à l'état normal et que les fibrilles du réticulum sont plus nombreuses, plus rapprochées, d'une manière plus ou moins irrégulière, mais de telle sorte que, sur beaucoup de points, elles forment comme un feutrage épais, bourré de petites cellules. Celles-ci se trouvent sur la plupart des points en telle quantité qu'elles masquent la charpente du tissu, et que les préparations doivent être traitées par l'agitation dans l'eau ou par le pinceau, pour apprécier l'état du stroma et bien se rendre compte de l'aspect variable des cellules. Celles-ci, en effet, sont, non seulement plus nombreuses, mais encore un peu plus volumineuses qu'à l'état normal ; et, au lieu d'apparaître avec la forme arrondie, elles se présentent avec une forme variable suivant la situation qu'elles occupent. C'est ainsi qu'à côté d'abondantes cellules rondes, on trouve également une grande quantité de cellules fusiformes entremêlées dans des directions très variables, et aux prolongements desquelles il faut vraisemblablement rapporter l'aspect feutré et dense du tissu.

Les noyaux de généralisation dans les organes renfermant ou non du tissu adénoïde offrent la même constitution.

Il n'est pas très rare de rencontrer un lymphadénome ou lymphosarcome qui a pour origine les ganglions trachéo-bronchiques et prend ensuite un développement plus ou moins considérable dans un poumon, où parfois on le considère à tort comme une tumeur du poumon, alors qu'en réalité il s'agit bien d'une tumeur ganglionnaire.

D'autres organes, comme le sein, l'ovaire, le testicule, peuvent être le siège de néoproductions offrant la plus grande analogie avec celles des lymphosarcomes ; de telle sorte que les auteurs les considèrent alors comme des tumeurs identiques. Or, ainsi que nous l'avons déjà fait remarquer, nous ne pensons pas que cette interprétation doive être adoptée lorsque les altérations initiales se trouvent dans un organe ne renfermant pas de tissu adénoïde à l'état normal. Il nous paraît plus rationnel de considérer ces tumeurs comme se rapportant à des productions jeunes et abondantes qui permettent d'en faire une variété sarcomateuse tout à fait atypique, diffuse ou alvéolaire suivant la disposition des cellules, et toujours d'une grande malignité.

CONSTITUTION DES TUMEURS DU TISSU FIBREUX

Les tumeurs du tissu fibreux peuvent avoir pour origine toutes les parties où ce tissu constitue un appareil remplissant un rôle prédominant, comme au niveau du derme cutané et muqueux, des aponévroses et des tendons, des enveloppes protectrices des organes, de la paroi des gros vaisseaux et peut-être des gaines vasculaires.

Les tumeurs de cette nature qui sont *bénignes* et qu'on désigne

Fig. 204. — *Fibrome.*

f.d., tissu fibreux dense. — *f.d.i.*, faisceaux fibreux dissociés. — *f.h.c.*, faisceaux fibreux avec hyperplasie cellulaire intense donnant à cette partie l'aspect sarcomateux. — *v*, vaisseaux.

sous le nom de *fibromes* offrent une constitution qui se rapproche ordinairement beaucoup du tissu fibreux normal, c'est-à-dire qu'on y trouve principalement, comme on peut le voir sur la figure 204, un stroma constitué par une substance hyaline homogène ou fibrillaire sous la forme de faisceaux ordinairement plus ou moins ondulés et qui peuvent se présenter sous des aspects variables suivant la direction de la coupe par rapport à celles des faisceaux. Entre ceux-ci se trouvent des éléments cellulaires en nombre tout à fait variable, mais qui sont plutôt nombreux. Leurs noyaux sont ordinairement bien colorés, mais très petits, sous l'aspect ponctiforme, ou bien sous celui d'un petit trait ou d'une virgule, sans protoplasma appréciable, entre les faisceaux hyalins en place, et d'autant plus que ceux-ci paraissent plus volumineux et plus denses. Ce n'est que sur les points où les faisceaux ont été écartés par les manipulations qu'on peut apercevoir des éléments cellulaires avec un peu de protoplasma très clair. C'est ainsi qu'entre les faisceaux hyalins longitudinaux les cellules ont la disposition fusiforme; tandis qu'elles apparaissent avec la forme arrondie entre les faisceaux coupés en travers.

La substance hyaline peut donner lieu à des faisceaux de volume et d'aspect très variables suivant les différents cas, parfois dans le même cas suivant les points examinés, et jusque sur la même préparation, le nombre des cellules étant encore plus variable; de telle sorte que les fibromes peuvent se présenter sous divers aspects.

L'une des variétés les plus importantes (et qu'il n'est pas rare de rencontrer) est celle qui correspond au *fibrome myxoïde*, lequel est parfois aussi désigné sous le nom de *molluscum*. Il est représenté par une tumeur de volume variable, mais parfois considérable, comme il arrive pour certaines tumeurs des bourses et des grandes lèvres.

Le tissu néoplasique est constitué par des fibrilles ondulées qui semblent plus ou moins dissociées par un liquide incolore au sein duquel se trouvent des éléments cellulaires assez volumineux.

Sur beaucoup de points où persistent des travées encore épaisses, ainsi qu'autour des vaisseaux, on reconnaît bien les faisceaux hyalins fibrillaires, dont les fibrilles sont légèrement dissociées, tandis que sur les autres points la dissociation est plus prononcée. On peut encore trouver çà et là plusieurs fibrilles accolées avec l'aspect habituel des faisceaux hyalins. Mais sur la plus grande partie leur dissociation est complète et les fibrilles deviennent sur certains points tout à fait distinctes les unes des autres, très ondulées et très irrégulièrement entre-croisées, souvent aussi avec des fibres élastiques, en formant comme un réticulum à mailles irrégulières plus ou moins larges ou étroites et, dans ce dernier cas, en donnant l'aspect d'un feutrage bien particulier.

Les espaces clairs qui se trouvent entre les fibrilles paraissent remplis par une substance liquide incolore, qui peut aussi sous l'influence du picrocarmin, prendre une teinte légèrement jaunâtre. C'est dans ce liquide que se trouvent en quantité très variable, suivant les points examinés, des cellules rondes assez volumineuses

dont le noyau est bien coloré par le carmin, tandis que le protoplasma clair, jaunâtre se confond plus ou moins avec la substance
liquide environnante.

L'abondance et le volume des vaisseaux de nouvelle formation
sont en rapport avec la constitution et le développement des
fibromes. Ainsi tandis que leur vascularisation est peu accusée
dans les tumeurs dures à développement restreint, elle est au contraire très prononcée lorsque leur consistance est molle et qu'elles
ont pris un grand développement, avec tous les intermédiaires
possibles. Les vaisseaux se trouvent au sein même des néoproductions comme dans le tissu fibreux normal.

C'est bien du tissu fibreux qui constitue les fibromes dits myxoïdes (comme l'examen des préparations permet de le constater),
mais qui paraît avoir subi des modifications particulières en raison
de l'abondance excessive des néoproductions où domine un exsudat
liquide dans la substance intermédiaire aux cellules, sans que l'on
puisse néanmoins se rendre compte des conditions spéciales qui
motivent cette variété de constitution des fibromes, au nombre desquelles doit probablement figurer le lieu précis d'origine de la
tumeur et ses moyens de développement.

Mais dans ces cas qu'on désigne parfois aussi sous le nom de
« myxome », il ne s'agit nullement d'un tissu muqueux, vu que
celui qu'on rencontre sur l'organisme normalement formé est
autrement constitué et qu'on ne saurait songer à un tissu embryonnaire à cette époque de l'évolution de l'organisme. Du reste,
on peut trouver un aspect myxoïde analogue au stroma d'une
tumeur de toute autre nature, comme à celui des tissus musculaires, osseux, cartilagineux et nerveux, indépendamment de la
même analogie qu'il est encore possible de rencontrer dans le
stroma des tumeurs de nature épithéliale ou glandulaire.

L'abondance et le mode de répartition des éléments cellulaires
peuvent aussi donner lieu à des aspects variés. C'est ainsi que les
éléments cellulaires pourront être assez nombreux et assez développés pour avoir pris au moins sur certains points, et même parfois par une transition insensible, la disposition fusiforme d'où
résulte la formation de faisceaux plus ou moins entre-croisés, qu'on
rencontre, toutefois, plutôt sur des tumeurs malignes.

Il est encore plus commun de rencontrer des fibromes avec des
productions abondantes de jeunes cellules rondes, et même, sur
la plupart des tumeurs, on voit des points où des différences
notables se remarquent, et où, à côté de néoproductions à carac-

tères typiques se trouvent des productions cellulaires récentes et abondantes, comme sur la figure 204. Beaucoup de tumeurs qui se présentent ainsi sont désignées sous le nom de fibro-sarcomes, quoique dans ces cas on n'ait affaire qu'à des tumeurs bénignes; parce qu'il s'agit de tumeurs à développement autonome, nettement limitées par une enveloppe fibreuse, mais dont les jeunes éléments sont seulement plus abondants dans les points où la tumeur tend à un accroissement plus grand et surtout plus rapide, comme on peut le constater dans toutes les productions pathologiques, quelle que soit leur origine.

Les tumeurs *malignes* peuvent présenter une constitution qui se rapproche de celle des tumeurs bénignes, mais elles s'en distinguent, d'abord par la prédominance des éléments jeunes qui ne font jamais défaut, et ensuite par leur tendance à l'envahissement des parties voisines, ainsi que bien souvent à une généralisation dans des organes éloignés.

On peut, au début, les trouver constituées par des formations typiques, c'est-à-dire par la production entre les éléments cellulaires de faisceaux hyalins ou fibrillaires. Mais à mesure que les productions cellulaires sont devenues plus abondantes, on rencontre moins de substance intercellulaire, et il arrive même que sur certains points il n'y a plus que des cellules avec fort peu ou pas de substance intermédiaire appréciable. Le plus souvent les cellules prennent, par pression réciproque, la disposition fusiforme fasciculée sous des aspects assez variables. Leur structure offre parfois la plus grande analogie avec celle des tumeurs qui ont pour origine les tissus osseux, musculaires et nerveux, de telle sorte que l'on désigne en général ces tumeurs sous le nom de *sarcomes fasciculés*; cependant ces diverses tumeurs ne doivent pas être confondues. Il faudra alors prendre en considération les renseignements sur l'origine de la tumeur et les caractères plus ou moins typiques que l'on peut souvent constater sur divers points et notamment sur les premières parties constituées.

Toutefois, il est une disposition des cellules fusiformes qui nous semble bien particulière au tissu fibreux, et que l'on rencontre assez souvent : c'est celle où les cellules forment de petits faisceaux courts, de volume à peu près égal, de telle sorte que les irrégularités sont relativement restreintes et que les coupes offrent une disposition de cellules en rosaces, donnant à un faible grossissement un aspect moiré assez caractéristique (fig. 205).

Enfin, il arrive assez souvent que les cellules produites en grande quantité conservent la forme arrondie et se présentent disséminées dans un tissu fibreux proprement dit ou en alternant avec des cellules en faisceaux, ou encore en formant des amas plus ou moins volumineux dans des cavités limitées par ce tissu qui, dans tous les cas, constitue la charpente de la tumeur.

Ce sont des *sarcomes* proprement dits, et c'est surtout dans ces cas que les renseignements cliniques sont indispensables pour avoir quelques chances de déterminer l'origine des tumeurs capables de se présenter sous cet aspect.

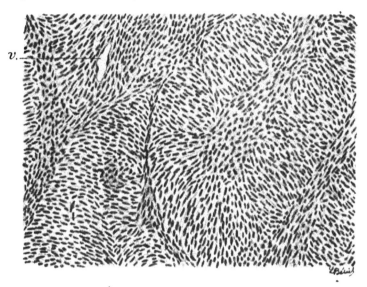

Fig. 20.5. — *Tumeur maligne du tissu fibreux* (sarcome fuso-cellulaire).
Cellules fusiformes disposées en rosaces. — *v*, vaisseau avec cellules endothéliales semblables
à celles qui constituent la tumeur.

Il peut encore arriver pour ces tumeurs sarcomateuses que leur stroma, au lieu d'être formé comme précédemment par un stroma blanchâtre, en faisceaux ou en masses plus ou moins considérables, soit constitué par une substance hyaline, incolore, manifestement liquide, ne renfermant que des fibrilles très fines et irrégulièrement entre-croisées, avec une néoproduction intensive de vaisseaux qui sillonnent la préparation. C'est au milieu de ce stroma que se trouvent en plus ou moins grande quantité, suivant les parties examinées, des cellules assez volumineuses, plutôt arrondies, mais aussi fusiformes ou d'apparence irrégulière, avec des prolongements leur donnant un aspect ramifié. Ces cellules ont un protoplasma très clair parfois légèrement granuleux se confondant le plus souvent avec la substance intermédiaire (fig. 206).

Tel est le *sarcome myxoïde*, qui n'est pas plus constitué par du tissu muqueux que le fibrome myxoïde précédemment examiné et qui ne doit être considéré que comme une production formée par des éléments plus jeunes, plus abondants et probablement plus rapidement produits.

En faveur de cette interprétation, nous ajouterons qu'on peut rencontrer des portions encore plus jeunes de la tumeur qui sont

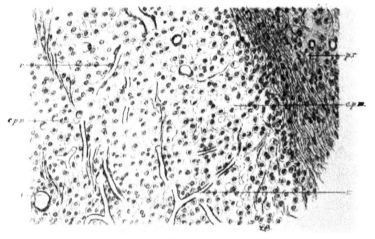

Fig. 206. — *Tumeur maligne du tissu fibreux* (sarcome myxoïde du triangle de Scarpa). *c.p.m.*, cellules à protoplasma mucoïde. — *v*, vaisseaux. — *p.r.*, portion récente.

constituées d'une manière analogue, mais avec des éléments manifestement plus récemment formés au point de ressembler à un exsudat séro-fibrineux riche en vaisseaux et en éléments cellulaires, comme on le voit sur une portion de la figure précédente.

Quelle que soit la variété sous laquelle se présente une tumeur constituée par des éléments pouvant être rapportés aux tissus fibreux, on ne doit pas y rencontrer des éléments cellulaires attribuables aux cellules propres d'un autre tissu en état d'hyperplasie, parce que ce sont ces dernières qui déterminent alors l'origine de la tumeur; d'autant que toute tumeur véritablement de nature fibreuse se développe comme celle de tout autre tissu, non seulement par autonomie, mais encore dans les cas malins que nous avons en vue, par substitution graduelle aux autres tissus qui doivent disparaître au fur et à mesure du développement de la tumeur.

CONSTITUTION DES TUMEURS DU TISSU CELLULO-ADIPEUX

Les tumeurs bénignes de ce tissu qu'on désigne sous le nom de *lipomes* et qu'on rencontre si communément, sont constituées d'une manière tout à fait typique, comme on peut le voir sur la figure 207.

Le tissu adipeux ainsi anormalement produit se distingue du

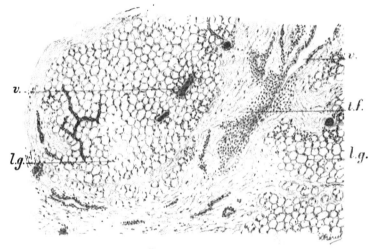

FIG. 207. — *Lipome.*

l.g., lobules graisseux. — *t.f.*, travée fibreuse. — *v*, vaisseaux. Hyperplasie cellulaire au niveau de toutes les parties constituantes du tissu de nouvelle formation.

tissu normal par une charpente fibreuse épaissie qui renferme plus de vaisseaux (toujours disposés de la même manière relativement aux lobules graisseux), par des productions cellulaires plus abondantes dans toutes les parties constituantes du tissu, principalement sur les travées fibreuses et le long des vaisseaux, jusque sur les plus petits qui pénétrent entre les lobules graisseux. Enfin, les vésicules adipeuses sont plus ou moins augmentées de volume, comme dans l'adipose généralisée; de telle sorte qu'on a considéré parfois ces tumeurs comme une adipose localisée. Mais cette interprétation n'est pas juste, vu qu'il ne s'agit pas seulement d'un tissu

normal surchargé de graisse sur un point limité. En effet le tissu
a pris sur ce point un développement autonome excessif et avec
une constitution qui diffère plus ou moins de celle du tissu normal, comme dans toutes les productions néoplasiques proprement
dites. Il existe en outre une membrane fibreuse limitante, ainsi
qu'il arrive toujours pour les tumeurs bénignes qui ont pris naissance dans la profondeur des tissus.

Lorsque la charpente fibreuse est particulièrement abondante
dans un lipome, il est dit fibromateux. Enfin on le dit encore
myxoïde lorsque le tissu fibreux qu'il renferme tend à prendre
l'aspect correspondant à cet état particulier.

Ces variétés d'aspect du lipome se rencontrent assez rarement
et ne sauraient rien changer à la nature du néoplasme dont
l'origine est toujours dans le tissu cellulo-adipeux.

Les tumeurs malignes qui ont pour origine ce tissu sont encore
bien mal connues dans leur constitution; car elles sont confondues par la plupart des auteurs avec celles des autres tissus sous le
nom de sarcomes et sont rangées par M. Bard parmi les tumeurs
conjonctives embryonnaires du type cellulaire lâche. C'est dire que
les connaissances à ce sujet ne reposent que sur des idées théoriques; car des observations bien précises sur la constitution des
tumeurs malignes ayant pris naissance dans le tissu cellulo-adipeux
font défaut, et doivent être, du reste, très difficiles à établir en
raison de l'impossibilité de déterminer dans la plupart des cas,
d'une manière certaine, le point où la tumeur a pris naissance; ce
qui est avant tout indispensable pour fixer la nature des tumeurs
atypiques, dont les néoproductions n'ont pas de caractères particuliers s'imposant de prime abord.

En effet nous avons examiné un grand nombre de tumeurs
paraissant avoir pris naissance dans les régions sous-jacentes au
derme cutané et se présentant avec un stroma et des éléments
cellulaires d'aspect et de disposition excessivement variés sans
qu'il nous ait été possible de dire d'une manière certaine si ces
tumeurs provenaient des tissus voisins et notamment du tissu
fibreux ou du tissu adipeux, d'autant que l'on connait encore
d'une manière imparfaite la constitution normale de ce dernier
tissu et les phases initiales de sa production auxquelles pourraient
se rapporter les tumeurs, naturellement avec des déviations
variables en plus.

Ce sont les chirurgiens qui par une étude clinique attentive
pourront appeler l'attention, soit sur les tumeurs qui leur auront

paru débuter manifestement dans un tissu cellulo-adipeux assez abondant pour rendre cette localisation évidente, soit sur les lipomes qui, à un moment donné, auront pu prendre une allure maligne. N'ayant pas eu l'occasion, d'étudier des tumeurs observées dans ces conditions, nous ne croyons pas utile de relater des faits incertains.

CONSTITUTION DES TUMEURS DU TISSU OSSEUX

Ainsi que nous l'avons indiqué à propos de la classification des tumeurs, celles du tissu osseux pouvant se manifester aux diverses phases de son évolution formatrice, comprendra naturellement les néoplasmes constitués par du tissu cartilagineux, qui ont manifestement une origine osseuse.

Les tumeurs bénignes des os comprendront donc des *ostéomes* et des *chondromes* qu'il ne faut pas confondre avec des productions inflammatoires de tissu fibreux donnant l'aspect du cartilage ou de l'os lorsqu'il est infiltré de sels calcaires, et où les éléments de ces derniers tissus font défaut.

Les ostéomes sont, en effet, constitués par les mêmes éléments que l'os normal, mais avec des dispositions irrégulières et variables sur les diverses néoproductions et jusque sur la même préparation. On a décrit des *ostéomes éburnés, compacts* et *spongieux*, suivant que prédominent des lamelles osseuses irrégulières et plus ou moins denses avec de petites cavités médullaires, ou bien des cavités agrandies remplies d'éléments cellulaires avec de minces lamelles.

Toutefois la constatation d'une production nouvelle de tissu osseux plus ou moins modifié ne suffit pas pour caractériser une tumeur ; car on peut rencontrer des productions de ce genre à la suite d'une action traumatique déterminée ou sous l'influence d'une cause infectieuse plus ou moins bien connue. Mais les productions d'origine inflammatoire cessent ordinairement de s'accroître après un certain temps. Tandis que, s'il s'agit de tumeurs proprement dites, elles doivent tendre constamment à s'accroitre, ainsi que le font toutes les tumeurs, et ce n'est que dans ce cas qu'on est en droit de leur donner cette qualification.

C'est ainsi que l'affection désignée sous le nom d' « ostéome musculaire des cavaliers » ou d' « os des cavaliers », n'est pas une tumeur ainsi que l'a démontré M. A. Berthier.

Nous n'avons jamais rencontré un ostéome sur un point unique, et nous croyons que ce cas doit être excessivement rare. Il nous semble qu'on doit surtout considérer comme des ostéomes, les néoproductions multiples, continues, développées spontanément et simultanément sur diverses parties du squelette et qui, du reste, sont rarement observées. Ces productions qui sont plutôt considérées par les auteurs comme inflammatoires, se distinguent des inflammations, par leur tendance à croître sans cesse, et elles offrent une certaine analogie au point de vue des localisations multiples sur le même tissu, avec les tumeurs bien caractérisées des divers tissus.

Il nous semble aussi que les productions osseuses multiples rencontrées dans les poumons doivent être considérées comme d'orgine néoplasique plutôt qu'inflammatoire.

Tels sont les cas rapportés par MM. Devic et Paviot où l'on voit les poumons remplis de néoproductions osseuses sous forme de lamelles très irrégulièrement disposées au sein d'un tissu fibroïde. C'est cette dernière circonstance qui fait en général incliner les auteurs pour une production inflammatoire. Mais, outre que les tumeurs plus ou moins malignes des os s'accompagnent aussi à des degrés divers de ces productions (probablement en raison de la constitution de l'os dont le périoste fibreux fait partie), il est à remarquer qu'il n'y a pas d'organe où les productions fibroïdes soient aussi fréquentes et abondantes que dans le poumon et où cependant les productions osseuses sont excessivement rares. En outre celles-ci ont les caractères sur lesquels nous venons d'insister c'est-à-dire la multiplicité partout où les néoproductions existent et la continuation de ces productions sans cause connue, comme au niveau de toutes les tumeurs. Il résulte enfin de la thèse récente de M. Lorenz que ces néoproductions osseuses ont été rencontrées parfois chez des tuberculeux; de telle sorte que, selon nous, c'est une raison de plus pour les faire rentrer dans la catégorie des néoplasmes bénins. (V. p. 554.)

Parmi les tumeurs bénignes des os, on doit surtout comprendre les *chondromes bénins*, décrits encore sous les noms d'*enchondromes* et de *périchondromes* qui ont toujours pour origine le tissu osseux. Ils sont parfaitement limités et encapsulés, à développement continu très lent. Au point de vue histologique, ces tumeurs sont constituées par des lobules de tissu cartilagineux agglomérés, dont la structure est analogue à celle du tissu normal, avec une substance fondamentale blanchâtre hyaline, dans laquelle se trouvent des éléments cellulaires avec leurs capsules sur les points les plus typiques, mais aussi sans capsules sur ceux où les cellules abondent, tandis que, sur les parties périphériques, le tissu tend à devenir fibroïde, les lobules étant limités par des travées fibreuses dans lesquelles se trouvent des vaisseaux.

Il va sans dire que les ecchondroses toujours très limitées et développées sur des cartilages au sein de foyers inflammatoires ne peuvent pas être considérées comme des tumeurs.

On trouve encore dans les auteurs la plus grande confusion sur la manière dont est interprétée la nature des *tumeurs malignes des os*. D'une part, celles-ci sont confondues avec les tumeurs cartilagineuses pour ce qui concerne les chondromes malins, dits chondrosarcomes et chondromes ostéoïdes, et, d'autre part, les diverses variétés de sarcomes des os qui sont le plus fréquemment rencontrées sont considérées comme étant de nature conjonctive et ne sont pas distinguées des tumeurs des autres tissus recevant la même dénomination.

Des tentatives ont cependant été faites depuis longtemps pour rattacher ces tumeurs aux éléments constituants de l'os et surtout à ceux de la moelle osseuse et du périoste. Ch. Robin a décrit depuis plus d'un demi-siècle les tumeurs à myéloplaxes et à médullocèles, suivant qu'elles étaient constituées par de grandes cellules à noyaux multiples ou par de petites cellules analogues à celles de la moelle des os. Paget a signalé aussi les tumeurs myéloïdes comme attribuables à des néoproductions de la moelle osseuse par opposition à celles qui paraissent se rapporter au périoste et se présentent plutôt sous l'aspect de cellules fusiformes ,fasciculées ou de tissu fibroïde (qu'il ne faut pas prendre pour des fibromes).

En réalité les tumeurs malignes du tissu osseux peuvent se présenter sous des aspects excessivement variés depuis les productions typiques osseuses et cartilagineuses jusqu'aux productions les plus atypiques, constituant ainsi des variétés nombreuses, dont les éléments, quel que soit leur aspect et leur disposition, se rapportent toujours à ceux qui entrent dans la constitution de l'os aux diverses phases de sa production, mais dans tous les cas, avec des déviations plus ou moins prononcées. Il suffit, comme pour les autres tissus, qu'une tumeur ait pris naissance dans un os pour quelle soit une tumeur du tissu osseux.

. Les tumeurs malignes des os sont assez rarement constituées par des éléments typiques. Cependant, on rencontre des tumeurs où l'on remarque, avec des productions cellulaires abondantes, des

formations cartilagineuses ou des lamelles d'osséine avec des corpuscules plus ou moins irréguliers et quelquefois simultanément
toutes ces productions qui sont parfaitement reconnaissables, quoiqu'elles diffèrent notablement des productions analogues normales.
La figure 208 se rapporte à une tumeur où l'on voit une néoproduction cartilagineuse très manifeste qui tend à s'incruster d'osséine et à se transformer en substance osseuse. La partie centrale
offre l'aspect d'une plaque de substance blanchâtre hyaline, au sein
de laquelle se trouvent de nombreuses cellules à protoplasma

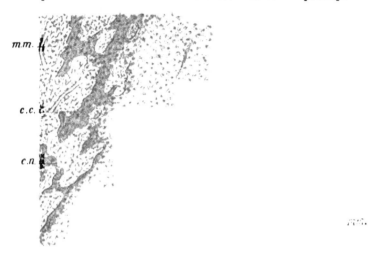

FIG. 208. — *Tumeur maligne de l'os* (chondro-sarcome ostéoïde).
c.n., cartilage de néoformation. — *c.c.*, cartilage calcifié. — *m.m.*, substance médullaire myxoïde
avec nombreux vaisseaux de nouvelle formation.

hyalin, indiquant un tissu cartilagineux plutôt atypique; puis,
sur les parties latérales, la même substance est infiltrée d'osséine,
mais avec des cellules encore identiques. Elle forme des lamelles
irrégulières entre lesquelles se trouve une plus ou moins grande
quantité de substance médullaire constituée par des cellules nombreuses à protoplasma hyalin. Enfin, au milieu de ces cellules se
trouvent de nombreux vaisseaux de nouvelle formation, ce qui
explique comment le tissu nouvellement formé, d'abord cartilagineux, a de la tendance à se transformer en tissu osseux plus ou
moins modifié.

Il est intéressant d'examiner par comparaison avec la figure précédente, la figure 209 où l'on voit au contraire une production intensive de substance cartilagineuse aux dépens de l'os qui tend à disparaître.

Un constate, en effet, que la substance médullaire est le siège d'une production intensive de jeunes cellules à protoplasma hyalin au sein d'une substance intermédiaire hyaline abondante d'aspect myxoïde, et qu'il existe en même temps de nombreux vaisseaux de nouvelle formation, comme dans tous les cas d'hyperplasie cellu-

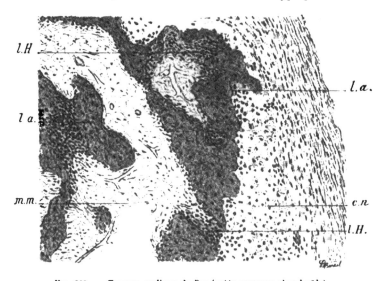

FIG. 209. — *Tumeur maligne de l'os* (ostéo-sarcome chondroïde).
c.n., cartilage de nouvelle formation. — *l.a.*, lamelles osseuses anciennes. — *l.H.*, lacunes de Howship. — *m.m.*, substance médullaire myxoïde.

laire intense. Celle-ci se manifeste surtout par l'accumulation de nombreuses petites cellules autour des lamelles osseuses qu'elles tendent à détruire en se substituant à elles. En effet, on peut constater les encoches produites dans les points où elles sont accumulées et même leur infiltration dans les corpuscules osseux sur les points amincis des lamelles.

Mais à la périphérie de l'os, sous le périoste épaissi, on voit se former un tissu cartilagineux plus ou moins modifié, aux dépens des jeunes éléments qui ont détruit les lamelles osseuses voisines. C'est pourquoi les tumeurs de ce genre ont pu être désignées sous le nom d'*ostéo-sarcome chondroïde*. On peut aussi les considérer comme

des *chondromes malins*, en raison de leur développement atypique
et parce que, lorsqu'ils ne sont plus limités par une membrane
d'enveloppe, ils offrent des caractères de malignité et jusqu'à des
phénomènes de généralisation.

Toutefois, les chondromes malins, c'est-à-dire qui ont de la tendance à prendre un plus rapide développement et surtout à se
généraliser, ont une constitution assez caractéristique dont la
figure 210 offre un spécimen. La substance fondamentale a bien
toujours le même caractère blanchâtre hyalin, qui frappe au pre-

Fio. 210. — *Chondrome malin.*

c.c., cellules cartilagineuses ayant encore leur capsule reconnaissable. — c.c.d., cellules avec leur
capsule en voie de disparition. — a.c., amas de cellules cartilagineuses. — l.o.d., lamelles osseuses
en voie de destruction. — p.e., périoste épaissi.

mier abord et indique de suite la nature de la néoproduction. Ce
qui est surtout particulier à cette variété de chondrome, c'est la
production abondante de cellules disposées en petits amas semblant
correspondre d'abord aux espaces occupés par les capsules et qui
sont ensuite disséminées irrégulièrement en grande quantité dans
la substance intermédiaire. Enfin les vaisseaux sont nombreux et
volumineux.

On peut rencontrer des productions osseuses typiques d'emblée
qui offrent cependant la plus grande gravité, tout comme les adénomes destructifs.

La figure 211 se rapporte à un *sarcome ostéoïde* récidivé dans le moignon d'amputation, après l'ablation (faite par Ollier), de la tumeur primitive, qui avait pour siège la partie inférieure du fémur.

La tumeur perçue sous la peau, à l'extrémité du moignon, était volumineuse et résistante. Elle donnait à la pression une sensation de crépitation due au brisement facile des fines lamelles osseuses dont elle était constituée. Celles-ci, comme on le voit, sont, en effet, très minces et parallèlement disposées au sein d'éléments cellulaires qui abondent dans leurs intervalles remplis par un exsudat liquide.

FIG. 211. — *Tumeur maligne de l'os à néoproductions typiques* (noyau récidivé sur place).

l.o.n., lamelles osseuses néoformées. — *n.c.i.,* néoproduction cellulaire intermédiaire.

Les différences de structure du tissu osseux de nouvelle formation par rapport au tissu normal, sont surtout faciles à apprécier au niveau d'une vertèbre où se trouvait un noyau de généralisation de cette tumeur (fig. 212).

En effet, à côté des lamelles bien caractérisées de tissu sain, encore persistantes avec leur disposition habituelle et leurs corpuscules osseux nettement appréciables, on voit les fines lamelles de nouvelle formation, semblables à celles de la tumeur du moignon, dont les éléments cellulaires sont peu ou pas appréciables et se confondent avec les petites cellules rondes répandues en grande quantité entre elles.

Là, encore, les nouveaux éléments qui constituent la tumeur, notamment les nouvelles lamelles osseuses quoique très grêles et plus ou moins défectueuses, se substituent graduellement aux lamelles normales et parfois densifiées qui devraient être cependant beaucoup plus résistantes. Mais celles-ci cèdent la place tout d'abord aux jeunes éléments cellulaires produits en grand nombre dans la substance médullaire. On voit ces derniers s'accumuler sur les contours des lamelles, qu'ils paraissent entamer, en donnant lieu aux échancrures ou lacunes d'Howship, lesquelles se produisent dans

l. a —

l a —

c c v —

Fig. 212. — *Tumeur maligne de l'os à néoproductions typiques*
(noyau vertébral de généralisation).

c.c.v., cartilage du corps vétébral. — *l.a.*, lamelles osseuses anciennes. — *l.n.*. lamelles osseuses néoformées.

les tumeurs des os aussi bien que dans leur inflammation destructive. Ce sont, en somme, les jeunes éléments nouvellement produits qui se substituent au tissu ancien de l'os et des parties voisines, et constituent ensuite un tissu osseux plus ou moins défectueux, d'où résulte la tumeur dite « sarcome ostéoïde ».

Si certaines tumeurs se présentent parfois avec de grandes cellules dites à myéloplaxes ou avec de petites cellules analogues à celles de la moelle osseuse, bien plus souvent on les trouve constituées par des éléments tout à fait atypiques. Il est certain que, dans tous les cas, quels que soient le volume et la disposition des cellules, leur forme, etc., ce sont des cellules de l'os produites anormalement et prenant des dispositions variables suivant des circonstances nombreuses qui, comme pour la plupart des tumeurs, n'ont pas encore été exactement déterminées.

Toujours est-il qu'on rencontre assez fréquemment des tumeurs d'origine osseuse, formées par des cellules plus ou moins volumineuses constituant des *ostéosarcomes* à grosses ou à petites cellules qui peuvent être arrondies ou de formes diverses par pression

c.r.m.

n.i

l o d.

Fig. 213. — *Tumeur atypique de l'os* (ostéosarcome.)
l.o.d., lamelles osseuses en voie de destruction. — *n.f.*, néoproduction fasciculée. — *c.n.m.*, cellules
à noyaux multiples. — *l.H.*, lacune de Howship. — *v.* vaisseau.

réciproque. Elles ont pris le plus souvent l'aspect fusiforme, et sont disposées en faisceaux irréguliers assez volumineux; de telle sorte que, sur les préparations, on voit des couches de grosses cellules fusiformes alternant avec d'autres couches d'éléments qui paraissent moins allongés ou même aplatis, et qui correspondent aux mêmes cellules coupées transversalement. Au milieu de ces productions se voient habituellement de gros vaisseaux dont les parois formées récemment sont constituées par des cellules de même aspect. Les tumeurs qui se présentent ainsi sont assez caractéristiques, surtout lorsqu'on peut avoir l'assurance que l'os est affecté.

ANAT. TRIPIER. 53

Bien souvent aussi les cellules sont plus petites et forment des faisceaux analogues à ceux des tissus fibreux et musculaire, voire même nerveux, au point que si l'on n'avait aucune indication précise sur le siège de la tumeur, on pourrait être très embarrassé pour en déterminer l'origine, d'autant que les néoproductions se développent principalement en dehors de l'os et que l'examen porte le plus souvent sur ces parties plus ou moins éloignées du tissu d'origine.

Mais lorsqu'on peut examiner une préparation d'un fragment pris au niveau de l'os altéré, les néoformations se manifestent d'une manière tout à fait caractéristique, au moins sur les points où se trouvent encore des lamelles osseuses en voie de disparition. Celles-ci se présentent alors, comme on peut le constater sur la figure 213, sous l'aspect de petites lamelles de forme plus ou moins irrégulière, qui paraissent très minces et sont manifestement en voie de destruction, d'où leur volume variable jusqu'au point où l'on en découvre à peine la trace, pendant qu'à la périphérie elles font défaut.

On remarquera que les néoproductions entourent les lamelles dont le bord paraît souvent limité par une rangée de cellules ayant une disposition qui rappelle celle d'un épithélium de revêtement, mais dont l'action est toute contraire, puisque ces cellules ont évidemment une action destructive, qu'elles se substituent graduellement à l'os, à sa périphérie, en s'accumulant surtout au niveau des encoches de Howship et que, de plus, les corpuscules osseux de ces lamelles arrivent à être aussi graduellement envahis, de la périphérie au centre, par les nouvelles cellules qui les remplissent complètement sur les derniers vestiges lamellaires que représente cette figure. Ainsi, sur la même préparation, on pouvait constater toutes les transitions de l'altération des lamelles osseuses par substitution des nouveaux éléments qui, en dernier lieu, ne se présentent plus que sous la forme fasciculée sans aucune trace de lamelles. C'est, du reste, sous ce dernier aspect que les tumeurs de ce genre apparaissent le plus souvent lorsque le fragment examiné a été prélevé loin de l'os.

Si les tumeurs qui offrent l'aspect des tumeurs fibreuses paraissent se rapporter plutôt à celles qui ont pour origine la région périostique, il faut remarquer qu'une tumeur de même aspect peut également avoir pris naissance au niveau de la substance médullaire, tout au moins autant qu'il est permis de le supposer avec des données cliniques en général plus ou moins incertaines dans ces cas.

D'autre part, on peut dire que les petites tumeurs, très molles et parfois diffluentes (au point de donner lieu à des pseudo-kystes), constituées par de petites cellules à protoplasma assez abondant et très clair, semblent avoir plutôt pour origine la substance médullaire, d'autant qu'elles sont plus fréquentes sur des os riches en substance médullaire. La figure 214 se rapporte à une tumeur de ce genre développée sur un maxillaire. On y trouve des néoproductions d'aspect très manifestement myxoïde, au niveau de la

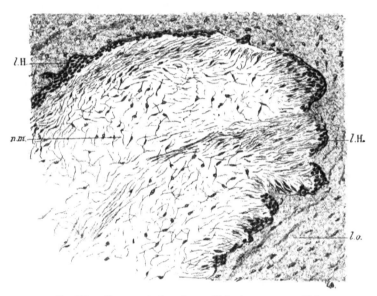

Fig. 214. — *Tumeur atypique du maxillaire* (sarcome myxoïde).
l.o., lamelles osseuses. — *n.m.*, néoproduction myxoïde intramédullaire. — *l.H.*, lacunes de Howship.

substance médullaire, et qui, malgré leur faible consistance apparente, détruisent les lamelles osseuses à la périphérie.

On rencontre encore des tumeurs avec de nombreuses cellules rondes, pouvant ou non devenir fusiformes sur certains points, et naturellement avec une charpente fibreuse, dont l'origine ne saurait être rapportée à telle ou telle partie de l'os et où même l'origine osseuse serait impossible à établir sans les renseignements cliniques ou au moins l'examen de la pièce macroscopique.

Le plus souvent il existe une lésion destructive de l'os plus ou moins accusée. Parfois elle est d'abord limitée à l'os et assez importante pour donner lieu à une fracture dite spontanée.

Rarement les lésions restent uniquement osseuses, même sur la colonne vertébrale et, en général, elles s'étendent au delà des surfaces osseuses en envahissant et détruisant les parties molles voisines. Or, quels que soient le volume des néoproductions et les tissus détruits par une tumeur des membres, du moment où l'on a constaté des lésions destructives de l'os et même seulement une atteinte manifeste du périoste, on peut être à peu près certain qu'il s'agit d'une tumeur du tissu osseux; car il ne semble pas que les tumeurs des tissus voisins aient de la tendance à produire cet effet. Il faut naturellement en excepter les cas bien faciles à reconnaître d'épithéliome cutané ou muqueux envahissant toutes les parties molles et même l'os, avec ou sans trajet fistuleux.

Mais ce sont surtout les os voisins de la peau ou d'une muqueuse et de glandes, comme ceux du crâne et notamment ceux de la face, qui sont le plus souvent envahis secondairement, et quelquefois avec des productions qui peuvent laisser des doutes sur l'origine réelle de la tumeur. Dans tous les cas, on ne saurait admettre à l'exemple de quelques auteurs un épithéliome de l'os; toute production manifestement épithéliale ne pouvant provenir que d'un tissu épithélial ou glandulaire et non du tissu osseux qui, dans ces cas, est certainement atteint secondairement.

CONSTITUTION DES TUMEURS DU TISSU MUSCULAIRE

Ainsi que nous l'avons indiqué dans la classification des tumeurs, il faut étudier séparément les tumeurs du tissu musculaire suivant qu'elles se sont développées dans un tissu à fibres lisses ou striées; car la constitution des tumeurs qui ont pris naissance dans chacun de ces tissus est totalement différente comme, du reste, celle de leur tissu d'origine.

A. Constitution des tumeurs du tissu musculaire à fibres lisses.

Ce sont ces tumeurs qui sont le plus souvent désignées sous le nom de *myomes* ou de *léioyomes*, et que l'on observe surtout comme tumeurs bénignes, mais parfois aussi avec des caractères de malignité.

Nous envisagerons d'abord les *tumeurs bénignes* que l'on rencontre si fréquemment, principalement au niveau de l'utérus et dans son voisinage, en raison des productions abondantes du tissu musculaire dans cette région et des modifications naturelles dont il est le siège, qui le prédisposent probablement aux atteintes pathologiques que l'on observe si souvent. Mais on peut aussi rencontrer quelquefois des myomes dont l'origine se trouve dans la peau des différentes régions du corps, dans la prostate et les parois vésicales, dans celles du tube digestif, etc., où ils ne constituent que des néoproductions assez restreintes et en général du volume d'un pois ou d'une noisette; tandis qu'au niveau de l'utérus, on observe communément des tumeurs uniques ou multiples, dont le volume peut varier depuis celui d'une tête d'épingle jusqu'à celui d'une masse capable de remplir non seulement la cavité pelvienne, mais encore la plus grande partie de l'abdomen.

Ces tumeurs de forme plus ou moins arrondie sont en général assez bien limitées, sauf sur les points où elles se continuent avec le tissu qui leur a donné naissance. Elles présentent sur les coupes une surface ordinairement blanchâtre ou rosée, très résistante et qui n'est pas tout à fait plane, par suite de légères saillies irrégulières, comme si ce tissu était constitué par des faisceaux fibreux disposés en amas arrondis, légèrement saillants et intimement reliés les uns aux autres, de manière à offrir la grossière apparence d'un tissu fibroïde très dense; d'où la dénomination de fibrome, attribuée autrefois à ces tumeurs, et encore celle de tumeur fibreuse ou de fibro-myome, qui doit être absolument rejetée, puisqu'il s'agit de la néoproduction, non de tissu fibreux, mais de tissu musculaire.

Ces tumeurs peuvent cependant présenter, lorsqu'elles prennent un développement considérable et rapide, une consistance plus molle avec une coloration grisâtre et un aspect myxoïde ou gélatiniforme. Parfois même, ces parties s'effondrent en donnant lieu aux *géodes* de Cruveilhier, d'apparence kystique.

Les auteurs font bien remarquer qu'il ne s'agit pas de kystes, mais ils ont de la tendance à considérer les parties d'aspect gélatiniforme comme des portions de la tumeur en dégénérescence. Or, nous verrons qu'il s'agit le plus souvent dans ces cas d'une phase de développement plus considérable et rapide de la tumeur.

Les vaisseaux sont peu visibles et assez rares dans les tumeurs denses et à développement lent, surtout lorsqu'elles sont de petit volume (au point que cet état du tissu de nouvelle formation contraste avec le tissu normal voisin). Ils sont au contraire plus ou moins nombreux et volumineux dans les tumeurs à développement considérable, surtout dans les portions ayant une faible consistance, jusqu'au point de mériter le nom de myomes télangiectasiques. On peut cependant observer sur des tumeurs volumineuses, mais plutôt sur de petites tumeurs, des phénomènes de dégénérescence véritable et d'inscrustation calcaire, beaucoup plus rarement de nécrose localisée.

Les myomes qui sont si souvent multiples sur le même organe ou répartis dans plusieurs organes sur le même tissu, restent ordinairement à l'état de tumeurs bénignes, même dans l'utérus. Cependant, lorsqu'ils arrivent à prendre un grand développement dans cet organe ou à sa périphérie, ils peuvent causer des accidents graves par la compression qu'ils exercent sur les organes voisins, notamment sur certaines portions de l'intestin, mais surtout sur les uretères. Ils peuvent aussi, lorsqu'ils sont interstitiels et intra-utérins, donner lieu à des hémorragies graves.

C'est ainsi que des tumeurs bénignes par leur nature et leur constitution peuvent cependant mettre la vie des malades en danger.

Tous les myomes, quel que soit l'aspect sous lequel ils se présentent, sont constitués par des éléments du tissu musculaire à fibres lisses, dont la structure n'est jamais tout à fait semblable à celle du tissu normal, mais offre avec elle la plus grande analogie dans l'immense majorité des cas, pour s'en éloigner de plus en plus, à mesure que les nouvelles formations deviennent plus abondantes et plus rapides, comme on peut s'en rendre compte par l'examen des préparations se rapportant aux myomes observés dans ces diverses conditions.

La figure 215 représente un petit myome interstitiel de l'utérus, où l'on peut bien comparer les fibres qui le constituent à celles de la paroi utérine. Celles-ci sont d'une coloration rouge orangé sous l'influence du picro-carmin et relativement volumineuses par rapport à celles nouvellement produites qui sont fines, déliées et forment des tourbillons entrelacés irrégulièrement, plus nombreux et plus petits, de coloration plus franchement rouge au sein d'une substance intermédiaire un peu plus abondante et plus blanche. Par contre, ce tissu de nouvelle formation est peu riche en vaisseaux, tandis que l'on voit dans le tissu normal ses gros vaisseaux qui suffisent à le distinguer immédiatement.

Les myomes bénins développés sur les régions où le tissu musculaire lisse est peu abondant, comme dans la peau, dans la paroi stomacale ou intestinale, ressemblent, par leur constitution, au petit myome de la figure précédente. Leurs fibres se continuent naturellement avec celles du tissu où ils ont pris naissance, comme on peut bien le voir sur les confins de la tumeur.

Cependant les fibres des myomes et notamment des myomes utérins qui ont pris un certain développement peuvent être plus volumineuses et former des inflexions, ainsi que des tourbillons à plus grand rayon; mais on remarque toujours la disposition très irrégulière des fibres musculaires nouvellement produites, qui

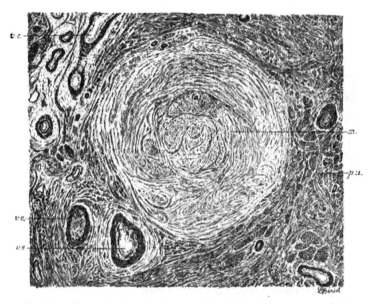

Fig. 215. — *Tumeur typique du tissu musculaire à fibres lisses* (myome utérin).

p.u., paroi utérine avec ses fibres musculaires entre-croisées très denses où se trouvent de gros vaisseaux. — v.e., vaisseaux avec endartérite. — m, myome dont les fibres sont plus déliées et dont la substance intermédiaire est plus apparente.

tendent constamment à former des amas arrondis plus ou moins volumineux où les faisceaux de fibres sont enchevêtrés irrégulièrement. Toutefois, les fibres de la périphérie paraissent en général plus volumineuses et plus longues que celles du centre, et les fibres qui passent d'un amas à l'autre en les reliant, offrent les dispositions les plus variables.

Les faisceaux coupés obliquement ou perpendiculairement présentent alors des fibres qui peuvent donner l'aspect de cellules fusiformes ou rondes avec lesquelles il ne faut pas les confondre.

Ce sont les transitions entre ces divers états suivant les conditions dans lesquelles les faisceaux ont été coupés qui permettent de se rendre un compte exact de ce que l'on voit et d'arriver à une interprétation juste, sans admettre la présence de cellules d'une autre nature, qui n'existent pas.

En effet, en dissociant un myome à l'état frais, la préparation reproduite par la figure 216 montre bien qu'il ne renferme que des fibres musculaires fusiformes de volume variable, au sein d'une substance hyaline qui se confond en général avec le protoplasma cellulaire. Cette substance n'est guère appréciable dans les myomes

Fig. 216. — *Myome utérin.* (Dissociation à l'état frais.)

m.c., masses cellulaires. — *c.m.*, cellules musculaires.

complétement développés, mais on la trouve en plus ou moins grande quantité sur les points où le myome est en voie d'accroissement et où les fibres commencent à se former.

C'est ainsi que sur la figure 217 on voit à côté des fibres formant des faisceaux bien caractérisés des espaces d'aspect blanchâtre où les fibres commencent à se développer en formant une agglomération de plusieurs faisceaux de fibres à cellules relativement courtes, mais très manifestement de nature musculaire. Il y a sur les parties voisines d'autres amas plus petits où les fibres musculaires sont encore assez nettement caractérisées, et enfin ceux où les éléments cellulaires ne sont même plus tous nettement fusiformes; mais on saisit bien les transitions qui existent entre ces

amas les mieux caractérisés jusqu'à ceux qui se trouvent au début
de leur développement. On a ainsi une indication bien évidente
sur le mode de formation et de constitution des faisceaux musculaires au sein d'une substance blanchâtre hyaline plus ou moins
abondante et notamment autour des vaisseaux qu'elle renferme où
l'on constate manifestement les premières formations.

Bien plus, on peut voir sur la même préparation une partie de la
substance fondamentale qui offre plutôt l'aspect myxoïde et où se

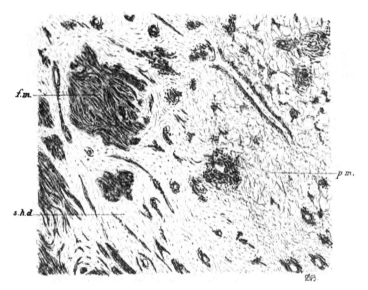

FIG. 217. — *Myome utérin en voie de néoproductions intensives.*

f.m., faisceaux de fibres musculaires lisses. — *s.h.d.*, substance hyaline dense intermédiaire. —
p.m., portion myxoïde, avec de nombreux vaisseaux autour desquels commencent à se grouper les
fibres musculaires.

trouvent, surtout autour des vaisseaux qui sont plus nombreux, des
éléments à un moindre degré de développement.

La figure 218 se rapporte uniquement à une portion gélatiniforme ou myxoïde d'un myome à grand développement, qui
fournit une démonstration non moins positive de la nature musculaire de ce tissu. La substance fondamentale semble liquide,
incolore, hyaline, légèrement granuleuse ou fibrillaire. On y trouve
de nombreux vaisseaux autour desquels sont groupées de petites
cellules sans caractères particuliers ou semblables à celles qui sont
répandues irrégulièrement dans le stroma. Ces cellules sont arron-

dies ou bien un peu allongées avec un ou plusieurs prolongements. Leur noyau est assez volumineux et leur protoplasma très clair apparaît sur certaines cellules comme légèrement granuleux, mais il est le plus souvent confondu avec la substance intermédiaire.

Puis l'on voit, çà et là, les groupements cellulaires prendre les caractères propres aux faisceaux de cellules musculaires. On en trouve certainement qui, isolés, ne seraient pas assez caractérisés pour qu'on pût être certain de leur nature, alors cependant que celle-ci n'est pas douteuse lorsqu'on peut les examiner à côté

Fig. 218. — *Myome utérin à grand développement au debut des néoformations.*

s.m., substance myxoïde riche en vaisseaux constituant la substance fondamentale prédominante. — f.m., fibres musculaires lisses en voie de formation et de constitution en faisceaux. — a.m.r., amas de fibres musculaires périvasculaires au début de leur développement. — v., vaisseaux.

d'autres amas qui donnent toute certitude à cette interprétation, et qu'on peut ainsi passer insensiblement du groupe le moins bien caractérisé à celui qui l'est le plus et où les cellules se sont substituées peu à peu à la substance intermédiaire myxoïde.

MM. Bérard et Paviot ont reconnu, comme nous, que cet état des myomes attribué, en général, à des phénomènes de dégénérescence, est au contraire un indice de leur tendance à un accroissement rapide; car l'examen sans prévention des préparations qui s'y rapportent ne laisse aucun doute sur la nature musculaire de ce tissu malgré son aspect myxoïde.

Si, à l'exemple de certains auteurs, cet aspect suffisait pour en faire un myxome, c'est-à-dire une « tumeur de tissu muqueux », il faudrait supposer d'abord la production hétérotopique de ce tissu auquel se substituerait ensuite le tissu musculaire; ce qui serait quelque chose de fantastique. En tout cas, ce serait admettre un mode de production tissulaire absolument contre nature; tandis qu'on voit parfaitement de jeunes éléments à tous les degrés de transformation en fibres musculaires, seulement dans un stroma qui varie avec son degré de vascularisation, la rapidité et l'intensité de sa production, lesquelles ne sauraient rien changer à la nature du tissu.

Cette transformation d'un tissu d'aspect myxoïde pour aboutir au tissu musculaire, montre bien l'interprétation qu'il faut donner à ce même aspect myxoïde qu'il est possible de rencontrer dans les néoproductions de tous les tissus, et doit faire rejeter absolument l'hypothèse des auteurs qui s'imaginent avoir affaire dans ces cas à un tissu muqueux proprement dit.

Il est vrai que ces auteurs, tout en se défendant de considérer les myomes comme des tumeurs fibreuses véritables, ont accoutumé d'y voir en partie du tissu fibreux, au point de leur donner le nom de fibro-myomes. Et dès lors, ils trouvent naturelle la présence d'un tissu muqueux considéré comme tissu embryonnaire.

Nous avons souvent refuté cette hypothèse consistant à admettre la présence d'un tissu embryonnaire dans un organisme formé, et même au sein des tissus fibreux pour n'avoir pas à y revenir. Mais, comme nous l'avons dit également, on ne saurait admettre la présence d'un tissu fibreux dans ces néoproductions où l'on ne découvre que des cellules musculaires au sein d'une substance hyaline de consistance variable. Celle-ci appartient bien au tissu musculaire en raison du caractère des cellules qui s'y trouvent, mais elle ne remplit qu'un rôle en quelque sorte secondaire, en constituant seulement le stroma où se développeront les fibres musculaires jusqu'au point où ces dernières deviendront presque seules appréciables. Dans ces conditions, il semble bien difficile d'admettre autre chose que la production d'un même tissu à ces divers degrés de développement, qui suffit à tout expliquer, sans recourir à des hypothèses invraisemblables de formation de tissu embryonnaire ou de changement de tissus.

La présence des jeunes cellules ne doit pas non plus faire admettre l'existence d'une tumeur d'une autre nature sous le nom de « sarcome » et précisément à cette occasion, MM. Bérard et

Paviot ont soutenu avec raison que « le sarcome n'est pas une entité histologiquement ».

Pour notre part, nous ne saurions y voir autre chose que, comme partout ailleurs, les jeunes éléments dits conjonctifs, mais qui sont de même nature que ceux des tissus où ils se trouvent et qui vont former, comme cela paraît évident, les cellules musculaires qu'on peut observer, à partir des plus jeunes cellules, aux divers degrés de leur développement. Ce que l'on constate en pareille circonstance, peut même servir à la démonstration du rôle des éléments conjonctifs, tel que nous le comprenons.

Lorsque les myomes prennent ainsi un développement rapide, favorisé quelquefois par une grossesse récente, ils causent souvent des désordres locaux plus ou moins graves. Cependant, ce n'est que lorsqu'ils récidivent après leur ablation ou qu'ils envahissent d'autres organes rapprochés ou éloignés qu'ils sont véritablement considérés comme des tumeurs malignes, puisqu'ils se comportent alors comme elles.

Parmi les tumeurs malignes des tissus non épithéliaux, celles du tissu musculaire à fibres lisses qui se rencontrent, du reste, assez rarement, sont considérées comme étant constituées par des éléments typiques, c'est-à-dire par des fibres-cellules bien développées.

Il résulte cependant des examens que nous avons pu faire de plusieurs de ces tumeurs que, si, sur certaines portions, de formation plus ou moins ancienne, on trouve effectivement une structure qui se rapproche de celle des tumeurs à lent développement (laquelle diffère déjà de celle du tissu normal), les caractères des cellules sont encore plus différents sur les parties de formation récente à développement rapide, ainsi que sur les points plus rares de récidive ou de généralisation. On trouve bien, il est vrai, des cellules fusiformes disposées en faisceaux irrégulièrement entre-croisés, mais ces éléments ont des dimensions beaucoup plus restreintes et plus uniformes, et, comme nous l'avons précédemment indiqué, on peut même rencontrer sur les parties en voie d'accroissement rapide des cellules rondes disséminées au milieu d'un stroma abondant. Ce n'est pas, cependant, une raison pour faire de ces dernières productions, des sarcomes à cellules rondes ou fasciculées de nature quelconque, à l'exemple de la plupart des auteurs, parce que, en examinant les divers points de formation de pareilles tumeurs, on peut constater toutes les transitions de structure correspondant aux phases successives de leur développement.

Il n'est pas plus rationnel de vouloir faire de ces tumeurs des productions différentes de celles du tissu musculaire, que de considérer un épithéliome à cellules atypiques et un carcinome, comme des tumeurs ne se rapportant pas au tissu épithélial ou glandulaire où elles ont pris naissance. Ce qui se passe dans ces cas pour le tissu musculaire peut même servir à la démonstration que la nature des tumeurs à cellules métatypiques ou atypiques, pour ce qui concerne les tissus non épithéliaux, ne doit pas faire exception à ce qui est admis pour les tissus épithéliaux. Donc, toutes ces tumeurs de n'importe quel tissu, aussi bien que celles du tissu musculaire lisse, quels que soient les caractères sarcomateux de leurs cellules, appartiennent en réalité au tissu propre où elles ont pris naissance.

Ce que nous venons de dire au sujet de certaines tumeurs de l'utérus est applicable à des tumeurs de même nature qui se sont développées bien manifestement sur un autre organe où le tissu musculaire se trouve en assez grande abondance, parce que dans ces divers cas, on ne peut avoir le moindre doute sur l'origine de la tumeur, dont on a pu suivre l'évolution dans toutes ses phases, depuis le tissu normal, jusque dans les points d'extension rapide ou de généralisation.

Mais il n'en est pas de même lorsque la tumeur s'est développée sur un organe, comme la peau, où les éléments musculaires se trouvent en petite quantité, au milieu d'un tissu fibreux abondant, et qu'on ignore le point exact d'origine de la tumeur; d'autant que le tissu fibreux donne souvent naissance à des néoplasmes qui offrent la plus grande analogie avec ceux du tissu musculaire à développement rapide. Tout au plus peut-on avoir quelques présomptions en faveur d'une tumeur de nature musculaire lorsqu'elle a pris naissance superficiellement et qu'elle a commencé à se développer très lentement. Mais si la tumeur paraît avoir débuté dans les parties profondes de la peau et si elle a évolué assez rapidement en gagnant les parties plus profondément situées, comme les masses musculaires sous-jacentes, on doit plutôt conclure à une tumeur d'origine fibreuse, quand bien même l'aspect fasciculé de la tumeur rappelle celui du tissu musculaire lisse, parce que ces deux tissus qui offrent, du reste, une grande analogie, peuvent, dans leurs productions anormales, prendre un aspect identique, tout au moins tel, qu'on ne peut distinguer, pour le moment, si certaines préparations appartiennent à l'un où à l'autre tissu, soit par la forme, le volume et la disposition des cellules, soit par leur coloration sous l'influence des substances tinctoriales et l'effet des réactifs chimiques.

B. Constitution des tumeurs du tissu musculaire à fibres striées.

La constitution des tumeurs du tissu musculaire strié n'est jamais typique en raison de la structure compliquée de ce tissu, qui ne peut être reproduite après sa destruction et qui nécessite vraisemblablement le passage préalable par l'état embryonnaire. C'est pourquoi, sans doute, il n'existe pas de tumeur bénigne de ce tissu. Lorsqu'on trouve d'une manière certaine des fibres musculaires striées dans une tumeur sans qu'on puisse les rapporter au tissu normal où siège la tumeur, c'est qu'on a affaire à une malformation congénitale qui, comme nous l'avons vu précédemment, peut devenir le siège de néoproductions.

Les tumeurs du tissu musculaire strié, désignées, si l'on veut, sous le nom de *rabdomyomes*, sont donc toutes atypiques et malignes.

Elles sont encore bien plus difficiles à distinguer des tumeurs fibreuses que celles du tissu musculaire à fibres lisses, parce que les conditions dans lesquelles les tumeurs se produisent, favorisent la production concomitante d'une plus ou moins grande quantité d'éléments cellulaires à caractères indéterminés ; et que, lorsqu'on trouve des faisceaux musculaires en voie de disparition au milieu de nombreuses cellules ou de grandes nappes fibroïdes, il est à peu près impossible de dire si l'affection a débuté par le tissu musculaire pour donner lieu à ces productions ou si ces dernières, provenant d'une hyperplasie du tissu fibreux, entraînent la destruction des fibres musculaires.

En général, lorsque les muscles sont envahis par une tumeur quelconque, leurs fibres disparaissent par une diminution graduelle de volume, en gardant leur striation manifeste presque jusqu'au dernier vestige, au sein des néoproductions qui les environnent. C'est ce qu'on peut voir, notamment, sur certaines tumeurs du tissu fibreux, ayant envahi secondairement des muscles.

Au contraire, il est à présumer qu'il s'agit de tumeurs primitives du muscle, dans les cas où l'on peut constater que les faisceaux commencent à être le siège d'une plus grande quantité de noyaux qui se substituent graduellement à la substance striée dont ils prennent la place. Il en résulte que les noyaux sont de plus en plus nombreux dans les fibres, jusqu'au point où celles-ci sont remplacées par des amas de substance protoplasmique remplis de noyaux que l'on trouve aussi disséminés dans un stroma plus ou moins abondant ayant. les apparences d'un tissu scléreux ou fibroïde.

Malgré la présence de ce dernier tissu en plus ou moins grande quantité, il y a toutes probabilités pour que l'on ait affaire à une tumeur primitive du tissu musculaire, en raison des modifications particulières observées au niveau des faisceaux musculaires qui sont en premier lieu le siège d'une hyperplasie, laquelle ne peut se manifester que par les éléments du myolemme et d'où résultent, d'une part, les productions protoplasmiques et nucléaires substituées aux faisceaux musculaires, d'autre part l'hyperplasie concomitante du tissu fibreux interstitiel. Il arrive même qu'au sein des néoproductions abondantes on trouve encore des traînées d'amas nucléaires remplaçant les fibres musculaires, et qui sont assez caractéristiques des tumeurs du muscle strié, tandis que dans son envahissement secondaire, ce sont plutôt des amas ou traînées de substance hyaline que l'on rencontre.

Mais lorsque les productions atypiques sont très intenses et envahissent rapidement tout le tissu à la place duquel elles se substituent indistinctement, il devient à peu près impossible de spécifier quelle est leur origine précise.

L'étude des tumeurs des muscles striés est encore très imparfaite et devrait être reprise avec des indications cliniques aussi précises que possible sur leur lieu d'origine.

—

CONSTITUTION DES TUMEURS DU TISSU NERVEUX

Nous avons vu que les tumeurs du tissu nerveux central étaient constituées par des éléments analogues à ceux du tissu normal avec lesquels ils se confondent insensiblement. Toutefois, les cellules prennent rapidement le caractère atypique, même celles de la névroglie qui deviennent dominantes comme les cellules dites conjonctives modifiées anormalement dans les tumeurs des autres tissus. Elles sont particulièrement remarquables par la nature hyaline et l'abondance de leur protoplasma ainsi que de la substance intermédiaire; d'où résulte l'aspect de ces tumeurs analogue à celui de la glu. Leur vascularisation est en général très prononcée, et les parois des plus jeunes vaisseaux sont manifestement constituées par des cellules de même nature que celles des néoproductions.

On remarquera que si, le plus souvent, les cellules se présentent
ous l'aspect fusiforme avec des prolongements plus ou moins
grêles et longs, cela tient à la grande abondance des cellules à
protoplasma de faible consistance, et à ce qu'elles sont tassées les
unes contre les autres, au-dessous de la substance cérébrale normale, ainsi qu'on peut le
voir sur la figure 219. En
devenant un peu moins
pressées un peu plus bas,
probablement par l'infil-
tration du stroma liquide
plus abondant elles don-
nent l'apparence d'un
tissu feutré. Lorsque les
cellules sont en partie
dissociées, elles laissent
apercevoir nettement le
mode de constitution du
tissu pathologique par
une substance incolore
et fluide où se trouvent
ces cellules dont les prolongements sont enche-
vêtrés. Ce tissu renferme
aussi çà et là, suivant
les cas, d'autres cellules
arrondies, pyriformes ou
polygonales, irrégulières,
principalement lorsque
les cellules sont volumi-
neuses. Du reste, on peut
bien se rendre compte de
la disposition irrégulière
et très variable des cel-
lules de nouvelle produc-
tion en examinant un
point caractéristique de

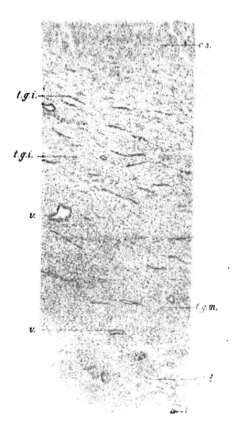

FIG. 219. — *Tumeur atypique du cerveau. Gliome*
(ensemble à un faible grossissement).

c.s., cortex sain. — *t.g.i.*, transformation gliomateuse insensible. — *t.g.m.*, transformation gliomateuse manifeste. —
e.g.d., éléments gliomateux dissociés. — *v.*, vaisseaux.

la figure précédente à un fort grossissement (fig. 220).

Il arrive assez souvent encore que, sur certains points, les grosses
cellules fusiformes même sont rangées en faisceaux entre-croisés.
Mais cette disposition se rencontre principalement avec des cellules

de moyen volume, et peut quelquefois donner tout à fait l'apparence des tumeurs désignées sous le nom de sarcome fasciculé se rapportant à des tumeurs des tissus musculaire lisse, fibreux ou osseux. La figure 221 représente un gliome avec cette disposition au niveau de la couche corticale d'un hémisphère cérébral, et où l'on peut voir la transformation néoplasique de cette couche et des méninges restées en place, par les cellules disposées en faisceaux entrecroisés.

D'autres fois, les cellules sont encore plus petites et il semble que ce sont des noyaux auxquelles se trouvent appendus deux prolon-

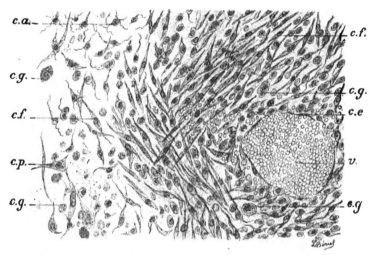

Fig. 220. — *Gliome du cerveau* (formations exubérantes et récentes à un fort grossissement).

v., vaisseau. — *c.e.*, cellules de l'endothélium. — *c.f.*, cellules fusiformes. — *c.p.*, cellules pyramidales. — *c.a.*, cellules en araignée. — *c.g.*, cellules surchargées de granulations graisseuses.

gements filiformes, de telle sorte que, placées les unes à côté des autres, ces cellules paraissent avoir des prolongements plus nombreux, ressemblant aux pattes et au corps de certaines araignées, d'où le nom assez impropre de cellules en araignée; car ces cellules n'ont que deux prolongements, comme on peut le voir sur les cellules isolées et notamment par la dissociation des cellules à l'état frais. C'est aussi le meilleur moyen de se rendre compte de l'état de leur protoplasma, tandis que, après le durcissement, la rétraction le réduit parfois à l'épaisseur d'un fil.

Enfin les cellules peuvent être en grande partie rondes, avec la

disposition fusiforme ou polygonale seulement sur les points où
elles sont pressées réciproquement. Ce sont principalement les
cellules les plus grosses ou les plus petites qui se présentent ainsi.
Mais tandis que les grosses cellules offrent un protoplasma plutôt
granulo-graisseux, celui des petites cellules est hyalin, incolore,
seulement bien appréciable sur les préparations fraîches par dissociation. Non seulement il peut disparaître par la rétraction sous
l'influence de l'alcool, mais il arrive encore, lorsqu'il est plus

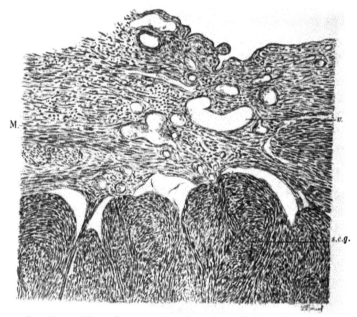

Fio. 221. — *Gliome du cerveau à néoformations cellulaires fasciculées.*

s.c.g., substance corticale du cerveau qui est le siège de néoformations cellulaires fasciculées
constituant le gliome. — *M*, méninges envahies par les mêmes néoproductions. — *v*, vaisseaux. —
La constitution de cette tumeur est remarquable par son analogie avec celle des variétés sarcomateuses des tissus musculaire, fibreux et osseux.

abondant et probablement plus diffluent, que les cellules restent
accolées, et que la rétraction isole plus ou moins le noyau qui
semble alors se trouver au sein d'un réticulum irrégulier formé
précisément par les lignes d'accolement des parois cellulaires. C'est
ainsi qu'on peut avoir la fausse apparence d'un tissu réticulé, alors
qu'à l'état frais on n'en trouvait pas la moindre trace et qu'on ne
découvrait que des cellules à protoplasma très clair et de consistance très faible ; d'où la nécessité, pour avoir des données précises

sur l'état des cellules de ces tumeurs (et, du reste, de toutes les tumeurs), de les examiner à l'état frais par dissociation avant de procéder à l'examen des préparations durcies. Cette remarque, qui concerne les tumeurs en général, pour bien se rendre compte de l'état de leurs cellules, est particulièrement applicable à plusieurs tumeurs de nature différente qui peuvent présenter aussi un faux réticulum.

Le protoplasma diffluent et fragile des tumeurs des centres nerveux est sujet à la désintégration, même sur l'organisme vivant. C'est pourquoi l'on constate parfois son effondrement et sa disparition en laissant à sa place un liquide hyalin un peu analogue à une solution de gomme, donnant l'apparence tantôt d'une petite collection liquide dans le centre d'un gliome, tantôt d'un kyste du volume d'une noix, d'une mandarine et même plus volumineux à paroi d'aspect fibroïde avec une surface interne lisse. Cependant on trouve presque toujours cette paroi un peu épaissie irrégulièrement sur quelques points; et si on l'examine histologiquement, à ce niveau surtout, on reconnaît qu'elle présente la constitution d'un gliome, et qu'il s'agit, à proprement parler, d'un pseudo-kyste.

Lorsqu'on trouve, sur un autre point du cerveau, un gliome en voie d'évolution, on est vite fixé sur la nature du prétendu kyste. Toutefois celui-ci peut se rencontrer seul et l'examen histologique est nécessaire pour déterminer la nature de la lésion. Mais en l'absence d'hydatides dans le cerveau et dans d'autres organes, notamment dans le foie, il y a toutes probabilités pour que ces pseudo-kystes qui paraissent de nature indéterminée à l'œil nu, soient des gliomes dont les productions protoplasmiques trop abondantes et trop liquides, manquant de cohésion, se sont effondrées. Puis le liquide accumulé en plus ou moins grande quantité a comprimé les parties périphériques qui ont pris l'aspect d'une paroi fibreuse, malgré sa constitution néoplasique révélée par l'examen microscopique.

Les gliomes, quoique ne se généralisant pas dans les divers organes (probablement en raison de la spécialisation bien particulière de leurs éléments) doivent être considérés comme des tumeurs malignes, en raison de leur constitution atypique, de leur développement par extension aux parties voisines, et parfois de leur multiplication à proximité avec les mêmes caractères extensifs, sans que ces tumeurs soient jamais limitées par une membrane d'enveloppe, même dans les cas de productions d'aspect kystique, qui, n'étant pas de vrais kystes, ne donnent jamais qu'une fausse apparence de limitation.

Les tumeurs des nerfs périphériques, ordinairement bénignes, peuvent exceptionnellement devenir malignes et se généraliser, mais très vraisemblablement en se produisant secondairement toujours au niveau d'autres nerfs.

Nous avons vu déjà comment les névromes des nerfs périphériques prennent naissance par des productions intensives des noyaux de la gaine de Schwann, et l'augmentation du tissu conjonctif intrafasciculaire, de telle sorte qu'il se produit un élargissement plus ou moins prononcé de la gaine lamelleuse, contenant les

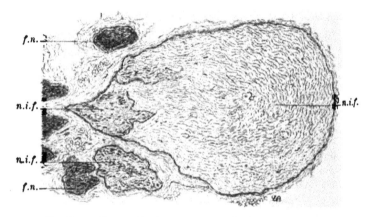

Fig. 222. — *Tumeur du tissu nerveux périphérique : névrome malin.*

n.i.f., néoformations intrafasciculaires à des degrés divers d'hyperproduction. — f.n., faisceaux et fibres nerveuses à l'état normal ou au plus léger degré d'altération.

tubes nerveux (fig. 222). Les altérations sont d'abord peu prononcées ou même seulement manifestes sur une partie, et l'on voit naître ces lésions dans les nerfs par la formation d'un tissu d'aspect fibroïde ou myxoïde, suivant l'état de la substance intermédiaire aux cellules, mais en tout cas bien particulier et différent de celui de la sclérose concomitante du tissu périfasciculaire. C'est ce qui nous paraît démontrer qu'il s'agit en réalité de productions du tissu des nerfs malgré que les tubes nerveux soient seulement dispersés dans ces néoproductions, et non de tumeurs du tissu fibreux, comme l'admettent généralement les auteurs qui supposent l'existence de névromes avec des néoproductions de tubes nerveux.

Et d'abord l'expression de « névrome fasciculé » adoptée par les auteurs pour caractériser les tumeurs des nerfs est défectueuse, vu que, comme nous l'avons dit précédemment, on peut trouver aussi des productions fasciculées sur les centres nerveux.

La division de ces tumeurs en « névromes myéliniques et névromes amyéliniques », suivant qu'elles seraient constituées par des tubes nerveux à myéline ou par des fibres de Remak, est hypothétique, parce qu'il faudrait d'abord démontrer l'existence de tumeurs ainsi constituées. On n'est pas davantage fixé sur la constitution des « névromes plexiformes » résultant de la présence d'une plus ou moins grande quantité de tubes nerveux nouvellement produits.

C'est que, en dehors des malformations congénitales, on ne trouve pas de cas se rapportant manifestement à des nerfs nouvellement produits, comme cela devrait être d'après la définition des névromes généralement adoptée. Aussi nous semble-t-il que les auteurs ont tort de ne pas prendre en considération l'opinion d'Odier qui considère comme névromes toutes les tumeurs ayant leur origine dans les nerfs.

M. Quénu a bien indiqué les raisons pour lesquelles il y a tout lieu de croire que les nouvelles productions de nerfs ne doivent pas exister, mais nous ne pensons pas, comme cet auteur, que les tumeurs habituellement désignées sous le nom de névromes soient des fibromes ou des myxomes des nerfs ; pas plus que nous n'admettons pour les tumeurs des glandes une origine portant uniquement sur leur stroma. Les nerfs ne font pas exception aux autres organes, et l'on ne peut attribuer qu'à des néoproductions de même nature celles qui ont pris naissance dans ces organes, comme nous l'avons fait pour les divers tissus et pour les mêmes raisons.

On peut être étonné que les tubes nerveux qui sont susceptibles de se reproduire après leur section, ne donnent pas lieu à des formations nouvelles. C'est qu'il s'agit de formations bien spécialisées, chaque tube nerveux tirant son origine d'une cellule centrale, laquelle semble continuer seulement à maintenir le tube en communication avec elle et à concourir à son accroissement lorsqu'il vient à être interrompu sur un point, mais sans jamais fournir de tubes multiples. D'autre part M. Ranvier a démontré que les nerfs étaient constitués par des segments ajoutés bout à bout, qui doivent être considérés comme de véritables cellules nerveuses. Or, si ces éléments ne peuvent plus être reproduits sous leur forme différenciée en dehors de la continuation avec les cellules centrales d'où ils émanent à l'état normal, ils peuvent cependant, comme tous les éléments cellulaires, présenter une hyperplasie, portant sur leurs noyaux avec plus ou moins de protoplasma cellulaire et qui, comme les jeunes éléments des autres tissus, forment une production d'aspect fibroïde ou myxoïde, suivant sa consistance plus ou moins grande.

Ce sont, en effet, les éléments nucléaires des tubes nerveux qui sont le point de départ des productions cellulaires, lesquelles augmentent graduellement au point que les cylindres-axes sont écartés et comprimés. Ils sont ainsi disséminés dans ces productions nouvelles, où on les trouve d'autant plus difficilement qu'elles sont plus abondantes, c'est-à-dire que les tumeurs sont plus volumineuses, en raison de l'isolement plus grand des éléments nerveux et de leur diminution de volume, surtout aux dépens de la myéline qui finit par disparaître. Toutefois il est vraisemblable que les cylindres-axes persistent même dans les cas où on ne les perçoit pas manifestement ; car l'examen des nerfs que nous avons fait au-dessous des névromes prouve que les tubes nerveux ne sont pas plus en état de dégénérescence qu'en état de multiplication. En tout cas, les néoproductions sont toujours contenues dans une gaine qui s'est agrandie au fur et à mesure de leur développement, ce qui contribue encore à prouver leur nature.

Les névromes ont ordinairement pour siège plusieurs faisceaux nerveux voisins, d'où la disposition plexiforme, qu'ils présentent le plus souvent. En général ce sont des tumeurs bénignes, probablement en raison de leur limitation par une gaine. Elles peuvent exceptionnellement devenir malignes en se généralisant sur d'autres nerfs des membres ou du tronc et même dans les viscères, comme nous en avons observé un cas provenant de la clinique chirurgicale de notre frère Léon Tripier.

Les premières tumeurs avaient pour siège l'un des sciatiques à la partie moyenne de la cuisse. Lorsqu'elles furent enlevées, une récidive se produisit au niveau du bout supérieur du nerf, ainsi que sur les divers nerfs de la jambe, puis sur ceux du membre opposé ; de telle sorte qu'une nouvelle intervention fut jugée impossible. Finalement le malade succomba avec des manifestations viscérales diverses et notamment avec des noyaux métastatiques dans les poumons et le foie, sur la plèvre et sur le péritoine, dans le diaphragme, etc.

La constitution des tumeurs réparties sur les nerfs des membres ne différait pas de celle des tumeurs bénignes, même après la récidive. C'est une lésion de ce genre qui est reproduite par la fig. 222, sur laquelle on peut voir divers degrés d'altération des nerfs avec la localisation nerveuse proprement dite et non périphérique, sur laquelle nous avons précédemment insisté. On se rend très bien compte, en effet, qu'il ne s'agit pas d'une lésion du tissu fibreux périphérique qui serait plus ou moins diffuse, mais qu'on a affaire à des néoproductions intimement liées à la constitution des nerfs, dérivant de leurs éléments essentiels, c'est-à-dire des cellules qui y sont contenues et dont les tubes nerveux

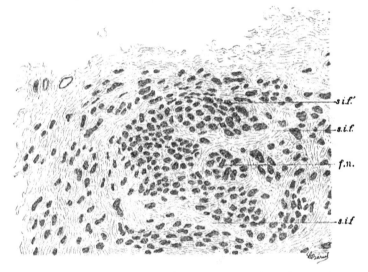

FIG. 223. — *Cicatrice du nerf crural au niveau d'un moignon d'amputation* (pseudo-névrome).

f.n., faisceaux nerveux avec légère sclérose intrafasciculaire. — *s.i.f.*, sclérose interfasciculaire prédominante.

sont en quelque sorte les prolongements perfectionnés, tout comme les tumeurs des muscles striés sont constituées par l'hyperplasie des éléments musculaires contenus dans le myolemme.

Sur les organes, les manifestations secondaires étaient caractérisées principalement par des productions cellulaires plus ou moins abondantes et irrégulièrement réparties au sein d'un tissu qui présentait sur tous les points des dilatations vasculaires très prononcées avec des exsudations sanguines interstitielles. Cependant nous avons pu trouver, dans le foie notamment, des petites nodules constituées par des éléments cellulaires tassés et pressés ayant de

la tendance à produire un tissu d'aspect fibroïde analogue à celui
des productions constatées sur les nerfs. C'est pourquoi nous avons
pensé que, dans les viscères, les filets nerveux splanchniques
devaient encore être le siège des productions secondaires ; les
dilatations vasculaires et les hémorragies ayant dû résulter des
rapports de ces nerfs altérés avec les vaisseaux correspondants dont
la circulation était entravée.

Ainsi donc, contrairement à l'opinion de la plupart des auteurs
qui considèrent les tumeurs que nous avons en vue comme étant
de nature conjonctive et pouvant se présenter à l'état de tissu
fibreux, muqueux ou embryonnaire, nous pensons que l'observation des faits conduit, au contraire, à les considérer comme de véritables tumeurs des nerfs, comme des névromes ; d'autant que *des
tumeurs constituées par de nouveaux nerfs* (auxquelles seulement
s'appliquerait cette dénomination), *ne paraissent pas exister en
dehors des malformations.*

*Le névrome des moignons d'amputation admis par les auteurs
n'est pas un névrome;* c'est comme on le voit sur la figure 223, un
simple tissu cicatriciel avec production abondante et diffuse de
tissu fibreux entre les faisceaux nerveux, comme entre les faisceaux musculaires voisins, qu'on peut parfaitement reconnaître
sur tous les points, quand bien même la sclérose périfasciculaire
s'infiltre un peu çà et là entre les tubes qu'elle dissocie, mais sans
jamais produire de tumeur nodulaire à évolution graduelle progressive comme les véritables névromes.

Il suffit de comparer les préparations se rapportant aux deux
productions pathologiques pour ne plus établir entre elles la
moindre confusion ; car tandis que *dans les vrais névromes il
s'agit de néoproductions initiales intrafasciculaires et ensuite toujours limitées par la gaine lamelleuse,* les altérations qu'on peut
observer sur les moignons d'amputation ne consistent qu'en des
productions plus ou moins intensives diffuses, prédominantes au
niveau du tissu périfasciculaire, et parfois encore sur les parties
périphériques plus ou moins éloignées des nerfs, notamment au
niveau des muscles. Cela contribue certainement à prouver que
les névromes sont bien des tumeurs spéciales aux nerfs périphériques et non des productions scléreuses du tissu interstitiel puisque
l'on peut juger de la différence qui existe entre ces deux sortes de
lésions.

ÉTAT DU TISSU D'ORIGINE
ET DES DIVERS TISSUS
AU VOISINAGE DES PRODUCTIONS NÉOPLASIQUES

Tant que la structure des tissus voisins des tumeurs n'est pas altérée, on n'y constate que des modifications se rapportant à une augmentation ou à une diminution des phénomènes de nutrition et de rénovation cellulaire, en rapport avec les conditions dans lesquelles s'opère la circulation sur les divers points.

En général, c'est l'activité circulatoire augmentée qui domine, par le fait des modifications vasculaires produites primitivement dans le tissu affecté et de celles qui résultent même de la présence des néoproductions ; de telle sorte que l'on trouve surtout une vitalité augmentée se manifestant par une hypertrophie et une hyperplasie cellulaires en rapport avec la dilatation des vaisseaux à ce niveau. C'est notamment ce que l'on peut constater au voisinage des tumeurs de la peau ou des muqueuses dont la structure n'a pas été altérée : l'épithélium de revêtement est augmenté d'épaisseur, les cellules sont plus volumineuses et plus nombreuses, et leurs noyaux sont mieux colorés par le carmin.

Le même effet se fait sentir sur toutes les autres parties constituantes de la peau, et les cellules sont plus nombreuses entre les faisceaux fibreux du derme ; on voit surtout des traînées cellulaires plus accusées le long des vaisseaux et au niveau des glandes sudoripares, voire même dans le tissu cellulo-adipeux. S'il y a, dans le voisinage, des faisceaux musculaires intacts, ils sont aussi augmentés de volume. De même s'il s'agit d'une tumeur de la muqueuse des voies digestives, on pourra constater en même temps que les modifications cellulaires précédemment indiquées, l'hypertrophie et l'hyperplasie des fibres de la *muscularis mucosæ*. On trouvera parfois, avec les mêmes productions au niveau des tuniques musculaires, l'épaississement de la sous-muqueuse, ainsi que du tissu fibreux intermusculaire et sous-séreux, partout avec une hyperplasie cellulaire manifeste et ordinairement avec une tendance à la sclérose, par le fait des productions intensives longtemps continuées.

Des modifications productives analogues peuvent être rencontrées dans le voisinage des tumeurs malignes ou bénignes de tous les tissus d'une manière plus ou moins apparente suivant leurs conditions de nutrition à ce niveau, et la possibilité pour chacun de prendre un développement plus ou moins accusé.

C'est ainsi que s'explique le développement pris par l'utérus devenu le siège de myomes plus ou moins volumineux.

Ces modifications qui constituent à proprement parler des phénomènes hypertrophiques simples ou inflammatoires (lorsqu'il y a de l'hyperplasie des éléments cellulaires), sont manifestement en rapport avec les vaisseaux dilatés et une activité circulatoire augmentée, d'où résulte un surcroît d'apport de substance nutritive et de cellules. Cette augmentation de nutrition reconnaît donc la même cause immédiate que celle du néoplasme. Mais tandis que dans ce dernier il y a une perturbation plus ou moins prononcée de la circulation en rapport avec une modification profonde dans la structure du tissu, qui explique les anomalies de production ; dans les parties voisines où la structure est conservée, le seul effet qui se fasse sentir est celui de l'augmentation de vitalité correspondant à l'augmentation de la vascularisation, comme cela arrive, du reste, à des degrés variables, au voisinage de toutes les inflammations locales, quelle qu'en soit la cause.

Toutefois cet effet n'est pleinement réalisé que sur les points voisins de la tumeur, où la circulation est manifestement accrue ; car celle-ci peut se présenter encore dans des conditions variables auxquelles correspondent des états divers dans les tissus. Ainsi on peut voir en rapport avec une tumeur de la muqueuse stomacale, des portions de muqueuse qui sont atteintes d'hypertrophie ou d'hyperplasie, à coté d'autres restées à peu près normales, ou devenues plus ou moins atrophiées et même nécrosées, suivant les conditions de nutrition de ces parties et par conséquent suivant l'état de leurs vaisseaux. Si la tumeur a pris un développement très exubérant au niveau de la muqueuse et de la sous-muqueuse, il peut même se faire que les parties adjacentes étant comprimées soient plutôt sclérosées, atrophiées et refoulées de telle sorte qu'elles n'aient que peu ou pas de tendance à être envahies par des néoproductions et que la perte de substance se trouve ainsi plus ou moins limitée.

La figure 224 montre un néoplasme exubérant de la muqueuse stomacale, qui envahit et refoule les parties sous-jacentes et se trouve tout près de déterminer une perte de substance à ce niveau, sans que les parties comprimées du voisinage soient envahies par des néoproductions.

C'est ainsi qu'on peut observer une perte de substance de la muqueuse et même de la plus grande partie de la paroi stomacale sur un point limité, par le fait de la présence de productions néoplasiques qui, à un moment donné, peuvent être éliminées en laissant à leur place une ulcération, dont les bords ne présentent pas de néoproductions manifestes, et arrivent à faire croire qu'il s'agit d'un ulcère simple.

Dans les cas où sur un autre point du bord de l'ulcère on trouve des lésions néoplasiques manifestes, on suppose qu'on a affaire à un ulcère simple devenu cancéreux, alors qu'en réalité il s'agit d'une

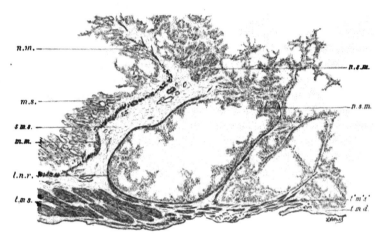

Fig. 224. — *Cancer de l'estomac.*

Néoproductions épithéliomateuses exubérantes et envahissantes sur un point assez localisé, probablement en raison du refoulement concomitant des parties voisines de la paroi stomacale.

n.m., néoproductions au niveau de la muqueuse. — *n.s.m.*, néoproductions au niveau de la sous-muqueuse, tendant à envahir les parties sous-jacentes. — *m.s.*, muqueuse sclérosée. — *m.m.*, musculaire muqueuse. — *s.m.s.*, sous-muqueuse sclérosée et soulevée avec la muqueuse. — *t.n.r.*, tissu néoplasique refoulant la paroi stomacale à son pourtour. — *t.m.s.*, tunique musculaire sclérosée et refoulée avec peu d'envahissement. — *t'.m'.s'.*, tunique musculaire sclérosée, refoulée et envahie notablement par le néoplasme. — *t.m.d.*, tunique musculaire détruite.

ulcération résultant de l'élimination de productions néoplasiques exubérantes, lesquelles n'ont pas continué à se développer sur les parties refoulées et comprimées, tandis qu'on en trouve la trace plus ou moins accusée sur les points où la vitalité a suffisamment persisté pour permettre aux néoproductions de s'y établir.

Il en est de même pour les nodules néoplasiques développés dans un organe, comme le rein ou le foie. On peut constater que si l'un d'eux exerce sur une partie de son pourtour une compression suffisante pour refouler le tissu normal voisin à ce niveau, les néoproductions ont moins de tendance à s'étendre de ce côté, et qu'elles continuent plutôt à progresser vers les parties où le tissu offre son aspect normal, et où la vascularisation est plutôt augmentée.

En somme, la tumeur envahit les parties où la circulation offre les éléments absolument indispensables à son développement. C'est pourquoi les ulcères simples de l'estomac dont les bords présentent une nutrition toujours en souffrance, n'ont aucune tendance à présenter des productions néoplasiques ; car on ne peut, comme le font les auteurs, les comparer aux parois d'une fistule des parties molles ayant subi la transformation épithéliomateuse. Dans ce dernier cas, en effet, il s'agit d'un tissu de granulation riche en vaisseaux et présentant une activité circulatoire augmentée, conditions qui sont éminemment propices aux néoproductions. Et encore cette transformation est-elle rarement observée, tandis que, d'après les auteurs, celle d'un ulcère simple en cancer serait relativement fréquente.

Nous ajouterons que les véritables ulcères simples, c'est-à-dire ceux dont la cause peut être bien déterminée par la coexistence d'embolies multiples, se comportent tout autrement que les précédents, n'acquièrent jamais de grandes dimensions et ne deviennent pas l'origine d'une tumeur.

REMARQUE RELATIVE A LA PRÉSENCE D'ILOTS CELLULAIRES MULTIPLES DANS LES TUMEURS

Nous avons vu, qu'en somme, les néoproductions des tumeurs sont constituées par une hyperplasie cellulaire plus ou moins intense dans une région déterminée, modifiant à des degrés divers les productions du tissu d'origine de la tumeur et même des tissus voisins ; de telle sorte qu'une partie des nouvelles cellules se transforme en cellules propres du tissu d'origne, sous les aspects typique, métatypique ou atypique, pendant qu'à la périphérie les nouvelles cellules donnent lieu à des productions simplement hypertrophiques ou encore et surtout à des phénomènes de sclérose avec hypertrophie ou atrophie des éléments qui se trouvent à ce niveau, suivant les circonstances pouvant influer sur la circulation de ces parties. Toujours est-il que le phénomène qui domine est l'hyperplasie cellulaire plus ou moins prononcée sur toute la région affectée, et qui, sur divers points, paraît assez intense pour donner lieu à de petits amas de cellules rondes, confluentes, à noyaux bien colorés par le carmin, tout à fait analogues aux amas cellulaires que nous avons précédemment constatés dans les productions inflammatoires, et qu'on rencontre également en plus ou moins grande quantité dans toutes les tumeurs.

Ces amas ou îlots cellulaires multiples plus ou moins manifestes au milieu de toutes les néoproductions considérées par les auteurs comme se rapportant à des cellules embryonnaires et qui sont plus ou moins manifestes au milieu de toutes les néoproductions intensives, présentent, comme nous l'avons déjà dit à propos de l'inflammation, la plus grande analogie avec ceux qui constituent les points lymphatiques du tube digestif, particulièrement lorsque ceux-ci se rencontrent avec un accroissement manifeste, c'est-à-dire dans tous les états inflammatoires et néoplasiques de la muqueuse. On voit alors une augmentation de volume des amas formés par les petites cellules rondes toujours très confluentes au centre, tandis que, à la périphérie, on remarque une diffusion graduelle des cellules qui vont insensiblement se confondre avec les cellules conjonctives de la muqueuse, produites en quantité exagérée et d'une manière anormale, comme on peut le voir sur la figure 195.

N'était le siège de ces productions qui en fait manifestement des points lymphatiques à l'état d'hyperplasie, on les identifierait absolument avec ceux que l'on trouve dans la profondeur de la paroi affectée et où il n'existe pas, cependant, de points susceptibles d'être interprétés de la même manière, c'est-à-dire par une hyperplasie des cellules lymphoïdes. Il s'agit de ces îlots cellulaires multiples que l'on trouve abondamment répandues dans toutes les productions inflammatoires des divers tissus où, à l'état normal, il n'a pas été décrit de points lymphatiques. Il est seulement à remarquer que les néoplasmes de tous les tissus ne font pas exception et qu'on y rencontre les mêmes éléments disposés de la même manière.

Quel rôle peuvent bien jouer ces îlots cellulaires qui, d'une part, sont analogues aux points lymphatiques connus, et qui, d'autre part, se rencontrent là où l on n'en connaît pas ? Ne seraient-ils, dans tous les cas, que des points lymphatiques avec plus ou moins d'hyperplasie, qui, à l'état normal, se trouveraient assez réduits sur certains organes pour passer inaperçus et ne devenir appréciables que dans les cas de productions pathologiques intensives ?

Pour le moment, on ne peut émettre à ce sujet que des hypothèses, soit pour ce qui concerne les îlots cellulaires multiples
dans les productions pathologiques, soit même pour les points
lymphatiques normaux.

L'accroissement que ces derniers prennent dans tous les cas
d'hyperplasie cellulaire de la région, la confluence intensive au
centre de l'îlot, des plus jeunes cellules, qui, à la périphérie se
diffusent en augmentant de volume et en se confondant insensiblement avec les cellules conjonctives de la muqueuse, semblent bien
indiquer, comme nous l'avons fait remarquer à propos des lésions
inflammatoires, qu'ils ne sont pas l'aboutissant d'éléments venant
se régénérer à ce niveau, dans un organe particulier, propre à leur
faire subir quelque élaboration. Au contraire, les cellules les plus
petites, manifestement les plus jeunes paraissent partir du centre
où elles sont en amas serré pour se répandre à la périphérie. Il
y a donc, comme nous l'avons déjà dit, beaucoup plus de probabilités pour que ces îlots soient l'origine de productions cellulaires
plus ou moins abondantes ; d'autant qu'on trouve une vascularisation assez prononcée du tissu à ce niveau, et que la muqueuse du
tube digestif nécessite un renouvellement incessant de ses éléments
épithéliaux, précisément par la transformation de ses cellules
conjonctives qui, elles-mêmes, semblent provenir des points dits
lymphatiques.

On peut expliquer de la même manière, le rôle des îlots cellulaires multiples dans les diverses productions intensives néoplasiques aussi bien qu'inflammatoires, en admettant qu'il s'agit de
jeunes cellules récemment sorties des capillaires plus ou moins
volumineux qu'on trouve, en général, à proximité, et qui vont
constituer les cellules conjonctives destinées à subir des transformations diverses suivant les régions, notamment pour former les
cellules des tissus, et, par conséquent, celles des tumeurs aussi
bien que celles des productions inflammatoires.

Ces amas cellulaires n'existeraient à l'état normal que là où les
productions sont habituellement intensives, comme on peut le
constater sur la muqueuse du tractus gastro-intestinal et à un
moindre degré sur celle des voies respiratoires ; tandis qu'ils
feraient défaut ou ne seraient pas manifestement appréciables sur
les points où les productions sont certainement moins abondantes,
comme dans la profondeur des divers parenchymes. Mais, sous
l'influence de l'activité circulatoire accrue, et avec toute hyperplasie pathologique, on les verrait augmenter dans le premier cas

et devenir apparents dans le second, pour constituer des centres de production cellulaire.

Ce qui peut encore donner une certaine vraisemblance à cette hypothèse, c'est que ces productions sont plus ou moins manifestes non seulement dans les cas de leucémie, mais encore dans tous les états de leucocytose tant soit peu prononcés, qui coexistent précisément avec les productions pathologiques résultant d'une hyperplasie localisée. Ce sont tout au moins des faits d'observation positive qui méritent d'être étudiés, soit pour confirmer nos présomptions, soit pour arriver d'une autre manière à une explication rationnelle des productions normales et pathologiques, en laissant de côté l'hypothèse des cellules embryonnaires qui ne saurait être admise pour les raisons que nous avons si souvent fait valoir précédemment.

On peut encore se demander, à propos de la constitution des tumeurs, si celles qu'on observe assez fréquemment dans certains organes, notamment dans le testicule, dans l'ovaire, dans le poumon, etc., et qui se présentent avec une néoproduction excessive de petites cellules rondes agglomérées en grand nombre, offrant une certaine analogie avec celles du tissu lymphoïde, ne proviendraient pas d'une hyperplasie cellulaire particulièrement abondante et rapide, ne permettant pas à ces cellules d'évoluer comme de coutume, de telle sorte qu'elles se présenteraient avec les caractères de leur état de première apparition, ou tout au moins d'évolution restreinte? Il s'agit là encore d'une simple hypothèse qui demande de nouvelles recherches.

DES VAISSEAUX SANGUINS DANS LES TUMEURS

Il résulte des considérations précédentes sur la constitution des tumeurs, que l'on y rencontre toujours des vaisseaux sanguins de nouvelle formation en rapport avec les autres néoproductions. *Il n'existe pas de tumeur sans vaisseaux sanguins*, les tumeurs ne faisant pas exception à la loi générale sur laquelle nous avons précédemment insisté, à savoir : que *toutes les productions pathologiques sont vascularisées*. Nous avons vu, du reste, qu'aucun tissu non pourvu de vaisseaux ne peut être l'origine d'une tumeur. Lorsqu'un tissu de ce genre est atteint par une tumeur, il est détruit graduellement, et, à sa place, se produit la tumeur avec ses vaisseaux sanguins.

En général, la vascularisation d'une tumeur est en rapport avec celle du tissu qui lui a donné naissance. Ce sont ordinairement les tissus les plus riches en vaisseaux qui donnent lieu aux tumeurs les plus vascularisées. Cependant, on peut voir, sur un même organe, des tumeurs qui, tantôt sont peu vascularisées, et tantôt, au contraire, présentent une production abondante de vaisseaux au point de mériter la dénomination de *tumeurs télangiectasiques*.

On ne peut pas toujours se rendre compte de toutes les conditions capables d'influer sur ces modalités diverses. Néanmoins, il y a manifestement des circonstances qui peuvent, dans une certaine mesure, expliquer ces caractères variables des néoproductions.

C'est ainsi que les tumeurs sont plutôt riches en vaisseaux, lorsque leur évolution est rapide et que leur stroma offre une faible consistance avec beaucoup de cellules, lorsque les conditions locales favorisent l'accès du sang artériel et que la circulation est activée en même temps que plus ou moins troublée, comme dans les cas où le cœur est hypertrophié, particulièrement enfin chez les sujets peu âgés ou encore assez vigoureux; tandis que toutes les conditions inverses sont plutôt en rapport avec la production de tumeurs peu vascularisées. En tout cas, toutes les tumeurs volumineuses sont riches en vaisseaux, et bien plus encore lorsque leur développement a été rapide; tandis que c'est le contraire pour les petites tumeurs à développement lent, en prenant toujours en considération l'influence générale de la circulation et son état particulier dans leur tissu d'origine.

Cet état régit également la disposition des vaisseaux dans les tumeurs. Cela est très manifeste pour les tumeurs typiques, qui ne s'éloignent pas beaucoup des productions normales. C'est ainsi qu'on voit les vaisseaux répartis entre les lobules graisseux et cartilagineux, entre les cavités glandulaires et sous les revêtements épithéliaux nouvellement produits, d'une manière analogue à leur distribution dans les tissus d'origine normaux de ces tumeurs. Et nous avons vu encore que dans les variétés atypiques de ces mêmes tumeurs, il peut se faire que les vaisseaux conservent des dispositions analogues par rapport aux amas cellulaires représentant les cellules propres du tissu affecté, et plus ou moins reconnaissables. Mais il n'en est plus de même dans les productions les plus atypiques où les éléments cellulaires sont irrégulièrement disséminés dans un stroma très vascularisé. De plus on peut se demander si ce n'est pas à ces conditions de productions intensives dans un milieu bouleversé et anormalement vascularisé, qu'il faut précisément attribuer les caractères atypiques des néoproductions ?

En tout cas les vaisseaux qui sont répartis, à l'état normal dans les tissus, au milieu de leurs éléments propres, occupent la même situation dans les tumeurs; par exemple, dans celles des centres nerveux, et des tissus musculaires, fibreux et osseux, parce que les éléments qui les constituent à l'état pathologique ne peuvent pas exister dans des conditions de nutrition différentes de celles observées à l'état normal.

Toutefois, il est à remarquer que, malgré cette tendance des vaisseaux à prendre dans les tumeurs les dispositions essentielles observées à l'état normal dans leur tissu d'origine, *on n'observe jamais qu'une disposition analogue et non identique;* ce qui explique, au moins en partie, comme nous l'avons vu, que *les néoproductions, même typiques, ne présentent jamais une disposition identique à celle du tissu d'origine.*

Les vaisseaux de nouvelle formation communiquent avec les vaisseaux anciens du tissu d'origine de la tumeur, comme le prouvent les injections faites *post mortem*, ainsi que l'examen des préparations. Mais on ne voit nulle part des vaisseaux anciens pousser des prolongements pour constituer les nouveaux vaisseaux. Ceux-ci se forment de la même manière que dans les productions inflammatoires, au sein des exsudats, par l'issue des globules sanguins qui restent en communication avec ceux du vaisseau d'où ils proviennent. Leur paroi est également formée par des cellules de l'exsudat, semblables à celles qui constituent la tumeur, ainsi qu'il résulte de l'observation des préparations sur les parties où les néoproductions sont le plus récentes. A mesure que le tissu ambiant s'édifie, la paroi des vaisseaux se consolide par l'adjonction de nouvelles cellules qui la renforcent, et ensuite par la production d'une couche de tissu fibroïde, plus abondant naturellement pour les gros vaisseaux situés dans les gaines qui forment la charpente de la tumeur.

Les éléments du sang qui doivent sortir facilement des vaisseaux nouvellement formés, contribuent probablement à des néoformations toujours surajoutées, donnant lieu à des tumeurs très riches en vaisseaux et en cellules, ainsi qu'à un stroma semi-liquide et, dans ces cas, de faible consistance. Ce dernier est de même constitution que le protoplasma cellulaire avec lequel il se confond souvent, surtout lorsqu'il présente une grande fluidité, comme nous l'avons vu précédemment.

Les vaisseaux sont alors représentés dans la tumeur par un réseau de canaux très irréguliers au point de vue de leur volume, de leur nombre et de leur répartition. Ce réseau se trouve, comme les capillaires, compris entre les artères et les veines du tissu d'origine plus ou moins bouleversé et où il se substitue au réseau capillaire normal qui a disparu au moins en partie, c'est-à-dire au niveau des néoproductions. C'est que les capillaires sont parties intégrantes du tissu, au point qu'il n'y a pas de modifications des vaisseaux sans qu'il en existe pour les cellules ; de même que toutes modifications de celles-ci entraînent forcément des changements correspondants dans les capillaires ; de telle sorte même qu'il ne peut y avoir de néoproductions anormalement disposées sans une production correspondante de vaisseaux capillaires.

C'est naturellement sur les tumeurs à développement intensif que l'on observe la plus riche vascularisation néoformée, et plutôt sous la forme de nombreux vaisseaux droits relativement volumineux avec des cellules endothéliales ou des parois très apparentes, tout comme nous avons remarqué le même phénomène dans les néoproductions inflammatoires intensives.

On comprend, toutefois, que la circulation doive se faire plus ou moins difficilement dans ce réseau de nouvelle formation, d'autant plus que la constitution du nouveau tissu s'éloignera du type normal, et que le tissu d'origine aura été plus bouleversé à la suite de troubles circulatoires provenant de l'oblitération des vaisseaux anciens, soit de petites artères, comme point de départ des troubles, soit ensuite de vaisseaux plus volumineux artériels et veineux, comme nous avons eu précédemment l'occasion de l'indiquer.

Il résulte, à tous les instants, de l'état anormal dans lequel se fait la circulation dans les tumeurs, surtout dans celles dont la constitution s'éloigne le plus du tissu d'origine, des modifications extrêmement variables des cellules et du stroma, en rapport avec les diverses phases de cet état. C'est ainsi qu'au début des néoproductions où la circulation est surtout exagérée et se fait bien, il y a tout d'abord une exubérance générale de production. Puis l'on voit que ce phénomène a varié suivant que les points observés étaient plus ou moins bien irrigués. Il n'est pas rare que l'obstacle à la circulation devienne assez prononcé sur certains points pour que des hémorragies interstitielles plus ou moins abondantes se produisent.

Dans tous les cas, l'évolution des cellules est modifiée, de telle sorte qu'elles peuvent présenter des aspects très variés pour les tumeurs d'un même tissu, et encore sur les divers points d'une même tumeur. Elles aboutissent à des formations qui, au premier abord, paraissent très extraordinaires, mais qui en somme ne sont que des déviations des phénomènes normaux d'évolution, propres à ces cellules et en rapport avec les conditions physico-chimiques anormales où elles se trouvent. On peut souvent s'en rendre parfaitement compte par un examen attentif des parties affectées, en ne perdant pas de vue les conditions dans lesquelles se fait la nutrition suivant la disposition des vaisseaux.

Parmi les modifications que peuvent ainsi présenter les tumeurs au cours de leur évolution, les unes sont particulières à certains tissus et en rapport avec les productions habituelles de leurs éléments, tandis que d'autres sont communes aux tumeurs de tous les tissus. Au nombre des premières se trouvent les productions kystiques et certaines dégénérescences particulières, tandis que l'on peut rapporter aux secondes les pseudo-kystes, la dégénérescence graisseuse, ainsi que les phénomènes de nécrose et d'ulcération, qui seront bientôt étudiés. ·

DES VAISSEAUX LYMPHATIQUES DANS LES TUMEURS

Existe-t-il des vaisseaux lymphatiques dans les tumeurs? Oui, d'après Schrœder van der Kolk, Kraun, Pacinoti, cités par M. Delbet qui admet, avec ces auteurs, la présence de lymphatiques dans les tumeurs; non, d'après les recherches de MM. Barjon et Regaud.

Il faut distinguer, s'il s'agit de vaisseaux anciens ou de nouvelle formation. Les premiers peuvent certainement être rencontrés; mais ils sont le plus souvent envahis par les éléments de la tumeur, et il peut arriver qu'il soit très difficile, sinon impossible, de décider si certains amas cellulaires occupent ou non des cavités lymphatiques. Tandis que d'autres fois le vaisseau, surtout s'il est volumineux et situé dans une région où la présence des lymphatiques est constante, peut être facilement reconnu pour un lymphatique, toujours envahi par les éléments de la tumeur, lorsqu'il se trouve au milieu des néoproductions malignes. Ce n'est qu'au pourtour de la tumeur et surtout plus ou moins loin d'elle qu'on peut rencontrer des vaisseaux lymphatiques non envahis.

Quant à l'existence de vaisseaux de cette nature de nouvelle formation, elle ne nous paraît pas prouvée. Nous n'avons jamais rencontré au milieu des parties exubérantes des tumeurs, rien qui indique la présence de ces vaisseaux. On voit bien sur certaines tumeurs des agglomérations de cellules de forme arrondie ou ovalaire, ou disposées de manière à former de minces trainées et jusqu'à donner l'apparence d'un réticulum irrégulier; mais cela ne prouve pas qu'il s'agisse de lymphatiques de nouvelle formation, envahis par la tumeur, parce qu'on peut tout aussi bien expliquer ces productions par des formations cellulaires dans les interstices du tissu fibreux et surtout à la périphérie des vaisseaux. Du reste, s'il en était autrement, on verrait au moins sur quelques points ces lymphatiques avec leurs caractères manifestes, comme l'on voit les vaisseaux sanguins de nouvelle formation. Or, nous n'avons jamais observé des productions lymphatiques analogues sur les tumeurs malignes, ni même sur les tumeurs bénignes. Toutefois, c'est dans ce dernier cas qu'on aurait le plus de chances de rencontrer des lymphatiques de nouvelle formation s'il en existait. Et, quoique nous n'en ayons pas davantage constaté dans cette circonstance, nous devons déclarer que nous n'avons pas fait de recherches spéciales en nous aidant des injections, comme il convient de le faire.

DES NERFS DANS LES TUMEURS

La question relative à la présence des nerfs dans les tumeurs est encore plus obscure que la précédente, tout au moins pour ce qui a trait à de nouvelles productions, car on rencontre certainement des nerfs dans les tumeurs. Mais il est en général facile de s'assurer que leur situation est en rapport avec celle qu'ils doivent occuper dans le tissu d'origine de la tumeur. Le plus souvent ils paraissent intacts ou sont seulement le siège d'un peu de sclérose périnévritique et même intertubulaire; plus rarement leurs éléments sont dissociés et l'on y reconnaît la présence de cellules semblables à celles qui caractérisent la néoproduction. Mais cette altération ne paraît guère se produire que lorsque leur gaîne lamelleuse a été altérée. En tous cas, nous n'avons jamais eu la preuve que des filets nerveux aient poussé des prolongements dans les parties exubérantes d'une tumeur plus ou moins volumineuse, car nous n'en avons jamais rencontré sur les régions manifestement éloignées de son tissu d'origine.

Il résulte des considérations dans lesquelles nous venons d'entrer au sujet de *ce que l'on peut constater dans la constitution des tumeurs, que* l'on y trouve des *productions ayant les caractères du tissu d'origine, parfois très manifestes dans les formes dites typiques, puis de moins en moins évidents dans les formes dites métatypiques ou atypiques, jusqu'au point de devenir méconnaissables, mais avec toutes les transitions permettant de rattacher sûrement les diverses tumeurs à leur tissu d'origine, dont les phénomènes de nutrition et de rénovation cellulaires ont été troublés à des degrés divers d'une manière persistante.*

Les néoproductions dans les tumeurs comme dans les inflammations, sont simples, c'est-à-dire qu'elles portent principalement sur les éléments qui constituent essentiellement leur tissu d'origine, et se présentent plutôt à l'état rudimentaire. Elles consistent manifestement dans la continuation des phénomènes normaux dont le tissu affecté est le siège, seulement plus ou moins modifiés par les conditions anormales où ils se produisent. En tout cas, c'est en vain qu'on y chercherait des productions embryonnaires.

Par conséquent, la loi de Müller qui constituait un progrès en faisant rejeter l'hypothèse de la production contre nature de certaines tumeurs, ne donne pas une notion exacte de la constitution des tumeurs, parce qu'elle renferme encore l'hypothèse de la production de tumeurs embryonnaires, également contre nature; tandis que l'observation permet de démontrer que *toute tumeur est constituée par un tissu de l'organisme en voie d'évolution anormale ou pathologique, dont les éléments résultent des déviations plus ou moins prononcées survenues dans la continuation des productions biologiques.*

DÉVELOPPEMENT ET ÉVOLUTION DES TUMEURS

Nous avons vu que les tumeurs sont constituées par les éléments des tissus où elles ont pris naissance, plus ou moins déviés de leur état normal suivant les changements survenus dans la structure de ces tissus, mais toujours en rapport avec leur nature, qui donne en général aux tumeurs un air de famille permettant souvent de les rapporter immédiatement à leur origine. Nous avons vu aussi que leurs éléments n'apparaissent pas de suite avec les caractères qu'ils auront à un moment donné, ni que ceux-ci « persisteront » ultérieurement, puisqu'ils présentent des modifications en rapport avec les conditions dans lesquelles s'opère leur développement et

leur évolution, c'est-à-dire les phénomènes de nutrition et de rénovation du nouveau tissu.

Ce qu'on a désigné sous le nom de *changements évolutifs des
tumeurs* doit donc correspondre aux changements évolutifs qui se
produisent dans les tissus anormalement développés sur les points
qui constituent les tumeurs et sont plus ou moins analogues à ceux
qu'on peut observer à l'état normal. Par conséquent, ils varieront
beaucoup suivant la nature du tissu d'origine des tumeurs, c'est-
à-dire suivant leur lieu de production et suivant le degré des modifications apportées à l'état normal par la structure des nouvelles
formations.

Les tumeurs des tissus fibreux, cellulo-adipeux, musculaires ou
osseux, ne se développeront pas et n'évolueront pas de la même
manière que celles d'un tissu épithélial ou glandulaire, parce que la
constitution et l'évolution de ces tissus à l'état normal sont tout à
fait différentes. Chaque tissu produira des tumeurs qui seront non
seulement en rapport avec les phénomènes normaux propres à ce
tissu, mais qui pourront encore être très variables suivant des
circonstances nombreuses plus ou moins connues, capables de les
modifier totalement.

Nous ne pouvons pas passer en revue toutes les variétés de développement et d'évolution que les tumeurs sont susceptibles de présenter
dans les divers tissus. Mais quelques exemples se rapportant aux
phénomènes qu'on rencontre le plus fréquemment suffiront pour
indiquer de quelle manière doivent être interprétés tous ceux qu'on
peut observer avec des variétés pour ainsi dire indéfinies.

Et d'abord, d'une manière générale, plus le tissu d'une tumeur
se rapprochera de l'état normal, plus l'évolution de ses éléments
sera analogue à ce qui passe dans cet état.

S'agit-il d'un lipome constitué par des lobules agglomérés de
tissu adipeux, de structure tout à fait analogue à celle du tissu
normal où les modifications évolutives des éléments constituants
sont insensibles, il en sera de même dans le tissu pathologique.

Un fibrome présentera un aspect différent suivant la variété à
laquelle appartiendra le tissu fibreux d'origine. Sa constitution
sera d'autant plus homogène qu'il sera de petit volume et se
rapprochera du tissu normal. Lorsqu'il aura pris un grand développement soit primitivement, soit au bout d'un certain temps par suite
d'une production plus active, on trouvera des portions d'aspect très
variable sur la même tumeur. Tandis que, sur un point on aura un
tissu fibreux typique, on trouvera sur un autre point une dissociation

des fibrilles de la substance hyaline, infiltrées de liquide avec des cellules en quantité variable, donnant à ce tissu l'aspect dit myxoïde par suite de cette infiltration résultant d'une production abondante d'exsudat liquide avec de jeunes éléments. En effet, il s'agit toujours dans ces cas d'une production jeune et abondante. Les cellules seront fusiformes ou rondes suivant qu'elles se trouveront pressées ou non par la substance hyaline devenue résistante. Mais les amas cellulaires seront toujours abondants sur les points en voie d'augmentation et il y aura également à ce niveau de nombreux vaisseaux. Il arrivera parfois que sur la même tumeur, on observera, en outre, des points où il y aura beaucoup de cellules multinucléaires plus ou moins volumineuses constituant de véritables cellules géantes. Enfin, sur d'autres points probablement encore plus récents, on aura un exsudat d'aspect fibrineux très abondant plus ou moins vascularisé et seulement avec une petite quantité de cellules.

Or, ces aspects différents peuvent être expliqués au moins en partie par les conditions dans lesquelles ces portions de la tumeur sont formées, c'est-à-dire par une production intensive de cellules et de substance intermédiaire sur les points où la vascularisation est plus intense et où par conséquent l'édification du tissu ne se produit pas de la même manière que sur ceux qui ont pu se constituer plus lentement et plus méthodiquement. Du reste, il n'y a pas un fibrome, même parmi ceux dont la constitution est le plus typique, qui ne présente sur quelques points des amas cellulaires plus ou moins abondants, sans qu'il soit nécessaire de considérer ce fait comme se rapportant à une variété particulière désignée sous le nom de fibro-sarcome ; vu qu'une tumeur de ce genre peut être tout à fait bénigne, et que l'expression de sarcome comporte l'idée de tumeur maligne.

Cependant lorsqu'une pareille tumeur aura de la tendance à envahir les parties voisines et à se généraliser, elle s'étendra toujours par la production d'éléments cellulaires abondants et qui finiront par constituer à eux seuls la tumeur.

Malgré ces aspects variables sous lesquels les fibromes peuvent se présenter, non seulement suivant les divers cas, mais encore sur la même tumeur, il n'est pas moins vrai qu'on peut constater des transitions insensibles entre ces diverses productions qui correspondent toutes évidemment à un tissu fibreux plus ou moins développé et constitué irrégulièrement à des degrés très variables. Cela doit être attribué, soit à ce que certaines parties se trouvent à des degrés divers de leur développement, soit à ce que les conditions dans lesquelles le développement s'opère sur les divers points sont bien différentes.

Des phénomènes analogues pourront être constatés sur les myomes proprement dits ou léiomyomes, et particulièrement sur ceux de l'utérus dans les conditions variables de développement où l'on a l'occasion de les observer.

S'il s'agit d'un myome à développement lent, on verra que les nouvelles fibres musculaires qui ont une structure analogue, se présenteront à tous les degrés dans les mêmes conditions, sauf que ces fibres pourront être plus nombreuses et former des faisceaux plus irréguliers. Aussi les trouve-t-on partout évoluant comme les fibres musculaires de l'utérus, c'est-à-dire d'une manière insensible.

Lorsque la tumeur prend un grand développement, on peut rencontrer exceptionnellement des phénomènes de dégénérescence avec infiltration calcaire, et même de mortification. Mais ce sont des phénomènes qui ne sont pas en rapport avec le développement ou l'évolution de la tumeur; car on ne les rencontre pas dans les tumeurs le plus communément observées, même assez volumineuses. Ils proviennent des troubles nutritifs occasionnés par une nutrition insuffisante due au développement exceptionnel pris par ces tumeurs, qui n'est pas en rapport avec l'état des vaisseaux, ou de l'oblitération accidentelle de ces derniers, même dans des tumeurs de petit volume.

Il n'en est plus de même lorsque les tumeurs ont pris une allure à grand développement plus ou moins rapide, et qui, comme nous l'avons vu, peuvent faire croire à tort à des phénomènes de dégénérescence, alors qu'il s'agit au contraire de néoproductions au début de leur formation. Comme la vascularisation de ces tumeurs est toujours très riche, on peut observer tous les intermédiaires entre les productions cellulaires dans un stroma finement granuleux, abondant, pourvu de beaucoup de vaisseaux, et la formation des fibres cellules débutant par des cellules rondes qui deviennent rapidement fusiformes et de plus en plus allongées et volumineuses, en formant, du reste, des faisceaux entre-croisés irrégulièrement, lesquels arrivent à constituer un tissu analogue au tissu normal sur les parties les plus anciennement produites.

Pour les tumeurs des os, on peut voir des chondromes constitués par un tissu cartilagineux qui, dans les formes bénignes, persiste en cet état pendant un temps parfois très long avec des changements qui sont insensibles comme ceux du tissu cartilagineux normal, quoique il en diffère plus ou moins par les caractères de ses cellules et même de la substance intermédiaire. Celle-ci peut être encore très variable, jusqu'à présenter un aspect myxoïde, lorsqu'elle est de faible consistance et abondante. Mais la disposition des vaisseaux qui nourrissent le tissu à distance est analogue à celle du tissu normal, et cette nutrition ne peut pas s'opérer autrement. Aussi le développement du tissu néoplasique a-t-il lieu de la même manière.

Certaines tumeurs des os commencent par donner lieu à des productions cartilagineuses qui se transforment en un tissu osseux plus ou moins anormal. Mais si l'on peut assister à cette évolution qui est en rapport avec les phénomènes normaux de même ordre, on voit aussi que ce tissu osseux analogue et non semblable au tissu normal, se présente avec une substance médullaire également plus ou moins modifiée, et persiste sans présenter d'autres phénomènes que ceux pouvant se rapporter à une insuffisance de nutrition produite accidentellement sur un point.

Bien plus souvent les tumeurs des os se présentent sous la forme de productions cellulaires analogues à celles du périoste et de la moelle osseuse, de telle sorte que les néoplasmes consistent uniquement en productions cellulaires au sein d'une substance intermédiaire d'aspect variable, mais toujours avec une tendance à la formation d'un tissu fibroïde en quantité variable.

Outre que cette tendance est un phénomène général commun, non seulement à toutes les tumeurs, mais encore à toutes les productions pathologiques, elle est particulièrement accusée dans ces tumeurs, en raison de la nature des éléments qui les constituent. C'est ainsi que les tumeurs qui ont pour origine le périoste donnent lieu très facilement à des cellules qui prennent le caractère fusiforme et, lorsqu'elles sont très abondantes, se présentent sous l'aspect fasciculé. Le même phénomène peut aussi se produire pour les tumeurs originaires de la moelle osseuse en raison de sa constitution; mais comme il y entre aussi une substance intermédiaire molle où se trouve encore souvent de la graisse, il en résulte que par la dérivation anormale de ces produits on peut avoir un stroma d'aspect myxoïde au milieu duquel se trouvent les éléments cellulaires de nouvelle formation, dont le protoplasma très fluide se confond avec la substance du stroma.

Si ces produits sont très abondants, ils peuvent s'accumuler en assez grande quantité en s'effondrant et en donnant lieu à des cavités anormales qui prennent un aspect kystique. Ainsi sont constitués les *prétendus myxomes* et les *prétendus kystes des os*, *qui n'ont aucun rapport avec le tissu muqueux, ni avec les kystes des glandes*; de telle sorte que ces dénominations ne font qu'entretenir une confusion regrettable au point de vue de l'origine et du mode de production de ces diverses lésions qui en diffère totalement. En tout cas, une fois constituées, ces tumeurs persistent dans les mêmes conditions de nutrition que le tissu normal, c'est-à-dire avec des changements insensibles.

Il en est de même des tumeurs des centres nerveux dont les cellules peuvent aussi prendre la disposition fasciculée, ou se présenter sous des formes et avec un volume très variable dans une substance intermédiaire qui, lorsqu'elle devient plus ou moins abondante, donne à la tumeur un aspect qui l'a fait comparer à de la glu par Virchow, d'où le nom de gliome qu'il a donné à ces tumeurs. Mais les cellules persistent avec les caractères empruntés en partie à leur milieu et qui sont nécessairement variables suivant leurs conditions de nutrition et d'évolution. Là aussi, les cellules prennent un volume et des formes en rapport avec ces conditions.

Il peut se former, comme dans les os, un effondrement des néoproductions de faible consistance par suite de l'abondance des productions fluides. Il en résulte parfois des cavités remplies de liquide, refoulant les parties environnantes et donnant lieu à un tassement du tissu néoplasique à la périphérie, et en réalité à la formation d'un pseudo-kyste, comme nous l'avons indiqué plus haut. (Voir p. 851.)

Dans les cas précédemment cités, le plus souvent, les modifications évolutives ne portent guère que sur les phases qui précèdent la période d'état des éléments et où ceux-ci arrivent à être plus ou moins analogues à ceux du tissu normal. Placés dans des conditions à peu près semblables, ils se comportent à peu près de la même manière, et ne sont également le siège que de modifications insensibles durant leur existence. Toutefois, les productions anormales aboutissent toujours à des formations plus ou moins anormales, précisément par le fait des conditions dans lesquelles elles sont produites et évoluent; mais elles sont relativement peu prononcées pour les tumeurs dont il vient d'être question.

Tout autres sont les phénomènes d'évolution des tumeurs épithéliales et glandulaires qui ont pour origine des tissus dont les éléments sont sans cesse en voie de rénovation plus ou moins active et passent par les phases successives d'augmentation, d'état variable et de déclin manifeste, avant de disparaître.

Dans les tumeurs bénignes à productions typiques on saisit difficilement, comme à l'état normal, les phases de formation des épithéliums ou endothéliums, quoiqu'elles deviennent cependant plus manifestes à l'état pathologique. Mais leurs phases évolutives ultérieures sont plus ou moins exagérées et l'on peut voir les cellules évoluer jusqu'à être réduites à l'état de déchets dont on trouve les traces à la surface des tumeurs de la peau et des muqueuses, ou qui sont accumulés dans les cavités glandulaires anormales. Il s'agit surtout de productions plus abondantes, peu modifiées, et qui, évoluant à la manière des cellules normales, aboutissent à des productions peu anormales, évidemment de même nature, et surtout exagérées, en passant par les mêmes phases rendues ainsi plus évidentes.

Lorsque les tumeurs deviennent ou sont d'emblée malignes, les néoproductions se formant avec des erreurs de lieu, c'est-à-dire dans des conditions tout à fait anormales, les phénomènes de développement et d'évolution sont plus ou moins modifiés, mais restent malgré cela en rapport avec les phénomènes normaux correspondants de chaque tissu d'origine des tumeurs.

Si l'on considère ce qui se passe, par exemple, dans un épithéliome de la peau ou des muqueuses à épithélium pavimenteux, on voit que la couche épithéliale superficielle diversement augmentée d'épaisseur et déformée, évolue en présentant des cellules plus ou moins volumineuses suivant la quantité des cellules fournies par la couche sous-épithéliale et par la place qu'elles peuvent occuper, en passant par les phases successives qui aboutissent aux formations épidermiques que l'on trouve à la surface sous la forme d'amas irréguliers plus ou moins abondants.

Or, si l'on considère en même temps les productions de même nature qui se présentent au sein du tissu sous-jacent, sous la forme de lobules, attenant ou non à la couche épithéliale superficielle, on trouve certainement les mêmes tendances formatives et évolutives, mais elles présentent des modifications en rapport avec les conditions anormales où elles se trouvent et d'autant plus prononcées que ces conditions s'éloignent de celles de l'état normal.

On voit d'abord que l'évolution des cellules n'a plus lieu dans le sens d'une surface libre, mais que les cellules évoluent de la périphérie au centre de l'amas cellulaire en raison des conditions de nutrition des cellules. Si les néoproductions sont encore assez bien équilibrées, et en rapport avec un état du stroma qui s'éloigne peu de celui du tissu sous-épithélial à l'état normal, de telle sorte qu'il y a surtout une production augmentée, on voit la périphérie des nodules présenter une rangée de cellules cylindriques, auxquelles succèdent des cellules polygonales qui deviennent de plus en plus volumineuses, puis plus claires et prennent en approchant des parties centrales, un aspect vitreux, sont déformées, puis ratatinées irrégulièrement ou imbriquées à la manière des feuilles d'oignon. Les parties centrales rappellent l'aspect des produits épidermiques : les cellules sont transformées en productions cornées ou kératinisées d'une manière plus ou moins défectueuse, en raison des conditions anormales où se trouvent ces cellules qui ne peuvent être éliminées comme sur les points de production habituelle et sont accumulées anormalement. Aussi arrive-t-il que sur les plus anciens lobules la plus grande partie du centre est irrégulièrement kératinisée, au point qu'il ne reste parfois qu'une mince couche périphérique de cellules épithéliales jeunes.

Au lieu d'une évolution cornée des parties centrales du lobule, on peut observer la transformation des cellules en une substance hyaline claire ou jaunâtre, granuleuse, qui ne peut être expliquée autrement que par l'évolution incomplète et anormale des cellules épithéliales constituant la couche dite *stratum granulosum*, laquelle renferme une substance d'aspect huileux, à laquelle M. Ranvier a donné le nom d'éléidine, et qui au lieu d'aboutir à la kératinisation des cellules peut présenter ces aspects variés désignés sous le nom de dégénérescence hyaline, mucoïde ou colloïde. En réalité, il ne s'agit que d'une modalité plus ou moins anormale dans le développement et l'évolution des cellules en rapport avec des conditions anormales de structure et de situation.

Ce qui prouve bien que cette interprétation est juste, c'est que sur la même préparation on peut trouver des lobules avec ces divers aspects, et même leur réunion plus ou moins évidente sur un même lobule; de telle sorte qu'on ne peut interpréter autrement les cas plus fréquents où l'une ou l'autre de ces variétés est prédominante ou exclusive.

Du reste, l'évolution des cellules varie beaucoup avec la quantité des éléments de production et par conséquent avec le degré de vascularisation du tissu. On peut se rendre compte que dans un stroma riche en vaisseaux, comme dans le cas d'envahissement d'un trajet fistuleux par un épithélioma, où les cellules du stroma semi-liquide sont très abondantes, les néoformations épithéliales prennent un rapide développement qui modifie leur évolution.

On voit les cellules du stroma accumulées pour former l'épithélium, et en si grande abondance sur certains points qu'on ne peut déterminer la limite de la couche épithéliale dont les cellules un peu allongées se confondent insensiblement avec celles du stroma et conservent encore cet aspect parfois jusqu'au milieu de la couche épithéliale, dont les cellules des parties centrales ont seulement le temps de prendre l'aspect épithélial.

Il se forme ainsi des boyaux épithéliaux irréguliers qui ont à peu près partout les mêmes caractères et ne présentent que çà et là un petit lobule colloïde ou corné ordinairement au centre des parties les plus épaisses et les plus anciennes, et qui sont en tout cas moins bien alimentées par les vaisseaux, tout juste pour indiquer la nature de ces productions, si l'on avait le moindre doute à cet égard.

Cette variété d'épithéliome a 'été désignée aussi sous le nom d'épithéliome muqueux, en raison de l'analogie de ces productions avec celles du corps muqueux de Malpighi; mais c'est bien à tort vu les confusions que cette expression peut engendrer. La dénomination d'épithéliome malpighien nous paraît préférable. Il est dit souvent tubulé, également à tort, comme M. Delbet l'a fait remarquer. Mieux vaut certainement désigner les variations que l'on peut rencontrer par les expressions indiquant la disposition réelle des productions, en lobules, en amas irréguliers, en colonnes, en réticulum, etc., mais qui peuvent toutes se présenter à des degrés divers sur la même tumeur et quelquefois sur la même préparation, d'où en réalité le peu d'importance de ces modifications polymorphes qu'il suffit de connaître.

Il importe cependant de savoir que cette variété correspond ordinairement à des tumeurs très envahissantes, dont les éléments, toujours abondamment et anormalement alimentés, ne se trouvent pas dans les conditions nécessaires pour suivre leur évolution habituelle. Il y a toujours des productions nouvelles qui se présentent à cette même période d'état, jusqu'à ce que les modifications profondes apportées incessamment et très rapidement dans le tissu qui en est le siège, occasionnent des troubles brusques de la circulation, d'où résultent des phénomènes de mortification et d'ulcération dont ces tumeurs sont fréquemment le siège.

Le stroma offre aussi un aspect très variable suivant les conditions dans lesquelles se présentent les tumeurs. Mais dans tous les cas il ne faut pas confondre la charpente fibreuse du tissu avec le stroma proprement dit, c'est-à-dire avec la substance au sein de laquelle se trouvent les néoproductions caractéristiques, qui comprennent des éléments cellulaires avec une substance intermédiaire d'aspect et de quantité très variables, ainsi que des vaisseaux.

Lorsque l'épithéliome se rapporte à la variété épidermique ou cornée très accusée, c'est-à-dire lorsqu'il y a à la fois des productions qui ont ce caractère au plus haut degré et sont très nombreuses ; on peut constater que le stroma est constitué par beaucoup d'éléments cellulaires avec fort peu de substance amorphe intermédiaire. Tout le tissu paraît *sec*, et, lorsque la préparation est tant soit peu ancienne, on remarque que ces cellules du stroma, en général assez volumineuses, ont pris aussi un aspect qui se rapproche de celui des cellules constituant les lobules. On trouve du reste toujours des points où existe une transition insensible entre ces diverses cellules. Naturellement ces phénomènes seront d'autant moins manifestes que les néoproductions seront plus discrètes et que le tissu envahi sera plus dense.

Le stroma n'aura plus du tout le même aspect lorsque les lobules présenteront l'évolution dite hyaline, mucoïde ou colloïde. La substance intermédiaire aura une apparence translucide et le protoplasma de ses cellules, analogue à celui des cellules des lobules, offrira aussi un aspect clair et translucide ou légèrement granuleux, mais paraissant plutôt *humide*.

Le stroma a encore bien souvent ce caractère dans les autres variétés de l'épithéliome malpighien qui se présente sous les aspects les plus divers et notamment dans la variété à cellules géantes.

Dans tous les cas on pourra constater que les cellules du stroma offrent constamment la plus grande analogie avec celles des productions caractéristiques, non seulement au point de vue de leur noyau qui frappe immédiatement l'attention, mais aussi en raison de l'état de leur protoplasma, dont les variations portent principalement sur la quantité et la forme, en rapport avec leur situation. On remarquera d'autre part, que la substance intermédiaire, en général peu appréciable, est toujours en harmonie avec celle du protoplasma des cellules par suite des échanges non douteux qui s'opèrent incessamment entre elles.

La situation des parties affectées et la manière dont elles sont irriguées par le sang semblent jouer un rôle important dans le développement des néoproductions. C'est ainsi que les épithéliomes superficiels ou limitant un tissu évolueront plutôt sous la forme épidermique ou cornée ; tandis que ceux qui se développeront dans les parties profondes et seront plus ou moins envahissants présenteront plutôt les autres variétés dans lesquelles les conditions de vascularisation motivent à la fois un afflux plus grand de liquide plasmatique et de cellules dans le stroma, où prennent naissance naturellement une plus grande quantité de formations cellulaires propres du tissu, sans qu'il y ait rien d'absolu.

Lorsque le stroma présente au plus haut degré l'aspect hyalin, transparent et humide, on le voit former entre les masses épithéliales et autour d'elles comme des bandes blanchâtres luisantes et lorsqu'elles sont assez larges, on y trouve aussi du tissu fibreux qui en forme la charpente. Si les coupes portent à la fois sur plusieurs amas cellulaires et sur les bandes de stroma intermédiaires, de forme et de volume divers, on a l'apparence de *corps oviformes* blanchâtres et hyalins, que l'on attribue à tort à une végétation particulière du tissu conjonctif. En effet ces tumeurs se rencontrent surtout au niveau des organes glandulaires dont la sécrétion est muqueuse et dont les cellules anormalement produites peuvent donner un produit analogue, c'est ainsi qu'on les observe principalement sur la face, la bouche, les fosses nasales, les glandes salivaires, etc.

Il suffit d'examiner les divers points d'une préparation (et au besoin les coupes portant sur plusieurs points), pour se rendre compte que tout le tissu intermédiaire aux amas cellulaires, offre à des degrés variables le même aspect, sans qu'on puisse déceler aucune végétation spéciale sur ce tissu qui est réparti inégalement, mais se trouve en rapport avec la structure de l'organe, tout comme le tissu interstitiel qui n'aurait pas cet aspect. En outre on peut trouver toutes les transitions entre ce dernier et celui qui offre plus ou moins l'état blanchâtre hyalin, jusqu'à donner l'apparence de corps oviformes. Cet aspect particulier tient uniquement, comme nous l'avons expliqué précédemment, à la qualité du protoplasma cellulaire, à ses rapports avec la substance et les liquides du stroma, qui, dans toutes les tumeurs, varient surtout en raison des qualités natives appartenant au tissu d'origine. Il faut y ajouter les modifications apportées par les déviations pathologiques, quelquefois assez considérables pour que les productions nouvelles s'éloignent des premières jusqu'au point de devenir méconnaissables.

La figure 225 qui se rapporte précisément à une tumeur glandulaire de la bouche, montre des productions épithéliales abondantes et en même temps des boules hyalines dont le mode de production paraît bien évident. C'est le protoplasma des cellules qui, en

devenant plus abondant, prend ce caractère en rapport avec la
nature de l'organe affecté, et finit par se diffuser en donnant lieu à
une substance incolore apparaissant sous la forme de taches blanchâtres au milieu des cellules. Cette même substance imprime au
stroma une teinte .particulière analogue, de telle sorte que les
coupes perpendiculaires des travées qui forment la charpente du
tissu se présentent aussi sous l'aspect d'amas arrondis, blanchâtres.
dits corps oviformes.

Dans. tous les cas les phénomènes de développement et d'évo-

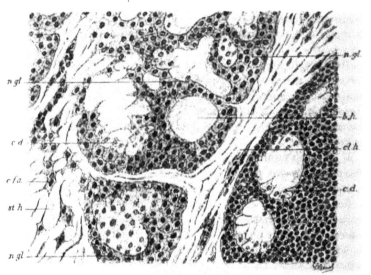

Fig. 225. — *Tumeur glandulaire de la bouche : épithéliome à boules hyalines
et à corps oviformes.*

n.g.l., néoproductions glandulaires. — *b.h.*, boules hyalines. — *c.d.*, cellules en désintégration. —
c.f.a., cellules fusiformes comme anastomosées. — *st.h.*, stroma hyalin. — *cl.h.*, cloison hyaline.

lution peuvent être profondément modifiés. Ils le seront surtout
lorsque les productions cellulaires seront plus abondantes et se présenteront avec des caractères atypiques, comme on peut l'observer
particulièrement dans le sarcome mélanique où les productions
aboutissent à des formations, tantôt alvéolaires et tantôt diffuses,
ayant partout des caractères analogues, et à la destruction irrégulière des tissus qui en sont le siège.

Les phénomènes relatifs au développement et à l'évolution des
tumeurs épithéliales ou glandulaires, sont d'autant plus variables
que les tissus d'origine présentent des éléments fournissant des

productions très actives, notamment des sécrétions qui exigent une grande consommation de cellules. Et les troubles seront encore plus grands, lorsque les néoproductions plus ou moins exagérées, donneront lieu à des sécrétions et à des déchets plus abondants, surtout lorsque la structure du tissu sera profondément modifiée, que ces produits seront retenus anormalement, que les phénomènes biologiques de tous genres seront entravés dans les conditions les plus variées.

C'est ainsi que les tumeurs des muqueuses pourvues de glandes et des organes glandulaires à épithélium cylindrique ou analogue, se présentent fréquemment avec des caractères variables, suivant les conditions de leur évolution.

Tumeurs kystiques à épithélium cylindrique variable.

Lorsque les néoproductions glandulaires sont à la fois intensives et limitées par une membrane d'enveloppe résistante (ce qui est ordinairement le cas des tumeurs bénignes), on peut les voir acquérir un volume plus ou moins considérable absolument autonome, lorsque l'accès du sang y est facile par les vaisseaux qui s'y rendent et continuent à se produire en même temps que les autres éléments.

C'est dans ces cas que les cellules abondent dans un stroma de faible consistance et où s'édifient des formations épithéliales nouvelles dont les produits de sécrétion s'accumulent à leur centre en donnant lieu à des cavités remplies de ces produits et de déchets épithéliaux, tandis que la paroi est tapissée de cellules cylindriques ou cubiques, remplacées au fur et à mesure de leur évolution par un plus grand nombre de cellules provenant du stroma et qui se substituent aux précédentes. Les cavités de ce genre tendent à s'agrandir, à la fois par la quantité de sécrétion liquide et de déchets cellulaires qui vont sans cesse en augmentant et par les cellules toujours plus nombreuses qui viennent se ranger à la surface interne de leur paroi au fur et à mesure que se distendent les cavités.

Ainsi sont constitués les kystes ordinairement multiples, mais de volume et de formes variables, d'autant que les cavités voisines en s'agrandissant, finissent par se fusionner, souvent en présentant encore des saillies irrégulières tapissées de cellules et qui correspondent à des parois incomplètement détruites. Toutefois on peut voir aussi des saillies formées par des replis épithéliaux irréguliers, dus à l'exubérance des productions cellulaires et à leur passage à l'état de cellules épithéliales.

C'est l'ovaire et la muqueuse de la portion avoisinante de la trompe qui donnent lieu aux productions kystiques les plus fréquentes et les plus volumineuses, connues sous le nom général de *kystes de l'ovaire.*

En considérant les petits kystes qu'on trouve si fréquemment sur l'ovaire, il semble bien que ce sont ceux-là qui sont formés aux dépens des follicules. Il ne s'agit pas d'une simple hydropisie folliculaire ; car les néoproductions peuvent être multiples et former des cavités assez grandes, toutes tapissées par un épithélium cylindrique haut dans les petites cavités, et plus bas dans les grandes, en raison de la compression exercée par la présence du liquide dans une poche à paroi fibreuse, toujours plus ou moins résistante, en raison du stroma de l'organe devenu fibroïde à la périphérie.

S'il n'y a aucun doute sur l'origine des précédents kystes, il n'en est pas de même des grands kystes toujours multiloculaires, même quand on les croirait d'abord constitués par une seule grande poche, ce qui est assez rare. Il est vrai que les kystes, dits proligères, désignés aussi sous le nom d'épithéliomes mucoïdes ou de cysto-épithéliomes, sont généralement considérés depuis les travaux de MM. Malassez et de Sinéty comme ayant pour origine, non les follicules de l'ovaire, mais l'épithélium qui recouvre sa surface, et qui pénétrerait dans son parenchyme augmenté de volume.

Or, cette hypothèse doit être rejetée, d'abord parce qu'on ne voit pas plus un épithélium s'enfoncer dans un parenchyme qu'on y voit pousser des prolongements. Ce que nous avons dit au sujet de cette dernière hypothèse, qui est contraire à ce qu'on peut observer dans la formation des épithéliums, est applicable à la première. Et, du reste, on ne voit pas en vertu de quelle force un épithélium pourrait ainsi pénétrer à travers un tissu plus ou moins dense. Enfin, les productions épithéliales des kystes s'éloignent ordinairement beaucoup des caractères présentés par l'épithélium de recouvrement de l'ovaire qui est plus ou moins bas, tandis que celui des néoproductions est ordinairement plus ou moins haut avec des cellules caliciformes et parfois avec des cellules à cils vibratiles.

Il résulte de la nature de ces productions que si l'on peut attribuer à un certain nombre de ces kystes une origine ovarienne, vu que dans certains cas le kyste débute effectivement dans l'organe qui peut être isolé, il est probable qu'un plus grand nombre, et particulièrement les plus volumineux, doivent provenir de la muqueuse des trompes oblitérées au voisinage de l'ovaire.

En effet, certaines préparations de kystes proligères offrent tout à fait le même aspect qu'une trompe dont la muqueuse est en état d'hyperplasie exubérante, au point qu'il serait impossible de les différencier si l'on n'avait d'autre document que les préparations histologiques. Du reste, lorsqu'on examine ces tumeurs au point de vue macroscopique pour en rechercher le point de départ, on ne peut pas mieux isoler la trompe que l'ovaire; car ces parties sont

Fig. 226. — *Tumeur kystique de l'ovaire ou préovarique* (préparation provenant d'une pièce durcie par l'alcool et la gomme).

e.c., épithélium cylindrique à cellules hautes tapissant les cavités kystiques. — *st.s.*, stroma d'aspect scléreux où l'on aperçoit cependant des éléments cellulaires surtout près de l'épithélium. — *v*, vaisseau.

confondues avec les néoproductions. En outre, il est à remarquer que l'épithélium de la muqueuse des trompes se continue jusqu'au niveau de l'ovaire; ce qui peut expliquer jusqu'à un certain point l'englobement de ces parties dans la tumeur. C'est ainsi que ces kystes peuvent être ovariques ou salpingiques, sans confondre, toutefois, ces derniers avec la simple dilatation des trompes oblitérées ou hydrosalpinx qui en diffère totalement.

La figure 226 offre un spécimen d'une tumeur kystique de l'ovaire ou préovarique, dont les cavités sont tapissées par un épithélium cylindrique à cellules hautes très exubérant. Ces éléments sont

fournis par les jeunes cellules du stroma que l'on aperçoit vers la
base des cellules. Toutefois, au premier abord, il semble étonnant
qu'un stroma, d'aspect plutôt fibroïde, puisse donner lieu à une
pareille quantité d'éléments dont les produits de sécrétion et les
débris contenus dans les cavités sont considérables. Mais ce tissu
n'a que l'apparence d'une structure aussi dense. Le même fragment
examiné à l'état frais après un durcissement rapide par l'acide
carbonique liquide, montre que le stroma est en réalité constitué
par des productions cellulaires excessivement nombreuses qui

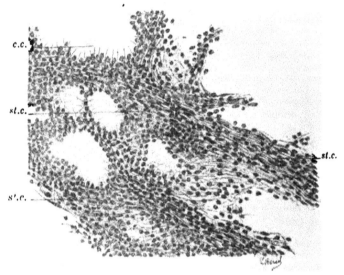

Fig. 227. — *Tumeur kystique de l'ovaire ou préovarique* (préparation provenant du
même fragment que la préparation précédente, mais durci par l'acide carbonique
liquide).

c.c., cavités kystiques tapissées par des cellules cylindriques dont le protoplasma n'est guère
appréciable que par les lignes de jonction des cellules, mais dont les noyaux sont bien manifestes
et semblables à ceux du stroma. — st.c., stroma constitué absolument par des cellules dont les
noyaux sont très apparents par ce mode de préparation qui montre la réalité de sa constitution,
alors que sur la précédente figure on aurait pu croire à un stroma fibroïde.

rendent bien compte de l'abondance des productions épithéliales
(fig. 227).

Très fréquentes sont aussi les tumeurs kystiques du sein, qui
se rapportent ordinairement à des adénomes, c'est-à-dire à des
tumeurs bénignes, limitées par une membrane d'enveloppe fibreuse
et résistante. La disposition des cavités varie à l'infini, ainsi que
l'aspect de l'épithélium qui les tapisse. D'une manière générale, les

néoproductions kystiques sont d'autant plus abondantes que le
stroma est plus riche en cellules et en vaisseaux. Les cavités
kystiques sont en général très petites et très nombreuses. Cependant il n'est pas rare d'observer un ou plusieurs kystes à grand
développement coexistant toujours avec de petits kystes microscopiques.

La paroi des grands kystes devient alors plus ou moins dense et
résistante par refoulement du tissu, et même parfois tout à fait
fibreuse d'autant plus que l'évolution de la tumeur s'opère plus

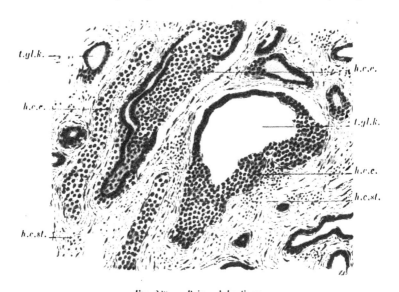

FIG. 228. — *Rein polykystique.*

t.gl.k., tubes glandulaires kystiques. — *h.c.e.*. hyperplasie des cellules préépithéliales. —
h.c.st., hyperplasie des cellules du stroma.

lentement et se trouve naturellement plus bénigne. Il résulte ainsi
de ces conditions anatomiques que l'épithélium est diminué de
hauteur et qu'il peut être tout à fait bas et aplati, voire même
constitué par de toutes petites cellules, tandis que celui des jeunes
kystes qu'on rencontre dans le voisinage est formé par des cellules cylindriques plus ou moins hautes. Cependant cette différence
dans l'état de l'épithélium n'implique pas un changement de nature
dans les néoproductions qui ont seulement des caractères en rapport avec les conditions physico-chimiques dans lesquelles elles se
trouvent. Cela contribue aussi à prouver qu'on ne doit pas attacher

une importance telle à l'état des cellules épithéliales, qu'on en fasse la base d'une classification des tumeurs.

Nous avons donné précédemment plusieurs figures se rapportant à des adénomes du sein avec des productions kystiques (fig. 165 et 172.

Il n'y a aucune raison pour ne pas considérer également les kystes des autres organes comme des tumeurs adénoïdes, en général bénignes. C'est l'interprétation qui nous semble la plus rationnelle pour la maladie kystique des reins et du foie, dont les lésions coexistent si fréquemment. Le mode de production de ces kystes est le même que celui des tumeurs kystiques de la mamelle. Avec une vascularisation augmentée, il y a une hyperplasie cellulaire intense donnant lieu à la formation de cavités de volume variable, tapissées par un épithélium qui peut également varier avec l'étendue des cavités.

La figure **228** qui représente un point très limité d'un rein kystique, montre la transformation du tissu où se manifeste une hyperplasie cellulaire particulièrement intense au voisinage des cavités kystiques. Celles-ci sont tapissées par un épithélium cylindrique, dont la hauteur des cellules varie, mais qui est plutôt basse dans les grandes cavités qu'on ne peut reproduire sur un dessin.

La figure 229 offre un spécimen de kystes simultanément développés dans le foie. On voit à côté d'une petite portion de la paroi d'un grand kyste, dont l'épithélium de revêtement a disparu, des productions initiales au niveau des canaux biliaires dont les éléments sont en état d'hyperplasie, en même temps qu'il existe une sclérose très prononcée des espaces portes notablement agrandis.

Ce ne sont pas, comme on l'a dit depuis longtemps, des dilatations de tubes du rein ou de canalicules biliaires, par rétention : car aux obstructions des tubes et des canaux d'excrétion correspondent des phénomènes atrophiques. Ce sont bien à proprement parler des productions nouvelles. La constatation de kystes de ce genre sur des nouveau-nés a fait admettre par certains auteurs une origine congénitale à ces lésions. Mais leur parfaite similitude avec d'autres tumeurs kystiques manifestement développées sur l'organisme adulte, montre qu'il s'agit encore sur le fœtus d'un processus pathologique survenu après la formation de l'organisme et non d'une malformation embryonnaire dont ces productions diffèrent totalement.

On pourrait plutôt considérer ces lésions comme analogues à des productions inflammatoires (ainsi qu'on le fait souvent pour la plupart des tumeurs bénignes). Elles s'en distinguent, toutefois, par la continuation des phénomènes d'hyperplasie cellulaire, et l'édification persistante de nouvelles productions kystiques telles, qu'on ne les observe jamais à ce point dans les néphrites chroniques. Il est vrai que, sur les reins plus ou moins sclérosés des vieillards, il est fréquent de rencontrer quelques petits kystes irrégulièrement disséminés ; mais nous avons déjà insisté sur les transitions

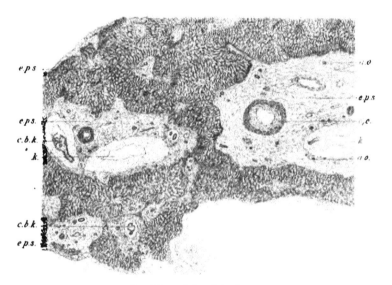

Fio. 229. — *Foie polykystique.*

c.p.s., espaces portes sclérosés. — c.b.k., canaux biliaires kystiques. — k; kystes dont l'épithélium de revêtement est tombé. — a.e., artère avec endartérite. — a.o., artères oblitérées.

insensibles qu'on peut constater entre le processus de certaines inflammations, notamment entre celui qu'on observe dans beaucoup de circonstances chez les tuberculeux, chez les syphilitiques, et le processus qui constitue les néoplasmes bénins.

Tous les organes glandulaires peuvent être le siège de kystes formés de la manière précédemment indiquée. Il y a donc toutes raisons de considérer ceux-ci comme des *adénomes kystiques*, en général bénins, et d'autant plus sûrement que les kystes sont plus nombreux et surtout plus volumineux.

L'une des productions de ce genre les plus communément

rencontrées est l'adénome du corps thyroïde, désigné plutôt sous le
nom de goitre kystique ou même simplement de goitre (fig. 230).
Le tissu est le siège d'une hyperplasie cellulaire plus ou moins
abondante et l'on constate à ce niveau des formations glandulaires
nouvelles caractérisées par la présence de cavités tapissées par un
épithélium cylindrique bas et qui renferment une substance
colloïde spéciale sécrétée par ces cellules. Tantôt les cavités sont
très petites et très nombreuses, et tantôt elles prennent des dimen-

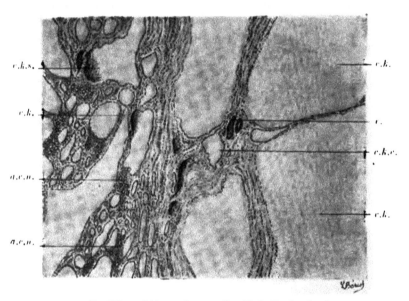

Fig. 230. — *Adénome du corps thyroïde* (goitre kystique).
c.k., cavités kystiques. — *c.k.e.*, cavité kystique avec revêtement épithélial bien visible. —
c.k.s., cavité kystique avec épanchement de globules sanguins. — *a.c.n.*, amas cellulaires avec néoformations glandulaires jeunes. — *v.* vaisseaux.

sions variables jusqu'à former de grandes cavités kystiques dont la
paroi présente encore souvent des traces de leur revêtement épithélial; ce qui prouve bien qu'il s'agit de véritables kystes. Le
stroma est hyalin, blanchâtre et l'on y trouve des cellules offrant
la plus grande analogie avec celles de l'épithélium, surtout au
voisinage de celui-ci.

Cependant des tumeurs de cette nature qui sont habituellement
bénignes peuvent à un moment donné devenir malignes; ce qui
prouve bien leur caractère néoplasique, et la nécessité de les com-

prendre parmi les tumeurs, au moins jusqu'à ce qu'on ait découvert leur cause. Certaines tumeurs malignes pourront même au début présenter des productions kystiques, mais celles-ci sont en général peu développées et limitées aux premières néoproductions. Du reste, on comprend que ce soit une production se rapprochant de l'état normal, dont l'épithélium se trouve dans des conditions le rendant apte aux sécrétions abondantes, qui donne lieu aux kystes, plutôt qu'une production épithéliale atypique qui n'a guère eu le temps d'acquérir cette propriété. En outre ces derniers éléments ont une tendance à envahir les parties voisines, tandis que les tumeurs kystiques sont limitées. Nous aurons bientôt à revenir sur ce point à l'occasion de la transformation des tumeurs bénignes en tumeurs malignes.

Kystes et pseudo-kystes.

A propos de ces tumeurs kystiques, nous ferons remarquer qu'on doit réserver le nom de kyste à une cavité pouvant contenir un liquide de nature variable, mais dont les parois sont tapissées par un épithélium. Celui-ci peut être constitué par de petites cellules très fragiles dans les grands kystes à parois épaisses et susceptibles de disparaître par dégénération ou plutôt par suite des altérations cadavériques et des manipulations; mais on en retrouve souvent la trace sur quelques points, ou bien les préparations présentent, tout à côté, des kystes de moindres dimensions avec le revêtement épithélial de leur paroi. C'est en faisant porter les examens sur des cavités kystiques non ouvertes qu'on a le plus de chances de retrouver quelques traces de l'épithélium de revêtement.

Ces remarques sont applicables à la plupart des adénomes bénins de la variété kystique et plus particulièrement au goître kystique que l'on rencontre si fréquemment. Nous ajouterons que si celui-ci, lorsqu'il est tant soit peu développé, offre en outre si souvent une paroi, non seulement sans revêtement épithélial, mais encore, plus ou moins irrégulièrement constituée par les néoproductions glandulaires voisines; c'est que ces dernières, en raison du développement autonome de la tumeur, ont fait irruption dans la cavité qui offrait une moindre résistance. C'est par suite des mêmes circonstances et des déchirures de vaisseaux qui doivent en résulter, qu'on y rencontre aussi fréquemment du sang plus ou moins altéré et des produits divers en dégénérescence.

Déjà nous avons eu l'occasion de dire qu'on désigne à tort sous

le nom de kyste, des collections liquides que l'on trouve au milieu
de productions néoplasiques, constituées de manière à subir cette
transformation par le fait d'un effondrement du tissu altéré. Ainsi
il n'y a pas de kystes des os, ni de la substance cérébrale. Il ne
s'agit dans ces cas que de *pseudo-kystes.* C'est ce que nous avons
aussi constaté pour les myomes. Il en est encore de même pour
certaines productions glandulaires dont la nature kystique s'impose,
pour ainsi dire, au premier abord. C'est ainsi que notamment dans
les tumeurs glandulaires malignes d'aspect kystique, on doit avoir
affaire le plus souvent à des pseudo-kystes.

En conséquence, toutes les fois qu'on se trouve en présence d'une
néoproduction avec formation d'une collection liquide dans n'importe quel organe, même dans un organe glandulaire, il importe
de déterminer s'il s'agit d'un *véritable kyste*, c'est-à-dire d'une
*collection liquide contenue dans une cavité dont la paroi est tapissée
par un épithélium, à la sécrétion duquel il faut rapporter cette
collection*, ou bien si l'on n'a affaire qu'à un *pseudo-kyste constitué
par l'effondrement d'un tissu de nouvelle formation*, cette dernière
circonstance se rapportant plutôt à des tumeurs malignes auxquelles on attribue à tort le caractère kystique, ainsi que nous
avons eu l'occasion de l'observer notamment pour certaines tumeurs
du sein.

Tumeurs kystiques à épithélium pavimenteux.

Nous avons eu en vue précédemment les kystes formés par des
glandes à épithélium cylindrique. Les glandes sébacées peuvent
aussi être l'origine de formations kystiques dont les parois sont
tapissées par un épithélium pavimenteux stratifié, et dont les
cellules se transforment graduellement en une substance blanchâtre semi-liquide, évidemment de même nature, qui remplit la
cavité (kystes sébacés). Ce sont bien de véritables kystes; car leur
contenu provient de la sécrétion des cellules qui tapissent
leur paroi. Des produits de même nature, mais non limités,
peuvent aussi être fournis par des néoproductions malpighiennes
plus ou moins exubérantes, irrégulières et malignes, comme nous
en avons observé quelques cas sur le cuir chevelu.

La plupart des kystes dermoïdes sont constitués d'une manière
analogue, mais la structure complexe et régulière de leurs parois
indique sûrement leur origine congénitale, quand bien même ils
ne prennent un développement apparent qu'à une époque plus ou

moins éloignée de la naissance, ce développement paraissant souvent en rapport avec celui des éléments épithéliaux des parties normales de l'organisme. Ce ne sont pas des tumeurs, parce qu'il ne s'agit pas de formations nouvelles sur l'organisme constitué et qu'on est seulement en présence du développement d'un tissu anormalement formé dans la période embryonnaire et dont les produits sont retenus aussi d'une manière anormale.

PRODUCTIONS DÉRIVANT DU PROTOPLASMA MODIFIÉ ET ALTÉRÉ DES CELLULES

Dans les adénomes kystiques précédemment examinés, il est à remarquer que le contenu des kystes, qui est très variable, est toujours en rapport avec l'état du protoplasma cellulaire en général plus ou moins volumineux dans un tissu bien vascularisé, pour fournir ces productions qui, tantôt sont liquides et claires, d'aspect vitreux ou colloïde et tantôt demi-liquides et opaques, d'aspect gras, et dans tous les cas mélangées à des débris cellulaires. Ces produits se confondent insensiblement avec le protoplasma des cellules le plus immédiatement en rapport avec eux et qui peut être très variable, en raison des propriétés originelles de ces cellules et des modifications pathologiques qu'elles présentent.

Du reste, dans la plupart des productions néoplasiques typiques, métatypiques ou atypiques, on remarque, pour peu que les cellules prennent un développement suffisant, que leur protoplasma arrive à présenter un aspect qui rappelle la nature des cellules du tissu d'origine. Mais on y trouve des modifications dérivant des conditions anormales de ces cellules au point de vue de leur nutrition, c'est-à-dire de l'apport des matériaux nutritifs et de l'élimination imparfaite des déchets. Il peut en résulter des altérations excessivement variables qui sont encore mal connues, mais qui aboutissent à la formation des états désignés sous les noms de dégénérescences mucoïde, colloïde, etc.

Dégénérescence ou production mucoïde.

Nous avons déjà eu l'occasion de faire remarquer l'état particulier que présente le protoplasma des cellules dans les tumeurs d'origine glandulaire. Il est très accusé sur les productions typiques, et souvent aussi dans celles qui sont atypiques. Son aspect peut

même servir à déceler la nature des néoproductions diffuses au
milieu des tissus, en considérant l'état des cellules qui ont pu
prendre un développement suffisant. Bien souvent encore le protoplasma cellulaire fournit une sécrétion qui se manifeste par la
production d'une gouttelette hyaline dans la cellule même ou qui,
d'autres fois, se répand d'une manière diffuse à la périphérie, en
donnant à la préparation un aspect humide et au stroma une teinte
blanchâtre. Ce dernier cas se présente surtout avec les tumeurs des
glandes salivaires, tandis que le précédent se rencontre fréquemment avec celles de l'estomac et de l'intestin. C'est à ces productions que l'on donne le nom de *dégénérescence muqueuse ou mieux
mucoïde*.

Rien n'est commun comme d'observer cet état au niveau des
tumeurs métatypiques de l'estomac. Sur les cellules tapissant des
cavités de forme variable ou disposées en amas irréguliers, on
aperçoit au niveau de leur protoplasma une gouttelette arrondie,
tout à fait hyaline, absolument caractéristique de la nature glandulaire de ces cellules, principalement sur les points où elles sont
le plus volumineuses.

Si l'on examine les cellules isolées, disséminées dans les divers
points de la paroi stomacale, on voit que la même gouttelette
hyaline de volume variable, se trouve dans les cellules qui ont pu
prendre un développement suffisant, et même que toutes les cellules dont on peut apercevoir manifestement le protoplasma offrent
un aspect translucide indiquant l'imminence de la formation mucoïde exagérée et souvent débordante. Il est, en effet, difficile de
localiser la production mucoïde lorsqu'elle est abondante; car tantôt
elle forme comme une vésicule refoulant le noyau à la périphérie
de la cellule, et tantôt elle paraît envelopper les amas cellulaires
comme d'un nuage blanchâtre, diffus. Mais lorsque la production
débute, c'est toujours dans le protoplasma cellulaire, clair, hyalin
ou granuleux, sous la forme de fines gouttelettes qui se réunissent
pour former les gouttes plus volumineuses et les amas diffus.
Comme les cellules conjonctives sont de même nature et qu'elles
sont, à un moment donné, le siège d'une évolution analogue, il
s'ensuit que le stroma prend souvent aussi un aspect mucoïde
général plus ou moins accusé.

On peut continuer à donner à cette altération le nom de dégénérescence muqueuse ou mucoïde, mais en remarquant qu'en réalité
il s'agit d'une sécrétion ou production mucoïde qui a lieu aux
dépens des cellules néoformées, agglomérées, ou isolées, lors-

qu'elles ont eu le temps et l'espace nécessaires pour prendre un développement suffisant. La sécrétion a lieu assurément aux dépens du protoplasma des cellules, comme toute sécrétion, et avec le concours des liquides exsudés simultanément. C'est une sécrétion anormale et peut-être exagérée, mais en tout cas retenue dans les tissus et naturellement viciée, spéciale aux muqueuses et aux glandes, c'est-à-dire aux cellules sécrétantes. Elle résulte d'une déviation survenue dans la fonction d'organes plus ou moins modifiés et elle est en rapport avec ces modifications.

Dégénérescence ou production colloïde.

Les mêmes considérations sont applicables à l'altération analogue désignée sous le nom de *dégénérescence colloïde*, qui donne lieu à des modifications se confondant parfois avec les précédentes, et qui sont ordinairement beaucoup plus prononcées au point de déterminer des dissociations plus ou moins considérables dans les parties constituantes des tissus affectés.

L'altération colloïde est en rapport avec le développement que peuvent prendre les cellules de nouvelle formation. Les jeunes cellulles, surtout lorsqu'elles sont agglomérées ou tassées, ne présentent que peu de protoplasma. Mais à mesure que celui-ci peut se développer, notamment lorsque les cellules se trouvent dans un espace ou une cavité libre, on le voit devenir volumineux et comme granuleux, mûriforme, constitué par un amas de granulations réfringentes, blanchâtres ou légèrement jaunâtres, qui semblent distendre les cellules. Les cavités ordinairement plus ou moins arrondies où les cellules de ce genre se rencontrent, sont elles-mêmes distendues par une substance claire, hyaline ou plus ou moins granuleuse, dont les granulations disposées en petits amas forment des tourbillons indiquant la présence de la substance mucoïde ou colloïde, et en même temps on constate l'existence de cellules dont le noyau n'est plus entouré que de quelques débris de protoplasma de même nature que celui des grosses cellules, mais d'où l'on voit sortir la substance répandue dans les cavités ; ce qui ne laisse aucun doute sur son origine aux dépens du protoplasma cellulaire.

Ainsi, les cellules arrivent à acquérir un volume plus ou moins considérable et leur contenu donne lieu à la substance mucoïde et granuleuse, dite colloïde, qui distend les cavités où se trouvent les cellules. Lorsque celles-ci ne sont pas trop nombreuses et ont pu continuer à se développer, on les trouve dans l'une des conditions indiquées précédemment. Mais il peut se faire que les cellules du centre de l'agglomération soient restées de petit volume, pendant que celles de la périphérie ont pu se développer et donner lieu à la cavité où elles se trouvent libres par la présence d'une plus ou moins grande quantité de liquide sécrété.

L'origine de la lésion ne consiste pas seulement dans une dégénérescence emportant l'idée de dépérissement et de désintégration : car il y a d'abord une augmentation considérable du volume des cellules qui ne peut pas être considéré comme une dégénérescence dans le sens d'une diminution de production. C'est plutôt un trouble caractérisé par une *production exagérée du protoplasma*, donnant lieu à une sécrétion également exagérée et plus ou moins modifiée par les conditions anormales dans lesquelles se trouvent les cellules et leurs produits retenus au sein des tissus, d'où l'aspect gommeux ou colloïde des productions.

Si l'on pouvait douter encore de la nature des cellules du stroma, l'étude du cancer colloïde suffirait à sa démonstration.

On constate, en effet, que toutes les cellules du stroma qui se trouvent dans les conditions propres à leur développement ont subi les mêmes modifications ou sont en voie de les présenter à des degrés divers. Il en résulte que tout le tissu conjonctif est plus ou moins dissocié par le fait de la *participation de toutes les cellules à ces modifications*, et naturellement à des degrés divers suivant la quantité et le volume des cellules qui s'y trouvent. Plus le tissu est dense et plus les cellules sont petites, moins les phénomènes de dissociation sont accusés. Mais encore dans certains cas, il y a beaucoup de points où l'on ne trouve plus intactes que les grosses travées fibreuses, tandis que les autres travées conjonctives sont dissociées et distendues à des degrés divers.

On dit, dans ces cas, que la dégénérescence atteint toutes les parties constituantes de l'organe, alors qu'en réalité ce sont toutes les cellules nouvellement produites qui ont acquis des proportions plus ou moins volumineuses et anormales, aboutissant à la production d'une substance mucoïde, colloïde, qui infiltre alors le tissu dans toutes les parties où les cellules seront répandues. Et si les cellules sont produites en très grande quantité sans que la matière qu'elles sécrètent puisse s'écouler au dehors, il arrive que celle-ci se collecte dans des cavités de capacité variable.

Le cancer colloïde de l'estomac et de l'intestin est assez fréquent pour qu'on ait souvent l'occasion d'étudier les phénomènes qui s'y rapportent dans les productions typiques et atypiques dont nous avons précédemment donné un spécimen (fig. 196). Mais c'est en examinant surtout à un fort grossissement les points en désintégration, soit à la surface, soit dans les parties profondes qu'on peut bien se rendre compte des altérations considérables que cette dégénérescence engendre.

La dégénérescence colloïde des glandes acineuses est plus rare. Nous avons eu plusieurs fois l'occasion de l'observer sur des tumeurs du sein, et même à un très haut degré dans un cas de

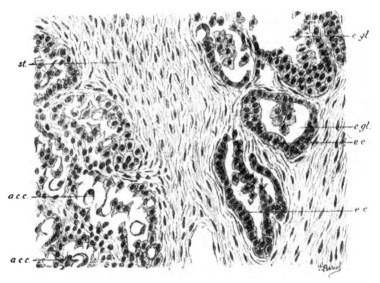

FIG. 231. — *Cancer colloïde du sein.*

c.gl., cavités glandulaires tapissées par un épithélium à cellules cubiques, *e.c.*, dont quelques-unes ont un protoplasma colloïde. — *a.c.c.*, cavités alvéolaires remplies de cellules à protoplasma colloïde pour la plupart. — *s.t.*, stroma d'aspect hyalin particulier en harmonie avec l'état du protoplasma des cellules qui s'y trouvent.

cancer en cuirasse où les deux seins étaient affectés. Cependant cette altération ne se rencontre guère que sur des points localisés des parties profondes et surtout du mamelon. La figure 231 montre les lésions initiales d'un cancer colloïde du sein.

Mais, dira-t-on, pourquoi une tumeur de la muqueuse de l'estomac, par exemple, constituée par les éléments déviés de cette muqueuse, présentera-t-elle ou non l'évolution colloïde? C'est évidemment une question qu'il n'est pas facile de résoudre, parce qu'elle dépend de conditions physico-chimiques multiples qui n'ont pas encore été suffisamment étudiées. Nous ne savons pas davantage pourquoi une tumeur de l'estomac offrira plutôt telle ou telle variété de tumeurs typiques ou atypiques, parce que nous ignorons également la plupart des conditions qui régissent la production des éléments normaux et à plus forte raison de ceux qui sont plus ou moins modifiés par des agents nocifs que nous ne connaissons pas non plus. Mais cela n'empêche pas d'admettre, comme nous l'avons fait, ce qui peut être constaté.

On voit ainsi que les néoproductions cellulaires anormales continuent d'évoluer d'une manière variable certainement, mais que cette évolution est, dans tous les cas, en rapport avec le développement et l'évolution des cellules normales où la tumeur a pris naissance, car l'analogie des productions cellulaires est tout à fait caractéristique dans beaucoup de cas. Elle est encore très manifeste lorsque ces produtions sont exagérées, quoique plus ou moins anormales, et on peut encore en déceler les traces dans les néoproductions qui, au premier abord semblent s'éloigner le plus de celles de la muqueuse normale. Et, ces phénomènes, que l'on retrouve au niveau de toutes les productions cellulaires du stroma, confirment l'interprétation que nous attribuons au rôle de ces cellules.

On peut même parfois trouver un état particulier du protoplasma des cellules pathologiques, qui rappelle tout à fait celui des cellules normales en activité, comme dans certaines tumeurs du sein où il est analogue à celui des cellules dans la période de lactation.

Les mêmes considérations sont applicables aux tumeurs typiques du corps thyroïde, où toutes les cellules des néoformations glandulaires et du stroma ont un protoplasma particulier qui ne laisse aucun doute sur la nature spéciale de toutes ces productions; car, quelle que soit la substance tinctoriale employée, le protoplasma et les noyaux des nouvelles cellules offrent le même aspect que ceux des parties saines de l'organe. Et même dans les tumeurs atypiques qui présentent souvent des déviations très prononcées, on retrouve parfois sur quelques points la trace du protoplasma caractéristique de sa nature.

Surcharge ou dégénérescence graisseuse des cellules.

Enfin on peut constater aussi dans le protoplasma cellulaire des tumeurs de quelques organes une surcharge granulo-graisseuse ou graisseuse particulière, se rapportant à une production exagérée avec une déviation plus ou moins prononcée dans l'état normal du protoplasma cellulaire de l'organe affecté. C'est notamment ce que l'on peut constater parfois sur certaines tumeurs du foie et du rein. Et tout en donnant à ces productions la même dénomination de surcharge ou de dégénérescence graisseuse, il est à remarquer que celle-ci se présente avec des caractères spéciaux pour les tumeurs de chacun de ces organes.

Sur une figure (232) qui se rapporte à une tumeur du rein avec

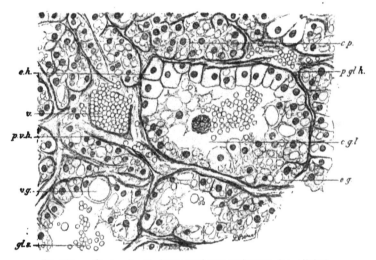

FIG. 232. — *Cancer du rein* (avec surcharge graisseuse des cellules).

c.gl., cavité glandulaire contenant des débris cellulaires et des globules sanguins. — *c.p.*, cavité pleine. — *e.h.*, épithélium à protoplasma hyalin. — *e.g.*, épithélium à protoplasma surchargé de vésicules graisseuses. — *v.g.*, vésicules graisseuses. — *p.gl.h.*, parois glandulaires hyalines. — *p.v.h.*, parois vasculaires hyalines. — *v*, vaisseau rempli de sang. — *gl.s,*, globules sanguins dans une cavité glandulaire.

cet état particulier des cellules que l'on rencontre assez fréquemment, on peut remarquer que non seulement celles qui tapissent les nouvelles cavités ou les remplissent, offrent un protoplasma chargé d'une substance claire réfringente, qui doit être considérée comme une anomalie du protoplasma des cellules des tubes contournés, mais que les cellules conjonctives, qui limitent ces cavités et ont une disposition fusiforme plus ou moins prononcée, présentent aussi un protoplasma constitué par la même substance réfringente; ce qui contribue encore à compléter la démonstration de l'identité de nature de toutes ces cellules.

Ces diverses modifications spéciales aux tumeurs de certains organes ou tissus ne sont parfois pas apparentes dès le début de la production des cellules, comme cela devrait être s'il s'agissait d'éléments résultant de la division des cellules dites adultes suivant les auteurs. Et l'on ne peut pas objecter que c'est parce qu'il s'agit de cellules dégénérées et impropres à la reproduction : car l'on voit ces cellules occuper leur disposition habituelle dans les tumeurs typiques et métatypiques ou atypiques, qui sont également en voie d'accroissement.

En effet on peut parfaitement se rendre compte que les jeunes cellules conjonctives n'offrent pas de caractère particulier tout à fait au début, et que celui-ci ne se manifeste qu'au fur et à mesure du développement des néoproductions, devenant seulement manifeste lorsque les cellules ont eu le temps et l'espace nécessaires pour leur transformation évolutive. C'est ainsi que toutes les productions avancées, et dans des conditions à pouvoir se développer, offrent des caractères spéciaux, tandis que ceux-ci sont de moins en moins prononcés à mesure qu'on examine les parties périphériques et celles où les amas cellulaires sont plus ou moins denses et pressés, de telle sorte que les cellules sont restées petites et que leur protoplasma est peu appréciable. Mais si des cellules voisines sont dans des conditions plus favorables à leur développement, on voit leur protoplasma commencer à prendre ces caractères qui sont d'autant plus manifestes que les cellules sont plus volumineuses.

Ce sont les tumeurs dont les cellules subissent ces modifications spéciales bien manifestes, qui sont le plus propres à la démonstration de la nature des cellules conjonctives, comme nous l'avons déjà dit ; parce que dès que les cellules, même isolées, sont tant soit peu développées, on voit poindre l'altération indiquant leur nature. Ce phénomène n'est pas aussi manifeste pour les éléments cellulaires des tumeurs qui ne présentent pas cette altération, mais la même interprétation leur est applicable, vu l'analogie des lésions et souvent même l'identité des caractères du protoplasma pour toutes ces cellules lorsqu'elles ont pu acquérir un développement suffisant.

ACCROISSEMENT DES TUMEURS

Le développement et l'évolution des cellules que nous avons précédemment examinés, en les considérant isolément pour sérier les questions, sont toujours accompagnés de la production inces-

sante de nouveaux éléments anormaux, d'où résulte l'*accroisse-*
ment progressif des tumeurs, qui est leur caractère le plus constant.
Il provient de la continuation dans les phénomènes de production
de la tumeur, soit aux dépens de ses propres éléments, comme il
arrive pour les tumeurs bénignes, dont l'accroissement est autochtone, soit en même temps par l'envahissement des parties voisines
et éloignées des divers tissus auxquels les néoproductions se substituent, ce qui est le fait des tumeurs malignes. Dans tous les cas
ces néoproductions, comme celles dites inflammatoires, augmentent
d'après les lois de production de chaque tissu normal où elles ont
pris naissance et sont toujours régies par le même mode de distribution des vaisseaux, malgré les déviations observées dans les
parties constituantes des diverses tumeurs.

En général, ce sont les tumeurs constituées par un tissu dont la
structure se rapproche beaucoup de celle du tissu normal d'origine
et dont la circulation est bien assurée, qui ont un accroissement
autochtone, comme on le voit pour les fibromes, les lipomes et les
myomes, et qui peuvent acquérir un volume considérable sans cesser d'être des tumeurs bénignes, lorsqu'elles conservent la même
constitution et le même mode d'accroissement.

Les tumeurs bénignes développées aux dépens des revêtements
épithéliaux de la peau et des muqueuses, ne sont constituées que
par une déviation des éléments qui en font partie et aux dépens
desquels elles continuent à augmenter, le plus souvent d'une
manière assez restreinte, comme on le voit pour la plupart des
tumeurs bénignes de la surface de la peau et des muqueuses, dites
papillomes ou adénomes, mais qui peuvent aussi prendre un plus
grand volume dans les formes dites polypeuses des tumeurs de
quelques muqueuses, notamment de celles des fosses nasales, du
rectum, de l'utérus, etc.

Lorsque les tumeurs bénignes se développent et s'accroissent
dans la profondeur des tissus et notamment des glandes, *l'altération*
du tissu est toujours limitée au point d'origine, et la tumeur con-
tinue à s'accroître d'une manière autochtone, en restant distincte
des parties voisines dont elle est toujours séparée par sa membrane
d'enveloppe. Ces tumeurs sont souvent de petit volume ; mais elles
peuvent aussi acquérir avec des productions kystiques, un volume
variable, parfois considérable, que n'atteignent jamais les tumeurs
malignes, et sans que l'organisme paraisse en souffrir d'une
manière bien appréciable, lorsqu'elles n'entravent pas le fonctionnement des organes voisins.

C'est qu'il s'agit toujours, dans ces cas, de néoproductions formées dans l'organe même, continuant à se développer en un point d'une manière autochtone, et non aux dépens des parties voisines, limitées qu'elles sont toujours par la membrane d'enveloppe. Celle-ci n'est pas formée comme on le dit quelquefois, par le refoulement du tissu voisin; elle est constituée par un tissu fibreux qui, refoulé, se laisse distendre et finit par prendre ainsi la disposition lamellaire. Ce tissu résulte évidemment des formations scléreuses qui accompagnent constamment les néoplasmes bénins à leur périphérie, et qui, les environnant complètement, alors qu'ils continuent à s'accroître, leur constituent ainsi une enveloppe.

Quant à la formation de ce tissu de sclérose, toujours plus ou moins abondant à l'entour des néoproductions bénignes, elle s'explique rationnellement par la localisation limitée et le développement lent de la tumeur. Tandis que les éléments néoformés au centre de la production ont de la tendance à évoluer à la manière des productions typiques, ceux de la périphérie se comportent comme tous les produits exsudés anormalement par le fait d'un trouble circulatoire à la périphérie de n'importe quelle production pathologique où l'activité circulatoire est augmentée, c'est-à-dire en constituant un tissu de sclérose par le fait de l'accumulation anormale des jeunes cellules non spécialisées. Ce phénomène est commun aux tumeurs aussi bien qu'aux altérations inflammatoires : Mais sa présence ne doit pas faire ranger les tumeurs bénignes parmi les inflammations à l'exemple de la plupart des auteurs, malgré la très grande analogie qui existe entre les tumeurs et les productions inflammatoires, ainsi qu'il résulte de tout ce que nous avons dit précédemment.

Ce qu'il y a de positif, c'est que si des productions inflammatoires de cause déterminée peuvent à un moment donné présenter des néoformations analogues à celles des tumeurs, ces dernières en diffèrent toujours par leur marche qui est progressive. En outre on n'a jamais pu reproduire expérimentalement des productions se comportant à la manière des tumeurs bénignes considérées à tort comme des productions inflammatoires.

Il est vraisemblable que ces productions néoplasiques ne se terminent pas par la cicatrisation, probablement par suite de la persistance de la cause nocive initiale qui ne s'épuise pas ou est peut-être même capable d'augmenter, mais qui, pour les tumeurs bénignes, reste confinée dans la région limitée par une zone scléreuse ou par une membrane d'enveloppe suivant le point d'origine de la tumeur.

Il n'en est pas de même pour les tumeurs malignes, bien qu'elles présentent également la même tendance à des formations scléreuses à leur périphérie; ce qui n'est ignoré par aucun anatomo-pathologiste certainement, et ce qui ne fait pas admettre, en général, qu'il s'agisse de simples néoproductions inflammatoires.

Les tumeurs malignes ne s'accroissent pas de la même manière que les tumeurs bénignes, en raison de leur constitution qui s'éloigne plus ou moins de celle du tissu d'origine. Elles ne forment ordinairement par elles-mêmes que des saillies peu volumineuses, parce que leur tissu d'origine n'est en général pas propre à prendre un grand développement et surtout que sa structure en est profondément modifiée dans la plupart des cas. La circulation notamment, y est plus ou moins entravée, diminuée sur certains points augmentée sur d'autres, de telle sorte que l'édification du nouveau tissu est toujours plus ou moins défectueuse.

Les troubles circulatoires, comme nous l'avons vu, se font sentir de proche en proche, donnant lieu à des hyperplasies d'abord normales sur les points où la structure des tissus est conservée, puis anormale aussitôt qu'elle est altérée; d'où l'extension des néoproductions d'autant plus prononcée que la structure des tissus voisins est plus modifiée. Elle s'explique naturellement par la répétition graduelle à la périphérie, des troubles qui ont donné lieu aux productions initiales, et où l'on peut bien constater que les modifications de la circulation jouent manifestement le rôle le plus important; ce qui contribue à établir toutes probabilités en faveur de l'action initiale de la cause inconnue sur les vaisseaux, comme nous avons cherché précédemment à le démontrer, en ajoutant que tous les agents nocifs ayant pénétré dans l'organisme doivent agir de la même manière pour la production immédiate des diverses lésions, lesquelles se présentent ensuite sous des aspects très variables et évoluent très diversement suivant la cause effective.

Malgré les formations scléreuses à la périphérie, il y a d'autant moins de tendance à la limitation de la tumeur que l'accroissement se fait rapidement et qu'il y a certainement un empiètement des néoproductions sur les parties périphériques, par suite des altérations vasculaires qui se succèdent à l'entour des lésions graduellement produites. C'est la raison pour laquelle ces tumeurs non seulement n'arrivent pas à guérir, mais même ne restent pas limitées comme les tumeurs bénignes, et *tendent toujours à s'accroître aux dépens des parties voisines.*

Il n'y a pas plusieurs modes de propagation des lésions pour l'accroissement et l'extension des tumeurs, ainsi que l'admettent certains auteurs. Il n'y a qu'un mode de formation des tissus anormaux, parcequ'il ne s'agit dans tous les cas que d'une modification ou déviation dans le mode de formation normal qui est unique. Ainsi on ne peut admettre, avec M. Fabre-Domergue, une « propagation par transformation » des éléments d'un tissu, c'est-à-dire par une évolution différente des mêmes éléments.

Qu'il s'agisse de la formation ou de l'extension d'un épithéliome cutané, par exemple, on voit bien le corps de Malpighi augmenter de volume et se déformer, mais ce n'est pas aux dépens des cellules préexistantes, lesquelles continuent leur évolution vers la superficie, ainsi que le prouve l'accumulation anormale des cellules à ce niveau, ou au milieu des lobules s'il s'agit de productions indépendantes de celles de la surface de revêtement. Il en est de même pour les cavités glandulaires qui peuvent être agrandies avec épaississement de la couche épithéliale, mais qui présentent toujours des déchets épithéliaux dans les cavités par suite de la continuation de l'évolution des cellules de la même manière.

Il en résulte que, lorsqu'un tissu épithélial ou glandulaire augmente de volume, se modifie plus ou moins profondément pour constituer une tumeur ou pour contribuer à son accroissement, ce n'est pas aux dépens des cellules anciennes que ces phénomènes sont produits. Ces cellules continuent leur évolution comme on peut le constater; et les productions abondantes plus ou moins anormales qui caractérisent, en réalité, les néoproductions, sont bien dues à l'adjonction de nouvelles cellules dont on a la preuve par leur présence en grand nombre à la base de la couche épithéliale. Elles sont en général moins volumineuses qu'à l'état normal et plus ou moins modifiées dans leur forme.

Il existe toujours en même temps dans le stroma une plus ou moins grande quantité de cellules, dont l'observation montre le rôle dans les néoproductions, et qui nous semble également méconnu par les auteurs dans les phénomènes d'accroissement des tumeurs, lorsqu'ils admettent avec Waldeyer une « propagation par prolifération conjonctive préparatoire ». « Cette propagation, suivant M. Fabre-Domergue, semble être due à la réaction de l'organisme contre l'envahissement du néoplasme, mais alors dans ce cas les partisans du rôle protecteur des cellules migratrices et de leur bienfaisante intervention doivent non seulement constater ici leur défaite, mais pourrait-on ajouter leur défection... »

Si nous ne partageons pas l'opinion des auteurs au sujet du prétendu rôle protecteur attribué aux cellules migratrices, nous ne pouvons pas admettre davantage qu'elles vont constituer un terrain préparatoire à l'envahissement de la tumeur — ce qui serait quelque chose tout à fait en dehors des phénomènes biologiques — et, à plus forte raison, si l'on suppose avec Waldeyer, que le tissu nouvellement formé servirait à la fois de « zone d'envahissement et de stroma » à la tumeur.

Voilà un tissu édifié spécialement pour la propagation d'une tumeur, c'est-à-dire pour être détruit et remplacé par une prolifération épithéliale ou glandulaire, et qui, en même temps, servirait à sa constitution! Le premier tissu produit résulterait d'une réaction contre laquelle les organes voisins réagiraient à leur tour! Autant d'hypothèses qui n'expliquent rien et n'équivalent encore qu'à la simple constatation des éléments cellulaires ou des formations scléreuses qui deviennent graduellement le siège des néoproductions épithéliales ou glandulaires.

Que les jeunes cellules conjonctives deviennent graduellement des cellules épithéliales et glandulaires, nous n'en doutons pas; car c'est un fait d'observation bien manifeste, et c'est un des arguments sur lesquels nous nous sommes basé pour admettre la formation des néoproductions à leurs dépens. Il est donc tout naturel que l'accroissement des tumeurs se produise par le même moyen à leur périphérie.

Comme nous l'avons dit, on trouve toujours de jeunes cellules en plus ou moins grand nombre, dans le tissu conjonctif immédiatement en rapport avec les productions cellulaires typiques ou atypiques, qui contribuent d'une manière plus ou moins active à leur accroissement. Mais on en rencontre aussi dans le tissu conjonctif périvasculaire, sous forme d'amas cellulaires au sein desquels on voit se former les masses épithéliales indépendantes des productions anciennes.

On peut encore remarquer que toutes les parties voisines du même tissu et des parties constituantes d'un même organe sont le siège de cellules plus nombreuses dont les noyaux sont bien colorés, et qui prennent graduellement les caractères des éléments de la tumeur.

Nous savons que pour ce qui concerne le tissu propre de la tumeur, ce sont les jeunes cellules qui viennent augmenter les productions dans des conditions plus ou moins anormales par l'adjonction des cellules conjonctives voisines, comme on peut s'en rendre compte en examinant le tissu sur les confins de la tumeur, et que les boyaux cellulaires répandus dans le tissu conjonctif périvasculaire sont dus à la transformation graduelle des jeunes cellules qui s'y trouvent en excès. Elles donnent lieu à des productions capables de prendre des dispositions très variées, en raison de la répartition du tissu conjonctif favorable aux néoproductions, et non par suite d'une « propagation par irruption » encore admise par M. Fabre-Domergue. Cela est d'autant plus manifeste que les parties intermédiaires peuvent n'avoir subi aucune action atrophique, comme on le voit seulement sur quelques points, qui sont comprimés par la tumeur sous l'influence de son développement propre assez restreint ou général. Mais à un moment donné tous les tissus peuvent être envahis et participer ainsi à l'accroissement d'une tumeur.

En prenant pour exemple un épithéliome cutané, on voit le corps de Malpighi et la gaine épithéliale des poils être le siège d'une augmentation de production plus ou moins anormale.

Si l'on considère ensuite les glandes sébacées au voisinage des néoproductions, on remarque d'abord que souvent elles restent longtemps intactes et que leur modification ne résulte pas commè pour les tissus précédents, d'une simple adjonction de cellules, mais qu'elle consiste dans une substitution des cellules épithéliales aux cellules sébacées. Ce phénomène commence à se produire à la périphérie de la glande d'une manière un peu irrégulière. Ce sont les noyaux des cellules qui sont d'abord modifiés, apparaissant comme mieux colorés et plus conformes à ceux des néoproductions voisines. Le protoplasma cellulaire semble plus flou, et tout à côté on voit des cellules sébacées qui ont déjà été remplacées par des cellules épithéliales de nouvelle formation. On ne peut pas saisir de transition plus marquée dans cette substitution qui est cependant bien évidente sur ces glandes où il est possible de suivre toutes les transitions d'envahissement, cellule par cellule, jusqu'à ce qu'il ne reste plus que quelques cellules sébacées ou même qu'il n'y en ait plus aucune trace. En même temps les néoformations, qui d'abord conservaient la forme et le volume des glandes sébacées, ne tardent pas à se déformer en augmentant de volume par l'adjonction de jeunes cellules à la périphérie d'une manière plus ou moins irrégulière.

Les glandes sudoripares qui constituent des organes encore plus différenciés du tissu épithélial disparaissent sans même laisser la trace de leur constitution. Et d'abord on en trouve qui paraissent tout à fait intactes au sein des masses épithéliales, ce qui fait supposer qu'elles résistent particulièrement à l'envahissement. Cependant on peut constater leur disparition au fur et à mesure de l'extension des nouvelles productions. C'est encore le noyau qui paraît nouvellement produit et le protoplasma qui semble s'effacer au voisinage des nouvelles cellules bordant la masse épithéliale. Celle-ci envahit ainsi les organes glandulaires et le tissu voisin, pour ainsi dire indifféremment, c'est-à-dire d'une manière à peu près égale, sans laisser aucune trace de la disposition structurale des glandes dans les nouvelles formations, même à la période de substitution comme on peut le voir pour les glandes sébacées. Tout au moins c'est ce que nous avons observé sur plusieurs préparations.

S'il s'agit des fibres musculaires, les néoproductions commencent à s'infiltrer dans le tissu conjonctif intermédiaire où elles forment des amas disséminés, et en même temps on voit que les noyaux des fibres musculaires du voisinage commencent à se modifier en prenant les caractères des noyaux des cellules nouvellement produites; et même ces noyaux s'accumulent au niveau des fibres à mesure qu'elles pâlissent et disparaissent. Ensuite les amas de jeunes cellules deviennent des amas épithéliaux sous forme de masses reliées ou non aux productions voisines, comme on peut le constater sur les épithéliomes cutanés pour les fibres musculaires lisses, et aussi pour les fibres musculaires striées dans les régions où elles se trouvent à proximité des néoproductions.

Lorsqu'un tissu quelconque est envahi par un épithéliome malpighien ou autre, c'est toujours en premier lieu par de jeunes éléments cellulaires vasculaires sans caractères propres, qui se substituent d'abord aux éléments anciens et ne prennent qu'ultérieurement et graduellement les caractères du néoplasme : Ce qui contribue encore à prouver que ce ne sont pas les cellules propres du tissu épithélial ou glandulaire qui s'accroissent par multiplication pour envahir immédiatement les tissus, puisque c'est le contraire qu'on observe. Du reste il faudrait qu'elles évoluassent d'une manière contre nature ; tandis que l'on comprend bien qu'un tissu conjonctif vasculaire et en voie de développement puisse se substituer à des éléments qui se trouvent par ce fait dans des conditions de nutrition insuffisante.

Les épithéliomes des muqueuses et notamment de celles du tube digestif que l'on a si souvent l'occasion d'observer, aussi bien que les épithéliomes des glandes s'accroissent de la même manière

par envahissement des parties voisines, et se substituent aux
éléments des autres tissus voisins glandulaires ou musculaires,
en y comprenant leur tissu conjonctif et fibreux intermédiaire,
sclérosé ou non, ainsi que les vaisseaux et les nerfs qui peuvent
s'y trouver.

Les petits vaisseaux de tout ordre, ont été, en général, oblitérés
préalablement, sous l'influence de la sclérose périphérique, qui
atteint aussi assez rapidement les veines plus ou moins volumineuses. Les productions néoplasiques prennent ensuite graduellement la place des vaisseaux dont on peut retrouver la trace,
lorsqu'ils sont tant soit peu volumineux, par leur disposition en
amas arrondis ou allongés, suivant l'effet de la coupe sur les
vaisseaux, avec la persistance de quelques fibres élastiques comme
vestiges de leur paroi.

Lorsqu'on examine les plus grosses veines ainsi altérées, on
voit qu'il s'est produit une périphlébite puis une endophlébite
comme dans l'inflammation à productions intensives avec des
éléments cellulaires qui ont pris les caractères de ceux de la
tumeur; ce qui contribue encore à prouver les analogies qui
existent entre les productions des tumeurs malignes et celles qui
sont dites inflammatoires à l'état plus ou moins aigu.

Les grosses artères résistent davantage à l'envahissement des
néoproductions au milieu desquelles on peut en trouver qui ne
sont infiltrées de nouvelles cellules que dans leur tunique externe;
leur tunique interne étant restée normale ou commençant seulement à présenter des lésions d'endartérite sur un point, principalement lorsque l'artère se trouve plus ou moins comprimée par
les néoproductions.

Il arrive cependant que certaines artères finissent par être
envahies et par présenter, comme productions d'endartérite, des
cellules néoplasiques aussi bien que les veines. Mais il est à
remarquer que dans ces cas, la tunique musculaire est plus ou
moins atteinte en même temps, et que ses fibres sont dissociées
par la présence des cellules néoplasiques qui se comportent
vis-à-vis des tuniques artérielles ou veineuses comme vis-à-vis
de tous les tissus.

Ce sont des phénomènes analogues que l'on peut voir pour les
nerfs qui résistent, en général, encore plus longtemps à l'envahissement, probablement en raison de leur enveloppe lamellaire dense
qui les protège. Le plus communément, les nerfs que l'on rencontre au milieu des néoproductions sont à peu près intacts, ou

seulement ne présentent qu'un peu de sclérose. Mais, à la longue, ils finissent aussi par être envahis. Nous avons vu précédemment (fig. 202) qu'on peut rencontrer quelques cellules indéterminées entre les tubes, qui semblent encore intacts, tandis que, sur d'autres points, on peut voir les nouvelles cellules prendre les caractères de celles de la tumeur, en donnant lieu à de petits amas qui se substituent à un certain nombre de tubes. En tout cas, il est à remarquer que la pénétration des nouvelles cellules dans le nerf ne va pas sans un certain degré de dissociation de sa gaine lamellaire par quelques cellules néoplasiques.

Les grosses travées fibreuses des tissus résistent aussi plus ou moins à l'envahissement des néoproductions, ainsi que le prouve leur persistance en totalité ou en partie, avec des modifications scléreuses, de telle sorte qu'elles continuent à constituer la charpente du tissu plus ou moins profondément modifié.

C'est ainsi que dans un épithéliome de l'estomac ou de l'intestin, avec des néoproductions abondantes et des destructions considérables, on peut retrouver des bandes fibreuses plus ou moins épaisses, qui limitent la périphérie de l'organe, et se trouvent à la place du tissu sous-muqueux et intermusculaire. Souvent on constate d'une manière évidente des fibres transversales, particulièrement accentuées à la limite supérieure de la sous-muqueuse, et d'où partent d'autres fibres perpendiculaires, à la place des travées interglandulaires épaissies, et plus ou moins modifiées.

C'est que, dans ces cas, non seulement le squelette fibreux de l'organe persiste, mais il est encore augmenté par suite d'un certain degré de sclérose interstitielle qui se produit en même temps qu'une sclérose du tissu périphérique, de la manière indiquée précédemment, suivant la modalité du processus pathologique. Ce dernier étant très variable, la sclérose peut faire défaut, notamment dans les cas de productions intensives et rapides de certaines tumeurs; ce qui ne les empêche pas de prendre parfois un grand développement et une grande extension. Par conséquent, on ne saurait voir dans les productions scléreuses ou fibreuses un terrain préparatoire à l'extension des tumeurs, puisqu'elle est encore bien mieux réalisée lorsque ces productions sont peu prononcées, et notamment sur les points où elles font défaut.

Bien plus rationnelle est l'opinion qui considère ces productions scléreuses comme une tendance à la cicatrisation; parce que c'est un phénomène commun à tous les états pathologiques lorsque l'évolution des lésions n'est pas trop rapide, et que, dans les inflammations. il aboutit à la formation d'une cicatrice. Toutefois, *les tumeurs se distinguent précisément des autres productions par ce fait qu'il n'y a jamais de cicatrisation spontanée définitive, quelle que soit la quantité de tissu scléreux ou fibreux produite dans certains cas.*

En effet, dans les tumeurs malignes, à production fibreuse excessive (mais qui est toujours moins prononcée sur les préparations à l'état frais ou après durcissement rapide par l'acide carbonique), on voit que ce tissu est toujours le siège de quelques amas cellulaires analogues à ceux des premières productions, quand bien même celles-ci sont peu abondantes, ou qu'elles ont été éliminées par ulcération. Il en résulte que la tumeur est surtout constituée par le tissu fibreux abondant et pauvre en cellules, qui lui a fait donner le nom de *squirrhe*. Celui-ci peut même parfois se présenter avec un certain degré de rétraction, qui l'a fait considérer comme un *cancer atrophique*. Mais en réalité, il s'agit toujours d'une tumeur qui continue à s'accroître lentement, et qui, comme nous le verrons bientôt, peut parfaitement donner lieu à des phénomènes de généralisation.

NÉCROSE ET ULCÉRATION DES TUMEURS

Les tumeurs sont fréquemment le siège de nécroses localisées, surtout à leur superficie, mais aussi sur des points variable, de leur profondeur, se produisant plutôt sur celles qui prennent un développement rapide et excessif, et dont la structure irrégulière favorise les altérations vasculaires qui en sont le point de départ. C'est dire qu'on ne rencontre guère des points nécrosés que sur des tumeurs malignes, et qu'il est assez exceptionnel d'en trouver sur des tumeurs bénignes.

Ils sont pourtant signalés quelquefois, notamment dans les myomes utérins à grand développement; mais ils sont encore plus rares qu'on le suppose, vu qu'on les confond souvent avec des néoproductions intensives où prédomine un stroma de faible consistance, de coloration grisâtre, formé par un exsudat fibrino-albumineux abondant, vascularisé cependant, mais qui renferme très peu d'éléments cellulaires. Loin d'être un tissu organisé en régression ou nécrosé, c'est au contraire, comme on l'a vu précédemment, un tissu en voie de développement intensif, mais qui se trouve à un état rudimentaire d'organisation.

Des productions de nature analogue peuvent aussi se rencontrer sur quelques points de tumeurs fibreuses volumineuses, et doivent être interprétées de la même manière.

Il n'est pas moins vrai que des parties plus ou moins limitées des tumeurs de divers tissus peuvent être nécrosées, et apparaître avec un aspect pâle, grisâtre, jaunâtre ou brunâtre, et une diminution de consistance pouvant aller jusqu'à la déliquescence. Mais dans tous les cas, pour avoir la certitude qu'il s'agit bien d'une altération nécrosique, on devra faire l'examen microscopique, qui permettra de reconnaître au moins sur quelques points la structure du tissu de la tumeur dont les éléments sont mal colorés, ont un aspect terreux, finement granuleux, et parfois se trouvent en désintégration, dont les vaisseaux enfin ne renferment plus les éléments normaux du sang.

C'est en s'aidant à la fois des examens macroscopique et microscopique qu'on arrive à déterminer si certains points d'une tumeur sont en réalité nécrosés. Mais si la chose est facile dans la plupart des cas, il y en a d'autres où cette détermination de l'état exact du tissu peut être difficile, comme, du reste, pour certains infarctus des tissus sains avec lesquels leur altération offre la plus grande analogie. C'est aussi à la périphérie des tumeurs, comme des organes normaux, que des phénomènes de mortification sont le plus souvent observés. Ce sont les tumeurs exubérantes et molles des tissus épithéliaux où on les rencontre le plus fréquemment.

Il n'est pas rare de trouver un cancer de l'estomac dont une partie, ordinairement limitée, mais parfois la totalité de la surface saillante, a pris un aspect gris sale ou noirâtre, et présente à sa limite (qui est le plus souvent la base d'implantation de cette portion saillante nécrosée), un sillon plus ou moins prononcé d'élimination. Celui-ci commence à se former ou a abouti à l'élimination partielle ou totale de la portion nécrosée de la tumeur; tout comme s'il s'agissait d'un tissu normal mortifié, à la suite d'une oblitération artérielle. Il y a toutes probabilités pour que ce soit par le mécanisme de production de la nécrose des tissus sains que s'opère celle du même tissu seulement plus ou moins modifié par des productions néoplasiques.

Enfin, à côté d'une tumeur de ce genre, dont une portion nécrosée est en voie d'élimination, il peut arriver qu'on trouve un autre point voisin incomplètement ou entièrement débarrassé des parties nécrosées, et qui se présente à l'état d'ulcération. Il est encore bien évident que dans les cas de ce genre le mécanisme de l'ulcération ressort très manifestement de l'examen des lésions à leurs divers degrés d'évolution, et qu'elle résulte en somme d'un défaut de nutrition provenant d'oblitérations vasculaires.

Tous les cas ne se présentent pas dans de semblables conditions et il arrive même le plus souvent qu'on trouve les tumeurs ulcérées, sans qu'il y ait dans le voisinage, des portions nécrosées indicatives du processus. Et puis les ulcérations de ces mêmes tumeurs sont souvent très légères, au point d'être douteuses et de ne se présenter que comme une érosion non précédée d'un autre phénomène pathologique appréciable. Il y a même souvent des portions de la muqueuse qui sont augmentées de volume et font croire à une ulcération voisine bien caractérisée, alors que celle-ci fait défaut ou n'est que très légère. C'est dans des conditions pour ainsi dire insensibles que peut survenir également l'ulcération d'une tumeur du sein ou d'un autre organe; de telle sorte que les auteurs ont été amenés à émettre diverses hypothèses sur le mode de production de l'ulcération des tumeurs.

M. Desfosses ramène toutes les causes capables de donner lieu à une ulcération, à la production des phénomènes nécrosiques par privation des matériaux de nutrition ; ce qui nous paraît absolument conforme à l'observation des faits. Ceux-ci, effectivement, permettent de constater toujours des oblitérations vasculaires suffisantes pour expliquer les pertes de substance plus ou moins prononcées que l'on peut rencontrer.

Dans les cas où il existe de grandes ulcérations, on trouve des artères oblitérées en totalité ou en partie, de telle sorte qu'on se rend très bien compte du défaut de nutrition qui a dû en résulter pour les portions qui ont disparu.

Mais lorsqu'il n'existe que de légères ulcérations superficielles, sans altération des gros troncs vasculaires, on peut avoir quelque doute sur leur mécanisme de production. Or, bien souvent, en examinant plusieurs préparations, on arrive à découvrir de petites artères manifestement oblitérées, qui, sur les points où les néoproductions abondent, peuvent n'être plus représentées que par des dépressions ponctiformes. On remarquera aussi que les vaisseaux font défaut sur les bords de l'ulcération ; ce qui est une preuve certaine de la privation du sang à partir de ce point où se trouve un tissu plus ou moins sclérosé. Mais un peu en deçà, la vascularisation est au contraire augmentée, comme il arrive toujours au voisinage des vaisseaux oblitérés. Il y a donc eu des oblitérations vasculaires au delà, qui ont peu à peu occasionné des phénomènes nécrosiques dont on trouve souvent encore quelques traces ; et ainsi peuvent être expliquées toutes les ulcérations spontanées des tumeurs, par le même mécanisme que celles des autres productions pathologiques, et sans qu'il soit nécessaire d'invoquer, pour aucun cas, tout autre cause hypothétique. C'est dire que nous ne pouvons pas faire d'exception pour l'ulcération que M. Fabre-Domergue considère comme une « ulcération naturelle » produite par désorientation cellulaire.

Quelles que soient les circonstances dans lesquelles se produise l'ulcération d'une surface épithéliale, on peut constater que, tant que les éléments épithéliaux ont reçu des matériaux de nutrition, ils ont continué d'évoluer d'une manière analogue à celle de l'état normal, ainsi que nous l'avons précédemment indiqué, jusqu'au moment où les troubles de nutrition se sont manifestés en donnant lieu aux phénomènes d'ulcération précédés de ceux de nécrose, comme on en a la preuve lorsque on assiste à cette phase du processus. On ne voit absolument rien dans l'évolution cellulaire qui puisse être interprété comme une désorientation cellulaire, laquelle est une hypothèse d'autant plus inutile qu'on peut parfaitement se rendre compte des oblitérations vasculaires au voisinage des lésions ulcératives. Et cette cause est bien suffisante pour les expliquer, d'autant que, dans d'autres cas tout à fait analogues, on a pu suivre très manifestement les diverses phases précédant ces lésions sous cette influence.

Il n'est pas étonnant que les ulcérations soient produites sur les tumeurs comme au niveau de toute autre production pathologique, parce qu'il s'agit dans tous les cas du même tissu évoluant seulement d'une manière anormale et dont les causes de destruction doivent agir par le même mécanisme. En outre l'examen des parties ulcérées montre, indépendamment des mêmes oblitérations vasculaires comme cause immédiate, une analogie très grande dans l'aspect des lésions. C'est au point que, dans certains cas, il devient difficile de décider si l'on a affaire à une ulcération ayant pour origine une tumeur ou une simple production inflammatoire.

Il suffit pour s'en rendre compte d'examiner les ulcérations qu'on rencontre si fréquemment sur les tumeurs de la peau et des muqueuses. Si l'on considère, par exemple, un épithéliome ulcéré de la lèvre, on voit d'abord à la superficie, en suivant le corps de Malpighi, que celui-ci plus ou moins épaissi et déformé à la périphérie de l'ulcération, s'amincit aux dépens de sa portion la plus superficielle avant de cesser d'exister. Souvent même l'interruption de la couche épithéliale n'est pas brusque et l'on trouve encore un peu plus loin sur la surface très superficiellement ulcérée, quelques lambeaux de l'épithélium ou seulement des portions interpapillaires, de telle sorte que cette surface est en partie constituée par l'extrémité des papilles et par la base des cônes interpapillaires plus ou moins déformés prolongés ou non dans les parties profondes. On trouve même parfois des lambeaux qui semblent détachés des parties superficielles.

Les portions qui correspondent aux papilles sont constituées par un véritable tissu de granulation, où se trouvent accumulées des cellules de formes diverses, au milieu desquelles on aperçoit quelques vaisseaux; tandis que sur les parties voisines on constate des amas épithéliaux caractéristiques qui peuvent être assez bien limités, mais qui le plus souvent se confondent à leur périphérie, tout au moins sur un ou plusieurs points, avec des cellules voisines de formes diverses, qui sont des cellules conjonctives.

En allant vers les points où l'ulcération est plus profonde, on trouve des amas épithéliaux très irréguliers sous forme de plaques, de boyaux ou de groupes cellulaires diffus au milieu de nombreuses cellules agglomérées irrégulièrement. Il en résulte que si, sur certains points, on peut encore distinguer les cellules épithéliales des cellules conjonctives, sur la plupart des autres points cette distinction devient absolument impossible, tellement il y a fusion insensible entre toutes ces cellules si diversement intriquées. On ne voit plus manifestement de vaisseaux vers les parties superficielles qui sont en voie de destruction et où les cellules sont tassées, pendant que les parties profondes sont le siège de nombreux vaisseaux remplis de sang et de néoproductions en voie d'augmentation, qui se prolongent sous forme de boyaux cellulaires en commençant à suivre les interstices des muscles pour se substituer graduellement aux fibres musculaires envahies à leur tour, ainsi qu'aux divers éléments des tissus affectés.

L'épithéliome considéré au niveau de cette ulcération, offre l'aspect d'un épithéliome diffus avec des néoproductions analogues à celles que l'on trouve communément dans les carcinomes glandulaires. On découvre même parfois des points où les cellules abondent en assez grande quantité pour donner l'aspect du sarcome. Dans tous les cas il s'agit bien d'une tumeur de nature épithéliale, mais qui est profondément modifiée par l'ulcération et les troubles de structure concomitants, jusqu'au point de donner l'aspect des diverses variétés de tumeur et dans certains cas celui d'un *tissu de granu-*

lation néoplasique proprement dit, analogue au tissu de granulation inflammatoire.

Les produits de l'ulcération se concrètent irrégulièrement à la surface en formant des croutes granuleuses fragiles d'aspect fendillé, entre lesquelles on peut voir une petite quantité de pus épais mélangé de débris épithéliaux, et offrant ainsi des caractères macroscopiques bien spéciaux.

Les tumeurs des muqueuses arrivent presque toujours à l'ulcération au moins sur un point et souvent sur une portion assez étendue, comme on a si souvent l'occasion de le voir au niveau des épithéliomes de la muqueuse stomacale, par suite de l'altération des vaisseaux de la sous-muqueuse, qui ne tarde pas à se produire sous l'influence de l'envahissement de cette région par les néoproductions, soit secondairement, soit primitivement.

Lorsqu'on examine les bords d'une ulcération de ce genre, on trouve aussi la muqueuse plus ou moins altérée par hyperproduction cellulaire générale ou irrégulière, et plutôt au niveau de sa limite inférieure, ou encore par la présence de néoproductions sur la muqueuse ancienne en voie de destruction vers les parties supérieures. Sur un autre point la muqueuse est détruite dans ses parties les plus superficielles ou en totalité, suivant la profondeur de l'ulcération, qui peut encore gagner les parties sous-jacentes jusqu'à produire la destruction complète de la paroi stomacale; de telle sorte que la perte de substance toujours plus ou moins irrégulière peut atteindre les tissus divers sous-jacents qui ont contracté des adhérences avec l'estomac à ce niveau, tels que ceux du foie, du pancréas.

L'aspect des parties voisines varie suivant l'évolution des tumeurs. S'il s'agit d'une production exubérante à développement rapide, on trouve les bords de l'ulcération infiltrés d'éléments cellulaires typiques ou atypiques en plus ou moins grande quantité et ordinairement avec un certain degré de sclérose du tissu affecté. Mais pour peu que la lésion ait évolué plus lentement, les phénomènes de sclérose sont plus accentués et particulièrement prononcés au niveau des bords ulcérés où l'on voit beaucoup de vaisseaux oblitérés et où il y a peu d'éléments cellulaires; tandis que ces derniers peuvent être plus ou moins abondants sur les parties voisines exubérantes.

Quelques auteurs ont considéré ces tissus sclérosés constatés au fond de certaines tumeurs ulcérées, comme un véritable tissu de cicatrice ou tout au moins comme une tendance à la cicatrisation après destruction des néoproductions cellulaires. Nous retrouvons là, en effet, le phénomène observé dans toutes les inflammations chroniques et aussi dans les tumeurs, sur lequel nous avons précédemment insisté.

Ce qu'il y a de particulièrement intéressant dans les cas que nous avons en vue, c'est que parfois les lésions sont tellement analogues à celles de nature inflammatoire qu'elles ont été confondues et que la distinction est souvent difficile à établir; d'autant que sur l'estomac, les ulcérations simples un peu étendues n'arrivent pas non plus à se cicatriser, ainsi que nous avons cherché à l'établir précédemment.

Nous avons aussi indiqué dans le même travail que les ulcères à grand développement graduel aboutissant à une sorte d'*ulcus rodens* ne devaient pas être considérés comme résultant simplement de l'action du suc gastrique sur des tissus enflammés; parce que, s'il en était ainsi, il n'y aurait pas de raison pour que toute altération de la muqueuse et la moindre ulcération ne donnassent pas lieu à des phénomènes de ce genre; alors que les ulcérations des tumeurs ont seules le caractère envahissant progressif.

Nous avons aussi cherché à prouver que ces ulcères envahissants étaient bien des néoplasmes ulcérés, parce qu'une observation attentive permet ordinairement de reconnaître, sur des points voisins ou éloignés de l'ulcération, des amas cellulaires néoplasiques plus ou moins manifestes. C'est la sclérose très prononcée du tissu affecté qui, dans certains cas, paraît être la cause des oblitérations vasculaires hâtives d'où résultent à la fois d'abord la pauvreté des productions cellulaires, puis les phénomènes nécrosiques et ulcéreux de proche en proche.

Nous avons indiqué précédemment (voir p. 859) la possibilité d'un autre mode de production d'ulcère d'aspect simple et cependant consécutif à l'élimination de productions néoplasiques exubérantes formées aux dépens de la muqueuse et de la sous-muqueuse, puis qui empiètent sur la musculaire, comprimant et atrophiant les parties sous-jacentes sclérosées, en les réduisant à une mince lamelle prête à être détruite; tandis que les parties voisines également sclérosées et refoulées n'ont guère de tendance à être envahies dans cet état, mais peuvent constituer les bords d'un ulcère simple en apparence, après l'élimination des productions néoplasiques. Lorsque celles-ci persistent sur un point, on a alors l'aspect pouvant faire croire à un ulcère simple envahi secondairement par un néoplasme, comme l'admettent les auteurs, alors qu'en réalité ce mode de production d'une tumeur ne doit pas être possible pour les raisons indiquées précédemment, et parce que l'on peut, dans certains cas, se rendre compte comment le néoplasme constitue effectivement la lésion primitive.

On a, du reste, l'occasion d'observer toutes les transitions entre les tumeurs bien manifestes, ulcérées, et l'*ulcus rodens*. C'est parmi les faits de ce genre que se trouvent les prétendus ulcères transformés en cancer, particulièrement étudiés dans notre laboratoire par M. Duplant, qui a bien mis en lumière toutes les raisons en faveur de notre interprétation, avec des faits précis à l'appui.

Les auteurs ne continuent pas moins à admettre que des ulcères de l'estomac se sont transformés en cancer lorsque la durée des troubles digestifs a été longue et que l'autopsie a montré la présence d'ulcérations plus ou moins étendues avec des néoproductions exubérantes relativement restreintes, en supposant ainsi que les ulcères inflammatoires de l'estomac constituent une prédisposition au cancer.

Les observations plus récemment publiées par M. Hayem sous le nom d'ulcéro-cancer, ne fournissent pas davantage la preuve de la transformation d'un ulcère en cancer. C'est seulement parce que, dans ces cas, les productions néoplasiques étaient assez limitées, relativement à l'étendue des ulcérations, que l'auteur a admis cette interprétation qui ne peut tenir lieu de démonstration, car *il ne s'agit que d'une hypothèse*. Les observations analogues, encore plus récentes, de M. Œttinger ne sont pas plus démonstratives. Du reste, on pourrait trouver beaucoup d'observations de ce genre, car il n'est pas rare de rencontrer dans l'estomac une tumeur ulcérée où la perte de substance est la lésion qui frappe le plus, alors que les néoproductions sont relativement restreintes. Mais en somme il s'agit de néoplasmes ulcérés. C'est ce que l'on constate aussi à l'examen histologique *sans avoir recours à aucune vue théorique*.

La question se réduit donc à déterminer s'il faut admettre pour l'estomac un processus qui serait contraire à celui qu'on observe pour toutes les autres tumeurs de l'organisme? Eh bien! Nous croyons qu'il faut toujours se méfier des hypothèses qui viennent à l'encontre des faits les mieux connus, comme ceux qui ont trait à l'ulcération des tumeurs. Nous ajouterons qu'on a d'autant plus de chances d'être dans la vérité, qu'on ne s'écarte pas de principes bien établis par des observations précises et que l'on peut expliquer rationnellement les dispositions variables offertes par les lésions.

Nous avons encore opposé à l'hypothèse des auteurs un argument tiré de l'état anatomique dans lequel se trouvent les parois d'un ulcère simple pour montrer, en outre, qu'elles n'offrent pas les conditions propices au développement d'un néoplasme ; ce qui est, non pas simplement une idée théorique, mais bien la constatation d'un fait.

Un ulcère véritablement simple, comme celui qui est représenté sur la figure 104, offre, en effet, un fond et des bords sclérosés et indurés avec peu ou pas d'éléments cellulaires appréciables et des oblitérations vasculaires, de telle sorte que ce tissu est incapable d'une suractivité nutritive et productive que l'on constate toujours sur le point de formation d'une tumeur. Ce n'est que dans les parties latérales et profondes qu'on a la preuve d'une hyperplasie portant sur tous les éléments constituants des tissus affectés. Néanmoins ce sont des phénomènes inflammatoires simples qui tendent, non à l'augmentation de la lésion ulcéreuse, mais bien à sa cicatrisation que l'on peut constater lorsque la perte de substance n'a pas été trop grande.

Il n'y a que les tumeurs qui tendent à produire des ulcérations progressivement croissantes. Mais encore, pour les raisons que nous avons dites, les altérations caractéristiques peuvent être plus ou moins difficiles à découvrir sur des points limités, non encore détruits par l'ulcération. Elles peuvent enfin faire défaut sur une ulcération et être très manifestes tout à côté. Nous avons eu l'occasion d'observer un cas de ce genre chez une femme âgée de 44 ans, dans des conditions qui nous paraissent tout à fait démonstratives de l'opinion que nous soutenons.

La malade avait succombé après avoir présenté les signes d'un cancer de l'estomac et d'un rétrécissement au pylore ; de telle sorte qu'on s'apprêtait à une intervention chirurgicale, lorsque l'état s'est rapidement aggravé et la mort est survenue.

A l'autopsie on a immédiatement reconnu la présence d'une tuméfaction avec induration au niveau du pylore, puis dans l'estomac les lésions suivantes : 1° Sur la petite courbure, à égale distance du cardia et du pylore une ulcération plate, régulièrement ovalaire mesurant cinq centimètres longitudinalement, c'est-à-dire dans le sens de la petite courbure, et huit centimètres transversalement. Les bords ne présentaient ni bourgeonnement, ni tuméfaction de la muqueuse, dont la marge ulcérée était légèrement retournée en dedans, de manière à constituer un rebord arrondi tout autour du fond déprimé uniformément et recouvert d'un mucus grisâtre, de manière à donner, comme il arrive en pareille circonstance la fausse apparence d'un ulcère cicatrisé. Ce mucus enlevé par un courant d'eau permettait de constater que le pancréas formait en partie le fond de l'ulcère.

Une autre ulcération de même aspect que la précédente, mais plus petite (de deux centimètres sur trois) et moins profonde (atteignant seulement la tunique musculaire), était située également sur la petite courbure, dans la même direction que la première, séparée d'elle par trois centimètres de muqueuse sans altération appréciable.

Enfin cette petite ulcération était immédiatement en rapport par son extrémité antérieure avec une altération paraissant récente et constituée par une tuméfaction notable de la muqueuse, au niveau de laquelle se trouvait un nodule bourgeonnant, ramolli et qui commençait à se détacher sur un point de sa périphérie à la façon d'une partie mortifiée en voie d'élimination. Cependant cette partie qui tendait à se détacher à sa base et n'était plus retenue qu'au centre, formait un bourgeonnement blanc-rosé manifestement de nature néoplasique. La perte de substance qui se trouvait à ce niveau mesurait un centimètre de largeur et deux centimètres dans son plus grand diamètre se continuant avec celui de la précédente ulcération. On remarquait que les bords de la muqueuse étaient décollés et que, sur un point, la sonde pouvait facilement pénétrer à un centimètre au dessous d'elle. C'est ainsi qu'on pouvait très bien se rendre compte de la formation de l'ulcération aux dépens de la muqueuse. Mais les bords de l'ulcération étaient manifestement tuméfiés et bourgeonnants. Ils se continuaient avec les plis volumineux infiltrés de productions néoplasiques que formait la muqueuse au niveau du pylore, lesquels s'engrénaient réciproquement en oblitérant l'orifice pylorique, d'autant que toute l'épaisseur de la paroi était augmentée et indurée à ce niveau.

On constatait encore l'envahissement par le néoplasme de quelques ganglions de la petite courbure, du volume d'un pois à un haricot, devenus blanchâtres, ainsi que du foie au niveau du lobe de Spiegel, sous la forme de quatre ou cinq nodules du volume d'une tête d'épingle à un gros pois.

L'examen histologique a montré que la tumeur saillante au pylore était constituée par des productions exubérantes typiques de cavités tapissées par un épithélium cylindrique. La petite ulcération située au point où la tumeur commençait à se détacher présentait sur sa limite une hyperplasie très prononcée des fibres de la *muscularis muscosœ*, au dessous de laquelle, on apercevait cependant quelques cavités semblables aux précédentes. Mais au niveau de la grande ulcération, on ne constatait qu'un tissu de sclérose très dense au sein duquel se trouvaient des cellules sans caractères particuliers. En tout cas il n'y avait aucune production typique analogue à celles trouvées précédemment. Quant aux ganglions affectés et aux nodules du foie, ils offraient les mêmes caractères néoplasiques que ceux de la tumeur de l'estomac.

On ne pouvait douter que les lésions les plus anciennes fussent les deux ulcérations plates, tandis que la tumeur commençant à s'ulcérer était relativement récente.

On ne peut guère admettre dans ce cas que les prétendus ulcères simples ont été la cause occasionnelle de la production du néoplasme, car celui-ci précisément ne siègeait pas à leur niveau. Ce n'est que la tumeur récente ulcérée qui confinait à une extrémité du plus petit ulcère ancien.

Il n'est guère admissible non plus que la malade ait eu d'abord des ulcères simples, dont l'un avait pu détruire un point de la paroi sur toute son épaisseur, puis à côté un néoplasme; ce qui suppose l'action de deux causes différentes sur un point aussi voisin, alors que l'on ne voit rien de semblable sur d'autres régions, et que les diverses lésions dites spontanées produites sur un même point, quel que soit leur aspect, relèvent ordinairement de la même cause.

Au contraire on peut expliquer parfaitement les diverses lésions avec leurs caractères particuliers sous l'influence d'une cause unique en adoptant notre interprétation, c'est-à-dire en admettant que les premières lésions ulcéreuses se rapportaient à des productions néoplasiques qui ont été éliminées, tout comme la dernière production commençait à présenter le même phénomène sur le point où elle se détachait de la paroi dont les éléments constituants étaient déjà en état d'hyperplasie.

Les tumeurs des glandes placées près d'une surface libre peuvent aussi arriver à présenter une ulcération au niveau de cette surface, soit directement comme, par exemple, une tumeur du sein au niveau de la surface cutanée, soit à la suite d'une adhérence de la tumeur à un organe creux, comme une tumeur du pancréas ou des voies biliaires et même de l'estomac, arrivant à offrir une ulcération à travers l'intestin perforé.

L'étude des tissus ainsi ulcérés est particulièrement instructive, et suffirait au besoin à prouver que, dans tous les cas, l'ulcération dépend toujours des oblitérations vasculaires et non d'une prétendue altération directe des tissus par les éléments de la tumeur. Elle peut surtout servir à la démonstration que l'envahissement des divers tissus par la tumeur est en rapport, non avec les bourgeonnements de la tumeur par prolifération, comme on l'admet généralement, mais seulement avec les modifications apportées à la circulation dans un champ circulatoire déterminé, et par conséquent avec la répartition des vaisseaux.

Si nous considérons d'abord une tumeur du sein exubérante et prête à produire une ulcération cutanée, on aperçoit d'abord à l'œil nu une tache violacée d'aspect nécrosique, et l'on voit au microscope une portion néoplasique saillante qui s'est substituée au derme et se trouve tout près de l'épithélium cutané plus ou moins modifié, mais seulement dans le sens atrophique. La couche épithéliale est amincie et déformée, les papilles à peine appréciables ou effacées. Les cellules paraissent atrophiées et se colorent mal. Leur nutrition est très manifestement insuffisante. Et si l'on examine un point commençant à s'ulcérer, on voit toutes les transitions de l'atrophie à la nécrose et à la destruction graduelle. Ces phénomènes sont bien évidemment dus à la compression exercée par la tumeur saillante sous la peau, contre les vaisseaux qui alimentent l'épithélium. Celui-ci s'atrophie peu à peu et finit par être détruit; de telle sorte que la tumeur vient faire saillie au dehors à travers la perte de substance de la peau.

L'épithélium malpighien cède la place aux néoproductions exubérantes, en dernier lieu par une nécrose superficielle bien manifeste, et non simplement par substitution partielle comme on le voit au niveau des divers éléments qui disparaissent pour être remplacés par ceux de la tumeur. Il est évident néanmoins que dans tous les cas les éléments disparaissent lorsqu'ils cessent de recevoir les matériaux de nutrition qui arrivent, au contraire, à ceux qui les remplacent, probablement par le fait des modifications de structure et surtout de la répartition concomitante de nouveaux vaisseaux au fur et à mesure de la disparition des anciens.

Ce n'est pas parce que la tumeur du sein est constituée par des cellules épithéliales notablement différenciées de celles de l'épithélium malpighien qu'elle détruit celui-ci : la même destruction peut être observée dans certains cas de tumeur de la peau également de nature malpighienne, mais siégeant primitivement dans le derme. C'est lorsqu'elle arrive à pousser des prolongements superficiels qui viennent faire saillie au dehors à travers le revêtement épithélial, sans le faire participer aux néoproductions, comme nous l'avons déjà vu dans les cas de néoproductions voisines. Il en résulte des phénomènes d'atrophie et de nécrose toujours par le mécanisme des oblitérations vasculaires.

Il en est de même de l'ulcération de l'intestin par une tumeur d'un autre organe, voire par une tumeur de l'estomac dont l'ulcération profonde a fini par atteindre une portion d'intestin grêle ou du gros intestin, en lui adhérant intimement, et en déterminant la perte de substance par atrophie graduelle et nécrose, à travers laquelle un bourgeon néoplasique vient faire saillie dans la cavité intestinale. Bien que la plus grande analogie existe entre la muqueuse stomacale et celle de l'intestin, nous n'avons pas trouvé sur les bords ulcérés de cette dernière la moindre trace du tissu néoplasique constaté sur la muqueuse de l'estomac et dans les parties intermédiaires sur les bords de l'ulcération.

C'est que, dans ce cas, comme dans l'exemple précédent, l'ulcération du tissu épithélial a été produite par des phénomènes de compression vasculaire et d'oblitération résultant de ce fait ou de l'envahissement des vaisseaux par la tumeur sous-jacente. L'organe recevant d'abord moins de sang qu'à l'état normal, puis plus du tout sur un point, n'a pu que s'atrophier et disparaître graduellement. Et même l'ulcération une fois produite les bords ne sont encore qu'insuffisamment alimentés et ce n'est pas par des vaisseaux en rapport avec ceux de la tumeur, puisque celle-ci a comprimé ou oblitéré ceux qui se trouvent entre elle et la muqueuse. Cela explique parfaitement que les éléments de cette dernière ne soient pas envahis par substitution, comme ceux des parties profondes de la paroi stomacale.

Dans ces points, en effet, les tissus les plus différenciés peuvent être envahis par substitution des éléments de la tumeur à ceux qui les constituent, parce que ces parties sont alimentées par des réseaux vasculaires en communication avec ceux de la tumeur, qu'il s'y produit même des dilatations vasculaires favorables aux hyperproductions cellulaires, phénomènes absolument contraires à ceux qu'on observe sur les tissus ulcérés par compression; et c'est ainsi que les nouvelles productions ont de la tendance à s'étendre de proche en proche.

Ce n'est pas la situation profonde ou superficielle qui est pour quelque chose dans les phénomènes d'envahissement ou de simple destruction des tissus; car lorsqu'on observe des parties comprimées par le développement profond d'une tumeur, de manière à ce que la vascularisation diminue à ce niveau, on y trouve aussi des phénomènes d'atrophie, tandis que la tumeur continue à envahir par hyperproduction les points où la circulation persiste et se trouve augmentée, comme nous avons déjà eu l'occasion de le faire remarquer à propos de certains nodules néoplasiques du rein et du foie et en dernier lieu de l'estomac.

Toutes les tumeurs atypiques des divers tissus, développées sur des points peu éloignés d'une surface libre, peuvent donner lieu à des phénomènes d'ulcération, en procédant de la même manière que la tumeur du sein prise pour exemple, et d'autant plus facilement que le développement de la tumeur aura été plus rapide. Il s'agit toujours dans ces cas d'une ulcération spontanée. Mais il peut se faire aussi que l'ulcération préparée par les troubles nutritifs qui la précèdent soit déterminée par un traumatisme quelconque et même par un simple frottement qui eut été insuffisant pour produire le même résultat sur un tissu sain. La cause accidentelle déterminante n'a fait que devancer le résultat attendu de la simple évolution de la tumeur, et hâter les phénomènes ulcératifs qui continuent ensuite à s'étendre. C'est pourquoi toute tumeur ulcérée, même dans les cas où une action mécanique peut être invoquée comme cause déterminante, doit particulièrement être tenue pour suspecte.

Nous avons vu ainsi un chondrome du calcaneum datant de sept ans, au niveau duquel se trouvait une ulcération qui pouvait être attribuée aux frottements occasionnés par la marche. Or, la tumeur enlevée, récidiva et même se généralisa dans les ganglions lombaires, en présentant, du reste, histologiquement les caractères d'un chondrome malin.

Les tumeurs bénignes, qu'elles soient superficielles ou non, ne présentent pas, en général, de tendance à l'ulcération, même dans les cas où elles atteignent un volume considérable; parce que leur circulation est ordinairement bien assurée par des vaisseaux assez volumineux, et dont la disposition est analogue à celle que présente le tissu normal d'origine de la tumeur.

Il peut arriver cependant qu'on observe sur des tumeurs de ce genre un érythème persistant, des érosions, et même de véritables ulcérations. Mais on trouve toujours la cause bien déterminée de la lésion superficielle; et, lorsqu'on peut placer les malades dans des conditions propres à supprimer cette cause, on voit la lésion rétrocéder et même disparaître; ce qui n'arrive jamais pour la tumeur maligne ulcérée même accidentellement, dont la perte de substance continue à augmenter quoique l'on puisse faire, parce qu'il ne peut se former ni du tissu normal, ni du tissu cicatriciel véritable. *La présence d'une ulcération et surtout d'une ulcération spontanée sur une tumeur a donc une importance capitale au point de vue du caractère malin de la tumeur.* Et, en effet, comme nous allons le voir, ce sont les tumeurs ulcérées qui ont le plus de tendance à l'extension aux parties voisines et à la généralisation.

CHAPITRE V

GÉNÉRALISATION DES TUMEURS

.

On dit qu'une tumeur se généralise lorsqu'il se produit d'autres lésions de même nature plus ou moins éloignées de la lésion primitive. Ces productions secondaires sont dites aussi métastatiques. Toutefois on a fait remarquer qu'il n'y avait pas, à proprement parler de généralisation dans les tumeurs, parce que les lésions secondaires sont toujours plus ou moins limitées, ni de métastase parce que les premières lésions n'ont pas changé de place. Ces expressions renferment néanmoins une part de vérité.

Les lésions secondaires souvent disséminées sur des points éloignés les uns des autres, ne peuvent provenir que de l'introduction de l'agent nocif dans la circulation générale; de même que la septico-pyohémie se manifestant par une ou plusieurs localisations résulte d'une infection générale. Et si les premières lésions persistent, il est incontestable que leur évolution est, sinon arrêtée, au moins considérablement ralentie, et d'autant plus que les néoproductions secondaires seront plus accusées. Par conséquent les mots de *généralisation* et de *métastase* pourront aussi bien être employés que le mot anémie dont on fait un si fréquent usage et qui n'a pas, dans son genre, une acception plus rigoureuse.

On pourrait plutôt soutenir qu'il n'y a pas de démarcation absolue entre les phénomènes d'extension d'une tumeur maligne et ceux de généralisation. En effet, les néoproductions cellulaires envahissantes ne se substituent pas indistinctement et régulièrement à tous les éléments des tissus de la périphérie; elles s'étendent dans le tissu conjonctivo-vasculaire par points isolés avant d'atteindre les éléments propres des tissus, toujours sur le trajet des vaisseaux lymphatiques et sanguins qui doivent être considérés comme les voies d'extension locale ou éloignée des tumeurs, parce que ce sont les voies de transport des éléments de nutrition et de rénovation des cellules, puis de ceux qui doivent être éliminés.

C'est dans le tissu conjonctif, au sein du plasma liquide, que se meuvent les cellules, d'où l'extension des néoproductions de proche en proche, et ensuite à une plus grande distance, lorsque les agents de transmission ont pénétré dans la circulation lymphatique et surtout dans la circulation sanguine. Ce sont donc les vaisseaux qui jouent le principal rôle dans les phénomènes de généralisation, ainsi qu'il résulte, du reste, de l'observation des faits.

On a constaté depuis longtemps l'envahissement fréquent des ganglions en relation avec les tissus affectés, le plus souvent sans altération des voies lymphatiques intermédiaires, si ce n'est au voisinage des tumeurs où on les trouve toujours plus ou moins atteintes, et parfois jusqu'à former des cordons bien manifestes à l'œil nu.

On a vu également des néoproductions pénétrer dans les veines de l'organe affecté et s'étendre dans ces vaisseaux. Ainsi dans le cancer du rein, on a constaté fréquemment cette extension des néoproductions, jusqu'à venir faire saillie dans la veine cave inférieure, de telle sorte que des fragments de cette portion saillante comparée à une tête de serpent, ont pu être détachés par le courant sanguin, et entraînés dans le cœur droit, puis dans les branches de l'artère pulmonaire. On a trouvé aussi dans certains cas de cancers abdominaux la veine porte manifestement envahie secondairement sur plusieurs points de son trajet dans le foie. Et même, quoique plus rarement, nous avons rencontré des lésions secondaires dans la veine cave supérieure et le cœur droit.

Il était donc déjà évident, de par le simple examen à l'œil nu, que les tumeurs se généralisent par les voies lymphatiques et sanguines. Les examens microscopiques ont complété cette démonstration qui ne fait plus de doute pour personne. Mais il reste encore beaucoup d'inconnues à résoudre, car en dehors du fait de la généralisation par les appareils circulatoires, lymphatique et sanguin, toutes les opinions émises par les auteurs pour expliquer les divers phénomènes qui se passent au point de départ dans la tumeur et au point de formation des lésions secondaires dans les divers organes, nous paraissent absolument contestables. Leur importance très grande motivera que nous les étudiions tout particulièrement.

Les tumeurs ne se généralisent pas au début de leur formation, sans doute parce que celle-ci a lieu habituellement à la périphérie des organes, dans les parties où ne se trouvent que des capillaires et des vaisseaux de petit volume, qui peuvent facilement être oblitérés par les néoproductions en voie d'extension facile. La dilatation des vaisseaux sanguins en deça coïncidant avec l'oblitération des voies sanguines et lymphatiques au delà, détermine une production plus abondante de nouveaux éléments à ce niveau. Mais il arrive un moment où, par suite de cet accroissement du néoplasme, des vaisseaux lymphatiques et sanguins plus volumineux sont atteints, et où la tumeur, dont les éléments sont en voie de dégénérescence, se trouve plus ou moins limitée par une zone scléreuse. C'est alors que le danger d'une infection générale se présente réellement. Le plus souvent cependant des vaisseaux relativement volumineux sont pris tout d'abord sans qu'il en résulte autre chose qu'un accroissement plus prononcé de la tumeur.

Il n'est pas rare, en effet, de trouver des tumeurs non généralisées qui ont cependant envahi des vaisseaux plus ou moins volumineux, lymphatiques et sanguins, dont les examens histologiques permettent de retrouver la trace au milieu des néoformations. C'est surtout lorsque les vaisseaux ont été oblitérés par compression ou par des productions scléreuses remplissant plus ou moins complétement leur lumière, comme on le voit surtout pour les veines volumineuses qui se trouvent dans les zones de production de la sclérose, c'est-à-dire plutôt dans les cas de formations relativement lentes.

Mais ces vaisseaux peuvent être envahis sans avoir été préalablement oblitérés, d'où l'imminence d'une infection diversement généralisée.

Les tumeurs métatypiques ou atypiques qui se produisent plus ou moins rapidement en bouleversant le tissu et altérant les parois vasculaires, surtout dans les tissus riches en vaisseaux (et plus particulièrement encore quand ces lésions ont abouti à la production d'une ulcération), exposent particulièrement les malades à la généralisation. On trouve fréquemment dans ces cas les vaisseaux lymphatiques pleins d'éléments cellulaires de nouvelle formation. Des veines plus ou moins volumineuses peuvent aussi présenter leur lumière remplie par les mêmes éléments, lesquels tendent parfois à produire un tissu néoplasique qui les oblitère incomplètement ou complètement. Des vaisseaux de nouvelle formation sont tapissés de cellules ayant le même aspect et les mêmes dispositions que celles de la tumeur. Il n'y a pas de doute que, dans ces cas, les éléments constituants de la tumeur qui ont pénétré dans l'intérieur des vaisseaux lymphatiques ou sanguins entrent en communication directe avec ceux que renferment ces vaisseaux. C'est là bien certainement la circonstance qui rend possible les phénomènes de généralisation.

. Il s'agit maintenant de rechercher par quel mécanisme il peut se produire, c'est-à-dire quels sont les éléments qui, pénétrant au niveau de la tumeur dans un vaisseau, sont capables d'aller donner lieu à une ou plusieurs autres néoproductions de même nature, à une distance plus ou moins grande, soit au niveau des ganglions, soit dans divers organes.

Les examens que l'on peut faire sur les tumeurs primitives et secondaires ne permettent pas de saisir sur le fait les phénomènes complexes de départ, de translation, puis de fixation d'un élément, ni même ceux de production initiale des noyaux secondaires ; de telle sorte que pour expliquer ces phénomènes on est réduit à établir des hypothèses plus ou moins vraisemblables. Mais encore celles-ci doivent-elles concorder avec ce qu'on observe de part et d'autre.

Les auteurs supposant que les néoproductions des tumeurs ne peuvent être engendrées que par la prolifération indéfinie d'une ou de plusieurs cellules, admettent conséquemment que les formations secondaires de même nature que la tumeur primitive doivent avoir pour origine une ou plusieurs cellules de cette tumeur, transportées par le mécanisme de l'embolie sur divers organes où elles sont venues se greffer pour continuer à proliférer en donnant naissance aux mêmes éléments qui constitueront les tumeurs secondaires.

Cette théorie nous semble inadmissible, parce qu'elle repose sur deux hypothèses principales qui sont en opposition avec les faits observés. C'est d'abord la formation des tumeurs par les proliférations d'une ou de plusieurs cellules qui est, comme nous avons cherché à le prouver, une hypothèse absolument en désaccord avec ce qu'on observe. C'est ensuite l'hypothèse de la greffe d'une ou de plusieurs cellules isolées dont on ne peut trouver la moindre preuve, soit dans l'examen des néoproductions, soit dans celui des faits expérimentaux relatifs aux tumeurs et même à d'autres productions pathologiques ou normales. *Toute cellule constituée ne peut que suivre son évolution, soit normale, soit plus ou moins modifiée dans les états pathologiques.* Cette évolution consiste seulement dans des variations de volume, de forme et de constitution de la cellule en rapport avec les conditions de milieu, et notamment avec les phénomènes de nutrition, auxquels correspond une période d'augmentation, suivie insensiblement d'une période de déclin jusqu'à sa disparition. Par conséquent, une cellule transportée loin de son lieu de formation ne va pas évoluer autrement. Elle ne peut même pas suivre son évolution habituelle en raison des conditions anormales et défectueuses dans lesquelles elle se trouve, de telle sorte qu'elle ne peut guère tendre qu'à disparaître. C'est précisément ce qu'on observe lorsqu'on transporte même un groupe plus ou moins important de cellules normales comme cela a lieu, par exemple si l'on a soin de ne transporter que les éléments constituants du corps de Malpighi. Pour qu'il y ait une greffe véritable, c'est-à-dire persistance des éléments épithéliaux continuant leur évolution et étant remplacés au fur et à mesure de leur disparition par des éléments nouveaux, il faut qu'on ait transporté en même temps la portion vasculaire du tissu, et que ses vaisseaux aient pu entrer en communication avec ceux de la partie greffée; car c'est seulement dans ces conditions qu'il lui est possible de vivre et de continuer son évolution.

On objectera peut-être qu'on a pu faire des greffes épidermiques véritables, puisque tous les auteurs l'admettent. Toutefois, il faudrait démontrer que dans ces prétendues « greffes épidermiques », il n'y a pas eu transport du tissu papillaire, ou que des portions uniquement composées de cellules épidermiques sont susceptibles de se greffer. Mieux que cela, il faudrait prouver encore que des cellules isolées sont capables de vivre sur un point éloigné du tissu d'origine et même de s'y multiplier, pour étayer la théorie de la généralisation des tumeurs par des greffes cellulaires. Or, rien de tout cela n'a été démontré, et cette théorie ne repose bien que sur une simple vue de l'esprit, en opposition même avec ce qui se passe à l'état normal, et en somme avec ce qu'on observe.

On a pu certainement trouver des embolies formées par les éléments d'une tumeur, arrêtés dans des vaisseaux sanguins plus ou moins volumineux, et qui étaient le point de formation de noyaux secondaires; mais, comme nous l'avons dit, cela ne prouve pas qu'il y ait eu une greffe cellulaire.

Il y a eu, dans ce cas, tout d'abord des troubles circulatoires qui ont été le point de départ d'une hyperproduction de cellules, lesquelles, comme nous le verrons, ont dû prendre graduellement les caractères de ceux de la tumeur primitive. Et même dans les cas où l'on ne trouve pas d'embolies manifestes, c'est-à-dire dans l'immense majorité des cas, ce sont les mêmes phénomènes d'hyperplasie qu'on peut tout d'abord observer et qui, très vraisemblablement, sont produits d'une manière analogue, en offrant ainsi la plus grande analogie avec ce qui se passe dans la production des lésions inflammatoires primitives et secondaires que nous avons précédemment étudiées.

En admettant avec les auteurs que les nodules secondaires aient pour origine la présence d'une ou plusieurs cellules détachées de la tumeur primitive pour aller former par leur prolifération des lésions secondaires dans les ganglions et les autres organes, on devrait les trouver tout d'abord sur les points qui commencent à être envahis. Ce sont des cellules volumineuses qui devraient en premier lieu attirer l'attention, comme celles de l'épithélium malpighien, par exemple. Mais ces cellules sont incapables de traverser les capillaires qui laissent tout juste passer des lymphocytes. Elles devraient donc s'arrêter dans des vaisseaux plus volumineux, où elles seraient le point de formation du nodule par multiplication cellulaire, suivant la théorie généralement admise, et tout au moins sur un point limité, avant les phénomènes d'hyperproduction cellulaire considérés par les auteurs comme consécutifs.

Or, ce qu'on peut observer est précisément en opposition avec cette conception d'une greffe cellulaire.

Lorsqu'on examine des ganglions tuméfiés au voisinage d'une tumeur maligne, plusieurs cas peuvent se présenter :

1° Le ganglion peut offrir partout des néoformations semblables à celles du tissu de la tumeur, ordinairement avec une hyperproduction des éléments cellulaires des follicules sur les points encore non envahis (fig. 233). C'est le cas le plus communément observé et qui n'apprend qu'une chose, c'est qu'il y a eu généralisation de la tumeur aux ganglions.

2° Le ganglion est le siège d'une hyperproduction cellulaire intense avec dilatation des vaisseaux dans toutes ses parties constituantes, follicules et substance médullaire. Mais un examen attentif permet de constater aussi, dans cette dernière substance, quelques amas cellulaires qui se rapportent manifestement à ceux de la tumeur, et que l'on peut découvrir quelquefois plus facilement dans

le tissu cellulo-adipeux périphérique. D'autres fois les néoproductions sont assez abondantes, mais se trouvant constituées par de
jeunes cellules, elles sont plus ou moins difficiles à reconnaître
pour être de même nature que celles de la tumeur primitive, si
ce n'est lorsqu'elles offrent une tendance aux productions colloïdes,
comme dans le cas représenté par la figure 234. Enfin les amas cellulaires néoformés peuvent être assez petits et assez rares pour
passer inaperçus, si l'attention n'est pas spécialement attirée sur
ce point, et si l'on ne tient pas compte de cette difficulté parfois
très grande à les découvrir, qui exige l'examen minutieux de plu-

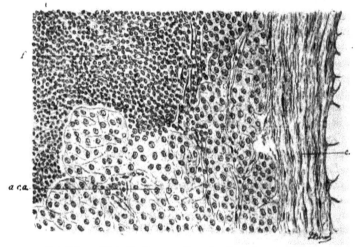

Fig. 233. — *Généralisation ganglionnaire d'une tumeur du sein.*
c. capsule du ganglion. -- f. follicule. — a.c.a., amas cellulaires alvéolaires.

sieurs préparations très minces. On confond alors ce cas avec le
suivant.

3° Malgré les recherches les plus attentives, on ne constate sur les
ganglions qu'une hyperplasie générale avec dilatation des vaisseaux,
et l'on en conclut ordinairement qu'il s'agit de simples phénomènes
inflammatoires dus à une réaction hypothétique.

Non seulement on ne trouve pas un ganglion atteint sur un point
déterminé, mais il n'y a jamais un seul ganglion affecté. Plusieurs
sont atteints à peu près au même degré ou à des degrés différents
et l'on peut trouver dans le même cas toutes les transitions entre
les ganglions qui sont manifestement le siège de productions néoplasiques secondaires bien caractérisées à des degrés de moins

en moins prononcés, jusqu'à ceux qui n'offrent que les phénomènes dits inflammatoires déjà constatés sur les précédents ganglions et qu'on suppose être réactionnels pour les uns, tandis que
l'altération serait directe pour les autres. Et du reste, avec le temps
il n'est pas douteux que tous les ganglions fussent arrivés à présenter des lésions secondaires aussi bien caractérisées; car, sur tous,
les néoformations manifestes sont graduellement produites aux
dépens de ces jeunes cellules dites inflammatoires, au fur et à
mesure de leur évolution.

Puisqu'on ne voit nulle part sur les ganglions les plus ou les
moins affectés, une formation néoplasique sans la participation de
tous leurs éléments constituants à une hyperproduction, et qu'on
peut suivre les divers degrés d'altération depuis cette seule lésion

Fig. 234. — *Généralisation ganglionnaire d'un cancer colloïde du rectum.*
n.c.g., néoproduction colloïde ganglionnaire. — *n.c.c.*, néoproduction colloïde dans la capsule.

jusqu'aux productions les mieux caractérisées, concurremment
avec le développement pris par les ganglions, il est bien évident
que c'est elle qui constitue la lésion initiale. La question est de
savoir si on peut la considérer comme une altération inflammatoire réactionnelle et en quelque sorte préparatoire, ou s'il faut
la regarder en réalité comme la première manifestation d'une
production néoplasique secondaire.

On ne peut moins faire que de comparer ces phénomènes dits
inflammatoires à ceux que l'on observe au voisinage de la tumeur
primitive; car ils sont tout à fait identiques dans les cas où les ganglions sont manifestement le siège de néoproductions semblables
à celles de la tumeur primitive, et où l'on peut saisir les transitions entre les plus jeunes cellules et celles qui constituent principalement le néoplasme. Nous avons vu comment ces jeunes
néoformations, qui ne sont pas simplement inflammatoires, se
transforment graduellement en productions caractéristiques de la

tumeur. La similitude des phénomènes dans les ganglions conduit naturellement à la même interprétation.

On ne peut pas en excepter les cas où il n'y a pas encore de formations nettement caractérisées, puisqu'on peut les rencontrer sur les ganglions les moins tuméfiés et auprès de ganglions de plus en plus envahis, souvent même sans que la tumeur ait été le siège d'une ulcération, par conséquent sans aucun motif d'une simple inflammation. Il y a même toutes probabilités pour que la tumeur primitive ait débuté de la même manière sous l'influence de troubles circulatoires par la production de jeunes cellules en quantité plus ou moins abondante et dans des conditions anormales. Celles-ci prennent ensuite graduellement les caractères typiques ou atypiques du tissu d'origine, comme on peut en juger en constatant la présence de cellules aux diverses phases de leur évolution. Et c'est toujours en procédant de la même manière, c'est-à-dire par la transformation de jeunes cellules anormalement produites en cellules de plus en plus caractéristiques, qu'il s'agisse des points de production, d'accroissement, d'envahissement, ou de la formation de noyaux secondaires.

En voyant la diffusion des lésions secondaires dans un groupe de ganglions et dans le tissu cellulo-adipeux périphérique, ainsi que leur début par des productions hyperplasiques abondantes, tout comme à la périphérie de la tumeur primitive, on ne peut admettre que le même mécanisme de production pour toutes ces lésions, qui est la dilatation des vaisseaux déterminée sous l'influence de l'agent nocif par un obstacle à la circulation sur un ou plusieurs points, et suivie d'une hyperplasie cellulaire.

Les mêmes phénomènes initiaux peuvent être observés dans les organes qui sont le siège de lésions secondaires. Il en résulte aussi une hyperplasie cellulaire toujours très manifeste, aux dépens de laquelle se constituent les néoformations, comme nous le verrons bientôt, mais d'une manière plus rapide que dans les ganglions.

Le première idée qui vient à l'esprit, c'est que la cause nocive qui a donné lieu à la tumeur primitive et qui persiste probablement dans la tumeur en voie d'accroissement, a pu pénétrer dans les vaisseaux lymphatiques ou sanguins et aller produire les mêmes effets, soit dans les ganglions correspondants de la région affectée, soit sur les organes plus ou moins éloignés. Mais comme cette cause nocive ne peut agir qu'en modifiant les productions du tissu affecté sans en changer la nature, ainsi qu'il appert de la constitution de toute tumeur primitive, il est évident que si elle agissait seule dans les productions consécutives ou secondaires, celles-ci devraient présenter les caractères du tissu où elles se développent, comme on l'observe dans les manifestations analogues de la tuberculose, tandis qu'elles ont ceux de la tumeur primitive qui en a été le point de départ. Le transport de L'agent nocif ne suffit donc pas à expliquer que les productions métastatiques soient toujours de même nature que la tumeur primitive, et l'on ne peut émettre à ce sujet que des hypothèses, en s'assurant qu'elles concordent avec ce que l'on connaît.

Nous avons vu qu'on ne pouvait pas admettre la production d'un foyer débutant par l'embolie d'une grosse cellule dite adulte, qui se diviserait et se multiplierait indéfiniment, parce que rien de tout cela n'a été prouvé et que les faits observés sont contraires à cette théorie.

On pourrait plutôt supposer que ce sont de jeunes cellules de la tumeur, n'ayant pas encore acquis leur développement caractéristique, qui ont pénétré dans les vaisseaux lymphatiques ou sanguins et qui vont continuer à se développer sur les points où elles ont pu arriver dans divers organes en raison de leurs dimensions restreintes. Encore faudrait-il admettre que ces cellules devenues adultes vont se multiplier et être le point de départ des formations secondaires, lesquelles ne procèdent pas manifestement de la sorte, c'est-à-dire d'un point central de production.

Il est aussi improbable que des cellules sorties de la circulation et déjà imprégnées par les liquides du stroma, par conséquent plus ou moins modifiées, puissent y rentrer autrement que par accident; car si l'on a vu les leucocytes sortir spontanément des vaisseaux, on n'a pas vu des cellules y pénétrer dans les mêmes conditions. Il est vrai qu'elles peuvent y entrer accidentellement : mais il faudrait encore supposer, contre toute probabilité, que ces cellules ainsi modifiées auront gardé les propriétés nécessaires pour pouvoir sortir à nouveau des vaisseaux et aller constituer les nodules secondaires. En outre ce mécanisme de production devrait différer suivant la voie de propagation par les vaisseaux sanguins ou lymphatiques, à moins de supposer que l'origine des foyers secondaires se trouve dans les vaisseaux ; ce qui n'est pas probable, vu que, contrairement à ce que l'on suppose, des phénomènes initiaux d'hyperplasie cellulaire plus ou moins étendue, précèdent les formations néoplasiques caractéristiques, aussi bien pour les productions métastatiques que pour toute tumeur primitive.

Il y a au contraire toutes probabilités pour que ces phénomènes si analogues à ceux qui sont de nature inflammatoire, soient produits de la même manière, c'est-à-dire par des oblitérations vasculaires entravant la circulation et occasionnant en deçà la dilatation des vaisseaux, une activité circulatoire augmentée et une diapédèse donnant lieu à l'hyperplasie cellulaire constatée.

Nous avons vu que la cause de l'oblitération des vaisseaux peut être un bloc embolique détaché de la tumeur primitive, comme on a parfois l'occasion de le constater sur les poumons. Mais elle peut provenir aussi de simples cellules de volume variable, détachées de la même manière de la tumeur primitive, ayant envahi les vaisseaux et s'arrêtant dans de fines artérioles ou même au niveau des capillaires. On peut encore admettre rationnellement que des éléments du sang adultérés par les produits de la tumeur versés dans la circulation, peuvent-être arrêtés de la même manière, ou encore que, tout en restant normaux, ils seront arrêtés par les cellules endothéliales des vaisseaux qui auront subi l'action de ces produits anormaux, et en tous cas de la cause inconnue, laquelle peut ainsi agir directement sur les éléments des tissus et doit être dans tous les cas le point de départ des troubles aboutissant d'abord à l'hyperplasie cellulaire et ensuite à la formation d'un néoplasme.

Pour que les nouvelles cellules prennent, non les caractères du tissu où elles se développent, mais ceux de la tumeur primitive, il faut qu'il y ait quelque chose de plus, à moins de supposer que la cause d'une tumeur emporte avec elle la détermination d'une production particulière, ce qui est contraire à la conception rationnelle des tumeurs par l'évolution anormale des tissus où elles ont pris naissance, et qui résulte de l'observation des faits. Or, rien n'empêche d'admettre que le liquide plasmatique dans lequel baignent les éléments de la tumeur primitive, a pu pénétrer dans les vaisseaux encore bien plus facilement que les éléments cellulaires et certainement avec eux, en passant partout pour se mêler aux exsudats et aller infiltrer les néoproductions qui se manifestent secondairement dans les ganglions et dans divers organes.

Ce liquide qui renferme des éléments provenant des cellules de la tumeur primitive et qui naturellement entre en relations osmotiques avec les jeunes cellules, doit pouvoir leur communiquer les mêmes caractères qu'à celles produites dans les mêmes conditions et qui se trouvent à l'entour de la tumeur primitive où elles donnent lieu à son extension. C'est ce que nous avons cherché à expliquer, en admettant, plutôt qu'une simple action de présence qui n'explique rien, cette action du liquide plasmatique sur les cellules, laquelle doit être la même pour toutes les formations néoplasiques primitives et secondaires, parce qu'elle doit correspondre à une action biologique de même ordre dans les phénomènes normaux de rénovation cellulaire. Mais elle doit offrir probablement une plus grande intensité d'action dans les tumeurs en raison de l'intensité de production des éléments cellulaires.

De même que l'extension de la tumeur primitive a lieu par la substitution graduelle des éléments de la tumeur à ceux des tissus envahis, les noyaux métastatiques se substituent aux éléments des tissus quels qu'ils soient, où ils se développent, en procédant exactement de la même manière et avec des phénomènes continus d'extension absolument identiques.

Lorsqu'on examine un noyau de généralisation dans le foie ou le rein, par exemple, on ne voit pas plus qu'au niveau de la tumeur primitive, que la néoformation se soit produite par la multiplication d'une ou de plusieurs cellules en refoulant le tissu voisin.

On peut constater au contraire que les éléments propres du tissu (cellules des trabécules hépatiques ou des tubes du rein) présentent, sur les limites de la tumeur, des noyaux bien colorés et semblables à ceux des cellules de nouvelle formation. On en voit aussi un plus grand nombre entre les trabécules et les tubes, surtout au niveau des espaces portes voisins et autour des vaisseaux du rein. Les cellules les plus voisines du néoplasme ont leurs noyaux plus volumineux, tout au moins plus apparents, tandis que leur protoplasma paraît intact ou un peu flou, et comme en voie de disparition. Tout à côté se trouvent les nouvelles cellules qui constituent la périphérie du néoplasme. Elles n'ont tout d'abord rien de caractéristique, si ce n'est une teinte générale analogue à celle des éléments de la tumeur. Ce n'est qu'au fur et à mesure de leur développement qu'elles ont une tendance à prendre les caractères de la tumeur primitive, beaucoup plus manifestes à mesure que l'on considère les parties plus centrales du nodule.

Sur le plus grand nombre des points, il est difficile de dire où ces néoproductions ont pris naissance, et c'est pourquoi les auteurs les placent dans le tissu conjonctif. On peut cependant reconnaître à la périphérie de la néoproduction, des cellules qui ont tous les caractères de celles de la tumeur, et qui semblent tendre tout d'abord à se substituer à celles de l'organe envahi. Mais ce n'est que sur des points très limités; car il y a en même temps des productions

abondantes de jeunes cellules se développant surtout dans le tissu
conjonctif, et qui prennent peu à peu, de la périphérie au centre
du nodule, des caractères en rapport avec la nature de la tumeur
dans chaque cas. En somme, le tissu de nouvelle formation, semblable à celui de la tumeur primitive, se substitue manifestement
au tissu de l'organe envahi secondairement, tout comme aux tissus
envahis près de la tumeur primitive en voie d'extension, de la
même manière que les productions inflammatoires se substituent
aux éléments normaux.

Il est, toutefois, à remarquer que, d'une manière générale, le
développement des noyaux secondaires dans un organe, se fait
d'autant mieux et avec les caractères d'autant plus conformes à
ceux de la tumeur primitive, que la structure de l'organe secondairement atteint se rapproche davantage (au moins sur les points
envahis), de celle du tissu qui a donné naissance à la tumeur primitive, et qu'il s'agit d'éléments plus facilement renouvelables.

Ainsi, par exemple, les tumeurs ayant pris naissance sur un
tissu à épithélium cylindrique présenteront dans le foie d'abord au
niveau des canaux hépatiques, puis près de ces canaux, des productions secondaires typiques bien mieux caractérisées que dans
un ganglion, ce qui, dans une mesure très restreinte certainement,
est en harmonie avec ce qu'on observe dans la généralisation de
certaines tumeurs sur un même tissu.

Quant aux tumeurs atypiques, elles se généraliseront partout
avec la plus grande facilité. Cette généralisation sera favorisée à la
fois par les conditions dans lesquelles se trouve la lésion primitive
et par l'abondante production des nouveaux éléments qui donne
l'occasion plus fréquente et probablement plus facile du transport
des substances nocives dans les divers organes, et enfin par les dispositions propices que présentent tous les organes à les recevoir.

Il est à remarquer que dans le poumon, les néoproductions
secondaires, de quelque nature qu'elles soient, commencent à se
développer dans les cavités alvéolaires et dans les bronches, parfois avec un simple changement d'épithélium ou avec une disposition analogue à celle des exsudats dans la pneumonie. On voit, en
effet, leurs parois persister dans les parties périphériques des nodules de généralisation, et ce n'est que peu à peu qu'elles sont le
siège de néoproductions se confondant avec celles de leur contenu.

L'hyperplasie cellulaire s'étend plus ou moins loin à la périphérie des nodules, et donne lieu aussi, fréquemment, à des formations scléreuses qui paraissent les limiter, mais d'une manière

imparfaite, c'est-à-dire sans empêcher leur accroissement continu, comme il arrive pour les tumeurs primitives malignes. Cette sclérose périphérique paraît favorisée, soit par des productions relativement lentes, soit par la structure du tissu affecté. C'est ainsi qu'elle nous a paru plus prononcée dans le tissu musculaire et notamment dans celui du cœur.

Le tissu peut encore être plus ou moins tassé sur un point de la périphérie des noyaux secondaires, de telle sorte que l'accroissement ne se fait que peu ou pas à ce niveau, tandis qu'il continue à se produire sur les autres points où la circulation est plus active, comme nous l'avons déjà indiqué pour certaines tumeurs primitives dans les mêmes conditions.

Ainsi (et nous insistons particulièrement sur ce fait), par l'examen des productions métastatiques des tumeurs, on a la preuve de leur production et de leur accroissement d'une manière semblable à celle que l'on peut constater sur la tumeur primitive. Et ce n'est pas un des moindres arguments à invoquer en faveur de notre manière d'interpréter les faits, que cette *uniformité dans la manifestation des néoproductions, dans leur mode de développement et d'extension, sur tous les points où elles sont en voie de formation et d'accroissement, qu'elles soient primitives ou secondaires.*

On admet généralement que les productions métastatiques ont une structure semblable à celle de la tumeur primitive. On en fait même une loi absolue qui est considérée encore comme plus rigoureuse, si possible, depuis que les idées de spécificité cellulaire sont plus répandues, et qu'on attribue toutes les productions à la prolifération d'une ou de plusieurs cellules privilégiées.

Cette loi inflexible a fait méconnaître, selon nous, certaines tumeurs ou tout au moins leur véritable nature, parce que dans les cas de formations secondaires, on ne trouve pas toujours sur ces points une structure identique à celle de la tumeur formée en premier lieu. C'est ce qui est arrivé notamment à propos des adénomes du sein, qui, pour ce fait, ont été considérés, tantôt comme des altérations inflammatoires capables de devenir le siège d'une tumeur maligne, et tantôt comme des tumeurs du tissu fibreux. C'est même le principal argument des auteurs qui soutiennent cette opinion. Et ceux qui considèrent cependant les adénomes comme de véritables tumeurs, ont été jusqu'à admettre des tumeurs de tumeurs; alors que les productions pathologiques, quelles qu'elles soient, sur un point déterminé, ne peuvent résulter que de modifications plus ou moins prononcées des mêmes éléments essentiels du tissu affecté, et ne peuvent, par conséquent, être de nature différente.

Il résulte, en effet, de nos recherches, *que les formations secondaires sont toujours de même nature que la tumeur primitive d'où elles dérivent, mais que leur structure peut présenter des variations notables dans beaucoup de cas et même très prononcées dans certains cas.* Il s'agit de faits qui méritent d'être étudiés pour arriver à la connaissance exacte des tumeurs en général, et pour pouvoir rapporter dans chaque cas à leur véritable origine toutes les formations secondaires; ce qui est de la plus grande importance en clinique.

Il y a d'abord une première remarque à faire, c'est que ce sont les tumeurs qui, d'emblée, présentent les caractères de plus grande malignité, c'est-à-dire qui ont la plus grande tendance à s'étendre et à se généraliser rapidement, qui offrent le plus d'uniformité de structure dans les diverses parties de la formation primitive et dans les formations secondaires, en tenant compte naturellement du temps nécessaire pour l'évolution des divers éléments constituants.

Ce sont donc les tumeurs métatypiques ou atypiques dès leur origine qui se présenteront le plus communément dans ces conditions où toutes les productions sont à peu près semblables, quoiqu'elles offrent des variations au point de vue du nombre des cellules et de leur répartition au sein d'une substance intermédiaire plus ou moins abondante. Celle-ci a partout le même aspect en rapport avec la nature des cellules qui s'y trouvent, et partout aussi les cellules sont réunies en amas analogues ou bien disséminées et intriquées de la même manière. La disposition plus ou moins irrégulière de la charpente fibreuse et des vaisseaux est également analogue sur les diverses parties. Toutefois, si les cellules offrent le même aspect au point de vue du noyau et du protoplasma, il arrive souvent que leur volume varie notablement suivant leur situation qui permet ou non qu'elles prennent un plus grand développement et suivant des modifications ultérieures diverses en rapport avec leur nature. Mais ce sont là des variations secondaires qui n'empêchent pas de reconnaître la similitude des lésions, en général sur toutes les parties de la tumeur primitive et des productions secondaires.

Les tumeurs typiques qui présentent dès le début une allure de grande malignité, offrent aussi une structure qui a sur toutes les productions primitives et secondaires la plus grande similitude dans les caractères essentiels et la disposition des éléments constituants, quoiqu'ils soient plus ou moins irrégulièrement répartis sur les divers points. C'est ce que l'on peut bien constater, par exemple, sur certaines tumeurs de la muqueuse stomacale ou intestinale, de la glande mammaire, etc. C'est du reste la caractéristique des tumeurs désignées sous le nom d'*adénomes malins* ou *destructifs*. Telles on trouve les lésions au niveau de la muqueuse ou de la glande, telles elles sont sur les parties envahies de la périphérie et sur les formations secondaires dans les divers organes, quoique leur disposition soit toujours très irrégulière.

Nous avons vu que ce sont aussi les tumeurs tout à fait bénignes, c'est-à-dire confinées et limitées au lieu de leur production, qui ont les caractères typiques les plus uniformes sur toutes les parties qui les constituent. Elles se distinguent des précédentes, non seulement par leur localisation et la lenteur de leur développement, mais le plus souvent encore par la disposition relativement plus régulière des néoformations qui ont le caractère exubérant au lieu d'être destructif, même sur les premiers points de production.

Ces tumeurs peuvent rester bénignes ou devenir malignes au bout d'un temps plus ou moins long. Pour se rendre compte de ce qui se produit dans ce dernier cas, il faut examiner attentivement ce qui se passe dans la plupart des tumeurs qui, après un début assez lent ou même d'allure relativement bénigne, entrent dans une phase plus active d'accroissement, soit graduellement, soit d'une manière plus ou moins rapide, et arrivent à se généraliser.

Rien n'est commun comme de rencontrer des tumeurs dont les lésions initiales sont typiques et qui bientôt deviennent métatypiques à des degrés divers, au niveau des points d'accroissement de la tumeur primitive, aussi bien dans les glandes qu'au niveau des surfaces de revêtement. Ce sont même ces faits qui ont permis de reconnaître la nature véritable de la plupart des tumeurs métatypiques ou atypiques.

Or, dans ces cas, on peut déjà remarquer que les productions ayant encore quelques caractères typiques au niveau même du tissu d'origine de la tumeur, se modifient en perdant plus ou moins ces caractères à mesure qu'elles s'étendent en dehors du tissu primitivement affecté, qu'enfin les nodules de généralisation ne sont guère constitués alors par des productions typiques, mais qu'ils ont plutôt les caractères des néoformations constatées sur les points d'extension de la tumeur primitive. Il arrive même assez souvent que celle-ci présente encore quelques traces du tissu typique, qu'on ne voit plus sur les noyaux secondaires.

C'est ainsi qu'une tumeur qui a commencé par des néoformations typiques pour aboutir rapidement à des formations atypiques prédominantes, peut présenter, sur les points de généralisation, seulement ces dernières qui naturellement n'ont pas la même structure que les premières. Mais il est vrai qu'on y trouve la structure des *productions prédominantes de la tumeur primitive* et qui, en tout cas, sont de même nature que celles qui ont marqué le début des lésions, quoique de structure plus ou moins différente, vu

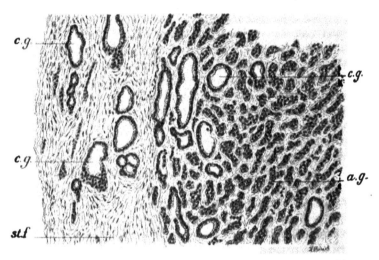

Fio. 235. — *Kyste de l'ovaire en voie d'extension dans les parois de la cavité pelvienne.*
c.g., cavités glandulaires. — *a.g.*, amas glandulaires. — *st.f.*, stroma fibreux.

les transitions insensibles qu'on peut observer entre ces diverses lésions.

On objectera peut-être que ces tumeurs qui ont débuté par des modifications dans le tissu d'origine, sont bien vite devenues atypiques et qu'en somme ce sont à proprement parler des tumeurs ayant ce dernier caractère qui se sont généralisées.

Mais on peut encore observer des tumeurs dont la plupart des lésions d'envahissement sont typiques, et prennent çà et là des aspects plus irréguliers jusqu'à devenir plus ou moins atypiques comme dans le cas représenté par la figure 235 qui se rapporte à un kyste de l'ovaire ayant pris exceptionnellement un caractère malin et envahissant les parois de la cavité pelvienne. Eh bien, dans ces cas, les nodules de généralisation ont certainement assez souvent ces mêmes caractères; mais ils peuvent aussi ne présenter que des productions atypiques. C'est ce que l'on peut bien voir sur des tumeurs généralisées du corps thyroïde, du sein, etc.

Il est à remarquer que ces phénomènes s'observent surtout dans les cas de tumeurs ayant présenté tout d'abord une allure bénigne, plus ou moins lente et dont les ganglions voisins arrivent à se tuméfier; de telle sorte que le chirurgien hésite entre une tumeur bénigne et une tumeur maligne.

De là, à admettre qu'une tumeur restée bénigne pendant long-temps peut devenir maligne, il n'y a qu'un pas, qu'on peut franchir, puisqu'il ne s'agit plus que d'une question de temps, plus ou moins court ou plus ou moins long, pour que la tumeur bénigne devienne maligne par la production de nouveaux éléments en plus grande quantité. C'est probablement en raison de ce fait que ces derniers se disposent plus ou moins irrégulièrement dans les tissus aux dépens desquels a lieu l'accroissement de la tumeur primitive.

Ne connaissant pas ce qui détermine les tumeurs, nous ignorons également ce qui produit leur marche plus ou moins rapide, et aussi pourquoi une tumeur après avoir présenté une allure assez lente ou même bénigne, se met à se développer avec une rapidité plus ou moins grande. Mais ce qu'il y a de positif, c'est que sur toutes les tumeurs bénignes donnant lieu à des phéno- mènes de généralisation, on peut constater une augmentation dans les néo-productions qui ont de la tendance à s'étendre et à se généraliser, d'autant plus qu'elles prennent toujours dans ces cas des caractères à tendance atypique.

Il est parfaitement vrai que des tumeurs bénignes, et par conséquent typiques, qui se généralisent, ne prennent jamais ce caractère sur les points de généralisation. Mais la plupart des tumeurs malignes typiques à développement lent ne le prennent pas non plus, de telle sorte que la transition entre ces diverses tumeurs étant insensible, on peut considérer leur généralisation comme produite dans les mêmes conditions.

Si dans les cas de tumeur à processus lent, ce sont les formations typiques que l'on rencontre ordinairement, c'est que ces forma-tions sont plus ou moins limitées au tissu d'origine de la tumeur, par une enveloppe fibreuse ou un tissu scléreux, et qu'il s'agit, en somme, de modifications anormales dans un tissu qui conserve ses caractères essentiels. Lorsque le processus vient à s'accélérer en

donnant lieu à des modifications de structure plus ou moins considérables qui portent, non plus sur le tissu sain, mais sur le tissu
précédemment modifié et sur les parties voisines, ainsi que sur
d'autres tissus, on comprend que les néoformations qui se produisent dans ces conditions, n'aient plus les mêmes caractères,
qu'elles soient moins typiques si elles se forment encore sur les
parties voisines du même tissu, et tout à fait atypiques sur les
diverses parties des autres tissus, ainsi qu'au niveau des nodules
de généralisation. C'est que, en effet, dans les cas de tumeurs à
processus rapide, ce sont les formations atypiques qui sont ordinairement rencontrées, même après un début de productions typiques;
les cas de néoformations typiques malignes persistantes dans toutes
leurs productions, étant relativement peu fréquents, et ne paraîs-
sant se rapporter qu'aux faits qui présentent dès le début une très
grande malignité.

C'est ainsi que les tumeurs ayant débuté par des altérations
lentes, pourront présenter des formations plus ou moins typiques,
puis de plus en plus atypiques, jusqu'à donner lieu à des productions sarcomateuses alvéolaires ou diffuses; car on peut suivre
toutes les transitions entre ces diverses néoformations. Cela prouve
d'abord qu'il s'agit bien d'une altération de même nature, c'est-
à-dire que les productions cellulaires sont bien celles de l'organe
affecté, mais devenues tout à fait anormales, et ensuite, que non
seulement les tumeurs primitives ne présentent pas sur tous les
points les mêmes altérations, mais encore que les nodules de
généralisation peuvent avoir une structure qui diffère notablement
des premières productions, toujours dans le sens atypique, avec
productions cellulaires en plus grande abondance.

Ces considérations, où nous avons eu surtout en vue les tumeurs
des tissus épithéliaux et glandulaires, s'appliquent également aux
tumeurs des tissus fibreux, osseux, musculaire et nerveux. Ce sont
ordinairement des tumeurs métatypiques ou atypiques, ayant de
suite le caractère malin, qui s'étendent localement ou au loin.
Mais il arrive aussi que des tumeurs typiques, d'abord avec
l'aspect de tumeurs bénignes, ainsi que nous l'avons vu pour des
tumeurs épithéliales ou glandulaires, prennent au bout d'un temps
variable une allure maligne par l'envahissement des parties voisines ou par des phénomènes de généralisation, et que les nouvelles productions, tout en offrant des caractères variables, présentent toujours des formations plus ou moins atypiques.

Ainsi, un fibrome constitué par les éléments du tissu fibreux proprement dit, s'il vient à prendre une marche envahissante, ou s'il donne lieu à des métastases, se présentera sur ces derniers points avec des éléments cellulaires plus nombreux, pouvant prendre des aspects variés, mais qui se rapporteront toujours à une forme sarcomateuse, sans que pour cela on conteste l'identité de nature des productions métastatiques avec celles de la tumeur primitive.

C'est d'une manière très exceptionnelle que les tumeurs des os ayant des caractères typiques, se généralisent sous cette forme.

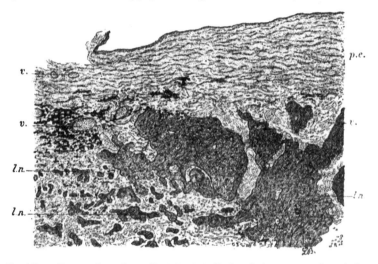

FIG. 236. — *Noyau pulmonaire ossifiant de généralisation de la tumeur maligne de l'os à néoproductions typiques, représentée par la figure 211.*

p.e., plèvre épaissie par sclérose. — *l.n.*, lamelles osseuses néoformées avec hyperplasie cellulaire intense et riche vascularisation. — *v*, vaisseaux.

Encore la production des lamelles osseuses est-elle tout à fait anormale et rudimentaire, tandis que les productions cellulaires sont très abondantes; c'est ce que l'on peut constater sur la figure 236 qui reproduit un noyau de généralisation dans le poumon de la tumeur maligne de l'os à néoproductions typiques, avec les mêmes caractères que ceux de la tumeur primitive et récidivée, précédemment représentée (fig. 211).

Le plus souvent, les tumeurs des os ont des caractères atypiques, et c'est sous cette forme qu'elles s'étendent et se généralisent. La figure 237 offre un noyau de généralisation de ce genre sous l'aspect de cellules fusiformes disposées en faisceaux irrégulièrement entre-croisés, c'est-à-dire avec des caractères qu'on rencontre assez fréquemment. Mais ce qu'il y a de particulier dans ce cas, c'est que ce noyau de cellules atypiques coexistait sur le même poumon avec le noyau à productions typiques de la figure précédente. C'est la preuve que les productions secondaires sont susceptibles de présenter certaines modifications (plutôt dans le sens 'atypique, comme nous l'avons indiqué précédemment). de telle sorte que leur structure peut-être différente de celle de la tumeur primitive, quoique très rarement à un degré aussi pro-

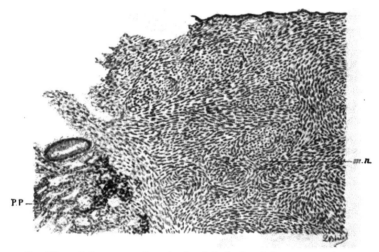

Fig. 237. — *Autre noyau pulmonaire de généralisation, à forme sarcomateuse, de la tumeur maligne de l'os à néoproductions typiques, représentée par la figure* **211.**

m.n., masse néoformée. — *P.P.*, parenchyme pulmonaire.

noncé que dans ce cas, quand bien même il s'agit certainement de productions secondaires de nature identique à celle de la tumeur primitive. Ce cas peut contribuer encore à prouver que les productions sarcomateuses (ici sarcome fasciculé) ne sont pas d'une autre nature que celles du tissu d'origine ; puisque tout à côté se trouvaient des productions typiques.

Il est vrai qu'on observe des enchondromes de l'os qui peuvent persister à l'état de tumeurs bénignes, ou devenir des tumeurs malignes avec généralisation, en présentant encore au niveau des productions métastatiques une substance fondamentale hyaline caractéristique de la nature de la tumeur. Mais on remarquera précisément que cela indique bien la nature de ces productions, semblable à celle de nature bénigne qui lui a donné naissance, quoique les éléments cellulaires ne se présentent plus dans les mêmes conditions.

On n'y trouve plus les capsules propres au tissu normal, ou même à celui de la tumeur primitive. Les cellules de toutes formes et en grande abondance y dominent, comme dans toutes les tumeurs malignes à grand accroissement, ainsi que sur les nodules de généralisation.

Les myomes, contrairement à ce que l'on a dit, ne font pas exception à la règle. Ces tumeurs du tissu musculaire à fibres lisses, qui se rencontrent si fréquemment à l'état de tumeurs bénignes, offrent quelquefois, et plus souvent qu'on le croit généralement, d'après ce que nous avons pu observer, une allure maligne, soit en prenant rapidement un développement excessif et envahissant, soit en donnant lieu à des productions métastatiques dans divers organes.

En examinant d'abord la tumeur primitive, on peut constater que si, sur les limites du tissu sain, la constitution de la tumeur se rapproche de ce tissu par la présence des faisceaux de grandes fibres, irrégulièrement entre-croisés, les parties qui s'en éloignent, tout en présentant toujours des faisceaux de fibres avec les mêmes dispositions, ont cependant des cellules moins volumineuses et moins longues, ainsi que des faisceaux en général plus petits. A mesure que l'on examine des parties plus récemment formées et en voie d'accroissement rapide, on trouve en plus des éléments cellulaires en faisceaux, mais sous l'aspect de cellules fusiformes plus ou moins courtes, telles qu'elles sont souvent produites dans les tumeurs de nature fibreuse et qui ne pourraient pas en être distinguées en ne considérant qu'un point de la préparation, sans aucun renseignement. Ainsi la tumeur musculaire en se généralisant prend encore dans ce cas une forme sarcomateuse qui ne doit pas cependant la faire confondre avec une tumeur d'une autre nature, et notamment la faire considérer comme se rapportant au tissu fibreux sous prétexte de sarcome, car tout à côté des cellules ont pris des caractères typiques.

Nous avons dit précédemment que nous n'avons jamais rencontré les tumeurs des muscles à fibres striées sous la forme typique en indiquant les raisons probables pour lesquelles il en [est ainsi. On les observe sous une forme atypique variable avec des productions cellulaires abondantes. Celles-ci peuvent aboutir à la formation d'un tissu analogue au tissu fibreux, tant que le développement de ces tumeurs n'est pas trop rapide. Mais souvent elles ne sont plus constituées, comme nous avons pu le constater, que par des productions cellulaires variables sans caractères particuliers, parfois cependant avec de grosses cellules à noyaux multiples, sur les points de grand accroissement, de formations récidivantes et de généralisation.

Il en est de même des tumeurs des nerfs où nous n'avons jamais pu trouver des néoproductions typiques de fibres nerveuses. Les productions analogues à celles du tissu fibreux qu'on trouve habituellement dans les névromes, sont cependant tout à fait spéciales aux nerfs, comme nous avons cherché à le démontrer précédemment. Les tumeurs multiples qu'on rencontre parfois sur plusieurs nerfs d'emblée ou par suite de récidive, ont les mêmes caractères bien particuliers aux nerfs. Mais lorsqu'il se produit (exceptionnellement il est vrai) des noyaux métastatiques dans les organes, c'est sous la forme sarcomateuse; et, pas plus que pour les autres tumeurs secondaires des divers organes, l'on ne doit attribuer ces productions à un fibrome se produisant atypiquement, en raison de leur origine bien déterminée et de leurs caractères tout particuliers, qui permettent d'affirmer leur nature nerveuse.

Du reste, ce n'est pas un cas particulier pour tel ou tel organe; car les auteurs cherchent toujours à rattacher toutes les productions sarcomateuses à des tumeurs d'un tissu conjonctif ou fibreux commun à tous les organes, en ne remarquant pas que partout le stroma conjonctif est intimement lié aux cellules propres, ainsi que nous avons cherché à le prouver. C'est par suite de cette théorie inacceptable (parce qu'elle est incompatible avec l'observation des faits), qu'on a de la tendance à considérer les nodules de généralisation constitués par des cellules atypiques, comme appartenant tous ou presque tous au tissu fibreux embryonnaire. Nous ne reviendrons pas sur les arguments que nous avons fait valoir pour prouver qu'on ne saurait admettre la production d'un tissu embryonnaire dont on ne trouve aucune trace sur l'organisme constitué. *Il n'y a dans tous les cas que des cellules typiques ou atypiques de même nature que celle du tissu d'origine de la tumeur ayant donné lieu à des productions secondaires.*

Lorsqu'il s'agit d'une tumeur fibreuse issue d'un tissu fibreux proprement dit, qui se généralise, c'est sous la forme de cellules qui se rapportent incontestablement à ce tissu. Mais pourquoi vouloir qu'il en soit de même lorsque ce sont des productions secondaires ayant pour origine les tumeurs des tissus les plus divers? C'est cependant ce que disent la plupart des auteurs, en se basant sur ce que, les cellules n'étant pas reconnaissables pour appartenir à un tissu déterminé, doivent revenir au tissu fibreux ou tout simplement parce que, sous l'influence d'idées théoriques on a pris l'habitude de considérer ainsi certaines tumeurs, sans se soucier de la logique ni de l'observation des faits.

Ainsi les généralisations atypiques d'un cancer de l'estomac sont en général rapportées à l'altération primordiale de la muqueuse, et les hyperproductions cellulaires, sur les nodules secondaires aussi bien que sur la tumeur primitive, sont regardées comme étant de même nature. Mais s'il s'agit d'une tumeur du sein, les productions consécutives et métastatiques sont rapportées, tantôt à la glande et tantôt à son stroma, suivant les impressions dans chaque cas, et, pourrait-on ajouter, suivant les préparations des divers points du néoplasme. Les tumeurs généralisées de l'ovaire ou du testicule sont ordinairement considérées comme des sarcomes, c'est-à-dire comme des tumeurs du tissu fibreux et non de ces glandes; tandis qu'il est bien évident qu'il s'agit de tumeurs de ces organes constituées par des éléments de même nature, mais devenus plus ou moins atypiques et généralisés sous cette forme. Nous pourrions multiplier les exemples à l'infini.

La théorie généralement admise par les auteurs est en réalité contraire aux faits observés. On peut effectivement constater *toutes les transitions entre les tumeurs typiques, métatypiques ou atypiques, et leur généralisation habituelle sous ces dernières formes, parce que ce sont elles qui correspondent aux productions intensives et désordonnées en rapport avec les phénomènes d'accroissement excessif, d'extension et de généralisation.*

Il y a assurément à tenir compte de quelques particularités relatives à certains organes, qui font que leur tissu a de la tendance à se produire anormalement plutôt dans la façon typique ou atypique; mais, d'une manière générale, il ressort de l'observation des faits que *toutes les néoproductions sont conformes au principe des formations tissulaires plus ou moins anormales dans les nodules de généralisation comme dans les tumeurs primitives, par le même mode de production et d'extension, très vraisemblablement aussi sous l'influence de la même cause persistante.*

Lorsque, pour expliquer un phénomène, on invoque la persistance d'une cause que l'on ne connaît pas, cela paraît tellement hypothétique que l'on est tenté de considérer cette cause comme

une quantité négligeable. Cependant il n'y a pas longtemps que la
tuberculose était rangée au nombre des tumeurs, quoique ses manifestations fussent parfaitement guérissables, et l'on sait positivement que les lésions persistent là où l'agent nocif trouve des
conditions favorables de production incessante. Il est donc bien
rationnel d'en induire que les tumeurs sont continuellement
envahissantes et ont de la tendance à donner lieu à des productions
métastatiques pour des motifs analogues, c'est-à-dire en raison de
la persistance de la cause qui engendre toujours des lésions
nouvelles de proche en proche, et même bien souvent au loin.

CONDITIONS LOCALES QUI FAVORISENT LES PHÉNOMÈNES DE GÉNÉRALISATION

Les auteurs admettent que les tumeurs peuvent se propager
d'abord aux ganglions voisins, puis à des ganglions plus éloignés
en rapport avec les premiers et enfin aux divers organes éloignés,
par la voie sanguine, soit indirectement, c'est-à-dire, par l'intermédiaire des lymphatiques, soit directement par les capillaires et
les veines. Ils admettent aussi que la généralisation des épithéliomes
se ferait par les lymphatiques, tandis que celle des sarcomes aurait
lieu plutôt par la voie sanguine.

En réalité, les choses ne se présentent pas aussi simplement, même
d'une manière générale, d'autant que, comme nous l'avons montré,
les épithéliomes peuvent présenter des formes sarcomateuses de
même nature. Mais, indépendamment de ce qui se rapporte à
la cause des tumeurs que nous ne pouvons apprécier, des circonstances nombreuses peuvent influer sur la détermination des
lésions secondaires et sur leur mode de production. Pour chercher
à s'en rendre compte autant que possible, il faut examiner les conditions réalisées par la tumeur primitive, par les voies de transmission, et enfin par les organes qui peuvent être le siège de ces
productions secondaires. Du reste, les conditions qui favorisent les
phénomènes de généralisation dans les tumeurs, offrent la plus
grande analogie avec celles qu'on peut observer dans les maladies
infectieuses.

Ce sont toujours des tumeurs malignes qui donnent lieu à des
métastases, c'est-à-dire des tumeurs qui ne sont pas exactement
limitées et tendent à s'accroître aux dépens des parties voisines; et
même dans les cas où une tumeur bénigne s'est généralisée, c'est

qu'elle a pris, à un moment donné, ce caractère de malignité sur lequel nous avons beaucoup insisté.

Les tumeurs ulcérées sont particulièrement sujettes à la généralisation, très vraisemblablement en raison de l'ouverture des vaisseaux qui favorise l'absorption des liquides exsudés à ce niveau et qui doivent contenir les éléments nécessaires pour déterminer sa reproduction sur les points plus ou moins éloignés des ganglions et des divers organes où ces liquides seront transportés. C'est bien ainsi que les choses se passent, car ensuite rien ne favorise plus les phénomènes de généralisation que la disposition de la tumeur ulcérée sous la forme d'une cavité relativement close, c'est-à-dire disposée de telle sorte que les produits d'élimination à la surface de l'ulcération, s'écoulent difficilement et stagnent dans cette cavité.

C'est ainsi que des tumeurs développées dans ces conditions, même avec de petites dimensions, peuvent donner lieu à des néoformations secondaires considérables, surtout dans les viscères; car il s'agit plutôt, dans ces cas, de métastases produites par la voie sanguine. Depuis que notre attention est attirée sur ce point, nous avons pu constater que toutes les grandes généralisations proviennent de tumeurs offrant des dispositions analogues, notamment pour ce qui concerne les tumeurs de l'estomac, du rectum, du sein, etc. C'est avec un cancer atrophique et ulcéré du sein chez une vieille femme, que nous avons vu les plus volumineuses productions métastatiques dans le foie. Il est même à remarquer que, dans les cas de ce genre, la tumeur primitive semble rester stationnaire ou ne progresser que d'une manière insensible, pendant que les productions métastatiques se développent avec plus ou moins d'intensité; de telle sorte que, comme nous l'avons déjà fait remarquer, l'expression de métastase trouve dans ces cas une application relativement exacte.

Il n'en est pas tout à fait de même pour les néoproductions qui envahissent secondairement les ganglions; car ce sont les tumeurs qui s'accroissent le plus localement, qui ont le plus de tendance à les atteindre avec intensité, tout au moins pour ce qui concerne celles des membranes de revêtement et des glandes. C'est ainsi que l'envahissement ganglionnaire peut, jusqu'à un certain point, être considéré comme un phénomène d'extension locale des tumeurs, quoiqu'il puisse ensuite prédominer.

Dernièrement nous avons eu l'occasion de faire l'autopsie d'un cancer de l'utérus qui avait détruit la plus grande partie de cet organe et du vagin, puis avait envahi la vessie et le rectum, ainsi que le tissu cellulo-adipeux voisin, de manière à donner lieu à des néoproductions ulcérées occupant la plus grande partie de la cavité pelvienne. En même temps, on constatait l'envahissement des ganglions de l'aine sous la forme d'une tumeur du volume d'un gros œuf de poule de chaque côté, et de tous les ganglions lombo-abdominaux à des degrés divers. Mais le foie, les poumons et les autres organes étaient absolument indemnes de toute généralisation. Ce cas représentait donc un type bien accusé d'un épithéliome à production locale envahissante, intensive, s'étendant jusqu'aux ganglions, mais sans métastase viscérale.

Nous avons constaté également des productions néoplasiques intensives de l'estomac et des ganglions voisins de la petite courbure et du pancréas, et même plus éloignés, sans altération des viscères. Exceptionnellement les néoproductions ayant atteint les ganglions du hile du foie ont pu pénétrer discrètement dans l'organe le long des gros vaisseaux, sous forme de petits nodules limités aux espaces portes voisins du hile.

Bien plus fréquent est le cas de certains cancers colloïdes de l'estomac, qui envahissent une grande partie de l'organe et ensuite la cavité péritonéale, en donnant lieu à des productions très étendues, sans que le foie et les autres organes soient atteints.

Par contre, on trouve des tumeurs de l'estomac assez limitées avec peu ou point de lésions ganglionnaires et avec des néoproductions considérables dans le foie, doublé ou triplé de volume par la présence des gros nodules secondaires qui s'y sont développés.

Quoique l'on rencontre assez souvent l'envahissement des ganglions en même temps que celui d'autres organes, on peut cependant déduire des faits relatés précédemment, qui sont communément observés, qu'il y a *sinon un antagonisme relatif entre l'intensité des manifestations secondaires des viscères et celle des ganglions dans les cas de productions excessives, au moins une prédominance bien marquée des unes ou des autres.*

Ces diverses remarques doivent être prises en considération pour le pronostic des tumeurs et dans les cas où se pose la question d'une intervention. Nous aurons du reste à revenir sur ces faits à propos des récidives.

Depuis longtemps les auteurs ont signalé la prédominance des phénomènes de généralisation par la voie sanguine pour les sarcomes, tandis que les épithéliomes se généraliseraient plutôt par les lymphatiques. Or, les faits que nous avons précédemment relatés prouvent que les épithéliomes peuvent se généraliser d'une manière ou d'une autre suivant les circonstances que nous avons cherché à préciser, mais qui ne sont certainement pas les seules. Le mode de généralisation peut aussi tenir à des particularités locales diverses favorisant tantôt l'envahissement des lymphatiques et tantôt celui des vaisseaux sanguins, suivant que les uns ou les autres restent perméables ou non, et sont envahis ou non par les productions néoplasiques, permettant le transport des agents de contagion jusqu'aux ganglions et jusque dans les divers organes.

Ainsi peut-on se rendre compte que les tumeurs à productions cellulaires intensives doivent plus facilement atteindre des vaisseaux sanguins permettant les phénomènes de généralisation par cette voie, mais encore plutôt lorsque les conditions de ramollissement ou d'ulcération d'une tumeur ont donné lieu à une cavité à parois scléreuses retenant plus ou moins ces produits de la tumeur, qui sont peu ou pas éliminées, et qui dès lors subissent la loi générale d'absorption de tous les liquides de l'organisme qui ne sont pas rejetés au dehors. C'est ainsi que cette circonstance est la cause la plus manifeste des phénomènes de métastase dans les organes, aussi bien pour les tumeurs que pour les foyers de tuberculose ou de suppuration de cause quelconque. Ces conditions manifestement propices à la production des lésions secondaires sont aussi en faveur de l'interprétation adoptée par nous pour expliquer leur pathogénie.

La perméabilité des vaisseaux lymphatiques et sanguins vecteurs des produits néoplasiques est une condition propice. Si des productions scléreuses à la périphérie des tumeurs peuvent pendant un certain temps s'opposer à l'envahissement des vaisseaux oblitérés; il arrive aussi que cette oblitération produit des nécroses et des ulcérations. Et comme les néoplasmes sont sans cesse envahissants, il peut encore arriver que les vaisseaux soient atteints par les éléments de la tumeur, d'où les conditions favorables à l'absorption des produits anormaux par les vaisseaux et surtout par les lymphatiques dont c'est la fonction.

C'est pourquoi aussi l'envahissement ganglionnaire est si fréquent avec toutes les tumeurs des organes richement pourvus de réseaux lymphatiques, et surtout dans les cas d'accroissement local intensif du néoplasme où les lymphatiques perméables doivent se trouver immédiatement en rapport avec les néoproductions ; tandis que les vaisseaux où existe une tension sanguine plus ou moins élevée n'ont guère de tendance à l'absorption que dans les cas où les produits exsudés ne peuvent pas trouver une issue suffisante.

La première conséquence que l'on peut tirer de cette remarque et des faits connexes précédemment relatés, c'est qu'il y a peu de probabilités pour que l'infection sanguine ait lieu par les lymphatiques atteints de proche en proche jusqu'au canal thoracique et à son aboutissant dans la veine sous-clavière, ainsi que l'admettent certains auteurs. Il est à remarquer en outre que, le plus souvent, les ganglions envahis sont ceux qui se trouvent en relation avec la tumeur, et que dans les cas où cet envahissement est considérable, voire même propagé à des ganglions éloignés, les indices de l'infection par la voie sanguine font ordinairement défaut. Elle n'aboutit pas à la généralisation dans les viscères puisque ceux-ci sont indemmes.

D'autre part, quelques auteurs ont pensé que dans ces cas où les viscères étaient atteints sans que les ganglions fussent le siège de lésions secondaires, on pourrait encore incriminer l'absorption et la transmission du contage par la voie lymphatique pour aboutir à la voie sanguine, précisément parce que les ganglions non atteints ne s'y opposaient pas, comme dans les cas précédemment indiqués où ils sont particulièrement affectés et où ils peuvent être considérés comme formant des barrières à l'infection sanguine.

On peut assurément admettre en théorie que les éléments infectieux partis des lymphatiques absorbants au voisinage de la tumeur primitive, sont susceptibles, en suivant le cours de la lymphe, d'arriver jusque dans le sang pour donner lieu à des localisations viscérales diverses, et que ces lésions se sont produites avec d'autant plus d'intensité que les ganglions ont été le moins affectés, soit parce qu'ils n'ont pas effectivement barré la route à ces éléments, soit parce que, si les néoproductions ont de la tendance à évoluer au niveau des ganglions, la métastase ne se produit pas ailleurs.

Mais on remarquera, en opposition avec cette théorie, que ce sont les néoproductions locales les plus considérables, les plus extensives et qui envahissent le plus le système lymphatique, qui ont le moins de tendance à donner lieu aux lésions provenant de l'introduction des agents infectants dans la circulation sanguine, tandis que celle-ci est facilement infectée dans les circonstances particulières précédemment indiquées où les lésions primitives peuvent être minimes, mais se trouvent dans des conditions où l'absorption par la voie sanguine est devenue possible.

On remarquera encore que les organes sur lesquels se manifestent les localisations métastatiques sont ordinairement en connection vasculaire directe avec le tissu de la tumeur primitive. Les poumons sont bien souvent le siège des phénomènes de généralisation parce qu'ils sont l'aboutissant de tout le sang veineux. Par ce fait, il est vrai, la lymphe y aboutit aussi. Mais il semble que les poumons devraient être encore plus souvent affectés si l'infection sanguine se produisait par la voie lymphatique. D'autre part, on peut bien se rendre compte que c'est le foie qui est le plus souvent affecté secondairement dans les cancers primitifs des organes qui sont du ressort de la veine porte, quoique les mêmes lésions puissent se produire aussi après le passage du sang infecté à travers les poumons; de même que ces derniers organes peuvent être atteints après le foie dans les cas précédents.

Donc tout en reconnaissant la possibilité de la transmission des lésions au loin dans le système lymphatique et dans l'appareil circulatoire, même après le passage du sang dans un organe, il n'est pas moins vrai qu'on a des preuves certaines de la contamination directe des organes éloignés par la voie sanguine, aussi bien que par la voie lymphatique, et que dans les cas de productions secondaires intensives, on voit prédominer ou même exister seulement des lésions relevant de l'un ou de l'autre mode d'infection.

Nous avons encore remarqué que des lésions métastatiques mêmes considérables produites dans le foie, dans les poumons, etc., sans altération des ganglions au voisinage de la tumeur primitive, n'en présentent pas non plus au niveau des ganglions ressortissant à ces divers organes; que s'il s'agit, par exemple, d'un cancer de l'estomac sans lésion des ganglions de la petite courbure, avec de gros nodules métastatiques dans le foie, formant des productions néoplasiques beaucoup plus considérables que celles de l'estomac, on ne trouvera pas non plus les ganglions du hile du foie envahis, tandis qu'on pourra rencontrer aussi des nodules métastatiques dans les poumons. Il semble donc que, dans les productions secondaires de plus en plus intensives, le même mode de propagation des lésions se poursuit, sans que l'intensité accrue des lésions secondaires donne lieu, comme les lésions primitives le font habituellement, à l'envahissement des ganglions lymphatiques. Il est vraisemblable que ce phénomène provient de ce que les lésions secondaires progressent de la même manière que les lésions primitives et encore avec plus d'intensité, de telle sorte que si elles se propagent au delà, c'est encore plutôt par la voie sanguine.

Nous ferons une dernière remarque relative à l'importance bien différente des lésions ganglionnaires et viscérales, en rapport avec les conditions de leur production et de leur développement dans les deux cas.

Les produits infectieux arrivant aux ganglions par les lymphatiques, devront encore atteindre les vaisseaux sanguins de ces organes pour y déterminer des troubles circulatoires, d'où naîtront l'hyperplasie cellulaire et les formations ultérieures qui se substitueront graduellement aux éléments des ganglions. Mais tout cela s'opérera au bout d'un temps parfois assez long, ainsi qu'on peut s'en rendre compte par l'examen clinique préalable. De plus, les lésions seront limitées à ces organes de petites dimensions, quoique les néoproductions, comme nous l'avons dit, atteignent souvent le tissu cellulo-adipeux périphérique. Ce n'est que sur les points où se trouvent des ganglions multiples qu'on pourra trouver une tumeur plus ou moins volumineuse formée par la réunion de plusieurs ganglions atteints simultanément avec leur tissu fibreux ou cellulo-adipeux intermédiaire. Encore le développement de cette tumeur secondaire aura-t-il été plus ou moins lent.

Il n'en est pas de même pour les noyaux métastatiques formés dans les organes, qui se développent en général assez rapidement. Et cela probablement par suite des altérations vasculaires immédiates et des troubles circulatoires phériphériques en rapport avec la structure et l'étendue de l'organe affecté, comme il arrive si souvent pour les poumons et le foie. L'envahissement est d'emblée plus ou moins considérable, en raison, soit de l'espace occupé par les troubles circulatoires, soit surtout de la propagation des troubles et des exsudats sur des points multiples dans ces organes. Il l'est toutefois davantage lorsque les séreuses sont atteintes, vu l'extension qui en résulte. Ces diverses lésions prennent en général un développement rapide et plus ou moins prononcé jusqu'à la mort du malade, qui ne tarde pas, en général, à se produire.

Les lésions viscérales secondaires peuvent être rencontrées sur un ou plusieurs organes, parfois sans cause manifeste, mais d'autres fois en raison de circonstances favorisantes plus ou moins bien déterminées, indépendamment de celles relatives à leurs connexions vasculaires en rapport avec le tissu primitivement affecté.

Les auteurs insistent sur la plus grande vascularisation des organes comme cause prédisposante générale des productions métastatiques, celles-ci étant surtout rencontrées dans le foie, la rate, les poumons; mais il faut aussi tenir compte du ralentissement de la circulation, qui existe au niveau de ces organes et doit favoriser les troubles circulatoires initiaux, c'est-à-dire les oblitérations vasculaires d'où dérive l'action exagérée de la circulation collatérale, tout comme dans les manifestations secondaires de cause infectieuse.

Il ne faudrait pas croire, toutefois, que des phénomènes très prononcés de congestion et de stase soient favorables à la production de formations néoplasiques secondaires, alors qu'ils ne le sont pas à celle de manifestations métastatiques d'origine infectieuse. Les unes et les autres se comportent de la même manière; car, dans tous les cas, doivent être réalisées les conditions nécessaires aux phénomènes de néoproduction qui sont entravés par ceux de congestion passive et de stase exagérée.

On sait, par exemple, que dans les cas de granulie tuberculeuse pulmonaire, récemment produite, si l'un des poumons se trouve préalablement atélectasié par un épanchement pleurétique, son tissu sera indemne de cette dernière manifestation. Nous avons vu encore que les abcès miliaires métastatiques ne se rencontrent pas dans des circonstances analogues. Eh bien, nous avons eu maintes fois l'occasion de constater qu'il en était de même pour les localisations nodulaires secondaires des tumeurs, se produisant assez souvent dans les poumons à la période ultime et qu'un poumon atélectasié restait également indemne, pendant que l'autre poumon présentait des nodules de généralisation.

Ces cas, bien entendu, ne doivent pas être confondus avec ceux où les localisations inflammatoires ou néoplasiques surviennent dans un poumon sain et au niveau duquel se produit ensuite une pleurésie; car il s'agit dans le dernier cas de productions récentes dans un poumon qui a continué de fonctionner, tandis que l'autre poumon plus ou moins atélectasié par un épanchement antérieur, ne présente aucune trace des lésions inflammatoires ou cancéreuses récentes constatées sur le précédent.

Ces faits démontrent bien la nécessité du fonctionnement suffisant d'un organe pour qu'il prenne part à des néoformations, de quelque nature qu'elles soient, d'autant que leur production habituellement exubérante exige une augmentation dans les phénomènes de nutrition; tandis que dans les cas envisagés, ceux-ci au contraire sont plus ou moins ralentis et diminués, de telle sorte que l'organe est réduit à avoir une vie en quelque sorte latente, le rendant peu apte aux productions pathologiques qui ne peuvent être réalisées que dans des conditions inverses.

Un autre fait a de tout temps attiré l'attention des auteurs, c'est que ce sont les organes le plus souvent atteints primitivement qui le sont le moins secondairement.

Ils n'en donnent pas la raison et en tirent la conclusion qu'il devrait en être autrement, en admettant que la production des tumeurs relève d'une diathèse. Or, s'il est démontré que les productions secondaires sont toujours de même nature que les tumeurs primitives, et qu'elles sont produites par la pénétration des agents de contagion de ces tumeurs dans la circulation par l'intermédiaire des vaisseaux qui mettent en communication les organes affectés, il est bien évident que la détermination des productions secondaires résultera des conditions facilitant non pas seulement l'accès des causes capables de déterminer les tumeurs primitives, mais encore de celles favorisant le développement des nouvelles lésions que pourront présenter les organes. De plus, indépendamment de la prédisposition encore indéterminée pouvant résulter de l'affection primitive, on peut, dans une certaine mesure, se rendre compte de quelques conditions favorisant ou non les productions secondaires.

Il est à remarquer, en effet, que les organes le plus souvent atteints primitivement, comme les tissus épithéliaux de la peau et des muqueuses, le sein et la plupart des glandes, n'offrent pas, par rapport aux autres organes, les connections vasculaires directes que présentent les poumons et le foie. Ce doit être au moins une des circonstances d'où il résulte qu'ils ne sont affectés secondairement que d'une manière tout à fait exceptionnelle ; tandis que d'autres organes comme les reins, les tissus fibreux et osseux, se trouvent dans des conditions qui les exposent à être assez fréquemment le siège de lésions primitives ou secondaires. Ces faits sont à prendre en considération quoiqu'ils ne suffisent pas à tout expliquer.

On peut, du reste, observer des phénomènes analogues dans la généralisation des maladies infectieuses. Ainsi l'utérus qui, après l'accouchement, peut-être le point de départ de foyers septico-pyohémiques répartis dans divers organes n'est jamais le siège d'abcès secondaires. La plupart des organes qui sont le siège primitif d'une suppuration, comme la peau, l'intestin, sont exceptionnellement atteints secondairement. Et par contre, les organes qui sont le plus souvent affectés secondairement, comme le foie, la rate, les poumons, le sont primitivement d'une manière tout à fait exceptionnelle.

Mais cela ne résulte que des conditions dans lesquelles se trouvent les organes par rapport aux causes d'infection primitive et secondaire; car si un organe qui est exposé à toutes les altérations secondaires comme le poumon, se trouve également dans les conditions propices à certaines infections primitives, par exemple à la tuberculose, on peut le trouver, alors le siège de lésions primitives et secondaires. Cependant les abcès primitifs du poumon, sont rares, sans qu'on puisse parfaitement en indiquer les raisons. Et le fait est d'autant plus étonnant que cet organe est souvent le siège de lésions inflammatoires et que, la plupart des agents nocifs sont connus. Aussi ne faut-il pas s'étonner que nous ne sachions pas pourquoi les tumeurs primitives du poumon sont si rares, alors que nous n'en connaissons pas même la cause déterminante.

On observe assez fréquemment la généralisation des tumeurs aux séreuses. Le plus souvent il s'agit de l'extension de la tumeur primitive et notamment de celle d'une tumeur des organes abdominaux, le plus souvent de l'estomac au péritoine. Mais on peut aussi rencontrer avec une tumeur primitive de l'utérus, par exemple, des manifestations secondaires non seulement sur le péritoine, mais encore sur la plèvre ou sur une autre séreuse. Celles de la plèvre coexistent ordinairement avec quelques lésions secondaires du poumon; de telle sorte qu'il est difficile de dire si les lésions pleurales ont été déterminées par les lésions pulmonaires ou s'il ne s'agit que de lésions concomitantes.

Ce qu'il y a de positif, c'est que les nodules pulmonaires sont ordinairement superficiels, et qu'ils s'accompagnent de lésions pleurales au même niveau; mais qu'il peut exister beaucoup d'autres lésions de la plèvre disséminées sur des points qui ne correspondent à aucune lésion pulmonaire. C'est ainsi que dans la carcinose miliaire pleurale, on rencontre les granulations les plus manifestes et ordinairement les plus nombreuses sur la face inférieure et sur les régions interlobaires, tout comme dans la tuberculose miliaire, qu'il y ait ou non des lésions pulmonaires à ce niveau. Du reste beaucoup de ces lésions peuvent aussi se trouver disséminées dans les parties profondes du parenchyme, notamment autour des vaisseaux et des bronches comme les productions inflammatoires.

Qu'il s'agisse de tumeur ou d'une lésion de tout autre nature, primitive ou secondaire, atteignant une séreuse, ce peut être par une altération qui débute, soit au niveau d'un organe en rapport

immédiat avec elle, soit dans le tissu sous-séreux où l'on trouve
le nodule secondaire empiétant sur la séreuse et faisant plus ou
moins saillie. Mais dans tous les cas les lésions de la séreuse ne
sont pas limitées à ces points et elles sont toujours disséminées en
plus ou moins grand nombre, et le plus souvent beaucoup plus
grand, par rapport aux lésions viscérales proprement dites. Très
rapidement même, toute une séreuse peut être envahie, quoique
les lésions des viscères correspondants soient fort limitées. C'est
que, à n'en pas douter, les manifestations néoplasiques des
séreuses se comportent comme celles de nature infectieuse,
s'accompagnant toujours des mêmes phénomènes dits inflammatoires, c'est-à-dire d'une dilatation des vaisseaux avec production
d'exsudats liquides et cellulaires. Ces phénomènes se manifestent
sur les parties correspondantes des deux feuillets de la séreuse, se
répartissant dans les mêmes conditions, surtout dans les parties
déclives et sur les points relativement immobilisés, et ayant toujours de la tendance à envahir toutes les surfaces libres des séreuses
en relation avec les premières parties atteintes.

Pour expliquer ces lésions néoplasiques d'une séreuse, les
auteurs supposent qu'elles proviennent d'un ensemencement
cellulaire ayant pour origine un néoplasme qui l'atteint jusqu'à
faire saillie dans sa cavité où seraient déversés les éléments
de néoproduction, et que les phénomènes inflammatoires concomitants sont d'ordre purement réactionnel. En somme, ils appliquent à la propagation des tumeurs aux membranes séreuses, la
théorie qui leur sert à expliquer les autres productions, mais sans
en fournir aucune preuve et alors même que les faits ne concordent
pas par cette interprétation.

En effet, si l'on a vu une tumeur pénétrer dans une veine volumineuse, de telle sorte qu'une portion peut être détachée pour
aller faire quelque part une embolie (ce qui fait supposer que
pareil phénomène peut se produire dans des vaisseaux plus petits),
on ne voit rien de semblable dans la cavité des séreuses où l'on
peut constater la saillie, soit d'une tumeur primitive, soit des
noyaux secondaires, à moins qu'une ulcération vienne à se produire. Mais ordinairement le néoplasme, quoique plus ou moins
saillant, est parfaitement limité, au moins au début, et dans le cas
peut-être le plus fréquent d'un cancer colloïde en nappe de l'estomac s'étendant au péritoine, la surface externe de l'organe affecté
est plutôt unie. Or, dans tous ces cas on peut voir à la surface
interne de la séreuse correspondante, la production d'un exsudat

fibrineux et liquide variable, comme dans tout autre altération pathologique atteignant la séreuse. Dès que celle-ci est le siège du moindre exsudat en un point, la partie du feuillet pariétal en contact avec elle présente les mêmes exsudats, et l'altération s'étend aux parties voisines, et surtout aux parties déclives.

A ce moment, la portion saillante du néoplasme dans la séreuse, n'est pas désintégrée, n'est même pas entamée, il ne peut pas s'en détacher des cellules faisant partie de sa constitution, et l'on n'observe nulle part de nouveaux points de formation de la tumeur à la surface interne des feuillets de la séreuse, précédant les productions inflammatoires, comme cela devrait être, si la théorie des auteurs, avait quelque apparence de réalité.

Au contraire les premières manifestations de l'altération de la séreuse consistent partout à la fois dans la production des exsudats, analogues aux exsudats inflammatoires, coïncidant avec la dilatation des vaisseaux du tissu sous-séreux à ce niveau.

Mais les productions néoplasiques, comme celles d'origine tuberculeuse, ont de la tendance à se manifester, principalement sur des points localisés plus ou moins nombreux, probablement en rapport avec les lésions vasculaires initiales sur ces points. Ce n'est qu'au niveau des parties immobilisées et surtout des parties déclives que les néoproductions forment des plaques plus ou moins étendues et épaisses, analogues à des productions inflammatoires.

Ensuite, ces altérations peuvent varier beaucoup, suivant la nature de la tumeur primitive, les conditions dans lesquelles les lésions secondaires se produisent et qui sont relatives à l'état général ou local du malade, surtout suivant leur production rapide ou lente, la qualité des exsudats, le rapport qui existe entre les parties solides et liquides, etc.

C'est ainsi que, lorsqu'il s'agit de productions tout à fait ultimes, on peut ne trouver que de rares lésions caractéristiques au niveau de la sous-séreuse avec de simples exsudats fibrineux plus au moins étendus et disséminés sur la séreuse; le liquide étant séreux ou séro-hématique, exceptionnellement purulent, et dans tous les cas en quantité variable.

Mais lorsque les lésions se sont produites à une époque moins avancée de la maladie, alors que le sujet présentait de meilleures conditions de vitalité, on peut observer des néoformations irrégulièrement réparties sur la séreuse sous forme de nodules arrondis ou irréguliers, ordinairement assez limités, et qui peuvent même parfois être si petits et si nombreux qu'ils simulent la tuberculose miliaire, au point d'avoir reçu le nom de *carcinose miliaire*.

Cette dernière affection se distingue ordinairement de la précédente, même à l'œil nu, par l'inégalité des nodules; car à côté de granulations absolument miliaires, on en trouve qui sont grosses comme des haricots ou des noisettes et même plus volumineuses, de forme variée. Il peut même arriver, lorsque les lésions pleurales ou péritonéales sont anciennes et accompagnées d'un exsudat liquide abondant, que les nodules soient aplatis au point de simuler un simple épaississement inflammatoire de la séreuse.

Dans tous les cas, l'examen histologique permet de reconnaître la nature du néoplasme. Mais, en même temps, il montre que les lésions, de quelque nature qu'elles soient, sont produites dans les mêmes conditions, qu'elles proviennent de l'exsudat, qu'elles sont formées par ses éléments liquides et cellulaires, soit dans la sous-

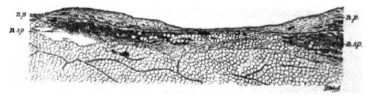

Fio. 238. — *Nodules de généralisation au péritoine d'un cancer colloïde ae l'intestin, avec prédominance des lésions dans le tissu sous-péritonéal.*

n.p., nodules péritonéaux. — n.s.p., néoproductions sous-péritonéales.

séreuse, soit à la surface de la séreuse où elles dominent ordinairement, et qu'en somme les néoproductions sont le fait du processus analogue aux processus inflammatoires, et qui est la continuation des phénomènes biologiques propres à la séreuse, dans ces conditions anormales.

La figure 238 montre de petits nodules péritonéaux provenant de la généralisation d'un cancer colloïde de l'intestin. Les néoproductions prédominent dans le tissu sous-péritonéal où l'on voit des cellules avec leur protoplasma colloïde, ne laissant aucun doute sur leur nature; pendant qu'à la surface du péritoine se trouvent des éléments plus petits, plus tassés et beaucoup moins caractéristiques, surtout sur les plus petits nodules. C'est au point que s'il ne s'agissait pas d'une néoproduction aussi caractéristique, on pourrait croire à de simples lésions inflammatoires. Mais il n'en est jamais ainsi pour les productions nodulaires des séreuses chez les cancéreux, quel que soit l'aspect sous lequel se présentent les nouvelles formations.

Il ne faut pas croire non plus que ce sont les néoproductions sous-péritonéales qui ont donné lieu à des nodules inflammatoires du péritoine, comme le plus petit nodule pourrait le faire croire : d'abord parce que ceux qui sont plus volumineux présentent aussi des cellules caractéristiques superficiellement situées, et ensuite parce que l'on observe fréquemment des nodules qui ont pour siège exclusif les néoproductions fournies à la surface de la séreuse. C'est ce que l'on peut voir sur la figure 239 qui se rapporte à un noyau de généralisation sur le péricarde, d'un cancer utérin. Les lésions sont tout à fait analogues à celles d'origine inflammatoire, mais il y a en plus des néoformations glandulaires superfi-

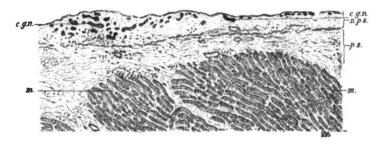

Fig. 239. — *Noyau de généralisation sur le péricarde ayant pour origine un cancer utérin.*

m, faisceaux musculaires du cœur avec un peu de sclérose interstitielle. — *p.s.*, péricarde sclérosé et épaissi. — *n.p.s.*, néoproduction péricardique scléreuse au sein de laquelle se trouvent des cavités glandulaires de nouvelle formation, *c.g.n.*

cielles et, par conséquent, qui ont été formées bien manifestement par les exsudats.

Ainsi, non seulement le processus dit inflammatoire n'est pas un phénomène réactionnel, mais ce sont les éléments même qui le caractérisent qui vont édifier et constituer les néoproductions anormales à la surface de la séreuse, comme dans le tissu sous-séreux et dans les autres tissus.

On s'explique ainsi comment l'altération débutant sur un point de la séreuse viscérale atteint immédiatement le feuillet pariétal lorsqu'il se trouve en contact avec ce point, et de la même manière toutes les parties de la séreuse où l'exsudat va se répandre. Ce sera particulièrement dans les parties déclives, et même très rapidement sur toute l'étendue de la cavité, en raison de sa disposition qui ne permet pas l'écoulement au dehors des exsudats, comme sur la peau ou sur les muqueuses, où l'on peut constater aussi la propagation des lésions par contact, mais seulement dans les points où il y a une imprégnation prolongée.

En effet, à ce niveau, les exsudats influent sur les productions normales, d'autant plus vite que l'épithélium offre moins de résistance, c'est-à-dire plus vite sur les muqueuses que sur la peau, et surtout sur les muqueuses à épithélium non stratifié, encore plus vite sur l'endothélium des séreuses, qui offre certainement le moins de résistance. C'est ainsi que la couche épithéliale doit être rapidement altérée et que les exsudats imprégnant les éléments sous-jacents du tissu, doivent engendrer la continuation des productions pathologiques dans le même sens que celui de la tumeur primitive, aussi bien que si les substances infectieuses parvenaient à ce niveau par l'appareil circulatoire, comme nous avons cherché à l'expliquer précédemment.

Il est vrai que partout où l'exsudat est répandu sur la séreuse, il n'y a pas de néoproductions de la tumeur. On ne les trouve, en effet, que sur des points disséminés, alors même que sur la plus grande étendue des surfaces séreuses, on ne rencontre que des exsudats sans caractères particuliers. Mais il en est de même dans les cas de pleurésie tuberculeuse, et, comme nous avons eu l'occasion de le dire, ce n'est pas non plus une raison pour considérer cette inflammation comme une réaction consécutive à la production des nodules tuberculeux. Qu'il s'agisse de ces derniers ou de nodules néoplasiques, ils ne précèdent pas les autres productions dites inflammatoires qui, au contraire, marquent le début des productions, et aboutissent ensuite à la constitution des nodules sur des points déterminés, probablement en rapport avec les lésions initiales, tout comme les exsudats produits dans les tissus donnent lieu tout d'abord à des productions qualifiées d'inflammatoires, et aux dépens desquelles des néoproductions s'édifient non pas sur tous les points indistinctement, mais aussi sur des points disséminés irrégulièrement, constituant les phénomènes d'accroissement et d'extension des tumeurs primitives et secondaires.

Ainsi, sur les points d'extension des tumeurs, comme sur les foyers secondaires des ganglions et des divers organes, comme sur les séreuses, on trouve partout le même processus qui est dit inflammatoire, mais qui n'est pas réactionnel, et qui est bien primitif. Il ne prépare pas non plus la production des néoformations, mais constitue déjà la première période de formation, la phase initiale, à laquelle succèdent, soit des formations néopla-

siques spéciales, soit de la sclérose ; car il n'est toujours qu'une
déviation plus ou moins prononcée des phénomènes normaux de
nutrition et de rénovation des éléments constituants des tissus
affectés sous l'influence d'une hyperplasie plus ou moins considérable, aboutissant pour les tumeurs à des formations continues,
excessives, de même nature que celle du tissu primitivement
affecté. C'est probablement sous l'influence de la cause que nous
ne connaissons pas encore et d'où relève ce processus particulier,
à la fois très intense et cependant assez lent pour permettre l'édification des nouvelles productions anormales. Celles-ci continuent
de s'accumuler, en subissant des modifications diverses suivant les
conditions de nutrition et les circonstances physico-chimiques
extrêmement variées dans lesquelles il est possible de les rencontrer.

TUMEURS MULTIPLES

Jusqu'ici il n'a été question que d'*une tumeur primitive* et des
formations secondaires disséminées *dans les ganglions* et *dans les
organes divers*. C'est que la plupart des tumeurs se présentent
d'abord sous la *forme unique* au niveau de leur tissu d'origine.
Cependant, on peut aussi observer des *tumeurs multiples* d'emblée
ou produites successivement, soit sur le même tissu où elles sont
par conséquent de même nature, soit sur des tissus différents et
chacune de nature en rapport avec le tissu où elle a pris naissance.
Dans les deux cas, il s'agit le plus souvent de tumeurs bénignes,
mais on peut aussi rencontrer des tumeurs malignes dans les
mêmes conditions ; ce qui contribue encore à montrer les rapports
qui existent entre ces diverses productions.

A. Tumeurs multiples d'un même tissu.

Des tumeurs multiples se rencontrent assez fréquemment sur
un même tissu à l'état de tumeurs tout à fait bénignes ; car il ne
semble pas qu'elles aient de la tendance à se généraliser. Elles
continuent seulement à se développer et à se multiplier plus ou
moins. Nous faisons allusion en ce moment aux lipomes et
fibromes multiples, quelquefois très nombreux et petits, mais dont
quelques-uns peuvent cependant acquérir un gros volume (plutôt
toutefois quand ces tumeurs sont isolées), ainsi qu'aux productions
épithéliales simples ou cornées ou papillomateuses, qu'on trouve

souvent disséminées en grand nombre à la surface cutanée. On peut également observer sur un même tissu des tumeurs multiples ayant des caractères de malignité très prononcés. Il en est ainsi pour les tumeurs qui atteignent primitivement les ganglions et s'étendent à toutes les productions lymphoïdes des divers organes, pour les névromes multiples et envahissants, pour certaines tumeurs des os qui se manifestent par des productions plus ou moins nombreuses, mais toujours sur des os, et enfin pour des tumeurs multiples plus rares, qui paraissent s'être développées simultanément ou à peu d'intervalle sous forme de noyaux plus ou moins volumineux dans un même organe, comme le foie ou le poumon.

On a vu que ces derniers organes sont ceux où les noyaux de généralisation se rencontrent le plus communément et où les tumeurs primitives sont le plus rares. Encore, dans ce dernier cas, les tumeurs restent uniques ou se multiplient dans l'organe primitivement affecté, et ordinairement sans se généraliser dans d'autres organes.

Lorsque les noyaux sont multiples, il peut arriver tout à fait exceptionnellement qu'ils soient tous peu volumineux ; mais le plus souvent l'un d'eux présente un gros volume, comme dans les cas où la tumeur est unique, et il existe dans le reste de l'organe des nodules que l'on peut rationnellement attribuer à la propagation de la tumeur primitive à travers le parenchyme, à moins que l'on préfère y voir des manifestations multiples des mêmes lésions primitives sur cet organe, sous l'influence de la même cause que l'on ne connaît pas.

Cette seconde interprétation, tout hypothétique qu'elle soit, est peut-être la meilleure pour le moment ; car, outre que les tumeurs multiples sont parfois de volume à peu près égal et au même degré d'évolution (ce qui ne permet pas de dire quelle tumeur aurait été le point de départ des autres), il semble difficile d'admettre la propagation de la plus grosse tumeur à d'autres points plus ou moins éloignés, autrement que par les vaisseaux sanguins ou lymphatiques. Or, il serait bien étonnant que dans ces cas, il n'y eût pas d'autres manifestations secondaires dans divers organes.

Et du reste, cette dernière hypothèse ne serait pas applicable aux tumeurs rencontrées sur les os et sur les nerfs qui sont plus ou moins éloignés, ni même sur les ganglions de toutes les régions et sur les divers organes où se trouve du tissu lymphoïde, qui ne sont pas en relation directe avec la tumeur la plus importante. On ne

peut donc, pour le moment, attribuer ces tumeurs multiples qu'à
une cause qui, au lieu de porter son action sur un point d'un tissu
déterminé, se répartit sur divers points.

Il n'y aurait rien de plus rationnel s'il ne s'agissait que d'un
organe déterminé comme le foie ou le poumon, où des agents
infectieux peuvent aussi donner lieu à une lésion unique et le plus
souvent à des lésions multiples. Mais il est plus difficile d'expliquer
la détermination des lésions toujours sur le même tissu répandu
sur les divers points de l'économie. Les agents nocifs n'ont pas pu
être en rapport avec ce seul tissu, et cependant c'est le seul qui soit
affecté ; d'où la conclusion qu'ils devaient avoir une action spéciale
pour ce tissu, et qu'il y a vraisemblablement des causes diverses ou
des agents de nature différente, qui ont une action particulière
dans la détermination des tumeurs sur les divers tissus pour des
raisons qui restent aussi à découvrir.

Il y a encore quelques remarques à faire au sujet de ces tumeurs
multiples sur un même tissu.

Les os cumulent toutes les formes de production de tumeurs. Ils
sont fréquemment le siège de tumeurs primitives qui se généralisent aux divers organes, mais non aux ganglions ; et on y
trouve souvent des noyaux secondaires pouvant provenir de la
plupart des tumeurs des divers organes. Enfin, ils peuvent être le
siège exclusif de tumeurs multiples ; mais dans ce cas (tout au
moins dans ceux que nous avons pu observer), il y avait une ou
plusieurs tumeurs du crâne qui paraissaient avoir marqué le début
des productions. Il existait en même temps des tumeurs multiples
de la colonne vertébrale et du bassin, dont quelques-unes avaient
pris plus d'extension, probablement en raison des conditions plus
favorables à leur développement dans ces régions. C'est dire que
la plus grosse tumeur ne devra pas toujours être considérée comme
la première formée, et que les tumeurs des os du crâne semblent
plus disposées à se multiplier sur les os qu'à se généraliser dans
les autres tissus pour des raisons qui sont encore à déterminer.
Peut-être en est-il de même des tumeurs ayant débuté sur le bassin
et sur la colonne vertébrale ? Du reste, quand ces trois parties sont
atteintes, il est parfois difficile de dire exactement quel a été le
point de départ des néoproductions.

Les tumeurs du tissu nerveux central désignées sous le nom de
névromes ganglionnaires ou médullaires, ou encore, par Virchow,
sous celui de gliomes, qui se présentent ordinairement à l'état
unique, peuvent encore être observées à l'état de tumeurs multiples

sur les diverses parties de l'encéphale, ainsi qu'au niveau de la
moelle.

Par contre, les tumeurs des nerfs, décrites sous le nom de
névromes fasciculés, sont toujours multiples et le plus souvent
d'aspect plexiforme. Quoiqu'elles soient ordinairement bénignes,
comme la plupart des tumeurs multiples, elles peuvent exceptionnellement devenir malignes, en se multipliant sur d'autres nerfs
voisins ou éloignés et jusque dans les viscères, comme nous avons
eu l'occasion de l'observer dans un cas précédemment relaté.
(V. p. 854.) Nous avons aussi indiqué les raisons qui nous ont fait
admettre la multiplication de toutes les tumeurs secondaires sur le
même tissu d'origine.

On peut constater des phénomènes analogues dans les productions désignées sous le nom de lymphadénie et de lymphosarcome.
Les lésions qui consistent surtout dans une hyperplasie excessive
plus ou moins anormale des éléments du tissu adénoïde, commencent à devenir apparentes au niveau d'un groupe de ganglions.
Elles continuent à se manifester sur des ganglions plus ou moins
éloignés, dans certains cas jusqu'à ce que, non seulement tous les
ganglions soient pris, mais encore que tous les éléments du tissu
adénoïde contenu dans l'organisme soient le siège des mêmes
productions anormales, ordinairement dans une proportion en
rapport, sur chaque point, avec la quantité de substance adénoïde
normale. Toutefois les premiers ganglions tuméfiés peuvent arriver
à prendre un volume tout à fait exceptionnel.

On admet qu'il existe ou non, dans ces cas, de la leucocythémie.
Il serait peut-être plus juste de dire qu'il y a constamment une
leucocytose plus ou moins prononcée n'atteignant jamais les
degrés extrêmes de la leucocythémie liénale.

En tout cas, la lymphadénie est une affection qui confine à la fois
aux maladies infectieuses et aux tumeurs. On peut rencontrer, en
effet, à l'état aigu et à l'état chronique surtout, des productions
anormales exagérées du tissu lymphoïde en général, sous
l'influence d'infections diverses dont la plus connue est la tuberculose. Il est souvent très difficile de distinguer si l'on a affaire à
des productions de ce genre ou à de véritables tumeurs, tellement
l'analogie est grande entre ces productions.

Toutefois, lorsque les néoproductions atteignent très rapidement
les ganglions, les tissus lymphoïdes des organes, et même parfois
les viscères considérés comme ne renfermant pas ce tissu à l'état
normal, on dit qu'il s'agit d'un *lymphosarcome* dont les mani-

festations multiples se comportent comme celles de véritables tumeurs, en suivant une marche graduellement progressive.

Il n'y a pas de limite absolue entre ce qu'on désigne sous les noms de lymphadénie et de lymphosarcome. Il semble que c'est plutôt une question d'intensité et de rapidité au sujet de la production des éléments anormaux dans les cas, bien entendu, où il n'y a pas de fièvre et où la cause est restée inconnue. Dans les deux cas il est remarquable de voir comment le tissu adénoïde est atteint dans sa généralité.

B. Tumeurs multiples sur des organes différents.

On rencontre enfin des tumeurs multiples développées simultanément ou successivement sur des organes divers et qui sont de nature différente, chacune en rapport avec le trouble produit au niveau de son tissu d'origine. C'est le cas le plus fréquent pour les tumeurs bénignes et le plus rare pour les tumeurs malignes, si l'on est en garde contre les causes d'erreur provenant d'une métastase possible dans des organes où la tumeur peut présenter des caractères rendant son assimilation avec la tumeur primitive plus ou moins douteuse.

Depuis que l'attention est attirée sur ces derniers faits, ils paraissent moins rares, ainsi que le prouvent les observations publiées depuis quelques années, et il y a tout lieu de croire que maintenant ils le seront bien moins à l'avenir. Comme un certain nombre au moins semblent indubitables, ils complètent l'analogie que nous avons partout constatée entre les tumeurs bénignes et les tumeurs malignes.

En tout cas, qu'il s'agisse de tumeurs uniques ou multiples, *il n'y a jamais, en dehors des métastases, de productions hétérotopiques : toute tumeur primitive unique ou multiple, étant toujours de même nature que le tissu qui lui a donné naissance,* c'est-à-dire étant constituée par une déviation des productions du tissu d'origine pour chaque tumeur. Cela peut être plus ou moins difficile à constater pour les tumeurs atypiques; mais c'est ordinairement l'évidence pour les tumeurs typiques. MM. Devic et L. Gallavardin ont même eu l'occasion d'observer à la fois un cancer du pylore et du rectum où chaque tumeur présentait les caractères de son tissu d'origine.

Nous avons dit précédemment que la production des tumeurs multiples sur un même tissu, et par conséquent de même nature,

semble prouver l'action spéciale de l'agent nocif inconnu sur ce
tissu. On ne peut cependant pas en induire que des tumeurs multiples primitives sur divers tissus, et par conséquent de nature
diverse en rapport avec ces tissus, doivent ressortir à des causes
multiples. Il est seulement possible qu'il en soit ainsi. Mais il se
peut également et il est plus probable que la même cause agissant
simultanément sur des tissus différents donne lieu à la fois ou
successivement à des productions en rapport avec la nature de
chaque organe affecté, d'après la loi générale qui régit toutes-les
productions pathologiques. En effet l'organisme n'est ordinairement affecté que par une seule cause nocive à la fois et l'on comprend que, dans ce cas, elle puisse donner lieu à une déviation des
productions normales au niveau des divers tissus, qu'alors les
modifications produites résultent des conditions particulières dans
lesquelles leur développement a lieu et que nous avons cherché
à expliquer autant que nos connaissances actuelles nous le permettent.

C'est ainsi qu'on rencontre fréquemment sur le même sujet des
myomes utérins et un goître, ou encore l'une ou l'autre de ces
tumeurs ou même les deux à la fois avec des papillomes cutanés
ou un polype muqueux ou un adénome d'autres organes, etc.

La présence d'une ou plusieurs tumeurs bénignes doit faire
redouter la production d'une tumeur maligne. Depuis longtemps
on a, en effet, remarqué chez les malades porteur de ces tumeurs
la fréquence d'une tumeur maligne qui, comme nous l'avons vu,
peut avoir pour point de départ une tumeur bénigne, mais qui, le
plus souvent, se développe sur un autre organe et se trouve par
conséquent de toute autre nature.

Il est bien certain que toutes les personnes qui ont un goître,
des myomes, des papillomes cutanés, etc., n'auront pas une
tumeur maligne ayant pour point de départ l'une de ces tumeurs,
ou se développant sur un autre organe; mais elles seront beaucoup
plus disposées à cette affection que celles qui n'ont aucune tumeur
bénigne. Pour savoir exactement dans quelle proportion les premières sont exposées aux tumeurs malignes, il faudrait une statis-
tique portant sur des personnes observées souvent pendant un
grand nombre d'années, jusqu'à l'époque de leur mort, en faisant
la part de celles qui auraient succombé à des maladies aiguës
intercurrentes.

En tout cas, cette coexistence de tumeurs bénignes avec une
tumeur maligne est assez bien établie pour que leur présence dans

un cas douteux fasse pencher le diagnostic plutôt pour une tumeur maligne que pour toute autre affection, et notamment que pour la tuberculose, lorsqu'elle est en antagonisme avec les troubles circulatoires auxquels certaines de ces productions donnent lieu. Nous faisons allusion ici aux goîtres et aux myomes volumineux ; car nous avons vu que la tuberculose a aussi de la tendance à engendrer des néoproductions typiques analogues à celles des tumeurs.

Nous avons dit précédemment qu'une tumeur bénigne était parfois le point de départ d'une tumeur maligne, et que le fait était beaucoup plus rare pour les tumeurs multiples d'un même tissu. Nous ajouterons qu'il l'est encore moins pour l'une des tumeurs multiples portant sur des tissus différents; car il est beaucoup plus commun d'observer une tumeur maligne d'une autre nature que celle des tumeurs bénignes antérieures, quels que soient les organes au niveau desquels elles se trouvent.

Nous avons cherché à prouver comment une tumeur bénigne typique devenue atypique en se généralisant n'avait pas changé de nature. Il en est de même aussi pour les tumeurs multiples de même nature qui se généralisent, comme nous l'avons montré pour les névromes. Et quand, de plusieurs tumeurs bénignes, l'une se généralise, les productions secondaires, quel que soit leur nombre, ne présentent que les caractères métatypiques ou atypiques de celle qui en a été le point de départ, quoique ce soit peut-être la même cause qui ait déterminé les premières productions.

En tout cas, lorsque le processus est augmenté et accéléré au niveau d'une tumeur, c'est lui seul qui entre définitivement en scène, et jamais on n'observe simultanément des phénomènes analogues sur une autre tumeur bénigne concomitante.

Peut-être encore est-ce la même cause qui intervient d'une manière plus intense dans les cas d'une tumeur maligne se produisant indépendamment des tumeurs bénignes préexistantes? Mais toutes ces questions ne pourront être résolues que par la connaissance des causes déterminantes des tumeurs.

Il n'est pas moins vrai que dès à présent on peut déduire des faits observés, cette conclusion que, de même qu'une manifestation tuberculeuse est une prédisposition à de nouvelles lésions tuberculeuses, une tumeur bénigne indique aussi une prédisposition à la production d'une tumeur maligne.

En continuant la comparaison, on pourrait presque dire que les tumeurs bénignes sont aux tumeurs malignes, ce que sont les manifestations scrofuleuses aux lésions tuberculeuses. En effet, indépendamment de la prédisposition qui résulte des premières lésions dans l'un et l'autre cas, on remarquera que dans les deux cas également, une fois que les dernières lésions sont définitivement établies, on ne voit plus de nouvelles manifestations des premières. Ainsi, de même qu'on n'observera pas de manifestations dites scrofuleuses au cours d'une tuberculose bien manifestement en évolution, on ne verra pas non plus se produire une tumeur bénigne chez un malade porteur d'une tumeur maligne.

CHAPITRE VI

RÉCIDIVE DES TUMEURS

Lorsqu'une tumeur a été enlevée, il peut se faire que la guérison soit définitive. C'est le cas le plus fréquent pour les tumeurs bénignes, et le plus rare pour les tumeurs malignes. Ainsi, on serait tenté de considérer comme de règle la guérison dans le premier cas et la récidive dans le second, en regardant les cas contraires comme des exceptions, dont on peut se rendre compte par quelques circonstances particulières.

La récidive est caractérisée par la réapparition d'une tumeur de même nature, soit dans la cicatrice, soit sur les parties voisines de la même région, soit enfin sur des organes plus ou moins éloignés. On admet ainsi trois variétés de récidive répondant à ces réapparitions topographiques de la tumeur, auxquelles on a cherché à adapter une explication pathogénique particulière pour chaque cas.

Lorsqu'une tumeur se reproduit avant ou peu après la cicatrisation de la plaie opératoire, au niveau de cette plaie incomplètement cicatrisée, ou sur la cicatrice, ou encore dans les parties voisines, la récidive est dite « par continuation » d'après Broca ; tandis que pour le même auteur, si la récidive se produit dans les mêmes régions, au bout d'un temps assez long pour que l'opération ait donné son plein effet, elle résulterait d'une « repullulation » de la tumeur. Enfin, cet auteur désigne sous le nom de « récidive par infection », celle qui ne se produit que sur les ganglions et les organes plus ou moins éloignés. Billroth va même jusqu'à admettre qu'il peut y avoir une « répétition de néoplasme », comme on peut être atteint deux fois du typhus. Ch. Robin, un peu trop oublié, même en France, dit que « ce qu'on nomme *récidive des tumeurs*, n'est ordinairement que la continuation sur place ou sur quelque autre point d'un système (généralisation), de l'hypergenèse qui a causé la première tumeur enlevée »... « tant qu'il reste dans l'économie des éléments de même espèce et partout où il y en a », mais sans connaître la cause de l'hypergenèse des éléments, ni celle de la reproduction de la tumeur sur place ou ailleurs.

La question n'est guère plus avancée aujourd'hui, où l'on suppose seulement qu'il persiste, au lieu d' « éléments de même espèce », « quelque prolongement continu ou discontinu de la première tumeur », comme l'indique M. Delbet. Ce prolongement est considéré en raison de son identité de structure comme un noyau secondaire du néoplasme primitif, parce que le mal n'a pas été enlevé dans sa totalité, et qu'on a laissé une ou plusieurs cellules qui ont continué à se reproduire et à pulluler, suivant la théorie tout à fait hypothétique (et selon nous invraisemblable), de la formation des tumeurs admise par les auteurs.

Toujours est-il que les chirurgiens ont cherché à faire l'ablation, non seulement de toutes les parties manifestement affectées, mais encore, autant que possible, d'une zone plus ou moins épaisse des parties périphériques, pour avoir le plus de chances qu'il ne reste dans les tissus aucun germe de la tumeur.

Les *tumeurs bénignes* parfaitement limitées, enlevées dans ces conditions, ne se reproduisent pas, en général, probablement en raison surtout de cette localisation, qui fait aussi supposer une cause agissant localement et peu intense, n'atteignant pas les autres parties de l'organe. Et lorsque, par hasard, une nouvelle tumeur se reproduit, on pense qu'on avait eu affaire en réalité à une tumeur maligne, puisqu'elle s'est comportée à la manière habituelle des tumeurs de ce genre. C'est bien aussi ce qui arrive ordinairement en pareille circonstance, notamment lorsqu'une tumeur du sein, que l'on croit bénigne, récidive, l'ablation étant faite au moment où déjà les néoproductions commencent à remplir les cavités glandulaires et à prendre un accroissement diffus. Mais sur la tumeur récidivée comme sur les néoproductions de généralisation, on trouve toujours des amas cellulaires plus ou moins atypiques, indices certains de la transformation maligne de la tumeur considérée tout d'abord comme bénigne; de telle sorte qu'en réalité ce cas rentre parmi ceux des tumeurs malignes qui seront bientôt étudiées. Mais nous devons encore examiner si une tumeur bénigne enlevée peut récidiver en présentant les mêmes caractères de néoproductions typiques parfaitement limitées, c'est-à-dire, encore les caractères de bénignité.

Nous avons eu l'occasion d'observer dans ces conditions deux cas de récidive se rapportant à des tumeurs bénignes du sein. L'une des tumeurs qui nous était adressée par le Dr Courbis, de Valence, avait récidivé après quatre ans, et l'autre provenant du Dr Charrin, de Saint-Chamond, s'était reproduite après douze ans. Nous n'avons fait l'examen, dans l'un et l'autre cas, que des tumeurs récidivées; mais toutes deux étaient bien limitées, comme des tumeurs bénignes primitives, et en avaient aussi les caractères histologiques, étant constituées l'une et l'autre par des cavités glandulaires peu nombreuses, de volume et de forme variables, mais avec une tendance aux formations kystiques, tapissées d'un épithélium cylindrique plutôt bas, mais bien caractérisé, et disséminées dans un stroma fibreux pauvre en cellules, assez dense, et peu vascularisé.

Bien persuadé que les tumeurs bénignes en devenant malignes ne conservent pas un pareil aspect tout à fait caractéristique de tumeurs bénignes primitives, nous avons dû conclure à une récidive, comme nous n'en avions jamais constaté, il est vrai, mais cependant bien manifestement avec les caractères de tumeur bénigne, et très probablement semblable à celle de chaque tumeur primitive. Du reste, M. Charrin avait fait faire l'examen histologique de la tumeur primitive de sa malade, et la réponse avait été qu'il s'agissait positivement d'une tumeur bénigne. Nous avons donc cherché comment il pouvait se faire que certaines tumeurs bénignes pussent récidiver dans ces conditions, tandis que c'est la dégénérescence maligne qui est habituellement observée.

Comme, dans les deux cas cités, la récidive n'est devenue manifeste qu'au bout d'un assez grand nombre d'années, il y a peu de probabilités pour qu'elle soit le résultat de la continuation d'évolution et de développement d'éléments de la tumeur, laissés en place, quoique la récidive se soit produite dans chaque cas, près de la première tumeur enlevée; d'autant que celle-ci se trouvait parfaitement limitée par une capsule fibreuse.

Il est donc plus rationnel d'admettre qu'il y a eu une véritable récidive sur le même organe, sous l'influence de la même cause qui s'est reproduite, ou qui, plus vraisemblablement, a été persistante, étant donnée la formation d'une nouvelle tumeur sur cet organe, alors que nous ignorons le temps nécessaire, suivant les cas, pour la détermination des lésions, et l'époque réelle du début de la récidive.

Nous disons qu'il y a toutes probabilités pour la persistance de la cause, par suite de la remarque que toutes les tumeurs continuent sans doute à s'accroître sous cette influence, et qu'elle doit aussi jouer un rôle dans la récidive des tumeurs malignes, comme nous pensons le démontrer. On pourrait plutôt être étonné que les tumeurs bénignes enlevées ne se reproduisent pas habituellement. On ne peut l'expliquer que, probablement, parce que l'action causale est faible, et surtout limitée, à tel point que la tumeur ne s'accroît que par elle-même aux dépens d'une portion plus ou moins limitée de l'organe affecté.

Pour qu'une récidive ait lieu dans les mêmes conditions de formation de la tumeur primitive, il faut nécessairement que la cause ait eu la même influence que précédemment sur le point voisin du même organe. Ce ne peut être en dehors de cet organe, vu que l'on n'a jamais trouvé dans ce dernier cas, que des productions atypiques qui s'expliquent parfaitement par cette circonstance, ainsi que nous avons déjà eu l'occasion de le dire. Et, dans les cas de M. Charrin et de M. Courbis, les caractères des tumeurs récidivées étaient tellement conformes aux adénomes si couramment rencontrés, que nous ne doutions pas qu'elles s'étaient également développées sur une partie de la glande laissée en place lors de la première intervention. Or, les renseignements fournis à notre demande par nos confrères, ont absolument confirmé nos prévisions.

La conclusion à tirer de ces faits, c'est que, tout en considérant toujours la récidive des tumeurs bénignes comme tout à fait exceptionnelle, *c'est seulement lorsque l'organe n'a pas été entièrement enlevé, qu'on peut voir une véritable récidive de tumeur bénigne*; d'où l'indication de faire toujours cette ablation lorsque cela sera possible et qu'il n'y aura pas de contre-indication provenant de la nécessité, de conserver une partie de l'organe comme lorsqu'il s'agit du corps thyroïde.

Ainsi que nous l'avons dit précédemment, la plupart des tumeurs qui récidivent après avoir été considérées comme des tumeurs bénignes, étaient en réalité, au moins, des tumeurs en voie de devenir malignes, et devant être considérées comme telles.

Nous prendrons pour exemple le cas intéressant et instructif présenté par M. P. Berger à la Société de chirurgie de Paris. Il s'agit d'un « fibrome périostique de l'index gauche opéré plus de dix ans après son apparition, récidivé dans le métacarpien correspondant, puis au poignet, et traité par l'amputation de l'avant bras pratiquée sept ans et demi après l'amputation de l'index, quatre ans et demi après l'ablation du métacarpien. Examen des tumeurs par M. Cornil : les premières avaient la constitution du fibrome et la dernière celle du sarcome fasciculé ».

L'auteur considère ce cas comme une récidive de tumeur bénigne sous la forme d'une tumeur maligne, c'est-à-dire d'un fibrome sous la forme d'un sarcome. Or, en appliquant à ce cas les idées que nous avons cherché à faire prévaloir, il en ressort qu'on devait dès le début faire des réserves au sujet du pronostic de cette tumeur, parce que malgré sa constitution et la lenteur de son développement, elle ne présentait pas les caractères essentiels d'une tumeur bénigne qui doit toujours être de structure typique et absolument limitée, en prenant avant tout en considération la connaissance de son tissu d'origine.

Il s'agissait, en effet, non d'une tumeur d'un tissu fibreux, mais bien d'une tumeur de l'os, présentant, il est vrai, une structure fibroïde, c'est-à-dire à développement relativement lent, mais qui n'était pas typique et qui, prenant naissance dans l'os, ne pouvait pas être limitée; ce qui devait absolument mettre en garde contre l'éventualité d'une récidive. Et si l'on remarque en outre qu'on avait affaire à une tumeur de l'os dont les néoproductions doivent toujours être tenues pour suspectes (probablement en raison de leur non limitation) et qu'enfin le sujet affecté n'avait que vingt-quatre ans, on doit rationnellement conclure qu'on avait plutôt lieu de porter dès le début un pronostic défavorable.

Quant aux néoproductions qui sont bien manifestement des *tumeurs malignes*, c'est-à-dire qui tendent à s'accroître aux dépens des tissus voisins, elles se reproduisent dans l'immense majorité des cas, au bout d'un temps variable après leur ablation et ordinairement avec des caractères de plus en plus atypiques.

Cependant il s'agit fréquemment de tumeurs peu volumineuses dont l'ablation a été faite par des chirurgiens expérimentés et habiles, qui sont bien certains d'avoir enlevé toutes les parties ayant les caractères propres de la tumeur, et même une portion des tissus au delà, l'examen le plus minutieux ne permettant de découvrir à la phériphérie des parties sectionnées, aucune trace manifeste du néoplasme. Il faut néanmoins supposer, avec les théories existantes et contre l'observation des faits, qu'il reste presque toujours dans ce tissu une ou plusieurs cellules aberrantes de la tumeur, qui vont être le point de départ des néoformations; tandis qu'en réalité on n'observe que des phénomènes de vascularisation augmentée et d'hyperplasie cellulaire, en rapport avec les troubles occasionnés par la tumeur, mais pouvant s'étendre plus ou moins loin et ordinairement beaucoup plus qu'on ne le suppose pour ces tumeurs qui ne sont pas limitées.

Nous avons dit précédemment que ces phénomènes devaient être interprétés comme les productions initiales de l'extension des tumeurs, en même temps que comme une tendance à la formation d'un tissu cicatriciel que l'on trouve si fréquemment à la phériphérie des tumeurs; mais que la cicatrisation ne pouvait pas aboutir probablement en raison de la cause persistante que nous ne connaissons pas, tout comme la tuberculose peut continuer à se manifester sur des points où le chirurgien n'a enlevé que les grosses lésions manifestes, ou laissant ceux où existe une simple hyperplasie cellulaire avec des bacilles, qui peuvent être le point de départ de nouvelles productions, lorsque la cicatrisation n'est pas complète.

Notre interprétation sur le mode d'extension des tumeurs est donc tout à fait en rapport avec ce qu'on observe dans ce cas, et permet, par conséquent, de l'expliquer d'une manière plus rationnelle qu'en prenant pour base une simple hypothèse qu'on ne saurait étayer sur les faits observés.

Il est possible aussi de se rendre compte comment, après les opérations faites dans les meilleures conditions, on peut avoir une reproduction rapide ou plus ou moins tardive, jusqu'après une cicatrisation de la plaie opératoire, suivant que la tumeur est plus ou moins maligne. C'est aussi le degré de malignité indiqué le plus souvent par les caractères de la tumeur primitive qui sera la cause de cette reproduction plus ou moins rapide. Et le degré de malignité ressort ordinairement des caractères présentés par la tumeur primitive.

Il n'est pas moins vraisemblable que si *toutes* les parties atteintes à un degré quelconque avaient pu être enlevées, on aurait peut-être empêché ce retour offensif. Mais en réalité, la chose est-elle possible ? *On ne peut jamais en avoir la certitude.* Tout ce qu'il est possible de dire, c'est qu'une tumeur typique de petit volume à développement lent, indiquant une malignité relativement peu prononcée, pourra peut-être être enlevée dans des conditions assez favorables pour que les néoproductions aboutissent, non à la formation de nouvelles tumeurs, mais à une cicatrisation complète et à une guérison au moins momentanée.

Cependant, la circulation continuera à être troublée à ce niveau, et pour peu que la cause persiste, *la tumeur aura de la tendance à se reproduire d'autant plus facilement que l'organe primitivement atteint n'aura pas été enlevé d'une manière complète, même dans ses parties saines en apparence;* car il y aura à la fois persistance de la cause et de l'organe prédisposé à être affecté, présentant encore des phénomènes de suractivité circulatoire et d'hyperplasie cellulaire.

C'est pourquoi les ablations de tumeurs malignes, quoique au plus léger degré, qui ne comprennent pas l'organe affecté tout entier, doivent presque inévitablement être le point de départ d'une reproduction.

Il y aura, au contraire, d'autant plus de chances de succès que la cause ne pourra plus agir sur le même organe. Si l'on en excepte les tumeurs typiques de grande malignité, cela sera surtout bien manifeste pour les tumeurs typiques qui ne se produisent avec leurs caractères propres que là où se trouve encore le tissu de l'organe, c'est-à-dire là où ce tissu peut être plus ou moins modifié; ce qui n'a plus lieu naturellement, lorsqu'il a été complètement enlevé.

Malheureusement, les tumeurs malignes qui commencent par être plus ou moins typiques, deviennent le plus souvent atypiques, à mesure que leur malignité se manifeste, c'est-à-dire à mesure qu'elles prennent de l'extension. La reproduction de la tumeur peut aussi bien avoir lieu sous cette dernière forme, dans les parties voisines de la tumeur, notamment dans le tissu fibro-vasculaire, et dans les tissus de toute autre nature par extension et généralisation. C'est ainsi que l'ablation de tumeurs plus ou moins typiques du sein a été suivie de reproductions atypiques qui ont fait méconnaître leur nature, en faisant croire à des néoproductions de nature conjonctive, c'est-à-dire fibreuse pour les auteurs, et considérer la tumeur primitive comme étant de même nature.

Mais nous avons vu qu'une tumeur d'abord typique prend ordinairement un caractère plus ou moins métatypique au fur et à mesure de son extension, et, d'une manière constante, dans les cas de généralisation. Or, le phénomène de reproduction n'est, en réalité, qu'un phénomène d'extension plus ou moins rapide, et c'est ainsi qu'on s'explique comment il a lieu, plutôt sous la forme atypique après l'ablation, non seulement de la tumeur, mais encore de l'organe entier qui en est le siège, et aussi comment l'ablation d'une tumeur en partie typique peut être suivie d'une reproduction seulement atypique.

Pour se placer dans les meilleures conditions possibles, capables d'éviter un retour offensif, il semble donc qu'il convient d'opérer les malades dès le début de la production d'une tumeur, aussitôt que le diagnostic peut être posé, et d'enlever la plus grande partie possible du tissu qui en est le siège, voire même l'organe tout entier, lorsque cela est possible.

Si l'ablation d'une tumeur, même limitée, en voie d'extension lente expose le malade à une reproduction, lorsqu'on se place dans les conditions les plus favorables, il est évident que la récidive sera d'autant plus à redouter, que l'accroissement de la tumeur aura été précédemment plus prononcé et plus rapide, que l'organe aura été en partie conservé. A plus forte raison, les conditions seront encore plus défavorables s'il y a déjà eu une extension de la lésion aux ganglions en rapport avec les parties primitivement affectées.

Nous rappellerons que les ganglions sont envahis, non seulement dans leurs parties intracapsulaires, mais aussi à leur périphérie, et que, quand bien même ils ne présentent pas des éléments semblables à ceux de la tumeur, ils doivent être considérés comme atteints dès qu'il existe des phénomènes de vascularisation augmentée et d'hyperplasie cellulaire. Lorsqu'on enlève ces ganglions, on est à peu près dans les conditions où l'on se trouve lorsqu'on fait l'ablation de la tumeur primitive aux confins de la zone d'hyperplasie qui n'est jamais exactement limitée, et qui l'est encore moins pour les ganglions en communication avec d'autres ganglions que l'on ne peut apercevoir, et qu'il est impossible d'atteindre. Les néoproductions sont alors plus ou moins diffuses et la reproduction de la tumeur est de règle, soit dans le voisinage des parties ulcérées, soit sur d'autres ganglions en relation avec les premiers, soit enfin sur un organe plus ou moins éloigné.

Toute récidive peut être expliquée suivant son siège, de la même manière que les productions d'accroissement de la tumeur primitive ou que celles de généralisation, par le fait des connections vasculaires.

Il est possible d'abord qu'on laisse au siège de la tumeur primitive une portion du néoplasme, soit à la période d'état (ce qui doit être bien rare pour les chirurgiens expérimentés opérant dans des conditions propices et non à la période ultime de la maladie, lorsque les lésions sont très étendues et surtout mal limitées), soit plutôt à la période d'hyperplasie cellulaire où de jeunes cellules peuvent déjà se trouver en voie de spécialisation commençante, tandis que d'autres, plus nombreuses, tendent à former du tissu cicatriel. C'est ainsi qu'on voit immédiatement ou peu de temps après l'opération, se produire une néoformation au même point, commençant avec la cicatrisation de la plaie effectuée en partie ou en totalité. Ces nouvelles lésions peuvent se développer localement de manière à s'accroître à des degrés divers comme une tumeur primitive, et à devenir comme elle le point de départ de productions locales plus ou moins étendues et même éloignées.

Mais il peut arriver aussi que, la reproduction locale fasse absolument défaut et que, peu de temps après la cicatrisation de la plaie opératoire, il se forme des noyaux secondaires, soit dans le voisinage de la tumeur primitive, soit dans les ganglions qui étaient en relation avec elle, soit enfin dans des organes plus ou moins éloignés.

Il est possible que, dans ces cas, les noyaux de récidive se soient développés sur des points qui, avant l'ablation de la tumeur primitive, étaient atteints à un degré assez léger pour que leur altération ait passé inaperçue, ou même qui, comme les ganglions voisins, ne présentaient que des phénomènes d'hyperplasie cellulaire. Dès lors la tendance de ces productions à évoluer dans le sens de la tumeur aurait eu lieu avec plus d'activité par suite de la suppression de la tumeur primitive, tout comme l'on voit (ainsi que nous l'avons déjà fait remarquer), les productions secondaires prendre un développement parfois considérable pendant que la tumeur primitive reste pour ainsi dire stationnaire.

On peut admettre également que ces noyaux de récidive, plus ou moins éloignés du siège de la tumeur enlevée, n'ont bien commencé à se produire que postérieurement à son ablation. Ces faits s'expliquent alors par la diffusion des éléments de production de la tumeur, tout comme dans les cas de productions secondaires ordinaires au moyen des vaisseaux lymphatiques et sanguins. On peut même considérer l'ouverture de ceux-ci par le chirurgien comme une circonstance propice à cette infection, lorsque les liquides de la tumeur, particulièrement suspecte de produire l'extension des lésions, viennent en même temps baigner la plaie opératoire. Celle-ci est assez avivée pour aboutir à la cicatrisation ; mais les substances qui ont pénétré dans les vaisseaux pourront former ailleurs des néoproductions qui prendront un développement plus ou moins prononcé, en donnant lieu à une véritable métastase, puisqu'il y a suppression de la tumeur primitive et même, dans ces cas, en raison de cette suppression.

Il est encore à remarquer que c'est dans ces cas où l'opération paraît avoir donné immédiatement un résultat satisfaisant, que se manifestent ensuite les productions secondaires les plus étendues. C'est ainsi que nous avons vu consécutivement à l'ablation d'un petit cancroïde de la lèvre l'envahissement de tous les ganglions trachéobronchiques au point de comprimer la trachée et les vaisseaux. On observe plus fréquemment, après l'opération d'une tumeur mélanique, des manifestations secondaires dans les ganglions et parfois dans divers organes indemnes jusqu'à ce moment, ou encore, après l'ablation d'un cancer du sein de petit volume, des formations nouvelles considérables dans les ganglions de l'aisselle ou des régions avoisinantes, dans la colonne vertébrale, dans divers organes. Un testicule cancéreux enlevé peut donner lieu ultérieurement à des productions secondaires diverses, etc.

Ce sont, du reste, des phénomènes analogues à ceux qu'on voit se produire à la suite de l'ablation d'un testicule tuberculeux, des ganglions tuberculo-caséeux ou de lésions osseuses de même nature, lorsque l'opération est suivie d'autres manifestations tuberculeuses.

On peut ainsi se rendre compte comment, dans certains cas, de généralisation suivant de près l'ablation d'une tumeur, l'opération a pu être considérée avec raison comme la cause déterminante des noyaux secondaires se développant et évoluant par l'un des deux mécanismes précédemment indiqués, et qui consistent en somme dans la continuation et l'exagération des néoproductions sur les points secondairement atteints, après l'ablation de la tumeur, comme dans les cas où ils se sont produits avec elle, mais certainement avec une plus grande intensité.

Si les récidives ont paru encore plus fréquentes lorsque l'on a enlevé des ganglions avec la tumeur primitive, cela tient vraisemblablement à ce que les lésions étaient déjà plus étendues, plus disséminées au loin, et qu'il y avait plus de probabilités pour des manifestations éloignées, mais non à ce que l'ablation des ganglions a supprimé la barrière qui empêchait l'infection ; car de même que c'est la tumeur qui est la cause de l'infection des ganglions les plus proches, ce sont ces derniers qui sont à leur tour le point de départ des lésions propagées peu à peu à de nombreux ganglions situés au delà, et plus ou moins en rapport avec eux. C'est ainsi que l'altération peut parfois se propager aux ganglions les plus éloignés. Cela suffit pour démontrer que, non-seulement les ganglions ne servent pas de barrière à la généralisation ganglionnaire, puisque la propagation s'est faite sans qu'ils aient été enlevés, mais encore qu'ils constituent le terrain propice à la transmission graduelle des lésions de proche en proche. Les cas où les organes éloignés n'ont pas été atteints alors que les ganglions étaient affectés se rapportent aux faits d'antagonisme relatif que nous avons précédemment signalés. (Voir p. 948.)

Du reste, lorsque la récidive ne se produit pas au lieu même de la tumeur primitive, c'est sur les parties voisines et sur les ganglions principalement qu'elle a lieu, soit parce que, comme nous l'avons dit, ces parties commençaient déjà à être affectées, soit parce que les lymphatiques en leur qualité de vaisseaux absorbants ont occasionné l'infection de ces parties.

On peut enfin observer des productions métastatiques sur des organes éloignés, sans que des ganglions qui n'étaient pas atteints aient été enlevés, mais c'est sans doute par la voie sanguine. Il est possible aussi que dans ces cas le mode d'infection ait été favorisé par la cicatrisation rapide des parties superficielles de la plaie opératoire, alors que les parties sous-jacentes renfermaient encore des éléments infectieux qui se trouvaient ainsi dans une cavité close propice aux phénomènes de métastase, bien mieux encore que dans les tumeurs primitives où ces conditions ne sont jamais réalisées au même degré, et encore d'une manière analogue à ce que l'on observe parfois dans les cas d'ablation de certains foyers infectieux proprement dits.

La conséquence à tirer des considérations précédentes, c'est que, conformément à l'observation, la récidive est d'autant plus à redouter à bref délai, soit sur la région où siégeait la tumeur enlevée, soit sur les ganglions ou sur d'autres organes, que la tumeur avait une marche plus envahissante, plus rapide, qu'elle était devenue plus étendue, et qu'elle avait déjà atteint des ganglions plus ou moins éloignés. En effet, ces phénomènes indiquent la diffusion des lésions et rendent peu probable leur limitation aux seuls ganglions manifestement tuméfiés; d'où l'impossibilité d'enlever toutes les parties affectées à la périphérie, qui ne sont pas visibles et qui sont cependant éminemment propices à la constitution de nouvelles productions. Celles-ci se développent alors dans les conditions précédemment indiquées, probablement sous l'influence de la cause persistante qui semble agir sur les nouveaux points affectés avec d'autant plus d'intensité que l'on a supprimé les manifestations primitives où s'exerçait l'activité pathologique de l'organisme. C'est pourquoi l'abstention de tout acte opératoire est plutôt indiqué dans les cas de ce genre.

Cependant il arrive aussi que certaines tumeurs se présentent avec des caractères de moindre gravité, surtout lorsqu'elles sont à une période peu avancée, après un développement lent; de telle sorte qu'une large exérèse comprenant même parfois, quoique plus exceptionnellement, des ganglions affectés secondairement, a pu être suivie, sinon d'une guérison, au moins, avant le retour de nouvelles productions apparentes, d'une rémission plus ou moins longue pendant laquelle on a pu constater une amélioration de l'état général se manifestant notamment par l'augmentation du poids du corps. La récidive peut, dans ces cas, n'avoir lieu qu'au bout de plusieurs mois, dans le cours de la première ou de la deuxième année, comme cela arrive le plus fréquemment, et elle se manifeste plutôt sur place, c'est-à-dire au niveau ou dans le voisinage de la tumeur enlevée. Il est assez rationnel de considérer tous ces faits comme analogues à ceux où la reproduction de la tumeur est plus hâtive, vu les transitions qui existent entre eux; en admettant que la plus longue période d'état latent doive être attribuée à un développement plus lent des néoproductions, en raison de circonstances diverses connues ou inconnues, qui tiennent au lieu de la localisation primitive de la tumeur et à son mode de développement, à l'âge et à l'état général du malade, etc., ainsi qu'à la modalité de la cause probablement variable dans son intensité.

Mais après l'ablation d'un néoplasme, lorsqu'on voit survenir une nouvelle tumeur au bout de trois, quatre, cinq, dix ans et même davantage, où la guérison semblait complète, où les malades avaient repris de l'embonpoint, etc., on peut se demander s'il s'agit toujours de la continuation des productions se rapportant à la tumeur primitive ou s'il faut admettre, avec Billroth, une seconde atteinte après le retour à la santé, c'est-à-dire une récidive dans le sens propre du mot appliqué aux autres maladies.

Ce sont les observations ultérieures qui permettront de tirer la question au clair, et de décider s'il faut adopter l'une ou l'autre de ces opinions, ou même toutes deux suivant les cas; car, théoriquement, rien ne s'oppose à ces interprétations.

Ce que l'on peut seulement constater aujourd'hui, c'est que *les tumeurs récidivées sont toujours de même nature que les tumeurs primitives quels que soient leur structure et le tissu où se produit la récidive.* C'est dans les cas les plus bénins de récidive très éloignée, ainsi que dans les cas les plus malins de récidive rapide, qu'on observe le plus de similitude entre les néoproductions primitives et secondaires; mais dans le premier cas la récidive n'a lieu que sur une portion de l'organe laissé en place, ce qui ne suffit pas pour interpréter ces cas d'une manière différente. En effet, si le long intervalle écoulé entre les néoproductions primitives et récidivées semble éliminer l'hypothèse de la continuation de l'évolution de la tumeur, il faudrait encore, pour admettre une véritable récidive, prouver que la cause a également cessé après l'ablation de la tumeur primitive et s'est reproduite au bout d'un temps plus ou moins long; ce qui est impossible dans l'état actuel de la science.

Ce qu'il y a seulement de positif aujourd'hui, c'est que, après l'ablation d'une tumeur, on ne voit pas survenir sur un autre organe quelque autre tumeur qui ne dépende de la première, c'est-à-dire qui soit d'une autre nature; ce qui fait incliner à penser qu'il s'agit bien, soit de la continuation de la même cause, soit de sa reproduction et même de sa fixation sur le même organe lorsqu'une partie a été laissée en place.

Nous avons insisté tout particulièrement sur cette question de la récidive des tumeurs après leur ablation, en raison de sa grande importance pratique. C'est, en effet, par la connaissance de plus en plus précise de la constitution des tumeurs et des conditions déterminantes de leur récidive d'une manière générale et dans chaque cas particulier, que les chirurgiens devront s'éclairer pour intervenir ou non. Ils devront ainsi chercher à se placer dans les conditions rationnellement les plus favorables pour obtenir, soit le meilleur résultat en intervenant au moment propice et en évitant autant que faire se pourra les circonstances capables de favoriser des lésions secondaires, soit le moins mauvais en se mettant en garde contre l'éventualité possible d'une aggravation par le fait d'une intervention inopportune.

Il est, en effet, des tumeurs à marche très lente, quoiqu'elles soient parfois assez mal limitées, qui laissent aux malades une survie assez longue pouvant être compromise par une intervention ne remplissant pas toutes les indications. Cette remarque s'applique bien plus encore aux tumeurs qui ne peuvent pas être facilement examinées et atteintes en raison de leur situation. Il en résulte aussi parfois que le chirurgien est obligé de limiter son intervention, qui, dès lors, est bien plus contre-indiquée. D'autres circonstances doivent encore être prises en considération, mais elles sont plutôt du ressort de la clinique.

TABLE ANALYTIQUE

PREMIÈRE PARTIE

GÉNÉRALITÉS RELATIVES A LA PATHOLOGIE ET A L'ANATOMIE PATHOLOGIQUE

DEUXIÈME PARTIE

ÉTATS PATHOLOGIQUES DES TISSUS SANS CHANGEMENT DANS LEUR STRUCTURE

TROISIÈME PARTIE

INFLAMMATION

QUATRIÈME PARTIE

TUMEURS

TABLE ALPHABÉTIQUE DES MATIÈRES

TABLE DES FIGURES

Paris. — L. Maretheux, imprimeur. 1, rue Cassette. — 3195.

MASSON & Cⁱᵉ, ÉDITEURS

Libraires de l'Académie de Médecine, 120, boulevard Saint-Germain, Paris (vıᵉ)

Pr. n° 363

EXTRAIT DU CATALOGUE MÉDICAL [(1)]

RÉCENTES PUBLICATIONS — Décembre 1903

Traité de

OUVRAGE COMPLET

Pathologie générale

PUBLIÉ PAR

CH. BOUCHARD

MEMBRE DE L'INSTITUT
PROFESSEUR DE PATHOLOGIE GÉNÉRALE A LA FACULTÉ DE MÉDECINE DE PARIS

SECRÉTAIRE DE LA RÉDACTION

G.-H. ROGER

Professeur agrégé à la Faculté de médecine de Paris, Médecin des hôpitaux.

COLLABORATEURS :

MM. Arnozan — D'Arsonval — Benni — F. Bezançon — R. Blanchard — Boinet — Boulay — Bourcy — Brun — Cadiot — Chabrié — Chantemesse — Charrin — Chauffard — J. Courmont — Dejerine — Pierre Delbet — Devic — Ducamp — Mathias Duval — Féré — Gaucher — Gilbert — Gley — Gouget — Guignard — Louis Guinon — J.-F. Guyon — Hallé — Hénocque — Hugounenq — M. Labbé — Lambling — Landouzy — Laveran — Lebreton — Le Gendre — Lejars — Le Noir — Lermoyez — Lesné — Letulle — Lubet-Barbon — Marfan — Mayor — Menetrier — Morax — Netter — Pierret — Ravaut — G.-H. Roger — Gabriel Roux — Ruffer — Sicard — Raymond Tripier — Vuillemin — Fernand Widal.

Tome V. Fig. 20. — Paralysie faciale gauche

6 *vol. grand in-8°, avec figures dans le texte :* **126** *fr.*

Chaque volume est vendu séparément.

DIVISION DE L'OUVRAGE

Tome I. — 1 vol. grand in-8° de 1018 pages avec figures dans le texte : **18** fr.

Introduction à l'étude de la pathologie générale. — Pathologie de l'homme et des animaux.

1. La librairie Masson et Cⁱᵉ envoie gratuitement et franco de port les catalogues suivants à toutes les personnes qui lui en font la demande. — Catalogue général contenant, classés par subdivisions, tous les ouvrages ou périodiques publiés à la librairie. — **Catalogues de l'Encyclopédie scientifique des Aide-Mémoire** : I. Section de l'ingénieur. — II. Section du biologiste. — **Catalogue des ouvrages d'enseignement.**

— Considérations générales sur les maladies des végétaux. — Pathogénie générale de l'embryon. Tératogénie. — L'hérédité et la pathologie générale. — Prédisposition et immunité. — La fatigue et le surmenage. — Les Agents mécaniques. — Les Agents physiques. Chaleur. Froid Lumière. Pression atmosphérique. Son. — Les Agents physiques. L'énergie électrique et la matière vivante. — Les Agents chimiques. Les caustiques. — Les intoxications.

Tome II. — 1 vol. grand in-8° de 940 pages avec figures dans le texte : **18 fr.**

L'Infection. — Notions générales de morphologie bactériologique. — Notions de chimie bactériologique. — Les microbes pathogènes. — Le sol, l'eau et l'air, agents des maladies infectieuses. — Des maladies épidémiques. — Sur les parasites des tumeurs épithéliales malignes Les parasites.

Tome III. — 1 vol. in-8° de 1400 pages avec figures dans le texte, publié en deux fascicules : **28 francs.**

Fasc. I. — Notions générales sur la nutrition à l'état normal. — Les troubles préalables de la nutrition. — Les réactions nerveuses. — Les processus pathogéniques de deuxième ordre.

Fasc. II. — Considérations préliminaires sur la physiologie et l'anatomie pathologiques. — De la fièvre. — L'hypothermie. — Mécanisme physiologique des troubles vasculaires. — Les désordres de la circulation dans les maladies. — Thrombose et embolie. — De l'inflammation. — Anatomie pathologique générale des lésions inflammatoires. — Les altérations anatomiques non inflammatoires. — Les tumeurs.

Tome IV. — 1 vol. in-8° de 719 pages avec figures dans le texte : **16 fr.**

Évolution des maladies. — Sémiologie du sang. — Spectroscopie du sang. Sémiologie. — Sémiologie du cœur et des vaisseaux. — Sémiologie du nez et du pharynx nasal. — Sémiologie du larynx. — Sémiologie des voies respiratoires. — Sémiologie générale du tube digestif.

Tome V. — 1 vol. in-8° de 1180 pages avec nombreuses figures dans le texte : **28 fr.**

Pathologie générale et Sémiologie du foie. — Pancréas. — Analyse chimique des urines. — Analyse microscopique des urines (histo-bactériologique). — Le rein, l'urine et l'organisme. — Sémiologie des organes génitaux. — Sémiologie du système nerveux. (Cet article comprend plus de 800 pages et est illustré de très nombreuses photographies, schémas et dessins.)

Tome VI. — 1 vol. in-8° de 935 pages : **18 fr.**

Les troubles de l'intelligence. — Sémiologie de la peau. — Sémiologie de l'appareil visuel. — Sémiologie de l'appareil auditif. — Considérations générales sur le diagnostic et le pronostic. — Diagnostic des maladies infectieuses par les méthodes de laboratoire. — La diazoréaction d'Ehrlich. — Valeur de la formule hémoleucocytaire dans les maladies infectieuses. — Cyto-diagnostic des épanchements séro-fibrineux et du liquide céphalo-rachidien. — Ponction lombaire. — Applications cliniques de la cryoscopie. — L'épreuve du vésicatoire. — De l'élimination provoquée comme méthode de diagnostic. — Les rayons de Rœntgen et leurs applications médicales. — Thérapeutique générale. — Hygiène.

Traité des ✦ ✦ ✦ ✦ ✦ ✦ ✦ ✦ ✦ ✦ ✦ ✦
✦ ✦ Maladies de l'Enfance

Deuxième Édition, revue et augmentée

PUBLIÉE SOUS LA DIRECTION DE MM.

J. GRANCHER   ET   **J. COMBY**

PROFESSEUR A LA FACULTÉ DE PARIS
MEMBRE DE L'ACADÉMIE DE MÉDECINE

MÉDECIN
DE L'HÔPITAL DES ENFANTS-MALADES

---

5 volumes grand in-8° avec figures dans le texte. *En souscription :*   **100** francs.

TOME I

1 volume grand in-8° de 1060 pages, avec figures : **22** francs.

Préface, par J. Grancher. — Chapitre premier : **Physiologie et Hygiène de l'Enfance**, par J. Comby. — Chapitre II. **Maladies infectieuses** : *Diphtérie*, par M. Sevestre et Louis Martin. — *Scarlatine*, par Moizard. — *Rougeole, Rubéole, Variole, Varicelle*, par J. Comby. — *Vaccine et Vaccination*, par H. Dauchez. — *Coqueluche, Oreillons, Fièvre ganglionnaire, Fièvre éphémère*, par J. Comby. — *Grippe*, par Henri Gillet. — *Fièvre typhoïde*, par H. Méry. — *Typhus exanthématique, Fièvre récurrente*, par L. Wolberg. — *Maladie de Weil*, par A. Baginsky. — *Infection putride*, par A. Baginsky. — *Suette miliaire*, par L. Hontang. — *Malaria*, par Luigi Concetti. — *Fièvre jaune*, par Moncorvo fils. — *Choléra asiatique*, par P. Duflocq. — *Peste*, par H. De Brun. — *Morve et Farcin*, par A. Delcourt. — *Charbon, Actinomycose*, par J. Comby. — *Rage*, par H. Gillet. — *Tétanos*, par J. Renault. — *Rhumatisme articulaire aigu*, par H. Barbier. — *Érysipèle*, par L. Rénon. — *Syphilis*, par P. Gastou. — *Pian*, par Jeanselme. — *Tuberculose*, par E.-C. Aviragnet. — Chapitre III : **Maladies générales de la nutrition** : *Arthritisme, obésité, maigreur, migraine, asthme*, par J. Comby. — *Diabète sucré*, par H. Leroux. — *Maladies du sang, anémie, chlorose, anémie pernicieuse progressive, anémie infantile pseudo-leucémique, lymphadémie*, par H. Audeoud. — *Hémophilie*, par J. Comby. — *Purpuras*, par H. Barbier. — *Scorbut infantile*, par sir Thomas Barlow. — *Rachitisme*, par J. Comby. — *Ostéomalacie*, par A. Delcourt. — *Achondroplasie*, par J. Comby. — *Dysostose cléido-cranienne, Ostéopsathyrosis, Croissance*, par J. Comby. — *Infantilisme*, par Apert. — Chapitre IV : **Intoxications** : *Alcoolisme*, par J. Comby. — *Intoxication saturnine*, par G. Variot. — *Intoxications aiguës fréquentes*, par H. Monti. — *Matières fécales, Venin des reptiles, Piqûres d'insectes*, par J. Comby.

TOME II

1 volume grand in-8° de 964 pages, avec figures : **22** francs.

Chapitre V : **Maladies du tube digestif** : *Dentition et accidents de la Dentition*, par R. Milon. — *Stomatites*, par J. Comby. — *Subglossite diphtéroïde*, par F. Fede. — *Parotidite aiguë*, par le Pr Seitz. — *Sous-Maxillite*, par J. Comby. — *Abcès rétro-pharyngien*, par J. Bokay. — *Angines aiguës*, par E. Dupré et Ph. Pagnez. — *Hypertrophie des amygdales, Pharyngite chronique*, par H. Cuvillier. — *Maladies de l'Œsophage, Maladies de l'Estomac*, par J. Comby. — *Sténose congénitale du pylore, Cancer de l'Estomac*, par H. Ashby. — *Vomissements cycliques*, par W. Northrup. — *Entérites de la deuxième enfance*, par J. Comby. — *Dysenterie*, par Ch. Rocaz. — *Constipation*, par J. Comby. — *Dilatation congénitale du colon*, par H. Hirschprung. — *Rétrécissements congénitaux de l'Intestin, Sarcomes de l'Intestin*, par P. Nobécourt. — *Tuberculose du tube digestif*, par E. Lesné. — *Athrepsie*, par E. Thiercelin. — *Gastro-entérites des nourrissons*, par Lesage. — *Vers intestinaux*, par R. Lynch. — Chapitre VI : **Maladies du pancréas**, par A. Arraga et M. Vinas. — Chapitre VII : **Maladies du péritoine** : *Ascite*, par A. Alfaro. — *Péritonites aiguës*, par J. Comby. — *Péritonite tuberculeuse*, par H. Méry. — *Tumeurs du péritoine*, par A. Jacobi. — Chapitre VIII : **Maladies du foie** : *Ictères*, par L. Rénon. — *Congestion du foie, Stéatose hépatique, Dégénérescence amyloïde du foie, Abcès du foie*, par C. Oddo. — *Cirrhoses du foie*, par le Pr Hutinel et Auscher. — Chapitre IX : **Rate et ses maladies**, par P. Gastou. — Chapitre X : **Maladies des capsules surrénales** : *Maladie d'Addison, Hémorragies, Adénome*, par J. Comby. — Chapitre XI : **Maladies génito-urinaires** : *Pyélite et pyelonéphrite, Perinéphrite, Thrombose des veines rénales, Tumeurs liquides du rein, Rein mobile, Hématurie, Hémoglobinurie paroxystique*, par J. Camby. — *Tuberculose du rein*, par J. Halle. — *Lithiase urinaire*, par de Bokay. — *Névroses urinaires*, par L. Guinon. — *Albuminuries et Néphrites*, par J. Renault. — *Vulvites, vulvo-vaginites, etc.*, par A. Epstein. — *Anomalies génitales chez les petites filles, Onanisme, Gangrène du scrotum, Cystite*, par J. Comby. — *Tumeurs de la vessie*, par L. Concetti.

Vient de paraître.

PRÉCIS D'OBSTÉTRIQUE

PAR

A. RIBEMONT–DESSAIGNES

Professeur agrégé à la Faculté de médecine de Paris. Accoucheur de l'Hôpital Beaujon.
Membre de l'Académie de médecine.

ET

G. LEPAGE

Professeur agrégé à la Faculté de médecine de Paris.
Accoucheur de l'Hôpital de la Pitié.

SIXIÈME ÉDITION ENTIÈREMENT REFONDUE

1 volume grand in-8° de 1420 pages avec 568 figures dans le texte dont 400 dessinées par
RIBEMONT-DESSAIGNES. Relié toile **30** fr.

Cette nouvelle édition du **Précis d'obstétrique** n'est pas une simple réédition de l'édition précédente plus ou moins modifiée, mais est le résultat d'un remaniement complet.

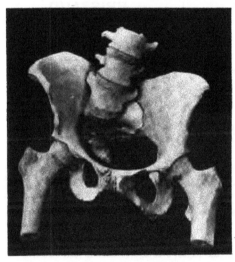

Fig. 376. — Bassin oblique ovalaire avec synostose de l'articulation sacro-iliaque du côté droit.

Pour rester dans le cadre d'une œuvre didactique, il était nécessaire que le volume ne fût pas augmenté. C'est à quoi sont arrivés les auteurs en supprimant la presque totalité des notions anatomo-physiologiques concernant l'appareil génital de la femme et en procédant à une revision soigneuse des figures et du texte.

Ils ont pu ainsi 1° ajouter un certain nombre de figures nouvelles; 2° développer certaines questions de pratique, telles que celles des complications et hémorragies de la délivrance, des infections puerpérales, des ruptures de l'utérus, de l'ophtalmie purulente des nouveau-nés, etc.; mettre au point la plupart des questions importantes ; 3° traiter des sujets nouveaux, tels que l'application de la radiographie à l'obstétrique. A la pathologie médicale du nouveau-né ont été ajoutées des notions sommaires sur la pathologie chirurgicale de l'enfant qui vient de naître.

Précis Élémentaire d'Anatomie, ✦ ✦ ✦ ✦ ✦ ✦
✦ ✦ ✦ ✦ ✦ ✦ ✦ de Physiologie et de Pathologie

PAR

P. RUDAUX

Ancien chef de clinique à la Faculté de médecine de Paris

avec **Préface** par M. **RIBEMONT-DESSAIGNES**

1 volume avec 462 figures. Cartonné toile . . . . **8** fr.

Ce volume, destiné aux élèves sages-femmes, contient les notions qui leur sont nécessaires et sert en quelque sorte de complément à la nouvelle édition du **Précis d'Obstétrique**, où les auteurs, en raison de la publication de ce petit volume, ont cru pouvoir supprimer la presque totalité des notions anatomo-physiologiques.

CHARCOT — BOUCHARD — BRISSAUD

BABINSKI — BALLET — P. BLOCQ — BOIX — BRAULT — CHANTEMESSE — CHARRIN
CHAUFFARD — COURTOIS-SUFFIT — DUTIL — GILBERT — GUIGNARD — G. GUILLAIN
L. GUINON — GEORGES GUINON — HALLION — LAMY — LE GENDRE
A. LÉRI — MARFAN — MARIE — MATHIEU — NETTER — ŒTTINGER
ANDRÉ PETIT — RICHARDIÈRE — ROGER — RUAULT
SOUQUES — THOINOT — THIBIERGE — TOLLEMER
FERNAND WIDAL

TRAITÉ DE MÉDECINE

DEUXIÈME ÉDITION

(Entièrement refondue)

PUBLIÉE SOUS LA DIRECTION DE MM.

BOUCHARD	BRISSAUD
Professeur à la Faculté de médecine de Paris Membre de l'Institut.	Professeur à la Faculté de médecine de Paris Médecin de l'hôpital St-Antoine.

10 volumes grand in-8°, avec figures dans le texte

En Souscription. . . . . **150** francs.

Chaque volume est vendu séparément. DÉCEMBRE 1903.

Le succès de la première édition du **Traité de Médecine** de MM. Charcot, Bouchard et Brissaud a rendu nécessaire une seconde édition, et, loin de se borner à une réimpression, les auteurs ont voulu présenter au public un ouvrage nouveau, gardant le plan et les idées qui avaient assuré le succès sans précédent du traité, mais complétant et remaniant la plupart de ses parties. Comprenant désormais 10 volumes, dont 9 déjà ont été publiés, le **Traité de Médecine** reste le plus complet, le plus documenté des livres de ce genre, et l'autorité croissante qui s'attache aux noms de ceux qui y collaborent en confirme et en assure le succès persistant.

TOME I. 1 vol. grand in-8° de 845 pages, avec figures dans le texte : **16 fr.**

Les bactéries, par L. GUIGNARD. — *Pathologie générale infectieuse*, par A. CHARRIN. — *Troubles et maladies de la nutrition*, par PAUL LE GENDRE. — *Maladies infectieuses communes à l'homme et aux animaux*, par G.-H. ROGER.

TOME II. 1 vol. grand in-8° de 896 pages, avec figures dans le texte : **16 fr.**

Fièvre typhoïde, par A. CHANTEMESSE. — *Maladies infectieuses*, par F. WIDAL. — *Typhus exanthématique*, par L.-H. THOINOT. — *Fièvres éruptives*, par L. GUINON. — *Érysipèle*, par E. BOIX. — *Diphtérie*, par A. RUAULT. — *Rhumatisme articulaire aigu*, par W. ŒTTINGER. — *Scorbut*, par TOLLEMER.

TOME III. 1 vol. grand in-8° de 702 pages, avec figures dans le texte : **16 fr.**

Maladies cutanées, par G. THIBIERGE. — *Maladies vénériennes*, par G. THIBIERGE. — *Maladies du sang*, par A. GILBERT. — *Intoxications*, par H. RICHARDIÈRE.

TOME IV. 1 vol. grand in-8° de 680 pages, avec figures dans le texte : **16 fr.**

Maladies de l'estomac, par A. MATHIEU. — *Maladies du pancréas*, par A. MATHIEU. — *Maladies de l'intestin*, par COURTOIS-SUFFIT. — *Maladies du péritoine*, par COURTOIS-SUFFIT. — *Maladies de la bouche et du pharynx*, par A. RUAULT.

Tome V. 1 vol. grand in-8°, avec figures en noir et en couleurs dans le texte : **18** fr.

Maladies du foie et des voies biliaires, par A. CHAUFFARD. — *Maladies du rein et des capsules surrénales*, par A. BRAULT. — *Pathologie des organes hématopoïétiques et des glandes vasculaires sanguines, moelle osseuse, rate, ganglions, thyroïde, thymus*, par G.-H. ROGER.

TOME VI. 1 vol. grand in-8° de 612 pages, avec figures dans le texte : **14** fr.

Maladies du nez et du larynx, par A. RUAULT. — *Asthme*, par E. BRISSAUD. — *Coqueluche*, par P. LE GENDRE. — *Maladies des bronches*, par A.-B. MARFAN. — *Troubles de la circulation pulmonaire*, par A.-B. MARFAN. — *Maladies aiguës du poumon*, par NETTER.

TOME VII. 1 vol. grand in-8° de 550 pages, avec figures dans le texte : **14** fr.

Maladies chroniques du poumon, par A.-B. MARFAN. — *Phtisie pulmonaire*, par A.-B. MARFAN. — *Maladies de la plèvre*, par NETTER. — *Maladies du médiastin*, par A.-B. MARFAN.

TOME VIII. 1 vol. grand in-8° de 580 pages, avec figures dans le texte : **14** fr.

Maladies du cœur, par M. ANDRÉ PETIT. — *Maladies des vaisseaux sanguins*, par W. ŒTTINGER.

Figure extraite du Tome IX

TOME IX. 1 vol. grand in-8° avec figures dans le texte

Maladies de l'encéphale, par E. BRISSAUD, SOUQUES et TOLLEMER. — *Maladies de la protubérance et du bulbe*, par G. GUILLAIN. — *Maladies intrinsèques de la moelle épinière*, par P. MARIE, O. CROUZON et A. LÉRI. — *Maladies extrinsèques de la moelle épinière* par G. GUINON. — *Maladies des méninges*, par G. GUINON. — *Syphilis des centres nerveux*, par H. LAMY.

TOME X. 1 vol. grand in-8° avec figures dans le texte *Sous presse.*

La Pratique ✦ ✦ ✦ ✦ ✦ ✦ ✦ ✦
✦ ✦ ✦ ✦ ✦ ✦ Dermatologique

Traité de Dermatologie appliquée

PUBLIÉ SOUS LA DIRECTION DE MM.

ERNEST BESNIER, L. BROCQ, L. JACQUET

PAR MM.

AUDRY, BALZER, BARBE, BAROZZI, BARTHÉLEMY, BÉNARD, ERNEST BESNIER,
BODIN, BRAULT, BROCQ, DE BRUN, COURTOIS-SUFFIT, DU CASTEL, A. CASTEX,
J. DARIER, DÉHU, DOMINICI, W. DUBREUILH, HUDELO, L. JACQUET, JEANSELME,
J.-B. LAFFITTE, LENGLET, LEREDDE, MERKLEN, PERRIN, RAYNAUD, RIST,
SABOURAUD, MARCEL SÉE, GEORGES THIBIERGE, F. TRÉMOLIÈRES, VEYRIÈRES.

4 volumes richement cartonnés toile, très largement illustrés de figures en noir et de planches en couleurs. . . . . **150** *fr.*

Chaque volume est vendu séparément.

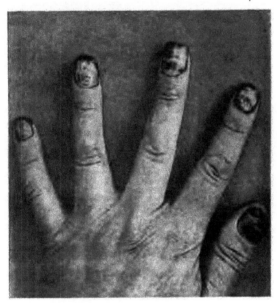

Tome IV. Fig. 5o. — Psoriasis des ongles.

TOME I.

Avec 23o figures en noir et 24 planches en couleurs. **36 fr.**

Anatomie et Physiologie de la Peau. — Pathologie générale de la Peau. — Symptomatologie générale des Dermatoses. — Acanthosis nigricans. — Acnés. — Actinomycose. — Adénomes. — Alopécies. — Anesthésie locale. — Balanites. — Bouton d'Orient. — Brûlures. — Charbon. — Classifications dermatologiques. — Dermatites polymorphes douloureuses. — Dermatophytes. — Dermatozoaires. — Dermites infantiles simples. — Ecthyma.

TOME II.

Avec 168 figures en noir et 21 planches en couleurs. **40 fr.**

Eczéma. — Electricité. — Eléphantiasis. — Epithéliomes. — Eruptions artificielles. — Erythèmes. — Erythrasma. — Erythrodermies. — Esthiomène. — Favus. — Folliculites: — Furonculose. — Gale. — Gangrène cutanée. — Gerçures. — Greffes. — Hématodermites. — Herpés. — Hydroa vacciniforme. — Ichtyose. — Impétigo. — Kératodermie symétrique. — Kératose pilaire. — Langue.

TOME III.

Avec 201 figures en noir et 19 planches en couleurs. **40 fr.**

Lèpre. — Lichen. — Lupus. — Lymphadénie cutanée. — Lymphangiome. — Madura (Pied de). — Mélanodermies. — Milium et Pseudo-Milium. — Molluscum contagiosum. — Morve et Farcin. — Mycosis fongoïde. — Nævi. — Nodosités cutanées. — Œdème. — Ongles. — Maladie de Paget. — Papillomes. — Pelade. — Pellagre. — Pemphigus. — Perlèche. — Phtiriase. — Pian. — Pityriasis, etc.

TOME IV.

Avec 213 figures en noir et 25 planches en couleurs. **40 fr.**

Poils. — Porokératose. — Prurigo. — Prurit. — Psoriasis. — Psorospermose. — Purpura. — Rhinosclérome. — Rupia. — Sarcomes. — Sclérodermie. — Séborrhée. — Séborrhéides. — Sensibilité. — Sudoripares (Glandes). — Tatouages. — Telangiectasie. — Tokelau. — Trichophytie. — Trophonévroses. — Tuberculoses. — Tumeurs. — Ulcères de jambes. — Ulcères des pays chauds. — Urticaire. — Urticaire pigmentaire. — Vergetures. — Verrues. — Vitiligo. — Xanthomes. — Xeroderma. — Zona.

Tome IV. Agénésie sourcilière

Cours de ✦ ✦ ✦ ✦ ✦ ✦ ✦ ✦ ✦ ✦ ✦ ✦ ✦
✦ ✦ ✦ ✦ ✦ Dermatologie exotique
Par E. JEANSELME
Professeur agrégé à la Faculté de médecine de Paris
Médecin des Hôpitaux.

1 vol. in-8° vec 5 cartes et 108 fi ures en noir et en couleurs. **10 fr.**

Traité
de Chirurgie

Publié sous la direction

DE MM.

SIMON DUPLAY

Professeur de Clinique chirurgicale à la Faculté
de médecine de Paris
Chirurgien de l'Hôtel-Dieu
Membre de l'Académie de médecine

PAUL RECLUS

Professeur agrégé à la Faculté de médecine
Chirurgien des hôpitaux
Membre de l'Académie de médecine

PAR MM.

BERGER — BROCA — Pierre DELBET — DELENS — DEMOULIN
J.-L. FAURE — FORGUE — GÉRARD-MARCHANT
HARTMANN -- HEYDENREICH — JALAGUIER — KIRMISSON — LAGRANGE
LEJARS — MICHAUX — NÉLATON
PEYROT — PONCET — QUÉNU — RICARD — RIEFFEL — SEGOND
TUFFIER — WALTHER

DEUXIÈME ÉDITION, ENTIÈREMENT REFONDUE

8 volumes grand in-8° avec nombreuses figures dans le texte. . . **150 fr.**

TOME VI. 1 fort vol. de 1127 pages, avec 218 figures. . . . . . **20 fr.**

Michaux. Parois de l'abdomen. — **Berger.** Hernies. — **Jalaguier.** Contusions et plaies de l'abdomen. — Lésions traumatiques et corps étrangers de l'estomac et de l'intestin. — **Hartmann.** Estomac. — **Jalaguier.** Occlusion intestinale. Péritonites. Appendicite. — **Faure et Rieffel.** Rectum et Anus. — **Quénu.** Mésentère. Rate. Pancréas. — **Segond.** Foie.

TOME VII. 1 fort vol. de 1272 pages, avec 297 figures dans le texte. **25 fr.**

Walther. Bassin. — **Rieffel.** Affections congénitales de la région sacro-coccygienne. — **Tuffier.** Rein. Vessie. Uretères. Capsules surrénales. — **Forgue.** Urètre et prostate. — **Reclus.** Organes génitaux de l'homme.

TOME VIII. 1 fort vol. de 971 pages, avec 163 figures dans le texte. **20 fr.**

Michaux. Vulve et Vagin. — **Pierre Delbet.** Maladies de l'utérus. — **Segond.** Annexes de l'utérus, ovaires, trompes, ligaments larges, péritoine pelvien. — **Kirmisson.** Maladies des membres.

TABLE ALPHABÉTIQUE des 8 volumes du *Traité de Chirurgie.*

Traité de Technique ✦ ✦ ✦ ✦ ✦ ✦
✦ ✦ ✦ ✦ ✦ ✦ ✦ ✦ ✦ ✦ ✦ ✦ ✦ Opératoire

PAR MM.

Ch. MONOD
Professeur agrégé
à la Faculté de Médecine de Paris
Chirurgien de l'Hôpital Saint-Antoine
Membre de l'Académie de Médecine

J. VANVERTS
Ancien interne
Lauréat des Hôpitaux de Paris
Chef de Clinique
à la Faculté de Médecine de Lille

2 *vol. gr. in-8°, formant ensemble* 1960 *p. et illustrés de* 1908 *fig.* **40 fr.**

Tome I : 1° *Méthodes et procédés de l'asepsie et de l'antisepsie, moyens de réunion et d'hémostase, anesthésie;* 2° *Opérations sur les divers tissus;* 3° *Opérations sur les membres, le crâne et l'encéphale, le rachis et la moelle, l'appareil visuel, le nez, les fosses nasales, les sinus de la face, le naso-pharynx, l'oreille, le cou, le thorax, le sein.*

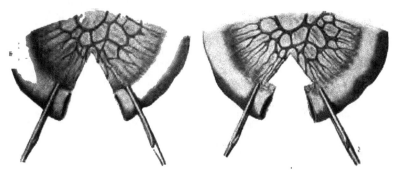

Tome II. Fig. 260 et 261. Resection du mesentère.

Tome II: *Opérations sur la bouche, les glandes salivaires, le pharynx, l'œsophage, l'estomac, l'intestin, le rectum et l'anus, le foie, les voies biliaires, la rate, le rein,*

QUATRIÈME ÉDITION DU

Traité
de Chirurgie d'urgence

PAR

FÉLIX LEJARS

Professeur agrégé à la Faculté de médecine de Paris, Chirurgien de l'hôpital Tenon
Membre de la Société de chirurgie.

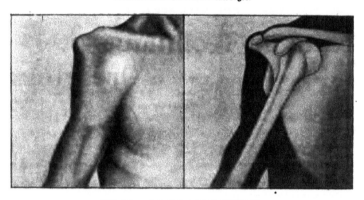

Fig. 570. — Luxation intra-coracoïdienne.

1 *volume grand in-8° de* 1046 *pages, avec* 820 *figures dans le texte, dont* 478 *dessinées d'après nature par le* Dr E. Daleine *et* 167 *photographies originales, et* 16 *planches hors texte en couleurs. Relié toile.* **30** francs.

Parmi les additions faites à cette édition il faut signaler : *les Fractures des os de la face; les Abcès du sein; les Plaies du rachis et de la moelle; les Ruptures de l'utérus pendant le travail; les Plaies de la vulve et du vagin et les Abcès vulvo-vaginaux; les Traumatismes de la verge; les Hernies inguino-interstitielles et les Étranglements rétrogrades; les Hernies périnéales; les Fractures de l'omoplate, du bassin, des os du carpe et du tarse,* etc. Du reste tous les chapitres ont été repris et refondus avec le double souci de multiplier les détails pratiques et de ne pas trop grossir l'ouvrage. Cette fois encore l'auteur a mis à profit la réfection du livre pour étendre et améliorer l'illustration : un certain nombre de figures ont été supprimées ou refaites, 124 sont entièrement nouvelles; des 835 figures et planches du volume, 148 seulement sont des figures non originales. Au chapitre des Luxations et des Fractures, il lui a semblé utile de faire précéder l'exposé du traitement d'un bref résumé de l'exploration nécessaire et de la représentation des types principaux. C'est dans le même but que plusieurs régions ont été dessinées dans l'*attitude chirurgicale* : région de *la joue, latérale du cou, sus et sous-claviculaire, inguino-crurale, périnée, poignet, face interne du pied, aisselle.* Enfin seize planches en couleurs, d'après des aquarelles d'A. Leuba, représentent les temps principaux de certaines opérations : *trépanation du crâne et de l'apophyse mastoïde, entéro-anastomose; hystérectomie abdominale; entérostomie; appendicite; rupture de grossesse tubaire; colpotomie; uréthrotomie externe; cystostomie; kélotomies inguinale, crurale, ombilicale; entérectomie pour gangrène herniaire; cerclage de la rotule; suture osseuse.*

Traité
de Physiologie

PAR

J.-P. MORAT
PROFESSEUR A L'UNIVERSITÉ DE LYON

Maurice DOYON
PROFESSEUR AGRÉGÉ A LA FACULTÉ DE MÉDECINE
DE LYON

5 *vol. grand in-8°, avec fig. en noir et en couleurs dans le texte. En souscription (décembre 1903).* **55** *fr.*

I. — **Fonctions élémentaires.** — II. — **Fonctions d'innervation.** — III. — **Fonctions de nutrition.** — Circulation; calorification. — IV. — **Fonctions de nutrition** (suite). — Digestion; absorption; respiration; excrétion. — V. — **Fonctions de relation.** — Sens. — Langage; expression; locomotion. — **Fonctions de reproduction**, à l'exception du développement embryologique.

Tome II. Fig. 136. Troubles trophiques après section du sympathique cervical.
Tête de lapin, aspect normal. | Inflammation de la conjonctive et opacité du cristallin.

Ces volumes ne seront pas publiés dans l'ordre ci-dessus, mais le seront dans celui de leur achèvement. — Chaque volume sera vendu séparément. — Toutefois, les éditeurs acceptent jusqu'à nouvel ordre, **au prix à forfait de 55 francs**, des souscriptions à l'ouvrage complet. — Les souscripteurs payeront en retirant chaque volume le prix marqué; mais le tome V et dernier leur sera fourni gratuitement ou à un prix tel qu'ils n'aient, en aucun cas, payé plus de 55 francs pour le total de l'ouvrage.

Septembre 1903.

Volumes publiés :

II. — **Fonctions d'innervation**, par J.-P. MORAT. 1 vol. grand in-8°, avec 263 figures noires et en couleurs. . . . . **15** fr.

III. — **Fonctions de nutrition.** — Circulation, par M. DOYON; Calorification, par J.-P. MORAT. 1 vol. grand in-8°, avec 173 figures noires et en couleurs. . . . . **12** fr.

IV. — **Fonctions de nutrition** (*suite et fin*). — Respiration; excrétion, par J.-P. MORAT; Digestion; absorption, par M. DOYON. 1 vol. grand in-8°, avec 167 figures en noir et en couleurs . . . . **12** fr.

Sous Presse : TOME I. — **Fonctions élémentaires.**

C'est un grand traité de physiologie, tel qu'il n'en était pas paru depuis la troisième édition (1888) de l'ouvrage classique de Beaunis, que les auteurs ont eu le courage d'entreprendre et qu'ils mèneront certainement à bien, si l'on en juge par le remarquable spécimen qui forme le premier volume.

E. GLEY (*Archives de physiologie*).

Traité
de
Physique Biologique

PUBLIÉ SOUS LA DIRECTION DE MM.

D'ARSONVAL
Professeur au Collège de France
Membre de l'Institut et de l'Académie de médecine.

CHAUVEAU
Professeur au Muséum d'histoire naturelle
Membre de l'Institut et de l'Académie de médecine.

GARIEL
Ingénieur en chef des Ponts et Chaussées
Professeur a la Faculté de médecine de Paris
Membre de l'Académie de médecine.

MAREY
Professeur au Collège de France
Membre de l'Institut et de l'Académie de médecine.

SECRÉTAIRE DE LA RÉDACTION
M. WEISS
Ingénieur des Ponts et Chaussées
Professeur agrégé à la Faculté de médecine de Paris.

Le **Traité de Physique Biologique** sera publié en trois volumes : Tome I. *Mécanique. Actions moléculaires. Chaleur.* — Tome II. *Radiations. Optique.* — Tome III. *Électricité. Acoustique.* — Chaque volume sera vendu séparément.

Les tomes I et II sont vendus **25** fr. chaque. On souscrit dès maintenant à l'ouvrage complet au prix de **70** fr. — Ce prix restera tel jusqu'à la publication du tome III.

Au moment où dans les Facultés de médecine s'est produit un changement considérable dans l'enseignement de la physique, il a semblé utile de réunir en un ouvrage tous les matériaux qui pouvaient faire le fond de cet enseignement.

Tome II. Fig. 304.

Déjà les maîtres qui ont pour ainsi dire fondé la Physique biologique ont écrit sur certains points spéciaux des traités importants. — Mais, si l'on en excepte les manuels à l'usage des étudiants, il n'a encore paru aucun ouvrage d'ensemble. Il y avait là, semble-t-il, une lacune à combler.

TOME PREMIER
1 volume in-8° de 1150 pages avec 591 figures dans le texte : **25** fr.

Ce volume contient : Des erreurs dans les mesures. Principes généraux de mécanique. par M. G. Weiss. — Propriétés des solides. Résistance des matériaux. Architecture des os, par M. Gariel. — Architecture des muscles. Principes généraux de méthode graphique. La contraction musculaire, par M. G. Weiss. Locomotion humaine, par M. Paul Richer. — La locomotion animale, par M. Marey. — Principes généraux d'hydrostatique par M. Fiss. — Cœur. Cardiographie, par M. Wertheimer. — Circulation du sang dans les vaisseaux. Pression et vitesse, pouls et sphygmographie, par M. E. Meyer. — Pléthysmographie, par M. Hallion —Capillarité et tension superficielle. Solubilité des solides. Imbibition, par M. A. Imbert. — Filtration, par M. Gariel. — Osmose, par M. A. Dastre. — Propriétés des gaz. Analyse des gaz. Gaz du sang. Phénomènes physiques de la respiration, par M. J. Tissot. — Principes généraux de la chaleur, par M. Weiss. — Thermométrie, par M. Gariel. — Température, par M. J.-P. Langlois. — Calorimétrie. Etuves et régulateurs de température, par M. C. Sigalas. — Chaleur animale, par M. Laulanié. —Travail fourni par les animaux. Rendement des moteurs animés. Propagation de la chaleur. Protection des animaux, par M. Gariel. — Influence de la pression sur la vie, par MM. P. Regnard et P. Portier. — Influence des agents atmosphériques sur les éléments cellulaires, par M. A. Charrin. — Actions hygrométriques sur les végétaux.

Tome II. Fig. 193. — Buste de Claude Bernard éclairé à la lumière des microbes photogènes.

Influence de la chaleur sur les végétaux. Actions mécaniques sur les végétaux, par M. Mangin.

TOME DEUXIÈME

1 volume in-8° de 1160 pages avec figures dans le texte : **25 fr.**

Principes généraux d'optique géométrique, par M. G. Weiss. — Constitution des radiations, par M. G. Weiss. — Spectroscopie et analyse spectrale, par M. Hénocque. — Mesure et utilisation de la lumière, par M. André Broca. — Photographie, par M. A. Londe. — Chaleur rayonnante, par M. Gariel. — Polarisation rotatoire et polarimétrie, par M. Malosse. — Phosphorescence et fluorescence, par M. Gariel. — Action de la lumière sur les animaux, par M. Raphael Dubois. — Biophotogenèse ou production de la lumière par les êtres vivants, par M. Raphael Dubois. — Action des radiations sur les végétaux, par M. Mangin. — Diffusion, par M. Gariel. — Endoscopie, par M. Guilloz. — Etude optique de l'œil. Œil réduit. Aberrations chromatiques, par M. Sigalas. — Puissance des Systèmes centrés. Numérotage des verres, par M. Sigalas. — Accommodation, par Tscherning. — Emmétropie, Myopie, Hypermétropie, Presbytie, par M. Bertin-Sans. — Astigmatisme, par M. Imbert. — Détermination et correction des amétropies, par M Imbert. — Instruments d'optique physiologique : Ophtalmomètres, Optomètres, Ophtalmoscopes, par A. Imbert. — Acuité visuelle. Champ visuel, par Sulzer. — Impressions lumineuses sur la rétine, par M. Charpentier. — Phénomènes entoptiques, par M. Weiss. — Mouvements des yeux, par M. Gariel. — Vision binoculaire, par M. Tscherning. — Loupe et microscope, par M. Guilloz. — L'œil dans la série animale, par M. Pettit.

TOME TROISIÈME : Électricité — Acoustique (Sous presse).

Traité d'Anatomie Humaine

PUBLIÉ SOUS LA DIRECTION DE

P. POIRIER   et   **A. CHARPY**

Professeur d'anatomie à la Faculté
de médecine de Paris
Chirurgien des hôpitaux

Professeur d'anatomie
à la Faculté de médecine
de Toulouse

AVEC LA COLLABORATION DE

O. AMOËDO — A. BRANCA — CANNIEU — B. CUNÉO — G. DELAMARE
Paul DELBET — DRUAULT — P. FREDET — GLANTENAY
A. GOSSET — P. JACQUES — TH. JONNESCO
E. LAGUESSE — L. MANOUVRIER — MOTAIS — A. NICOLAS
P. NOBÉCOURT — O. PASTEAU — M. PICOU
A. PRENANT — H. RIEFFEL — CH. SIMON — A. SOULIÉ

5 vol. grand in-8° avec figures noires et en couleurs

ÉTAT DE LA PUBLICATION (Décembre 1903)

Tome I. — **Introduction.** — **Notions d'Embryologie.** — **Ostéologie.**
— **Arthrologie.** *Deuxième édition, entièrement refondue.* 1 fort volume
grand in-8°, avec 814 figures, noires et en couleurs . . . . . . **20 fr.**

Tome II. — 1ᵉʳ fascicule : **Myologie.** *Deuxième édition, entièrement refondue.*
1 volume grand in-8°, avec 331 figures. . . . . **12 fr.**

2ᵉ fascicule : **Angéiologie** (Cœur et artères). Histologie. *Deuxième édition,
entièrement refondue.* 1 volume grand in-8° avec 150 figures . . . **8 fr.**

3ᵉ fascicule : **Angéiologie** (Capillaires. Veines) *Deuxième édition revue.*
1 vol. grand in-8° avec 83 figures. . . . . **6 fr.**

4ᵉ fascicule : **Les Lymphatiques.** 1 volume grand in-8° avec 117 fig. **8 fr.**

Tome III. — 1ᵉʳ fascicule : **Système nerveux.** Méninges. Moelle. Encéphale.
Embryologie. Histologie. *Deuxième édition, entièrement refondue.* 1 vol.
grand in-8° avec 265 figures. . . . . **10 fr.**

2ᵉ fascicule : **Système nerveux.** Encéphale. *Deuxième édition, entièrement
refondue.* 1 vol. grand in-8° avec 151 figures . . . . **10 fr.**

3ᵉ fascicule : **Système nerveux.** Les nerfs. Nerfs craniens. Nerfs rachi-
diens. 1 volume grand in-8° avec 205 figures. . . . . **12 fr.**

Tome IV. — 1ᵉʳ fascicule : **Tube digestif.** Développement. Bouche. Pharynx.
OEsophage. Estomac. Intestins. Anus. *Deuxième édition, entièrement refondue.* 1 volume grand in-8° avec 201 figures. . . . . **12 fr.**

2ᵉ fascicule : **Appareil respiratoire.** Larynx. Trachée. Poumons. Plèvre.
Thyroïde. Thymus. *Deuxᵐᵉ édit. revue.* 1 volume grand in-8° avec 121 fig. **6 fr.**

3ᵉ fascicule : **Annexes du Tube digestif.** Dents. Glandes salivaires.
Foie. Voies biliaires. Pancréas. Rate. **Péritoine.** 1 volume grand in-8° avec
561 figures. . . . . **16 fr.**

Tome V. — 1ᵉʳ fascicule : **Organes génito-urinaires.** Reins. Uretère. Vessie.
Urètre. Prostate. Verge. Périnée. Appareil génital de l'homme. Appareil
génital de la femme. 1 volume grand in-8° avec 431 figures . . . **20 fr.**

2ᵉ fascicule : **Les Organes des Sens** (pour paraître en Janvier 1904).

Vient de paraître :

Traité d'Anatomie ✦ ✦ ✦ ✦
✦ ✦ ✦ ✦ ✦ ✦ ✦ ✦ ✦Pathologique

GÉNÉRALE

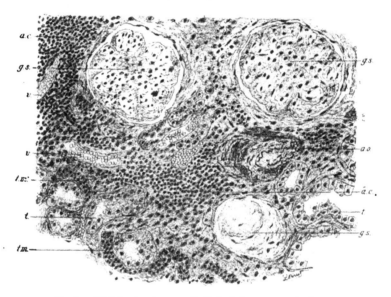

Fig. 60. — Néphrite chronique avec détails des lésions sur un point limite.

PAR

R. TRIPIER

Professeur d'Anatomie pathologique à la Faculté de Médecine
de l'Université de Lyon

1 vol. grand in-8° avec 239 figures en noir et en couleurs

Ce livre est le produit de longues études qui correspondent à 20 années d'enseignement de l'anatomie pathologique. Ayant rempli les fonctions de médecin dans les hôpitaux et tout d'abord étudié l'anatomie pathologique plus particulièrement dans ses rapports avec la clinique, l'auteur n'a jamais perdu de vue ce but essentiellement pratique. 239 figures, dont un grand nombre en couleurs, exclusivement exécutées sous la direction de l'auteur, illustrent ce traité et complètent l'exposé des lésions. Ce livre qui s'adresse aux étudiants et aux savants sera également précieux pour les praticiens soucieux de se tenir au courant.

2

Traité d'Hygiène ✦ ✦ ✦ ✦ ✦ ✦ ✦ ✦ ✦ ✦ ✦

par A. PROUST

Professeur d'hygiène de la Faculté de médecine de l'Université de Paris
Médecin honoraire de l'Hôtel-Dieu
Membre de l'Académie de médecine, du Comité consultatif d'hygiène publique de France
Inspecteur général des Services sanitaires.

Troisième Édition revue et considérablement augmentée

AVEC LA COLLABORATION DE

A. NETTER et **H. BOURGES**

Professeur agrégé à la Faculté	Chef du laboratoire d'hygiène à la Faculté
Médecin de l'hôpital Trousseau	Chef du laboratoire à l'hôpital Trousseau
Membre du Comité consultatif d'hygiène publique	Auditeur au Comité consultatif d'hygiène publique

OUVRAGE COURONNÉ PAR L'INSTITUT ET LA FACULTÉ DE MÉDECINE

Vol. in-4°, avec figures et cartes. publié en 2 fascicules, en souscription (Décembre 1903). **18 fr.**

✦ ✦ ✦ ✦ Les Maladies du Cuir chevelu

Maladies Séborrhéiques

Séborrhée, Acnés, Calvitie   par le Dr R. SABOURAUD
Chef du laboratoire de la Ville de Paris
a l'hôpital Saint-Louis

1 vol. in-8°, avec 91 figures dans le texte dont 40 aquarelles en couleurs . . . . **10 fr.**

Les Maladies microbiennes ✦ ✦ ✦ ✦ ✦ ✦

✦ ✦ ✦ ✦ ✦ ✦ ✦ ✦ ✦ ✦ ✦ ✦ des Animaux

PAR

Ed. NOCARD et **E. LECLAINCHE**

Professeur à l'École d'Alfort	Professeur à l'École vétérinaire
Membre de l'Académie de Médecine	de Toulouse

OUVRAGE COURONNÉ PAR L'ACADÉMIE DES SCIENCES

· (PRIX MONTHYON 1898)

Troisième édition, entièrement refondue et considérablement augmentée

2 volumes grand in-8, formant ensemble 1312 pages. . . . . **22 fr.**

COMMENTAIRE ADMINISTRATIF ET TECHNIQUE

De la Loi du 15 Février 1902

RELATIVE A LA

Protection de la Santé publique ✦ ✦

PAR MM.

Le Dr A.-J. MARTIN et **Albert BLUZET**

Inspecteur général de l'Assainissement	Docteur en Droit
Chef des services techniques du Bureau	Rédacteur principal au Bureau de l'Hygiène
d'Hygiène de la Ville de Paris	au Ministère de l'Intérieur
Membre du Comité consultatif d'Hygiène	Secrétaire adjoint du Comité consultatif
publique de France.	d'Hygiène publique de France

Un volume in-8° de 480 pages, avec une *table alphabétique*. Broché, **7 fr. 50**; cartonné toile, **8 fr. 50**

COLLECTION DE PLANCHES MURALES
DESTINÉES A
L'Enseignement
de la Bactériologie
Publiées par l'INSTITUT PASTEUR DE PARIS

Cette collection touche comme principaux sujets : charbon, rouget, choléra des poules, pneumonie, lèpre, suppuration, peste, gonocoque, choléra, fièvre typhoïde, morve, tuberculose, lèpre, actinomycose, diphtérie, tétanos, etc., et les maladies à protozoaires : coccidies, paludisme, maladie de la mouche tsé-tsé, trypanosomes, etc.

Conditions de la Publication. — La collection comprend actuellement 65 planches du format 80×62 centimètres, tirées en couleurs sur papier toile très fort, munies d'œillets permettant de les suspendre sur deux pitons et réunies dans un carton disposé spécialement à cet effet. *Elle est accompagnée d'un texte explicatif rédigé en trois langues (français, allemand, anglais).* **Prix : 250 francs** (port en sus). (*Les planches ne sont pas vendues séparément.*)

CLINIQUE MÉDICALE LAËNNEC

PLANCHES MURALES
DESTINÉES A L'ENSEIGNEMENT
de l'Hématologie
et de la Cytologie
PUBLIÉES SOUS LA DIRECTION
DE

L. LANDOUZY	et	M. LABBÉ
Professeur de Clinique		Chef de Laboratoire

SANG NORMAL, SANG PATHOLOGIQUE, SÉRUM, CYTODIAGNOSTIC

La collection comprend 15 planches du format 80×62 centimètres, tirées en couleurs sur papier toile très fort, munies d'œillets permettant de les suspendre sur deux pitons et réunies dans un carton disposé à cet effet. *Elle est accompagnée d'un texte explicatif en trois langues (français, allemand, anglais).*

Prix de la Collection : 60 francs (port en sus). {*Les planches ne sont pas vendues séparément*).

ALBARRAN ET IMBERT. — *Les Tumeurs du Rein*, par MM. J. ALBARRAN. Professeur agrégé à la Faculté de Médecine de Paris et L. IMBERT, Professeur agrégé à la Faculté de Médecine de Montpellier. 1 vol. grand in-8° avec 106 figures dans le texte, en noir et en couleurs . . . . **20 fr.**

BOREL. — *Choléra et Peste dans le Pèlerinage musulman. Étude d'Hygiène internationale*, par le Dr FRÉDÉRIC BOREL, médecin sanitaire maritime, ancien médecin de l'Administration sanitaire de l'Empire ottoman. 1 vol. in-8°, avec 6 tableaux . . . . **4 fr.**

BRISSAUD. — *Leçons sur les maladies nerveuses* (Salpêtrière, 1893-1894), par le professeur BRISSAUD, recueillies et publiées par HENRY MEIGE. 1 vol. in-8° avec 240 fig. . . . . **18 fr.**

— *Leçons sur les maladies nerveuses (Deuxième série* ; hôpital Saint-Antoine), par le professeur BRISSAUD, recueillies et publiées par HENRY MEIGE. 1 vol. in-8° avec 165 figures . . . . **15 fr.**

BROCA. — *Leçons cliniques de Chirurgie infantile*, par A. BROCA, chirurgien de l'Hôpital Tenon (Enfants-Malades), professeur agrégé. I vol. in-8° broché, avec 75 figures et 6 planches hors texte en photocollographie. . . . . **10 fr.**

CHARRIN. — *Leçons de pathogénie appliquée. Clinique médicale, Hôtel-Dieu* (1895-1896), par A. CHARRIN, professeur agrégé, médecin des hôpitaux, assistant au Collège de France. 1 vol. in-8° . . . . **6 fr.**

— *Les Défenses naturelles de l'organisme : Leçons professées au Collège de France*, par A. CHARRIN. 1 vol. in-8° . . . . **6 fr.**

DEGUY ET WEILL. — *Manuel pratique du traitement de la diphtérie* (*Sérothérapie, Tubage, Trachéotomie*), par DEGUY, chef du laboratoire de la Faculté à l'hôpital des Enfants (Service de la diphtérie), et BENJAMIN WEILL, moniteur de tubage et de trachéotomie de la Faculté à l'hôpital des Enfants-Malades. Introduction par A.-B. MARFAN, 1 vol. in-8° br., avec figures . . . . . **6 fr.**

DIEULAFOY. — *Clinique médicale de l'Hôtel-Dieu de Paris*, par le Professeur G. DIEULAFOY, 4 vol. gr. in-8°, avec figures dans le texte.

    I. 1896-1897. 1 vol. in-8° . . . . **10 fr.**
    II. 1897-1898. 1 vol. in-8° . . . . **10 fr.**
    III. 1898-1899. 1 vol. in-8° . . . . : **10 fr.**
    IV. 1900-1901. 1 vol. in-8° . . . . **10 fr.**

DUCLAUX. — *Pasteur. Histoire d'un esprit*, par E. DUCLAUX, membre de l'Institut, directeur de l'Institut Pasteur, 1 vol. gr. in-8°, avec 22 figures. . . **5 fr.**

— *Traité de microbiologie*, par E. DUCLAUX.
    Tome I. *Microbiologie générale.* — Tome II. *Diastases, toxines et venins.* — Tome III. *Fermentation alcoolique.* — Tome IV. *Fermentations variées des diverses substances ternaires.* Chaque volume gr. in-8° avec figures. **15 fr.**
    L'ouvrage formera 7 volumes qui paraîtront successivement.

DUPLAY. — *Cliniques chirurgicales de l'Hôtel-Dieu*, par SIMON DUPLAY, professeur à la Faculté de médecine de Paris, membre de l'Académie de médecine, recueillies et publiées par les Dr M. CAZIN et L. CLADO.
    1re SÉRIE. 1 vol. in-8°, avec figures dans le texte . . . . **7 fr.**
    2e SÉRIE. 1 vol. in-8°, avec figures dans le texte. . . . . **8 fr.**
    3e SÉRIE. 1 vol. in-8°, avec figures dans le texte. . . . . **8 fr.**

DUVAL. — *Précis d'histologie*, par M. MATHIAS DUVAL, professeur à la Faculté de médecine de Paris, membre de l'Académie de médecine. *Deuxième édition revue et augmentée.* 1 vol. gr. in-8°, avec 427 figures dans le texte. . . **18 fr.**

FARABEUF. — *Précis de Manuel opératoire*, par L.-H. FARABEUF, professeur à la Faculté de médecine de Paris, membre de l'Académie de médecine. *Nouvelle édition.* 1 volume in-8°, avec 799 figures dans le texte . . . . **16 fr.**

GAUTIER (A.). — *Cours de Chimie minérale et organique*, par M. ARM. GAUTIER, membre de l'Institut, professeur à la Faculté de médecine de Paris. *Deuxième édition*, revue et mise au courant. 2 vol. grand in-8°, avec figures.

    I. *Chimie minérale*. 1 vol. grand in-8°, avec 244 figures dans le texte. **16 fr.**

    II. *Chimie organique*. 1 vol. grand in-8°, avec 72 figures. . . . . . . **16 fr.**

— *Leçons de Chimie biologique normale et pathologique*. *Deuxième édition*, publiée avec la collaboration de M. ARTHUS, professeur de physiologie à l'Université de Fribourg. 1 vol. in-8°, avec 110 figures. . . . . **18 fr.**

GRASSET. — *Consultations médicales sur quelques maladies fréquentes*, par le Dr GRASSET, professeur à l'Université de Montpellier. *Cinquième édition*, revue et considérablement augmentée. 1 vol. in-16, reliure souple. . . . **5 fr.**

— *Leçons de Clinique médicale*, faites à l'hôpital Saint-Éloi de Montpellier, par le Dr J. GRASSET, professeur de clinique médicale à l'Université de Montpellier.

    1re SÉRIE (1886-1890). 1 vol. in-8°, avec 10 planches. . . . . **12 fr.**

    2e SÉRIE (novembre 1890-juillet 1895). 1 fort vol. in-8°, avec une figure dans le texte et 10 planches lithographiées. . . . . **12 fr.**

    3e SÉRIE (novembre 1895-mars 1898). 1 vol. in-8° de VII-826 pages, avec 20 planches hors texte, dont 10 en couleurs et 6 en phototypie . . . **15 fr.**

HAYEM. — *Leçons sur les maladies du sang* (*Clinique de l'hôpital Saint-Antoine*), par GEORGES HAYEM, professeur, médecin des hôpitaux, membre de l'Académie de médecine, recueillies par MM. E. PARMENTIER, médecin des hôpitaux, et R. BENSAUDE, chef du laboratoire d'anatomie pathologique à l'hôpital Saint-Antoine. 1 vol. in-8°, avec 4 planches en couleurs. . . . . . . **15 fr.**

JAVAL. — *Entre aveugles* : *Conseils à l'usage des personnes qui viennent de perdre la vue*, par le Dr Émile JAVAL, directeur honoraire du laboratoire d'ophtalmologie de l'École des Hautes Études, membre de l'Académie de médecine. 1 vol. in-16 avec frontispice. . . . . **2 fr. 50**

KIRMISSON. — *Leçons cliniques sur les maladies de l'appareil locomoteur* (*os, articulations, muscles*), par le Dr KIRMISSON, professeur à la Faculté de médecine, chirurgien des hôpitaux, membre de la Société de chirurgie. 1 vol. in-8°, avec figures dans le texte . . . . **10 fr.**

— *Traité des maladies chirurgicales d'origine congénitale*, par le professeur KIRMISSON. 1 vol. in-8°, avec 311 fig. et 2 pl. en couleurs . . . **15 fr.**

— *Les Difformités acquises de l'Appareil locomoteur pendant l'enfance et l'adolescence*, par le professeur KIRMISSON. 1 vol. in-8°, avec 430 figures dans le texte. . . . . **15 fr.**

LAVERAN. — *Du Paludisme* et de son hématozoaire, par A. LAVERAN, membre de l'Académie de médecine, membre de l'Institut de France. 1 vol. grand in-8°, avec 4 planches en couleur et 2 planches photographiques. . . . . . **10 fr.**

— *Traité du Paludisme*, par A. LAVERAN. 1 vol. grand in-8°, avec 27 figures dans le texte et une planche en couleurs . . . . **10 fr.**

— *Traité d'hygiène militaire*, par le Dr LAVERAN. 1 vol. in-8°, avec 270 fig. **16 fr.**

Manuel de pathologie externe, par MM. RECLUS, KIRMISSON, PEYROT, BOUILLY, professeurs agrégés à la Faculté de médecine de Paris, chirurgiens des hôpitaux. Septième édition entièrement refondue, illustrée de nombreuses figures. 4 vol. in-8°, avec figures dans le texte. . . . . **40 fr.**

    I. *Maladies des tissus et des organes*, par le Dr P. RECLUS.

    II. *Maladies des régions: Tête et Rachis*, par le Dr KIRMISSON.

    III. *Maladies des régions: Poitrine et abdomen*, par le Dr PEYROT.

    IV. *Maladies des régions: Organes génito-urinaires, membres*, par le Dr BOUILLY.

Chaque volume est vendu séparément. . . . . **10 fr.**

MEIGE (Henry) ET FEINDEL (E.). — *Les Tics et leur Traitement.* Préface de M. le Professeur Brissaud. 1 vol. in-8° de 640 pages . . . . **6 fr.**

METCHNIKOFF. — *L'immunité dans les maladies infectieuses,* par Elie Metchnikoff, professeur à l'Institut Pasteur, membre étranger de la Société royale de Londres. Un vol. gr. in-8° avec 45 figures en couleurs dans le texte. **12 fr.**

— *Études sur la Nature humaine, essai de philosophie optimiste,* par Elie Metchnikoff, professeur à l'Institut Pasteur. 1 vol. in-8° avec fig. dans le texte.   **6 fr.**

OLLIER. — *Traité expérimental et clinique de la régénération des os* et de la production artificielle du tissu osseux, par le Pʳ Ollier, professeur de clinique chirurgicale à la Faculté de médecine de Lyon. 2 vol. in-8°, avec figures dans le texte et planches en taille-douce. (Grand prix de chirurgie.). . . . . **30 fr.**

— *Traité des Résections* et des opérations conservatrices que l'on peut pratiquer sur le système osseux, par le Pʳ L. Ollier. 3 vol. . . . . **50 fr.**

I. *Introduction.* — *Résections en général.* 1 vol. in-8°, avec 127 fig. . . . **16 fr.**
II. *Résections en particulier. Membre supérieur.* 1 vol. in-8°, avec 156 fig.   **16 fr.**
III. *Résections en particulier. Résections du membre inférieur, tête et tronc.*

1 vol. in-8°, avec 224 fig. . . . . **22 fr.**

PANAS. — *Traité des maladies des yeux,* par Ph. Panas, professeur de clinique ophtalmologique à la Faculté de médecine, chirurgien de l'Hôtel-Dieu, membre de l'Académie de médecine, membre honoraire et ancien président de la Société de chirurgie. 2 vol. gr. in-8°, avec 453 fig. et 7 pl. en coul. Reliés toile.   **40 fr.**

— *Leçons de clinique ophtalmologique, professées à l'Hôtel-Dieu,* par Ph. Panas, recueillies et publiées par le Dʳ A. Castan (de Béziers). 1 vol. in-8°, avec figures dans le texte. . . . . **5 fr.**

PANAS ET ROCHON-DUVIGNEAUD. — *Recherches anatomiques et cliniques sur le glaucome et les néoplasmes intra-oculaires,* par le professeur Panas et le Dʳ Rochon-Duvigneaud, ancien chef de clinique de la Faculté. 1 vol. in-8°, avec 41 figures dans le texte. . . . . **7 fr.**

PETIT. — *Guide thérapeutique des Infirmeries régimentaires,* par le Dʳ Henry Petit, médecin-major de 1ʳᵉ classe. 1 vol. in-12 de 350 p., cart. toile anglaise. **3 fr. 50**

PONCET. — *Traité clinique de l'actinomycose humaine. Pseudo-actinomycoses et botryomycose,* par Antonin Poncet, professeur de clinique chirurgicale à l'Université de Lyon, membre correspondant de l'Académie de médecine, et Léon Bérard, chef de clinique chirurgicale à l'Université de Lyon. *Ouvrage couronné par l'Académie de médecine et par l'Institut.* 1 vol. in-8°, avec 45 fig. dans le texte et 4 planches hors texte en couleurs. . . . . **12 fr.**

— *Traité de la cystostomie sus-pubienne chez les prostatiques. Création d'un urèthre hypogastrique. Application de cette nouvelle méthode aux diverses affections des voies urinaires,* par Antonin Poncet et Xavier Delore, ex-prosecteur, ancien chef de clinique chirurgicale à l'Université de Lyon. *Ouvrage couronné par l'Académie de médecine.* 1 vol. in-8°, avec 42 fig. . . . . **8 fr.**

— *Traité de l'uréthrostomie périnéale dans les rétrécissements incurables de l'urèthre ; création au périnée d'un méat contre nature,* par Antonin Poncet et Xavier Delore. 1 vol. in-8°, avec 11 figures dans le texte . . . . **4 fr.**

PROUST. — *Douze conférences d'hygiène rédigées conformément aux programmes du 12 août 1890,* par A. Proust. Nouv. éd. 1 vol. in-18, cartonné toile. . . . . **2 fr. 50**

— *La Défense de l'Europe contre la Peste et la Conférence de Venise*

PRUNIER. — *Les Médicaments chimiques,* par LÉON PRUNIER, membre de l'Académie de médecine, pharmacien en chef des hôpitaux de Paris, professeur à l'École supérieure de pharmacie.

I. *Composés minéraux.* 1 vol. grand in-8°, avec 137 fig. dans le texte. . **15 fr.**
II. *Composés organiques.* 1 vol. grand in-8°, avec 47 fig. dans le texte. **15 fr.**

RANVIER. — *École pratique des Hautes Études. Laboratoire d'histologie du Collège de France.* Travaux publiés sous la direction de L. RANVIER, professeur d'anatomie générale, Membre de l'Institut, avec la collaboration de M. L. MALASSEZ, directeur adjoint, et des répétiteurs et préparateurs du cours.

Tomes I à XVIII (1884-1900). Chaque vol. in-8° avec pl. hors texte . . **20 fr.**
Les tomes V et VIII ne se vendent plus séparément.

— *Traité technique d'histologie,* 2° éd., entièrement refondue et corrigée, par M. L. RANVIER. 1 vol. gr. in-8° de 880 p., avec 414 grav. dans le texte et 1 pl. en chromo . . . . **12 fr.**

RECLUS. — *L'anesthésie localisée par la cocaïne,* par le Dr PAUL RECLUS, professeur agrégé à la Faculté de médecine de Paris, chirurgien de l'hôpital Laënnec, membre de l'Académie de médecine. 1 vol. petit in-8° avec 59 figures dans le texte. . . . . **4 fr.**

REDARD. — *Traité pratique des déviations de la colonne vertébrale,* par P. REDARD, ancien chef de clinique chirurgicale de la Faculté de médecine de Paris, chirurgien en chef du dispensaire Furtado-Heine, membre correspondant de l'«American Orthopedic Association». 1 volume grand in-8°, avec 231 figures dans le texte. . . . . **12 fr.**

REGNARD. — *La Cure d'altitude,* par le Dr PAUL REGNARD, membre de l'Académie de médecine, professeur de physiologie générale à l'Institut national agronomique, directeur adjoint du laboratoire de physiologie de la Sorbonne. *Deuxième édition.* 1 fort vol. grand in-8°, avec 29 planches hors texte et 110 figures dans le texte, relié toile pleine. . . . . **15 fr.**

RÉNON. — *Étude sur l'Aspergillose chez les animaux et chez l'homme,* par M. RÉNON, ancien interne des hôpitaux de Paris. 1 vol. in-8°, avec figures dans le texte.. . . . . **5 fr.**

ROGER. — *Les maladies infectieuses,* par G.-H. ROGER, professeur agrégé à la Faculté de médecine de Paris, médecin de l'hôpital de la porte d'Aubervilliers, membre de la Société de Biologie. 1 vol. in-3° de 1520 pages publié en 2 fascicules avec figures dans le texte. . . . . **28 fr.**

SOULIER (H.). *Traité de Thérapeutique et de Pharmacologie,* par M. H. SOULIER, professeur à la Faculté de médecine de Lyon, membre correspondant de l'Académie de médecine. *Additionné d'un mémento formulaire des médicaments nouveaux* (1901). *Ouvrage couronné par l'Académie des sciences et par l'Académie de médecine.* 2 vol. grand in-8°. . . . . **25 fr.**

THIBIERGE. — *Syphilis et Déontologie. Secret médical; responsabilité civile; énoncé du diagnostic; jeunes gens syphilitiques; la syphilis avant et pendant le mariage; divorce; nourrissons syphilitiques; nourrices syphilitiques; domestiques et ouvriers syphilitiques; syphilitiques dans les hôpitaux; transmission de la syphilis par les instruments; médecins syphilitiques; sages-femmes et syphilis* par GEORGES THIBIERGE, médecin de l'hôpital Broca. 1 vol. in-8° broché. **5 fr.**

TRABUT. — *Précis de Botanique médicale,* par L. TRABUT, professeur d'histoire naturelle médicale à l'École de médecine d'Alger. *Deuxième édition,* entièrement refondue. 1 vol. in-8°, avec 954 figures.. . . . . **8 fr.**

Encyclopédie Scientifique ✦ ✦ ✦ ✦ ✦ ✦

✦ ✦ ✦ ✦ ✦ ✦ ✦ des Aide-Mémoire

Publiée sous la direction de **H. LÉAUTÉ**, Membre de l'Institut

Au 1ᵉʳ Décembre 1903, 332 VOLUMES publiés

Chaque ouvrage forme un vol. petit in-8°, vendu : Br., **2** fr. **50.** Cart. toile **3** fr.

DERNIERS VOLUMES MÉDICAUX PUBLIÉS

dans la *SECTION DU BIOLOGISTE*

BAZY. — *Maladies des Voies urinaires, Urètre, Vessie*, par le Dʳ Bazy, chirurgien des hôpitaux, membre de la Société de chirurgie. 4 vol.
  I. *Moyens d'exploration et traitement.* 2ᵉ édition. II. *Séméiologie.* III. *Thérapeutique générale. Médecine opératoire.* IV. *Thérapeutique spéciale.*

BONNIER. — *L'Oreille*, par Pierre Bonnier. 5 vol.
  I. *Anatomie de l'oreille.* II. *Pathogénie et mécanisme.* III. *Physiologie : Les Fonctions.* IV. *Symptomatologie de l'oreille.* V. *Pathologie de l'oreille.*

BROCQ ET JACQUET. — *Précis élémentaire de Dermatologie*, par MM. Brocq et Jacquet, médecins des hôpitaux de Paris. 2ᵉ édition entièrement revue. 5 vol.
  I. *Pathologie générale cutanée.* II. *Difformités cutanées, éruptions artificielles, dermatoses parasitaires.* III. *Dermatoses microbiennes et néoplasies.* IV. *Dermatoses inflammatoires.* V. *Dermatoses d'origine nerveuse. Formulaire thérapeutique.*

CHARRIN. — *Poisons de l'Organisme*, par le Dʳ A. Charrin, professeur agrégé, médecin des hôpitaux. 3 vol.
  I. *Poisons de l'urine* (2ᵉ éd.). II. *Poisons du tube digestif.* III. *Poisons des tissus.*

CHATIN ET CARLE. — *Photothérapie. La lumière, agent biologique et thérapeutique*, par A. Chatin, préparateur chef adjoint du Laboratoire d'Électrothérapie à l'hôpital Saint-Louis, et M. Carle, ancien Chef de clinique des maladies cutanées à la Faculté de Médecine de Lyon.

FAISANS. — *Maladies des Organes respiratoires. — Méthodes d'Exploration; Signes physiques*, par le Dʳ Léon Faisans, médecin de l'Hôpital de la Pitié. *Troisième édition.*

GRÉHANT. — *Hygiène expérimentale : L'Oxyde de Carbone*, par N. Gréhant, professeur de Physiologie générale au Muséum d'histoire naturelle.

HÉDON. — *Physiologie normale et pathologique du Pancréas*, par E. Hédon, professeur de physiologie à la Faculté de médecine de Montpellier.

LAVERAN. — *Prophylaxie du Paludisme*, par A. Laveran, membre de l'Institut et de l'Académie de Médecine.

LE DAMANY (P.) — *Les Épanchements pleuraux liquides*, par P. Le Damany, professeur à l'École de médecine de Rennes.

MERKLEN. — *Examen et Séméiotique du Cœur, signes physiques*, par le Dʳ Pierre Merklen, médecin de l'hôpital Laënnec. *Deuxième édition.*

ROMME. — *L'Alcoolisme et la Lutte contre l'Alcool en France*, par le Dʳ R. Romme, préparateur à la Faculté de médecine de Paris.
— *La Lutte sociale contre la Tuberculose.*

SERGENT (Edmond et Étienne). — *Moustiques et maladies infectieuses. Guide pratique pour l'étude des moustiques*, par les Dʳˢ Edmond et Étienne Sergent, de l'Institut Pasteur de Paris. Avec une Préface du Dʳ E. Roux.

SERGENT ET BERNARD. — *L'Insuffisance surrénale*, par E. Sergent, ancien interne, médaille d'or des Hôpitaux, et L. Bernard, chef de clinique adjoint à la Faculté. *Ouvrage couronné par la Faculté de Médecine de Paris.*

TRIPIER ET PAVIOT. — *Péritonite sous-hépatique d'origine vésiculaire* dans ses rapports avec la colique hépatique, la pérityphlite, l'appendicite, etc., par R. Tripier, Professeur d'Anatomie pathologique à la Faculté de Lyon et J. Paviot, Agrégé, Médecin des Hôpitaux.

VOUZELLE. — *La Syphilis*, par le Dʳ Vouzelle, ancien interne des hôpitaux. 2 vol.
  I. *Chancre et syphilis secondaire.* II. *Syphilis tertiaire et hérédo-syphilis.*

Bibliothèque Diamant

DES

Sciences médicales et biologiques

A l'usage des Étudiants et des Praticiens

Cette Collection est publiée dans le format in-16 raisin, avec nombreuses figures dans le texte, cartonnage à l'anglaise, tranches rouges.

VIENT DE PARAITRE

QUATORZIÈME ÉDITION

entièrement refondue et considérablement augmentée du

MANUEL DE PATHOLOGIE INTERNE

par Georges DIEULAFOY

Professeur de Clinique médicale à la Faculté de médecine de Paris
Médecin de l'Hôtel-Dieu, membre de l'Académie de médecine

*4 vol. in-16 diamant avec figures en noir et en couleurs, cartonnés à l'anglaise,
tranches rouges . . . . .* **32** *francs*

DERNIERS VOLUMES PUBLIÉS

ARTHUS. — *Éléments de Chimie physiologique,* par MAURICE ARTHUS, professeur de physiologie et de chimie physiologique à l'Université de Fribourg (Suisse). *Quatrième édition revue et augmentée.* 1 vol., avec figures. . . **5** fr.
— *Éléments de Physiologie,* par MAURICE ARTHUS. 1 vol., avec figures. . **8** fr.

BARD. — *Précis d'anatomie pathologique,* par M. L. BARD, professeur à la Faculté de médecine de Lyon, médecin de l'Hôtel-Dieu. *Deuxième édition, revue et augmentée.* 1 volume, avec 125 figures . . . . **7** fr. **50**

BERLIOZ. — *Manuel de Thérapeutique,* par le Dr F. BERLIOZ, professeur à l'Université de Grenoble, avec une préface du professeur BOUCHARD. *Quatrième édition revue et augmentée.* 1 vol. . . . . **6** fr.
— *Précis de Bactériologie médicale,* par F. BERLIOZ, avec une préface du professeur LANDOUZY. 1 vol. avec figures. . . . . **6** fr.

BROCA (A.). — *Précis de Chirurgie cérébrale,* par Aug. BROCA, chirurgien de l'hôpital Tenon, professeur agrégé à la Faculté de médecine. 1 vol. avec fig. **6** fr.

GILIS. — *Précis d'Embryologie, adapté aux sciences médicales,* par PAUL GILIS, professeur agrégé à la Faculté de médecine de Montpellier, avec une préface de M. le professeur MATHIAS DUVAL. 1 vol., avec 175 figures. . . . . . . **6** fr.

LAUNOIS. — *Manuel d'Anatomie microscopique et d'Histologie,* par M. P.-E. LAUNOIS, professeur agrégé à la Faculté de médecine, médecin des hôpitaux. Préface de M. le professeur MATHIAS DUVAL. *Deuxième édition entièrement refondue.* 1 vol., avec 261 figures . . . . **8** fr.

SOLLIER. — *Guide pratique des maladies mentales (séméiologie, pronostic, indications),* par le Dr PAUL SOLLIER, chef de clinique adjoint des maladies mentales à la Faculté de médecine de Paris. 1 vol. . . . . **5** fr.

SPILLMANN ET HAUSHALTER. — *Manuel de diagnostic médical et d'exploration clinique,* par P. SPILLMANN, prof. de clinique médicale à la Faculté de médecine de Nancy et P. HAUSHALTER, prof. agrégé. *Quatrième édition entièrement refondue.* 1 vol., avec 89 figures. . . . . **6** fr.

THOINOT ET MASSELIN. — *Précis de Microbie. Technique et microbes pathogènes,* par M. le Dr L.-H. THOINOT, professeur agrégé à la Faculté de médecine de Paris, médecin des hôpitaux, et E.-J. MASSELIN, médecin vétérinaire. Ouvrage couronné par la Faculté de médecine (Prix Jeunesse). *Quatrième édition entièrement refondue.* 1 vol., avec figures en noir et en couleurs. . . . . . . **8** fr.

WURTZ. — *Précis de Bactériologie clinique,* par le Dr R. WURTZ, professeur agrégé à la Faculté de médecine de Paris, médecin des hôpitaux. 2e *édition revue et augmentée,* 1 vol., avec tableaux et figures. . . . . **6** fr.

BIBLIOTHÈQUE
d'Hygiène thérapeutique

DIRIGÉE PAR

Le Professeur PROUST

**Membre de l'Académie de médecine, Médecin de l'Hôtel-Dieu,
Inspecteur général des Services sanitaires.**

Chaque ouvrage forme un volume in-16, cartonné toile, tranches rouges,
et est vendu séparément : **4 fr.**

Chacun des volumes de cette collection n'est consacré qu'à une seule maladie ou à
un seul groupe de maladies. Grâce à leur format, ils sont d'un maniement commode.
D'un autre côté, en accordant un volume spécial à chacun des grands sujets d'hygiène
thérapeutique, il a été facile de donner à leur développement toute l'étendue nécessaire.

VOLUMES PUBLIÉS :

L'Hygiène du Goutteux, par le Professeur Proust et A. Mathieu, médecin
de l'hôpital Andral.

L'Hygiène de l'Obèse, par le Professeur Proust et A. Mathieu.

L'Hygiène des Asthmatiques, par E. Brissaud, professeur à la Faculté de
Paris, médecin de l'hôpital Saint-Antoine.

L'Hygiène du Syphilitique, par H. Bourges, préparateur au laboratoire
d'hygiène de la Faculté de médecine.

Hygiène et thérapeutique thermales, par G. Delfau, ancien interne des
hôpitaux de Paris.

Les Cures thermales, par G. Delfau, ancien interne des hôpitaux de Paris.

L'Hygiène du Neurasthénique *(Deuxième édition),* par le Professeur Proust
et G. Ballet, professeur agrégé, médecin des hôpitaux de Paris.

L'Hygiène des Albuminuriques, par le Dr Springer, chef du laboratoire
de la Faculté de médecine à l'hôpital de la Charité.

L'Hygiène des Tuberculeux, par le Dr Chuquet, ancien interne des hôpitaux
de Paris, médecin consultant à Cannes, avec une préface du Dr Daremberg,
correspondant de l'Académie de médecine.

Hygiène et thérapeutique des maladies de la bouche, par le Dr Cruet,
dentiste des hôpitaux de Paris, avec une préface du Professeur Lannelongue,
membre de l'Institut.

L'Hygiène des Diabétiques, par le Professeur Proust et A. Mathieu, médecin de l'hôpital Andral.

L'Hygiène des maladies du cœur, par le Dr Vaquez, professeur agrégé à
la Faculté de médecine de Paris, médecin des hôpitaux, avec une préface du
Professeur Potain, membre de l'Institut.

L'Hygiène du Dyspeptique, par le Dr Linossier, professeur agrégé à la Faculté de médecine de Lyon, membre correspondant de l'Académie de médecine,
médecin à Vichy.

Hygiène thérapeutique des Maladies des fosses nasales, par MM. les
Drs Lubet-Barbon et R. Sarremone.

L'ŒUVRE MÉDICO-CHIRURGICAL
Dʳ CRITZMAN, directeur

SUITE DE MONOGRAPHIES CLINIQUES

SUR LES QUESTIONS NOUVELLES

En Médecine, en Chirurgie et en Biologie

La science médicale réalise journellement des progrès incessants. Les traités de médecine et de chirurgie auront toujours grand'peine à se tenir au courant. C'est pour obvier à ce grave inconvénient que nous avons fondé ce recueil de Monographies, avec le concours des savants et des praticiens les plus autorisés.

Chaque monographie est vendue séparément. . . . . **1 fr. 25**

Il est accepté des abonnements pour une série de 10 Monographies consécutives au prix à forfait et payable d'avance de **10** francs pour la France et **12** francs pour l'étranger (port compris).

MONOGRAPHIES EN VENTE (Décembre 1903).

2. **Le Traitement du mal de Pott,** par A. CHIPAULT, de Paris.
4. **L'Hérédité normale et pathologique,** par le prof. CH. DEBIERRE, de Lille.
5. **L'Alcoolisme,** par JAQUET, privat-docent à l'Université de Bâle.
6. **Physiologie et pathologie des sécrétions gastriques,** par A. VERHAEGEN.
7. **L'Eczéma,** *maladie parasitaire,* par LEREDDE.
8. **La Fièvre jaune,** par SANARELLI, de Montevideo.
9. **La Tuberculose du rein,** par TUFFIER, prof. agr., chir. de l'hôp. de la Pitié.
10. **L'Opothérapie.** *Traitement de certaines maladies par des extraits d'organes animaux,* par le prof. A. GILBERT et L. CARNOT.
11. **Les Paralysies générales progressives,** par M. KLIPPEL.
12. **Le Myxœdème,** par G. THIBIERGE.
13. **La Néphrite des saturnins,** par H. LAVRAND, prof. chargé de cours à la Faculté catholique de Lille, lauréat de l'Académie de Paris.
14. **Traitement de la syphilis,** par le Professeur E. GAUCHER.
15. **Le Pronostic des tumeurs,** *basé sur la recherche du glycogène,* par A. BRAULT, méd. de l'hôp. Tenon.
16. **La Kinésithérapie gynécologique.** *Traitement des maladies des femmes par le massage et la gymnastique (système de Brandt),* par H. STAPFER.
17. **De la Gastro-entérite aiguë des nourrissons** par A. LESAGE, méd. des hôp.
18. **Traitement de l'Appendicite,** par FÉLIX LEGUEU, prof. agr., chir. des hôp.
19. **Les lois de l'Energétique dans le régime du diabète sucré,** par E. DUFOURT, méd. de l'hôp. thermal de Vichy.
20. **La Peste** *(Epidémiologie. Bactériologie. Prophylaxie. Traitement),* par H. BOURGES, chef du laboratoire d'hygiène à la Faculté de médecine de Paris.
21. **La Moelle osseuse à l'état normal et dans les infections,** par G.-H. ROGER, prof. agr. à la Faculté de Paris, méd. des hôp., et O. JOSUÉ.
22. **L'Entéro-colite muco-membraneuse,** par GASTON LYON, ancien chef de clinique médicale de la Faculté de Paris.
23. **L'Exploration clinique des fonctions rénales par l'élimination provoquée,** par CH. ACHARD, prof. agr. à la Faculté. méd. des hôp. et J. CASTAIGNE.
24. **L'Analgésie chirurgicale,** par voie rachidienne (injections sous-arachnoïdiennes de cocaïne), par TUFFIER, prof. agr. à la Faculté de Paris, chir. des hôp.
25. **L'Asepsie opératoire,** par MM. PIERRE DELBET, prof. agr. à la Faculté de Paris, chir. des hôp., et LOUIS BIGEARD, chef de clinique chirurgicale adjoint.
26. **Anatomie chirurgicale et médecine opératoire de l'Oreille moyenne,** par BROCA, prof. agr. à la Faculté de Paris, chir. des hôp.
27. **Traitements modernes de l'hypertrophie de la prostate,** par E. DESNOS.
28. **La Gastro-entérostomie** (Indications, Procédés d'investigation et procédés opératoires, Résultats), par les Professeurs ROUX et BOURGET (de Lausanne).
29. **Les Ponctions rachidiennes accidentelles** et les complications des plaies pénétrantes du rachis, par E. MATHIEU, directeur du Val-de-Grâce.
30. **Le Ganglion lymphatique,** par M. DOMINICI.
31. **Les Leucocytes.** *Technique (Hématologie, cytologie),* par M. le prof. COURMONT et F. MONTAGNARD.
32. **La Médication hémostatique,** par le Dʳ P. CARNOT, docteur ès sciences.
33. **L'Elongation trophique.** *Cure radicale des maux perforants, ulcères variqueux, etc., par l'élongation des nerfs,* par le Dʳ A. CHIPAULT, de Paris.
34. **Le Rhumatisme tuberculeux** *(pseud -rhumatisme d'origine bacillaire),* par le professeur Antonin PONCET et Maurice MAILLAND.
35. **Les Consultations de nourrissons,** par Ch. MAYGRIER, agrégé.
36. **La Médication phosphorée,** par le professeur GILBERT et le Dʳ POSTERNAK.

Nouvelle Publication

Bulletin de l'Institut Pasteur

REVUES ET ANALYSES

DES TRAVAUX DE MICROBIOLOGIE, MÉDECINE, BIOLOGIE GÉNÉRALE, PHYSIOLOGIE, CHIMIE BIOLOGIQUE

dans leurs rapports avec la BACTÉRIOLOGIE

COMITÉ DE RÉDACTION :

G. BERTRAND — A. BESREDKA — A. BORREL — C. DELEZENNE
A. MARIE — F. MESNIL
de l'Institut Pasteur de Paris

Le **Bulletin** paraît deux fois par mois en fascicules grand in-8°, d'environ 5o pages.
ABONNEMENT ANNUEL : PARIS, **22** fr. — DÉPARTEMENTS et UNION POSTALE. **24** fr.

ANNALES DE L'INSTITUT PASTEUR

(Journal de Microbiologie)

Fondées sous le patronage de M. PASTEUR

ET PUBLIÉES PAR

M. E. DUCLAUX

Membre de l'Institut, Directeur de l'Institut Pasteur, Professeur à la Sorbonne et à l'Institut agronomique
Assisté d'un Comité de rédaction composé de : MM. les Docteurs CALMETTE, CHAMBER-
LAND, GRANCHER, LAVERAN, METCHNIKOFF, NOCARD, ROUX et VAILLARD.
Les **Annales** paraissent tous les mois dans le format grand in-8°, avec planches et figures.
ABONNEMENT ANNUEL : PARIS, **18** fr. — DÉPARTEMENTS, **20** fr. — UNION POSTALE, **20** fr.

Archives de Médecine Expérimentale
et d'Anatomie pathologique

Fondées par J.-M. CHARCOT

Publiées par MM. GRANCHER, JOFFROY, LÉPINE

Secrétaires de la rédaction : CH. ACHARD, R. WURTZ

Les **Archives** paraissent tous les 2 mois et forment chaque année un fort volume
grand in-8°, avec planches hors texte en noir et en couleurs.
ABONNEMENT ANNUEL : PARIS, **24** fr. — DÉPARTEMENTS, **25** fr. — UNION POSTALE, **26** fr.

Revue de Gynécologie

ET DE

Chirurgie Abdominale

DIRECTEUR

S. POZZI

Professeur de clinique gynécologique à la Faculté de Médecine de Paris
Chirurgien de l'hôpital Broca, Membre de l'Académie de Médecine

Secrétaire de la Rédaction : F. JAYLE

La **Revue** paraît tous les deux mois en fascicules très grand in-8° de 16o à 2oo pages, avec
figures et planches en noir et en couleurs.

Abonnement annuel : France (Paris et départements), 28 fr. Étranger (Union postale), 30 fr.

Journal de Physiologie ✦ ✦ ✦ ✦ ✦ ✦ ✦ ✦ ✦
✦ ✦ ✦ ✦ ✦ ✦ ✦ ✦ et de Pathologie Générale

PUBLIÉ PAR MM.

BOUCHARD | **CHAUVEAU**
Professeur de Pathologie a la Faculté de Médecine | Professeur de Physiologie au Muséum d'Histoire naturelle
Membre de l'Institut et de l'Académie de Médecine | Membre de l'Institut et de l'Académie de Médecine

Comité de Rédaction : MM. J. COURMONT, E. GLEY, P. TEISSIER

Le *Journal de Physiologie et de Pathologie Générale* paraît tous les deux mois dans le format grand in-8, avec planches hors texte et figures dans le texte. Outre les mémoires originaux, chaque numéro contient un *index bibliographique* de 30 ou 40 pages comprenant l'analyse des travaux français et étrangers.

Abonnement annuel : PARIS 28 fr. — FRANCE ET UNION POSTALE. 30 fr.

BULLETIN DE L'ACADÉMIE DE MÉDECINE

PUBLIÉ PAR MM.

S. JACCOUD, Secrétaire perpétuel et **A. MOTET**, Secrétaire annuel

Abonnement annuel : PARIS, 15 fr. — DÉPARTEMENTS, 18 fr. — UNION POSTALE, 20 fr.

MÉMOIRES DE L'ACADÉMIE DE MÉDECINE

Comprenant la *liste des Membres* et le *Règlement* de l'Académie, les *Éloges* prononcés dans les séances annuelles par M. le Secrétaire perpétuel, les *Rapports* faits annuellement par l'Académie sur les *Épidémies* et sur les *Eaux minérales*, et enfin les *Mémoires* dont le Comité de publication a voté l'insertion.

L'abonnement à chaque volume gr. in-8°, publié en deux fascicules : France, 20 fr. Étranger, 22 fr.

COMPTES RENDUS HEBDOMADAIRES
DES SÉANCES DE LA
SOCIÉTÉ DE BIOLOGIE

Abonnement annuel : PARIS ET DÉPARTEMENTS, 20 fr. — ÉTRANGER, 22 fr.

BULLETINS ET MÉMOIRES
De la Société de Chirurgie de Paris

Publiés chaque semaine par les soins des Secrétaires de la Société

Abonnement annuel : PARIS, 18 fr. — DÉPARTEMENTS, 20 fr. — UNION POSTALE, 22 fr.

Bulletins et Mémoires
de la Société Médicale
DES HOPITAUX DE PARIS

Abonnement annuel : PARIS ET DÉPARTEMENTS, 12 fr. — UNION POSTALE, 15 fr.

51667. — Imprimerie LAHURE, 9, rue de Fleurus, Paris.

TRAITÉ

D'ANATOMIE PATHOLOGIQUE

GÉNÉRALE

PAR

Raymond TRIPIER

PROFESSEUR A LA FACULTÉ DE MÉDECINE DE LYON

———

AVEC 239 FIGURES EN NOIR ET EN COULEURS

———

PARIS

MASSON ET Cⁱᵉ, ÉDITEURS

LIBRAIRES DE L'ACADÉMIE DE MÉDECINE

120, BOULEVARD SAINT-GERMAIN

—

1904

A LA MÊME LIBRAIRIE

.

Traité d'Anatomie humaine, publié sous la direction de M. Paul POIRIER, professeur d'Anatomie à la Faculté de Paris, chirurgien des hôpitaux et de A. CHARPY, professeur d'Anatomie à la Faculté de Toulouse; avec la collaboration de MM. O. AMOËDO, A. BRANCA, CANNIEU, B. CUNÉO, G. DELAMARE, Paul DELBET, P. FREDET, GLANTENAY, A. GOSSET, P. JACQUES, Th. JONNESCO, E. LAGUESSE, L. MANOU-VRIER, A. NICOLAS, P. NOBÉCOURT, O. PASTEAU, M. PICOU, A. PRENANT, H. RIEFFEL, Ch. SIMON, A. SOULIÉ. 5 vol. grand in-8° avec nombreuses figures, la plupart tirées en couleurs. *En souscription* . . . . **150 fr.**

Traité de Pathologie générale, publié par Ch. BOUCHARD, membre de l'Institut, professeur de pathologie générale à la Faculté de médecine de Paris. Secrétaire de la Rédaction : G.-H. ROGER, professeur agrégé, médecin des hôpitaux de Paris. *Ouvrage complet.* 6 vol. gr. in-8° avec figures. . . . . **126 fr.**

Traité de Médecine, de CHARCOT, BOUCHARD et BRISSAUD. *Deuxième édition,* entièrement refondue, publiée sous la direction de MM. BOUCHARD, professeur à la Faculté de médecine de Paris, membre de l'Institut, et BRISSAUD, professeur à la Faculté de médecine de Paris, médecin de l'hôpital Saint-Antoine. 10 vol. gr. in-8° avec fig. dans le texte. *En souscription* . . . . **150 fr.**

Les Maladies infectieuses, par G.-H. ROGER, professeur agrégé à la Faculté de médecine de Paris, médecin de l'hôpital de la Porte-d'Aubervilliers, membre de la Société de Biologie. 1 vol. in-8° de 1520 pages, publié en deux fascicules, avec figures dans le texte . . . . **28 fr.**

Traité de Physiologie, par MM. J.-P. MORAT, professeur à la Faculté de médecine de Lyon, et Maurice DOYON, professeur adjoint.
II. *Fonctions d'innervation,* par J.-P. MORAT. 1 vol. grand in-8° avec 263 figures en noir et en couleurs. . . . . **15 fr.**
III. *Fonctions de nutrition : Circulation. Calorification* . . . . . . **12 fr.**
IV. *Fonctions de nutrition* (suite et fin) : *Respiration, Excrétion, Digestion, Absorption* . . . . **12 fr.**
Sous presse : Tome Ier. *Fonctions élémentaires.*
Ce traité formera 5 volumes. *En souscription.* . . . . **55 fr.**

Traité élémentaire de Clinique thérapeutique, par Gaston LYON, ancien chef de clinique médicale à la Faculté de médecine de Paris. *Cinquième édition revue et augmentée.* 1 vol. gr. in-8° de 1654 pages. Relié peau . . . . . . **25 fr.**

Formulaire thérapeutique, par MM. G. LYON, ancien chef de clinique à la Faculté de Médecine, et P. LOISEAU, ancien préparateur à l'Ecole supérieure de Pharmacie avec la collaboration de E. LACAILLE, assistant à la Clinique médicale de la Faculté de l'Hôtel-Dieu. *Deuxième édition revue.* 1 vol. in-18 tiré sur papier indien très mince, relié maroquin souple. . . . . **6 fr.**

Traité de Chirurgie d'Urgence, par Félix LEJARS, professeur agrégé à la Faculté de médecine de Paris, Chirurgien de l'hôpital Tenon, membre de la Société de Chirurgie. *Quatrième édition revue et augmentée.* 1 vol. grand in-8 de 1046 pages avec 819 fig. dans le texte et 16 planches hors texte en couleurs. Relié toile. **30 fr.**

Traité de Chirurgie, publié sous la direction de Simon DUPLAY, professeur à la Faculté de médecine de Paris, membre de l'Académie de médecine, chirurgien de l'Hôtel-Dieu, et Paul RECLUS, professeur agrégé, membre de l'Académie de médecine, chirurgien des hôpitaux; par MM. BERGER, BROCA, Pierre DELBET, DELENS, DEMOULIN, J.-L. FAURE, FORGUE, GÉRARD-MARCHANT, HARTMANN, HEYDENREICH, JALA-GUIER, KIRMISSON, LAGRANGE, LEJARS, MICHAUX, NÉLATON, PEYROT, PONCET, QUÉNU, RICARD, RIEFFEL, SEGOND, TUFFIER, WALTHER. *Deuxième édition, entièrement refondue.* 8 vol. gr. in-8° avec nombreuses fig. dans le texte. *Ouvrage complet.* **150 fr.**

Paris. — L. MARETHEUX, imprimeur, 1, rue Cassette. — 3195.

Lightning Source UK Ltd.
Milton Keynes UK
UKHW010632110219
337000UK00006B/124/P